REALLEXIKON
DER DEUTSCHEN
LITERATURGESCHICHTE

ERSTER BAND

REALLEXIKON DER DEUTSCHEN LITERATURGESCHICHTE

UNTER MITWIRKUNG
ZAHLREICHER FACHGELEHRTER

HERAUSGEGEBEN VON

PAUL MERKER UND WOLFGANG STAMMLER
ORD. PROFESSOREN AN DER UNIVERSITÄT GREIFSWALD

ERSTER BAND

ABENTEUERROMAN — HYPERBEL

BERLIN 1925/1926

VERLAG WALTER DE GRUYTER & CO.

VORMALS G. J. GÖSCHEN'SCHE VERLAGSHANDLUNG — J. GUTTENTAG, VERLAGS-BUCHHANDLUNG — GEORG REIMER — KARL J. TRÜBNER — VEIT & COMP.

Vorwort.

Es liegt im Wesen der deutschen wie jeder anderen Literaturgeschichte, daß sie zunächst individualistisch gerichtet ist. Das Dichtwerk als Leistung und Ausdruck einer schöpferischen Persönlichkeit und die einzelne Künstlergestalt bieten sich der forschenden und darstellenden Wissenschaft als nächstliegende Gegenstände an. In diesem Sinne kommen auch die älteren Literaturgeschichten im wesentlichen nicht viel über aneinandergereihte Einzelcharakteristiken von Kunstwerken und Dichtern hinaus. Nur in den literaturgeschichtlichen Hilfsdisziplinen der Metrik, Stilistik und Poetik standen begreiflicherweise die sachlichen Gesichtspunkte von vornherein im Vordergrunde.

Die allgemeine Wissenschaftsumstellung der beiden letzten Jahrzehnte, die bei aller bleibenden und selbstverständlichen Wertschätzung des persönlichen Moments überall einen starken Zug zum Überpersönlichen, Typischen, Allgemeinen, Grundsätzlichen erkennen ließ und neben der literarischen Kunstgeschichte die geistesgeschichtliche Literaturwissenschaft zur vollen Entfaltung führte, hat jenes sachliche Element zu ungleich stärkerer Bedeutung gebracht. Das literarische Leben erscheint nicht mehr bloß als Wirkungsfeld schaffender und gestaltender Persönlichkeiten, sondern gleichzeitig als Offenbarung tieferliegender Strömungen, Richtungen, Stilmoden, Geschmacksveränderungen. Die früher nur mehr gelegentlich und vereinzelt verfolgte Entwicklung der literarischen Formen, Gattungen, Arten, Modeerscheinungen ist damit stark in den Vordergrund des Interesses getreten. Einzelne Sachgebiete, besonders die Theatergeschichte, haben sich zu selbständiger wissenschaftlicher Bedeutung durchgerungen. Überall wird die Macht der allgemeinen Strömungen und Stimmungen deutlich, drängt die literaturwissenschaftliche Betrachtung zur Verfolgung von Längsschnitten und durchgehenden Entwicklungslinien, gliedert sich das Persönliche und Einzelne in höhere geistes- und bildungsgeschichtliche Wellenbewegungen ein. Damit aber sind die Realien der Literaturgeschichte, d. i. die Gesamtheit der über- und unterpersönlichen Faktoren, ungleich mehr als früher Gegenstand der Forschung und des Interesses geworden.

In diesem Sinne sucht das vorliegende, auf drei Bände berechnete 'Reallexikon der deutschen Literaturgeschichte' erstmalig den sach- und formgeschichtlichen Gesichtspunkt zum herrschenden Prinzip zu erheben. Die Einzelpersönlichkeiten und ihre künstlerische Eigenart werden nur insofern Beachtung finden, als sie bei der Darstellung der sachlichen Entwicklungslinien von Bedeutung sind. Nur in der übergeordneten Form gewisser geistesgeschichtlicher und literarhistorischer Gruppenbildungen wird das personale Element stärker mitzusprechen haben. Im übrigen werden die etwa 800 Artikel dieses Lexikons die literaturwissenschaftliche Materie grundsätzlich von sachlicher und formgeschichtlicher Einstellung aus behandeln. Im einzelnen lagen für diese erst neuerdings in ihrer Eigenwertigkeit stärker beachtete „realistische" Literaturgeschichte die Grundlagen sehr verschieden. Bei zahlreichen Artikeln konnten die Bearbeiter sich auf gute Vorarbeiten stützen; aber bei vielen anderen, oft recht bedeutsamen, galt es, durch das üppig wuchernde Feld der Einzelerscheinungen erstmalig eine Entwicklungsbahn zu schlagen und künftiger Forschung die Wege zu weisen. Schon dies bedingte, abgesehen von der Verschiedenartigkeit der nahezu 100 Mitarbeiter, hier und da eine nicht zu vermeidende Ungleichheit in der Behandlungsweise, Anlagehöhe und Ausdehnung der Stichwortartikel.

Die Vorgeschichte dieses 'Reallexikons der deutschen Literaturgeschichte' geht weit zurück und führt bis an die Schwelle der modernen geistesgeschichtlichen Literaturwissenschaft. Bereits in demselben Jahre 1911, das in Ungers Hamannwerk und Gundolfs Shakespearebuch die ersten deutlichen Zeugen der methodischen Schwenkung brachte, entwickelte der eine der beiden Herausgeber (Prof. Merker) dem Vertreter des damaligen Trübnerschen Verlags an Hand der aufgestellten Stichworte eingehend den Plan des Unternehmens, das im ganzen betrachtet jetzt in derselben Form zur Verwirklichung gekommen ist. Obwohl der Gedanke mit einem entsprechenden Plane des Verlags zusammentraf, der seine Grundrißreihe durch eine lexikalisch eingerichtete Serie ergänzen wollte, blieb das in Aussicht genommene alphabetische Nachschlagwerk damals, durch persönliche und zeitliche Verhältnisse bedingt, im Keimstadium geplanter Entwicklung stecken. Die Kriegs- und ersten Nachkriegsjahre brachten dann aus inneren und äußeren Gründen weitere Hemmung, bis erst im Jahre 1920 eine neue, diesmal vom Verlage ausgehende Anregung das Vorhaben wiederum in Fluß brachte. Mit der wenig später erfolgten Gewinnung von Prof. Stammler als Mitherausgeber, der auch die erste Stichwortliste mannigfach ergänzte, erhielt das Unternehmen eine breitere Basis. Etwa gleichzeitig konnte an die Auswahl und Werbung der Mitarbeiter gegangen werden, die im einzelnen nicht immer leicht zu gewinnen waren (einzelne, besonders undankbare Stichworte konnten erst nach 6—8maligem Ausbieten ihren willigen Bearbeiter finden). Die unklare Lage der folgenden Inflationszeit, die nicht nur dem Verlag jede Übersichtsmöglichkeit nahm, sondern auch in den Reihen der Mitarbeiter vielfach Zweifel und Aufschubwünsche wach werden ließ, und die Notwendigkeit mannigfacher Neuwerbungen verzögerten weiterhin den Druckbeginn. Erst Anfang dieses Jahres waren die Manuskripte so weit eingelaufen, daß an die Drucklegung gegangen und im Juni die erste Lieferung ausgegeben werden konnte.

Für Inhalt und Form der einzelnen Artikel tragen die betreffenden Mitarbeiter, denen von vornherein die volle wissenschaftliche Freiheit zugestanden wurde, die alleinige Verantwortung. Die Herausgeber haben sich nur für befugt erachtet, gelegentliche Breiten der Niederschriften zu streichen, allzu empfindliche (im einzelnen unvermeidliche) Doppel- und Kreuzdarstellungen desselben Problems in verschiedenen, sich ergänzenden und benachbarten Artikeln zu mildern und die mögliche Einheitlichkeit der technischen Anlage durchzuführen.

Drei geschätzte Mitarbeiter hat der Tod aus unserer Zusammenarbeit gerissen: Herrn Studienrat Dr. Fuckel in Kassel, Herrn Hochschulprofessor Dr. Reuschel in Dresden und Herrn Dr. Benzmann in Berlin. Doch lagen ihre Artikel bereits druckfertig vor, so daß sie hier noch einmal zu den Fachgenossen sprechen können. Ehre ihrem Andenken!

Das Reallexikon hat bereits bei der Ausgabe der ersten Lieferungen eine unsere Erwartungen übertreffende günstige Aufnahme und Verbreitung gefunden. So besteht die Hoffnung, daß einzelne Ungleichheiten und Lücken (manche Stichworte mußten wegen Ausbleibens der zugesagten und trotz mehrfacher Mahnungen nicht eingehenden Bearbeitungen erst kurz vor der Drucklegung des Ganzen gestrichen werden) bei einer späteren Neuauflage beseitigt und ergänzt werden können. Dem Schlußband wird ferner ein ausführliches Register beigegeben, das dem Benutzer des Reallexikons eine schnelle Orientierung über das gewaltige Material ermöglicht, das darin verarbeitet ist; dadurch erst kann sein Reichtum voll ausgeschöpft werden. Schon jetzt sei darauf hingewiesen, daß Herausgeber und Verlag den Plan verfolgen, diesem vorwiegend formgeschichtlich gerichteten Reallexikon später ein Personallexikon sowie ein Stoff- und Motivlexikon zur Seite treten zu lassen. Die drei Wurzeln und Elemente der literarischen Erscheinungen (Persönlichkeit, Stoff, Form) würden dann in drei sich ergänzenden lexikalischen Nachschlagewerken nebeneinander Berücksichtigung finden. Möge zunächst dieses „Real"-Lexikon, das wir besonders gern auch in den Händen der Studierenden und in den Schulbibliotheken sehen würden, seinen Weg gehen.

Greifswald, 30. Dezember 1925.

Paul Merker. **Wolfgang Stammler.**

Mitarbeiter.

Dr. R. F. **Arnold,** ord. Professor an der Universität Wien.
Dr. G. **Baesecke,** ord. Professor an der Universität Halle.
Dr. G. **Bebermeyer,** außerord. Professor an der Universität Tübingen.
Dr. A. **Bechtold,** München.
Professor Dr. F. **Behrend,** Archivar der deutschen Kommission der Akademie der Wissenschaften und Privatdozent an der Technischen Hochschule Berlin.
† Dr. H. **Benzmann,** Berlin
Studienrat Dr. H. **Beyer,** Hannover.
Studienrat Dr. P. **Beyer,** Frankfurt a. M.
Dr. H. **Bieber,** Berlin.
Dr. H. **de Boor,** außerord. Professor an der Universität Greifswald.
Dr. H. **Brinkmann,** Privatdozent an der Universität Jena.
Studienrat Dr. E. **Brodführer,** Bad Harzburg.
Dr. E. **Castle,** außerord. Professor an der Universität Wien.
Professor Dr. R. **Csaki,** Hermannstadt (Siebenbürgen).
Dr. H. **Cysarz,** Privatdozent an der Universität Wien.
Professor Dr. W. **Deetjen,** Bibliotheksdirektor in Weimar.
Dr. W. **Deimann,** Werne a. d. Lippe.
Dr. K. **Diesch,** Bibliotheksdirektor in Charlottenburg.
Dr. K. **Drescher,** Geh. Regierungsrat, ord. Honorarprofessor an der Universität Breslau.
Professor Dr. G. **Ellinger,** Berlin.
Dr. W. **Flemming,** außerord. Professor an der Universität Rostock.
† Studienrat Dr. A. **Fuckel,** Kassel.
Studienrat Dr. O. **Gorges,** Cöthen.
Bibliothekar Dr. J. **Gotzen,** Köln.
Dr. M. **Grabmann,** ord. Professor an der Universität München.
Dr. A. **Gramsch,** Marburg.
Dr. H. **Grellmann,** Greifswald.
Dr. O. v. **Greyerz,** ord. Professor an der Universität Bern.
Dr. A. v. **Grolman,** Karlsruhe.
Dr. P. **Habermann,** Berlin.
Dr. P. **Hankamer,** außerord. Professor an der Universität Bonn.
Dr. A. **Hauffen,** ord. Professor an der Universität Prag.
Dr. H. **Heckel,** Privatdozent an der Universität Breslau.
Dr. C. **Höfer,** Studiendirektor in Eisenach.
Dr. A. **Hoffmann,** Wien.
Dr. K. **Holl,** ord. Professor an der Technischen Hochschule Karlsruhe.
Dr. A. **Hübner,** ord. Professor an der Universität Münster.
Dr. F. **Kainz,** Privatdozent an der Universität Wien.
Dr. H. **Kindermann,** Privatdozent an der Universität Wien.
Dr. J. **Klapper,** Privatdozent an der Universität Breslau.
Dr. V. **Klemperer,** ord. Professor an der Technischen Hochschule Dresden.
Dr. H. **Knudsen,** Berlin.
Gymnasialprofessor Dr. Josef **Körner,** Prag.
H. **Köster,** Lehrer in Hamburg.

Dr. R. **Krauß,** Geh. Archivrat a. D., Rohr b. Stuttgart.
Regierungsrat Dr. R. **Latzke,** Wien.
Dr. S. v. **Lempicki,** ord. Professor an der Universität Warschau.
Dr. R. **Leppla,** Frankfurt a. M.
Dr. F. v. der **Leyen,** ord. Professor an der Universität Köln.
Dr. W. **Liepe,** außerord. Professor an der Universität Halle.
Dr. A. **Luther,** Bibliothekar an der Deutschen Bücherei in Leipzig.
Dr. B. **Markwardt,** Privatdozent an der Universität Greifswald.
Erna **Merker,** Greifswald.
Dr. P. **Merker,** ord. Professor an der Universität Greifswald.
Dr. Gerda **Mielke,** Stettin.
Dr. G. **Müller,** außerord. Professor an der Universität Freiburg i. Schw.
Oberstudienrat Dr. K. **Müller,** Dresden.
Dr. J. **Nadler,** ord. Professor an der Universität Königsberg.
Dr. H. **Naumann,** ord. Professor an der Universität Frankfurt a. M.
Dr. P. **Neuburger,** Berlin.
Dr. K. **Neurath,** Bremen.
Dr. M. **Nußberger,** ord. Professor an der Universität Riga.
Dr. E. **Petzet,** Oberbibliothekar a. D., München.
Dr. B. **Pukánszky,** Dozent in Budapest.
Dr. W. **Rehm,** München.
†Dr. K. **Reuschel,** Honorarprofessor an der Technischen Hochschule Dresden.
Dr. G. **Rosenhagen,** Honorarprofessor an der Universität Hamburg.
Dr. H. **Schaeder,** außerord. Professor an der Universität Breslau.
Oberstudienrat Dr. H. **Schauer,** Hannover.
Dr. H. **Schneider,** ord. Professor an der Universität Tübingen.
Dr. W. **Schöne,** Privatdozent an der Universität Leipzig.
Dr. H. **Scholte,** ord. Professor an der Universität Amsterdam.
Dr. K. **Schrötter,** Greifswald.
Dr. F. **Schultz,** ord. Professor an der Universität Frankfurt a. M.
Dr. J. **Schwering,** ord. Professor an der Universität Münster.
Dr. Th. **Siebs,** Geh. Regierungsrat, ord. Professor an der Universität Breslau.
Dr. M. **Sommerfeld,** Privatdozent an der Universität Frankfurt a. M.
Dr. A. **Spamer,** Privatdozent an der Universität Frankfurt a. M.
Dr. W. **Stammler,** ord. Professor an der Universität Greifswald.
Dr. W. **Stempell,** Bremen.
Professor Dr. E. **Stemplinger,** Oberstudiendirektor in Rosenheim.
Dr. K. **Strecker,** ord. Professor an der Universität Berlin.
Dr. W. **Suchier,** außerord. Professor an der Universität Göttingen.
Dr. W. **Teichmann,** Bibliothekar in Karlsruhe i. B.
Dr. H. **Teuchert,** ord. Professor an der Universität Rostock.
Dr. Christine **Touaillon,** Privatdozentin an der Universität Wien.
Dr. F. **Trojan,** Wien.
Dr. Th. W. **Werner,** Privatdozent an der Technischen Hochschule Hannover.
Dr. K. **Wesle,** außerord. Professor an der Universität Jena.
Studienrat Dr. J. **Wiegand,** Köln.
Dr. R. **Wolkan,** außerord. Professor an der Universität Wien.
Dr. W. **Ziesemer,** ord. Professor an der Universität Königsberg.

Abkürzungen.

a. = anno.
2. A. = 2. Auflage.
aaO. = am angeführten Orte.
Abh. = Abhandlungen.
ad. = altdeutsch.
adän. = altdänisch.
ADB. = Allgemeine Deutsche Biographie. (Leipz. 1875—1912.)
ae. = altenglisch.
AF. = Anglistische Forschungen, hg. von J. Hoops. (Heidelberg 1900 ff.)
AfdA. = Anzeiger für deutsches Altertum und deutsche Literatur. (1876 ff.)
afries. = altfriesisch.
afrz. = altfranzösisch.
AG. = Acta Germanica, hg. von R. Henning. (Berlin 1890 ff.)
agerm. = altgermanisch.
ags. = angelsächsisch.
ahd. = althochdeutsch.
Ahd. Gll. = Die althochdeutschen Glossen, gesammelt u. bearbeitet von E. Steinmeyer u. E. Sievers. (Berlin 1879 bis 1922.)
aind. = altindisch.
air. = altirisch.
aisl. = altisländisch.
Alem. = Alemannia. (1872 bis 1903.)
Alm. = Almanach.
An.Boll. = Analecta Bollandica. (Brüssel 1882 ff.)
and. = altniederdeutsch.
Anm. = Anmerkung.
anord. = altnordisch.
Anord. SB. = Altnordische Sagabibliothek, hg. von Cederschiöld, Gering u. Mogk. (Halle 1882 ff.)
anorw. = altnorwegisch.
AnzfKddV. = Anzeiger für Kunde der deutschen Vorzeit. (1835—39.).
arab. = arabisch.
ArchfLg. = Archiv für Literaturgeschichte. (1870—1887.)
ArchfLitKgMA. = Archiv für Literatur- und Kirchengeschichte des Mittelalters. (1885.)
ArchfRw. — Archiv für Religionswissenschaft. (1898 ff.)
ArchfKultg. = Archiv für Kulturgeschichte. (1902 ff.)
ArchfslPh. = Archiv für slawische Philologie. (1876 ff.)
ArchfnSpr. = Archiv für das Studium der neueren Sprachen und Literaturen. (1846 ff.)
Arkiv = Arkiv för nordisk filologi. (1883 ff.)
AS. = Acta Sanctorum.
as. = altsächsisch.
aschwed. = altschwedisch.
AT. = Altes Testament.

Baechtold = Geschichte der deutschen Literatur in der Schweiz von J. Baechtold. (Frauenfeld 1892. Anastat. Neudr. 1919.)
Bd. = Band.
Bausteine = Bausteine zur Geschichte d. deutschen Literatur, hg. v. F. Saran. (Halle 1909 ff.)
BBll. = Bayreuther Blätter. (1878 ff.)
Beil. = Beilage.
BeitrLw. = Beiträge zur deutschen Literaturwissenschaft, hg. von E. Elster. (Marburg 1907 ff.)
BeitrnLg. = Beiträge zur neueren Literaturgeschichte, hg. von M. v. Waldberg. (Heidelberg 1908 ff.)
Beow. = Beowulf.
BerlB. = Berliner Beiträge zur germanischen und romanischen Philologie, hg. von E. Ebering. (Berlin 1893 ff.)
BHL. = Bibliotheca hagiographica Latina antiquae et mediae aetatis.
Bibl. = Bibliothek.
Braune Leseb. = Althochdeutsches Lesebuch von W. Braune. 8. Aufl. (Halle 1919.)
BreslB. = Breslauer Beiträge zur neueren Literaturgeschichte, hg. von M. Koch und G. Sarrazin. (Stuttgart 1904 ff.)
BSB. = Sitzungsberichte der Akademie d. Wissenschaften z. Berlin. Phil.-hist. Klasse. (1836 ff.)

c. = caput, Kapitel.
ca. = circa.
CarmBur. = Carmina Burana. Lateinische u. deutsche Lieder u. Gedichte einer Handschrift des XIII. Jhs. aus Benediktbeuren. Hg. von Schmeller. (Bibl. des Stuttg. Lit. Ver. 16. Stuttgart 1847.)
Chr. = Chronik.
CR. = Corpus Reformatorum.
Creizenach = Geschichte des neueren Dramas von W. Creizenach. (Halle 1893 ff.)

dän. = dänisch.
dass. = dasselbe.
ders. = derselbe.
DGeschBll. = Deutsche Geschichtsblätter. (1899—1921.)
DHB. = Deutsches Heldenbuch. (Berlin 1866—1873.)
DHistTidskr. = Dansk historisk tidskrift. (1840 ff.)
dial. = dialektisch.
Diefenbach Gl. = Glossarium Latino-Germanicum mediae et infimae aetatis, ed. Diefenbach. (Frankfurt a. M. 1857.)
Diefenbach NGl. = Novum glossarium etc. (Frankf. a. M. 1867.)
Diss. = Dissertation.
DLD. = Deutsche Literaturdenkmale des 18. und 19. Jahrhunderts. (Berlin 1882 ff.)
DLZ. = Deutsche Literaturzeitung. (1880 ff.)
DNL. = Deutsche National-Literatur, hg. von J. Kürschner. (Stuttgart 1882—99.)
DRs. = Deutsche Rundschau. (1874 ff.)
dt. = deutsch.
Du Cange = C. du Cange, Glossarium mediae et infimae latinitatis. ed. G. A. L. Henschel. (Paris 1840—1850.)
DWB. = Deutsches Wörterbuch der Brüder Grimm u. a. (Leipzig 1854 ff.)
DZGw. — Deutsche Zeitschrift für Geschichtswissenschaft. (1889—97.)

ebd. = ebenda.
Ebeling = Geschichte der komischen Literatur in Deutschland von F. W. Ebeling. (Leipzig 1862—1869.)
Ehrismann = Geschichte der deutschen Literatur bis zum Ausgang des Mittelalters, von G. Ehrismann. (Münch. 1918 ff.)
eig. = eigentlich.
Elster = Prinzipien der Literaturwissenschaft von E. Elster. (Halle 1897—1911.)
engl. = englisch.
EnglStud. = Englische Studien. (1877 ff.)
Ersch-Gruber = Allgemeine Encyclopädie, begründet von J. S. Ersch u. J. G. Gruber. (Leipzig 1818—1889.)
estn. = estnisch.
Euph. = Euphorion, Zeitschrift f. Literaturgeschichte. (1894 ff.)

f. = Femininum.
f. = folgende Seite.
ff. = folgende Seiten.
FDG. = Forschungen zur deutschen Geschichte. (1862—86.)
FF. = Forschungen u. Funde, hg. von F. Jostes. (Münster 1900ff.)
Fischer-Tümpel = Das deutsche Kirchenlied des 17. Jahrhunderts von A. W. Fischer, vollendet von W. Tümpel. (Gütersloh 1904—16.)
Flögel-Bauer = Geschichte des Grotesk-Komischen von K. F. Flögel, neu bearbeitet von M. Bauer. (München 1914.)
Flögel KL. = Geschichte der komischen Literatur von K. F. Flögel. (Liegnitz 1784—86.)
ForschdLVk. = Forschungen zur deutschen Landes- u. Volkskunde. (Stuttgart 1893ff.)
ForschnLg. = Forschungen zur neueren deutschen Literaturgeschichte, hg. von F. Muncker. (Weimar 1898ff.)
franz. = französisch.
FrF. = Freie Forschungen zur deutschen Literaturgeschichte, hg. von F. Schultz. (Straßburg 1914ff.)
Friedländer = Das deutsche Lied im 18. Jahrhundert von M. Friedländer. (Berlin 1902.)
fries. = friesisch.
frnhd. = frühneuhochdeutsch.
Fueter = Geschichte der neueren Historiographie von E. Fueter. (München 1911.)

GA. = Gesamtabenteuer. 100 altdeutsche Erzählungen, hg. von F. H. v. d. Hagen. (Stuttgart u. Tübingen 1850.)
gäl. = gälisch.
GB. = Gesangbuch.
Germ. = Germania, Vierteljahrsschrift für deutsche Altertumskunde, hg. von F. Pfeiffer u. a. (1856—1892.)
germ. = germanisch.
GermAbhh. = Germanistische Abhandlungen, hg. von Weinhold und Vogt. (Breslau 1882ff.)
Gervinus = Geschichte der deutschen Dichtung von G. G. Gervinus. 5. Aufl., hg. von K. Bartsch. (Leipzig 1871 bis 1874.)
GGA. = Göttingische Gelehrte Anzeigen. (1753ff.)
GGN. = Nachrichten der Göttinger Gesellschaft der Wissenschaften. (1850ff.)
GJb. = Goethe-Jahrbuch, hg. von L. Geiger. (Frankfurt a. M. 1880—1913.)
Goedeke = Grundriß zur Geschichte der deutschen Dichtung aus den Quellen von K. Goedeke. 2. und (Bd. IV) 3. Aufl. (Dresden 1884ff.)
Goedeke MA. = Deutsche Dichtung im Mittelalter. Hg. von K. Goedeke. 2. Aufl. (Dresden 1871.)
got. = gotisch.
Götze Leseb. = Frühneuhochdeutsches Lesebuch von A. Götze. (Göttingen 1920.)
Graff = Althochdeutscher Sprachschatz, hg. von G. E. Graff. (Berlin 1834—1842.)
griech. = griechisch.
GrillpJb. = Jahrbuch der Grillparzer-Gesellschaft. (Wien 1890ff.)
Grimm Myth. = Deutsche Mythologie von J. Grimm. 4. Aufl. von E. H. Meyer. (Berlin 1875—78.)
GRM. = Germanisch-Romanische Monatsschrift. (1909ff.)
GrW. = Bibliothek der angelsächsischen Poesie, hg. von Grein und Wülker. (1883ff.)

Hayn = Bibliotheca Germanorum erotica et curiosa von H. Hayn. 3. Aufl. neu bearbeitet von A. Gotendorf. (München 1912—14.)
HB. = Heldenbuch. Altdeutsche Heldenlieder, hg. von F. H. v. d. Hagen. (Berlin 1855.)
hd. = hochdeutsch.
hebr. = hebräisch.
Hettner = Literaturgeschichte des 18. Jahrhunderts von H. Hettner. Teil III. Deutschland. 6. Aufl. von O. Harnack. (Braunschweig 1913.)
hg. v. = herausgegeben von.
HistJb. = Historisches Jahrbuch der Görresgesellschaft. (1880ff.)
HistVjschr. = Historische Vierteljahrschrift. (1898ff.)
HistZ. = Historische Zeitschrift. (1859ff.)
HMS. = Minnesinger. Gesammelt u. hg. von F. H. v. d. Hagen. (Leipzig 1838.)
Hoffmann KL. = Geschichte des deutschen Kirchenliedes bis auf Luthers Zeit von H. Hoffmann von Fallersleben. 3. Auflage. (Hannover 1861.)
holl. = holländisch.
Hoops Reall. = Reallexikon der germanischen Altertumskunde, hg. von J. Hoops. (Straßburg 1911—19.)
Hs(s). = Handschrift(en).
HSB. = Sitzungsberichte der Akademie der Wissenschaften zu Heidelberg, Phil.-hist. Klasse. (1909ff.)

idg. = indogermanisch.
ir. = irisch.
isl. = isländisch.
ital. = italienisch.

JB. = Jahresbericht(e).
Jb. = Jahrbuch, Jahrbücher.
JbdGG. = Jahrbuch der Goethe-Gesellschaft, hg. von H. G. Graef u. a. (Weimar 1914ff.)
JbfElsLothr. = Jahrbuch für Geschichte, Sprache u. Literatur Elsaß-Lothringens. (1885 bis 1918.)
JBfgPh. = Jahresberichte über die Erscheinungen auf dem Gebiete der germanischen Philologie, hg. von der Gesellschaft für deutsche Philologie zu Berlin. (Leipzig 1877ff.)
JBfLg. = Jahresberichte für neuere deutsche Literaturgeschichte. (Berlin 1890—1918.)
JEGPh. = Journal of english and germanic philology. (1903ff.)
JGPh = Journal of germanic philology. (1897—1902.)
Jh. = Jahrhundert.

KbldGesV. = Korrespondenzblatt des Gesamtvereins der deutschen Geschichts- und Altertumsvereine. (1853ff.)
KdG. = Kultur der Gegenwart, hg. von P. Hinneberg. (Leipzig 1906ff.)
kelt. = keltisch.
Koberstein = Grundriß der Geschichte der deutschen Nationalliteratur von K. Koberstein. 5. Aufl. von K. Bartsch. (Leipzig 1872—74.)
Könnecke = Bilderatlas zur Geschichte der deutschen Nationalliteratur von G. Könnecke. 2. Aufl. (Marburg 1895.)
kymr. = kymrisch.
Kw. = Der Kunstwart. (1887ff.)

langob. = langobardisch.
lat. = lateinisch.
LE. = Das Literarische Echo. (1898ff.)
Lehmann Poet. = Poetik von R. Lehmann. (München 1908.)

Lempicki = Geschichte der deutschen Literaturwissenschaft von S. v. Lempicki. I. (Göttingen 1920.)
lit. = litauisch.
LithForsch. = Literarhistorische Forschungen, hg. von Schick und v. Waldberg. (Heidelberg 1897 ff.)
LLD. = Lateinische Literaturdenkmäler des 16. und 17. Jahrhunderts. (Berlin 1891 ff.)
LSB. = Sitzungsberichte der Sächsischen Gesellschaft der Wissenschaften zu Leipzig. Phil.-hist. Klasse. (1816 ff.)
Ltbl. — Literaturblatt für germanische u. romanische Philologie. (1880 ff.)
LZbl. = Literarisches Zentralblatt. (1850—1924.)

m. = Masculinum.
MA. = Mittelalter.
mal. = mittelalterlich.
Manitius = Geschichte der lateinischen Literatur des Mittelalters von M. Manitius. I. (München 1911.)
Mbl. = Monatsblatt.
Mbll. = Monatsblätter.
md. = mitteldeutsch.
me. = mittelenglisch.
m. E. = meines Erachtens.
Meyer DVk. = Deutsche Volkskunde von E. H. Meyer. (Freiburg i. B. 1898.)
Meyer St. = Das Stilgesetz in der Poesie von Th. A. Meyer. (München 1901.)
Meyer Stilistik = Deutsche Stilistik von R. M. Meyer. (München 1906.)
MF. = Des Minnesangs Frühling, hg. von F. Vogt. 3. Aufl. (Leipzig 1920.)
MG. = Monumenta Germaniae historica. — MGL. = dass., Abt. Leges. — MGS. = dass., Abt. Scriptores.
MGESchG = Mitteilungen der Gesellschaft für deutsche Erziehungs- und Schulgeschichte. (1891 ff.)
MGP. = Monumenta Germaniae paedagogica. (Berlin 1886 ff.)
mhd. = mittelhochdeutsch.
Minor Metrik = Neuhochdeutsche Metrik von J. Minor. 2. Aufl. (Berlin 1902.)
MIÖG. = Mitteilungen des Instituts für österreichische Geschichtsforschung. (1880 ff.)
mlat. = mittellateinisch.
MLN. = Modern language notes. (1896 ff.)
MLR. = The modern language review. (1906 ff.)
MM. = Münchener Museum für Philologie des Mittelalters und der Renaissance. (1911 ff.)
mnd. = mittelniederdeutsch.
mndl. = mittelniederländisch.
Mone Sch. = Schauspiele des Mittelalters, hg. von Mone. (Karlsruhe 1847.)
MSB. = Sitzungsberichte der Akademie der Wissenschaften zu München. Philos.-philol. u. hist. Klasse. (1860 ff.)
MSD. = Denkmäler deutscher Poesie u. Prosa von K. Müllenhoff u. W. Scherer. 3. Aufl. hg. von E. Steinmeyer. (Berlin 1892.)
Müllenhoff DA. = Deutsche Altertumskunde von K. Müllenhoff. (1870—1900.)

n. = Neutrum.
NA. = Neues Archiv der Gesellschaft für ältere deutsche Geschichtskunde. (1876 ff.)
Nadler = Literaturgeschichte der deutschen Stämme und Landschaften. Von J. Nadler. 3 Bde. (Regensburg 1912—18.)
Nagl-Zeidler = Deutsch-österreichische Literaturgeschichte. Ein Handbuch zur Geschichte der deutschen Dichtung in Österreich-Ungarn, hg. von J. W. Nagl, J. Zeidler und E. Castle. (Wien 1891 ff.)
nd. = niederdeutsch.
Nd. Jb. = Jahrbuch des Vereins für niederdeutsche Sprachforschung. (1876 ff.)
NdKbl. = Korrespondenzblatt des Vereins für niederdeutsche Sprachforschung. (1877 ff.)
ndl. = niederländisch.
NDL. = Neudrucke deutscher Literaturwerke des 16./17. Jahrhunderts, hg. von W. Braune. (Halle 1876 ff.)
NDRs. = Neue deutsche Rundschau. (1894—1904.)
nds. = niedersächsisch.
ne. = neuenglisch.
Neophil. = Neophilologus, hg. von J. J. A. A. Frantzen. (1915 ff.)
NF. = Neue Folge.
nfranz. = neufranzösisch.
ngriech. = neugriechisch.
nhd. = neuhochdeutsch.
NHistTidskr. = Norsk historisk tidskrift. (1877 ff.)
NJbb. = Neue Jahrbücher für das klassische Altertum, Geschichte und deutsche Literatur und für Pädagogik. (1899 ff.)
NL. = Nibelungenlied.
nlat. = neulateinisch.
nnd. = neuniederdeutsch.
nndl. = neuniederländisch.
nord. = nordisch.
norw. = norwegisch.
NRs. = Neue Rundschau. (1904 ff.)
NS. = Nord und Süd. (1877 bis 1920.)
nschwed. = neuschwedisch.
NSpr. = Die neueren Sprachen. (1893 ff.)

obd. = oberdeutsch.

Pal. = Palaestra. Untersuchungen und Texte aus der deutschen und englischen Philologie. (Berlin 1898 ff.)
PBB. = Beiträge zur Geschichte der deutschen Sprache u. Literatur, hg. von H. Paul, W. Braune u. E. Sievers. (1874 ff.)
PEL. = Periods of European literature, ed. by George Saintsbury. (London 1897 bis 1907.)
Pfeiffer DM. = Deutsche Mystiker des XIV. Jahrhunderts, hg. von F. Pfeiffer. (Göttingen 1845—57. Anastat. Neudr. 1914.)
PGrundr. = Grundriß der germanischen Philologie, hg. von H. Paul. 2. Aufl. (Straßburg 1900—1909.)
pl. = Plural.
PrJbb. = Preußische Jahrbücher. (1858 ff.)
Probefahrten = Probefahrten. Erstlingsarbeiten aus dem Deutschen Seminar zu Leipzig, hg. von A. Köster. (1904 ff.)
Progr. = Programm- oder Schulschrift.
prov. = provençalisch.

QF. = Quellen und Forschungen zur Sprach- und Kulturgeschichte der germanischen Völker. (Straßburg 1874 ff.)

REPTh. = Realenzyklopädie für protestantische Theologie und Kirche. 3. Aufl. hg. von A. Hauck. (Leipzig 1896—1913.)
Ren. = Renaissance.
Rev. germ. = Revue germanique (1905 ff.)
Rom. = Romania. (1872 ff.)
roman. = romanisch.
röm. = römisch.
russ. = russisch.

SA. = Sonderabdruck.
sächs. = sächsisch.
Salomon = Geschichte des deutschen Zeitungswesens von den ersten Anfängen bis zur Wiederaufrichtung des Deutschen Reiches. Von L. Salomon. (Oldenburg 1900—06.)
Saran Versl. = Dtsche. Verslehre von F. Saran. (München 1906.)
SB. = Sitzungsbericht.
Scherer = W. Scherer, Geschichte der deutschen Literatur, 15. Aufl. bes. v. E. Schröder. (Berlin 1922.)
schott. = schottisch.
SchrBGes. = Schriften der literaturhistorischen Gesellschaft zu Bonn, hg. von B. Litzmann. (Dortmund 1896 ff.)
SchwAfVk. = Schweizer Archiv für Volkskunde. (1897 ff.)
schwed. = schwedisch.
schweiz. = schweizerisch.
s. d. = sieh dies!
ShJb. = Jahrbuch der deutschen Shakespeare-Gesellsch. (1865 ff.)
slaw. = slawisch.
s. o. = sieh oben!
span. = spanisch.
spätlat. = spätlateinisch.
SprD. = Sprache und Dichtung. Forschungen zur Linguistik und Literaturwissenschaft, hg. von S. Singer und H. Maync. (Tübingen 1911 ff.)
Ssp. = Sachsenspiegel, Landrecht, hg. von Homeyer. 3. Aufl. (Berlin 1861.)
Stammler Leseb. = Mittelniederdeutsches Lesebuch von W. Stammler. (Hamburg 1921.)
Stammler Lg. = Niederdeutsche Literaturgeschichte von den ältesten Zeiten bis auf die Gegenwart. Von W. Stammler. (Leipzig u. Berlin 1920.)
StvglLg. = Studien zur vergleichenden Literaturgesch. (1901—09.)
SZfRG. = Zeitschrift der Savigny-Stiftung für Rechtsgeschichte. Germanistische Abteilung. (1880 ff.)

TheatergeschF. = Theatergeschichtliche Forschungen, hg. von B. Litzmann. (Hamburg und Leipzig 1891 ff.)
Tijdschr. = Tijdschrift voor nederlandsche taal- en letterkunde. (1881 ff.)

þs. = þidrekssaga.

UB. = Urkundenbuch.
Unters. = Untersuchungen zur neueren Sprach- und Literaturgeschichte, hg. von O. F. Walzel. (Bern, dann Leipzig 1903 ff.)
urgerm. = urgermanisch.

V. = Vers.
VjschrLg. = Vierteljahrschrift für Literaturgeschichte. (1888 bis 1893.)
VschrKLR. = Vierteljahrschrift für Kultur und Literatur der Renaissance. (1886—1887.)
vulglat. = vulgärlateinisch.

Wackernagel KL. = Das deutsche Kirchenlied von der ältesten Zeit bis zum Anfang des 17. Jahrhunderts von K. E. Ph. Wackernagel. (Leipzig 1864—77.)
Wackernagel Leseb. = Altdeutsches Lesebuch von W. Wackernagel. 5. Aufl. (Basel 1873.)
Wackernagel-Martin = Gesch. der deutschen Literatur von W. Wackernagel. 2. Aufl. bearbeitet von E. Martin. (Basel 1879—94.)
WBll. = Die weißen Blätter. (1913 ff.)
WeimJb. = Weimarisches Jahrbuch für deutsche Sprache, Literatur und Kunst. (1854 bis 1857.)
westf. = westfälisch.
WSB. = Sitzungsberichte der Akademie der Wissenschaften zu Wien. Phil.-hist. Klasse. (1848 ff.)
WuS. = Wörter und Sachen. Kulturhistorische Zeitschrift f. Sprach- und Sachforschung. (1909 ff.)
WW. = Kirchenlexikon oder Enzyklopädie der katholischen Theologie und ihrer Hilfswissenschaften, hg. von Wetzer und Welte. 2. Aufl. (Freiburg i. B. 1882—1903.)
WZ. = Westdeutsche Zeitschrift für Geschichte und Kunst (1882 ff.)

Z. = Zeitschrift.
ZblBblw. = Zentralblatt für Bibliothekswesen. (1884 ff.)
ZfBfr. = Zeitschrift für Bücherfreunde. (1897 ff.)
ZfdA. = Zeitschrift für deutsches Altertum und deutsche Literatur. (1841 ff.)
ZfdKultg. = Zeitschrift für deutsche Kulturgeschichte. (1856 bis 1892.)
ZfdPh. = Zeitschrift für deutsche Philologie. (1868 ff.)
ZfdMdaa. = Zeitschrift für deutsche (anfangs nur: hochdeutsche) Mundarten. (1900 ff.)
ZfDt. = Zeitschrift für Deutschkunde. (1920 ff.)
ZfdU. = Zeitschrift für den deutschen Unterricht. (1887 bis 1919.)
ZfdWf. = Zeitschrift für deutsche Wortforschung. (1901 bis 1914.)
ZffrzSpr. = Zeitschrift für französische Sprache und Literatur. (1883 ff.)
ZfKg. = Zeitschrift für Kirchengeschichte. (1880 ff.)
ZföG. = Zeitschrift für die österreichische Gymnasien. (1850 ff.)
ZfKultg. = Zeitschrift für Kulturgeschichte. (1894—1902.)
ZfromPh. = Zeitschrift für romanische Philologie. (1876 ff.)
ZfverglLg. = Zeitschrift für vergleichende Literaturgeschichte. (1887—1910.)
ZfVk. = Zeitschrift des Vereins für Volkskunde. (1891 ff.)
ZSprV. = Zeitschrift des Allgemeinen deutschen Sprachvereins. (1885 ff.)

A.

Abenteuerroman. § 1. Der Name „Abenteuerroman" ist der literarische Oberbegriff für eine Reihe von gattungsmäßigen Erscheinungsformen des volkstümlichen, realistischen Romans, wie sie Schelmenroman, Simpliziade, Avanturier, Robinsonade, Reiseroman darstellen. Die Anfänge des A. liegen weit zurück, seine eigentliche Blütezeit fällt ins 17. Jh., seine Ausläufer reichen bis über das Ende des 18. Jh. hinaus. Der A. geht als wichtige, bedeutende literarische Strömung mit starkem realistischen Gehalt neben dem gleichzeitigen schäferlichen, heroisch-galanten und historischen Kunstroman der gesellschaftlichen Oberschicht her und besitzt im Gegensatz zu diesem durch Inhalt und Form, durch naturhaft-ungebrochenes Leben weitaus die größere künstlerische Bedeutung, ja er reicht mit Grimmelshausen in die Weltliteratur hinein. Er hat entscheidenden Anteil an der Ausbildung der epischen Kunstform wie der realistischen Darstellung und Wirklichkeitserfassung überhaupt.

§ 2. Zwar weist schon das gesamte höfische Epos der mhd. Blütezeit und die Spielmannsdichtung starkes, abenteuerliches Gepräge auf. Das liegt am Stoff jener Artusromane mit ihren phantastischen, seltsamen Begebenheiten. Aber diese zahlreichen Abenteuer, die der Ritter besteht, sind einer ganz anderen Idee unterstellt, sie sind Ausfluß des Ethos eines höfischen Rittertumes, das seinen Vertretern es geradezu zu einer sittlichen Pflicht macht, kühne Gefahren zu suchen, sie siegreich zu bestehen, durch den erlangten Ruhm das Ansehen des ganzen Standes zu festigen und schließlich dadurch Gott zu dienen. In solcher Hinsicht sind vor allem Hartmanns 'Erec' und 'Iwein', in gewissem Sinne Wolframs 'Parzival', Wirnts 'Wigalois', der 'Lanzelet' des Ulrich von Zazikhoven u. a. ausgesprochene ritterliche Abenteuerromane. Kriegerische aventiure suchen sie fast ausschließlich. Doch erst die Umlagerung der sozialen Schichten im 14., 15. und 16. Jh. schafft die inneren und äußeren Voraussetzungen für jenes bezeichnende Merkmal des A., das der höfischen Zeit mit ihrer aristokratischen Standeskultur notwendig fehlen mußte: die Gestalt des Abenteurers, der, dem Bürgerstande oder dem Volk entstammend und meist in dienender Stellung, nicht bewußt auf Abenteuer auszieht, aus reiner Freude wie die späteren Weltenbummler oder um einer sittlichen Idee willen, sondern der vielmehr gepackt wird vom stets wechselnden Geschick, das ihn herumwirbelt, ihm bald günstig, bald widrig ist, der sich durchschlägt, allen Mühen zum Trotz, sich vielleicht von unten hinaufarbeitet zum Glück und Herr der Lage wird, selten aber eine eigentliche innere Entwicklung durchmacht.

§ 3. Schon der 'Ruodlieb' und die Spielmannsdichtung ('König Rother', 'Herzog Ernst') hatten solche abenteuerlichen Motive gebracht, sie mehren sich im bürgerlich-realistischen Prosaroman (Wickrams 'Goldfaden' 1557), in den Volksbüchern ('Fortunatus', 'Pontus und Sidonia'), in der Schwank- und Facetiendichtung des 16. Jhs., bei Fischart, der Rabelais' „affentheuerlichen" 'Gargantua und Pantagruel' (1575) überträgt. Aber gerade hier zeigt sich noch einmal die Wirkung des feudalen Rittertums, das in Spanien und Frankreich samt seinen phantastischen Abenteuern zu einer letzten Blüte ersteht. Im 'Amadis' (s. d.) feiert vergröberte Ritterherrlichkeit nochmals Triumphe; auf die Quantität, nicht die Qualität der Taten kommt es den ritterlichen Kraftheiden an, deren innere Hohlheit Cervantes aufs Korn nimmt. Aus dem gleichen Spanien kommt dann jene erste eigentliche literarische Verkörperung des Abenteurers, der picaro, der Held des spanischen Schelmenromans (s. d.), der nur zu begreifen ist aus den innerlich faulen Zuständen des allmählich morsch gewordenen spanischen Weltreichs, ein Gauner aus der sozialen Unterschicht, der sich durchs Leben schlägt. Sein abenteuerlicher Werdegang ist eng mit einer realistisch getreuen und spottend scharfen Satire auf alle Stände, mit denen der picaro in Berührung kommt, verbunden. Das Deutschland des 30 jährigen Krieges sah ähnliche, abenteuerliche Gestalten; der Boden war bereitet, so erklärt sich die schnelle Einbürgerung und Angleichung der novella picaresca namentlich im katholischen Süddeutschland, wo diese aus dem Lande der Gegenreformation stammende literarische Gattung zuerst festen Fuß faßte. Aegidius Albertinus, Martin Freudenhold und Nikolaus Ulenhart sind die literarischen Vermittler solcher Landstörtzerromane.

§ 4. Aus diesem Schelmenroman wächst dann heraus „der" deutsche Abenteuerroman des 17. Jh., der 'Simplizissimus' von Grimmelshausen (1668 f.), ein Werk, das sich ebenbürtig neben die anderen großen Abenteuerromane der Weltliteratur, 'Don Quichote' und 'Gil Blas', stellen darf. Innerhalb des volkstümlichen deutschen Romans, dessen Höhepunkt der 'Simplizissimus' ist, gibt der Verfasser zum erstenmal eine wirkliche innere, psychologisch-wahrhafte Entwicklung seines Helden, der sich heraufarbeitet aus der Welt des Niedrigen, des Zufalls; er verleiht dem Abenteuerroman als erster wieder nach Wolfram von Eschenbach einen tiefen ethischen Gehalt, indem die rein äußerlichen stofflichen Abenteuer, die Simplizius bestehen muß, ihn zur inneren Einkehr, zur Läuterung führen, von der Gottferne zur Gottnähe. In diesem langsamen Reifen liegt eine einheitliche Grundidee: „Aller Wahn treugt." Als echter Mensch des Barock entsagt er der Welt, wird Einsiedler und endet sein Leben als ein Fertiger und Gottversöhnter auf einer Insel im Ozean. Sein Dasein ist hineingestellt in eine bewegte, abenteuerreiche Zeit, die mit satten, bisweilen durch ihre Treue erschreckenden Farben geschildert wird. Der kulturhistorische Gehalt des Werkes ist unschätzbar. Gesteigerte, derbrealistische Naturnähe eignet den simplizianischen Schriften, der 'Landstörtzerin Courage' (1670) und dem 'Seltsamen Springinsfeld' (1670), die beide mit grimmigem Hohn in schmutzige Tiefen des Lebens hinableuchten. Wie hier im einzelnen Grimmelshausen, so sinkt auch der A. nach ihm wieder auf die Stufe des Schelmenromans zurück. Die künstlerische Höhe des 'Simplizissimus' wird nicht mehr erreicht; die Nachahmungen häufen sich, die sog. „Simpliziaden", vollgepfropft mit wunderbaren Abenteuern, aber ohne jeden ethischen Gehalt. Bedeutsam sind der 'Simplizianische Weltkucker oder abenteuerlicher Jan Rebhu' (1677) von Johann Huber, der 'Französische Kriegssimplizissimus' (1682), der 'Dazianische Simplizissimus' (1683) und endlich der 'Simplizissimus redivivus' (1744).

§ 5. Die Zahl der Abenteuerromane ist — ein typisches Zeichen der Zeit — seit Ende des 17. Jh. ständig im Steigen begriffen; bis über 1750 hinaus erfreut sich die Gattung großer Beliebtheit. Der A. nimmt Anregungen des historischen, heroischen Idealromans auf, der unter deutlicher Wirkung des späten griechischen Romans seinen Helden die mannigfachsten Land- und Seeabenteuer bestehen läßt, er folgt dem galanten Gesellschaftsroman, in dem kühne Liebesabenteuer in endloser Reihe eine große Rolle spielen; er verbindet sich mit dem Lügen- und Reiseroman (s. d.) und folgt der Art E. W. Happels, der in seine europäischen Geschichtsromane lange geographische Abhandlungen einschaltet und so, dem Zug der Zeit folgend, nachdrücklich den Blick in ferne Länder richtet, den Horizont weitet. Christian Weises politische Romane (1671 ff.) gehören hierher und besonders dessen meist anonyme Nachfolger, die den politischen Roman in einen Landstreicherroman mit rein picarischem Gepräge verwandeln. Christian Reuters 'Schelmuffskys wahrhaftige, kurieuse und sehr gefährliche Reisebeschreibung zu Wasser und zu Lande' (1696) verbindet Lügen-, Reise- und Abenteuerroman.

Überhaupt teilt sich jetzt der A. in die verschiedensten literarischen Unterabteilungen. Zum deutschen Simplizissimus und dem spanischen Picaro gesellt sich seit 1714 der französisch-holländische Avanturier (s. d.) und seit 1720 der englische Robinson (s. d.), jeder auf seine Art ein Abenteurer, dessen Leben einer leicht romantischen Färbung nicht entbehrt, wenn auch freilich nach einer treffenden Bemerkung Fr. Schlegels der Begriff des Romantischen in diesen Romanen ganz mit dem Begriff des Polizeiwidrigen zusammenfällt. Verhältnismäßig klein (ungefähr 20 von 1714—1769) ist die Zahl der Avanturierromane (s. d.) gegenüber der Flut von Robinsonaden, in denen der Phantasie und Aufschneiderei noch größerer Spielraum gelassen, das Abenteuerliche durch den Reiz des nicht Prüfbaren noch gesteigert ist. Denn nur sehr wenige legen in die Robinsonade eine so tief-ethische Tendenz hinein wie etwa J. G. Schnabel in seine 'Insel Felsenburg' (1731 ff.). Nach 1750 muß das abenteuerliche Gepräge dieser Gattung der praktisch-nüchternen Moral des Rationalismus weichen, der die Robinsonade zum didaktischen Erziehungsbuch umformt. In Schnabels 'Im Irrgarten der Liebe herumtaumelndem Kavalier' (1738) feiert mit erhöhter Frivolität auch die absterbende Gattung des abenteuerlichen Rokokoromans einen letzten Triumph, wenn auch hier schon der Schluß ins Religiös-Moralische umgebogen ist.

§ 6. Mit dem Aufkommen des neuen psychologischen Familienromans nach englischem Vorbild verschwindet allmählich auch der volkstümliche und damit der eigentliche Abenteuerroman, aber nicht endgültig: gleichsam unterirdisch speist er mit seinen Motiven die Ströme der neuen Romangattung und schließlich kommt er in der literarischen Unterschicht wieder zur Geltung im Ritter- und Räuberroman (s. d.) und später im exotischen Roman (s. d.). Zudem wirkt nun auch ein Meisterwerk der A. stark, Cervantes' 'Don Quichote' durch seinen satirischen Gehalt wie durch die in ihm beschlossenen abenteuerlichen Motive; auf ihn stützen sich H. Fielding (vor allem in 'Jonathan Wild' 1743, 'Tom Jones' 1749) und die See- und Abenteuerromane T. Smollets ('Roderick Random' 1748, 'Peregrine Pickle' 1751); sie wieder beeinflussen neben dem Orginal des Spaniers den deutschen, besonders den Reiseroman (s. d.) eines Musaeus, Müller, Wezel, Thümmel u. a. Zwar arbeitet auch der Roman der literarischen Oberschicht im letzten Drittel des 18. Jhs. genug mit abenteuerlichen, in der Entwicklung stets sich wiederholenden Motiven (vgl. R. Riemann *Goethes Romantechnik* 1902). Aber nun ist der Held und mit ihm seine Umgebung auf eine höhere soziale Stufe gehoben und — das weist auf Grimmelshausen zurück — dies bewegte, schicksalsreiche Leben wird diesem neuen Abenteurer zu einer charakterbildenden, läuternden Schulung, es dient einem ethisch-geistigen Gedanken. Über Heinses 'Ardinghello' (1787), der technisch und stofflich-motivisch dem Roman des 17. Jhs. verwandt ist, führt der Weg zu Goethes 'Wilhelm Meister' (1795/96), der gleichfalls Motive der alten literarischen Gattung wiederaufnimmt. Er füllt den alten Abenteuerroman mit neuem Geiste, wandelt ihn wie Wolfram und Grimmelshausen zum Erziehungs-, zum Bildungsroman (s. d.). Der romantische Roman steht mit solcher Absicht dem 'Meister' nahe; aber zugleich räumt er, ganz im Gegensatz zu Goethe, dem Abenteuerlich-Stofflichen um seiner selbst willen wieder weiten Raum ein. Und es ist ja dann auch die Romantik, die, dem Jahrhundert des Barock innerlich sich nahefühlend, dem volkstümlichen Roman eines Moscherosch, Grimmelshausen und Reuter neue Auferstehung bereitet durch die Bearbeitungen und Erneuerungen Tiecks, Brentanos, Arnims. Schließlich lebt in Eichendorffs Romanen und Novellen (vor allem 'Taugenichts' 1826, 'Glücksritter' 1841) spürbarer als sonst der Geist des alten Abenteuerromans in romantischer Verklärung, frei von aller früheren derben Wirklichkeit.

Vgl. die Literaturangaben bei den Artikeln *Schelmenroman*, *Reiseroman*, *Robinsonade*. Dazu: H. Rausse *Abenteuerroman*, Kultur XV (1914) S. 218 ff. Derselbe *Simplisiaden*, ZfBfr. N. F. IV (1912) S. 195 ff. F. Karg, GRM. XI (1923) S. 321 f. R. Becker *Chr. Weises*

Romane in ihrer Nachwirkung. Diss. Berlin 1910, bes. S. 118 ff. J. Risse *Reuters Schelmuffsky.* Diss. Münster 1911. T. W. Berger *Don Quichote in Deutschland.* Diss. Heidelberg 1908. B. Mildebrath *Die deutschen „Avanturiers" des 18. Jhs.* Diss. Würzburg 1907. F. Riederer *Tiecks Beziehungen zur deutschen Literatur des 17. Jhs.* Diss. Greifswald 1915. W. J. Deuschle, ArchfnSpr. 1920: Deutsches Sonderheft S. 1—20.

W. Rehm.

Abgesang s. Aufgesang.

Adonischer Vers s. Antike Versmaße.

Agitationsliteratur s. Politische Dichtung.

Akrostichon (auch Akrostichis, Akrostichion) (von ἄκρον Spitze und στίχος Vers) bedeutet Anfang eines Verses, und zwar zumeist den ersten Buchstaben, dann poetische Spielerei, bei der die Anfangsbuchstaben oder Silben aufeinanderfolgender Verse oder Strophen alphabetisch geordnet sind oder zusammengelesen einen Namen, ein Wort, eine Sentenz oder einen Vers ergeben. Als Erfinder wird von Diogenes Laertius VIII, 78 auf Grund unechter Schriften Epicharm (um 490 v. Chr.) angegeben. Das Akrostichon fand wohl zuerst im Orakel und in der religiösen Geheimliteratur Anwendung und hatte neben seiner mystischen Bedeutung den Zweck, eine Sammlung vor Einschüben und Auslassungen zu sichern. Bei den Griechen war es seit der Alexandrinerzeit und bei den Römern seit Ennius und Plautus sehr beliebt. In der lateinischen kirchlichen Poesie (Psalmen, Sprüche, Hymnen) wurde es besonders in der alphabetischen Form viel verwendet, um den Namen des Verfassers oder des Angeredeten zu verstecken. Von hier aus kam es wohl in die deutsche Dichtung. Akrosticha finden sich z. B. bei Otfrid, Gottfried von Straßburg, Rudolf von Ems, im Marienlob des Bruders Hans vom Niederrhein, in den Liedern Heinrich Laufenbergs, bei Joh. Rothe, Ph. Nicolai, P. Gerhardt, J. Chr. Günther, W. Müller.

Graf *Akrostichis* in Pauly-Wissowa, Realencyklopädie I 1200—1207. F. Dornseiff *Das Alphabet in Mystik und Magie* (Stoicheia VII) 1922. S. 146—151. Odebrecht *Über die Bildung von Akrostichen in deutscher Sprache,* v. d. Hagens Germania VII (1846) S. 316—320. A. Kopp *Noch einige Akrosticha,* ZfdPh. XXXIII (1901) S. 282—284. W. Stammler Deutsche Vierteljahrsschrift I (1923) S. 545.

P. Habermann.

Akt s. Aufzug.

Akzent.

§ 1. Geschichte des Begriffes Akzent. — § 2. Der Akzent und seine Merkmale: die Schwere, die Dauer, die Gliederung. — § 3. Die Faktoren des Akzentes.

§ 1. Der Begriff A. (lat. *accentus,* griech. προσῳδία) hat eine sehr wechselvolle Geschichte und wird bis heute nicht eindeutig verwendet. Durch die Humanisten kommt der Begriff *accentus,* der im Mittelalter auch den Rezitationston in der Liturgie der Kirche bedeutet, aus der lateinischen Grammatik in die deutsche Grammatik und Metrik (*acutus, gravis, circumflexus* bei Laurentius Albertus 1573). Außer dem grammatischen Akzent, der im wesentlichen als eine Erhöhung der Stimme empfunden wird, beobachten Albertus und Clajus den emphatischen Akzent, der einen Gegensatz andeutet oder einem Worte besonderen Nachdruck verleiht. Im allgemeinen bleibt aber A. gleich Silben- oder Wortton (Opitz, 'Deutsche Poeterey' 1624: hoher und niedriger Ton). Eine Verschiebung in der Richtung der Quantität erfährt der Begriff durch Schottel (1663), der von Länge und Kürze statt von niedrigem und hohem Ton spricht. Ihm folgen Weckherlin und Harsdörffer. Eine weitere Verschiebung erfährt der Begriff durch Gottsched, der gelegentlich Länge mit „Stärke" gleichsetzt. Immerhin aber steht für Gottsched die Silbendauer im Vordergrund. In der Folge wird das Wesen des Akzents als Stärkevermehrung begriffen. Der Abbé Scoppa (*Les beautés poétiques de toutes les langues* Paris 1816) sieht als Charakteristikum des Akzents nicht Tonerhöhung und -vertiefung, sondern einen Energiezuschuß der Stimme an. Der Verfasser des Artikels A. in Sulzers 'Allgemeiner Theorie' scheidet grammatischen, oratorischen, pathetischen A. Er sieht in dem A. das ordnende Prinzip und erklärt ihn als die Modifikation der Stimme, wodurch sich in der Rede einige Töne vor andern auszeichnen, und wodurch Abwechslung und Mannigfaltigkeit in die Stimme kommt. Der größte Fortschritt geschieht durch Klopstock. Er beobachtet mit dem Ohre Unterschiede in Längen, Kürzen und Mittelzeiten und leitet die Grade der Länge und Kürze von dem Bedeutungswert der Silben und Wörter ab. Klopstocks Anschauungen werden erweitert von K. Ph. Moritz in seinem 'Versuch einer deutschen Prosodie' (1786) und von J. H. Voß in der 'Zeitmessung der deutschen Sprache' (1820). J. Grimm scheidet in der 'Deutschen Grammatik' (1822) Hochton, Tiefton und Tonlosigkeit und bezeichnet mit A. die den Laut begleitende Hebung und Senkung der Stimme. Was J. Grimm Tonlosigkeit nannte, bezeichnet Lachmann mit Tiefton. Hoch- und Tiefton J. Grimms ersetzt er durch Haupt- und Nebenton oder -akzent. Mehr und mehr tritt das Dynamische in den Vordergrund, und man bezeichnet schließlich das Wesen des deutschen Akzents als dynamisch-exspiratorisch, ohne den musikalisch-chromatischen Bestandteil ganz zu leugnen. Auf die Bedeutung der Quantität macht dann E. Sievers ('Phonetik' §§ 702 ff.) erst nachdrücklich wieder aufmerksam. Neben der Abstufung nach Stärke, Tonhöhe und Dauer kommt nach Sievers auch die Stimmqualität als Variationsmittel hauptsächlich in Frage. Auch der Begriff des Silbenakzents wird von Sievers eingeführt und damit angedeutet, daß die Verhältnisse der Unterordnung wie im Wort so auch in der Silbe bestehen. Scharf hat Fr. Saran in einem ausführlichen Abschnitte seiner 'Verslehre' (S. 8—101) den Akzent und seine begrifflichen Merkmale von den Faktoren des Akzents geschieden.

§ 2. Nach Saran ist A. die Gliederung der Rede. Seine Bestandteile, d. h. die Merkmale seines Begriffes, sind 1. eine absolute und relative Schwereverschiedenheit der Sprachelemente, 2. eine absolute und relative Dauerverschiedenheit der Sprachelemente, 3. ihre Zusammenfassung.

Der Eindruck der Schwere haftet an der Hauptsilbe einer akzentuell zusammengehörenden Silbengruppe. Über die Schwere selbst gibt es verschiedene Ansichten. Einige Grammatiker nehmen eine historisch-gegebene, normale Schwere der Wortklassen an, andere beurteilen die Schwere nach syntaktisch-logischen Funktionen der Worte. Nach Saran ist die akzentuelle Schwere einer Silbe immer nur für den einzelnen Fall der Ausdruck für die Wichtigkeit und Selbständigkeit ihrer Bedeutung im augenblicklichen Zusammenhang der Rede.

Die Dauer der Silbe wirkt akzentuell sehr stark. Es ist irrtümlich zu glauben, die Silbenquantität spiele im deutschen Vers keine Rolle. Einer solchen Annahme widerspricht neben vielem anderen schon das im Ahd. und Mhd. geltende Gesetz von der Hebungsauflösung (siehe die Art. *Hebung* und *Senkung*). Der Begriff der Silbenquantität beginnt aber erst neuerdings sich zu klären, seitdem die Scheidung zwischen Quantität der Silbe und Dauer der Laute immer mehr durchgeführt wird. Besonders verhängnisvoll hat in der deutschen Quantitätslehre die antike Anschauung nachgewirkt, so wenn die Meinung in die deutsche Verslehre eindringt, das Verhältnis lang : kurz sei wie 2 : 1, oder wenn genau nach antikem Muster von positionslangen Silben gesprochen wird. Besonders Gottsched (vor ihm Gesner) übernimmt die antiken Regeln fürs Deutsche. Befreiung hat auch hier Klopstock gebracht, der die schwankende Dauer von Länge und Kürze und die Abstufung der Quantität nach dem Sinngewicht der Silbe und ihrem Ethos erkannt hat. Im 19. Jh. tritt diese Erkenntnis wieder in den Hintergrund, und die historisch-lautliche Betrachtung tritt bei Grimm und Lachmann in den Vordergrund, die die Quantität von der Länge und konsonantischen Deckung des Silbensonanten abhängig macht. Gelegentlich wird auch die Ansicht vertreten, die Anzahl der Laute wirke auf die Dauer der Silbe ein. Sievers brachte in die Lehre von der deutschen Silbenquantität noch den Begriff der Dehnbarkeit hinein. Dehnbar, mithin lang sind nach Sievers 1. alle Silben mit langem Sonanten, 2. alle geschlossenen Silben. Saran will Länge von Dehnbarkeit geschieden wissen und bezeichnet als lautgesetzlich lang Hauptsilben 1. mit langem Sonanten, 2. mit kurzem, vollkommen gedeckten Sonanten. Kurz sind Hauptsilben mit kurzem, unvollkommen gedeckten Sonanten. Je nach der Stellung ist eine Silbe kurz oder lang. Es gibt sehr viele Stufen der Silbendauer. Die Dauer selbst unterliegt sehr starken Änderungen, abgesehen vom Mundartlichen, durch Schwere und Ethos. Im allgemeinen ist die Zahl der Kürzen im Deutschen klein, sehr groß dagegen die Zahl der mittleren und halben Längen. Eine ein für allemal feste und scharfe Grenze für lang und kurz gibt es im Deutschen nicht (Saran).

Die akzentuelle Gliederung schafft ein Gruppensystem (Glieder, Bünde, Reihen, Ketten), wobei die Gliederung durch den Akzent aber nicht mit der logisch-etymologischen und syntaktischen Zerlegbarkeit der Wörter und Sätze verwechselt werden darf. Die akzentuellen Glieder können über die Wortgrenzen hinweggreifen und die syntaktischen Fügungen zerreißen. Die kleinsten Gruppen bilden die Glieder, d. h. Silbenfügungen, die mindestens eine, aber auch nicht mehr als eine akzentuelle Hebung haben. Im allgemeinen zeigt sich das Streben, absteigende Glieder oder aufsteigend-fallende Glieder zu bilden. Über Aufbau und Bestandteile des akzentuellen Gruppensystems liegen abschließende Beobachtungen noch nicht vor. Als weiteres Mittel der Ordnung kommt die Zweiteiligkeit und Entsprechung der Gruppen hinzu.

Der Akzent spiegelt die psychologische Struktur des individuellen Bewußtseinserlebnisses einer Bedeutungsmasse wider (Saran). Er faßt zusammen, was jedesmal im geistigen Erlebnis zusammengehört. Äußerungen in gleicher Wortwahl und gleicher grammatisch-logischer Fügung können daher ganz verschieden akzentuiert werden.

§ 3. Die Faktoren des Akzents, die von seinen begrifflichen Merkmalen zu scheiden sind, sind vom Standpunkt des Hörenden aus: Abstufung der Dauer, der Lautheit, der Höhe, der tonalen Beziehungen, des Melos, Verschiedenheit der Artikulation, stark und schwach geschnittener Akzent, Spannung, Entspannung, Art des Einsatzes, Stimmqualität (Voll-, Flüster-, Murmelstimme), Bindung, Änderung des Tempos u. a. Auf dem Wechsel aller dieser Möglichkeiten beruht die Unmenge der durch die Verschiedenheit des Ethos bedingten Abwandlungen des Akzents.

Saran *Versl.* S. 8—131. Minor *Metrik* S. 45—168, 518—522. H. Paul *Deutsche Grammatik* I 147—171. O. Behaghel *Geschichte der deutschen Sprache*3 (PGrundr.) S. 87—119. M. H. Jellinek *Geschichte der nhd. Grammatik* I passim, II 36—49. E. Sievers *Phonetik* passim. E. Sommer *Stimmung und Laut*, GRM VIII (1920) S. 129—141, 193—204. S. Behn *Der deutsche Rhythmus und sein eigenes Gesetz* 1912. S. Behn *Rhythmus und Ausdruck in deutscher Kunstsprache* 1921. A. Schmitt *Untersuchungen zur allgemeinen Akzentlehre* 1924.

P. Habermann.

Akzentuierende Dichtung. Im Gegensatz zu der quantitierenden Dichtung, in der die rhythmischen Schwerpunkte der Verse nach der Länge und Kürze der Silben verteilt sind, und zu der alternierenden Dichtung, in der die rhythmischen Hebungen mit Senkungen wechseln, ohne daß dabei grundsätzlich der Wortakzent oder die Silbenquantität beachtet zu werden braucht, steht die Dichtung, in der die rhythmischen Schwerpunkte nach dem Wortakzent verteilt sind. In der akzentuierenden Dichtung fallen also die Hebungen des orchestischen Rhythmus grundsätzlich mit sprachlichen Hebungen, d. h. mit den Gipfeln der Wörter zusammen. In der antiken Metrik ist der historische Wortakzent verblaßt und die Silbenquantität hat den Ausschlag gegeben. Durch die Abfolge der Längen und Kürzen wurde somit die Reihe der rhythmischen Schwerpunkte bestimmt (quantitierendes System). Im Französischen regelt das Gesetz von den Tonsilben und der Silbenalternation die Lage der Hebungen. Hebung und Senkung wechseln immer regelmäßig bis zur Tonsilbe, die an einer rhythmisch wichtigen Stelle stehen muß, und hier fällt dann die Hebung mit einem historischen Wortgipfel grundsätzlich zusammen. Auf jede Hebung und Senkung entfällt nur eine Silbe (alternierend-akzentuierendes Prinzip). Im Deutschen wurzelt das Wesen des akzentuierenden Prinzips im Wesen des deutschen Akzents. Es fallen danach in der deutschen Dichtung die orchestisch-rhythmischen Hebungen mit den akzentuellen Hebungen der Rede zusammen, die im allgemeinen die historisch-etymologischen Gipfel der Wörter sind, gelegentlich aber auch durch das Ethos einer Sprechart zu Gipfeln werden.

Im MA. bezeichnete man alle nach antiker Weise, d. h. quantitierend, gebauten Verse und Strophen als *metra*, im Gegensatz dazu als *rhythmi* alle Verse, die nicht quantitierend gebaut waren. Diese *rhythmi* waren also teils alternierend (akzentuierend) wie die romanischen Verse mit Tonsilben, teils rein akzentuierend wie die germanischen. Weil die *rhythmi* gewöhnlich reimten, hat *rhythmus* (frz. *rime*, mhd. *rîm*) die Bedeutung Reimvers erhalten.

Viel umstritten ist die Frage, wie die Verse des 15./16. Jhs. zu lesen seien, ob akzentuierend mit Bewahrung des Wortakzents und mit daraus sich ergebender freier und schwankender Füllung der Verstakte oder alternierend mit gelegentlicher Verletzung des Wortakzents, sogenannter metrischer Drückung. Offenbar gehen in der Zeit mehrere Arten der Versbildung nebeneinander her, die teils unbewußt, teils unter dem Einfluß fremder Dichtungen und metrisch-grammatischer Erwägungen geschieht, wie zuerst mit Nachdruck G. Baesecke betont hat. Trotz des Umfangs der zur Frage vorliegenden Literatur ist eine sichere Entscheidung des Problems im einzelnen noch nicht möglich. Akzentuierend ist im allgemeinen der Vers des Volks- und Kirchenliedes und des biblischen Dramas, alternierend der Schwank, die Satire, der Meistergesang. Auch das quantitierende Prinzip ist gelegentlich in der Nachbildung antiker Verse befolgt. Einige Theoretiker des 16. Jhs., wie Laurentius Albertus, A. Ölinger, A. Puschman, rechnen iambisches Metrum, d. h. Alternation mit Vernachlässigung des Wortakzents, zum Wesen des Verses. Das Akzentuationsprinzip der deutschen Dichtung wurde zuerst von P. Rebhun (1540) erkannt. Der eigentliche Theoretiker des akzentuierenden Prinzips ist Clajus (1578). In der Reimpaardichtung kommt die Alternationstechnik durch Brants 'Narrenschiff' (1494) zur Herrschaft, nach Sarans Ansicht durch Konrads von Würzburg akzentuierend-alternierende Technik und durch die in der Kunstlyrik herrschende Alternation beeinflußt und aus dem Sprach- und Stilgefühl sowie aus dem satirisch-didaktischen Ethos der Zeit erklärbar. Im Gegensatze zu Saran haben sich für vorwiegend akzentuierende Lesung eingesetzt: Goedeke, Sanders, Pilger, Sievers, Kauffmann.

Es ist Opitzens Verdienst ('Deutsche Poeterey' 1624), die akzentuierende Dichtung zur Herrschaft gebracht zu haben; Opitz betonte unter dem Einflusse der ndl. Gedichte des Daniel Heinsius und der Anschauungen des Grammatikers Clajus stark die akzentuierende Dichtung und führte in seinen späteren Dichtungen vollkommene Übereinstimmung von Wort- und Versakzent durch, allerdings in der alternierenden Form, so daß seine Verse als akzentuierend-alternierend zu bezeichnen sind. Durch zweisilbige Senkungen (Buchner) und Senkungsausfall (Zesen) bildete sich dann erneut das reine akzentuierende Prinzip wieder aus, wie es im Alliterations- und ahd. Reimvers bestanden hatte.

Saran *Versl.* S. 297—311; Literaturverzeichn. S. 312. G. Baesecke Euph. XIII (1906) S. 435—445. ZfdPh. XLI (1909) S. 93—104. Paul *Metrik* PGrdr. II, 2. S. 87—90. Minor *Metrik* S. 333—354; Literaturverzeichnis S. 528—529. Kauffmann *Metrik* S. 141—162. H. Kleinstück *Die Rhythmik der kurzen Reimpaare des Burkard Waldis.* Diss. Leipzig 1910. P. Claus *Rhythmik und Metrik in Sebastian Brants Narrenschiff.* Q. F. 112. Fr. Stütz *Die Technik der kurzen Reimpaare des Pamphilus Gengenbach.* QF. 117. M. Horn *Der Psalter des Burkard Waldis.* Diss. Halle 1911. L. Pfannmüller PBB. XL (1915) S. 373—381. P. Kaufmann *Kritische Studien zu Hans Sachs.* Diss. Breslau 1915. W. Richter PBB. XLIII (1918) S. 518—523. W. Stammler *Die Wurzeln des Meistergesangs,* Deutsche Vierteljahrsschrift I (1923) S. 529—556.

P. Habermann.

Alamode-Literatur. Das Wort hat eine doppelte Bedeutung: es ist diejenige Literatur des 17. Jhs., die sich im Stil der herrschenden fremdländischen Mode unterwirft; im weiteren Sinne aber auch die, welche sich mit alamodischen Dingen beschäftigt, sie literarisch persifliert oder als Streitschrift dagegen einschreitet.

Es ist aber unrichtig, die Bezeichnung soweit auszudehnen, daß auch derjenige Stil, der sich als gekünstelt schlechthin kennzeichnen läßt, der die einfachsten Dinge des Lebens mit preziöser Umständlichkeit unter Heranziehung weitabliegender Bilder und Vergleiche behandelt (vgl. d. Art. *Schwulst*), darunter begriffen wird. Die Alamode-Sprache trägt, wie der Alamode-Stil überhaupt, vor allem den Charakter des Exotischen, ganz besonders des Französischen; in der Alamode-Literatur trifft die gekünstelte Ausdrucksweise des Barock (s. d.) mit Auslandsnachahmung und Fremdwörterei zusammen.

Den Umfang und die Bedeutung der Alamode-Literatur lernt man am zuverlässigsten aus ihrer Bekämpfung erkennen: die zahlreichen Gegenschriften beweisen, daß der Alamodestil im ganzen 17. Jh. üblich war, mit stärkeren Akzenten in den dreißiger Jahren und in der ganzen zweiten Hälfte, wo von der Regierung Ludwigs XIV. ein ungemein starker Einfluß ausging.

Das Alamode-Wesen weist auf einen geringen Widerstand im Vaterlande hin: Mangel an eigener Kraft und an sittlichem Gehalt machte die durch erschöpfende Kriege geschwächte Bevölkerung für fremdländische Einflüsse doppelt zugänglich. Deutschland wurde von Fremden aller Nationen überschwemmt; wer seine Bildung nicht direkt aus dem Ausland beziehen konnte, suchte sie sich durch ausländische Lektüre zu verschaffen; wem sich auch diese Quelle verschloß, fand alamodische Speise in den zahlreichen Übersetzungen.

Neben der Übersetzungsliteratur und den Nachahmungen in Schelmenromanen, Schäfereien, Reisebeschreibungen und Belehrungsromanen überhaupt (Aegidius Albertinus, Opitz, Zesen, Harsdörffer, Birken, Anton Ulrich von Braunschweig, Happel und viele Schriftsteller dritten und vierten Ranges), waren es besonders die „Neuen Zeitungen", die die alamodische Ausdrucksweise verbreiteten. Auch die Musik, die dann wieder die mit ihr zusammenhängende Poesie beeinflußte (Oper), wirkte in derselben Richtung.

Schließlich wurde nur der für gebildet gehalten, dessen Sprache genügend mit französischen und lateinischen Brocken durchspickt war. Die umfassende Briefliteratur jener Tage bietet zahlreiche Beispiele solcher Sprachmengerei, während besonders auch die Satiren dagegen den alamodischen Charakter der gebildeten Unterhaltung dartun:

„Alamode-Kleider, Alamode-Sinnen!
Wie sich's wandelt außen, wandelt sich's auch innen." (Logau.)

Auch Grimmelshausen weist auf die tieferen Gefahren der Ausländerei hin, da ja „die Völcker, deren Sitten, Kleidung und Sprach ein Land angenommen, gemeiniglich über solches Land Herren worden" ('Von Dir und Mir').

Mit den ersten alamodischen Bilderbogen wird 1628 der Kampf gegen das ganze fremdländische Unwesen jener Tage eröffnet; sie pflegen alamodische Zustände in Kleidung und Sitte darzustellen und von Spottgedichten begleitet zu sein. Offenbar haben sie schnelle und umfangreiche Verbreitung gefunden, wie die verhältnismäßig zahlreichen Exemplare aus den nun folgenden Jahren beweisen. Durch sie wird uns denn auch zum erstenmal der Ausdruck *à-la-mode* oder auch *alamodo* übermittelt: *Alamodo Monsiers* (Kupfer 1628). Wie zeitgemäß die Bezeichnung damals war, ergibt sich aus den Schicksalen von Andreas Musculus' 'Hosenteufel' (1555): eine Neugewandung dieser Schrift i. J. 1629 erschien unter dem Titel 'Deß Al-modo Kleyder Teuffels Alt-Vatter', während der Enkel selbst, der 'Allmodische Kleyder-Teuffel', der Titelheld einer neuen Schrift wurde. Gegen die Mitte des Jhs. ist die Bezeichnung in der Literatursprache allgemein: Moscherosch, Lauremberg, Logau u. a.

Es ist bezeichnend, daß gerade die Schriftsteller, die dem allgemein üblich gewordenen Stil eines Opitz, der Nürnberger, später der Schlesier nicht huldigen, sondern in ihrer Eigenart isoliert stehen und keiner Gruppe oder Schule beizuzählen sind, auch dem Alamode-Wesen besonders feindlich gegenüberstehen. So Logau und Grimmelshausen (vgl. oben), nicht weniger Moscherosch und Lauremberg. In seiner wenig übersichtlichen, aber geistvollen und ehrlichen Art wendet sich Moscherosch gegen alle Modetorheit seiner Tage ('A La Mode Kehraus' 1643); er fühlt es mit Trauer und Zorn: durch und durch erkrankt muß der Kern eines Volkes sein, wenn das oberflächliche Weltgetriebe ihm den ganzen Inhalt des Lebens bedeuten kann, dem es sittliche Überzeugung so gut wie finanzielle Güter und inneres Lebensglück zum Opfer bringt. Mit nicht weniger Geschick suchte Lauremberg durch derbkomische Realistik ('Scherzgedichte' 1652) seine niederdeutsche Heimat vor dem schwächenden Einfluß der Modenarrheiten zu bewahren. Logau schleudert gegen das Alamode-Zeitalter mit einer besonderen Vorliebe die scharfgeschliffenen Pfeile seines Witzes:

„Diener tragen insgemein ihrer Herren Liverei;
Soll's denn sein, daß Frankreich Herr, Deutschland aber Diener sei?
Freies Deutschland, schäm dich doch dieser schnöden Knechterei!"

Und der Simplizissimusdichter, der fast in all seinen Schriften gegen Unechtheit und oberflächliche Gewöhnung zu Felde zieht und dagegen urdeutsches Wesen, den gesunden Bauernhumor seiner Schwarzwaldberge, manifestiert, hält den undeutschen Sprachpantschern seine Satire vom 'Teutschen Michel' (1673) entgegen, wie sein 'Simplizissimus' heimische Einfalt, Zucht und Sitte gegen Verwilderung und Modekultur in bedrängter Lage aufrecht zu erhalten sucht. Auch Grimmelshausens sprachliche Stellungnahme verrät neben scharfer Beobachtungsgabe sein gesundes Urteil: in dem übertriebenen Purismus eines Zesen und dem orthographischen Getändel der Tannengesellschaftler sieht er dieselbe oberflächliche Verkünstelung, der er die echte Volkssprache mit ihrem urwüchsigen Humor gegenüberstellt: „ist diesem nach derjenige der allerbeste Teutsche, welcher der alten Teutschen Tugenden übet und liebet, wann er gleich nicht besser oder zierlicher redet als ein kropffiger Pingauer, und bei einem solchen ist auch das beste Teutsch zu finden".

Aber diese Stimmen, zu denen sich noch Schupp, Rachel, Weise und Abraham a Sancta Clara stellen ließen, verhallten in der Wüste modischer Torheit; erst einem neuen Jahrhundert sollte es vorbehalten sein, dem Volk seine eigenen Werte wieder zu erschließen.

Erich Schmidt *Der Kampf gegen die Mode in der deutschen Literatur des siebzehnten Jahrhunderts*, Im neuen Reich Nr. 39, sodann: Charakteristiken I² (1902) S. 60—79. H. Schultz *Die Bestrebungen der Sprachgesellschaften des siebzehnten Jahrhunderts* 1888. A. Sach *Deutsches Leben in der Vergangenheit* 1891. Steinhausen *Geschichte des deutschen Briefes* 1891. M. Osborn *Die Teufelliteratur des sechzehnten Jahrhunderts* (Acta Germanica III, 3) 1893. C. Gebauer *Quellenstudien zur Geschichte des französischen Einflusses auf die deutsche Literatur seit dem 30j. Kriege*, ArchfKultg. IX (1911) S. 404—438. F. Schramm *Schlagworte der Alamodezeit*, ZfdWf. Beiheft zu XV (1914). Vorworte zu NDL. 16/17, 125, 189/192, 200/202, 222/227, 242/245, 246/248.

J. H. Scholte.

Alemannische Mundartliteratur.

§ 1. Begriff der Alem. Mundartlit. I. Alemann. Schweiz. — § 2. Allgemeine Charakteristik. — § 3. 1. Sangbare Lyrik im Anschluß an das Volkslied. — § 4. 2. Mundartidylle. — § 5. 3. Lyrische Dichtung im Zeichen Hebels. — § 6. 4. Dramatische Anfänge. — § 7. 5. Kinderpoesie. — § 8. 6. Verserzählung. — § 9. 7. Schwankdichtung. — § 10. 8. Kleine Prosawerke. — § 11. 9. Novelle und historische Erzählung. — § 12. 10. Neuere Lyrik. — § 13. 11. Drama. — II. Südl. Elsaß. — § 14. III. Badisches Oberland. — § 15. IV. Voralberg. — Literatur.

§ 1. Unter Mundartlit. verstehen wir hier nur solche Dichtung und schöne Prosa, in welcher die Mda. unvermischt und in bewußtem Gegensatze zur Schriftsprache gebraucht ist. Außer Betracht fallen daher die Beispiele einer unfreiwilligen Einmischung der Mda. in den Schriftsprachgebrauch (wie im historischen und allgemeinen Volkslied) sowie die mit Mda. absichtlich untermischten oder bloß mundartlich gefärbten schriftsprachlichen Werke (wie etwa Gotthelfs Erzählungen und ältere oder neuere Dramen in Halbmundart). — Reine Mundartlit. in diesem Sinne gibt es auf alem. und überhaupt obd. Gebiet erst etwa seit der Mitte des 18. Jhs. — Sebast. Sailers schwäbische 'Schöpfung' ist 1743 zum erstenmal aufgeführt worden —, vereinzelte Ansätze reichen aber bis in den Anfang des 17. Jhs.; meist sind es Volksgespräche, Hochzeitsgedichte und scherzhafte Briefe. Darunter wären als sprachlich wertvolle, z. T. auch künstlerisch hübsche Sachen hervorzuheben: zwei oberschwäb. Lieder von 1633 und 1634 in Gesprächsform mit erzählenden Übergängen (Frommanns Dt. Mda. IV [1857] S. 86—99), mehrere heiter-satirische Zeit- und Charakterbildchen aus der Schweiz (hg. v. T. Tobler *Alte Dialektproben* 1869), die Straßburger Volks- oder Fraubasengespräche in Versen von 1770—1818 (hg. v. Bergmann 1873) und als das erste nicht anonyme Erzeugnis dieser Art: die zwei sehr gelungenen, in Hexametern abgefaßten Idyllen 'Das Konzert' von M. Bührer in Steinbacher Mda., aus dem letzten Viertel des 18. Jhs., vielleicht schon durch J. H. Voß' plattdeutsche Idyllen 'De Winterawend' und 'De Geldhapers' (Druck von 1785) hervorgerufen.

Die alem. Mundartlit. verteilt sich auf folgende, heute durch Staatsgrenzen voneinander getrennte Gebiete: 1. alemann. Schweiz, 2. südl. Elsaß, 3. badisches Oberland, 4. Vorarlberg.

Auf jedem dieser Gebiete geht die Mda.-Dichtung ihren eigenen, von der schriftsprachlichen Literaturentwicklung ziemlich oder völlig unabhängigen Weg.

I. Alemannische Schweiz. § 2. Das Aufkommen mundartl. Dichtung erscheint hier durch folgende Ursachen begründet: Ausbreitung und endlicher Durchbruch der nhd. Gemeinsprache im 17. u. 18. Jh., infolgedessen vergrößerte Kluft zwischen ihr und der Mda. und vermehrtes Bedürfnis der gebildeten Volksfreunde, sich durch literarische Verwendung der Mda. in weiten Kreisen Verständnis und Einfluß zu verschaffen; Erwachen des gelehrten Interesses an der Volksmundart (Bodmers Einfluß; die ersten landschaftlichen Idiotiken); ferner, als Folge des staatlichen Zerfalls und der fremdländischen (franz.) Kultureinflüsse: Pflege des vaterländischen Gedankens und der volkstümlichen Überlieferung, zumal im Zeichen des „Helvetismus". Begünstigt wird die Mundartdichtung durch die leichte Anknüpfung an überlieferte und weitverbreitete Gattungen der Volkspoesie: lyrisches und historisches Volkslied, geistliches und weltliches Schauspiel, verschiedene Arten Gelegenheitsdichtung; nicht zuletzt durch das Vorhandensein einer alle Stände vereinigenden Mda.

Die Entwicklung der schweiz. Mda.-Dichtung läßt sich in folgenden Gruppen betrachten, die zeitlich aufeinanderfolgen, streckenweise aber auch nebeneinander hergehen.

§ 3. 1. Sangbare Lyrik im Anschluß an das Volkslied. Bis gegen Ende des 18. Jhs. zeigt das Volkslied in der schriftlichen Aufzeichnung nie reine Mda., sondern bewahrt, auch bei stark mundartlicher Färbung, gewisse Merkmale der obd. Schrift- oder Kanzleisprache. Den entscheidenden Schritt zum rein mundartlichen Lied tun zwei Geistliche der Urschweiz, als erster Josef Ineichen von Ballwil, Kt. Luzern (1745—1818). Das älteste seiner datierten Lieder reicht ins J. 1785 zurück. Unbeschadet seiner geistlichen Würde genoß er unter den Bauern als Sänger seiner eigenen Lieder allgemeine Volkstümlichkeit. Das meiste sind heiter-ernste Gelegenheitslieder zu vaterländischen Gedenktagen und politischen Ereignissen, witzig, derb, oft voll köstlicher Selbstironie. Als Nachahmer Seb. Sailers bekennt er sich in seiner gewagten, aber humorvollen Travestie der biblischen Schöpfungsgeschichte 'Das Paradies' (1809). Ihm geistesverwandt dichtete und sang sein Freund und Amtsbruder Jost Bernhard Häfliger von Beromünster (1759—1837), Dekan des Hochdorfer Kapitels, daneben großer Musikfreund und -kenner, der manche seiner Gedichte ('Lieder im helvetischen Volkston' 1801, darunter das beliebte „Was brucht men i der Schwyz?") selbst vertonte.

Unabhängig von den beiden Luzernern dichtete der Berner Gottlieb Jak. Kuhn (1775—1849) als reformierter Vikar zu Sigriswyl seine ersten berndeutschen Lieder. Das frühste, 'Kühreihen' 1798, entstand bezeichnenderweise zugleich mit der Melodie am Klavier. Viele von Kuhns Liedern, durch deren gemütvollen Inhalt und Klang er den Volksgesang zu heben hoffte, sind in der Tat Volkslieder geworden und es bis heute geblieben ('Volkslieder und Gedichte' 1806). Gleich gerichtet, aber als Mda.-Dichter weniger fruchtbar war Kuhns Freund und engerer Landsmann Joh. Rud. Wyß zubenannt der Jüngere (1781 bis 1830), Professor der Philosophie in Bern. (Von ihm „Härz, mis Härz, warum so trurig?" von 1812.) Dichter und Komponist zugleich war auch der Solothurner Alois Glutz (1789—1827), der, früh erblindet, seine herzbewegenden Alpenlieder als wandernder Sänger durch die halbe Schweiz trug, ohne an literarische Verwertung zu denken. Die meisten sind Volkslieder geworden.

§ 4. 2. Mundartidylle, angeregt durch Voß und Hebel, also nicht volkstümlichen, sondern literarischen Ursprungs, wie die Hexameterform beweist. Hauptvertreter zunächst Joh. Martin Usteri mit seinen um 1810 entstandenen, aber erst nach seinem Tod 1831 gedruckten, mehr städtischen als ländlichen Zürcher Idyllen (welcher Name nicht völlig zutrifft): 'De Herr Heiri' und 'De Vikari'. Ihm folgen, ebenfalls auf Zürchergebiet Henriette Corrodi geb. Rahn mit einer reizenden kleinen Pfarrhausidylle (1822) und 35 Jahre später ihr Sohn, der liebenswürdige Spätromantiker August Corrodi (1826—85), mit den drei umfänglichen Hexameter-Idyllen 'De Herr Professer', 'De Herr Vikari' und 'De Herr Dokter' (1857—60). Poetischer in der Empfindung und reiner in der Form, dafür ein bischen pfarrerlich angehaucht sind die baseldeutschen Idyllen 'De Herr Ehrli' (1863) und ''s Vreneli us der Bluemmatt' von Jonas Breitenstein (1826—77), Pfarrer in Binningen. Eine Idylle mit breit ausgesponnener Sittenschilderung enthält auch die in Aufbau und Versform leider mangelhafte, aber gemütvoll unterhaltende Hexameterdichtung der Baslerin E. Kron (Frau Dr. Brenner) 'Bilder aus dem Basler Familienleben' (1867). Besser wurde der Hexameter, wohl nach Hebels Vorbild, zu Sagenerzählungen verwendet, so von dem St. Galler Gelehrten Jos. Anton Henne (1827) und dem Aargauer Arzt Dr. Rud. Müller (1844), später auch von dem Liestaler Wilh. Senn in seinem 'Blüemli vo Dornachbruck' (1884); von ihm stammt auch die hübsche Sittenschilderung in Hexametern 'Der Banntag'. In dieser Gattung zeichnen sich auch Karl Hagenbach, der Basler Theologieprofessor ('Das Schülertuch', Gedichte 1846), der Zürcher Konrad Meyer ('Der Heuet', 1844) und noch Jahrzehnte später der Thurgauer Arzt Otto Nägeli ('D'Gangfischsegi' 1898) aus.

§ 5. 3. Lyrische Dichtung im Zeichen Hebels. Rein mundartliche Lyrik war in der Schweiz schon aufgeblüht, als Hebels 'Alem. Gedichte' (1803) erschienen und zur Nachahmung reizten. Bezeugt ist der anregende Einfluß Hebels auf den Toggenburger Schulmeister Joh. Jak. Rütlinger von Wildhaus, dessen 'Ländliche Gedichte' (3 Bdch. 1823—26) ein durchaus ehrliches Talent und ein in aller Naivität reiches Gemüt verraten; sodann auf den oben genannten Jos. Anton Henne ('Schweizer. Lieder und Sagen' 1824) und einige weniger selbständige Kleinpoeten wie Minnich, Wälti, Anaheim usw. Hebels beste und zarteste Saiten tönen aus einer Basler Dichtergruppe wieder, zu welcher neben auserlesenen Gelehrten (Jakob Burckhardt 'E Hämpfeli Lieder' 1853, Karl Hagenbach 'Gedichte' 1846, Jak. Mähly 'Rhigmurmel' 1856) auch ein ebenso fruchtbares als reines Lyrikertalent gehörte: der Stadtarzt und Spitalmeister Dr. Theodor Meyer-Merian (1818—67). Seine zwei Bändchen Gedichte 'Wintermaieli' (1857) und 'Us der Heimet' (1860), letzteres J. P. Hebel gewidmet, gehören zum Innigsten und Natürlich-Anmutigsten, was die Mda. hervorgebracht hat. Im Zarthumoristischen und Mild-Elegischen ist Meyer-Merian mit Hebel eng verwandt, daneben aber, zumal in strophischen Gedichten, sein eigener Meister. Wie bei ihm (und vielen andern schweizerischen Mda.-Dichtern), so bildet auch bei dem Glarner Bernhard Becker (1819—79), langjährigem Pfarrer in Linthal, die Mda.-Dichtung nur eine Enklave seiner schriftdeutschen Poesien ('St. Fridolinsland' 1876). Bemerkenswert durch Originalität der Erfindung ist besonders seine novellistisch eingerahmte Sittenschilderung im neuen Nibelungenversmaß 'Die Näfelserfahrt' (1852), eine höchst anschauliche Wiedergabe der altüberlieferten Schlachtfeier von Näfels.

§ 6. 4. Dramatische Anfänge. Das rein mundartliche Bühnenspiel entsteht teils in Anknüpfung an das alte Volksschauspiel, teils aus den Volksgesprächen des 17. und 18. Jhs., teils auch als selbständige literarische Erfindung. Sieht man von vereinzelten Versuchen wie dem 'Bekehrten Unbarmherzigen' des urnerischen Landfürsprechs Franz Arnold (1813 in Altdorf aufgeführt) und der 'Alpfahrt' und andern Volksszenen des Glarners Cosmus Freuler ('Volksgespräche und Erzählungen' 1834) ab, so ist als ursprüngliches und fruchtbares Talent an erster Stelle der Zürcher Oberländer Jakob Stutz (1801—77) zu nennen mit seinen 'Gemälden aus dem Volksleben, nach der Natur aufgenommen und getreu dargestellt in gereimten Gesprächen zürcherischer Mundart' (1. Bd. 1831, die fünf folgenden 1836—1853). Ohne Vorbild und Fühlung mit dem Theater hat Stutz, der Autodidakt, sich hier eine neue Form geschaffen, die noch heute durch die verblüffende Wahrheit der Beobachtung fesselt und überzeugt. Das große dramatische Zeitbild 'Der Brand von Uster' (1836), aus Mangel an Konzentration für die Bühne leider ungeeignet, behandelt ungefähr denselben Stoff wie Hauptmanns 'Waber' von 1892 und ist ihm an naturalistischer Schärfe ebenbürtig. Zum Gedeihen einer volkstümlich-realistischen Bühnenkunst fehlte das Interesse gebildeter Kreise an bodenständiger Kunst überhaupt und an der Ausbildung einheimischer Spielkräfte im besonderen.

§ 7. 5. Kinderpoesie. Schon J. M. Usteri gab mit seinen im Winter 1826/7 entstandenen 'Sechs Kinderliedern' (gedr. 1831) die Anregung zu mundartlicher Dichtung für Kinder. Ihm folgten Joh. Staub von Zürich mit seinen kindlich heiteren Liedern und Späßchen ('Kinderbüchlein' 1843—55) und fast gleichzeitig Abel Burckhardt von Basel mit seinen weniger kindlichen religiösen 'Kinderliedern' von 1845. Sehr verbreitet waren später die 'Berndeutschen Verschen und Lieder' von Franz Haller (1853) und die poetisch wertvolleren Gedichte und kleinen Szenen zum Aufführen des Zürchers Eduard Schönenberger (1880 ff.). Für eigentliche Kinder-Theaterstücke sorgte zuerst und mit freiem Humor Aug. Corrodi ('Alemann. Kindertheater' 1874—75), später J. Kuoni mit seinen sechs Bändchen 'Dramatische Kleinigkeiten' (1888—1901) und, weniger gut, Ernst Eschmann (1917). Märchen in Mundartprosa verdanken wir Bernhard Wyß ('Schwyzerdütsch' 1863), Otto Sutermeister ('Kinder- und Hausmärchen der Schweiz' 1869) und neuerdings Eduard Fischer ('Märli und Sage us em Gäu' 1922).

§ 8. 6. Verserzählung. Besser als die reine Ballade im überlieferten Sinn, wie Usteri sie in einigen eher abschreckenden als begeisternden Versuchen unternahm, glückte die strophische Verserzählung ohne balladenhafte Rhythmik und Mystik, mehr im Geiste des erzählenden Volksliedes wie bei Ineichen, Häfliger und Kuhn. Die Sagenerzählung in strophischer und stichischer Form wurde von den 1860er Jahren an besonders im Kanton Bern gepflegt (J. C. Ott, J. J. Romang, Dav. Gempeler, Sam. Liechti, Hs. Nydegger, E. Hostettler). Zur Verserzählung in größerem Umfang schritt erst der Schwyzer Meinrad Lienert von Einsiedeln, geb. 1865, mit seiner idyllischen Versnovelle 's' Mirli' (1896), welcher zwölf Jahre später ein „Heimwehlied", das schmerzbewegte, mit rührendem Schicksal endende 'Heiwili' folgte. Von ergreifendem Ernst ist auch die in Stil und Aufbau noch reiner episch gehaltene Blankverserzählung ''s Jura-Mareili' des Aargauers Paul Haller (1882—1920). Auch der Zürcher Ernst Eschmann hat „Idyllen" aus dem Gegenwartsleben geschöpft: 'De Sängerstag' (1912) und 'A d'Gränze' (1916), jenes in Hexametern, dieses in reimlosen Viertaktern. Dem zarten lyrischen Ton Lienerts nähert sich wieder Walter Morf von Bern mit seinem nur allzu weichen 'Mejeli, es Lied vom Land' (1916).

§ 9. 7. Schwankdichtung und ähnliches. Die witzig heitere Mundartdichtung hebt bezeichnenderweise im Appenzellerlande an (Joh. Merz 'Der poetische Appenzeller' 1828). 1836 folgen die 'Gedichte humoristischen Inhalts' von Pfarrer Paul Hengeler, der unter anderm eine formell höchst gewandte Schilderung seines Pfarrdorfes Nuolen im Kt. Schwyz (117 Strophen) liefert. Heitere Zeitsatire mit Rückblicken in die Vergangenheit findet man bei dem Bieler Pfarrer Friedr. Molz (1790—1879), lustig derbe Schwänke bei dem Signauer Schlosser Christian Wiedmer und dem St. Galler Arnold Halder, feinere Schwank- und Gelegenheitsdichtung bei dem Basler Philipp Hindermann (4 Bändchen 'Humor und Ernst', 1858—86). Ein als Gelegenheitsdichter witziger Improvisator war der Appenzeller Bauer Konrad Frick, dessen zwischen 1850 und 1870 entstandene gereimte Tisch- und Festreden es verdienten, von A. Tobler im J. 1900 herausgegeben zu werden. Ein originelles Festdichtertalent war auch der mit Gottfr. Keller befreundete, sogar von ihm besungene Sechseläuten-Poet Heinr. Cramer von Zürich. Den volkstümlichen Ton ohne Verirrung ins Triviale oder Rohe trafen der Solothurner Franz Jos. Schild, besonders als Volkssagenerzähler, die Berner Gottfried Strasser und Ulrich Dürrenmatt, dieser mit seinen formell meisterhaften und witzigen Zeitsatiren ('Bärentalpen' 1878 und 1882, 'Schärmueers Liederbuch' 1884), der Zürcher Vereinsdichter Rud. Kilchsperger und der gemütliche Berner Humorist Joh. Howald ('Sie gseh di de' 1921).

§ 10. 8. Kleine Prosawerke. Anfänge der Dorfgeschichte. Die ersten Gehversuche der mundartlichen Prosa haben wir bereits in Bauerngesprächen, komischen Briefen und Gesprächsszenen kennengelernt. An die letzten schließen sich im 19. Jh. dramatisch erzählende Übergangsformen an wie J. J. Rütlingers monologisch geschilderte 'Alpfahrt' (1824), ein überaus gelungenes Stück voll Stimmung und Plastik, und Cosmus Freulers geschichtliche Erzählung in Glarner Mda. 'Das grüe, rot und gelb Goggärdli' (1834), bezeichnenderweise noch von einer Gesprächsszene umrahmt. Der Aargauer Naturforscher Dr. Rud. Meyer schrieb einige seiner meisterhaften 'Tierzeichnungen' in mundartlicher Prosa (1833), ebenso Jak. Stutz zur Ausnahme eine Sagenerzählung ('Die Jungfrau im Lochbach' 1840). Sein Freund und engerer Landsmann Jakob Senn von Fischental (1824—79) schrieb in echtester zürcheroberländer Mda. mit einer fast wissenschaftlich sorgfältigen Lautbezeichnung seine 'Chelleländer Stückli' (1864), d. h. lustige Vorkommnisse aus dem Volksleben möglichst getreu so, wie Leute aus dem Volk sie erzählt haben oder erzählen würden. Wie Senn, so hatte auch der solothurnische Lehrer Bernhard Wyß von Kappel (1833 bis 1889) einen volks- und sprachkundlichen Beitrag für das schweizerische Idiotikon im Auge, als er seine von 1857 an einzeln im 'Bund' veröffentlichten Kiltstubengeschichten unter dem Titel 'Schwyzerdütsch' mit Worterklärungen gesammelt herausgab (1863). Man darf ihn den Schöpfer der mundartlichen Novelle nennen. Fast gleichzeitig trat auch ein anderer Solothurner, der Arzt Jakob Hofstätter (1825—91), mit gesammelten 'Dorfgeschichten und Lebensbildern' (teilweise in Schriftsprache) hervor, die er samt mundartlicher Lyrik in den drei Bändchen 'Aus Berg und Tal' (1863—65) herausgab. Als dritter schließt sich der bereits genannte Franz Jos. Schild (1821—89), langjähriger Arzt seines solothurner Heimatortes Grenchen, an. Er begann 1860 mit Gedichten und Sagen 'Aus dem Leberberg', ging dann zur Prosaerzählung über ('Aus dem Volk und für das Volk' 1876) und vereinigte schließlich seine eigene dichterische Produktion mit einer volkskundlich wertvollen Sammlung von Liedern, Spruchreimen, Bauernregeln usw. in dem dreibändigen Werk 'Dr Großätti us em Leberberg' (1880—81). Damit war aus solothurnischem Boden die mundartliche Dorfgeschichte oder -novelle hervorgewachsen und hatte sich in der Literatur neben der schriftsprachlichen ihr Bürgerrecht erworben. Auch Josef Joachim, der sonst das Schriftdeutsche vorzog, schrieb seine vier Bände 'Aus Berg und Tal. Bilder und Geschichten aus dem schweiz. Volksleben' (1881—1889) fast ausschließlich in solothurner Mundart. Fast jeder Kanton der deutschen Schweiz rückte jetzt mit einem oder mehr als einem Vertreter der kurzen Dorfgeschichte oder selbst biographischen Erzählung auf: der Aargau mit Arnold Gysi ('Humorist. Vorträge im Ruedertaler Dialekt' 2. Aufl. 1878) und Fanny Oschwald-Ringier ('Aller Gattig Lüt' 1897), Luzern mit zwei der besten Meister in der kurzen Schwank- und Dorfgeschichte, Rämmert vom Mösli (Prof. Dr. Rennwart Brandstetter von Luzern) und Jos. Roos von Gisikon ('No Fyrobigs. Puretütschi Gschichtli, Gedichtli, Rym und Ränk' 3. Aufl. 1892); der Thurgau mit B. Stell ('Lustigi Thurgauer Gschichte' 1889), Appenzell mit J. Hartmann und Alfr. Tobler (von letzterem Jugenderinnerungen: 'Näbes oss mine Buebejohre' 1903); Graubünden mit Michael Kuoni ('Bilder aus dem Volksleben des Vorder-Prättigaus' 1884 in Sutermeisters 'Schwizerdütsch') und G. Fient ('Lustig Gschichtenä' 1898), Glarus mit Kaspar Streiff ('Glarner Dorfgschichte' o. J.), Baselland mit Karl Schneider, in dessen umfänglicher Erzählung 'Lebensleid und Lebensfreud' (1886) sich zwei köstliche Mundartszenen verstecken.

Auf städtischem Boden spielen die launigen Plaudergeschichten der Baslerin E. Hetzel ('Haimelig' 1. Bdch. 1885), mehr auf ländlichem die des Basler Bibliothekars Dr. Ludw. Sieber ('Ludwig in der Ysebурg'). Ins Berner Emmental führen die saft- und kraftvollen, etwas naturburschenmäßig vorgetragenen Erzählungen von C. A. Loosli ('Mys Dörfli' 1909), nach Bern und in die Gegend von Laupen die gemütvolleren von Emil Balmer ('Zytröseli' 1921, 'Friesli' 1922). Zürich ist mit den Erzählungen K. Biedermanns (1888) weniger gut vertreten. 'Bärndütschi Gschichte' schrieb auch Frau R. Ischer-Bringold, berndeutsche Jugenderinnerungen Wilhelm König ('Öppis us mir Jugedzit' 1883—85). Als mundartlicher Selbstbiograph ist noch der Aargauer J. Hunziker ('Jugenderinnerungen eines alten Schulmeisters' 1887) zu erwähnen.

§ 11. 9. Ländliche und städtische Novelle größeren Umfangs. Historische Erzählung. Nicht selten werden anekdotische Erzählungen, in deren Mittelpunkt ein und dieselbe Person steht, sei es nun eine wirkliche oder erdachte, zu einer größeren biographischen Novelle vereinigt und so zu einem Ganzen abgerundet. Von dieser Art sind 'Der Heiri Jenni im Sunnebärg' des Glarners Kaspar Streiff (erstmals 1904—06 ersch.) und ''s Järbsyte-Peters Gschichtli vom alte Napolion u vom Chräjebüel' des Burgdorfers Emil Günter, beide von großer und verdienter Volkstümlichkeit; ferner 'Üse Drätti' („Unser Vater") von C. A. Loosli (1910), der diese urwüchsigen Erzählungen einem alten Emmentaler Bauer in den Mund legt, und endlich 'De Chemifeger Bodema' in Jak. Hartmans 'Appezeller Gschichte' (1912), wo des Verfassers eigene Geschichte mit denen zweier Freunde zu einem Ganzen verwoben ist.

Schon die beiden Solothurner B. Wyß und F. J. Schild hatten in ihren Dorfgeschichten ausnahmsweise in das 18. Jh., Frau E. Hetzel in einer ihrer baseldeutschen Erzählungen ins 17. Jh. zurückgegriffen. Ebendahin führte 'Der Spusagang' des Prättigauers Michael Kuoni, die erste Alpennovelle in Mda. (1884). Eine von M. Lienerts Novellen in den 1891 erschienenen 'Flüehblüemli. Erzehlige us dä Schwyzerbärge' hat den Franzoseneinbruch in die Urschweiz zum Hintergrund und endet mit der Schlacht bei Schindellegi 1798. In der Wiedertäuferzeit spielt ferner eine von Sam. Pletscher in der Schleitheimer Mda erzählte Geschichte (''s Trili und sini Freier' 1903). Zum Hauptvertreter dieser ganzen Gattung aber wurde Rudolf v. Tavel (geb. 1866 in Bern), dessen Werke, zwischen Novelle und Roman sich bewegend, in ihrer Gesamtheit, vom ersten Bande ('Jä gäll, so geit's' 1901) bis zum vorläufig letzten ('Unspunne' 1923) vier Jahrhunderte umfassen und als der dichterisch vollkommenste Ausdruck altbernischen Geistes gelten können. Patriziertum, Bürgertum, Handwerkerstand und Landvolk sind mit gleicher Liebe und Sachkenntnis in wechselnden Bildern aus Berns Geschichte festgehalten, und nirgends fehlt der behagliche Humor, der die oft ergreifende Tragik der Geschehnisse mildert. Keine andere Stadt der Schweiz kann auf ein ähnliches Denkmal ihrer Vergangenheit hinweisen. — Außer Bern hat nur Graubünden eine mundartliche historische Novelle von größerem Umfang hervorgebracht: 'Der hellig Garta' von J. Jörger (1920), eine Erzählung im altertümlichen

Valserdialekt, deren Handlung noch in die Zeit nach der Einwanderung der Walser zurückreicht; eine dichterisch wertvolle Arbeit, wie übrigens auch desselben Verfassers früher erschienener Band 'Urchig Lüt. Geschichten im Valserdialekte' (1918), in denen Volkstypen aus dem heutigen Vals mit viel Humor gezeichnet sind.

Die ländliche Novelle, durch die Solothurner Wyß, Schild und Hofstätter in die Mundartlit. eingeführt, durch den Schwyzer Meinrad Lienert in seiner Sammlung 'Flüehblüemli' (1891) kräftig gefördert, erreichte ihre höchste künstlerische Ausbildung durch den Solothurner Josef Reinhart (geb. in Rüttenen 1875) und den Emmentaler Simon Gfeller (geb. in Trachselwald 1868). Beide haben, wie übrigens auch Lienert und v. Tavel, neben der mundartlichen auch die schriftsprachliche Form der Erzählung gepflegt. Reinhart begann 1901 mit der Sammlung 'Gschichtli ab em Land' und der selbständigen Meisternovelle 'Mariann das Fraueli'. Es folgten, immer in Mda., 'Heimelig Lüt', 'Stadt und Land' und die besonders gemütvollen Kindheitserinnerungen 'Waldvogelzyte' (1917), alle gekennzeichnet durch milden, von Lebensernst getragenen Humor und große Liebe zu den Kleinen, Stillen und Herzensreinen im Volk. Gfeller, ebenso ernst in Kunst- und Lebensauffassung, verkörpert, wie seineMundart, den derberen, urwüchsigeren Schlag der Emmentaler, ihre feste Ausdauer und Treue, ihren kernigen Mutterwitz und die behagliche Weltfreude. Er begann mit einem Band von 400 Seiten: 'Heimisbach. Bilder u Bigäbeheiten us em Pureläbe' (1911), der ihn sofort in die erste Reihe unserer Erzähler stellte, und ließ dann zwei Sammlungen kürzerer Geschichten und Bilder folgen: 'Em Hag no' und 'Meieschößli'.

§ 12. 10. Neuere Lyrik. Wie in der Erzählung, so macht sich auch im lyrischen Gedicht der Einfluß der Kunstpoesie geltend, deren Formen mit Geschick oder Ungeschick auf die Mda.-Dichtung übertragen werden. An Stelle der volkstümlichen Überlieferung und Gebundenheit tritt die individuelle Eigenart wie bei Adolf Frey ('Duß und underem Rafe, füfzig Schwizerliedli' 1891), der den Volkston vertieft und veredelt; an Stelle der naiven Unbefangenheit tritt aber auch das bloße, mitunter berechnende Spiel, wie etwa bei Aug. Corrodi, wenn er (1870) Lieder von Rob. Burns ins Zürcherische übersetzt, oder bei C. A. Loosli, wenn er sein Emmentalerisch in sapphische Odenform zwängt ('Mys Ämmitaw' 1911). Aus der großen Zahl der besseren Mundartlyriker seien aus älterer Zeit der Glarner Bernh. Becker (1876) und der Schleitheimer Anton Pletscher (1878. 1880), aus der neueren die Lenzburgerin Sofie Hämmerli-Marti (1896 ff.), der Luzerner Theodor Bucher gen. Zyböri (1909 ff.), der baslerische Satiriker Dominik Müller (1909 ff.) und die beiden Berner Walter Morf und Walter Dietiker hervorgehoben. Der Preis vor allen gebührt aber, neben Josef Reinhart, der mit seinen 'Liedli ab em Land' (1897) den Spuren Adolf Freys folgte und den singbaren Volkston meisterlich traf, und dem leider viel zu früh verstorbenen Paul Haller ('Gedichte' 1922), dem Schwyzer Meinrad Lienert, dessen reich quellende Mundartlyrik, seit 1893 ans Licht getreten, jetzt in drei stattlichen Bänden (''s Schwäbelpfyffli' 1913—1920) gesammelt vorliegt. Eine eigenartige, mit Jakob Burckhardts Lyrik verwandte Erscheinung ist die 'Stille Gasse' des Baslers Fritz Liebrich (1924).

§ 13. 11. Dramatische Dichtung. Mit seinen 'Gemälden aus dem Volksleben' und seiner übrigen, bis in die 70er Jahre fortgesetzten Bühnenschriftstellerei hatte Jakob Stutz sowohl dem realistischen Schwank als dem ernsten Volksschauspiel die Bahn eröffnet. Unter seinen Landsleuten sorgten vor allem Heinr. Cramer und Aug. Corrodi für das zürcherische Liebhabertheater, jener durch Dramatisierung von Usteris 'Vikari' (1869), dieser durch Dramatisierung seiner eignen Idyllen (1872—75) und eine Reihe von Lustspielen sehr ungleichen Wertes. Ein früherer Versuch im Volksstück mit Musik (Arnold Halders von St. Gallen 'Qui vit? oder die Heimkehr' 1836) blieb lange ohne Nachfolge. Auch die ersten Anläufe zu einem ernsten historischen Schauspiel in Mda. (Aug. Feierabends 'Kampf zu Gislikon im Bauernkrieg' 1864 und Rud. Salzmanns 'Der Tod versöhnt' 1870) brachen in sich selbst zusammen. Das Feld blieb jahrzehntelang den mittelmäßigen Schwank- und Lustspieldichtern, unter denen etwa Leonh. Steiner von Zürich, Fritz Ebersold von Bern und Fanny Oschwald von Lenzburg sich über den Sumpf der Massenproduktion erhoben. Erst in den 90er Jahren fand ein Aufschwung zu ernsthaft künstlerischem Schaffen statt. Arnold Ott schrieb einen ganzen Akt seines großen historischen Volksschauspiels 'Karl der Kühne und die Eidgenossen' (1897) in gemischter Schweizer Mda. Pfarrer Ernst Müller von Langnau verfaßte die ersten rein mundartlichen Volksschauspiele aus dem Gegenwartsleben (1897 ff.); ihm folgten Arnold Heimann von Biel mit vier bernischen Volksstücken und einem Älplerfest-Singspiel (1899 ff.) sowie Karl Grunder von Großhöchstetten mit mehreren historischen Volksstücken und Schwänken (1905 ff.). Das städtische Lustspiel und Gesellschaftsstück mit oder ohne historischen Einschlag pflegten Otto v. Greyerz von Bern (1897 ff.; die Lustspiele 'Der Napolitaner' u. a. gesammelt in 'Bärnerlüt' 1. Bd. 1911), Dominik Müller von Basel (1910 ff., seine Stücke und Szenen, großenteils in Versen, gesammelt als 'Basler Theater' 1922), Arnold Neher (seine Lustspiele gesammelt als 'Schaffhauserdeutsch' 1906). Scharfe politische Satire enthält Jak. Bührers dreiteiliges Stück 'Das Volk der Hirten' (1918), soziale Satire sein Dreiakter 'Marignano'. Fruchtbare und erfolgreiche Lustspieldichter sind unter vielen andern, die sich vereinzelt hervorgetan: Alfred Huggenberger, Thurgau (z. B. 'Dem Bollme si bös Wuche' 1914), Alex. Zimmermann (Luzern), Ernst Eschmann (Zürich), Simon Gfeller, Fred Stauffer, Rudolf Trabold (Bern). Bemerkenswert ist, wie seit Eröffnung des Berner Heimatschutztheaters an der Landesausstellung von 1914 die Mda. sich mehr und mehr das Daseinsrecht im ernsten Bühnenstück errungen hat und zwar vor allem die bernische, so in Ad. Schärs 'Hohwacht' (1914), Alfr. Fankhausers 'Chrützwäg' (1917), Lisa Wengers 'Zeichen' in S. Gfellers Übertragung (1916), Simon Gfellers 'Schwarmgeischt' (1922). Vorzüglich vertreten sind auch Basel und Aargau, jenes mit C. A. Bernoullis 'Stellvertreter' (einem Totentanzstück, 1920), dieser mit Paul Hallers 'Marie und Robert' (1916), einem leidenschaftlich bewegten Liebesdrama mit modern sozialem Hintergrund. — Das Mundartdrama ist in lebhaftester und vielseitigster Entwicklung begriffen.

II. Südliches Elsaß s. *Elsässische Mundartliteratur.*

§ 14. III. Badisches Oberland. Die badische Mundartdichtung beginnt mit Joh. Peter Hebel (1760—1822). Ohne Vorläufer, unangekündigt, unbegreiflich vollendet, wie ein neuer Stern steigt dieses freundliche Himmelslicht über dem Markgräflerländchen auf. Die Berufung auf das Vorbild von Theokrit und Voß kann das Unerhörte nicht erklären, daß hier zum erstenmal in einer hochdeutschen Mundart der Geist einer eng begrenzten Landschaft und ihrer Bewohner einen dichterisch wahren und vollgültigen Ausdruck findet; dermaßen vollgültig, daß das herkömmliche und eingefleischte Vorurteil der Bildung gegen alle Mundartpoesie vor dem einzigen Namen Hebel verstummen muß. Mit den 'Alemannischen Gedichten' (1803) ist mit einemmal der Beweis geleistet, daß das innigste Naturgefühl, die zarteste Liebe, ja selbst der Schauer des Todes und der Ewigkeit durch die schlichte Sprache des Volkes das Herz zu ergreifen vermögen, wenn der rechte Dichter sich findet. Von Hebel geht die größte Wirkung aus, die je von einem Mundartdichter ausgegangen ist, und zwar sogleich auf den beiden Gebieten, die er mit sicherem Gefühl als die für die Mundart zugänglichsten und fruchtbarsten erkannte: Lyrik und Lokalsagendichtung. Voreilig folgte ihm zunächst der Freiburger Ignaz Felner mit 'Neuen alem. Gedichten' (1803) und, bei noch unzulänglicheren Kräften, der Hannoveraner Hoffmann von Fallersleben mit seinen künstlich konstruierten 'Allemann. Liedern' (1826). Der Berufung auf Hebel schon würdiger zeigten sich einige badische Pfarrer wie J. J.

Schneider und L. Fr. Dorn, die sich mit andern in dem Sammelbändchen 'Allemannia' (Lörrach 1843) vereinigten, das dem Andenken Hebels gewidmet war, wie übrigens auch das vor der Hundertjahrfeier erschienene 'Hebelbüchlein' (1859) und J. Kohlunds 'Humoristischer Vorläufer' (1860). Auch das Idyll in Hexametern 'Hebels Leben' (1831) von J. G. Schultheiß aus St. Georgen verdient hier Erwähnung. Am reinsten haben aber wohl Hebelschen Geist aus der Quelle geschöpft Carl Raupp von Schopfheim (in seinem reizenden Festgedicht von 1860 'En Usstich alte, reinghaltene Markgröfler') und Anton Hermann (Pfarrer Hermann Albrecht, 1835—1906), der sowohl in seinem lyrischen Bändchen 'E Maje us em Oberland' (1878) als in seinen schriftdeutschen lokalgeschichtlichen Novellen ('Der Präzeptoratsvikari' u. a.) Hebels kernhaftem Humor am nächsten kommt.

In den letzten drei bis vier Jahrzehnten vor dem Erscheinen von Hermann Burtes 'Madlee' (1923) hat die lyrische Dichtung an Menge stark zugenommen, nicht aber an Wert. Die Geschicklichkeit, mit welcher die Kunstmittel und Denkformen der schriftdeutschen Lyrik mehr und mehr auf die Mundartdichtung übertragen werden, hat diese um ihre Unschuld und Echtheit gebracht. Am erfreulichsten sind noch die treuherzig schlichten und bodenständigen Gedichte einfacher Leute aus dem Volk wie des Müllheimer Metzgers und Wirtes Karl Muser ('Blumen am Wege' 1888) und des Hegauer Bauern Eduard Presser von Riedheim, der mit seinen 'Ländlichen Gedichten' (1894—1911) als bescheidener Vorläufer Alfred Huggenbergers gelten kann. Weniger rein ist die Mundart und mehr gewollt als ursprünglich die Volkstümlichkeit bei Otto Hermann Raupp, der seit 1902 mit drei Bändchen, und bei August Ganther, der seit 1899 sogar mit 7 Bändchen Mundartlyrik hervorgetreten ist. Ihnen schließt sich mit ähnlicher Virtuosität, aber ohne rechte Bodenständigkeit in der Mda. Paul Körber, ein geborener Sachse aus Bleicherode, an ('Für's Gmüat. Alemann. Gedichte' 1914). Weniger blendend, im einzelnen ansprechend, im ganzen eher anempfunden als ursprünglich sind die Gedichte von Albert Räuber (1898), Rud. Wintermantel (1898ff.), E. R. Gallion (1903), Hermann Vortisch (1902 ff.), Hugo v. d. Elz (Hugo Wingler, 1904 ff.). — Die Verserzählung beschränkt sich auf Anekdoten, die größere Prosa-Erzählung kommt nur ganz vereinzelt vor, zuerst bei J. G. Uehlin: ''s Föhre-Liseli. E Gschichtli us em Wiesethal' (1885), dann bei August Ganther in seinen launig erzählten Geschichten unter dem Titel 'Stechbalmä' (1899). — Das mundartl. Drama steckt noch in den Anfängen. Im Vordergrund stehen Hugo Wingler ('Die Brüder' 1906, 'Das Lied des hl. Michael' 1912 u. a.) und Paul Körber ('Jägerlust' 1906, 'Der Herrenbur' 1908, 'Der treue Knecht' 1913), doch ist die Mundart nicht rein, namentlich bei Körber gekünstelt, und dementsprechend der ganze Geist seiner Dramen nicht eigentlich dem Volke verwandt. Weit echter sind die im engen Rahmen unternommenen Versuche von Nanette Stengel ('Der Lichtgang' 1907), Kurt Blum ('Wie's Annebäbi vo Hinterchatzebach' usw. 1914) und F. Hindenlang ('Die Traumbuche' 1911). — In Herm. Burtes alem. Gedichtbuch 'Madlee' (1923) offenbart sich eine lyrische Kraft ersten Ranges, in ihrer starken Eigenart und Formbeherrschung nur mit Hebel zu vergleichen, obschon von anderm Schlage und vom Geist der neuen Zeit durchglüht; dabei erstaunlich vielseitig: leidenschaftlich, kühn satirisch, großzügig und doch auch innig und schlicht.

§ 15. IV. Vorarlberg. Reich an Volkssagen, aber ohne Überlieferung bodenständiger Volkspoesie in Liedern und dramatischen Spielen, ohne anspornenden Einfluß städtischer Literaturblüte (wie im Elsaß, in Baden und der Schweiz), überhaupt in der geschlossenen Einheit seiner Volkssprache vom Gegensatz zum Schriftdeutschen kaum berührt, hat sich Vorarlberg erst zuletzt von allen alemannischen Gebieten der mundartlichen Literaturpflege angeschlossen. Seine Mundartdichtung, ihrem Ursprung nach ein Ableger von Hebels 'Alemann. Gedichten', zeigt auch in ihrem Verlaufe deutliche Abhängigkeit von diesem Vorbild, sowohl in der Lyrik als in der erzählenden Versdichtung, für die der Hexameter bezeichnend ist. Dramatisches liegt nicht vor. Die vorarlb. Mundartdichtung beginnt mit dem Bregenzer Pfarrer Chr. A. Walser (1783—1855), dessen vaterländische Sagenerzählung in Hexametern 'Ehrguta' (1827) ohne die metrischen Mängel ein kleines Meisterwerk wäre. Aus Bregenz stammen auch der launige Gelegenheitsdichter Gebh. Weiß, von Beruf Spenglermeister, und der Stadtarzt Kaspar Hagen (1820—1885), das fruchtbarste lyrische Talent (neuste Ausg. 1921). Die Mda. des Bregenzer Waldes, beeinflußt vom bayr. Allgäu und Tirol, ist vertreteten durch Pfarrer Jos. Feldkircher von Andelsbuch ('Charakteristiken' 1839 entst., erst 1877 hrsg.), in neuerer Zeit durch Gebh. Wölfle, Jos. Feuerstein, Elisabeth Gmeiner, alles Leute aus dem Volk. Der gründlichste Kenner von vorarlb. Mda. und Sage ist Fr. J. Vonbun (1824—70), Arzt in Schruns im Walsertal, aber aus dem obern Walgau gebürtig. Seine 'Volkssagen aus Vorarlberg' (1847, 3.Aufl. 1858) enthalten Sagen aus allen Teilen des Landes und zwar in der Mda. ihrer engeren Heimat erzählt, das meiste in vorbildlicher Prosaform, einiges, wie das Gedicht 'Der Klushund' (1844, Bregenzer Lokalsage a. d. 30jähr. Krieg), in Versen. Neben Vonbun ist als Vertreter des ob. Walgaus der kernige Dr. Ludw. Seeger („Seeger an der Lutz") zu nennen, der in seinem 'Nit lugglo' (Innsbr. 1886) neben Schwänken und Gsätzle auch zwei größere dorfnovellenartige Erzählungen in Hexametern: 'Der Kolle Hans' und 'Gspusagang' darbietet, beide auf sagenhafte lokalgeschichtliche Stoffe aufgebaut. In Montavoner Mda. hat J. B. Biedermann seine Gsätzli gedichtet ('Nüt för uguat' 1897).

J. B. Trenkle *Die alem. Dichtung seit J. P. Hebel* 1881. E. Winder *Die voralberger Dialektdichtung*. Progr. Innsbruck 1887—90. Ad. Socin *Basler Mundart und Mundartdichter* 1895. J. C. Heer *Die zürcherische Dialektdichtung* 1889. Fr. Schön *Geschichte der deutschen Mundartdichtung* 1920—21. A. F. Raif *Die badische Mundartdichtung* 1922. Nagl-Zeidler II 643—652: Vorarlb. Dial.-Dichtg.

Otto v. Greyerz.

Alexandriner ist ein aus dem Französischen stammender Vers alternierenden Metrums von 12 Silben bei stumpfem und 13 Silben bei klingendem Ausgang. Das Kennzeichen des Alexandriners ist eine stehende Diärese nach dem 3. Fuße. Hierdurch unterscheidet er sich vom iambischen Trimeter. Der Alexandriner stammt aus dem 12. Jh. und hat seinen Namen nach Gedichten aus dem Sagenkreis Alexanders d. Gr. Er ist vorzugsweise der Vers des französischen klassischen Dramas, ist aber auch in romanischen Strophenformen wie Sonett und Stanze viel angewendet worden. Durch seine genaue Zweiteilung eignet er sich für Antithesen, Kontraste, Vergleiche. Im 17. Jh. kommt er in die deutsche Literatur. Opitz hat ihn zwar nicht eingeführt (Rubensohn, Euph. VI 253), aber viel gebraucht. Der A. beherrscht dann bis über die Mitte des 18. Jhs. die deutsche Literatur. Bodmer und Breitinger bekämpfen ihn, Gottsched tritt für ihn ein. Er wird gelegentlich auch mit kürzeren iambischen Versen gemischt (Brockes) und mit zweisilbigen Senkungen (Wieland) verwendet. Durch Klopstocks 'Messias' wird er aus dem Epos, durch Lessings 'Nathan' aus dem Drama verdrängt. Goethe verwendet den Alexandriner fast nur in komischer Weise. Schiller hat ihn ganz verschmäht. Im 19. Jh. ist er von Friedr. Schlegel ('Alarkos'), Rückert, Körner, Geibel wieder gebraucht. Freiligrath verbindet den Alexandriner ohne Diärese mit dem vierfüßigen Iambus in der sogenannten *Freiligrathschen Strophe*. In sehr freier Form hat Spitteler im 'Olympischen Frühling' den Alexandriner verwendet. Man unterscheidet den *heroischen Alexandriner* in Vierzeilen mit der Reimstellung aa bb (a klingend, b stumpf) und den *elegischen Alexandriner* (a b a b).

F. Saran *Der Rhythmus des französischen Verses* 1904. Ders. *Versl.* S. 314—316. Minor *Metrik* S. 268—276; Literaturverzeichnis S. 525. H. Paulussen *Rhythmik und Technik des sechsfüßigen Jambus im Deutschen und Englischen* (Bonner Studien zur englisch. Philol. Heft 9) 1913.

P. Habermann.

Alkäische Strophe s. Antike Versmaße.

Alliteration. *Alliteration* oder *Stabreim* ist die älteste Form der Bindung deutscher Verse. Sie besteht in der Hervorhebung begrifflich oder gefühlsmäßig bedeutungsvoller Wörter durch gleichen Stammesanlaut und ist im Germanischen wohl selbständig, vielleicht aus dem

Orakelwesen, entwickelt. Sie beruht auf dem grammatischen Akzent des Germanischen und hat drei Aufgaben: sie bildet Gipfel, schafft Perioden und ist Gedächtnismittel (Heusler). Die A. war auch im Griechischen und Lateinischen als Zufalls- und Gelegenheitsalliteration bekannt; im Mittellateinischen kommt sie auch als Kunstmittel ohne feste Regel verwendet vor. Der Name A. begegnet zuerst in dem Dialog 'Aetius' von J. J. Pontanus (1519). Alliterierende Denkmäler aus deutschem Sprachgebiet sind: Hildebrandslied, Merseburger Zaubersprüche, Wessobrunner Gebet, Muspilli, Heliand und altsächsische Genesis. In ihnen sind mehr oder weniger streng zwei Halbzeilen dadurch zu einer Langzeile verbunden, daß die nachdrücklich betonten Silben zweier oder dreier Hauptwörter mit gleichen Lauten einsetzen. Diese Laute führen den Namen *Stäbe* und stehen einer oder zwei in der ersten Halbzeile, einer in der zweiten Halbzeile. Ihre Übereinstimmung bildet den Stabreim oder die Alliteration. Der Reimstab der 2. Halbzeile entscheidet; er heißt deshalb *Hauptstab*; die mit ihm übereinstimmenden Reimstäbe des 1. Halbverses heißen *Stollen*. Die Vokale alliterieren sämtlich untereinander; alle gleichen Konsonanten alliterieren miteinander. sc, sp, st alliterieren weder wechselseitig noch mit einfachem s, sondern nur je mit sich selbst. Im 9. u. 10. Jh. ist die Alliteration dem Endreim als Mittel der Versbindung gewichen.

In der neueren Dichtung dient die A. weniger zur Bindung als zum Schmuck des Verses. Bei Hans Sachs, bei Klopstock im 'Messias' und besonders häufig bei Bürger ist sie verwendet. Bei R. Wagner dient die A. wieder zur Bindung des Verses. Es alliterieren die zwei oder drei Hebungen des Verses entweder unter sich, oft auch noch mit den Hebungen der nächstfolgenden Zeile. Die dreihebige Zeile alliteriert nicht mit einer nachfolgenden zweihebigen. Bei W. Jordan ('Nibelunge') sind zwei Halbverse durch den Stabreim zu einem Langvers verbunden. Neben der einpaarigen A. findet sich bei Jordan auch die doppelpaarige. Je lebhafter der Inhalt, um so reicher ist bei Jordan A. angewendet.

A. Heusler *Stabreim* bei Hoops Reall. IV 231—240. E. Sievers *Altgermanische Metrik* (PGrundr. II, 2) S. 13—14. Fr. Kauffmann *Deutsche Metrik* S. 8—20. Fr. Saran *Das Hildebrandslied* 1915. S. 93—109. Minor *Metrik* S. 369—374, 529. O. Deppe *Die Alliteration im Sprachgebrauch der heutigen Prosa.* Progr. Hildesheim 1912. R. Pischel *Der Vers in R. Wagners Ring des Nibelungen.* Progr. Wien 1912. J. Lindemann *Über die Alliteration als Kunstform im Volks- und Spielmannsepos.* Diss. Bresl. 1914.

P. Habermann.

Alliterationsvers. Deutsche Denkmäler beträchtlicheren Umfangs in Alliterationsversen, deren Grundform ein gemeingermanischer Vers ist und im 9. u. 10. Jh. in Deutschland durch den Reimvers abgelöst wird, sind Hildebrandslied, Wessobrunner Gebet, Muspilli, Heliand und altsächsische Genesis. Über den Bau und die Entstehung des Alliterationsverses sind zahlreiche Anschauungen vorgetragen, die zusammengestellt sind bei E. Sievers *Altgermanische Metrik* (Pauls Grdr. III, 2) §§ 1—3. Lachmann ging zunächst vom Hildebrandslied aus, dessen Versen er *vier Hebungen* zuerkannte, während er den Versen anderer alliterierender Denkmäler eine freiere Form zusprach. Später wurde die Vierhebungstheorie auf das ganze Gebiet übertragen und in eine Viertaktlehre umgewandelt. Auf dem Boden der Vierhebungstheorie stehen Müllenhoff, Bartsch, Kaluza, Amelung, Möller, Heusler. Für *zweihebige Lesung* sind eingetreten Wackernagel, Vetter, Hildebrand, Rieger, Sievers, Saran. Mit der Absicht, die Form und Zahl der vorkommenden rhythmischen Grundformen aufzuzeigen und dadurch den Beweis eines starken Rhythmuswechsels zu erbringen, trug E. Sievers eine deskriptive *Typentheorie* vor (Typus A –́ x –́ x; B x –́ x –́; C x –́ –́ x; D –́ –́ –̀ x; oder –́ –́ x –̀; E –́ –̀ x –́ oder –́ x –̀ –̀; F x x –́ –́). Saran sieht in dem Alliterationsvers ein Metrum, das auf einen orchestisch-rhythmischen Vierer zurückgeht, der aber durch den überwiegenden Einfluß des sprachlichen Akzents sich weit vom orchestischen Rhythmus entfernt hat. Es ist nach ihm ein ungemein freier, beweglicher, auf jeden Fall gesprochener Vers ohne Takt mit rezitativartig-rhythmischer Bewegung, in der Freiheit der Form den Versen einzelner frühmittelhochdeutscher Gedichte ähnelnd, die auch unter dem überragenden Einfluß des Sprachakzents stehen.

Das Westgermanische besitzt zwei Formen, den kürzeren zweihebigen *Normalvers* und den längeren dreihebigen *Schwellvers*. Von den Normalversen lassen sich Schwellverse dadurch schematisch ableiten, daß man vor die Typen des Normalverses ×⏊ oder ⏊× setzt. Schwellverse stehen zumeist in Gruppen zusammen bei nachdrücklicher, schwungvoller Sprechart. Sie sind nicht immer leicht von volleren Normalversen zu unterscheiden. Die geschwellte Vorderreihe hat gewöhnlich Doppelalliteration und zwar meist auf der ersten und zweiten Haupthebung, die Hinterreihe des Schwellverses nur eine Alliteration. Dieser Hauptstab steht dann abweichend von den sonstigen Gesetzen auf der zweiten Haupthebung der Hinterreihe.

Rich. Wagners Alliterationsvers ist ein Vers von 2 oder 3 Hebungen mit freien Senkungen. W. Jordans Alliterationsvers besteht aus zwei Halbversen von je zwei Hebungen. Eingangs- und Binnensenkung können fehlen, ein- oder mehrsilbig sein.

Die Literatur über den altgermanischen Alliterationsvers ist sehr umfangreich. Sie ist zuletzt zusammengestellt bei W. Heims *Der altgermanische Alliterationsvers und seine Vorgeschichte*. Diss. Münster 1914. Fr. Kauffmann *Deutsche Metrik*3 S. 8—33. E. Sievers *Altgermanische Metrik*, PGrundr. II, 2 S. 1—16. Saran *Versl.* S. 222—243. Ders. *Das Hildebrandslied* 1915. R. C. Boer *Studien over de metriek van het alliteratievers*, Verh. der Akad. van wetenschappen Amsterdam 1916. J. J. A. A. Frantzen *Het alliteratievers*, Neophilologus III 30—35. A. Heusler *Heliand, Liedstil und Epenstil*, ZfdA. LVII (1920) S. 1—41 (über Schwellverse besonders S. 27—31). Minor *Metrik* S. 371—374; Literaturverzeichnis S. 529.

P. Habermann.

Almanach s. Musenalmanach.

Alpenpoesie. Sie ist so reichhaltig und vielseitig, daß ein kurzer Überblick schwerlich eine Vorstellung von ihrem Charakter zu geben vermag. Sie beginnt erst, nachdem die Bergwelt ihre Schrecken verloren hat, und als man die Schönheiten des Hochgebirges auf Wanderungen genießt. Den breitesten Raum nimmt die Schweiz ein. An der Spitze stehen Hallers 'Alpen' (1729), die trotz unzweifelhaften Verständnisses für die Erhabenheit der Gebirgswelt im ganzen noch der beschreibenden Dichtung älteren Stils angehören und einen starken moralischen Einschlag erkennen lassen. Die aus romantischem Sinn geborene empfindsame A. wird durch J. J. Rousseau eingeleitet und haftet lange besonders am Genfer See, dessen von unglücklicher Liebe geweihte Stätten Childe Harold-Byron andächtig besucht. Doch schon vor 'Julie' hatte Klopstock sein hymnisches Naturgefühl gelegentlich einer Fahrt über den Züricher See ausgesprochen. Goethe weiß in dem Gedicht 'Auf dem See' lyrischen Stimmungsverlauf wundersam gegenwärtig zu machen, im 'Gesang der Geister über den Wassern' ein Sinnbild der Seele zu entwerfen und noch in den Terzinen des 1. Aufzugs von Faust II alte Eindrücke vom Vierwaldstätter See festzuhalten. Wehmutgesättigt ist Matthissons Dichtung. Sein Freund Salis-Seewis richtet aus Paris die 'Elegie an mein Vaterland' und findet darin gleich den meisten seiner Volksgenossen warme patriotische Töne. Auf Friederike Bruns Schweizeridyllen und auf eignen Beobachtungen fußt das Epos 'Parthenais' des deutsch schreibenden Dänen Jens Baggesen. Schillers 'Berglied', das Goethe als „recht artigen Stieg auf den Gotthard" bezeichnet, entstammt der Entstehungszeit des 'Tell', waadtländische Sage behandelt 'Der Alpenjäger'. Die Wirklichkeitstreue im 'Tell' wurde auch von Schweizern als berufenen Urteilern gerühmt. Platen spiegelt Schweizerreisen lebensvoll wider. Im 'Hospiz auf dem großen St. Bernhard' offenbart die Droste-Hülshoff ihre realistische Kunst bei der Schilderung des Schneesturms und des Savoyer Morgenidylls. Scheffels Ekkehard schafft in der Einsamkeit am Säntis das Waltherlied. Unübertroffen sind G. Kellers und C. F. Meyers schweizerische Alpendichtungen. Jener löst Stimmung in Lebensdarstellung auf, wenn er das Geschick des Seenixleins erzählt ('Winternacht'); er bleibt nie beim bloßen Landschaftsmalen, ebensowenig in der ätiologischen Sage von 'Aroleid' wie in den Romanzen 'Der Apotheker von Chamounix'. Meyer verklärt den letzten Aufenthaltsort seines Hutten. Seine Zürichseelyrik zeigt die Vorliebe für kulturgetränkte Natur. Graubündens Bergen zugetan, wünscht sich Meyer dort die Vollendung auf Erden. Der Vergangenheit des Bündnerlandes widmet er Novellen. All seine Poesie wird vom Firnelicht erhellt. 'Zu Füßen des Monarchen' (des Montblanc) spielt eines der kleineren Werke der L. von François. Die hehre Natur Graubündens hat Nietzsches 'Zarathustra' ihr Ethos geliehen, und Spittelers kühnste Phantasiegebilde scheinen von Hochgebirgskraft geschwellt zu sein. G. Hauptmanns Naturkult im 'Ketzer von Soana' wurzelt in berauschenden Erlebnissen am Monte Generoso. H. Hesses 'Peter Camenzind' verklärt die Voralpen, den Bodensee und den Zürichsee. Schweizerische Erzähler wie E. Zahn, H. Federer und J. Jegerlehner verknüpfen Berge und Volkstum eng. Technische Großtaten in den Alpen und an ihrem Fuße nehmen W. Siegfried, J. C. Heer, W. von Hillern und H. Stegemann zum Stoff von Romanen.

Die dt. Voralpen und das bayerische Hochgebirge sind der Schauplatz vieler Geschichten und Bauernstücke. Namen wie A. Achleitner, H. Hopfen, L. Ganghofer und vor allem L. Thoma dürfen nicht vergessen werden, auch nicht die sinnige Lyrik K. Stielers, dessen frische Dialektpoesie, wie sie in den bayerischen und österreichischen Alpenvierzeilern unerschöpflich quillt, ganz aus der Freude des Gebirglers am Leben hervorsprudelt. P. Heyse hat sein feines Landschaftsempfinden in die 'Waldmonologe aus Kreuth' ergossen.

Tirols klassischer Sänger ist H. von Gilm. A. Pichler verherrlicht sein Heimatland in Liedern und Geschichten. R. Greinz betätigt sich als humoristischer und harmlos satirischer Menschen- und Zustandsschilderer. H. von Hoffensthals erzählende Muse besitzt eine sonst auf diesem Boden kaum zu erwartende Zartheit, und der schollentreue Dramatiker K. Schönherr erweckt ebenso gern vergangene Zeiten, wie er Zustände der Gegenwart wirklichkeitstreu beleuchtet. Auch Landfremde wie P. Heyse, der am Gardasee eine zweite Heimat fand, wie R. Bredenbrücker und G. von Ompteda sind mit Bergen und Bewohnern Tirols eng verbunden.

Lenau entrichtet bereits i. J. 1826 am Traunsee, dann 1830 den österreichischen Alpen seinen Dank. Angesichts der gewaltigen Natur befreit er sich für Augenblicke von seiner Schwermut. In St. Wolfgang faßt Scheffel den Plan zu seinen 'Bergpsalmen'. Aus der Steiermark, deren Tanz schon Lenau hinriß, ersteht der deutschen Literatur ein Volksdarsteller und Volkserzieher in P. Rosegger und ein sentimentaler Kulturdichter in R. H. Bartsch. Eine slowenische Alpensage regt R. Baumbach zu 'Zlatorog' an.

J. Hartmann *Goethe und die Alpen*, Zddtsch. Alpenvereins XXXIX (1909) S. 92. L. Huna *Die Alpen in der Dichtung*, Heimgarten XXXVII (1913) Nr. 2. L. G. Ricek *Die älteren Alpenländer im Spiegel dt. Dichtung* 1913. H. Kurz *Die Schweiz, Land, Volk und Geschichte in ausgewählten Dichtungen* 1853. F. Vetter *Der Staubbach in Hallers Alpen*, Festgabe z. 60. Jahresversammlung der allg. geschichtsforschenden Ges. der Schweiz 1905. S. 311—362. G. Bohnenblust *O mein Vaterland. Die Schweiz im heimischen Liede des 14. bis 20. Jhs.* 1919. Ziehen *Die dt. Schweizerbegeisterung in den J. 1750—1813* (Dt. Forsch. Heft 8) 1922. O. Zürcher *Das Berner Oberland im Lichte dt. Dichtung* (Die Schweiz im dt. Geistesleben 18) 1923 (dort weitere Literatur). W. von Scholz *Der See. Ein Jahrtausend dt. Dichtung vom Bodensee* 1916. R. H. Greinz *Liederfrühling aus Tirol* 1889.

K. Reuschel.

Alternierende Dichtung. Nach den freien, mit Senkungsausfall, Hebungsauflösung und mehrsilbigen Senkungen gebauten Sprechversen des Frühmittelhochdeutschen kommt im Anfang des 12. Jhs. als neues metrisches Prinzip das Bestreben auf, Hebung und Senkung streng einsilbig zu bilden und regelmäßig wechseln zu lassen. Die ersten entschiedenen Vertreter der neuen Versform sind Heinrich von Veldeke und Friedrich von Hausen, die wohl unter dem Einfluß französischer alternierender Versbildung stehen. Da das Wesen der germanischen Betonung in den deutschen Versen des 12. Jhs. erhalten bleibt und sprachlich-akzentuelle mit metrischen Hebungen bei Alternation zusammenfallen, so kommen *akzentuierend-alternierende Verse* zustande. Im 'Grafen Rudolf' (1170) begegnet noch Auflösung der Hebung, aber keine Überfüllung der

Senkung mehr. Allmählich wird auch die Füllung der Eingangssenkung eingeschränkt. Hartmann von Aue bildet im 1. Büchlein alternierende Verse. Nächst Gottfried von Straßburg erstrebt Konrad von Würzburg streng alternierende Verse. Gegen Sarans Beurteilung des französischen Einflusses hat Pfannmüller (PBB. XL [1915] S. 373—381) auf Grund der Beobachtung des Senkungsausfalls, die gegen Alternation spricht, und der Kadenzbildung die Auffassung vertreten, daß Konrad von Würzburg schulmeisterlich die Kunst Gottfrieds zu einem für seine Auffassung idealen Abschluß, d. h. zur alternierenden Bildung gebracht hat.

Unter genauer Nachbildung der originalen Metren hat Schede die calvinistischen Psalmlieder von Marot-Bèze (1562) übersetzt, damit die Übersetzungen nach den französischen Melodien gesungen werden konnten, und dabei bewußt alternierende Metren mit Widerspruch von Wort- und Versakzent gebildet (K. Drescher, AfdA. XXVII [1901] S. 334 f.). Alternierende Verse mit strenger Anlehnung an das romanische Vorbild und bewußter Vernachlässigung des deutschen Akzents bauen G. R. Weckherlin und Tob. Hübner. Mehr und mehr wird aber die Technik akzentuierend gemildert. Vor Opitz hat schon Diederich v. d. Werder alternierende Verse mit ziemlich strenger Beachtung des akzentuierenden Prinzips gebaut. Über die gesamte Literatur zu dieser Frage, besonders auch über die alternierenden Verse des 15./16. Jh.s siehe: *Akzentuierende Dichtung*. P. Habermann.

Althochdeutsche Literatur.

I. Systematisch: § 1. Begrenzung zeitlich. § 2. örtlich. § 3. sachlich. § 4. Zusammenhang. — II. Geschichtlich: § 5. Vor Karl dem Großen. § 6. Karl: a) Karlisch; b) Reichenau, Murbach; c) Fulda; d) Baiern. § 7. Karolinger. § 8. Ottonen. § 9. Notker. § 10. Ausgang.

I. § 1. Man rechnet die ahd. Sprache von der zweiten Lautverschiebung bis zum Zusammenfall der kurzen Endsilbenvokale — beides Erscheinungen, die weder überall gleichzeitig auftreten, noch chronologische Punkte sind —, das ahd. Schrifttum läßt man gewöhnlich mit den ältesten Glossen (um 750) beginnen und mit Notkers des Deutschen Tode (1022) enden, wiewohl Willirams Paraphrase des Hohen Liedes, auch gewisse Glaubensbekenntnisse, Beichtformeln und Glossensammlungen und anderes noch ahd. Sprachformen zeigt und ahd. Literaturgattungen fortsetzt. So bleibt zur Begründung dieser Grenze nur die 40jährige Lücke unserer Überlieferung zwischen Notker und Williram, die aber wenigstens durch Ab- und Umschreiben des Vorhandenen ausgefüllt wird, und das Wichtigere, daß nach dieser Lücke mit der nun endlich nicht mehr unterbrochenen Reihe deutscher Literaturdenkmäler der neue bildungsfeindliche Geist von Cluny seine traurige Herrschaft beginnt.

§ 2. Örtlich ist die ahd. Literatur nicht auf das ahd. Gebiet beschränkt. Sie reicht, wie mindestens die Straßburger Eide und das 'Ludwigslied' zeigen, noch im 9. Jh. in das Westreich hinüber, für das wir ja eine sprachliche Gemeinsamkeit der fränkischen Oberschicht, eine „Hofsprache" wie locker sie auch sei, anzunehmen haben. Das 'Hildebrandslied' und wohl auch das Sächsische Taufgelöbnis sind auf fränkischem Gebiete für nd. Gebrauch zurechtgemacht; die Anregung zum 'Heliand' dürfte, durch Ludwig den Deutschen, die Fuldische Tatianhandschrift gegeben haben; die Sächsische Beichte geht auf einen Lorscher Archetypus zurück; ahd. Glossensammlungen werden auf nd. Boden benutzt: die Abhängigkeit der nd. Literatur beginnt nicht erst in der mittleren Periode, und nach dem Gange der politischen, Kirchen- und Bildungsgeschichte ist nichts anderes zu erwarten.

§ 3. Die sachliche Begrenzung darf keinesfalls von irgendeiner anderen Literatur hergenommen werden; wendete man moderne Kunstmaßstäbe an, so bliebe von der ahd Prosa nichts und von der Poesie wenig. Das Schrifttum ist allein in den Händen der christlich-lateinischen Bildung, die theologisch und literarisch in der römischen Tradition steht, nur auf besonderen Antrieb sich herbeiläßt, ihre Gedanken deutsch zu formen, und offen verrät, wie barbarisch und unnatürlich ihr das deutsche Schriftbild ist: die Isidorübersetzung u. a. tragen den lat. Urtext neben sich, das Fränkische Gebet und noch der Wessobrunner Glaube gar eine lat. Übersetzung. Dazu stimmen Otfrieds und Notkers Aussagen. Dies Schrifttum ist eben eine Frühgeburt: 400 Jahre vor Homer ist tiefste Finsternis am griechischen Himmel, 400 Jahre vor dem Nibelungenliede brauchte es die übermenschliche Kraft Karls, zusammenhängende deutsche Texte ans Licht zu fördern, bis ins 11. Jh. braucht es bevorzugte Orte und Menschen, immer neu anzusetzen. Und dann ist der Zweck dieses Schrifttums erfüllt: jene Aneignung des fremden Erbes durch die eigene Sprache, auf der unsere Bildung und Humanität ruht. Auch das eigene Erbe hatte unter Karl sein Schrifttum gefunden, aber seine Sammlung einheimischer Heldendichtung ist verloren; sie hatte, wie alles Volkstümliche, in der kirchlichen Enge der Folgezeit keine Lebensluft, nur zufällig und wo etwa die mildere Praxis der ags. Kirche überwog, die sich daheim die nationale Kunst dienstbar machte, ist einiges wenige erhalten, das dann freilich literarisch wertvoller ist als alles, was weiterhin die Verbindung von Althochdeutsch und Christentum auch an Dichtung hervorgebracht hat, das aber seine rechte Erklärung erst im Zusammenhange der germanischen Literaturen findet.

Die ahd. Literatur ist danach zum allergrößten Teil eine versuchte Übersetzung aus dem Lateinischen, und es reicht ein ununterbrochener Zusammenhang von der Glossierung zur Interlinearversion, zur Übersetzung, Umsetzung, dichterischen Bearbeitung, etwa der des 138. Psalms; langsam nur wächst die Möglichkeit, in der eigenen Sprache Gedanken und Kunst darzustellen, denn auch die Form Otfrieds und seiner Nachfolger ist fremd. Es ist also falsch, die Glossen und somit fast die Hälfte der ahd. Überlieferung auszuschließen und die Grenze hinter die zusammenhängenden dt. Texte zu setzen (also etwa die Straßburger Eide [aber auch die Markbeschreibungen!] aufzunehmen), solange nicht die bisherige Gepflogenheit und unsere Unkenntnis der Glossen als hinreichender Grund gelten sollen. In der Tat sind z. B. das Keronische Wörterbuch oder die Salomonische Enzyklopädie nicht minder auf dem Lateinischen entstandene Literaturwerke als andere Übersetzungen. Die mit Glossen durchsetzten fortlaufenden Bibelkommentare sind Wurzeln der Notkerschen, sie können als selbständige Bücher neben den Text gelegt werden — wie denn umgekehrt Hrabans großer Bibelkommentar *Glossa ordinaria* hieß —, die Kanonesglossierung u. a. sind den übrigen durch Karl angeregten Verdeutschungen einzureihen, und schließlich ragt diese Erklärungskunst mit Ekkehard IV. in den Bereich der Formung weit tiefer als manches Prosastück.

Alles zusammen aber wird nur ein enger Ausschnitt aus der lat. Literatur sein. Das zeigt sich schon äußerlich in der überwältigenden Übermacht der lat. Handschriften, in denen das Deutsche einmal eingesprengt erscheint, noch mehr daran, daß diese Literatur nicht dazu dient, eignes, neues Geistige darzustellen, sondern nur zum Popularisieren des Vorhandenen, zum Erziehen. Sie hat ihr einigendes Band in der Anwendung des Deutschen, die den lesenden Zeitgenossen noch weit wunderlicher sein mußte als uns etwa die einer Mundart in wissenschaftlichen Werken; noch Ekkehard IV. hielt Deutsch zu lesen für eine besondere Kunst. Und wenn es anderswo gilt, daß die Sprache die Literatur macht, so gilt es hier besonders. Es ist falsch, weil diese Literatur nur aus der zugrunde liegenden lateinischen erklärbar ist, nun auch die von Deutschen geschriebene lateinische der Zeit einzubeziehen. Das ist wie die Weglassung der Glossen nur ein aus der Entwicklung der Wissenschaft und dem Interesse zu verstehender Brauch. Wenn lat. Texte hierher gehören sollen, so müssen es zuvörderst die übersetzten und bearbeiteten, die Anregung gebenden sein, Isidor, Juvencus, Arator usw., die Bibelkommentare, Liturgien und Kanones usw., überhaupt alles Glossierte, namentlich aber eine Übersetzung aus dem Deutschen wie Ratperts Lobgesang. Die Sequenzen des Notker Balbulus, der 'Waltharius', die Dramen der Hrotswith zeigen, daß der damalige Deutsche auch anderen literarischen Entwicklungsreihen Entsprechendes zustandebringen konnte, die Erkenntnis der ahd. können sie nur verwirren, und sie stützen das Vorurteil, daß man die poetische und geistige Leistung der Deutschen jener Zeit an jenen dt. Zwitterdenkmälern messen könne. Da würde, wenn es das 'Hildebrandslied' nicht vermöchte, ebensowohl jede andere geistige oder künstlerische Betätigung der Heimat Zeugnis ablegen, daß die Kindlichkeit des klerikalen Althochdeutsch ein besonderes Ding ist. Vielmehr ist das Interesse der lat. Dichtung Deutscher in unserem Zusammenhang wesentlich stoffgeschichtlich.

§ 4. Durch ihre Bindung an die Schrift beschränkt sich für uns die ahd. Literatur auf die geistigen Kulturstätten, die über die drei Stammes- und Mundartengebiete zerstreut, aber doch mit wenigen Ausnahmen (Fulda!) auf römischem Kulturboden liegen. Das ist aber nur der Ausdruck ihrer besprochenen Einheitlichkeit, die sogar die Mundartengrenzen so leicht überschreitet, wie nur irgend die germanische Dichtung, und gleichermaßen stilistisch und metrisch, in Ansätzen (zur Zeit Hrabans und seines Archivars Hruodolf) selbst sprachlich zutage tritt. Sie rückt in Nachahmungen und mundartlichen Umsetzungen langsam von Westen und Süden vor, macht aber doch noch vor Thüringen halt, sendet freilich sozusagen (Kolonisten-)Missionare selbst in sächsisches Gebiet. Das Netz der Beziehungen, das die Hauptorte verknüpft, St. Gallen-Reichenau-Murbach, St. Emmeram-Freising-Tegernsee-Monsee, Würzburg-Fulda, Weißenburg-Lorsch-Mainz-Trier, würde sehr viel engmaschiger und fester, wenn man die Glossen, die alten Handschriftenkataloge und -bestände aufarbeitete und sähe, wie sich die Studien von Grund an aufbauen, die diese Literatur zeitigen. (Vgl. Art. *Glossen, Ahd.* § 8.)

Freilich, die Lückenhaftigkeit unserer Überlieferung ließe sich doch nicht wegleugnen. Nach Zeit und Ort ist die Vertretung höchst ungleichmäßig, weite Strecken fallen ganz aus, z. B. der größte Teil Alemanniens, der größte Teil des 10. Jhs. Wie damals der Ungarnsturm Kloster um Kloster bis an den Rhein wüste legte, so sind noch bis in die Neuzeit die großen Bibliotheken von Köln, Trier, Fulda zerstreut, so daß nun der fränkische Vorrang ungebührlich zurücktritt — das Mittelfränkische setzt erst im 10. Jh. ein —; vieles einzelne ist natürlich in einem Jahrtausend verbraucht (besonders vom Buchbinder), vergangen, verloren selbst in dieser überkonservativen Umwelt, und bei jeder Handschriftenfiliation fast erkennen wir, wieviel uns fehlt. Falsch ist es aber nach allem Gesagten, von Zufälligkeit der Überlieferung in dem Sinne zu sprechen, daß jemand gelegentlich, zum Zeitvertreib etwa oder als Federprobe, Deutsches im Zusammenhang niedergeschrieben und anderes zurückbehalten hätte: das war eine besondere Kunst, fast immer findet man besonderen Antrieb besonderer Persönlichkeiten, und die dt. Paternoster, Glauben, Beichten und Gebete sind nicht als selbständige Stücke, sondern als Ausstrahlungen e i n e r Absicht und e i n e s Archetypus zu betrachten: immer wieder beobachten wir die Wiederkehr, selbst im Lautlichen, geprägter Worte. Die bis heute zusammengebliebenen Handschriftenbestände, die Bibliothek von St. Gallen und die in München vereinigten der bairischen Klöster etwa, noch mehr die alten Kataloge, zeigen übrigens, daß die dt. Fundstücke weniger zufällig sind, als es nach unsern Lesebüchern scheint: es gab nicht viel geschriebene ahd. Literatur; daß wir von Otfrieds Gedicht das Original und mehrere gute Reinschriften (von gewissen Bibelkommentaren sogar zahlreiche Exemplare) haben, gibt doch zu denken, denn volkstümlich war es nicht: das Kirchliche erhält sich in der kirchlichen Welt besser als irgendein Geistiges irgendwo sonst. Zufällig erscheinen weit eher die Reste volkstümlicher Dichtung so lange, bis Notkers Sprache auch das Volkstümliche emporzieht.

Ich glaube also nicht, daß man, zumal vor Aufarbeitung der Glossen, der ahd. Literatur wegen Zusammenhangslosigkeit und Zufälligkeit eine „Geschichte" absprechen dürfe, daß sie in Erklärungen von Einzeldenkmälern oder Denkmälergruppen, so deutlich die auch hervortreten mögen, zerfalle und daß diese Erklärungen größtenteils mehr sprachlich als literarisch sein müßten, ich versuche vielmehr nach der systematischen Darstellung eine geschichtliche Konstruktion, die man umstoßen, verbessern oder ergänzen kann.

II. § 5. Das ahd. Schrifttum beginnt mit dem sogenannten Keronischen Wörterbuch (St. I 1 ff.). Man glaubt, es nach sprachlichen Eigentümlichkeiten (*oa* < *ō*, inl. *k* <*g*) in Freising lokalisieren zu können. Nach andern (unumgelautetes *a*, erhaltene *ai* und *th*) wäre es dann vor den ältesten Urkunden, vor 744, entstanden, und so würde sich vielleicht die Vermutung (Baesecke *Einführung in das Althochdeutsche* S. 7) bewähren, daß diese Übersetzung mit dem Bischof Arbeo (764—83, in Freising frühestens 739) zusammenhängt, der, in der Nähe von Meran auf romanischem Sprachgebiet geboren, Reste antiker Schulung überkommen hat: das schwer entstellte, aus allen Flexionsfugen gerenkte Schriftlatein seiner 'Vita Corbiniani' (ed. Krusch 1920) zeigt neben romanischen Formen doch noch den antiken „Kursus". Das Wörterbuch aber geht größtenteils auf Auszüge aus antik-poetischen, nichtbiblischen Quellen zurück, es enthält ebenfalls romanische Formen und stimmt auch im Wortschatz mehrfach zu Arbeos Schriften; gewisse außerhalb des insularen Zusammenhangs stehende Züge karolingischer Buchkunst würden sich als italisch erklären. (Vgl. Swarzenski *Die Regensburger Buchmalerei* 1901. S. 7 f. und Zimmermann *Die Fuldaer Buchmalerei*. Diss. Halle 1910. S. 80 f., 91 f., 97 ff.) Aber es bleiben ungelöste Schwierigkeiten. Die Namen in den Urkunden Arbeos und seiner Schreiber (754—802) unterscheiden sich lautlich stark (kein *k* = g, kein *ao*, fast kein *th*), und es ist sehr fraglich, wieviel man davon der Modernisierung durch Cozroh aufbürden kann, in dessen Abschrift von frühestens 824 sie uns erhalten sind. Ein Zweisprachiger wie Arbeo, eitel auf seine Lateinkenntnis, mochte in der Tat am ehesten an eine solche Arbeit gehen, aber nur ein erster Vorkämpfer durfte so ungeheuerliche Verdeutschungen zuwege bringen, wie sie dies Wörterbuch auf Schritt und Tritt bietet.

Auf romanische Bestandteile treffen wir auch bei den Kasseler Glossen (St. III 9 ff.), die zusammen mit der für Freisingisch gehaltenen 'Exhortatio ad plebem christianam' (St. IX) überliefert sind. Sie gehen mit dem sog. 'Vocabularius Sti Galli' (St. III 1 ff.) auf ein Reallexikon zurück, das schon um die Mitte des 8. Jhs., vielleicht aus Isidors Etymologien, gestaltet sein mag und wie ein erstes Hilfsmittel des Missionars unter Wilden anmutet. Jene romanischen Zusätze, die deutlich einen Grenzgegensatz zwischen Baiern und Welschen erkennen lassen, wären in Freising wohl erklärlich, das ja bei Meran Besitz hatte (Krusch aaO. S. 110; Hauck *Kirchengeschichte* II² 404). (Ein später realistischerer Nachklang in einer Art Sprachführer von der Westgrenze, den 'Altdeutschen Gesprächen': St. V 517 ff.) Beide Wörterbücher sind früh nach Reichenau-St. Gallen gebracht und umgeschrieben. Vielleicht trafen sie dort schon auf die von England eingeführte Glossographie, die im Gegensatz zu der ältesten antik-weltlichen bairischen ausgesprochen christlichen Inhalt und Zweck hat: unser Vocabularius ist mit einem angelsächsischer Vorlage entnommenen Anhange versehen, und in dem Reichenauer Rz haben wir ein lat.-lat. Glossar, das auf einen Bibelkommentar des Afrikaners Hadrianus, Abtes zu St. Petri in Canterbury († 720), zurückgeht; aber auch der Erzbischof Theodor von Canterbury († 690) wird in dem alten Glossar als Gewährsmann genannt.

§ 6. a) Diese Anfänge, die es kaum einmal zu einem zusammenhängenden Sätzchen brachten, sind alsbald aufgezehrt von den Leistungen der Zeit Karls: mit einer wunderbaren und herrlichen Zielsicherheit hat er schon vor seiner Verbindung mit Alkuin (782) die Anwendung der dt. Sprache, die ja in Rechtsaufzeichnungen bereits einen alten Platz hatte (Malberg. Glosse), in seine nationale und kirchliche Politik eingefügt, weitsichtiger als seine Gelehrten, die als Sklaven der antiken Tradition seine Forderung einer dt. Grammatik nicht verstehen, jedenfalls aber nicht erfüllen konnten. Wohin Karls Trachten ging, darf man wohl daraus entnehmen, daß er, auf Jahrhunderte allein, das Deutsche in die Urkunden einströmen ließ (Hamelburger und Würzburger Markbeschreibungen, nur in Abschriften des

9. u. 10. Jhs. erhalten, St. XII u. XXIV), daß er Wind- und Monatsnamen verdeutschte (Braune *Ahd. Lesebuch* I 7) und die altheimischen Heldenlieder sammelte *post susceptum imperiale nomen* (Einhard). Und die Bedeutung dieser Initiative ist noch dadurch bezeichnet, daß weiterhin aus seiner Regierungszeit kein zusammenhängendes deutsches Schriftwerk zu nennen ist, das nicht so oder so auf ihn zurückzuführen wäre. Sie alle gewinnen ein chronologisches Rückgrat durch die Kapitularien Karls. Ich führe davon nur auf, was hier in Betracht kommt, und nur die ältesten Belege für die einzelnen Forderungen; vieles bleibt noch zu untersuchen, namentlich bei den Glossen. Voran stehe (α) das Zeugnis Ademars, Hist. II 8 (MGS. IV 117): *Rex Carolus iterum a Roma anno 787 artis grammaticae et computatoriae magistros secum adduxit in Franciam et ubique studium litterarum expandere iussit.* β) die 'Admonitio generalis' von 789 (Boretius *Capit. reg. Francor.* I Nr. 22): c. 55: die Priester sollen die Kanones kennen, die offizielle Sammlung der Konzilsbeschlüsse, die Karl sich nach 774 in einem authentischen Exemplare vom Papst Hadrian zu beschaffen wußte; c. 61: vor allem den Glauben lesen und lehren; c. 70: die Bischöfe sollen sorgen, daß die katholische Taufe (*secundum morem Romanum*: Legationis edictum von 789, Boretius 23 c. 23, vgl. 119 c. 3) gewahrt, das Vaterunser verstanden und gepredigt, das *Gloria patri* mit allen Ehren gesungen wird; c. 82 (vgl. 32 und 61): wie und worüber gepredigt werden soll: über den gesamten Inhalt der Symbole, über die einzelnen Sünden und christlichen Tugenden. γ) die Bestimmungen des Frankfurter Konzils von 794: 28 c. 52: daß man in jeder Sprache zu Gott beten dürfe; δ) des Aachener Konzils von 802, in dem (Boretius S. 105) den Geistlichen die Kanones, den Mönchen die Benediktinerregel, den Weltlichen die Gesetze gelesen und interpretiert wurden (vgl. 60 c. 3, 116 c. 11): 34 c. 3: die Äbte sollen ihre Regel verstehen; 35 c. 30, 36 c. 13 f.: alles Volk soll Glauben und Vaterunser auswendig wissen; 36 c. 4: alle Priester sollen an allen Sonn- und Festtagen das Evangelium predigen (vgl. 117 c. 11; 119 c. 1); c. 10: sie sollen den *liber pastoralis* (Gregors) kennenlernen; 38 c. 4: Prüfung, wie die Priester die Beichte abnehmen (vgl. 36 c. 21); ε) die Bestimmung einer unbekannten Synode, hinter denen von Salz (803/4) aufgezeichnet: Bor. 119 c. 1: der Priester soll die Heilige Schrift kennen; c. 2: er soll den ganzen Psalter auswendig wissen (vgl. 38 c. 2); ζ) die Agenda für eine Besprechung mit Bischöfen und Äbten von 811: 72 c. 9 über die Versprechungen und Abschwörungen der Taufe (vgl. Nr. 125 S. 247): *Hic diligentissime considerandum est et acutissime distinguendum, quae sectando vel neglegendo unusquisque nostrum ipsam suam promissionem et abrenuntiationem vel conservet vel irritam faciat; et quis sit ille Satanas sive adversarius, cuius opera vel pompam in baptismo renunciavimus....* — Demnach wären entstanden: 1) die Glossierung der Kanones (St. II 82 ff., IV 318 ff. und V 24 f.), die alten Paternosterübersetzungen von St. Gallen (St. V) und Freising (St. VIII, diese schon besser und mit Erklärungen) und der Weißenburger Katechismus (St. VI: mit dem Apostolischen und dem Athanasianischen Glaubensbekenntnis, Gloria, Laudamus und einem Sündenverzeichnis, das c. 82 der 'Admonitio' entspricht), das Urbild der deutschen Taufgelöbnisse, des sächsischen (St. III) und des rheinfränkischen (St. IV) und das fränkische Original der Monseer Predigten (Hench S. 60 ff.) frühestens 789; — 2) die kurze Gebetformel, die sich in der bairischen und der Fuldaer Beichte (St. XLI f. und XLVIII), als Prosa des Wessobrunner Gebets (St. II) und selbständig als 'Fränkisches Gebet' (St. XI, vgl. aber auch Petzet und Glauning in Taf. IV) zu uns gefunden hat, und die gewissen lat. Meßgebeten entspricht, desgleichen die nur in der bairischen Umschrift von Monsee erhaltene, durch dessen Abt, den laut Protokoll desselben Konzils (c. 55) dem Kaiser zugeteilten Hildebold, in den kaiserlichen Wirkungskreis gehörige Schrift 'De vocatione gentium', die das Recht aller Sprachen vor Gott verficht (Hench S. 40 ff.); 'damit aber nicht nur die Verdeutschung von von Isidors Traktat 'De fide catholica', dessen zweites Buch ebenfalls den Titel 'Devoca-

tione gentium' führt und der die schon in der 'Admonitio generalis' für die Predigt vorgeschriebenen grundlegenden Glaubenslehren bespricht, sondern auch die Matthäusübersetzung (Hench S. 2 ff.), frühestens 794; — 3) die Interlinearversion der Benediktinerregel, von der gleichfalls ein authentisches Exemplar, schon 787, beschafft war (St. XXXVI); die 'Exhortatio ad plebem christianam' (St. IX), die jenes Gebot des *Capitulare missorum* (35 c. 30) deutsch verkündet und erklärt; die Bibel-, wenigstens die Evangelienglossierungen, soweit sie auf Karl bezogen werden können (St. I 271 ff. IV 250 ff. und V 1 ff.); der Archetypus unserer zahlreichen Beichtformeln (vgl. Art. *Beichtformeln* § 2); die Glossierung des 'Liber pastoralis' (St. II 162 ff.), die Übersetzung der 'Lex Salica' (St. X) frühestens 802; — 4) die erklärenden Zusätze zur dritten Abschwörungsfrage der Taufgelöbnisse frühestens 811. Unsicher nach Zeit (etwa 805?), Herkunft und Wirksamkeit sind die Forderungen Boretius c. 117, unter denen aber c. 11 (*Evangelium intellegere seu lectiones libri comitis*) Grundlage der Glossen St. I 803 ff., c. 13 *Librum pastoralem atque librum officiorum* auf St. II 162 ff., 341 ff. (in der Handschrift vorausgehend) zu beziehen sein könnte.

Diese Schriften, größtenteils fränkisch (der Isidor, der Weißenburger Katechismus, die Markbeschreibungen, die deutsche 'Lex Salica') oder fränkischen Ursprung erkennen lassend (die Monseer Bruchstücke, die Taufgelöbnisse, Gebete und Beichten, die Glossierungen der Kanones, des 'Liber pastoralis' und 'officiorum', vielleicht auch des 'Liber comitis') sind ein Bild der nationalen und kirchlichen Mission Karls und ihrer Ausbreitung über das Reich, aber auch der raschen und hohen Steigerung, deren sie das Deutsche fähig machte: wenn die Matthäusübersetzung noch Fehler und Schwankungen zeigt, so verblüfft der dt. Isidor, als Sammlung der messianischen Weissagungen ihr alttestamentliches Gegenstück, durch die Sicherheit, mit der so schwierige und abstrakte Gedankengänge fehlerlos in dies glanz- und klangvolle Deutsch hineingetragen werden, wie durch die Regelmäßigkeit einer völlig durchdachten, beobachtungssicheren Orthographie: beides in Deutschland bis auf die Jahrtausendwende nicht wieder erreicht. Hier erst erkennt man die Leistung von Karls Gelehrtenhofe auf seinem eigensten Gebiete: nach den kleinen Übersetzungen für den immer allgemeineren Gebrauch ist hier ein Werk der theologischen Wissenschaft popularisiert. Gewiß war das nicht möglich, bevor sie Alkuin im Frankenreiche begründete — die Vorlage des Matthäus stammte wahrscheinlich aus England (Hench XIV; Kögel AfdA. XIX 220) — aber daß seine Schrift 'De trinitate' von 802 Veranlassung gewesen sei, die seines Antipoden zum Übersetzen heranzuziehen, scheint nach Inhalt und Altertümlichkeit der Sprache gleich ausgeschlossen. Warum wäre dann auch nicht Alkuins eignes Werk übersetzt, das den Inbegriff der Dogmatik der Folgezeit enthielt (A. Hauck *Deutschland und England in ihren kirchlichen Beziehungen* 1917. S. 28)? Die Sprache, auch in der bairischen Umschrift von Monsee noch kenntlich, zeigt das Fränkische mit Alemannischem gemischt, wie sich das in einem Gebiete, wo, wie im Elsaß, der Franke über dem Alemannen saß, wenigstens für Schriftliches ausbilden mochte. Und da eine Handschrift in Murbach vorhanden war, manches Orthographische und Sprachliche zu seinen Urkunden und Glossen stimmt, so mag dort das Corpus entstanden sein; Identität der Verfasser aber ist abzulehnen. — Die Sprache des fränkischen Hofes selbst kennen wir aus den Eiden (St. XV), die sich die Könige Karl und Ludwig samt ihren Heeren am 14. Februar 842 zu Straßburg, ebenfalls im Elsaß, schworen. Auch die verlorenen Eide von Coblenz (860) und dem Riesfeld (876) waren deutsch. Der bairische Priestereid (St. XIII) ist dem karolingischen Vasalleneid nachgebildet.

b) In Murbach wäre die Literatur Karls auf die Ausläufer jener älteren Wörterbucharbeiten getroffen: Reichenauer Sammlungen werden dort in der Juniushandschrift 25 (St. IV 588 ff.) umgeschrieben und erweitert, ein Exemplar des Keronischen Glossars hat sich eingefunden (*K) und wird mit Affatimglossen kontaminiert (*Jc. Vgl. PBB. XLVI [1921] S. 469 ff.).

In Reichenau selbst offenbart sich der Einfluß Karls in der genannten Interlinearversion der Benediktinerregel, die uns in einer St. Galler Abschrift erhalten ist und zeigen kann, wie man dort, sehr im Gegensatze zu der Isidorart, den Weg zur Verständlichung von der einheimischen Glossierungstechnik aus zu finden suchte. Aus Einzelheiten ergibt sich nahe Verwandtschaft mit den nach Lateinkenntnis und Gewandtheit etwas jüngeren 'Murbacher', besser Reichenauer Hymnen (ed. Sievers S. 27 ff.), einer Interlinearversion zu Ambrosius. Noch jünger die Psalmenübersetzung, von der geringe Reste überkommen sind (St. XXXVIII). Eine Vorstufe dieser Reichenauer Art wird die St. Pauler Lukasglossierung sein (St. I 728 ff.), ein bairischer Ableger das 'Carmen ad Deum' (St. XXXVII): es bearbeitet einen insularen Hymnentext nach Art der Murbacher Hymnen. (Vgl. Art. *Interlinearversionen* § 1.)

c) Weit wichtiger für die Folgezeit ist, daß Karl das Fuldische Schrifttum in seinen Dienst stellt. Wie stark das Angelsächsische in der Siftung des Bonifatius lautlich und schriftlich vorwiegt, zeigen noch die sogenannten Baseler, eigentlich Fuldaer Rezepte mit ihren ganz anders gewandten, weltlichen Interessen und ihrer verschiedenartigen Mischung von Angelsächsisch und Deutsch (St. VII). In der Schrift erstreckt sich das Fuldisch-Insulare auf jene Übersetzung der 'Lex Salica', auf das 'Hildebrandslied' und in schwächer werdenden Spuren auch auf andere Überlieferungen dieser Schriftprovinz und ermöglicht die Herstellung alter Beziehungen (vgl. Art. *Ags. Literatur*). Aber was will das alles dagegen besagen, daß wir dieser Geistesrichtung und diesem Schreibwesen die Aufzeichnung des 'Hildebrandsliedes' zu verdanken haben, deren ins Nd. gewandte Gestalt in einer verstümmelnden Abschrift von gegen 820 erhalten ist! Denn das Wagnis der Aufzeichnung dieses Weltlich-Poetischen ist unendlich größer und schöpferischer noch als Herders grundstürzende Drucklegung der Volkslieder, und wenn wir nicht auch hier die Spuren Karls und seiner Liedersammlung sehen wollen, so bleibt wohl nur die Annahme, daß das literarische Vorbild und die größere Duldsamkeit der heimischen Kirche dieser Angelsachsen oder Halbangelsachen den Funken habe überspringen, die Feder habe ansetzen lassen, die das Kleinod aller dt. Dichtung bis auf das Nibelungenlied für uns rettete. Oder wirkte beides zusammen? Die Überlieferung kam aus dem bairischen Südosten, das ergibt die Sprache, das ergeben die geschichtlichen und Sagenzusammenhänge. In Baiern waren, wie etwa die Regensburger Urkunden ergeben, die Namen der Heldensage noch im folgenden Jh. gang und gäbe, dort war bis ins 6. Jh. Berührung mit den Goten vorhanden, und gotisch ist der Kampf Deotrichs = Theodorichs mit Otacher = Odoaker — noch nicht mit Ermanrich —, der im Hintergrunde steht des Kampfes zwischen Hildebrand und Hadubrand, dem Vater und dem Sohne. Es ist die alte Wanderfabel, die aber nun zu noch höherer Tragik gesteigert ist: der Vater kehrt aus der Fremde, nicht der Sohn; das Ende seiner Verbannung wird das Ende seines Geschlechts, und wenn das jüngere Hildebrandslied (des 14. Jhs.) und die Þidrekssaga recht haben, die noch einen letzten heimtückischen Schwertstreich des Sohnes erkennen lassen, so rottet er es aus, damit es nicht ehrlos fortlebe; zuvor ist in ihm der Kampf zwischen Liebe und Ehre entschieden; denn während sich sonst beide Helden unbekannt sind, an einem äußerlichen Kleinod sich schließlich erkennen, erkennt hier nur der Vater, und sogleich, und so müssen wir mit ihm erleben und die tragische Ironie doppelt kosten, die aus allen Worten des Jungen bricht. Was von diesen Zügen dem gotischen Dichter etwa des 6. Jhs., was dem bairischen des 8. zugehört habe, der das Lied ins Deutsche umsetzte, ist im einzelnen nicht zu sagen. Daß aber schon dem Goten in dem angegebenen Sinne Hildebrand der Held des Liedes war, ergibt sich aus der Verbanntenrolle, die er in der Dietrichsage erhalten hatte, indem er dem treuen Waffenmeister des Königs von der Art des Cassiodorischen Gensimund gleichgesetzt wurde. Vielleicht ist vieles an dieser Dichtung typisch, von den zugrunde liegenden heroischen Anschauungen und dem ganzen Aufbau des

Kampfes bis in Einzelmotive und Formeln hinein, wir wissen es nicht, denn wir haben hier das einzige erhaltene Stück seiner Gattung, des „Heldenliedes". Andere erschließen wir nur: Siegfriedlieder und Brünhildelieder, zum Teil in mehrfacher Fassung, Lieder von der Erringung der Jungfrau, vom Untergang der Burgunden, von Ermanrichs Untreue und Tod erschließen wir aus der Edda und aus dt. und nordischen Überresten späterer Jahrhunderte, ein Waltharilied aus dem lateinischen Epos, englischen und mhd. Resten, dazu Lieder von Dietrichs Flucht, dem Tode der Etzelsöhne, von Wolfdietrich und Ruodlieb, von Abfall, Freundestreue und Untergang des Herzogs Ernst. In dem Erhaltenen tritt uns diese strenge Gattung in voller Ausbildung entgegen: eine ganze Fabel in einer Szene, Darstellung der Vorgeschichte, des Geschehens, der Charaktere, der Stimmung mit ganz erstaunlicher Kunst in Rede und Gegenrede verschlungen und in dem Hin- und Herwenden des Variationsstils gesteigert („doppelseitiges Ereignislied"), das Pathos des Vorwurfs in den über allem freien Wogen des Rhythmus starren Gegensätzlichkeiten des Stabreimverses und seinem episodenfeindlichen Tatsachenstil fast gewaltsam ausgetragen. Vergleicht man die Eddalieder nach ihrem Aufbau, nach dem Maße ihrer innerlichen und äußerlichen Sprödigkeit, nach der syntaktischen und Versverschlingung (des „Hakenstils") und nach dem lyrischen Einschlag, so steht das 'Hildebrandslied' einigermaßen in der Mitte, d. h. wohl gerade auf der reinsten Höhe dieser Kunst, ein deutliches Zeugnis zugleich für die hohe Altertümlichkeit gewisser deutsch-eddischer Lieder. (Vgl. Heusler in Hoops' Reall. II 525 f.; Neckel *Die Überlieferungen vom Gotte Balder* 1920. S. 224 ff.)

Aber es läßt sich doch nicht die ganze epische Dichtung in dem tragischen „Heldenliede" einfangen. Leichter knüpft sich an die historischen Lieder und Berichte, von denen Tacitus und Jordanes sagen, nicht nur das „Zeitgedicht" (ahd. Beispiel das Ludwigslied [St. XVI], schon ganz christlich), sondern auch die Gattung, die sich aus den erhaltenen mhd. Brautfahrtgedichten (Rother, Ortnit, Oswald, auch Hilde-Kudrun) erkennen und nach ihrem festen Aufbau über Chlodwig zurückverfolgen läßt. Auch sie ist ernsthaft, hat aber freundlichen Ausgang und Fugen für schwankhafte Wandermotive (die nachmals den Grundstock z.T. überwuchert haben), besonders für die letzte entscheidende und unterscheidende List der Gewinnung. Das Erhaltene ist so von Formelwerk und Aufbauschema getragen, daß sich auch in der älteren mündlichen Überlieferung ein größerer Umfang denken ließe (vgl. das Volksepos der bosnischen Mohammedaner: Murko Internationaler Kongreß für historische Wissenschaften 1908. IV 10f.); jedenfalls liegen hier die Mittel der Verbreiterung zum Epos (Verdoppelung der Motive bis zur Wiederholung des Ganzen, Formelverse usw.) vor Augen, und unsere dt. Überlieferung zeigt hier zuerst an dt. Stoffe den Fortschritt zum Epos. (Vgl. Baesecke *Münchener Oswald* 1907. S. 266 ff.)

Hier blicken wir also einmal hinüber in das Reich, das man auch heute „Literatur" nennen würde. Wieweit jene Dichtung dem feierlichen alten *skof*, dem Sänger der Fürstenhallen, zuzuschreiben ist, wieweit der verachtete Erbe des römischen *mimus*, der „Spielmann", und seine Art sich eindrängte, die wir sonst nur aus Erwähnungen, aus schwankhaften Einzelverschen und lateinischer oder späterer Überlieferung kennen, das wissen wir nicht, auch nicht, wieweit vielmehr die Kunst gelegentlicher metrischer Formung Allgemeingut war. Uns sind von den besonders im Norden zahlreichen Gattungen dieser alt-volkstümlichen Kunst (vgl. Heusler *Dichtung* in Hoops' Reall. I 439 ff.), außer z. B. bei Notker eingeflochtenen Sprichwortzeilen und ein paar Spottverschen (MSD. XXVI ff., St. LXXIX, LXXXII, LXXXVI) junger Überlieferung, deutsch nur Zaubersprüche erhalten, und sie zeigen auch die Versgestaltung auf einer Stufe, die das 'Hildebrandslied' noch einmal recht als kunstmäßiges Werk erscheinen läßt. Auch die Aufzeichnung der Merseburger Zaubersprüche (St. LXII) geht wohl auf Fulda zurück, und wiewohl die erhaltene Niederschrift erst dem 10. Jh angehört, ist hier doch der klare zweiteilige Aufbau beispielhaft erhalten: erst die Erzählung eines Falles, dann der Spruch, der damals half, und der nun Erzählung zugleich und Spruch für den jetzigen Fall ist. Das Auftreten der Walküren, Wodans und der andern Götter weist ins Heidentum, die wörtliche Verwandtschaft mit altindischen Formeln sogar in Urzeiten zurück; ein Entlehnen aus Christlichem, wie es jetzt verfochten wird, könnte nur in rein heidnischer Zeit vorgenommen sein, ihr Charakter als Zeugnis germanischen Heidentums ist demnach so nicht anzutasten. Nur noch ein Spruch außer ihnen läßt die alte Stabversbindung und einen heidnischen Götternamen durchblicken: es ist der Wiener Hundesegen, der aus einem heidnischen Jäger- zu einem christlichen Hirtenspruche gemacht ist (St. LXXVI; Sokrates VIII [1920] S. 169 f.). Sonst sind bis auf das *Vro unde Lazakere keiken molt petritto* des Straßburger Blutsegens (St. LXVIII) und die hymnenhafte Einzelzeile *Doner dutigo, dietewigo* des Spruches gegen Fallsucht (St. LXX) Heiligen-Namen an Stelle der alten getreten, verschiedene Stücke sind durcheinandergemischt, und es bleibt zuweilen nur ein Wust alter unheimlicher und so abermals zauberischer Unverständlichkeiten. Fast erhalten — so durchsichtig ist das lat. Gewand — blieb auch, sogar mit den Reimstäben; ein besonders hübsches und rundes Stück der alten Gattung Rätsel: das vom 'Vogel federlos' (MSD. VII 4; Heusler, Schweiz. Gesellsch. f. Volkskunde XXIV 109 ff.).

d) Noch weitere Kräfte hat die Erbschaft des Bonifatius entbunden. Fulda hatte, wie es denn wohl gutenteils von Baiern besiedelt war, schon Beziehungen zu Baiern, ehe Karl, im Jahre 788, die Eroberung des Landes vollendete und seine Residenz in Regensburg aufschlug. Damals sind, wie später die Beichten, jene verdeutschten Gebetsformeln, sind die Kanones mit ihren Glossen hinübergetragen, die nun in ihren bairischen Fassungen zum Teil sogar in der Schrift den fränkischen Ursprung noch erkennen lassen (PBB. XLVI [1921] S. 441 ff.); damals ist dort das alte Keronische Glossar der besseren Kenntnis des Lateinischen entsprechend und nicht ohne fuldisch-angelsächsischen Einschlag umgearbeitet und dann auch neu alphabetisiert: es ist das pseudohrabanische Glossar, die *Samanunga uuorto*, wie es sich selbst nennt (*congregatio sermonum* ist eine alte Interpretation von *glossa*: Loewe *Prodromus* S. 2), das dann in vielen Abschriften und Auszügen über das Reich verbreitet ist und uns namentlich in den Reichenauer und Murbacher Sammlungen wieder entgegentritt (PBB. XLVI 456 ff.). Hier strömt das Italisch- mit dem Englisch-Antiken zusammen. Und nun ist auch eine wirkliche Durchdringung der heimischen und fremden Dichtung zu verzeichnen, freilich auch sie nach fremdem Vorbild. Der erste Teil des 'Wessobrunner Gebets' (St. II) zeigt die Kosmogonie, 'Muspilli' (St. XIV) 50—55 die Eschatologie in germanischem Gewande, wie es die ags. Kunst umzulegen gelernt und gelehrt hatte, und es lassen sich die Spuren ags. Ausgangs und fränkischen Durchgangs noch erkennen, wie denn die Beziehungen zu Fulda Jahrhunderte fortbestanden haben. (Vgl. Art. *Ags. Literatur* § 6.)

Hier in Regensburg allein, soweit unsere Überlieferung reicht, hat auch die alte Stabreimkunst noch eine Nachfolge gefunden, im 'Muspilli', der Dichtung vom Jüngsten Gerichte, die predigtmäßig, in mühsamem Pathos, ein Gegenstück zu Heliand V. 2590 ff., die alte Art festzuhalten sucht, ohne ihre Gesetze noch hinlänglich zu kennen. Und noch gegen Ende des Jhs. konnte hier ein Dichter der kirchlichen die heidnische Lehre von den letzten Dingen entgegenstellen (Muspilli 37—62), freilich nun schon ganz in dem Rhythmus des Viertakters und endlich in Endreimverse hinübergleitend, aber doch mit Kenntnis des alten Namens *Muspilli* und der alten Verse (50—55), ermutigt vielleicht durch die im selben Codex innerhalb einer pseudoaugustinischen Predigt enthaltenen sibyllinischen Hexameter vom Weltuntergang und die ausdrückliche Erlaubnis Augustins, in diesen Dingen heterodox zu sein.

§ 7. Inzwischen ist im Westen nach Karls Tode der Schwerpunkt des dt.

Schrifttums ganz nach Fulda gerückt. Das starke geistige Leben, das dort nach dem Regierungsantritt Hrabans (817) herrschte, kann hier außer Betracht bleiben (ZdfA. LVIII [1921] S. 241 ff.), auch was er selbst als Verwalter, Archivar, Bibliotheksleiter und lateinischer Dichter geleistet hat, aber wir haben hier einen Kirchenfürsten, der selbst in das dt. Schrifttum eingreift: er hat, angeregt vielleicht von der Fuldaer Hs. der Kasseler Glossen, sich in seinen Vorlesungen an die Verdeutschung Isidors gemacht, hat auch ein Traktätchen über die Runen verfaßt und vielleicht die Karlische Beichtformel sogar mehrfach umgearbeitet (s. Art. *Beichtformeln*); unter seinen Augen werden auch unsere Abschriften des 'Hildebrandsliedes' und des Fränkischen Taufgelöbnisses entstanden sein; noch als Mainzer Erzbischof läßt er (847) den Beschluß der Synode von Tours erneuern, daß Kenntnis der Kanones und Predigt in der Volkssprache von den Geistlichen zu verlangen sei, und die Sprache seiner Kanzlei (oder seines Archivars, des berühmten Historikers und Traditionssammlers Hruodolf von Fulda), befreit nunmehr von den starken ags. und bairischen Einschlägen der Frühzeit, zu einem reinen Ostfränkisch gediehen und schon dadurch über die rheinfränkische Landesmundart erhoben, scheint eine gewisse Geltung über den Ortsbereich hinaus gewonnen zu haben. Die Hauptsache aber, daß er, nach unsern Begriffen weder als Dichter noch als Gelehrter produktiv, als Lehrer der höchsten Schule Deutschlands die Geister in Bewegung setzte, unter ihnen, um von Walahfried in diesem Zusammenhange zu schweigen, Otfried, der dann auch die dt. Dichtung dem fremden Geiste erobern zu sollen schien.

Aber Otfrieds Werk hat noch eine Vorstufe. In Fulda lag die Evangelienharmonie des Syrers Tatian in lat. Übersetzung. Sie wird, man darf vielleicht annehmen, auf König Ludwigs Anregung, der 832 in Fulda war, in ein dem Wortschatz nach recht altertümliches Deutsch übertragen (vgl. Art. *Evangelienharmonien* § 1), und, wie es eine ganze Schar von Mönchen war, die daran mitarbeitete, so ist auch die Leistung verschieden, als Übersetzung und sprachlich. Aber in diesen Verschiedenheiten ist der Text das beste Beispiel der Fuldischen Schriftsprache und ihrer Spannweite und gibt als zeitliches und örtliches Mittel die brauchbarste schematische Grundlage der ahd. Grammatik her. Das Werk wirkte fort, vielleicht gerade durch die Mängel mancher Teile: im as. 'Heliand', der die Versform hinzufügte, und in der Ludwig dem Deutschen gewidmeten Evangelienharmonie Otfrieds von Weißenburg, eines Hrabanschülers (vgl. Art. *Evangelienharmonien* § 3) Es ist gut, diese gelehrte Nachbarschaft festzuhalten, wenn auch Otfried für die Anwendung poetischer Form (abgesehen vom 'Heliand') andere Vorbilder hatte. Er gibt ja auch durch die eingefügten Deutungen, schon durch die allegorische Einteilung, seinem Werke nicht sowohl predigthaftes als theologisches Gepräge und kennzeichnet es obendrein durch den vorangestellten Brief an seinen Diözesanen Liutbert als ein wohlüberlegtes philologisches und literarisches Experiment: diese Schrift, schwer verständlich in ihren theoretischen Teilen, mehrfach geändert und offenbar wachsender praktischer Erkenntnis angepaßt, ist auf lange unsere einzige dt. Poetik, deutsch auch in ihrer Unterordnung unter das Fremde, unschätzbar für das Verständnis des Werkes und seiner Form. Aber der Stolz des herrschenden Frankenvolkes, der es Griechen und Römern gleichsetzt — hier trägt Karls Saat ihre Frucht—, stellt doch ihrem nationalen Stoffe nicht einen heimischen gegenüber, sondern, in geschichtsschwangerer kirchlicher Blendung, den christlichen, dessen Vertretung so ganz Sache des fränkischen oder eben römischen Reiches geworden war, und muß ihn so auch in die äußeren Bande schlagen, die die Kirche mit sich gebracht hatte: nicht nur die Widmungskünste der Akrosticha und Telesticha und die hymnenartigen Refrainstücke, sondern der Vers selbst ist lateinisch, der lat. Hymnenvers mit den lat. Hiat- und Synalöphegesetzen, mit der gleichmäßigen Akzentuierung — beides mühsam der Sprache angepaßt und darum besonders bezeichnet — und mit dem Endreim, dem von nun an die Zukunft gehören sollte. Das Ganze, wie es sich, langsam erstarkend, mühevoll durch Flickreime, Prosabreiten und Gelehrsamkeit quält, hin und wieder einen Schimmer alter Variations- oder Stabreimkunst durchblicken lassend, ein Werk rührender dt. Hingabe und damals durch Größe und Neuheit des Stoffes besser getragen als heute, wo uns kaum hie und da einmal ein lyrischer Hauch für die tausend Opfer des Dichters entschädigt. Durch die Widmungen ist die Vollendung der Arbeit auf die Jahre 863—71 festgelegt.

Es ist ein Werk so gut wie nur für Geistliche, mit ausgesprochener Spitze gegen weltliche Poesie, und innerhalb der nun erblühenden geistlichen Dichtung führen von ihm aus Fäden nach allen Seiten. Eine Hs. des Gedichts wird um die Jahrhundertwende nach Freising getragen und ins Bairische umgesetzt, der Schreiber Sigihart, dem die Otfriedischen Klänge noch im Kopfe spukten, setzte ein paar Gebetzeilen gleichen Stils darunter (St. XX); eine Hs. geht nach St. Gallen, und wir finden die Reimart Otfrieds wieder in dem halb burlesken Liede auf den Heiligen Georg (St. XIX) und in den Versen der Notkerschen Boethiusübersetzung (Piper I 223, 17 ff.), sie galt also wohl auch in dem lateinisch erhaltenen, ursprünglich aber dt. Lobgesange Ratperts auf den Heiligen Gallus (MSD. XVII). Auch im Augsburger Gebet (St. XVIII) und dem Gedichte von Christus und der Samariterin (St. XVII) ist sie aus Rheinfranken nach Süden gewandert; in dem Preisliede auf den westfränkischen König Ludwig und den Normannensieg bei Saucourt (881, St. XVI) nach Westen; der Lorscher Bienensegen (St. LXXVII) zeigt sie in ihrer Heimat. Die stilistische Abhängigkeit freilich ist von sehr verschiedenem Grade, wie denn ja ganz verschiedene Dichtgattungen mit dem Otfriedischen Reime geschmückt sind: der Zauberspruch, der Hymnus, das Preislied, die beiden letzten mit starkem lateinischen, aber auch spielmännischem Einschlag. In dem hübschen Gedichte von Christus und der Samariterin, das sich unmittelbar mit dem entsprechenden breiten Kapitel Otfrieds (II 14) vergleichen läßt, scheint sogar das rasche dialogische Heldenlied noch einmal emporzutauchen, ganz der neuen Welt angepaßt.

Selbständiger bleibt der Osten. In der schwungvollen, hymnenhaften Bearbeitung des 138. Psalms (St. XXII; PBB. XLVI 434 ff.), die wohl auch in Regensburg, der Hauptstadt, und um 900 anzusetzen ist, zeigt sich neben den letzten Resten des Alliterationsverses der deutsche, die Stammsilben nicht, wie bei Otfried so oft geschieht, beiseite setzende Endreim. Das wird der sein, den er vorfand, und den er latinisierend zurechtbog. (Aber auch die Psalmbearbeitung ist von Spuren Otfriedischen Stils nicht frei und hat einen Zusatz nach seiner Art erhalten, V. 22—24.) Eine Probe dieses dt. Verses, der dann mit dem Verfall der Endsilben im 11. Jh. wieder durchschlagen konnte, gibt das Petruslied (St. XXI), und es ist wohl möglich, zumal es fränkische Spuren zeigt, daß es in einer früheren Gestalt von Otfried gekannt war: das *Kyrie eleison* seines Refrains war, wie auch das Ludwigslied verrät, längst der alte Gemeindegesang (vgl. Boretius Nr. 112 c. 34 von 799/800), er ist, indes deutsche Textworte die lat. verdrängen, zum Refrain herabgesunken (Fraenkel ZfdA. LVIII 41 ff.), und nun ist das Ganze, obendrein mit Neumen versehen, unser ältestes Kirchenlied geworden, freilich schon eins von großer Ausgeglichenheit und Glätte.

§ 8. Dann ein tiefer und furchtbarer Einschnitt. König Arnulf ist für uns der letzte Karolinger. Sein Zusammenwirken mit Bischof Tuto hatte seiner Hauptstadt Regensburg einen Aufschwung gebracht, der sich als nicht nur für Bau- und Kunsttätigkeit, sondern auch für Bibliothek Archiv und literarisches Leben segensreich erwiesen hat. Nun folgen Unruhe und Unsicherheit, es folgt die Zeit des Ungarneinfalls, dessen Zerstörungen tausend Traditionen abreißen, Mut und Sinn für literarisches Tun darniederlegen. Der Schwerpunkt des Reiches rückt in ein fernes, fremdes Sprachgebiet, und so wenig ist noch immer die sprachliche Formung der christlichen Geisteswelt selbstverständlich deutsch geworden, daß das hd. Schrifttum nicht von einem nd. aufgenommen und fortgesetzt wird: die „Ottonische Literatur" beginnt von neuem mit dem Latein. Aber wir sehen in ihr doch den fremden Stoff einströmen, den wir dann in späteren Jhh. auch deutsch verarbeitet finden, und sehen ihn — indes der dt. „Spielmann" noch immer so gut wie stumm für uns ist, und die Schwänke und Lieder vom kühnen Kurzibold, von Adalbert von Babenberg und Ulrich von Augsburg usw. nur erwähnt werden, die roheren Nachfahren der alten Heldenlieder kaum hie und da zu erschließen sind (z. B. Walther) — von dem Lateinischen in einer halb klerikalen, halb volkstümlichen Form verarbeitet, die das Deutsche zuweilen in ein paar Worten hindurchblitzen läßt: in dem Frühlingseingang eines Liebesantrages, der charakteristischerweise eine Nonne zur Heldin hat, halb deutsch und halb lateinisch und überdies großenteils in der Hs. ausgekratzt ist (Kögel II 136 ff.). Das Stückchen ist wie der Liebesgruß des Ruodlieb (Fragm. XVII) wichtig für die Geschichte des Minnesangs. Eine wirkliche Beziehung zu den Ottonen — zu ihrer „Renaissance" höchstens in der Anwendung des Lateins — hat nur das kleine, in derselben Cambridger Liedersammlung erhaltene Gedicht 'De Heinrico' (St. XXIII), das vielleicht die berühmte Versöhnung Ottos I. mit seinem Bruder, dem Baiernherzog Heinrich, Weihnachten 941, in einer späten Verklärung wiederspiegelt. Es sind recht kunstlose vierzeilige Strophen, die ungeraden Kurzverse lateinisch, die geraden deutsch: das Deutsche noch immer nicht um seiner selbst willen da, sondern ein Stück formzerbrecherischer Vagantenlaune, die dann den Witz der Stillosigkeit übertreibt, indem sie Otto gar nd. sprechen zu lassen scheint.

In Ottonische Zeit werden auch der rheinfränkische Psalter (St. XXXIX) und das Trierer Capitulare (St. XL, inhaltlich ein von Ludwig dem Frommen 818/19 erlassener Zusatz zu den Volksrechten) gehören, beides archaisch anmutende Interlinearversionen, desgl. die 'Altdeutschen Gespräche' (s. o. § 5). Diese Denkmäler stehen für uns außer Zusammenhang mit den Ottonen, bedeuten aber vielleicht, daß sich das Rhein- und Mittelfränkische inzwischen in die Vorzugsstellung schiebt, die es im 11. und 12. Jh. innehat.

§ 9. Inzwischen bereitet sich unabhängig und fern vom Ottonischen Reichsmittelpunkt der großartige Abschluß der ahd. Überlieferung vor. Wir wissen von keinem Vorbilde, nach dem N o t k e r L a b e o von St. Gallen auf seine Verdeutschungen verfallen wäre. Wir wissen nur, daß nirgends der Segen des heiligen Benedikt so reich, der antik-menschliche Geist im christlich-mönchischen so mächtig gewesen ist, wie dort; wir wissen, daß dort die Sequenz erblühte, die die abendländische Welt erorbern sollte, aus dem Tropus die Anfänge des Dramas erwuchsen, dort weit vorausgreifend ein lateinisch-germanisches Epos, der 'Waltharius', entstand und prachtvolle Hymnen, nicht nur lateinische, gedichtet wurden — Tuotilo konnte es in beiden Sprachen —; und wir hören durch die unvergleichlich reiche geschichtliche Hausüberlieferung hundert Kleinigkeiten des wirklichen und Phantasie-Lebens, wenn uns nicht schon die durch alle Jhh. beieinander gebliebene Bibliothek den wundervollen Sinn dieser Stätte predigt. In der Klosterschule ist seit den Tagen des Vocabularius der Grund gelegt zu jenen Leistungen, wie die mannigfachen Glossierungen, hier auch antiker Schriftsteller, erweisen (vgl. den Art. *Althochdeutsche Glossen*); enzyklopädischer Weite ist vorgearbeitet im Salomonischen Wörterbuch (St. IV 27 ff.); daß in der Schule auch sonst vor und neben Notker und gerade auch in seinem philosophischen Gebiete verdeutscht wurde, ergibt sich aus seinen eigenen Worten, aus den Worten Ekkeharts IV. und aus der „Schularbeit" (St. XXVI), die freilich nur einzelne Sätze und Satzteilchen umfaßt; und der Entsagung eines hingegebenen Lehrerherzens verdanken wir die Übersetzungen oder eigentlich erklärenden Ausgaben Notkers: der Bischof Hugo von Sitten hatte Höheres mit ihm im Sinne, er erhoffte gelehrte, wissenschaftliche Arbeiten von ihm, d. h. solche, die ihn unter die Toten gereiht hätten, während wir nun die gleitende Musik einer lebendig schönen Sprache, die fern ist vom klassisch-lateinischen Stil, vielmehr oftmals geschmückt mit den unverlornen Mitteln der alten Kunst, und, fast mit Erschrecken, zuweilen die Redeweise des täglichen Lebens, sogar mit gelegentlichen Sprichwörtern und Verschen, wahrnehmen. Jener Brief an Bischof Hugo (Piper I 859 ff.) läßt ihn uns so deutlich sehen wie sonst nur Otfried der Brief an Liutbert. Er zählt an deutschen Bearbeitungen auf: Boethius 'De consolatione philosophiae' (Piper I 1 ff.), die 'Nuptiae Philologiae et Mercurii' des Martianus Capella (Piper I 685 ff.), die Kategorien und Hermeneutik des Aristoteles nach dem Latein des Boethius (Piper I 365 ff.) der Psalter (mit den Cantica und katechetischen Stücken, Piper II 1 ff.), eine 'Rhetorica' (mit den deutschen Beispielversen, Piper I 623 ff.) und ein lat. Computus (ed. P. G. Meier, Progr. Einsiedeln 1887); dazu, verloren: Boethius 'De trinitate', die 'Disticha Catonis', die 'Bucolica' Vergils, die 'Andria' des Terenz, die 'Principia arithmeticae', Gregors 'Moralia in Iob', die er an seinem Todestage beendete (und die auch anderweit in St. Gallen behandelt sind: St. II 320 f.). Nicht aufgezählt sind: 'De syllogismis' (Piper I 596 ff), 'De definitione' (Piper I CXLIX Anm.), 'De partibus logicae' (mit deutschen Sprichwörtern, Piper I 591 ff.) und das ganz dt. Schriftchen 'De musica' (Piper I 851 ff.). Die Gelehrsamkeit und freie Interessenweite, die aus dieser Auswahl spricht, und die Zeugnis gibt, wie Vieles und Hohes die Theologie von den Vorwissenschaften verlangte, ist großenteils ein Erbe des Remigius von Auxerre und seiner Kommentare, und von Kommentaren (außer Remigius besonders Boethius, Victorinus [zu Ciceros Rhetorik und Topik], Augustin [zu den Psalmen]) ist Notker meist abhängig. Er verknüpft gern mehrere und flicht, nach der schon in der deutsch-lateinischen Dichtung hervortretenden Klosterart leicht vom Deutschen ins Lateinische und wieder ins Deutsche übergehend, gern und mit starkem pädagogischen Zielbewußtsein eigene Mitteilungen, besonders aus Geschichte, Etymologie und Logik, ein, zuweilen den Lernstoff über dem gegebenen Texte eigens systematisierend, und wir bewundern das erstaunliche Verständnis dieser z. T. so schwierigen Texte, die Überlegsamkeit, die sich etwa in Zerteilung langer Perioden, in Umordnung poetischer Wortfolge, in der Auswahl unter mehreren Übersetzungen, auch in der größeren oder geringeren Freiheit der Wiedergabe bekundet. Er selbst aber meint vielmehr, die *res paene inusitata* sei das Übersetzen in geschriebenes Deutsch: nur allmählich wird der Bischof beim Lesen wahrnehmen, wie leicht man in der Muttersprache liest und begreift, was man sonst schwer oder gar nicht begriffe. Also alle hier besprochenen Bemühungen existierten für Notker nicht — auch die Hs. des dt. Tatian lag also wohl noch nicht in St. Gallen — er beginnt wiederum von neuem, von der Überlegung des Lautlichen und Orthographischen. Und hier liegt denn doch auch eine in unserm Sinne wissenschaftliche Leistung Notkers: die Lautwiedergabe, die von einer Feinheit des Beobachtens zeugt, wie sie heute nur ein Fachmann aufbrächte, und uns so ein unschätzbares Bild wirklicher Sprache erhalten hat. Wir spüren in allem, wie dieser Mann sich selbst eingesetzt hat: *Quae dum fuerint ad vos perlata, me praesentem aestimate* sagt er in jenem Briefe. Und alles dies, nach dem Worte seines Schülers Ekkehard IV., *propter caritatem discipulorum.*

Wenn es Sinn und Aufgabe des ahd. Schrifttums ist, das Antike und Christliche in der Volkssprache zu vermitteln, so ist das von Notker erfüllt; bei ihm allein, wenn man von wenigen Glossaren absieht, kommt auch das Antike zur Geltung, überwindet das eng Kirchliche. Um so tragischer, daß diese breiteste, kraft- und lebensvollste Leistung mit seinem Tode zusammenbrach. Es war ein gütiges Geschick, das ihn im Jahre 1022 der durch Kaiser Heinrichs Heer eingeschleppten Pest erliegen ließ. Wie in einer Verklärung erscheint er da in seiner letzten Beichte, seinen letzten Wünschen: im Sterben die Armen speisen zu sehen und in seinem Mönchsgewande bestattet zu werden, daß man die Kette nicht finde, die er um den Leib trägt. Welche Liebe in dem Berichte des zurückbleibenden Schülers! Dann zieht die cluniazensische Askese ein, und die Pflanzung des heiligen Gallus verdorrt, mit ihr alle Keime in Notkers Schule. Man empfindet noch einmal das ungeheure Gewicht des fremdgeistigen Widerstandes gegen ein Schrifttum der Sprache, die gesprochen, in ihrer eigenen Welt, schon so Herrliches hervorgebracht hatte. Aber welche unendlichen Opfer bringt bis heute der deutsche Geist, um Herr im eignen Hause zu werden!

§ 10. Nur ein Werk Notkers leitet, wenn wir von den nun unliterarisch werdenden Glossen absehen, in die neue Zeit hinüber, der Psalter, das Buch, das zugleich zu gottesdienstlichen Zwecken gebraucht werden konnte. Bis ins 14. Jh. reichen Bearbeitungen. Aber schon die Ambras-Wiener Hs. des 11. Jhs., bayrisch, und mit den angefügten Predigten, Glauben und Beichten (St. XXVIII bis XXXIII) vielleicht in Wessobrunn entstanden, hat das Weltliche, Humanistische darin beseitigt, nur das Theologische bestehen lassen, und an Stelle der alten Schulglossierung, die vielleicht Ekkehard IV. zugehört, ist eine Übersetzung der lat. Worte getreten, alles ziemlich liederlich und gedankenlos. So ist der eigentliche Ausklang der Notkerschen Art vielmehr die Paraphrase und Ausdeutung des Hohenliedes, die Abt Williram zwischen 1059 und 63 in dem oberbayrischen Ebersberg schrieb (ed. Seemüller 1873). Aber auch da ist die Ausdeutung theologisch geworden.

Texte: E. Steinmeyer und E. Sievers *Die ahd. Glossen gesammelt und bearbeitet* V 1879—1923 (oben St. mit zwei Zahlen). E. v. Steinmeyer *Die kleineren ahd. Denkmäler* 1916 (oben St. mit einer Zahl). Mit Kommentar: Müllenhoff und Scherer *Denkmäler deutscher Poesie und Prosa aus dem VIII.—XII. Jh. II*³ hg. von E. Steinmeyer 1892. Auswahl mit Wörterbuch und Literaturangaben: W. Braune *Ahd. Lesebuch* 1921⁸. H. Naumann *Ahd. Lesebuch* 1914.

Einzelausgaben: *Isidor* ed. Hench 1893. *The Monsee Fragments* ed. Hench 1892. *Murbacher Hymnen* ed. Sievers 1874. *Tatian* ed. Sievers 1892². *Otfried* ed. Kelle (mit Grammatik und Wörterbuch) III 1856—81; Erdmann (mit Kommentar) 1882, Text mit Wörterbuch 1882. *Notker* ed. P. Piper III 1883—95; *Notkers Psalmen* nach der Wiener Hs. edd. Heinzel u. Scherer 1876. Zwierzina *Steyrer Bruchstücke von Notkers Psalmenübersetzung*, PBB. XLV (1920) S. 192 ff. Jiriczek, *Das Adelsberger ahd. Vaterunser*, PBB. XLIII (1918) S. 470 ff.

Facsimiles: M. Enneccerus *Die ältesten dt. Sprachdenkmäler in Lichtdrucken* 1897. Petzet und Glauning *Ahd. Schriftdenkmäler des IX. bis XI. Jhs.* 1910. *Die Hs. des Wessobrunner Gebets*, hsg. von A. v. Eckart, mit einem *Geleitworte* von C. v. Kraus o. J. (1923).

Bibliothekskataloge: G. Becker *Catalogi bibliothecarum antiqui* 1885. Th. Gottlieb *Mittelalterl. Bibliothekskataloge Österreichs*. I. *Niederösterreich* 1915. P. Lehmann *Mittelalterliche Bibliothekskataloge Deutschlands und der Schweiz*. I. *Die Bistümer Konstanz und Chur* 1918.

Wörterbuch: E. G. Graff *Althochdeutscher Sprachschatz* 1834—46.

Gesamtdarstellungen der ahd. Literatur in den Literaturgeschichten von J. Kelle 1892; R. Kögel II 1894—97; ders. und W. Bruckner in Pauls Grundr. II² 1901; G. Ehrismann 1918; v. Unwerth u. Siebs 1920 (v. Steinmeyer AfdA. XLV [1921]. S. 35 ff.). E. Steinmeyer *Deutsche Literatur, Ahd. Periode*, in 'Ergebnisse und Fortschritte der germ. Wissenschaft etc.' ed. Bethge 1902. Fr. Wilhelm *Zur Geschichte des Schrifttums in Deutschland bis zum Ausgang des 13. Jhs.* I. 1920. Sehr wenig Brauchbares bei S. Aschner *Geschichte der dt. Literatur* I. 1920. [Heusler *Die altgerm. Dichtung* o. J. (1924).]

Spezialliteratur: bis 1920 reichlich bei Ehrismann und Braune; zu Einzelheiten oben im Text; später erschienen: Grienberger *Ahd. Texterklärungen*, PBB. XLV (1921) S. 212 ff., 404 ff. [XLVII (1923) S. 448 ff. XLVIII (1924) S. 25 ff.] G. Baesecke *Emmeramer Studien*, PBB. XLVI (1922) S. 431 ff. Kowalski-Fahrun *Alkuin u. der ahd. Isidor*, PBB. XLVII (1923) S. 312 ff. E. Wadstein *Die Sprachform des Hl.*, Göteborgs högskolas årsskrift XXVI (1920) S. 154 ff. A. H. Corin *Sunufatarungo*, JEGPh. XXI (1921) S. 153 ff. Henning *Wettu nu irmingot und das Hildebrandslied*, ZfdA. LVIII (1921) S. 140 ff. [H. de Boor *Die nord. u. dt. Hildebr.-Sage*, ZfdPh. XLIX (1923) S. 149 ff. J. Sverdrup *Bemerkungen zum Hl.*, Festschr. f. Mogk. (1924) S. 99 ff.] Meißner *Cuonio uuidi*. Festgabe für Fr. v. Bezold 1921 S. 1 ff. W. Bruckner *Zum ersten Merseburger Zauberspruch*, ZfdA. LVII (1920) S. 282 ff. Wrede *Zu den Merseburger Zaubersprüchen*, Berliner S.-B. 1923 IV. [M. H. Jellinek *Das Wessobr. Gebet*, PBB. XLVII (1923) S. 127 ff.] H. Fraenkel *Aus der Frühgeschichte des deutschen Endreims*, ZfdA. LVIII (1921) S. 41 ff. G. Baesecke *Hrabans Isidorglossierung, Walahfrid Strabus und das ahd. Schrifttum*, ZfdA. LVIII (1921) S. 241 ff. L. Wolff *Otfrids Reimkunst*, ZfdA. LX (1923) S. 265 ff. [M. H. Jellinek *Ottrieds gram. u. metrische Bemerkungen*, Festschr. f. Zwierzina (1924). F. Wrede *Zum Ludwigslied*, PBB. XLVIII (1924) S. 135 f.] H. Naumann *Der große Eber*, PBB. XLV (1921) S. 473 ff. Ochs *Zwei dunkle Stellen im Georgslied*, PBB. XLVI (1922) S. 333 ff. P. Th. Hoffmann *Der mal. Mensch, gesehen aus Welt u. Umwelt Notkers des Deutschen* 1922.

G. Baesecke.

Altsächsische Literatur. § 1. Noch dürftiger und trümmerhafter als in Mittel- und Oberdeutschland ist in der Frühzeit (bis gegen Ende des 11. Jhs.) die literarische Überlieferung auf sächsischem (niedersächsischem) Gebiet. Weltliche Poesie ist nicht überliefert. Das Hildebrandslied, das man früher vielfach für nd. hielt, ist hd. Ursprungs. Mit Bestimmtheit läßt sich der Anteil der Sachsen an der dt. Heldendichtung nicht abgrenzen. Die extreme Ansicht von Boer (*Die Sagen von Ermanarich und Dietrich* 1910), der Niederdeutschland den Hauptanteil zuschreibt, ist nicht haltbar, aber ebenso unrichtig ist es, die Existenz einer epischen Tradition der Sachsen ganz in Abrede zu stellen. Als gemeinsame Quelle eines der altertümlichsten Heldenlieder der Edda, der *Hamdismal*, und des auf einem fliegenden Blatt des 16. Jhs. überlieferten Gedichts von Ermenrichs Tod (hg. von Goedeke 1851) hat man ein as. Heldenlied vermutet, doch wird dessen Existenz neuerdings von de Boor (*Beitr. z. Deutschkunde, Festschr. f. Siebs* 1922. S. 22 ff.) bestritten. Für Gestalten der Heldendichtung, die auf nd. Boden entstanden sind, hält man Wieland den Schmied (vgl. Hoops Reall. IV 528) und Dietleib (W. Haupt *Zur nd. Dietrichsage* Pal. 129). Aus nd. Tradition stammt auch der Ortnit der hd. Heldenepik mit seinem russischen Oheim Ilias (vgl. Hoops Reall. III 353). Die Erzählungen der Thidrekssaga über Kämpfe Dietrichs von Bern und Attilas gegen slawische Völker werden erst in mnd. Zeit entstanden sein.

Erhalten sind einige as. Zaubersprüche: in Prosa der Wiener Spruch gegen Pferdelähmung, in stabreimenden Versen, deren Rhythmus Kinder- und Abzählversen nahesteht, der Wiener Wurmsegen mit hd. Variante in einer Tegernsee-Münchner Hs. Auch der prosaische Trierer Pferdesegen, der einzelne nd. Sprachformen enthält, ist nach Braune (PBB. XXXVI [1910] S. 551 ff.) as. Herkunft. Alle diese Sprüche sind christlich. Der Trierer Pferdesegen hat eine heidnische Parallele in dem berühmten zweiten Merseburger Spruch. Über das Verhältnis der beiden, das für das ganze Problem der Zaubersprüche von ausschlaggebender Bedeutung ist, hat man neuerdings eifrig diskutiert, ohne zu sicheren Ergebnissen zu gelangen.

Ohne Entsprechung in der hd. Literatur ist das kleine, in einer St. Galler Hs. des 9. Jhs. überlieferte as. Runenlied in stabreimenden Versen (Sagversen nach Sievers *Metrische Studien* IV 181), das sog. *Abecedarium Nordmannicum*, Nachahmung eines nord. Merkgedichtes, z. T. auch in nord. Sprachformen.

§ 2. Unter den überaus spärlichen Denkmälern der Theologie und Seelsorge ist das as. Taufgelöbnis erwähnenswert, da es die übliche Formel der Absage an den Teufel durch eine Verleugnung der Heidengötter Donar, Wodan, Saxnot und aller Unholde, die ihre Genossen sind, erweitert. Größere Übersetzungswerke fehlen ganz. Ein kleines Stück, der Eingang von Bedas Homilie zum Allerheiligenfest, fällt dadurch auf, daß es ungewöhnlich frei und gewandt übertragen ist. Ob das Zufall ist, oder ob die as. Übersetzungstechnik überhaupt entwickelter war als der Durchschnitt der ahd., läßt sich nicht entscheiden, da ein zweites Denkmal, das Fragment eines Psalmenkommentars, so schlecht überliefert ist, daß man sich kein Urteil danach bilden kann.

§ 3. Aus dieser unbedeutenden Überlieferung ragt jedoch ein Werk hervor, das in der ahd. Literatur seinesgleichen sucht, eine große gegen 6000 Stabreimverse umfassende Gestaltung des Lebens Jesu, vom ersten Herausgeber *Heliand* („Heiland") genannt. Dazu kommen noch Bruchstücke einer Bearbeitung des Buches *Genesis*: 337 Langzeilen in einem Handschriftfragment, das auch Heliandverse enthält, außerdem etwa 600 Verse in einer Übersetzung ins Ags. Die 'Genesis' ist nicht vom Helianddichter, sondern von einem jüngeren in Anlehnung an dessen Werk verfaßt.

Über den Helianddichter wissen wir sehr wenig. Zwar veröffentlichte im 16. Jh. der Humanist Matthias Flacius Illyricus aus unbekannter Quelle eine '*Praefatio in librum antiquum lingua Saxonica conscriptum*' in lateinischer Prosa mit rhythmischen Satzschlüssen und einen '*Versus de poeta et interprete huius codicis*' in 34 Hexametern, und in beiden Stücken ist von einer as. Bibeldichtung die Rede: Nach dem ersten Teil der *Praefatio* habe Kaiser Ludwig in religiösem Eifer einen Mann, der schon im Ruf eines bedeutenden Sängers stand, damit beauftragt. Nach dem zweiten Teil und dem *Versus* sei der Verfasser, wie es ähnlich auch von dem Angelsachsen Caedmon erzählt wird, der Poesie unkundig gewesen und durch eine himmlische Stimme zu seiner großen Aufgabe berufen worden. Die Zuversichtlichkeit, mit der fast ausnahmslos angenommen wird, diese Angaben müßten sich auf unseren 'Heliand' beziehen, ist aber schwerlich gerechtfertigt. So ist auch die übliche Datierung, der 'Heliand' müsse unter Ludwig dem Frommen, also vor 840, entstanden sein, zweifelhaft. Fest steht nur das 9. Jh., da ein Teil der Handschriften in diesem geschrieben ist. Versuche, die Heimat des Dichters enger zu begrenzen, sind vielfach unternommen worden, überzeugende und allgemein anerkannte Ergebnisse sind dabei nicht zutage gekommen. Aus dem Verhältnis zu der Vorlage, einer lateinischen Bearbeitung der Evangelienharmonie des Syrers Tatian, läßt sich wahrscheinlich machen, daß der Dichter nicht von Blatt zu Blatt, sondern abschnittsweise nach dem Gedächtnis übertragen hat, woraus sich mancherlei absichtliche und unabsichtliche Änderungen und Entstellungen ergaben. Daraus darf aber nicht gefolgert werden, daß der Dichter kein Geistlicher, sondern ein Laie gewesen sei, der sich den Stoff von einem Lateinkundigen in Abschnitten vortragen ließ, denn eine derartige Arbeitsweise ist im MA. auch bei Schriftkundigen üblich: Der Pfaffe Konrad ist im 12. Jh. bei seiner Bearbeitung des Rolandsliedes ähnlich verfahren, und späterhin noch so mancher höfische Epiker. Auch die Art, wie der Dichter, wenn auch in mäßigem Umfang, theologisches Wissen verwertet, spricht zwar nicht gerade für einen „gelehrten Theologen", wohl aber für einen theologisch gebildeten Geistlichen. Inhaltlich lassen sich diese Zusätze und Erklärungen größtenteils aus den gangbaren Bibelkommentaren belegen, aber ob der Dichter die verschiedenen Kommentare und andere theologische Werke wirklich benutzt hat, ist doch zweifelhaft. Es ist auch denkbar, daß ihm eine Kompilation vorlag, die das Material bereits zusammengetragen hatte, etwa eine lateinische Predigtsammlung, oder auch, daß er einfach aus seinem durch den theologischen Unterricht erworbenen Wissen schöpfte. Die Benutzung der Predigten des Bischofs Heimo von Halberstadt (840—53) läßt sich aus den nachgewiesenen Parallelen nicht erweisen; daß vollends Heimo selbst den 'Heliand' verfaßt habe, ist ein phantastischer Einfall. Der 'Heliand' erzählt das Leben Jesu mit Auswahl, aber im übrigen inhaltlich ziemlich treu nach der Quelle. Formal ist seine Darstellung frei. Die ganze Anschauungswelt der Bibel ist ins Germ. übertragen. Christus ist der ruhmreiche Volkskönig, die Jünger sind seine Gefolgschar, heldenhafte Männer von vornehmer Herkunft. Die 'Genesis' behandelt, soweit man nach den erhaltenen Bruchstücken schließen kann, ihre Quelle, den Bibeltext der Vulgata, sachlich freier und selbständiger als der 'Heliand', an Darstellungskraft und stilistischer Kunst bleibt sie hinter ihrem Vorbild weit zurück.

Das wichtigste Problem, das sich an die as. Bibeldichtung knüpft, ist die Frage nach ihrer literarhistorischen Stellung. Zweifellos steht sie im Zusammenhang mit der älteren und reich entwickelten ags. geistlichen Epik. Wir finden hier dieselbe Milieugestaltung und enge stilistische Berührungen. Sie hält sich aber frei von dem für die Angelsachsen charakteristischen melancholischen Ton, atmet vielmehr eine heitere, lebensfrohe Frömmigkeit. Auch im Versbau wirkt das ags. Vorbild, aber die Sachsen, namentlich der 'Heliand', gehen weit darüber hinaus. Die Verse überschreiten noch häufiger und stärker das normale Maß, Auftakte und Senkungen sind silbenreicher, die sprachlichen Perioden langatmiger und kunstvoller. Die Variation verwendet der 'Heliand' reichlicher als irgendeine andere germanische Dichtung. Die ganze Diktion ist lebhaft, unruhig, getragen von einem starken, eindringlichen Pathos, aber es ist das Pathos der Predigt, nicht der epischen Erzählung. Wie weit neben der fremden Anregung auch einheimische Tradition wirksam gewesen ist, bleibt eine offene Frage: eingehende stilistische Untersuchung und Vergleichung mit den Angelsachsen könnten vielleicht einige Aufschlüsse geben.

Nach dem jetzigen Stand unseres Wissens steht die as. Bibeldichtung in der Geschichte der dt. Literatur isoliert, aus der Fremde angeregt, ohne Nachwirkung. Nach ihr verstummt die as. poetische Überlieferung für Jhh., die hd. geistliche Literatur hat keine Fühlung mit ihr.

M. Heyne *Kleinere altnd. Sprachdenkmäler* 1877. I. H. Gallée *As. Sprachdenkmäler* 1894—95. E. Wadstein *Kleinere as. Sprachdenkmäler* 1899. O. Behaghel *Heliand und Genesis*³ 1922. G. Ehrismann I § 26, 3. 4 (Zaubersprüche); § 30 (Heliand und Genesis); § 55. 1; § 60, 1; § 62, 1; § 69, 70 (kleinere Denkmäler). W. v. Unwerth und Th. Siebs *Geschichte der dt. Literatur bis zum Ende des 11. Jhs.* 1920. § 5 (Abecedarium), § 10 f. (Zaubersprüche) § 32 ff. (Heliand und Genesis). Stammler Lg. S. 7—11.

C. Wesle.

Amadisroman. Ein vierundzwanzigbändiger Romankreis, der in der Erzählung von den „Abenteuern" des Amadis von Frankreich und der „Fürsten seines Geblüts" Elemente des mittelalterlich-ritterlichen Ethos mit solchen der Barock-Galanterie verschmilzt. Die deutschen Ausgaben setzen 1569 ein.

§ 1. Der deutsche A. steht innerhalb einer sinnvollen Entwicklungslinie. Liepe hat gezeigt, wie wichtig die *chanson de geste*-Prosen für die Ausbildung des frühnhd. Prosaromans waren; der A. verkörpert in manchem diese Gattung. Die Bekämpfer der Romane im 16., 17. Jh. pflegen den A. mit den „Volksbüchern" zusammenzustellen. Neuerdings bezeichnet E. Cohn den 'Herpin' geradezu als einen „Amadis im kleinen". Auch zur spätmhd. Versepik mit ihrer unersättlichen Stoffhäufung und ihrer Neigung zum Zauberhaften finde ich Beziehungen; vorab zum 'Apollonius von Tyrland' des Heinrich von Neustadt, dessen international verbreitetes Motivgewebe im ausgehenden 16. Jh. durchaus lebendig war (Shakespeares 'Pericles'). In dieser Schicht liegt denn auch die Berührung des A. mit dem griechischen Reise- und Liebesroman, der in der Gestalt Heliodors für die epische Dichtung des 17. Jhs. Bedeutung gewann.

§ 2. Ob es sich bei den genannten Kreisen um gattungsmäßige oder individuelle Verwandtschaft handelt, das ist noch nicht untersucht; die Genese des Amadisstoffs liegt noch im Dunkeln. Nur soviel scheint gesichert, daß Spanien als Ausgangspunkt zu gelten hat. In der 2. Hälfte des 14. Jhs. erwähnt Ayala 'Amadis e Lanzarote.' Die zeitliche Nähe Ayalas und Heinrichs v. N. verdient Beachtung. Die älteste erhaltene Fassung (2. Hälfte des 15. Jhs.) stammt von dem Spanier Montalvo, der die vier ersten Bücher nach einer spanischen Vorlage schrieb. Entscheidend für die weitere Entwicklung wurde die frei umbildende Übersetzung durch des Essarts ins Französische (1540): gegenüber der „strengen, kargen, keuschen Art des Spaniers" bringt der Franzose in erfolgreichen Ansätzen zur Psychologisierung das empfindsame Element in das Gefüge des Werks (Küchler). Der deutsche A. — die Jahreszahl 1561 in der 1. Ausg. des 1. Bandes ist Druckfehler — schließt sich i. allg. der französischen Vorlage eng an, wenn er auch gelegentlich, so bei stark erotischen Szenen, kürzt oder Zusätze und Umschreibungen bringt. Trotz der sichtlichen Bemühung um deutschgemäßen Ausdruck sind Satzbau und Wortschatz vielfach vom Französischen her bestimmt.

§ 3. Die philologischen Einzelprobleme (Scherer) sind wenig geklärt. Die Bände 22—24 mit ihren stärkeren Abweichungen von der ältesten erhaltenen französischen Ausgabe (Paris 1615), gewiß keine „deutschen Originalerfindungen", setzen mindestens eine verlorene französische Fassung voraus. Die lyrischen Einlagen könnten manche Kriterien ergeben. Sie sind in Bd. 2 und 8—12 häufig, in 12 aber mit einer Ausnahme vom deutschen Übersetzer in Prosa aufgelöst; in 13 fehlen die sämtlichen Lyrica der französischen Vorlage (Cap. 53 u. 56), während Bd. 14 eine recht geschickte Versübersetzung enthält. Die Verbreitung zeigt, wie zeitgemäß das Werk war, dessen erhaltene Exemplare den verschiedensten Auflagen entstammen. Zusatzbände sind bezeugt durch 'Deß vierdten Buchs der Hystorien vom Amadis aus Franckreich ander Theyl . . .' (Augsburg bei Willer 1578), der sich als Übersetzung einer, aus dem Spanischen fließenden italienischen Vorlage durch A. F. V. L. gibt, und 'Des fünfften Buchs Anhang oder ander Theyl' (Willer 1578, A. F. V. L.) dem eine italienische Übersetzung aus dem

Griechischen zugrunde liegen soll. Von etwaigen anderen Amadis-Drucken durch Willer scheint jedenfalls nichts erhalten. 1583 gab S. Feyerabend in Frankfurt a. M. die ersten 13 Bücher in Folio mit kleinen Holzschnitten heraus. Das Jahr 1587 brachte die erste deutsche Dramatisierung (von A. Hartmann). Noch 1715 komponierte der Deutsche G. F. Händel in London über einem italienischen Textbuch die Oper 'Amadigi', 1717 erschien Joach. Beccaus 'Oriana', 1720 sein 'Amadis von Gaula'. Der späteste mir bekannte Erscheinungstermin der alten deutschen Übersetzung ist 1617 (das 1. Buch, bei G. Tambach in Frankfurt a. M., bis auf geringe lautliche Unterschiede gleich dem Druck von 1569). 1782, also 11 Jahre nach Wielands 'Neuem Amadis', erschien eine deutsche Übersetzung von W. C. S. Mylius aus der französischen Neuformung des Grafen von Tressan.

§ 4. Der Verbreitung entspricht der Einfluß auf die Romanproduktion der Folgezeit. Die Verbindung des Übermenschlich-Heroischen mit dem Erotisch-Gefühlvollen, des Aufgeschwellt-Pathetischen mit dem Verständig-Zierlichen, die Verkettung eines moralischen Rationalismus mit metaphysischem Mystizismus, die Entrealisierung der Geschehnisse einerseits, die praktisch-pädagogische Verwertbarkeit der neuhöfischen Gespräche und Briefe andererseits (vgl. die mehrfach gedruckte 'Schatzkammer schöner zierlicher Orationen . . . aus den 24 Büchern des Amadis'), das alles machte den Zyklus zu einem bedeutsamen Wegbereiter des heraufziehenden Barockgeists. Die Haltung des neuen heroisch-sentimentalen Romans ist in vielem vorgeprägt, und auch Keime des historischen Romans sind hier zu finden. Noch Bucholtz, der den Amadis verdrängen will, kann sich von dessen stofflichen Elementen nicht freimachen.

§ 5. Erst neuerdings zeigen sich Ansätze zur Erfassung des Werks nach Struktur und Gehalt. Gewiß fehlt ihm „Tiefe" im modernen Sinn; das hängt damit zusammen, daß die Abfolge der Begebenheiten nicht aus individueller Immanenz, sondern aus einer transzendenten Objektivität quillt. Unverkennbar sind im A. letzte Entscheidungen der Welthaltung. So lebt in Amadis und Galaor dieselbe Antithese wie im Parzival und Gawan (dabei ist die These zu beachten, daß Parzival und Apollonius auf ein Urbild zurückgehen; Schwietering, ZfdA. LX [1923] S. 263). Wir sind heute nicht mehr geneigt, den ethischen Grundriß, über dem das weitverzweigte Gebäude errichtet ist, der die Welt der Tat und der Minne gliedert und einen stark teleologischen Zug enthält, darum zu verkennen, weil er keine Spur von dem Grundsatz der Autonomie zeigt. Wenn der deutsche A. als sprachliches Kunstwerk recht niedrig steht, so hängt das mit dem, geistesgeschichtlich nicht zufälligen, Zustand des sprachlichen Materials zusammen. Seiner inneren Logik nach gehört der A. in die Welt, in der Calderon einen Gipfel bildet, so wenig der Roman auch bewußt religiös orientiert ist. Seine Struktur läßt sich als phantastischer Realismus frühbarocken Gepräges andeutungsweise umschreiben. Für die künftige Forschung sollte Goethes briefliche Äußerung an Schiller über den Amadis richtunggebend werden: „Es ist doch eine Schande, daß man so alt wird, ohne ein so vorzügliches Werk anders als aus dem Munde der Parodisten kennen gelernt zu haben."

Die ältere Literatur bei A. v. Keller *Amadis. Erstes Buch. Nach der ältesten deutschen Bearbeitung* 1857. Braunfels *Kritischer Versuch über den Roman Amadis von Gallien* 1876. Ausführliche Inhaltsangabe der Bücher 1—4 bei F. Bobertag *Geschichte des Romans ... in Deutschland* I 1877. W. Mulertt *Studien z. d. letzten Büchern des A.romans* 1923. W. Scherer *Die Anfänge des deutschen Prosaromans* (QF. 21) 1877. W. Liepe *Elisabeth von Nassau-Saarbrücken. Entstehung und Anfänge des Prosaromans in Deutschland* 1920. M. Pfeiffer *Amadisstudien*. Diss. Erlangen 1905. Küchler *Empfindsamkeit und Erzählungskunst im Amadisroman*, Zs. f. frz. Sprache u. Literatur XXXV (1909). L. Cholevius *Die bedeutendsten deutschen Romane des 17. Jhs.* 1866. H. Körnchen *Zesens Romane* (Pal. 115) 1912. E. Cohn *Gesellschaftsideale und Gesellschaftsroman des 17. Jhs.* (Germanische Studien 13) 1921. Günther Müller.

Amphibolie, griech. „Zweifel", Zwei- und Mehrdeutigkeit (Wackernagel *Poetik Rhetorik Stilistik* [2] S. 452 f.). Abgenutzte Worte, Schlagworte können mehrdeutig werden. Goethe ('Götter, Helden und

Wieland') nennt Tugend „ein zweideutiges Ding", Nietzsche will eine neue Tugend, die „schenkende" in Gegensatz stellen zu den alten Tugenden, die „ichsüchtig, eitel, böse" sind. Die Stillehren verwerfen A. in a) der Wortwahl: Du sollst die Wahrheit stets verfolgen (= angelegentlich betreiben; sollst eine „Sache" mit Eifer „verfolgen") und in deinen Berufsgeschäften alles übersehen (= überblicken) lernen. b) der Wortstellung: Er erhält selten gute Zeugnisse. c) der Doppelbeziehung: Er zog dem Schneider seinen Rock an. d) des Satzzusammenhangs: So weit die deutsche Zunge klingt und Gott im Himmel (Wer- oder Wemfall? Nietzsche) Lieder singt (Arndt). — Aber auch künstlerisch beabsichtigte A. ist möglich. Berühmt ist die Dreideutigkeit des Antoniuswortes in Shakespeares 'Julius Cäsar': „Und Brutus ist ein ehrenwerter Mann—"; auch der Doppelsinn Wallensteins: „Ich denke einen tiefen Schlaf zu tun —". Zu witzigen Zwecken bei Heine: „Die Tore jedoch die ließen / Entwischen mein Liebchen gar still, / Ein Tor ist immer willig, / Wenn eine Törin will." Daß auch der griech. und latein. Sprache A. keineswegs fehlt, beweisen die Schwierigkeiten mancher Interpretation (Beispiele bei Meyer *Stilistik* S. 79). P. Beyer.

Anagnorisis, griech. „Erkennung". Aristoteles „bringt alle Begebenheiten, welche in der tragischen Handlung stattfinden können, unter drei Hauptstücke: des Glückswechsels, περιπετείας; der Erkennung, ἀναγνωρισμοῦ; und des Leidens, πάθους." Lessing benutzt den Begriff im 38. Stück seiner 'Hamburgischen Dramaturgie'; nach ihm unterscheidet sich durch A. die verwickelte Fabel von der einfachen. P. Beyer.

Anagramm. Anagramm bedeutet das Rückwärtslesen der Buchstaben eines oder mehrerer Wörter oder auch die Versetzung von Buchstaben, ohne daß einer ausgelassen wird, um dadurch ein neues Wort oder einen neuen Satz zu bilden. Als Erfinder des A. gilt Lykophron von Chalkis (3. Jh. v. Chr.). Viel verbreitet ist das A. besonders im Morgenland. Von Rabelais, Fischart, Grimmelshausen ist es angewendet und besonders im 16. und 17. Jh. für Pseudonyme benutzt. Sammlungen bestehen von Mautner (Rostock 1636) und A. Stender (Braunschweig 1673). Beispiele: Nebel—Leben. Tobianus: obit anus; abit onus; tua nobis; sunto, abi; ubi sonat; Tuba Sion; Ita bonus (optavit) Tobianus. Lied: Leid.

Disraeli *Curiosities of literature* 1817.

P. Habermann.

Anakreontik. § 1. Unter „Anakreontik" versteht man einen in seiner Eigenart deutlich bestimmbaren Typ lyrischer Dichtung der vierziger bis sechziger Jahre des 18. Jhs., der sich besonders durch Anlehnung an die pseudoanakreontische Sammlung von sechzig griechischen Liedern aus den verschiedensten nachanakreontischen teils alexandrinischen, teils nachchristlichen Zeitabschnitten formte, die erstmalig von H. Stephanus (Henri Estienne) 1554 herausgegeben wurde und deren anmutig tändelnde liebes- und weinselige Genußfreudigkeit allmählich das ganze dichtende Kultureuropa in ihren Bann schlug. Was diese Art „anakreontisch" zu dichten in erster Linie charakterisiert, ist ihr Motivkreis, der sich ständig um die beiden Zentren Liebe und Wein dreht. Immer aufs neue, bald witzig, bald fad, bald zierlich, bald steif, anmutig, pikant, lüstern, frivol oder auch empfindsam, wird das Wesen und die Macht der Liebe erörtert, die Reize der Geliebten in Blick und Kuß, Augen, Wangen, Lippen und Busen geschildert, wobei Bade- und Schlafszenen erwünschte Gelegenheit zum Besingen intimster Reize geben. Der Schauplatz der Handlung ist eine sanfte liebliche Natur, grüne, Täler, schattige Haine, murmelnde Bäche und Quellen, von sanften Westen durchweht, wo Myrtenlauben und verschwiegene Grotten zur Liebeständelei einladen. Blumen duften, Nachtigallen flöten und zärtliche Tauben flattern umher. Die Schutzgöttinnen dieser Lyrik aber sind die Grazien und Venus-Cythere, die Göttin der Schönheit und der Liebe und Mutter des „süßen" Gottes Amor, der listiger Streiche voll in den verschiedensten Masken durch alle diese Liederchen hindurchflattert. Und wie Amor, so spielt Bachus seine Rolle als Gott des Weines, in dessen Lob man sich nicht genug tun kann Der Wein verscheucht alle Sorgen und belebt bei Gesang und Saitenspiel Freundschaft und Geselligkeit, allerdings nur im Kreise der „weisen Trinker", im wilden Haufen der Unmäßigen herrscht Dummheit und Zänkerei.

§ 2. Geistesgeschichtlich betrachtet gehört die Anakreontik einer Stilrichtung an, die über die engen Grenzen der Lyrik hinaus als literarisches „Rokoko" ebenso das Dramatische in Schäfer- und Singspiel (s. d.) wie auch das Epische, besonders in der Verserzählung (s. d.) begreift. Wie aber in der bildenden Kunst das Rokoko die letzte überfeine Spitze einer zu Ende gehenden Kunstepoche darstellt, so ist auch die Dichtkunst jener vierziger bis sechziger Jahre die letzte Blüte einer überfeinerten geistigen Kultur: man forderte den höchstkultivierten, umfassend gebildeten, geistreichen Menschen und entsprechend das geistvolle Kunstwerk zu Nutzen und Ergötzen. Und so ist auch die anakreontische Lyrik Kulturdichtung, auf den Geschmack des kultivierten Kunstgenießenden berechnet, nicht Urerlebnis, nicht Naturlaut der Leidenschaft, nicht Konfession, sondern literarischer Einfall, reflektierte Erinnerung an vergangene Effekte, Konvention. Stets auf den Effekt berechnet, wird die Lust des Formens zum eigentlichen dichterischen Motiv. Man strebt nach möglichster Klarheit, Logik, Regelmäßigkeit, man wählt aus, verarbeitet, feilt, bis Baumgartens Forderung: „Das Gedicht muß ein einziges Thema haben und alle Teile der Ausführung müssen strengstens auf dieses abzielen" erfüllt ist, bis ein symmetrischer Aufbau erreicht ist, der zweiteilig als Formprinzip des Gegensatzes, dreiteilig als Prinzip der Versöhnung des Entgegengesetzten auftritt. Der Abschluß des Gedichtes, die Pointe ist der Ausgangspunkt, auf den alle Situationen zugeschnitten werden. Durch die artistische Tendenz aber, mit der diese Dichtungsart zu bewußtem Zusammenhang mit der literarischen Tradition drängt, wird sie in irgend einem, bald engern, bald weitern Sinne — Nachahmung und zwar Nachahmung aller dichterischen Strömungen von der antiken Vergangenheit bis zur unmittelbaren literarischen Gegenwart, soweit sie motivlich, weltanschauungsmäßig oder formal dem materialistisch-epikuräischen Lebensgefühl dieses sinnlich heiteren Seitenzweiges des Wolff-Leibnizschen Aufklärungszeitalters entsprechen.

§ 3. An erster Stelle dieser Vorbilder steht — entsprechend dem Kunstwollen der gesamten Aufklärungszeit — das klassische Altertum. Neben Anakreon in der oben genannten pseudoanakreontischen Sammlung — (die Frage der Echtheit spielt dabei keine Rolle, erklärt Gleim doch ausdrücklich: „was mich anbetrifft, so ist der Verfasser der Oden, die wir haben, oder die Verfasser zusammen genommen, mein Anakreon") — ist die griechische Anthologie zu nennen, in der jüngeren Fassung des Planudes, die von Götz z. B. selbst als Quelle angeführt wird, und von der zahlreiche Epigramme in lateinischen Übersetzungen schon lange allgemein zugänglich waren. Dazu kommt dann besonders Horaz, freilich einseitig in seinen heiteren Oden, die zu Lebensgenuß und Fröhlichkeit mahnen und die im Zusammenhang mit den Anakreontea dazu führen, den Begriff der sogenannten sokratischen Weisheit zu bilden. Vermittelt aber und stets aufs neue angeregt wurde die Bekanntschaft mit dieser antiken Lyrik und Odendichtung durch die Franzosen. Seit den Tagen der Plejade waren in Frankreich anakreontische Töne nicht wieder verklungen. Im Gefolge Epikurs, der durch den beliebten Modephilosophen Gassendi im 17. Jh. seine Renaissance erlebte, dichteten Chaulieu, Chapelle, Bachaumont, Lainez, La Fare u. a., denen sich im 18. Jh. die zahllosen *Petits poètes* mit ihren *Poésies fugitives* anschlossen. Piron und besonders Gresset, den Friedrich der Große vergebens an seinen Hof zu ziehen suchte, sind hier zu nennen, aber auch Voltaire als *roi des petits vers*, dessen: „*Ah! que j'aime ces vers badins / Ces riens naifs et pleins de grace*" als bezeichnendes Motto den Gleimschen scherzhaften Liedern voransteht. Diese von anakreontischen Motiven erfüllte, durch Leichtigkeit der inneren und äußeren Form ausgezeichnete Lyrik mit ihrer spielenden Vermischung antiker Mythologie und moderner Galanterie wurde neben den klassischen Mustern das Hauptvorbild der deutschen A. Reproduziert, übersetzt, paraphrasiert, brieflich von einem zum anderen gesandt, deklamiert und gesungen, beeinflußten sie Stil und Weltanschauung einer ganzen Dichtergeneration. Indirekt steht diese französische Dichtung auch hinter dem Einfluß, den die englische Dichtung auf die deutsche A. ausübte, indem die Prior, Waller, Gay u. a. mehr oder weniger zu den französisierenden Modedichtern gehörten und nur einen gewissen empfindsamen Zug aus eigenem beisteuerten. Dagegen tritt die deutsche Dichtung als Quelle der A. stark zurück; nur mit dem Barock, besonders in seiner naiv anakreontisch-sächsischen Auswirkung, knüpfen sich Fäden, wodurch die Kontinuität des literarischen Ablaufes über die amusische Wolffzeit hinweg gewahrt wird. Dagegen zeigt die Theorie des 18. Jhs., die sich um eine philosophische Begründung der geltenden Kunstideale müht, eine rege Wechselbeziehung zum literarischen Rokoko. Dabei stehen freilich die hier hauptsächlich in Betracht kommenden ästhetischen Erörterungne über Schönheit, Anmut, Reiz, Grazie, wie sie von Meier, Baumgarten, Mendelssohn, Lessing, Riedel u. a. angestellt werden, stark unter englischem Einfluß. In erster Linie ist hier auf Shaftesburys Schönheitslehre hinzuweisen (in ‚*Advise to an author*' und besonders in den ‚*Moralists*'), deren *moral-Venus* und *moral-Graces* ebenso Grundbestand der herrschenden Anschauungen wurden wie die von Hogarth in den ‚*Analysis of beauty*' (1753, von Mylius als ‚Zergliederung der Schönheit' übersetzt) aufgestellten Wellen- und Schlangenlinien als Ausdruck der Schönheit und des Reizes; ein terminus technicus, der sogar einmal in die Wielandsche Dichtung eingeht: „. . . ein solch Ovalgesicht, / So feine Züg und alles lauter Schlangen — / Und Wellen-Linien . . ." Schließlich ist als Vorbild anakreontischer Dichtung auch noch die bildende Kunst heranzuziehen. Gerade das malerische Rokoko ist ja, wie alle genrehafte Kunst, stark literarisch und fordert förmlich zu „Gemäldegedichten" heraus. Kein Wunder, daß einem anakreontischen Situationsbildchen so oft Watteau, Boucher, Fragonard, Baudouin u. a. mit ihren schäferlichen oder galanten Szenen Modell standen. Hier würde eine planmäßige Untersuchung besonders auch der zeitgenössischen Buchillustration sicher noch manche Nachweise zu bringen vermögen. Mit Erfolg wäre dabei auch die als „Daktyliothek" bekannte Lippertsche Sammlung antiker Gemmenabdrücke heranzuziehen, von der 1755 das erste und zweite, 1762 das dritte Tausend erschien und auf die Oeser noch Goethes Interesse hinlenkte.

§ 4. Historisch wird der Begriff A. in erster Linie mit den Dichtungen der Hallischen Freunde Gleim, Uz und Götz verknüpft, die 1746 auch in dem gemeinsamen Unternehmen einer Anakreonübersetzung ihrer poetischen Richtung programmatischen Ausdruck verliehen. Ihnen gesellt sich als unmittelbarer Vorläufer Hagedorn, als Mitstrebende und Nachahmer eine stattliche Reihe größerer oder kleinerer Talente und Talentchen. Es dürfte kein einziger Dichter dieses Zeitraums nachzuweisen sein, bei dem sich nicht wenigstens anakreontische Motive fänden. Neben den Namen von Klang, die alle irgendwie einmal ausgesprochenermaßen anakreontisch getändelt haben (Ebert, Gieseke, Klamer-Schmidt, die Karschin, Zachariä, Ramler, Lessing, Gerstenberg, Kretschmann, Weiße, Jacobi) kann Goedeke noch über sechzig „Anakreontiker" verzeichnen, eine Zahl, die sich sicher durch Heranziehung einzelner Veröffentlichungen in Almanachen, Wochenschriften usw. noch beliebig vermehren ließe. (Über die Vorläufer der Anakreontik im 16. und 17. Jh. vgl. Witkowski und Pick a. a. O.) Mit Gleims 'Versuch in scherzhaften Liedern' (1744/45) kommt die Manier des griechischen Vorbildes am deutlichsten zum Ausdruck; Uz zeigt in dem Betonen des schönen „Maßes" das Vorwiegen Horazischen Einflusses, Götz wird besonders als der „vielformige" gerühmt, Lessings 'Kleinigkeiten' (1751) treten burschikoser, frischer, epigrammatisch schärfer auf, Jacobis empfindsame Seele öffnet sich besonders englischen Strömungen.

Drei Jahrzehnte lang erstrecken sich die Wirkungen dieser Dichtung, die die Bodmer-Dusch-Wielandschen Angriffe leicht abschüttelnd erst der Wucht des neuen Lebensgefühls kraftgenialischen Sturmes und Dranges erliegt (Lenzens 'Pandaemonium Germanicum' 1775 vollzieht die literarische Hinrichtung). Aber noch Goethe selbst hat an die Überlieferung der A. angeknüpft, und im Schenkenbuch des 'Divan', in den Sprüchen Mirza Schaffys, in den Liedern Geibels und Scheffels klingen anakreontische Töne bis in das 19. Jh. hinein fort. Mag man dieser lyrischen Dichtungsart immerhin vorwerfen, daß sie nur selten Anakreons „kleines Gemälde von Liebe und Schönheit" mit seiner ganzen Grazie griechischer Formgebung erreicht, daß sie gegenüber den französischen Vorbildern zuwenig aus Selbsterlebnis und bodenständiger Geselligkeitskultur schöpft, zu stark mit moralischen Ängsten und sentimentalem Spießbürgertum behaftet sei, der Erfüllung ihrer literarhistorischen Mission ist sie im vollsten Umfange gerecht geworden: „zwischen den Zeiten" der starrsten Regelhaftigkeit und der formlosesten Lockerung stehend, hat sie die Klarheit, Durchsichtigkeit und Leichtigkeit ihrer an gallischer Stilkunst geschulten Sprache ebensosehr der papiernen Schwerfälligkeit logischer Aufklärungsliteratur wie der dunklen Nurgefühlsmäßigkeit der Klopstockschen Rhythmen entgegenzustellen gewußt. Gegenüber der statuarischen Ruhe barockaler Schilderung aber hat sie Beschreibung in Handlung aufgelöst, und damit nicht nur das Auge empfänglich gemacht für den Reiz der Bewegung in Gang, Haltung, Stellung, Gebärden und Lächeln, sondern einen ersten Schritt getan vom Betrachten äußerer Form zu beseelendem Individualisieren.

Goedeke IV^{8} § 202, 212. Eine Gesamtdarstellung fehlt. F. Ausfeld *Die deutsche anakreontische Dichtung* des 18. Jhs. (QF. CI) 1907 gibt nur die stofflichen Motive. F. Pomezny *Grazie u. Grazien in der dtsch. Lit. d. 18. Jhs.* (Beitr. z. Ästh. VII) 1900. G. Witkowski *Die Vorläufer der anakreontischen Dichtung in Deutschland u. F. v. Hagedorn* 1889. Th. Feigel *Vom Wesen der Anakreontik u. ihrem Verlauf im Halberstädter Dichterkreis.* Diss. Marburg 1907. A. Pick *Zur Gesch. d. dtsch. Anakreontiker*, StvglLg. VII (1907) S. 45 ff. IX (1909) S. 22 ff. F. Muncker *Anakreontiker u. preuß.-patriot. Lyriker* (DNL. XLV) 1894. J. P. Uz *Sämtl. poet. Werke* hrsgb. v. A. Sauer (DLD. 33) 1890. E. Petzet *Der Einfluß der Anakreontik u. Horazens auf J. P. Uz*, ZfvglLg. N. F. VI (1909) S. 329 ff. G. Koch *Gleim als Anakreonübersetzer*, StvglLg. IV (1904) S. 265 ff. J. N. Götz *Gedichte aus den Jahren 1745—1765* hsg. v. C. Schüddekopf (DLD. 42) 1893.

Erna Merker.

Anapäst. Aus dem Griechischen und Lateinischen stammender Versfuß — der Name bedeutet entweder einen zurückgeschlagenen, umgedrehten Versfuß (Daktylus) oder einen, bei dem durch „Aufschlagen" der Rhythmus markiert wird — von der Grundform ⏑⏑– mit Zusammenziehung – – mit Spaltung ⏑⏑⏑⏑, mit Zusammenziehung und Spaltung –⏑⏑. Im Griech. wird der Versfuß besonders in Marsch- und Schlachtliedern wegen seiner andrängenden Wirkung, wegen seiner schlußbildenden Kraft in der Schlußszene und im letzten Chorlied des Dramas verwendet. Im Deutschen werden eigentlich erst zur Zeit der Romantik anapästische Verse zu bilden versucht. Besonders häufig verwendet wird der anapästische Dimeter mit Cäsur in der Mitte und dipodischer Gliederung (W. Schlegel 'Jon'; Goethe 'Pandora'). Platen verwendet in seinen satirischen Komödien Septenare nach dem Vorbild des Aristophanes. Der rhythmische Eindruck der anapästischen Maße wird aber selten erreicht und oft schon dadurch verwischt, das A. mit Jamben gemischt sind. Infolge der Lagerung der rhythmischen Gruppen werden die anapästisch gedachten Verse meist daktylisch empfunden (s. a. *Antike Versmaße*).

Minor *Metrik* S. 280—281.

P. Habermann

Anapher, griech. „Zurückführung", die Wiederkehr desselben Wortes, derselben Wendung zu Anfang mehrerer aufeinanderfolgender Sätze, z. B.

Sei mir gegrüßt, mein Berg, mit dem rötlich strahlenden Gipfel!
Sei mir, Sonne, gegrüßt, die ihn so lieblich bescheint!
(Schillers 'Spaziergang'.)

Typische Prägungen der A. in altgerm. Zeit — R. M. Meyer möchte sogar einen anaphorischen Dreizeilertyp annehmen — sind durch die neuere Forschung nicht bestätigt (Klara Stroebe *Altgerm. Grußformeln.* Diss. Heidelberg 1911). Erst das Volkslied des 15. bis 16. Jhs. bildet einen a. Typ aus durch Formelverlängerung z.B.

Got gesegen dich, sunn, got gesegne dich, mon!
Got gesegen dich, schönes lieb, wa ich dich hon!
(Urtypus: *Got gesegen dich sunne unde mon!*)
Es ritt ein reuter durch das ried, } Ur-
Er sang ein schönes tagelied } typus
Er sang von heller stimme, } Ver-
Dass in der burg erklinget. } längerung.

Für die Ausbildung der neueren Prosa ist Beeinflussung durch die latein. Rhetorik des Humanismus anzunehmen (vgl. E. Norden *Die antike Kunstprosa vom VI.Jh. bis in die Zeit der Renaissance*), jedoch noch nicht näher untersucht. Beliebt ist die Dreizahl und diese verbunden mit der Wirkung der Gradation oder Steigerung: „Wir haben es getan, wir haben es eingeleitet, wir werden es vollbringen!" Für die A. in der poetischen Sprache werden von den Stilisten Goethe('Fischer'), Schiller, Kleist, Grillparzer genannt.

In Gegensatz zur A. stellt die Stilistik die Epiphora, griech. „Zugabe"; sie ist jünger und kunstmäßiger. Das von Wackernagel und R. M. Meyer angeführte Beispiel aus Schillers 'Don Carlos':

Ich sah auf dich und weinte nicht. Der Schmerz
Schlug meine Zähne knirschend aneinander:
Ich weinte nicht. Mein königliches Blut
Floß schändlich unter unbarmherz'gen Streichen:
Ich sah auf dich und weinte nicht

zeigt bereits ein Hineinwachsen der E. in das größere Gebiet des Kehrreims (Refrains).

P. Beyer.

Anekdote. Die A. sucht im Spiegel eines, ohne jedes schmückende (und verhüllende) Beiwerk erzählten, bezeichnenden Vorfalles das möglichst deutliche Bild einer Persönlichkeit, einer Zeit, einer geistigen Strömung zu geben, somit im einzelnen das Ganze aufzuweisen. In der A. ruht der Schwerpunkt auf dem objektiven Geschehen, das — im Gegensatz zum Schwank — nicht an einen besonderen Stimmungs- oder Tatsachenbereich gebunden ist. Allzu ausführliche Berichterstattung schwächt die Prägnanz und Schlagkraft der A., deren Kriterien gedrängte Kürze und pointierter Aufbau sind.

Die A. wurzelt in dem Bestreben, Ereignisse, die der Mitteilung an andere wert erscheinen, in einer Form zu übermitteln, die auf den Inhalt als auf etwas Beachtenswertes von vornherein aufmerksam macht. Ihre wesentliche Wirkung beruht (auch heute noch) auf dem mündlichen Gebrauch; sobald bei einem Volk das Interesse für die Welt über den engsten Kreis hinaus sich zu regen beginnt, ist der Boden für die Entstehung der A. vorbereitet. Was in engerer oder weiterer Gemeinschaft von Mund zu Mund geht, paßt sich dieser Art der Übermittelung durch eine kurze, alles Überflüssige vermeidende Darstellungsweise an, so daß Ermüdung oder auf mangelnder Auffassungsgabe beruhende Teilnahmslosigkeit auf seiten des Hörers nach Möglichkeit vermieden wird. Diesem Gebrauch folgt zunächst auch die schriftliche Überlieferung; bekannt ist der oft lange gewahrte anekdotenhafte Charakter der beginnenden Geschichtsschreibung. Während aber hier die Entwicklung und Vertiefung bald einsetzt, bleibt die A. lebendig als ein Mittel, knappe und doch ausreichende Nachricht von nah und fern denen zu geben, die aus Gründen mangelnder Bildung (zumal vor dem Aufkommen gedruckter Berichte) oder geistiger Bequemlichkeit die mündliche der schriftlichen Tradition vorziehen. Eine auch sprachlich verfeinerte Kultur läßt dann an der A. immer schärfer die oben charakterisierte Form hervortreten, die nun auch auf schriftliche Fixierung Anspruch erhebt.

Der Anekdote verwandt zeigen sich Fabel und Schwank, die den rein gegenständlichen Bericht ins Belehrende bzw. Belustigende deutlich erkennbar umbiegen, und sich nicht wie die A. auf das Gebiet natürlichen Geschehens beschränken. Alle Zweige der Rhetorik haben von jeher die A. benutzt, um allgemeine Ausführungen zu verdeutlichen und zu beleben (Rede, Predigt!); auch Familien- und Stadtchroniken benutzen die A., um das Interesse des Lesers wachzuhalten. Das Hauptgebiet der A. ist die journalistische

Schriftstellerei; schon der Humanismus hat mit seinen Flugblättern und Satiren (auch im Briefwechsel) das A.-Wesen mächtig gefördert, und im Flugblatt des 16. Jahrhunderts wie in der heutigen Zeitung und Zeitschrift spielt die A. eine bedeutsame Rolle. Zumal die moderne Satire gibt sich gern in Form der aufs schärfste zugespitzten A. ('Jugend', 'Simplizissimus'). Auch im volkstümlichen Schrifttum bildet die A. eine bequeme und dem Verständnis breiter Massen angepaßte Form der Belehrung (so im 'Wandsbecker Boten', dem 'Rheinischen Hausfreund', dem 'Hinkenden Boten' u. a.)

Sammlungen von An., die einen zusammenhängenden Stoff behandeln (so schon in der Antike), stellen eine Annäherung an die mündliche Überlieferung dar; so wird der Lebenslauf bedeutender Persönlichkeiten oder eine geschichtliche Epoche gern in An. aufgelöst, so benutzt auch die Schule diese Form der Darstellung, um der (namentlich frühen) Jugend Kenntnisse zu übermitteln. Seltener werden solche Sammlungen der A. selbst wegen veranstaltet.

Zum Wort A. vgl. H. Schulz *Dt. Fremdwörterbuch* 1913. S. 34; dazu Pinthus März VII 2, S. 13/14. J. Bab Rheinland XXI.

H. Beyer.

Angelsächsische Literatur (Einfluß auf die deutsche).

§ 1. Zwischen den beiden Ansichten, daß die ahd. Literatur ungefähr eine Übersetzung der ags. sei (Holtzmann, Trautmann), und daß sie ihr vielmehr nichts zu verdanken habe (Kögel), wird man heute etwa diesen Mittelweg einschlagen können:

§ 2. Schon in vorliterarischer Zeit hat die ags. Mission eine eigne kirchliche Terminologie mitgebracht (z. B. *fluobra*, *gotspell*, *manduuari*, *ostrun*) und damit die ältere oberd. z. T. umgestaltet — die sich allerdings später meist wieder durchsetzt.

W. Braune PBB. XLIII (1919) S. 361 ff.

§ 3. Sie hat ihre „insulare" Schrift eingeführt, die in und um Fulda nicht nur (Urkunden, Taufgelöbnisse, Basler Rezepte), sondern auch nach Bayern hinüber (Emmeramer Hss.), in St. Gallen (Vocabularius) und sonst gegolten hat und sich in einzelnen Zeichen (ƿ = w, ✱ = gi, ⁊ = und, u = w, Längenbezeichnung durch Akut) auch innerhalb karolingischer Minuskel erhält (z. B. Lex Salica, Hildebrandslied, Wessobrunner Gebet, Muspilli).

Hoops *Reallexikon* I 98 ff. Swarzenski *Die Regensburger Buchmalerei* 1901. S. 3 ff. H. Pongs *Das Hildebrandslied.* Diss. Marburg 1913. S. 198 ff. Baesecke PBB. XLVI (1922) S. 444 ff.

§ 4. Sie hat (in Reichenau) entscheidende Anregung gegeben, die biblischen und andre Schriften zu glossieren (vgl. Art. *Althochdeutsche Literatur* II § 1).

§ 5. Die Verbindung Alkuins mit Karl ist bestimmend geworden für seine Bildungsbestrebungen, und wenn man auch in den Verdeutschungen, die daraus hervorgehen, das Ags. nicht anerkennen will, so wird man vielleicht zugeben, daß die Vorlage unsres Matthäus eine englische Hs. war.

Vgl. Art. *Althochdeutsche Literatur* II § 2 a. Nutzhorn ZfdPh. XLIV (1913) S. 279[1]. Braune PBB. XLIII (1919) S. 361 f. Hench S. XIV ff. Kögel AfdA. XIX (1893) S. 220.

§ 6. Der ags. Einstellung gegenüber einheimischer Kunst verdanken wir vielleicht die Aufzeichnung des 'Hildebrandsliedes' und ihrer Ausnutzung im Interesse der Kirche das Entstehen einer geistlichen Epik. Die Dichter des 'Wessobrunner Gebets' und des 'Muspilli' I II haben ags. Vorbilder gehabt, sprachliche, orthographische und graphische Spuren führen in den Bannkreis von Fulda, und aus ihm denke ich mir auch den 'Heliand' ausgegangen, bei dem die Art der Germanisierung ein untrügliches Zeichen der ags. Verwandtschaft ist: Heimo war Angelsachse, Schüler Alkuins in Tours, dann bei Hraban in Fulda, Schulleiter in Hersfeld und Bischof von Halberstadt, er z. B. konnte solche Gedichte wie den ags. Crist III, den Muspilli-, Heliand- und Genesisdichter vielleicht kannten, besitzen, zu ihnen anleiten und Nachbildungen veranlassen, wie sie schon durch die Übereinstimmungen zwischen Muspilli und Heliand, Muspilli und Otfried gefordert zu werden scheinen. (Vgl. Musp. mit Heliand 2589—620, Musp. 98 und 43 mit Heliand 876 f. und 2211, Musp. 18 f., 63 f. mit Heliand 4377 ff., Musp. 94 f. mit Genesis 57 f.; Musp. 14, 26, 62 mit Otfried I, 18, 9 V, 21, 13 u. 19.) Übrigens steht auch in gewissen stilistischen Figuren (z. B. der übermäßig angewandten Voranstellung des ausschließenden Gen. part.) 'Muspilli' dem 'Heliand' näher als der ags. Poesie.

Vgl. die Art. *Althochdeutsche Literatur* II § 2 c und *As. Literatur*. Grau *Quellen und Verwandtschaften . . . des jüngsten Gerichts* 1908. S. 201 f., 212 f., 257 f. v. Unwerth PBB. XL (1915) S. 349ff. und *Ahd. Literaturgeschichte* S. 123f., 131 ff. v. Steinmeyer *Die kleineren althochd. Sprachdenkmäler* 1916. S. 75 ff. Baesecke PBB. XLVI (1922) S. 441 ff.

§ 7. Selten zeigt sich der ags. Einfluß auch im Sprachlichen. Die ags. Glossen, auch wo sie durch die Überlieferung angeähnlicht sind, z. B. in den Tiernamen des Leviticus (Steinmeyer-Sievers *Glossen* I 340 f., IV 255), bleiben Fremdkörper, werden auch gern durch übergesetztes *s* (*saxonice*) als solche bezeichnet. Mundartlich scheinen sie den ältesten kentischen und mercischen Glossen nahe zu stehen. Eine wirkliche Mischung zeigen auf hd. Boden nur der Eingang des 'Wessobrunner Gebets', die Baseler Rezepte und das sächsische Taufgelöbnis (Steinmeyer II, VII, III), das seine Form vielleicht einem Mainzer Sprachgelehrten verdankt. Die Mischungen auf niederdeutschem Gebiete können auch ethnographisch begründet werden.

Chr. Leydecker *Über Beziehungen zwischen althochd. und angels. Glossen* 1911. J. Michiels *Über englische Bestandteile altdeutscher Glossenhandschriften* 1912. Suolahti *Die deutschen Vogelnamen* 1909. Braune PBB. XLIII (1919) S. 377 ff. Neckel PBB. XLII (1918) S. 105 f. Baesecke ZfdA. LVIII (1921) S. 277[1]. Bremer in Pauls Grundriß[1] III 866 f.

§ 8. Erst um die Mitte des 9. Jhs. verlaufen sich die ags. Spuren in unserer Literatur, wenn auch noch insulare Hss. vorkommen. Aber auch die Leistung Otfrieds weist noch auf die Zentrale der Angelsachsen, Fulda, zurück. G. Baesecke.

Anhaltische Dialektliteratur. Eine volksmundartliche Literatur hat sich im Lande Anhalt erst spät entwickelt. Dessen Mundart, in der Hauptsache md., weicht vom Nhd. zu wenig ab und wurde darum früher, wird auch heute noch von den Gebildeten z. T. als fehlerhaftes, verderbtes Hd. angesehen, so daß in besseren Kreisen ein ernstes Gespräch in der Volkssprache auch jetzt noch undenkbar wäre.

Einen ersten Versuch machte vor 1840 Georg von Raumer, von dem in Gerickes 'Album anhaltischer Schriftsteller' (1860) ein 'Selbstgespräch einer Aufwärterin in der gemeinen (!) Mundart der Stadt Dessau' abgedruckt ist. Doch noch Jahrzehnte danach genoß die Mundart bei anhaltischen Dichtern wie Erzählern keinerlei Wertschätzung; selbst bei dem beliebten Dessauer Chronisten und Volksschriftsteller L. Würdig sucht man die Verwendung heimischer Mundart vergeblich. Auch E. Fiedler, durch engl. Studien auf die schott. Volksdichtung hingewiesen, der Dessauische Volkslieder und Volksreime sammelte, bringt nur wenige Kinderreime in der Mundart seiner Heimat. Für diese letztere wurde erst in den neunziger Jahren des 19. Jhs. Interesse in weiteren Kreisen erweckt durch eine Reihe kurzer Erzählungen des Dessauer Medizinalrates Dr. Erich Richter (1842—1916), die, sich auf die Schilderung einiger typischen Spießbürger beschränkend, deren kleine Schwächen mit leisem Humor verspotten und offenen Blick für das Volkstümliche, bisweilen gesunde Derbheit zeigen. Den Höhepunkt mundartlichen Schaffens erreichten die Prosadichtungen des jetzigen Geh. Archivrates Dr. H. Wäschke (geb. 1850) in Zerbst, der, wie E. Richter auf dem Lande aufgewachsen — er stammt aus dem westlich von Cöthen gelegenen Dorfe Groß-Paschleben —, seine heimische Mundart in zahlreichen kurzen Geschichten wie in zwei längeren zusammenhängenden Erzählungen zu Ehren gebracht, auch wissenschaftlich behandelt hat. Einfachen Verhältnissen entstammend, kennt er die Denk- und Sprechweise sowie das innerste Fühlen des Landvolkes, und so atmen seine Schriften echt volkstümlichen Humor und frische Natürlichkeit. Die beiden ausgedehnteren Geschichten, betitelt 'De Miehme Wewern ihr Wattenrock' und 'Töffchen un sein Notizbuch' schlagen neben heiteren auch ernste Töne an und erinnern somit wie auch durch die Überschriften der einzelnen Kapitel an sein Vorbild Fritz Reuter, dessen anhaltischer Nachbildner er geradezu genannt werden darf. Der Erfolg beider mundartlichen Erzähler spornte bald eine Reihe von Nachahmern an, die jedoch weder formell noch gar inhaltlich die Höhe der Wäschkeschen Darbietungen erreichen. Der Dessauer Bernh. Heese (geb. 1872) gibt seine heimische Mundart in lustigen Geschichten ziemlich treffend wieder, steht an Gehalt jedoch zurück; ähnlich berichtet Friedrich Hoffmann aus dem der Stadt Dessau benachbarten Jonitz von allerlei Streichen der Jugend und von früheren Sitten und Bräuchen seines Heimatdorfes, sich ebenfalls mit der komischen Seite begnügend.

Im Anschluß an Wäschkes Vorgang wird in den letzten Jahren (namentlich seit 1919) die Cöthener Stadtmundart eifrig gepflegt in der 'Ascania', der Beilage zur 'Cöthenschen Zeitung', durch eine Anzahl von Erzählern, darunter auch von einer Dame. Mit breiter Behaglichkeit werden in diesen kurzen Geschichten frühere Spießbürger, vielfach städtische Originale, oder komische Begebenheiten zur Belustigung vorgeführt, sprachlich nicht immer mit wünschenswerter Genauigkeit, doch anspruchslosen Lesern zu angenehmer Unterhaltung, namentlich älteren, die sich der dargestellten Personen oder Vorgänge noch zu erinnern vermögen. Kleinere Erzählungen in der Zerbster Stadtmundart bot in früheren Jahren (seit 1904) eine dortige Zeitung, die 'Extrapost'. Bei Karl Hoede sind nur einzelne dialektische Wendungen und Sätze verstreut, während er am Schlusse seiner Geschichten noch eine Reihe Zerbster Sprichwörter und Redensarten zusammenstellt.

Die Bernburger Mundart, ein von der Cöthener etwas abweichendes Idiom, das linkssaalisch als Ausläufer des Mansfeldischen anzusehen ist und rechts der Saale auf das Obersächsische zurückgeht, harrt noch der dichterischen Behandlung, ebenso wie der jetzt noch ziemlich nd. Dialekt des östlichen Zerbster Landes, dem um so mehr eine baldige literarische Vertretung zu wünschen wäre, als er gerade gegenwärtig durch Anlegung einer neuen Bahnlinie mehr und mehr in Gefahr kommt, von dem Md. des Dessauer Landesteiles zerfressen und aufgesogen zu werden.

Einen dankenswerten Überblick über das Mundartliche in Anhalt bietet E. Weyhe in seiner ,Anhaltischen Landeskunde' (II 31—64) zugleich mit Proben der Mundart, meist von den Pfarrern und Lehrern des Ortes gesammelt, worin die Mannigfaltigkeit der anhaltischen Mundarten (im Dessauer, Cöthener und Bernburger Kreise md., vom Nordrande des Ballenstedter und nach Osten hin bis zum Zerbster Kreise nd.) in Vers und Prosa veranschaulicht wird.

E. Fiedler *Volksreime und Volkslieder* 1847. E. Richter *De Fahrt nach Werl'tz* 1893; *Jungenszeit uffs Dorf*; *Zwanzig Jahre nich in Dessau* 1893; *Rentjeh Scharschmidt unn seine Kamerāde* 1894; *Was jibbets denn mant for Menschen* 1898; *Nuh heeren Se abber bahle uff* 1899; *So jehts in de Welt* 1902. H. Wäschke *Anhältsche Dorfjeschichten* 1899—1911; *Über anhaltische Volksmundarten*, Mitteilungen d. Ver. f. anh. Gesch. II (1880) S. 304—317, 388—411, 473—482. B. Heese *Sie'mterlee. En paar lustije Jeschichten.* F. Hoffmann *John'tzer Jungens. Allerhand Jeschichten aus's ahle John'tz.* K. Hoede *Urwüchsige Gestalten und Geschichten* 1921.

O. Gorges.

Anonymität. Hier sollen jene Werke besprochen werden, deren Verfasser ihre Namen verschweigen oder durch eine bloße Gruppierung von Anfangsbuchstaben (Kryptonyme) andeuten.

§ 1. Die Namenlosigkeit der Dichter ist in der ältesten Zeit der deutschen Literatur die Regel. Bis auf die Namen Otfried, Notker, Williram sind uns für die ahd. Periode fast keine bestimmten Persönlichkeiten bekannt geworden, erst in der mhd. Zeit treten die Dichter mit ihren Namen zahlreicher hervor; freilich bleibt noch eine ansehnliche Reihe von namenlosen Werken übrig, deren Urheberschaft wohl nie aufgeklärt werden wird, wenn auch beispielsweise der Dichter des 'Karlmeinet' eine Buchstabengruppierung angibt, die in seinem Namen enthalten sei. Die Anonymität wird gegen den Ausgang des MA.s und um die Reformationszeit immer verbreiteter; zahlreiche satirische, theologische, politische Schriftsteller ziehen den Schutz vor, den ihnen die Namenlosigkeit gewährt, und das 16. und auch das 17. Jh. bilden einen Höhepunkt der maskierten Literatur, denn zugleich gedeiht auch die Pseudonymität (s. d.). Auf die '*Epistolae obscurorum virorum*' und die sich daran knüpfenden Schriften sei hingewiesen, auf die zahlreichen Schwanksammlungen, deren Sammler oder Erzähler sich nicht nannten. Christian Reuter, der Autor des 'Schelmuffsky', ist erst spät als Persönlichkeit in die Literaturgeschichte gekommen.

§ 2. Im 18. Jh. ist die A. noch recht üblich, und es ist immerhin bemerkenswert, daß die epochemachendsten Werke anonym auftraten. Hagedorn und Bodmer veröffentlichten mindestens einzelnes ohne Namensnennung, ebenso Lavater und Wieland. Aber auch die ersten Gesänge von Klopstocks 'Messias' erschienen ohne den Namen des Dichters, für den die früheste Anzeige des Werkes den Laublinger Pastor Samuel Gotthold Lange hielt. Der *Wolfenbüttelsche Ungenannte* (Reimarus) spielte eine große Rolle, Herder fand es mitunter auch für angezeigt, namenlos zu bleiben. Für Satiriker wie Liscow und Hippel war es etwas Hergebrachtes. 'Götz von Berlichingen' und 'Werthers Leiden' erschienen ebenso wie später 'Die Räuber' ohne Angabe des Verfassers. Die A. der Dichter des Sturmes und Dranges hat nicht nur die Zeitgenossen schon oft verwirrt, auch Tieck als Herausgeber der Werke Lenz' hat noch nicht klar gesehen. Klinger, H. L. Wagner, Leisewitz treten zunächst nicht mit ihren Namen hervor, Heinse läßt seinen 'Ardinghello' anonym erscheinen.

§ 3. Die Romantiker halten es auch oft genug nicht für nötig, sich zu nennen. Tieck und Wackenroder bleiben in ihren 'Herzensergießungen' anonym, ebenso errichtet A. W. Schlegel Kotzebues 'Ehrenpforte und Triumphbogen' namenlos. Z. Werner bleibt bis zu seinem 'Luther' der *Verfasser der Söhne des Tales*, so wie E. T. A. Hoffmann der *Verfasser der Phantasiestücke in Callots Manier* ist, der sich erst auf dem Titelblatte seines 'Klein Zaches' mit vollem Namen nennt. Bettina bleibt anonym, Karoline von Wolzogen konnte es ihrer A. und dem Verständnis ihrer Zeitgenossen danken, wenn ihre 'Agnes von Lilien' zunächst für ein Werk Goethes gehalten wurde. Jean Paul nennt sich zuerst ebenfalls nicht. Kleists 'Familie Schroffenstein' erschien ohne Angabe des Autors.

§ 4. Auch die weniger bedeutenden Schriftsteller bleiben nicht zurück. Die Spieß und Vulpius, die Cramer und Zschokke haben ein so großes Publikum, daß die Marke schon zieht; der *Verfasser des Rinaldo Rinaldini* kann sicher sein, daß ein Werk von ihm einen großen Leserkreis findet. Die 'Jobsiade' erscheint nur mit den Anfangsbuchstaben des Namens Kortums, Webers 'Demokritos' ohne Namensnennung des Verfassers.

§ 5. Die politischen Schriftsteller der vierziger Jahre hüllen sich aus begreiflichen Gründen in Namenlosigkeit. Anastasius Grün ist nur der *Spaziergänger*, Herwegh der *Lebendige*, Dingelstedt nennt sich auf dem Titelblatt seiner 'Nachtwächterlieder' ebensowenig wie Bauernfeld seine 'Pia desideria eines österreichischen Schriftstellers' mit seinem Namen zeichnet, Hormayr verschweigt auf den 'Anemonen' seine Autorschaft.

§ 6. Annette von Droste-Hülshoff ist auf der Erstausgabe ihrer Gedichte nur durch die Initialen ihres Familiennamens genannt, Sealsfield bleibt wie so viele andere der *Verfasser*; bei ihm ist der 'Virey' das Werk, das ihm zur Empfehlung bei den Lesern dienen soll. Auf seinem aufsehenerregenden 'Austria as it is' nennt er sich überhaupt nicht. Eduard Grisebach hat seine Dichtungen ('Der neue Tanhäuser' und 'Tanhäuser in Rom') zunächst ohne seinen Namen veröffentlicht. Unter den späteren aufsehenerregenden anonymen Werken seien 'Rembrandt als Erzieher' von Langbehn und die 'Briefe, die ihn nicht erreichten' von Baronesse Heyking genannt. Auch Rudolf Hans Bartsch hat 1905 seinen Roman 'Als Österreich zerfiel' ohne Namensnennung veröffentlicht.

§ 7. Die Gründe, die zur A. veranlassen, sind so wie beim Pseudonym der verschiedensten Art. Zahlreiche anonyme Werke gehören aristokratischen Verfassern an. Fürst Pückler-Muskau, der „Lanzknecht" Schwarzenberg, Kaiser Max von Mexiko seien aus der langen Reihe herausgegriffen. Oft genug nötigt auch die früher so beliebte fingierte Bezeichnung als Übersetzung aus dem Englischen oder Französischen zur Namenlosigkeit. Daß die A. in der erotischen Literatur eine große Rolle spielt, ist begreiflich; die Zahl der Werke ohne Verfasserangabe bei Hayn-Gotendorf ist außerordentlich groß und nur bei einer verhältnismäßig geringen Anzahl ist die Autorschaft sichergestellt. Scheffners berüchtigte 'Gedichte im Geschmack des Grécourt', Heinses Petronübersetzung seien für das 18. Jh. genannt, für das 19. Jh. Holteis 'Don Juan'.

Holzmann u. Bohatta *Deutsches Anonymen-Lexikon* 1902/11; darin ist die ältere Literatur, die dadurch ersetzt wird, aufgezählt.
A. Hoffmann.

Anreim s. Reim.

Antichristspiel s. mal. Drama.

Antike Literatur. § 1. Seit Herder und der Romantik ist es Sitte geworden zu klagen, daß die lateinischen Studien dem deutschen Volke die nationale Eigentümlichkeit geraubt und seine selbständige Entwicklung unterbunden hätten. Man vergaß dabei, daß das gesamte Abendland die lateinische Erziehung durch die Literatur durchgemacht hat und die politische Entwicklung des dt. Volkes den Anschluß an die Antike begünstigte. Der Kaiser reiht sich in die Nachfolge der römischen Imperatoren ein, Geschlechter und Nationen (Stammsagen vom Trojaner Francus, noch in Ronsards 'Franciade' erneuert) knüpfen an die antiken Heldensagen an. Die Geistlichen sind lange Zeit die Träger der Kultur; weil sie die Überlegenheit der römischen Tradition erkannten, suchten sie in Erziehung und Wissenschaft und Bildung den Unterschied zwischen germanischem und römischem Wesen auf jede Weise auszutilgen. Und die lat. Form wurde lange Zeit trotz des dt. Inhalts beibehalten, weil die dt. Sprache den gestellten Aufgaben noch nicht gewachsen war; die mühselige Arbeit in Glossarien, Übersetzungen, Nachdichtungen und Paraphrasen hat erst das dt. Sprachwerkzeug gefügig gemacht und, was die Hauptsache ist, bei allem behaupteten die Deutschen, im Gegensatz zu den Romanen, trotz alles fremden Lehngutes in weltlichen und kirchlichen Dingen ihre Stammsprachen.

§ 2. So kam es auch, daß alter germanischer Heldensang zunächst in die klassischen Formen der Antike umgegossen ward; das Beste der Art haben wir in Ekkehards 'Waltharius', wo die alten Lieder von Hildegunde und Walther in Vergils Schule und Sprache zu einem höchst wirkungsvollen Epos verarbeitet sind, aus dem wildes, urwüchsiges Germanentum durch das klassische Gewand durchschimmert. Es ist sehr wahrscheinlich, daß zur selben Zeit die Märe von der 'Nibelungen Not' — angeblich unter Bischof Pilgrim von Passau (971—991) — zuerst in lateinischer Auffassung auftauchte. Aber auch dt. Epen schmecken nach der Antike: der Reim Otfrids, der von nun an die Alliteration verdrängt, ist lat. Herkunft, und der 'Heliand' ist in seinem epischen Aufbau von lat. Vorbildern abhängig.

§ 3. Bis zum 17. Jh. bestand der Gewinn, den die A. der dt. Literatur zuführte, hauptsächlich nur in stofflichen Anleihen. Zunächst las man einige Römer selbst; als später die 'Thebais' des Statius und die 'Aeneis' des Vergil in französischer Fassung die Literatur ringsum beeinflußten, konnte sich auch Deutschland nicht entziehen. Eine weitere Stoffquelle wurden die römischen und Heiligensagen in oft verwunderlichen Umbildungen. Mucius Scävola erscheint als Odnatus unter Vitellius, Jovinus (= Marcus Curtius) stürzt sich unter Caligula in den Abgrund des Höllenfeuers; Papst Silvester bekehrt den Kaiser Konstantin und dessen Gattin Helena; Kaiser Tiberius wird durch das Christusbild der Veronika geheilt und bestraft die Juden und Pilatus u. dgl. Unter den Ottonen macht sich byzantinischer Einfluß bemerkbar: der 'Ruodlieb' und manche Fabeln und Erzählungen bezeugen den stofflichen Zuwachs aus Hellas und dem Osten. Freilich der Führer des spätmittelalterlichen Geisteslebens, Aristoteles, wird erst unter den Staufern (Friedrich II.) lebendig, und da durch Vermittlung arabischer Übersetzer.

§ 4. Die dt. Ritterdichtung wandte sich, seit die Kreuzzüge den Orient aufs neue erschlossen, mit besonderer Vorliebe antiken Stoffen zu. Eine Lieblingsgestalt wurde der ritterliche Alexander des hellenistisch-orientalischen Romans. Urquelle ist zumeist die Alexanderbiographie, dem Neffen des Aristoteles, Kallisthenes von Olynth, zugeschrieben, die der lat. Übersetzer Julius Valerius (3. Jh.) und der Verfasser der 'Historia de proeliis' vom Archipresbyter Leo (10. Jh.) ausschrieben.

Nach dem Franzosen Alberich von Besançon verfaßte der Pfaffe Lamprecht um 1138 ein dt. 'Alexanderlied'. Die romantisch-ritterliche Umformung der A., schon im 'Waltharius' im Keim vorhanden, erreicht hier einen Höhepunkt. Alexanders ritterliche Züge, seine wunderreichen Entdeckungsfahrten mit ihrem phantastischen Zauber- und Märchenkreis, selbst der Grundgedanke, der Maß und Demut betont, sind der antiken Quelle entnommen. Spätere Bearbeiter der Alexandersage wie der lat. Walter von Chatillon, nach ihm der Böhme Ulrich von Eschenbach (13. Jh.) und Rudolf von Ems (ca. 1230), halten sich mehr an Curtius; der oft gedruckte Alexanderroman des bayrischen Hofarztes Joh. Hartlieb (15. Jh.) lehnt sich ganz an die Schlachtengeschichte des Bzyantiners Leo an; natürlicherweise fußt auch Hans Sachs hierbei auf dem Hartliebroman.

§ 5. Am deutlichsten kennzeichnet sich das Verhältnis des MA. zur A. durch das völlige Zurücktreten des Homer; der Römerheld Aeneas wird auch der Held des Trojanischen Krieges und dessen Sänger Vergil. Daß Homer Grieche war, schadete ihm „in den meist gegen das oströmische gespannten weströmisch-germanischen Reichen". Die Hauptquelle für die mittelalterlichen Darstellungen sind die Geschichte von der 'Zerstörung Trojas' eines angeblichen Phrygiers Dares (erst im 6. Jh. zitiert) und das 'Tagebuch des Trojanischen Krieges' eines Diktys von Kreta, erst jüngst in einer griechischen Papyrushandschrift des 3. Jhs. gefunden. Wenn je von einem Homer die Rede ist, so ist der 'Homerus Latinus' (ein römischer Schulauszug der 'Ilias' in etwa 1000 Hexametern) aus dem 1. nachchristl. Jh. gemeint. Diese Quellen zusammenfassend gelang es dem nordfranz. Troubadour Benoît de Sainte Maure, in einem umfangreichen Epos (12. Jh.) das Hauptinteresse der Zuhörer und Leser zu gewinnen. Dies „welsche Buch" ist die Vorlage für das 'Lied von Troyen' des Hessen Herbort von Fritzlar (ca. 1200) und für den 'Trojaner-Krieg' des versgewandten Konrad von Würzburg (13. Jh.), der auch noch Ovid und Statius (Achilles) heranzog. Die mittelalterlichen poetischen und prosaischen Bearbeitungen der Trojanersage sind von weittragender Wirkung: Helena und Dido werden in der höfischen Dichtung gern zu Vergleichen herangezogen; Gottfried hat von der Tyndaride gelesen, aber die süße Isot läßt ihn glauben, daß die volle Sonne nie in Mykene aufging, sondern hier ertagete; Tristan harft im Wettstreit mit dem Spielmann den Leich von Dido und gedenkt in der Liebesgrotte mit Isolde voll süßer Wehmut trauriger Mären, wie des Vließes von Thraze (Argonautensage, die mit Dares allen Trojagedichten vorausgeschickt war); Wolfram erwähnt den Ort, wo Aeneas Dido gewann, ferner kennt er die stolze Burg von Karthago, den holden Turnus, die Grabkammer der Camilla.

Weil Dares für die Trojaner Partei ergriff, galt er dem römischen Abendlande mehr als Homer; nach dem Vorbild des Aeneas wollte nunmehr jede Provinz, jede Stadt ihren Trojanischen Stammvater haben und bekam ihn seit den Chroniken des Fredegar und Gregor von Tours: ist doch schon im Waltharilied Hagen von Tronje ein Trojanersprosse; die Türken hielt man für Abkömmlinge des Trojanischen Königs Teukros; darum jubelte das Abendland den Türken zu, als sie 1453 das Byzantinerreich erledigten: Konstantinopels Fall war die Rache für die Zerstörung Trojas. Diese Anschauung wirkt noch bei Shakespeare nach in 'Troilus und Cressida'.

Auch römische Vorführungen nehmen auf die beliebtesten Sagen der Antike Bezug; 1468 stellte man beim Einzug Karls des Kühnen in Lille das Urteil des Paris dar; bei der Vermählung Karls VI. mit Isabella von Bayern gab man das Spiel von Trojas Eroberung. Ebenso verwendeten Maler und Bildhauer diese dankbaren Stoffe gerne. So sah man auf den Teppichen, welche 1473 den Dom zu Montpellier schmückten, neben der Passionsgeschichte auch die Zerstörung Trojas abgebildet.

§ 6. Außer der Aeneis — Veldekes 'Eneit', nach dem französischen 'Roman d'Énéas' bearbeitet, beruft sich ausdrücklich auf die wahre Quelle, den Vergil — und Iliade ist noch ein drittes antikes Werk von hervorragendem Einfluß, Ovids 'Metamorphosen', 1210 von dem Klosterlehrer Albrecht von Halberstadt in deutsche Verse gebracht. Es ist der erste Versuch, unabhängig von einer französischen Bearbeitung das lat. Werk selbst zu paraphrasieren. Einzelne Glanzstücke der 'Metamorphosen' (z. B. Pyramus und Thisbe) treffen wir schon in frühesten Volksliedern. Sie sind Lieblingsstoffe des mittelalterlichen Haus- und Zimmerschmuckes; Gottfried von Straßburg, Rudolf von Ems, Konrad von Würzburg u. a. werden nicht müde, Ovidische Vergleiche und Gestalten zu erwähnen; die Didoepistel Ovids, nicht die Vergilische Dido, ist noch Vorbild der Kleopatra in Shakespeares 'Antonius und Kleopatra', Pyramus und Thisbe kehren wieder in Shakespeares 'Sommernachtstraum' und im 'Peter Squenz' des Gryphius, derb parodiert.

Aber nicht minder eindrucksvoll wirkt unter den mittelalterlichen triumviri amoris Ovid mit seinen Liebesdichtungen nach. Der neue Ton des Minnesangs, der in seinem Werbungsmotiv ganz von der orientalischen Liebeslyrik abweicht, konnte nur in den römischen Elegikern, vor allem in der 'Liebeskunst' Ovids, literarische Vorbilder finden. Dieser Römer wird der Lehrer der provenzalischen wie italienischen und deutschen Minnesänger; er taucht wieder auf in Strophen des Heinrich von Morungen, er wird für Nonnen geistlich umgearbeitet und noch im späten MA. zu einem Lehrbuch für sittsame Brautwerber modernisiert (Paul von der Aelst).

§ 7. Für die höfische Moral war Wegweiser Cicero, den schon die Hochschätzung des Kirchenvaters Augustinus verehrungswürdig erhielt: die Ritterehre baute sich weiter auf dem *honestum*; der Kaplan Wernher von Elmendorf (12. Jh.) schreibt eine gereimte 'Tugendlehre' über das *honestum* und rät, von den heidnischen Alten als Mustern des Lebens zu lernen. Die ciceronianische *constantia* findet in der *staete* einen Nachhall, für die Thomasin von Zirkläre in seinem 'Welschen Gast' besonders kräftig eintritt.

§ 8. Der hellenistisch-byzantinische Abenteurer- und Liebesroman wirkte im sog. lat. Apolloniusroman, vom Wiener Arzt Heinrich von Neustadt (nach 1300) in ein weitläufiges Reimepos umgesetzt, bis weit herein nach. Brautwerbung, Trennung der Ehegatten, Aussetzung der Kinder, wundersame Entführungen und Errettungen, gräßliche Tugendproben von Frauen unter Räubern, rohem Schiffsvolk, Dirnen u. dgl. sind die Wandermotive.

§ 9. Aber auch in einzelnen Legenden entdeckt man griechische Ursprünge. Gregor auf dem Steine, von Hartmann von Aue nacherzählt, beruht auf dem Ödipusmotiv; die Legende vom heiligen Brandan gibt eine christliche Odyssee; die Legende von St. Georg deckt sich vielfach mit der Perseussage. Sogar literarische Personen der Antike tauchen im MA. als mächtige Zauberer auf. Aristoteles, als angeblicher Verfasser der oft aufgelegten 'Secreta Secretorum', kennt die Bibliothek des Meisters allen Zaubers, Salomo; er gebietet den Dämonen und bannt sie als Fliegen in Glas und Rubin. Vergil, dessen 4. Ekloge als messianische Weissagung gedruckt wurde, hat einen Zauberspiegel, in dem alle Weltereignisse zu sehen sind; er läßt einen Automaten auf kupfernem Roß Rom durchreiten und von Schädlingen säubern, holt mit einer Ritterschar das Zauberbuch Zabulons von Babylon vom Magnetberg. Und die Chronik Rudolfs erzählt von Ovid, er sei oberster Schreiber im Lande Chraizzen gewesen; weil er des Ehebruchs mit der Königin verdächtig war, wurde er auf ein ruder- und steuerloses Schiff gebracht. Auf dem Meere treibend schrieb der Meister die Troischen Geschichten, die er, endlich wieder ans Land getrieben, dem König sandte. Dies griechische Buch Ovidius de Pontus sei die Quelle der lat. Iliaden. So vermengte sich Unwissenheit mit der Legende.

§ 10. Von den Göttermythen ging vor allem Venus in den mittelalterlichen Erzählungsschatz über, besonders in den Sagen vom Tannhäuser, burlesk behandelt in der 'Möhrin'. Apollo wird im ganzen MA. zum orakelgebenden Teufel (*spiritus pythonicus*), nur bei Gottfried von Straßburg finden wir die antike Auffassung des Gottes, wenn er im 'Tristan' Apollo und die Kamönen anruft. Als dritte Gottheit lebt Merkur in seinen Attributen weiter: sein

Stab als Zauberstab und Wünschelrute, sein Hut als Wünschelhut, sein Säckel als Wundersack (im 'Fortunat').

§ 11. Die Renaissance stellte mit einem Ruck das ganze geistige Denken und Schaffen auf die Antike ein, sie legte die verschütteten Pfade zu dem Besten der Antike frei, sie lehrte wieder Selbstschauen und Selbstdenken. Freilich in Deutschland wirkt der Humanismus anders wie in Italien und Frankreich; zunächst suchte man in harter Arbeit möglichst viel weltliche Stoffe aus der griechisch-römischen Antike übersetzend und nachdichtend dem Lesepublikum zugänglich zu machen: Plutarchs 'Moralia', Isokrates ('Paränesen'), Seneca (sittliche Zuchtbücher), Cicero ('Offizien'), Valerius Maximus, Livius, Caesar, Sallust, Justinus, Herodian, Thukydides, Demosthenes, Herodot, Xenophon, Josephus, Florus u. a. erschienen ganz oder teilweise, alle vor 1550, in dt. Übertragungen. Dabei kam es nur auf den Inhalt an, nicht auf stilistische Nachschöpfungen oder auf getreue Wiedergabe. Arglos werden dt. Verhältnisse auf fremde übertragen: Augustus ernennt den Cl. Marcellus zum obersten Bauherrn, Ajax Telemonius wird „Herzog"; nicht landläufige geogr. Namen werden durch bekannte ersetzt, Sitten und Zustände der Antike ohne weiteres modernisiert. So schießen bei Hans Sachs die Leute des Ödipus auf das Heer des Laios mit Kanonen. Andererseits beseitigt man ohne Bedenken, was subjektiver Geschmack für überflüssig oder unmoralisch hielt: so läßt Sieder in seinem 'Apulejus' (1538) „unverdeutscht in der Feder, was ohne Schamröte nicht gelesen werden darf", in der Übersetzung des Livius von Zach. Müntzer (1562) nehmen XXIII Kap. 1 bis 15 nur eine Folioseite ein. Aber den didaktischen Zweck, den all diese Übersetzungen im Auge hatten, erfüllten sie im großen und ganzen.

§ 12. Didaktische Zwecke verfolgt auch die Fabel. Das antike Fabelgut des Äsop, Phaedrus, Babrius lief durch verschiedene Zwischenkanäle fort; mittelalterliche Historiker wie Fredegar, Gregor von Tours, der Chronist vom Tegernsee lassen geschichtliche Personen Fabeln erzählen; nur wird allmählich der Löwe oder Wolf vom Bären verdrängt. Neue Umdeutungen erfolgen: der Wolf als Mönch, der Affe auf der Seefahrt auf den Kaiser gemünzt. Ulrich Boner (ca. 1324) behandelt als erster in dt. Sprache die Fabel als abgeschlossene Gattung in seinem 'Edelstein'; von den hundert Beispielen sind drei Vierteile antikes Erbe. — Einen Zuwachs brachte die Entdeckung des Planudeischen Äsop. Sofort erschienen in Niederdeutschland zwei gereimte Bearbeitungen äsopischer Fabeln, während in Oberdeutschland H. Steinhöwel in seinem Ulmer 'Buch und Leben des Fabeldichters Esopi' (gedr. vor 1480) eine Sammlung verschiedener antiker und mittellalterlicher Fabeln herausgab. In Dutzenden von Auflagen erschien dies wahrhafte Volksbuch und wurde in Frankreich, Spanien, Holland, England übernommen bzw. in die Landessprachen übersetzt. Luther will 1530 auf der Feste Koburg drei Tabernakel in seinem Sion bauen: „einen für den Psalter, einen für die Propheten, einen für Äsop"; mit Vorliebe verwendet er Fabeln und Fabelzüge in seinen Streitschriften, Predigten und Briefen. In den humanistischen Schulen ist die reichhaltige Fabelsammlung des Joach. Camerarius jahrhundertelang in Gebrauch geblieben; Hans Sachs, Er. Alberus, Burkh. Waldis benützen das Fabelgut häufig zu politischen und religiösen Zwecken. Auf katholischer Seite weiß Abraham a Sancta Clara den antiken Fabelstoff in derb humoristischer Art wiederzugeben. Und so wandert die Fabel weiter, um bald in dem behaglichen Plauderstil Lafontaines und seiner dt. Nachbildner, bald in der epigrammatischen Zuspitzung Lessings und seiner Nachfolger aufzutauchen.

Das alte Fabelgut wirkt auch im dt. Märchen weiter: die Geschichte vom Wolf oder Fuchs, der sich zu vollgefressen hat, kehrt im Schlusse des 'Däumling' wieder; das Märchen vom Hirsch ohne Herz klingt in der Geschichte vom Bruder Lustig, der das Leberle gegessen hat, nach. In unsern geflügelten Worten, die wir Europäer in den Mund nehmen, ohne uns des antiken Erbes bewußt zu sein, wirken alte Fabeln, in prägnante Spitzen gefaßt, nach: so Eselstritt, Wolf im Schafspelz, Schlange am Busen, Krokodilstränen, Affenliebe, Schwanenlied u. dgl.

Dem gemütlichen Verhältnis des Deutschen zur Tierwelt entsprang die Vorliebe für Tierfabel und Tiermärchen. Kein Wunder, daß auch die Homerische 'Batrachomyomachia' in G. Rollenhagens 'Froschmeuseler' eine zum Teil getreue Wiedergabe erfuhr, natürlich im Geist der Zeit mit politischer Didaktik vermengt.

§ 13. Noch einflußreicher als die Fabel ist eine andere Literaturgattung, die Beispielsammlung. Neben geistlichen Anekdoten und Parallelen lief eine Menge historischer Kleinerzählungen aus dem Leben der Griechen und Römer mit, welche Vincentius von Beauvais († 1264) in seinem 'Speculum maius' sammelte, eine wahre Laienbibel. Vielleicht noch volkstümlicher waren die 'Gesta Romanorum', eine Sammlung antiker und christlicher Novellen: Senecas 'Quaestiones naturales', des Plinius Naturgeschichte, die Memorabilien des Valerius Maximus sind ausgebeutet. Luther und seine Freunde, Hans Sachs, die Prediger herauf bis zu den Kapuzinern, Pädagogen herauf bis zu Christoph von Schmid benützten diese Quelle.

§ 14. Didaktischen Zwecken diente schließlich auch das Humanistendrama. Terenz war in allen Ausgaben und Übersetzungen als Sittenlehrer und Sprachmeister für die Schulen gepriesen; Luther wollte, daß die Schüler gleich nach Äsop Terenz auswendig lernten, dann Plautus. Besonders zur Faschingszeit wurden öffentliche Schulaufführungen Terenzianischer Komödien von den Rektoren veranstaltet. Nicht selten ließ man dem „Schulaktus" eine deutsche Übersetzung im Rathaus oder auf dem Stadtplatz folgen. Wieviel von Terenzianischem Gut in das Volksstück eindrang, ist noch nicht erforscht; der gewaltige Einfluß auf Hans Sachs steht fest.

Ungleich nachhaltiger war noch die Fortentwicklung des Plautus, den Albrecht von Eyb durch eine treffliche Übersetzung zweier Stücke gut einführte (1511). Die Plautinischen Stücke mit ihrer volkstümlichen Komik, derben Ausdrucksweise und sicheren Technik griffen ganz anders ins Herz als das aristokratisch-feinziselierte Lustspiel des Terenz. Sie standen Pate nicht bloß für die lateinischen Stücke des Naogeorg, Frischlin, Hayneccius, sondern auch für die deutschen Possen und Schwänke des H. Sachs, Manuel, Stymmel, Barth. Krüger u. a. Namentlich Hans Sachs ist der Typus des Renaissancedramatikers. Stets fahndet er nach Stoffen zur Umkleidung seiner Moral; die ausgebreitete Übersetzungsliteratur kommt ihm dabei wohl zu statten; der ganze Götterapparat der Antike, berühmte Vergleiche (die Fama nach Vergil, der Neid und seine Behausung nach Ovid) und Allegorien (Herkules am Scheideweg) sind ihm geläufig; viele seiner Stoffe stammen aus der Antike: Circe (1550), Irrfahrt des Ulixes (1555), Zerstörung Trojas (1554), Klytämnestra (1554), Alcestis (1557), Perseus und Andromeda (1558), Menächmen und Eunuch (nach Plautus), Plutus (nach Aristophanes) u. a.

Merkwürdigerweise ist das ernste Schauspiel, obschon auch hier humanistische Dramen auf Sophokles, Euripides und besonders Seneca zurückgriffen, weniger bedeutend und verfällt seit Ayrer ganz dem englischen Vorbild.

§ 15. Bis zum 17. Jh. bestand der Gewinn, den die Antike der deutschen Literatur zubrachte, größtenteils nur in stofflichen Entlehnungen. Jetzt fängt man an, seitdem die Antike der Gegenstand der Bewunderung, der schlechthinnigen Klassizität geworden war, auch der Formgebung ein Augenmerk zuzuwenden, getreu nach dem Vorbild der Neulateiner. Die Renaissanceentwicklung hatte anfänglich das Interesse für bildende Künste hoch über das der redenden Künste gestellt. Alle Welt dichtete; aber der Dilettantismus schoß ins Kraut, die Formlosigkeit riß ein im Bau der Verse, in den Stilformen, die Unterschiede zwischen Malerei und Poesie verwischten sich, die Burleske zog Rechtes und Falsches, Schönes und Häßliches wahllos in den Staub Da war denn die Zeit gekommen, auch der redenden Kunst feste Unterlagen zu schaffen. In unmittelbarem Anschluß an Aristoteles (Poetik) und Horaz entstanden die Humanistenpoetiken; ein Ableger davon ist Opitzens

'Deutsche Poeterey'. Mit ihr hört die tastende Unsicherheit des 16. Jhs. auf; die antikisierende Formdichtung wird nun auch in deutscher Sprache Gesetz: die Distichen, Epigramme feiern Urständ; die Chöre der antiken Tragödie ziehen ein; die Pindarische Ode, die Hymne, die Elegie, die Heroide, die Horazische Epistel finden deutsche Nachbildner. Dazu die auffallende Sucht, mit Anleihen aus den antiken Meistern zu glänzen, die Triller bei Opitz und Postel und noch Hagedorn in den eigenen Werken belegt, gelehrte Forschung bei Fleming, Simon Dach u. a. längst entdeckt hat.

§ 16. Jetzt wird die antike Mythologie in harmloser Mischung römischer und griechischer Gottheiten Gemeingut. Die höfischen Epiker, welche antike Stoffe behandelt hatten, befanden sich der heidnischen Mythologie gegenüber in einem Zwiespalt. Nach der Lehre der Kirche und dem Volksglauben waren die antiken Götter in die Hölle gestoßen oder wirkten als Dämonen unter Satans Herrschaft weiter. So entstand eine „Travestierung des Altertums", die bei Herbort, Konrad von Würzburg u. a. komisch klingt. Seit der Renaissance wird die Natur wirklich mit antiken Göttern und Dämonen beseelt; umgekehrt werden christliche Bräuche und Namen paganisiert: Celtes nennt die Nonnen Vestalinnen, die Geistlichen Priester des Juppiter; Joh. Tröster vergleicht Christus mit Herkules, Maria mit Alkmene. Trotz klerikalen Widerstandes wird die deutsche Poesie mit olympischen Göttern bevölkert, die nicht mehr verschwanden. Klopstock versuchte die antike Mythologie durch die nordisch-germanische zu ersetzen und arbeitete sogar viele Oden darnach um. Hieß es ursprünglich:

Wie Hebe kühn und jugendlich ungestüm,
Wie mit dem goldnen Köcher Latonas Sohn —,

so änderte er:

Wie Gna im Fluge, jugendlich ungestüm
Und stolz, als reichte mir aus Idunas Gold —.

Aber Gna und Iduna konnten Hebe und Apollo nicht verdrängen. Die poetische Bedeutung der antiken Mythologie hat die religiöse Vorstellung ganz zur Seite geschoben; wenn von der rosenfingrigen Eos, dem aigisschwingenden Zeus, vom Dreizack des Poseidon die Rede ist, so verbindet damit jeder Gebildete die Idee von Morgenröte, Gewitter und Meersturm. So kommt es, daß Carl Spitteler mit seinem 'Olympischen Frühling' das Verständnis weitester Kreise fand.

§ 17. Leider wurde seit dem Westfälischen Frieden die Antike den Deutschen fast ausschließlich in der Prunkschale des französischen Klassizismus gereicht. Wurde noch dazu ein so nüchterner Schulmeister wie Gottsched Mundschenk, so entstand manche Torheit; denn das Wunderbare in der Poesie, d. h. die Phantasie, wird in Acht und Bann getan. Ovids 'Metamorphosen' sind ihm eine närrische Torheit, Homers Hephästoteukta abgeschmackt, Vergils prophezeiende Vögel, blutende Bäume, verwandelte Schiffe ein Greuel und Scheuel. Breitinger widerspricht zwar dieser platten Auffassung, aber der Lehrzweck der Poesie ist auch ihm zweifellos. Beide glauben, der Alten (Aristoteles, Horaz) entraten zu dürfen, da die Regeln ohnehin von Boileau, Batteux u. a. schon registriert und erläutert seien; ob auch richtig, stand bis Lessing außer Frage. So kam es, daß sogar die Anakreontiker ihr Vorbild mehr durch die Brille der *poésie fugitive* sahen und die Fabeldichter nicht nach Äsop und Phädrus, sondern nach Lafontaine griffen; Geßner, der deutsche Theokrit, verstand gar nicht griechisch, sondern kannte den Idyllendichter nur in Amyots Gewand. Selbst der selbständige Joh. El. Schlegel und der schmiegsame Wieland halten sich mehr an die Franzosen als an die Griechen. Aber eines ist sicher: man las die Alten, und zwar in einem Umfang, der heutzutage sogar von Altphilologen selten erreicht wird, mit wahrer Inbrunst.

§ 18. Lessing lehrte die Deutschen die Alten richtig lesen. Der Philologe unter den Klassikern befreit sich und die Deutschen von der bevormundenden Fessel des französischen Klassizismus, indem er rastlos und mit eigenem Urteil auf die vielgepriesenen und vielzitierten, aber meist nur in Übersetzungen gelesenen antiken Quellen selbst zurückging. Seine Auffassung verkündet sich klar in seinem Ausspruch: „Ein anderes ist der Altertumskrämer, ein anderes der Altertumskundige. Jener hat die Scherben, dieser hat den Geist des Altertums geerbt. Jener denkt nur kaum mit seinen Augen, dieser sieht auch mit seinen Gedanken.“ Sein künstlerischer Instinkt leitet ihn von Seneca weg zu Sophokles, von Vergil weg zu Homer, von Voltaire und Corneille weg zu Shakespeare; im interesselosen Erkenntnisdrang des Griechen geht er der reinen Wahrheit nach und stellt das deutsche Drama auf eigene Füße, hellt das Wesen einzelner Dichtungsarten völlig auf, legt den Unterbau zu einer modernen Ästhetik.

§ 18. War Lessing als scharfer Denker dem antiken Intellektualismus nachgegangen, so versenkte sich Herder (wie Winckelmann) ganz in den Gedanken des Genetischen und Organischen, in die Tiefen des Volkstums, in den ethischen Gehalt der Antike. Lessings Ziel ist Verstandesbildung, Herders die „Humanität“, die „edle Menschlichkeit“. Er entwickelt an den Werken der Alten, vornehmlich des Homer und Horaz, unzweifelhaft sei das *emollit artes* mittelbar oder unmittelbar der Endzweck gewesen, auf den ihre edelsten Dichter, Gesetzgeber und Weisen hingewirkt hätten. Von den Renaissanceästhetikern scheidet ihn eine Kluft. Ihm ist die Antike nicht mehr ein Objekt der Nachahmung, sondern ein Wegweiser; Herder hatte sich zum erstenmal, wie Winckelmann in der Kunst, zu der Ansicht durchgerungen, die Nietzsche später so treffend kurz ausdrückte, man müsse als nachschaffender Künstler mit den Griechen fruchtbar ringen, um sie zu überwinden. Weil er, wie dieser, die „Don-Quixotterie in der Verehrung des Altertums“ belächelte, verurteilte er die ganze neulateinische Poesie, das unfruchtbare Nachstapfen in fremden Spuren. Herder hat der Jugend die Gemütstiefe der Antike erschlossen, nachgewirkt auf das junge Geschlecht der Befreiungskriege und das neuhumanistische Gymnasium mitbegründet.

§ 19. Homer und die Griechen waren nunmehr der *pensée Romaine* gegenüber die Leitmotive geworden: drei der Besten des Göttinger Kreises rangen um einen deutschen Homer. Über Bürger und Stolberg triumphierte Voß. Das Griechentum dringt unaufhaltsam in die deutsche Literatur ein, Platon in die deutsche Philosophie. Die Schöpfer unsrer klassischen Kunst wurden die Dioskuren Goethe und Schiller. Herder hatte den jungen Stürmer Goethe vom Rokokò zu Homer bekehrt, zu den Griechen. Aischylos, Homer, Pindar, Euripides drücken seinen Jugendwerken den Stempel auf. Aber erst auf der ersten italienischen Reise erzieht sich Goethe von der Manier zum Stil. „Das Altertum ist mir aufgeschlossen“, jubelt dort der Schönheitstrunkene; in Italien erhält die ‘Iphigenie’ die klassische Formung. Von nun an ist sein Leitspruch: „Ich studiere die Alten und folge ihrem Beispiel“, wie er 1793 schreibt. In seinen Dichtungen bis zum hohen Alter, in seinen naturwissenschaftlichen und ästhetischen Aufsätzen knüpft er stets an die Alten an. Sein Lebenswerk sollte der Helenaakt im 2. Teil des ‘Faust’ krönen, nach seiner eigenen Deutung symbolisch der Bund germanischer Kraft mit griechischer Schönheit. In einem Brief an Oken schreibt der Greis am 27. Sept. 1827, wir müßten uns an guten Mustern bilden; der antiken Literatur verdankten wir die Befreiung von mönchischer Barbarei im 15. und 16. Jh. In solcher Hoffnung habe er seine Helena gedichtet. „Helena läßt ihn nicht los“, gilt vom ganzen Goethe. „Der hohe leichte Geist riß mich aus dieser Enge, die Schönheit aus der Barbarei“, bekennt Goethe-Faust. Trotz seines umfassenden Eklektizismus aus der ganzen Weltliteratur blieb ihm das schlechthin Mustergiltige stets das Hellenische. In dem Altertum, erklärt er ganz wie Herder und Humboldt, sei allein für die höhere Menschheit und Menschlichkeit Bildung zu erwarten. Die Klarheit der Ansicht, die Heiterkeit der Aufnahme, die Leichtigkeit der Mitteilung, „das ist es“, meint er, „was uns entzückt, und wenn wir nun behaupten, dieses alles finden wir in den echt griechischen Werken und zwar geleistet am edelsten Stoff, am würdigsten Gehalt, mit sicherer und vollendeter Ausführung, so wird man uns verstehen, wenn wir immer von dort ausgehen und immer dorthin weisen. Jeder sei auf seine Art ein Grieche, aber er sei's!"

§ 20. Schiller stand, wie W. v. Humboldt erkannte, unter allen modernen Dichtern den Griechen zunächst, „weil sich in seinen Schöpfungen die Formen, welche dort der Natur entsprangen, mit innerer Notwendigkeit — nicht aus Nachahmung — erneuerten". Obschon es ihm nicht wie Goethe oder Herder vergönnt war, sich an den Kunstschätzen Italiens zu berauschen, obschon er die antiken Meisterwerke, namentlich Griechenlands, fast nur in (französischen) Übertragungen kennen lernte, hat er wie kein zweiter in Gedichten, Dramen und Aufsätzen den Geist des klassischen Altertums in neuer Prägung dem deutschen Volke eingeimpft, freilich nur auf erlesene Kreise beschränkt, wie sie Schiller am Schlusse seiner 'Briefe über die ästhetische Erziehung' umschreibt. Mag man Goethe als Dichter der Natur, Schiller als Dichter des Geistes charakterisieren: beide haben sich aus der Sturm- und Drangperiode am Ariadnefaden der Antike zum „Klaren, göttlich Milden" durchgerungen. Schiller hat durch seine Dichtungen, deren Stoffe dem Altertum entnommen sind, für das Fortleben der Antike in den weitesten Kreisen des deutschen Volkes mehr getan als alle Humanisten zumal.

§ 21. Als Napoleon sein *empire* politisch und kulturell nach dem *imperium Romanum* einstellte mit der Maxime: *Utile, non subtile sequimur*, da trotzte ihm das besiegte Deutschland mit dem auf Hellas fußenden Neuhumanismus; der Begründer des neuhumanistischen Gymnasiums, W. v. Humboldt, setzte „dem Napoleonischen, auf äußere Ziele gerichteten Bildungstypus das Ideal der persönlichen und innern Bildung entgegen, das er am besten in Hellas verkörpert sah". Wenn auch anfangs unter den Führern der Romantik eine Reaktion gegen die „Griechheit" Goethes und Schillers eintrat, schon unter Schleiermachers Platonischem Mystizismus begann eine Umkehr zur Antike, die unter Novalis christliche, unter Hölderlin heidnische Töne vorherrschen ließ; Versöhnung des Dualismus zwischen „den Menschen mit aszetischen, bildfeindlichen, vergeistigungssüchtigen Trieben oder Menschen von lebensheiterm, entfaltungsstolzem und realistischem Wesen" (Heine) versuchten andere, wie Mörike. Freiheitsdichter wie Arndt fanden im griechischen Geist Kraft gegen die korsische Unterdrückung; denn „wer in den Geist dieser Göttlichen eindrang, der ist aus der Knechtschaft gegangen und kann auch in Ketten nicht mehr Knecht sein". Philosophen wie Fichte suchen nach einem neuen Staatsideal an der Hand von Platons 'Politeia'. Die Gründer der deutschen Philologie (Grimm) verknüpften die deutsche Mythologie, deutsche Märchen mit antiken Quellen; die Philosophie Schellings erweckte aufs neue den Mystizismus der Neuplatoniker; Schopenhauer findet die Bejahung des Willens zum Leben bei den alten Griechen und Römern am eigentümlichsten ausgeprägt; im Gegensatz zu Schillers moralischem Idealismus erkennt Nietzsche den Zweck aller Welt im ästhetischen Genießen; in den Vorsokratikern findet er den Nährboden zur Erneuerung der Welt, die mit den Gleichheitsphrasen und dem Pessimismus aufräumt, und der Jenaer Philosoph Rud. Eucken, der Vater des Aktivismus, preist am Griechentum den Antrieb zur Erweckung aller Kraft, den freudigen Glauben an das Vermögen des Menschen, die energische Zusammenhaltung aller Mannigfaltigkeit zu harmonischer Bildung, die Abweisung aller niedrigen Nützlichkeit, die Anerkennung des Selbstwertes alles Lebens.

§ 22. Die antike Formgebung lockte die Deutschen zu freudigem Sichmessen, was Klopstock kühn und erfolgreich begonnen; unwillkürlich ergab sich von selbst damit auch eine inhaltliche Beeinflussung; in Platen, Geibel, Leuthold, Schack u. a. zeigt sich diese Richtung am ausgeprägtesten, in jüngster Zeit in der aristokratischen Gemeinde um Stefan George.

§ 23. Namentlich die griechische Tragödie wirkte ungemein befruchtend. Heinr. von Kleist will Aischylos und Shakespeare in gesunder Synthese vereinen; schade, daß sein 'Robert Guiskard' ein Torso blieb. An Grillparzer fand Lord Byron etwas Antikes; in der Tat erreichte er in einigen Stücken Sophokleische Klarheit und Schönheit. Hebbel, der Autodidakt, greift in seinen theoretischen Grübeleien über das Wesen des Dramas wiederholt zu den unvergänglichen Werken der Alten. Rich. Wagner sucht aus dem innigen Verständnis griechischer Kunst „den Maßstab für das Kunstwerk der Zukunft" zu gewinnen; zunächst auf theoretischem Wege gelangt er zur Klarheit seiner kunstästhetischen Grundsätze, und im Bayreuther „Weihfestspiel" glaubte er das religiöse Drama Athens seiner Zeit wiederzuschenken. Das neuere Drama bevorzugt in ganz auffälligem Maße antike Stoffe und antiken Stimmungsgehalt. Freilich mit moderner Auffassung. Hier der einfühlungsfrohe Hofmannsthal, der Sophokleische und Euripideische Gestalten in vorhomerischer Barbarei und Maßlosigkeit zeichnet; dort der selbstbewußte Schmidtbonn, der mit Homer wetteifert; dort Hans Kyser, der Dädalus zu einem zotigen Bildhauer herabwürdigt; bei Hasenclever wird Antigone zur antiken Märtyrin des Mitleids und Pazifismus. Zum mindesten haben diese Umformungen wiederum die weitesten Kreise bewogen, nach antiken Autoren zu greifen, und die Buchhandelstatistik lehrt, daß kaum jemals ältere und neuere Übersetzungen antiker Schriften so massenhaft gedruckt und verkauft wurden wie im letzten Jahrzehnt.

Auch die attische Komödie des Aristophanes fand deutsche Nachbildner; die Literaturkomödie, am ausgeprägtesten in den 'Fröschen' erscheinend, fand den besten Vertreter in Platens 'Verhängnisvoller Gabel' und im 'Romantischen Ödipus', die politische Komödie in der 'Politischen Wochenstube' von R. Prutz und J. Ruederers 'Wolkenkuckucksheim'.

§ 24. Das Dogma von der Vorbildlichkeit des klassischen Altertums hat die Wissenschaft der Philologie selbst zerstört, seitdem sie zum historischen Relativismus sich bekehrte; aber damit hat sie auch die Bahn freigemacht für die Erkenntnis, daß das Römertum geistig nur als eine Provinz des griechischen Imperiums zu gelten hat, freilich als eine Provinz mit hervorstechenden Stammeseigentümlichkeiten. Aber die überragende Stellung der Tragödien Senecas, welche die ganze Renaissance bewunderte mit Shakespeare und den französischen Klassizisten, ist heutzutage überwunden, und der vom ganzen Mittelalter verehrte Vergil, Dantes Führer und Friedrichs des Großen Stern, mußte hinter seinem unvergleichlichen Vorbild Homer zurückweichen. Die zunehmende Höherwertung des Griechentums verrät sich auch in dem Verschwinden der römischen Götternamen aus dem Apparat der Dichtersprache und den Allegorien der Kunst. Minerva liest man kaum mehr, aber Pallas Athene ist allen geläufig. Panzer sagt mit Recht: „Die Kultur unseres Volkes hat sich in den zwei Jahrtausenden seines geschichtlichen Lebens mit Bestandteilen der Antike, vor allem der römischen Kultur und Sprache, derart durchsetzt, daß man seine Entwicklung in der Vergangenheit nicht nur, sondern auch seine Gegenwart ohne Kenntnis der Antike nicht versteht. Man mag das preisen oder bedauern, man muß es jedenfalls als eine Tatsache hinnehmen."

Literatur: Grundlegend, wenn auch vielfach veraltet: C. L. Cholevius *Geschichte der deutschen Poesie nach ihren antiken Elementen* 1854. Zusammenfassend G. Roethe *Deutsche Literatur*, Vom Altertum zur Gegenwart (1921) S. 178 ff. E. Stemplinger u. H. Lamer *Deutschtum u. Antike* 1920. S. 91 ff. Einzelliteratur verzeichnet bei L.-P. Betz *La littérature comparée* [2] 1904, mit Vorsicht zu benutzen, vielfach lückenhaft. Vgl. auch den Artikel *Antikisierende Dichtung*.

E. Stemplinger.

Antike Versmaße.

I. Allgemeines. § 1. Geschichtlicher Überblick über Nachbildungsversuche antiker Versmaße im Deutschen. — § 2. Hebungskürze und Senkungslänge. Das Trochäenverbot. — § 3. Der falsche (gleichgewogene und geschleifte) Spondeus. — § 4. Falsche Spondeen in den Odenmaßen. — II. Einzelne Versmaße. § 5. Der daktylische Hexameter. — § 6. Der Pentameter. — § 7. Das Distichon. — § 8. Der Hendekasyllabus. — § 9. Odenmaße (die sapphische, alkäische, asklepiadeische Strophe).

I. Allgemeines. § 1. Geschichtlicher Überblick über Nachbildungsversuche antiker Versmaße im Deutschen. Die Nachbildung antiker Versmaße im Deutschen hat darin ihre Schwierigkeit, daß die antiken Verse im allgemeinen nach dem quantitierenden Prinzip gebaut sind, während im deutschen (germanischen) Versbau das akzentuierende Prinzip herrscht.

Bei der Übertragung antiker Verse ins Deutsche wurden daher zwei Wege eingeschlagen: 1. Man las die lateinischen Vorbilder anstatt mit ihrem Versakzent nach dem lateinischen Wortakzent der Prosa und bildete dann nach den Grundsätzen der deutschen Betonung entsprechende Verse (um 1350). Man hatte damit zwar dem deutschen Akzent genügende Verse gebaut, das Metrum der antiken Verse aber nicht nachgebildet. Dieser Weg, der ganz vom Ziele wegführte, wurde denn auch bald aufgegeben. 2. Man bemühte sich, das auf der Silbenquantität beruhende Metrum des antiken Verses im Deutschen akzentuell oder quantitierend nachzubilden. Die Frage, wie das zu geschehen hat, beschäftigte seit der Humanistenzeit Dichter und Theoretiker in gleicher Weise.

Die verschiedenen Versuche zur Lösung dieser Frage sind eng verbunden mit der sich ändernden Auffassung vom Wesen des deutschen Akzents (s. Art. *Akzent*), und je mehr die Dichter sich statt auf ihr Ohr auf zumeist falsche Theorien verlassen haben, um so leidvoller ist der Weg, den die Übertragung antiker Versmaße im Deutschen gegangen ist. Zuletzt ist A. Heusler der Frage besonders nachgegangen, wie in deutscher Sprache antike Versmaße nachgebildet, in Sonderheit, was für deutsche Silben den antiken Längen und Kürzen gegenübergesetzt worden sind, und wie die Übertragung dem Wesen des antiken Verses und der deutschen Betonung entsprechend zu geschehen hat.

Vier Arten von Nachbildungsversuchen hat A. Heusler unterschieden, die z. T. geschichtlich nebeneinander hergehen und sich stufenweise der Lösung der Frage nähern. 1. Die rohquantitierende Lehre des 16. Jhs. geht besonders vom Hexameter aus und wird theoretisch verfochten von Clajus, dichterisch vertreten von Gesner. Der antiken Länge soll die deutsche Silbenlänge, der antiken Kürze die deutsche Silbenkürze entsprechen. Die Länge wird nach Art und Zahl der Laute oder der Buchstaben nach den Regeln der antiken Position gemessen. Das Wesen des deutschen Akzents in Vers und Sprache wird damit völlig mißachtet. Das Ergebnis war eine Unzahl von Tonbeugungen. Im großen und ganzen blieb dieser Lösungsversuch ohne weitere Wirkung. 2. Die durch drei Jahrhunderte von Rebhun bis Minckwitz vorherrschende Lehre geht von der Meinung aus, der Vers sei eine Abwechslung von Länge und Kürze. Man setzt auch jetzt deutsche Länge für antike Länge, deutsche Kürze für antike Kürze, wirft aber begrifflich Quantität und Silbenschwere zusammen. Die betonten Silben des Deutschen werden für lang angesehen, die schwachbetonten für kurz; daneben läuft noch eine Beurteilung der Silbenquantität nach der Zahl der Laute und Schriftzeichen. 3. Von Opitz und seinen Nachfolgern Hannman, Morhof, Breitinger, die lehren, daß „nicht eine gewisse Größe der Silben, sondern der Akzent und der Ton" im Deutschen entscheiden, geht die Anschauung aus, antike Verse seien so nachzubilden, daß der antiken Länge eine betonte Silbe, der Kürze eine unbetonte Silbe gegenüberzustellen sei. Diese Anschauung beherrscht die Lehrbücher und die Philologie des 19. Jhs. Sie ergab sprachrichtige Verse, solange keine Spondeen (— —) und keine Verse mit kurzen Hebungen (◡́) wiederzugeben waren. 4. Heusler gibt deshalb als Lösung der Frage die vierte Antwort: „Antike Verse bilden wir dadurch nach, daß wir für ihre Hebungssilben, gleichviel, ob lang oder kurz, gehobene, also hebungsfähige Silben einsetzen und für Senkungssilben, gleichviel ob kurz oder lang, gesenkte, also senkungsfähige Silben." Soweit die Hebungssilben und die Gliederung des antiken Verses nicht einwandfrei festzustellen sind, was besonders bei schwierigen Vers- und Strophenformen infolge der Wirrnis in der antiken Metrik der Fall ist, muß auch diese Lösung (wie jede andere) versagen. Bei der Beurteilung antiker Versformen im Deutschen ist deshalb auch immer das Schema zu beachten, das der Übersetzer seiner Übertragung zu Grundegelegt hat, und das mitunter von dem Schema erheblich abweicht, wie es heute die Wissenschaft vom antiken Verse aufstellt. So gehen z. B. in Klopstocks alkäischen, asklepiadeischen und glykoneischen Odenversen die schwachtonigen Endsilben auf ein –◡◡ statt –◡– des Schemas zurück.

§ 2. Hebungskürze und Senkungslänge. Das Trochäenverbot. Zur Nachbildung antiker Hebungskürze im Tribrachys ◡́◡◡ für ◡́◡ oder Prokeleusmatikus ◡◡◡́◡ für ◡◡◡́ fanden die deutschen Dichter wenig Anlaß. Die theoretischen Erwägungen über die Wiedergabe der antiken Hebungskürze blieben daher praktisch ziemlich unwirksam; nur die matten Pentameterschlüsse, die hauptsächlich durch Komparative ausgefüllt sind, besonders bei Platen und Schlegel, gehen auf das fälschlich durch unbetonte Silbe wiedergegebene ◡́ zurück.

Gefährlicher wurde die versuchte Nachbildung der Senkungslänge des Spondeus im Hexameter, Pentameter und in Odenversen, da Wörter von der Form *Edelsteine* als trochäisch nicht geeignet zur Nachbildung von antikem –́––́– erschienen.

Trochäische Silbengruppen zur Nachbildung von Spondeen wurden besonders von Moritz, Schlegel, Platen, Hamerling bekämpft und in den Dichtungen gemieden, während Klopstock darin gerade einen Vorzug des deutschen Hexameters vor dem hellenischen sah, daß der deutsche Hexameter neben dem Daktylus und Spondeus auch den Trochäus kenne. Voß bewegte sich in den spätern Auflagen der 'Odyssee' vom Trochäus weg. Schiller setzte sich auf sein Formgefühl gestützt über das Trochäenverbot hinweg. Auch Goethe nahm zumeist einen ablehnenden Standpunkt ein, tilgte aber manche Trochäen auf Einfluß der Theoretiker. Bekämpft wurde die Trochäenscheu besonders von O. F. Gruppe. Abgesehen von unfreien Wortstellungen und gekünstelten Daktylen wurde das Trochäenverbot durch den Ausschluß bestimmter Wortformen zur lähmenden Fessel.

§ 3. Der falsche Spondeus im Hexameter. Zu schweren Schädigungen der deutschen Betonung aber führte die Neigung, „richtige" Spondeen zu bilden. Dem Aberglauben, es könnten im Deutschen richtige Spondeen selbst durch Sprachwidrigkeiten erzwungen werden, verfielen auch Dichter, die sich gegen das Trochäenverbot ablehnend verhalten hatten, wie Klopstock, Goethe und Schiller, allerdings in verschiedenem Maße. Die Bewegung ging von Klopstock aus und wurde theoretisch besonders von Voß begründet. Da man Spondeen wie *leblos, Waldstrom* zu schwächlich fand, suchte man kraftvollere und kam auf den Irrweg der gleichgewogenen und geschleiften Spondeen. Der gleichgewogene Spondeus verbindet zwei Wurzelsilben von gleichem oder annähernd gleichem Gewicht zu einem Taktfuß. Am meisten schätzte man ihn am Hexameterschlusse (*des Zeús Rát, der Wélt Heíl*). Der gleichgewogene Spondeus hat wenigstens noch keine Umkehrung der natürlichen Stärkeverhältnisse zur Folge, wenn auch die Zusammendrängung zweier Hebungen in einen Takt nach germanischem Sprachgefühl keinem –́–, sondern einem –́–̀ entspricht. Tiefere Spuren hinterließ der geschleifte Spondeus nach dem Ausdruck von Voß, von Heusler besser als der umgedrehte bezeichnet. Da *leblos, Schönheit* als Spondeen gelten, so konnte nach der Meinung der Theoretiker die Silbe *leb-* und *Schön-* ebenso gut die erste wie die zweite Länge eines Spondeus bilden. Man fügte sie nun so in den Vers, daß sie die zweite Silbe eines Spondeus und die erste Silbe des folgenden Taktes bildete (*dénn lēb / lós; aúch Schōn / heít*). Die Folge dieses umgedrehten Spondeus, von dem es härtere und gelindere Arten gibt, waren sprachwidrige Verse, zumal meist noch eine Iktenverschiebung von schwachen Vorsilben sich einstellte, z. B. *dén Stūrm / wínd.* Voß, dem theoretischen Begründer der Tonbeugungslehre, erschien das Spiel mit den Akzenten als veredelnde Stilisierung. An tonwidrigen Spondeen wurde er noch übertroffen von Schlegel und Platen. Klopstock hatte zuerst wenige gleichgewogene Spondeen und einige umgedrehte. Allmählich kam er zu mehr planmäßigen Tonbeugungen, da die Senkungslänge des Hexameterschemas durch einen Hauptton wiedergegeben werden sollte. Besonders die Kadenz erfährt im spätern 'Messias' gewagte Rhythmisierungen. Schiller blieb trotz starker theoretischer Einwirkung von Humboldt und Schlegel seinem Gehör treu. Bei ihm sind falsche Spondeen selten (etwa 10 in 440 Distichen). Auch Goethes angestammtes Formgefühl wehrte sich gegen tonwidrige Spondeen. Unter dem Einflusse Humboldts und Schlegels nahmen sie aber zu, besonders in 'Hermann und Dorothea', das der Aufsicht Humboldts unterstellt war, und in der 'Achilleis', während 'Reineke Fuchs' sehr viel weniger und außerdem leichte Fälle von tonwidrigen Spondeen zeigt.

§ 4. Falsche Spondeen in den Odenmaßen. Auch in den Odenmaßen hat der Spondeenaberglaube viel Unheil angerichtet. Die Opitz-Gottschedische Zeit hat im allgemeinen im Schema gar keine Senkungslänge. In der Folgezeit haben Dichter, die mehr dem Ohr als einer papiernen Theorie folgten, wie Hölderlin, Waiblinger, Leuthold, darauf verzichtet, Spondeen nachzubilden. Auch Klopstock steht der sprachgemäßen Richtung nahe. Außerdem hat sein Schema in den Odenversen kein Längezeichen in der Senkung. Bei Spondeen ist - oder ⏑ zur Wahl freigegeben. Dichter der strengern Richtung wie Voß, Platen, Geibel wollen –́ – und –́ ⏑ unterschieden wissen. Bei Voß erscheint der falsche Spondeus planmäßig des öftern infolge des Schemas der sapphischen Strophe. Platen kommt, durch eine falsche Theorie verdorben, allmählich zu immer tonwidrigeren Formen.

A. Heusler *Deutscher und antiker Vers* 1917. Minor *Metrik* S. 32—43, 281—322; Literaturangab. S. 518, 520, 526—527, 533. Fr. Kauffmann *Deutsche Metrik* 3 S. 203—233. F. Saran *Die Quantitätsregeln der Griechen und Römer*, Streitberg-Festgabe (1924) S. 299—325. Masqueray-Pressler *Abriß der griechischen Metrik* 1907. O. Schroeder *Horazens Versmaße* 1912. U. v. Wilamowitz-Moellendorff *Griechische Verskunst* 1921 (besonders Abschnitt I S. 1—136). O. Schroeder *Griechische Singverse* 1924.

II. Einzelne Versmaße. § 5. Der daktylische Hexameter ist der epische Vers der Griechen und Römer. Wegen seiner vorwiegenden Verwendung im Heldenepos heißt er auch der heroische Vers. Er besteht nach der allgemeinsten Ansicht der antiken Metrik aus sechs Daktylen (s. Art. *Daktylus*), deren letzter katalektisch ist (–́⏑ oder –́ —). In den vier ersten Füßen können statt der Daktylen Spondeen stehen; der fünfte Fuß ist fast immer ein Daktylus: –́⏕ –́⏕ –́⏕ –́⏕ –́⏑⏑ –́⏓. Der Hexameter verbindet mit der reichen Mannigfaltigkeit und Abwechslung der Füllung gleichmäßigen, ruhigen, würdevollen Gang, der ihn besonders für die epische Erzählung geeignet macht. Reiche Mannigfaltigkeit im Versbau gewährt neben der Taktfüllung auch die verschiedene Lagerungsmöglichkeit der Zäsur und der Nebenzäsur. Die hauptsächlichste Zäsur ist die männliche Zäsur nach der 3. Hebung (Penthemimeres). Weniger häufig ist die weibliche nach der 1. Senkung des 3. Fußes (Katatritontrochaion). Die männliche Zäsur im 4. Fuß (Hephthemimeres) ist meist mit einer Nebenzäsur nach der Hebung des 2. Fußes (Trithemimeres) verbunden. Das Verhalten der Dichter zur Zäsur ist verschieden. Die ältesten Hexameter (gegen 1340) sind den lateinischen leoninischen Hexametern nachgebildet, in denen Zäsur und Verschluß reimen. Sie bilden den natürlichen Wortakzent des Lateinischen nach und verzichten auf eine Wiedergabe des quantitierenden Metrums. Nach antiken Grundsätzen baut Konrad Gesner (1555) Hexameter aus lauter Spondeen außer dem Daktylus im fünften Fuß Es folgen dann Versuche von Fischart (1575), Clajus (1578), Eisenbeck (1617). In Opitzens Zeitalter verwendet Birken (1679) den Hexameter gereimt. Reimlose Hexameter empfiehlt zuerst Gottsched, der dann allerdings in seiner Probe einer Aeneisübersetzung wieder gereimte Hexameter verwendet. E. von Kleist verwendet in seinem 'Frühling' einen Hexameter mit Auftakt. Besonders durch Klopstocks 'Messias' kommt der Vers zur Geltung. Bodmer verwendet ihn, durch Klopstock angeregt, im Drama. Lessing verhält sich dem Hexameter gegenüber ablehnend. Durch Voß, Goethe, Schiller wird er Gemeingut der deutschen Dichtung. Sonderarten sind die *versus rhopalici* (Keulenverse), so genannt, weil sie aus Wörtern bestehen, die stets eine Silbe zunehmen

(z. B. *weit bahnlos ausschweifet verheerende Wasserbeflutung*), und *versus spondiaci*, die als Ausnahme von der Regel im 5. Fuß einen Spondeus haben. (Über verschiedene Formen des Daktylus siehe Art. *Daktylus*.)

§ 6. Der Pentameter. Der daktylische Pentameter ist ein Vers von sechs Hebungen: ˊ◡◡ˊ◡◡ˊˊ◡◡ˊ◡◡ˊ. Die falsche Bezeichnung rührt wohl daher, daß man die beiden Hebungen der katalektischen Daktylen im 3. und 6. Fuß zu einem Metrum zusammengenommen hat. Eine starke, feststehende Zäsur nach der 3. Hebung (Penthemimeres), in der immer zwei Akzente zusammentreffen, teilt den Vers in zwei Hälften. In der zweiten Hälfte haben die Alten immer Daktylen verlangt, während in der ersten Hälfte zwei- und dreisilbige Füße stehen können. Die deutschen Dichter haben die Regel nicht als unbedingt verbindlich betrachtet. Veranlaßt durch die gleichen Vershälften herrscht im Pentameter gern Parallelismus der Sätze und Satzglieder. Der Vers kommt nur mit dem Hexameter zum Distichon verbunden vor.

§ 7. Das Distichon. Der Name bedeutet nur „Verspaar", „Doppelvers", wird aber insbesondere auf die Verbindung von Hexameter und Pentameter bezogen. Das Distichon wurde von griechischen und römischen Dichtern besonders zu Epigrammen und Elegien (elegisches Maß) verwendet. Die Anfänge des dt. Distichons hängen mit denen des Hexameters (Fischart, Clajus) zusammen. Anfangs sind die beiden Verse durch Reim miteinander verbunden. Gottsched verwendet zuerst reimlose Distichen. Besondere Bedeutung gewinnt das Distichon dann durch Klopstock und die Klassiker. Verschieden wird von den einzelnen Dichtern das Übergreifen des Sinnes von einem Distichon zum andern behandelt.

Literatur s. o. Saran *Versl.* unter *Hexameter*. O. Weinreich *Zur Ästhetik des Distichons*, NJbb. XXIII (1920) S. 87—88.

§ 8. Der Hendekasyllabus. Der Hendekasyllabus ist, wie der Name sagt, ein elfsilbiger Vers, dessen Charakter von der antiken Metrik verschieden gedeutet wird. Häufiger verwendet finden sich im Deutschen der alkäische Elfsilbler ⏓–◡–|⏓–◡◡|⌊◡⏓, der sapphische Elfsilbler –◡–⏓|–◡◡–|◡⌊⏓ und der nach seinem angeblichen Erfinder Phaläkos benannte phaläkische Vers ⏓×–◡|◡–◡–|◡⌊–. Von diesen Hendekasyllaben ist zu unterscheiden der italienische *endekasyllabo* (s. Art. *Jambus*).

§ 9. Odenmaße. Die antiken Strophenformen sind aus dem lateinischen Kirchenliede des Mittelalters in die deutsche Dichtung gekommen und dann besonders in den Chorgesängen des lateinisch-deutschen Schuldramas verwendet worden. Im 16. und 17. Jh. machen Myllius, Kolroß, Eisenbeck, Brandmüller, Heräus u. a. Versuche, besonders die sapphische, aber auch die alkäische und asklepiadeische Strophe nachzubilden. Die Verszeilen werden gereimt. Pyra und Lange schaffen den Reim ab und geben damit äußerlich den Strophen den Anstrich antiker Verse. Hauptsächlich werden die Strophen in der Form nachgebildet, wie sie bei Horaz erscheinen, wobei das Schema Formen zeigt, die den elementaren Kenntnissen der Dichter von der antiken Metrik entsprechen und von dem heutigen Stande der antiken Metrik oft wesentlich verschieden sind. Besonders Klopstock und Ramler bilden Odenmaße des Horaz nach. Klopstock schafft aber auch eigene Formen. Von den Klassikern werden antike Strophenformen verhältnismäßig selten angewendet. Erst durch Übersetzungen der antiken Tragiker und Komödiendichter und durch das Streben der Romantiker nach Formenfülle nimmt die Verwendung antiker Strophenformen zu. Ihnen ist der Vorwurf gemacht, ihre Form zeige fremdländischen Charakter, ihre Verse seien Verse nur für das Auge, nicht für das Ohr des Deutschen; aber nur das Befolgen einer falschen Theorie durch einzelne Dichter gibt Anlaß zu solchem Urteil. Für das deutsche Formgefühl sind die Nachbildungen antiker Verse und Strophen durchaus faßbar. Sie vereinen Reichtum und Unfreiheit infolge Mannigfaltigkeit der Versfüllung bei gebundener Hebungszahl und Silbensumme. Zugegeben muß werden, daß bei langen und verwickelten Maßen der Aufwand an Strenge nicht im Verhältnis zur Wirkung steht.

Die sapphische Strophe ist das Lieblingsmaß des Horaz. Sie besteht aus dem dreimal gesetzten sapphischen Elfsilbler –⏑–⏓–⏑⏑–⏑–⏓ und dem Adonius als Schlußvers. Der adonische Vers von der Form –⏑⏑–⏓, zumeist als katalektische daktylische Dipodie erklärt, kommt auch für sich strophenbildend zur Anwendung, dient aber hauptsächlich mit starker Wirkung zum Abschluß der sapphischen Strophe. Seinen Namen hat er von seiner Verwendung als Schlußvers in griechischen Liedern auf den Tod des Adonis (ὦ τὸν Ἄδωνιν). Im Kirchenlied und Drama des 16. Jhs. erscheint die sapphische Strophe mit Erhaltung der Silbenzahl (Elfsilber und Fünfsilber) in steigendem und fallendem Rhythmus ohne Nachbildung des antiken Metrums. Die Zeit Opitzens bevorzugt Alternation. In der Folgezeit wird die Strophenform bis auf die Neuzeit viel gebraucht. Klopstock ändert die Strophenform dadurch, daß er den Daktylus in der 1. Zeile als 1. Fuß verwendet und von Zeile zu Zeile weiterrücken läßt. Bei Hölderlin stehen die Daktylen im 1., 2. oder 4. Fuß. Voß hält sich an das Schema und sucht auch die Senkungslänge nachzubilden (s. o. falsche Spondeen).

Die alkäische Strophe besteht aus dem zweimal gesetzten alkäischen Elfsilber ⏓–⏑–⏓–⏑⏑–⏑⏓; dann folgt ein Neunsilber ⏓–⏑–⏓–⏑–⏓ und ein Zehnsilber –⏑⏑–⏑⏑–⏑–⏓. Besonders oft hat sie Klopstock verwendet. Zur Zäsur und zum Enjambement haben sich die Dichter verschieden verhalten.

Die asklepiadeische Strophe besteht aus dem kleineren asklepiadeischen Vers –⏓–⏑⏑––⏑⏑–⏑–, dem Glykoneus –⏓–⏑⏑–⏑⏓ und dem Pherekrateus –⏓–⏑⏑–⏓ in verschiedener Zusammensetzung. Am häufigsten sind zwei Strophenformen, 1. drei Asklepiadeen und Glykoneus als Schlußvers; 2. zwei Asklepiadeen, ein Pherekrateus, ein Glykoneus. Die asklepiadeische Strophe ist besonders von Hölderlin viel verwendet worden.

A. Heusler a. a. O. Minor a. a. O. Fr. Kauffmann a. a. O. E. Brocks *Klopstocks Silbenmaße des gleichen Verses* 1918. K. Viëtor *Die Lyrik Hölderlins* 1921. Ders. *Geschichte der deutschen Ode* 1923. E. Brocks *Die Versmaße der 'Festgesänge' Platens*, GRM. XI (1923) S. 351—360.

P. Habermann.

Antikisierende Dichtung. § 1. Gegenstand jeder Geschichte der antikisierenden Dichtung ist der Wandel der Wechselbeziehung von Antike und Christentum innerhalb deutscher Wortkunst. Dieses Widerspiel der antiken und christlichen Kräfte nimmt im Gang des letzten Jahrtausends die mannigfachste Gestalt an: Im Mittelalter erscheint es als Zwiespalt von Sinnlichkeit und Askese, in überwiegend religiöser Prägung. Der Renaissance-Wille der zwei ersten Luther-Jahrhunderte schwankt zwischen der Liebe zur Erde und einer auf das Absolute, Sittliche, Erhabene gerichteten Vergeistigung. Daraus erwächst der klassischen Epoche ein Konflikt von „Sinnlichem" und „Sittlichem": von ästhetischer Hingabe an Trieb und Empfindung (kurz: dem empfangenden Vermögen, also Rezeptivität und Pluralismus) und der moralischen Unabhängigkeit von allem Körperhaften und Wirklichen (will sagen: der Spontaneität, der transzendentalen Freiheit). Die Goethe-Zeit führt solche beiderlei Impulse in Vermählung und Durchdringung, sie schafft ein Optimum des Gleichmaßes antikischen und christlichen Seelentums. Hier ist zugleich ein Menschen- und Natur- und Form- und Weltproblem in einer Weise ausgewertet, die noch heute vielen als bleibende Lösung aller musisch-theoretischen Fragen gilt. Freilich hat schon das XIX. Jh. diese klassische Antike, vorzüglich aus historischer Perspektive, zu relativieren versucht, bis ihr dann wieder Friedrich Nietzsche eine umwälzende monumentale Deutung gewonnen hat. Die Gegenwarts-Entfaltung endlich scheint einen Schritt vom neuromantisch-orgiastischen Griechentum der einseitigen Nietzsche-Gefolgschaft zu einer stärker apollinischen: Nietzscheanisch-klassischen Haltung zu bedeuten.

Das ungeheuere Problemgeweb, das sich hier überall die deutsche Dichtung einverleibt — tiefer und lauterer als irgend eine andere des Abendlands — taucht erstmals in jenen synkretistischen Systemen empor, wo griechisch-römische Philosophie den Offenbarungslehren des Orients begegnet: im Neuplatonismus, in der Gnostik, im Pythagoräismus. Bereits in Platons Werk erwacht die Qual der Doppelheit, um derenwillen Nietzsche ihm präformiertes Christentum nachsagen durfte. Mehr als ein Halbjahrtausend später macht Plotinos aus Lykopolis, ein Erbe der Ideenschätze dreier Erdteile, den nämlichen Antagonismus zum Vorwurf seiner 'Enneaden', und dieser Plotin neben Platon hat die Lebensformen aller deutschen Renaissance, unmittelbar oder mittelbar, zutiefst durchwirkt. Seine Gesichte dämmern in der hehrsten Mystik des Mittelalters auf; sie helfen Luthers Zeit- und Streitgenossen den scholastischen Aristotelismus niederzwingen; sie dringen, vorzüglich dank Vermittlung Shaftesburys, in alle Poren der Humanitätswelt ein, erfüllen die Naturanschauung Herders und Goethes, werden von Schiller in kleine Münze geschlagen und durch die Spekulation der Romantik in alle Adern schöpferischer Reflexion geleitet; noch in unserer Geisteswissenschaft haben sie beherrschende Geltung. Bis auf den heutigen Tag hat sich der Neuplatonismus als nie ermattender Träger aller intuitiv-rationalen Synthese der deutschen Literatur bewährt, ein vielästiger Strom durch zwei Jahrtausende. Schon die Patristik hat an seinem Kernproblem gelitten und es bald freimütiger, bald engherziger umkämpft; man sehe nur des Basilius Schutzschrift 'Sermo de legendis libris gentilium', oder andererseits Tertullians Streitschrift 'De spectaculis'. Aus späterer Zeit ist insbesondere des Augustinus zu gedenken, dessen Ideal der schönen Seele eine Einheit hellenischer Schönheit und christlichen Jenseitskults setzt, dessen „Fleischwerdung des Logos" im *Christus pulcher* gewisse Züge des antikisierenden Symbolbegriffs unserer Klassik vorwegnimmt. (Ed. Norden *Lat. Lit. im Übergang vom Altertum zum Mittelalter*, Kultur d. Ggw., S. 429: „Augustin und Platon gehören zusammen als die größten Dichterphilosophen aller Zeiten.") Und schließlich muß noch auf Johannes Scotus Eriugena verwiesen werden, den ragenden Prediger der Einwelt und Allnatur vor Giovanni Pico und Giordano Bruno, Leibniz und Hamann. Dies alles sind die Quellen eines Energiestroms, dessen sich gegen Ende des 1. christlichen Jahrtausends die deutsche Literatur bemächtigt, zu heißestem und zähestem Ringen und lichtvollen Siegen. Treten wir nun in den Bereich der dichterischen Formen!

§ 2. Im Zeitalter der Karolinger regen sich die ersten Keime einer althochdeutschen Literatur. Die germanische Welt hat kaum Sprache und Schrift. Nicht wählerisch steht sie vor der Antike, sondern hungrig. Die frühesten Ansätze der Rezeption sind Brocken einer tappenden Vermischung — so wie in der Verwaltung, Wirtschaft, Rechtspflege verstreutes Erbe des Altertums dem Neugeborenen sich paart: In Notkers Psalmen oder Willirams Paraphrase des Hohen Lieds mengen lateinische sich unter deutsche Phrasen; das Mönchslatein wird skrupellos mit Germanismen durchsetzt; in Inschriften und Übersetzungen (z. B. aus der Schule von St. Gallen) fließen die beiden Sprachen durcheinander; hier und dort greift lateinischer Satzbau straffend und schmeidigend auf den deutschen hinüber, und schon in Otfrids (auch durch volkstümliche Wegbereiter angeregten) Endreimstrophen gattet sich germanische Rhythmik romanischer Reimkunst; Varianten solcher Formung sind das Ludwigslied, das Loblied auf Gallus, das Petruslied. Die St. Galler Gelehrten: Tutilo, Hartmann, Notker Balbulus glätten die Bahn für Ekkehard I. und die Dichtung im Maß und im Atem Vergilischer Epik, trotz engster Anlehnung nicht schlechterdings centonenhaft. Wie nachmals im XVI. Jh. vollzieht sich hier die Protorenaissance zunächst in der antiken Sprache: Der Nachbar des 'Waltharius' ist der 'Ruodlieb', unser erstes umfassendes Gegenwartsbild, in lateinischen Hexametern; einiges Aktuelle eignet auch der 'Ecbasis', die durch die Übernahme der antiken Tier-Motivik einen Grundstein legt; noch die sechs lateinischen Prosadramen der Terenz-feindlichen Nonne Hrotsvith gehören in diese Reihe. Ritterromane und Tierepen, Oster- und Weihnachtstropen, Novellen und Scherze, alles bedient sich noch in der Ottonenzeit des lateinischen Ausdrucks. Mönche, Vaganten und Scholaren, Goliarden und Histrionen sind die ersten Vermittler und Förderer solches Verkehrs. Lieder auf geschichtliche und gesellschaftliche Ereignisse werden flink und witzig gereimt, Schwank- und Märchenhaftes in die Schablonen der Modi gegossen, Gespräche und Liebessänge in unbesorgter Mischform aufgezeichnet. Die Briefchen zwischen Klerikern und Nonnen weisen zierliches Latein, gelegentlich mit Ovidischen Floskeln geschmückt, daneben vielem Volkstümlichen hold. Da locken Preislieder auf Venus und Bacchus, wilde Symposien, Anrufungen alter Götter; Paris und Helena, Aeneas und Dido (die unvergeßlichen Paradestücke aller späteren Heldenbrief-Dichtung) werden als Vorbilder liebender Paare verherrlicht. Antike Offenheit der Minne, antiker Übermut des Spiels, antike Geselligkeit des Gelags! Man gedenke allein der üppigen Szene der Phyllis und Flora vor dem paradiesisch thronenden Amor, mit Bogen und Blumenszepter, inmitten köstlicher Musik und süßen Vogelsangs, umtanzt von Nymphen und Faunen und Satyrn. Ovidisch-Properzisch-Byzantinisches drängt hier ans Licht, wie es nachher in den Kanzonen des werdenden Minnesangs webt.

Auch alle größeren Gattungen dieser Epoche schöpfen aus den Brunnen des Altertums. Voran steht der Sagenkreis um Alexander, mit seinen Motiven: Heldenkraft, Edelmut, Glück, früher Tod; überdies märchenhafte Ferne und Größe und Pracht. In Lamprechts 'Alexander-Lied' verbindet sich, zum Teil dank französischer Vorlage, solch antike Substanz mit dem christlichen Ethos der Salomonischen *vanitas vanitatum vanitas*; unter den Jüngeren haben sich Rudolf von Ems, ein Thüringer Biterolf, Ulrich von Eschenbach an diesem Stoff versucht; aber auch vieles im 'Herzog Ernst' ist Anverwandlung jener griechisch-orientalischen Mythen- und Märchenschätze seitens heimischen Geists. Vielleicht noch populärer sind die Sagen von Troja, vorzüglich durch die Verwässerungen der Dares und Dictys und der späteren Franzosen (Bernhard von Fleury, Hildebert von Tours) überliefert. Den Benoit nutzt eifrigst Herbort von Fritzlar, erfolgreicher Konrad von Würzburg, der auch Ovid und Statius kennt; noch der 'Moritz von Craon', sogar der 'Meier Helmbrecht' spielen auf jene Erzählungen an. Begebnisse der römischen Geschichte finden seit der Regensburger 'Kaiserchronik' wärmste Teilnahme, nicht ohne Aufschmückung mit Märchenglanz und Abenteuerbuntheit; zahlreiche Novellen kehren hier ein, im Stil etwan des 'Nackten Kaisers' des Herrand von Wildonie, nicht selten auch Legenden und besonders Chroniken (so Jansen Enikels Weltchronik), vor allem Sammlungen nach Art der 'Gesta Romanorum' und der 'Sieben weisen Meister'. Mit Veldekes 'Eneit', vorbildlich in der Verstechnik für das ganze Epos der Blütezeit, erwacht dann jener heißeste Wetteifer mit den französischen Nachbildungen antiker Romane, dessen höchste Stufe die meisterliche Formkunst Gottfrieds von Straßburg erklimmt. Der Klassiker unter den alten Autoren bleibt für die mittelhochdeutsche Zeit Vergil; diesem am nächsten steht Ovid, durch Albrechts von Halberstadt Metamorphosen-Verdeutschung Gemeingut geworden; ein volkstümliches Allerweltsmotiv ist beispielshalber 'Pyramus und Thisbe' oder das Apuleius-Märchen 'Amor und Psyche' oder die Milesische Fabel von der 'Witwe zu Ephesus' aus dem Petronius. Der griechische Liebes- und Abenteuerroman, vielspältiges Überbleibsel nach einer heroisch-monumentalen Entfaltung: die Erotik des Heliodor, die Arkadik des Longus, die Kuriosität des Achilles Tatius, das alles lebt im Apollonius-Roman wieder auf es beherrscht bis ins Mark die, stets von leiser Romantik durchgärten, Renaissance-Literaturen, wie es noch im deutschen Barockjahrhundert Inhalt und Form des reifenden Prosaromans mitbestimmt. Die mächtigste antikisierend-romanische Anregung bewegt die Virtuosität Konrads von Würzburg und seiner Nachtreter: von Gottfried von Neifen bis Ulrich von Winterstetten. — Auch nach dem Verblassen der Gleichnis- und Bildwerte bleibt die poetische Mythologie und Ideologie des Altertums wenigstens formel- und phrasenmäßig aller Epik der mittelhochdeutschen Spätzeit vertraut; lebendige Wirkenskraft geht doch wohl nur von Venus und Apollo aus. Frau Sælde mahnt zuweilen an Fortuna; Allegorien aller Art sind im Schwang: erwähnt sei das Schachzabelbuch Konrads von Ammenhausen (nach Jacobus de Cessolis), die Minne-Gleichnisse des Meisters Altswert, das 'Goldene Spiel' Ingolts, die 'Jagd' des Hadamar von Laber, auch jüngere Anonyma um 1400: 'Des Teufels Netz', 'Der Minne Kloster', oder geistliche Allegorien (z. B. das 'Buch von der Tochter Syon'). Auch in den Schicksalsbegriffen der Zeit klingt Antikisches an. Allerhand Mirabilien- und Quisquilienglaube sucht sich an Aristoteles zu legitimieren (vgl. auch die Physiologus-Literatur!); mystische Geister schwelgen in Platons göttlicher Bildkraft voll Verachtung der dürren Scholastik; schon die älteren Polyhistoren wie Johannes von Salisbury oder Vincentius von Beauvais organisieren einen regen Kleinhandel mit antiker Wissensbeute, der durch rührige Krämer bis in hinterste Winkel getragen wird. Das Altertum wird nahezu volkstümlich, allerdings bar aller Form. Noch Hans Sachs und der Meistergesang bezeugen die vorwiegend stoffliche Erfassung des Antiken in dieser Verfallszeit: römische Götter und Kaiser, konventionelle Mythen und Personifikationen, Allegorien und Staatsaktionen. — Die Zeitwende naht: Bereits inmitten des sorglosen Blühens und Wucherns erscheinen Male eines strengeren, bisweilen leeren, oft geradezu amusischen Dichtungsbegriffs, der auch den Typ des gelehrsamen „Meisters" kennzeichnet, wie dieser schon um und nach 1300 mit dem höfischen Kunstpoeten ebenso wie mit dem Spielmann und Reimsprecher in Wettbewerb tritt. Selbst außerhalb alles politischen Zwangs erhebt sich jetzt eine rigoristische Einstellung gegen den Körper-, Formen-, Diesseits-Enthusiasmus klassischen Angedenkens; aller antikischen Linienführung wird ein böses Gewissen angeheftet, der Geist der ästhetischen Inspiration als *immundus* gebrandmarkt. Ein scheues Sichdrücken zwischen zwei Gefahren wird nun der Weg vieler Gewandter, wie ein peinvolles Schwanken zwischen zwei Aspekten der Schicksalskampf eines Großen wie Wolframs von Eschenbach gewesen war, in dem sich die Neigung zu lockenden Bildern und die Pflicht entsagender Verinnerlichung zum erstenmal heldisch befehden. Doch erst in den Tagen Hans Sachsens erstarkt die schwerblütige Haltung, die am 'Scheideweg des Herakles' — das ist ein immer wiederkehrendes Symbol des christlich-antiken Konflikts in aller Renaissance, im deutschen Barock, auch noch bei Shaftesbury und unter den Herolden der Humanität — entschlossen den Dornenpfad der Tugend wählt. Nunmehr beginnt ein neues Stadium im Verhältnis zur antiken Sinnlichkeit.

§ 3. Luther hat dem Diesseits-Pathos der Renaissance nur in Dingen der Lebensform Stärkung geliehen. Im Reich der Kunstform hat er manches zerstört, vorab das üppige Spektakel des Mittelalters mit allem Bildgepräng, ornamentalem Zierat, allegorischem Zeremoniell; in dieser formalen Beziehung wird das ererbte Gut des XIV. und XV. Jhs. nirgends wesentlich gemehrt. Es gibt etwan Lukianisches bei Hutten, der die Ignoranz der Kölner Latinisten unsterblich an den Pranger stellt; auch seine deutschenSchriften bieten Ansätze einer rhetorischen Fülle und Anmut, wie sie der an sich saftigeren und kantigerenSpracheLuthers unzugänglich bleibt. Die 'Dunkelmännerbriefe' bedienen sich der alten „mimischen Satire"; an Aristophanes streift einzelnes bei Naogeorg und Frischlin; auch Züge des 'Eccius dedolatus' lassen sich der einprägsamen Drastik antiker Satire vergleichen. Im Ganzen gesehen, bedeuten die Früchte des Zeitraums mehr Charakterveredlung als Formenverfeinerung. Gleichwohl ist Luther alter Kunst nicht abgeneigt! Er liebt die Äsopische Fabel, er fördert die alte Komödie, er schätzt die lehrhafte Gattung. Luther hat, indirekt und direkt, die Antike wieder zur Trägerin männlicher Ideale gemacht, feind jener mollig-müden Seelenlage, die das Mittelalter unter solchen Auspizien pflegt. Das Zeitalter Huttens saugt trotzige Tatkraft aus dem Altertum, ja sogar Nationalbewußtsein. Von hier an führt gerade die protestantische Geistigkeit den leidenschaftlichsten Kampf um Ineinsbildung des Antiken und Christlichen, während sich die katholische mit einem rascheren und friedsameren, freilich weit weniger titanischen Kompromiß bescheidet. Zwischen Luthertum und Antike ist die größte Spannung, die klassische Durchdringung erfolgt hier erst am Ende des XVIII. Jhs.: Sie hat den steilsten Weg und das höchste Ziel, sie erringt den rühmlichsten Sieg. Luther, der jenes Problem am tiefsten faßt, kann es indessen nur von seiten der Lebensform zu lösen streben; die ergänzende Rezeption der antiken Kunstform bleibt überwiegend dem Barock, dem XVII. Jh. vorbehalten. Die Rede Luthers strotzt von ungeheuerem Wirklichkeits- und Vielheitssinn, doch ist ihre Wucht und ihr Reichtum eher dem Prediger und Demagogen, dem Krieger und Kaufmann, dem Beter und Grübler gemäß als dem Dichter und Former. So kann von einer echten Renaissance im XVI. Jh. nur bezüglich zager Anläufe gesprochen werden. Der praktisch-religiöse Sinn des Zeitalters bevorzugt die Historiker, Redner, Didaktiker: Im Prosastil herrschen Plutarch und Cicero, der später so übermächtige Seneca steht noch in zweiter Linie. Platon, von Reuchlin etwas kabbalistisch zubereitet, verdrängt den alten Götzen Aristoteles; an ihm bilden sich die Agricola, Peutinger, Celtis, Pirckheimer. Der Fürst der Bühne ist Terenz, gutbürgerlich und lehrhaft, fremd der robusten Ausgelassenheit des Plautus, den Albrecht von Eybs Eindeutschung gleichfalls verbreitet; das Schulstück der Reuchlin, Stymmel, Heineccius, Wichgrevius wuchert durchaus mit Terenzischen Pfunden. Auch Lukians Prozeßmanier und Gesprächstechnik ist unter den Humanisten beliebt, insonderheit bei Hutten und Erasmus. An Aristophanes begeistert sich vornehmlich Frischlin. Mehr lokale Geltung gebührt den Sophokles- und Euripides-Bearbeitungen in Spangenbergs Kreis; seit Opitzens 'Antigone' und 'Troerinnen' gibt es erst wieder gegen Ende des XVIII. Jahrhunderts würdige Übersetzungen griechischer Tragiker. Den Homer verdeutscht Schaidenreisser (1537), den Vergil Murner (1515). Die folgenden Übertragungen, Kompilationen, Bearbeitungen, Auslesen, Neudrucke können in ihrer Vielzahl und Vielfalt nicht mehr angeführt werden. Wilde Stoffgier und stramme Erziehlichkeit stürzt sich auf Sittenspiegel, Fabeln, Exempla, ohne jegliche Rücksicht auf Kunstform und zeitlich-örtliche Bedingtheit. Der phantastische Notizenkram des greisen Mittelalters wird durch solche reformatorische Praxis gesiebt und gesichtet, verständig überprüft und pädagogisch ausgewertet. Erasmus schreibt eine bezeichnende Methodik solches Sammelns: die 'Ratio colligendi exempla'. Das Altertum wird hier überall in äußerstem Grad aktuell, doch wieder nur auf Kosten aller künstlerischen Form.

§ 4. Diese Betriebsamkeit der Lutherischen Welt zeitigt also nur unbeträchtliche Werte an antikisierender Dichtung: Die Humanisten durchflechten Reden und Briefe mit klassischem Schmuck, voll wahrhaften Stilgefühls allerdings wohl nur Hutten. Formen des Altertums begegnen, als sapphische Chöre, in den 'Fünfferley Betrachtnussen' des Johann Kolroß, auch in Sixt Bircks 'Susanna', später im 'Abraham' des Hermann Haberer; ferner in einigen sporadischen Versuchen der Wiedergabe anderer antiker Metra (Rebhun, Konrad Gesner); in der antikisierenden Dramaturgie der Straßburger (Spangenberg, Fröreisen, Stipitz, Gerson, Eck, Wolckenstein), vor allem bei Brülowius, der je einem biblischen Drama ein antikisches vorausgehen läßt; in der reifenden Verskunst der Doman, Calagius, Denaisius, Isaak Habrecht. Der Kasseler Arzt Johannes Rhenanus wetteifert in Sonetten und Eklogen mit den englischen Hofdichtern; Andreä wagt sich an eine 'Woche' des Du Bartas, Federmann an die 'Trionfi' Petrarcas. Namentlich der Musik strömt Romanisches zu, Landgraf Moritz von Hessen sucht westliche Bildung und Etikette einzubürgern, in „Mömpelgard" erblüht ein erster deutscher Hafen der Weltliteratur. Die hier nur dumpf emporwallenden Kräfte verkörpern sich am hellsten in zwei Doppelantlitzen, Hütern der Fuge zwischen Opitz und dem XVI. Jh., in Volkhaftem wurzelnd und dennoch voll Ehrgeizes nach strengerer Kunstform: im Oberpfälzer

Theobald Hock und im Schwaben Georg Rudolf Weckherlin. Das alles aber sind nur vereinzelte Vorklänge! Die erste Knospe der verjüngten Form, der Auftakt einer die gesamten künstlerischen Energien umschaffenden Renaissance, die früheste Stufe des Barock entrollt sich in der lateinischen Lyrik des XVI. Jhs. Das ist eine überaus breite Entfaltung, als deren Führer neben Celtis und Hutten zu nennen sind: Eobanus Hessus und Euricius Cordus, Petrus Lotichius Secundus und Georg Aemilius, Joannes Stigelius und Georg Sabinus; alle in vieler Hinsicht Epigonen edlerer Neulateiner des Auslands, der italienischen (Sannazaro, Vida, Alciatus), der englischen (Morus, Buchananus), der holländischen (Barlaeus, Grotius, Heinsius), vor allen des großen Vlämen Johannes Secundus Nicolai. Hier also ersteht die erste starke Rezeption antiker Form in deutsche Literatur und dies in der gleichen Verzerrung, wie sie nachher im XVII. Jh. die erste Rezeption in dt. Sprache: das Barock darbietet. Nicht Nachfolge vermöge kongenialer Seelenschwingung, sondern nur manierierte Übertrumpfung, Stufung und Schliff, sachte Tönung und kühne Häufung und wilde Verschnörkelung; das Meiste ins Fanatisch-Orgiastische gesteigert, gebauscht und gewulstet, behend und prunkend, souveräne Formung aus zweiter Hand, deren Basis spielend und heiter beherrscht wird: Es sind die nämlichen Formelemente, die dann das XVII. Jh., unter vervielfachten Mühen, in deutscher Sprache erarbeitet hat. Wir nennen diesen Zeitraum deutscher Formeroberung, von Opitz bis zur Wende 1700, das Barock. Das XVI. ist das Jh. der großen Erfindungen und Entdeckungen, das XVII. das der geschmeidigen Entlehnungen und der witzigen Experimente; dort Wegbereitung der Lebensform, hier Aufnahme der Kunstform: die beiden Hemisphären, die dann von der gereiften Klassik des XVIII. Jhs. zur erfüllenden Einheit gefügt werden. Das Luther- und das Barock-Jahrhundert, beide sind Phasen des Aufstiegs zum Goethe-Jahrhundert. Allerdings vielfach feindliche Phasen! In mancher Hinsicht ist geradezu das XVI. Jh. Thesis und das XVII. Antithesis zur Synthesis des XVIII. Der Wille zu den Idealen der Renaissance, der Drang aus Lutherisch-antikischer Doppelheit zu christlich-hellenischer Einform und Einwelt, das ist der gemeinsame Nerv aller höheren antikisierenden Dichtung des XVI. bis XVIII. Jhs.

§ 5. Der Grundbau des deutschen Barock ist Werk des Martin Opitz. Dieser Führer gibt ein Niveau, er steckt ein Ziel, er bildet Ordnungen und bietet Werkzeuge, in jedem Schritt Rationalist und Optimist, als ließe sich alles lernen und lehren. Assimilation der alten Kunstform ist die Aufgabe, die älteren ausländischen Klassizismen liefern die Mittel: Trissino und Vida in Italien, Scaliger und die Plejade in Frankreich, Philipp Sidney in England, nicht zuletzt die Nationaldramatiker und -ästhetiker in den Niederlanden, die ihre Heimat dann im XVII. Jh. zum geistigen Zentrum Europas erhöhen. Die Erneuerung Opitzens ist nicht gleich der südlichen Renaissance befeuert vom sieghaften Glauben an eine wirkliche Wiedergeburt der Civitas Romana; auch nicht mit der Pariser Kunst und Theorie getrieben durch die Blutsverwandtschaft eines auf Maß und Pomp und Öffentlichkeit gerichteten Lebensrhythmus; auch nicht wie Hollands Blüte beschwingt durch die Lichtbringertaten eines stolzen Entdecker- und Erderergeschlechts. Das deutsche Barock ist in höherem Grad als die Auslandsdichtung gelehrsamer Natur, und es ist — anders als die bildende Kunst der meisten Zeitgenossen — durchaus bürgerlich. In solchen Merkmalen liegt aber auch die Scheide zwischen der Kunst des protestantischen und des katholischen Deutschland: dort gelehrsames Wortbarock und Bürgerbarock, hier prunkvolles Bildbarock und Kaiserbarock! Man halte eine Opitzische Schäferei oder ein Schirmersches Idyll oder ein Zesensches Gartengedicht neben die dröhnend-blendenden Spektakel eines Avancinus in Wien! Höchstens bei doppelseitig angeregten Schlesiern wie Gryphius, auch Lohenstein samt Folgern, mengen sich Wort- und Bild-, Bürger- und Kaiserbarock. — Opitz klebt nicht mehr zaghaft, wie die meisten Renaissanceversuche des XVI. Jhs., der Prosa Luthers blumiges

Geschnörkel an, sondern er zimmert unerschrocken ein neues Gehäus, und er versieht es vorerst mit praktischem Hausrat: Er gründet den Kanon der neuen Metrik, lehrt kunstgerechtes Schalten mit ausgewählten Haupt- und Beiwörtern, zeigt findige Handhabung mythologischer Umschreibungen und daraus abgeleitet allegorischer Verkleidungen, er sammelt Pointen, Rätsel, Spiele, dem Unterrichteten fertig zur Hand; und er initiiert die Ideologie eines Dichter- und Menschentums voll neuen Stil- und Formbedürfnisses wenigstens in Sachen der Rede. Das alles wird programmatisch niedergelegt im 'Buch von der deutschen Poeterei', 1624. Es ist eine scheinbar rein antikisierende Praxis, die Opitz in Umlauf setzt. In der Tat bleibt dieses Moment dem gesamten Jahrhundert verpflichtend: Opitz ist oft ergänzt und heimlich verlassen, doch nie bekämpft oder getadelt worden. Ohne seine Formkunst kein 'Tasso'! — Indessen auch diese Epoche wird zuinnerst zerwühlt vom Zwiespalt aller dt. Renaissance, der denn auch nachmals, zu Beginn des XVIII. Jahrhunderts, alles Barocke begräbt, um erst in Weimar Versöhnung zu finden. Antikes und Christliches stehen bei Opitz und den Seinen nur vorläufig und oberflächlich in beschaulichem Verein. Schon bei den neulateinischen Vorboten des Barock durchkreuzen sich beiderlei Züge: bei den Barlaeus, Grotius, Sannazaro, Vida, oft auch bei Lyly oder in des Heinsius 'Hymnus auf Christus'. Viel gekünstelte Allegorik ist solcher Doppelzüngigkeit zugute zu halten: esoterische Deutung an sich heidnischer Bilder. Antikische und christliche Motive werden von Opitz selbst zumeist recht unbefangen gemischt. Nicht selten aber gerät ihm der künstlerische Maßstab in Widerspruch zu einem sittlich-religiösen, so wenn er in den 'Troerinnen' die „heidnischen Chöre" des Attikers unterschlägt, oder wenn seinem 'Trostgedicht in Widerwärtigkeit des Kriegs' die nichts-als-ästhetische Ansicht der Dinge bald Lust und bald Sünde dünkt. Schon hier entpuppt sich eine Doppelheit der Wesenskräfte, die dann in der nächsten Generation, seit den 40er Jahren, die antikisierenden Schablonen und Schemata Opitzens sprengt. Christliches Pathos, christliche Ekstatik, christlicher Individualismus treten nun offen und entschlossen in Wechselwirkung mit der klassischen Formenwelt, allzeit mehr umbildend als zerrüttend. Erst dieses Auf und Ab und Hin und Her der zweierlei Momente bestimmt den Charakter des Hochbarock, dessen Mittag von den 40er bis in die 70er Jahre des XVII. Jhs. währt. Bei den dichterischen Ingenien überall dreiste Mischung von Olymp und Apokalypse, Hymenaeus und Christus, Maria und Venus! Bei den kritischen Köpfen die Kette der zähen Kontroversen über die Zulässigkeit der alten Mythologie, der belletristischen Aufmachung der Liturgik, der theatralischen Schaustellung biblischer Vorgänge, von Rachel und Sacer und Schupp bis Wernicke und Johann Gotthard Heideggers 'Mythoscopia romantica'. — Das Hochbarock, diese Epoche stärkster Spannung zwischen Antikem und Christlichem, ist nun gerade in Mitteldeutschland heimisch: in Nürnberg, in Sachsen, in Schlesien — Symbol (nicht Ursache) seiner Zwiespältigkeit! Es sproßt auch örtlich in der Mitte zwischen dem triumphatorisch-circensischen Prunkfestspiel der österreichischen Gegenreformation, spätrömisch nach Ethos und Stil, und der verhältnismäßig antike-fremden Kunst der Wasserkante, wie sie im Königsberger Rund Simon Dachs die zartesten Blüten trägt. Die antikisierende Dichtung des mitteldeutschen Hochbarock ist also gleich entfernt von diesen beiden Polen, ein In- und Durcheinander von Öffentlichem und Privatem, Bildhaftem und Worthaftem, Cäsarischem und Bürgerlichem, Römischem und Lutherischem. Die Hauptstädte sind Nürnberg, Leipzig (teilweise auch Hamburg), Breslau. Die steife Herbheit Opitzens und der älteren Sprachgesellschaften empfängt im Nürnberger Verein der Harsdörffer und Klaj und Birken neue Dynamik des Konturs; hier erwacht ein verfeinertes Landschaftsgefühl, eine reichere Koloristik, eine buntere Metrik, vorzüglich kühnere Wechselbezüge zu Malerei und Musik, subtilere Gleichnisfindung nach Art des spanischen Conceptismo. — Auch in der Leipziger und Hamburger Dichtung, die durch Fleming (bis 1640) fundiert und durch das Großwerk Kaspar Stielers: 'Die geharnschte Venus' (1660) gekrönt wird, ist Opitzisches Formenmaß von wuchtigeren Prägungen und glühenderen Zwisten abgelöst; in einer Gruppe dieser Dichtergilde überwiegt weitaus der antikische Zug: bei David Schirmer, Brehme, Homburg, Lund; in der anderen halten die nördlichen, realistischen Elemente den südlichen die Wage: bei Greflinger und Voigtländer, auch Finckelthaus und Schoch. In allen aber liegen die beiderlei Kräfte in Widerstreit, und nur ihre Vermählung in ebenso beseeltem wie formvollkommenem Gebild macht Flemings Sonette und Stielers Madrigale zu Gipfeln des deutschen Barock. — Und auch im Kreis der Breslauer Patrizier, beim heroisch-ungalanten Dramatiker und Gelehrten Lohenstein ebenso wie beim galant-unheroischen Belletristen Hofmannswaldau (und Troß) ist Antikisches beständig von christlicher Reflexion durchwogt, in doppelschlächtigen Formen, denen gerade Schlesien, einerseits ja bis 1763 von Wien regiert und zuzeiten mit gegenreformatorischer Politik bedacht, andererseits von den Verzückungen östlicher Frömmigkeit angesteckt, geeigneten Boden darbietet. — So viel über die Hauptarme des Stroms Barock! Als Anreger und Förderer solcher Gesamtentfaltung ist endlich noch ein Mann zu würdigen, der alle Stätten dieser Dichtung durchpilgert, alle Probleme solches Charakters durchlitten, alle Varianten des Zeitstils durchpflügt hat, einer, der an der Pforte des Hochbarock steht wie Herder vor der Klassik: Philipp von Zesen. Außerhalb jenes engeren Barockbezirks aber bleiben — von kunstfeindlichen Satirikern und volkstümlich-formlosen Spätlingen abgesehen — einmal die meisten religiösen Sänger des Jahrhunderts, dann die Mystiker, endlich die beiden Meister Gryphius und Grimmelshausen: Sie sind die Ausnahmen der antikisierenden Regel ihrer Epoche; selbst Gryphius ist klassischer Formung verhältnismäßig ledig und, ähnlich wie Corneille, mehr den antiken Stoffen als dem antiken Ethos ergeben. — Das Barock, wissentlich nichts als antikisch und willentlich immer auch von christlichen Trieben durchpulst, eine unermeßliche Aufspeicherung von Formen aller Zeiten und Lande, ist auf der Leiter deutscher Renaissance eine der Vorstufen der klassischen Erfüllung, ein frühes Ringen um den Lorbeer, den nachmals Goethe, Hölderlin erwerben. Diese Formen-Erneuerung und -Anhäufung erlahmt gegen das Ende des XVII. Jhs.; sie erschöpft die erreichbaren Quellen der dichterischen Technik und Motivik; schon äußerlich gerät das üppige Wachstum ins Stocken. Die deutsche Renaissance sucht gesamtmenschliche Vollendung. Einer solchen strebt das Barock vorzüglich von seiten der Kunstform zu dienen, ganz anders als das XVI. Jh. Dann aber quillt auch die zurückgesetzte, scheinbar vernachlässigte Lebensform zum Licht. Was schon bei Opitz unter glatter Oberfläche an Adern und Quellen rieselt, vereint sich jetzt zum breiten Fluß. Zu einem vorderhand barock-feindlichen Fluß. Bis zur Neige des Schiller-Jahrhunderts läuft unsere Geistesgeschichte in antithetischem Rhythmus.

§ 6. Drei Vorstöße sind es nunmehr, die um die Wende 1700 das Barock, will sagen dessen schlesische und sächsische Entartungs- und Verfallserzeugnisse, vorerst zu Boden werfen: 1. der formverachtende Naturalismus des Zittauer Rektors Christian Weise samt Gefolg, satirisch und moralisch eingestellt, namentlich allem Schwulst und Schwall ergrimmt; 2. die realistisch-religiöse Bekenntnisdichtung der Brockes und Haller, die der mechanisierten Fachlyrik ein seelisches Echtheits- und Wahrhaftigkeitsbedürfnis entgegensetzt; und 3. die Boileau-begeisterte Hofkunst, das Zwillings-Begriffspaar *le naturel et le raisonnable* im Wappen, mehr läuternd und jätend als stürzend: die verzweigte Familie der Canitz und Besser, König und Pietsch, Heräus und Amthor, der sich auch einstige Schlesier-Zöglinge, so Benjamin Neukirch, verschwägern. Antikisierendem Stil huldigt allein diese Hofdichtung, während die beiden anderen Gruppen, menschlich und dichterisch zweifellos wertvoller, wesentlich schon dem

Schoß der Aufklärung entstammen, mehr religiös-theoretisch gestimmt als musisch und ästhetisch. Die Hofdichtung schlägt die Brücke vom Barocken zu Gottsched, also zum Klassizismus des XVIII. Jhs. Sie ist konfliktloser antikisch als das Hochbarock, dem Opitz näher als dem Hofmannswaldau, scharfsinnig und beredt, bar jeglicher Ekstatik und dramatischen Bewegtheit, dem Massigen und Feierlichen zugeschworen, doch weniger rauschhaft und grell als nüchtern und steif. Die Früchte solches kargen Wachsens pflückt Gottscheds 'Versuch einer critischen Dichtkunst vor die Deutschen', 1730. Gottscheds Wirken hat doppelte Front, eine mächtige und eine schwache: Einmal bestreitet er die spätbarocke „Nebenstunden"-Poesie Henricis und dessen Anhangs, die Pritschmeisterei der Hanke und Stoppe, die Zettel- und Kasualreimistik der Leipziger Histrionen und Schnorrer; dies ist der erste Feldzug Gottscheds, geführt im Namen der Antike und ihrer französischen Priester, ein guter und siegreicher Kampf. Der zweite Waffengang gilt jenem aufsteigenden Irrationalismus, dessen theoretischer Sachwalter Breitinger, dessen dichterischer Herold Klopstock ist; hier offenbart sich die Beschränktheit des antikisierenden Prinzips vor Winckelmann und Wieland; auf dieser Seite ist Gottsched unterlegen und auch vom Gericht der Zeiten ohne Milderungsgründe schuldig gesprochen worden. Der Gottschedische Klassizismus hat nun das Barock zwar nicht vertilgt, wohl aber gedämmt und beschnitten. Er liebt das Formstreng-Akademische, das Würdig-Lehrhafte, das Ernst-Vernünftige. Fabel und Lehrgedicht und hohe Tragödie sind seine bevorzugten Gattungen, die arkadische Schäferwelt läßt er bestehen, der Oper macht er den Kehraus. (Die Oper, in der sich alles außer-wörtliche Gerät des Barocken treu forterbt, ist nicht nur dank der Verletzung der rationalistischen „Nachahmungs"-Regeln, auch dank der Mischung literarischer und musikalischer und malerischer Wirkungen dem sonderungsbeflissenen Klassizismus ein Ärgernis; nicht weniger das Allerlei der 'Theatralischen Gedichte' der Hunold und Henrici und Reuter und Neumeister.) Aristoteles gibt die Gesetze, französische Schöngeister deren Auslegung, die Popeschen und Lamotteschen Homer-Verballhornungen den Gleichnisvorrat (den Lessing im 'Laokoon' prüft und zu leicht befindet). Dieser geschäftigen Entfaltung, in den größeren Gattungen vorab von J. E. Schlegel, Weiße, Cronegk, Brawe und Gefährten, in den kleineren von Hagedorn, Gellert, Lichtwer, Zachariä, Rabener u. a. gepflegt, tritt dann zuerst in Klopstock der Künder eines neuen Menschentums entgegen. Klopstock, der das Weltmysterium des Protestantismus zu dichten sich vermißt, fortreißend im Gefühl und seltsam trüb in allem Bildlichen, ist doch auch ein Bote der Klassik, indem gerade er auf höchster Ebene nicht nur der reinsten Prägung des „Romantischen" (wie man den germanischen Irrationalismus lange genannt hat), sondern auch dessen Amalgamierung mit dem Hellenischen die Wege bahnt. Klopstocks Hexameter neben Opitzens Alexandriner bedeutet Rhythmus gegen Reim, Nördliches gegen Südliches, Nationales gegen Barockes; zugleich aber tun seine Oden einen letzten Schritt der Anverwandlung der antiken Formen, titanenhaft neben der Schulmeisterei eines Ramler. Es kennzeichnet den sekundären, latinisierend-französierendem Strebertum verschriebenen Klassizismus der Gottsched-Sekte, daß ihr ein solcher Geist überall fremd bleibt. Nur extensiv nicht intensiv Großes hat ihren Beifall. Schönaich schreibt gegen den herrlichen Sprachschöpfer sein 'Neologisches Wörterbuch', 1754; man schwört auf Canitzens Vergil-Phraseologie; noch Kleist und Haller gelten für verrannt; selbst Milton wird bekrittelt, während Fénelons 'Telemach' (in Neukirchs Übersetzung) Begeisterung sät. Der rationalistische Klassizismus doziert nun ein weltliches Epos neben dem geistlichen: Hudemann, Stöckel, Schönaich, Pantke, Scheyb, auch andere Helden der Gottschedschen Zeitschriften, bedecken sich mit solchem Ruhm; von hier gelangt ein kurzer Sprung ins komische Epos hinüber, in den Bezirk der Uz, Dusch, Zachariä, Triller. Indessen diese Vielzuvielen sind nicht Träger einer Entwicklung, nur Male einer Versandung. Klopstock hingegen, der vorerst jedes Gefolgs entbehrende, ist ein befreiender Anfang. Er steht zu Schiller gleich Wieland zu Goethe. Klopstock und Lessing, Herder und Wieland, das sind sich ergänzende Paare: Freiheit und Form. In Schiller und Goethe vollendet und überwindet sich solche Differenzierung. Das ist der Werdegang der Klassik. (Vgl. den Artikel *Klassiker*.)

§ 7. Gottscheds und seiner treuen Präzeptoren Tyrannei ist kurz von Atem und Dauer. Lessing widerlegt ihn, das Rokoko überholt ihn, die Geniezeit begräbt ihn. Der Klassizismus Gottscheds ist ein Sproß der Aufklärung, die in musischen Dingen nur sichtet und drillt, doch nirgends Eigenes schafft. Als darum deutsche Sehnsucht nach Sang und Spiel und Tanz, von Gottsched hart geduckt, um die Jahrhundertmitte frisch emporquillt und die kritisch-ästhetischen Fesseln zerreißt, da müssen Formen und Farben wieder vom Parnaß und vom Helikon geholt werden. So tritt zu Gleims und Wielands Tagen ein Zweig barock-antikisierender Kunstform in neue Blüte, freilich am Stamm einer verjüngten, auch durch die Aufklärung gegangenen Lebensform: Ohne Pomp und Ekstase, ohne Furioso und Fortissimo; mild und träumerisch, ironisch und skeptisch, menschlich gereift und technisch überlegen; nicht wetterwendischer April, sondern sonniger Herbst. Das Rokoko, Wiedergeburt barocker Formenwelt, wird freilich nicht entzündet von schöpferischem Polemos, nicht dargelebt von überragender Persönlichkeit, nicht programmatisch gestützt noch pfäffisch bewacht; weder völkisch noch jugendlich, biegsam und wählerisch, keiner Partei oder Schichte gefügig; der konservative Bestand in der Dichtung des XVIII. Jhs., die letzte Renaissancestufe unter dem klassischen Gipfel: das Abendrot des Horaz vor dem leuchtenden Morgen Homers. — Wir überschauen nun das Reich des Rokoko nach seinen vier Hauptprovinzen: 1. Die leise, schwanke, flüchtige Lyrik: die Anakreontik, schon seit Henricus Stephanus und der französischen Plejade eine europäische Angelegenheit, allen Renaissanceliteraturen und allen Neulateinern vertraut. Nun streuen Hagedorns erste Gedichte, 1729, wieder die alten Samen aus, mit Gleims 'Scherzhaften Liedern', 1744, beginnt die neue Erntezeit. Pyra und Uz und Götz sind zur Stelle, der frühe Lessing nimmt teil, selbst Gerstenberg schreibt 'Tändeleien', und Heinse (in den Beiträgen zur Halberstädter 'Büchse' und zum 'Thüringischen Zuschauer') setzt den *pièces fugitives* der Dorat und Grécourt, Gresset und Crébillon reizende Kleinodien zur Seite. Verwandtes lebt in Österreich, schon bei Kurz-Bernardon, später bei zahlreichen Nachfahren Wielands. Vollender ist Jung-Goethe, in dem ja seit Leipzig der Wandel von Rokoko durch Sturm und Drang zu Klassik urbildhaft sich entspinnt: Man findet sein Rokoko im 'Buch Annette' und den 'Neuen Liedern'; man lese 'Ziblis' oder den 'Triumph der Tugend' oder die 'Kunst die Spröden zu fangen'. Die Anakreontik bewohnt ein idyllisches Geheg in hastender Zeit; alles ist lieblich, putzig, anmutig: Täler und Blumen, Wäldchen und Wässerlein, Weinglas und Mädchenrock; überall antikisierender Hausrat aus den Kammern des XVII. Jhs. Die Abwandlung der überlieferten Motive leiht der Sprache Gelenke und Reizsamkeit. — 2. Solcher Anakreontik gesellt sich die Bukolik: das Pastoral. Auch hier ein antikischer Stamm, auf den schon in der Renaissance ein jedes der Kulturvölker sein Reis pfropft. Gottsched selbst hatte Fontenelles Theorie ausgeschrieben, dessen 'Endymion' übersetzt, den Longos bearbeitet, eine 'Verliebte Diana' und eine 'Atalanta' verfaßt. Hurtig strömen die Nachtreter zu: die Gellert, Pfeffel, Uhlich, Gärtner, Rost. 'Thirsis' und Damons freundschaftliche Lieder' bilden Schule. Zum Glück folgt aber auch einer, der den Reformator heilsam reformiert: Salomon Geßner, Gründer einer halb klassizistischen, halb Rokoko-Idylle, einer der höchsten Prosakünstler seines Jahrhunderts. Die Gottschedische Schäferdichtung kopiert französische Schablonen: 5 Akte in Alexandrinern, ohne ein szenisches Detail, Tirade und Deklamation; Geßner malt in selbsterworbenem Stil eine Insel der Seligen im

Strahl der sinkenden Sonne. Sein stetes Thema bleibt das goldene Zeitalter, nicht Rousseauistisch-vorhistorisch, vielmehr Ovidisch-außerhistorisch: z. B. die Erfindung des Saitenspiels, der Schiffahrt, des Gesangs. Feinheit und Anmut, nicht Wucht und Schwung! Alles ein wenig moralistisch, doch unvergleichbar in der Koloristik und im melodischen Schmelz ('Die Nacht'!). Geßners Vorbild ist Dafnis' und Chloens unsterblicher Liebestraum. Er selbst bleibt freilich den Vergil oder Tibull näher als dem Homer oder dem Theokrit. In vielfachem Bezug ist er Tischbein und den Jüngern der idealen Landschaft verwandt. Im Übrigen wahrt er die Mitte zwischen Gottscheds und Gellerts französierendem Klassizismus und dem antikisierenden Realismus Voß-Müllerschen Bauern-, Winzer-, Fischertums. Geßner hat solcher Dichtung auch im Ausland Leser und Folger gewonnen: Berquin, Léonard, Maréchal, Leclerc u. a. m. Einzelnes bei den Göttingern, vieles bei Heinse ist sein Erbe. — 3. Ein Teil Rokoko gedeiht auch im Singspiel fort. Barocke Serenaten und Kantaten und Spektakel-Szenen sind ja die Wiege dieser Gattung. Das Singspiel bereitet barockem Gut, das durch den Opernkrieg Gottscheds bedroht wird, eine Stätte der Zuflucht, sicher durch Wandelbarkeit. Volksmäßiges besteht hier neben alter Formkunst, nicht unähnlich wie in der österreichischen Posse oder der Opera buffa Heroisch-Verstiegenes neben Burlesk-Gewöhnlichem. Gays 'Bettleroper' und die beiden Stücke Coffeys geben Anstoß, Weiße und seine Helfer: erst Standfuß, dann Hiller, verbreiten den Typ. In Wielands 'Alkeste' und 'Rosamund' ist das Komödienhafte schon der straffen Konvention des hohen Stils gewichen: hier ruhen technische Voraussetzungen noch des Iphigenienverses. Freilich, ein reines Rokoko hat sich im Singspiel niemals ausgeformt, so wenig wie sich etwan die zeitgenössische Romanze zu eigenwüchsigem Charakter durchgerungen hat. Immerhin sind hier unter auch antikischer Ägide die beiden Elemente aneinandergerückt, die nachmals, auf viel höherer Basis, in der Klassik Ineinsbildung finden. So wird selbst in dieser Richtung eine der Vorstufen der Renaissance-Vollendung erklommen. — 4. Die breiteste Wegbereitung der klassischen Form, die letzte und lauterste Frucht des Rokoko verkörpert sich in Wielands Werk. Auch dieser ist nur Herrscher eines gegebenen Niveaus, Aufspeicherer, Bewahrer, Erbe, vertraut mit allen Moden der Vergangenheit und Gegenwart, ein Bildungskünstler in excelsis, Aneigner, Einfühler, Bearbeiter. Er dringt, entgegen allem Klassizismus, über das Römertum hinaus zum Griechentum vor, das er allerdings nicht als menschliche Naivität, nur als sublime Kultur zu würdigen weiß. Phantastischer Fabulierer und galanter Plauderer, vielseitig und schmiegsam, ist er gleich bewandert im Platon wie im Epikur, im Aristophanes und im Lukian; Platonisch im 'Anti-Ovid', lasziv im 'Idris', indifferent als 'Danischmende': zuhaus in allen Sphären des himmlischen und irdischen Eros.

§ 8. In Wielands Dichtung ist die Kammhöhe des Rokoko, das Reichste und Edelste, was barocke Formkunst dem aufgeklärten Menschentum darzubieten vermag. Sein Griechentum ist lyrisch-episch, alles andere als dramatisch (was es doch selbst dem Gelehrten Winckelmann bleibt); daneben eignen ihm realistische Linien, nie aber moralistische Werte wie dem Hellas der Klassik; sogar das stoische Moment der klassizistischen französischen Tragödie verbleicht vor dem idyllisch-dekorativen. Trotzdem ist Wieland niemals einer artistisch-manieristischen Wertung des Griechischen verfallen. Das vollmenschliche „Virtuosentum" des Grafen Shaftesbury wird sein Leitstern. Der ewige Meister der Form, der alle Schönheit und Lockung der literarischen Erde durchstreift hat, gelangt doch schon, auf ungeheurem Umweg, zu jener intensiven Erhöhung des gesamten Menschen durch die Kunst, wie sie dann auch dem Schiller-Humboldtschen Humanitätsbegriff zugrund liegt. Und hier knüpfen jetzt Winckelmann und noch mehr Herder an, den Gebilden des Künstlers das Wirken des Lebensdenkers und Lebenslehrers gesellend. Herder hat freilich schon in den 'Fragmenten' die kritiklose Nachäffung der Griechen angeklagt und insbesondere in den 'Ideen' die zeitliche Bedingtheit solches Seelentums erhellt. Dennoch verdankt auch er der Seinsart der Hellenen, vorab des Homer, sein Bestes; und nur der heteronom formalistischen Ideologie widerstreitet sein historisches Korrektiv. Der Mann, dessen poetisches Stilgefühl sich nebstbei aus dem Volkslied oder auch aus der orientalischen Symbolik speist, kann füglich das Antike nicht als bloßes Muster einer formalen Regelmäßigkeit bewundern. Für ihn bedeutet es vielmehr von Anbeginn ein umfassendes Bildungsideal, das unsere sämtlichen Kräfte durchdringt, nicht bloß die rednerischen oder formerischen im engeren Sinn: kein Stilgesetz also, sondern ein Höchstmaß menschlicher Würde und Ganzheit. Daher die überwältigende Wärme und unbefangene Wirklichkeitsnähe, die das klassische Griechentum ausstrahlt. Auf diesen Bahnen geht es der Lebensform Goethes entgegen. — Das Rokoko als solches aber begegnet jetzt vorerst dem Sturm und Drang: dem ungestümen Vorstoß nördlichen, männlichen, freiheitsbegierigen Geists gegen alles Barocke samt dessen Aus- und Nachläufern. (In Österreich, wo das Barock auch noch im XVIII. Jh. üppig blüht, entbrennt kein Sturm und Drang, und umgekehrt: In Österreich, wo kein Sturm und Drang hereinbricht, hält Rokoko-Gebärde noch in der ganzen Mozart-Zeit das Szepter der Literatur.) Das Rokoko wird nun selbst durch den Sturm und Drang nicht ausgerottet, wohl aber geknickt, zum Bildungsklischee erniedrigt. Daß es auch nach dieser Erschütterung nicht abgestorben ist, erweist das Epigonentum der Matthisson, Ernst Schulze, Kosegarten, Halem, Schmidt von Werneuchen und Gefährten. Ihr aller Grundmerkmal ist das Nebeneinander von arkadischen und realistischen, pathetischen und sentimentalen Tönen, die Kreuzung des barock-geschlossenen Naturaspekts durch einen dithyrambisch-offenen: einerseits Rousseau-Leidenschaft für Nacht, Sturm, Wildnis, verquickt mit Young-Ossian-Millerischer Schwärmerei; andererseits die Neigung zu lauschigen Plätzchen und Wässerlein im zärtlichsten Barock- und Rokoko-Geschmack. Dies ist denn auch die Mutterlauge jenes Bildungsphilisteriums, wie es bereits um die klassischen Kronen ins Kraut schießt und in der Zeit der spätromantischen Journale, Almanache und Kalender alles Gesunde, Echte, Wüchsige gänzlich zu überwuchern droht. Die Kunst um die Franz Horn und Johann Friedrich Kind, die hinsichtlich Verstechnik und Motivik aus Wielands Becher trinkt und diesen dann den Goldschnitt-Lyrikern des Geibel-Zeitalters reicht: den Redwitz, Roquette, Baumbach, kennt die Antike durchschnittlich höchstens aus dritter Hand. Der unten folgende Artikel '*Klassizistische Dichtung*' wird ein System von Längs- und Querschnitten durch dieses Dickicht legen. Hier, wo es einzig auf den Hauptstrom der Entfaltung ankommt, kann nur der stärkste Strang, der sich aus Wielands Dichtung weiterspinnt, herausgehoben werden: Es handelt sich um die Varianten jenes Stils, in dem sich die nicht unbeträchtlichen realistischen Energien der Rokoko-Epoche sammeln, ohne den klassizistischen Abbruch zu tun. Man kann diese wenig durchforschte Entwicklung den „Italismus" nennen: Antikische Manier der idealen Landschaft ist hier mit markiger Anschauung des Lands und der Leute gepaart. Helläugige Wanderer sprechen, nicht eifernde Propheten oder reisende Gelehrte. Weder Monumentales noch Galantes, nur Unmittelbares und Warmes ist erstrebt. Wohl wird Italien immer auch als die Heimat der Alten gegrüßt, doch gilt der Enthusiasmus durchaus der Substanz, keinem Stilmuster. Schon August Gottlieb Meißners Romane bezeugen durch solche Züge die Schule der Wielandschen Epik: 'Alcibiades', 'Bianca Capello'. Der Renaissancemaler Heinse ist Meister dieser Tönung, zuweilen noch der alternde Erzähler Klinger, auch der vielgewanderte Feßler. Ähnliche Ziele spornen dann das spätromantische Fraubasentum: Genannt sei als oberes Extrem der 'Agathokles' der Karoline Pichler und als unteres Böttgers 'Pausanias' (beide im Stil verwandt mit Bulwers 'Letzten Tagen von Pompeji'). Viel reiner ist das Kolorit von Johann Gottfried Seumes 'Spaziergang nach Syrakus' Auf dem Theater vergleicht sich die sanfte Abdämpfung des Stoizismus in den Römerdramen Collins. Die weitere Kette bilden die Romane Philipp Rehfues', daneben Kleineres bei Kopisch, Hermann Kurz, vorzüglich Waiblinger; und diese deuten dann hinüber einerseits zur 'Arrabiata' samt deren Münchener Gefolg, andererseits in die Welt des poetischen Realismus, neben der noch des Gregorovius 'Römischen Tagebüchern' (1852—74) ein nachbarlicher Platz gebührt. Die späteren Verästelungen reichen bereits in jene Zone, die F. F. Baumgarten als „Renaissancismus" nicht ohne Willkür gekennzeichnet hat. Und nun zurück zum Nerv des Geschehens!

§ 9. Noch vor dem Sturm und Drang, der dem gekennzeichneten Wuchs des Rokoko Einhalt gebietet und dessen reiche Frachten auf allerhand Nebengeleise abschiebt, liegt Winckelmanns Entdeckung der klassisch-griechischen Antike, nach der römisch-romanischen des Barock und der rationalistisch-formalistischen des Klassizismus: Hellas als Reich gesamtmenschlicher Bildung schlechthin, nicht bloß als Speicher von Gefäßen, Figuren, Ornamenten. Schon hier beginnt die abgründige Wandlung des Persönlichkeits- und Naturbegriffs: der Aufstieg von der äußeren Form zur inneren Gestalt, vom Peripher-Gelegentlichen zum Zentral-Notwendigen, vom Gleichnis zum Mythos. Selbst Praktiker wie Mengs und Christian Ludwig Hagedorn oder akademische Schöngeister wie Hemsterhuis, Ramdohr, Sulzer verleugnen nicht die Pulse der Erneuerung. Auch die Philologie widmet sich jetzt voll Hingabe dem Griechentum, und zwar nicht nur dem schriftlich Überlieferten. — Der Sturm und Drang als solcher hat zwar den griechischen Formen und römischen Regeln die Ehrfurcht versagt, indessen dennoch letztlich eine Einheit aller menschlichen Kräfte gesucht, wie sie sich eben auch in der klassischen Konzeption des Hellenentums symbolisiert. Der Sturm und Drang-Ruf „Gefühl" birgt weder unbedingte Form- noch auch Vernunftfeindschaft; er fordert nur Ganzheit gegenüber Einseitigkeit: Gesamtmenschliches gegenüber Ressortphilisterium. So hat auch das junge Geschlecht die Erfüllung des antikisierenden Formwillens mindestens mittelbar gefördert. Goethes liebster Römischer Gefährte Karl Philipp Moritz gehört der Bewegung an, und die Plotinisch-Shaftesburyschen Ideen empfangen hier durch Fritz Jacobi moralistische Auswertung, wie sie insonderheit bei Schiller vielfach nachhallt. J. H. Vossens gewissenhafte Korrektheit, Maler Müllers Shakespearisierung des Theokrit, Höltys und anderer Horaz-Motivik, Lenzens Plautus-Bearbeitungen, Heinses frühe Idyllik: überall Erbstücke des mütterlichen Altertums. (Sehr scharf beobachtet schon Immermann einen antiken Zug im 'Ugolino': das gleichmäßige Verharren in einer anscheinend nur als Extrem faßbaren Seelenlage; Gerstenberg hatte es innerlich vielleicht nicht allzu weit von seiner 'Ariadne' bis hierher, wie überhaupt Melodrama und Singspiel mehrfach auch in die naturalistische Entfaltung eingreifen.) Blackwell und Wood und Herder haben Homer als naiven Sänger der Urgemeinschaft verstehen gelehrt; und gibt es eine heißere und hellere Homer-Begeisterung als die der Stolbergs? Homer, Volksdichter und Formenmeister zugleich, ist Weiser des Wegs vom Sturm und Drang zur Klassik, des Wegs, den Goethe hehr geschritten ist. Der Sturm und Drang führt also keinen Angriffs-, nur einen Befreiungskampf. Neue Lebensformen erstreiten Sieg, um dann die antikisierenden Kunstformen, die der Alleinherrschaft für immer beraubten, versöhnlich wiederaufzunehmen. So erwächst das klassische Ganze, das mehr ist als die Teile, die es gebildet haben. (Der Raummangel verbietet es, hier die Antike Goethes und Hölderlins, Schillers und Grillparzers, in der sich der bislang verfolgte Werdegang bekrönt, als Stadium des Renaissance-Zusammenhangs zu würdigen. Dies bleibt dem Artikel *Klassik* überlassen!)

§ 10. Die Frühromantik bleibt zunächst hinsichtlich zahlreicher Formen und Formeln durch die Klassik bestimmt und geleitet. Wie Friedrich Schlegel über Phantasie und Denken reflektiert, wie er Antikes und Christliches sich gatten und trennen sieht, wie er Ideen in der Dichtung sucht, wie er ein Kunstwerk nach Kategorien zergliedert, all diese Energie nährt sich aus dem Erlebnis Goethe und aus den Lehren Schillers. Und wie die Anfänge der Brüder Schlegel an der Klassik haften, so Schelling und Schleiermacher vorerst am Kritizismus Kants. Alles romantische Kunstdenken, mag es zuweilen auch, in späteren Jahren immer doktrinärer und phrasenhafter, dem Vollendeten das Unendliche gegenüberstellen, ist durchaus orientiert am klassischen Idealitätsproblem: der Grundfrage des XVIII. Jahrhunderts nach dem Verhältnis von Körper und Geist in allen Stufungen. Wie die Praxis zumeist mit dem alternden Goethe Übereinstimmung sucht, so kommt die Theorie nirgends von Schiller los. Nur daß aus dessen Antithese von naiver und sentimentalischer Dichtung andere Folgerungen gezogen werden! (Vgl. den Artikel *Naive und sentimentalische Dichtung*.) Naiv-antiker Stil wird nicht zugunsten eines geringeren modernen mutwillig preisgegeben, sondern die notwendige Forderung des Augenblicks nach dem Sentimentalen vollstreckt. Erst die Restauration und die Hegelzeit haben im Romantischen schlechthin den Widerspruch gegen das Klassische erblickt und die zwei Namen als fast kontradiktorische Begriffe gebraucht. Heute durchschaut man auch die außerkünstlerischen Tendenzen des Zeitalters, dem erstmals die Erkenntnis aufsteigt: Man bannt die Antike nicht, indem man sie vergötzt. Nur Wertung läßt sich stabilieren, nicht auch hervorbringende Kraft. Die Klassik ist ein Optimum, bei dem man nicht beharren kann. Dies die Kernsätze einer zutiefst historistisch gestimmten Epoche. Hier wurzeln Verschiedenheiten der Kunstanschauung jenseits alles dichterischen Formgesetzes. — Für die Kenntnis des griechischen Altertums haben beide Schlegel erfolgreich gewirkt. Streng akademisch gräzisierend schreibt August Wilhelm seinen 'Ion'. Antikisierende Themen und Techniken beherrschen seit klassischer Zeit selbstverständlich auch alle Trivialliteratur; die Romantik hat solcher Verbreitung vielfältigen Vorschub geleistet. Das Griechentum dieser niederen Geister entspringt keiner Kulturperspektive, bloß manieristischer Stiltüchtigkeit. Hellas ist nicht mehr das ewige Heiligtum sinnlich-sittlicher Bildung, nur noch ein starker Ast am Baum der Weltliteratur. Zurück tritt der Humanitäts-Glaube, hervor die prächtige Tönung, der ebenmäßige Bau, die gehaltene Einzelgeste. Die Nacheiferung wird historisch und ästhetisch geschmeidiger, doch ohne befreiendes Ethos, ein rückgewandtes Epigonentum. Ed. Groschvetter feiert den 'Tod des Phaëton', K. L. Kannegießer 'Telemach und Nausikaa', Ad. Bube den 'Ajax Telamonius', O. Fr. Gruppe 'Endymion und Artemis'. Mythologie mit seichter Aufhöhung durch Christlich-Sittliches bietet etwan die 'Tantalis' eines Kurowski-Eichen, 'Orpheus und Eurydice' von W. Heidelberg, 'Eros und Psyche' von Clodius. Die Scheide der Romantik ist hier überall nicht zu verkennen. Die alten Mythen nehmen häufig legendarisches Gepräg an, christliche Einsprengsel verstärken den sentimentalischen Charakter, weltenweite Gegensätze mildern sich zu weichen Mischungen. Romantik-ferner bleibt das (ältere) klassizistische Idyll: Neubecks 'Gesundbrunnen', Baggesens 'Parthenais', Kosegartens 'Jucunde', nebst einer Reihe noch kleinerer Mitläufer. Dem Drama leuchtet Schillers Flug voran: Ihm dankt das Epigonenstück insonderheit historische und nationale, politisch-männliche Wallungen: zum wenigsten heilsame Gegengifte wider die allseits einströmende Trägheit. Das Belletristisch-Bürgerlich-Romantische empfängt durch Schiller immerhin einen Zug zum Heroischen — wenn auch noch keinen heroischen Zug. (Dieser massenhaften Hervorbringung ist der Artikel *Epigonendichtung* gewidmet. Darum hier nur wenige bezeichnende Namen!) Da sind vorab, nach den Medeen-Dramen des alten Fr. M. Klinger, vor den Iphigenien-Stücken Kannegießers, neben dem klassizistisch-jambischen Gestümper der Schütz und Schöll und Gubitz und Soden und Beer, die von stolzem Corneilleschen Pathos geschwellten Versuche der Aug. Klingemann und Heinr. Jos. v. Collin, die Schiller-Centonen der Auffenberg und K. Th. Beil, vor allem die rhetorischen

Gesinnungs-Fanale Theodor Körners. Auf weit, weit höherer Ebene ringt Kleist um die Vermählung der Geister Sophokles' und Shakespeares, und vollends bei Grillparzer geht gerade die eigentümliche klassisch-romantische Antike in lauterstes Gebild ein. In den Niederungen aber wird alles Klassische bereits einer Schmücke-dein-Heim-Kunst ausgeliefert. Und später trägt moderne Empfindsamkeit ihre gemütlichen Animier-Problemchen auch in diese Welt: Von Halm bis Wilbrandt und bis Sudermann wird solch bewährtes Theatermilieu zum Schauplatz schönseliger Herzenswirren erwählt. Unvergeßlicher Kitsch, wie zum Beispiel in Heyses 'Meleager' die herbspröde Maid Atalante in romantischem Fieber entbrennt. Das Wesensmerkmal dieser Pseudo-Antike ist das Fehlen jeder Monumentalität, sowohl der inneren (klassischen) als auch der äußeren (barocken). Die ganze bürgerliche Poesie des XIX. Jahrhunderts bedeutet ein Vorliebnehmen teils mit goldschnittmäßiger Verzierlichung, teils mit schulmeisterlicher Verholzung des Altertums. Wahre Monumentalität erwacht erst wieder bei Richard Wagner, in einem allerdings nur mittelbaren Zusammenhang mit dem Antiken. Die letzte gigantische Umwälzung ist dann die Tat Nietzsches.

§ 11. Die Romantik nimmt der Antike das Lebenssteuer aus der Hand, der Realismus drängt sie aus der ersten Stelle auch im stilistischen Bereich. Ein hohes Suchertum vertritt in diesen Gärungen vor allen Immermann: In der Abhandlung über den 'Ajax' des Sophokles rechnet er ab mit dem epigonischen Altertumskult, den vorher sein 'Periander' nur vergeblich praktisch zu überwinden unternimmt. Frucht des Bemühens um Synthese von Antikem und Romantischem ist die Alexis-Trilogie. Geschichtlich von geringerem Belang bleibt das Aristophanische in der romantischen Komödie, wie sie nach Tieck zum Beispiel Rückert, in wenig glücklicher Allegorik, auf Politisches überträgt und Platen dann zur Waffe im literarischen Parteikampf schmiedet. Jungdeutschland ringt mehr um den Bühnensieg als um das Lesedrama, dem alle spätromantische Antike huldigt. (Das Gleiche wie von den Jungdeutschen gilt dann von den Naturalisten.) Ein Macher wie Gutzkow oder ein Praktikus wie Laube bilden in solchem Bezug ein nicht verächtliches Gegengewicht gegen die blümelnde Beschaulichkeit der Epigonen. Hier liegt nun aber auch die Zeitwende vom idealistisch mißverstandenen Idealrealismus Hegels zum Positivismus und Spezialismus der Feuerbach- und Darwin-Zeit. Auch Heine, der die Schlagwortantithese Hellenentum und Nazarenertum gemünzt hat, wird von den Wehen solcher Neugeburt pathetisch und ironisch zerrissen. Indes der ragendste Gestalter dieser Umschwünge ist Hebbel. (Der stärkste der kleineren: Mosen.) Grabbe und Büchner verkünden fanatisch Abbruch und Befreiung, Hebbel gewinnt dem Lauf des Werdens und Vergehens wuchtige Symbolik. Universale Umstellung zeugt wankende, splitternde, berstende Formen: Die Kunst als Ganzes wird Problem. Und diese Aufreizung sämtlicher metaphysischer Instinkte schafft dann die Möglichkeit einer Verjüngung des Antiken, wie sie durch Nietzsche Ereignis wird. Der Weg dahin durchmißt drei Schichten: 1. Antikes wuchert fort, bei den Münchenern und Genossen; 2. daneben gibt es ein Fortsprießen, von Mörike bis C. F. Meyer; 3. darüber endlich ist ein leuchtendes Fortblühen, seit Richard Wagners Werk. München ist ein Beharren und Verebben, Meyer ein Schleifen und Bosseln (und manches mehr), Wagner ein Einstrom junger Kraft, Nietzsche der große Mark- und Blutentzünder. Nachher erscheinen an der Seite abwegiger Großer wieder die Akademiker, Eklektiker, Relativisten. — Neben Immermann, diesem in seinem schlaffen Formgefühl typischen Sproß einer kreißenden Zeit, steht Platen als Prophet des Dogmas, an das Goethe und Winckelmann, Cornelius und Schinkel geglaubt haben. Der poeta laureatus der Jüngeren aber ist Geibel, Lehrer im Übersetzen ('Klassisches Liederbuch', zuerst mit Ernst Curtius) und Schüler im Tragieren ('Sophonisbe'), als Lyriker des „l'art pour l'art" Führer der Münchener Parnassiens, etwas wie Meister einer Gilde, Arbiter, Zensor, Merker. Neben und nach ihm Heyse, Bodenstedt, Schack, dann Leuthold, Hermann Lingg und Martin Greif; die schwächeren wie Grosse oder Kruse zählen auch zu den Ahnen Nissels und der Oberlehrer-Tragödie. Rechtschaffen selbstverliebt sind diese Lehrlinge der Alten, ohne dämonischen Hieb, ohne Sinn für Erhabenes und Heldisches: Klassizisten! Alle im Lyrischen weit größer als in den Tiraden ihrer herkömmlichen Nero- und Tiberiusstücke. Unter die weitere Sippe dieser Kunst gehören Bildungsdichter wie Scheffel und Wilbrandt. Viel reiner fließt der Quickborn des Antiken bei Mörike — man sehe sein Gedicht von der schönen Lampe! —, und Mörikes Töne schwingen noch mit im 'Liederbuch dreier Freunde', vorzüglich bei dem dichterisch begabtesten: Storm. Virtuos der antikischen Formen, durch und durch Epigone, von allem Hochmut des Materialismus gebläht und auf spekulativ-geschichtsphilosophischen Stelzen schreitend erscheint Wilhelm Jordan, Schöpfer des 'Demiurgos', nebstbei Homer-Übersetzer und -Kritiker. Mit Jordans Mängeln nicht unvertraut erweist sich Hamerling (antikisierendes Kolorit besonders in der 'Aspasia' und im 'Ahasverus in Rom', antike Motivik in 'Amor und Psyche'). Jordan und Hamerling heben sich immerhin durch reinen Ernst und hohes Wollen über den Troß der fixen Unterhalter und steifen Belehrer empor, und gleiches gilt in stärkstem Maß von Siegfried Lipiner, dessen 'Entfesselten Prometheus' Nietzsche preist, aus dessen Nachlaß noch 1913 ein 'Hippolytos' ans Licht kommt. Auch Herman Grimm ('Raffael', 'Michelangelo'), ebenso Heinrich von Steins ästhetische Forschung, vor allen aber Jakob Burckhardt (namentlich 'Die Kultur der Renaissance', 1860, und die nachgelassenen Vorlesungen über griechische Kulturgeschichte, 1898) bezeichnen den Auftakt einer umfassenden Durchdringung der Antike wieder in klassischem Geist. Indes die edelsten Bekenner eines dämonischeren Ideals des Ewig-Menschlichen, zugleich die Nietzsche-Nächsten der Epoche sind Wagner und Böcklin, zwei in jeder stilistischen Hinsicht so innig verwandte Titanen, wie es ein Maler und ein Musiker vielleicht überhaupt sein können. Hier endlich ist monumentaler Kontur, geschichte-entrücktes Heroentum, weltformender Wille. (Ein kleinerer Sendling aus diesem Reich wird später Max Klinger.)

§ 12. Und jetzt öffnet sich der Vulkan Nietzsche, der einer verbürgerten und verballhornten Antike wieder heldische Größe, dramatische Wucht, dionysische Glut, apollinisches Licht bringt. 1872 erscheint 'Die Geburt der Tragödie aus dem Geiste der Musik'. Wider alles polytechnisch-polyhistorische Epigonentum prallt der trotzige Satz: „Uns hat die griechische Kunst gelehrt, daß es keine wahrhaft schöne Fläche ohne eine schreckliche Tiefe gibt". Nietzsches Antike ist allein das Griechentum, und hier im Kern das VI. Jahrhundert der „Lyriker und Tyrannen", weit weniger die Perikleisch-Sophokleische Reife; Trieb und Leidenschaft, Wahn und Rausch bleiben voran. Er sieht gesamtmenschliche Daseinsfülle statt stoischer Ataraxie, anthropomorphe Natur statt idyllischen Märchenklimas, vorzüglich aber die freie und wilde anethische Seele statt olympischer Ruhe und harmonischer Glätte. Alles Antithesen, um die bis heute der Streit geht! Im Verhältnis zum klassischen Hellas ist Nietzsche einerseits Fortbildner: so hinsichtlich der Würdigung der inneren Kompliziertheit, des dramatischen Zwiespalts, der Totalität aller menschlichen Energien. Der tiefste Unterschied liegt im Fehlen der sittlichen Werte; die Abwesenheit sämtlicher moralischer Motive trennt Nietzsches Begriffe des Apollinischen und Dionysischen abgründig von Schillers Konzeptionen in der Abhandlung 'Von naiver und sentimentalischer Dichtung'. Demgemäß mangelt auch jeder Zusammenhang mit den Thesen der Humanität: „Das Altertum ist 'menschlich', aber nicht human." Den ersten Höhepunkt erreicht die Wirkung Nietzsches mit dem Erscheinen der Gesamtausgabe, 1895 ff. Das Weitere kann nur in gröbstem Umriß angedeutet werden: Nietzsches orgiastischer Hellenenkult hat seine beiden Hauptbegriffe von Friedrich Schlegel entlehnt, und ein romantischer Nerv ist ihm eigen geblieben. Dieser bestimmt denn auch zunächst die

Resonanz der großen Kunst- und Lebensprophetie. Die grellen Farben, wie sie in der bürgerlichen Zeit ein Grisebach, gelegentlich auch noch ein Wildenbruch besitzt, werden sublim gestuft: Man prüfe die Nüancen selbst eines R. Voß, Vollmöller, auch noch Widmann. Am frappantesten ist Dionysisch-Ekstatisches, z. T. dank gleichzeitigen Eindrücken aus Swinburne und d'Annunzio, in Hofmannsthal lebendig, der nach lichteren Erstlingen seine satanische 'Elektra'-Linie immer schärfer ausgeformt hat. Auch unter Jüngeren regt sich die Einfühlung gerade in das Blutig-Gräßliche des Mythos, beispielhaft in der 'Troerinnen'-Übersetzung Werfels. Selbst Hauptmann schlägt im 'Griechischen Frühling' vereinzelt ähnliche Motive an. Dieser vorwiegend dionysischen Antike samt ihren vielfältigen Schattungen begegnet eine apollinische, in der sich unser Ringen nach echtem und originalem, monumentalem und umfassendem Stil tiefer und lauterer wiedererkennt. Ein Künstler wie Spitteler ist allen Griechenmoden von je aus den Wegen geblieben. Die hellste und hehrste Einkörperung aber erfährt die apollinische Antike im Werk Stefan Georges. In einigem Abstand ist R. A. Schröder zu nennen, vorzüglich mit seinem 'Elysium'. Aber auch Kleinere und Kleinste pilgern treu beflissen nach solchen Zielen; ihr aller Leitstern heißt: Hölderlin. Solche Wandlung zum Plastisch-Apollinischen ist die beherrschende und vielleicht einzige Entfaltungsrichtung des Antikisierenden im XX. Jh. Außerhalb dieser Wachstumsvorgänge erfolgt die mehr okkasionelle Einkehr in das Altertum, in hoher Sphäre schon bei Ibsen, im Doppeldrama: 'Kaiser und Galiläer' (dem Hebbel-nächsten Stück des Meisters und insofern nicht Zufall in der Problematik); in mittlerer etwan bei Hauptmann, im 'Bogen des Odysseus' (dessen Antike freilich stets die Seele Florian Geyers abzumerken ist); in niedrigerem Unterhaltungs- und Anregungsbereich z. B. in Fuldas 'Herostrat', oder in Sudermanns 'Lobgesängen des Claudian', oder in Eulenbergs 'Kassandra'. Zu einer Sondergruppe schließen sich die sozusagen akademischen Gesinnungsherolde einer deutschen Antike, alle nicht nur dramatische, sondern auch theoretische Bekenner und Erzieher: Friedrich Lienhard mit seinen 6 Bänden der 'Wege nach Weimar', Paul Ernst (Programm: 'Der Weg zur Form'), Wilhelm von Scholz ('Gedanken zum Drama'), auch Samuel Lublinski ('Bilanz der Moderne', 'Ausgang der Moderne'). Trotz allen diesen ist nun freilich dank dem unzählbaren Nebeneinander so mannigfacher Deutungen und Wertungen überall auch ein umfassender Relativismus eingezogen. Nicht an Beliebtheit der Vokabeln Idealismus, Klassik, Griechentum fehlt es im neuen Deutschland, sondern am hellen, heißen, harten Gehalt dieser Namen. Einen gewissen, wenn auch nicht zu überschätzenden Gegendruck vermag hiergegen die Wissenschaft zu üben, die philologische wie die archäologisch-realistische. Sie hat es vielfach schon getan: Gerade in solchem Belang haben Köpfe wie Ribbeck, Rohde, Wilamowitz, Usener, Leo, Schwartz, Crusius, Arnim, Bruns und andere Verdienste auch um die Literatur; neben ihnen die Seeck und die Diels, und nicht zuletzt die Übersetzer: Bardt, Scheffer, Meckler, Bellermann u. v. a. Auch mehrerer Aufsätze Rudolf Borchardts (besonders: 'Villa') muß gedacht werden. Selbst Philosophie- und Religionsgeschichte haben die Teilnahme am Altertum gestärkt.

Summarisch überschaut, läßt das Gegenwartsbild der Antike die folgenden Wesenszüge erkennen: Wir suchen, über alle Vielgestalt der Form hinaus, im Altertum das Urbild einer abgeschlossenen Kultur, die sich in jeder Phase vollkommenen Stil gegeben hat. Hier ist monumentale europäische Formensprache; unvergängliche Wortkunst, organische Konvention, naiver Geschmack; Wuchs und Beseelung, Einfalt vor jeder Spaltung; heldischer Geist und dennoch Hingebung an das Natürliche; menschliche Einzigkeit und zugleich Norm: Gesetz aller Erscheinung in der einzelnen Erscheinung, ewiges Menschenmaß und Leib der unsterblichen Weltkräfte. Solcher Wille zur Einform und Allnatur, zur menschlichen Totalität gegenüber dem Reizsam-Exzentrischen, zum in sich beruhenden Stil jeglicher

Lebensäußerung, dieser Wille hält unsere edelste Dichtung, unsere wahre Geisteswissenschaft, unsere einzige Metaphysik der Antike trotz allen Beschränkungen treuer verbunden als irgend eine deutsche Seinsform der letzten hundert Jahre.

Literatur: A. Der gegenständlichen Erhellung der Gesamtkategorie dienen: C. L. Cholevius *Gesch. d. dt. Poesie nach ihren antiken Elementen* 1854—56. K. Borinski *Die Antike in Poetik und Kunsttheorie von Ausgang d. klass. Altertums bis auf Goethe und W. v. Humboldt* 1914—24. G. Billeter *D. Anschauungen vom Wesen des Griechentums* 1911. Fr. Paulsen *Gesch. d. gelehrten Unterrichts* 1885. C. Bursian *Gesch. d. klass. Philologie* 1883. J. J. Hottinger *Versuch einer Vergleichung der dt. Dichter mit den Griechen und Römern* 1789. G. A. Fr. Ast *Über den Geist des Altertums* 1805. W. Herbst *D. klass. Altertum in d. Gegenwart* 1852. P. Cauer *D. Altertum im Leben d. Gegenwart* 1911. P. Nerrlich *D. Dogma v. klassischen Altertum* 1894.

B. Das Fortleben antiker Geister und antiker Formen begleiten: J. Fr. Degen *Lit. d. dt. Übersetzungen d. Griechen* 1797—1801. Ders. *Versuch einer vollständigen Lit. d. dt. Übersetzungen d. Römer* 1794—99. E. Stemplinger *D. Befruchtung d. Weltliteratur durch d. Antike*, GRM II (1910) S. 529 ff. G. Voigt *D. Wiederbelebung d. klass. Altertums oder das erste Jh. d. Humanismus* 1859. O. F. Gruppe *Deutsche Übersetzungskunst* 1859. G. Finsler *Homer in d. Neuzeit von Dante bis Goethe* 1912. W. Fränzel *Gesch. d. Übersetzens im XVIII. Jh.* 1914. A. Schröter *Gesch. d. dt. Homerübersetzung im XVIII. Jh.* 1882. F. Braitmeier *Über d. Schätzung Homers und Vergils von J. C. Scaliger bis Herder* 1886. E. Stemplinger *Studien zum Fortleben Homers*, StvglLg. VI (1906) S. 1 ff. D. Comparetti *Virgil im MA.* 1875. G. Zappert *Virgils Fortleben im MA.* 1851. G. Hauff *Schiller und Vergil*, ZfverglLg. NF. I (1887) S. 46 ff. G. Ernst *D. Heroide in d. dt. Lit.* 1901. E. Stemplinger *D. Fortleben d. Horazischen Lyrik seit der Renaissance* 1906. H. Fritzsche *Horaz u. s. Einfluß auf die lyrische Poesie der Deutschen*, Fleckeisens Jbb. LXXXVIII (1863) S. 163 ff. F. A. Mayer *Horaz in Jakob Schwiegers 'Geharnschter Venus'*, VjschrLg. II (1889) S. 470 f. A. Puls *Römische Vorbilder für Schwiegers 'Geharnschte Venus'*, VjschrLg. III (1890) S. 236 ff. E. Petzet *D. Einfluß d. Anakreontik u. Horazens auf J. P. Uz*, ZfverglLg. NF. VI (1893) S. 329 ff. W. P. Mustard *Later Echoes of the Greek Bucolic Poets*, American Journal of Philology XXX 245 ff. E. R. Keppeler *D. Pindarische Ode in d. dt. Poesie des XVII u. XVIII. Jhs.* Diss. Tüb. 1911. K. Viëtor *Gesch. d. dt. Ode* 1923. M. Rubensohn *Griech. Epigramme u. andere kleinere Dichtungen in dt. Übersetzungen des XVI. u. XVII. Jhs.* 1897. R. Levy *Martial u. d. dt. Epigrammatik d. XVII. Jhs.* 1903. E. Beutler *Vom griech. Epigramm im XVIII. Jh.* 1909. Ch. Fr. Weiser *Shaftesbury und d. dt. Geistesleben* 1916. O. Walzel *Das Prometheussymbol von Shaftesbury zu Goethe* 1910. L. Zurlinden *Gedanken Platons in d. dt. Romantik* 1910. A. Müller *D. griech. Drama u. seine Wirkungen bis zur Gegenwart* 1908. K. Heinemann *D. tragischen Gestalten der Griechen in d. Weltliteratur* 1920. W. Süß *Aristophanes u. d. Nachwelt* 1911. F. Hilsenbeck *Aristophanes u. d. dt. Lit. d. XVIII. Jhs.* 1908. K. Hille *Aristophanes u. d. politische Komödie d. XIX. Jhs.* 1912. J. Rentsch *Lukianstudien* 1895. K. v. Reinhardstöttner *Spätere Bearbeitungen Plautinischer Lustspiele* 1886. O. Günther *Plautus-Erneuerungen in d. dt. Lit. u. ihre Verfasser* 1886. H. W. Mangold *D. ältesten Bühnenverdeutschungen des Terenz* 1912. P. Dittrich *Plautus und Terenz in Pädagogik und Schulwesen d. dt. Humanisten.* Diss. Leipzig 1915. P. Stachel *Seneca u. d. dt. Renaissancedrama* 1907. M. Öftering *Heliodor u. seine Bedeutung für d. dt. Lit.* 1901. J. Brock *Hygins Fabeln in d. dt. Lit.* 1913. Th. Zielinski *Cicero im Wandel d. Jhe.* 1912³. H. Tiedemann *Tacitus u. d. Nationalbewußtsein d. dt. Humanisten.* Diss. Berlin 1913. P. Joachimsen *Tacitus im dt. Humanismus*, NJbb. XXVII (1911) S. 697 ff. A. v. Domaszewski *Schiller und Tacitus*, Jhefte d. österr. archäolog. Instituts 1905. K. Hartfelder *Dt. Übersetzungen klass. Schriftsteller aus d. Heidelberger Humanistenkreis.* Progr. Heidelberg 1884.

C. Entfaltungen und Hauptwerke antikisierender Dichtung würdigen: A. H. L. Heeren *Gesch. d. klass. Lit. im MA.* 1822. A. Ebert *Allg. Gesch. d. Lit. d. MA. im Abendlande* 1889². M. Manitius *Gesch. d. lat. Lit. d. MA.* 1910—23. P. v. Winterfeld *Dt. Dichter d. lat. MA. in dt. Versen* 1916. Fr. Wolters *Hymnen und Lieder d. christl. Zeit* 1923. H. Hoffmann *D. Antike in d. Gesch. d. Christentums* 1923. P. Hoffmann *D. Mischprosa Notkers des Deutschen* 1910. M. Heyne *Altdeutsch-lateinische Spielmannsgedichte d. X. Jhs.* 1900. H. Süßmilch *D. lat. Vagantenpoesie d. XII. und XIII. Jhs.* 1917. A. Schmidt *Über d. Alexanderlied des Alberic v. Besançon u. s. Verh. z. antiken Überlieferung.* Diss. Bonn 1886. W. Greif *D. mal. Bearbeitungen der Trojanersage* 1886. E. Klebs *Die Erzählung von Apollonius v. Tyrus* 1899. O. Runge *D. Metamorphosenverdeutschung Albrechts v. Halberstadt* 1900. K. Matthaei *Das weltliche Klösterlein u. d. dt. Minneallegorie.* Diss. Marburg 1907. M. Grabmann *Forschungen über d. lat. Aristoteles-Übersetzungen d. XIII. Jhs.* 1917. F. v. Bezold *D. Fortleben d. antiken Götter im mal. Humanismus* 1922. H. Friedjung *Kaiser Karl IV. u. s. Anteil am geistigen Leben d. Zeit* 1876. G. Voigt *Enea Silvio de Piccolomini* 1856—63. W. Borvitz *D. Übersetzungstechnik H. Steinhöwels* 1914. R. Palleske *D. Stil d. Translatzen des Niclas v. Wyle.* Progr. Landshut 1912. M. Herrmann *Albrecht v. Eyb* 1893. W. Liepe *Elisabeth v. Nassau-Saarbrücken* 1920. M. Betz *Homer, Schaidenreisser, Hans Sachs.* Diss. München

1912. W. Abele *D. antiken Quellen d. Hans Sachs.* Progr. Kannstadt 1897 u. 1899. E. Geiger *H. Sachs in seinen Fastnachtspielen im Verh. zu seinen Quellen* 1904. Helene Henze *D. Allegorie bei H. Sachs* 1912. W. Brecht *D. Verfasser d. Epistolae obscurorum virorum* 1904. G. Niemann *D. Dialogliteratur der Reformationszeit.* Diss. Leipzig 1905. O. Clemen *Studien zu Melanchthons Reden und Gedichten* 1913. K. Burdach *Deutsche Renaissance* 1918[2]. Ders. *Reformation Renaissance Humanismus* 1918. E. Schaeffer *D. moderne Renaissance-Empfinden,* NRs. XVI (1905) S. 769 ff. A. Philippi *D. Begriff der Renaissance* 1912. Fr. Strich *Renaissance u. Reformation,* DtVjschr. I (1923) S. 582 ff. G. Manacorda *Della poesia latina in Germania durante il rinascimento* 1907. A. Schröter *Beiträge zur Gesch. d. neulat. Poesie Deutschlands und Hollands* 1909. F. v. Bezold *Conrad Celtis „der dt. Erzhumanist"*, Aus MA. u. Renaissance (1918), S. 82ff. E. Höpfner *Reformbestrebungen auf d. Gebiete d. dt. Dichtung d. XVI. u. XVII. Jhs.* Progr. Berlin 1866. E. Martin *Die Meistersänger v. Straßburg* 1882. A. Herdt *Quellen u. Vorbilder zu Rollenhagens 'Froschmeuseler'.* Diss. Straßburg 1909. J. Schwaller *Untersuchungen zu d. Dramen W. Spangenbergs.* Diss. Straßburg 1914. H. Cysarz *Deutsche Barockdichtung. Renaissance, Barock, Rokoko* 1924. K. Borinski *D. Poetik d. Renaissance u. d. Anfänge d. literarischen Kritik in Deutschland* 1886. M. v. Waldberg *D. Renaissancelyrik* 1888. Ders. *D. galante Lyrik* 1885. E. Stemplinger *Opitz u. d. Antike,* BllfGymnw. XLI (1905) S. 177 ff. Ders. *Opitz u. d. Philosoph Seneca,* NJbb. XV (1905) S. 334 ff. K. H. Wels *Opitz u. d. stoische Philosophie,* Euph. XXI (1914) S. 86 ff. A. Hübner *D. erste dt. Schäferidyll u. s. Quellen.* Diss. Königsberg 1910. St. Tropsch *Flemings Verh. z. röm. Dichtung* 1895. E. Reichel *Gottsched* 1908—12. G. Witkowski *Die Vorläufer d. anakreontischen Dichtung und Fr. v Hagedorn* 1889. F. Ausfeld *D. dt. Anakreontik d. XVIII. Jhs.* 1907. St. List *Hagedorn u. d. antike Lit.* 1909. G. Koch *Gleim als Anakreonübersetzer u. s. franz. Vorgänger,* StvglLg. IV (1904) S. 265 ff. A. Pick *Studien z. d. dt. Anakreontikern d. XVIII. Jhs.,* StvglLg. VII (1907) S. 45 ff. IX (1909) S. 22 ff. O. Netoliczka *Schäferdichtung und Poetik im XVIII. Jh.,* VjschrLg. II (1889) S. 1 ff. Fr. Rühle *D. dt. Schäferspiel d. XVIII. Jhs.* 1885. G. Schneider *Über d. Wesen u. d. Entwicklungsgang der Idylle* 1893. N. Müller *D. dt. Theorie d. Idylle von Gottsched bis auf Geßner u. ihre Quellen* 1911. F. Pomezny *Grazie und Grazien in d. dt. Lit. d. XVIII. Jhs.* 1900. H. Wölfflin *Sal. Geßner* 1889. G. Calmus *D. ersten dt. Singspiele von Standfuß u. Hiller* 1908. E. Istel *D. Entstehung d. dt. Melodramas* 1906. H. Kretzschmar *Gesch. d. Oper* 1919. M. Döll *Wieland u. d. Antike* 1896. J. Steinberger *Lukians Einfluß auf Wieland* 1902. P. Groschwald *D. Bild d. klass. Altertums in Wielands 'Agathon'.* Diss. Gießen 1915. H. Grudzinsky *Shaftesburys Einfluß auf Wieland* 1913. F. Strich *D. Mythologie in d. dt. Lit. von Klopstock bis Wagner* 1910. E. Brocks *Klopstocks Silbenmaße des gleichen Verses.* Diss. Kiel 1918. Helene Stöcker *Z. Kunstanschauung d. XVIII. Jhs. von Winckelmann bis Wackenroder* 1904. Fr. Kammerer *Z. Geschichte d. Landschaftsgefühles im frühen XVIII. Jh.* 1909. C. Justi *Winckelmann, sein Leben, seine Werke und seine Zeitgenossen* 1866—72. R. Volkmann *Gesch. u. Kritik d. Wolfschen Prolegomena zu Homer* 1874. O. Lücke *Bürgers Homerübersetzung.* Progr. Norden 1891. A. Miller *Stolberg als Homerübersetzer.* Diss. Münster 1908. E. Maaß *Goethe u. die Antike* 1912. Th. Volbehr *Goethe u. d. bildende Kunst* 1895. K. Gerstenberg *D. ideale Landschaftsmalerei* 1923. Melitta Gerhard *Schiller u. d. griech. Tragödie* 1919. B. Gerlinger *D. griech. Elemente in Schillers Braut v. Messina.* Progr. Neuburg 1893. E. Maaß *D. Braut v. Messina u. ihr griech. Vorbild,* DRs. CXXXIV (1908) S. 64 ff. F. Gundolf *Hölderlins Archipelagus* 1911. E. Spranger *W. v. Humboldt u. d. Humanitätsidee* 1909. C. Alt *Schiller u. d. Brüder Schlegel* 1904. O. Walzel *Schiller u. d. Romantik,* Vom Geistesleben d. XVIII. u. XIX. Jhs. (1911) S. 63 ff. St. Wätzold *Goethe u. d. Romantik* 1903[2]. M. Kolsdorfer *Fr. Schlegels Abhandlungen über d. Studium d. griech. Poesie.* Progr. Bakowice 1896. K. Brodnitz *Nazarener und Romantiker* 1914. W. Willige *Klassische Gestaltung und romantischer Einfluß in den Dramen H. v. Kleists* 1915. J. Schwering *Grillparzers hellenische Trauerspiele* 1891. K. Niederhafner *D. Einfluß d. Griechen auf Grillparzer* 1892. R. F. Arnold *D. dt. Philhellenismus* 1896. W. Büngel *Der Philhellenismus in Deutschland 1821/9.* Diss. Marburg 1917. A. Silbermann *E. Schulzes bezauberte Rose.* Diss. Berlin 1902. W. Deetjen *Immermanns Jugenddramen* 1904. A. Leffson *Immermanns 'Alexis'* 1909. R. Unger *Platen in seinem Verh. z. Goethe* 1903. R. Schlösser *A. Graf v. Platen* 1910—13. O. Greulich *Platens Literaturkomödien* 1901. O. Walzel *Aristophanische Komödien,* ZfdU. XXX (1916) S. 481 ff. G. Gabetti *Platen e la bellezza come ideale morale* 1915. F. Dingelstedt *Münchner Bilderbogen* 1879. L. v. Kobell-Eisenhart *Münchner Porträts* 1897. A. Helbig *E. Geibel u. d. Münchener Dichterschule.* Progr. Aarau 1912. R. Thomas *Geibel u. d. Antike.* Progr. Regensburg 1913. M. Nietzki *Geibel u. d. Griechentum.* Progr. Stettin 1915. E. Petzet *P. Heyse als Dramatiker* 1904. Frida Port *H. Lingg* 1912. L. Kiesgen *Greif als Lyriker* 1911. J. Hönig *F. Gregorovius als Dichter* 1914. M. Tichoff *G. Freytags 'Fabier'.* Diss. Leipzig 1911. E. Flad *Mörike u. d. Antike* 1916. F. F. Baumgarten *Das Werk C. F. Meyers* 1917. K. Schiffner *Wilh. Jordan* 1889. H. Schierbaum *Hamerlings 'Ahasver in Rom'.* Diss. Münster 1909. H. St. Chamberlain *H. v. Stein u. s. Weltanschauung* 1903. E. Hladny *Hofmannsthals Griechenstücke.* Progr. Leoben 1910—12. H. Meyer-Benfey *D. 'Elektra' d. Sophokles u. ihre Erneuerung durch Hofmannsthal,* NJbb. XIV (1920) S. 159 ff.

Gaude *D. Odysseusthema, bes. bei G. Hauptmann u. Fr. Lienhard.* Diss. Halle 1917. N. v. Hellingrath *Hölderlin* 1921. L. Pigenot *Hölderlin* 1923. W. Michel *Hölderlins abendländische Sendung* 1923. R. Faesi *Paul Ernst u. d. Neuklassizismus* 1913. W. Mahrholz *Paul Ernst* 1916. A. Hugli *S. Lublinski, P. Ernst u. d. n. Drama* 1913. W. Brecht *Klass. Altertum u. neueste Dichtung* 1918.

H. Cysarz.

Antithese griechisch „Gegensatz". Die antithetische Apperzeption bindet Begriffe, die einem gemeinsamen Oberbegriff untergeordnet sind (Tugend und Laster, aber nicht Tugend und Leder); sie kann in dem Sinne mit der metaphorischen Apperzeption verglichen werden, als auch bei ihr eine Funktion der Vergleichung statthat. Aber während die metaphorische A. am ersten subjektive Lieblingsvorstellungen wachruft, also tief in das Persönlich-Seelische einblicken läßt, ist die antithetische A. objektiver, verstandesmäßiger; sie rückt den Gegenstand nur durch den Kontrast in eine verstandesklare und darum ästhetisch befriedigende Beleuchtung. Nach Elster II 154—160 sind die konträren (gut und böse, schwarz und weiß, groß und klein) und die korreten Begriffe (Bruder und Schwester, Meer und Land) zur Bildung von A. am geeignetsten.

Die A. ist eins der wichtigsten Stilmittel der meisten Kultursprachen. Für die altgerm. Poesie ist sie noch ohne Bedeutung; zahlreiche Zwillingsformeln (Himmel und Erde, alt und jung, Liebe und Leid) wollen im Grunde kein antithetisches Verhältnis, sondern eine Gesamtvorstellung schaffen (Meyer *Stilistik* § 140 u. 141). Über den Ursprung des Antithesenstils im XVI. und XVII. Jh. belehrt eingehend E. Norden *Die antike Kunstprosa vom VI. Jh. v. Chr. bis in die Zeit der Renaissance*; der Einfluß der griech.-lat. Rhetorik ist für die dt. Literatur seit den Kampfzeiten von Humanismus und Reformation ständig im Wachsen, im XVII./XVIII. Jh. noch verstärkt durch die franz. Literatur. Form und Geist des Alexandriners fordert A. direkt heraus. Der Name A. wird wohl zuerst als Terminus der Beredsamkeit bei Sulzer (1771 'Theorie der schönen Künste') genannt (H. Schulz *Dtsches Fremdwörterbuch* S. 39). Der Name schon bei Dusch 1764 (Briefe I 234: *Sie sehen Antithesen, welche mehr als Spitzfindigkeiten sind*). Ferner 1774 bei Goethe im 'Werther' (W. A. XIX 132). Über die witzige A. Jean Pauls 'Vorschule der Ästhetik' § 47; doch beweist Schillers Gedenken an Abraham a St. Clara in der Kapuzinerpredigt von 'Wallensteins Lager', daß die Wortklangantithese nicht erst romantischen Ursprungs ist. Eine zusammenfassende Darstellung über die A. und ihre berühmten Vertreter (Luther, Lessing, Schiller, Heine, Nietzsche) fehlt. Über A. Lessing: „Jede scharfsinnige Untersuchung läßt sich in eine A. kleiden." Ebenso bezeichnend für Nietzsche: „Die A. ist die enge Pforte, durch welche sich am liebsten der Irrtum zur Wahrheit schleicht."

E. Engel *Deutsche Stilkunst* 1914. S. 337—40.

P. Beyer.

Aphorismus. § 1. Der Aphorismus ist eine selbständige Prosaform, die einen Gedanken in seiner ursprünglichen Subjektivität mit möglichst schlagender Prägnanz zum Ausdruck bringt. In seinem eigentlichen Wesen ist der A. rhetorischen Charakters, d. h. er erhält seine Prägung nicht in erster Linie durch den logischen Gehalt seines Gegenstandes, sondern durch die subjektive Auffassungsweise seines Verfassers, dem jedes sachlich oft sehr unbedeutende, erregende Moment zu einem Impuls intensiven, geistigen Erlebens wird. Die Spannung zwischen der hierbei entstehenden subjektiven geistigen Energie und der individuellen begrenzten Objektivität des Beziehungsgegenstandes wird durch das Ausdrucksmittel der Sprache in einer plötzlichen Konzeption ausgeglichen. Das Resultat ist ein Aphorismus. Demnach hat der A. nicht die Aufgabe, neue Erkenntnisse über irgend einen Gegenstand mitzuteilen, sondern vielmehr die, eine subjektive Energie, die sich in einem Gedanken entlud, zu übermitteln, wobei das Objekt nur als Mittel zum Zweck fungiert. Während in der wissenschaftlichen Prosa, wie überhaupt in jeder Prosa, das Objektive zumeist die erste Rolle spielt, der Stil auf eine möglichste Objektivierung eines Gedankens eingestellt ist, tritt im A. das Objektive hinter das Subjektive zurück. Der Stil des A. will die Subjektivität zum Ausdruck bringen, er betont die Vorherrschaft des subjektiven Erlebnisses vor der objektiven Gegebenheit.

§ 2. Bei der Subjektivität seines Wesens steht der A. weitab von allen wissenschaftlichen Urteilen, andererseits auch von den Sprichwörtern, die der volkstümlichen Literatur angehören. (Vgl. W. A. Berendsohn [s. u.] S. 15, S. 129 u. a. O., ferner Berendsohns Kontroverse gegen R. M. Meyer, der in seiner Stilistik § 172 das Sprichwort und das Zitat als Vorstufen des A. darstellt.) Die geistesgeschichtlichen und psychologischen Vorbedingungen des A. sind von denen des Sprichworts durchaus verschieden. „Was Sprichwort und A. außer der Kürze [des einfachen A.] gemein haben, sind ganz äußerliche Merkmale. Der A. enthält häufig wie das Sprichwort Thesen lehrhafter und praktisch-erzieherischer Art. Das Sprichwort ist häufig wie der einfache A. gegliedert. Sonst aber kann man sich kaum einen größeren Gegensatz denken als den zwischen dem Sprichwort einerseits, das der volkstümlichen ungeschriebenen Literatur angehört, das eine allgemein anerkannte Wahrheit meist in einem sinnlichen Einzelfall bietet und so, indem es sich dem gegenständlichen Denken der Leute einfügt, von Geschlecht zu Geschlecht überliefert wird, und dem A. andererseits, der sich in seinen Stilmitteln, in seinen Motiven und in seiner Wortwahl als ein Stück gelehrter Standesliteratur erweist, der höchst subjektive abstrakte Gedanken in geistreicher Form gibt und höchstens im engen Kreise der Akademiker von Mund zu Mund geht." (Berendsohn S. 128.)

Die Kraft subjektiver Erlebnisfähigkeit konzentriert sich, indem sie dem Moment absolute Bedeutung verleiht, auf einen Gegenstand, sammelt sich in einem Brennpunkt, den irgendein Objekt, das als erregendes Moment auftritt, darstellt. Die gänzliche Inadäquatheit der subjektiven Erlebnisstärke und der Endlichkeit des Objekts nötigt zu einer solchen Konzentration, die für den sprachlichen Ausdruck eine Form schafft, deren Stil durch das Überwiegen der Subjektivität vor der reinen Objektivität und ebenfalls durch stärkste Konzentration gekennzeichnet ist. Aus diesem Entstehungsprozeß ergeben sich alle Eigenheiten des A. Es erklärt sich auch daraus die Tatsache, daß der A. erst mit dem beginnenden Subjektivismus in der modernen Literatur in Erscheinung tritt und gleichzeitig der „Witz" als eigentümliches Organ der subjektivistischen Psyche ausgebildet wird.

§ 3. In der Geistesgeschichte des Abendlandes hatte sich in dem Verhältnis der Seele zur objektiven Welt durch philosophische und theologische Spekulationen, sowie auch durch die Entwicklung und Befreiung der Seele selbst, eine beträchtliche Schwerpunktsverschiebung nach der Seite des Subjekts hin geltend gemacht. Die gegenständliche Welt verlor an Wert gegenüber den inneren Erlebnissen. Die philosophische Erkenntnistheorie trug das ihrige dazu bei, diesen Vorgang zu vollenden und theoretisch zu fundieren. Das erkennende und fühlende Subjekt sah sich alsbald mit seinem Wertbewußtsein auf sich selbst angewiesen, ohne aber an seinen Vorstellungen, Wahrnehmungen, Gefühlen, Gedanken und Empfindungen selbst einen objektiven Halt zu finden. So entstand auf der einen Seite ein Übermaß an psychischer Energie, an geistiger Erlebniskraft, auf der anderen Seite ein völliger Mangel an wirklich objektiven Werten. Aus diesem Zustand ergab sich die souveräne Haltung des Subjekts gegenüber den objektiven Gegebenheiten, die geistreiche Mischung von Vorstellungen, das Spiel mit Begriffen, die mutwillige Umwertung bisher unbezweifelter Werte, das willkürliche Schalten mit allen objektiven Größen, die ungefesselte geistige Bewegtheit, die subjektivistische Geistesfreiheit, der Witz. Dieser ist das formgebende Organ für die Gestaltung von A., und aus diesem Grunde steht der A. zu den strengen Anforderungen der Logik immer in einem gewissen Gegensatz. Er ist durch seinen Entstehungsprozeß dem absoluten Geltungsbereich der Logik entrückt.

§ 4. Aus der bisher skizzierten Entwicklungsgeschichte des A. erklärt sich ohne weiteres die Wandelbarkeit seiner Erscheinung sowohl in Bezug auf Form wie auf Inhalt. Die ausländische Aphoristik betont eine gewisse Einheitlichkeit der Form und des Inhalts, wie z. B. Larochefoucauld für alle seine Maximen, die 1665 erschienen, dieselbe Formel anwandte und ihnen eine einzige Idee zugrunde legte. Die Geschlossenheit und kristallene Klarheit, die Larochefoucauld erlangte, sind im Deutschen in demselben Grade nie erreicht und auch nie erstrebt worden. Die größere Intensität und Mannigfaltigkeit der gedanklichen Motive, eine aus dem Zentrum des Subjekts hervorbrechende Energie des Denkens, die der deutschen Aphoristik eigentümlich sind, verhinderten eine einheitliche Formgebung und schufen viele individuelle Gebilde. „Die 'Maximes' des Larochefoucauld sind ohne den Salon der Madame de Sablé nicht denkbar, wo das Sentenzenformen ein Gesellschaftsspiel war" (Berendsohn S. 8 Anm.). Sie entstammen einem Milieu, das dem Subjektivismus bereits huldigte, und haben die Aufgabe, aus einer gesellschaftlichen Laune die objektiven Werte, die unter dem Namen menschlicher Tugenden und Vorzüge im Leben Geltung haben, als Äußerungen der Eigenliebe zu charakterisieren und auf diese Weise zu entwerten. Alle Maximen Larochefoucaulds sind von diesem einen Motiv beseelt. In ähnlicher Weise beherrscht ein einziges Motiv Pascals '*Pensées sur la religion*'. Aber während bei Larochefoucauld sowohl Form wie Inhalt einheitlich sind, hat Pascal eine große Mannigfaltigkeit an Formen ausgebildet. Alle Abstufungen vom einfachen A. bis zum vielgliedrigen und bis zum Essay sind bei ihm anzutreffen. Außer Larochefoucauld und Pascal sind für die ausländischen A. noch zu nennen: La Bruyères, Baco von Verulam und der spanische Jesuit Balthasar Gracian (1590—1658).

§ 5. Für die deutsche Aphoristik ist Georg Christoph Lichtenberg als Stilschöpfer anzusprechen. Wenn auch Lichtenberg eine starke Abhängigkeit von der internationalen gelehrten Literatur zeigt, so ist doch eine bedeutende Originalität unverkennbar bei ihm. Während die A. Larochefoucaulds, Pascals, Bacos einer einzigen herrschenden Idee untergeordnet sind, wird bei Lichtenberg zum ersten Mal der A. der angemessene Ausdruck für die oft widerspruchsvollen Eingebungen und Einfälle, die der Augenblick entstehen läßt. Bei Lichtenberg findet sich ein umfassender Reichtum an Motiven, die meisten entstammen den Wissenschaften und der Literatur. Bei den Wissenschaften nehmen nicht so sehr die eigentlichen Fächer Lichtenbergs, „sondern Philosophie und Psychologie mit ihren angrenzenden Gebieten, angewandte Psychologie, Physiognomik, Religion, Moral, Erziehung breiten Raum ein. Bei den dienenden Motiven, den Vergleichen, metaphorischen Vergleichen und Metaphern, kommen dann die Fachwissenschaften Lichtenbergs in die erste Linie, nämlich Astronomie, Naturkunde, Physik, Mathematik u. a. und verdrängen die andern fast ganz. Neben sie schieben sich in breiter Masse die Berufstätigkeiten der Menschen, öffentliche Einrichtungen und Dinge des täglichen Lebens ein. Bei allem bleibt das gedankliche Wesen des A. vorherrschend, und auch die Imaginationen bleiben gedanklich. Diese Mischung von Lebenserfahrung und Wissenschaft läßt sich mit einem Wort bezeichnen: es ist Aufklärungsliteratur." (Berendsohn S. 106.) Aber wenn auch Lichtenberg ein Mann der Aufklärung ist, so steht er doch über den Aufklärern, die alles erklären und alles zu wissen glauben. Gerade jene geistigen Wesenszüge, die ihn von der Aufklärung absondern, sind entscheidend für die Begründung seines aphoristischen Stils. Der echte Aufklärer hält sich ausschließlich an die objektive Gegebenheit und glaubt, sie erfassen und erklären zu können. Lichtenberg aber „sieht überall ungelöste Fragen und Schwierigkeiten, er forscht und versucht und vermutet und ahnt, rastlos bemüht, ‚Wahrheiten' zu entdecken." (Berendsohn S. 15.) Freilich weiß er noch nichts vom schöpferischen Wert der Poesie und ist darin durchaus Aufklärer, aber er lebt schon in der subjektivistischen Sphäre des „schöpferischen" Gedankens. Auf der Seite des Subjekts ist bereits durch die Intensität des Erlebnisses jenes Plus an geistiger, enthusiastischer Spannung frei geworden, das sich über jede Objektivität zu erheben sucht. Jede genauere Betrachtung eines Lichtenbergschen A., in dem ein Gedanke scheinbar eine völlige Objektivierung erfahren hat, zeigt das vorherrschende subjektive Element, das entweder durch die Einführung eines logisch unbestimmten Begriffs, durch das Spiel mit Paradoxen, durch eine entsprechende Konstruktion im Satzbau oder durch andere rhetorische Mittel zum Ausdruck kommt. Der rhetorische Reiz, der allen A. anhaftet, ist ein wesentliches Merkmal dieser Gattung und das dominierende subjektive Element, das die Aufgabe hat, eine geistige Bewegung auszulösen, sodaß jede andere, die auf die Vermittlung von Erkenntnissen und Tatsachen hinausläuft, zurücktritt.

Es ist charakteristisch für Lichtenberg, daß sich in einer Fülle von fragmentarischen Aufzeichnungen nur eine verhältnismäßig geringe Zahl echter A. findet. Er steht auf der Grenze zwischen der Aufklärung und dem beginnenden Subjektivismus in der Literatur. Lichtenberg hatte nicht von vornherein die Absicht, Aphorismen zu formen. „Zwar neigte seine ganze Veranlagung stark dazu, den Augenblickseindruck oder -einfall zu fassen und festzuhalten im Wort." Dennoch hat er zweifellos ursprünglich beabsichtigt, die einzelnen Aufzeichnungen in einen fortlaufenden Text einzureihen. Gewissermaßen gegen seine Absicht hat sich der Stil des A. als selbständiger Prosaform bei ihm ausgebildet. Lichtenbergs Mißtrauen gegen die Sprache als Erkenntnismittel ist ein der Aufklärung nicht entsprechender Wesenszug. Es ist vielmehr ein Symptom des Irrationalismus, der den Subjektivismus begleitet. Die irrationalistische Einstellung zur Sprache ist ebenso wie das subjektivistische Verhältnis zu den objektiven Gegebenheiten eine Vorbedingung für die Aphoristik. Der Übergang von der Aufklärung zum Subjektivismus und Irrationalismus vollzog sich durch eine Intensivierung der aufklärerischen Tendenzen, die sich auf diese Weise als unzulänglich herausstellten. Lichtenberg, dessen Leben (1742—1799) den Ausgang der Aufklärung und den Aufstieg des klassischen Zeitalters der dt. Literatur umfaßte, hat bei seiner leidenschaftlichen Hingabe an das Denken und bei seinem ernsten Streben nach Erkenntnis, „das rastlos sich müht, in das innerste Wesen der Dinge einzudringen" (Berendsohn S. 113), den Bankrott des aufklärerischen Denkens bei sich selbst erfahren, ohne aber eine neue Synthese der auseinanderstrebenden Elemente, Verstand und Sinnlichkeit, vollziehen zu können. So sind seine Aufzeichnungen ihrem Geiste nach Produkte der Aufklärung, der Witz aber, der Lichtenbergs Schriften hervorragend auszeichnet, die starke Betonung der Subjektivität, die große Annäherung an die irrationalistische Auffassungsweise bei seinem Streben nach Erkenntnis sind die Anzeichen einer beginnenden Überwindung der Aufklärung. Lichtenberg hat sie indessen niemals vollzogen. Aus der Vorherrschaft des gesunden Menschenverstandes ist bei ihm vielfach eine gewisse Härte und Kälte entstanden, die den Witz manches Mal zu verletzender Schärfe steigert.

§ 6. Der „Witz" ist ein Charakteristikum der Geisteshaltung des 18. Jhs. nach dem Abklingen der Verstandesaufklärung. Lessings „Witz" ist neben dem Hamanns ein bedeutender Faktor in der Entwicklung der dt. Literatur. Der aphoristische Stil ist einem Lessing und einem Hamann durchaus angemessen, ihre Prosa enthält mancherlei aphoristische Elemente, die aber im ganzen nicht zu selbständiger Bedeutung gelangt sind. In der Romantik erlebte der A. seine größte Blüte und ist seitdem eine oft angewandte Form geworden. F r i e d r i c h S c h l e g e l s 'Fragmente' nehmen in der Geschichte des deutschen A. eine entscheidende Stelle ein. „Der Weg von Lichtenberg, dem non plus ultra an witzigen Einfällen, denen es aber an der Geschlossenheit zu einzelnen Gebilden fehlt, bis zu Nietzsche, der große Synthesen von Fragmenten baute, führt über Friedrich Schlegel, der dem einzelnen die Rundung gab, aber auf den Bau größerer Gebilde verzichtete." (L e w a l t e r [s. u.] S. 38.) Friedrich Schlegels Aphoristik hat ihren Ursprung in dem Bestreben des Denkers, Universalität und Individualität zu vereinigen. Der „Sinn für das Unendliche", jene durch den Subjektivismus hervorgerufene Geisteshaltung Schlegels, kann sich nicht mit dem Individuellen als solchem begnügen, sondern fordert schrankenlose Perspektiven. In die Antithese Universalität und Individualität ist der Gegensatz der enthusiastischen subjektiven Energie einerseits und der Begrenztheit und Endlichkeit alles Objektiven andererseits eingekleidet. In der Form der Schlegelschen A. prägt sich der Antagonismus scharf aus. Die A. tragen „einen ausgesprochen unhöflichen, imperativen Charakter". „Sie wollen keine Vermittlung, sondern den Kampf" (H. v. Zastrow [s. u.] S. 11). Ein Bedürfnis nach universaler Vereinigung aller Kulturelemente setzt die verschiedensten Gebiete miteinander in Beziehung. Emphatische und hyperbolische Wendungen sind häufig, Paradoxe werden oft angewandt. Bei Schlegel kommt der rhetorische Charakter der A., wie später nur noch bei Nietzsche, im vollsten Maße zur Geltung. Schlegels Fragmente haben keine andere Absicht, als Bewegung, Enthusiasmus, Begeisterung hervorzurufen, sie verzichten bewußt auf jede Exaktheit in der Objektivität. Es liegt ihnen im Gegenteil daran, alle objektiven Satzungen aufzuheben. Schlegel liebt die Steigerung der Begriffe, durch die er alle Positionen objektiver Art überwindet und seine A., wenigstens die stärksten, in eine unendliche Bewegtheit ausklingen läßt.

Neben Friedrich Schlegel ist für die Romantik noch Novalis zu nennen, dessen A. aber immer etwas Offenes behalten, auch in ihrem rhetorischen Charakter nicht die Kraft und Eindringlichkeit der Schlegelschen besitzen.

§ 7. Die rationalistische Geisteshaltung gegen Ende des 19. Jhs. bedingte um diese Zeit eine neue Blüte des A., aus der nur die Namen Peter Altenberg und Alfred Kerr genannt seien.

Einzelstudien über den A. und seine Geschichte liegen nicht vor, mit Ausnahme der Arbeit von Berendsohn über Lichtenberg. Mit Recht sprechen R. M. Meyer und Berendsohn von einer Vernachlässigung dieser für das dt. Schrifttum sehr bedeutsamen Prosagattung. Es fehlt im allgemeinen an der Erforschung der geistesgeschichtlichen Grundlagen. W. A. Berendsohn *Stil u. Form der Aphorismen Lichtenbergs* 1912. R. M. Meyer *Swift und Lichtenberg* 1886. Ders. *Deutsche Stilistik* 1906. G. E. Lessing *Zerstreute Anmerkungen über das Epigramm*, Sämtl. Schriften hg. von Lachmann-Muncker XI 214 f. E. Lewalter *Friedrich Schlegel und sein romantischer Witz*. Diss. München 1917. H. v. Zastrow *Die Unverständlichkeit der Aphorismen Friedrich Schlegels im 'Athenäum' und im 'Lyceum der schönen Künste'*. Diss. München 1917.
K. Schrötter.

Arabische Literatur s. Orientalische Literaturen.

Arbeitslied. § 1. Der Begriff. Arbeitslieder sind Sprüche oder Gesänge, die zu gemeinschaftlich verrichteter mechanischer Arbeit rezitatorisch gesprochen oder gesungen werden, um diese zu ordnen und zu regulieren, zu fördern und anzufeuern; ein Zweck, dessen sich der Singende meist nur dunkel bewußt sein wird, denn es kann, besonders bei unechten A., das unterhaltende Element in den Vordergrund getreten sein. Man kann nämlich von echten A. reden und damit solche Lieder meinen, die unmittelbar aus der Arbeit selbst geboren werden, und von unechten, insofern man damit solche Gesänge meint, die an sich schon vorhanden waren und sich erst an die Arbeit anpassen. Diese zweite Art, oder vielmehr der Unterschied zwischen beiden Arten, wurde in Büchers grundlegendem Werke, wenigstens in den ersten Auflagen, zu wenig in Rechnung gestellt. Eine umfassende Sammlung von A. beider Arten fehlt; auch eine Bibliographie des A. gibt es nicht.

§ 2. Echte A. sind ungemein primitiv, d. h. sie tragen den Stempel der Entstehung aus dem „Ruf", um den herum das Lied sich kristallisiert hat, noch an sich. So etwa ist der Ruf *Zieht mit alle Mann* der Keim und Liedkern eines A., und was folgt, spinnt mit Aufmunterungen und allerhand Verheißungen für die geleistete Arbeit den Ruf nur weiter. Sie tragen ferner den Rhythmus der Arbeit an sich, der sie hervorgebracht hat; ja, dieses rhythmische Element ist nach wie vor das Ausschlaggebende, dem sich Melodie und Text erst angepaßt haben als sekundäre Elemente. Das rhythmische

Element ist das Primäre und entstammt unmittelbar den für die jeweilige Arbeit notwendigen Körperbewegungen, die es zugleich doch regelt. In ihrem Rhythmus durch die Arbeit bestimmt, wirken die A. durch das Tempo dann wieder auf die Arbeit zurück. Ist ein Taktschall bei der Arbeit sowieso vorhanden wie etwa beim Schmieden, so steht dieser mit Bewegung und Rhythmus der Arbeit wie des Liedes in engstem Zusammenhang. Andernfalls wird der Taktschall durch ein Instrument oder die menschliche Stimme künstlich ersetzt. Hier namentlich beginnt die Funktion des Vorarbeiters = Vorsängers, der mitunter allein durch Vortrag des Textes den Takt angibt und den regulierenden Rhythmus markiert, während der Chor nur beim Kehrreim einfällt. Ist der Vorsänger witzig, so wird dabei Improvisationen Spielraum gelassen; nicht nur werden einzelne Stellen nach Ort und Gelegenheit geändert, sondern es wird auch auf neue Personen und Ereignisse Bezug genommen. Wie jede Arbeit, Säen, Dreschen, Mahlen, Flachsraufen, Flachsbrechen, Flachsschwingen, Spinnen, Weben, Flechten, Klöppeln, Schmieden, Rudern, Feuerquirlen, Pfähle-einrammen, Zimmerholz-richten, Kabel-legen usw. ihren eigenen Rhythmus hat, hat sie auch ihre eigenen Lieder, Melodien und Texte, genau so wie jedes Kinderspiel sein eigenes Lied bedingt. Durch die Bastlösereime, welche die Kinder zum Klopfen der Rinde bei der Anfertigung von Weidenflöten singen, sowie durch andere Begleitverse zu kindlichen Beschäftigungen besteht ein Zusammenhang zwischen Arbeitslied und primitivem Kinderlied. Wie das Kinderlied zeigt auch das Arbeitslied die engste Verbundenheit von Rhythmus (Musik) und Text, wobei Inhalt und Sinn noch am nebensächlichsten sind. Rein äußerlich gehört zu den primitiven Zügen auch die unermüdliche Wiederholung, die so lange dauert, wie die Arbeit währt. Inhaltlich fordern diese Lieder zu vereinter Kraftaufbietung auf, spornen an durch Spott, Lob, Tadel, reflektieren kurz über die Arbeit, ihren Fortschritt, ihre Mühsal, ihren guten oder chlechten Lohn und äußern Wünsche an Arbeitsherrn, Aufseher oder auch an die Zuschauer.

§ 3. Ältere Zeugnisse. Arbeitslieder frühgermanischen Charakters sind mehr oder minder fragmentarisch im Ur- und Altnordischen gelegentlich erhalten. Der Wetzstein von Strøm in Norwegen, 1. Hälfte des 7. Jhs., enthält folgendes an das Traghorn des Wetzsteins gerichtete Arbeitsliedchen:

Wætē / halli // hinō / horna

— rhythmisch gebaut im Takt des Sichelwetzens, deutsch etwa: *Nétze / Hórn mir // dίesen / Wétzstein* (nach Fr. R. Schröder). Die *Landnáma bók* enthält ein Schmiedeliedchen (ZfdA. LVIII [1921] S. 167). Die weiteren Reste bei Olsen. Mahlgesang einer einzelnen Magd wird *Heimskringla* 3, 373 erwähnt. Zwei heroisierte Arbeitslieder erblickt man in dem eddischen *Grotta sǫngr* und in dem Valkyrjenlied der *Njálssaga*, das eine mit dem Motiv eines Mahl-, das andere mit dem Motiv eines Webeliedes, beide gelegentlich echte Gemeinschaftsformeln noch enthaltend (*leggium lútra, léttum steinum*; *vindum, vindum*). So können wir die gelegentlichen Flachs- und Erntelieder bei Gotfrid v. Neifen, Steinmar, Hadloub als ritterlich umstilisierte Arbeitslieder oder höfische Lieder mit dem Motiv der Arbeit bezeichnen. Über Flachslieder vom Säen bis zum Spinnen und Weben handelt ausführlich Bücher S. 74; über den heiteren Charakter, der gemeinhin die Flachsliedchen von den ernsteren Mahlliedern unterscheidet, s. ebd. S. 83. Der Kehrreim eines deutschen Hirsestampfliedes (*so stampen wir die Hirse*) ist erhalten in einem jener geistlichen Ringeltänze, die man im 16. Jh. den weltlichen Tanzmelodien unterlegte, s. Erk-Böhme II 717, Bücher S. 159 Anm. Faßziehelieder Bücher[4] S. 199, Piloten (Zugschlägel-, Schlägel-, Rammlieder) Bücher[4] S. 195, ZfVk. XV (1905) S. 338 ff.; Ruderliedchen scheinen die Glossen für *celeuma* '*scipleod*, *schifsang*' zu belegen (Heusler in Hoops Reall. I 451).

§ 4. Unechte Arbeitslieder. Über die Anpassung vorhandener Lieder an die Arbeit muß noch im Zusammenhang gehandelt werden. Es werden sich vermutlich die Rhythmen zufällig gedeckt haben, was die Übertragung oder Anwendung hervorrief; jedenfalls haben wohl auch hier Inhalt und Sinn mit der Fixierung nichts zu tun. Kaum ist es denkbar, daß sich etwa umgedreht der Rhythmus der Arbeitsbewegung nach einem ihm fremden Liede geregelt haben sollte, denn dieser ist in den Bedingungen der Arbeit und in den physiologischen Gesetzen des Körpers begründet. Diese unechten A. sind ihrer Natur nach epischer oder lyrischer als die echten; zu ihnen gehört die Mehrzahl der Handwerkslieder, die keineswegs als echte A. bezeichnet werden können. Das seit dem 16. Jh. verbreitete Lied *Jetzt fahren wir übern See, übern See* (Bücher S. 116) ist kein echtes A., auch wenn es zum Hopfenpflücken gesungen wird. Es ist geradezu bezeichnend für die dt. Handwerkslieder, daß sich fast keine Spur echten Arbeitsgesanges in ihnen findet (verhältnismäßig die meisten Spuren enthalten noch die Lieder des Wandergewerbes [Scherenschleifer, Keßlerlieder], über diese Bücher S. 111 ff.), ähnlich wie die Bergreihen (s. d.) fast nichts mit der Bergwerkstätigkeit zu tun haben; es handelt sich einfach um Volkslieder. Bei Zurmühlen *Niederrhein. Volkslieder* finden sich in Nr. 16, 113 Lieder erzählender Art, die am Niederrhein als Flachsreffgesänge fungieren. Besonders werden die sog. Zählgeschichten, Bettelhochzeiten etc. (*Droben auf grüner Heid steht ein Birnbaum, trägt Laub*; *Der Herr, der schickt den Jockel aus*) als A. verwendet beim Spinnen, Weben, Flechten, Klöppeln usw. So eben ist, wie oft betont, die Rocken-, Spinn-, Kunkelstube zu einer Hauptpflegestätte des Volkslieds, das für das Arbeitslied Verwendung fand, geworden; ähnlich natürlich die Handwerksstätte.

K. Bücher *Arbeit und Rhythmus*5 1919. A. Heusler in Hoops Reall. I 451; dazu kommt das Material bei M. Olsen *Norges Indskrifter etc.* II 677—710, Det kgl. norske Vidensk. Selsk. Skrifter 1908, Nr. 13; vgl. Fr. R. Schröder GRM. X (1922) S. 12. O. Böckel *Psychologie des Volksliedes* S. 13; Lewalter und Schläger *Deutsches Kinderlied und Kinderspiel* 1911. S. 385. K. Wehrhan *Kinderlied und Kinderspiel* 1909. Ed. Roese *Lebende Spinnstubenlieder* 1911. Literatur der Handwerkslieder bei Bücher in den Anmerkungen. H. Naumann.

Archaismus griech.-lat. „altertümliches Wort". Bei Gottsched 1760 Handlexikon S. 122 gebucht. Die 'Allgem. dt. Bibliothek' von 1780 Bd. XLII 102 spricht von „gesuchten Archaismen, die eines etymologischen Aufschlusses entbehren" (s. H. Schulz *Dtsch. Fremdwörterbuch* S. 49). Unter A. versteht man die Wiedererweckung untergegangener oder wenigstens ungebräuchlich gewordener Worte, Wortformen und Satzstile der gleichen Sprache. Der archaisierende Dichter liebt „die einfache Form und Herzlichkeit des Tones" altdeutscher Zeit (Petrich *Drei Kapitel vom romantischen Stil* 1878); er will weniger (wie Wackernagel forderte) Anschauung als Stimmung gebend wirken. Vom A. zu unterscheiden ist die Wiedergabe volkstümlicher Sprache (Provinzialismus, Barbarismus); auch der Konservativismus etwa in Kirchen- und Kanzleisprache, der ebenso wie der an sich konservativere Stil der Poesie (gegenüber der Prosa) älteres Sprachgut in ununterbrochener Reihenfolge bis heute beibehalten hat. Schließlich gehört auch die Übernahme alten, sprachfremden Stils, etwa des Ciceronianischen Periodenbaus oder des Homer, nicht zum A. im engeren Sinne.

Schwache Versuche eines A. sehen wir im „Minne"-lied der Göttinger. Auch der an sich bedeutungsvolle Hans Sachs-Stil des jungen Goethe ist von begrenzter Dauer; bei Schiller bleibt das Abraham a St. Clara-Deutsch der Kapuzinerpredigt eine Einzelerscheinung. Erst die stärkeren altdeutschen Studien seit 1800 wecken bei der rückschauenden jüngeren Romantik archaisierende Neigungen. Hier wirkte die altdeutsche Geschichtsforschung eines Johannes v. Müller, ferner die altertümelnden Übertragungen Büschings und von der Hagens ebenso wie die Bearbeitungen der altdeutschen „Volksbücher" durch Tieck oder Veröffentlichungen des Meistergesangs durch Görres. Beachtenswert neben der a. Lyrik besonders Uhlands der a. Legenden- und Chronikenstil von Brentano und Fouqué bis Storm und Raabe; ein Übermaß von A. wie in G. Freytags 'Ahnen' forderte Spott und Parodie heraus. Parallel dieser Eigenart in der Literatur geht der A. in der bildenden Kunst (Neu-Gotik der Nazarener) und in der Musik (Wiederbelebung der alten Kirchentonarten seit Beethovens Op. 130). P. Beyer.

Arie. An die Stelle der alten Gattungsbezeichnung Lied tritt in Deutschland der Ausdruck Arie (*aria* ital.) mit dem Bekanntwerden der monodischen Schreibweise der Florentiner um 1600 (s. Art. *Oper*); so nennt, um den Gegensatz zur früheren Liedkunst für den Verband mehrerer Stimmen zu kennzeichnen, Heinrich Albert seine einstimmigen, zu instrumentaler Begleitung komponierten Gesänge (1638) „Arien". Das formale Kriterium des Liedes: die Anwendung metrisch gleicher, inhaltlich ungleicher Strophen auf die selbe geschlossene Melodie, trifft zunächst auch die Arie. Seit der Mitte des 17. Jhs. bildet sich der noch heute gemeinte Gegensatz aus, der der Arie die strophische Wiederholung abspricht und dafür eine durch anfänglich von den Reformern gemißbilligte Wort- und Satzwiederholungen verbreiterte und vom Metrum der ad hoc gebildeten Verse unabhängige Gestaltung zuerkennt. Biblische Prosatexte in der Kantate (s. d.) und dem englischen Anthem (s. Art. *Kantate*) entziehen der Musik ebenfalls die formale Stütze durch den Vers und den Reim, und so muß die Musik von sich aus Form bilden (s. Art. *Musik u. Literatur*). Das geschieht in der den Gegensatz zum Liede vertiefenden Da-capo-Arie, die von Legrenzi († 1690), Steffani, Al. Scarlatti in Kantate und Oper zur Blüte entwickelt, dem ersten Teile (A) einen in der Färbung veränderten zweiten (B) entgegengesetzt, worauf der erste notengetreu (A) oder variiert (A') wiederholt wird. Der Inhalt einer solchen Arie ist die Darstellung eines bestimmten, im Mittelteil mehr oder minder modifizierten Seelenzustandes (Affekts), nicht einer psychischen Entwicklung, durch die die von der Musik her gewonnene Form gesprengt werden würde. Die Reform Glucks, so weit sie die Arie angeht, will ein vernünftigeres Verhältnis zum Text herstellen, der unter den Händen der Gesangsvirtuosen zu völliger Bedeutungslosigkeit herabgesunken war; das Glucksche Ideal des Dramas mit Musik führt in der Romantik und unter dem Einfluß des psychologisierenden Literaturdramas zur Auflösung der musiknotwendigen Form zu Gunsten eines frei schweifenden deklamatorisch-ariosen Stils (Wagners 'Tristan', 'Ring', 'Parsifal'). Die ästhetische Berechtigung der Arie als Trägers einer musikalischen (neben der dramatischen einhergehenden) Handlung wird, wie die Haendelrenaissance unserer Tage zeigt, nach langer Verachtung wieder anerkannt. — In der Geschichte des deutschen Liedes (M. Friedländer *Das deutsche Lied im 18. Jh.* 1902. I 1 S. 1) tritt neben den Ausdruck „Arie" seit 1736 (Sperontes' 'Singende Muse') die Bezeichnung Ode, dann daneben die Bezeichnung Lied, auch Lied mit Melodie; aber noch Mozarts Komposition von Goethes 'Veilchen' erscheint 1789 in 'Zwey deutsche Arien zum Singen beym Clavier'.

In dem „Arie" genannten Strophenliede des 17. und 18. Jhs. und in der Da-capo-Arie der Neapolitanischen Oper ist das Ritornell (*ritorno* ital.) ein rein instrumentaler Gliederungsfaktor. Das Rezitativ, von dem die Opern- und Kantatenarie eingeleitet wird, und das sich seit 1700 auch in die kirchliche Kunst eindrängt, dient dazu, mit geringstem Aufwand an Musik (*recitativo secco*) die äußere Handlung vorwärts zu treiben, den Affekt aufzusammeln, worauf mit der Arie der lyrische Ausbreitungszustand eintritt: dramatischer und musikalischer Höhepunkt fallen also nicht zusammen. Gehen lyrische Teile der Arie mit ihrem Gefolge von Musik auf die Einleitung über, so ergibt sich das (vom Orchester an Stelle des Cembalo) begleitete Rezitativ (*recitativo accompagnato*), das in der Freiheit des metrischen Verfahrens dem Secco, in dem Bestreben, dem Ausdruckswert der Textworte zu entsprechen, der Arie nahe steht. Das Arioso ist heute ein kurzer, in das Rezitativ eingebetteter Gesangssatz ohne formale Gliederung; in der früheren Oper und (länger) in der kirchlichen Komposition herrscht der ariose Stil, aus dessen Spaltung in musik- und in textgesättigte Teile Arie und letztlich Secco eigentlich erst hervorgehen.

Der Ausdruck „Arie" (*aria, air*) geht auch in die Instrumentalmusik über, wo er einen der eingeschobenen Sätze der Suite meint, ohne ihm einen spezifisch vokalen Charakter zuzuschreiben.

J. A. Scheibe *Abhandlung über das Rezitativ*, Kritischer Musikus Stück 97—117 und Bibliothek der schönen Wissenschaften u. freien Künste Bd. XI—XII (1764/5). H. Ch. Koch *Versuch einer Anleitung zur Komposition* II (1787) und III (1793). Charl. Spitz *Die Entwicklung des stile recitativo*, Archiv f. Mus.Wiss. III (1921) S. 237. Th. W. Werner.

Arkadische Poesie s. Hirtendichtung.

Arsis s. Hebung und Senkung.

Asklepiadeische Strophe s. Antike Versmaße.

Assonanz ist der Gleichklang der Vokale in den Schlußwörtern der Verse (*Berg / Held, Raben / schlafen*). Die A. als Kunstmittel stammt aus Spanien, ist aber auch dem altfranzösischen Epos bekannt. In Deutschland kommt sie zunächst nur als unreiner Reim vor, so bei Otfried mit gleichen Vokalen und ungleichen Konsonanten (*man / fram*) oder mit gleicher Konsonanz und ungleichem Vokal (*swâr / hiar*): *konsonantische* und *vokalische Assonanz*. Die Zahl der Assonanzen ist bei Otfried aber nicht übermäßig groß. In der mhd. Dichtung ist das Gefühl für die A. stark entwickelt. Auch in der Prosa gibt es formelhafte Wendungen mit Assonanzen (*ganz und gar*). Das Volkslied zeigt bei langem Vokal oft ungenauen Reim in der Konsonanz, also Assonanz. Die Romantiker haben in ihren Übersetzungen aus dem Spanischen und Italienischen, dann auch in ihren eigenen Romanzen und Dramen von der A. übermäßigen Gebrauch gemacht. Während die A. im Spanischen bei dem Reichtum der Sprache an volltönenden Auslauten den Reim zu ersetzen vermag, ist die Wirkung der A. im Deutschen meist durch die geschwächten Vokale der Endsilben gemindert. Die Romantiker verwenden daher in Nachahmung der romanischen A. mit Vorliebe zusammengesetzte Wörter oder Wörter mit voller Ableitungssilbe (*gehorsam / kostbar*). Die A. wechselt oft mit Endreim und ist auch gelegentlich mit Alliteration verbunden. Die assonierenden Silben müssen in bestimmten Abständen regelmäßig wiederkehren und in möglichst unmittelbarer Folge, da sonst die A. dem Ohre entgeht und ihre bindende Wirkung verliert. Auch das Vorherrschen bestimmter Vokale in einzelnen Versen, Strophen, ja Gedichten beruht auf der gleichen Klangwirkung wie die Assonanz.

Minor *Metrik* S. 374—380, 529. Saran *Versl.* S. 248, 253, 265, 269. W. Masing *Sprachliche Musik in Goethes Lyrik* 1910. A. Fischli *Über Klangmittel im Innern, aufgezeigt an der Lyrik Ed. Mörikes* (SprD. 23) 1920. P. Habermann.

Asyndeton griech. „Unverbundenheit" d. h. Fehlen des Bindeworts (gewöhnlich des „und"). Schon in der mhd. Poesie beliebt. Walther: *Zungen, ougen, ôren sint dick schalchaft* —. Wolframs 'Titurel': *Lâ wider klâren dîn ougen, wange, kinne.* Ebendort *ûf beide, im walde, ûf velde.* Die Seltenheit des zweigliedrigen A. stellt ebenfalls schon Wackernagel (*Poetik Rhetorik Stilistik*[2] S. 540/1) fest. Freidank: *Silber, golt ist fremede mir; stelen, rouben naht und tac.* Offenbar handelt es sich in solchen Fällen um allg. bekannte Zwillingsformeln. In der neueren Poesie auffallender Gebrauch des A. bei Klopstock 'Messias' (10, 1048): *Er rufte mit lechzender Zunge: Mich dürstet! Rufts, trank, dürstete, bebte, ward bleicher, betete, rufte: Vater, in deine Hände befehl ich meine Seele* (vgl. auch 3, 516). Meyer (*Stilistik* § 104) erklärt sich das A. aus der „Hast, die unverbunden hervorsprudelt, was wir uns sonst die Zeit nehmen aneinanderzubinden". Tiefer dringt jedoch schon Wackernagel (a. a. O. 540), wenn er bemerkt, daß beim A. jede Untervorstellung stärker für sich wirke und damit, also ohne Rückbeziehung auf die vorherigen, eine stärkere „Sukzession und Progression" sich entwickle. Gegensatz zum A.: Polysyndeton (s. d.). P. Beyer.

Auferstehungspiel s. Drama, mal.

Aufführung. Die Wiedergabe des Dramas auf der Bühne geht vor sich, nachdem in einer, je nach der Bedeutung der Bühne zahlenmäßig verschiedenen Reihe von Proben (Arrangier-, Dekorations-, Stück-, Haupt-Probe) diese Aufführung selbst vorbereitet ist. Ihre Leitung hat der Regisseur oder Spielleiter. Reiht sich an die erste Aufführung (Première oder, bei noch garnicht auf die Bühne gekommenen Werken, Uraufführung) eine größere Anzahl von Wiederholungen (Serienspiel, auf das großstädtische Spezial-Bühnen angewiesen sind, wenn sie große Summen an eine Einstudierung wenden), dann übernimmt die Aufsicht über die späteren Aufführungen ein Hilfsregisseur, dessen Tätigkeit in der Theatersprache „Stallwache" genannt wird. Die Aufführung eines Werkes ist, wenn der Verfasser noch nicht 30 Jahre tot und die sog. „Schutzfrist" für sein Stück also noch nicht abgelaufen ist, gebunden an die Zahlung einer Tantième; auch die Aufführung solcher Werke durch Liebhaber ist gebührenpflichtig und wird, wenn die Zahlung nicht von selbst erfolgt, von der Organisation der Autoren rechtlich verfolgt.

C. Hagemann *Die Kunst der Bühne* 9 1922. G. Bock *Das Aufführungsrecht an dramatischen und musikalischen Werken* 1907. R. Mothes *Das Recht an Schrift- und Druckwerken* 1913. W. Goldbaum *Der Aufführungsvertrag* 1912. O. Opet *Deutsches Theaterrecht* 1897. K. Heinzmann *Deutsches Theaterrecht* 1905. N. Henzel *Das Aufführungsrecht von Bühnen- und Tonkunstwerken.* Diss. Würzburg 1920.

H. Knudsen.

Aufgesang und Abgesang sind ursprünglich technische Ausdrücke des Meistergesanges zur Bezeichnung strophischer Gliederung. Die Gliederung selbst hat sich aber bereits in der mhd. Kunstlyrik, wohl unter romanisch-provenzalischem Einfluß, entwickelt. In zweiteiligen Strophen heißt der erste, meist längere Teil der *Aufgesang*, der zweite kürzere der *Abgesang*. In dreiteiligen Strophen bilden zwei *Stollen* den *Aufgesang*, denen der *Abgesang* folgt. Infolge des Bestrebens der mhd. Dichter und Komponisten, möglichst Originalstrophen zu bilden, sind außerordentlich viele Strophenformen geschaffen. Ohne Kenntnis der Melodien ist der Aufbau der Strophen nicht immer leicht festzustellen. Kennzeichen sind die Metren der Verse, die verschiedenen Reime, verschiedenes Reimgeschlecht, die Reimstellung, rhythmische Pausen, syntaktische Einschnitte. In den Meistersingerhandschriften, auch in einigen mhd. Liederhandschriften sind Stollen und Abgesang sichtbar abgeteilt (*Kolometrie*). Die Stollen entsprechen einander in Rhythmus und Melodie. Der Abgesang steht gewöhnlich in einem musikalischen oder rhythmischen Verwandtschaftsverhältnis zum Aufgesang. In der Regel ist er länger als jeder Stollen, aber kürzer als beide zusammen. Bei Hans Sachs besteht der Abgesang meist aus kürzeren Versen als der Aufgesang. Dafür ist die Anzahl der Verse im Abgesang meist größer als im Aufgesang. Mitunter steht der Abgesang auch zwischen den Stollen; selten geht er voraus. Bisweilen ist der Abgesang selbst wieder dreiteilig gegliedert. Spätere Meistersinger weichen von der Dreiteiligkeit darin ab, daß sie auf den Abgesang noch einen Stollen folgen lassen. Die Dreiteiligkeit des Aufbaus zeigen auch eine Anzahl Kirchenlieder und das Sonett. Die dreiteilige Strophe des Meistersanges führt auch die Namen *Gesetz*, *Gebäude*, *Gebände*.

J. Grimm *Über den altdeutschen Meistergesang* 1810. R. M. Meyer *Grundlagen des mhd. Strophenbaus* (QF. 58) 1886. R. M. Meyer *Kürenberges wîse*, ZfdA. LV (1917) S. 337—349. A. Heusler *Zur Geschichte der altdeutschen Verskunst* 1891. Minor *Metrik* S. 417—424, 531—532. H. Paul *Metrik* in PGrundr. II, 2 S. 129—131. Fr. Kauffmann *Deutsche Metrik*3 S. 105—119. F. Saran *Die Jenaer Liederhandschrift* II. F. Saran *Versl.* S. 279, 289. K. Plenio ArchfnSpr. CXXXVI (1917) S. 16—23. PBB. XXXIX (1914) S. 291—319; XLI (1916) S. 47—128; XLII (1917) S. 285—287, 460—502; XLIII (1918) S. 56—99. H. J. Moser *Geschichte der deutschen Musik* 2 I (1920) S. 195—232, 319—332.

P. Habermann.

Aufklärung. § 1. Wenn die Aufklärung auch eine bei allen europäischen Völkern vertretene Geistesrichtung und Kulturbewegung ist, so hat doch nur die deutsche Sprache für diesen Begriff ein — allerdings seinen Umfang und Inhalt nicht eindeutig abgrenzendes — Wort, während die übrigen europäischen Sprachen, sofern sie sich nicht (wie das englische *enlightenment*) an das deutsche Wort anlehnen, sich umschreibender Wendungen bedienen. Verpflichtet schon diese Tatsache, die deutsche A. nicht einfach mit der allgemeinen europäischen Bewegung gleichzusetzen, sondern vielmehr ihren unterschiedlichen Charakter zu bestimmen, so legt insbesondere die erwähnte Mehrdeutigkeit des deutschen Begriffs die Pflicht auf, ihm zur Kennzeichnung einer Geistesrichtung und Kulturepoche eine eindeutige Funktion zuzuweisen. Schon zur Blütezeit der A. war der Sprachgebrauch schwankend: „Aufklärung ist ein Wort, das eigentlich nun ohne Kommentar kein Mensch mehr versteht, wiewohl es jedermann verstehen würde, wenn nicht der leidige Mißbrauch Nebenideen an dasselbe gehängt hätte" (Annalen der neuesten theolog. Lit. 1789 Nr. 30 S. 468); und: „Man kann sagen, daß das Wort A. einem willkommenen Gaste gleicht, der in der deutschen Sprachrepublik mit Freuden aufgenommen ward, von vielen Leuten geschätzt wird, aber doch bis jetzt noch keinen bestimmten Charakter erhalten hat" (Dtsch. Monatsschrift 1790 III S. 16). Die theoretischen Bemühungen der Aufklärer — und auch Immanuel Kants Beantwortung der Frage 'Was ist A.' — galten einzig der Feststellung gewisser vorzüglicher Inhalte der Aufklärungsbewegung oder der besten Methode, ihr subjektives Programm zu verwirklichen (wie etwa die von Bahrdt in seiner 'Deutschen Union' gegebene Definition der A.); keine von ihnen kann beanspruchen, das Eigentümliche und Besondere dieser Kulturbewegung allgemein verbindlich zu bezeichnen, alle ihre Richtungen zu umfassen, alle ihre Wirkungen widerzuspiegeln, am wenigsten die historischen Bindungen und Bedingungen dieser Bewegung aufzuzeigen, die, so sehr sie sich auch als ursprüngliche, allgemeingültige und notwendige Menschheitsbestrebung empfand und gab, in Wahrheit doch eben nur das Produkt einer historisch sehr bedingten, einmaligen Lage und Stimmung war.

§ 2. Das Wort A. ist aus der Stammsilbe „klar" gebildet; „klar" und der entgegengesetzte Begriff „trübe" sind Attribute der flüssigen Körper, des Wassers oder der Luft, und bezeichnen die Grade ihrer Vermischung mit heterogenen Teilen; „aufklären" bezeichnet insbesondere die Tätigkeit jener atmosphärischen Erscheinungen, durch welche der Luft die Eigenschaft der Klarheit erteilt wird. Die Übertragung der Bedeutung vom Horizont im eigentlichen Sinne auf den Gesichtskreis im figürlichen Sinne liegt nahe; ein aufgeklärter Verstand ist ein solcher, der möglichst wenig trübe Beimengungen in seinem Gesichtskreis hat, der also — wie Adelung erläutert — „viele deutliche Begriffe aufweist". Solche Übertragung im großen ist schon mit Leibniz' Monadologie gegeben, nach der ja die „A." ihres eigenen Inhaltes das Lebensziel der Monade ist, deren Trieb auf den Übergang von den dunklen zu den klaren Vorstellungen gerichtet ist; ja objektiv besteht nach Leibniz der Unterschied der Monaden nur in dem verschiedenen Grade von Klarheit = Distinktheit und Dunkelheit = Konfusion, mit der sie das Universum repräsentieren: der umfassendste Gebrauch, der von dem Begriff der A. als einem geradezu die Erkenntnis der Welt konstituierenden Prinzip gemacht werden konnte. Indessen faßt dieser von der Wortbedeutung abgezogene Begriff nur eine Seite der Sache und wird dem historischen Befund der deutschen A. nicht gerecht; denn dieses lediglich rationalistische Verhalten, wie es die Wortbedeutung allerdings einzig enthält, macht erst im Verein mit einer ganz anders gerichteten, ja entgegengesetzten empiristisch-sensualistischen Weltbetrachtung, wie sie schon im Leibnizschen System selbst jene rationalistische Grundhaltung vielfach durchbricht und umbiegt, den Inhalt der deutschen A. aus. Und wenn die ältere Forschung jenes von den Gegnern der A. — dem Sturm und Drang, der Romantik, der historischen Schule — in Umlauf gesetzte, polemisch getrübte Bild einer einseitig rationalistischen und darum poesiefeindlichen A. nur allzu willig nachzeichnete, ja wenn selbst objektiv gerichtete, der A. entschieden sympathisch gegenüberstehende Literarhistoriker wie H. Hettner das Bild der deutschen A. einzig nach ihren rationalistischen Zügen bestimmte, weil er der Meinung war, daß eine „Geschichte der A. nur eine allgemeine, ... alle europäischen Völker in gleicher Weise umfassende Literaturgeschichte des 18. Jhs. sein" könne, so hat die neuere Forschung, insbesondere die Arbeiten von Dilthey, Troeltsch, Unger, Meinecke u. a., in dem Bestreben, das besondere Bild der deutschen A. nach Ursprung und Wirken zu zeichnen, überzeugend dargetan, daß das eigentliche Wesen und die historische Bedeutung der deutschen A. eben in der Verschmelzung rationalistischer Elemente hauptsächlich aus der Gedankenwelt der französischen Philosophie und empiristisch-sensualistischer aus der englischen Philosophie besteht.

§ 3. Sieht man von jener Verwendung des Begriffs A. ab, der nur eine allgemeine rationalistisch-skeptische Grundhaltung treffen will und deshalb die Bezeichnung A. ebensogut auf eine gewisse Epoche der griechischen Philosophie (Windelband: die Sophisten) oder der mittelalterlichen Philosophie und Wissenschaft (Lecky, Reuter) anwenden zu können glaubt, so ist als die Epoche der A. jene große, alle europäischen, besonders aber die germanischen Länder ergreifende Strömung zur Überwindung der bis dahin einzig kirchlich und theologisch bestimmten Kultur bezeichnet worden; sie beginnt danach in der Renaissance, erlangt in den Systemen eines Descartes und Bacon zum erstenmale sichtbaren, machtvollen Ausdruck, ist sodann die eigentliche Trägerin der großen naturwissenschaftlichen und mathematischen Leistungen und der spekulativen Systeme des 17. Jhs., erreicht im 18. Jh. mit den mehr oder minder radikalen Folgerungen für die Einzelwissenschaften und besonders für die praktisch-politische Lebensgestaltung ihren Höhepunkt und verebbt im 19. Jh. allmählich. Hatte unter pragmatischem Gesichtspunkt die ältere Geschichts- und Literaturgeschichtsschreibung einen einheitlichen, kontinuierlichen Entwicklungsprozeß von der Renaissance bis zur französischen Revolution, ja darüber hinaus konstruiert — Gervinus hatte auch die Klassik, die klassische Philosophie bis Hegel, ja das Junge Deutschland und die Demokraten von 1848 in ihn einbezogen; neuerdings vertritt Ed. Wechßler (s. u.) denselben Standpunkt —, so hat in umfassender geistesgeschichtlicher Orientierung E. Troeltsch (Artikel A. in REPTh.) den einheitlichen Fluß und den Gesamtcharakter der europäischen A. als Emanzipation von der kirchlich bestimmten Kultur bezeichnet, und viele sind ihm hierin gefolgt. Allein einmal hat gerade Troeltsch selbst (in seinem Aufsatz PrJbb. 1903) in einem der wichtigsten Punkte der d e u t s c h e n A. gerade in ihren hervorragendsten Vertretern eine nur ihr eigentümliche Sonderstellung zugewiesen, zweitens hat er selbst schon in jenem Artikel in REPTh. das Einheitliche der „vielfältig gebrochenen und gegensätzlichen Bewegung" eben nur in einem negativen Moment, in dem durchgängigen Kampf gegen den kirchlichen Supranaturalismus gesehen und im übrigen gerade zur Erkenntnis der Besonderheiten der deutschen A. viel getan. Vom speziell l i t e r a r h i s t o r i s c h e n Standpunkt aus dürfte aber — bei aller Veranschlagung des gerade in jener Zeit tief in alle Lebensbezüge reichenden religiös-theologischen Elements — diese Kennzeichnung der A. nach Umfang, Inhalt und wesentlichsten Spielarten nicht befriedigend erscheinen; die Unterschiede etwa zwischen der „Opitzischen Aufklärung der schönen Wissenschaften" (wie Gottsched sehr bezeichnend 'Krit. Dichtkunst' [4. Aufl.] S. 525 sagt) und der Wolff-Gottschedschen oder der Lessing-Mendelssohnschen A. dürften zum wenigsten gerade auf jener Ebene liegen. Selbst bei völlig gleicher Grundhaltung in jenem Punkt wären die besonderen und so verschiedenen, ja gegensätzlichen Auswirkungen in Ästhetik, Kritik und dichterischer Praxis für den Literarhistoriker Grund genug, jene Konstruktion einer das 17.—19. Jh. umfassenden aufklärerischen Gesamtbewegung aufzugeben oder den Begriff auf eine bestimmte Epoche und ihr eigentümliche Haltung einzuschränken. Auch dann wird man freilich noch die verschiedenen aufklärerischen Spielarten derselben aufklärerischen Haltung berücksichtigen müssen: wie wäre sonst die scharfe Gegensätzlichkeit der Schweizer Bodmer und Breitinger auf der einen und Gottscheds auf der anderen Seite zu erklären, die ja beide Aufklärer, beide (cum grano salis) Rationalisten waren?

§ 4. Vom literarhistorischen Standpunkt aus ist es somit notwendig, erstens die Bezeichnung A. auf die Epoche von etwa 1720 bis etwa 1785 einzuschränken; in ihr vollzieht sich die Anwendung der allgemein aufklärerischen Standpunkte auf die deutsche poetische Literatur und literarische Kritik, die in optimistisch-aufklärerischem Fortschrittsglauben von zentralen (oder sich zentral erscheinenden) Instanzen — Persönlichkeiten, Schulen, Zeitschriften — einheitlich organisiert und durch diese Zucht und Ordnung zu immer höherer Vollkommenheit gebracht werden soll. Zweitens wird man die beiden grundsätzlich verschiedenen, in ihrer Vereinigung erst den Inhalt der A. ausmachenden Spielarten der A. zu unterscheiden haben, den mehr rationalistischen und den mehr sensualistisch-empiristischen Zweig. Die deutschen Aufklärer variieren nur das Leibnizsche Thema von dem Verhältnis der Vernunfterkenntnis und der Erfahrungserkenntnis, und je nach der Verschiedenheit der Durchdringung und Vermischung der beiden gegensätzlichen Prinzipien wechselt das Bild der aufklärerischen Weltanschauung. Zeitlich gehört indessen der mehr rationalistische Zweig der ersten Hälfte der Epoche an, der mehr empiristisch-sensualistische Charakter der A. gelangt vornehmlich in der zweiten Hälfte der Epoche zur Ausprägung, vor allem auf dem Gebiet der Ästhetik und einer Dichtungslehre, die zwischen rationalistisch-dogmatischer und formal-klassizistischer Behandlungsweise einerseits und naturalistisch-subjektivistischer andrerseits zum „Realismus" hin vermittelt.

§ 5. Die schöpferische, konstruktive Kraft des zum System strebenden Rationalismus erscheint auch bei den rein rationalistisch gerichteten Geistern der Epoche gebrochen; das System verflacht sich zum Schema: deutlich sichtbar schon zu Beginn der oben abgegrenzten Epoche an Chr. Wolffs (1679—1754) Behandlung der Leibnizschen Philosophie, wie diese ja in der Folgezeit allgemein ohne ihren allerdings wenig durchsichtigen metaphysischen Unterbau übernommen wurde. Es handelt sich für Wolff recht eigentlich gar nicht mehr um das Finden und Begründen eines letzten und höchsten, die Kräfte der Welt bewegenden Prinzips (wie für Descartes) oder eines letzten Grundes (wie für Spinoza) so wenig wie eines höchsten Zweckes oder Wertes, sondern um die abgeleiteten Gründe, um die logische Ordnung, den Bereich und die Anwendbarkeit der Folgesätze, um die Abstufung und Zuordnung der gesetzten Zwecke. Dabei zeigt sich überall — über die theoretische Feststellung hinaus, daß jedes Erkenntnisobjekt doppelt, durch das abstrakte Denken wie durch die sinnliche Wahrnehmung im Menschen vorgestellt wird — schon bei Wolff das Bedürfnis, die vorgegebenen reinen Vernunfterkenntnisse durch empirische Erkenntnis aus der naturwissenschaftlichen wie aus der historischen und psychologischen Sphäre fester zu begründen; die Übereinstimmung der a priori entwickelten Begriffe mit der Erfahrung ist geradezu das letzte Kriterium für die Richtigkeit der gewonnenen Resultate; und in seinem doppelt zweigeteilten Wissenschaftssystem, auf das obere oder untere Erkenntnisvermögen gegründet, treten neben die Disziplinen rationalistisch-aprioristischer Behandlungsweise die Wissenschaften a posteriori, die Erfahrungswissenschaften. Die eigentliche Bedeutung und weitreichende Wirkung dieses philosophischen Lehrgebäudes liegt denn auch — neben der Entwicklung einer formalistischen Schullogik, die bis in die Zeit des klassischen Idealismus herrschend blieb — eben in der Begründung und Ausstattung der „Erfahrungswissenschaften": der physikotheologischen Naturteleologie — in der sich das Kompromiß zwischen Empirismus (und das hieß: kirchlichem Offenbarungsglauben) und Rationalismus am greifbarsten zeigt —, der empirischen Psychologie, der Staatsrechtslehre usw. So wies schon der „reine" Rationalismus der deutschen A., halb unfreiwillig allerdings, Züge auf, die ihn gerade bei einer praktisch-populären Ausmünzung und gerade auf dem wichtigsten und zentralsten Gebiet, demjenigen des religiösen Lebens, in unmittelbare, verwandtschaftliche Berührung mit jener geistigen Haltung und philosophischen Richtung brachten, die, absolut genommen, nicht sowohl ein ergänzendes als ein schlechthin gegensätzliches Element darstellten: den Empirismus und Sensualismus, der vornehmlich aus England, sodann auf dem Umweg über Frankreich, seit der Mitte des 18. Jhs. nach Deutschland fruchtbar herüberwirkt. Denn das Charakteristikum, das alle diese verschiedenen Bemühungen und Denkleistungen eines Hobbes, Locke, Berkeley, Hartley, Priestley, Shaftesbury, Hutcheson, Hume usw. verbindet, ist ja doch eben das Gefühl, die Einsicht oder gar der Grundsatz, daß die menschliche Vernunft, an unübersteigbare Gedanken gebunden, die teils durch ihren eigenen Charakter, teils durch die unabänderliche Natur der Dinge ihr gesetzt sind, nicht aus eigenem Vermögen eine geistige Welt zu entwickeln und der Gesamtheit des Gegebenen souverän gegenüberzutreten vermag (Unger I 51); daß es vielmehr die Aufgabe der menschlichen Vernunft sein muß, die Fähigkeiten und Grenzen der Erkenntnis, des menschlichen Wollens und Fühlens exakt zu untersuchen, um durch Ausschaltung der bloß subjektiven Beimengungen zu einer objektiven, erfahrungsgesättigten Erfassung der Natur und ihrer Gesetzlichkeit vorzudringen. Im Gegensatz zu dem verallgemeinernden, vom Individuellen und Konkreten abstrahierenden Intellektualismus des reinen Rationalismus wendet sich dieser Empirismus und Sensualismus dem unmittelbar Gegebenen zu, wie es in der Natur und in der geistigen Welt sich dem erkennenden und wollenden Menschen darbietet.

§ 6. Von dieser Zwiespältigkeit der Grundhaltungen ist die Epoche der deutschen A., zumal in ihrer zweiten Hälfte, erfüllt, ja es scheint, als ob diese Zwiespältigkeit recht eigentlich Motiv oder Gegenstand aller ihrer Bemühungen in Religion, Philosophie, in den Einzelwissenschaften und in dem allgemeinen Bildungsbewußtsein abgibt; die Tendenz und Wesenheit der Epoche ist so wenig mit Rationalismus gleichzusetzen oder gar durch diese Bezeichnung erschöpfend zu charakterisieren, daß vielmehr die schrittweise Zurückdrängung der reinen rationalistischen Theoreme zugunsten der Erfahrungen und Forderungen der Wirklichkeit die durchaus vorherrschende, zentrale und allen Einzelleistungen gemeinsame Intention des Zeitalters ist. Von welcher Position der Einzelne ausgeht — und die Vielheit der möglichen Positionen legte schon allein diesem Zeitalter einen gewissen Relativismus und Eklekti ismns nahe —, von welchen Grundsätzen oder Erfahrungen, von welcher Lage die theoretische Haltung des Erkennenden bedingt sein mochte, in allen Fällen handelt es sich darum, sie mit der Wirklichkeit in Einklang zu bringen, sie nach Maßgabe der Erfahrungen des täglichen Lebens nicht minder als der fortschreitenden wissenschaftlichen Einsicht zu revidieren. Denn der andere mögliche Ausweg, die Wirklichkeit, soweit sie durch den menschlichen Willen beeinflußbar ist, der theoretischen Haltung und Forderung entsprechend umzugestalten, hat für die deutsche Aufklärung eine vergleichsweise viel geringere Bedeutung erlangt als etwa für die französische, zum mindesten fehlen ihr fast völlig die radikalen Tendenzen der französischen Aufklärungsphilosophie, sowohl auf eigentlich philosophisch-erkenntnistheoretischem Gebiet wie auf religiösem, politischem oder ökonomischem. Diese Aufgabe ist allem denkerischen Bestreben des Zeitalters gemeinsam gestellt, eine auf das Konkrete und Individuelle gerichtete praktische Arbeit, auch wenn sie bisweilen von echt philosophischem Geiste getragen wird und sich übrigens durchweg der Mittel des theoretischen Raisonnements aus Chr. Wolffs Schule insbesondere bedient. Diese Arbeit recht eigentlich ist die A. im eigentlichen Sinne. A. hat philosophisch weder einen besonderen und einheitlichen Gegenstand noch eine besondere und einheitliche Methode; von vielerlei möglichen Standpunkten vielmehr zu der einen Wahrheit vorzudringen, die sowohl der Vernunftserkenntnis wie der Erfahrungserkenntnis gemäß ist, das ist ihre Aufgabe; Prüfstein und Korrektiv jeder Wahrheit aber ist das Leben. Wenn die A. aber auch mit Eifer die geprüften Wahrheiten in pädagogischer Absicht sammelt und ordnet, ist ihr doch eine ausgesprochene Systemfeindschaft schon aus der relativistischen Grundüberzeugung heraus durchgängig zu eigen; ihr Ideal ist, nicht nur in der Pädagogik, der Kanon, nicht das System. Den Kanon der geprüften Wahrheiten festzustellen, übersteigt die Kräfte und die Vollmachten des einzelnen, die ganze Menschheit vielmehr ist zu dieser Arbeit berufen und verpflichtet, und nur in dem reformerischen Zusammenwirken der Nationen und Religionen, der verschiedenen Stände und der verschiedenen Wissenschaften und in dem dadurch herbeizuführenden Ausgleich der notwendig ver schiedenen Erkenntnis- oder Erfahrungsurteile ist jenes hohe Ziel zu erreichen. So empfindet sich A. als einen geschichtlichen Prozeß, freilich mit dem Zielpunkt im Unendlichen — das gibt das Motiv ab für ihren optimistischen Fortschrittsglauben, der nicht (wie schon Dilthey entgegen der landläufigen, von der politischen Geschichtsschreibung der Restauration in Umlauf gesetzten Meinung betonte) schlechthin unhistorischer Denkungsart entspringt, sondern im Gegenteil die Geschichte als die „Wissenschaft von der Entstehungsart der Gegenwart" (Spitteler) zur unentbehrlichen Voraussetzung hat und die pragmatische „Geschichte in weltbürgerlicher Absicht" (Kant) als wichtiges Hilfsmittel in dem Streben nach jenem hohen Ziel betrachtet. Nur unter jenem Gesichtspunkte des notwendigen Ausgleichs ist die A. weltbürgerlich; im übrigen hat gerade sie — auch dies entgegen der traditionellen Auffassung seit der Restauration — in Deutschland wenigstens zum ersten Male ein kräftiges gesamtdeutsches Nationalbewußtsein entwickelt, dem freilich von dem egoistischen Partikularismus der Fürsten Schranken gezogen wurden. Die universalistische Tendenz der A. ist ihrem Individualismus nicht entgegengesetzt, sondern vielmehr dessen notwendige Ergänzung (Meinecke). Freilich tritt der Individualismusgedanke der A. theoretisch mehr in der negativen Färbung der religiösen, ethischen, politischen und sozialen Toleranzforderung auf; von dem Individualismusgedanken des Sturms und Drangs z. B. ist er durch den vom Neuplatonismus über Shaftesbury und Leibniz wirkenden Organismusgedanken der jungen Generation entschieden getrennt. Der Individualismusgedanke der A. erschöpft sich im wesentlichen in der (allerdings bald zu gewichtigen praktischen Folgerungen gelangenden) Grundansicht, daß das Einzelwesen in seiner natürlichen Bestimmtheit das Ursprüngliche, einfach Gegebene und schlechthin Selbstverständliche sei, und daß erst und nur aus ihm alle überindividuellen Bezüge (Recht, Staat, Wirtschaft, Sitte, ja Religion und Kunst) herzuleiten und zu deuten sind. Von hier aus erhielt nicht nur das allgemeine Denken einen beständigen, kräftigen und selbstsicheren Antrieb zu umfassender Kultur- und Gesellschaftskritik (auch hier freilich die französische A. ungleich radikaler als die deutsche), sondern auch die positiven wissenschaftlichen Einzeldisziplinen — Religionsgeschichte, vergleichende und systematische Theologie, Staats- und Rechtslehre, Ökonomik, Pädagogik, Psychologie und Ästhetik — fruchtbare Anregungen, denen die Forschung nicht nur der Zeitgenossen, sondern auch der folgenden Generationen verpflichtet war.

§ 7. Was die Wirkung der aufklärerischen Geisteshaltung und Geistesarbeit auf die literarische Produktion und Kritik betrifft, so ist als erste Folge der aufklärerischen Intentionen im allgemeinen der starke Anspruch des theoretisch-kritischen Elements an die Produktion hervorzuheben; nur nach der Ausbildung einer vollkommenen Kunstlehre konnte — das war die durchgängig herrschende Überzeugung — die Produktion jene Höhe und Vollkommenheit erreichen, die man an den klassischen Mustern der Antike und der neueren Franzosen bewunderte. Auch in der Kunstlehre der deutschen A. lassen sich jene beiden wesensverschiedenen Elemente der A. im allgemeinen feststellen: die rationalistische Haltung fand ihren extremsten, freilich sehr bald nach dem Höhepunkt seiner Geltung völlig isolierten und wirkungslosen Vertreter in Gottsched; die empiristisch-sensualistische Haltung bekundete sich zuerst, freilich noch recht unfertig, in den Schweizern Bodmer und Breitinger, sodann im Kreise der Bremer Beiträger (insbesondere bei Joh. El. Schlegel), schließlich in dem Berliner Kreis (Lessing, Mendelssohn, Nicolai), vor allem durch die großen Zeitschriftenunternehmungen (der 'Bibliothek der schönen Wissenschaften und freien Künste', den 'Briefen die neueste Literatur betreffend' und der 'Allgemeinen Deutschen Bibliothek') ins Breite wirkend und noch auf der Höhe der Klassik vielfach in Theorie und Produktion, weniger durch besondere Lehren und Methoden als durch allgemeine Bildungselemente, von wesentlicher

Bedeutung. Die verschiedenen Spielarten der aufklärerischen Kunstlehre sind durch ebenso viele Anregungen der Ästhetik und Psychologie (besonders der englischen) bedingt. Dabei ist als allgemeiner und durchgängiger Grundzug der Entwicklung das Streben nach psychologischer Fundierung der Kunstlehre unverkennbar. Sie gibt sich nicht mehr als ein System von festen Regeln und Handgriffen, die vorwiegend — in der Weise der älteren Renaissancepoetik — von sprachlich-grammatischen Anschauungen und Forderungen aus deduziert werden, nicht als ein Kanon absolut schöner Gegenstände und Formen, sondern als eine Summe von Grundsätzen und Winken, die das künstlerische Empfinden der Aufnehmenden und die Kraft des Hervorbringenden läutern, veredeln und reinigen wollen. Wenn die deutsche A. auch immer mehr die überragende Bedeutung des Ingeniums, die durch keine wohlmeinenden Ratschläge und einsichtigen Bemerkungen zu ersetzende *vivida vis animi* des Künstlers anerkennt, so bleibt doch der erzieherische Anspruch ihrer Kunstlehre bestehen; gerade hierin hat sie auch auf die klassische deutsche Ästhetik gewirkt.

§ 8. Soweit die Dichtung den Anregungen der Kunstlehre und den allgemeineren aufklärerischen Intentionen folgen konnte, spiegelt sie die geistige Haltung der A. oft in intellektualistischer, seltener in ausgesprochen tendenziöser Weise wider. Was die Gegenstände und den Gehalt der aufklärerischen Dichtung betrifft, so ist ihr charakteristisches Merkmal, daß sie in getreuer Befolgung des Popeschen Satzes: „Das eigentliche Studium der Menschheit ist der Mensch" durchaus den Menschen in den Vordergrund des Blickfeldes stellt. Der Mensch, ein durch Willen und Vernunft sich vervollkommnendes Wesen: diese Ansicht spiegelt sich in dem Heldentypus der aufklärerischen Dichtungen wider; der Held ist — bei aller Sympathie für die in menschliche Leidenschaften verstrickten tragischen Heroen — doch vor allem ein der empirischen Ordnung eingefügtes oder doch einzufügendes Wesen; er ist oder er wird — und dies zu zeigen ist großenteils die Aufgabe der künstlerischen Darstellung — den aufklärerischen Werten zugänglich, bändigt seine Triebe, bereitet sich durch zweckbewußtes, vernünftiges Handeln sein entmetaphysiertes, bürgerliches Schicksal. Es kommt also im Drama wie im Roman darauf an, diese Werte durch dichterische Mittel zur Wirkung zu bringen: Gegenspieler, Raisonneur, Mittler; sichtbare überpersönliche Verkörperungen dieser Werte und deren Eingreifen in die Handlung: Staat, Gericht, Polizei, Schule, ja die Lotterie und dgl. „wohltätige" Institutionen und Korrektive; schließlich die Selbstprüfung und Selbstkorrektur des Helden aus moralischem Impuls. Wenn der Mensch aber auch als durchaus freies Wesen erscheint (eben weil er, wie Lichtenberg sagt, „perfektibel" sein soll), so wird doch natürlich nicht alle Gegebenheit und Bedingtheit geleugnet; nur erscheint sie hauptsächlich unter humoristischem Gesichtspunkt (wie z. B. in der Charakteristik die determinierten Eigenschaften nach Sternes Vorgang als „Steckenpferde" humorisiert werden); oder als freiwillige Bindung (Ehe, Staat) unter dem Gesichtspunkt der aufklärerischen Wertlehre. In allen Fällen wird auf eine exakte und lückenlose psychologische Motivierung in veristischem Sinne entschiedener Wert gelegt. Ganz und gar vom Blickpunkt des Menschen organisiert, zeigt die aufklärerische Dichtung Staat, Volk, Gesellschaft, Natur, Kunst und sogar Religion (Spalding: „Religion eine Angelegenheit des Menschen") lediglich als Objekt des Menschen, im Erziehungsroman, im Staatsroman, in Utopie und Robinsonade, im Künstlerroman, im bürgerlichen Drama und in der Idylle. Die Kunstmittel zeigen bewußte Einfachheit und Durchsichtigkeit, man bevorzugt klaren, symmetrischen Aufbau, übersichtliche Gliederung bis in die stilistischen Figuren hinein; das Ideal des *lucidus ordo* beherrscht die sprachliche Formgebung. Die Sprache, als Objekt des Menschen, ist nichts weiter als Kommunikationsmittel: diese Funktion kommt ihr auch in der Dichtung zu; von den drei Sprachen, die Thomas Abbt unterscheidet — der Sprache der Leidenschaften, der Sprache der historischen

Darstellung und der Sprache der Philosophie — ist die letztere auch in der Dichtung durchaus das Ideal. Von den Gattungen und Formen der Dichtkunst steht nach alledem die Lyrik den aufklärerischen Intentionen am fernsten, ihr eigentlichstes Gebiet ist der Roman, obwohl sie im dramatischen Fach lautere Siege feierte; von den kleineren Formen sind Fabel und Epigramm vornehmlich gepflegt worden. Im ganzen haben (wie immer!) die zahlreichen kleineren Geister die aufklärerischen Intentionen viel getreuer in Dichtung umgesetzt als die bedeutenderen Dichter der Epoche, die, wie selbst Lessing und Wieland, von vornherein vielfach über den engen Bezirk hinausgriffen.

Kritischer Versuch über das Wort Aufklärung, Dtsche Monatsschrift III (1790) S. 11 ff., 205 ff. *Über Aufklärung* [4] 1788. J. G. Schlosser *Fragment üb. d. A.*, Magazin f. Wissenschaften I (1784). J. J. Engel *Über d. Wert der A.*, Ges. Schriften II (1801) S. 316 ff. R. Z. Becker *Versuch üb. d. A. des Landmannes* 1785. Chr. Meiners *Histor. Vergleichg. der Sitten usw. des Mittelalters mit denen unseres Jahrhunderts in Rücksicht auf die Vorteile u. Nachteile der A.* 1793; ders. *Über wahre, unzeitige u. falsche A.* 1794. I. Kant *Was ist A.?* 1784 (S. W. hrsgb. v. Cassirer IV 167 ff.). — Artikel A. in: Staats- u. Gesellschaftslexikon hrsgb. v. H. Wagner 1860; Die Relig. in Gesch. u. Gegenwart (H. Hoffmann); in REPTh. (E. Troeltsch); Enzyklopäd. Handb. d. Pädagogik hrsgb. v. W. Rein [2] 1902 (Fr. Paulsen). — A. Dove *Das Zeitalter Friedr. d. Gr. u. Josephs II.* 1883. F. Meinecke *Weltbürgertum u. Nationalstaat* [3] 1915. F. Günther *Die Wissenschaft vom Menschen* (Lamprechts Gesch. Untersuchungen V). K. Wolff *Das Theodiceeproblem in d. Philosophie u. Lit. d. 18. Jhs.* 1909. R. Wegener *Das Theodiceeproblem* 1909. S. Merkle *Die kathol. Beurteilg. d. Aufklärungszeitalters* 1909. F. J. Schneider *Die Freimaurerei u. ihr Einfluß auf die geist. Kultur in Dtschld. am Ende d. 18. Jhs.* 1909. S. Marck *Das Jahrhundert der A.* 1923. — M. Dessoir *Ästhetik u. allgem. Kunstwiss.* 1906. S. 24 ff.: Die Ästhetik d. dtsch. A. R. Sommer *Grundzüge einer Gesch. d. dtsch. Psychologie u. Ästhetik von Wolff-Baumgarten bis Kant-Schiller* 1892. H. v. Stein *Entstehung der neueren Ästhetik* 1886. Fr. Braitmaier *Geschichte d. poet. Theorie u. Kritik von den ‚Diskursen d. Mahlern' bis auf Lessing* 1888-89. L. Goldstein *M. Mendelssohn u. die dt. Ästhetik* 1904. R. Unger *Hamann und die Aufklärung* 1911. M. Sommerfeld *Fr. Nicolai u. d. Sturm u. Drang* 1921. Chr. Fr. Weiser *Shaftesbury u. d. dt. Geistesleben* 1916. Chr. Schrempf *Lessing als Philosoph* 1906. A. Eloesser *Das bürgerliche Drama* 1898. — Fr. Nitzsch *Die geschichtl. Bedtg. d. Aufklärgstheologie*, Jhrbb. f. prot. Theol. I (1875). H. Hoffmann *Die Frömmigkeit d. dtsch. A.*, Ztschr. f. Theol. u. Kirche 1906. H. Stephan *Die Bedtg. d. 18. Jhs. f. d. system. Theologie*, ebda 1907. E. Troeltsch *Religionswiss. u. Theologie d. 18. Jhs.*, PrJbb. 1903. O. Harnack *Die Bedtg. d. Zeitalters d. A.*, Aufsätze u. Vorträge 1911. W. Dilthey *Die dtsch. A. im Staat u. in der Akademie Friedr. d. Gr.*, DRs. 107. Ders. *Das 18. Jh. u. d. geschichtl. Welt*, DRs. 108. M. Sommerfeld *A. u. Nationalgedanke*, Lit. Echo 1915. Ed. Wechssler *Die Auseinandersetzg. d. dtsch. Geistes mit der französ. A.*, Dt. Vierteljahrsschrift f. Literaturw. u. Geistesgesch. I (1923).

M. Sommerfeld.

Auftritt. Das Wort „Auftritt" bedeutet ursprünglich das Auftreten auf eine Erhöhung, also auch das Hinaufsteigen des Schauspielers auf die erhöhte Bühne. Dann bezeichnet man damit die kleinen Abschnitte innerhalb des Aktes eines Dramas, in denen Personen die Bühne verlassen oder neue auftreten. Dafür hat Gryphius den Ausdruck „Eingang", auch wie Schoch, Chrn. Weise das heute für Akt gebräuchliche „Aufzug". Das schon im 17. Jh. gebrauchte „Auftritt" steht seit dem 18. Jh. gleichbedeutend neben dem seit dem Humanismus eingebürgerten „Szene" (vom griech. σκηνή = Zelt, im altgriech. Theater Bühnenabschluß, dann Bühnenörtlichkeit, dann ein Stück der Handlung, das innerhalb des Aktes dieselbe Dekoration hat, und auch Auftritt). Auftritt heißt schließlich ein inhaltlich abzugliederndes, manchmal auch nur stumm gespieltes Stück von selbständiger Bedeutung innerhalb des Aktes, auch ohne neues Auf- und Abtreten von Personen. Von da aus geht der Ausdruck auf jeden sich besonders abhebenden Hergang auch außerhalb des Theaters über.

Nicht alle Akte sind in Auftritte geteilt; manchmal werden die dazutretenden Personen nur genannt (Hans Sachs, Ayrer, Opitz). Manche Dramen kennen nur eine Teilung in Szenen oder in Bilder, aber nicht eine Gliederung in Akte. Für den Spielleiter sind die durch den Wechsel der Personen und manchmal auch der Dekoration abgegrenzten Abschnitte innerhalb des Aktes wichtig, um das Eingreifen jeder Rolle zu regeln. Die durch solche äußerliche Teilung entstehenden Auftritte brauchen aber durchaus nicht mit den kleinen Einheiten der Handlung zusammenzufallen, aus denen der dramatische Dichter den Akt bildet. Manchmal ergibt schon ein Teil einer Szene, oft erst eine Reihe von den im Druck oder im Regiebuch abgesetzten Szenen ein einheitliches, von denselben Personen durchgeführtes Stück der Handlung. Die sog. Nebenszenen, die zur Vorbereitung, zur Füllung von Pausen, zur Überleitung usw. nötig sind, umrahmen dann die wichtigen Hauptszenen.

Wie die Wirkung des ganzen Dramas von dem Verhältnis der einzelnen Akte zu einander mit bedingt ist, so wird der Akt durch die berechnete Anordnung der einzelnen Auftritte zu einer in sich geschlossenen, überschaubaren größeren dramatischen Einheit, manchmal geradezu zu einem Drama im Drama. Auch der einzelne Auftritt, mag er nun von einer einzigen Person (Monologszene), von zweien, dreien oder vielen (Ensembleszene, Massenszene) bestritten werden, wird im allgemeinen durch Satz, Gegensatz und Ergebnis deutlich in sich gegliedert sein.

Das Gesetz, die einzelnen Auftritte so miteinander zu verklammern, daß niemals innerhalb, sondern erst am Schluß des Aktes die Bühne leer wurde (*liaison des scènes*), hatte eine innere Berechtigung nur so lange, als wegen des Fehlens eines Aktvorhangs das Leerwerden der Bühne für den Schluß des Aktes vorbehalten blieb, wo dann die Situation aufgelöst werden mußte. Es wurde im französischen Drama des 17. Jhs. ausgebildet (Boileau), von der deutschen Poetik übernommen und von Gottsched wie von Lessing verteidigt. Bis zu den frühesten Dramen Goethes blieb es in Geltung, auch als der Zwischenaktsvorhang schon üblich war. Das Mittel, diese Szenenbindung zu erreichen, bestand gewöhnlich in einem inhaltlosen sog. Brücken- oder Füllmonolog einer zurückbleibenden Person, zu der dann die neue trat. (Vgl. Art. *Aufzug*.)

G. Freytag *Technik des Dramas* III. Kap. J. Petersen *Schiller u. die Bühne* (Pal. XXXII) 1904. S. 162.

H. Schauer.

Aufzug. Wenn das Wort A. nicht das bedeutsame Erscheinen von Personen auf der Bühne meint, bezeichnet es die durch den Vorhang getrennten Hauptabschnitte des Dramas. Gottsched gibt an, daß man „die Actus schon vor 100 Jahren Aufzüge genennet", und erwägt, ob das Wort vom Aufziehen des Vorhangs oder der Personen abzuleiten sei. Meist gleichbedeutend steht daneben das aus dem lateinischen Drama übernommene „Akt" (*actus* noch bei Hans Sachs, seit 1616 als „Akt" belegt). Das 17. Jh. und noch Klopstock sagen dafür „Handlung" bzw. „Abhandlung", Maler Müller „Teil".

Vom Standpunkt aller klassischen Kunst, welche die Schönheit im Verhältnis der Teile zum Ganzen sucht, müssen die Akte durch ihre Beziehung zu einander und durch zweckvolles, einander stützendes Gefüge des Geschehens den wirksamen Aufbau der dramatischen Handlung ermöglichen. Sie setzen sich meist aus kleineren Auftritten zusammen, halten als in sich geschlossene Hauptteile des Dramas in der Regel die Einheit des Orts und der Zeit inne und sind selbst oft mit Einleitung, Höhepunkt und wirksamem Abschluß dramatisch in sich zu einem Ganzen geformt. Natürlich gibt es auch viele Dramen, die nicht in Akte gegliedert sind, sondern nur Szenen und Bilder an einander reihen (so etwa bei Lenz, Grabbe, Arnim, Büchner, Wedekind).

Die Wirksamkeit eines einheitlichen dramatischen Kunstwerks ist oft von der übersichtlichen Gliederung in Akte und von deren Verhältnis zu einander bestimmt. Nach G. Freytags nicht überall und vor allem nicht als Vorschrift gültigem Schema wird nach der Einführung in die Voraussetzungen (Exposition) der Anstoß zur Haupthandlung erkennbar. Diese selbst führt zur Verwicklung, zu einem entscheidenden Geschehen, und der Kampf mit der Rückwirkung dieses Geschehens auf den Helden findet schließlich eine Lösung, wenn das Drama sich nicht wie viele neuere Dramen mit einer offenen Frage begnügt, also auf eine Lösung verzichtet. Die breiter ausgeführte Haupthandlung steigert sich zu dem Höhepunkt, von dem aus ein Umschwung (Peripetie), ein Fallen der Handlung bis zur Lösung (Katastrophe) eintritt. Aus der ursprünglichen, von Donat begründeten Dreiteilung der meisten Dramen (Einleitung mit Anlaß, Verwicklung, Lösung) wird dadurch oft eine Fünfteilung (Einleitung, Steigerung, Höhe, Fallen, Lösung). Darin ist die häufige, oft trotz Widerstrebens innegehaltene und seit der Renaissance mannigfach verteidigte äußere Teilung in fünf Akte begründet, deren Zahl sich natürlich durch Zusammenrücken der einzelnen Teile vermindern läßt. Nach G. Freytag finden sich innerhalb der Akte die sog. dramatischen Momente, das erregende am Schluß der Einleitung, das tragische nach dem Höhepunkt, das Moment der letzten Spannung vor der Katastrophe.

Dem griechischen Drama war unser Begriff des Aktes fremd. Die Einschnitte in die Handlung, an Chorgesängen und Monologen erkennbar, waren nicht scharf, und ihre Zahl stand nicht fest. Die Römer nannten den Teil der Gesamthandlung *actus*, der ein selbständiges Stück Handlung ist. Eine griechische Theorie von fünf *actus* führen Varro für die Komödie und Horaz für die Tragödie an. Durchgeführt ist sie in den Tragödien des Seneca, verbindlich für die klassische französische Tragödie. Nach den ungegliederten Mysterienspielen des Mittelalters ist B. Waldis' 'Verlorener Sohn' von 1527 das erste datierbare Beispiel für die Akteinteilung im deutschen Drama. Im 16. Jh. wurden in Deutschland unter dem Einfluß der dem Seneca, Plautus und Terenz nacheifernden Schulkomödie die Dramen in Akte zerschnitten, aber noch ohne Gefühl für den Aufbau, und ohne daß die Handlung innerhalb des Aktes zusammengeschlossen wurde. So ist z. B. bei Hans Sachs oder Ayrer die Zahl der allenfalls an Umfang annähernd gleichen Akte beliebig, die Anlage episch. Innerhalb des Aktes wird der zeitliche Zusammenhang oft nicht gewahrt; der Akteinschnitt ist nur durch das Auftreten von Personen, nicht durch den Gang der Handlung bestimmt und zerschneidet nicht selten einen zusammenhängenden Vorgang oder läßt weit auseinander liegende Ereignisse ungetrennt. Bei Gryphius sollen die durch „Reyhen" getrennten Akte nur wie die Kapitelüberschriften der älteren Romane dem Leser die Übersicht erleichtern. Chrn. Weise machte sich (in den Vorreden zur 'Comödienprobe' und zur 'Argenis'), wie später J. E. Schlegel, Wieland, Tieck, über das Festhalten an der Horazischen Forderung der fünf Akte lustig, behielt sie aber selbst äußerlich bei und nutzte die Aktschlüsse auf seiner schon mit einem Zwischenvorhang versehenen Bühne durch komische oder, wie Lohenstein und Hallmann, durch pomphafte Auftritte zu besonderer Wirkung aus. Gottsched (ähnlich Ramler-Batteux) hielt die „ursprünglich willkürliche" Fünfzahl der Akte für Tragödien wie für Komödien der Zeitdauer des einzelnen Aufzugs wegen für „sehr bequem" und zog sie den drei Akten der Italiener vor. Er forderte nach Boileaus Vorgang, daß des Zusammenhangs der Handlung wegen nur am Aktschluß die Bühne leer wurde (vgl. d. Art. *Auftritt*). Die Möglichkeit, mitten in einer Situation den Akt zu schließen, gab erst der seit etwa 1770 allgemein gebrauchte Zwischenaktsvorhang. Um 1800 herrschte die Fünfzahl der Akte vor; es gab aber auch Abweichungen (Einakter, wie Lessings 'Philotas' und manche Schicksalsdramen, die Monodramen, Kleists 'Penthesilea', und Überschreitungen der Zahl, wie in Schillers 'Wallenstein', der eigentlich ein zehnaktiges Drama mit einem Vorspiel ist). Im 19. Jh. zeigte sich darin, ob und wie die überkommenen handwerksmäßigen fünf Akte einem Formprinzip entsprechen, das Können der Dramatiker. Gegen Ende des 19. Jhs. ist die Fünfzahl nicht mehr vorherrschend; die Handlung wird oft in vier Akte zusammengerückt (Ibsen, G. Hauptmann). Auch Einakter und Dreiakter sind häufig (Neuromantik, Schnitzler). Mit der Auflösung der überkommenen Formen gab der Expressionismus oft auch die Gliederung in Akte auf und begnügte sich mit dem Aneinanderreihen von Bildern und losen Szenen.

Die Kluft zwischen den einzelnen Akten wurde vom Chor, durch Musik oder Tanz ausgefüllt. Auch die nicht in inhaltlichem Zusammenhang mit dem Drama stehenden oder denselben Stoff in komischer Form darbietenden *Interludia* oder die jedem Akt vorausgehenden *Proludia* des Jesuitendramas (vgl. noch die „Vorbilder" aus dem Alten Testament vor jeder „Handlung" in Oberammergau), die „Reyhen" des Gryphius, die an den Aktschluß angeklebten Szenen des Pickelherings im 17. Jh., das Abwechseln von Akten einer ernsten und einer lustigen Handlung (Gryphius, Chrn. Weise) sollen die Pause zwischen den Akten füllen. Heute werden die Zwischenakte, nachdem in der ersten Hälfte des 19. Jhs. die Zwischenaktsmusik aufgegeben worden ist, als Ruhepausen aufgefaßt; sie haben aber bei zu langer Dauer, wie sie der Dekorationswechsel manchmal verlangt, die Gefahr, den Zusammenhang des Dramas zu zerstören und das Drama in seine einzelnen Akte aufzulösen.

Vgl. *Chor*, *Exposition*, *Katastrophe*, *Nachspiel*, *Peripetie*, *Vorspiel*. Creizenach II 486; III 378, 430; IV 281. G. Freytag *Technik des Dramas* II 5. J. Petersen *Schiller und die Bühne* (Pal. XXXII) 1904. S. 30, 139, 146. W. Hochgreve *Die Technik der Aktschlüsse* (TheatergeschF. 28) 1914. C. Heine *Der Aktschluß*, LE. VIII (1905/6) S. 389. O. Walzel *Gehalt und Gestalt* (Handbuch der Lit.wissenschaft) S. 220. Heinemann *Vorhang und Drama*, Grenzboten XXXXIX (1890). G. Witkowski Bühne und Welt VIII S. 18. v. Wentzel ebd. XV Nr. 2. E. Herold Neuer Weg (Lit.) XXXIII (1903) S. 286; XXXIX (1909) Heft 22.

H. Schauer.

Ausstattung. Die A. der Bühne ist eine Erweiterung dessen, was die Dekoration zur Erweckung einer Illusion leistet. Solange die Dekoration, im Stile schwelgender Perspektive der Bibbiena und ihrer Schule, große Räume vortäuschte, hätte eine Besetzung der Bühne mit viel Requisiten nur zu einem brüchigen Eindruck und einer empfindlicheren Stilwidrigkeit geführt. Eine Bühne, wie die im 18. Jh. maßgebende Mannheimer, hatte nach den Feststellungen Kurt Sommerfelds (*Die Bühneneinrichtung des Kurf. Hof- u. Nation.-Theaters in Mannh. unter Dalbergs Leitung*. Diss. Erlang. 1923) nur ganz geringen Ausstattungs-Fundus. Kulissen, auf denen in der Sucht nach möglichst naturgemäßer szenischer Ausstattung Mobiliar, ja sogar Menschen und Tiere aufgemalt waren, sind sogar im beginnenden 19. Jh. nichts Seltenes. Nachdem noch Heinr. Laube, im Interesse seiner Wort-Regie, alles Ausstattungsmäßige auf das Allernötigste beschränkt hatte, ist zunächst schon durch Dingelstedts Ausstattungs-Regie, dann aber vor allem durch die Meininger (s. d.) und ihre betonte, geschichtlich zuverlässig orientierte Sach-Regie der Sinn für die Ausstattung der Bühne geweckt worden, die dann besonders durch den Naturalismus reicher und detaillierter wurde. Das verwöhnte Zuschauer-Auge stellte sich neuerdings geradezu auf „Ausstattungsstücke" (s.d.) ein, ein Gebiet, auf dem z. B. gegen Ende des 19. Jhs. im Viktoria-Theater zu Berlin ('Die Reise um die Welt in 80 Tagen') und später für die Revuen des Berliner Metropol-Theaters besonderer Aufwand getrieben wurde. (Vgl. Art. *Dekoration.*)

H. Knudsen.

Ausstattungsstück. Ausstattung heißt im Theaterwesen alles, wodurch der Schauplatz des Dramas gekennzeichnet werden soll. Es gehören also neben dem Kostüm und der Beleuchtung dazu die Dekorationen und Requisiten. Diese szenischen Mittel der Bühne wenden sich an den Gesichtssinn des Zuschauers. Sie sind für die dramatische Dichtung nicht wesentlich, sondern ergänzen und verstärken sie nur. Die Anforderungen der Dramatiker und des Publikums an sie sind in den verschiedenen Zeiten sehr verschieden gewesen. Wo die Wirkungen und Effekte der szenischen Ausstattung über die der dramatischen Dichtung gestellt werden, entstehen Ausstattungsstücke.

Vor der Ausstattung im heutigen Sinne genügte den dramatischen Aufführungen oft eine gesprochene, also nur im Text angedeutete Dekoration. Gewisse Ansprüche an die Ausstattung stellten schon die Mysterienspiele. Die Fastnachtspiele des 15. und 16. Jhs. und die Meistersingerdramen verlangten im allgemeinen eine neutrale d. h. dekorationslose Bühne. Das humanistische Schuldrama pflegte grundsätzlich das Wort und stellte die Ausstattung zurück. Im 17. Jh. wurden mit den aufkommenden höfischen Festspielen und den musikalischen Dramen reicherer Dekorationsprunk und überraschende Maschinenkünste verlangt. Die Errungenschaften der Italiener machte der Ulmer Furttenbach in Deutschland bekannt. Das

Jesuitendrama nahm vielerlei von diesen Ausstattungskünsten auf, während das protestantische Schuldrama notgedrungen darauf verzichten mußte Mit der Weiterbildung der großen Prunkoper und des Balletts kam es im 18. Jh. zu beträchtlichem Ausstattungsluxus, besonders in großen Ausstattungsballetts, die auch im 19. Jh. ihre Bedeutung behielten. So ist das Ballett 'Sardanapal' 1865 gewissermaßen das erste historisch echte Ausstattungsstück, für das sogar die neuesten Forschungsergebnisse der Ausgrabungen ausgenutzt wurden. Aus der Wiener Gesangsposse entwickelten sich in den 30er Jahren des 19. Jhs. die Zauberpossen (s. d.) F. Raimunds, in denen zahlreiche allegorische Figuren, Feen und Geister mit Hilfe von Zaubermaschinen in die Handlung eingriffen. Die überreichliche Ausstattung beschränkte H. Laube in der Mitte des Jhs. auf das Notwendigste zu Gunsten des Inhalts. Der historisch echten Ausstattung galten seit 1874 die Bemühungen der Meininger. Das starke Betonen der Ausstattung führte unter Vernachlässigung des Inhalts zu einem Ausstattungsstück, das neben dem Prunk des historischen Dramas und der eleganten Aufmachung des Konversationsstücks aus Ballett und Feerie entstand und in den achziger Jahren seine Glanzzeit erlebte. Die meisten Märchendramen, die Verwandlungsstücke und viele der heutigen Possen und der durch zeitgemäße Anspielungen und blendende Ausstattung wirkenden Revuen gehören hierher.

H. Schauer.

Autobiographie s. Selbstbiographie.

Avanturierroman. § 1. Der „Avanturier"-Roman gehört, wie der Name besagt, der großen Gattung des realistisch-volkstümlichen Abenteuerromanes (s. d.) an. Die neuere Forschung versteht unter A. eine literarisch geschlossene, charakteristische kleine Gruppe von etwa 20 Romanen, die, seit 1714 in Deutschland auftauchend, im Titel den Namen „Avanturier" führen und ihren dichtungsgeschichtlichen Ursprung in Holland haben, wo 1695 Nicolas Heinsius, anknüpfend an die spanische novela picaresca, seinen Schelmenroman 'De vermakelijke Avanturier' veröffentlichte. Der A. ist also über verschiedene Zwischenglieder hinweg der letzte Ausläufer des spanisch-deutschen Schelmenromans (s. d.). Zu diesen holländischen und spanischen Einflüssen kommt vor allem die Wirkung des Reiseromans (s. d.) und der Robinsonade (1719 ff.; s. d.); eine Nachahmung der Defoeschen Robinsonade ist jedoch der A. nicht. Man kann nur unterscheiden zwischen A., die das Gepräge des Schelmen- und Landstörtzerromans tragen, und solchen, denen robinsonadenhafte Züge eigen sind. Streng von diesen beiden Gruppen sind die wenigen Pseudo-Avanturiers zu trennen, die den Namen der beliebten Gattung als lockendes Aushängeschild benutzen. Im literarischen Sinn ist der Avanturier „ein Mensch, der häufig wie ein picaro eine harte Jugend durchzumachen hat, sich aus den niedrigsten Schichten der Gesellschaft emporarbeitet, dabei keine Mittel scheut, mannigfache Abenteuer sucht und erlebt und endlich als seßhafter Bürger sein Leben beschließt". Dem täuschenden Glück vertrauend, schlägt er sich als Diener, Bursche, Barbiergehilfe, Lakai oder Sekretär, als „Hausinformator" durch; das niedere Volk oder die bürgerliche Welt ist seine Umgebung. Eine Unzahl von Personen tritt auf; individuelle Charakterisierung fehlt. Dafür entschädigt die treffende Erfassung einzelner Typen und Stände, deren Vertreter realistisch scharf mit starker Neigung zur übertreibenden Karikatur vorgeführt werden. Die Mittel der Erzählungstechnik sind meist roh, stets kehren die gleichen Motive wieder. Gemeinsam ist allen A. der deutlich sichtbare geschichtliche Hintergrund: es sind die Zeiten der russisch-türkischen Wirren, der venetianischen Seeräuberkriege, in die der „Avanturier" verstrickt wird. Dadurch ist ein häufiger, abenteuerreicher Wechsel des Schauplatzes bedingt. Nicht nur in den großen Städten Deutschlands, Hollands, Dänemarks, Frankreichs und Spaniens, überhaupt in Europa, treibt der Avanturier sich herum, sondern auch nach Afrika und Asien, ja nach Amerika wird er verschlagen. Der A. wird mitunter zum Reiseroman (s. d.), zum Seeroman; Schiffbruch, Gefangenschaft, Aussetzung spielen eine große Rolle.

§ 2. Vom Anfang bis über die Mitte des 18. Jhs. erfreuen sich die sämtlich anonym erschienenen A. neben Robinsonade und galantem Roman großer Beliebtheit; dann tritt der englische Familienroman beherrschend hervor und drängt ihn zurück. 1714 überträgt ein Unbekannter Heinsius' Roman; dieser 'Kurtzweilige Avanturier' bleibt vorerst allein. 1725 folgt die 'Teutsche Avanturiere', 1738 der 'Lustige Avanturier', dann geht es schneller, 1748 'Zwey Westphälische Avanturiers', 1750 der Siebenbürgische und Schweizerische, 1752 der curieuse, 1753 der russische, 1756 der Leipziger Avanturier, der adlige Avanturier erscheint 1760 und den Beschluß macht der Gaskonische Avanturier 1769. Verwandtschaft mit den Robinsonaden weist der 'Seltsame Avanturier' (1724) auf, und weiter der Preußische (1751), Dänische (1751), Asiatische (1754) und Dresdner Avanturier (1755). Die Bedeutung der Avanturierromane liegt wie überhaupt beim ganzen volkstümlich-realistischen Roman in ihrem großen sittengeschichtlichen Wert; denn sie schildern das Leben der Zeit. Und dann sind sie für eine Geschichte des literarischen Geschmacks von typischer Wichtigkeit.

J. ten Brink *Dr. Nicolas Heinsius Junior* 1885. B. Mildebrath *Die deutschen »Avanturiers« des 18. Jahrhunderts.* Diss. Würzburg 1907 (mit genauer Bibliographie u. Inhaltsangaben).

W. Rehm.

Aventiure (lat. *adventura*, frz. *aventure*), bis zum 18. Jh. als Femininum gebraucht, kommt in der mhd. Literatur in folgenden Bedeutungen vor:

§ 1. Das Abenteuer, wie nhd. Die berühmteste Belegstelle dafür Hartmanns 'Iwein' 527 ff. „*Aventiure, waz ist daz?*" „*Daz wil ich dir bescheiden baz. Nû sich wie ich gewâfent bin: Ich heiz ein rîter und hân den sin daz ich suochende rîte einen man der mit mir strîte, der gewâfent sî als ich. Daz prîset in, ersleht er mich: Gesige ich aber im an, sô hât man mich für einen man, und wirde werder danne ich sî.*"

§ 2. Das Abenteuer, das dem Helden einer Erzählung zustößt, und daher der Abschnitt einer Dichtung, in der ein solches Abenteuer erzählt wird; ein einzelnes Erlebnis oder eine geschlossene Kette von solchen. Zuerst nachzuweisen für eine frühe Redaktion des NL.s, die eine Kapiteleinteilung enthalten und die einzelnen Abschnitte bereits als Aventiuren bezeichnet haben wird. Von den Hss. des NL.s geht der Brauch in andere über, als bereits vom Dichter angewandt läßt er sich am besten nachweisen in dem Gedicht von 'Ortnit' mit seiner typischen Abschnittsformel: *Ortnides âventiure* [gen. pl.] *ist aber einiu hin.* — Diese Anwendung des Wortes bildet den Übergang und die Erklärung zu der häufigsten:

§ 3. Eine abenteuerliche Erzählung als Ganzes, ein Roman. Zuerst bei Wolfram: Parzival ist *der âventiure herre*, d.h. der Hauptheld des Romans. Der Ausdruck ist vor allem in der höfischen Sphäre zuhause, und man sprach deshalb gerne von den Aventiurendichtern im Gegensatz zu den Heldenepikern. *Aventiure* ist eine erfundene Geschichte, weshalb sich Thomasin von Zirclaria und nach ihm andere Lehrdichter geringschätzig über sie äußern: *Die âventiure sint gekleit dicke mit lüge harte schône: diu lüge ist ir gezierde krône.* (Welscher Gast 1118 ff.) *Aventiure* setzt eine geschriebene Quelle voraus und scheint selbst mit dieser gleichgesetzt zu werden in den zahlreichen Wendungen wie: *als uns diu a. seit, uns tuot diu a. bekant* usw. Im 'Lohengrin' Str. 600 heißt es: *Diu âventiure iu hât benant in dem buoche vor, daz si nu sint bekant* usw., es wird also unterschieden zwischen dem Buch, d. h. hier dem Text der Erzählung, und der A., der Erzählung selbst oder derjenigen, die sie veranlaßt. Solche Wendungen leiten über zu:

§ 4. Personifikation. *Diu Aventiure* als lebendes Wesen, die betreffende Erzählung als Individuum und dann allgemein die Erzählung überhaupt etwa wie „die Sage". Die Grenze zwischen 3. und 4. ist oft schwer zu ziehen, so wenn Wenzel singt: *Hey must ich mich erkosen mit der vil lieben eine, diu aventiure wurde las* (Hs. C Str. 7). Den letzten Schritt zur Personifikation hat zuerst deutlich Wolfram vollzogen, der zu Beginn des 9. Buches des 'Parzival' die *Frou Aventiure* einführt und mit ihr ein Gespräch über den Helden beginnt. Man wird daraus nicht wie J. Grimm auf eine altmythologische Vorstellung schließen, die Wolfram modernisiert hätte, auch nicht auf eine Nachahmung der antiken Anrufung der Muse. Es ist zunächst ein echt Wolframscher Einfall, der dann mannigfach nachgeahmt wurde: von Rudolf von Ems im 'Willehalm', wo die A. an andere Dichter verwiesen wird, die ihr besser gerecht werden könnten, von Ulrich von Türheim in seiner Willehalmfortsetzung und unzählige Male von Albrecht im 'Titurel'; am geschmacklosesten von Johann v. Würzburg, der sie als buntfarbiges, dazu männliches Ungeheuer (auch *der aventiure houbetman* genannt) einführt. Noch bei Suchenwirt tritt sie als schöne Jungfrau auf, die durch die Länder reist, und erscheint in Minneallegorien gern an der Seite der Frau Minne und der personifizierten Tugenden. — Im 19. Jh. haben J. Grimm (‚Frau Aventiure klopft an Beneckes Tür') und Scheffel (‚Frau Aventiure') die Personifikation wieder lebendig gemacht. Die Bedeutung 3. greift altertümelnd Fouqué auf, wenn er seine Dramolets aus der Vorzeit „Abenteuren" nennt.

J. Grimm *Kl. Schr.* I 83. Galle *Die Personifikation in der mhd. Dichtung.* Diss. Leipzig 1888. S. 81 f. Schwietering *Singen und Sagen.* Diss. Gött. 1908. S. 45 ff. Henrich PBB. XXXIII (1913) S. 243. H. Schneider.

B

Ballade. I. (metrisch). Die Bezeichnung B. stammt aus dem Romanischen, wo ital. *ballata* (von *ballare* tanzen), prov. *ballada* die Bezeichnung eines kürzeren, von den Tanzenden während des Tanzes selbst gesungenen Liedes ist, das aus drei oder vier meist acht-, zehn- oder zwölfzeiligen Strophen nebst Refrain besteht. Aus einfachen volksmäßigen Formen mit kurzen Refrains entwickelten sich wahrscheinlich bei den Troubadours und Trouvères kunstvollere Gestaltungen. Im 14. Jh. ist die Ballade im Französischen in der Regel eine kleine lyrische Dichtung aus vier durchgereimten Strophen mit Refrain, der die letzte Zeile bildet. Von Frankreich kam das Wort nach England als Bezeichnung für die zahlreichen lyrisch-epischen Volkslieder, die meist Stoffe des Heldentums behandeln, wie die Ballade Chevy-Chase (s. d.) und die von Robin Hood. Sie übten mehr inhaltlich als formal metrisch auf die deutsche Ballade des 18. Jhs. ihren Einfluß aus. Die neuere Ballade hat mit den alten Formen nichts gemein. Außer der strophischen Gliederung und der Bevorzugung gereimter Verse hat die Ballade im Deutschen keine besondere metrische Form entwickelt. Die musikalische Form der Ballade war zunächst die schlicht strophische. Erst durch Zumsteeg und Löwe ist ein Weg gewiesen, auf den fortschreitenden Inhalt der Dichtung einzugehen, ohne die thematische Einheit aufzugeben. Dieser bleibende Bestandteil der übrigens sehr frei gestalteten thematischen Ideen entspricht in gewissem Sinne den Refrains und Reprisen der alten Ballade.

G. Rosenhagen *Die Strophe in der deutschen klassischen Ballade*. Progr. Hamburg 1903. B. v. Münchhausen *Meisterballaden* 1921. H. Riemann *Musiklexikon*[10] S. 72. P. Habermann.

II. (historisch) s. Kunstballade, Volksballade.

Ballett. Die Darstellung einer Reihe von Seelenzuständen allein durch die Gebärde kann mit einer dramatischen Handlung verknüpft sein. Im engeren Sinne ist das B. Sache eines oder mehrerer Tänzer, die Handlungen, Charaktere und Gefühle durch mimische und tänzerische Bewegungen wiedergeben, was durch Kleidung und Dekoration unterstützt werden kann, durch das Mitwirken der Musik aber (mit geringen Ausnahmen) unterstützt wird. Bei selbständigen Stücken wird ein Libretto die Grundlage bilden, nach der der Komponist arbeitet; die Musik wiederum gibt dem Choreographen das nicht zu übersehende Gerüst für seine Arbeit, da ihr Rhythmus auch seine Schritte und Sprünge, ihr Charakter die Haltung seines Ausdrucks festlegt. Die Anfänge des Balletts liegen wohl in den Bewegungen des antiken Chors, sicher aber in der während der ersten nachchristlichen Jahrhunderte blühenden römischen Pantomime (s. d.), einer sprachlosen Darstellung durch den selbständigen Gebrauch der Gebärdenkunst, die fast überall mit Musik begleitet wurde. Die allegorische Anwendung solcher Aufführungen auf anwesende, aus irgend einem Grunde zu feiernde Fürstlichkeiten, die im 15. und 16. Jh. in Italien (*ludi*) und in Frankreich (*masques*) üblich war, unter dem französischen Namen im 16. Jh. auch nach England überging (W. J. Lawrence *Notes on a collection of Masque Music* in *Music and Letters* 1922) erforderte die schon früher einem Ausrufer anvertraute Mitwirkung des Worts, die bis zum Aufkommen des monodischen Stils wohl dem Chore zufiel. Das von Weckerlin in den ‚*Chefs d' oeuvre classiques de l' opéra français*' im Klavierauszug neugedruckte ‚*Ballet comique de la Royne*' von 1581 enthält Einzelgesänge und muß deshalb zu den Vorläufern der Oper (s. d.) gezählt werden. In Paris reihte man seit dem Ende des 17. Jhs. eine Anzahl zusammenhangsloser Entrées aneinander (*Comédie-Ballet* oder *Opéra-Ballet*); die gleichzeitigen französischen *Festes vénitiennes* sind eine Folge von Intermedien (ursprünglich Zwischenaktsunterhaltungen, s. u.), die in Venedig spielen. Gleichzeitig mit der Gluckschen Opernreform erlebt das Ballett eine Erneuerung im Sinne der Sättigung mit dramatischem Gehalt durch Noverre (1727—1810), der in F. Deller, I. Starzer, W. A. Mozart und andern Meistern Komponisten findet, auf deren Tätigkeit er einzuwirken versucht. „Auf diese Art diktierte ich Gluck das charakteristische Air des Tanzes der Barbaren in der ‚Iphigenie auf Tauris'". (Vgl. H. Niedecken *Jean Georges Noverre.* Diss. Halle 1914.)

Die in der Oper vorkommenden Balleteinlagen gehen wohl auf die in die Zwischenakte eines Schauspiels oder (später) einer Oper eingekeilten Intermedien (s. *Oper*), aus denen sich als Hauptzweig die *opera buffa* entwickeln sollte, zurück: der Verzicht auf die Hilfe des Worts macht das Intermezzo zum Ballett. Die Oper J. B. Lullys (1632—1687) und seiner Nachfolger hatte nur an eine Überlieferung anzuknüpfen, um jenen Reichtum von Charaktertänzen in sich zu sammeln, durch die sich die französische Oper von Anfang an von der dem Gesanglichen einseitig zugewandten italienischen unterscheidet. Wie Molières Lustspiele mit Balletten durchsetzt sind, so mußten sich auch die Opernkomponisten von Cavalli bis Wagner dem choreographischen Interesse der Pariser beugen. Die Abdrängung schwächerer Talente vom Drama und damit die Veräußerlichung des musikalischen Aufgebots in einer Fülle von Evolutionen, Aufzügen und Tänzen war die unerwünschte Folge der von Lullys Autorität eingeleiteten Bewegung; andrerseits schärfte die Behandlung solcher Szenen den Blick für das Deskriptive (Tonmalerische), das dem französischen Geist ohnehin naheliegt.

Die Bezeichnung *balletto* für eine vollständige Ballettoper (Singballett) findet sich schon 1625 (‚*La liberazione di Ruggiero*' von Francesca Caccini); Tanzszenen sind mit Chören vereinigt: das Motiv der in Pflanzen verwandelten erlösungsbedürftigen Frauen erinnert an den zweiten Akt des ‚Parsifal' von Wagner. Nach dem ‚Rienzi' sucht Wagner das Ballett mehr und mehr in die dramatische Handlung einzubeziehen. Th. W. Werner.

Bänkelsänger. Ihrem Ursprung nach die Kolporteure der „Neuen Zeitung", der „Relation" des 16. Jhs., die sich in der alten Form unter dem Namen „Moritat" als Zeitung des kleinen Mannes bis in unsere Tage erhalten hat. B. sind keine *ioculatores*, sie wollen nicht belustigen, sondern rühren, erschüttern, erschrecken und bessern zugleich. Ihre durchaus ernst gemeinten Darbietungen betreffen düsteres, wunderbares oder entsetzliches Geschehnis, durchaus nicht Mordtat allein, wiewohl dieses Wort höchstwahrscheinlich in gesanglich zerdehnter Form dem Wort *Moritat* zugrundeliegt. Der Kern der ganzen an die Jahrmärkte und Messen gebundenen und in einzelnen Gegenden Deutschlands, z. B. in Görlitz, noch heute lebendigen Institution ist der Vertrieb der „Fliegenden Blätter", die in gewissen Winkeloffizinen (z. B. bei Hermann Reiche in Schwiebus) noch heute nach alten Mustern hergestellt werden, und die das behandelte merkwürdige und erschreckliche Ereignis zunächst ausführlich in Prosa, sodann auch in Liedform auf einem halben Bogen Kleinquart vorführen. Die 3—5 großen schauerlichen Leinwand- oder Wachstuchbilder, die dazu bestimmt sind, die Moritaten illustrierend zu begleiten, rühren ebensowenig wie die „Fliegenden Blätter" nebst ihrem Inhalt in Lied- und Prosaform von den B. selber her, sondern, im Auftrage des Unternehmers von Winkelkünstlern ebenso fabrikmäßig hergestellt wie jene von Winkelliteraten verfaßt, sind sie ihnen nur zu Anreiz- und Reklamezwecken mit auf den Weg gegeben. Auch die ebenso unvermeidliche Drehorgelmusik, das Lied selbst, das gewöhnlich von einer Weibsperson vorgesungen wird, desgleichen die stark verkürzte Redeprosa, gleichfalls von der Weibsperson vorgetragen, indessen die Komplizen in der angelockten Menge herumgehen und die Drucke vertreiben, was ihren einzigen Gewinnst abwirft, — all diese Dinge sind nichts als ursprüngliche Anreiz- und Reklamemittel. Unvermeidlich ist ferner das vor den Bildern hinlaufende Holzbänkchen, von dem aus die Vortragende mit dem obligaten Rohrstab auf die Illustrationen weist; dieses Bänkchen hat der ganzen Institution den Namen gegeben. Ob irgendein Zusammenhang mit den ital. *saltim-* oder *cantambanchi*, den franz. *montaubancs*, den engl. *mountabancs* besteht, bedarf noch der Untersuchung. Das deutsche Wort B. begegnet seit rund 1700, die älteren Bezeichnungen waren Markt-, Gassen-, Avisensänger. Im 16. Jh. hatte die Relation aus den Händen der Geistlichkeit jene erbaulich-moralischen, aufdringlich frommen, freudlosen Züge erhalten, die die Moritat bis heute bewahrt. Und wiederum ist dann im 18. Jh. die Moritat unter den Einfluß der Oberschicht, diesmal der Kunstpoesie, geraten, die zu jener Zeit ein besonders starkes Interesse für den Bänkelgesang bekundete (Salonbänkelgesang, Gleim, Löwen, Schiebeler u. a. m.). Noch heute weist der Bänkelgesang daher stofflich, stilistisch und sprachlich, vermutlich auch musikalisch, bestimmte Merkmale des 18. Jhs. auf.

H. Naumann *Primitive Gemeinschaftskultur* 1922. Kap. VIII S. 168 ff. [= ZfVk. XXXI (1920/21) S. 1—21]; ders. *Grundzüge d. deutschen Volkskunde* 1922. S. 117 f. H. Naumann.

Bar (auch Par). In der Kunstsprache der Meistersinger bedeutet B. das regelmäßige, abgeschlossene, strophenförmige Meisterlied. Das B. umfaßt drei, fünf oder sieben Strophen, selten eine, immer eine ungerade Zahl. Die Herkunft des Wortes steht nicht fest.

Koberstein I 290. Plate *Kunstausdrücke der Meistersinger* (Straßburger Studien III) 1888. DWB. I 1121. Pauls Grundr. II 312. P. Habermann.

Bardendichtung. Als B. bezeichnet man eine vorwiegend episch-lyrische Dichtungsart, die — zwischen Anakreontik und Sturm und Drang stehend — in dem Jahrzehnt von 1765—1775, mit den Namen von Gerstenberg, Klopstock, Kretschmann und Denis in erster Linie verbunden, mit ihren hauptsächlichsten Werken hervortrat. Nach der ersten begeisterten Aufnahme fiel sie bald scharfer Kritik und selbst der Lächerlichkeit anheim, konnte aber doch mühsam einige Ausläufer bis ins neunzehnte Jahrhundert hinüberretten. Name, Inhalt, Form und Wirkung sind das Resultat verschiedener zunächst voneinander unabhängiger Entwicklungsreihen, die, im 17. Jahrhundert beginnend, in der zweiten Hälfte des achtzehnten Jahrhunderts zusammentrafen, in ihrem Schnittpunkt dies literarische Produkt entstehen ließen, um dann jede wieder ihre Sonderwege weiter zu verfolgen, bzw. im Sande zu verlaufen.

§ 1. Name. Mit dem Namen Barden (nach dem Irischen *bard*-Sänger) wurden keltische Hofdichter bezeichnet, die zur Harfe Kampf- und Preislieder sangen und, frühzeitig in gallischen, irisch-gälischen, welschen und schottisch-gälischen Gebieten nachweisbar, etwa vom neunten bis fünfzehnten Jahrh. besonders in Irland, Wales und Schottland in hohem Ansehen standen. Dieser Name war in Deutschland seit Opitz bekannt, und bereits vor der Entstehung einer eigentlichen bardischen Dichtung führten Schönaich und Wieland den Barden als dichterische Figur ein, während Lessing 1758 den Sänger der Grenadierlieder, Gleim, als neuen Barden begrüßte. Mit dieser keltischen Bezeichnung für einen Sänger von Kampf- und Preisliedern aber verknüpfte nun das 18. Jh. die bekannte Tacitusstelle Germania 3 so, daß man das hinter vorgehobenem Schilde rhythmisch akzentuierte Schlachtgeschrei „barditus“ (s. d.) als „Bardengesang“ interpretierte und damit in Unkenntnis und Mißverständnis der historischen Verhältnisse die Vorstellungswelt einer hochmittelalterlichen keltischen Kultur mit den germanischen Verhältnissen der ersten Römerkriegszeit identifizierte. In diesem Sinne wird die Bardendichtung des 18. Jhs. von einem altgermanischen Dichter-Sänger gesungen, der, selbst mit allen trefflichen Eigenschaften ausgestattet, die Taten seines Volksstammes verherrlicht, der zuweilen aber auch als moderner Barde zeitgenössisches Heldentum und Personen der Gegenwart preist.

§ 2. Motivlich und formal scheint die

Bardendichtung zunächst im Gegensatz zur herrschenden Moderichtung des Rokoko, besonders zu seiner lyrischen Ausprägung in der Anakreontik, zu stehen. Statt Liebesgetändel Kampfgeschrei und Schlachtentosen; statt Galanteriedegen und Puderquaste breite Schlachtschwerter und Bärenhäute. Aus dem zierlichen Rokokogarten mit seinen verschnittenen Hecken und rieselnden Quellen sind dunkle Eichenwälder, moosbewachsene Höhlen und tobende Gießbäche geworden. Der spielerischen koketten Frivolität des Rokoko werden männliche Tugenden, Tapferkeit, Wahrhaftigkeit, Freundestreue und Vaterlandsliebe, jungfräuliche Reinheit und unverdorbene Sitten gegenüber gestellt. Man flieht aus der überkultivierten Gegenwart zurück in den Urwald der alten Germanen und setzt an die Stelle der heiteren griechischen Götter Wodan, Thor und Freia und die übrigen Gottheiten einer „urgermanischen"(!) Mythologie. Formal aber wird dieser Inhalt vorwiegend in reimlose, unregelmäßige, durch Fragen und Ausrufe unterbrochene musikalisch-hymnische Verse gegossen, deren Wucht der feinziselierten Anmut anakreontischer Strophen zermalmend gegenübertritt.

§ 3. Für die Wahl des Stoffes kommen hauptsächlich zwei erregende Momente in Betracht. Einmal das immer wachsende Interesse an altnordischen Stoffen und Studien in Deutschland. Seit der bahnbrechenden Tätigkeit der skandinavischen Forscher des 17. Jhs., Ole Worm, Resenius, Bartholin, hatte sich die zeitgenössische deutsche Wissenschaft (Schottelius, Morhof, Leibniz u. a.) verschiedentlich nordischen Studien gewidmet, die im 18. Jh. besonders von französischen und norddeutschen Forschern weitergeführt wurden. Freilich standen diese vom aufklärerischen Standpunkte aus den Schöpfungen des nordischen Altertums vielfach mit mitleidiger Verachtung gegenüber, sodaß den alten Germanen in dem Altonaer Prediger Gottfried Schütze ein eifernder Retter erstehen konnte, der in zahlreichen „Schutzschriften" ('Beweis, daß die alten Deutschen keine Kannibalen gewesen sind'. — 'Von den weisen Schulanstalten der alten Deutschen' usw.) viel belesen und aufrichtig begeistert, aber mit kaum mehr zu überbietender historischer Naivität („Ich stelle mir die Sache so vor: daß die Druiden Rektores, die Wahrsager Konrektores, die Barden Subrektores und Collaboratores gewesen sind") seit 1746 die Aufmerksamkeit weitester Kreise auf diese Probleme lenkte. Noch wirksamer aber wurde das allgemeine Interesse dieser nordischen Welt zugewandt durch die 'Introduction à l'histoire de Danemarc' (1755) des französischen Schweizers Mallet mit dem Anhang 'Monuments de la Mythologie et de la poésie des Celtes et particulièrement des Anciens Scandinaves' (1756), ein Werk, das in zwanzig Jahren drei Auflagen erlebte und seit 1765 in einer deutschen Übersetzung mit einem Vorwort Schützes noch allgemeiner zugänglich gemacht wurde, freilich auch die Verwirrung zwischen altcimbrisch, caledonisch, altnordisch, angelsächsisch noch größer machte und alles mit altdeutsch identifizierte. Nimmt man hierzu noch einzelne Veröffentlichungen von Proben nordischer Dichtkunst wie etwa Joh. Chr. Schmidts Übersetzung einiger keltischer Gedichte (1750) oder Percys 'Five pieces of Runic Poetry' (1763), so sind die wesentlichsten Anregungen vor Gerstenberg namhaft gemacht. Für diesen selbst kommen dann eigene Quellenstudien in Frage, während sein 'Gedicht eines Skalden' (1766) zugleich erstes Zeugnis der Bardendichtung und — nebst seinem Kommentar und den 'Briefen über Merkwürdigkeiten der Literatur' (1766—67) — wieder Quelle für die weiteren bardischen Dichter wird. Als zweites inhaltbestimmendes Moment trifft nun mit diesen antiquarischen Interessen ein stärkeres Hervortreten langsam erwachenden nationalen Bewußtseins zusammen. Noch gab die Gegenwart wenig Möglichkeiten zu politischem Auswirken dieses Bewußtwerdens völkischer Eigenart. Daher fanden sich Preußen und Sachsen, Schlesier und Österreicher in den Zeiten vor der einzelstaatlichen Zersplitterung in den Frühtagen deutscher Geschichte zusammen und, wie schon Lohenstein mit seinem 'Arminius', mühen sich Joh. E. Schlegel, Justus Möser, Wieland, Schönaich u. a., altdeutsche Stoffe (besonders die Geschichte Hermanns des Cheruskers) in die Literatur einzuführen. War dies schon ein Fortschritt gegenüber jenem rein literarischen Patriotismus, der seit Opitzens Buch von der deutschen Poeterei' (1624) immer bewußter bestrebt gewesen war, den ausländischen, besonders französischen Literaturerzeugnissen gleichwertige deutsche entgegenzusetzen, so kam mit den Kriegstaten Friedrichs des Großen noch ein erlebnisstärkeres Moment hinzu, das schon seit etwa 1752 in Klopstocks Oden patriotische Töne erklingen ließ und 1758 in Gleims Grenadierliedern einen überraschend starken Ausdruck fand. Für die Bardendichtung aber haben diese Grenadierlieder (auch in der Weißeschen Amazonenliedernachahmung) eine sehr viel größere Rolle gespielt, als bisher angenommen worden ist. Kretschmanns Varusschlacht etwa geht strategisch vollständig nach dem Muster einer Schlacht des siebenjährigen Krieges vor sich, und eine Gegenüberstellung einzelner Stellen ergibt überraschende Übereinstimmungen stilistischer Art, die bis in kleinste Einzelheiten hinein nachweisbar sind.

§ 4. Formal kommen ebenfalls zwei Hauptanregungen für die Bardendichtung in Frage. Einmal das gesamte vorausliegende Schaffen eines der Hauptvertreter: Klopstocks Odendichtung. Die gesamte Bardendichtung steht unter der Einwirkung dieser hymnisch-musikalischen Rhythmik und Sprachbehandlung. Klopstocksche Zusammensetzungen der Hauptwörter und Adjektive, seine eigentümlichen Vorsilben bei der Verbbildung, seine Steigerungsformen, seine Betonung des Akustischen, seine Bilder und Vergleiche, seine syntaktischen Eigentümlichkeiten — sie bestimmen in erster Linie den bardischen Stilcharakter. Daneben aber spielt Ossian eine bedeutsame Rolle. Seinem Einfluß entstammt vor allem die nächtlich unheimliche Szene mit ihrem Eulengeschrei und ihren nebelhaften Geistererscheinungen; er bestimmt aber auch neben den von Tombo aufgezeigten stilistischen Einzelheiten vor allem vielfach die Gesamtkonzeption, den Aufbau der Handlung und die Zeichnung einzelner Charaktere.

§ 5. Als Hauptvertreter der Bardendichtung kommen in Frage: 1. Gerstenberg mit seinem 'Gedicht eines Skalden' (1766); 2. der Zittauer Amtsadvokat Karl Friedrich Kretschmann mit seinem 'Gesang Ringulphs des Barden. Als Varus geschlagen war' (1768), der 'Klage Ringulphs des Barden', der 'Jägerin' (1771) u. a.; 3. Klopstock mit zahlreichen Oden (in denen schon seit 1749 Bardisches begegnet), den drei „Bardieten": 'Hermanns Schlacht', 'Hermann und die Fürsten', 'Hermanns Tod', und den Veränderungen, die er nach 1771 an älteren Oden im Sinne einer germanischen Mythologie vornahm. 4. Der Wiener Jesuitenpater Denis mit seinen zahlreichen bardischen Gelegenheitsgedichten auf Reisen und Feste Josephs II., Geburtstage, Todesfälle usw. Goedeke vermag über zweihundert Titel bardischer Gedichte innerhalb des Zeitraumes von 1766—1809 namhaft zu machen. Man hat nun den Fehler begangen (besonders seit Ehrmanns Buch *Die bardische Lyrik im 18. Jh.*, das im übrigen sehr verdienstlich zum erstenmale das motivlich und formal Gemeinsame der Bardendichtung zusammenstellte), die oben genannten bardischen Werke von vier verschiedenen Dichterpersönlichkeiten zu sehr als feststehende literarische Erscheinung zu fassen. Dadurch sind ähnlich klingende Äußerungen vielfach auf eine Stufe gestellt worden, die, geistesgeschichtlich betrachtet, aus ganz verschiedenen Voraussetzungen entstanden und in ihrer Wirkung und Wertung ganz verschieden aufgefaßt werden müssen. Allgemein etwa Rousseausche Stimmungen zu konstatieren widersprach durchaus dem Grundwesenszuge der meisten bardischen Erzeugnisse, während wiederum Gervinus' Ausspruch von dem „verdorrten Zweige unserer Literatur" den Entwicklungsmöglichkeiten, die an einzelnen Stellen deutlich zu Tage treten, nicht gerecht wurde. Herders intuitive Erfassung geistesgeschichtlicher Phänomene hätte auch hier wie so oft Führer sein können, um den großen Unterschied zwischen dem Bardentum Klopstocks und demjenigen Gerstenbergs, besonders aber Kretschmanns und Denis', viel energischer zu betonen, als dies bisher meist geschehen ist. Der Weg Gerstenbergs und Kretschmanns führte von einer ausgesprochen anakreontischen Richtung ('Tändeleien', 'Scherzhafte Gesänge') zu den Bardenliedern, und bei näherem Zusehen kommt man zu dem überraschenden Resultat, daß diese tatsächlich nur ganz äußerlich von ihren anakreontischen Vorgängern geschieden sind (s. Art. *Anakreontik*). Abgesehen von den Kriegestönen entlockt der Barde seiner Harfe genau solches Liebesgeflüster wie nur irgend einer anakreontischen Leier; Bade- und Entkleidungsszenen dürfen auch im Urwalde nicht fehlen, dessen Eichengänge und Eichenhaine (abgesehen dort, wo Ossianischer Einfluß vorliegt) einfach an die Stelle der Myrthengebüsche und Lauben getreten sind. Bacchus hat seine Rolle an Hertha abgetreten, und Kretschmanns 'An den Weinstock' und 'Trinklied bei Hermanns Siegesschmaus' könnten mit Umänderung einiger germanischer Namen in jeder anakreontischen Sammlung stehen. Selbst in Kretschmanns Verwendung der germanischen Mythologie steht Fräa tatsächlich nur dem Namen nach für Venus und muß sogar Amors Funktion, mit Liebespfeilen zu schießen, übernehmen. (Bei Gerstenberg kommt für die Verwendung der nordischen Mythologie dagegen das durch eigene Studien ergänzte antiquarische Interesse des Schützeschülers in Frage.) Ja, Kretschmann und Gerstenberg machten selbst gar keinen Unterschied zwischen ihren anakreontischen und bardischen Gedichten und in der Vorrede zur 'Jägerin' wird ausdrücklich betont: „... es ist immer eine feine Idee für einen Dichter, zu versuchen, wie etwa ein junger Barde sich auf deutsch hierüber ausgedrückt haben würde: denn daß Liebe, Scherz und Freude sich nur auf griechisch besingen lassen, das lasse ich mir nicht einreden". Diese Richtung der Bardendichtung, die einfach die griechische Maske durch eine altdeutsche ersetzte, war nicht weiter entwicklungsfähig. Sie konnte höchstens Gerstenberg, dessen Form innerlich erlebt war, noch einen Schritt weiter bis zur Kantate führen, während Kretschmann wieder zur anakreontischen Reimerei zurückkehrte. Ganz anders dagegen Klopstocks Bardentum. Dieses geht (abgesehen von der vorübergehenden Verwirrung, nachträglich in den Oden die griechische Mythologie durch deutsche ersetzen zu wollen) nicht aus artistischem Spiel, sondern aus religiös und national gestimmtem Erleben hervor. Für ihn ist der Barde nicht eine Rolle, sondern Symbol: der Künder deutschen Geistes, die Urkraft des Gesanges, der Dichtkunst, der Sprache. Hier knüpfen sich die Fäden zum Geniebegriff des Sturmes und Dranges. Mit seinen Bardieten aber gehört Klopstock der großen europäischen Diskussion über die Einheit von Poesie, Gesang und Tanz an, die seit John Browns 'Dissertation on the Rise, Union and Power, the Progressions, Sparations and Corruptions of Poetry and Music' (1763) über die Möglichkeit einer Wiedervereinigung dieser Urelemente entbrannte und nicht nur die lyrisch-musikalischen Dramen Wielands und Herders und die Melodramen Rousseaus, Brandes', Bendas, Gotters beeinflußte, sondern auch die weitere Ausbreitung der lyrischen Momente im tragischen Stil begünstigte. Das Bardentum von Denis dagegen gehört einer gänzlich anderen Entwicklungsreihe an. Hier verbirgt sich unter dem altdeutschen Gewande nur platt-nüchterne höfische Gelegenheitsdichtung im Geschmacke der Gottschedschen, ja Königschen, Canitzschen und Besserschen Schule. Für Denis wurden Barden und Druiden ebenso zu Allegorien von Tugend, Liebe oder Gerechtigkeit, wurde der Name Hermanns, wurden die Bezeichnungen germanischer Stämme und Gaue genau so Stilmittel und Personifikationen, wie es die lateinischen Bezeichnungen in der Dichtung des 17. Jhs. gewesen waren, der die Josephinische Aufklärung Österreichs überhaupt noch viel näher stand als die gleichzeitige deutsche Dichtung. Diese bardische Gelegenheitsdichtung aber ist es vor allem gewesen, die die ganze Richtung in Mißkredit brachte und sie schließlich ehrlich verdienter Lächerlichkeit anheimfallen ließ.

Goedeke IV[3] § 218. R. Hamel *Klopstocks 'Hermanns Schlacht' u. d. Bardenwesen d. 18. Jhs.* DNL XLVIII. E. Ehrmann *Die bardische Lyrik im 18. Jh.* Diss. Heidelberg 1892. Kultur der Gegenwart I, Abt. XI, 1: *Die romanischen Literaturen und Sprachen mit Einschluß des Keltischen.* R. Batka *Altnor-*

dische Stoffe u. Studien in Deutschland, Euph. 2. Ergänzungsh. 1896. W. Pfau *Das Altnordische bei Gerstenberg*, VjschrLg. II (1889) S. 161—195. W. Scheel *Klopstocks Kenntnis des germ. Altertums*, ebd. VI (1893) S. 186—212. W. Creizenach *Armin in Poesie u. Literaturgesch.*, PrJbb. XXXVI (1875) S. 332 ff. P. v. Hofmann-Wellenhof *Zur Gesch. d. Arminkultus*. Progr. Graz 1887—88. R. Tombo *Ossian in Germany* 1901. — F. Muncker *F. G. Klopstock* 1888. H. Knothe *K. F. Kretschmann* 1858. P. v. Hofmann-Wellenhof *Michael Denis* 1881. K. Burdach *Schillers Chordrama u. d. Geburt des tragischen Stils aus der Musik*, Dtsch. Rundschau XXXVI (1910).

Erna Merker.

Barditus. § 1. Über den Barditus berichtet Tacitus im 3. Kap. der 'Germania': *Sunt illis* (den Germanen) *haec quoque carmina, quorum relatu, quem barditum vocant, accendunt animos futuraeque pugnae fortunam ipso cantu augurantur; terrent enim trepidantve, prout sonuit acies, nec tam vocis ille quam virtutis concentus videtur. Adfectatur praecipue asperitas soni et fractum murmur obiectis ad os scutis, quo plenior et gravior vox repercussu intumescat.* Im Gegensatz zu den eben vorhergenannten Herkulesliedern tritt in diesem Abschnitt für das Interesse des berichtenden Römers wie des singenden Germanen das Inhaltliche vor dem Vortrag ganz zurück; auf diesem allem beruht die mantische Bedeutung des Gesanges. Der Terminus '*barditus*' bezieht sich nicht auf die *carmina*, sondern auf den *relatus*, er bezeichnet nicht eine literarische Gattung, sondern eine Vortragsart. Der eigenartige Gesang, der hinter vorgehaltenem Schild einen möglichst vollen, tiefen und rauhen Gesamtklang zu erzeugen wünscht, geht ganz auf Zerstörung des sinnvollen Wortlautes aus. Es kommen als Text also keine eigentlichen Kriegslieder und überhaupt kein irgendwie künstlerisch geformtes Gut in Frage; wenn wirklich mehr als eine Art Hurraruf anzunehmen ist, dann war es höchstens ein kurzes, präzisiertes Schlachtgeschrei von wenigen, dann allerdings wohl stark rhythmisierten Worten.

Die besten Handschriften des Tacitus, insbesondere die Leydener und der Aesinus, lesen '*barditus*', nur die Handschriften c und eine Randnotiz des Aesinus geben '*baritus*' als nicht anerkannte Lesart. Für den Barditus fehlen weitere Zeugnisse, sowohl für den Namen wie für die Vortragsart und die mantische Verwendung. Dagegen berichten spätere Schriftsteller (Ammianus Marcellinus XVI, 12, 43; XXI, 13, 15; XXVI, 7, 17; XXXI, 7, 11. Vegetius: de re militaria III cap. 18) von einem allmählich anschwellenden Kriegsgeschrei der barbarischen Söldner im römischen Heer. Sie bezeichnen es als *barritus*, verwenden dafür also denselben Ausdruck wie für das Trompeten der Elefanten. Dieser *barritus*, dem Schildgedröhn und Mantik fehlen, ist trotz der gelegentlich vorkommenden Lesart *baritus* vom Taciteischen Barditus getrennt zu halten. Auszuscheiden ist auch die Beziehung des Barditus zu Hávamál Str. 154. Hier ist vielmehr von einem schützenden Zauberspruch die Rede, den der Einzelne leise in seinen Schild raunt. Endlich ist auch die „Schildstimme" (*randa rǫdd*) der Glymdrápa, die Neckel herzuzieht, fernzuhalten.

Der Taciteische Barditus muß also ganz aus sich selbst verstanden werden. Schon Müllenhoff schloß auf eine schriftliche Quelle der Nachricht bei Tacitus; Norden hat den von ihm im weitesten Maße als ethnographisch-folkloristisch interessiert erwiesenen Poseidonios auch für diese Nachricht des Tacitus als Gewährsmann beansprucht. Die mantische Deutung, die der Barditus bei Tacitus erfährt, ist nach Norden eine ungerechtfertigte Ausdeutung eines einfachen Schlachtgeschreis durch die Spekulationsfreude des Poseidonios. Die Vereinzelung dieser Art von Prophetie in dem germanischen wie außergermanischen Zauberwesen kann für Nordens Auffassung sprechen.

§ 2. Von den Namensdeutungen ist diejenige, die von der germanischen Wortgruppe für Schild (an. *borđ*, *barđi*; ahd. *bort*) ausgeht, wegen der sachlichen Übereinstimmung trotz der sprachlichen Bedenken Müllenhoffs vorzuziehen und jedenfalls besser als seine Übersetzung „Bartrede", die nur mit der künstlichen und weithergeholten Beziehung auf Herkules-Donar und seinen langen Bart eine sachliche Verbindung herstellen kann. Zweifellos falsch ist jedenfalls die Zusammenstellung mit dem keltischen Sängerstand der Barden. Dennoch liegt in dieser falschen Konstruktion die einzige literarische Bedeutung der Tacitusstelle. Sie ruht auf der Vermischung von Kelten und Germanen und der auf diese Völkergruppen bezüglichen alten Schriftstellerzeugnisse durch die Historiker des 18. Jhs., voran den Schweizer Mallet und den Hamburger Gottfried Schütze. Dank dieser Konstruktion wurde der Barditus ein Glied der Bardendichtung (s. d.) und hielt sich bis in Kleists 'Hermannsschlacht' lebendig.

Müllenhoff *Deutsche Altertumskunde* IV 135 ff.; ders. *De antiquissima Germanorum poesi chorica* 1847. S. 19 f. Ihm in Pauly-WissowasRealencyclopädie III,1 Sp. 10 f. — E. Norden *Die germanische Urgeschichte in Tacitus Germania* 1920. S. 115 ff., 180 ff., sowie alle kommentierten Ausgaben der 'Germania' zur Stelle. G. Neckel *Barditus*, ZfdA. LI (1909) S. 110 ff. v. Unwerth-Siebs *Ahd. Lit.-Gesch.* S. 9 f. H. de Boor.

Barockliteratur.

§ 1. Begriff und Wesen. — § 2. Anfänge. — § 3. Opitz. — § 4. Die Sprachgesellschaften. — § 5. Weltliche Lyrik. — § 6. Volkstümliche Liederdichtung. — § 7. Geistliche Poesie. — § 8. Drama. — § 9. Satire und Roman. — § 10. Historischer Roman. — § 11. Anbrechender Rationalismus.

§ 1. Unter Barockliteratur versteht man diejenigen Dichtungen, die formell und inhaltlich die typischen Merkmale des Barockzeitalters aufweisen. Es handelt sich also um den Gegensatz zur Renaissance und zum Klassizismus einerseits, zur Gotik andrerseits. In engerem Sinne ist der Terminus *Deutsche Barockliteratur* neuerdings kennzeichnend geworden für die meisten Dichtwerke des 17. Jhs.; sie ist am typischsten in den Erzeugnissen der Nürnberger Dichter und der Zweiten Schlesischen Schule (vgl. auch Art. *Schwulst*) vertreten. Die Bezeichnung *Renaissance* läßt sich für diese Literaturperiode schlechterdings nicht aufrechterhalten. Zwar ist das Barock als Kunstrichtung aus der Renaissance hervorgewachsen, bildet in gewissem Sinne eine Fortführung und Weiterbildung derselben, aber es entwickelte sich allmählich zum geraden Gegenteil. Bereits im Namen *Barock* liegt dieser Gegensatz angedeutet: heißt es doch „schief-rund" — portugiesisch *barroco* für eine rohe, ungleich geformte Perle —, während für die Renaissance ja eben die gerade Linie charakteristisch ist.

Im Italien des 15. und 16. Jhs. begegnen wir der Renaissancekunst in der reinsten Form: Reinheit und Harmonie der Maßverhältnisse, einfache aber monumentale Gliederung bei vollkommener Lebendigkeit der Darstellung nach dem Vorbild der Antike. Dekorationen, soweit vorhanden, dienen nur zur Ausschmückung und Vollendung des Ganzen. Wie aber die Handfertigkeit des Künstlers zunahm, der Effekt mehr berücksichtigt wurde als der künstlerische Gedanke, das Studium der Natur hintangesetzt und die künstlichere Wiederholung des künstlichen Vorbildes Regel wurde, vollzieht sich die Wandlung ins Gegenteil. Die ruhige Linie weicht der gekrümmten, der groß angelegte Plan bleibt zwar bestehen, büßt aber seine Einheitlichkeit ein, weil entgegengesetzte Systeme der ursprünglichen Ordnung der Anlage entgegenwirken. Das Ornament will nicht mehr bloß eine Ausschmückung sein, sondern ist um seiner selbst willen da. Das Kunstwerk wird überladen, ruft den Eindruck der allzu großen Belastung hervor und bedarf verdoppelter Stützen, um sich zu halten. So in der Architektur. Zu dem Peripherischen, was Eigenwert und bald unverhältnismäßige Wichtigkeit bekommt, gehört in der Malerei der Hintergrund, der bald aus dem geschmackvollen Helldunkel, worin ihn noch die großen Holländer der Blütezeit zu halten wußten, hervortritt und sich in aufdringlicher Unruhe bemerkbar macht. Es entsteht in der barocken Kunst eine dramatische Bewegtheit der Darstellung, die ihre eigene Psychologie bekommt und sich in gebogenen Linien, Reichtum an Form und Farbe erkennen läßt. Diese Merkmale finden sich in der Barockliteratur zurück. Nur darf man an eine zeitliche Gleichstellung nicht denken. Obgleich man die Barockliteratur erst viel später als solche erkannt und klassifiziert hat, hat sie vor dem Barock in der bildenden Kunst und Architektur einen nicht unbedeutenden zeitlichen Vorsprung voraus. Die Barockdichter hatten bereits ihre Stilformen gefunden, als man noch im Renaissancestil baute. Aber derselbe Geist, der einem

Pozzo seine Gedanken eingab, beseelte einen Hofmannswaldau in seiner Poesie. Eine wahrhafte Renaissanceliteratur ist auf deutschem Boden kaum zu finden. Zwar begegnen die Requisiten der Antike, Anspielungen auf klassische Vorstellungen, Götternamen und Wortentlehnungen auf Schritt und Tritt, aber dies alles ist nur äußerlich, nur aufgeklebter Schmuck. Der Geist, der diese Spielereien beleben mußte, fehlt: die Harmonie von Gestalt und Gedanke, von Form und Inhalt, die Verwirklichung idealer Schönheit im Streben nach allseitiger Vervollkommnung ist nirgends zu finden. In diesem Sinne ist die wahre Renaissance erst im Zeitalter der deutschen Klassiker anzusetzen. Außerhalb der Poesie hatte sie sich in der Gelehrtenliteratur des Humanismus vollzogen. Ist mithin die Barockliteratur gegen die Renaissancekunst vermöge der Eigenschaften ihres inneren Wesens leicht abzugrenzen, schwerer ist es, der Gotik gegenüber die richtige Einstellung zu definieren. Streben doch beide einem Abschluß, einer Pointe zu, suchen doch beide die künstlerische Form als die Gestaltung ihrer Beweglichkeit. Die Gotik aber wird durch das Unentwegt-Zielstrebige gekennzeichnet, während für das Barock Abschweifungen, Stockungen, Windungen typisch sind.

So wird Barock die Kunst der Antithese. Wo sich die Kontraste nicht von selber bieten, werden sie künstlich geschaffen. Das gilt für die Form wie für den Stoff. Inbrünstige Frömmigkeit findet sich unmittelbar neben schaurigen Blut- und Folterszenen, schlichte Reinheit neben üppiger Wollust, glatte Kühle neben heißer Sinnenglut, trockene Gelehrsamkeit neben feuriger Leidenschaft. Unser Empfinden wird dabei von der Wucht der Darstellung überwältigt, von dem Reichtum an Formen und Farben, Stilmitteln und Phantasieausmalungen überrascht; da es aber zwischen äußersten Polen ewig hin- und hergeschleudert wird, gelangt man nicht zu reinem Genuß. Bei der Ausmalung des Grauenhaften weiß der psychologisch interessierte Barockkünstler uns schauern zu machen, die Phantasie wird affiziert, die tiefere seelische Anteilnahme an den Vorgängen aber bleibt aus, das Mitgefühl wird kaum geweckt. Auch bei der Wiedergabe idyllischer, arkadischer Stimmungen bleibt das Gemüt des Lesers unbeteiligt: er steht kühl, manchmal vielleicht ironisch lächelnd der Darstellung gegenüber. Die Aufmerksamkeit wird nur rein geistig gefesselt, da dem Maskenspiel der gekünstelt-theatermäßigen Schilderungen der warme belebende Hauch fehlt, der lebendige, fühlende Menschen aus diesen Marionetten des Barock hätte machen können. Im Barock kämpft der antik-heidnische Geist der italienischen Renaissance mit dem modern-christlichen des durch Religionskriege aufgewühlten Jahrhunderts. Zu einer Harmonie kommt es vorläufig nicht. Daher ein Ringen um die eigene Stellungnahme, ein Suchen nach der Erkenntnis des eigenen Wesens. Der Geist des Barock ist subjektiv gerichtet. Je stärker die Individualität, um so weniger weiß sie sich den konventionellen Stilformen des Auslands unterzuordnen. Nur die kleineren Geister üben sie gewissenhaft, wie Buchner, Opitz und Genossen. Wo das Dichtergenie sich kräftiger regte, macht sich der Konflikt zwischen der eigenen Beweglichkeit, dem Unaufhaltsam-gedrängt-werden und der vorgeschriebenen Dichtungsform bemerkbar: ein Weckherlin findet für seine kühnen Gedanken eine eigene Sprache und einen packenden Rhythmus; ein Gryphius nimmt sich ein großes Muster zum Vorbild und zersprengt die überlieferten Formen.

§ 2. Bereits mit Th. Höck bricht sich der Individualismus Bahn. An die Stelle allgemeiner Reflexionen tritt persönliches, inneres Erleben. Eine starke geistige Freiheit läßt ihn an die Dinge mit subjektivem Empfinden herantreten. So hat er eine Einzelstellung am Eingangstor des 17. Jhs. Über die Kunst der Meistersinger hinweg greift er zurück zur Metrik des Minnesangs, die er in eigener, origineller Weise der Behandlung seines Stoffes anpaßt ('Schönes Blumenfeld' 1601). Hier tritt ein gotisches Element auf mitten im Zeitalter der Renaissance. Seine Art hat sich nicht fortgepflanzt; zur Nachahmung war sie zu eigen. Tiefe Gedanken über Leben und Tod, über Mühsal und Arbeit geben seiner Dichtung Gehalt, ein heiterer Sinn und eine freie, zwar etwas dialektische, aber metrisch reine Form schenken ihr Gefälligkeit. Das Wesen der Liebe war ihm vertraut; eigenes durchfühltes Erleben erhebt seine Liebeslyrik weit über die Schablone seiner jüngeren Zeitgenossen. Die vom Zeitalter erforderte Gelehrsamkeit macht sich nur in einer etwas trockenen Verherrlichung der Vorzeit bemerkbar. Er blieb unbekannt. Sein Liederbuch war anonym erschienen. Erst Hoffmann von Fallersleben hat ihn neu entdeckt, erst unser Zeitalter lernte seinen Wert verstehen.

Auch G. R. Weckherlin war Individualist. Empfänglich für die Bedeutung des momentanen Erlebnisses, gewann das Gelegenheitsgedicht in ihm eine Schönheit und Originalität, die erst in viel späteren Zeiten wieder erreicht werden sollte. Ohne Vorurteile, kühn und phantastisch schwingt sein freier, reicher Geist sich auf. Hymnen und Oden sind die Formen, die diesem Geiste, die seiner feurigen, hinreißenden Sprache gemäß sind. Seine bacchantisch-wilden Liebeslieder suchen ihresgleichen. Doch macht sich hier schon die Geschraubtheit und der Schwulst, zu denen das Zeitalter neigte, zum Schaden der Wirkung bemerkbar. Schon vor Opitz brachte Weckherlin die metrische Form des Sonetts zur Geltung. Sie ist eine typische Erscheinungsform des Barock: treibende Bewegung in der Gedankenführung bei antithetischem Aufbau. Die Romantiker, die Formprobleme inhaltlich zu fassen wußten, haben es in seinem Wesen wohl erkannt: „Hoheit, Füll' in engen Grenzen, Und reines Ebenmaß der Gegensätze" (A. W. Schlegel). Weckherlin beherrschte die neue Form meisterhaft; mit Recht stellt Welti in seiner *Geschichte des Sonetts* ihn weit über Opitz und Genossen, deren „geräuschvolle Propaganda" Weckherlin damals um seinen wohlverdienten Dichterruhm gebracht hat. Beruht das Hauptverdienst bei jenen in Konsequenz und Regelmaß, Weckherlin weiß die bei Opitz nur zu oft damit verbundene Eintönigkeit und Weitschweifigkeit zu vermeiden.

Wurde Weckherlins Stimme von der Gelehrtenpoesie übertönt, nicht besser erging es J. W. Zincgref, dem wohl auch die machtvolle Genialität fehlte, die zum mindesten nötig gewesen wäre, um einem Opitz mit seinem Organisationstalent gegenüber standzuhalten. Zincgrefs Bestrebungen gingen mit den Opitzischen vielfach in derselben Richtung; auch er suchte die deutsche Poesie durch ausländische Vorbilder zu erneuern; ein ähnlicher Bildungsgang führte zu ähnlichen Grundsätzen. Während aber Opitz ausdrücklicher die nach Italien und Frankreich orientierte Poesie der Holländer zum Ausgangspunkt nahm, wies Zincgref seinen Heidelberger Kreis, dem auch Opitz vor seinem holländischen Aufenthalt angehörte, vorwiegend auf die Franzosen (Du Bellay, Ronsard) hin. Zincgrefs eigene Gedichte tragen inhaltlich den Charakter der gelehrten Poesie des 17. Jhs., die Form aber berücksichtigt noch nicht das Prinzip der Opitzischen Versmessung, sondern schließt sich dem Volkslied und dem Gesellschaftslied des 16. Jhs. an.

So nehmen Höck, Weckherlin und Zincgref mit Bezug auf die Entwicklungsgeschichte der Barockdichtung innerhalb der weltlichen Lyrik gemeinschaftlich eine Stellung in der Vorhut ein, die sich aber nach ihrer Individualität scharf gegeneinander abgrenzen läßt; von nun an bewegt sich die weltliche Lyrik hauptsächlich auf den Bahnen der Gelehrtendichtung.

§ 3. An der Spitze dieser Gelehrtendichtung steht M. Opitz, der durch sein 'Buch von der deutschen Poeterey' (1624) ihr Gesetzgeber wurde. Geisteswissenschaftlich ist die Stellung Opitzens noch nicht endgültig bestimmt. Zahlreiche Literaturhistoriker erblicken in ihm den typischen Vertreter der Renaissancepoesie. Diese Ansicht gründet sich wohl hauptsächlich auf sein Gesetzbuch der Poesie, das klassische Vorbilder verehrte, klassische Namen für deutsche Versmaße einführte, nach dem Schema der Klassiker die Dichtungsformen rubrizierte. Sieht man aber genauer zu, so stellt sich heraus, daß diese Beziehungen zum klassischen Altertum doch nur recht äußerliche sind. Klassische Vorbilder werden gerühmt und erwähnt, französische und holländische wirksam als Muster zur Nachahmung aufgestellt. Die klassischen Bezeichnungen der Metra verbinden sich mit einem unklassischen metrischen Prinzip. Und das Schema der Dichtungsformen bringt als wirksam Neues ausschließlich modernromanische Muster und erweist sich als Theorie in Zukunft als unhaltbar. Schon die ganze Einstellung Opitzens verträgt sich nicht mit dem reinen Geist der Renaissance. Dieser erfordert Wärme, Frische, Naivität. Er strebt nur danach, erhabene Schönheit in edler Form wiederzugeben, unbekümmert um die Aufnahme, um die Wirkung. Bei Opitz ist nichts naiv und spontan; alles zielt auf die Wirkung hin. Die Kunst ist nicht um ihrer selbst willen da; sie dient einem Zweck. Die Dichtung soll nicht nur ergötzen, sondern belehren. Diesem Zwecke dient die Tragödie wie die Komödie, und seine Definition läßt in dem Mittel das Zweckdienliche erkennen. Das Zielstrebige verleugnet sich nirgends in Opitz' Werk. Seine Übersetzungen dienen zur Übung, zur Bereicherung der deutschen Literatur mit dem, was seiner Meinung nach das Beste im Ausland ist. Seine Verse schmiedet er als Vorbild für andere. Überall fragt er nach dem Wozu. Auch und nicht zuletzt in seiner Lebensführung. Wenn Biese in seiner scharfen aber gutgetroffenen Charakteristik von ihm aussagt, daß wohl niemals sonst ein so überaus mittelmäßiger Dichter zu so hohen Ehren gekommen sei wie er, so wird dadurch die Tatsache beleuchtet, wie in dieser Zeit des Ringens nach einer harmonischen Verbindung der übernommenen Formen mit eigenem zeitgemäßem Gehalt ein nüchterner Opportunist mit didaktischer Begabung, gestützt auf angelernte moderne Auslandsbildung, eine Stellung zu erwerben und zu behaupten wußte, die sonst nur dem Genie zuteil zu werden pflegt.

Ein ordnender Geist wußte er die drängende Bewegung des geistigen Barock wenigstens äußerlich mit den Formen der Renaissance zu verbinden. Die Einführung des Opitzischen Jambus und Trochäus bedeutet, oberflächlich betrachtet, Regelmaß, angebliche Klassizität. Tatsächlich ist aber das metrische Prinzip des stetig wechselnden Akzents eine Verkörperung der Bewegungstendenz des Barock im Gegensatz zur Ruhe der nach der Zeitdauer gemessenen Metrik der Antike. Gegenüber dem getragenen Versfuß des männlich geschlossenen, dreiteilig geschnittenen Zwölfsilbers des antiken Dramas ist Opitz' hüpfender, unbestimmt schließender Alexandriner die typische, bewegliche Zeile des Barock. Sie unterbricht nach Willkür die harmonische Linie und äußert sich in ihrer Wirkung als ein Versmaß, das stetige Beweglichkeit mit der Abschweifungs-, Stockungs- und Windungstendenz des Barock vereinigt.

§ 4. Das Instrument, seine reformatorischen Ideale zu verwirklichen, fand Opitz in der Bewegung der Sprachgesellschaften. Sie bedeuten eine eigentümliche und wichtige Erscheinung innerhalb der Barockliteratur. Demokratisch in ihren Bestrebungen, kennzeichnet sich ihr Wesen in Exklusivität. Fremden Ursprungs und innerlich exotisch (besonders italienisch) gerichtet, betonen sie die Pflege der Volkssprache, propagieren sie eine von Gelehrsamkeit getragene Dichtung in der Sprache des Landes. Daß vornehme Kreise sich unter peinlicher Berücksichtigung einer von Haus aus aristokratisch beeinflußten Rangabstufung diesen Zielen zuwandten, sich dabei oft in spielerische Nebensächlichkeiten verloren, mag etwas kleinlich erscheinen, tatsächlich bedeuten die Bestrebungen der Sprachgesellschaftler einen literarhistorischen Faktor von nicht zu unterschätzender Bedeutung. Nach und nach beteiligten sich die verschiedensten Zentra an dieser Bewegung: für die „Fruchtbringende Gesellschaft" in Weimar (Ludwig von Anhalt), die „Aufrichtige Tannengesellschaft" in Straßburg (Schneuber, Rumpler von Löwenhalt), die „Deutschgesinnte Genossenschaft" in Hamburg (Zesen), den „Elbschwanenorden" in Lübeck (Rist) mag auf den Artikel *Sprachgesellschaften* verwiesen werden. Am bedeutendsten unter dem Gesichtspunkt des Barock ist die Gründung in Nürnberg: „Der löbliche Hirten- und Blumenorden an der Pegnitz" (Harsdörffer, Klaj, Birken). Hier wurde das preziöse Dilettantentum auf die Spitze getrieben. Die Verquickung nüchterner Gelehrsamkeit mit einer spielend-galanten Form ('Frauenzimmer - Gesprächsspiele'), graphisch-metrische Spielereien (Gedichte in der Form eines Bechers, eines Grabdenkmals, eines Dreiecks), die Arkadisierung von Poesie und Leben (vgl. den Artikel *Hirtendichtung*) charakterisieren den verschnörkelten Zeitgeschmack. Eine ziemlich selbständige Stellung nimmt neben den genannten Gründungen die „Kürbishütte" in Königsberg, der sogenannte Königsberger Dichterkreis (H. Albert, S. Dach, R. Roberthin) ein. Auch sie verehrten Opitz als den Meister und Gesetzgeber moderner Dichtkunst. Aber in ihren Liedern finden sie eigene Töne, die durch innige Religiosität, schlichte Ausdrucksweise und musikalische Klangwirkung in weiteren Kreisen gefielen. Es ist wohl nicht zufällig, daß unter ihnen Simon Dach in der deutschen Literatur eine ähnliche Stellung einnimmt, wie in der holländischen der von den Königsbergern so hoch verehrte Dirck Rafaelsz Camphuysen.

§ 5. Mit Holland innigst verwachsen ist die kosmopolitische Figur Ph. von Zesens. Er verbrachte die Hälfte seines Lebens in dem Lande, das ihm zur neuen Heimat wurde. Er dichtete holländisch wie deutsch, stand mit Männern wie Vondel und Nicolaes Fonteyn, mit Frauen wie Anna Maria van Schurman und Catharina Questiers in Beziehung; trotzdem läßt sich ein bestimmender Einfluß, wie es trotz viel kürzerem Aufenthalt bei Opitz, Gryphius und anderen deutlich der Fall ist, nicht nachweisen. Zesen ist eben eine Proteusgestalt: immer wieder zeigt seine Persönlichkeit und seine Kunst einen anderen Aspekt, da er alles Neue in sich aufnimmt und schnell reagierend wieder zurückstrahlt. In Paris zu Hause wie in Hamburg und in Amsterdam, lernt er von der Romantechnik der Franzosen (Hotel Rambouillet), sucht er sich in der Elbstadt eine literarische Machtstellung zu gründen, schenkt er der Hauptstadt Hollands eine mit Recht geschätzte Ortsbeschreibung und findet daselbst das Milieu für seinen arkadischen Roman (,Rosemund'). Seine vielgestaltige Kunst repräsentiert echtestes Barock. Er vereinigt das Preziöse der Nürnberger mit der Farbenberauschtheit der Schlesier. Er ist subjektiv wie kaum ein Zweiter. In seiner Lyrik ist es immer das Ich, womit er einen wahren Kult treibt. Und sein Schäferroman ist nur eine Verherrlichung der trefflichen Eigenschaften seiner Hauptperson, die sich in Daten und Namenspielereien, in Farbensymbolik und Widmungsandeutungen als Philipp von Zesen zu erkennen gibt. Barock ist bei Zesen die Vermischung der poetischen Gattungen: ein bedeutender Teil seiner Lyrik findet sich als Einlage in seinen Prosadichtungen. Auch hier berühren sich wieder Barock und Romantik. In Zesens Anwendung des Daktylus äußert sich die Bewegungstendenz des Zeitalters.

So steht Zesen Opitz schon viel ferner als der begabte Lyriker P. Fleming, der formell in den von Opitz gewiesenen Bahnen wandelt, wenn auch sein lyrisches Talent ihn ganz eigene Töne finden läßt. Fleming und Gryphius unterscheiden sich in ihrer weltlichen Lyrik von ihrem Meister Opitz durch den Schwung ihrer Dichtersprache, die überraschende, manchmal aus Gegensätzlichkeit hervorgehende Entwicklung der Gedanken und die sprachmusikalische Wirkung ihrer Lautzusammenstellung.

In den Dichtungen der sogenannten Zweiten Schlesischen Schule erreichen diese Eigenschaften ihren Höhepunkt. Hofmannswaldau geht von dichterischen Grundsätzen aus, die denen seines Landsmanns Opitz fast schnurstracks entgegenlaufen. Er verschmäht die Gelehrsamkeit in der Dichtung, auf die sich Opitz stützte. Er drängt auf Originalität und verwirft das Prinzip der Nachahmung. Seine zu Bildhaftigkeit führende Phantasie ist der Nüchternheit eines Opitz geradezu entgegengesetzt. Die Farbenpracht seiner Schilderungen erinnert an die Farbenfreudigkeit eines holländischen Barockgemäldes. Er wußte nicht immer Maß zu halten und hat auch wohl bewußt die ihm eigentümliche Stilform auf die Spitze getrieben. Auch dies ist ein Zug der Zeit. Die italienische, die französische, die spanische, die englische, die holländische Literatur, alle kennen diese Übertreibungen, die in Schlagworten wie Marinismus, Preziösentum, Gongorismus, Euphuismus, Manier, nach spezieller Beschaffenheit charakterisiert werden (vgl. auch den Art. *Schwulst*). In Deutschland hat in dieser Hinsicht der italienische Stil am stärksten gewirkt. Schon bei Fleming lassen sich Ansätze konstatieren, bei den Pegnitzschäfern nimmt der Einfluß zu, um in Hofmannswaldau und Lohenstein seinen Höhepunkt zu erreichen. Bis tief ins 18. Jh. hinein hat er gewirkt.

Um Hofmannswaldau (vgl. auch den Art. *Heroide*) gruppieren sich eine Reihe von Dichtern (Lohenstein, Mühlpfort, Aßmann von Abschatz, Christian Gryphius, von Assig), die aber an dichterischem Vermögen und auch wohl an Einfluß weit hinter ihm zurückstehen.

§ 6. Eine entgegengesetzte Strömung in der weltlichen Lyrik bilden die Gesellschafts-, Studenten- und Soldatenlieder des 17. Jhs. Hier ist Sachsen literarischer Mittelpunkt. Diese Poesie strebt nach Volkstümlichkeit und erwirbt sich denn auch Beliebtheit in weiteren Kreisen. Auch läßt sich wieder Verwandtschaft mit dem Ausland neben Beeinflussung nachweisen. Was Jacob Cats in seiner vernünftigen Hausbackenheit dem holländischen Bürgertum war, suchten ein Homburg, ein Schwieger nach seinem Vorbild ihren Landsleuten zu werden. Begabtere Poeten wie Finckelthaus und Brehme, Wasserhuhn und Greflinger, Stieler und Schoch erreichten in selbständigem Suchen schönere Erfolge. Christian Weise bedeutet die Fortsetzung dieser Richtung nach dem 18. Jh. hin. Für das Literaturbild der Zeit dürfen diese Namen nicht fehlen, wenn sich auch ihre Beziehung zur Barockliteratur auf zeitliche Koinzidenz beschränkt. Es ist Gemeinschaftskunst, der die persönliche Note durchweg fehlt.

§ 7. Das Subjektive, ein Sichversenken in das eigene Ich, ein Streben nach dem Erkennen des eigenen Gemüts, ist für den Barockdichter bezeichnend; je stärker dieses Individualistische sich bemerkbar macht, um so mehr entfernt er sich von der Renaissancekultur seines Zeitalters. Die Darstellung aber seiner individuell empfundenen Erlebnisse kann in äußerst verschiedener Form erfolgen, mitunter genial-schöpferisch, häufig gelehrt-nachahmend, zuweilen schäferlich-spielend, bald keck und derb, bald schlicht und anspruchslos. Psychologische Vertiefung ist dabei eigentliche Voraussetzung. Anhaltendes Nachdenken über den Zusammenhang des Lebens und des Todes wird zum bezeichnenden Barockproblem. Wo der Geist dabei vorwiegend antithetisch gerichtet ist, ergibt sich von selbst der Gegensatz zwischen der Welt mit ihrer Lust und dem Tod als Vernichtung und Durchgang zur Ewigkeit: die Welt als das Endliche, das Vergängliche, aus dem die Seele sich hinaussehnt in das Unendliche. Von hier führt der Weg zu zwei höchst wichtigen Strömungen im religiösen Leben des Barockzeitalters, zur Mystik und zum Pietismus.

Der Mystiker sucht den Gegensatz zu überbrücken durch völlige Hingabe, durch ein Verschmelzen des Ich mit dem Unendlichen, durch Einswerden mit dem Göttlichen. Der Individualismus richtet sich auf Gott. In der Übertreibung droht die Gefahr der Schwärmerei. Im Pietismus richtet sich der Individualismus auf das eigene Innenleben; aus dem Erlebnis wird die Religion aufgebaut, die durch das Erkennen verwandter Erlebnisse in verwandten Stimmungen bei anderen zur Gemeinschaft mit Gleichgesinnten führt. Der Pietist ist Sektierer, er sondert sich von der großen kirchlichen Gemeinschaft aus. Gefahr für geistigen Hochmut liegt nahe.

An die Mystiker des Mittelalters schließt sich Joh. Arnd aus Ballenstedt an. Er weist darauf hin, daß alle Dogmenstreitigkeiten dem Menschen sein Verhältnis zu Gott nicht offenbarten, wogegen er sich bestrebt, dieses Verhältnis als ein freies, persönliches, poetisch wirksames hinzustellen. Barocker und dunkler als Arnd, der von einem beseelenden und bewußten Willen geleitet wird, ist der Schuster J. Böhme. Auch er ist in seinem Verhältnis zu Gott und in seiner Stellungnahme zu Gut und Böse äußerst individualistisch; seine Mystik ist eine Mischung religiöser und naturphilosophischer Elemente, die seinen Stil wunderlich zwischen fließender Sicherheit und holpriger Verworrenheit hin und her schwanken lassen. Es ist bezeichnend, daß Böhme, wie so mancher bedeutende Barockschriftsteller, erst im Zeitalter der Romantik volle Würdigung gefunden hat. Stärker unter dem Einfluß Arnds zeigt sich V. Andreä, der durch eine seiner Schriften die erste Anregung zu den Rosenkreuzer-Verbindungen gab. Seine religiöse Lyrik ist altertümlich-poetisch und melodisch in ihrem Rhythmus. Gegen die Genannten ist J. Vogel für die Geistesgeschichte unbedeutend und in seiner Poesie völlig belanglos.

Wie Arnd und Böhme versenkt sich auch Joh. Scheffler (Angelus Silesius) mit Vorliebe in die Mystik des Mittelalters. Eine tiefangelegte, poetische Natur, sehr empfänglich, besonders nach einem Aufenthalt in Italien, für die Strömungen des Neukatholizismus, fühlte er sich als Protestant durch den kühlen Dogmatismus seiner Zeit nicht befriedigt, so daß er um die Jahrhundertmitte zur katholischen Kirche übertrat und einer ihrer eifrigsten Kämpfer wurde. Es ist bezeichnend für die unklaren Vorstellungen, die in der Literaturgeschichte mit Bezug auf das Zeitalter des Barock bis auf unsere Tage herrschten, daß eine dieser Streitschriften äußeren Umständen zufolge ungehindert unter dem Namen des Simplizissimusdichters passieren konnte. Schefflers 'Cherubinischer Wandersmann' (1657) ist eine Spruchsammlung, die von einer religiösen Inbrunst getragen wird, fähig sogar, die barocksten Stilauswüchse zu durchglühen und in Poesie zu verwandeln. Seine Alterspoesie weiß die Klippe geschmackloser, grober Sinnlichkeit nicht immer zu vermeiden. Ein Konvertit wie Scheffler, gehört auch Chr. Knorr von Rosenroth in die Reihe der mystischen Sänger. Weniger tief als Angelus Silesius wußte er doch durch seinen 'Morgenglanz der Ewigkeit' eine starke Wirkung bei seinen Zeitgenossen zu erzielen. Die Entartung des Mystizismus in sinnverwirrte Schwärmerei zeigt Qu. Kuhlmann, dessen religiöse Lyrik ('Kühlpsalmen') die zweipolige Zerrissenheit zeitlich bedingter Barock-Kunst ohne einen Versuch harmonisierender Meisterung zeigt, wie auch sein Leben in haltlosem Schwanken zwischen schwärmerischer Übergabe und unklugen religiös-politischen Abenteuern einem tragischen Ausgang zueilte.

Nicht Mystiker im eigentlichen Sinne, aber von der Mystik stark beeinflußt sind die beiden größten Dichter der gegenreformatorischen Bewegung: Fr. v. Spee und Jak. Balde. Als Vorbereitung ihrer Dichtung läßt sich die Sammlung 'Paradeisvogel' von K. Vetter, einem Jesuitenpriester, betrachten; zwar besteht sie zumeist aus Übersetzungen, doch findet er bereits den Ton religiöser Innigkeit, der bei Spee so sehr entzückt. Hier liegt der Gegensatz zwischen Spee und Balde: Balde, der vorwiegend in lateinischer Sprache dichtet, handhabt die Sprache, auch die deutsche, aber mehr noch die lateinische, mit imponierender Sicherheit, entläßt aber seine Leser in einer Stimmung kühler Bewunderung. Ganz anders Spee. Phantasievoll, leidenschaftlich, hinreißend fließt seine Poesie in schwungvollem Rhythmus ('Trutznachtigall' 1649) dahin. Er lebt mit der Natur in innigster Vertrautheit und weiß ihr Stimmungen abzulauschen, für die er in seinen besten Dichtungen einen einfach-suggestiven Ausdruck findet. Bei ihm zeigt sich das Barocke vielmehr in dem Nebeneinander: neben ehrlich und schlicht empfundener Lyrik süßlich gekünstelte Schäferpoesie, übermäßig erhitzte Phantasiegebilde. Besonders Spees Schäferpoesie ist als Entartung zu betrachten: die Verquickung mit religiösen Elementen mutet hier als durchaus gekünstelt an.

Während die Mystik sowohl den Katholizismus wie den Protestantismus umfaßt, ist der Pietismus auf eine reformatorische Bewegung innerhalb der orthodox-protestantischen Kirche zurückzuführen. Von dem Pfarrer Ph. J. Spener, der als erster nach der Verinnerlichung des religiösen Lebens strebte, aus welcher sich der Pietismus entwickelte, besitzen wir geistliche Lieder, die beim evangelischen Gottesdienst zum Teil noch im Gebrauch sind. Auch A. H. Francke, der sein Werk fortsetzte und ausbaute, hat die protestantische Kirche mit beliebtgewordenen Kirchenliedern beschenkt. Im Anfangsstadium weist die Poesie der Pietisten wenig barocke Züge auf; gegen Ende des Jhs. aber macht sich auch hier, zum Beispiel in der kirchlichen Lyrik eines G. Arnold, Einwirkung des Barockgeschmacks geltend. Im nächsten Jahrhundert nimmt dieser Einfluß noch zu, so daß sich in der Poesie Tersteegens und zumal Zinzendorfs dieselben Merkmale der barocken Mystik zeigen, die in der katholischen Dichtung Schefflers und Spees nachgewiesen wurden. Wie in so mancher Dichtungsgattung ragt das Barock auch hier tief in das 18. Jh. hinein.

Neben diesen beiden Strömungen, der der Mystik und der des Pietismus, läuft eine dritte Strömung religiöser Lyrik her, die man als die freie geistliche Dichtung des Barock bezeichnen könnte. Zwar hat das Zeitalter des Barock viele religiöse Lieder hervorgebracht, die streng genommen nicht zur Barockliteratur gerechnet werden können. Das ganze Zeitalter neigte zur religiösen Poesie; das in der Barockzeit so kräftige Bewußtsein der Vergänglichkeit alles Irdischen ergab dafür die Grundlage. Aber die besten Lieder dieser Zeit sind eben infolge ihrer reinen Versenkung in Ewigkeitsgedanken derartig zeitlos, daß sie von dem Zeitgeschmack im Ausdruck unberührt blieben. Gerade die mittelmäßige geistliche Dichtung der Zeit zeigt sich als typische Barockpoesie. So, wenn christlich-religiöse Gefühle mit dem angelernten klassisch-mythologischen Götterapparat ausstaffiert werden, wenn die Religion sich das modische Schäfergewand der Zeit gefallen lassen mußte. Gab doch ein H. A. Stockfleth, der unter den „Preißwürdig-gekrönten Pegnitz-Hirten" so genannte Doris, das evangelische Gesangbuch, verbessert nach den poetischen Grundsätzen der Pegnitzschäfer, heraus (vgl. auch den Art. *Nürnberger Dichterschule*). Die geistlichen Lieder, die sich aus dem 17. Jh. als geistiger Besitz breiter Schichten erhalten haben, die eines Rinckart, Schirmer, Neumark, vor allem eines Paul Gerhardt, zeichnen sich durchweg durch schlichte Herzlichkeit, verinnigte Gottesliebe und Anspruchslosigkeit des Dichterkleides aus.

Ein besonderer Platz unter der geistlichen Lyrik des Barock gebührt dem religiösen Sonett. Der Meister dieser Gattung ist A. Gryphius. Sein geistliches Sonett ist reine Kunstdichtung, wie ja die Form schon zeigt, aber von einer künstlerischen Vollendung, wobei die straffe Form die mächtig vorwärtsdrängende Bewegtheit kaum zu bändigen weiß, daß einige dieser Sonette zu dem Kraftvollsten und Erschütterndsten gehören, was uns das 17. Jh. an Lyrik hinterlassen hat. Nicht weniger bedeutend ist er als Dramatiker.

§ 8. Das Drama des Barockzeitalters entwickelt sich in zwei nebeneinander herlaufenden, aber in ihrem Wesen ganz verschiedenen Strömungen: dem Spielstück und dem Kunstdrama. Für die Literatur kommt hauptsächlich letzteres in Betracht, aber ohne Kenntnis des Theaterwesens der Zeit ist Verständnis für die Arbeit des Dichters nicht möglich.

Als gegen Ende des 16. Jhs. die Englischen Komödianten (s. d.) auch nach Deutschland kamen, brachten sie eine ausgebildete Schauspielkunst mit, die für die Bevölkerung etwas ganz Neues und sehr Anziehendes war. Die Stücke der großen englischen Tragödiendichter in äußerst freien Nachahmungen, wobei auf das Grauenerregende und Blutrünstige stark der Nachdruck gelegt wurde, bildeten ihr Repertoire. Dies entsprach dem Geschmack des Barockzeitalters. Männer wie J. Ayrer und Heinrich Julius von Braunschweig, die um die Jahrhundertwende dichteten, schlossen sich dieser Richtung an; ersterer, indem er sie seinem Hans Sachs angelehnten Stil aufimpfte, letzterer, indem er sie mit freier Stoffwahl, wofür ihm hauptsächlich die italienische Novellenliteratur das Material bot, verband. Durch die Englischen Komödianten erfuhr auch eine andere dramatische Gattung, die einen Platz auf der Bühne des ausgehenden 16. Jhs. hatte, eine Umgestaltung: die Volkskomödie. In ihr hatte früher oft der Teufel die Rolle der spezifisch komischen Figur innegehabt, später traten an seine Stelle Narrentypen unter verschiedenen

Namen, wobei auch bereits die Bezeichnung Hans Wurst vorkommt. Die Englischen Komödianten brachten nun als ständige komische Figur den Pickelhering mit, der bald auch in Deutschland heimisch wurde und zu einer eigenen Bezeichnung der mit ihm operierenden Gattung, der Pickelheringskomödie, führte. In ihrer rücksichtslosen Roheit wirft sie ein eigentümliches Licht auf den Geschmack des Publikums.

Als weniger bedeutende Gattungen lassen sich daneben das für pädagogische Zwecke dienende protestantische Schuldrama und das religiösen Zwecken gewidmete Jesuitendrama (s. d.) nennen. Für die Geschichte des Dramas, besonders für die Bühnengeschichte, sind sie sehr wichtig; auf den Zeitgeschmack vermochten sie aber nur geringeren Einfluß auszuüben, da sie dem Publikum nicht zugänglich waren. Auf der öffentlichen Bühne lebten noch das Hans-Sachsische Drama, vorwiegend in biblischen Stoffen, und auch das Fastnachtspiel (s. d.) ihre etwas kümmerliche Existenz weiter.

Man kann sagen, daß dem gebildeten Publikum außer den Blut- und Schauerstücken eigentlich nichts geboten wurde, so daß man es verstehen kann, daß die vornehmere Welt sich mit einer wahren Begeisterung einer neuen dramatischen Gattung zuwandte, die Opitz aus Italien nach Deutschland verpflanzte. Seine Übersetzung von Rinuccinis Oper 'Dafne' (1627) bedeutet sowohl für die Bühnengeschichte wie für die Entwicklung der Literatur ein Ereignis. Zwar sind die zahlreichen Singspiele, die auf deutschem Boden entstanden und nach kurzem, aber meistens sprühendem Leben doch auf die Dauer den italienischen Vorbildern nicht standhalten konnten, literarisch nicht besonders bedeutend; zur Blüte der Schäferdichtung im weitesten Sinne haben sie aber mit den Anstoß gegeben. Fremde Opern und einheimische Singspiele boten dem Auge wieder etwas zu genießen und führten dadurch zu eingreifenden Umgestaltungen und Verbesserungen der Bühne. Es wurden Opernhäuser gebaut, deren Einrichtung später auch dem Schauspielhaus zugute kommen sollte. Die Bühnentechnik machte Fortschritte, die dann auch im Drama Verwendung fanden. Und wenn auch die Oper eine Konkurrenz blieb, der keine einzige Gattung des Dramas auf die Dauer völlig gewachsen war, so hat doch die schwesterlich verwandte Kunst im ganzen vielmehr fördernd als schädigend gewirkt.

Die Oper (s. d.) mit ihrem Konglomerat von Voraussetzungen und Wirkungen ist für den Geist des Barock im höchsten Grade bezeichnend. Und nur in einem solchen Zeitabschnitt ist es möglich, daß derselbe Mann, der mit treffsicherem Blick diese neue Gattung einführt, über das Drama in steifleinener Stubengelehrsamkeit theoretisiert, wie es im 'Buch von der Deutschen Poeterey' geschieht: „Die Tragödie ist an der Majestät dem heroischen Gedichte gemäß, ohne daß sie selten leidet, daß man geringen Standes Personen und schlechte Sachen einführe." Harsdörffer schließt sich dem bewunderten Meister an: „Der Inhalt des Trauerspiels betrifft großer Herren unglücklichen Zustand und pflegt deshalb mit dem größten Jammer und Todesnot zu enden." Erst die literarisch-soziale Beeinflussung durch das demokratische England und der literarische Scharfblick eines Lessing waren vereint imstande, diese dramatische Theorie der Barock-Ästhetik endgültig zu stürzen. Dem ernsten, aristokratischen Trauerspiel stellen sowohl Harsdörffer wie Opitz die sozial um zahlreiche Stufen niedriger stehende Komödie gegenüber: „Sie bestehet in schlechtem Wesen und Personen; redet von Hochzeiten, Gastgeboten, Spielen, Betrug und Schalkheit der Knechte, Buhlersachen, Leichtfertigkeit der Jugend, Geize des Alters, Kupplerei und solchen Sachen, die täglich unter gemeinen Leuten vorlaufen; haben derowegen die, welche heutiges Tages Komödien geschrieben, weit geirret, die Kaiser und Potentaten eingeführet, weil solches den Regeln der Komödien schnurstracks zuwider lauft." Harsdörffer erlaubt eine Mittelgattung: das Hirten- oder Feldspiel, das den Nährstand abbildet. Es ist die Gattung, die eben in dem Nürnberger Kreis zur Blüte gelangte, durchweg mit

Unterstützung der Musik, wodurch eine Übergangsform zur Oper entstand (Klaj, Birken).

Es braucht kaum der Erwähnung, daß die Opitzische Gesetzgebung für eine reiche dramatische Entfaltung nicht förderlich sein konnte. Die Barockzeit bedeutet für das Drama keine Periode der Blüte. Dies fällt um so schärfer ins Auge, wenn man berücksichtigt, wie in den Nachbarländern, zunächst in England, dann in Holland und schließlich in Frankreich die dramatische Kunst zu einer Entfaltung kam, die sich in Namen wie Shakespeare, Vondel, Corneille andeuten läßt, und wodurch das literarhistorische Bild jener drei Völker dauernd bestimmt wurde. In Deutschland wirkte das Drama Shakespeares unmittelbar, aber in höchst unreiner Weise durch die Aufführungen der Englischen Komödianten; es sollte noch ein Jahrhundert dauern, bis dieser Heros stufenweise entdeckt, bald verehrt und nachgeahmt, dann auch im innersten Wesen erkannt wurde. Das französische Drama, das erst in der zweiten Hälfte des Jhs. sich entfaltete, fing erst gegen Ende dieser Periode an, in zunehmendem Maße Einfluß auszuüben, wobei aber in Übersetzung und Überarbeitung manche Schönheit zum Opfer fiel.

Der fruchtbarste Einfluß im Zeitalter des Barock ging ohne Zweifel von dem Holländer Joost van den Vondel aus, da er in Andreas Gryphius einen begabten Interpreten fand, der unter reicher Entlehnung, aber doch mit Wahrung seiner Selbständigkeit und unter Berücksichtigung vielseitigster Bühnentechnik sich zum Schöpfer des eigentlichen Barockdramas in Deutschland emporarbeitete. Er erzählt, wie ihm der Stoff seiner Erstlingstragödie ('Cardenio und Celinde') in Italien als eine wahre Begebenheit mitgeteilt worden sei, und wie er dann in Amsterdam seine Freunde beim nächtlichen Spaziergang nach einem Festessen mit dem tragischen „Verlauff dieser zwey unglücklich Verliebeten" bekannt gemacht habe: „Die Einsamkeit der Nacht, die langen Wege, der Gang über den einen Kirchhof und andere Umstände machten sie so begierig auffzumercken." Er entschuldigt sich wegen der Form seiner Tragödie: die Personen seien fast zu niedrig für ein Trauerspiel, die Art zu reden erhebe sich kaum über die gewöhnliche. Schon hier erweist sich Opitz' Gesetzgebung als wirkungslos: an allen Ecken und Enden wird die vorgeschriebene Form gesprengt. Und so ist es in seinen andern Dramen. In seinen Personen pulsiert das treibende Blut der Barockzeit, sie reden die farbige Sprache, die auch die Lyrik des Dichters kennzeichnet, ihre Schicksale werden von Leidenschaft und Schuld bestimmt. Gryphius war nicht nur ein begabter Dichter, sondern ein dramatischer Gestalter von ausgesprochenster Modernität. Auch im Lustspiel wußte er Eigenes und Wertvolles zu schaffen. Sein nach den ‚*Leeuwendalers*' inspiriertes Doppeldrama, das sich aus einem lyrisch-poetischen Singspiel ('Das verliebte Gespenst') und einem Prosa-Scherzspiel in schlesischem Bauerndialekt ('Die geliebte Dornrose') zusammensetzt, ist ein typisches Beispiel für die barocke Vermischungstendenz der von Opitz nur äußerlich getrennten Dichtgattungen.

Einen zweiten Dramatiker wie Gryphius hat das Barock nicht aufzuweisen. Der bedeutendste der andern ist Lohenstein, der im Drama und im Roman eine Begabung zeigt, die ihm in der Lyrik völlig abging. Das Lohensteinsche Drama zeigt in den Begebenheiten und in der Sprache die typischen Eigenschaften des Marinismus (vgl. auch den Art. *Schwulst*). Völlig epigonenhaft sind Hallmann und Kongehl, von denen ersterer sich mehr an Gryphius, letzterer sich mehr an Lohenstein anlehnt. Dieselbe barock-abgewandte Stellungnahme, die Chr. Weise in seiner Lyrik einnimmt, kennzeichnet auch sein Drama.

§ 9. Eine Zeit, die so reich an Auswüchsen ist, wie das Zeitalter des Barock, mußte ganz natürlicherweise Spott und Tadel bei ruhiger, nüchtern und klar denkenden Zeitgenossen hervorrufen. Es gibt einen Spott, der in dem Geist stetiger Verneinung seinen Ursprung findet; er zielt auf Vernichtung. Positive Werte sucht aber diejenige Satire zu schaffen, die aus Begeisterung und Liebe hervorgeht und mit Tadel und Verspottung nur dasjenige trifft, was der Verwirklichung des Ideals im Wege steht. Die Barockliteratur hat eine ganze Reihe solcher aufs Positive zielenden Satiriker aufzuweisen. Mag ihre Satire oft mehr in die Breite als in die Tiefe gehen, mag mancher dem verwirrenden Einfluß der Zeit mit ihren vielen unechten Tendenzen nicht völlig entronnen sein, so sind doch alle einig in dem Streben, das Volk innerlich freier zu machen und in dieser innerlichen Befreiung das Volkstum möglichst von fremden Elementen zu reinigen.

Zu den größten unter ihnen gehört Logau. Seine spezifische Gattung ist das Sinngedicht, eine für das Barock charakteristische Ausdrucksform. Er verspottet die verfaulten höfischen Zustände im Lande, die verhängnisvolle Nachahmungssucht mit Bezug auf das Ausland, besonders Frankreich (vgl. auch den Art. *Alamode-Literatur*), er geißelt auch das unnatürliche Schäfertreiben in Leben und Dichtung. Schwächer ist die etwas redselige Satire Rachels. Er schließt sich in Form und Ausdruck Opitz an und handhabt geschickt den Alexandriner. Seine poetischen Abhandlungen beschäftigen sich meist mit den häuslichen Fehlern und Lastern der Zeit; bedeutender wird seine Satire, wo er sich mit der zeitgenössischen Dichtung befaßt. Origineller als er ist der dritte Satiriker der Barockliteratur, der ebenfalls seine Kritik in Versform kleidet, Joh. Lauremberg. Selbst ein nicht unbedeutender Gelehrter, ist ihm alle gelehrte Wichtigtuerei ein Greuel. Seine nd. 'Scherzgedichte' sind einfach, manchmal derb, natürlich und frisch und erwarben sich eine große Beliebtheit bis tief ins 18. Jh. hinein.

Eine zweite Erscheinungsform der aufs Ideal gerichteten Satire der Barockzeit ist die satirische Prosa-Abhandlung bzw. satirische Predigt. Mit B. Schupp und U. Megerle (Abraham a Sancta Clara) ist die protestantische und die katholische Geistlichkeit in dieser Gattung vertreten. Abraham a Sancta Clara ist der weitaus populärere. Die Kraft seiner Rede liegt besonders im Witzig-Polternden. Er war außerdem ein begabter Kanzelredner, so daß er mit seinen humoristischen Strafpredigten weite Kreise erreichte. Schupp ist gelehrter, würdiger, aber auch schärfer, manchmal bis zum Verletzenden. Er gewinnt bei tieferem Studium und gibt sich als ein kluger und humorvoller, ehrlicher und mutiger Kämpfer zu erkennen. Aber auch er weiß sich vor der Hauptgefahr der Barockdichtung, der unterbrochenen Linie, nicht immer in acht zu nehmen: er verweilt zu oft und zu lang bei Einzelheiten, wo es der Einheit der Wirkung dienlicher gewesen wäre, aufs Detail zu verzichten.

Sogar die beiden großen literarischen Satiriker der Barockzeit, Moscherosch und Grimmelshausen, haben sich vor dieser Gefahr nicht immer zu hüten gewußt. Moscherosch läßt sich von einer spanischen Vorlage (Quevedo) inspirieren, wie Schupp sich einen englischen Mentor wählte (Baco von Verulam) und Rachel und Logau die Satire der Römer (Juvenal bezw. Martial) zum Vorbild nahmen. Anlehnung ans Ausland ist für die Barockzeit typisch, sogar bei denen, die das Deutschtum betonen. Nur ein ganz Großer wie Grimmelshausen läßt sich nicht festnageln; trotz massenhafter Entlehnungen im Detail weiß er seine kernige Ursprünglichkeit zu wahren. Aber auch Moscherosch wurzelt trotz seines spanischen Vorbilds tief im deutschen Volkstum. Er beobachtet elsässisches und badisches Wesen mit einer Schärfe, schildert es mit einer Treue und Farbenfreudigkeit, daß seine 'Gesichte' (um 1640) für die Kulturgeschichte des 17. Jhs. eine wahre Schatzkammer bilden. Er ist ein Vertreter echtester Barockliteratur im guten Sinne: die Überfülle an Einzelheiten, die Anspielungen und Verschnörkelungen, mit einem Worte die ganze überladene Schwere wirkt doch hier, gleich einem phantasievollen Bauwerk der Barockarchitektur, als ein machtvolles Ganze, weil alles zusammengehalten wird von dem beherrschenden Intellekt eines menschlich fühlenden und Menschliches verstehenden Künstlers.

Als solcher ist Moscherosch bezeichnender für die Barockliteratur als Grimmelshausen. Dieser erhebt sich in seinen bedeutendsten Werken über die zeitliche Gebundenheit. Nur wenn wir seinen ganzen Werdegang berücksichtigen, ihn auch in denjenigen Schriften zu erkennen suchen, die jetzt der Vergessenheit anheimgefallen sind, werden die Fäden sichtbar, die auch ihn mit dem Zeitalter des Barock verknüpfen. Zwei Hauptlinien sind dann sofort zu unterscheiden: die modische Schriftstellerei, wobei Motive in uferloseBreiten hinausgesponnen werden, und ureigenste Kunst, die in großartiger Konzeption und durch mächtige Gestaltungskraft Geschöpfe bildet, ihnen treibendeWerdekraft einflößt, durch die sie in eigener Schicksalsvollziehung zur Vollendung oder zum Untergang gelangen. Biblische Erzählungen wie 'Joseph' und 'Musai', geschichtliche Romane wie 'Dietwald und Amelinde' und 'Proximus und Lympida', waren Modesache. Der bäurische Autodidakt tut sich hier auf seine Gelehrsamkeit so recht etwas zugute, er polemisiert mit einem Konkurrenten über die bessere Quellenverwertung und deckt das Resultat mühsamer Arbeit nicht selten durch seinen Namen auf dem Titelblatt. Aber auch Schriften, die schon mehr Eigenes erkennen lassen, wie der 'Satyrische Pilgram', die 'Verkehrte Welt', und der 'Teutsche Michel', winden sich durch barocke Gelehrsamkeit — seine Garzoni-Verwertung ist dafür ungemein belehrend — ins Weitschweifig-Grenzenlose. Die antithetische Belehrungsform des 'Pilgram' zeigt dabei auch rein äußerlich ihren Barockcharakter. Grimmelshausens Meisterwerke, sein 'Abenteuerlicher Simplicissimus' (1669), die 'Courasche' und der 'Springinsfeld' und nicht zumindest sein meisterhafter Novellenzyklus vom 'Vogelnest', sind über jede Moderichtung weit erhaben. Ein völlig unabhängiger Geist, ein weltbeobachtender Weiser, ein genialer Schöpfer und Gestalter zeichnet hier Lebensläufe, in denen vor allem das Tiefmenschliche, das Allgemeingültige uns ergreift. Und doch stammen diese Figuren aus einer Welt barocker Lebensführung: eine bunte Bewegtheit, ein Aufeinanderdrängen und Auseinanderweichen wuchtiger Erlebnisse, eine sich wiederholende Gegensätzlichkeit in Schuld und Unschuld, in Naivität und raffinierter Bosheit, in leidenschaftlichem Triebleben neben abgeklärtester Weisheit. Alles ist Leben, Bewegung, Reibung. Künstlerische Lebenswahrheit in jedem Detail, aber eingefügt in eine großartige Konzeption. So führt der Lebensweg in barocken Windungen bewußt bergauf im 'Simplicissimus', nicht weniger imponierend bergab in dem Gegenbild, der 'Courasche'. Vor den Hauptfehlern der Barockkunst, dem Sichzersplittern in vielgestaltige Zusammenhanglosigkeit oder dem Sichversteigen in unwirkliche Phantasiegebiete, bewahrte ihn die Größe seines Künstlertums. Die Einheit beruht in seiner wahren, humanen Religiosität, die ihn sogar das Groteske unter dem Licht der Gottesliebe und des Ewigkeitsgedankens erblicken läßt. Die poetische Wahrheit fließt aus einer verwandten Quelle, der menschlichen Teilnahme, die er seinen Gestalten entgegenbringt. Dadurch unterscheiden sich sogar seine verworfensten Figuren, ein Olivier, eine Courasche, von den abstoßenden Phantasiegeschöpfen zeitgenössischer Romane. Grimmelshausen bedeutet den Gipfel der deutschen Barockliteratur. „Daß er seine Gestalten als Schicksalsträger schaut", schrieb neuerdings ein urteilsbefähigter Literarhistoriker von ihm, „erhebt ihn nicht nur über die besten deutschen Sittenschilderer und Beobachter des 16. und 17. Jhs., über Fischart oder Moscherosch, Logau oder Gryphius, Chr. Reuter oder Christian Weise, sondern über alle neuhochdeutschen Erzähler außer Goethe, Kleist und Jean Paul." Es ist eigentümlich, daß erst unsere Zeit anfängt, seine Größe zu erkennen. Wie die Mitwelt über ihn urteilte, ist schwer zu sagen. Die offizielle Literatur seines Zeitalters erwähnt ihn kaum. Dennoch muß er einen größeren Leserkreis gehabt haben, wie die verhältnismäßig zahlreichen Ausgaben der Simplizianischen Schriften und nach seinem Tode der Bedarf an einer Gesamtausgabe seiner Werke beweisen. Er selbst betrachtete sich als Moralist, dessen Aufgabe es war, lachend die Wahrheit zu sagen. Als lachender Moralist finde er denn auch hier unter den Satirikern des Barock seinen Platz.

Rein äußerlich hängt der 'Simplizissimus' mit den Schelmenromanen zusammen; die Verdeutschung des 'Lazarillo' und die 'Gusman'-Bände des Aeg. Albertinus haben denn auch auf seine Gestalt einen nachweisbaren Einfluß ausgeübt. Nur ist das satirische Element, das in den Schelmenromanen von Haus aus vorhanden war, in den Simplizianischen Schriften bedeutend verstärkt. Auf die Spitze getrieben begegnet uns die Satire im Verein mit abenteuerlicher Reiselust in Chr. Reuters 'Schelmuffsky' (1696). Die zahlreichen weniger bedeutenden Schelmenromane, der 'Abenteuerliche Buscon', die 'Landstörtzerin Justina Dietzin' und andere, bildeten eine für unseren Geschmack nicht allzu aufregende Unterhaltungslektüre. Sie wurden zum Teil auch in den Dienst der Belehrungstendenz gestellt, die für die ganze Barockliteratur kennzeichnend ist.

§ 10. Das gilt in noch stärkerem Maße für den geschichtlichen Roman, der sich nach und nach aus den Amadiserzählungen (s. d.) entwickelt hatte. Statt der phantastischen Ritter und Damen treten jetzt historische Personen auf, die allerdings in Wirklichkeit oft garnicht oder jedenfalls ganz anders existiert hatten. Ein eigentlicher Faden ist in diesen langatmigen Schilderungen kaum zu erkennen. Sie gehen ungeheuer in die Breite, unzählige Personen kommen darin vor, die untereinander manchmal in keinem begreiflichen Zusammenhang stehen; es finden allerlei Verwicklungen statt, für die wir uns jetzt nur mäßig zu interessieren vermögen. Dasselbe gilt für die Behandlung biblischer Stoffe, wie Grimmelshausens 'Joseph' und Zesens 'Assenat'. Neben A. H. Bucholtz und Anton Ulrich von Braunschweig sind es hauptsächlich D. C. v. Lohenstein und H. A. v. Ziegler, die sich in der Gattung der historischen Romane ('Hercules'; 'Oktavia'; 'Arminius'; 'Die Asiatische Banise') einen Namen gemacht haben. Wie sehr der Barockgeschmack das Überwuchern des Details gestattete, zeigt sich mehr noch als in den angedeuteten Werken in den Geschichtsromanen Happels, der sogar ganz aktuellen Bildungsstoff seinen Werken einverleibte, wobei die Fiktion des historischen Romans nur der bequeme Rahmen wurde, der die heterogensten Bestandteile umschloß.

§ 11. Wie die Barockliteratur in ihren verschiedensten Strömungen stark vom Ausland, besonders von Italien, aber auch von Holland, Frankreich, England, Spanien abhängig war, so knüpft auch die systematische Bekämpfung ihrer konsequentesten Formbildung, wie wir sie in dem Nürnberger Preziösentum und dem Schwulst der Zweiten Schlesischen Schule (s. d.) kennen gelernt haben, ans Ausland an. Gegen Preziösentum und Verschnörkelung in der französischen Literatur hatte sich Boileau gerichtet, als er sich bestrebte, eine Brücke zwischen dem Schönheitsempfinden der griechisch-römischen Welt und der modernen französischen Aufklärungsphilosophie zu schlagen. Die Vernunft wird ihm dabei das Entscheidende: aus der Vernunft nimmt die Poesie ihren Ursprung; an der Vernunft wird sie gemessen („Aimez donc la raison!"). Sie erfordert Wahrheit („Le faux est toujours fade, ennuyeux, languissant"). Wahrheit ist mit Schönheit identisch („Rien n'est beau que le vrai; le vrai seul est aimable"). Sie findet sich in der Natur („Mais la nature est vraie; c'est elle seule en tout qu'on admire et qu'on aime"). Die Natur sei deshalb die Lehrerin der Dichter („Que la nature donc soit votre étude unique"). So stellt sich die neue Richtung in Gegensatz zu dem, was sie als Unnatur bekämpfte.

Schrittweise bricht sich diese Kunstanschauung in Deutschland Bahn. Canitz, der schüchterne Anfänger, hält mit seinem Tadel des Alten noch zurück, fordert aber für die neue Richtung Gleichberechtigung. Neukirch, der scharfe Kritiker, erhebt sie zu einer Schule. Wernicke, der agressive Epigrammatiker, zerstört das Ansehen des alten Stils. Gottsched endlich wurde der Gesetzgeber des neuen Kunstgeschmacks in Deutschland. Aber die Zeit stand nicht still: von England aus kündigte sich bereits eine neue, triebkräftige Kunstauffassung an. Die Vernunftrichtung hatte sich zum Teil schon überlebt, als Gottsched sie kodifizierte. Während die Theoretiker sich stritten, erfreute sich der italienische Stil bei manchem Leser noch einer stillen Sympathie.

Außer den bekannten Handbüchern, wie Goedeke, Vogt und Koch, Bartels, Biese, Merker für die Literaturgeschichte, Muther, Springer für die Kunstgeschichte, und Detailuntersuchungen über die einzelnen Dichter dieses Zeitalters, wie Rosenthal über Scheffler, Krause und Barthold über die Sprachgesellschaften, Wysocki und Flemming über Gryphius, Bechtold und Scholte über Grimmelshausen (vgl. NDL. 246/48, S. 111), sind hier besonders die Neudrucke mit ihren Vorworten bedeutend. Außerdem: E. Höpfner *Reformbestrebungen auf dem Gebiete der deutschen Dichtung des 16. und 17. Jhs.* 1866. H. Palm *Beiträge zur Geschichte der deutschen Literatur des 16. und 17. Jhs.* 1877. C. Lemcke *Von Opitz bis Klopstock* 1882. H. Welti *Geschichte des Sonetts in der deutschen Dichtung* 1884. M. von Waldberg *Die deutsche Renaissance-Lyrik* 1888. H. Wölfflin *Renaissance und Barock* 1888. M. Landau *Zur Geschichte des Barockstils in der Literatur*, Beil. der Allg. Ztg. 1890 Nr. 63 ff. G. Steinhausen *Die Anfänge des französischen Literatur- und Kultureinflusses in Deutschland*, ZfvglLg. Bd. VII (1894) S. 349 ff. K. Voßler *Das deutsche Madrigal* (LitForsch. 6) 1898. F. Gotthelf *Das deutsche Altertum in den Anschauungen des 16. und 17. Jhs.* (ForschnLg. 13). E. Gnerich *A. Gryphius und seine Herodesepen, ein Beitrag zur Kenntnis des Barockstils* (BreslB. 2). A. Wellesz *Renaissance und Barock*, Z. d. intern. Musikg. 1908 Nr. 3846. Anselma Heine *Barock*, LE. XIII (1911) Sp. 1141 ff. K. Borinski *Die Antike in Poetik und Kunsttheorie* 1914. F. Strich *Der lyrische Stil des 17. Jhs.*, Abh. z. dt. Litgesch. F. Muncker dargebracht 1916, S. 21 ff. H. Wölfflin *Kunstgeschichtliche Grundbegriffe* 1915. E. Cohn *Gesellschaftsideale und Gesellschaftsroman des 17. Jhs.* (Germ. Stud. 13). R. v. Delius *Die deutsche Barocklyrik* 1921. W. Weisbach *Der Barock als Kunst der Gegenreformation* 1921. A. Hübscher *Barock als Gestaltung antithetischen Lebensgefühls*, Euph. XXIV (1922/23) S. 517 ff. 759 ff. F. Strich *Deutsche Klassik und Romantik* 1922. H. Cysarz *Vom Geiste des deutschen Literatur-Barocks*, Dt. Vierteljahrsschr. f. Literaturwissensch. und Geistesgesch. I (1923) S. 243 ff. F. Gundolf *Grimmelshausen und der Simplicissimus*, dieselbe Ztschr. I (1923) S. 339 ff. F. Strich *Renaissance und Reformation*, dieselbe Ztschr. I (1923) S. 582 ff. G. Brom *Barok en Romantiek* 1923. W. Weisbach *Barock als Stilphänomen*, Dt. Vierteljahrsschr. f. Literaturwissensch. und Geistesgesch. II (1924) S. 225 ff. H. Cysarz *Deutsche Barockdichtung* 1924.

J. H. Scholte.

Bauerndichtung s. Dorfgeschichte u. Dörperliche Dichtung.

Bauerntheater. So wie die großen Marktspiele der mittelalterlichen Städte dem Spieltrieb vieler Hunderter von Mitwirkenden entgegenkamen, so hat auch der Dorfbewohner frühzeitig seinem Spieltrieb Genüge getan. Auch hier hat die Kirche diese Beschäftigung gefördert (vgl. Till Eulenspiegel, 13. Historie), und Geistliche haben den Stücken Passionscharakter zu geben versucht, ja sie stehen im 18. Jh. offenbar unter dem Einfluß des Jesuitentheaters. Die einfachen Texte des Bauerntheaters sind fast immer handschriftlich überliefert. Bis auf den heutigen Tag hat sich die Tradition in den bayrischen und österreichischen Alpenländern erhalten. Die religiösen Stücke behandeln meistens Leben und Leiden Christi oder sind Heiligen- und Märtyrerstücke, die weltlichen Stücke leben von der Ritter- und Räuberromantik mit moralisierendem Ziel, mit groben, aber naiven, aufrüttelnden Spannungsmitteln. Auf dem Vorhang eines Bauerntheaters stehen aus dem Anfang des 19. Jhs. die Worte: „Wann die Tugend nachgeahmt, das Laster verabscheut, Torheiten vermieden und das Edle in Ausübung gebracht wird, dann erreicht die Muse des Schauspiels ihren Endzweck.“ Scheffel schrieb (1863) über eines der ältesten Bauerntheater, Kiefersfelden am oberen Inn, das anfangs des 17. Jhs. gegründet wurde: „Man nahm den Maßkrug mit ins Parterre, die Vordersten stellten ihn auf die Bühne ab, zogen ihn aber bei größeren Gefechten und Zweikämpfen vorsichtig wieder an sich.“ Darstellung und Bühnentechnik sind naturalistisch kraß, ohne auf Illusion zu halten. ‘Valentin und Ursinus, die Zwillingsbrüder oder das Diamantenkreuz’, ‘Siegfried und Ludmilla oder die Strafe und das Wiederfinden vor der Ruine der Geroldsburg’, ‘Kuno von Trauenstein oder die Braut des Gemordeten’ sind Titel weltlicher Bauernspiele. Als Verfasser werden in Kiefersfelden z. B. genannt: Th. Strasser, Jos. Leitner, Joh. Gugger, bes. Jos. Schmalz und Sylvester Greiderer, Schuhmachermeister und gleichzeitig Leiter der Kufsteiner Stadtkapelle. In neueren Zeiten spekulieren die Bauerntheater auch mit dem Fremdenverkehr, den sie sich nach dem Vorgange von Oberammergau wünschen.

Lechleitner *Tiroler Bauernspiele* 1890. Weinhold *Weihnachtsspiele a. Süddtschld. u. Tirol* 1853. Schlossar *Deutsche Volksschauspiele* 1891.

H. Knudsen.

Bayrische Dialektliteratur siehe Nachtrag.

Beichtformel. § 1. Beichtformeln sind in der altdeutschen Literatur mit Geständnis verbundene Sündenverzeichnisse, wie sie der Priester sich oder den Beichtkindern zum Bekennen vorlegt. Sie sind auf Auswahl zugeschnitten — enthalten z. B. vielfach Mönchs- und Laienverfehlungen nebeneinander —, und der Hörende oder Nachsprechende kann sich das Passende zueignen. Der Beichtvater hat wohl auch nach Personen und Umständen verschieden zu verfahren — die Handhabung unterliegt der Kontrolle: Cap. de exam. eccl., Boretius 38, C. 4 —, und so sind denn auch die Verzeichnisse verschieden nach Anordnung, Umfang und Gestaltung des Einzelnen. Den Ausgangspunkt mag nächst dem Dekalog das Sündenverzeichnis Gal. 13, 19 ff. gebildet haben, die Bereicherungen enthalten manches Fremde, Orientalische, ungesund Mönchische. Die Anordnung ist im allg. die, daß die Dekalog- oder Wurzelsünden, durch Substantive ausgedrückt, voranstehen, in einem zweiten Teile die Verfehlungen gegen kirchliche Pflichten und gegen die Nächstenliebe, in ganze Sätze gekleidet, nachfolgen. Sie stammt von dem Bischof und Volksprediger Cäsarius v. Arles († 542).

§ 2. a) Unsere älteste Beichte ist die Bairische, Emmeramer (B_1), die schon im Anfang des 9. Jahrhunderts aus einer rheinfränkischen hervorgegangen und mit einem Gebetsanhängsel versehen ist (3 Handschriften des 9.—11. Jhs., dazu eine kirchenslavische Version: St. XLI f.). Eine spätalthochdeutsche Verwandte und nur im Druck überliefert ist die jüngere bairische Beichte (St. XLIII, B_2), zwei altslavische (K, MSD. II³ 436 f.) stehen zwischen beiden.

b) Der Archetypus unserer drei Überlieferungen (2 Handschriften des 10. und 11. Jhs., ein Druck) der Fuldaer Beichte (F_{A-C}, St. XLVIII) dürfte etwa 830, zu Hrabans Zeit, entstanden sein. Er teilt mit B_1 außer anderem das Gebet, und es sind Spuren einer Vorstufe geblieben (ZfdA. LVIII [1921] S. 274 ff.). Mit der Fuldaer sind einer Herkunft die Mainzer und Pfälzer Beichten (M P, Handschriften des 9. und 9./10. Jhs., St. XLIX f.), die ihrerseits auf eine gemeinsame Vorlage zurückgehen.

c) Die Reichenauer Beichte (R, Handschr. des 9./10. Jhs., St. LI) stammt aus rheinfränkischer Vorlage und ist nächst verwandt mit der Zeitzer B. (Z, Hs. des 13. Jhs., MSD. II³ 437) und einer Confessio bei Honorius Augustodunensis (H, Migne 172, 824 f.).

d) Die Lorscher Beichte (L, Handschrift des 9. Jhs., St. XLVI) stammt aus einer Lorscher Vorlage *L, aus der auch die Vorauer Beichte (V, Handschrift des 10. Jhs., St. XLVII) hervorgeht; nächst verwandt ist die Sächsische B. (S, Handschrift 10. Jhs., St. XLV).

e) Die Würzburger Beichte (W, Handschrift des 10. Jhs., St. XLIV).

f) Nach Überlieferung und Sprache sind die Texte *LVS, *$B_{1.2}$K, *FMP, *RZH aus einem Lorscher Archetypus herzuleiten, und zwar müßte das die auswählende Übersetzung einer zwischen der Confessio des in derselben Lorscher Handschrift erhaltenen *Libellus poenitentialis* Egberts von York und einer wohl Alkuinischen stehenden Fassung sein. (Beide abgedruckt bei Hautkappe *Über die altdeutschen Beichten* 1917. S. 24 ff.) Alkiun gäbe dann eine weitere Verknüpfung mit Karl: ohnehin würde man seine kirchliche Gesetzgebung von 802 als chronologischen Markstein setzen, und das umsomehr, als zu jener Zeit (784—804) Karls „Makarius", der Alkuinschüler Richbod, Abt von Lorsch war.

g) Es läßt sich im einzelnen zeigen, daß fast alle diese Texte Interpolationen aus der Benedektinerregel haben, die bis in unsere Einzelhandschriften hinein an Umstellungen und andern Unebenheiten kenntlich geblieben sind (z. B. hat *mino ziti ni bihielt* F_B Parallelen in (MP)LS, steht aber überall falsch und fehlt in F_{AC}), d. h. man hatte nicht nur Exemplare, die durch Zusätze (und Auslassungen) dem Klosterbedürfnis angepaßt, sondern auch solche, die ohne Zusätze vor Laien, mit Zusätzen vor Mönchen oder Nonnen brauchbar waren, und es bestätigt sich, daß der Priester im Texte zu wählen hatte.

Aber auch die Interpolation des Archetypus wird noch in den Anfang des 9. Jhs. gehören, sowohl wegen der kirchlichen Gesetzgebung von 802, die Kenntnis der 'Regel' besonders vorschrieb (Boretius 33 C. 12, 35 C. 53, in den Statuta Frisingensia von 799/800, Boretius 112 C. 34), als wegen der Gebete in FB$_1$. Die Umgestaltungen von *B$_{1,2}$K, *FMP, *RZH sind vielleicht auf Hraban zurückzuführen.

h) Die Vorlage der Würzburger Beichte W ist ebenfalls in dem Buche Egberts erhalten, in der Lorscher Handschrift unmittelbar vor L, was vielleicht auf dieselbe Heimat weist; auch hier Interpolationen, namentlich Hinzufügung eines weiteren Sündenverzeichnisses (St. XLIV 28—33).

i) Diese älteren Texte lassen die Zugehörigkeit zur Liturgie nur hie und da in der Überlieferung erkennen: F$_{AC}$, L und S stehen in Sakramentarien, R ist nachträglich vor das Sakramentar Gregors gestellt; P weist doch in dem lateinischen Einleitungssatze darauf hin; W enthält in dem Schlußzusatz 35 ff. die verdeutschte Überschrift der in der Liturgie voraufgehenden Stücke (*Post renuntiationem et confessionem fidei*) und den Beginn des auf die B. folgenden Gebetes; nur V läßt auch die Glaubensfragen wirklich vorausgehen, L die Indulgenzformel folgen.

§ 3. a) Die Entwicklung geht auf Verdeutschung der gesamten Liturgie. Sie zeigt sich in einer zweiten, jüngeren Reihe von B., deren Sprache fast mittelhochdeutsch ist. Die Benediktbeurer B. II (Ben. II, St. LII) weist zwar nur durch den Eingang *Mit disimo globen* darauf hin, daß eben ein Glaubensbekenntnis aufgesagt war, Benediktbeurer B. I (Ben. I, St. LIII), Wessobrunner B. I (St. XXVIII), Bamberger B. (St. XXVIII), St. Galler B. III (G. III, St. LVIII) und Alemannische B. (St. LVII) haben es erhalten, die letzten vier auch mit der Absage an den Teufel. Die vollständige Liturgie deutsch bietet die Münchner B. (M, St. LVI): Ansprache des Priesters mit Aufforderung *Nu sprechet nach mir*, Absage und Glaubensbekenntnis, Beichte, Misereatur und Indulgenzformel, Paternoster (nur der Anfang), Ansprache. Ähnlich die Benediktbeurer B. III (Ben. III, St. LX), die auch noch die Zwischenglieder enthält: „Post fidei Adnunciationem", „Exortatio ad confessionem", „Post confessionem" (vgl. W), „Admonitio post indulgentiam". Zwischenstufen: Die St. Galler B. II (G. II, St. LV, als Eingang Interlinearversion eines Predigtstückes), Wessobrunner B. II (Wess. II, St. LIX, mit lateinischer Interlinearversion des Credo), St. Galler B. I (G. I, St. LIV).

b) Die Beichten in Ben. I—III, G. I—III, M und Wess. II stammen aus einer nachmals aus *B interpolierten Übersetzung von H, gehören also erst dem 12. Jh. an, gehen aber über H und mit R auf den Lorscher Archetypus zurück, und in den Worten Ben. III, 20: *swer der ist, ez si wîb oder man, der ze sînen iârn chumt, chan er des heiligen glouben niht unde wil in durh sine lihtegerne niht lernen* erblicke ich einen Hinweis auf das Capitulare von 802 (Boretius 35 C. 30, 120 C. 3), eine Bestätigung der Datierung nach den Capitularien (vgl. die Exhort. ad pl. chr. und de Dicta Pirmini: Caspari, Anecdota. Christiania 1888. S. 190) und einen Nachklang des einst der Beichte voraufgehenden Textes. (Daher auch die Reste in VW.)

Dieser Typus hat sich auch fortgeerbt in der gereimten Upsalaer Sündenklage (Waag *Kleinere deutsche Gedichte* XIII), in den von Schönbach *Altdeutsche Predigten* I unter Nr. 8 und 10 abgedruckten aus einer Leipziger Handschrift des 14. Jhs. und den MSD II^3 456 ff. mitgeteilten Stücken. Vgl. noch Bonner Jahrb. LXXIV, 132 ff., Priebsch *Deutsche Hss. in England* I, 343 ff.

c) Die derselben alemannischen Quelle entflossene Bamberger und erste Wessobrunner B. haben Sündenverzeichnisse, die nach einem anderen Schema angeordnet sind, dem der neun Mutter- mit ihren Tochtersünden (vgl. Hraban *De clericorum institutione* III 38), und dehnen es über jede praktische Gebrauchsmöglichkeit aus.

Über die seit dem 14. Jh. erscheinenden zusammenfassenden „Beichtbücher" s. Ehrismann *Litgesch.* I S. 324.

§ 4. Die kulturgeschichtliche Bedeutung

der Beichten kommt hier nicht in Betracht. Nur sei für das deutsche Altertum recht kräftig hervorgehoben, daß diese aus der Fremde (Irland und dem Osten) herangebrachten fertigen Sündenverzeichnisse zwar Zeugen für die Kirche, nicht aber ohne weiteres für die Menschen der Zeit und ihre Sitten sind: in dem scheußlichen Register von W etwa bleibt einiges unübersetzt, d. h. es wurde den Beichtkindern hinein-, nicht herausgefragt, und noch in der Bamberger Beichte reicht alle Sprachkraft nicht aus, dem Schema entsprechend zu differenzieren.

Die Verdeutschungen bedeuten natürlich durch das Verständlichmachen zugleich ein Verinnerlichen. Aber literarische Absichten sind zunächst kaum vorhanden, wenn man auch etwa in R ein sauberes sprachliches Gewand, in L das Auftreten alter Alliterationsformeln anerkennt; vielmehr bezeugt das unbekümmerte Hineinschieben der Interpolationen, besonders in FMP, eine grobe Fühllosigkeit. Was erhalten ist, sind Weiterbildungen schriftlicher Vorlagen, nicht freie Variationen gelernter Texte. Und doch hat wohl das Nebeneinander mehrerer Fassungen (z. T. in demselben Texte), das Gebot, nach den Umständen auszuwählen, eine Aufforderung zu größerer Freiheit enthalten, denn die Unsicherheit der karolingischen Beichtliturgie (v. Schubert *Geschichte der christlichen Kirche* S. 678 ff.) erklärt allein nicht die starken Unterschiede verwandter Überlieferungen. Den Gipfel dieser Entwicklung bildet — nicht jene Upsalaer Einreimung, denn sie schließt sich sehr eng an den Text, bildet vielmehr die hymnische Prosa der Bamberger Beichte, die ihresgleichen nur noch in 'Himmel und Hölle' (St. XXIX, doch wohl desselben Verfassers) hat. Von Auswahl aus den Sündenverzeichnissen, d. h. von innerer Wahrheit der Beichte kann nun nicht mehr die Rede sein, sie ist, wie in den „Sündenklagen" durch die Innigkeit der Zerknirschung ersetzt, die ihrer Sündigkeit überhaupt kein Ende weiß, und die offenbar von starker dichterischer Zeugekraft ist. Der Verfasser dehnt schon das Credo lyrisch und episch über ein Bekenntnis aus, die klangvollen philosophischen Termini wirken noch gewollt, journalistisch, aber dann scheint er seiner Wortbildungsgabe innezuwerden, und er wühlt sich schwelgerisch in eine Inbrunst hinein, die aus einem kasuistischen Lasterkataloge nach Art des Hrabanischen zu plötzlicher Bereicherung der Wörterbücher unsere glanzvollste Wortfuge macht und so in die eigentliche Literaturgeschichte hineinführt.

Texte mit Untersuchungen bei Steinmeyer *Die kleineren althochdeutschen Sprachdenkmäler* 1916 (St.) und in MSD. II. Literatur bei Ehrismann *Geschichte der deutschen Lit.* I (1918) S. 298 ff., Braune *Althochdeutsches Lesebuch* 1921⁸. S. 176 f. Später erschienen: Baesecke AfdA. XXXX (1921) S. 48 ff., ZfdA. LVIII (1921) S. 274 f., PBB. XXXXVI (1922) S. 451 ff. IL (1925). Zu Einzelheiten vgl. den Text.

G. Baesecke.

Beifall. Die Bekundung der dankbaren und freudigen Zustimmung durch Zusammenschlagen der Hände ist sehr alt; daneben findet man das Stampfen mit den Füßen und das Pochen mit Stöcken; doch gilt dieses mehr als Zeichen der Unruhe und des Mißfallens. Oft wird schon der auftretende Darsteller mit Beifall-Klatschen begrüßt, als besondere Ehrung galt und gilt das Hervorrufen einzelner, vornehmlich um die Aufführung verdienter Künstler. Die Geschäftstüchtigkeit der Theaterdirektoren beeinflußt die Beifallsfreudigkeit des Publikums durch genau unterwiesene Claqueure, und kulissenreißerische Darsteller spielen „auf Abgang", d. h. sie lassen langsam in ihrer Schlußpartie die Stimme sinken, um sie am Ende gesteigert zu erheben, weisen damit überdeutlich und unkünstlerisch auf den Augenblick hin, in dem das Publikum die Hände rühren mag. Man nennt den großen Hamletspieler Joh. Franz Brockmann (1745—1812) den Erfinder solcher Beifallsjagd. Im alten Hoftheater war, bei Anwesenheit des Fürsten, die Beifallsbezeugung nur möglich, wenn der Hof das Zeichen dazu gegeben hatte. Bei Otto Brahm war es den Schauspielern nicht gestattet, durch Verneigen vor dem Vorhang für den Beifall zu danken.

H. Knudsen.

Bergreihen ist neben *Gesellen-*, *Gras-*, *Buhl-*, *Reuterlied*, *Neues* oder *Hübsches Lied* einer der im 16. Jh. gangbaren Termini für das, was wir heute ein volksläufiges Lied nennen würden, und kann also Lieder gänzlich verschiedener Herkunft bezeichnen. Ursprünglich bezeichnet das vor dem 16. Jh. anscheinend nicht belegte Wort natürlich *Reihen*, Lieder, die von Bergleuten gesungen oder für Bergleute bestimmt waren, wie auch „Reuterlied" den ursprünglichen Bestimmungskreis angibt. Aber dann ist der Begriff verallgemeinert worden und meint jedenfalls keine besondere Liedgattung mehr; die gedruckten Sammlungen indessen, welche diesen Titel führen, haben damit möglicherweise auf den Verkauf unter Bergleuten in erster Linie spekuliert. Die älteste gedruckte Sammlung (*Etliche hübsche bergkreien geistlich und weltlich zusamen gebracht, gedruckt zu Zwickaw durch Wolffgang Meyerpegk* 1531) hat nur in Nr. 25 ein mit den Bergleuten in enger Beziehung stehendes Lied. Im übrigen enthält diese bis 1537 in Zwickau und bei der Kunigund Hergotin in Nürnberg noch dreimal neugedruckte und vermehrte Sammlung sämtliche Richtungen des Volkslieds vom zarten Liebeslied, dem frischen derben Reiterlied, dem Schlemmer- und Trinklied bis zur Ballade, zum lehrhaften und religiös-protestantischen Lied. Weitere Nach- und Neudrucke des 16. Jhs. mit dem Titel B. vgl. in PGrundr. II 1 S. 1192 f. Der Ausgabe von John Meier liegen die Drucke von 1531—37 zu Grunde, der von O. Schade der Nachdruck Falentin Fuhrmanns, Nürnberg 1574.

O. Schade *Bergreien, eine Liedersammlung des 16. Jhs.* 1854. John Meier *Bergreihen, ein Liederbuch des 16. Jhs.* (NDL 99—100) 1892. Bäumer *Untersuchungen über die Bergreihen von 1531—37.* Diss. Jena 1895. H. Naumann.

Bibelübersetzung.

I. Übersetzungen vor Luther. 1. Die Übersetzung des Wulfila ins Gotische. § 1—2. — 2. Übersetzungen aus ahd. Zeit § 3. — 3. Übersetzungen aus mhd. und frühnhd. Zeit. § 4—7. — 4. Nd. Arbeiten. § 8—9. — II. Luthers Bibelübersetzung. § 10—19. — III. Übersetzungen nach Luther. 1. Protestantische. § 20—21. — 2. Katholische. § 22.

I. Übersetzungen vor Luther. § 1. Am Anfang der deutschen Bibelübersetzung steht die des Wulfila (griech. Οὐλφίλας) ins Gotische. Die wichtigsten urkundlichen Nachrichten über Wulfila verdanken wir seinem Schüler Auxentius (doch vgl. H. Leuthold *Ulfila, eine chronologische Abhandlung*, PBB. XXXIX [1915] S. 376 ff.). Als Bischof der Westgoten schuf er sich zunächst aus den Runen und dem griech. Alphabet eine Schrift. Alle erhaltenen Hss. stammen aus Italien, sind also von Ostgoten geschrieben. Vom NT. besitzen wir noch äußerst wertvolle Bruchstücke der Evangelien im sog. *Codex argenteus* in Upsala. Dahinter treten die 1756 vom Abt Knittel auf einem Wolfenbüttler Palimpsest entdeckten Fragmente des Römerbriefs und die des Matthäus-Evangeliums und der Paulinischen Briefe in der Ambrosiana zu Mailand (5 Hss.) zurück. Zu einer dieser Hss. gehört eine Erklärung (von ihrem Herausgeber Maßmann *Skeireins* genannt). Die von Reifferscheid 1866 gefundene, aus vier Blättern bestehende Turiner Hs. gehört inhaltlich zu einer anderen der Ambrosianischen Hss. Auch die kärglichen Reste der Übersetzung des AT. aus dem Buche Nehemia finden sich in der Ambrosiana. Ob auch diese von Wulfila herrühren, ist zweifelhaft.

§ 2. Die Übersetzung des Wulfila floß aus dem Griech. (Besonders förderlich für die Frage der Vorlage waren F. Kauffmanns *Beiträge zur Quellenkritik der gotischen Bibelübersetzung*, ZfdPh. XXIX bis XXX 1, XLIII.) Nach v. Sodens Hss.-System, das auch Streitberg in seiner Ausgabe zugrunde legte, war Wulfilas Vorlage ein griech. Text, in den lat. Lesarten eindrangen. Dagegen hat nach H. Lietzmann (ZfdA. LVI [1919] S. 249 ff.) keine Neurezension nach einem lat. Text stattgefunden. Für die Übersetzungstechnik des Wulfila ist charakteristisch das Nebeneinander einer sklavischen Treue gegenüber dem griech. Text und gelegentlicher eigentümlich got. Ausdrücke. Aber auch Gräzismen gegen das griech. Original finden sich. Wir haben es also mit einer absichtlich gräzisierten got. Sprache zu tun. (Vgl. H. Stolzenberg ZfdPh. XXXVII [1905] S. 145 ff., 352 ff.; K. Gaebler ZfdPh. XLIII [1911] S. 1 ff.) Sievers will durch seine Beobachtungen der Schallformen erweisen, daß Wulfilas Übersetzung nicht rein auf uns gekommen ist. Äußerst wertvoll sind Fr. Kauffmanns

Untersuchungen über den Stil der got. Bibel, die vom XLVIII. Bd. der ZfdPh. an erschienen sind.

Die gesamte ältere Literatur bis 1897 vgl. bei Nestle in RE³., bis 1913 unter den Nachträgen in Bd. XXIII. Außer der oben angeführten Literatur vgl. noch A. Jülicher *Ein letztes Wort zur Geschichte der gotischen Bibel*, ZfdA. LIII (1916) S. 369 ff. (gegen Kauffmann u. W. Streitberg, Hoops Reall. IV 565 ff.). Den Ausgaben von Streitberg (5. und 6. Auflage 1921) und Stamm-Heyne-Wrede (12. Aufl. 1913) kamen die neuen Lesungen der Ambrosianischen Hss. durch W. Braun zugute.

§ 3. Aus ahd. Zeit kennen wir nur Teilübersetzungen der Bibel. Für die kirchlichen Bedürfnisse genügte die Vulgata, für die Laien war die deutsche Predigt die Hauptsache, sofern man es nicht vorzog, die neue Lehre in die Form der Dichtung zu kleiden (Otfrid, 'Heliand'). Nur die Evangelien und den Psalter, das im Mittelalter meist gebrauchte Stück der Heiligen Schrift, wollte man in der Muttersprache lesen. Die älteste uns erhaltene ahd. Übersetzung ist die des Matthäus-Evang. in den Monsee-Wiener Fragmenten. Das sind von Buchdeckeln des Klosters Monsee in Bayern losgelöste Bruchstücke einer Hs. aus dem Anfang des 9. Jhs., die der Wiener Nationalbibliothek gehören. Außer diesen wurden 1873 zwei weitere Blätter in Hannover gefunden. Das mit fränkischen Bestandteilen gemischte alem. Original wurde von einem Bayern abgeschrieben. Die Übersetzung ist vortrefflich, die Fehler gegen das Lat. sind zusammengestellt von Leitzmann, PBB. XL (1908) S. 341 ff. (Letzte Ausgabe von G. Hench 1890.) Um 830 entstand die Übersetzung der Evangelienharmonie des Syrers Tatian, jedenfalls in Fulda auf Anregung des Abtes Hrabanus. Sie schließt sich, besonders auch in der Wortstellung, eng an die lat. Vorlage an. Überliefert ist sie durch eine St. Galler Hs. des 9. Jhs. Die Verfasserfrage ist noch nicht geklärt. Da in bestimmten Teilen einzelne lat. Worte verschieden übersetzt sind, schloß Sievers auf verschiedene Teilnehmer. Aber die Verschiedenheiten sind doch nicht so bedeutend, daß man einzelne Übersetzer aussondern kann. Der Dialekt ist ostfränkisch. (Ausg. von Sievers 1892.) — Aus dem Kloster St. Gallen gingen Notkers des Deutschen ausgezeichnete Übersetzungen hervor. Seine Übertragung des Hiob ist uns allerdings verloren, erhalten aber sind seine Übersetzung und Erläuterung der Psalmen, woran sich noch lyrische Partien des A. T. und N. T. anschließen. Die Psalmenübersetzung ist uns in einer jüngeren vollständigen Hs. des 12. Jhs. überliefert, vgl. MSD. Nr. 79. Eine Überarbeitung des alem. Originals in bayr. Dialekt zeigt eine aus Wessobrunn stammende Ambras-Wiener Hs. des 11. Jhs.

Nicht minder gelungen ist Willirams Verdeutschung des Hohen Liedes. Die an die Übersetzung sich anschließende Paraphrase ist ähnlich wie Notkers Psalmen-Erklärung bemerkenswert durch die Einstreuung lat. Worte und ganzer Sätze. Es gibt elf vollständige Hss., daneben noch einige Bruchstücke. Eine kritische Ausgabe unter Zugrundelegung der Ebersberg-Münchner Hs. C und Berücksichtigung sämtlicher Lesarten lieferte J. Seemüller 1878 (QF. 28). Willirams Textübertragung diente dem Kommentar des dem 12. Jh. angehörenden St. Trudperter Hohen Liedes (hg. von J. Haupt 1864) als Grundlage.

Vor allem W. Walther *Die dt. Bibelübersetzung des MA.s* 1889/92; außerdem die Literaturgeschichten, jetzt am besten und vollständigsten bei Ehrismann. Außerdem vgl. die Lit.-Angaben in W. Braunes *Ahd. Lesebuch*.

§ 4. Von den Evangelienübersetzungen aus mhd. Zeit wurde das Evangelienbuch des Matth. von Beheim von seinem Herausgeber (R. Bechstein 1867) besonders nach der sprachlichen Seite genau untersucht. Weitere Evangelien sind angeführt bei W. Walther, auf den hier ein für allemal hingewiesen sei. Von den Psalterien ist die Interlinearversion aus dem Kloster Windberg durch die für ein lat. Wort eintretende mehrfache Übersetzung interessant (12. Jh.). Dem 14. Jh. gehört der weit verbreitete Psalter des Heinrich von Mügeln an, den wir noch in 19 Hss. und 2 Drucken besitzen. Weitere Psalterien s. bei Walther Sp. 568 ff.

Nach dem Erscheinen von Walthers Buch ist nur wenig Neues ans Licht getreten. Mhd. Übersetzungen besonders des NT. aus Münchner

Hss. und dem Cod. membr. 3 der Augsburger Kreis- und Stadtbibliothek wurden verschiedentlich in Greifswalder Dissertationen behandelt. Über nd. Psalterien vgl. unten § 8.

§ 5. Mit der zuletzt angeführten Psalmenübersetzung sind wir bereits in das Gebiet der Bibeldrucke eingetreten. Auch hier hat Walther grundlegende Arbeit geleistet. Wir kennen 14 vollständige hd. Druckbibeln, die sämtlich auf eine Übersetzung zurückgehen. Der erste Druck erschien etwa 1466 bei Mentel in Straßburg. Die Übersetzung selbst ist viel älter als der erste Druck und gehört noch dem 14. Jh. an, wie die zahlreichen veralteten Worte beweisen, die den späteren Druckern unverständlich waren. Die als Vorlage benutzte Vulgata war nicht fehlerfrei, der Übersetzer des Dt. und Lat. nicht genügend kundig. So erklären sich zahlreiche Fehler in dieser Arbeit. Von den Hss. stehen für das A. T. die Wolfenbüttler (W), für das N. T. die Tepler (T) und Freiberger (F) dem ersten Druck (M) völlig gleich. Der Vergleich mit diesen Hss. beweist, daß sich der Drucker genau an seine jetzt nicht mehr vorhandene Vorlage hielt. Eine gründliche Neubearbeitung stellt der vierte Bibeldruck dar. Er erschien etwa 1475 bei Günther Zainer in Augsburg. Im Vergleich mit der hier vorgenommenen durchgreifenden Umgestaltung sind die Abweichungen der späteren Drucke unerheblich. Nur der neunte Druck (1483 bei Anton Koburger in Nürnberg) bringt noch einige Änderungen und berichtigt Druckfehler. Sämtliche Drucke und die Hss. W T F bietet W. Kurrelmeyer in seiner Ausgabe: *Die erste dt. Bibel* (Stuttg. Lit. Ver. Nr. 234, 238, 243, 246, 249, 251, 254, 258, 259, 266) 1904—1915. An Einzeldrucken kommen fünf Psalterien, die 1498 von Dürer hg. Offenbarung Joh. und ein dt. Iob in Betracht.

§ 6. Über die Persönlichkeit des Übersetzers ist nichts bekannt. Jostes versuchte, einen in den Einleitungen der Nürnberger Hs. Solger 16, 2 genannten Joh. Rellach als den Übersetzer zu erweisen. Nach der von Kurrelmeyer a. a. O. X S. XVI ff. an dieser Hs. geübten Kritik ist diese Ansicht als endgültig widerlegt zu betrachten. Ebensowenig weiß man, wo die Übersetzung entstanden ist. Der Mundart nach gehört sie nach Oberdeutschland, und zwar speziell nach Bayern. Die von L. Keller und H. Haupt vertretene Hypothese, nach der die Übersetzung in den Kreisen der Waldenser entstanden sein soll, hat kaum noch Anhänger. Mehr, als daß die Hs. T einmal in den Händen von Waldensern war, läßt sich nicht beweisen. Völlig abzulehnen endlich ist die Behauptung von H. Haupt, die vierte Bibel sei eine katholische Bearbeitung einer ursprünglich Waldensischen Übersetzung.

V. Kehrein *Beiträge zur Geschichte der dt. Bibelübersetzung vor Luther*, Der Katholik 4. Folge XXII (1918) S. 267 ff. E. Brodführer *Untersuchungen zur vorlutherischen Bibelübersetzung* 1922. F. Teudeloff *Beiträge zur Übersetzungstechnik der ersten gedruckten dt. Bibel auf Grund der Psalmen* (Germanistische Studien 21) 1922.

§ 7. Zum zweiten Zweige Walthers gehört die berühmte Wenzel-Bibel in Wien. Der Übersetzer beherrscht das Dt. und Lat. weit besser als der des ersten Kreises, wozu allerdings sonderbare Fehler im Widerspruch stehen. Im zwölften Kreise, der durch 4 Hss. vertreten wird, interessieren wieder die für ein lat. Wort eintretenden mehrfachen Übersetzungen. Alles weitere vgl. bei Walther a. a. O.

§ 8. Niederdeutsch erschien zuerst 1477 das AT. zu Delft im Druck. Diese Übersetzung ist außerdem in einer ganzen Anzahl Hss. erhalten. Während diese jedoch eine vollständige Bibel enthalten, fehlen dem Druck der Psalter und das NT. Von der nd. Kölner Bibel Quentels gibt es drei Ausgaben. Die erste entstand etwa 1480. Sie unterscheidet sich durch ihre westniederdeutsch-holländische Mundart von dem Niedersächsischen der zweiten Ausgabe (*und* heißt hier *unde*, in der ersten Ausg. *ende*). Daneben gibt es noch gemischte Exemplare. Aus der Kölner Bibel entnahm Koburger seine Holzschnitte. Sie sind auch für die 1494 erschienene nd. Lübecker Bibel benutzt; die 1522 bei Trutebul gedruckte Halberstädter Bibel ist jetzt sehr selten.

I. M. Goeze *Versuch einer Historie der gedruckten niedersächs. Bibeln von 1470/1621* 1775. Durch Borchlings Reiseberichte (GGN. 1898, 1900, 1902, 1913) wurden eine Reihe mnd.

Psalterien bekannt, die Walther noch nicht erwähnt. Eine westfälische Psalmenüberestzung aus der ersten Hälfte des 14. Jahrhunderts wurde hg. von E. Rooth 1919.

§ 9. Die dt. Bibel war nach dem bisher Ausgeführten vor Luthers Auftreten keineswegs unbekannt, freilich kann sie sich an Verbreitung mit der Lutherschen nicht entfernt messen; das liegt natürlich in erster Linie an ihrer Unvollkommenheit. Auch der hohe Preis, der selbst noch für die Drucke zu entrichten war, hinderte ihre Verbreitung.

II. Luthers Übersetzung. § 10. Luther übersetzte aus dem Urtext. Auf die genaue Erforschung des Sprachlichen legte er größten Wert. Wenn er auch nicht zu den bedeutendsten Sprachgelehrten seiner Zeit gehörte, so waren doch seine griechischen und hebräischen Kenntnisse für die Erfüllung seiner großen Aufgabe völlig ausreichend. Die vorlutherische Bibelübersetzung hat er gekannt und benutzt, ohne daß seine Originalität dadurch die mindeste Einbuße erleidet. Über die Aufgabe des Übersetzers sprach er sich zuerst 1523 in der Vorrede zum ersten Teil des AT. aus, in seinem 'Sendbrief vom Dolmetschen' (1530) und in den 'Summarien über die Psalmen und Ursachen des Dolmetschens' (1531/33) legte er dann seine Grundsätze ausführlicher dar. Luthers Größe als Übersetzer beruht auf seiner außerordentlichen Fähigkeit, den Sinn einer Stelle innerlich zu erfassen und intuitiv den durch den Zusammenhang geforderten passendsten dt. Ausdruck zu finden.

Die sämtliche ältere Lit. vgl. wieder bei Nestle a. a. O. Außerdem vgl. A. Risch *Die dt. Bibel in ihrer geschichtl. Entwicklung* 1907; O. Reichert *Luthers deutsche Bibel* 1910; W. Walther *Luthers dt. Bibel* 1917. Hinsichtlich Luthers Übersetzungskunst vgl. besonders K. Holl *Luthers Bedeutung für den Fortschritt der Auslegungskunst*, Gesammelte Aufsätze zur Kirchengeschichte I (1921) S. 414 ff.

§ 11. Luther begann seine Übersetzertätigkeit 1517 mit den sieben Bußpsalmen, bis 1521 folgten noch einzelne kleinere Stücke. Auf der Wartburg faßte er dann den Entschluß, die ganze Bibel zu verdeutschen. Mit dem NT. als dem wichtigsten Teil der Bibel, der auch die geringsten Schwierigkeiten bot, machte er den Anfang. Die Arbeit schritt überraschend schnell voran. Schon im März 1522 war der erste Entwurf fertig. Vor dem Druck wurde das Werk in Gemeinschaft mit den Wittenberger Freunden noch einmal revidiert. Im Mai begann der Druck. Auf drei Pressen wurde bei Melchior Lotther gearbeitet. Am 21. Sept. war er vollendet. Der Titel ohne Angabe des Druckers und der Jahreszahl lautet: *Das newe testament deutzsch. Vuittenberg.* Das Buch war geziert durch Holzschnitte von Lukas Cranach. Im Dez. desselben Jahres erschien schon die zweite Originalausgabe unter demselben Titel, Drucker und Jahreszahl sind hier genannt. Für die erste Ausgabe hat sich der Name „September-Bibel", für die zweite „Dezember-Bibel" eingebürgert. Diese zeigt schon mancherlei Besserungen. Nach 1522 erschienen zu Luthers Lebzeiten noch 18 Sonderausgaben des NT. und zwar 1524 (drei), 1525, 1526 (zwei), 1527 (zwei), 1530 (zwei), 1533 (zwei), 1534, 1535, 1537, 1539, 1540, 1544. Die zweite Ausgabe des Jahres 1527 ist verloren gegangen, ihr Vorhandensein ist jedoch durch die Kritik, die im Vorwort zur zweiten Ausgabe des von Hier. Emser († 1527) herausgegebenen NT. v. J. 1528 geübt wird, sicher bezeugt. Sie läßt sich aus den Nachdrucken von Straßburg, Magdeburg und Erfurt rekonstruieren.

§ 12. Vom AT. kam der erste die fünf Bücher Mose enthaltende Teil schon 1523 heraus, im folgenden Jahr der zweite und dritte Teil mit den geschichtlichen Büchern und den Hagiographen. Es folgten bis 1530 einzelne prophetische Bücher, 1532 'Die Propheten alle deutsch'. Zuletzt ging Luther an die Apokryphen. 1534 konnte endlich die erste Vollbibel erscheinen unter dem Titel: *Biblia, das ist die gantze Heilige Schrifft deudsch. Mart. Luth. Wittemberg. begnadet mit Kurfürstlicher zu Sachsen Freiheit. Gedruckt durch Hans Luft. MDXXXIV.* Weitere Originalausgaben folgten 1535, 1536, 1539, 1540 (zwei), 1541, 1543 (zwei), 1545, 1546. Die erste Niederschrift der Übersetzung des AT. ist in einer Zerbster und Berliner Hs. noch teilweise erhalten und von Thiele im I. (1906) und II. (1909) Bd. der Bibelabteilung der Weimarer Lutherausgabe zugänglich gemacht.

§ 13. Für die Neuauflagen von Luthers Bibel-Übersetzung ist die Tätigkeit der Bibel-Revisionskommissionen von größter Bedeutung. 1531 fand eine Psalmentagung statt, 1539—41 waren die berühmten Sitzungen des *Collegium biblicum*, zu denen sich Melanchthon, Bugenhagen, Jonas, Cruciger, Aurogallus und der Korrektor Rörer bei Luther in dessen Wohnung versammelten. (Die Protokolle dieser beiden Tagungen sind im III. Bd. der Bibel-Abt. der Weimarer Ausgabe von Koffmane und Reichert unter Leitung von Drescher herausgegeben.) Von einer 1534 stattgefundenen Bibelrevision ist leider das Protokoll verloren gegangen. Die Ausgabe von 1541 („*auffs new zugericht*") zeigt die Ergebnisse der dritten Revisionskommission von 1539—41.

§ 14. In der Bewertung der Ausgaben von 1545 und 1546 ist seit O. Albrechts Abhandlung über das Luthersche Handexemplar des NT. (Theol. Studien u. Kritiken 1914 S. 153 ff.) ein völliger Umschwung eingetreten. Danach hat die früher als Ausgabe letzter Hand so hoch geschätzte Edition von 1545 für die Textgestaltung keine Bedeutung mehr (Chr. Walther teilt 1569 mit: „*dazu hat Lutherus die Biblia des 45 jars nicht selber corrigieret*"), vielmehr ist die von 1546 noch als lutherisch anzusehen, sofern im NT. dieser Bibel eine Reihe von Verbesserungen zum ersten Mal gedruckt ist, die nachweislich auf Luther zurückgehen.

Über Bd. I—III der Bibel-Abt. der Weim. Ausg. vgl. oben §§ 12, 13. Der IV. Bd. (Protokolle und Eintragungen Luthers in seinen Handexemplaren) ist 1923 erschienen. Bd. V enthält die von Luther besorgte Vulgata-Rezension von 1529. Bd. VI soll das NT. bringen (Herausgeber O. Albrecht), darauf folgt das AT. In der Ausgabe von Bindseil und Niemeyer (1845—55, 7 Bde.) hat Bindseil mit Riesenfleiß fast das gesamte Lesarten-Material vereinigt; doch verliert seine Arbeit an Wert, weil er von der nach seiner Meinung letzten Ausgabe von 1545 ausgeht. Außerdem überragen ihn, was philologische Methode und historische Kritik angeht, die Bibelforscher des 18. Jhs. Goeze, Palm, Panzer und Krefft bei weitem. Panzer *Entwurf einer vollständigen Geschichte der dt. Bibelübersetzung Dr. M. Luthers vom Jahre 1517—1581* (1783, 1791²) ist noch immer unentbehrlich; für die Lutherdrucke von 1522 bis 1546 steht uns jetzt die Bibliographie von Pietsch im II. Bd. der Bibel-Abt. der Weim. Ausg. zur Verfügung. Hopf *Würdigung der Luth. Bibelverdeutschung* 1847 und Schott *Gesch. d. dt. Bibelübers. Dr. M. Luthers* 1835 leisten noch immer gute Dienste. Außerdem vgl. A. Risch *Welche Aufgaben stellt die Lutherbibel der wissenschaftlichen Forschung?* Neue Kirchl. Zeitschr. 1911 S. 59 ff. H. Weber *Zu Luthers September- und Dezember-Testament*, ZfKg. XXXIII (1912) S. 399 ff., XXXVI (1916) S. 350 ff.; gegen Weber, der nachzuweisen sucht, daß eine Anzahl Wittenberger Textausgaben nicht als Originaldrucke zu werten seien, wandte sich O. Brenner *Zur Geschichte von Luthers Bibelübersetzung*, Neue kirchl. Zeitschr. 1917 S. 369 ff., 495 ff. O. Reichert *Wert und Bedeutung der Bibel 1546*, Theol. Stud. u. Krit. 1918 S. 193 ff.

§ 15. In der Zeit, wo Luther sein großes Werk schuf, wollten auch einige andere Männer dem Volk eine dt. Bibel schenken. Ihre Arbeiten konnten jedoch neben Luthers Übersetzung nicht aufkommen. Es sind: Joh. Böschenstein (Teile des AT.), Luthers Ordensgenosse Joh. Lang (Evang.), Nik. Krumpach (Ev. Joh. und Briefe des NT.), Kasp. Ammann (Psalter), Ottmar Nachtigal (Psalter, Ev.-Harmonie). Hinzu kommen noch einige anonyme Übersetzer. Etwas größere Bedeutung gewann die Verdeutschung der Propheten durch die Wiedertäufer Hätzer und Denck (Worms 1527). Auch Luther versagte ihnen seine Anerkennung nicht, wenn er auch nicht alles billigte. Eine weitere Übersetzung der Propheten stammt von den „Prädikanten zu Zürich". Sie stand unter Zwinglis Einfluß und erschien 1529. Angehängt ist ihr eine Verdeutschung der Apokryphen durch Leo Jud.

Der ausgesprochenen Absicht, Luthers Werk zu verdrängen, entstammen die Arbeiten von katholischer Seite. Hier. Emser schrieb schon 1523 gegen Luthers NT. eine Kritik: 'Auß was grund vnnd vrsach Luthers dolmatschung vber das nawe testament dem gemainen man billich verbotten worden sey'. Dies hinderte ihn jedoch nicht, in seinem eigenen 1527 erschienenen NT. trotz der zu Grunde gelegten Vulgata Luthers Übersetzung im wesentlichen beizubehalten. Auch die anderen kath. Übersetzer sind mehr oder weniger von Luther abhängig, so besonders der Dominikaner Joh. Dietenberger, der im AT., abgesehen von den Propheten und Apokryphen, zumeist der Lutherschen Übersetzung folgte und sich im NT. an Emser anschloß. Diese Übersetzung erschien zuerst 1534 in Mainz. Sie wurde im Anfang des 17. Jhs. von Caspar Ulenberg gründlich revidiert und 1662 von den „Mainzer Theologen" noch einmal durchgesehen. Sie blieb bis ins 18. Jh. die für die Katholiken maßgebende Übersetzung. Weniger Erfolg hatte Dr. Joh. Eck mit seiner Bibel. Er zeigt sich im NT. von Emser, im AT. von der vorlutherischen Übersetzung abhängig. Seine Änderungen sind keineswegs Verbesserungen, seine Sprache ist rauh und hart. So erlebte sein 1537 in Ingolstadt erschienenes Werk bis 1630 nur sieben Auflagen.

W. Walther *Die ersten Konkurrenten des Bibelübersetzers Luther* 1917.

§ 16. Luthers Übersetzung verbreitete sich sehr schnell. Zu den oben erwähnten Originalausgaben kommen die zahlreichen Nachdrucke, über die sich Luther mit Recht bitter beklagte. Für die Verbreitung unter den Katholiken war durch Emser, Dietenberger und Eck aufs beste gesorgt. In nd. Mundart erschien 1523 in Wittenberg das NT., das noch sehr unter dem Einfluß der vorlutherischen nd. Bibel steht. Von der ganzen Bibel kam die erste nd. Ausgabe 1534 in Lübeck heraus. Es ist eine von Bugenhagen geleitete Umschrift des Lutherschen Textes ins Plattdeutsche. Man zählt bis 1621, wo sie zum letzten Mal gedruckt wurde, 24 Ausgaben. In der Schweiz wurde Luthers Bibel in Basel nachgedruckt und mit Erläuterungen und einem Wortverzeichnis zum leichteren Verständnis versehen. Ebenso verfuhren die Straßburger und Augsburger Nachdrucker. Zürich jedoch ging seine eigenen Wege. In der dort 1531 erschienenen Bibel war Luthers teilweise stark revidierte Übersetzung mit der der Prädikanten und der des Leo Jud (§ 15) vereinigt. Man zählt diese Ausgabe zu den „kombinierten Bibeln". Solche erschienen außerdem 1529 in Worms und 1530 in Straßburg. Die Züricher Bibel, an der in der Folge rastlos weiter gearbeitet wurde, hat ihre Sondergestalt bis heute bewahrt.

§ 17. Die Ausgaben der Lutherbibel vom 16. Jh. bis zur Neuzeit lassen sich nicht leicht übersehen. Im Ganzen hielt man an der Ausgabe von 1545 getreulich fest. Die orthodoxen Lutheraner betrachteten sie als geheiligtes Vermächtnis des Reformators, an dem nichts geändert werden durfte. Dies führte jedoch schließlich zu allerlei Unzuträglichkeiten, weil die Sprache sich änderte und so manche Ausdrücke nicht mehr verstanden wurden. So schlichen sich von Zeit zu Zeit immer wieder Abweichungen vom ursprünglichen Text ein, und eine gründliche Revision erwies sich endlich als unvermeidlich. Auf Beschluß der sog. Eisenacher Kirchenkonferenz v. J. 1863 wurde diese einer Kommission von 10 Theologen übertragen. Sie legte die Ergebnisse ihrer Arbeit in einem NT. (1867) und einzelnen Teilen des AT. bis 1876 vor. 1883 erschien in Halle die sogenannte Probebibel, 1892 der erste Abdruck des endgültig festgelegten Textes. Da man sich grundsätzlich auf „das Notwendige und Unbedenkliche" beschränkte, befriedigten die Ergebnisse vielfach nicht. Am ungünstigsten hat sich de Lagarde in den GGA. 1885, Nr. 2 ausgesprochen. Seitdem ist ein neu durchgesehener Text ausgegeben, und jetzt planen die vereinigten deutschen Bibelgesellschaften eine noch erheblich mehr erneuerte Lutherbibel herauszugeben.

§ 18. Luthers Sprache in seiner Bibelübersetzung haben auch seine schärfsten Gegner aus den verschiedensten Lagern als meisterhaft anerkannt. Auch sein großer Verächter Nietzsche nennt sie das „Meisterstück der deutschen Prosa", und das kath. Kirchenlexikon urteilt, daß sie „in sprachlicher Hinsicht ein Meisterstück" sei. Natürlich muß man sich, um Luthers Sprache in seiner Bibelübersetzung kennen zu lernen, zunächst an seine eigenhändigen Niederschriften (§ 12) halten. Erst wenn man durch deren genaues Studium ihre Eigentümlichkeiten erforscht hat, ist es möglich, auch in den Drucken das Eigentum Luthers von dem seiner Setzer zu scheiden. Mit der Zeit wird Luther immer zielbewußter in der Abstreifung alles Mundartlichen. Andererseits sorgten seine Korrektoren dafür, daß die Setzer keine Dialektformen einmischten. Nur in der Rechtschreibung, in der Lautgestaltung und in der Flexion schloß sich Luther der Kanzleisprache an. Nur darauf bezieht sich sein oft angeführtes Wort: „Ich rede nach der sächsischen Kanzlei, welcher nachfolgen alle Fürsten und Könige in Deutschland.“ Seinen Wortschatz konnte er der Kanzleisprache schon deshalb nicht entnehmen, weil sie sich in einem engen, nur ihr eigentümlichen Gedankenkreise bewegte. Er schöpfte seine Worte aus dem unendlichen Born der sich stets erneuernden lebendigen Sprache, dem Mann aus dem Volke „sah er aufs Maul“, im Satzbau aber folgte er seinem eigenen Sprachgenius. Der Schöpfer der nhd. Schriftsprache ist Luther nicht und wollte er auch nicht sein, ihm war ja die Sprache nichts als ein Mittel zur Erfüllung seiner großen religiösen Mission; deshalb kam es ihm nicht darauf an, etwas Neues zu schaffen. Er griff nur als die literarisch einflußreichste Gestalt seiner Zeit in die durch die Kanzleisprache angebahnte Einheitsbewegung ein und ergänzte sie durch die Kraftquellen des Volkstümlichen und seiner eigenen gewaltigen Persönlichkeit.

§ 19. Von größter Bedeutung für die Beurteilung des Einflusses der Bibelübersetzung auf die dt. Sprache ist die Vergleichung der Nachdrucke; vgl. z. B. A. Reifferscheids Ausg. des Marcus-Evang. (1889), der auch obd. Drucke vergleicht und teilweise den Wortschatz verzeichnet. Einen wertvollen Beitrag für das beginnende Eindringen der lutherischen Bibelübersetzung in die deutsche Literatur lieferte H. Zerener, indem er ihren Einfluß auf die Flugschriften-Literatur bis zum Jahre 1526 nachwies (1911). Hans Sachs und der Meistergesang vermittelten Luthers Bibelprosa in Reimen und Sprüchen weiten Kreisen des Volkes. Was ihr unsere klassischen Dichter verdanken, kann hier nicht näher ausgeführt werden.

P. Pietsch *Martin Luther u. die hd. Schriftsprache* 1883. K. Burdach *Die Einigung der nhd. Schriftsprache* 1884. Ders. *Bericht über die Forschungen zur nhd. Sprach- und Bildungsgeschichte*, BSB. 1920 S. 71 ff. J. Luther *Die Reformations-Bibliographie und die Geschichte der dt. Sprache* 1898. R. Wülcker *Luthers Stellung zur kursächsischen Kanzleisprache*, Germ. XXVIII (1883) S. 191 ff. H. Böhmer *Luther im Lichte der neueren Forschung* 1918. S. 284 ff., S. 314. F. Kluge *Von Luther bis Lessing* 1918[3]. P. Merker *Reformation und Literatur* 1918. G. Roethe *D. Martin Luthers Bedeutung für die dt. Literatur* 1918. A. E. Berger *Martin Luther in kulturgeschichtlicher Darstellung*, II 2 1919 (besonders S. 624 ff.). E. Thiele *Die Originalhss. Luthers*, Luther-Studien zur 4. Feier der Reformation 1917 (dort auch weitere reichliche Lit.-Angaben). C. Franke *Grundzüge der Schriftsprache Luthers*[2], III 1922 (besonders S. 382).

III. Die Bibelübersetzungen nach Luther. § 20. In den Übersetzungen, die nach Luther erschienen, spiegeln sich die geistigen Strömungen der folgenden Jhh. wieder. Die Reformierten hielten sich zunächst an den Luthertext. Erst in den Jahren 1602—1604 erschien eine neue Verdeutschung von Joh. Piscator (1546—1625). Sie ist undeutsch und steif. Die 1726—42 veröffentlichte „Perleburger Bibel“ war für mystische Kreise bestimmt. Es ist keine eigentlich neue Übertragung, sondern nur eine starke Überarbeitung des Luthertextes. Auch die Theosophen wollten ihre eigene Übersetzung haben, die ihnen der Stuttgarter Arzt Timotheus Philadelphus (Joh. Kaiser) in seinem 1733/34 erschienenen NT. schenkte. Er hat „mit vieler und oft ganz unanständiger Freiheit übersetzet“ (Lorck S. 174). Der Pietismus lieferte durch das NT. des Grafen Zinzendorf vom Jahre 1727 seinen geringwertigen Beitrag zu den Neuübersetzungen dieser Zeit. Mit der ‘Wertheimer Bibel’ (1735) beginnt die Reihe der von den Rationalisten veranstalteten Verdeutschungen. Ihre Sprache ist unglaublich geschmacklos. Das Tollste nach dieser Richtung leistete allerdings erst C. F. Bahrdt in seinen ‘Neuesten Offenbarungen Gottes verdeutscht’ (1773). Wegen seiner Beziehungen zu Herder erwähnenswert ist der Göttinger Rationalist Joh. David Michaelis mit seiner ‘Übersetzung des Alten Testaments mit Anmerkungen für Ungelehrte’ (1769—83). Herder selbst trat auch 1779 mit einer Offenbarung Johannis als Bibelübersetzer hervor.

§ 21. Die Reihe der modernen Bibelübersetzer wird eröffnet durch de Wette, der auf dem von Luther gelegten Grunde weiterzubauen suchte. Den heutigen Anforderungen entspricht seine Übersetzung nicht mehr. Für das AT. kommen jetzt die großen Werke von Ed. Reuss (1892—94) und besonders das von Kautzsch geleitete Bibelwerk in Betracht. Der von ihm 1904 herausgegebenen 'Textbibel' ist das NT. in Weizsäckers Übersetzung beigefügt. Diese bestand und besteht daneben noch als selbständiges Werk (seit 1875 in zahlreichen Auflagen fortgesetzt verbessert). Sie gehört mit ihrer klaren, ruhig-schönen Sprache zu den meistgelesenen Übertragungen. Einen ausgesprochen modernen Charakter trägt das in der Reclamschen Sammlung erschienene NT. von Curt Stage. Weite Verbreitung hat auch die ursprünglich von Fr. E. Schlachter herausgeg. 'Miniaturbibel' gefunden; sie lehnt sich an die Züricher Bibel an. Für die Güte von Wieses Übersetzung des NT. spricht der Umstand, daß sie von der rührigen Stuttgarter Bibelanstalt, die auch die Übersetzung von Menge herausgegeben hat, vertrieben wird.

§ 22. Auch auf katholischer Seite wurde rege gearbeitet. Der Grundtext und die Vulgata sind berücksichtigt in der Übersetzung des Karl und Leander van Eß. Sie mußte allerdings dann der Kistemakerschen weichen, die sogar von der engl. Bibelgesellschaft vertrieben wurde. An die Stelle der Ulenbergschen (Mainzer) Bibel trat die Braunsche Übertragung, die von M. Feder verbessert und von Fr. Allioli gründlich umgearbeitet wurde. Sie ist bis in die jüngste Zeit oft aufgelegt und erscheint jetzt nur unter Alliolis Namen. Die neueste katholische Übersetzung ist die des Orientalisten Nivard Schlögl, der dem Grundtext folgt (1921 ff.); zwar muten den protestantischen Leser einzelne durch die dogmatische Stellung Schlögls bedingte Verdeutschungen befremdlich an — im ganzen wird man sich gegenüber dieser Leistung, aus der eine starke Persönlichkeit spricht, eines nachhaltigen Eindrucks nicht erwehren können.

E. Brodführer.

Bibeldichtung s. Geistliche Dichtung.

Biblisches Drama. Das ernste Drama des deutschen Mittelalters war ausschließlich ein geistliches Drama, welches bei Kirchenfesten, z. B. Weihnachten, Ostern und in der Passionszeit, gespielt wurde. Die biblischen Dramen nahmen an Zahl zu in der Reformationszeit, nachdem Luther in den Vorreden zu 'Tobias' und 'Judith', den Tischgesprächen und in einem Brief an Hausmann (20. IV. 1530) wiederholt auf den Wert des biblischen Schauspiels hingewiesen hatte. So verfolgen die biblischen Dramen der Reformationszeit immer einen moralischen Endzweck, welcher in Vorreden, Prologen oder Epilogen, auf entwickelterer Stufe auch in Chorliedern zum Ausdruck kam. Die Stoffe aus dem A. T. waren weit zahlreicher als die des N. T., da das N. T., abgesehen von der Passionsgeschichte, nur wenig Material bot. An erster Stelle stand die Geschichte von der keuschen und unschuldig verfolgten Susanna, ein Thema, welches sich bis in das Repertoire der Englischen Komödianten verfolgen läßt und überhaupt am besten die Wandlungen des deutschen Dramas im 16. Jh. illustriert. Auch die Geschichte vom Sündenfall wurde verschiedene Male dramatisiert mit dem reformatorischen Hinweis auf die Erlösung. Neben Kain und einigen Propheten wurde die Geschichte der Rebekka oft als Musterbild einer christlichen Brautwerbung bearbeitet, ebenso die Geschichte von der frommen Ruth und dem keuschen Joseph. Unter den Stoffen aus dem N. T. ragt die Parabel vom verlorenen Sohn heraus, welche sich von 1527, als Burkard Waldis zuerst im lutherischen Sinne das Thema behandelte, über die Englischen Komödianten bis 1672 verfolgen läßt. Diese Geschichte erfreute sich in der Reformationszeit besonderer Beliebtheit, weil sich hier am besten Luthers Hauptthema zeigen ließ, daß Gott die Menschen nur selig werden läßt „*uth rechter gnad und ydel gunst, on all unße todont, werck und kunst*" (Burkard Waldis). Auch die Geschichte vom reichen Mann und armen Lazarus wurde im reformatorischen Sinne ausgedeutet. Christi Geburt und Passion spielten im Drama der Reformation nicht mehr eine so bedeutende Rolle wie im Mittelalter. Zum Beginn der Reformationszeit zeigte das biblische Drama noch starke Berührungspunkte mit dem Drama des Mittelalters, bis es sich unter dem Einfluß der Humanisten nach antikem Vorbilde zum Kunstdrama entwickelte, welches mit Paul Rebhuns 'Susanna' (1535) im 16. Jh. seinen Höhepunkt erreichte, wo sich neben der Einteilung in Akte, Prolog und Epilog auch Chorgesänge in mannigfachster Form bis zu 11 und 12 Silben im Verse finden. In der Schweiz schrieben unter großem Aufgebot von Personen (Einfluß des alten Volksschauspieles) Rueff ('Hiob' 1535, 'Joseph' 1540, 'Adam und Eva' 1550 u. a.) und Sixt Birk ('Susanna' 1535 u. a.), während für das biblische Drama im lutherischen Sinne das Hauptgebiet Sachsen war mit Magdeburg (Georg Major) und Zwickau, wo Paul Rebhun wirkte. Unter der Fülle der namhaften deutschen Dramatiker, welche das biblische Drama pflegten, sind außer Rebhun, Hans Sachs ('David', 'Esther', 'Jakob', 'Jesus', 'Saul' u. a.) und Burkard Waldis (1527 'Parabel vom verlorenen Sohn') noch Thomas Naogeorgus ('Judas' u. a.) und Nik. Frischlin (gest. 1590) zu erwähnen, welcher eine 'Rebekka' und 'Susanna' dichtete. Naogeorgus gab um die Mitte des Jhs. seinen lateinischen Dramen eine starke protestantische Tendenz.

In dem Repertoire der Englischen Komödianten, deren Einfluß sich auch in Kaspar Brülows (Straßburg) lateinischen Dramen 'Moses' (1621) und 'Nebucadnezar' erkennen läßt, spielten der verlorene Sohn, Susanna und Esther wichtige Rollen. Die moralische Tendenz fiel hier fort, da es den Engländern in erster Linie darauf ankam, das Publikum zu unterhalten, aus welchem Grunde sie auch das historische Schauspiel vor dem biblischen Drama bevorzugten. Wie in der Mehrzahl der englischen Stücke trieb auch in dem einzigen biblischen Drama des Herzogs Heinrich Julius von Braunschweig die komische Figur des Jean Bouset ihr Wesen ('Susanna', gedruckt Wolfenbüttel 1593), welche auch in Jakob Ayrers 'Reichem Mann und armem Lazarus' (1598) auftauchte.

Die barocke Verbindung von Oper und Drama, fast zum Oratorium geworden, finden wir bei dem „Pegnitzschäfer" Johann Klaj (1616—56), welcher seine 'Freudenspiele' selbst nach dem Gottesdienst in der Sebalduskirche vortrug. Erläuternde bombastische Prosa, schwülstige Chorlieder in kunstvoll gesetzten Versen und gewaltige Monologe wechselten ab, um dem Hörer Tränen zu entlocken und ihm zu zeigen, „daß uns beiderlei Glück, wie es andern aufgestoßen, auch begegnen könne" (Vorrede zum 'Herodes' 1645), wenn der Zuschauer das Schicksal des Herodes, die Geburt und Passion Christi oder Christi Höllen- und Himmelfahrt erlebte. Im 17. Jh. gelangte ferner das pomphafte Drama der Jesuiten (s. d.) zu großer Blüte. Auch hier wurden Musik und Ballet herangezogen, um die schaulustige Menge zu fesseln. Der Endzweck des jesuitischen Dramas war vorwiegend ein moralischer; es sollte die Gemüter packen und von bösen Taten abschrecken. Humoristische Szenen belebten das hohe Pathos der religiösen Stoffe, unter denen Esther, Herodes, Jakob, Joseph, Samson, Saul und der verlorene Sohn eine hervorragende Stelle einnahmen. Die schlesischen Dichterschulen pflegten das biblische Drama kaum, weil es ihnen wenig Gelegenheit bot, ihre barocke Phantasie spielen zu lassen; sie suchten ihre Stoffe mehr in der Historie.

Erst Christian Weise (1642—1708) als Gegner der Schlesier wandte sich wieder biblischen Stoffen zu, welche abwechselnd mit historischen Schauspielen und Komödien an drei Tagen zu Nutz und Frommen des Publikums aufgeführt wurden. Weise war da in seinem Element, wo er frische und ursprüngliche Typen des Volkes in ihrer Sprache reden lassen konnte — so lag ihm der hohe Stil des biblischen Dramas weniger. Seine biblischen Helden sprechen und benehmen sich wie die Menschen des 17. Jhs., in dessen Landschaft und Umgebung sie als echte „Cavaliere" leben. Weise nahm alle seine Stoffe aus dem A. T., weil er sich scheute, Christus auf die Bühne zu bringen. In den Erstlingsarbeiten spielte die komische Figur noch eine wichtige Rolle, während sie zuletzt fortfiel, als die Technik Weises feiner wurde. 'Der verfolgte David' (1683) verdient besondere Erwähnung ob der pathetischen Greuelszenen, welche offenbar ein letzter Einfluß der Schauspiele der Englischen Komödianten sind, welche auch auf den 'Nebukadnezar' (1684), die 'Athalia' (1687) und 'Kain und Abel' (1704) gewirkt haben (ein Verzeichnis der sämtlichen biblischen Dramen Weises im 39. Bande von KNL., hrsg. von Fulda). Weises biblische Dramen sind auf die Entwicklung des deutschen biblischen Schauspiels ohne besonderen Einfluß geblieben.

Erst Klopstock bearbeitete wieder aus gesteigertem religiösen Empfinden heraus biblische Stoffe. Während der Arbeit am Messias schrieb er den 'Tod Adams' (1756), 'Salomo' (1763) und 'David' (1763), sämtlich nicht Trauerspiele im eigentlichen Sinne, obwohl Klopstock mit der Absicht auftrat, das deutsche Drama zu reformieren im Sinne der französischen Natürlichkeit. Nachdem Bodmers Ansätze zum biblischen Drama ('Der erkannte Joseph', 'Der keusche Joseph' 1754) nach vorausgegangenen biblischen Epen gescheitert waren, bedeutete Klopstocks 'Tod Adams' einen Versuch, das biblische Drama zu erneuern, von dem die Mitwelt so begeistert war, daß das Werk in fast alle europäischen Sprachen übersetzt wurde. Lavater folgte mit seinem 'Abraham und Isaak' (1776), welchem Bodmer den 'Vater der Gläubigen' (1778) entgegensetzte. Gegen Klopstocks 'Adam' richtete Bodmer den 'Tod des ersten Menschen' (1763) und später (1764) gegen Klopstocks 'Salomo' 'Die Torheiten des weisen Königs', dem 1771—73 zwei biblische Dramen für Kinder zur Aufführung im Hause folgten ('Fußfall vor dem Bruder', 'Botschaft des Lebens' — Josephstoff). Klopstocks Interesse erregte fast ausschließlich die religiöse Idee, in die er sich mit pietistischer Sentimentalität versenkte. So legte er auf den Aufbau der Handlung und historisch getreues Kolorit keinen Wert, wie auch von einer Charakteristik der handelnden Personen kaum die Rede sein konnte. Klopstock zeigte sich hier durchaus als Schüler des französischen Klassizismus in dem Bestreben, das Drama auf möglichst einfache Formen zu führen und ängstlich die Einheit des Ortes und der Zeit zu wahren. Überall verriet Klopstock sein episches Talent, besonders wenn er erst durch Botenberichte die Handlung ins Rollen brachte. Auch mit Klopstock riß die Tradition des biblischen Dramas abermals ab.

Das 19. Jh. brachte wieder eine größere Anzahl von biblischen Dramen und Entwürfen, von denen aber nur wenige Beachtung verdienen. Aus der Stimmung des Jahres 1848 heraus, im Zwiespalt von Ideal und Wirklichkeit, plante Richard Wagner einen 'Jesus von Nazareth' (vgl. auch 'Das Liebesmahl der Apostel'). Er wollte den menschlichen Jesus durchaus vom dogmatischen scheiden, woraus hauptsächlich das Scheitern des Entwurfes zu erklären ist. Dem 19. Jh. war es dann vorbehalten, die Figuren des biblischen Dramas in eine kulturhistorisch echte Umgebung hineinzustellen. Grillparzer, Hebbel und Otto Ludwig versuchten sich mit je einem biblischen Drama neben einer größeren Anzahl von unbedeutenden Dichtern, von denen Hutterus, W. Gärtner, Lepel, Neumeister, W. Molitor und S. Wiese erwähnt sein mögen. 1852 vollendete Otto Ludwig seine 'Makkabäer' (wichtig die verschiedenen Fassungen!), welche daran scheiterten, daß es dem Dichter nicht gelang, den Schwerpunkt der Tragödie in einen Helden zu legen, wenn er das Volk als Helden darstellen wollte. Von einer andern Seite faßte Hebbel den Stoff der unberührten Witwe 'Judith' (1839/40) an. Auch Stoffe wie Christus, Esther, Joseph, Saul und David fesselten den Dichter, auf welchen die Bibel schon in der Kindheit einen gewaltigen Eindruck gemacht hatte. Den uralten Estherstoff, welcher bereits in den Puppenspielen eine Rolle gespielt hatte, griff Grillparzer in einem Fragment gleichen Namens wieder auf. Elise Schmidts in Stil und Charakteristik bedeutender 'Judas Ischarioth' (1851) ist leider nur zu wenig bekannt. Auch die Geschichte Sauls ist mehrfach bearbeitet worden. Gutzkows 'Saul' übertrifft bei weitem die gleichnamigen Dramen Bulthaupts und A. v. Hansteins. Mit naturalistischer Präzision im Stil von Wildes 'Salome' stellte Sudermann seinen 'Johannes' auf die Bühne.

Neuerdings versuchte der Expressionismus, sich an den gewaltigen Gestalten der Bibel aufzurichten, glaubte er doch, hier die Einheit zu finden, welche er in sich nicht erreichen konnte. So ist Burtes 'Simson' eine gewaltige Figur, wie Anton Wildgans' 'Kain' („ein mythisches Gedicht" 1920, geplant waren auch ein 'Moses' und 'Jesus'), der in stärkster Steigerung des Kraftbewußtseins seinen Bruder erschlägt, während Otto Borngräber die Geschichte der 'Ersten Menschen' in ihren ursprünglichen Gefühlen zum „erotischen Mysterium" formte (von demselben 'Moses oder die Geburt Gottes' 1904). Ernst Hardt behandelte 1915 im 'König Salomo' die Sehnsucht des alten David und des jungen Salomo nach demselben Mädchen, nach welchem auch Adonia, Salomos stolzer, herrischer Bruder, in Liebe erglüht. Weiser und Nithack-Stahn stellten in gelungenen Szenen Christus auf die Bühne.

H. Holstein *Die Reformation im Spiegelbild der dramatischen Literatur* (Schriften des Vereins für Reformationsgeschichte) 1886. J. Minor *Speculum vitae humanae* (NDL. 79/80) 1889. W. Harring *Andreas Gryphius und das Drama der Jesuiten* (Hermaea V) 1907. H. Kurz *Geschichte der deutschen Literatur* IV (1873) S. 478—483.

O. Stempell.

Biedermeier, Literarisches. Mit dem Namen B. pflegt man jetzt diejenige Epoche deutschen Lebens zu bezeichnen, welche durch das Ende der Freiheitskriege einerseits und die Märzrevolution andrerseits begrenzt wird, also die Jahre 1815—1848. Den Namen prägte Ludwig Eichrodt (1827—1892), der die 1850 in den 'Fliegenden Blättern' zuerst zu lesenden Gedichte des „schwäbischen Schullehrers Gottlieb Biedermaier [so!]" und seines Freundes Horatius Treuherz in Stuttgart als 'Biedermaiers Liederlust' 1870 herausgab. Aus dem Namen schon klingt uns die treuherzig-philiströse Beschränktheit entgegen, die das bezeichnende Merkmal dieser köstlichen Schöpfungen bildet, und die heute noch für die Allgemeinheit als Charakteristikum der oben genannten Zeit gilt. Als um die Jahrhundertwende, vom Kunstgewerbe ausgehend, die Reaktion gegen die Verschrobenheiten des „Fin de siècle" einsetzte und die Zweckdienlichkeit zum herrschenden Prinzip erhoben wurde, besann man sich auf die Einfachheit und Beschränkung, welche die Lebensführung der B.-Zeit hervortreten ließ, und nach und nach gewann diese in all ihren Ausstrahlungen neue Beachtung. An Stelle der das Politische treffenden Bezeichnung „Vormärz" trat der mehr das kulturelle Moment betonende Name B. Daß die von Eichrodt geschaffene Gestalt zum Vertreter jener Periode werden konnte, ist bezeichnend für den Gesichtswinkel, von dem aus man sie jetzt betrachtete. Wohl unwillkürlich geschah die Anpassung der ursprünglichen Schreibart des Namens (mit *ai*) an eine gebräuchlichere Form (mit *ei*). Es hat sich in der allgemeinen Vorstellung nun immer mehr ein Bild des B. entwickelt, das jene Jahre uns als Typus der „guten alten Zeit" vor Augen stellt — ein Bild, welches der Wirklichkeit nur sehr bedingt entspricht. Was wir heute als zweckvolle, von künstlerischem Wollen diktierte Beschränkung im Lebensstil des damaligen Deutschland empfinden, war eine naturgemäße Folge der allgemeinen Verarmung durch den Druck der Franzosenzeit, kulturelle Selbstverständlichkeiten von heute lagen meist noch sehr im Argen, und die scheinbare Ruhe und Behaglichkeit des Daseins erweist sich bei näherem Zusehen als eine meist nur sehr dünne Decke, unter der es von oft nur mühsam verhaltener Leidenschaft glühte. Befinden wir uns doch in der Übergangszeit von der (letzten Endes) französischen zur deutschen Revolution; nur mit Mühe bändigt die Reaktion noch den sich vorbereitenden Ausbruch, und das ganze Leben der Zeit steht im Zeichen der Politik.

Politisch bestimmt erscheint auch das Geistesleben. Ein rein künstlerisches, noch dazu der Wirklichkeit abholdes Schaffen wie das der Romantik hatte in einer solchen Welt — in die auch Goethe, schon auf einsamer Höhe thronend, als Fremder hineinsah — keinen Raum mehr; die romantische Dichtung verklingt und macht der mehr auf das wirkliche Leben eingestellten des „Jungen Deutschland" (s. d.) Platz. Wenn auch die Schlegel und Tieck diese Jahre noch miterleben — die Götter des Tages heißen Heine und Börne, und neben ihnen stehen Männer wie Dingelstedt, Freiligrath, Herwegh, Hoffmann von Fallersleben, Prutz u. a., die dem gährenden Drängen und der unterirdisch wühlenden Leidenschaftlichkeit in ihren Versen Ausdruck geben oder durch beißenden Spott die Zeit in ihrer Rückständigkeit lächerlich zu machen suchen. Politisch bestimmt zeigt sich in gleichem Maße die Dramatik eines Grabbe und Büchner, in der gewaltsam unterdrückte Kraft mit explosiver Wirkung sich zu entladen scheint; der Politik dienen muß endlich auch die Philosophie Hegels, die mit ihrer Lehre vom „Staat als sittlichem Organismus", als „Zweck an sich" und den daraus sich ergebenden Folgerungen von den Behörden dieses Staates instinktiv als Helferin gefühlt und als solche benutzt wird.

Sucht man nun freilich jene Schichten der Literatur zu erfassen, die man im besondern als „B.-Literatur" bezeichnen könnte, so müssen sie im geistigen Bereich der Kreise gesucht werden, die den bedeutsamsten gesellschaftlichen Faktor der ganzen Zeit darstellen, im Bereiche des Bürgertums. Der Bürger, der nicht unberührt vom Strom der Ereignisse dahindämmert, zumal wenn er seinen Wohnsitz in oder bei einem Brennpunkt des politischen Lebens hat, verlangt nach Aufklärung und huldigt dem Grundsatz: Wissen ist Macht. Zeitschriften (wie die 'Halleschen Jahrbücher') und Zeitungen ('Augsburger Allgemeine Z.' u. a.) sorgen in mehr oder minder populärer Form für seine Belehrung, in die allerdings die Zensur in der Regel recht störend eingreift. Doch kann sie es nicht verhindern, daß der Drang nach Wissen sich auf jede mögliche Weise Befriedigung zu verschaffen sucht — und weiß. Brockhaus' und Meyers Lexika erscheinen (1812 war der Br. vollendet, 1839 erschien der erste Band von M.s Werk); und wem diese Art der Bildung zu trocken war, der fand sie unterhaltsamer dargeboten in der Flut von historischen Romanen, die aus der (pseudo-)dichterischen Einkleidung als eigentlichen Kern ein Potpourri von Lexikonartikeln meist deutlich genug hervorblicken lassen. Ein solcher Roman doziert über Altertum, Mittelalter und Neuzeit, er unterrichtet über Kulturgeschichte, über Mythologie und alles Zugehörige. Wer höhere Ansprüche stellt, greift nach einer Übersetzung von Scott oder V. Hugo (die bei zahllosen Erzeugnissen dieser Art Pate gestanden haben), oder er liest die Erzählungen von W. Alexis, dem wahren Jünger Scotts. Die Begeisterung für diesen Altmeister des historischen Romans, die gelegentlich in Taumel ausartete — in seiner Häufigkeit (so für Henriette Sontag!) auch ein Zeichen für das einen Ausweg suchende latente Kraftgefühl der Zeit —, erklärt sich einmal als eine Art Dank für leicht faßliche und zugleich unterhaltende Belehrung; sie zeugt aber auch von der bestehenden Neigung, sich in die Vergangenheit zu versenken, die wenigstens der Phantasie Ersatz bot für das der Gegenwart Versagte: den Gang der Geschichte nicht nur leidend, auch handelnd mitzuerleben. Kein Zufall, daß diese historische Orientierung, die in weiten Leserkreisen ein Fortbestehen romantischer Neigungen begünstigte, sich auch in den „Epigonendramen" der Beer und Halm (man denke auch an Grillparzer!) ausprägt, daß Malerei (Kaulbach), Architektur (Schinkel), ja auf der Bühne die „Große Oper" ein gleiches Gesicht zeigen.

Freilich war (und ist) reine Historie auch im Roman für die breite Masse eine zu unverdauliche Kost; der in der Menge stets lebendige unbewußte Drang, Ersehntes erfüllt, nur Geahntes enthüllt zu sehen, aus behaglich gefühlter Sicherheit heraus Gefahr und Grausen zu erleben, der heute die Kinos bevölkert, ließ damals einerseits die Schauerromantik fortbestehen (der sich auch ein E. T. A. Hoffmann zuweilen in bedenklicher Weise nähert) und führte andrerseits den Erzähler dazu, mit unbedenklich gewählten, derb sinnfälligen Mitteln den Lesern eine Welt, in der selbst zu leben ihnen versagt war, oder in die sie ihre Wünsche schwärmerisch projizierten, vor Augen zu zaubern; wie für die Darstellung vergangener, so schwärmte man für ein vermeintlich idealisiertes Abbild gegenwärtiger Zustände. Aus all diesen Ingredienzien brauten ein Clauren (Heun), Blumenhagen, Spindler, Tromlitz u. a. ihre Erzählungen zusammen.

Auch die für den Hausgebrauch des Bürgertums bestimmten Zeitschriften lassen gleiche Tendenzen erkennen: Schauerromane, geschichtliche Erzählungen, Märchen, gefühlvolle Geschichten wechseln mit oft unglaublichen Reimereien in erbaulicher Folge ab (im Versemachen war die B.-Zeit groß!). Taschenbücher und Almanache vervollständigen den Reigen, in den auch das selten in der Familie fehlende Stammbuch hineingehört. Der Abgott aller Schwärmer und Schwärmerinnen war Jean Paul, zu dessen Werk zweifelsohne von vielen der genannten „Dichtungen" sich Fäden (wenn auch nur sehr zarte!) spinnen lassen. So bildete sich — in diesem Umfang zum ersten Male — eine Unterhaltungsliteratur im heutigen Sinne; über ihren Schwächen darf man doch nicht vergessen, daß sich hier ein bedeutsames Streben nach Überwindung der bestehenden Verhältnisse in irgend einer Form geltend macht. Als einem ebensolchen Versuch, sich über die Wirklichkeit hinwegzutäuschen, entsprungen ist die Vorliebe für Posse und Schwank auf der Bühne anzusehen, wie sie Nestroy, Angely, Kalisch lieferten; der tragische Zug, den diese Gattung im Innersten birgt, offenbart sich deutlich in der Persönlichkeit des Meisters dieser Art Literatur, Ferd. Raimunds. Sonst sieht es mit eigens für die Bühne geschaffenen Originalwerken recht traurig aus; meist gibt es Übersetzungen aus oder Bearbeitungen nach dem Französischen, und Gastspiele französischer Truppen sind sehr beliebt. Hier fand der Durchschnittszuschauer, was er in der heimischen Literatur vergeblich suchte, gefällige Proben einer anspruchslosen Lustspiel-Literatur, wie sie vor allem Scribe in seinen zahllosen Vaudevilles zum besten gab. Dem Ernst, namentlich dem klassischen, stand man meist fremd gegenüber; rühren — auch erheitern — ließ sich der Bürger gern von den nie endenden Bearbeitungen aller möglichen Stoffe, die ihm zu spenden Charlotte Birch-Pfeiffer nicht müde wurde.

Versuche einer wahrhaft realistischen Darstellung des Lebens, wie sie auf dem Boden der beginnenden journalistischen Schilderungsweise wuchsen, wandeln in den Bahnen von Ch. Dickens ('*Scetches of London*'), so die ergötzlichen Werkchen A. Glasbrenners ('Alt-Berlin' u. a.).

M. v. Boehn *Biedermeier. Deutschland von 1815—1847*. Berlin o. J. G. Hermann *Das Biedermeier im Spiegel seiner Zeit*. Berlin o. J. (quellenmäßige Darstellung!). E. E. Pauls *Der Beginn der bürgerlichen Zeit* 1924. H. H. Houben *Der gefesselte Biedermeier* 1924.

H. Beyer.

Bilderbogenverse siehe Nachtrag.

Bilderlyrik. § 1. Eine Gattung von Gedichten, die durch ihre äußere Gestalt die Gegenstände, deren Namen sie tragen, abbilden sollen. Zuerst tauchen sie bei den griechischen Dichtern der alexandrinischen Zeit auf, z. B. Theokrit. Mit der Wiederbelebung der Antike durch den Humanismus erwachen sie neu. Julius Caesar Scaliger führt sie theoretisch durch sein für die ganze Renaissancedichtung maßgebliches Lehrbuch ('Poetices libri septem' 1561) wieder ein. Von ihm aus dringen sie in die französischen, holländischen und deutschen Dichtlehren ein. Während Opitz ihnen in seiner 'Poeterey' (1624) noch keinen Raum gegönnt hat, gehören sie seit Schottel ('Teutsche Vers- oder Reimkunst' 1645) zum eisernen Bestand der deutschen Poetiken. In die Neuauflage von Opitz (1645) fügt sie Hanmann ein, Zesen holt dasselbe in der dritten Auflage seines 'Helikon' (1649) nach. Von den Nürnbergern behandelt sie Birken in seiner 'Redebind- und Dichtkunst' (1679). Bis ans Ende des 17. Jahrhunderts halten sie sich so in den deutschen Lehrbüchern der Dichtkunst (Kornfeld 1686 u. a.). Erst Boileaus 'Art poétique' (1669—1674) entthront Scaliger und führt auch in Deutschland eine neue Epoche ein, die wie mit anderen Künsteleien so auch mit der Bilderlyrik aufräumt. Morhof ('Unterricht von der deutschen Sprache und Poesie' 1682), Christian Weise ('Curieuse Gedancken von deutschen Versen' 1691), ja sogar der Nürnberger Omeis, Vorsteher der Pegnitzschäfer ('Gründliche Anleitung' 1704), lehnen sie scharf ab.

§ 2. Das wirkliche Vorkommen dieser Gedichte erstreckt sich über den gleichen Zeitraum. Den ersten Versuch macht Laurentius Albertus in seiner Grammatik

(1572). Im 17. Jahrhundert hält sich kaum ein deutscher Lyriker von dieser Zeitmode frei, wenn sich die meisten auch auf vereinzelte Versuche beschränken. Besondere Pflege genießen sie bei den Nürnberger Pegnitzschäfern (Helwig 'Nymphe Noris' 1650). Auch nachdem sie aus der großen Literatur verschwunden waren, fristen sie ihr Dasein in den Gelegenheitsgedichten untergeordneter Gedichtfabrikanten noch bis ins 18. Jahrhundert hinein.

§ 3. Herzen, Berge, Bäume, Äpfel, Eier, Kreuze, Säulen, Pyramiden, Pokale, Kronen, Schwerter, Flügel, ja sogar so abseitige Dinge wie Affen und Meerkatzen werden als Bildgedichte dargestellt. Am liebsten verwendet man sie in der Gelegenheitslyrik. Pokale werden als Glückwünsche, Herzen als Liebesgrüße überreicht, Kreuze und Trauersäulen anläßlich von Todesfällen errichtet. Häufiger als in den Gedichtsammlungen findet man infolgedessen die Bildgedichte auf Flugblättern oder als Widmungsgedichte im Vorwort oder Anhang von Büchern, daneben noch als Versmuster in den Poetiken.

§ 4. Bei der metrischen Wertung darf der wesentliche Anteil des Setzers an diesen Gebilden nicht außer acht gelassen werden. Nicht immer sind die Bildgedichte Spielereien metrischer Art. Oft handelt es sich in ihnen nur um eine geschickte Satzanordnung. Die metrischen Errungenschaften eines Opitz, Schottel, Zesen, der geregelte Wechsel von Hebung und Senkung, bleiben in ihnen gewahrt. Die mitunter vorkommende Mischung von steigenden und fallenden Versen fällt nicht den Bildgedichten zur Last. Sie findet sich auch sonst und erklärt sich aus den tastenden metrischen Versuchen der Zeit. Die Bildgedichte sind unstrophische Gedichte von wechselnder Verslänge und Reimanordnung, je nach dem Bilde, das sie zu verkörpern haben. Äußerlich sind sie also meist als freie Verse anzusprechen. Dabei fehlt ihnen allerdings oft genug jeder innere Rhythmus. Gerade in der Bilderlyrik findet man mitunter Verse von einer unmöglichen Länge, die durch die Zäsur gemildert ist. In völliger Verkennung seines rhythmischen Wesens als Taktreihe, seines eignen Lebens und seiner eignen Gesetze, wird der Vers ein künstlich geschmiedetes starres Gefäß, das mit Worten ausgestopft wird, ähnlich wie es einst in der Meistersingerei der Fall war. Nur im 17. Jahrhundert konnte die Bilderlyrik in dieser Weise in Deutschland blühen. Im Wesen jener Barockepoche findet sie Grund und Erklärung. Auch sie ist ein Zeichen dafür, wie nicht Klang und Verinnerlichung, sondern die äußere Form, der Auf- und Ausputz, Ziel der Kunst war. In der Bilderlyrik tritt die Dichtkunst in Wettbewerb mit Architektur und Malerei — eine Verwischung der Kunstgrenzen, die besonders die Nürnberger vertreten hatten —, sich schrittweise steigernd, sich übersteigernd bis zur Auflösung in Zierat und Schnörkeln, auch dies eine Ausdrucksform jener gärenden, unruhigen, suchenden Zeit mit ihrem Drang nach neuer Entfaltung, ihrem Verlangen nach Fülle des Ausdrucks, nach Prunk, Schwulst und eindringlichen Effekten.

K. Borinski *Poetik d. Renaissance* 1886. Haeberlin *Carmina figurata graeca* 1887[2].

A. Gramsch.

Bildungsroman. § 1. So nennt man jenen Roman, welcher die seelische Entwicklung eines Menschen von den Anfängen bis zur Erreichung einer bestimmten Lebensausbildung darstellt. In rationalistisch gerichteten Zeiträumen fließen seine Grenzen oft mit denen des Erziehungsromanes zusammen, der pädagogische Einzelfragen aufrollt (z. B. J. T. Hermes 'Sophiens Reise von Memel nach Sachsen' 1769—73, J. H. Pestalozzi 'Lienhard und Gertrud' 1781—89) und die äußeren Daseinsbedingungen stärker berücksichtigt als den inneren Gang menschlicher Entwicklung. Romantisch gesinnte, die Einheit alles Lebens empfindende Epochen begünstigen den eigentlichen Bildungsroman. Sein Held soll nicht bloß einseitig für ein begrenztes Ziel erzogen, sondern allseitig gebildet werden, und die großen Lebensmächte sollen bei dieser Bildung mitwirken. Je allgemeiner die naturwissenschaftliche Durchdringung des Lebens wird, desto stärker setzt sich der Begriff der Entwicklung durch. An die Stelle der bewußten Beeinflussung des Helden tritt das naturgemäße Geschehen, und aus dem Bildungsroman wird der Entwicklungsroman.

Der Br. zeigt auf allen seinen Stufen besonders deutlich die Ideale seiner Entstehungszeiten. Nacheinander will er den Menschen zum Christen, zum Lebenskünstler, zum Künstler, zum harmonischen Menschen und zum innerlich unabhängigen Menschen erziehen. Er ist eine weit ausgreifende Gattung, innerhalb deren Grenzen sehr viel Raum hat, ja zu deren Wesen ein reicher Inhalt gehört. Er nimmt häufig künstlerische und wissenschaftliche Probleme auf, bezieht die Naturempfindung ein und fußt auf psychologischen und physiologischen Kenntnissen. Seine Gestaltung schwankt zwischen bunter Fülle ('Wilhelm Meister') und äußerster Verengung des Gestaltenkreises (neuromantischer Br.); die Ereignisse sind innerer und äußerer Natur. Alle diese Eigenschaften verweisen den Br. auf die Höhen der Kunst. In der Unterschicht kommt er fast gar nicht, in der Mittelschicht erst im 19. Jh. etwas häufiger vor, denn er fordert von seinen Lesern Vertiefung in seelische und geistige Fragen. Die Sprache des Br. bedarf nicht so sehr der Gabe realistischer Kleinmalerei als idealistischer Vertiefung; deshalb kann sie das Geschick zur Abstraktion nicht entbehren.

§ 2. Der Br. beginnt spät. Der künstlerische Blick erfaßt eben zuerst das Einzelereignis und dann erst die Gesamtentwicklung; zuerst die äußeren Geschehnisse und dann erst die inneren Erlebnisse; zuerst den ungewöhnlichen Lebenslauf und dann erst das Normaldasein. Infolgedessen ist der Br. ursprünglich noch stark mit Abenteuern vermengt ('Simplicissimus', 'Agathon', auch noch 'Wilhelm Meister'), während er in der Gegenwart häufig das äußere Geschehen ganz vernachlässigt.

Die Anfänge des dt. Br. finden sich bei Jörg Wickram, der in seinem 'Knabenspiegel' (1554) die Erziehung und Entwicklung zweier Jünglinge vorführt. Moral und Abenteuer spielen dabei aber doch eine zu große Rolle, als daß man von einem wirklichen Br. sprechen könnte. Dagegen ist H. J. Chr. Grimmelshausens 'Simplicissi mus' (1669) ein unverkennbarer Vertrete dieser Gattung. Die Entwicklung des Hel den vom bäuerlichen Analphabeten zum ge bildeten Weltmann, vom religionslosen Ge nußmenschen zum bereuenden Christen bil det den Kern des Romans. Auch die 'Land störtzerin Courasche' ist mit dem Br verwandt, doch ist das Erziehungsproblen hier negativ angepackt, indem Grimmels hausen zeigt, wie man sich nicht entwickeln soll. Im übrigen ist im 17. Jh kein Raum für den Br. Der heroisch-galante Roman strebt zur Fülle der Ereignisse und Gestalten; künstlich verschlungene und äußerlich betonte Handlungselemente sind ihm die Hauptsache.

§ 3. Im 18. Jh. herrschten viel günstigere Bedingungen für den dt. Br. Deutschland war durch das Unglück des 30 jährigen Krieges zur Abwendung vom Irdischen geführt und durch den Pietismus zur Selbstbesinnung und Selbstdurchforschung erzogen worden. Die religiöse Sittenlehre verlangte dringlicher als je Besserung, d. h. Erziehung, seelische Entwicklung. Die pietistische Stufenleiter der Gnade: Fall, Bußkrampf, Gnadendurchbruch fand künstlerisch ihren entsprechenden Ausdruck in der Darstellung menschlicher Entwicklung vom Irrtum bis zur vollendeten Menschlichkeit. Unter solchen Umständen nimmt es kein Wunder, daß die empfindsamen Anfänge des dt. Br. auf religiöser Grundlage ruhen (Hermes' Romane), ja daß die Handlung des 'Fräuleins von Sternheim' (1771) der La Roche geradezu den Stationen der pietistischen Stufenleiter entspricht.

§ 4. Diesen religiösen Elementen reihte sich aber im Laufe des 18. Jhs. eine größere Zahl von weltlichen Bestandteilen an, wie es der allgemeinen Entwicklung des Jhs. entsprach. Unter solchen Umständen lenkte sich jetzt das Hauptaugenmerk der Zeit auf die Ausbildung des Menschen für das Diesseits. Wielands 'Agathon' (1766) beschrieb die Entwicklung eines Schwärmers zum harmonischen Menschen. Als Anhänger Shaftesburys wollte er an Stelle eines Richardsonschen Tugendhelden einen wirklichen Menschen darstellen, der zur vollkommenen Ausbildung gelangt.

Dieser Gedanke hatte die Geister schon lange beschäftigt; das bewiesen neben dem 'Robinson' auch 'Gullivers Reisen', die die Gegensätze harmonischer Entwicklungen beschrieben. Aber auch Winckelmann hatte einige Jahre vor dem 'Agathon' die Forderung nach gleichmäßiger Ausbildung der menschlichen Natur unter möglichster Vervollkommnung ihrer einzelnen Seiten erhoben. Wie er, sah auch Wieland die Muster für dieses Ideal in der Antike, und so kam es, daß der erste ausgesprochene dt. Br. auf griechischem Boden spielte. Der Dichter beschrieb das sinnlich-geistige Doppelleben Agathons in seiner allmählichen Veränderung, welche durch den bewußten Einfluß verschiedener Persönlichkeiten bewirkt wurde. Den früheren Stufen des dt. Romans gegenüber bedeutet das Werk eine große Vertiefung; heute freilich sehen wir seine glanzvolle Oberfläche deutlicher als seine Seele. Es will eine Anleitung zur Lebenskunst geben, doch siegt häufig die Fabel über die Didaxis.

Noch bevor der 'Agathon' eine erwähnenswerte Nachfolge im Männerroman gefunden hatte, erschien der erste Br. aus weiblicher Feder, 'Rosaliens Briefe' (1775—76) von Sophie von La Roche. Er schildert eine Frau, die für die Aufgabe erzogen wird, dem Mann, den Kindern und der Gesellschaft nützlich zu werden. Seelische Vertiefung ihrer Heldin strebt die Verfasserin dabei nur in beschränktem Grade an; wo sie an Leidenschaft grenzt, wird sie abgelehnt. An die Stelle der großen männlichen Erlebnisse treten häusliche Situationen und an die Stelle der großen Persönlichkeiten liebenswürdige Vertreter des Mittelmaßes.

Der Rationalismus war nicht imstande, aus dem Br. ein ganz großes Kunstwerk zu machen, weil er Leben und Schicksal für errechenbar hielt, und weil ihm noch der Begriff der Entwicklung fehlte. Seinem Br. mangelt daher die volle Tiefe und Weite; doch strebt nicht nur die Praxis, sondern auch die Theorie dieser Zeit ganz bewußt die Darstellung des harmonischen Menschen an, wie u. a. auch aus Blankenburgs 'Versuch über den Roman' (1774) ersichtlich ist.

§ 5. Während das Interesse für die menschliche Seele und der Wunsch, eine Richtschnur für das Leben zu finden, auf diese Weise Romane hervorgerufen hatte, die zwischen dem Erziehungsroman und dem Br. lagen, entstanden in seelisch-reizbaren Naturen von stiller Beschaulichkeit immer häufiger Stimmungen, die zur Entstehung selbstbiographischer Br. führten. So beschrieb 1777 Jung-Stilling sein Leben; die Schilderung der Kindheit und Jugend mit ihrer idyllischen Kleinmalerei, ihrem träumerischen Stimmungsgehalt und ihrer Durchforschung des eigenen Innern wirkten in der Folge stark auf den dt. Roman. Ebenso wie dieses Werk ist K. Ph. Moritz' 'Anton Reiser' (1785—90) ohne Rousseaus 'Confessions' nicht zu denken. Moritz' Naturauffassung und träumerische Stimmung, die Tiefe seiner Weltauffassung, die Reizbarkeit seiner Nerven und die Feinheit seiner Beobachtung machen ihn zum Vorläufer der Moderne. In Goethes 'Wilhelm Meister' ('Lehrjahre' 1795—96) treten wir aus der Wielandschen Atmosphäre der Kunst. Der enge Schauplatz des Anfanges erweitert sich bald zum Getriebe der Welt. Wir sehen auch hier zuerst die Irrwege des Helden und nach und nach sein Einlenken in die richtige Bahn. Das praktische Leben wirkt auf ihn ein, und Gefühl, Kunst und Wissenschaft vollenden seine Ausbildung, bis er an der Hand von Erkenntnis, Arbeit, Ehrfurcht und Entsagung das Ziel des wahren Menschentums erreicht. Der 'Wilhelm Meister' nimmt durch die Fülle seiner Tendenzen, durch die Tiefe seiner Anschauungen und die Weite seines Gesichtskreises eine einzigartige Stellung in der Weltliteratur ein: in ihm wird der Br. zum Weltanschauungsroman und stellt sich als aufnahmefähigste unter allen Romangattungen dar. Das Leben erscheint bereits als etwas Geheimnisvolles: den Ausdruck dafür bilden die Gestalten Mignons und des Harfners. Daneben aber finden wir klare Erkenntnis der Pflichten, worin sich der Roman vom 'Agathon' abhebt, und den Versuch, das Leben dem Menschen dienstbar zu machen, worin er sich vom romantischen Roman unterscheidet.

§ 6. Die Nachfolge des 'Wilhelm Meister' schloß sich in erster Linie an seine mystischen Gestalten an (noch in Immermanns 'Epigonen' von 1836 wird dies deutlich); nur die bedeutendsten seiner Nachahmer suchten eine ganze menschliche Entwicklung darzustellen. In den Romanen Jean Pauls sind die Grundlinien des Br. und der Einfluß der 'Lehrjahre' klar zu erkennen. Schon die 'Unsichtbare Loge' (1793) gehört hierher, ebenso der 'Titan' (1800—03) sowie die 'Flegeljahre' (1804) trotz ihrer krausen Linienführung; daneben beginnt schon die moderne Naturdarstellung eine Rolle zu spielen. Th. G. Hippels Romane, Sternes Einfluß am stärksten zeigend, sind doch vom Br. nicht zu trennen und in ihrer Gestaltung mit Jean Paul verwandt. Auch im romantischen Roman, der unablässig auf den Wegen des 'Wilhelm Meister' geht, ist die Natur zu einer starken Lebensmacht geworden. Das tägliche Leben bedeutet dagegen wenig, womit auch die Berufslosigkeit der Helden zusammenhängt. Novalis 'Heinrich von Ofterdingen' (1799) schildert die Bildung des Helden durch Natur, Kunst und Liebe, Tieck im 'Sternbald' (1798) den Werdegang eines Menschen und Künstlers (und noch in seinem 'Jungen Tischlermeister' sind die Züge des 'Wilhelm Meister' zu erkennen). Friedrich Schlegels 'Lucinde' (1799) beschreibt die „Lehrjahre der Männlichkeit", und auch Arnims 'Kronenwächter' (1817) stehen nicht weit abseits vom Br. Josef von Eichendorff aber stellt sich mit 'Ahnung und Gegenwart' (1815) mitten in die Reihe der Nachahmer des Goetheschen Br.

§ 7. Auch der klassizistische Roman schließt sich an die 'Lehrjahre' an; so die 'Agnes von Lilien' (1797) der Caroline von Wolzogen, was äußerlich an zwei mystischen Kinderfiguren erkennbar ist. Sophie Mereaus Erzählung 'Amanda und Eduard' (1803) gehört gleichfalls in diesen Zusammenhang. Im allgemeinen aber ist der Br. bei den Frauen etwas Seltenes, weil er eine gewisse Lebensbeherrschung und eine Weite des Blickes voraussetzt, die sich in der Eingeschränktheit des weiblichen Lebens nicht leicht entwickeln. Maximilian Klinger schrieb keinen eigentlichen Br., aber wenn man seine durch ein inneres Band verbundenen Romane nebeneinanderhält, muten sie an wie ein einziges großes Werk, das den menschlichen Werdegang von tiefster Verzweiflung bis zur vollkommensten Versöhnung mit dem Leben darstellt.

§ 8. Der jungdeutsche Roman dagegen steht auf ganz anderem Boden. Er glaubt das Leben ganz zu begreifen, kennt kein Dunkel und steht dadurch dem Erziehungsroman (Gutzkow, 'Blasedow und seine Söhne' 1838—39) wieder näher. Ihm fehlt auch die Geduld für die langsame, Schritt für Schritt gehende Darstellung einer Entwicklung; er will nur fertige Zustände schildern, brennende Fragen lösen und sich dabei möglichst eng an das tägliche Leben der Gegenwart anschließen. Die beschaulich-wehmütige Kindheitserinnerung ist ihm fremd. Sein Gebiet ist der aktuelle Zeitroman mit sozialer und politischer Färbung; für den Br. ist er zu ungeduldig, für den Weltanschauungsroman zu leidenschaftlich und einseitig.

Erst G. Freytag freut sich wieder an der Entwicklung eines Menschen; 'Soll und Haben' (1855) ist wohl noch unter der Einwirkung des 'Wilhelm Meister', aber auch des 'David Copperfield' (1849—50) zustande gekommen. Sein Held wird durch Arbeit und Liebe entwickelt. Sein Br. ist bürgerlicher als die meisten seiner Vorgänger; doch blickt noch immer die adelige Umwelt der 'Lehrjahre' herein, und der Kaufmannsberuf seiner Hauptgestalt verdankt gewiß dem 'Wilhelm Meister' und nicht allein Julian Schmidt seine Existenz.

§ 9. Deutlicher noch als hier tritt der Br. mit G. Kellers 'Grünem Heinrich' (1854) wieder in die dt. Literatur ein. Auch er beweist die ungeheure Wirkung Goethes. Auch er schließt sich an die wirklichen und erträumten Erlebnisse seines Verfassers an, und der Held, gleichfalls in Irrtum über seine Künstlerschaft befangen, erinnert durch seine Passivität an 'Wilhelm Meister'. Die Episode auf dem Grafenschloß fehlt ebensowenig und läßt die literarische Tradition über das Erlebnis siegen. Die Handlung hingegen setzt sich aus den einfachsten menschlichen Verhältnissen zusammen und ist von der größten Fülle lebendiger Einzelheiten umgeben. Wieder sind Kunst und Liebe die bestimmenden Lebensmächte, doch kommen Pflicht und Arbeit dabei nicht zu kurz. Die Tiefe des Hintergrundes, die Weite des Gesichtskreises und die Lebensfülle stellen diesen Br. als einzigen in der dt. Literatur unmittelbar neben den 'Wilhelm Meister'.

§ 10. Ihm folgt bis in die unmittelbare Gegenwart eine große Zahl von Br. W. Raabes 'Hungerpastor' (1864), nachdrücklichst die innere Entwicklung betonend und den Wert des geistigen Besitzes gegenüber dem materiellen hervorhebend, steht an der Spitze. Die meisten dieser Werke sind selbstbiographisch; häufig werden Kindheit und erste Jugend mit größerer Kraft und Liebe beschrieben als die spätere Entwicklung; oft brechen sie schon mit dem Abschluß der Kindheit ab. Das Interesse für das Kind steigerte sich eben in unserer Zeit immer mehr und mit ihm das Interesse für alle dunklen seelischen Zustände. Der Grundzug dieser Bücher ist meist pessimistisch; das Kind gilt fast immer als unverstanden. H. Hesses 'Peter Camenzind' (1904) ist solch ein typischer Br. der Gegenwart; ihm schließt sich L. Finckhs 'Rosendoktor' (1906) an; auch Sophie Hoechstetters 'Pfeifer' (1903) gehört in diesen Zusammenhang. Von den zahllosen Büchern dieser Art seien als die bedeutendsten genannt: H. Hesse 'Unterm Rad' (1905), E. Strauß 'Freund Hein' (1902), R. Musil 'Die Verirrungen des Zöglings Törleß' (1906), O. Anthes 'Heinz Hauser' (1912), C. Flaischlen 'Jost Seyfried (1905), Fr. Huch 'Peter Michel' (1901), aber auch O. J. Bierbaum 'Prinz Kuckuck' (1907—08), W. Schussen 'Vinzenz Faulhaber' (1908) und als einer der allerletzten Ausläufer Ernst Frey 'Güggs' (1923). Noch stärker ins Selbstbiographische übergehend J. C. Heer 'Joggele' (1912), H. Anders Krüger 'Gottfried Kämpfer' (1904), Fr. Huch 'Mao' (1907), Otto Ernst 'Asmus Semper' (1908) und A. Petzold 'Das rauhe Leben' sowie K. Bröger 'Der Held im Schatten' (1919). Schließlich sei noch als einer der seltenen Versuche, den Br. in die Unterschichte zu verpflanzen, der seichte und anspruchsvolle 'Götz Krafft' von E. Stilgebauer (1904—05) genannt.

§ 11. Der Br. ist eine dem Deutschen besonders liebe Gattung. Die anderen Nationen besitzen ungleich weniger Werke dieser Art; an großen Erscheinungen ist eigentlich außer Dickens' 'Copperfield' nur Romain Rollands 'Jean Christophe' (1922) zu nennen; erst in neuester Zeit fängt auch in Frankreich die Kindheitsgeschichte an, eine größere Rolle zu spielen (z. B. Anatole France 'Le petit Pierre'). Die ausländische Beeinflussung des dt. Br. geht somit zum größten Teile von anderen Werken, so den großen Bekenntnisbüchern, aus. Christine Touaillon.

Binnenreim s. Reim.

Biographie s. Selbstbiographie.

Bîspel (auch *bîspil*). Eine jüngere, südgerm. Wortbildung, die dem Nord. fehlt, tritt im Deutschen und Ags. die Erbschaft des ausgestorbenen Simplex *spel* (*spell*), nicht in dessen älterer Bedeutung „carmen magicum", sondern in der jüngeren „parabola, fabula, lehrhafte Erzählung" an. Die ersten Belege für diese Bedeutung enthält die 'Kaiserchronik', Wernher von Elmendorf und Hartmanns 'Credo'. Die lehrhafte Bedeutung nimmt zu (die nhd. vom *exemplum* seit dem 16. Jh.). Thomasin, Trimberg und andere Didaktiker bezeichnen ihre in größere Dichtungen verflochtenen kleineren Lehrstücke so. Aber nach dem Vorgang des Stricker bezeichnet man mit B. gewöhnlich kleinere selbständige Reimpaardichtungen moralisch-satirisch-lehrhafter Art. Unserer Kenntnis nach ist der Stricker der Hauptvertreter unter den Pflegern dieser mhd. literarischen Gattung. An ein kleines Einzelbild oder Einzelgeschehnis aus dem menschlichen, dem Tier- oder Pflanzenleben wird eine längere oder kürzere typische Verallgemeinerung verbunden mit einer mehr oder minder passenden moralisch-lehrhaften Auseinandersetzung angeschlossen; die Züge des Einzelfalls erhalten also symbolischen Wert. Eine

Geschichte des B. ist noch nicht geschrieben. Daß der Hauptrepräsentant Stricker zugleich der erste war, der sich in deutscher Sprache mit dieser Art selbständiger gnomologischer Gedichte versuchte, ist die communis opinio; über einen gleichzeitigen oder etwas späteren Anonymus handelt A. Blumenfeldt. Zu Strickers Vorläufern rechnet man Herger, unter dessen Spruchgedichten sich ein halbes Dutzend Fabeln oder Parabeln kleinsten Formates befindet. Aber während es Herger noch dem Hörer überließ, die Moral oder die Nutzanwendung zu erraten, finden wir sie im B. Strickerscher Art länger oder kürzer ausgesponnen. Grundsätzlich ist indessen der Unterschied nicht, zuweilen fehlt auch hier noch die besondere Moralisation, und es wäre zu untersuchen, ob nicht hier ein Hilfsmittel zur Datierung vorhanden wäre. Die eigentliche Quelle der ganzen Dichtungsart scheinen die antike und orientalische Tierfabeldichtung, Geschichten in Physiologusart, Parabeln und Predigtmärlein mit christlicher Symbolik zu sein. Jedenfalls genügt wohl eine heimisch-primitive Grundlage nicht, und in gewissem Sinne sind für die Vorgeschichte des B. die 'Ecbasis captivi', der 'Ysengrimus' und die übrige lat. Tierdichtung des 10.—12. Jhs. heranzuziehen. Die lehrhafte Auseinandersetzung wird in Zusammenhang mit der theologisch-moralischen Auslegung des Predigtmärleins stehen. Wie in der Urgeschichte des Strickerschen B. Herger, so spielt in der Nachgeschichte der Marner eine besondere Rolle. Der Stricker selbst hat jedenfalls mit dieser Literaturgattung, wie er sie handhabte, ungemein viel Anklang und Nachahmung gefunden. Ein Verzeichnis der B.-Hss. findet sich bei v. d. Hagen, *GA.* III 752—96, Bartsch *Strickers Karl* S. XLIX, bei Jensen S. 3—19, Blumenfeldt S. 14 ff.; über die Nikolsburger B.-Hs. s. noch Prager Deutsche Studien 1908, Heft 8; Haupthss. sind der Heidelberger cod. Pal. germ. 341 (ed. Rosenhagen, D. T. d. MA. XVII, 1909), der Kolocsaer Codex (GA. III 756 ff.), die Wiener Hs. 2705 (Hoffmann v. Fallersleben *Verzeichnis der Wiener Hss.* 1840. S. 56 ff.), 2 Münchner, je eine Leipz., Berl., Würzb. Hs. (Rosenhagen S. XXIX). Versuche, des Strickers Anteil zu ermitteln, haben Jensen und Blumenfeldt angestellt (s. noch Rosenhagen S. XXXIII) und somit Vorarbeiten für eine kritische Ausgabe der Strickerschen Fabeln geliefert. In der älteren wissenschaftlichen Literatur trifft man das B. gelegentlich als Spruchgedicht oder Moralität bezeichnet.

Kleinere Gedichte von dem Stricker hsg. von Hahn 1839. L. Jensen *Über den Stricker als Bispel-Dichter.* Diss. Marb. 1885. A. Blumenfeldt *Die echten Tier- und Pflanzenfabeln des Stricker.* Diss. Berlin 1916. — Zum Worte Bîspel vgl. Edw. Schröder ZfdA. XXXVII (1893) S. 255 ff.; Mhd. Wb. II² 491; Lexer I 284; Blumenfeldt a. a. O. S. 9 f. — Zu Marners Bîspel Strauch QF. XIV, S. 28 ff. — Vgl. noch P. Piper *Spielmannsdichtung* I 48 ff. (Kürschners Nat. Lit.).

H. Naumann.

Blankvers. Der Blankvers oder fünffüßige Jambus ist ein Fünfheber von der Form ×⏑́×⏑́×⏑́×⏑́×⏑́(×), der wahrscheinlich auf einen steigend-spondeischen Sechsheber ––́––́|––́––́–⏑́(–́) mit wenig ausgeprägter Fuge nach der 4. Silbe zurückgeht. Er ist der in neuerer Zeit im deutschen Drama vorzugsweise verwendete Vers. Er stammt letzthin aus Frankreich, wo er als *vers commun* im 15./16. Jh. sehr beliebt geworden ist, und wird hier im Heldengesang und in der Lyrik verwendet, hat männlichen oder weiblichen Ausgang und ist gereimt. Er hat anfangs Zäsur nach der vierten Silbe. Später wird die Lage des Einschnitts frei. Von Opitz und seiner Schule ist der Vers viel gebraucht; er wird dann aber vom Alexandriner verdrängt. In Italien wurde der Vers so umgebildet, daß in der Regel nur klingender Reim gestattet war, womit der Vers elfsilbig wurde (*endecasillabo*). So fand er zum Bau der Terzine, Stanze, Kanzone, des Sonetts Verwendung. In England wurde der fünffüßige Jambus gereimt als *heroic verse* im Lehrgedicht, Epos und Drama und ungereimt als *blank verse* im Drama der Elisabethanischen Zeit und im Epos verwendet. Von England ist der Vers am Anfang des 18. Jhs. zum zweiten Male nach Deutschland gekommen, empfohlen durch Gottsched und die Schweizer und bekannt gemacht durch J. E. Schlegels Übersetzungen von Congreves 'Braut in Trauer', durch Übersetzungen Miltons, durch Brawes 'Brutus', Wielands Trauerspiel 'Johanna Gray' sowie Weißes 'Befreiung von Theben' und 'Atreus und Thyest'. Die eigentliche Herrschaft des fünffüßigen Jambus beginnt mit Lessings 'Nathan'.

Der Vers, ein eigentlicher Sprechvers, wird in den mannigfachsten Formen gebraucht. Er hat klingenden und stumpfen Schluß, wird mit und ohne Zäsuren gebaut, reimlos und gereimt, stichisch und strophisch verwendet. Gelegentlich begegnen auch Verse mit fehlender oder mehrsilbiger Senkung nach Art des altdeutschen Verses. Versetzte Betonung oder metrische Drückung ist häufig, besonders im Anfang des Verses und bei Wörtern von dem Typus ⏑́⏑̀×. Bei der Zäsurbildung zeigt sich das Streben, Verse weiblichen Versausgangs mit männlicher Zäsur und umgekehrt zu bilden; doch scheint die Zäsurbildung unbewußt zu geschehen. Der Vers wird häufig gebrochen und unter mehrere Personen verteilt, besonders von Lessing. Des öfteren werden Szenen durch eingestreute Reime gegliedert.

Die Literatur über den B. ist sehr groß. Besonders zahlreich sind Monographien über den Gebrauch des Verses bei einzelnen Dichtern, die aber in der Mehrzahl sehr schematisch gehalten sind.

A. Sauer *Über den fünffüßigen Jambus vor Lessings Nathan*, WSB. XC (1878) S. 625 ff. F. Zarncke *Über den fünffüßigen Jambus bei Lessing, Schiller und Goethe*, Kleine Schriften I 309 ff. Minor *Metrik* S. 230—252; Übersicht über die Literatur bis 1902 ebda. S. 524. E. Zitelmann *Der Rhythmus des fünffüßigen Jambus*, NJbb. XIX (1907) S. 500 ff. F. Saran *Versl.* S. 333—338. L. Hettich *Der fünffüßige Jambus in den Dramen Goethes* (Beitrn Lg. 4) 1913 (mit ausführlichen Literaturangaben). P. Habermann.

Brautlied s. brutliet.

Bremer Beiträger. Der Gegensatz der ästhetischen Anschauungen Gottscheds, der im Anschluß an die strenge Gesetzlichkeit des französischen Klassizismus und durch die Forderung übertriebener Korrektheit in Sprache und Form dem guten Geschmack in der dt. Dichtung zum Siege zu verhelfen suchte, und der Schweizer Bodmer und Breitinger, die unter Berufung auf Milton für größere Freiheit der Kunstübung und für das Recht der Phantasie eintraten, hatte zu heftigen literarischen Fehden geführt. Die jüngeren Anhänger Gottscheds hatten seit 1741 ihr Organ in den 'Belustigungen des Verstandes und Witzes', die von Joh. Joach. Schwabe (1714—1784) geleitet wurden. Gerade den begabteren Mitarbeitern aber widerstrebte das Überhandnehmen des polemischen Gezänkes, und da Schwabe trotz anfänglichen Entgegenkommens sich nicht bereit zeigte, sein Blatt von den Parteistreitigkeiten frei zu halten, so schritten sie Ende 1744 zur Gründung einer eigenen Zeitschrift. Sie erhielt den Titel 'Neue Beiträge zum Vergnügen des Verstandes und Witzes', wurde aber gewöhnlich kurz als 'Bremer Beiträge' bezeichnet, da der Bremer Buchhändler Nathanael Saurmann den Verlag übernommen hatte. Die Mitarbeiter stammten jedoch in ihrer Mehrzahl aus Sachsen und hatten sich als Studenten der Leipziger Hochschule zu gemeinsamem Wirken zusammengefunden.

Die 'Bremer Beiträge' sollten lediglich dem literarischen Schaffen dienen und schlossen kritische und moralisierende Abhandlungen von vornherein aus. Das Unternehmen war als Monatsschrift gedacht, doch kamen bis zum Frühjahr 1748 nur vier Bände zu je sechs Stücken heraus. Sämtliche Arbeiten erschienen ohne Verfasserangabe; über ihre Aufnahme entschied die Gesamtheit der Mitarbeiter durch Stimmenmehrheit. Ein Abweichen von den Gottschedschen Grundsätzen war zunächst nicht beabsichtigt; logische Klarheit und Einfachheit sowie äußere Regelmäßigkeit erschien den meisten Dichtern der 'Beiträge' als das erstrebenswerteste Ziel. Aber schon der grundsätzliche Verzicht auf Kritik war dem Ansehen des dichterisch unzulänglichen Gottsched wenig förderlich, und persönliche Beziehungen der Beiträger zu den Schweizern, deren Rat sie des öftern einholten und befolgten, trugen dazu bei, daß die Zeitschrift allmählich immer nachdrücklicher den Anschauungen der Züricher Kunstrichter in Deutschland Geltung verschaffte. Vor allem aber übten die beiden angesehensten dt. Dichter der Zeit, der lebensfreudige Hamburger Anakreontiker Hagedorn und der von Gottsched bekämpfte pathetische Schweizer Haller, auf das poetische Schaffen der Bremer Beiträger nachhaltigen Einfluß aus; Hagedorn stand zudem in herzlichen persönlichen Beziehungen zu ihnen und nahm an der Entwicklung der Zeitschrift lebhaften Anteil.

Die Herausgabe der 'Bremer Beiträge' besorgte K. Chr. Gärtner (1712—1791), damals Hofmeister in Leipzig. Sein Schäferspiel 'Die geprüfte Treue' leitete das erste Stück der Zeitschrift ein. Es wandelt noch völlig in den Bahnen Gottscheds. Die eigene dichterische Begabung Gärtners war überhaupt gering; weit mehr Verdienst erwarb er sich als einsichtiger kritischer Berater der jüngeren Genossen. Auch der bei weitem eifrigste der Mitarbeiter, Johann Adolf Schlegel aus Meißen (1721—1793), der spätere Vater der beiden Romantiker, kam im eigenen Schaffen über eine nüchterne und trockene Lehrhaftigkeit nicht hinaus; er war aber einer der rührigsten Köpfe des Kreises und hat 1746 sogar die Schäferdichtungen der Gottschedschen Schule in einer Satire verspottet. Dagegen ist sein frühverstorbener Bruder Johann Elias Schlegel (1718—1749) an poetischer Schöpferkraft sämtlichen anderen Beiträgern mit Ausnahme des einzigen Klopstock bei weitem überlegen. Auf dem Gebiete des Lustspiels gab er, an Holberg und Molière geschult, in der 'Stummen Schönheit' (1747) und dem 'Triumph der guten Frauen' (1748) die unbestritten besten dt. Komödien vor Lessing; den Bereich des Trauerspiels hat er mit der auf die dt. Vergangenheit zurückgreifenden steifen Alexandrinertragödie 'Hermann' (1743) wenigstens stofflich erweitert. Shakespeare, von dessen regelwidrigen Stücken Gottsched nichts wissen wollte, wagte er in dessen eigener Zeitschrift zu verteidigen — so wenig war er im blinden Formalismus der Gottschedschule befangen. Völlig veraltet sind für unser Empfinden die geistlichen Oden und Gesänge von J. A. Cramer (1723—1788), der bei seinem ersten Auftreten als der dt. Pindar gepriesen wurde; ein gewisser äußerer Schwung der Sprache vermag die poesielose Nüchternheit dieser Dichtungen nicht zu verdecken. Die Satiren G. W. Rabeners (1714—1771), die 1751/55 gesammelt erschienen, und von denen die 'Beiträge' schon eine ganze Reihe enthalten, sind für unsere Begriffe überaus zahm; zudem beschränken sie sich vorsichtig auf die Torheiten des bürgerlichen Alltags und meiden das gefährliche Gebiet der Politik. Doch dadurch, daß Rabener nicht wie sein namhaftester Vorgänger Liscow nur einzelne und dazu wenig bedeutende Persönlichkeiten zur Zielscheibe seines Spottes wählte, sondern seine Satire allgemeiner hielt und so ein Bild der typischen Schwächen seiner Zeit gab, ist er immerhin kulturgeschichtlich bedeutsam. Dem Bedürfnis der zeitgenössischen Leserschaft entsprach von sämtlichen Beiträgern am weitaus besten Chr. F. Gellert (1715—1769). Er ist in keiner Beziehung Bahnbrecher einer neuen Zeit, und seine poetische Begabung erhob sich nirgends über eine gewisse hausbackene Mittelmäßigkeit. Aber gerade weil er allgemeinverständlich und gefällig die herrschende Meinung auszusprechen verstand, wurde er der volkstümlichste Dichter seiner Zeit. Die 'Beiträge' brachten von ihm die beiden Lustspiele 'Die Betschwester' und 'Das Los in der Lotterie'. F. W. Zachariä (1726—1777) verdankt seinen literarischen Namen dem schon in Schwabes 'Belustigungen' 1744 erschienenen komischen Epos 'Der Renommist', einem Sittenbild aus dem Studentenleben, das einen rauflustigen Jenaer und einen modisch-galanten Leipziger Musensohn einander gegenüberstellt und dazu eine eigene Mythologie aufbietet. Wenig persönliches Gepräge haben die meisten andern Mitarbeiter, unter denen der Deutschungar N. D. Giseke (1724—1765) und J. A. Ebert (1723—1795), der durch seine Übersetzung von Youngs 'Nachtgedanken' (1751) dem Vordringen des englischen Geschmacks in Deutschland Vorschub leistete, als nahe Freunde Klopstocks zu erwähnen sind. Ihre bedeutungsvollste Tat vollbrachten die 'Bremer Beiträge' im vierten und fünften Stücke des letzten Jahrgangs (1748) mit der Veröffentlichung der ersten drei Gesänge von Klopstocks 'Messias'. Damit vermittelten sie der dt. Öffentlichkeit die Bekanntschaft des Dichters, der als erster nach der über ein Jh. währenden Vorherrschaft des Verstandes und eines einseitigen Formalismus wieder eine aus innerem Erleben geborene, von einer machtvollen Phantasie getragene Poesie zu schaffen vermochte. Auch einige Oden Klopstocks sind in den 'Beiträgen' enthalten. So führt die aus dem Kreise der Anhänger Gottscheds hervorgegangene Zeitschrift bereits in das Blütezeitalter der deutschen Dichtung hinein. Ein fünfter und sechster Band der 'Bremer Beiträge', 1748/59 von Johann Matthias Dreyer herausgegeben, hat mit den alten Mitarbeitern nichts zu tun; dagegen ließen diese 1748/57 in drei Bänden eine 'Sammlung vermischter Schriften von den Verfassern der bremischen Beiträge zum Vergnügen des Verstandes und Witzes' in einem Leipziger Verlage erscheinen.

F. Muncker *Bremer Beiträge* (DNL. 43/44).
H. Heckel.

Brevier (*breviarium, liber breviarius*), das offizielle liturgische Gebetbuch der katholischen Kirche, das die vom Klerus durch das ganze Kirchenjahr zu verrichtenden Pflichtgebete (*officium divinum, off. ecclesiasticum*) in der für die verschiedenen Stunden (*horae, horae canonicae*, Stundengebet) oder Zeiten des Tages (kirchliche Tagzeiten) vorgeschriebenen Ordnung enthält. Der Name kommt eigentlich nur dem Buche zu, wird aber auch für das Gebet selber gebraucht (Breviergebet). Erledigt wird das Gebet entweder *in choro* (Chorgebet, z. B. an Kollegiatkirchen und in Klöstern) oder einzeln (*privatim*). Es setzt sich zusammen aus Psalmen, Hymnen, Antiphonen, Lektionen (Lesungen aus der Hl. Schrift, den Werken der Väter, den Viten der Heiligen oder aus Homilien), Responsorien, Versikeln und Orationen nach bestimmter Ordnung. Es verteilt sich auf sieben Tageszeiten: die Matutin (*off. nocturnum*, früher *vigiliae*, Nachtgebet), aus drei oder nur aus einer Abteilung (Nokturn) bestehend, und die Laudes (*laudes matutinae*, das Morgengebet), sodann die vier kleinen Horen: Prim, Terz, Sext und Non, sowie Vesper und Komplet. Beginnend mit Advent, dem Anfang des Kirchenjahres, ist das B. in vier Teile eingeteilt; der erste Teil (*pars hiemalis*, Winterteil) reicht bis zum ersten Sonntag in der Fastenzeit, der zweite (*pars verna*, Frühjahrsteil) bis zum Dreifaltigkeitssonntag, der dritte (*pars aestiva*, Sommerteil) bis zum ersten Sonntag im September, der vierte (*pars autumnalis*, Herbstteil) bis zum ersten Adventssonntag. Jeder dieser vier Teile enthält ein *Calendarium*, das *Ordinarium* mit den Angaben über die Zusammensetzung der einzelnen Tagzeiten und mit den bei ihnen regelmäßig wiederkehrenden Gebeten, das *Psalterium*, das *Proprium de tempore* mit den wechselnden Gebeten und Lesungen für die Sonn- und Werktage und die Hauptfeste des Kirchenjahres, das *Proprium sanctorum* für die Feste der Mutter Gottes und der Heiligen, das *Commune sanctorum* mit Gebetsformularen für diejenigen Fälle, für die im *Proprium sanctorum* keine eigenen Gebete und Lesungen vorgesehen sind, angeordnet nach den verschiedenen Klassen der Heiligen wie Apostel, Märtyrer, Bischöfe, Bekenner usw., sodann das *Officium b. Mariae virginis*, das *Officium defunctorum*, die Stufenpsalmen (*psalmi graduales*, Ps. 119—134), die Bußpsalmen, die Allerheiligenlitanei und noch einige andere Gebete.

Die Verpflichtung zum Breviergebet wird übernommen mit den höheren Weihen (vom Subdiakonat aufwärts) oder bei Ordensangehörigen mit der feierlichen Profeß.

Die Entstehung des Breviers als eines Handbuches für die pflichtmäßige Erledigung des kirchlichen Officiums geht ins 11. Jh. zurück. Vorher gebrauchte man beim Stundengebet mehrere Bücher (*Psalterium, Hymnarium, Lectionarium, Antiphonarium* usw.). Zur Erleichterung beim privaten Gebet und namentlich auf Reisen wurde aus diesen Büchern, zugleich mit bedeutenden Verkürzungen, im 12. Jh. das Brevier — daher wohl auch sein Name *breviarium* — als handliches Buch zusammengestellt, das bald allgemeine Verbreitung fand. Durch die von Pius V. 1568 zum Abschluß gebrachte Brevierreform erhielt das Brevier im wesentlichen seine heutige Form und Beschaffenheit. Neu revidiert wurde es unter Clemens VIII. (1602) und unter Urban VIII

(1631). Tiefgreifende Änderungen erfolgten unter Leo XIII. (1882) und Pius X. (1911).

Außer dem römischen waren und sind noch mehrere andere Breviere im Gebrauch; von den morgenländischen seien genannt das griechische, armenische, maronitische und koptische, von den abendländischen das mailändische (sog. ambrosianische), das mozarabische (in Spanien), das monastische (bei den Benediktinern, Zisterziensern, Kartäusern u. a. alten Mönchsorden), das dominikanische (bei den Dominikanern).

Verdeutschungen des Breviers sind im Spätmittelalter für Klosterfrauen und auch für vornehme Laien angefertigt worden; die in den Bibliotheken erhaltenen Exemplare stammen meistens aus dem 15. und 16. Jh. Ein deutsches Brevier 'Petbuch die syben zeit von Latein zu Deutsch gemacht' durch den Barfüßer Jakob Wyg wurde 1518 in Venedig gedruckt, ein zweites, 'Teutsch Römisch Brevier' für Klosterfrauen erschien 1535 (zum zweitenmal gedruckt) in Augsburg. Rationalistischen Gedankengängen entsprang das von Thadd. Anton Dereser auf Veranlassung des Kölner Kurfürsten Maximilian Franz bearbeitete 'Deutsche Brevier für Stiftsdamen und Klosterfrauen', Augsburg 1792 u. ö. Stark gekürzte Laienbreviere sind die seit dem 13. Jh. als Gebetbücher weitverbreiteten *Livres d'heures* (Stundenbücher), auf die wieder in ihrem Kern die seit dem Ausgang des 15. Jh. in Deutschland oft gedruckten *Hortuli animae* und ihre Verdeutschungen, die 'Seelengärtlein' u. a. zurückgehen (vgl. den Art. *Gebetbuch*). Ungemein zahlreich sind die gereimten Verdeutschungen der Hymnen des Breviers, um die sich seit dem 13. Jh. alle folgenden Jahrhunderte bemüht haben; sie haben einen bedeutenden Anteil an der Entwicklung des deutschen Kirchenliedes.

F. Propst *Brevier und Breviergebet* 1868². F. X. Pleithner *Älteste Geschichte des Breviergebetes* 1887. S. Bäumer *Geschichte des Breviers* 1895. P. A. Kirsch *Die historischen Brevierlektionen* 1902. H. Lietzmann *Einführung in das römische Brevier* (Liturgische Texte H. 10) 1917 (Kleine Texte f. Vorlesungen u. Übungen 141). K. Kastner *Praktischer Brevier-Kommentar* 1923—24.

J. Gotzen.

Briefroman. § 1. Als Bfr. pflegt man jene Romane zu bezeichnen, welche ganz oder doch zum allergrößten Teile aus Briefen bestehen. Häufig verbindet sich mit den Briefen die Einleitung eines fingierten Herausgebers, des Inhaltes, er habe sie gesammelt oder als Vermächtnis erhalten und lege sie jetzt den Lesern vor; auch ein Nachwort ist beliebt, das die Summe des Ganzen zieht. Gern verbinden sich Tagebuchbruchstücke mit den Briefen, und im Roman des 18. Jhs., besonders im Frauenroman, wird nicht selten der Inhalt einer ganzen Brieftasche, aus den verschiedensten Lebensdokumenten bestehend, vor dem Leser ausgebreitet. Der Bfr. setzt die Handlung entweder aus Briefen einer einzigen Person zusammen oder zerlegt sie in verschiedene, durch mehrere Briefschreiber ausgedrückte Teilhandlungen. In dieser Form haben vielerlei Arten von Inhalt Platz. Doch eignet sie sich am besten für Handlungen seelischer Betonung, da äußere Ereignisse im brieflichen kurzen Bericht langweilen, durch die ausmalende Wiedergabe des Briefes hingegen zerdehnt und ihrer ursprünglichen Wucht beraubt werden. Daher hängt die Zunahme des Bfr. mit dem Zurücktreten der äußeren Handlung zusammen, und es ist mit ihm von vornherein eine Vereinfachung der Handlungslinien verbunden.

Der Brief war immer ein beliebtes Mittel der Illusionserzeugung und wurde häufig in die Erzählung eingeschaltet, da er ihre Wahrheit zu bekräftigen schien. Seine eng mit dem Leben verbundene Technik erleichterte die Entstehung und die Aufnahme des Bfr. Die Brieftechnik gewährt dem Schriftsteller überhaupt manche Vorteile. Sie ermöglicht ihm die bequeme Auseinanderlegung der Charaktere und erlaubt ihm eine lockere Komposition. Sie steht aber zugleich auch am Beginn der indirekten Darstellung, indem der Briefschreiber gewissermaßen ohne Vermittlung des Autors vor den Leser tritt.

§ 2. Jörg Wickram verwendete in seinen realistischen und zugleich von seelischem Inhalt erfüllten Romanen (ca. 1550) bereits den Brief. Diese Briefe geben hauptsächlich Gefühlen Ausdruck und muten wie Vorläufer der Empfindsamkeit an; ihre Sprache ist zwar einfach, entfernt sich aber doch von der Lebenssprache. Auch der Roman des 17. Jhs. schaltet gern Briefe ein; sie finden sich in fast allen heroisch-galanten Romanen, so bei Zesen, Ziegler, Anton Ulrich von Braunschweig. Diese Briefe sind häufig voll unerträglichen Schwulstes; man will nicht etwa die Sprache des Lebens nachahmen, sondern nur stilistische Prunkstücke liefern; dabei verbindet sich Empfindsamkeit mit scharfer logischer Zuspitzung. Sie dienen aber auch als rhetorische Kunstmittel, damit die Handlung nicht zu rasch fortschreite.

Auch Grimmelshausen schaltet in seinen Romanen Briefe ein; sie sind von frischester Lebenssprache und schließen sich auf das Engste an die täglichen Vorkommnisse an. Von hier ist der Weg zur bewußten satirischen Ablehnung des galanten Briefes — der in Lehrbüchern des guten Tones im 17. Jh. systematisch gelehrt wurde — nicht weit. Chr. Weise verspottet denn auch wirklich in seinen „politischen" Romanen den Lohensteinschen Schwulst und dehnt in dem satirisch gemeinten Brief eines Sprachreinigers seine Satire noch weiter aus. Diese Reinigung des literarischen Briefes von Unnatur und Sprachwidrigkeit dauert an; Christian Reuters 'Schelmuffsky' (1696) bietet in seinen Briefen den unverfälschten Ausdruck des Lebens. Aber auch der Brief des ernsten Romans entledigt sich seiner steif galanten Schnörkel, was in J. G. Schnabels 'Insel Felsenburg' (1731—43) schon deutlich zu sehen ist.

§ 3. Auf diese Weise war der Brief zu Anfang des 18. Jhs. für die verschiedensten literarischen Zwecke vorbereitet; er hatte gelernt, Ausdruck des Gefühls, der verstandesmäßigen Erwägung und Wiedergabe des Tatsächlichen zu sein. Als Richardsons Briefromane (1740—1755) ihren Siegeslauf durch Europa begannen und Rousseaus 'Neue Heloïse' (1759) den Brief zum Werkzeug der höchsten Leidenschaft machte, trug die Form nicht weniger als der Inhalt zu der ungeheuren Wirkung bei. Man betrachtete damals den Brief als eines der größten seelischen Erlebnisse; er war dem Menschen das bequemste Gefäß für seine Empfindungen und Betrachtungen. Die grüblerische Selbstbeobachtung der Zeit, ihre Abwendung vom Äußeren und ihre Hinwendung zum inneren Erlebnis, ihre seelische Aufgeschlossenheit und ihr Bedürfnis nach Aussprache der drängenden Gefühle riefen die Leidenschaft des Briefschreibens hervor und machten den Bfr. zur beliebtesten Gattung der Empfindsamen, während das schnelle Tempo und die äußerlichen Ereignisse des Abenteuerromans ihnen nichts mehr bedeuteten. Demzufolge wurden die Briefe im dt. Roman immer häufiger, Anweisungen zur Abfassung guter Briefe begannen zu erscheinen, und einzelne Persönlichkeiten wurden durch ihre Kunst des Briefschreibens berühmt, so Gellert, der selbst einen Briefsteller herausgab ('Briefe, nebst einer praktischen Abhandlung von dem guten Geschmacke in Briefen' 1751). Die Briefe in seiner 'Schwedischen Gräfin von G.**' (1747—48) entsprechen seiner Theorie, indem sie einfach, klar, natürlich und lebhaft sind und die gesprochene Sprache nicht allzu sehr verändern. Sie bedeuten einen ungeheuren Fortschritt gegenüber dem 17. Jh.

1769—73 gab J. T. Hermes seinen berühmten Bfr. 'Sophiens Reise' heraus; er bemüht sich, die einzelnen Briefschreiber durch ihre Sprache zu individualisieren. Zugleich ist ihm aber der Brief ein bequemes Mittel, um alles, was er auf dem Herzen hat, dem Leser mitzuteilen; die Illusion ist dadurch oft stark beeinträchtigt, und seine ungeheure Weitschweifigkeit sprengt häufig die Form des Briefes ganz. Der beständige Wunsch des Verfassers, zu nützen, kommt den künstlerischen Absichten in die Quere. Das psychologische Interesse spielt die größte Rolle; jede noch so geringfügige seelische Veränderung wird beschrieben. Er strebt nach einer gewissen Realistik, wie z. B. das Vorkommen unorthographischer Briefe beweist; im allgemeinen ist seine Brieftechnik noch recht unsicher. An diesen Briefroman reihen sich in Deutschland viele andere, die teilweise satirischen Zwecken dienen, wie Musäus' 'Grandison der Zweite' (1760—62).

§ 4. Im allgemeinen kann man deutlich einen rationalistischen und einen empfindsamen Zweig des Bfr. beobachten. Der rationalistische Zweig, der sich bis ins 19. Jh. fortsetzt, wird einerseits durch den Familienroman, andrerseits durch den geschichtlichen Roman verkörpert. Die Frauen pflegen hauptsächlich den familiären Bfr., denn sie sind durch den Brief mit der Kunst vertraut geworden, und man sagt ihnen nicht umsonst besondere Begabung für das Briefschreiben nach. Seine Hauptrepräsentantin ist Sophie von La Roche, deren Roman 'Rosaliens Briefe' (1775—76) Realistik, praktischen Blick, kluge Lebensauffassung und geschickte Charakterisierung aufweist. Ihr schließen sich zahlreiche andere Schriftstellerinnen an, bei denen der Bfr. seinen moralisierenden Charakter bewahrt. Auch Ad. v. Knigge schrieb um diese Zeit einige kluge Bfr.; mit A. v. Kotzebue hingegen stieg diese Gattung zur Unterschicht der dt. Literatur hinab. Der geschichtliche Bfr. hat seinen hervorragendsten Vertreter in Wieland, dessen 'Aristipp' (1800—01) durch seine Seelenkunde, seinen geistigen Reichtum, seine sichere Bildungsgrundlage und seinen philosophischen Gehalt über allen anderen Werken dieser Gruppe steht. Er fand nur spärliche Nachfolge.

§ 5. Während der rationalistische Bfr. den Brief auch gern zum Werkzeug seiner Handlung macht (der Intrigant teilt seine Pläne brieflich mit, der Brief wird gefunden und zur Durchkreuzung seiner Listen benutzt), spielt im empfindsamen Bfr. der Gefühlserguß eine stärkere Rolle als der Brief selbst. Er beginnt mit Sophie von La Roches Roman 'Das Fräulein von Sternheim' (1771), der auf Richardson fußt, und steigt in Goethes 'Werther' (1774) zur höchsten Höhe. Hier sind dem Brief seine stärksten Wirkungen abgewonnen; er weiß alles auszudrücken, was im Bereich des Seelischen liegt, und dabei ein Lebensbild von größter Wahrheit innerhalb dieser Form zu erzeugen. Die Sprache ist jetzt völlige Lebenssprache geworden; Leidenschaft, Lebensfreude, Melancholie finden ihren brieflichen Ausdruck, und hinter diesen schlichten Lebensdokumenten liegt eine ganze Welt. In der dt. Nachfolge des 'Werther' nimmt nur Hölderlins 'Hyperion' (1797) eine hohe Stellung ein. In diesem Bfr. tritt das realistische Detail völlig zurück, nur die Empfindung hat ihren Ausdruck gefunden. Vaterlands-, Volks-, Freiheits- und Freundschaftsgefühle treten an die Stelle des Wertherkonfliktes. Das Werk ist von tiefstem Ideengehalt und, darin dem 'Werther' gleich, von hinreißender Naturempfindung. Die Bfre. der J. M. Miller und F. H. Jacobi hingegen sind zwar psychologisch interessant und nicht ohne Tiefe und Leidenschaft, aber ohne Charakterisierungsgabe und ohne Fähigkeit, eine klare Handlung aufzubauen. Jacobi bezeichnet selbst die Briefe seiner Heldin im 'Allwill' (1792) als „Wechselgesang von Verzweiflung und Wonne", doch schließt sich diesen stark empfundenen Stimmungen kein scharf umgrenztes Weltbild an.

Die Bfre. Auguste Fischer-Venturinis ('Die Honigmonate' 1802 und 'Der Günstling' 1809) wurzeln in der rationalistischen und in der empfindsamen Strömung zugleich. Sie sind ohne Richardson nicht zu denken, betonen aber die leidenschaftlichen Elemente stärker, behalten von der Empfindsamkeit nur die Tiefe des Gefühls bei und sind technisch vollendet. Die stärksten seelischen Erlebnisse sprechen sich in ihnen aus, sie sind völlig individualisiert und voller Wucht und Lebenswahrheit. Keine unter den Frauen dieser Zeit kommt Auguste Fischer-Venturini gleich, auch nicht Sophie Mereau mit ihrem psychologisch interessanten Bfr. 'Amanda und Eduard' (1803).

§ 6. Mit der Vorherrschaft des Klassizismus und der Romantik hörte die Strömung des dt. Bfr. auf; nur ab und zu versuchten sich seit dieser Zeit einzelne Schriftsteller in dieser Gattung, und nur ausnahmsweise war einem Bfr. aus äußeren Gründen ein größerer Erfolg beschieden (wie etwa den 'Briefen, die ihn nicht erreichten' von Elisabeth Baronin Heyking 1903). Wie der Brief im Leben immer mehr an Bedeutung verliert, weil das Tempo des modernen Daseins viel zu schnell ist, als daß man sich mit Behagen der Korrespondenz hingeben könnte, so auch in der Literatur. Trotzdem beweist

Ricarda Huchs Bfr. 'Der letzte Sommer' (1910), welchen Fortschritt die Technik des Briefes gemacht hat. Sie schildert äußere Ereignisse mit voller seelischer Durchdringung und paßt sie der Briefform an. Die Briefe entsprechen wirklichen Briefen bis ins Letzte und drücken trotzdem auf engstem Raum die Individualität der einzelnen Schreiber lückenlos aus; zugleich baut sich aus ihnen die ganze Handlung so vollendet auf, daß keine Einzelheit zu viel und keine zu wenig ist. Was sich innerhalb der Form des Bfr. überhaupt leisten läßt, ist hier geleistet.

Christine Touaillon.

Brüder, Böhmische, eine aus den Resten der utraquistischen Bewegung hervorgegangene Sekte, die in Böhmen und Mähren, zunächst in tschechischen Gegenden, Verbreitung fand. Um 1480 wanderten an 100 deutsche Waldenser aus der Mark Brandenburg in die Grenzgebiete von Böhmen und Mähren, ließen sich in Landskron und Fulnek nieder, vereinigten sich hier mit den Böhmischen Brüdern und bildeten so die einzigen deutschen Gemeinden unter ihnen. In den meisten dogmatischen Fragen stimmten die Brüder mit den Taboriten überein, nur bezüglich der Abendmahlslehre waren sie schwankend, besonders als Luther und Zwingli auftraten; beide Lehrmeinungen fanden unter den Brüdern Anhänger und warme Verteidiger. Unter den Führern der deutschen Gemeinden ragte Michael Weiße hervor, der, aus Neiße stammend, in ein Breslauer Kloster eingetreten war, es aber später verließ und sich den Brüdern anschloß. Schon 1501 und dann wieder 1519 hatten die tschechischen Brüdergemeinden eigene Gesangbücher drucken lassen, die auch in den deutschen Gemeinden den Wunsch erweckten, deutsche Lieder für ihren Gottesdienst zu besitzen. Michael Weiße unterzog sich dieser Aufgabe und stellte unter Mitwirkung seines Amtsgenossen Johann Horn und unter Zustimmung der Senioren ein Gesangbuch zusammen, das 1531 in Jungbunzlau erschien und den Titel führte: 'Ein New Gesang buchlen' (Ph. Wackernagel, Bibliographie Nr. 309). Mit seinen 157 Liedern war es das reichste Gesangbuch in deutscher Sprache, dem gegenüber die lutherischen Gesangbücher stark in den Hintergrund traten. Weiße war bei der Zusammenstellung seines Gesangbuchs mit größtem Ernst und Eifer vorgegangen; zu seiner Vorlage hatte er zunächst das alte, bisher im Gebrauch der deutschen Gemeinden gestandene Kanzional der Brüder, das lateinische Gesänge enthielt, aus denen er 4 Lieder ins Deutsche übertrug; von tschechischen Liedern, die ihm die beiden oberwähnten Gesangbücher boten, übersetzte er 16 ins Deutsche. Alle andern Lieder sind Weißes eigene Schöpfungen; sie verdienen das Lob, das Luther, mit dem Weiße schon 1524 im Auftrage der Brüder in Wittenberg Fühlung genommen hatte, ihnen spendet, der ihren Verfasser als einen trefflichen Poeten bezeichnet. Bei Erscheinen dieses Gesangbuchs hatten die Brüder noch auf dem Standpunkte gestanden, daß die Worte Christi, die er beim letzten Abendmahl sprach, nur symbolisch zu fassen seien, das Abendmahl somit nur als Erinnerung an das Leiden Christi zu betrachten sei. Dementsprechend fanden sich in dem Gesangbuch einige Abendmahlslieder, in denen vom Leib und Blut Christi nur „testamentsweis" gesprochen und ausdrücklich gesagt wurde, Leib und Blut Christi seien im Abendmahl nicht vorhanden, eine Ansicht, die auch in der 1533 in Zürich gedruckten und von Weiße verfaßten 'Rechenschaft' zum Ausdruck gelangte. Als aber unter dem Einflusse Luthers und vielleicht auch Weißes, gewiß aber von seinem Amtsbruder Johann Horn gefördert, Luthers Anschauungen sich unter den Brüdern durchsetzten, erschien es notwendig, den geänderten Lehrmeinungen auch in den Liedern der Gemeinde Rechnung zu tragen. Weiße und Horn wurden mit der Revision des Gesangbuchs betraut, ersterer aber starb während der Arbeit 1534, und Horn führte sie allein zu Ende; 1544 erschien die neue Ausgabe unter dem Titel: 'Ein Gesangbuch der Brüder inn Behemen und Merherrn, Die man aus hass vnd neyd, Pickharden, Waldenses etc. nennet' in Nürnberg bei Johann Günther (Ph. Wackernagel, Bibl. Nr. 473). Vier Lieder vom Abendmahl sind hier ausgelassen, 32 andere sind neu. Da diese alle Stileigentümlichkeiten Weißes aufweisen, sind sie wohl als sein Eigentum zu betrachten; nur 9 davon erweisen sich als Übersetzungen aus dem Tschechischen. Der Anteil Horns ist auch in diesem Gesangbuch wie in seiner ersten Auflage nur der eines Gesamtredaktors.

Die nächste Auflage des Gesangbuchs der deutschen Gemeinden erschien, in Ausstattung sich vollkommen an die neue tschechische Ausgabe des Gesangbuchs vom J. 1561 anschließend, 1566: 'Kirchengeseng darinnen die Heubtartickel des Christlichen Glaubens kurtz gefasset vnd ausgeleget sind' (Ph. Wackernagel, Bibl. Nr. 877). Es ist das umfangreichste Gesangbuch der Brüder, mit einer Fülle neuer Lieder; es zerfällt in zwei Teile; der erste enthält ausschließlich Lieder der Brüder, vermehrt um 180 Lieder, unter deren Verfassern Johann Geletzky mit Psalmenübersetzungen, Michael Tham, der sich an Weiße anschließt, und Petrus Herbertus mit 93 Liedern, die oft in Spielereien ausarten, zu nennen sind; der zweite Teil mit 108 Liedern bringt nur protestantische Verfasser, vor allem Luther, von dessen Liedern nur 9 fehlen, dann Joh. Agricola, A. und Th. Blaurer, Elisabeth Creutziger, Paul Eber, G. Freder, Joh. Gramann, M. Greiter, G. Grünewald, E. Hegenwaldt, S. Heyden, N. Hovesch, J. Jonas, A. Knöpken, Joh. Kolrose, W. Meuslin, M. Müntzer, L. Oehler, A. Reisner, H. Sachs, J. Schnesing, L. Spengler, P. Speratus, H. Vogtherr, B. Waldis, H. Witzstat und J. Zwick. Das Gesangbuch erlebte 1580 eine neue Auflage, die sich inhaltlich von der früheren nicht unterscheidet. 1606 erschien, von Martin Polycarpus revidiert und um 23 seiner eigenen Lieder vermehrt, eine neue Ausgabe (Ph. Wackernagel, Bibl. Nr. 389), endlich 1639 zu Lissa in Polen eine letzte (Ph. Wackernagel, Bibl. Nr. 451), die, wie das Vorwort berichtet, einige Gesänge, die nicht mehr in Gebrauch waren, wegließ, dafür aber einige neue Lieder, namentlich dem zweiten Teile, zufügte.

Julian *Dictionary of Hymnology* 1892. S. 153—160. R. Wolkan *Das dt. Kirchenlied der Böhmischen Brüder* 1891. R. Wolkan *Geschichte der dt. Lit. in Böhmen* 1894. S. 245—256. R. Wolkan *RE.*[3] s. v. *Kirchenlied* IV.

R. Wolkan.

Brüder, Hutterische. Ursprünglich eins mit den Schweizer Brüdern (s. d.), trennten sie sich unter dem Einflusse ihres 1536 verbrannten Führers Jakob, eines Huterers (Hutmachers), und nahmen die Gütergemeinschaft an; da sie zumeist in Mähren, namentlich in der Gegend von Nikolsburg, Auspitz und Austerlitz, Zuflucht fanden, nannte man sie auch Mährische Brüder, was später zu manchen Irrungen Veranlassung wurde. Sie sandten von hier aus Prediger durch ganz Deutschland und Österreich, besonders Tirol, und fanden weite Verbreitung; in den Alpenländern, in Mitteldeutschland, aber auch am Rhein und in Ostpreußen treffen wir ihre Anhänger, die um so zahlreicher wurden, je blutiger man sie verfolgte. Peter Riedemann brachte ihre dogmatischen Anschauungen in ein System und veröffentlichte 1565 seine 'Rechenschaft', die fortab die dogmatische Grundlage der Brüder blieb (Neuauflage 1902 in Berne, Indiana). 1622 werden sie aus Mähren vertrieben und wandern nach Ungarn aus, wo sie von früher her Kolonien, „Haushaben" genannt, besaßen. Mannigfaltige Bedrükkungen, denen sie auch hier ausgesetzt waren, veranlaßten sie, Kolonien nach Rußland zu entsenden, die durch wiederholten Zuzug sich rasch verstärkten. Namentlich die Gemeinden im Gouvernement Tschernigow und Jekaterinoslaw entwickelten sich zu blühenden Kolonien, über die die russischen Kommissäre nicht genug Rühmens machen konnten. Die Einführung der allgemeinen Wehrpflicht in Rußland zwang die Brüder, denen ihr Bekenntnis Waffen zu tragen verbietet, 1874 ihre Siedlungen aufzugeben und nach Amerika auszuwandern, wo sie in Süd-Dakota in 13 Brüderhöfen mit ungefähr 2000 Seelen sich niederließen. Als der Weltkrieg ausbrach und sie trotz der ihnen feierlich von der Regierung gegebenen Privilegien zum Waffendienst herangezogen wurden, wanderten sie abermals aus und zogen nach Canada, wo sie eine Reihe neuer Brüderhöfe gründeten, die zum Teil erst in der Entwicklung begriffen sind; dis größte ihrer Niederlassungen ist Standoff-Colony bei Macleod. — Die „Hutterer“, wie sie sich nach ihrem Begründer nennen, haben im Laufe ihrer Geschichte hunderte von Liedern gedichtet, die sich bis in unsere Zeit nur handschriftlich erhielten; die Bibliotheken in Wien, Brünn, Preßburg, Gran und Karlsburg in Siebenbürgen besitzen viele dieser Handschriften, die meisten natürlich die Brüder selbst in ihren Ansiedlungen. Erst 1914, kurz vor Ausbruch des Weltkrieges, entschlossen sie sich, die bis dahin sich des 'Ausbunds' der Schweizer Brüder bedient hatten, zu ihrer Veröffentlichung, die unter dem Titel 'Die Lieder der Hutterischen Brüder' zu Scottland in Pennsylvanien erschien und 344 Lieder enthält. Es sind zum großen Teil Lieder, die zur Erinnerung an den Tod ihrer Märtyrer niedergeschrieben wurden und als historische Dichtungen zu betrachten sind; andere beschäftigen sich mit dogmatischen Fragen, besonders mit der Abendmahlslehre und der Gütergemeinschaft oder sind erbaulichen Inhalts. Zu den bedeutendsten und fruchtbarsten Dichtern gehört Peter Riedemann, dessen Lieder zum Teil im Kerker verfaßt sind, und dessen höchstes Ideal die Liebe ist. Neben ihm steht Hans Raiffer, dessen Lieder gleichfalls fast ausschließlich Erbauungslieder sind. Auch heute noch werden in der Gemeinde Lieder gedichtet, die sich, da die Brüder seit dem 17. Jh. sich nicht mehr auf deutschem Boden befanden und mit Deutschland keine Berührung hatten, fast ganz in den Bahnen der deutschen Dichtung des 16. Jhs. bewegen und auch in der Sprache, die viele Altertümlichkeiten bewahrt hat, ganz auf dem Standpunkt des 16. oder 17. Jhs. stehen; ebenso gebrauchen sie für ihre Lieder ausschließlich Töne des 16. Jhs. Die Gütergemeinschaft besteht auch heute noch wie im 16. Jh.; so sind die Brüder das einzige Beispiel in der Weltgeschichte, daß sich eine kommunistische Gesellschaft durch Jahrhunderte ungeschwächt zu erhalten vermochte, allerdings nur deshalb, weil sie auf religiöser Grundlage sich aufbaute.

J. Beck *Die Geschichtsbücher der Wiedertäufer* (Fontes rerum Austriacarum II 43) 1883. R. Wolkan *Die Lieder der Wiedertäufer* 1903. S. 165—260. R. Wolkan *Die Hutterer* 1918. R. Wolkan *Geschichtbuch der Hutterischen Brüder* 1923. R. Liefmann *Die kommunistischen Gemeinden in Nordamerika* 1922.

R. Wolkan.

Brüder, Schweizer, kirchliche Sekte, die sich zu Beginn der reformatorischen Bewegung des 16. Jhs. in der Schweiz bildete, von Zwingli, Luther und Karlstadt zwar beeinflußt erscheint, aber sich doch wieder in vielen Punkten von deren Lehren unterscheidet. Sie waren ursprünglich eins mit den Hutterern, die nur wegen der Frage der Gütergemeinschaft sich von ihnen trennten. Ihre Grundsätze wurden am 24. Februar 1527 in den sogenannten Artikeln von Schlatt in Baden zusammengefaßt, die Kinder von der Taufe ausschließen, den Bann gegen sündenfällige Gemeindemitglieder anwenden, das Abendmahl nur als eine Erinnerung an den Kreuzestod Christi betrachten und gegen das Schwert wie gegen den Eidschwur sich erklären. Weil sie sich gegen die Taufe der Kinder aussprachen, hat sie das 16. Jh. mit unter dem Namen der „Wiedertäufer“ zusammengefaßt; sie selbst sind in Wirklichkeit die schärfsten Gegner der Münsterischen Stürmer gewesen. Unter ihren ersten Führern nennen sie selbst Konrad Gröbl, Felix Manz, Balth. Hubmaier, Mich. Sattler, Georg Blaurock und Leonhard Kayser, von denen die meisten den Märtyrertod starben. Denn Katholiken wie Protestanten verfolgten sie grausam; trotzdem fanden sie weite Verbreitung in Österreich, Hessen und der Rheinpfalz, wo sie mit den Mennoniten in nähere Berührung kamen. Jeder ihrer Märtyrer wurde durch ein Lied gefeiert; so entstand eine Fülle von Liedern, die hie und da in Einzeldrucken erschienen, bis sie später unter dem Titel 'Aussbund Etlicher schöner Christlicher Geseng, wie die in der Gefengnuss zu Passaw im Schloss von den Schweitzern, vnd auch von andern rechtgläubigen Christen hin vnd her gedicht worden' zusammengefaßt wurden (Ph. Wackernagel, Bibliographie Nr. 976). Die erste uns bekannte Ausgabe stammt aus dem J. 1583; daß ihr eine frühere vorangegangen sein muß, erhellt aus dem vom Kurfürsten Friedrich von der Pfalz angeregten Frankenthaler Gespräch vom J. 1571, das den 'Ausbund' bereits als bekannt voraussetzt. Das Gesangbuch zerfällt in zwei Teile; der 2., ältere, enthält 51 Lieder jener Schweizer Brüder, die 1535 in Passau eingekerkert lagen, darunter 12 Lieder von Hans Petz und 11 Lieder von Michel Schneider; der 1. Teil entnimmt 5 Lieder dem Gesangbuch der Böhmischen Brüder, die hier anderen Verfassern zugeteilt werden; 11 sind Übersetzungen aus dem ndl. Gesangbuch '*Het Offer des Heeren*' vom J. 1563, weitere 11 stehen auch im deutschen mennonitischen 'Gesangbüchlein' (zwischen 1565 und 1569), stammen aber nicht von dort, sondern sind direkte Übersetzungen aus dem Ndl.; die meisten anderen sind Lieder auf den Tod einzelner Schweizer Brüder. Das Gesangbuch wird während des 16. und 17. Jhs. immer wieder neu gedruckt, ein Beweis, daß die Zahl der Brüder trotz aller Anfeindungen nicht abnahm, die letzten zwei Auflagen in Europa sind 1809 und 1838 in Basel erschienen, wo sich Anhänger der Lehre auch heute noch finden. Als im 18. Jh. viele Schweizer Brüder nach Amerika zogen und dort neue Gemeinden bildeten, wurde der 'Ausbund' auch in Amerika wiederholt gedruckt; 1742, 1751, 1767 und 1785 erschien er in Germantown bei Christ. Saur, vermehrt um das Bekenntnis des Bruders Thomas von Imbroich, das fast einen offiziellen Charakter erhielt, und um einen Bericht über die Geschicke der Schweizer Brüder in den Jahren 1635—1645 nebst 6 neuen Liedern; die letzte mir bekannt gewordene Ausgabe erschien in Lancaster bei Johann Baers Söhnen 1880. Zu diesem Gesangbuch der Brüder trat eine Reihe kleinerer Liederdrucke, die namentlich in der Schweiz erschienen. Die meisten der Lieder sind dogmatischen Inhalts oder Märtyrerlieder; sie zeigen das allmähliche Eindringen mennonitischer Anschauungen (s. d. Art. *Mennoniten*), von denen die Schweizer Brüder heute sich kaum mehr unterscheiden.

R. Wolkan *Die Lieder der Wiedertäufer* 1903. S. 26—56, 118—164. R. Wolkan.

Brüdergemeinde s. Herrnhuter.

brutliet. Neben dem erst mhd. *brutliet* bezeichnet das ebenfalls erst mhd. *brutleich* und das ahd. *brutisanc* einen bei der Hochzeitsfeier angestimmten Gesang entsprechend lat. *hymen, hymenaeus.* Als wichtiges altes Zeugnis für den Brauch und die Lieder ist die Stelle des Apollinaris Sidonius zu betrachten, der carmina 5, 218 den *barbaricus hymen* begleitet von *Scythicae choreae* schildert, eine Vereinigung von Lied- und Tanzreihen also, die im mhd. *brutleich* nachzuklingen scheint.

Diese durch Apollinaris Sidonius dem deutschen Altertum sicher zugewiesene Erscheinung hat ihre Wurzeln in jener ältesten kollektivistischen Poesie, die wir als chorische (s. d.) bezeichnen. Sie ist also, auch wenn man für *winileod* (s. d.) die Bedeutung „Liebeslied" anerkennen will, von diesem prinzipiell wesensverschieden, da es nicht in hymnisch-chorischer Form Gemeinschaftsempfindungen ausdrückt, sondern als Einzellied individuelle Gefühle ausspricht. Das *brutliet* in seiner hymnischen Natur und seiner Verbindung von Gesang und Tanz ist vielmehr mit kultischem Hintergrund zu denken und wird dann sinngemäß Segen und Fruchtbarkeit für die Ehe erfleht haben. Denn *brût* bezeichnet die Frau in ihrer Hingabe an den Mann, jene Gesänge beziehen sich also auf das eheliche Beilager und seine Bedeutung. Auch die verbale Weiterbildung mhd. *brutleichen* = „heiraten" zeigt diese Beziehung des Liedes.

Da Wort und Sache auf nordischem Gebiet nicht belegt sind, wir vielmehr auf deutsche und anglo-friesische Zeugnisse beschränkt sind, kennen wir den Hochzeitsgesang nur aus christlicher Zeit. Sein kultischer Gehalt ist daher verwischt und mindestens bei den mhd. Belegen verschwunden. Sofern nicht kirchliche Gesänge an die Stelle getreten sind, handelt es sich hier nur noch um rein geselligen Gesang.

von Unwerth-Siebs *Ahd. Lit.-Gesch.* S. 20. Ehrismann *Ahd. Lit.-Gesch.* I. S. 27, 33, 35. H. de Boor.

Buchdrama. Mit Buchdrama oder Lesedrama bezeichnet man im Gegensatz zum Bühnendrama diejenigen Dichtungen in Dialogform, die nicht von vornherein für die Darstellung auf der Bühne gedacht sind, sie vielleicht sogar bewußt vernachlässigen, und deren Form daher nicht von der Darstellung durch Schauspieler vor Zuschauern und von den daraus sich ergebenden Forderungen der Bühnenwirksamkeit abhängig ist. Hrotswiths Terenznachahmungen dachten z. B. in keiner Weise an eine Aufführung, sondern sind als Lesedramen entstanden. Die Dramatiker des Sturms und Drangs lehnten z. T. die herkömmliche Bühne ab, weil sie ihrer Phantasie Zwang antat. Die Romantiker gelangten durch grundsätzliche Vermischung der Dichtungsgattungen, durch den Verzicht auf anschauliche Zusammenfassung, durch unbekümmerten Wechsel des Schauplatzes zu episch gedachten, mit Lyrik durchsetzten Lesedramen (Tiecks 'Genoveva', Arnims 'Halle und Jerusalem').

Oft wird das Wort B. geringschätzig angewandt auf Dramen, denen das dramatische, vielleicht sogar das dichterische Leben überhaupt fehlt, oder auf solche, die technisch nicht aufführbar sind oder keinen Bühnenerfolg versprechen oder die landläufigen dramaturgischen Regeln nicht befolgen. Die Grenzen der Darstellbarkeit, die Ansprüche an die Illusion und auch die szenischen Mittel der Bühne sind aber im Wandel der Zeiten durchaus nicht die gleichen. Manches „Theaterstück" und „Schauspielerdrama", das als Erzeugnis berechnender Bühnenerfahrung zu seiner Zeit Wirkung tat, wird später weder aufgeführt noch gelesen. Manche große dramatische Dichtung lebt nach einer begrenzten Zeit des Bühnenerfolgs nur noch als B., aber dabei doch als Bestandteil der nationalen Bildung weiter. Umgekehrt haben viele Dramen, z. B. Goethes 'Tasso', sich die Bühne erst erobert, nachdem sie lange Lesedramen gewesen waren. Vor Goethes 'Stella' riet eine zeitgenössische Kritik wegen der nicht mehr in dramatische Handlung umzusetzenden lyrischen Betrachtung zu drucken: „Nicht für die Aufführung bestimmt!" Der Begriff des Buchdramas ist also schwankend. Jedenfalls werden Inhaltsbestimmung und Wortkunst allein dem Wesen des Dramas nicht gerecht. Eine in ihm liegende lebendige Bühnenhaftigkeit gehört dazu. Wohl kann das Theater ohne lit. Drama bestehen, aber kein Drama ist möglich ohne die Idee des Theaters. Drama und Theater sollten sich ergänzen.

Es hat gewichtige Stimmen gegeben, die das Lesedrama überhaupt für ein künstlerisches Unding, ein unaufgeführtes Drama nur für das Fragment eines Kunstwerks (Scherer) und gedruckte Dramen für so unverständlich hielten, wie es eine Partitur für den Laien ist. Tatsächlich sind ja auch viele Theaterstücke nicht zum Lesen für das Publikum, sondern nur als Privatdrucke zum Gebrauch der Theater gedruckt. Zweifellos aber ist der theatralische Wert einer Dichtung nicht etwa gleichzusetzen mit dem poetischen. Theatralische Effekte und die besondere Kunst eines einzelnen Schauspielers können über den Mangel an dramatischem Gehalt hinwegtäuschen. Ein beträchtlicher Teil großer dramatischer Dichtungen findet sich ja gar nicht im Spielplan und ist also doch nur durch das Lesen bekannt. Eine mittelmäßige Aufführung kann (etwa beim 'Faust') die in der Phantasie des Lesers mögliche Wirkung abschwächen. Auch unabhängig von der plastischen Wirkung durch Bühne und Schauspieler ermöglicht das Lesen, das eine schöpferische Phantasie voraussetzt und trotz aller der Bühnenphantasie zu Hilfe kommenden Szenenanweisungen gar nicht immer bequem ist, ein geistiges Schauen und sinnliches Gestalten. So kann auch das B. unabhängig von der Aufführung durch das sinnlich lebendige Mittel des Worts ein eigenwertiges Kunstwerk sein.

R. Steiner Dramaturg. Bl. I 60. J. Hart Kw. XIII 1 S. 47, 90, dazu S. 412. Kirchbach LE. III 513. M. Foth *Das Drama in s. Gegensatz zur Dichtkunst* 1902. H. Dinger *Dramaturgie als Wissenschaft* 1904. H. Pudor *Buchdramen und Schriftpoesie* Monatsbl. f. deutsche Lit. VI S. 23. LE. VII 1565 (P. L.), 1028 (Lothar Schmidt), 1445 (E. Zarncke). Vgl. auch Goethe zu Eckermann 26. Juli 1826 und 4. Febr. 1829.

H. Schauer.

Bühne. Sieht man von dem frühen mittelalterlichen Markttheater oder der Hans-Sachs-Bühne ab, dann hat Deutschland seine Bühnenformen von außerhalb empfangen. Die Shakespeare-Bühne der Englischen Komödianten wurde von den Wandertruppen übernommen und durch Einführung des Mittelvorhanges weitergebildet. Renaissance und Oper haben aus Italien die Guckkastenbühne herübergebracht. Je mehr, namentlich durch Ausbildung der italienischen Kulissenbühne und durch die Dekorationspracht und Perspektivenkünste der Galli-Bibbiena, die illusionistische Verwöhnung des Publikums zunahm, um so stärker machte sich das Bemühen geltend, die Bühnentechnik für rasche Verwandlungen zu vervollkommnen. Zu wirklicher Vollkommenheit ist man darin erst in der 2. Hälfte des 19. Jhs. gelangt.

Gegenüber dem freien Schauplatz des Markttheaters arbeitete H. Sachs auf seiner Bühne mit einem hinteren, verhüllenden Vorhang. Die Bühne des Schultheaters, die gelegentlich so genannte „Badezellenbühne", schloß ihren neutralen Vorderraum durch eine Hinterwand ab, deren Pfeiler durch Vorhänge verbunden waren, so daß durch solche „Scenae" der Eindruck entstand: hier kommt jeder Darsteller aus seinem Hause. Die Renaissance-Bühne (Bramante und B. Peruzzi) hat den gemalten Hintergrund geschaffen, den „Prospekt", durch den eine weitreichende Tiefe vorgetäuscht wurde, gesteigert durch plastische, auf beiden Seiten hintereinander gestellte Häuserteile. Diese embryonalen „Kulissen" wurden verwandelbar und auswechselbar, als man (Buontalenti) seitlich sogen. „Telari" einrichtete, d. h. drehbare Prismen, deren Flächen Landschafts- oder Palast-Teile darstellten. Da der Prospekt seitlich auseinandergezogen werden konnte, war auch eine Verwandlung des abschließenden Bildes nunmehr möglich, und nach der Übertragung dieses Verschiebe-Prinzipes auf die Seitenbilder war die neue, lange Zeit maßgebende Kulissenbühne geschaffen. In Deutschland hat vor allem der Architekt Jos. Furttenbach um 1640 diese Gedanken in seinen vier Architektur-Büchern niedergelegt, ausgebaut und nicht nur die Verwandlungsmöglichkeiten vermehrt, sondern auch die Bühne für die Ansprüche der Oper eingerichtet durch den hinteren „Graben" für vorbeiziehende Fahrzeuge und durch die Oberbühne. Das Jesuitentheater hat die Möglichkeiten der Kulissenbühne bis in barocke Pomphaftigkeit ausgenützt. Als im 18. Jh. das Interesse am Theater so außerordentlich wird, hat man schon eine recht vervollkommnete Bühne zur Verfügung: Trotz der Öllampen ist eine Verdunkelung der Bühne möglich, indem die Beleuchtungsständer zwischen den Kulissenbahnen durch eine Winkeldrehung von 90° ihr Licht h i n t e r die Bühne werfen. Man kann, selbst bei der nach hinten schräg ansteigenden Bühne, Versenkungen vornehmen. Durch den Wechsel von kurzer und tiefer Bühne, herbeigeführt durch Zwischenprospekte, sind auch szenenreiche Stücke möglich. Allmählich ging man dazu über, die Kulissen, die nach dem Vorbilde der Oper oft in sog. „Bögen" mit den Deckensoffitten vereinigt waren, und die Prospekte nicht mehr aufzurollen, sondern hängend in den „Schnürboden" hochzuziehen. Einen ungeheuren Schritt weiter kam man durch die Erfindung K. Lautenschlägers (1843—1906): die Drehbühne, i. J. 1896 zuerst beim 'Don Juan' im Münchener Residenztheater benutzt. War ihr Sinn, während des Spiels oder schon vor der Aufführung die Schauplätze hinter der Bühne vorzubereiten und die Verwandlungen schnellstens vor den Zuschauer zu drehen, aufgehoben, sobald ein Schauplatz über den Kreismittelpunkt hinausging, so ist die Wagen- oder Schiebebühne von Fritz Brandt diesem Nachteil ausgewichen, weil die von der Seite vorgeschobenen Wagen oder Bühnenpodien, mit denen der Szenenwechsel geleistet wird, sich nach hinten zu einem großen Schauplatz zusammenkoppeln lassen. (Eingeführt z. B. am Deutschen Opernhaus in Charlottenburg und der Oper am Königsplatz [Kroll-Oper] in Berlin). Um die große Grundfläche zu vermeiden, hat Ad. Linnebach im Dresdener Schauspielhaus, unter Ausnutzung der Vorteile des Schiebesystems, eine Versenkbühne gebaut, bei der durch hydraulische Zylinder die ganze Bühnenfläche in den Kellerraum versenkt wird, wo der Umbau vorbereitet und in die Höhe gehoben wird. Die sog. G. D.-Bühne

Gustav Dumonts, bei der feste und drehbare Bühne vereinigt sind, und der Vorschlag einer Rad-Bühne, angelehnt an die russischen Schaukeln, sind neben anderen noch nicht zur Durchführung gebracht worden. Von der einschneidendsten Bedeutung ist aber für die moderne Bühne die Beleuchtungs-Neuerung des spanischen Malers Fortuny geworden. Gas und elektrisches Licht hatten zwar wesentliche Verbesserungen ermöglicht, vor allem auch die früher bei dem Kerzenkronleuchter über dem Parkett nicht vorhandene Verdunkelung des Zuschauerraumes; aber das Tageslicht und die Vermeidung sich schneidender Schattenbildungen wurde erst mit dem Fortuny-System erreicht: das Licht fällt, in dem oberen Rampenrahmen, aus Bogenlampen auf einen festen, weißen Kuppelhorizont und bekommt seine beliebigen Farbtönungen durch die Seidenlappen vor den Lampen. A. Linnebach hat dieses System durch Anwendung des direkten neben dem indirekten Lichte erweitert. Neuerdings ist, seit dem Aufkommen des Expressionismus, der Scheinwerfer für die Bühne ein besonders viel verwandtes Beleuchtungsmittel geworden. (Vgl. d. Art. *Theaterbau*, *Dekoration*.)

M. Herrmann *Forschungen zur deutschen Theatergesch. d. Mittelalt. u. d. Renaissance* 1914. P. Exped. Schmidt *Die Bühnenverhältnisse des deutschen Schuldramas i. 16. Jh.* 1903. A. Doebber *Lauchstädt und Weimar* 1908. C. Hagemann *Die Kunst der Bühne*⁹ 1922. Th. Modes *Zum Kunst- und Idealtheater* 1917. F. Michael *Deutsches Theater* 1923.

H. Knudsen.

Bühnenanweisung. Die Bühnenanweisung enthält die vom Dramatiker in den dichterischen Text eingeschobenen Angaben, die, bei der vorausgesetzten theatralischen Verkörperung, nicht für das Publikum bestimmt sind, sondern für den Schauspieler, den Spielleiter, den Inspizienten oder den Kapellmeister. Solange die Bühnentexte nicht gedruckt wurden und also nicht ein lesendes Publikum voraussetzen konnten, sind sie knapp und fast ganz theatermäßig. Das gedruckte Drama, in der Hand der Gelehrten und Gebildeten, hat dann gleichfalls nur wenige Anweisungen, entsprechend dem antiken Vorbilde, während das wirklich gespielte, volkstümliche Stück ausführliche Anweisungen zeigt. Das Jesuitenstück des 17. Jahrhunderts ist theatermäßig eingestellt. Bei weiterer Verbreitung des gedruckten Dramas ergibt sich eine Berücksichtigung des lesenden Publikums, so daß, etwa bei Ibsen, bei Gerh. Hauptmann, im Naturalismus überhaupt, ganz ausführliche Beschreibungen in den Bühnenanweisungen stehen und ihre Form geradezu novellistisch wird. ('Einsame Menschen' 5. Akt: „Es blickt jemand von der Veranda durchs Fenster herein. Es ist Johannes.") Neuerdings sind die Bühnenanweisungen durch M. Herrmanns wissenschaftliche Begründung theaterphilologisch ausgenutzt worden zur Rekonstruktion früherer Theaterzustände, namentlich für die Erkenntnis vergangener Schauspielkunst, die in den Bühnenanweisungen von Schauspielerstücken ihren Niederschlag gefunden hat.

R. Heinzel *Beschreibung des geistl. Schauspiels i. dt. Mittelalter* 1908. M. Herrmann *Forschungen zur deutsch. Theatergesch. des Mittelalters u. der Renaissance* 1914. J. Klopffleisch-Klaudius *Joh. Chr. Brandes.* Diss. Heidelberg 1906. H. Knudsen *Heinr. Beck* 1912. J. Petersen *Schiller und die Bühne* (Pal. 32) 1904. S. Mauermann *Die Bühnenanweisungen im deutschen Drama bis 1700* (Pal. 102) 1911.

H. Knudsen.

Bühnenbearbeitung. Da Theater und Drama zwei (ästhetisch und entwicklungsgeschichtlich) sehr verschiedene Dinge sind, genügt eine dramatische Dichtung sehr oft den theatralischen Anforderungen nicht und muß „für die Bühne" bearbeitet werden. Ältere Zeiten haben ohne Scheu dem dramatischen Gebilde neue Teile zugedichtet. Ein moderner Dramaturg von Geschmack und Gewissen wird das niemals tun. Namentlich Shakespeare ist früher in grausamer Weise zurechtgeschnitten worden. Schillers 'Don Carlos' oder 'Wallenstein' sind immer wieder der Bühnenbearbeitung unterworfen worden, vor allem aber Goethes 'Faust'. Von Kleist haben 'Penthesilea' und 'Die Hermannsschlacht' seltsame Bühnenschicksale, von der Theaterniederlage des 'Zerbrochenen Krug', „bearbeitet" von Goethe, durch die Akteinteilung zu schweigen. Ärgere Bearbeitungen als durch die technischen Schwierigkeiten sind oft durch die Zensur hervorgerufen worden, namentlich im vormärzlichen Österreich.

K. Glossy *Zur Geschichte der Theater Wiens* GrillpJb. XXV (1915). H. Knudsen.

Bühnendichter. In der 2. Hälfte des 18. Jhs. verpflichten die größeren Theater Dramatiker in ihr Personal, die gegen Gehalt dem Theater Stücke zu liefern haben. Lessings Stellung in Hamburg war ursprünglich so gedacht. Schiller in Mannheim sollte jährlich drei Dramen schreiben, Joh. Friedr. Jünger war 1789—1794 Hoftheaterdichter in Wien, eine Stelle, die später Theod. Körner innehatte. Die Tätigkeit des Bühnendichters im Theaterbetriebe fiel damals mit den Obliegenheiten eines heutigen Dramaturgen zusammen; er hatte z. B. die textliche Einrichtung eines aufzuführenden Stückes zu übernehmen, Streichungen und — leider auch! — Ergänzungen vorzunehmen, Zensurbeanstandungen zu erledigen usw. Im Laufe 19. Jhs. ging die Stellung eines Bühnendichters fast verloren, der Dramaturg übernahm seine Obliegenheiten; immerhin wird man daran erinnern können, daß etwa Gerh. Hauptmann für das Lessingtheater O. Brahms eine Art Hausdichter war, aber natürlich ohne ein Kontraktverhältnis, wie das Schillers.

H. Knudsen.

Bukolische Dichtung s. Hirtendichtung.

Bürgerliches Drama. Den Ausdruck „bürgerliches Trauerspiel" verwendete gelegentlich schon Gottsched, dann bewußt Lessing, um diese Gattung gegen das heroische Drama abzugrenzen. Es ist in der Geschichte des Dramas nicht von vornherein selbstverständlich gewesen, bürgerliche Gestalten und ihre besonderen bürgerlichen Anschauungen im ernsten Drama darzustellen. Zwar tritt seit Aristophanes und Menander der Bürger im Drama auf, aber nur in der Komödie, wo seine Torheiten und Laster Ziel des Spottes sind. Daß Gryphius in seinem Trauerspiel 'Cardenio und Celinde' entgegen der herrschenden Poetik Gestalten aus dem Bürgertum zum Mittelpunkt einer ernsten dramatischen Handlung machte, blieb ein vereinzelter, literarisch angeregter Versuch, und auch er nur dem Stoff nach; die Form war auch hier die des heroischen Dramas. Die späten Dramen Chrn. Weises, in denen er die Darstellung bürgerlicher Verhältnisse den biblischen und historischen Stoffen vorzuziehen beginnt, blieben auf das absterbende Schuldrama beschränkt und damit ohne Nachwirkung. Es herrschten vielmehr noch in Gottscheds Jahren die Regeln der von der Schultradition des Humanismus ausgehenden Renaissance- und Barockpoetik (Scaliger, Opitz, Harsdörffer, Boileau), die sich allerdings nicht auf Aristoteles und Horaz berufen konnte. Nach ihr mußten die Tragödien Fürsten und hohen Herren vorbehalten bleiben, und nur in den Komödien konnten die Bürger zu komischer Wirkung auftreten. Zugrunde lag dabei die Anschauung, daß der bürgerliche Mensch keiner erhabenen Regungen fähig sei, und daß sein Seelenleben der Größe und Wichtigkeit entbehre, die das ernste Drama voraussetzt.

Erst Lessing hatte das sichere Gefühl, daß die ersonnenen Menschen und Begebenheiten des vom französischen klassischen Drama abhängigen deutschen Theaters dem Empfinden seiner Zeit nicht mehr gemäß waren, sondern daß die neuen Möglichkeiten für das Drama in dem moralisierenden Realismus der Aufklärung lagen. Die Aufklärung (s. d.) hatte das Bürgertum geistig zusammengeschlossen, zur Teilnahme am literarischen Leben herangebildet und selbstbewußt gemacht. Von ihr und ihrem Sittlichkeitsbegriff geht das bürgerliche Drama aus, und mit ihr wandelt es sich. Auch das Drama sollte die Anschauungen der Aufklärung widerspiegeln und der intellektuellen und sittlichen Bildung des im gesellschaftlichen Zusammenhang allseitig gebundenen Menschen dienen. Je ähnlicher und vertrauter die Personen auf der Bühne denen vor der Bühne waren, desto mächtiger mußte die sittliche Wirkung sein. Um der Sache, nicht um der Form willen verwendete das bürgerliche Drama nicht den Alexandriner, sondern die vertraute gefühlsbewegte Prosa. Klare, unvermischte Gegenüberstellung von Laster und Tugend erleichterten dem teilnehmenden Zuschauer sein Urteil in dem vorgelegten moralischen Fall und seine Folgerung daraus.

Lessing konnte sich an Bewegungen in England und Frankreich anschließen. Das zuerst in England zu Macht und Selbstbewußtsein aufgestiegene Bürgertum wollte im Drama seine sittlichen Grundsätze, sein stolzes Klassenbewußtsein und seine Lebenshaltung wiederfinden. Diese nach mancherlei früheren Versuchen 1731 in des Engländers Lillo bürgerlichem Trauerspiel '*The London Merchant: or the tragical history of George Barnwell*' aufgenommene literarische Bewegung machte den Anspruch, die Dramatik der neuen Zeit zu sein. Sie stellte das Bürgertum als Träger der neuen Kultur hin und hatte für diesen Anspruch die gesellschaftlichen Veränderungen zur Voraussetzung, die sich seit dem 17. Jh. in England vollzogen hatten. Im Geist der moralischen Wochenschriften wurden diese Gedanken weitergebildet und verstärkt in den bürgerlichen Sittenromanen Richardsons (seit 1740). Lillos '*London Merchant*' und Richardsons '*Clarissa Harlowe*' regten Lessing an zu seiner 'Miß Sara Sampson' (1755), in der er die bisherige Entwicklung des englischen bürgerlichen Romans und des bürgerlichen Dramas zusammenfaßte und das bürgerliche Leben für die deutsche Bühne gewann. Allerdings gibt Lessing mehr ein Familienbild als eine Ausprägung des bewußten bürgerlichen Standesgefühls, das in Deutschland noch nicht möglich war; er wagt auch noch nicht, es auf deutsche Verhältnisse zu übertragen. Wohl aber vertritt sein Werk die Sittlichkeit des Bürgertums, also die der Aufklärung, und diese neue Gesinnung ist wichtiger als Form und Technik. Die englische Umwelt der 'Miß Sara' ahmt zwischen 1755 und 1772 eine lange Reihe von Trauerspielen in Gesamtauffassung, Gesinnung und Einzelheiten (Personen, Namen, Schauplatz) nach, die A. Sauer in seiner Brawebiographie zusammengestellt hat.

In Frankreich bildete sich das bürgerliche Drama nicht im Anschluß an die unantastbare klassische Tragödie, sondern an die Komödie aus, die nun ernste Seiten des bürgerlichen Lebens widerspiegelte, Tugend neben Laster stellte, das Komische mehr und mehr zurückdrängte und nur den glücklichen Ausgang beibehielt. Mit dem Bestreben, für die Charaktere durch rührende Züge des Zuschauers Teilnahme zu erwecken, kam es dabei zu der Rührkomödie (*comédie larmoyante*, s. Weinerliches Lustspiel), der aber das bürgerliche Klassenbewußtsein noch fehlte. Diderot geht in seinen Schriften über das Drama und in seinen Beispielstücken dazu ('*Le fils naturel*' 1757, '*Le père de famille*' 1758), die in Handlung umgesetzte Aufklärung sind, von der Mischgattung der *comédie larmoyante* schließlich bewußt über zum ernsten bürgerlichen Schauspiel. Er forderte, daß der Zuschauer die Vorstellung haben müsse, einer wirklichen Begebenheit beizuwohnen. Seine Stücke, deren Handlungen und Gesinnungen aus der bürgerlichen Umwelt abgeleitet sind, und deren Rührseligkeit besonders auf das deutsche Familiendrama (s. d.) wirkte, hatten in Deutschland mehr Nachfolge als in Frankreich. Lessing versuchte, Diderots Lehren in Deutschland Gehör zu verschaffen. Er wollte auf diesem Wege auch das deutsche Drama zu Natur und Wahrheit zurückgeführt wissen und erhoffte so ein nationales Drama, das stärkerer Wirkung fähig sei als die überlebte Alexandrinertragödie.

Der Weg über Lessings 'Minna von Barnhelm' (1767), von der eine große Nachfolge an patriotischen und an Soldatenstücken ausgeht, führt die bürgerliche Dramatik aus dem engen Kreis der Familie in den Zusammenhang des staatlichen Lebens. In Lessings bürgerlicher Virginia, seiner 'Emilia Galotti' (1772), wird das bürgerliche Trauerspiel hart und ohne alle Rührseligkeit aus der früheren Abstraktion in den politischen Meinungsstreit der Wirklichkeit gehoben. Durch den Gegensatz des Bürgertums zum absolutistischen Kleinstaat, durch das Betonen des Standesunterschieds wird dies streng geformte Werk ein Wegbereiter für die formlosen Dramen, die erstickten Taten, des Sturms und Drangs, in denen sich das Individuum gegen die Gesellschaft auflehnt und der Vernunftkult der Aufklärung abgetan ist. Die freie Technik des 'Götz' wird im Sturm und

Drang auch auf das bürgerliche Drama angewandt. Zwischen dieser Richtung und dem bürgerlichen Drama älterer Art sucht von vornherein H. L. Wagner zu vermitteln. Er leitet über zu wieder ganz entschieden bürgerlichen, versöhnlichen Dramen, zu v. Gemmingens 'Deutschem Hausvater' (1780), in dem die vernünftige optimistische Moral wieder herrscht, und zu den philisterhaft-behäbigen Familienstücken des Bühnenkenners Großmann ('Nicht mehr als sechs Schüsseln' 1780), in denen der müßige Adel und der pflichtbewußte, wohlhabende Bürger als Laster und Tugend sich gegenüberstehen. Das Herabgleiten des bürgerlichen Dramas zum Familienstück und Rührstück wird noch einmal aufgehalten durch Schillers 'Kabale und Liebe' (1783), wo die soziale Kritik, die Auflehnung gegen den kleinstaatlichen Despotismus und die im b. Dr. stets beliebte realistische Schilderung des Zuständlichen noch einmal fest zusammengefaßt sind. F. L. Schröders vielgespielte Theaterstücke, die in dieser Zeit entstehen, gehören ihrer Auffassung nach auf eine frühere Stufe. Sie sind ohne sozialen und politischen Gehalt und fügen zu dem abstrakten, moralisierenden Gegensatz zwischen Tugend und Laster, Glück und Unglück, den der Anfang des bürgerlichen Dramas kannte, nur den heimatlichdeutschen Reiz und die wirklichkeitsnahe Behaglichkeit der bürgerlichen Häuslichkeit. Es ist bezeichnend, daß Schröder sich zuerst für die geschlossene Zimmerdekoration auf der Bühne einsetzte, die für die meist in den Stuben des Bürgerhauses spielenden, rührenden Familienstücke bald unentbehrlich wurde und, nachdem sie einmal beschafft war, das Festhalten an dieser Art von Stücken begünstigte.

Trotz aller Gegnerschaft, in der sich der Klassizismus Schillers und Goethes und die philisterfeindliche Romantik zusammenfanden, büßte das bürgerliche Familienstück beim großen Publikum seine Beliebtheit nicht ein. In Ifflands ehrlichen und nüchternen Dramen ist das moralische Exempel nicht mehr abstrakt. Die alte Forderung Diderots, daß der Zuschauer gleichsam in des Nachbars Haus schaue, war für die Zeitgenossen in diesen zuverlässigen Abbildern des mittelmäßigen häuslichen Lebens erfüllt. Ihr Ziel ist Duldsamkeit, nützlicher Fortschritt und moralische Erziehung. Die literarische Anteilnahme schwankt zwischen Beschränkung auf die Angelegenheiten des bürgerlichen Kleinlebens und einem nebelhaften Weltbürgertum. Kotzebue nutzt die Gedanken der Aufklärung und der Duldung, der Versöhnung der Stände und der moralischen Besserung ohne inneren Anteil durch pikante, sensationelle und dekorative Zutaten zu großer, über Deutschland hinausreichender Wirkung aus. Er würdigte damit das bürgerliche Drama parodierend herab, das einst im Befreiungskampf der aufstrebenden Bürgerklasse eine Waffe für die Aufklärung gewesen war.

In der breiten Produktion von Bühnenstücken, die in den Jahrzehnten nach den Befreiungskriegen einsetzte, behauptete sich das bürgerliche Drama (Birch-Pfeiffer, Bauernfeld, Benedix), aber die veränderten Verhältnisse des Standes, die alle früheren, als Gegenwartsdramen entstandenen bürgerlichen Spiele historisch machten, nahmen ihm die Triebkraft. Wenn es im Anfang tragische Wirkung erstrebte, in Frankreich zum weinerlichen Rührstück sich abschwächte, von Lessing und im Sturm und Drang durch polemisches scharfes Betonen des Standesunterschieds wieder zur Tragödie erhoben wurde, unter Iffland und Kotzebue zur Darstellung rührender und trauriger, aber nie tragischer Familienszenen verflachte, so war es jetzt fast nur noch als Lustspiel möglich. Schopenhauer ('Die Welt als Wille und Vorstellung' III. Buch, Kap. 37) wandte fast wieder wie die Poetik des 17. Jhs. gegen die bürgerliche Tragödie ein, daß den bürgerlichen Personen die „Fallhöhe" fehle, d. h. die Größe, die das Unglück haben muß, um dem Zuschauer furchtbar zu erscheinen. Nach vereinzelten Versuchen (L. Robert, M. Beer) wollte erst das Junge Deutschland, besonders Gutzkow, durch das bürgerliche Drama wieder Gedanken der eigenen Zeit, die liberalen Forderungen des Bürgertums, vertreten. Es vermischte dabei Theaterschriftstellerei und Publizistik.

Eine Belebung durch eine neue Wendung zum Tragischen wurde damit nicht erreicht. Hebbel wandte sich in der Vorrede zu 'Maria Magdalena' (1844) scharf gegen das historische bürgerliche Trauerspiel. In seinem Drama steht das Bürgertum nicht mehr im Gegensatz zu anderen Ständen, sondern die gebundene bürgerliche Moral kehrt sich gegen das Bürgertum selbst. Aus den Kennzeichen der bürgerlichen Welt selbst, aus ihrem engen Gesichtskreis, ihrer kleinlichen Sittlichkeit, ihrer pedantischen Pflichtauffassung entsteht der tragische Konflikt. Die Zwangslage des einzelnen in seinem Verhältnis zur Gattung, zur Gesellschaft, mit der er notwendig zusammenstößt, wenn er sich betätigt, ist für Hebbel der Kern des Tragischen, wie später für Ibsen und für G. Hauptmann. O. Ludwig baut sein bürgerliches Drama, den 'Erbförster', auf die Tragik des Charakters, nicht wie Hebbel auf die gesellschaftliche Zwangslage auf. Mit dem Naturalismus kehrt die Gesellschaftskritik in großem Stil wieder und erregt vielfach das Mißbehagen der stofflichen Bedrückung, das schon A. W. Schlegel in der Gegenwartsnähe des bürgerlichen Dramas gefunden hatte. Der vierte Stand steht jetzt ähnlich zum dritten wie im 18. Jh. der Bürgerstand zu den ersten (Hinterhaus: Vorderhaus). Die geschlossene Form des Dramas löst sich jetzt auf, während Ibsen, auf den sich die Naturalisten dabei berufen zu können meinten, mit Lessings, Hebbels und Ludwigs bürgerlichem Drama eine feste künstlerische Form gemeinsam hat. Das bürgerliche Gegenwartsdrama erscheint heute nicht mehr wie um 1900 als die allein zeitgemäße Form für die tragische Gestaltung auf der Bühne, wie Walzel schon im Anschluß an Ibsens letzte Bekenntnisse dargetan hat. Wo das Bürgertum im Drama des Expressionismus erscheint, wird das Hemmende, Sentimentale, Ungeistige und Unmoralische der bürgerlich-kapitalistischen Kultur scharf kritisiert (Wedekind, Sternheim, Kaiser).

H. Hettner *Das moderne Drama* 1852. A. Sauer *J. W. von Brawe* (QF. XXX) 1878. W. Wetz *Die Anfänge der ernsten bürgerlichen Dichtung des 18. Jhs.* 1885. C. Flaischlen *O. H. von Gemmingen* 1890. A. Eloesser *Das bürgerliche Drama* 1898 (grundlegend). J. Block *Lessing und das bürgerliche Trauerspiel*, ZfdU. XVIII (1904) S. 225, 321. G. Kettner *Lessings Dramen* 1904. F. Schnaß ZfdU. XXVIII (1914) S. 758, 869. O. Walzel *Das bürgerliche Drama*, NJbb. XXXV (1915) S. 99, 172 (wichtig). K. Brombacher *Der deutsche Bürger im Lit.-Spiegel v. Lessing bis Sternheim* 1920. H. Ulmann *Das dt. Bürgertum in dt. Tragödien des 18. u. 19. Jhs.* 1923. H. Schauer.

Butzenscheibenlyrik. Als B. brandmarkte Paul Heyse (s. u.) die dichterische Auswirkung jener romantisierenden Altertümelei, die in den 80 er und 90 er Jahren des vergangenen Jhs., erweckt durch den Glauben an die Wiederauferstehung der (stark idealisierten) mal.en Kaiserherrlichkeit, dem breiten Durchschnitt der künstlerischen und kunsthandwerklichen Produktion ihren Stempel aufdrückte. Vorläufer finden sich bezeichnenderweise schon in den 40er Jahren (Kinkel 'Otto der Schütz' 1846; v. Redwitz 'Amaranth' 1849); 1853 dichtete V. Scheffel seinen 'Trompeter von Säkkingen', der zusammen mit 'Frau Aventiure' (1863), 'Gaudeamus' (1868) und 'Bergpsalmen' (1869) die Quelle darstellt, aus der dann der flache, aber um so breitere Strom jener Poeterei sich ergoß. Scheffels Epik und Lyrik ähneln zwar im äußern Gewande (Mischung im 'Trompeter'!) wie auch im Gehalt oft bedenklich der B., aber hinter all dem läßt sich doch immer eine Persönlichkeit erkennen, die ein eigenes Gesicht zu wahren weiß — es ist keine B.; deren Koryphäen sind R. Baumbach (1840—1905) und J. Wolff (1834—1910). Von jenem stammen die noch heute nicht gestorbenen 'Spielmannslieder' und 'Lieder eines fahrenden Gesellen', aus denen manch hübsche Probe eines gefälligen Talents den Weg ins Volk gefunden hat ('Lindenwirtin'). Wolff trieb die Mode des wein- und liebeseligen Singsangs von der altdeutschen Zeit auf die Spitze in seinen vielen episch-lyrischen Erzählungen, die Wein, Weib, Gesang einerseits und Sage, Geschichte, Kulturgeschichte andrerseits in immer neuen Variationen zusammenzuzwängen sich mühen. Erträglich sind etwa noch der 'Rattenfänger von Hameln', der 'Wilde Jäger' und 'Der fahrende Schüler';

sonst ertrinkt diese ganze Dichtung in gehaltloser Wort- und Versklingelei, zu denen sich eine oft bis zur unfreiwilligen Komik gesteigerte Geschmacklosigkeit gesellt; hie und da auftauchende Spuren von Begabung gehen rettungslos in diesem Brei unter. Das Gros der B., der außer Baumbach und Wolff noch viele ihren Tribut zollten, führt im Kommersbuch heute noch ein feucht-fröhliches Leben.

LE. VII (1904) Sp. 130 f. Über die B. im allgemeinen Heyses Versepistel an Emanuel Geibel vom 7. April 1884, bei Petzet *Der Briefwechsel von E. Geibel u. P. Heyse* 1922. S. 288 f.

H. Beyer.

Byzantinische Literatur s. Antike Literatur.

C

Carmina Burana. § 1. Die Handschrift. Unter dem Titel C. B. veröffentlichte Schmeller 1847 die seit 1803 (Chr. v. Aretin) bekannte, von Docen, J. Grimm u. a. inzwischen schon benutzte, aus Benediktbeuern stammende, in München befindliche größte, schönste und bedeutendste aller Vagantenlieder-Hss. Zu den 112 Blättern Schmellers kamen 7 weitere hinzu, die W. Meyer in München fand und 1901 unter dem Titel *Fragmenta Burana* herausgab. Die Hs., welche Neumen und 8 schöne farbige Handzeichnungen enthält, soll aus der 1. Hälfte des 13. Jhs. stammen und ist, wie etwa die große Heidelberger Liederhs. C, aus dem Zusammenfluß kleinerer Kollektionen entstanden; mehrere Schreiber sind beteiligt. Der Zustand der hier überlieferten Texte ist oft sehr schlecht. Der ursprüngliche Plan der Sammlung (nach W. Meyer: ernste Gedichte; heitere Gedichte; Liebeslieder; Wein-, Spiel-, Wirtshauslieder; Dramen: ein Oster- und ein Weihnachtsspiel, dies mit Versen aus dem Tegernseer Antichrist, sind erhalten) ist später in Verwirrung geraten, ein Anhang und einiges im Innern ist hinzugefügt worden. Die Hs. enthält ca. 250 latein. und — in ihrem heiteren Teil — 55 deutsche Gedichte oder Gedichtanfänge, von denen 49 in bestimmter Parallele zu latein. Gedichten stehen. Zur Datierung der Sammlung dienen die „Kreuzlieder" XXVI—XXIX, die auf Ereignisse der Jahre 1177, 1187 anspielen, Lied LXXXVII, das sich auf die Ermordung König Philipps 1208 bezieht, sowie die deutschen Verse namhafter Minnesänger und des Eckenliedes (CLXXXa), mit denen man auf das Jahr 1230 als terminus post quem gelangt. Der Inhalt ist natürlich meist älter, die Gedichte des Archipoeta z. B. stammen aus den 60er Jahren des 12. Jhs. Die Tradition reicht bis ins 11. Jh. zurück (Nr. XVIII Anspielung auf Joh. Gratianus ca. 1045; Verse aus der Cambridger Hs. im *Ludus scenicus de nativitate*, Schmeller S. 92). Gemäß dem intereuropäischen Charakter der Verfasser sind außer Deutschland, wenngleich wohl in geringerem Maße, auch Frankreich und England am Inhalt beteiligt, Nr. LXXXV geht auf den Tod eines engl. Königs, vielleicht Richards Löwenherz 1199, Nr. 51 auf Eleonore von Frankreich, auch Nr. 65, Nr. 108 u. a. m. gelten nach Art und Inhalt als französischen Ursprungs.

§ 2. Literar. Stellung. In der Geschichte der Vagantenlyrik steht das Benediktbeurer Textbuch mitten inne zwischen dem noch mehr erzählungsmäßigen Cambridger Textbuch vom 11. Jh. (ed. Jaffé ZfdA. XIV [1868] S. 449—95, jetzt ed. K. Breul *The Cambridge songs* 1915), dem Züricher Textbuch (ed. Jak. Werner 1905) und dem Herdringer Textbuch (ed. Bömer ZfdA. XLIX [1908] S. 161—238), welche beide mehr schulmäßigen Charakters sind. Mancherlei Fäden lassen sich von den Cambridger Liedern zu den drei jüngeren Liederhss. ziehen; auch die Invektiven gegen die Kirche und ihre ordinierten Vertreter, die innerhalb der Abteilung *Seria* zu einem besonderen Charakteristikum der C. B. geworden sind, waren in der Cambridger Hs. schon angedeutet, aber sie haben sich in den C. B. zu den berühmten Klagen über die Entartung der Klerisei und des Theologiestudiums, zu den Streitreden gegen die Simonie, gegen die Feilheit und Geldgier der Kurie ausgewachsen, die dann der Reformation (Flacius), nicht ganz berechtigt, weil sie sich ja nicht gegen die Lehre der Kirche richteten, als Waffen dienten. Die Verwendung der Sequenzenform für profane Inhalte findet in den C. B. ihre Fortsetzung, die Sauf- und Spielermessen, die Parodien auf Evangelientexte, Beichten und Litaneien, von Witz und Satire bis zur Blasphemie gesteigert, kommen hier hinzu. Die lat.-deutsche Mischpoesie setzt sich fort (Nr. CXCII, 112, 138, 145, 146), die Schulpoetik mit dem Nachleben antiker Stoffe (CXLVIII, CXLIX, CLCLIII) steht mitten in der Tradition, die Magie der fahrenden Schüler kündet sich in Nr. XXX an, die Ordensbildung (Nr. 193) ist eine schon beliebte Fiktion. Mit der gleichzeitigen ritterlichen Lyrik in den Nationalsprachen bestehen mancherlei Berührungspunkte, aber weniger, scheint mir, inhaltsmäßiger als formeller und musikalischer Art. Von hier aus muß auch eins der umstrittensten und weittragendsten Probleme, die die C. B. aufgeben, die Frage nach der Priorität der deutschen oder der lat. Verse in den 49 Parallelgedichten, angefaßt werden. Diese Zusammenstellung deutscher und lat. Strophen scheint meist aus musikalischen Gründen erfolgt zu sein, die deutsche Strophe soll an Stelle von Neumen die Melodie angeben, ähnlich wie der spätere Gebrauch von: „Im Ton von dieser oder jener Weise" usw. Die deutsche Strophe steht daher fast niemals um ihrer selbst willen da, und eine Strophe genügt, während das lat. Gedicht, bei dem es auf den Text ankommt, in extenso gegeben ist. Im allgemeinen scheint mir damit die Unabhängigkeit der deutschen Strophen gesichert zu sein; um Übersetzungen handelt es sich kaum, der Inhalt deckt sich fast niemals ganz. Dies ist das Verhältnis der Dietmar- (Nr. 164), Morungen- (113), Reinmar- (106, 128), Walther- (114, 131), Botenlauben- (144 : XXIV), Neidhart- (130) Strophen zu ihren lat. Parallelgedichten, und so sind auch die Stücke 98, 103, 105, 108, 134, 165 u. a. m. zu beurteilen. Daneben besteht die Möglichkeit, daß hie und da ein lat. Gedicht streng nach der Melodie und frei nach einem Motiv aus dem Inhalt eines deutschen Gedichtes gebildet ist (112, 115); ganz ohne inhaltliche Beziehung stehen z. B. die Stücke in 108, 165, lediglich aus musikalischen Gründen nebeneinander; selbst die musikalischen Gründe fehlen in 110 (Reinmar), 129. Nur aus inhaltlichen Gründen stehen die Tageliedstücke 144 beisammen. Die Stücke Nr. 107 sehen aus wie zur Übung gemacht, aus Formeln zusammengehäuft; über das Verhältnis in 136 läßt sich nichts ausmachen; 112b scheint ein lat.-deutsches Mischgedicht ursprünglich gewesen zu sein (wie der 2. Teil von 138, während hier der 1. auf einem deutschen Volksrätsel beruht, PBB. XLII [1917] S. 163), dann hat ein andrer Dichter nach deutscher Technik (*meus amicus* ⏊́ ⏑⏊̀; aber romanisch ist der Reim *anticus*: *amicus*) die lat. Übertragung verfertigt. Lat. Originale scheinen Nr. 100, 109, 125 zu sein. Gemeinsam haben Vaganten- und Ritterlyrik formal den rhythmischen, nicht metrischen Bau, inhaltlich Liebe und Natur, auch Kreuzzug und Politik; das Freundschaftsmotiv fehlt beiden. Aber die Liebe der Vaganten betrifft nicht die höher stehende verheiratete Frau, sie betrifft das Mädchen und zuweilen den Knaben, sie ist also kulturell gänzlich anderer Art, und eine gemeinsame Grundlage besteht sicherlich nicht. Völlig neu kommen die Trink- und Spiellieder (Brett-, Würfel-, Schachspiel) hinzu. Diese Momente hängen mit dem antikheidnischen Charakter zusammen, für den Ovid, Horaz, Catull, Martial sowie der ganze antik-mythologische Apparat in einem stark unchristlichen Geiste lebendig sind, und der in vorwiegend ästhetischer Welt- und Lebensanschauung der Genußfreude und der Wirklichkeitslust zustrebt. Künstlerisches Selbstbewußtsein indessen kennt auch die Lyrik des Rittertums.

Allgemeine Literatur über die C. B.: *Carmina Burana* hsg. von J. A. Schmeller, 4. Aufl. 1904. Die dt. Lieder hg. von F. Lüers (Kleine Texte 148) 1922. Jac. Grimm *Kl. Schriften* Bd. III (Archipoeta). W. Meyer *Fragmenta Burana* 1901. Zur Hs. noch Wustmann ZfdA. XXXV (1891) S. 328. Patzig ZfdA. XXXVI (1892) S. 187. P. Lehmann Bayer. Blätter für das Gymnasialwesen LIX (1922) S. 192 ff., besonders S. 200. H. Brinkmann GRM. XI (1923) S. 270. Vgl. ferner Giesebrecht *Die Vaganten oder Goliarden und ihre Lieder*, Allgem. Monatsschrift für Wissenschaft und Literatur 1853. S. 10 ff., 344 ff. O. Hubatsch *Die latein. Vagantenlieder des MA.* 1870. N. Spiegel *Die Grundlagen der Vagantenpoesie.* Würzb. Gymn.-Progr. 1908.

Ders. *Die Vaganten und ihre Orden*. Progr. Speyer 1892. Wattenbach ZfdA. XV (1872) S. 469 und XVIII (1875) S. 124. H. Süßmilch *Die lat. Vagantenpoesie* des 12. *u.* 13. *Jhs. als Kulturerscheinung* (Beitr. zur Kulturgesch. des MA. u. d. Renaissance 25) 1918. P. Lehmann *Vagantenpoesie*, Neophil. 1924 S. 122. H. Brinkmann *Goliarden*, GRM. XII (1924) S. 118. Derselbe Neophil. IX S. 49, 203. Zum Problem der lat.-deutschen Parallelgedichte: Martin ZfdA. XX (1876) S. 40—69. Ehrismann ZfdPh. XXXVI (1904) S. 396 gegen W. Meyer. Burdach *Reinmar u. Walther* 1880. S. 155 ff. R. Becker *Der altheim. Minnesang* 1882. S. 221. R. M. Meyer ZfdA. XXIX (1885) S. 214 ff. Wallensköld Mémoires de la société néophil. Helsingfors I (1893) S. 71. Lundius ZfdPh. XXXIX (1907) S. 330. Naumann PBB. XLII (1917) S. 163. P. Lehmann *Die Parodie im MA.* 1922. Eine Neuausgabe ist von Hilka, eine Neuuntersuchung der Hs. von O. Schumann, Frankfurt a. M., zu erwarten.

H. Naumann.

Charade s. Rätsel.

Charakterdrama. Theoretische Bestimmungen trennen zuweilen, um einen Gegensatz zu betonen, Dinge, die in der Wirklichkeit gar nicht scharf von einander zu scheiden sind. So lassen sich auch Charakterdramen nicht eindeutig von Handlungs- oder Fabeldramen, bzw. von Intrigenstücken oder Situationskomödien sondern. Der Begriff Charakterdrama faßt nur die Dramen zusammen, in denen nicht die Verknüpfung von Begebenheiten, Taten und Leiden das Wesentliche ist, sondern die Darstellung von Charakteren, also von Personen, die durch ausgeprägte Eigenschaften gekennzeichnet und einheitlich gestaltet sind. Das Übergewicht der dramatischen Spannungen und Kämpfe liegt hier weniger auf den äußeren Umständen der Umwelt, sondern mehr auf dem Innerlich-Seelischen. Auch ein Charakterdrama kann schwerlich ohne Handlung auskommen, da ja Charaktere im allgemeinen nicht geschildert werden, sondern in der Handlung sich entwickeln. Freilich gibt es auch Dramen, wie etwa G. Hauptmanns 'Roten Hahn', die nur Charaktere vorführen und ohne eine eigentlich dramatische Handlung sind, und andererseits solche, denen trotz sicheren und straffen Aufbaus aus dem Mangel an Charakteren die Lebensnähe fehlt. Wenn so Handlung und Charaktere einander bedingen, ist die Frage, ob das eine oder das andere für das Drama wichtiger ist, müßig. Gleichwohl hat Aristoteles im 6. Buch seiner 'Poetik' vom Standpunkt des griechischen Dramas aus Begebenheiten und Fabel den Endzweck der Tragödie genannt und die Ansicht ausgesprochen, daß es nie ohne Handlung, wohl aber ohne Charaktere eine Tragödie geben könne. In der Erörterung über das deutsche Drama hat diese Entscheidung später noch eine Rolle gespielt, z. B. hat ihr Schiller von seinem klassischen Drama aus zugestimmt.

Im Realismus des 19. Jahrhunderts gibt es ähnlich wie im Roman auch im Drama eine große Zahl von Dichtern, die das Tragische aus dem Seelischen ableiten, bei denen aus dem Überwiegen einer Leidenschaft die Tragik entsteht. Mit einer Art von umständlicher, allzu genauer Kleinpsychologie hat das besonders Otto Ludwig getan.

Th. Lipps stellt die Schicksalstragödie der Charaktertragödie gegenüber. In jener muß sich die Macht des Guten bewähren gegenüber dem schicksalbedingten Übel, in diesem gegenüber dem Bösen, das in der Persönlichkeit selbst, also im Charakter liegt. Natürlich hat auch diese Unterscheidung nicht den Sinn, die vorhandenen Tragödien reinlich einzuteilen, sondern nur den, die Gründe der Wirkung des Kunstwerks zu erhellen. Schicksalstragik und Charaktertragik können schon in der Hauptperson vereint sein, öfter noch stehen sie in den verschiedenen Personen der ganzen Tragödie nebeneinander.

Auf dem Gebiet der Komödie ist die Charakterkomödie der Situationskomödie an innerlicher Wirkung überlegen. Wie auch im ernsten Drama der Charakter oft auf wenige oder einen einzigen Zug vereinfacht ist, so wird in der Charakterkomödie eine einzige Eigenschaft, als ob sie allein einen Menschen beherrschte, zu besonderer Größe aufgetrieben, um bühnenwirksam zu werden. So verfährt etwa Molière in seinen Charakterkomödien, und das moralisierende Lustspiel des 18. Jahrhunderts wie auch das spätere sind ihm darin gefolgt.

Zwischen dem Charakterdrama und dem Handlungsdrama ist in der dramatischen Form oft ein Gegensatz zu spüren. Handlungs- oder Schicksalsdramen wie das antike, das eine erschütternde Begebenheit in kunstvollster Form darstellen wollte, oder wie das klassische französische sind vielfach in berechnetem Aufbau formal streng durchgeführt. Dem psychologischen Dramatiker ist im allgemeinen die Form weniger wichtig. Daß Shakespeares Charakterdramen (z. B. 'Hamlet', 'Othello', 'Lear') trotzdem eine ausgesprochene dramatische Form haben, liegt daran, daß Shakespeare als Schauspieler die Bedingungen der Bühnenwirksamkeit genugsam kannte. Seine deutschen Nachahmer im Sturm und Drang des 18. Jhs. beriefen sich auf seine Seelenkunde, ohne für die seinen Dramen innewohnende Form Verständnis zu haben.

Th. Lipps *Der Streit über die Tragödie* 1891. S. 63. J. Volkelt *Ästhetik des Tragischen* 1917³. S. 94.
H. Schauer.

Charaktermaske s. Maske.

Charge. In der Rollenbezeichnung kommt im 18. Jahrh. daneben der Ausdruck „Karikatur" sehr oft vor, und damit ist das Wesen der Charge: die Übertreibung, die grelle Charakteristik betont. Zu den Chargen gehören die Harlekins und Hanswurste oder ihre verschiedenen Auflösungen, die Zanni (ital. Bediente), Knechte, Diener, Hofschranzen, Kuppler, ferner die gelehrten Ärzte, Poeten, Notare, Erbschleicher, Schmarotzer etwa Molières; Pedanten und Juden. Oder im Fach der Colombine ihre Ausläufer: die komischen Alten oder koketten Mütter. Nach dem Grad der Karikatur waren Tartuffe oder Harpagon an sich Chargen; aber sie werden nicht dazu gerechnet, weil sie Hauptrollen sind, während die Charge dem Episodisten gehört. Ebensowenig werden edle Juden wie bei Lessing oder der Schewa des Cumberland als Chargen angesehen; auch Shylock nicht. Wohl aber sind Schmock ('Journalisten'), Riccaut, v. Kalb, der Kapuziner ('Wallenstein') Chargen.

B. Diebold *Das Rollenfach i. deutsch. Theaterbetrieb des 18. Jhs.* (Theatergesch. F. 25) 1913.
H. Knudsen.

Chevy Chase-Strophe. *Chevy Chase* ist der Name einer Mitte des 16. Jhs. aufgezeichneten engl. Ballade und bedeutet „Jagd auf den Cheviotbergen". Sie behandelt den Kampf der Geschlechter Percy und Douglas und wurde von Addison im 'Spectator' 1709 so gerühmt, daß sich die allgemeine Aufmerksamkeit wieder auf die Volkspoesie richtete. Ihre Strophe besteht aus zweimal zwei Vierhebern, von denen der 2. und 4. infolge einer rhythmischen Pause, meist verbunden mit starkem Sinneseinschnitt, als Dreiheber erscheinen. Alle Ausgänge sind stumpf. Die Strophe macht dadurch einen knappen, kraftvollen Eindruck. In Deutschland wurde die Strophe hauptsächlich bekannt durch Klopstocks 'Kriegslied zur Nachahmung des alten Liedes von der Chevy-chase-Jagd' (1749). Volkstümlich wurde die Strophe durch Gleims 'Preuß. Kriegslieder' (1756), der die Zeilen 2 und 4 durch den Reim band, den die Strophe auch im englischen Original besessen hatte, während die reimlose Form auf die deutsche Übersetzung der Gottschedin zurückgeht.

K. Neßler *Geschichte der Ballade Chevy Chase (mit einem Anhang über die Geschichte der Ballade in Deutschland).* (Pal. 112) 1911.
P. Habermann.

Chor. § 1. Allgemeines. In der Musik ist der Chor eine Gemeinschaft vieler Personen, die beim Vortrag eines Gesanges durch den Zusammenklang der Stimmen eine ideelle Einheit bilden. Im Drama werden Personen, die durch Alter, Beruf, gleiches Schicksal oder gleiche Stellung zum Einzelhelden zusammengehören, zum Chor zusammengefaßt. Ohne einzeln hervorzutreten, erscheinen sie dem Einzelhelden gegenüber in ihrem Gesamtcharakter als Einheit. Der Chor greift dabei in das Drama ein, oder er begleitet die Handlung der Einzelspieler nur betrachtend, deutend oder richtend als allgemein menschliches Bewußtsein, als ein idealisierter Zuschauer und ist dann von der eigentlichen Handlung zu trennen. Die Grenze zwischen diesen beiden Verwendungsarten ist oft verwischt. Ob die individuellen Voraussetzungen des Dramas den überpersönlichen, lyrischen Chor ganz zurückdrängen, oder ob er als Symbol der Zusammengehörigkeit oder um dekorativer Wirkungen willen wieder aufgenommen wird, das wechselt in der Geschichte des Dramas.

§ 2. Antikes Drama. Aus den Vorführungen des festlichen Chors (griech. χορός = Reigen, Tanzplatz, Tänzerschar) bei Kulthandlungen entwickelte sich in Griechenland durch Einschalten von Einzelreden zwischen die Chorgesänge das Drama. Der Chor mit der rhythmischen Wirkung der Reigenbewegung, der Musik und des lyrischen Textes bestimmte daher geradezu die Entwicklung der Tragödie und blieb in ihr ein wesentlicher Teil, auch als die dramatische Handlung dazugetreten war und das Wort den Tanz überwog. Die enge Verbindung mit der Handlung, die Aischylos dem während des ganzen Dramas anwesenden und damit schon die Einheit des Ortes und der Zeit bedingenden Chor und seinem Chorführer gab, ist bei Sophokles gelockert. Hier begleitet er — wenn man von seiner Wichtigkeit für die Exposition absieht — an lyrischen Ruhepunkten nur als teilnehmende und ausdeutende Volksstimme die Handlung mit Rat, Trost, Warnung und allgemeinen Lehren. Bei Euripides und späterhin singt er nur noch zwischen den einzelnen Gliedern der Handlung lyr. Zwischenlieder, die mit dem dramatischen Geschehen nicht mehr in Zusammenhang stehen und sogar nach Belieben aus einer Tragödie in eine andere übernommen werden können. Aristoteles kann so die Akte als das bezeichnen, was zwischen den Chorliedern, die zur Erzielung der Katharsis mithelfen, liegt. In der älteren griech. Komödie griff der Chor lebhaft in die Handlung ein; in der jüngeren griech. und in der röm. Komödie ist er nicht mehr vorhanden. In den meisten Tragödien Senecas sind zwar derselbe Chor oder die den Hauptpersonen zugeteilten Begleitchöre noch während des ganzen Dramas zugegen, und zwar auf der Bühne, nicht wie in Griechenland in der Orchestra, aber er bleibt für die Handlung bedeutungslos und kommt nur in den Zwischenakten zu Worte.

R. Arnoldt *Die chorische Technik des Euripides* 1878. E. Bethe *Die griech. Tragödie und die Musik*, NJbb. X (1907) S. 81 ff. O. Hense *Der Chor des Sophokles* 1877. A. Rahm *Über den Zusammenhang zwischen Chorliedern und Handlung in den erhaltenen Dramen des Sophokles.* Diss. Erlangen 1906. F. Leo *Die Komposition der Chorlieder Senecas*, Rhein. Museum LII (1897). S. 509 ff.

§ 3. Mal. Drama. In Deutschland ging die Entwicklung des Dramas von den liturgischen Gesängen des Klerus bei gottesdienstlichen Handlungen aus. Der liturgische Gesangstext des Chors hatte in den geistlichen Spielen die einzelnen Teile der dramatischen Darstellung durch epische Erzählung zu verbinden und Pausen auszufüllen. Der Chor wurde auch beibehalten, als die biblische Handlung selbst geschlossen vorgeführt werden konnte und sogar, als man zu neuen Stoffen (Schernbergs 'Spiel von Frau Jutten') überging. Außerdem bildeten sich innerhalb des Spiels Chöre, die an der Handlung beteiligt sind.

R. Heinzel *Beschreibung des geistl. Schauspiels im deutschen MA.* 1898. B. Venzmer *Die Chöre im geistlichen Drama des deutschen MAs.* Diss. Rostock 1897.

§ 4. 16. Jh. Das humanistische Schuldrama ging zunächst nicht von der röm. Tragödie, sondern von der Komödie aus. Daher war der Chor für seine Form nicht durchgehends notwendig. Unter 220 durchgesehenen Dramen hat R. v. Liliencron 75 mit Chören gefunden. Nach dem Vorbild von Reuchlins '*Henno*' fallen die gesungenen, nur selten gesprochenen oder getanzten Chöre in die Zwischenakte und betonen so die Aktteilung. Seltener erscheinen sie vor oder nach dem Drama. Ihr Inhalt bezieht sich auf die Handlung. Diese Zwischenaktschöre wurden auch durch Instrumentalmusik ersetzt, so in den die Überlieferungen der geistlichen Spiele und die Gedanken des Humanistendramas verbindenden Schweizer Dramen, denen kein ausgebildeter Schulchor, wohl aber die Stadtpfeifer zur Verfügung standen. Auch Zwischenspiele wurden eingeschoben. Im Meistersingerdrama (Hans Sachs, auch Heinrich Julius v. Braunschweig) kennt man keinen Chor mehr. Man ersetzt ihn in den Aktpausen durch Gesang oder Musik.

§ 5. 17. Jh. Die Anregungen der Englischen Komödianten bringen zu den Chören, Gesängen, Musikeinlagen und Tänzen am Aktschluß noch das Spiel des Pickelherings, wie ja auch Shakespeare die Aufgabe des Chors oft dem Narren überträgt. In den deutschen Nachahmungen greift der Narr bald in die Handlung ein. Mit dem Chor selbst wußte das volkstümliche Drama nichts anzufangen. Auch Chn. Weise übertrug bewußt „die allgemeine satyrische Inclination" des Chors auf den Pickelhering, wenn er auch zu dekorativen Zwecken nebenher Chöre verwendete. Gryphius versuchte, ähnlich wie 1536 Rebhun in seiner 'Susanna', in seinen gelehrten Dramen die Aktpausen durch der Antike nachgebildete Chöre auszufüllen, die schon Scaliger als *pars inter actum et actum* bezeichnet hatte. Er wechselte dabei die Personen seiner „Reyhen", gelegentlich ersetzte er sie durch Zwischenspiele, wie sie neben dem Chor auch das Jesuitendrama und Lohenstein kannten. Diese Ruhepausen des grübelnden Ernstes mußten sich organisch mit den strengen, düsteren Gedanken seiner Trauerspiele verbinden, damit die erstrebte Katharsis erreicht wurde.

Lit. zu § 4 u. 5: R. v. Liliencron *Die Chorgesänge des lateinisch-deutschen Schuldramas im XVI. Jh.*, Vjschr. f. Musikwissenschaft VI (1890) S. 309 ff. P. Stachel *Seneca und das deutsche Renaissance-Drama* (Pal. 46) 1907. H. Steinberg *Die Reyhen in den Trauerspielen des Andreas Gryphius.* Diss. Gött. 1914. W. Flemming *Geschichte des Jesuitentheaters* 1923. S. 222 ff.

§ 6. 18. Jh. Im Drama der Aufklärung wurde nach franz. Vorbild der Chor in die Gestalt des Vertrauten zusammengezogen, oder der Monolog mußte die technische Aufgabe der Verdeutlichung übernehmen. Gottsched riet, in den Aktpausen den Affekt des Zuschauers durch moralisch betrachtende Arien und Kantaten zu erhalten. Cronegks Versuch in 'Olint und Sophronia', durch Chöre nach dem Vorbild Racines die Akte zu schließen, blieb vereinzelt. Dagegen suchte Klopstock die gemeinsam-vaterländische Gesinnung und die Volkseinheit durch den Bardenchor zu versinnbildlichen. In seinem mehrfach nachgeahmten Chordrama, der 'Hermannsschlacht', ist die Handlung durchaus auf den die Schlacht beobachtenden und berichtenden Chor gegründet, dessen einzelne Mitglieder auch in den Dialog und ohne alle ruhige Betrachtung in die Handlung eingreifen. Sie lösen so die Einheit des Chors in durch lyrischen Rhythmus bewegte Vielheit auf. In den beiden folgenden Teilen von Klopstocks Trilogie ist der Chor in gelegentlich auftretende Teilchöre getrennt und mehr in der Art eines Opernchors verwendet, wie überhaupt die in der 2. Hälfte des 18. Jhs. erkennbare Richtung auf die Mischform des Musikdramas (vgl. d. Art. *Lyr. Drama, Melodrama, Monodrama, Singspiel*) zu häufiger Verwendung des Chors führt (Gerstenbergs 'Minona'). Für die bürgerlichen Verhältnisse der sozialen Dramen des Sturms und Drangs kam ein Chor nicht in Betracht; im Heroendrama aber konnte der einzelne große Mensch, der ja Hauptgegenstand der dramatischen Darstellung wurde, sich wie bei Shakespeare von der (jetzt oft in einzelne Gruppen zerlegten) chorischen Masse abheben.

§ 7. Die Klassiker. In dem Streben nach griechischer Einfachheit und Schönheit wollte man den Chor nicht nur als musikalisch-dekoratives Mittel innerhalb der Handlung verwenden, sondern ihn im antiken Sinne als reflektierend, teilnehmend und so die tragische Wirkung vertiefend wieder einführen (Mason, Sulzer). Diese Versuche wurden von den beiden Stolbergs und besonders durch Wielands Singspiele und Herders spätere Stücke gefördert. In dessen auf das Melodrama hinzielenden Dramen sollte der Chor nicht nur teilnehmend sein, sondern vor allem die Idee klar herausarbeiten. Zu einem Abschluß führte diese schon in den 'Maltesern' aufgenommenen Versuche Schiller in der 'Braut von Messina', der er einen den Sinn des Chors begründenden Aufsatz 'Über den Gebrauch des Chors in der Tragödie' voranstellte. Der bewußt zum Stilprinzip erhobene Chor sollte ihm dazu dienen, „dem Naturalismus in der Kunst offen und ehrlich den Krieg zu erklären". Er sollte dem Zuschauer dauernd klar machen, daß nicht wirkliche, sondern symbolische Vorgänge auf der Bühne sich abspielten, und „das tragische Gedicht reinigen", indem er die der poetischen dramatischen Handlung abträgliche Reflexion übernahm und die verpönte unkünstlerische Wirkung der „blinden Gewalt der Affekte" durch die hohe Ruhe der Betrachtung minderte. Schiller verschmilzt aber antike und moderne Formen. Er läßt einmal den als „ideale Person" einheitlich gedachten und durch die lyrische Pracht seiner Sprache den Ton der Tragödie erhöhenden Chor mit Betrachtung, Urteil und Rat aus der Handlung zurücktreten. Dann wieder trennt er ihn als „wirkliche Person" in zwei leidenschaftlich Partei ergreifende Gruppen und zieht ihn und seine fast individuell unterscheidbaren Mitglieder mit in die Handlung herein. Nach vielen Richtungen gehen die Bemühungen Goethes, den Chor künstlerisch auszunützen, z. B. in dem Helena-Akt des 'Faust', in den gemeinschaftlichen Mummereien und Allegorien der Maskenzüge, in den Festspielen.

Lit. für § 6 u. 7: R. Fischer *Der Chor im deutschen Drama von Klopstocks 'Hermannsschlacht' bis Goethes 'Faust II'*. Diss. München 1917. B. Gerlinger *Die griech. Elemente in Schillers 'Braut von Messina'*. Neuburg 1898 ⁴. K. Burdach *Schillers Chordrama und die Geburt des tragischen Stils aus der Musik*, DRs. CXXXXII (1910) S. 232 ff., 400 ff.; CXXXXIII (1910) S. 91 ff. H. Baumgart *Handbuch der Tragik* 1887. S. 591 ff. Vgl. auch H. J. v. Collin *Über den Chor im Trauerspiele*, Sämtl. Werke V (1813) S. 94 ff.

§ 8. 19. und 20. Jh. Der Chor in der strengen antikisierenden Form, der Schiller und Goethe ein Bundesgenosse im Kampf für ihre künstlerischen Anschauungen gewesen war, ist im 19. Jh. dem Fortschreiten auf das Ziel der Illusion zum Opfer gefallen. Platens Parabasen, die sich am Ende des Aktes unmittelbar ans Publikum wenden, und Tiecks illusionszerstörende Versuche ('Zerbino' III) haben mit dem Wesen des Chors in der griech. Komödie wenig gemein. Mit der Überwindung des Grundsatzes der möglichst großen Illusion aber findet der überpersönliche Chor, den man so oft durch den Narren, durch Volksszenen, Sentenzen, Monologe, Vertraute, durch den Raisonneur hatte ersetzen wollen, besonders in den stilisierenden Dramen des Expressionismus wieder seine Stelle.

Allg. Lit.: L. Rieß *Der Chor in der Tragödie*, PrJbb. LIV (1884) S. 339 ff. R. Petsch *Chor und Volk im antiken und modernen Drama*, NJbb. XIII (1904) S. 54 ff. E. W. Helmrich *The History of the Chorus in the German Drama* (Germ. studies VII—IX). New York 1912. W. Lohmeyer *Die Dramaturgie der Massen* 1913.

H. Schauer.

Chorische Poesie. § 1. Der Begriff der chorischen Poesie bedarf einer strengen Definition. Nicht jedes im Chor gesungene Lied gehört unter diese Gruppe. Wo das Volk gemeinsam singt, oder wo ein Lied zu mehrstimmigem Vortrag komponiert ist, steht der zugrunde liegende Text darum doch außerhalb der Kategorie der chorischen Poesie, ist ein Einzellied. Das Chorische bleibt hier allein auf dem Gebiet der Komposition oder des musikalischen Vortrages. Von chorischer Poesie kann nur dann die Rede sein, wenn ein poetisches Gebilde von vornherein bei seiner Entstehung für chorischen Vortrag bestimmt ist und in seinem Stil, seiner metrischen Form und eventuell auch in seinem Inhalt von dieser Bestimmung Zeugnis ablegt. Chorische Poesie entsteht daher überall da, wo eine Gruppe von Menschen sich zeitweise oder dauernd zu einem bestimmten Zweck zusammenfindet, bei dem gemeinsamer Gesang dieser Zusammenfassung poetisch-musikalischen Ausdruck verleiht. Wir haben es also mit einer Art von Poesie zu tun, bei der das Denken und Fühlen des einzelnen ganz untergeht, und die als kollektivistische Poesie im prägnantesten Sinne bezeichnet werden muß. Sie hat ihre Wurzeln einerseits im kultischen Lied, in dem die Priestergemeinschaft oder die Kultgemeinde den gemeinsamen Rhythmus religiösen Empfindens in kultischem Gesang und Tanz nach außen projiziert — hierher gehören auch Hochzeitslieder, feierliche Totenklagen und ähnliche mit den Höhepunkten des menschlichen Daseins verbundene Lieder —, andrerseits im Arbeitslied, wo eine taktmäßige Arbeitsleistung einer Arbeitergruppe durch rhythmischen Gesang einheitlich zusammengefaßt und geleitet wird (Rudern, Keltern, Rammen u. ä.). Von beiden Gruppen, vor allem von der ersten, kann sich eine reine Gesellschafts- und Spielpoesie chorischer Art loslösen, deren ursprünglicher Sinn verdunkelt oder vergessen ist (Kinderreigen, Tanzlied). Wir haben kein Recht, die eine Gruppe als Quelle der anderen zu betrachten, da die Ethnographie der Primitiven und der Kindergesang zahlreiche Belege für beide Sorten liefern.

§ 2. Auch auf germanischem Gebiet hat es beide Typen gegeben; sie leben im modernen Arbeits- und Kinderlied fort. Man muß sich jedoch davor hüten, das einzelne moderne Beispiel zu weit zurückdatieren zu wollen; insbesondere ist Vorsicht geboten, wenn es gilt, aus Kinderlied und Kinderspiel vorchristliche Sitten und Kultformen zu erschließen. Nur der Typ ist alt, der Einzelbeleg kann sehr jung sein. Von altgermanischer chorischer Poesie ist uns leider nichts erhalten. Was von altgermanischer Dichtung zur Aufzeichnung kam, ist Einzellied; auch die Götterlieder der Edda liefern nirgends kultische Gesänge, sondern Mythenerzählung oder Didaktik. Nur indirekte und nicht immer eindeutige Zeugnisse stehen zu unserer Verfügung; Müllenhoff hat sie gesammelt. Sie besagen selten über die reine Existenz des Chorliedes hinaus etwas über seine Art.

§ 3. Für kultischen Gesang besitzen wir ein vollwichtiges Zeugnis in dem Opfergesang der Langobarden, den Gregor der Große in seinen Dialogen III, 28 (MGH. Scrr. rer. Lang. S. 534) erwähnt. Hinzu kommt für den Norden die Notiz Adams von Bremen über kultischen Gesang (neniae multiplices et inhonestae) beim Opferfest in Upsala. (Gesta Hammab. IV, 27. MGH. Scrr. VII.) Im Zusammenhang hiermit gewinnen aber alle Berichte über kultische Umzüge bei den Germanen, angefangen vom Taciteischen Nerthusumzuge (Germania Kap. 40), Interesse für unser Thema. Oft genug sind kirchliche Prozessionen und Flurumgänge unter Bittgesängen die Fortsetzung heidnischer Bräuche, und wie bei diesen christlichen Veranstaltungen dürfen wir auch bei ihren heidnischen Vorgängern kultische Hymnen im Chor vorgetragen glauben.

§ 4. Einen Übergang zu profanem, wenn auch noch hymnischem Chorgesang bildet der Bericht über den Schleiertanz gotischer Mädchen vor Attila unter dem Gesange „Skythischer Lieder", den wir dem treuen Beobachter Priscus (ed. Bonn. 188, 9 ff.) verdanken. Ebenfalls an der Grenze des Profanen und Kultischen stehen die Totenklagen und Hochzeitslieder. Für die Totenklagen vgl. den Artikel *Totenlied.* Für Hochzeitslieder hymnischer Art zeugen uns außer einer Stelle des Apollinaris Sidonius (Carm. 5, 218) die Termini: ahd. *brûtisang*, mhd. *brûtleich*, *brûtliet*, *hîleich*. Endlich wird auch der Schlachtgesang, soweit er über das bloße Schlachtgeschrei hinausgeht, nicht ohne kultischen Hintergrund zu denken sein. Die lebensvolle Schilderung des Ludwigsliedes über den Beginn der Schlacht bei Saucourt gibt uns ein freilich christlich umgefärbtes Bild davon, wie das Heer unter Schlachtgesang in den Kampf zieht. Hier singt der Führer vor, die Masse stimmt in den Refrain ein, dessen Wortlaut, Kyrie eleison, den kultischen Charakter des ganzen Liedes gewährleistet. Ganz die gleiche Szene mit demselben kultischen Hintergrund mag aber schon für die Herkuleslieder gelten, deren Tacitus in Kapitel 3 der Germania als germanische Schlachtlieder (*ituri in proelia* wie im Ludwigslied) gedenkt.

§ 5. Hier schließen sich die zahlreichen Konzilbeschlüsse und Kapitulare an, die sich mit Tänzen und Tanzliedern (*ballationes*, *cantationes*, *cantica turpia et luxuriosa*, *psalmi plebei* u. ä.) beschäftigten. Sie sind zwar wegen ihrer schablonenmäßigen Fassung als Einzelerzeugnisse wertlos, belegen in ihrer Masse aber doch eine Neigung zu Tanz und Umzug mit Gesang. Als kirchliche Verbote dürften sie vor allem Veranstaltungen mit kultischem Hintergrund treffen, besonders die oben erwähnten heidnischen Vorläufer christlicher Umgänge und ähnlicher Veranstaltungen. Ob daneben ein rein geselliger Tanz mit entsprechenden Liedern bestanden hat, muß sehr zweifelhaft erscheinen. Es fällt schwer dagegen ins Gewicht, daß der Norden einen Gesellschaftstanz jedenfalls nicht gekannt hat, und daß sowohl das Gotische wie das Althochdeutsche für diese Beschäftigung Fremdwörter benutzen (got. *plinzjan*, ahd. *salzôn*, lat. *saltare*). Ob die ahd. Glossen *gartsang* oder *gart* und *zîlsanc* für *chorus* eine einheimische, rein gesellige Tanzfreude unter begleitendem Gesang erweisen können, muß doch sehr zweifelhaft bleiben, selbst wenn man von der Bedeutung *gart*-Umhegung, Umzäunung ausgehend die betr. Glosse mit „Kreissang, Kreistanz" interpretiert und in *zîlsanc* ein Synonym des späteren „Reihen" erblickt.

Die neue Glosse kann über die Art der damit bezeichneten *chori* nichts aussagen. Auf deutschem Boden ist das älteste direkte Zeugnis für ein chorisches Tanzlied der berühmte Bericht über die Tänzer von Kölbigk (vom Jahre 1038). Aber das Lied, das dabei gesungen wurde, ist schon nach dem Typ der ritterlichen Tanzballade aufgebaut, Vierzeiler und Refrain, wobei der Text dem Vorsänger, der Refrain dem Chor zufiel. Dieser Typ erwächst aus höfisch-ritterlicher Kultur und findet in adligen Kreisen seine Pflege. Die Ballade ist mit Heusler dem germanischen Altertum abzusprechen.

§ 6. Gering sind unsere alten Zeugnisse für Arbeitslieder (s. d.). Ein paar Glossen belegen uns Ruderlieder (ahd. *scipleod, schifsang*). Die Beispiele aus moderner Zeit in Büchers Werk 'Arbeit und Rhythmus' müssen hier als Ersatz dienen. (Vgl. auch *Winileod*.)

§ 7. Mit all dem erhalten wir nur wenig Eindruck vom Wesen der chorischen Poesie unserer Vorfahren. Das Ludwigslied mit seiner Verteilung auf Vorsänger und Chorrefrain mutet in der Form modern an, beeinflußt vom kirchlichen Hymnengesang. Was Priscus über die Totenklage um Attila inhaltlich berichtet, läßt ein kunstvoller aufgebautes, zwar knappes, aber künstlerisch durchdachtes Gebilde vermuten. Aber wieweit können uns Verhältnisse am internationalen Hof Attilas, wieweit kann ein so überwältigendes Ereignis wie der Tod des großen Völkerhirten allgemeinere Anschauungen vermitteln? Wir haben kaum ein Recht, das Einzigartige zum Typus zu machen. Als die christliche Kirche für ihre speziellen geistigen Gemeinschaften kultische Chorpoesie von komplizierterer Art entwickelte, blieb die Gemeinde außerhalb. Im ahd. Petruslied haben wir ein sehr simples Zeugnis eines Bittgesanges in der heimischen Sprache der Gemeindeglieder, dennoch bleibt ihre Beteiligung auf den sehr bescheidenen Refrain (Responsorien) beschränkt. Auch andere Berichte, besonders auch der Aufbau der Litanei, sprechen nicht für hochentwickelte chorische Bedürfnisse. Wie das geistliche Prozessionslied weist auch das weltliche Tanzlied höherer Art dem Chor nur einen einfacheren Refrain zu. Man wird demnach sagen dürfen, daß wir uns die chorische Poesie der vorchristlichen Germanen weder allzu umfänglich noch künstlerisch allzuweit entwickelt vorstellen dürfen. Wo wir kräftige Weiterentwicklung der Poesie in germanischer Zeit beobachten, vollzieht sie sich durchaus im Rahmen des Einzelliedes.

Über den Ausdruck „Leich" als technische Bezeichnung für chorische Kunst als der Verbindung von Liedtext, Melodie und rhythmischer Bewegung vgl. den Art. *Leich*.

Müllenhoff *De antiquissima Germanorum Poesi chorica* 1847. Bücher *Arbeit und Rhythmus*, 5. Aufl. 1919. — Heusler *Reallexikon der germanischen Altertumskunde*, Artikel *Dichtung*, besonders Absatz B und E. A. Heusler *Altgermanische Dichtung* (Handb. d. Lit.-Wiss.) 1924, besonders §§ 43—46 u. 84. Ehrismann *Geschichte der deutschen Literatur* Bd. 1 S. 14 ff. von Unwerth-Siebs *Geschichte der ahd. Literatur* S. 20 ff. H. de Boor.

Chronikalische Erzählung. Unter dieser Bezeichnung ist eine historische Erzählung (Novelle, Roman) zu verstehen, in deren äußerer Form der Charakter eines alten Schriftwerks dadurch nachgeahmt wird, daß ein erfundener Chronist die „Rolle des Erzählers" übernimmt. Hiermit ist ein mehr oder minder weit gehender Gebrauch entsprechender alter Sprach- und Stilformen verbunden.

§ 1. Wesen und Begriff. Die wesentlichen Bestandteile der chron. Form sind 1. die Einkleidung der Erzählung in ein angeblich der Vergangenheit entstammendes Gewand, und 2. die daraus folgende Archaisierung der Sprache und des Stils. Eine Erzählung chron. einkleiden, heißt nichts anderes als sie als in der Vergangenheit verfaßt darstellen. Hieraus ergeben sich mannigfaltige Fiktionsmöglichkeiten (Chronik, Tagebuch, Briefe usw.), die alle darauf beruhen, daß der Blickpunkt des Erzählers wechselt. Den Rahmen der Erzählung bildet häufig die Geschichte des Manuskriptfundes. Die epische Darstellung geschieht durch ein zwischen Verfasser und Leser eingeschobenes Mittel, das mit in die Einheit der Erzählung hinein gehört. Die chron. Form entspringt dem Wunsche nach unmittelbarer Vergegenwärtigung; durch die Verkleidung des wahren Erzählers soll der Leser in einer idealen Fiktion das Dargestellte gleichsam nur durch sich selbst reflektiert erfahren. Die Anwendung archaisierender Stilmittel ist mitbestimmend für das Wesen der chron. Erz. Sie gehen jene eigentümliche Verbindung mit der „kompositionellen Archaisierung" durch die Einkleidung ein, die die suggestive Illusion einer authentischen alten Darstellung und die Wirklichkeitstreue einer echten Chronik (die in ihrer atektonischen, epischen Formlosigkeit keinen Kunstwert besitzt) zu erreichen strebt. Durch die chron. Einkleidung wird also die Komposition, durch die Archaisierung das Stilbild bestimmt. Die chron. Einkleidung in ihren verschiedenen Arten und Abstufungen konstituiert vor allem den Begriff der chron. Erz. Ihre jeweilige innere und äußere Form sind bedingt von der Stellung des Autors in der Geistesgeschichte und von der Natur seiner historischen Einsicht in die Vergangenheit, letzten Endes von der Art seines dichterischen Erlebens einer einheitlichen Kulturatmosphäre und ihres eigentümlichen Geistes.

§ 2. Literaturgeschichtliche Entwicklung. Der Augsburger P. v. Stetten gab 1777 angeblich echte 'Briefe eines Frauenzimmers aus dem 15. Jh.' heraus. Bereits 1742 hatte W. Rabener in satirischer Absicht die Existenz einer 'Chronik des Dörfleins Querlequitsch' erfunden. Nach diesen vorläufigen Ansätzen ist die chron. Erz. in ihrer gattungsmäßigen Besonderheit von Cl. Brentano in dem Fragment 'Aus der Chronika eines fahrenden Schülers' (1817, Urfassung 1802) begründet worden. Es ist der Ausdruck des romantischen Verhältnisses zum Mittelalter; die altdeutsche Vergangenheit wird lyrisch subjektiv und phantasievoll erfaßt und dargestellt. In einen chron. Rahmen ist eine chron. Füllerzählung, in diese wiederum eine Erinnerungserzählung (Jugendgeschichte der Els) eingeschoben. Die Komposition ist gegliedert durch zweimaligen Wechsel der Berichterstattung, das Ganze durch die Person des Chronisten zur Einheit verbunden. Archaismen erhöhen die Wirkung der chron. Fiktion, der Satzbau ist absichtlich von leiser altfränkischer Umständlichkeit. In älterem Schweizerdeutsch sind J. M. Usteris chron. Erzählungen verfaßt, 'Zeit bringt Rosen' (1811), 'Der Schatz durch den Schatz' (1812), 'Gott beschert über Nacht' (1814), 'Thomann zur Lindens Abenteuer ... 1576' (1819), und besonders stark mundartlich 'Der Erggel im Steinhus' (nach 1825). Wilhelm Meinhold bietet in seinen Erzählungen aus dem 16. und 17. Jh. ausführliche, realistisch gesehene Kulturbilder. 'Maria Schweidler, die Bernsteinhexe' (1843), eine vortreffliche Novelle, ist angeblich der Abdruck eines alten Manuskripts. Dieselbe Fiktion hatte bereits A. Hagen in seiner nürnbergischen Künstlergeschichte 'Norika' (1829) gebraucht. Dort fehlte die Archaisierung, während in Meinholds Werken die ganze Diktion so tiefgreifend und gründlich umgestaltet ist, daß durch eine vor allem den Wortschatz betreffende Auswahl charakteristischer Elemente der barocken Chronikensprache eine hervorragende illusionistische Wirkung erzielt wird. Der Stil der Erzählungen Meinholds ist das Resultat einer seltenen Einfühlungsgabe in den Sprachgeist des 17. Jh. und einer starken imitativen Fähigkeit. Nicht mit gleichem Glück wird das chron. Prinzip in der 'Sidonia von Bork' (1848) auf einen großen biographisch-kulturhistorischen Roman angewandt. Noch lockerer ist der antireformatorische Tendenzroman 'Der getreue Ritter oder Sigismund Hager' (1853) komponiert. Meinhold ist der wichtigste und konsequenteste Vertreter der chron. Erz. und ihrer Formprinzipien, der Einkleidung und der Archaisierung. Er hat sich dieser Gattung rückhaltlos ergeben und ihre realistischen Tendenzen vollkommen ausgebildet. In den meisten gleichzeitigen und späteren chron. Novellen ist eine zunehmende Auflockerung der strengen Gattungsform festzustellen. Ihre Entwicklung hat mit Meinhold den Höhepunkt erreicht.

A. Stifters Studie 'Aus der Mappe meines Urgroßvaters' (1841) gibt eine fiktive Handschrift des 18. Jhs. wieder. Die Sprache ist nur sehr leicht archaisiert. W. H. Riehls 'Meister Martin Hildebrand'

(1847) ist ebenso wie C. F. Meyers Novelle 'Das Amulet' (1873) eine Manuskriptnovelle ohne altertümliche Stilelemente. Dagegen ist die Geschichte des Meretlein im 'Grünen Heinrich' G. Kellers (1854) echt chronikalisch, eine Einlage, wie die kurze, ebenfalls archaisierende Votivtafel des Marmetin in E. Mörikes 'Maler Nolten' (1832). Die redseligen Geschichten Franz Trautmanns ('Chronika des Herrn Petrus Nöckerlein' 1856) sind in lockerer Chronikenform verfaßt. Dem 'Juniperus' Scheffels (1868) fehlt die Fiktion einer schriftlichen Aufzeichnung; ein selbsterzählter autobiographischer Bericht des Helden, eines Kreuzfahrers, zeigt archaistische Zierate in Syntax und Wortwahl.

Ebenfalls leicht archaisiert ist die Sprache der chron. Erzählungen W. Raabes: 'Eine Grabrede aus dem Jahre 1609' (auf Georg Rollenhagen), 'Die Gänse von Bützow' und 'Des Reiches Krone'. Nur in diesen kürzeren Erzählungen ist das Chronikalische bestimmendes Kompositionsprinzip. Gute Beispiele für die allmählich eingetretene geringere Bedeutung und Entwertung der Hauptfaktoren der älteren chron. Erz., der naturalistischen Einkleidung und der illusionistischen Archaisierung, sind die hierher gehörenden Novellen Th. Storms: 'Aquis submersus' (1876), 'Renate' (1878), 'Zur Chronik von Grieshuus' (1884), 'Ein Fest auf Haderslevhuus' (1885), 'Der Schimmelreiter' (1888). Der chron. Rahmen ist völlig frei behandelt, er befindet sich in Stimmungseinheit mit seinem Inhalt; die Einführung des Chronisten bedeutet nicht mehr einen schroffen Wechsel des Blickpunkts, die subjektive Freiheit des Erzählers wird dadurch nicht beeinträchtigt. Das Vergangenheitsmilieu ist für Storm distanzierendes Gefäß menschlich bedeutsamen Schicksals, nicht nur an und für sich als historisches Kulturbild wesentlich. Die Archaismen sind wohl noch vorhanden, aber weniger zahlreich. Ihre stilistische Bedeutung tritt, außer etwa in der 'Renate', zurück. Die Maulbronner Klostergeschichte 'Irmela' Heinrich Steinhausens (1881) ist eine Erinnerungserzählung wie der 'Juniperus', maßvoll altertümlich im Ton, aber ohne Storms starke und eigenartige Vergangenheitsstimmung. Grete Auer gab 1907 'Bruchstücke aus den Memoiren des Chevalier von Roquesant'; sie tritt als Herausgeberin der Handschrift auf. Die Sprache enthält fast keine archaistischen Elemente. Chron. ist auch Rudolf Borchardts 'Buch Joram'; im Nachwort (1907) sucht der Vf. die Anwendung der „archaisch-heroischen Sprachform" von Luthers Bibeldeutsch ästhetisch zu rechtfertigen.

Die chron. Erz. nimmt innerhalb des weiten Gebiets der historischen Prosaepik keinen großen Raum ein; aber sie bildet darin eine durchaus eigenartige, autonome Sondergattung.

W. Meinhold Ges. Schrift., Bd. 7, S. IX—XIX. F. Hebbel Sämtl. Werke, Bd. 11, S. 209—246. K. Friedemann *Die Rolle des Erzählers in der Epik* 1910. H. Bracher *Rahmenerzählung und Verwandtes bei G. Keller, C. F. Meyer* u. *Th. Storm*. 2. A. Leipzig 1924. S. 61—68. Th. Rockenbach *Theodor Storms Chroniknovellen*. Diss. Münster 1916. S. 1—9. R. Leppla *Wilhelm Meinholds Erzählungen und die Anfänge der chronikalischen Novelle in Deutschland*. Diss. Frankfurt a. M. 1923.

R. Leppla.

Comédie larmoyante s. Weinerliches Lustspiel.

D

Dänische Literatur s. Nordische Literaturen.

Daktylus (griech. δάκτυλος „Finger“), in der Antike Versfuß, der aus Länge und zwei Kürzen besteht ⏊⏑⏑, mit Zusammenziehung ⏊–, mit Spaltung ⏑́⏑⏑⏑, mit Spaltung und Zusammenziehung ⏑́⏑–. Im Deutschen wurden in der mhd. Kunstlyrik sogen. „mhd. Daktylen“ wohl selbständig entwickelt in der Nachahmung altheimischer Technik durch Abstufung, Zusammenziehung, Senkungsfreiheit. Doch wird hier auch — schwerlich mit Recht — Einfluß der lateinischen Dichtung und provenzalisch-französischen Lyrik angenommen. Die „mhd. Daktylen“ erscheinen bereits in der Frühzeit des Minnesangs vor 1200. Gegen Ende des 13. Jhs. werden sie sparsamer und verschwinden dann aus der mhd. Dichtung. Eine gründliche Arbeit über die mhd. Daktylen fehlt.

W. Wilmanns *Untersuchungen zur mhd. Metrik* 1888. R. Weißenfels *Der daktylische Rhythmus bei den Minnesängern* 1886. F. Saran *Rhythmus des französischen Verses* 1904. S. 134—140; *Versl.* S. 286—289. E. Juethe *Der Minnesänger Hiltbold von Schwangau* (Germ. Abhh. 44) 1913. S. 59—77.

In der neueren Dichtung wird der Gebrauch des Daktylus auf Buchner zurückgeführt, der sie im 'Orpheus', einer Aktion in fünf Akten, komponiert von Heinrich Schütz, als Nachbildung der Daktylen der Minnesänger verwendet. Man erkannte bald, daß die neuen Versfüße sich gut zur Nachahmung lateinischer und griechischer Formen eigneten. Zesen tritt besonders für sie ein. Hauptsächlich wird der D. dann im Hexameter verwendet und in Verbindung mit dem Pentameter im Distichon. Aber auch zwei-, drei-, vier-, fünf- und sechsfüßige mit einsilbigem letzten Fuß, mit und ohne Auftakt kommen vor. Köster hat gezeigt, daß der deutsche D. zwei Formen entwickelt hat; in der einen ist die zweite Senkung ein wenig schwerer als die erste, in der andern die erste Senkung ein wenig schwerer als die zweite. Je nach der Beschwerung der Senkungen wechselt der rhythmische Charakter. ♩♩♩ erzeugt eine hüpfende (Goethes 'Reineke Fuchs'), ♩♩♩ eine ruhige und sanfte Bewegung (Goethes 'Hermann und Dorothea'). (Vgl. auch: *Hexameter* unter *Antike Versmaße*.) Bedenken gegen Kösters Anschauungen haben H. Paul und G. Baesecke geäußert. Die Frage der Daktylen im Deutschen wird dadurch verwickelt, daß der sog. nhd. Daktylus x́×× teils den antiken Daktylus ⏊⏑⏑ nachahmt, teils aus dem Ionikus ⏊–̇– oder dem einfachen ⏊–– entwickelt ist (in Bürgers 'Kaiser und Abt' über –⏊–̇, in Goethes 'Hochzeitslied' über –⏊– –⏊–). Daktylen werden im allgemeinen zum Ausdruck lebhafter Gemütsbewegung, Jubel und Aufregung gebraucht.

A. Köster ZfdA. XLVI (1902) S. 113—127. H. Paul *Metrik* (PGrundr. II 2) S. 99ff. Minor *Metr.* S. 148ff. Saran *Versl.* S. 317, 329, 341. G. Baesecke ZfdPh. XLI (1909) S. 103—104. A. Heusler *Deutscher und antiker Vers* 1917.

P. Habermann.

Darmstädter Kreis. Die dt. Empfindsamkeitsbewegung (s. d.) des 18. Jhs. erreicht in den 70er Jahren im Kreise weltlicher Bildung und Dichtung ihren Höhepunkt. Der Gefühls- und Freundschaftskultus, wie er in den Kreisen um Klopstock und Gleim sich gebildet hatte, wird bei den Darmstädter „schönen Seelen“ zu einem förmlichen Kultus empfindsamer Lebenshaltung ausgestaltet. Die geistige Atmosphäre des damaligen Darmstadt war bestimmt durch die Hofhaltung der „großen Landgräfin“ Henriette Christiane Karoline (1721—74), einer Fürstin von ungewöhnlicher geistiger

Energie und Regsamkeit, die sich der besonderen Achtung Friedrichs des Großen erfreute und mit anderen bedeutenden Männern der Zeit in Briefwechsel stand. Im Gegensatz zu Friedrich dem Großen brachte sie der zeitgenössischen dt. Literatur besondere Neigung entgegen, empfing Schriftsteller wie Wieland, Gleim und Sophie von La Roche an ihrem Hofe und veranlaßte ohne Klopstocks Wissen 1770/71 eine erste Sammlung der Oden des Dichters, des Schutzheiligen aller Empfindsamen. An erster Stelle in der schöngeistig interessierten Gesellschaft Darmstadts standen das Haus des Geheimrats von Hesse, wo man wesentlich die Musik pflegte, und der mehr der Dichtung zugewandte Kreis des kritischen Goethefreundes Joh. Heinrich Merck. Besonders für den engeren Kreis der Empfindsamen, „der Gemeinschaft der Darmstädter Heiligen“, wie sie Goethe nannte (vgl. sein 'Concerto dramatico'), bot Merck den Mittelpunkt. Ein kleiner Kreis modisch empfindsam schwärmender Damen und Herren der Darmstädter bzw. Homburger Gesellschaft scharte sich um diesen, seinem Wesen nach durchaus nicht empfindsamen, aber kritisch, literarisch und künstlerisch vielinteressierten Kopf. Wie überall in den empfindsamen Zirkeln tritt auch hier das weibliche Element stark hervor: Karoline Flachsland, damals im Hause ihres Schwagers Hesse, Herders Braut, „Psyche“ genannt, die Hofdame der Herzogin von Pfalz-Zweibrücken Henriette von Roussillon („Urania“), Luise von Ziegler, Hofdame der Landgräfin von Hessen-Homburg („Lila“), Johann Ludwig Leuchsenring, der Hofarzt der Landgräfin, und vor allen Dingen dessen Bruder, der Prinzenerzieher Franz Michael Leuchsenring, ferner Herder („der Dechant“), der zwar persönlich nur zweimal in Darmstadt weilte, aber durch seine Verlobung mit Karoline gleichsam als korrespondierendes Mitglied dem Kreise angehörte. Ihre literarhistorische Bedeutung erhält die Darmstädter Gemeinschaft vor allem durch ihre Verbindung mit Goethe, („der Wanderer“ genannt), der in der Blütezeit der Darmstädter Empfindsamkeit, im Jahre 1772, zwischen Frankfurt, Homburg und Darmstadt häufig einherwanderte und mehrfach des längeren unter den Darmstädter Freunden weilte. Hier las er aus seinen Arbeiten vor und empfing, wie er noch in 'Dichtung und Wahrheit' dankbar bekannte, mannigfache Anregung und Aufmunterung. Mehrere kleine Dichtungen danken dem Darmstädter Verkehr ihre Entstehung (vgl. u.). Hier vor allem bereitet sich die geistige Atmosphäre des Werthererlebnisses vor.

Die Hauptquelle für das empfindsame Treiben der Darmstädter bietet uns der Briefwechsel Herders mit seiner Braut, wie denn die schwärmerische Verehrung Herders durch Karoline in vielfacher Hinsicht als typisch gelten kann. Persönliche und typische Züge hat Goethe in Anspielung auf das Verhältnis der beiden im 'Satyros' gestaltet. Der Kultus der Darmstädter Empfindsamkeit trägt wie überall deutlich die Zeichen seiner literarischen Herkunft. Die Lebensanschauung der Tugendromane Richardsons, Rousseaus, Sophie von La Roches und Geistesverwandter wirkt sich in der Lebensgestaltung ihrer empfindsamen Leser und Verehrer aus. Das Ideal der Natürlichkeit, wie es vom Pietismus in der innigen Gefühlseinfalt der religiös ergriffenen Seele, vom Rousseauismus in der natürlichen Güte des menschlichen Herzens erblickt wurde, erhält im Kreise dieser Empfindsamen eine deutlich literarische Einfärbung, die es nur allzuoft als eine künstlich auf Flaschen gezogene Natürlichkeit erscheinen läßt. Man schwärmt weniger mit der Natur für die Natürlichkeit, als mit den Dichtern der Natürlichkeit und für ihre empfindsamen Schöpfungen. In jedem Augenblick drängt sich die literarische Erinnerung an verwandte Situationen empfindsamer Romane und Gedichte ein. Herder hätte an das Bett der kranken Braut schleichen mögen, wie Rousseaus St. Preux an das Julies, er ist ihr Emile, und Karoline selbst klagt, daß sie keine Sternheim sei, ihr „ganzes Ideal von einem Frauenzimmer, sanft, zärtlich, wohltätig, stolz, tugendhaft und betrogen“. Auch das empfindsame Naturgefühl nährt sich aus literarischen Quellen. Neben der idyllischen Szenerie der Geßner, Kleist, Uz sind die von Klopstock, von Youngs 'Nachtgedanken', von Ossian her in Mode gekommenen Dämmer- und Mondscheinstimmungen bevorzugt. „Eine Viertelstunde Mondspaziergang Hand in Hand, Brust an Brust gelehnt — welche Wonne — und Himmel!" (Karoline). Poetische Niederschläge solcher empfindsamer Spaziergänge in der Umgebung Darmstadts sind Goethes 'Felsweihegesang' und 'Elysium', dieses Uranien, jener Psyche gewidmet. „Hütten der Lieb und Freundschaft" baute man im Walde, wie Karoline schwärmt; Naturschwärmerei und Freundschaftskultus sind innig verbunden. Auch die Liebenden streben in erster Linie seelische Vereinigung an. Herder und Karoline schwelgen beide gleicherweise in der Wollust, „in der Entfernung zu lieben". Bei jeder Gelegenheit fließen reichliche Tränen, streben die Augen schmachtend zum Himmel. Das Muster der modisch empfindsamen Dame stellt die überzarte Ziegler dar, der Goethes 'Pilgers Morgenlied' gilt. Sie hat gleich der Roussillon noch im 'Werther' ihre Spuren hinterlassen. Klopstocksche Melancholie mit Geßnerscher Idyllik vereinend, hatte sie „ihr Grab in ihrem Garten gebaut, einen Thron in ihrem Garten, ihre Lauben und Rosen, wenns Sommer ist, und ihr Schäfchen, das mit ihr ißt und trinkt." Besonderer Pflege erfreute sich auch in diesem Kreise naturgemäß der empfindsame Briefwechsel. Wie die Heldinnen der empfindsamen Briefromane setzt man sich dabei gerne vor sich selbst und anderen in literarische Positur. Denn diese Briefe kreisen nach Goethes Schilderung als Dokumente empfindsamer Schwärmerei allgemein unter den schönen Seelen. Briefe, Bänder und blaue Unschuldsherzchen verbanden über Ländergrenzen hinaus die empfindsamen Herzen, und der berüchtigte Apostel dieser brief- und bänderfrohen Empfindsamkeit, F. M. Leuchsenring, suchte auf seinen „Reisen des Herzens" bis nach Frankreich und die Schweiz hinein einen förmlichen Orden der Empfindsamkeit zusammenzubringen, überall seinen empfindsamen Trödelkram an Briefen und Bändern ausbreitend. Im Darmstädter Kreise stiftete seine empfindsame Zwischenträgerei, sein milchweiches Wesen, mit dem er zumal die Frauen in die Obhut seines Seelenhirtentums zu nehmen suchte, manche Verstimmung zwischen Herder, Karoline, Merck und Goethe. Literarhistorische Berühmtheit hat er vornehmlich durch Goethes satirische Zeichnung im 'Pater Brey' und im älteren Estherspiel des 'Jahrmarktsfestes zu Plundersweilern' erlangt.

Goethe *Dichtung und Wahrheit* 12. u. 13. Buch. *Aus Herders Nachlaß* III (1857). E. Schmidt *Richardson, Rousseau und Goethe* 1875. V. Tornius *Schöne Seelen* 1920. W. Liepe.

Dekadenzdichtung. § 1. Gegenüber der Entfaltung der modernen europäischen Kultur ist oft, von verschiedenen Standpunkten aus und in sehr verschiedenen geschichtlichen Situationen, das Bedenken erwacht und geäußert worden, daß die Ausbreitung der Bildung, die Verfeinerung der Lebensformen, die Erweiterung der Genußfähigkeit, die Anspannung des Geistes und die seelische Differenzierung, und was sonst noch als ihr teils gewolltes, teils ungewolltes Ergebnis anzusehen ist, zur Entartung, zum Verfall und Untergang führen müsse. Diese Bedenken sind von Jean Jacques Rousseau zu einer heftigen, in der Absicht reaktionären, in der Wirkung revolutionären Anklage gesteigert worden — kurz bevor die europäische Kulturentwicklung mit beschleunigtem Tempo Veränderungszustände durchlief, in denen jene Momente, die schon früher Anlaß zur Besorgnis und Polemik gegeben hatten, ein weit größeres und gefährlicheres Aussehen annahmen. Auch andere Kulturkritiker des 18. Jahrhunderts, die Hauptvertreter der europäischen Aufklärungsbewegung, Kunsttheoretiker, Theologen, Pädagogen haben sich mit dem Problem des Kulturverfalls als Folge kultureller Überreife beschäftigt, allerdings mehr gegen die voraufgehende Epoche, die Barockkunst, als gegen die eigene Zeit und deren Entwicklungstendenzen gerichtet, mit Reminiszenzen an den Ausgang der griechisch-römischen Antike, an das Schicksal von Sybaris, Lydien, Athen, aber ohne Gegenwartserfahrungen zu verwerten, wie sie durch den zunehmenden Verfall des deutschen Reiches, das Beispiel einer politischen Niedergangserscheinung bei teils unentwickelten, teils eine Regeneration anzeigenden Kulturzuständen, oder durch das Zusammentreffen politischer, gesellschaftlicher und kultureller Verfallssymptome im vorrevolutionären Frankreich, in Polen und besonders in den norditalienischen Republiken Venedig und Genua nahegelegt schienen. Montesquieus '*Considérations sur les causes de la grandeur des Romains et de leur décadence*', vor Rousseaus ersten Kundgebungen erschienen, haben der kulturphilosophischen und historischen Erfassung des Verfallsproblems eine starke Anregung gegeben. Sie wurden in Edward Gibbons '*History of the decline and fall of the Roman empire*' (1776—1788) durch den größeren Reichtum der Anschauung und den tiefer eindringenden historischen Sinn in ihrer Bedeutsamkeit überboten. Gibbon vereinigte politische, wirtschaftliche und geistesgeschichtliche Betrachtungsweise, und seine Stellung zum Christentum, in dem er eine Hauptursache des Untergangs des Römerreichs erblickte, hatte eine Veränderung in der Bewertung der Verfallssymptome zur Folge. Gibbon empfand die Tragik des Untergangs in dem Gegenstand seiner Darstellung, der Unterliegende erschien ihm als der Höhere, Schönere im Vergleich zum Sieger, die größte Tragödie, von der die Geschichte zu berichten weiß, war ihm das Thema seines Werkes. „Ich habe den Triumph der Barbarei und der Religion geschildert", sagt er in seinen Memoiren. Diese Einstellung, der eine Verfallserscheinung einen höheren Wert und Reiz darbietet als die gesunde und elementare Kraft des überwindenden Nachfolgers, hat auf die Entstehung bedeutsamer Konzeptionen der Kultur, der geschichtlichen Kräfte und Tendenzen, der menschlichen Typologie eingewirkt. Sie hat Byrons und Heines Kulturbegriff mitbestimmt oder wenigstens in der Fassung beeinflußt, die Opposition gegen die christliche Kulturüberlieferung, den Gegensatz von Nazareth und Hellas. Sie hat auch auf Baudelaires Dekadenzbegriff Einfluß gewonnen, die Auffassung des Verfallsproblems, in der die Parteinahme des geschichtlichen Urteils sich zum Gegenwartsgefühl, die Stimmung des Nacherlebenden zur Grundempfindung des Daseins gesteigert wird, und die Stellungnahme zu einem einmaligen Ereignis, ja sogar der kulturkritische Standpunkt hinter dem Bewußtsein der individuellen Existenz zurücktritt. Baudelaire hat dem Dekadenzbegriff einen prägnanten Sinn gegeben, das Bekenntnis zur Überreife, zum Spätstil, zu einer Verfeinerung des Geistes und der Sinnlichkeit, die es wert ist, auf Kosten der Gesundheit, der Lebensinstinkte, der Entwicklungsmöglichkeit erkauft zu werden, und der gegenüber alle historischen und psychologischen, alle biologischen und ethischen Normbegriffe, alle sozialen und nationalen Rücksichten und Konsequenzen ihre Bedeutung verlieren. Baudelaires Bekenntnis zur Dekadenz ist nicht allein aus der geistesgeschichtlichen Verbindung, die auf Gibbon zurückweist, zu erklären. Die „artifizielle" Richtung der französischen und englischen Poesie mit ihrem Auskosten exotischer Reize und narkotischer Wirkungen, die Kunst Poes, de Quinceys gehört ebenso zu seinen Voraussetzungen wie die Dichtung des Weltschmerzes und des kulturellen Pessimismus, die in Byron, Heine, Alfred de Musset, Leopardi gipfelt. Aber weder Poe noch de Quincey, noch weniger die Dichter der „Zerrissenheit" sind in dem Sinne, den Baudelaire statuiert hat, echte Dekadenzdichter. Den einen fehlt das Bewußtsein der Spätzeit, der Endkultur, die Individualität der andern ist durch das revolutionäre Pathos an die Gemeinschaft gebunden, und ihr Lebenswille ist nicht in der ästhetischen Befriedigung erschöpft.

§ 2. Der erste deutsche Schriftsteller, für den das Dekadenzproblem Bedeutung gewonnen, und der es zur Klärung der Kulturlage, zur Charakterisierung künstlerischer Persönlichkeiten und Werke verwertet hat, ist Friedrich Nietzsche gewesen. Vor ihm haben zwar deutsche Dichter gelebt, deren Persönlichkeit Züge von dekadenter Lebenshaltung aufweist, wie Grillparzer, Lenau, Heine, C. F. Meyer; aber nur bei Heine, und auch bei ihm nur gelegentlich, ist die personale Eigenschaft auch in der dichterischen Gestaltung zum Ausdruck gekommen. Immermann hat im 'Münchhausen' eine Welt der Künstlichkeit und des Verfalls gegen eine gefestigte, im nahen Zusammenhang mit der Natur lebende Existenz kontrastiert; aber er ist weit entfernt von einem solidarischen Interesse an den Gestalten, die er auf die Seite der

Lebensnegation stellt. Die Epigonenstimmung begründet ebensowenig das Dekadententum, dessen Sinn Baudelaire fixiert hat, wie der Ästhetizismus. Gewiß steht das künstlerische Dekadententum zu der radikalen Verkündung der Autonomie des Ästhetischen in naher, wahlverwandter Beziehung; aber es gibt auch Vertreter der Theorie des *l'art pour l'art*, die nichts mit Dekadenz zu tun haben. Die Richtungen, die in Deutschland den Gedanken der Autonomie des Ästhetischen oder der Kunst entwickelt haben, bleiben doch fast durchweg in Fühlung mit einem allgemeinen, idealistischen Wertsystem, in dem auch die autonome Kunst irgendwie ihren Platz angewiesen erhält und nicht völlig unabhängig oder erhaben oder gar feindlich gegenüber anderen Lebenswerten dasteht. Das künstlerische Dekadententum ist eine von mehreren möglichen Konsequenzen des radikalen *l'art-pour-l'art*-Prinzips. Nietzsche bestimmt im 'Fall Wagner' den typischen *décadent* als den Kranken, „der sich notwendig in seinem verderbten Geschmack fühlt, der mit ihm einen höheren Geschmack in Anspruch nimmt, der seine Verderbtheit als Gesetz, als Fortschritt, als Erfüllung in Geltung zu bringen weiß". Seine Kennzeichnung der literarischen *décadence* beruht auf Paul Bourgets Essay über Baudelaire und verfehlt die Prägnanz, die seine allgemeine Bestimmung des *décadent* besitzt. Aber Nietzsche hat als erster Deutscher die *décadence* als europäische Kulturerscheinung, als Erschöpfungssymptom festgestellt und das Verführerische dieser Erscheinungen und Vorgänge empfunden. Gegen die historische Deutung und Bewertung drängen sich verschiedene Einwände auf. Wenn selbst alle als dekadent charakterisierten Persönlichkeiten, Werke, Kulturgestaltungen zu einer „Kultur der Dekadenz" zusammenstimmen, so bleibt doch noch sehr zweifelhaft, wieweit diese Dekadenz tatsächlich die Epoche, in der sie in Erscheinung tritt, beherrscht. Vielleicht ist die Dekadenz der Endstil einer Entwicklungslinie der Kultur, die im Ensemble der historischen Entwicklungslinien durchaus nicht dominiert, sondern nur auffällig hervortritt, ohne über das Schicksal der Epoche Wesentliches auszusagen; vielleicht ist das Absterben, das sie anzeigt, der notwendige Begleitumstand des allgemeinen Regenerationsprozesses oder einer Fortentwicklung, für deren Erfassung die bisher anerkannten Normen keine Hilfe mehr geben, und der „Verfall" kann Vorstufe der Neubildung oder Vorbote des allgemeinen Untergangs sein. Jedenfalls ist die echte Dekadenz eine eng begrenzte Kulturerscheinung, aber ihr Zusammenhang mit zentralen Veränderungen der Kulturlage ist ungeklärt. Dekadenz des Empfindungslebens, der künstlerischen Existenz, des dichterischen Bewußtseins konnte mit Erweiterung und Neubildung zusammenbestehen, Perversion ein Zeichen des Übergangs zu erneuerter Gesundheit, ja die Vorbedingung gereinigter, gekräftigter und sicherer Gestaltung werden.

§ 3. Der europäischen Dekadenzdichtung, die in der Lyrik Baudelaires und Verlaines, in Romanen wie Théophile Gautiers '*Mademoiselle de Maupin*', Huysmans '*A Rebours*', in Herman Bang und Tschechoff, in Oscar Wildes '*Salome*' ihre großen Repräsentanten gefunden hat, sind in der deutschen Literatur erst spät und in anderem Kulturrahmen dichterische Gestaltungen ähnlichen Gepräges gefolgt. Die Darstellung nervöser, körperlich und seelisch zerrütteter Existenzen, wirtschaftlicher und sittlicher Niedergangserscheinungen, die zu Beginn der naturalistischen Bewegung in den Romanen und Erzählungen Max Kretzers, Karl Bleibtreus, Hermann Conradis, in Gerhart Hauptmanns ersten Stücken und Sudermanns Dramatik begegnet, ist ebensowenig Dekadenzdichtung wie im Werke Emile Zolas, das sie beeinflußt hat. Erst die Abwendung vom Naturalismus, der Übergang von der exakten Beobachtung zum nervösen Lyrismus, die psychologische Verfeinerung, die Verbindung autobiographischer oder bekennerhafter Haltung mit der Darstellung komplizierter Seelenzustände, eine Empfindungswelle, in der Neigung zum Raffinement und Müdigkeit, Exotik und pathologisches Interesse zusammenströmen, hat die deutsche Dekadenz hervorgebracht, die im wesentlichen eine Reaktion gegen Naturalismus und Positivismus, eine Übergangserscheinung ist.

Schnitzler, Hofmannsthal, Rilke haben, teils durch literarische Einflüsse, teils infolge ihres unmittelbar aus dem Zeiterleben stammenden Reagierens, teils durch Züge ihrer persönlichen Konstitution das deutsche Dekadenzerleben zuerst geformt. Rein literarisch, der Einwirkung Baudelaires folgend, haben Lyriker wie Felix Dörmann, Richard Schaukal sich in dekadenter Gefühlsatmosphäre bewegt. Zum entscheidenden Zuge des persönlichen Bewußtseins, der künstlerischen Existenz und Gestaltung ist das Dekadenzerlebnis bei Eduard von Keyserling und besonders bei Thomas Mann geworden. Thomas Mann hat dem Dekadenzproblem eine neue Wendung gegeben; er hat den Heroismus der Schwäche, die Bewährungsprobe des unter ungünstigen Bedingungen kämpfenden Menschen herausgehoben und den Zusammenhang von Dekadenzbewußtsein und *amor fati* unter neues Licht gestellt. Während Heinrich Mann durch den Reiz und Vernichtungsrausch der Verfallserscheinungen angezogen worden ist, hat Thomas Mann die Bewußtheit und den Ernst der dekadenten, den Untergang vorausfühlender Persönlichkeit betont, ohne den orgiastischen Untergrund gänzlich zu verdecken. Ein Vergleich von Thomas Manns 'Buddenbrooks' mit J. J. Davids 'Übergang' kann den Unterschied von objektiver Verfallsdarstellung und Dekadenzdichtung schlagend zur Anschauung bringen, ebenso eine Gegenüberstellung mit dem 'Roman aus der Décadence' von Kurt Martens. Gegen die Dekadenzdichtung erhob sich vielfache Reaktion unter der Parole der Heimatkunst, der Lebensbejahung, der Sehnsucht zum Primitiven, Elementaren, Einfachen, Robusten. Es ist das Zeichen echter Dekadenzdichtung, daß diese Triebrichtungen nicht außerhalb ihres Horizontes liegen, vielmehr sie zu Übersteigerungen in der Richtung zur Bewunderung der Kraft, der Grausamkeit, der Primitivität verführt haben. Sie entsteht in dem Spannungskreise von Überreiztheit und Resignation, der Entdeckung neuer Objektsqualitäten und dem Gefühl, einer versinkenden Epoche anzugehören. Daher weisen auch Übergangserscheinungen wie Przybyszewski, Dauthendey, Wedekind dekadente Züge auf.

Paul Bourget *Charles Baudelaire*, Essais de psychologie contemporaine 1883. S. 3—32. E. v. Sydow *Die Kultur der Dekadenz* 1921. Th. Lipps *Zur Psychologie der Dekadenz*, Deutschland hrsg. v. P. Graf Hoensbroch III (1903/4) S. 397 ff. O. Harnack *Décadence*, Deutsche Revue XXXVIII (1913) II S. 320—325. W. Stammler *Deutsche Literatur vom Naturalismus bis zur Gegenwart* 1924. S. 68 f. K. Hildebrandt *Norm und Entartung des Menschen* 1920.

H. Bieber.

Dekoration. Von Dekoration ist im eigentlichen Sinne erst zu sprechen, nachdem das Theater die moderne Bühne geschaffen hatte, d. h. seit der Renaissance. Denn das mittelalterliche Theater hatte keine illusionistischen Ziele in der Ausgestaltung des Schauplatzes. Im Nebeneinander der Standorte-Technik wurde die einzelne Örtlichkeit nicht abgekürzt, angedeutet gezeigt, sondern als Ganzes dargestellt, und ein Szenenwechsel findet auf der Simultanbühne nicht statt. Der Aufbau aller Örtlichkeiten macht eine vortäuschende Dekoration überflüssig. Nur in dem Sinne, daß Häuseraufbau so gestaltet war, daß ein Durchblick in das Innere durch die herausgenommenen Wände sich ermöglichte, war etwas wie Dekoration üblich. Als der Schauplatz räumlich begrenzt und konzentriert wurde, grenzte man den Spielraum bildmäßig ab. Der neue Begriff, vorher unnötig und unbekannt, ist die Perspektive, die in der Bildkunst von Masaccio bis Mantegna ausgebildet worden war. In Ferrara wird für das J. 1508 über die Karnevalsaufführung von Ariosts 'Cassaria' in einem Briefe Bernardino Prosperis gesagt: „Es ist eine Straße und die Perspektive eines Landes mit Häusern, Kirchen, Glockentürmen und Garten." 1510 wird für Rom, 1513 für Urbino Ähnliches berichtet. Eine weitere Station in dieser Entwicklung stellt das *Teatro Olimpico* Andrea Palladios um 1585 in Vicenza dar. Jedoch eine während des Spiels verwandelbare Dekoration wird erst möglich durch die sog. *Telari*, die wohl zwischen 1570 und 1585 erfunden sein dürften. Diese Prismen hatten bemalte Flächen, waren drehbar und ermöglichten schnellste Verwandlung, während der Schlußprospekt auseinandergeschoben, ein neues Abschlußbild zeigt. Wir kennen diese Telari-Bühne genau durch Josef Furttenbach (1591 bis

1667), der 1641 in Ulm eine solche Bühne baute und namentlich im 'Mannhaften Kunstspiegel' ausführliche Beschreibungen gab. Von den Telari, deren Dekorationen bald durch überlegbare neue Stücke häufiger ausgewechselt werden konnten, war kein sehr weiter Schritt dazu, die Kulisse selbständig aufzustellen. Das ist 1620 geschehen. In Deutschland wird die Kulissenbühne durch das Jesuitentheater ausgebaut und 1659 in Wien jedenfalls schon verwendet. Das Jesuitentheater geht über die dekorationslose Bühne des Schultheaters hinaus und lernt um 1720 auch die Dekorationswirkungen der Opernbühne nützen. Diese vor allem brauchte, auf sinnliche Wirkung gestellt, die illusionierende Perspektivendekoration, die im Ausgang des 17. Jhs. die Galli-Bibbiena geschaffen haben, zunächst Ferdinando (1653—1743), „der Paolo Veronese des Theaters". Er hat die Dekoration dem modernen Illusions-Bedürfnis und -Empfinden genähert. Bisher war für die perspektivische Anlage der Dekoration der Blickpunkt in der Mittelachse des Theaters gewählt gewesen und hatte nur für einen ganz engen Kreis von Plätzen Gültigkeit gehabt. Jetzt aber wurde der Blickpunkt, indem die Achse des ganzen Bühnenbildes um einige Grad seitlich gedreht wurde, übereck genommen, so daß die dargestellten Gebäude nicht mehr parallel zum Proszenium standen. Damit wurde eine für alle Plätze einleuchtende, wesentlich gesteigerte Illusion hervorgerufen, so jedoch, daß die baulichen Übersteigerungen den Zuschauer von der Wirklichkeit durchaus entfernten. Außer Ferdinando sind sein Bruder Francesco und sein Sohn Alessandro zu nennen, den weitesten Ruf erlangte jedoch Giuseppe Galli-Bibbiena (1696 bis 1757), der in Wien, Dresden, Berlin, ja eigentlich in allen maßgebenden Theaterstädten wirkte, um mit seiner, auch theoretisch begründeten Kunst die ganze barocke Pracht und sinnliche Belebung des 17. Jhs. festhielt. Die Quaglio, Gagliardi, Georg Fuentes oder Friedr. Beuther setzen das Werk der Bibbiena bis ins 19. Jh. hinein fort. Gegen diese eine unendliche Tiefe vortäuschenden Bogenbauten, Festhallen, Palasttreppen, Durchblicke usw., die den damaligen Zuschauer, wenigstens im Architektonischen, verwöhnten, wandte sich in bewußter Abkehr Schinkel, dem es nicht auf Wirklichkeitsnachahmung ankam, sondern der stilsicher komponierte, das Wesentliche, Charakteristische, Stimmung vertiefende und heraushebende Dekorationen schuf und schon die Dekoration mit dem inneren Sinn des Theaterwerkes in Einklang brachte. Vorarbeit haben ihm J. Pujoulx, Joh. Ad. Breysig, L. Catel, J. G. Langhans, F. Weinbrenner geleistet. In Schinkels Bahnen geht die Dekorationsmalerei des 19. Jhs., nur nüchterner, unkünstlerischer, wenngleich kenntnisreicher im einzelnen. Namentlich die Meininger übertragen historische Erkenntnisse auf die Bühnendekoration, angeregt durch Charles Kean. Während die Kulissen, parallel laufend, im ausgehenden 18. Jh. noch durchweg „geschlossene" Zimmer unmöglich machten, traten um die Jahrhundertwende (nach einem wirkungslosen Versuch F. L. Schröders) J. Pujoulx und J. A. Breysig für geschlossene Dekorationen ein, ohne sofortige Nachfolge zu finden. In Frankreich war man bereits im ausgehenden 18. Jh. so weit, wie der später sich durchsetzende Realismus und Naturalismus es von der Dekoration forderten. Um 1900, mit dem Aufkommen der „Stilbühne" als Gegenwirkung gegen die „Illusionsbühne", bringt die Abkehr von der Wirklichkeitsnachahmung vereinfachte, symbolisch andeutende Dekorationen hervor, fast bis zur Ornamentik abgekürzt. Die neue Form der Bühnendekoration, im „Münchener Künstler-Theater" zuerst durchgeführt, fußte auf den Anregungen des Schweizers Ad. Appia und des Engländers Ed. Gordon Craig, wurde von Peter Behrens gestützt und von Malern wie Jul. Diez, Fr. Erler u. a. verwirklicht, wie es denn bezeichnend ist, daß der namhafte Maler die Dekorationen schafft, so L. Corinth, M. Liebermann, Slevogt u. a., ja sogar als „künstlerischer Beirat" dem Theater dauernd nahe tritt, wie Ernst Stern, Emil Orlik, Karl Walser, A. Roller, Ludw. Sievert, Ludw. Kainer, P. Aravantinos, Rochus Gliese, César Klein. In der allzu großen Selbständigkeit des Dekorationsmalers liegt, wenn er nicht vom Regisseur zu harmonischer Überbrückung von Dichtung und

Dekoration geführt wird, eine große Gefahr. Mit dem sog. „Expressionismus" ist die Entwicklung der Dekoration auf einen neuen Weg gekommen, der allerdings sehr oft ein sinnloser, unsachlicher, unkünstlerischer und nun schon wieder verlassener Irrweg gewesen ist. Am weitesten sind in der Abkehr von der Wirklichkeit und in der Theatralisierung der Dekoration neuerdings die Russen gegangen, so Al. Tairoff oder Nath. Altman. Die Dekoration ist in den letzten Jahren sehr stark abhängig geworden von den technischen Möglichkeiten der Beleuchtung (vgl. *Bühne*).

E. Flechsig *Die Dekoration der modernen Bühne i. Italien.* Diss. Leipzig 1894. M. Herrmann *Forsch. z. deutsch. Theaterg. des MA. u. d. Renaissance* 1914. P. Zucker *Stilrichtungen i. d. Theaterdekoration*, Theaterkalender 1914. P. Zucker *Zur Kunstgeschichte des klassizistischen Bühnenbildes*, Monatsh. f. Kunstwissensch. X (1917) S. 65—96. P. Zucker *Zur Kunstgesch. d. Theaterdekoration*, Das Junge Deutschland I (1918) u. II (1919). W. Bertram *Die Galli-Bibbiena u. ihre theatergesch. Bedeutung auf stilistischer Grundlage.* Diss. Marburg 1923. *Denkmäler des Theaters* II (Szenische Architekturen) 1924. P. Mahlberg *Schinkels Theaterdekorationen.* Diss. Greifswald 1916. H. Knudsen *Über Schinkels Theaterdekorationen*, Der Sammler XII (1922). L. Nusser *Schinkel u. Brückner in ihrer Bedeutung für die Bühnenmalerei.* Diss. Würzb. 1923. W. Klette *Über Theorien u. Probleme der Bühnenillusion* 1911. G. Fuchs *Die Revolution d. Theaters* 1909. O. Fischel *Das moderne Bühnenbild* 1923. A. Tairoff *Das entfesselte Theater* 1923. W. Flemming *Der Sieg der Kulisse*, Das Deutsche Theater II (1924). C. Niessen *Das Bühnenbild* 1924f.

Hans Knudsen.

Detektivroman, -novelle s. Kriminalroman.

Deutsche Gesellschaften. Das Vorbild für die Mehrzahl der „Deutschen Gesellschaften" des 18. Jhs. ist die von Gottsched 1727 in Leipzig gegründete „Deutsche Gesellschaft", welche aus der „Deutschübenden Gesellschaft" heraus erwachsen ist. Das Leipziger *Collegium poeticum*, dessen Mitglieder sich von Zeit zu Zeit ihre literarischen Erzeugnisse zur Kritik gegenseitig vorlegten, war 1717 in Anlehnung an eine Hamburger Gesellschaft zur „Deutschübenden Gesellschaft" umgewandelt worden, in welcher Gottsched bald die Führung übernahm. Das Hauptziel dieser Gesellschaft war, die deutsche Schrift, Sprache, Poesie und Beredsamkeit von fremden Einflüssen zu reinigen und eine deutsche Grammatik und Poetik herauszugeben nach dem Vorbilde der französischen Akademie. Gottsched selbst hielt streng an diesen Prinzipien fest, aber als Schwabe allmählich stärkeren Einfluß gewann, verfolgte man auch moralische Ziele. Die großen Gedanken der Aufklärung, Toleranz, Glückseligkeit und Popularisierung der Philosophie, wurden aufgenommen in Anlehnung an Bacon, Grotius, Locke, Leibniz und Wolff. Ja sogar freimaurerische Gedanken tauchten hie und da auf, besonders bei Schwabe, dem Herausgeber der Zeitschrift „Der Freymaurer". Neben der Leipziger „Deutschen Gesellschaft" war die bedeutendste die Göttinger „Deutsche Gesellschaft", welche im engsten Anschluß an Gottsched 1738 gegründet wurde. Es ist charakteristisch, daß nicht nur Literaten Mitglieder waren, sondern auch Juristen (z. B. Pütter), Mediziner, Theologen und Mathematiker (z. B. Kästner); denn die Gesellschaft wollte alle Lebenskreise erfassen, um die Menschheit im Sinne der Aufklärung zu bilden. Hier treten die literarischen Ziele neben den allgemein moralischen stark in den Hintergrund. Von den bedeutendsten Dichtern des 18. Jhs. zählten zu den Mitgliedern der Deutschen Gesellschaft in Göttingen Bürger, Gleim, Hölty, Fr. W. Zachariae u. a.

Die 1775 mit Hilfe Klopstocks gegründete „Deutsche Gesellschaft" zu Mannheim hatte sich besonders die Glückseligkeit des Volkes als Ziel gesetzt. „Jeder soll die Früchte der Kunst und Wissenschaft in seiner Muttersprache aufnehmen", war ein Hauptsatz der Bestimmungen. Auch hier wurden Männer der verschiedensten Berufe aufgenommen, da es ja galt, nicht allein die deutsche Sprache, Poesie und Grammatik zu reinigen, sondern in jeder Hinsicht das Volk zu bilden. Für die Reinigung der Sprache macht man sich Klopstocks Grundsätze zu eigen, während sonst die englischen Moralphilosophen von entscheidendem Einfluß waren. Auch bei Errichtung des Mannheimer Nationaltheaters spielte die Gesellschaft eine wichtige Rolle, da sie hoffen konnte, von der Schaubühne herab besonders auf das Volk zu wirken. Neben Klopstock findet man Namen wie Lessing,

Herder, Wieland, Bürger, Schiller u. a. in ihren Listen.

Von den andern Deutschen Gesellschaften mögen genannt werden: Die Deutschübende Gesellschaft in Hamburg (1715), Deutsche Gesellschaft in Jena (1728), Literarische Gesellschaft in Nordhausen (1728), Vertraute Rednergesellschaft in Weimar (1730), Gesellschaft zur Beförderung der deutschen Sprache, Poesie und Beredsamkeit in Halle (1733), Prüfende Gesellschaft in Halle (1733), Deutsche Gesellschaft in Halle (1738), Deutschübende Freymaurergesellschaft in Halle (1738), Deutsche Gesellschaft in Helmstedt (1746).

Sie alle wurden in Anlehnung an Gottscheds Deutsche Gesellschaft gegründet und haben das große Verdienst, zur Bildung und Reinigung der deutschen Sprache und Grammatik beigetragen zu haben durch Herausgabe von Grammatiken, Redekünsten und Rechtschreibungen. Auch die Hebung des Geschmacks ließen sie sich angelegen sein, wenn sie ihre dichterischen Erzeugnisse bei Zusammenkünften der gemeinsamen Kritik unterwarfen. Die Gesellschaften in Göttingen, Halle und Mannheim stellten sich überdies ganz in den Dienst der Ideen der Aufklärung, welche sie durch moralische Zeitschriften nach dem Vorbild der Engländer zu verbreiten suchten.

Streng zu scheiden von diesen Deutschen Gesellschaften des 18. Jhs. sind die „teutschen" Gesellschaften, welche im Anschluß an E. M. Arndts Entwurf (1814) lediglich politische Zwecke verfolgten.

P. Otto *Die deutsche Gesellschaft in Göttingen* (ForschnLg. VII) 1898. L. Keller Hefte der Comeniusgesellschaft 1900. E. Reichel *Gottsched* 1908. W. Stammler *Matthias Claudius* 1915. S. 15ff., 215. W. Suchier *Die Mitglieder der Deutschen Gesellschaft zu Göttingen von 1738 bis Anfang 1755*, Zeitschrift des Historischen Vereins für Niedersachsen LXXXI (1916) S. 44/124. F. Frensdorff *Gottsched in Göttingen*, ebd. LXXXII (1917) S. 173/226. O. Stempell.

Deutschordensdichtung. § 1. Der Inhalt der D. erklärt sich aus dem Wesen des Deutschen Ordens. Es besteht in einer eigentümlichen Verbindung von Mönchtum und Rittertum, wie sie sich in den Statuten des Ordens, der Regelung des täglichen Lebens, der Anlage der Burgen, die Kloster und Festung zugleich sind, ausspricht. In der strafforganisierten Verwaltung dieses Beamtenstaates hatten die Priesterbrüder geistlichen, die Ritterbrüder weltlichen Aufgaben obzuliegen. An die Stelle der Kreuzzugsfahrten traten die Preußen- und später die Litauerfahrten. Neben die kriegerische Tätigkeit trat in dem unterworfenen und zum großen Teil neubesiedelten Land immer bedeutungsvoller die Verwaltungsarbeit. Für höfisches Leben und höfische Dichtung, für Liebeslyrik und Liebesroman war in den Kreisen dieser Männer kein Raum. Geistiges Leben und künstlerisches Empfinden im Orden müssen sich dem gesamten Staatswesen unterordnen. Sie sind in erster Reihe unter dem Gesichtspunkt der Zweckmäßigkeit und Einordnung in die praktischen Bedürfnisse des Staates zu verstehen. Das zeigt die Baukunst des Ordens ebenso wie das Schulwesen, die Geschichtschreibung wie die Dichtung. Aus diesem Gedanken, auch die Dichtung den praktischen Forderungen der Allgemeinheit dienstbar zu machen, erklärt es sich, daß sie, dem Wesen des Ordens entsprechend, nur die beiden Stoffgebiete: geistliche und geschichtliche Dichtung, aufweist. Innerhalb beider Gebiete sind die Stoffe beschränkt, auf geistlichem: Marienverehrung, Verherrlichung von Glaubenshelden, Übertragung biblischer Bücher; auf weltlichem: Geschichte des Ordens. — Die Anregung kam aus Dichtungen des Mutterlandes. Ordensritter brachten aus ihrer Heimat Bücher mit, die den Ordensbibliotheken einverleibt wurden: Strickers 'Roland', Thomasins 'Wälscher Gast', 'Der Seelen Trost', 'Kindheit Jesu', 'Barlaam und Josaphat' u. a. Ferner: Dichter des Mutterlandes, die in persönlichen Beziehungen zum Orden standen, sandten oder widmeten ihre Werke dem Orden. Diese wurden dann Quellen neuer Produktion. Vor allem: geistig interessierte Hochmeister regten zu geistlicher und geschichtlicher Dichtung innerhalb des Ordens an, damit auch sie den ideellen und praktischen Forderungen des Ordens dienstbar gemacht und durch sie die geistlich-weltliche Idee des Ordens gestärkt würde.

Die Sprache der in Preußen entstandenen Ordensdichtung ist mitteldeutsch. Sie entspricht in allem Wesentlichen der ostmitteldeutschen Amts- und Schriftsprache, die der Orden in Preußen anwandte.

§ 2. Zu den dem Orden nahestehenden Dichtern gehört in erster Reihe „der letzte Schule machende Epiker des Mittelalters", der Dichter der großen Legendenwerke, des 'Väterbuchs' und des 'Passionals'. Wir kennen den Namen dieses Dichters nicht, wissen auch nicht, woher er stammt. Im md. Sprachgebiet, vielleicht im rheinischen, mag er geboren sein; jedenfalls hat er einige Zeit im Ordenslande Preußen gelebt: er gebraucht Wörter, die nur dort bezeugt sind, er hat auf die spätere Ordensdichtung einen besonders starken Einfluß gehabt, mehrere Hss. seiner Werke befanden und befinden sich noch heute im Ordenslande Preußen und beweisen die hohe Wertschätzung seiner Dichtungen innerhalb des Ordens. Er war ein Priester, der eine vortreffliche geistliche Bildung besaß. Die Abfassungszeit der beiden Dichtungen ist nicht genau zu bestimmen. Die '*Legenda aurea*' des Jacobus de Voragine, auf der das 'Passional' beruht, ist wahrscheinlich in der Zeit von ca. 1275—1280 entstanden. Begann der Dichter gleich bei dem Bekanntwerden der '*Legenda*' seine Übertragung, so brauchte er gewiß mehrere Jahre zur Vollendung seiner Arbeit, denn seine Dichtung umfaßt allein ca. 110000 Verse. Vorher schon hatte er einen beträchtlichen Teil des 'Väterbuchs' im Anschluß an die '*Vitae Patrum*' bearbeitet. Dann aber, als er die '*Legenda aurea*' kennengelernt hatte, erweiterte er das 'Väterbuch' durch Zusätze aus der '*Legenda*'. Vielleicht hat er stellenweise an beiden Werken gleichzeitig gearbeitet. Es scheint so, als ob einzelne Abschnitte des 'Passionals' vor Vollendung des Ganzen gesondert ausgegeben wurden. Die Abfassungszeit beider Dichtungen fällt in das letzte Viertel des 13. Jhs., gleich nach 1300 setzt der starke Einfluß des Dichters ein. Das 'Väterbuch' behandelt zunächst die Geschichte des hl. Antonius und Paulus Simplex, die das Einsiedlerleben in der oberägyptischen Wüste begründet haben, sodann in der Wüstenreise die Geschichte einiger in der Wüste lebender Väter, in einem weiteren Teile eine Fülle von Beispielen und belehrenden Legenden und zuletzt ein paar selbständige Legenden: Euphrosyna, Pelagia, Abraham und Maria, Eustachius, Siebenschläfer, Alexius u. a. Den Schluß bildet eine farbenprächtige Darstellung des Jüngsten Gerichts. Im 'Passional' spricht der Dichter von Christus und Maria, deren Verehrung nirgends in höherem Ansehen stand als bei den Marienrittern in Preußen, von Johannes dem Täufer, den Aposteln und Maria Magdalena; in dem umfangreichen dritten Teil erzählt er 75 Märtyrerlegenden: Nicolaus, Lucia, Anastasia, Stephanus usw. — immer in der Absicht, seine Leser und Hörer zu bessern. Er ist ein vortrefflicher Erzähler, der lebendig und anschaulich, ergreifend und anspruchslos darzustellen weiß: „streckenweise nähert er sich geradezu dramatischer Lebendigkeit". Zuweilen gestaltet er den Stoff der lat. Vorlagen nach eigenem Geschmack. Er malt die Situationen geschickt aus, sucht psychologisch zu begründen, kürzt auch aus künstlerischen Gründen, wo ihm die Vorlage zu breit erscheint, fügt an besonderen Stellen formgewandte lyrische Partien in den gleichmäßigen Fluß der Reimpaare und schafft im ganzen ein dichterisch bedeutsames Werk.

§ 3. Die Wirkung dieses Dichters in stilistischer und technischer Hinsicht war außerordentlich groß. Eine Übertragung des bibl. Buchs 'Esther' zeigt in Wortschatz und Redewendungen solche Verwandtschaft, daß man dieses Werk als eine frühere Arbeit desselben Dichters ansehen konnte. Zu dieser Annahme fehlen freilich die Gründe. Es gehört aber zweifellos nach Technik und Überlieferung in den Kreis der Deutschordensdichtung. Ebenso zeigt sich starke Abhängigkeit vom 'Passional' bei dem Verfasser des mystisch-allegorischen Werkes 'Der Sünden Widerstreit', das in Thüringen, wohl zu Anfang des 14. Jhs., entstanden ist. Der unbekannte Dichter hatte wohl persönliche Beziehungen zum Deutschen Orden.

§ 4. Derartige Beziehungen, vielleicht einen längeren Aufenthalt in Preußen, wird man auch bei Heinrich von Hesler voraussetzen müssen. Er hat den Einfluß des Passionaldichters nur in geringem Maße erfahren. Seine Heimat ist Thüringen, dort war er bei Nebra im Kr. Querfurt zu Hause; später bekleidete er das Amt des Propstes und danach des Komturs zu Zschillen in Thüringen. Die Zeit seiner Dichtungen ist nicht mit Bestimmtheit festzusetzen, die äußersten Grenzen sind etwa 1292—1325. Das 'Evangelium Nicodemi' stellt im Anschluß an das im MA. viel gelesene '*Evangelium Nicodemi*' die letzten Leidenstage Christi und seine Höllenfahrt dar und fügt im Anschluß an die Legenden von Tiberius, Vespasian und Veronica einige Erzählungen an. Die Übertragung der 'Apokalypse' durchsetzt er mit einer versifizierten Auslegung, vor allem auf Grund der '*Glossa ordinaria*'. Die schwierigen Auslegungen des geheimnisvollen biblischen Buches hat er nicht klar und kurz auszudrücken vermocht. Bedeutsam in der Geschichte der Metrik ist, daß er, wie auch der spätere Ordensdichter Nikolaus von Jeroschin, Regeln über den Bau seiner Verse aufstellte. Es sind vor allem: Reinheit des Reims, Begrenzung der Zahl der Silben eines Verses auf 6—8, gleiche Silbenzahl für die Verse eines Reimpaares.

§ 5. Ihre Blüte erreichte die D. unter den Hochmeistern Luder von Braunschweig (1331—1335) und Dietrich von Altenburg (1335—1341). Es waren die Jahre, in denen nach der Verlegung des Hochmeistersitzes nach Preußen die Marienburg zu einem Fürstensitz umgestaltet, Schloßkirche und Kapitelsaal ausgebaut und der Große Remter geschaffen wurde, als sich in jenen Räumen ein Mittelpunkt fürstlichen Lebens und staatlicher Verwaltung entwickelte. Luder von Braunschweig, aus fürstlichem Geschlecht — er war ein Sohn Albrechts des Großen —, verwandt mit dem Thüringer Hofe, dachte wohl daran, die Marienburg in geistlicher Hinsicht zu einem Musensitz zu machen, wie es die Wartburg in weltlicher gewesen war. Er gab nicht nur wiederholt Anregung zu Dichtungen, er hat sich auch selbst als Dichter betätigt. Freilich die eine Dichtung, die uns unter seinem Namen genannt wird, ist verloren, wir können aber aus anderen Quellen von dem Inhalte des Gedichts eine Vorstellung gewinnen. Luder hat zur Ergänzung des Passionals die 'Geschichte der hl. Barbara' gedichtet, die im Ordenslande hoch verehrt wurde, ihr Leben und Ende und im Anschluß daran eine Episode aus der Geschichte des Ordens; wie nämlich das Haupt der Heiligen in der Burg Sartowitz bei deren Erstürmung i. J. 1242 von den Ordensrittern aufgefunden und danach in feierlicher Prozession nach Kulm gebracht wurde. Wahrscheinlich ist noch ein zweites Werk auf Luder zurückzuführen, die Übertragung der Bücher der 'Makkabäer'. Die Makkabäer galten als Vorbilder für die Ordensritter: wie jene Hohepriester und Heerführer zugleich waren und für ihren Glauben ritterlich stritten, so waren auch die Ordensritter Kämpfer für den Glauben, vereinigten auch sie Geistliches mit Weltlichem. Der Dichter übertrug die Bücher mit geringen Zusätzen aus der '*Historia scholastica*' und der '*Glossa ordinaria*'. Er kennt das 'Passional', steht aber hinter der Kunst dieses Werkes weit zurück. Seine Verse haben durchweg acht Silben. Helm setzt die Abfassungszeit in die erste Hälfte des dritten Jahrzehnts des 14. Jhs.

§ 6. Ein ähnlicher alttestamentlicher Stoff war schon vorher, 1304, dichterisch behandelt worden: das Buch 'Judith', ähnlich in dem Sinne, als es sich in ihm um eine Glaubensheldin handelt, die zur Rettung ihres Volkes den Feind ihres Glaubens vernichtet. Der künstlerische Wert des Gedichtes, dessen Vf. aus Thüringen stammte, ist gering. Die Vorliebe des Ordens für biblische Stoffe geht noch weiter: es scheint sogar der Plan bestanden zu haben, das ganze AT. poetisch zu übertragen. Auf Anregung Luders von Braunschweig wurde i. J. 1331 eine poetische Bearbeitung des Buches 'Daniel' vollendet, mit geschickter Hinzufügung der Auslegungen im Anschluß an die '*Historia scholastica*'. Der Vf. ist ein für seinen Beruf begeisterter Priester, dessen dichterische Eigenart wiederholt zum Ausdruck kommt. Literarisch ist er vom 'Passional', der 'Apokalypse' und besonders dem 'Makkabäerbuch' beeinflußt. Seine Verse enthalten durchweg sieben Silben. Unter dem Hochmeister Dietrich von Altenburg wurde i. J. 1338 eine poetische Paraphrase des Buches 'Hiob' vollendet, deren Auslegungen vor allem auf Nicolaus von Lyra beruhen. Diese sind, wie in Heslers 'Apokalypse', so angelegt, daß sie den biblischen Text andauernd unterbrechen. Es ist wahrscheinlich, daß diese Dichtung von Thilo von Kulm herrührt, der 1352 als Bischof von Samland urkundlich erscheint, aber schon 1331 als Magister eine Dichtung 'Von siben ingesigeln' verfaßt hatte. Er schrieb sein Werk zu Ehren Marias, des Deutschen Ordens und des Hochmeisters Luder von Braunschweig. Er schließt sich, jedoch in eigenartiger Selbständigkeit, an den '*Libellus septem sigillorum*' an und stellt in dem Hauptteil seines Werks die sieben Siegel, d. h. die sieben Abschnitte der Heilsgeschichte, dar. Er kennt nicht nur die Ordensliteratur — wie der Danieldichter verwendet er siebensilbige Verse —, sondern auch einen großen Teil der höfischen Dichtung des 13. Jhs. In denselben Kreis gehören die noch ungedruckten Übertragungen der Bücher 'Esdras' und 'Neemyas' und die ebenfalls ungedruckten 'Historien der alden e', die die jüdische Geschichte von Adam bis Herodes unkünstlerisch darstellen. Bedeutungsvoller ist die Prosaübersetzung der großen und kleinen 'Propheten', die der Minoritencustos Claus Cranc im Auftrag des Ordensmarschalls Siegfried von Tahenvelt (1346—1359), wahrscheinlich in Königsberg, anfertigte. Die Übersetzung zeigt stilistisch eine hohe Formgewandtheit. In einer poetischen Vorrede verwendet der Verfasser den siebensilbigen Vers und schließt sich damit an 'Daniel' und Thilo an. Eine wohl von einem andern Vf. herrührende Übersetzung der Apostelgeschichte — 'Der apostele tat' — erreicht nicht das Geschick der Prophetenübertragung. Hierher gehört auch eine Prosaapokalypse, die in mancher Beziehung zu Heslers Dichtung steht.

Mit der Umdichtung biblischer Bücher verfolgte man gewiß den Zweck, in frommem Sinne erzieherisch zu wirken; sie wurden ohne Zweifel während der gemeinsamen Mahlzeiten und bei andern Gelegenheiten vorgelesen. Deutsche Bücher dieser Art werden in den Bibliotheksverzeichnissen geradezu als „Tischlesebücher" bezeichnet. Geistliche Lyrik in deutscher Sprache ist, abgesehen von ein paar Mariengebeten, nicht vorhanden. Geistliches Schauspiel fehlt innerhalb des Ordens ebenfalls. Nur im 15. Jh. hören wir gelegentlich auf Grund einer Geldausgabe des Ordenskomturs, daß in der Stadt Kulm ein Spiel von der hl. Dorothea aufgeführt worden sei. Das 'Leben der seligen vrouwen Dorothee von Montau' wurde zu Beginn des 15. Jhs. durch den Deutschordenspriester und Domherrn Johannes von Marienwerder aufgezeichnet, ein interessantes Zeugnis der Mystik in Preußen.

§ 7. Der Deutsche Orden war im 14. Jh. immer mehr zu einer weltlichen Macht, der Meister des geistlichen Ritterordens zu einem Landesfürsten geworden. Die innere Wandlung äußerte sich in einer steigenden Freude an weltlichen Dingen. Bezeichnend dafür ist der Schluß der Hiobübertragung: am Ende seiner geistlichen Arbeit nennt der Dichter den Namen des Meisters, der ihn zu der Dichtung veranlaßt hat, Dietrichs von Altenburg, mit ehrenden Worten und erzählt zwei Kriegszüge des Hochmeisters gegen Litauen — als Abschluß der Hiobparaphrase!

Vorher schon, Ende des 13. Jhs., wurde die 'Livländische Reimchronik' vollendet, die chronikartig die Kämpfe des Schwertbrüderordens und später des Deutschordens um Livland schildert. Sie steht mit der eigentlichen Ordensdichtung nur in ganz loser Beziehung. In Preußen hatte der Deutschordenspriester Peter von Dusburg 1326 sein '*Chronicon terrae Prussiae*' geschrieben und dem Hochmeister Werner von Orseln gewidmet. Es ist ein reichhaltiges und zumeist zuverlässiges Geschichtswerk, das noch heute eine Quelle ersten Ranges für die Kenntnis der ersten hundert Jahre der Ordensgeschichte in Preußen bildet. Ihm ist der Krieg der Ordensritter ein heiliger Krieg, der zur Ehre Gottes und Marias und zum Ruhme der Kirche geführt wird. Er schreibt Kriegsgeschichte, stilisiert durch die Verherrlichung der Ordensritter. Luder von Braunschweig betraute den Ordensgeistlichen Nikolaus von Jeroschin mit der Aufgabe, die Chronik Dusburgs in deutsche Verse zu bringen. Nikolaus stammte wahrscheinlich aus dem Kulmerlande, vermutlich hat er noch die Einweihung der Schloßkirche in Marienburg (1. Mai 1344) erlebt. Schon vorher, vielleicht in der Zeit von 1327—1329, verfaßte er, um das 'Passional' zu ergänzen, eine Darstellung des 'Lebens des hl. Adalbert von Prag', der in Preußen den Märtyrertod gestorben war. Seine Vorlage war die '*Vita sancti Adalberti*' des Johannes Canaparius. Von seiner Dichtung sind aber nur geringfügige Bruchstücke erhalten. Bedeutungsvoller war seine 'Kronike von Pruzinlant', die namentlich in sprachlicher Hinsicht die übrige Ordensdichtung übertrifft. Außer Dusburg benutzte er noch zur Bereicherung seines Werkes andere Quellen: die Statuten des Ordens, Luders 'Barbara', ein verlorenes Gedicht Gerstenbergs, das einen Litauerfeldzug behandelte. In der Anordnung des Stoffs im ganzen und in Einzelheiten steht er der Quelle verhältnismäßig unbefangen gegenüber. Auch ihm ist die Unterwerfung der Preußen ein heiliger Krieg, aber er vermeidet die Häufung religiöser Betrachtungen. Er hat mehr Leichtigkeit des Geistes als Dusburg und erweitert das lat. Werk nach der weltlichen Seite hin. Er erzählt lebendig und anschaulich, und nur selten fällt er in trockenen Berichterstatterstil. Er besitzt eine Vorliebe für scherzhafte, ironische und drastische Wendungen und komische Situationen. Einmal unterbricht er den gleichmäßigen Fluß der Erzählung durch ein strophisches Kampflied gegen die Litauer — in dieser Technik an den Dichter des 'Passionals' erinnernd. Wo Jeroschin, von der Vorlage frei, aus eigenem Erlebnis und Gefühl sprechen kann, erhebt er sich zu wirklich dichterischer Kunst. — Auf seinen Einfluß mag es zurückgehen, wenn in der Schloßkirche zu Marienburg ein Inschriftenfries mit gereimten Versen sich befindet, wenn im Kapitelsaal unter den Bildern der einzelnen Hochmeister je zwei Reimpaare stehen, wenn die Inschriften auf den Grabsteinen Dietrichs von Altenburg und Heinrich Dusemers in Versform abgefaßt sind. Gewiß sind unter Jeroschins Einfluß die kurzen Reimchroniken entstanden, von denen zwei Bruchstücke überliefert sind.

§ 8. Aus den politisch reichen Jahren der Regierung Winrichs von Kniprode (1352 bis 1381) kennen wir keinen Dichter im Ordenslande. Erst Ende des 14. Jhs., 1394, schrieb der Wappenherold Wigand von Marburg eine gereimte Geschichte des Ordens im 14. Jh. (1311—1393), unabhängig von Dusburg und Jeroschin. Es sind uns nur wenige Bruchstücke erhalten, die ein endgültiges Urteil über seine dichterische Kunst nicht zulassen. Wohl aber besitzen wir eine wenig sorgfältige lat. Übersetzung v. J. 1464, so daß wir über den Inhalt des Werkes orientiert sind. Auch Wigand gibt Kriegsgeschichte, aber ohne geistliche Tendenzen oder Parteinahme für den Orden. Ihn interessieren die Kriegsreisen, Schlachten, Belagerungen, Turniere, Wappen, Fahnen, Festlichkeiten. Es ist die Verherrlichung eines äußerlichen Rittertums. — Ein prosaisches Geschichtswerk in deutscher Sprache verdanken wir dem Offizial von Riesenburg, Johann von Posilge, der die Geschichte des Ordenslandes von 1360—1405 erzählte (bis 1419 durch einen Fortsetzer). Es steht in Auffassung und Darstellung weit über den späteren Geschichtswerken des Ordens, die zum großen Teile in den '*Scriptores rerum Prussicarum*' gesammelt herausgegeben worden sind. Von einer Dichtung innerhalb des Deutschen Ordens hören wir im 15. Jh. nichts mehr, nur von fahrenden Spielleuten, Liedsprechern und Gauklern, die von Burg zu Burg zogen. Der Geist nach Tannenberg (1410) war ein anderer als in den Frühzeiten des Ordens, und seit die geistige Energie fehlte, war es auch mit der geistigen Produktion zu Ende. Innerlich zerrissen und wirtschaftlich arm, erlag der Orden nach langem Kampfe den Polen. Die Dichtung war verdorrt. Als dann die humanistische Bewegung auch nach Preußen kam, war nicht mehr der Orden ihr Pfleger und Schützer, sondern die Städte und Bischofssitze. Der Orden hatte sein Schicksal erfüllt.

Ph. Strauch *Die Deutschordensliteratur des Mittelalters* 1910. W. Ziesemer *Geistiges Leben im Deutschen Orden*, Nd. Jb. XXXVII (1911) S. 129—139 K. Helm *Die Literatur des Deutschen Ordens im Mittelalters*, ZfdU. XXX (1916) S. 289—306, 363—370, 430—438. E. Steffenhagen *Die altdeutschen Handschriften zu Königsberg*, ZfdA. XIII (1867) S. 501—574. W. Ziesemer *Das Große Ämterbuch des Deutschen Ordens* 1921 (darin die Bücherverzeichnisse). Das Väterbuch hsg. v. K. Reißenberger (Dt. Texte d.

MA. 22) 1914. Das Passional hsg. v. K. A. Hahn 1845 (Teil 1, 2); hsg. v. K. Köpke 1852 (3. Teil). K. Hohmann *Beiträge z. Väterbuch* 1909. E. Tiedemann *Passional und Legenda aurea* 1909. F. Wilhelm *Deutsche Legenden und Legendare* 1907. Karl Schröder *Hester*, Germanist. Studien hsg. v. K. Bartsch I (1872) S. 247—315. Der Sünden Widerstreit hsg. v. V. Zeidler 1892. Heinrich von Hesler *Evangelium Nicodemi* hsg. v. K. Helm 1902. H. v. Hesler *Die Apokalypse* hsg. v. K. Helm 1907. C. Schumann *Über die Quellen der Apokalypse H. v. Hesler*. Diss. Gießen 1912. C. Krollmann *Die Herkunft und die Persönlichkeit des Deutschordensdichters H. v. Hesler*, Zs. d. westpr. Geschichtsvereins LVIII (1918) S. 93—110. K. Helm *Zu Heslers und Jeroschins metrischen Regeln*, PBB. XXIV (1899) S. 178—187. Das Buch der Makkabäer in md. Bearbeitung hsg. v. K. Helm 1904. M. Hering *Untersuchungen über Judith, ein mitteld. Gedicht des 13. Jh.* Diss. Halle 1907. K. Helm *Zum md. Gedicht von der Judith*, PBB. XLIII (1918) S. 163—168. *Judith*, ein md. Gedicht a. d. 13. Jh. hsg. von R. Palgen 1924. Die poetische Bearbeitung des Buches Daniel hsg. v. A. Hübner 1911. A. Hübner *Daniel, eine Deutschordensdichtung* 1911. Die md. poetische Paraphrase des Buches Hiob hsg. v. J. E. Karsten 1910. Tilos von Kulm *Gedicht von siben ingesigeln* hsg. v. K. Kochendörffer 1907. G. Reißmann *Tilos v. C. Gedicht von siben ingesigeln* 1910. W. Gerhard *Die Historien der alten e, eine Deutschordensdichtung*. Diss. Frkft. 1921. Das Leben der sel. Dorothea, Script. rer. Pruss. II 179—374. Die Livländische Reimchronik hsg. v. Leo Meyer 1872. Peter von Dusburg *Chronicon terrae Prussiae* hsg. v. Toeppen, Scr. I 1—269. Nikolaus von Jeroschin hsg. v. E. Strehlke, Scr. I 291—648; im Auszug v. F. Pfeiffer *Die Deutschordenschronik des N. v. J.* 1854. W. Ziesemer *Nicol. v. Jeroschin und seine Quelle* 1907. W. Ziesener *Dt. Inschriften i. d. Marienburg*, ZfdA. XLVII (1904) S. 280—283. C. Steinbrecht *Hochmeister-Grabsteine in Preußen*, Altpreuß. Mtschr. LII (1916) S. 90—94. Kurze Reimchronik von Preußen hsg. v. E. Strehlke, Scr. II 1—8. Wigand von Marburg hsg. v. Th. Hirsch, Scr. II 489—662, IV 1—8. Johann von Posilge hsg. v. E. Strehlke, Scr. III 57—388.

W. Ziesemer.

Dialektliteratur. Nach dem Siege der Schriftsprache Luthers findet die Mundart zur Literatur Zugang nur in den Bauernrollen des Dramas und in der Gelegenheitslyrik. Unter dem Einfluß des Kampfes der Schweizer gegen Gottsched machte sie sich im 18. Jh. in Schwaben durch Sebastian Sailer (1714—1777) und in Oberfranken durch den Nürnberger Konrad Grübel (1736—1809) selbständig, um schließlich im Zeitalter der Romantik in den 'Alemannischen Gedichten' (1803) von Johann Peter Hebel sich zum Ausdruck eines mächtigen Heimatgefühls auszubilden. Seitdem hat sie in allen dt. Gauen Wurzel geschlagen; durch die Meisterwerke plattdeutscher Dichter hat sie Aufnahme in der dt. Gesamtliteratur gefunden. Die Mundart hat sich für das Epos, die Lyrik wie das Drama geeignet erwiesen, in den Grenzen freilich, die ihr durch die geistige und seelische Anlage ihrer Sprecher und durch ihre beschränkten Sprachmittel gesetzt sind. Das Versepos ist heute überall durch den Roman abgelöst worden; das Schauspiel, im lustigen Lokalstück stets lebendig, fand um die Jahrhundertwende in Straßburg und einige Jahre später in Hamburg seine Ausbildung zur Dichtung großen Stils. Die Idylle am Anfang, Gedankenlyrik in der Gegenwart kennzeichnen die Geschichte der Lyrik; schildernde, lehrhafte, satirisch-polemische, vor allem aber witzig zugespitzte Gedichte (im Plattdeutschen *Läuschen* genannt) stellen den Hauptanteil, seit Groth blüht die Gefühlslyrik. Die Stoffe entnimmt die Dialektliteratur der Welt der Mundartsprecher; Kleinstadt und Bauernhof, jetzt auch die See sind ihre Schauplätze; religiöse Vorstellungen und Phantasie erschließen jedoch neuerdings auch unwirkliche Gebiete. Durch den örtlichen Rahmen werden die Motive bedingt, den Stil bestimmen Tendenz und Ausdrucksmittel. Jene, früher eng die Heimat erfassend, heute darüber hinaus zum Weltbilde strebend, diese, durch die kulturelle Verarmung der Mundartträger hervorgerufen, tragen beide den Vorzug sinnlichanschaulicher Wirklichkeitsdarstellung in sich. In der Erschließung sozialer Stoffe in den Bergbaugebieten Westfalens und Sachsens ist vermöge dieser Grundbedingungen das mundartliche Schrifttum der schriftsprachlichen Literatur voraufgeeilt. Im übrigen war der Stil stets den Einwirkungen von dorther zugänglich: eine hochstehende Ausdruckskunst der letzten Jahre hat ihn stark gewandelt. Zum großen Teil findet noch immer die Mundartdichtung ihre Leser unter den Angehörigen der gebildeten Schichten; in die eigenen Kreise sucht sie

Eingang durch Bestrebungen, die sich am deutlichsten in der plattdeutschen Bewegung ausprägen, indem Vereine, Schule und Kirche in ihren Dienst gestellt werden. Doch hat sie Volkstümlichkeit von jeher in Siebenbürgen besessen und im Erzgebirge glücklich erlangt; dort singt das Volk wieder mundartliche Lieder. Wo der realistische Grundsatz, das Hd. im Munde eines Angehörigen der Bildungsschicht unangetastet zu lassen, aufgegeben wird, tritt die mundartliche Dichtung in Wettbewerb mit der schriftsprachlichen. Der Wirkungsbereich deckt sich im allgemeinen mit dem Mundartgebiet; nur die Werke der Meister bilden von dieser Regel eine Ausnahme, einerseits Hebel und anderseits etwa Groth und Reuter; doch erzeugt die jetzige Theaterfreudigkeit eine gewisse Freizügigkeit. Benachbarte Literaturen pflegen sich nur in den führenden Werken gegenseitig zu beeinflussen; neben der Abgeschlossenheit vom geistigen Leben der Nation verschuldet eine Summe eigener Gewohnheiten und Anschauungen und namentlich das religiöse Bekenntnis diesen Zustand. Da noch Stoffgebiete, welche der Dialektliteratur zugänglich sind, wie die Geschichte, brach liegen und darüber hinaus allgemeinere Themen aufgesucht und ein sprachlich reicherer Stil ausgebildet werden, darf man der Zukunft dieses Zweiges des dt. Schrifttums mit berechtigter Erwartung entgegensehen. H. Teuchert.

Dichter. § 1. Unter einem Dichter verstehen wir den Schöpfer künstlerisch vollwertiger Gestaltungen auf sprachlichem Gebiete. Da in dem Begriffe D. zugleich ein Werturteil liegt, so kann er nicht starr begrenzt werden, sondern bleibt elastisch und schmiegt sich dem wechselnden Ausdruckswillen, der Wandlung der Stilgesinnung verschieden gearteter Zeiten an. Denn eben über die künstlerische Vollwertigkeit einer sprachlichen Gestaltung urteilt die nach ästhetischen (zeitweise auch ethischen) Maßstäben wertende Kritik doch trotz allem Bemühen nicht absolut objektiv, weil sie selbst als abhängiges Teilorgan in der Richtung des jeweils herrschenden Kulturstils unbewußt abgelenkt wird und also in oft recht starkem Grade zeitbefangen bleibt. Das wechselnde Urteil über denselben Dichter in den einzelnen Epochen lehrt zur Genüge, daß wohl jede geistesgeschichtliche Entwicklungsstufe eine Art Idealtypus des Dichters aufzustellen bemüht ist, daß aber eine „zeitbefreite" Urform und Urnorm des Dichterischen schwerlich gefunden werden wird. Das letzte Unabwägbare, das erst den Dichter zum schöpferischen Gestalter macht, ist begrifflich nicht erfaßbar, sondern bleibt dem lebendigen Nacherleben vorbehalten und ist nur der ästhetischen Einfühlung zugänglich. Das Wesen des Dichters kann man daher nur andeutend umschreiben, nicht aber eindeutig und volldeutig beschreiben. Der Meistersinger, der gelehrte Versifikator des 17. Jhs. oder der Hof-„Dichter" gelten uns nicht mehr als D. Die Auffassung, daß Dichtung eine durch Poetiken erlernbare Kunstfertigkeit sei, die — über das 17. Jh. hinausreichend (Linie: Opitz-Gottsched) — noch in der bekannten Annahme Lessings von den „Kunstgriffen" Homers ('Laokoon') nachwirkt, wurde durch den Sturm und Drang unter Herders Führung endgültig überwunden. Die Grenze nach der Seite des Wissenschaftlers hin ist seitdem ziemlich fest und klar gezogen; dagegen bleibt die Abgrenzung gegenüber dem Schriftsteller (s. d.) nach wie vor recht gefühlsmäßig verschwommen. Für uns überwiegt im Begriff D. die angeborene Genialität bei weitem über die durch theoretische Erwägung und praktische Erfahrung gewonnene Schulung.

§ 2. Als psychische Voraussetzungen für den D. kommen etwa in Betracht: starke Eindrucksempfänglichkeit (seelische Aufnahmebereitschaft, Sensibilität und Rezeptivität), intensive Erlebnisfähigkeit, kräftiger individueller Ausdruckswille (Drang zur Gestaltung), sprachliche Ausdrucksfähigkeit (formale Gestaltung), Ausdruckseinheit (Stileinheitlichkeit der inneren und äußeren Formung), schöpferisch gestaltende Phantasie (erlebnisergänzender, erlebnisumsetzender oder erlebnisersetzender Bildungsfaktor), Lebhaftigkeit der sinnlichen Anschauung, instinktive Griffsicherheit in der Stoff- und Motivwahl, Stoffbeherrschung durch Kraft der Gestaltung, Mut zur inneren Wahrhaftigkeit und Unmittelbarkeit (Dichtung als Bekenntnis), schmiegsame Einfühlung in Stimmungen und Charaktere, feingestuftes Empfinden, Beobachtung, Menschenkenntnis, Selbstkritik (?), vielfach auch geistige Spannkraft, Weltanschauung oder doch einheitliche Lebensstimmung. Doch scheiden sich hier schon im Zusammenwirken der vorbereitenden und ausführenden Elemente in mancher Hinsicht Lyriker, Epiker und Dramatiker. Für den Lyriker (s. d.) ist z. B. die unmittelbare, ungebrochene Eindrucksempfänglichkeit und Einfühlung in die Stimmung, die ganze Erlebnisintensität in ihrer subjektiven Ausprägung bedeutsamer als die Erlebnisweite (Roman, Epos; s. d.) oder etwa die motivwählende und stoffbeherrschende, geistig souveräne Gestaltungskraft (Drama; s. d.) und das ideeliche Weltbild (Roman, Drama).

Der D. hat die Gabe, äußeres und inneres Erleben oder Nacherleben (histor.-stoffliche Quelle) dem wesentlichen Gehalt und der Stimmung nach mit gesteigertem Ich-Bewußtsein zu durchleben und es dem Aufnehmenden (Leser oder Hörer), der ähnliches nur dumpf empfindet und unklar schaut, zur ästhetisch genußreichen Klarheit und Bewußtheit zu erheben. Der D. verdichtet, konzentriert, sammelt Ereignis, Quellenstoff, Erlebnis und Stimmung unter Ausschaltung alles Störenden, Ablenkenden, Hemmenden, Abseitigen, Unwesentlichen und wählt unter den vorhandenen Ausdrucks- und Formungsmöglichkeiten diejenige stoffgemäße, einheitlich-formale Prägung, die der idealen Ausdrucksnotwendigkeit am nächsten kommt. Deshalb läßt sich für die einzelnen Teile einer vollendeten Dichtung kein gleichwertiger Ersatz denken: jedes Glied ist an seiner Stelle und in seiner Art relativ notwendig. Aber der D. verstärkt nicht nur die Handlungs- und Stimmungselemente als dynamische oder ruhende Wirkungsformen; er löst und befreit zugleich seinen Stoff, seinen Erlebnisausschnitt, aus der endlosen Kausalkette der Wirklichkeit. Er schafft — ohne die Fühlung mit der realen Gegebenheit zu verlieren — eine eigene, in sich gerundete und in sich ruhende Welt, die er abgrenzt und dadurch befreiend heraushebt aus den wirr verzweigten und verflochtenen Zusammenhängen der Tatsachenwelt. — In der richtigen Grenzsetzung (Scheidung von zufällig-mechanisch Verbundenem und notwendig-organisch Verbundenem) liegt — bes. für den Dramatiker und Novellisten — eine der schwierigsten Aufgaben. Der D. ist nicht gebunden an die äußere Kausalität der Wirklichkeit; innere Wahrscheinlichkeit genügt (Traumdichtungen, Märchen usw.). Das Wahrscheinlichmachen ist Sache der Formgebung.

§ 3. Trotz der hervorragenden Bedeutung, die den gefühlsmäßigen dichterischen Energien: spontane, schöpferische Stimmung, Aktivität der Phantasie, Intuition usw., zukommt, muß doch ihrer einseitigen Überschätzung entgegengewirkt werden durch den Hinweis: der Vorgang der inneren Konzeption (s. d.) macht noch nicht den Dichter (vgl. *Konzeption* § 2 und § 3). Auch das Kind und der Phantast, der Träumer und Irre spinnen Phantasiewelten, ob mehr oder weniger wirr oder einheitlich, ist vorerst unwesentlich; es fehlt der Drang zur künstlerischen Objektivation. Für den D. gilt es, das phantasiemäßig ausgebaute Erleben formal zu g e s t a l t e n. Erst die stileinheitliche Formgebung prägt kalten, toten Stoff um zu lebendiger Dichtung und stutzt die verwilderten Schößlinge der Phantasie, so daß sie ihre Kraft in der Frucht (Gestaltung) sammeln kann. Absolute Neuschöpfung (im biblischen Sinne aus dem Nichts) ist auch der kühnsten und reichsten Dichtung versagt. Selbst phantastische und bizarre Gebilde entlehnen ihre Einzelzüge der Wirklichkeit. Doch nähert sich die A r t der Kombination der Neuschöpfung (vgl. Ermatinger). Die Lyrik, die im ersten Guß die Stimmung festhält, bringt in glücklichen Fällen Konzeption und Gestaltung zur unmittelbaren zeitlichen und wesenhaften Deckung. Durchweg aber fordert die Gestaltung die Mitarbeit der wählenden und ordnenden Funktion des Verstandes, und zwar nicht etwa nur in der verstandesmäßigen, nachträglichen Kontrolle einer sinnvollen Darstellungsart. Vielmehr herrscht schon auf höheren Stufen der Konzeption ein inniges Zusammenwirken der zeugenden und empfangenden Gefühlskräfte und der gebärenden Verstandesfunktion, die dem Keim zum Eigenleben verhilft. Der Verstand ist der Geburtshelfer, der die Schwangerschaft zur Mutterschaft macht, der die geformte Schöpfung als Frucht eines an sich vergänglichen Erlebens, als geltendes Symbol, als ein Bleibendes, Dauerndes herausstellt in ein eigenwertiges Sonderdasein. Indessen ist der Verstand hier nicht zu begreifen als bloße logische Kombination und Konstruktion, sondern wiederum als ein erlebender, verlebendigender Verstand, in dem die spontanen Triebkräfte nach- und mitwirken. Wohl zügelt er den Überschwang der schöpferischen Stimmung und bändigt den zeugenden und empfangenden Drang der Konzeption; aber nicht im Sinne der Kräftehemmung und Lähmung, sondern im Sinne einer bewußten Sammlung. Er sammelt nämlich die leicht ziel- und wirkungslos zerfließenden und verebbenden Erlebniswellen im Willen zur Form, zur einheitlichen Gestaltung, die das planlos unruhig Schweifende beruhigend abgrenzt (Dichtung als Erlösung in der Formsetzung). — Daneben ist die anordnende Tätigkeit des Intellekts, die geistig gliedernde Beherrschung des Stoffes besonders bei größeren Gebilden (Epos, Roman, Drama) nicht zu unterschätzen; und große Dramatiker z. B. verfügen durchweg nicht allein über das wärmende Feuer des Empfindens, sondern auch über die helle Leuchtkraft des Verstandes. Lessing bietet ein Beispiel, in wie starkem Maße — wenn auch längst nicht völlig — der bewußt gestaltende Verstand die intuitive Grundkraft der genialen Konzeption „ersetzen" kann. Auf der anderen Seite sprengt die übermächtige Spannkraft (Sturm und Drang, Grabbe) jedes Gefäß, kommt man im Kultus der schöpferischen Stimmung nicht zur Gestaltung (Romantik), oder sucht ein übersteigerter Ausdruckswille vergeblich die gemäße Ausdrucksform (Expressionismus). Dichter im vollen Sinne weisen ein ausgeglichenes Zusammenwirken von Konzeptionskraft und Gestaltungskraft auf. Die Gestaltung ist jedoch kein rein verstandesmäßiger Vorgang, sondern wird vielfach (Hilfs- und Teilkonzeptionen) durch den künstlerischen Instinkt geleitet, löst sich oft wieder in ein stimmungsmäßiges Erfassen (innere Schau) und ein gestaltendes Festhalten (formale Prägung) auf. Dichten heißt nicht Stoff finden oder erfinden, sondern stoffgemäßen Ausdruck finden und formen. Mag uns auch eine Seele ohne Leib (überwiegende Konzeption) immer noch dichterischer erscheinen als ein seelenloser Leib (überwiegende Formgebung): die ideale Forderung für den D. bleibt doch die ungebrochene Einheit von Leib und Seele, jene untrennbare Einheit, die er vorgebildet findet in seinem Gestaltungsmaterial: der Sprache.

§ 4. Gestaltungsstoff (Ausdrucksmittel) des Dichters ist die Sprache, und zwar nicht sowohl ein bloßes Mittel zum Zweck der Mitteilung als vielmehr selbst ein „Organ des Schöpferischen" (Hefele). Die Bezeichnung „äußere Form" (= Sprachstil) ist oberflächlich und bestärkt die irrige Annahme, als ob Dichtung = Übersetzung von Prosa in Poesie sei mit Hilfe stilistischer und metrischer Kunstgriffe. „Äußere Form" ließe sich erlernen, dichterische Sprachprägung ist aber nicht erlernbar. Das Erleben und Gestalten des Dichters vollzieht sich schon auf den embryonalen Vorstufen im Sprachlichen: Wörter sind ihm nicht beliebig auswechselbare Hüllen und Kleider. Die Sprache an sich ist lebendiger Organismus, von überaus feingestufter Struktur (im Gegensatz etwa zum Marmor des Bildhauers). So ist auch von dieser Seite her eine befriedigende Definition des Dichterischen schwerlich durchführbar, wie von neueren Ästhetikern (z. B. Volkelt) anerkannt wird. Frühzeitig hat die Ästhetik diesen Ausgangspunkt gewählt: „willkürlich-konventionelle Zeichen" gegenüber den „natürlichen Zeichen" (Malerei, bild. Kunst) unterschied schon — wenn auch von falschen Voraussetzungen aus — die Aufklärungszeit. Im weiteren Verlaufe der Entwicklung wurde dann unter offenbarer Nachwirkung der irrigen Annahme der Aufklärungsästhetik (daß nämlich die Wörter bloße willkürlich „erfundene" Mittel zu bestimmten Zwecken seien) in der ästhetischen Wertung die Sprachform als ein „nur Äußerliches" über Gebühr vernachlässigt, und erst die neuere Ästhetik sucht die verlorengegangene Fühlung wieder aufzunehmen (z. B. angeregt durch

Gundolf; Hefele *Das Wesen der Dichtung*). Überall, wo die sprachliche Objektivation als nebensächlich zurückgedrängt wird durch die Betonung des seelisch-geistigen Gehalts (der für den D. doch eben wesenseins mit dem Wort ist), besteht die Gefahr der Vermischung der Künste; denn ein Seelisches und Geistiges steht ebensogut hinter den Ausdrucksformen der Malerei, Plastik und Musik wie hinter dem Dichtwerk. Das Wort ist die Welt des Dichters, in der er sich künstlerisch auslebt. Die allgemeine, seelisch-sinnliche Erlebnisintensität teilt er mit den anderen Künstlern; das Spracherleben ist ihm spezifisch eigen. Nun ist aber das Wort nicht nur Träger von Anschauungen, Empfindungen, Klängen usw., sondern zugleich als Begriffsformel logischen Gesetzen unterworfen. (Radikaler Befreiungsversuch von der Sprachlogik im Dadaismus, z. T. auch im extremen Expressionismus.) Der D. kann mit seinem sprachlichen Ausdrucksmittel nicht die eindeutige Wirkung erzwingen — wie etwa der Maler. Selbst wo er bildhafte Wortgruppen wählt, behält der Aufnehmende Freiheit der nachschaffenden Phantasie, die oft sehr unvollkommen bleibt (Roetteken). Die Vorstellung des Dichters ist nicht zwanghaft-notwendig für die Reproduktion der Vorstellung durch den Aufnehmenden. Selbst beim aufgeführten Drama wird zwar die Vorstellung für den Zuschauer zur Notwendigkeit — aber erst durch Vermittlung von Regisseur und Schauspieler, die ihrerseits die im Dichterwort erschaffene Welt verschieden nachschaffen können. Der Gestaltungsstoff des Dichters wirkt nicht so unmittelbar als ein notwendig Gegebenes wie etwa Farben und Linien des Malers. Dagegen ermöglicht der Wortstoff reichere Auswertung des Ideengehalts und der geistigen Werte und ihre —im Wortmaterial schon vorgebildete — Verschmelzung mit den sinnlichen (anschaulich-klanglichen) Elementen. Vielleicht ist auch gerade das nur Andeutende, Anregende im dichterischen Gestaltungsstoff ästhetisch besonders reizvoll (anregend für die nachschaffende Phantasie), weil es zu einer erhöhten, eigenen, seelisch-geistigen Aktivität des Genießenden führt, zum Neuerleben des Gestaltungsprozesses, während gegenüber den in die Wirklichkeit als realen Formen herausgestellten Schöpfungen etwa der bild. Kunst nur eine mehr passiv gerichtete Aufnahmefunktion möglich ist (vgl. etwa den Reiz der Andeutungs-[Stil-]Bühne gegenüber der Illusionsbühne).

Ästhetiken u. Poetiken s. *Drama* (Theorie). Wichtig sind Selbstzeugnisse von Dichtern (Briefwechsel, Tagebücher usw.). Vorspiel zum 'Faust', Schillers 'Künstler' u. a. m. Vgl. außerdem W. Dilthey *Die Einbildungskraft d. Dichters*, Philos. Aufs. Ed. Zeller gewidmet (1887) S. 303f. Ders. *Das Erlebnis u. d. Dichtung*. M. J. Wolff *Zum Wesen d. poet. Schaffens*, GRM. III (1911) H. 10. O. Behaghel *Bewußtes u. Unbewußtes im dicht. Schaffen* 1906. R. M. Meyer *Zur Psychologie der Produktivität*, Neue Jbb. f. d. klass. Alt. XXV (1910) H. 7. E. Major *Die Quellen d. künstl. Schaffens, Versuch einer Ästhetik* 1913. (Tony Kellen *Die Dichtkunst* 1911 [schwach]. W. Dohrn *Die künstl. Darstellung als Problem d. Ästhetik* 1907 versucht Begriffsbildung.) O. Walzel *Die künstl. Form d. Dichterwerks* 1919. M. Hamburger *Vom Organismus d. Sprache u. v. der Sprache d. Dichters* 1920. M. Dornbacher *Vom Wesen der Dichterphantasie* 1921. E. Ermatinger *Das dichterische Kunstwerk* 1921. E. Hirt *Das Formgesetz d. ep., dramat. u. lyrischen Dichtung* 1923. H. Hefele *Das Wesen der Dichtung* 1923. E. Winkler *Das dichterische Kunstwerk* 1924 (Kultur u. Sprache 3). O. Walzel *Gehalt und Gestalt im Kunstwerk des Dichters* (Handbuch der Literaturwissenschaft. 1925).

B. Markwardt.

Dichterkrönung. Die Sitte der Dichterkrönung begegnet zuerst im italienischen Humanismus, wo man sich auf verwandte Vorgänge im klassischen Altertum berief. Dante gedachte, sich selbst den Lorbeerkranz aufzusetzen; der erste namhafte Humanist, der den Lorbeerkranz empfing, war Albertino Mussato; er wurde 1314 in Padua vom Bischof und vom Rektor der Universität gekrönt. Ihm folgte Petrarca. Für die Ausbildung der Sitte in Deutschland ist die Tatsache wichtig, daß die deutschen Kaiser als Nachfolger der römischen Imperatoren das Recht für sich in Anspruch nahmen, den Lorbeer zu erteilen. Durch Karl IV. wurde im Jahre 1355 Zanobi da Strada in Pisa gekrönt. Unter Friedrich III. folgten weitere Dichterkrönungen; neben zahlreichen Italienern empfing nun auch ein Deutscher den Lorbeer, Konrad Celtis, der am 18. April 1487 durch Friedrich III. in Nürnberg feierlich zum Dichter gekrönt wurde. Viele andere Dichterkrönungen folgten.

Daß es sich um eine mit den gelehrten Studien aufs engste zusammenhängende

Einrichtung handelte, beweist schon die Krönung Mussatos. Wie bei diesem, so zeigt auch die erste Entwicklung in Deutschland die nahe Verbindung zwischen Dichterkrönung und Universität. Das von Celtis 1501 in Wien gegründete Kollegium der Poeten und Mathematiker erhielt von Maximilian I. das Privileg, daß der, der auf der Wiener Universität Poetik und Rhetorik studiert habe und den Lorbeer begehre, ihn nach sorgfältiger Prüfung durch Celtis oder durch einen von dessen Nachfolgern erhalten könne. Doch scheint Celtis von dieser Erlaubnis keinen Gebrauch gemacht zu haben, da die damals in Wien Gekrönten entweder vom Kaiser selbst oder von dessen Vertreter den Lorbeer erhalten haben. — Wird das Studium der Dicht- und Redekunst hier zur Vorbedingung der Krönung, so verlieh umgekehrt der Lorbeer das Recht, an den Universitäten Poetik und Rhetorik zu lehren, wie das z. B. aus der für Hutten ausgestellten Urkunde zu ersehen ist.

Maximilian I. selbst hat zahlreiche Poeten gekrönt; neben Hutten, Locher, Glarean u. a. auch weniger bekannte, wie Johannes Stabius, Thomas Resch, Johannes Panaetianus u. a. Jeder dieser Poeten nannte sich *poeta Caesareus laureatus*. Wahrscheinlich aber schon am Ende des 15. Jahrhunderts bildete sich der Brauch heraus, daß die Ehrung auch durch einen Vertreter des Kaisers vorgenommen werden konnte. Feste Formen nahm diese Gewohnheit spätestens in der ersten Hälfte des 16. Jahrhunderts an, seit die Sitte in unmittelbarste Verbindung mit dem bereits durch Karl IV. geschaffenen Amt des Hofpfalzgrafen (*comes palatinus*) trat. Zu den Aufgaben dieses Hofpfalzgrafen (*comitiva sacri palatii*) gehörte neben der Befugnis, Notare zu ernennen, Uneheliche ehelich zu sprechen und das gesetzmäßige Alter vor der Zeit zu erteilen, nunmehr auch das Recht, den dichterischen Lorbeer zu verleihen.

Zu Pfalzgrafen wurden vielfach Gelehrte und insbesondere Universitätsprofessoren ernannt; neugegründete Universitäten erfuhren nicht selten die Auszeichnung, daß ihrem jeweiligen Rektor die *comitiva* zugleich mit dem Amt zufielen. Unter den besonders bekannten Pfalzgrafen ragen Nikodemus Frischlin und Paul Melissus hervor. Die Zuerkennung des dichterischen Lorbeers erfolgte im 16. Jahrhundert ausschließlich auf Grund der Leistungen in der neulateinischen Poesie. Da es verhältnismäßig leicht war, auf diesem Zweige der Literatur, wo so viel mit entlehntem Gut gewirtschaftet wurde, zu einer gewissen äußerlichen Fertigkeit zu gelangen, wurde auch der Lorbeer den meisten, die ihn begehrten, nicht vorenthalten. Je mehr die Zahl der Dichterkrönungen wuchs, desto geringer wurden die Ansprüche, die man an den zu Krönenden stellte. Zuweilen nahm das Ganze einen geschäftlichen Charakter an, so bei dem Poeten und Pfalzgrafen Barptolemaeus Bilovius (um 1600), der eine Art gewinnbringenden Handels mit dem Rechte der Dichterkrönung trieb. Daß unter diesen Umständen das Ansehen des Titels immer mehr sank, kann nicht wundernehmen. Manche Poeten betrachteten es geradezu als eine Ehre, den Titel nicht zu besitzen, wie sich denn z. B. Adam Theodor Siber d. J. „nicht gekrönter Dichter" nannte.

Obgleich die Dichterkrönung fast ausschließlich eine Sache des Pfalzgrafen geworden war, übten doch noch immer die Kaiser selbst zuweilen ihr altes Recht aus. So in der Periode, in der zwar der Kranz noch vielfach für die neulateinische Dichtung verliehen wurde, in der aber nunmehr auch die deutsche Poesie der lateinischen als gleichberechtigte Nebenbuhlerin zur Seite trat. Opitz ist 1625, Johann Rist 1644 durch Ferdinand III. zum Dichter gekrönt worden. Die Sitte der Dichterkrönung setzte sich noch durch das 18. Jahrhundert, ja bis in die ersten Jahre des 19. fort; auch Frauen wurde der Lorbeer zuteil, so z. B. Johanna Charlotte Unzer, geb. Ziegler (1724—1782), Christiana Dorothea Löber (1725—1788) u. a.

Ein festes Zeremoniell scheint sich in Deutschland so wenig wie in Italien ausgebildet zu haben, wenn auch bestimmte Insignien, wie Kranz (nicht immer Lorbeer) und Ring stehend waren. Wohl kam es häufig vor, daß Dichterlinge sich bei dem Pfalzgrafen um den Titel bewarben; sie wurden dann aufgefordert, Proben ihrer Leistungen vorzulegen, und der Pfalzgraf traf auf Grund dieser Proben seine Entscheidung. Aber eine derartige Prüfung hat durchaus nicht immer stattgefunden; Beziehungen, Empfehlungen gaben oft den Ausschlag; alle Übelstände des Klüngelwesens machten sich geltend. Der Titel eines kaiserlich gekrönten Poeten wurde daher auch im 17. Jahrhundert vielfach eine Zielscheibe des Spottes; Satiriker wie Joachim Rachel und Gottfried Wilhelm Sacer ließen sich den dankbaren Gegenstand nicht entgehen. — Auch für die Übergabe des Lorbeers fehlte es an einer festen Überlieferung. Zuweilen erfolgte sie unter feierlichen Formen in öffentlicher Versammlung; mindestens ebenso häufig aber vollzog sie sich in der einfachsten Weise, indem der als comes palatinus fungierende Universitätsprofessor in seiner Wohnung die Verleihung vornahm. Selbst die Anwesenheit des Kandidaten war nicht unbedingt nötig; im Falle seiner Abwesenheit wurde ihm das Diplom zugesandt, oder ein Vertreter nahm es für ihn entgegen.

Literarische Bedeutung, wenn auch nur mittelbarer Art, kommt lediglich einer der späteren Verleihungen zu, nämlich der Krönung Schönaichs durch Gottsched. Dieser hatte schon 1733 der durch J. S. Bach bekannten Dichterin Christiane Mariane Ziegler den Lorbeer verschafft; das Diplom hatte Kurfürst Friedrich August als Reichsvikar ausgestellt, und Kaiser Karl VI. es bestätigt. Der alte Zusammenhang zwischen Universität und Dichterkrönung offenbarte sich jedoch wieder, als am 28. November 1741 (wohl auf Gottscheds Betreiben) der Kurfürst der philosophischen Fakultät seiner Landesuniversität das Recht erteilte, Dichter zu krönen. Auf Grund dieses Rechtes verlieh Gottsched als Dekan und comes palatinus am 18. Juli 1752, am Todestage Petrarcas, seinem Schützling in feierlicher Sitzung den Lorbeerkranz, der, da Schönaich nicht anwesend war, von einem Bevollmächtigten entgegengenommen wurde. Als Glied in den literarischen Kämpfen der Zeit ist die Demonstration nicht unwichtig, obgleich sie dem comes palatinus wie dem Gekrönten nichts als Spott eintrug.

Erman und Horn *Bibliographie der deutschen Universitäten* 1904—05 s. v. „Dichterkrönung". P. Zimmermann *Dichterkrönungen auf der Universität Helmstedt*, Braunschweigisches Magazin XX (1914) S. 133ff. Husung *Kaiserlich gekrönte Dichter*, Zeitschrift für Bücherfreunde N. F. X (1919) S. 40ff. Auf zahlreiche lateinische Abhandlungen und Disputationen aus dem 17. und 18. Jahrhundert *De iure et privilegiis comitum palatinorum Caesareorum* sei nur im allgemeinen hingewiesen. G. Ellinger.

Dichterschule (Dichterkreis). § 1. Unter Dichterschule (im weiteren Sinne Dichterkreis) versteht man eine Gruppe — z. T. lokal-landschaftlich, z. T. durch freundschaftliche Beziehungen — verbundener Dichter mit gleichem oder doch ähnlichem künstlerischen Wollen (Gehalt) und vor allem auch formal gleichstrebender Gestaltungsrichtung (Form). Ein feststehender, zuverlässiger Grundsatz für die Zuteilung und Gruppierung in D.-Sch. besteht ebensowenig wie eine strenge Scheidung von D.-Sch. und D.-Kr. Bald läßt man — unter individualistischen Gesichtspunkten — Schulen sich anschließen an einen hervorragenden Führer (vgl. „Geibelsche Schule"), bald sieht man das Schulen bildende Element in den theoretischen Leitgedanken einer Gruppe kritischer Anreger (vgl. ältere romant. Schule, naturalistische Schule). Nicht überall aber wird die Geschlossenheit und Einheitlichkeit derartiger Schulen durch eine programmatische Theorie — wie etwa bei der ersten schlesischen Schule, der romantischen Schule, der naturalistischen Schule, dem Kreise um Stefan George — auch äußerlich erkennbar. Auch tritt ein überragendes Schulhaupt nicht immer so deutlich hervor wie etwa Uhland in der „Schwäbischen Dichterschule" (G. Schwab, J. Kerner, Ed. Mörike, G. Pfizer, K. Mayer). Schon hieraus ergibt sich die mangelnde Klarheit des wenig scharf umrissenen Begriffes Dichterschule. Gewiß läßt sich die zwanglose historische Entwicklung nicht in mathematische Formeln pressen, doch geht die Willkür in der Anwendung der Bezeichnung D.-Sch. vielfach über das gebotene Maß hinaus. Versucht man eine Abgrenzung gegenüber dem Dichterkreise, so kann man etwa sagen: in der D.-Sch. überwiegen die theoretisch-geistigen Beziehungen und die bewußte Durchführung künstlerischer Leitgedanken oder der absichtliche Anschluß an ein praktisches Muster (Übergang zum Epigonentum). Dabei ist eine freundschaftliche und örtliche Verbindung nicht unbedingt erforderlich. Bei D.-Kr. (vgl. Königsberger, Nürnberger, Halberstädter D.-Kr.) dagegen kommt dem lokalen und persönlichen Zusammenschluß in einer (oft studentischen) Freundesgruppe stärkere Bedeutung zu. Die Verwandtschaft des dichterischen Strebens besteht zwar ebenso wie in der D.-Sch., erwächst aber — freier von theoretischem Programm und einseitiger Musternachahmung — zwanglos und mehr gefühls- als verstandesmäßig aus gemeinsamer Zeit- und Lebensstimmung und gibt der individuellen Entfaltung weiteren Spielraum. Die freundschaftlich-seelische Bindung ist enger, die theoretisch-gedankliche Bindung dagegen lockerer als bei der D.-Sch. So könnte man vielleicht den Bezeichnungen D.-Sch. und D.-Kr. einen eigenen, gesonderten Sinn geben. Eine reinliche Scheidung ist jedoch nicht durchführbar. Für die genialen Gestalter und überragenden Könner bedeuten D.-Sch. und D.-Kr. entweder Durchgangsstationen, von denen sie sich früher oder später im Vollbewußtsein ihrer Eigenart lösen (vgl. Bremer Beiträger: Klopstock) oder aber eine Nachfolgerschaft Mit- und Nachstrebender.

§ 2. Da die bedeutenderen Kreise und Schulen in besonderen Artikeln Berücksichtigung finden, so genügt hier ein knapper Überblick. „Schulen" im engeren, äußerlichen Sinne eines Lehr- und Lernbetriebes bestanden schließlich doch nur vor der Erneuerung der dt. Dichtung um die Mitte des 18. Jhs. Als frühesten, schulebildenden Geist pflegte man bisher Notker Labeo († 1022) von St. Gallen zu bezeichnen. Doch hat die neuere Forschung die Annahme einer St. Gallener Schule aufgegeben. Trotzdem wird man für die Klöster vielfach Schulbetrieb ansetzen können. Auch im Hochmittelalter ist auf lyrischem wie epischem Gebiete nicht zu verkennen, daß damals entsprechend dem Überwiegen des formalen Elementes z. T. Schulwesen herrschte. Von Friedrich von Hausen wie von Neidhart von Reuenthal, von Wolfram von Eschenbach wie von Gottfried von Straßburg gehen „Schulen" aus, wenn man das Wort im literarischen Sinne, d. h. als eine Gemeinschaft in Technik und Tendenz verstehen will; doch ist hier und da auch wirklicher Unterricht nicht ausgeschlossen (R. M. Meyer). — Im Meistersang (s. d.), der in manchen Äußerlichkeiten an den Minnesang anknüpft, überwiegt dann einseitiger Schulbetrieb, so daß in bürgerlicher Organisationsfreude das Mittel der Schulung zum Selbstzweck ausartet. Im 16. Jh. treten mehrfach einzelne, der neuen Richtung des Humanismus (s. d.) besonders gewogene Universitäten als Mittelpunkte und Sammelplätze literarischer Schulen und Kreise hervor (Wien, Erfurt, Heidelberg, Köln, Straßburg u. a.). Auch die Schulen, die von Opitz ausgehen (im Grunde ist das gesamtliterarische 17. Jh. bis in die achtziger Jahre hinein durch O.s Schule gegangen), sind nicht im modernen Sinne als D.-Sch. und D.-Kreise aufzufassen, sondern z. T. noch bewußt schulmäßig eingestellt. Vor allem gilt das von der ersten Schlesischen D.-Schule (s. d.; Scherffer v. Scherffenstein, Czepko, Tscherning, Scultetus u. a.), während die — immer noch gelegentlich zitierte — sog. 2. Schlesische Schule (Lohenstein, von Hofmannswaldau, Mühlpfort, Aßmann v. Abschatz, H. v. Assig u. a.) in Wirklichkeit stark auseinanderfällt. Dagegen entspricht der frühere Heidelberger D.-Kreis (d. junge Opitz, Schade, Gruterus, Lingelsheim u. a.) mit seinen teilweise durchaus volkstüml. Tendenzen weit eher dem heutigen Begriffe D.-Kr. — Dem Nürnberger Dichterkreis (Harsdörffer, Clajus, S. v. Birken, Kath. Reg. v. Greiffenberg) gilt Dichtung als erlernbare Kunstfertigkeit (s. Harsdörffers 'Poetischer Trichter' 1646 bis 1653; v. Birkens 'Teutsche Rede-bind und Dicht-Kunst' 1679). Beachtenswert erscheinen demgegenüber die durch musikalisches Interesse geförderten lyrischen Werte des Königsberger D.-Kreises ('Musik. Kürbshütte': Simon Dach, R. Roberthin, H. Albert, J. P. Titz). Frischere Töne werden angeschlagen im sächsisch-niedersächsischen Kreise von P. Fleming, J. G. Schoch, G. Finkelthaus, K. Stieler, Grefflinger u. a. — Als Gegner der späteren Schlesier und Vorläufer der Aufklärung bekämpft der Hamburger Kreis (Brockes, Richey, Weichmann u. a.) Schwulst und Marinismus, entgeht aber nicht der Gefahr platter Nüchternheit. Die Hallenser Freundesgruppe Lange und

Pyra (ält. Hall. Kr.) läßt neben dem gemeinsamen Schaffen ('Thyrsis und Damons freundschaftl. Lieder' 1745) auch theoretische Leitgedanken zutage treten durch die Ablehnung des Reims und den Versuch, in freien Rhythmen Ersatz zu schaffen (vgl. die Vorrede G. Fr. Meiers [Baumgarten-Schüler] zu Langes 'Horatzischen Oden' 1747). Deutet bei den älteren Hallensern manches auf Klopstock hin, so vertritt die jüngere Hallesche Gruppe (stud. Freundeskreis) Gleim, Uz, Götz, Rudnick u. a. anakreontische Tendenzen (s. d. Art. *Anakreontik*). Die Aufklärung hat einen eigenen, erwähnenswerten D.-Kreis trotz aller Organisation in Sprachgesellschaften nicht zusammengebracht. (Gottschedschulen aber gab es überall, vgl. bes. als G.-Schüler: Die Gottschedin, Chr. v. Schönaich, J. E. Schlegel [vorübergehend].) Der Kreis der Bremer Beiträger (s. d.) in Leipzig biegt von Gottscheds Richtung ab, der seine Mitglieder zeitweise gefolgt waren, und setzt an die Stelle des Kampfes gegen die Schweizer Gruppe (Bodmer und Breitinger) in den 'Belustigungen des Verstandes und Witzes' (1741 bis 1744) die Herausgabe eigener Dichtungen in den 'Bremer Beiträgen' (1744f.). Der aufklärerische Einschlag aber bleibt in dem Freundeskreise (Gärtner, J. A. Schlegel, Cramer, Gellert, Rabener, Ebert, Zachariä, Mylius, Giseke) trotz der Beziehung zu Klopstock (vgl. 'Ode an die Freunde') unverkennbar. Durch einen Zufall (Stubennachbarschaft mit Cramer) hatte mehr der junge Student Klopstock als der Dichter des 'Messias' mit diesem Kreise Fühlung gewonnen. In Dänemark bildete sich um den Messiassänger und J. A. Cramer ein nordischer Kreis ('Nordischer Aufseher' 1758), aus dem Gerstenberg als einflußreicher Anreger des Sturmes und Dranges hervorging ('Briefe über Merkwürdigkeiten der Literatur', 1766/67; Sturz, Funk, Schönborn, Resewitz). Der begeistert verehrte Genius wurde Klopstock im Göttinger D.-Kr. (s. d.), dem „Hain", in dem sich seit 1772 Boie, Voß, Chr. und Leopold v. Stolberg, Hölty, Miller, J. Fr. Hahn, Wehrs u. a. in schwärmerisch-romantischem Freundeskultus zusammenfanden ('Göttinger Musenalmanach' 1770ff., Beziehungen zu Bürger und Claudius, Klopstockverehrung, romantische Elemente, Vorklänge zum Interesse f. d. Mittelalter). Der 'Göttinger Musenalmanach' wurde in den späteren Jahrgängen Sammelbecken für die Dichtungen der jungen „Genies", wie denn auch der „Stürmer und Dränger" Leisewitz noch dem Hain angehörte. Ähnlich wie Gerstenberg aus dem nordischen Literaturkreise, so löste sich der andere, größere Führer der Geniezeit, J. G. Herder, aus dem Königsberger Schriftstellerkreise (Lindner, Scheffner, Hippel, Kant; 'Königsberg. Gelehrte und Politische Zeitungen' 1764ff.), dem Hamann als einflußreicher Freund nahestand. In Schulen läßt sich die kraftgeniale Eigenwilligkeit der „Kerle" der Geniezeit nicht einzwängen. Doch werden im Straßburger Freundeskreise (Goethe, Herder, Lenz, Jung-Stilling u. a.) Herders richtunggebende Anregungen im jungen Goethe lebendig und künstlerisch schöpferisch wirksam, während die Darmstädter Empfindsamen (Frl. v. Roussillon, Karoline Flachsland, Frl. v. Ziegler, M. Leuchsenring, Merck, Herder, Goethe; vgl. Art. *Empfindsame Dichtung*) die empfindsam-weiche Seite ('Werther') der Genieperiode widerspiegeln. — Das klassische Weimar pflegt man nicht als D.-Kr. zu bezeichnen, obgleich an sich die Voraussetzungen dafür durchaus gegeben wären. Dagegen hat sich der Terminus „Romantische Schule" — z. T. wohl auch im Anschluß an den Titel des Haymschen Werkes — fest eingebürgert, obgleich Haym selbst betont: „Nur kurze Zeit bildeten die geistigen Führer dieser Generation eine eigentliche Schule, eine engere Parteigenossenschaft." Angesichts des deutlichen theoretisch-kritischen Einschlages ist besonders bei den älteren Romantikern die Bezeichnung „Schule" — wenn man sie nicht besser ganz aufgeben will — doch in höherem Grade gerechtfertigt als etwa bei der sog. Schwäbischen D.-Sch. — Die Romantiker Aug. Wilhelm und Friedrich Schlegel mit ihren Frauen, Tieck, Wackenroder, Schelling, Steffens, Schleiermacher, Novalis usw. fanden sich in Berlin und Jena, die jüngeren Achim v. Arnim, Brentano, Görres usw. in Heidelberg zu Dichter- und Kritikerkreisen zusammen mit lokaler Bindung (z. B. Reichardts Haus und die Berliner jüdischen Salons), mit eigenen Organen (ältere Romantik: 'Athenaeum' 1798 bis 1800; jüngere Romantik: 'Einsiedlerzeitung' 1808). Nach der in § 1 versuchten Begriffsscheidung wäre die ältere Romantik vielleicht mehr als D.-Sch., die jüngere mehr als D.-Kr. aufzufassen und einzugliedern. (Im einzelnen s. d. Artikel *Romantik*). Als Dichterkreis im engeren Sinne steht zwischen älterer und jüngerer Romantik — unter Einwirkung der Schlegelschen Vorträge — in Berlin die recht gemischte Gruppe des „Nordstern" (Hitzig, Chamisso, Varnhagen von Ense, W. Neumann, J. F. Koreff, Rahels Bruder L. Robert, Graf Alex. zur Lippe, F. Theremin); ihr 'Grüner Musenalmanach' 1804/5 (hsg. von Varnhagen und Chamisso), über den Goethe spöttelte, gewann keine größere Bedeutung. Seit 1809 nach Berlin übergesiedelt, schlossen A. v. Arnim und Cl. Brentano sich enger mit Eichendorff zusammen, und um die von Arnim 1810 gegründete Christlich-deutsche Tischgesellschaft bildete sich dort ein D.-Kr., dem Kleist, Fouqué und A. v. Chamisso nahestanden. Äußerlich sich zur romantischen Richtung bekennend, innerlich aber vom alten Geiste der Aufklärung beherrscht, stellt sich im 2. und 3. Jahrzehnt des 19. Jhs. jener „pseudoromantische" Dichterkreis dar, der sich in Dresden um Fr. Kind und Th. Hell schart und in der 'Dresdener Abendzeitung' sein eigenes Organ erhält. — Gleichsam als Übergangsetappe zum „Jungen Deutschland" kann dann jener weniger bekannte — z. T. schon auf Geniekultus hinstrebende — Berliner D.-Kr. gelten, dem Grabbe, Heine, v. Uechtritz, Köchy u. a. angehören. Er findet eine teilweise Fortsetzung im Düsseldorfer D.-Kr., der sich an Immermann und seine Musterbühne anschließt (vgl. Müller v. Königswinters Roman 'Immermann und sein Kreis' 1861). — Die Gruppe des „Jungen Deutschland" (s. d.) wird selbst in einem Erlaß vom Bundestage (10. 12. 1835) als „literarische Schule" genannt und im übrigen — „verboten". Die sog. Schwäbische Schule (s. d.) ist schon oben erwähnt worden. Ein rheinischer D.-Kr. bildet sich um das gastliche Ehepaar Kinkel in Bonn (Simrock, Becker, Müller v. Königswinter, Freiligrath, Schücking u. a.). Kurz erwähnt sei noch der kleine schlesische D.-Kr., dessen 'Musenalmanach der Universität Breslau auf 1843' G. Freytag herausgab. Im Neuweimarer Kreis suchte Franz Liszt auf der Altenburg, auf der auch O. Roquette und Hebbel einkehrten, Dichter und Musiker (Hoffmann v. Fallersleben, Peter Cornelius, als störendes Element Dingelstedt) zu sammeln. Größere Bedeutung kommt jedoch erst wieder dem Münchener D.-Kreise zu (Geibel, Dahn, Heyse, Fr. v. Schack, Lingg, Hertz, Leuthold, Bodenstedt u. a.), den König Maximilians Kunstverständnis in seine Residenz zog. Während hier um die Mitte des 19. Jhs. die „reine Form" und der „ideale Dichtertypus" kultiviert wurden, zerbrach am Ende des Jhs. der Friedrichshagener Kreis der Naturalisten (die Brüder Hart, Arno Holz, G. Hauptmann, K. Henckell, H. Conradi, O. E. Hartleben u. a.) die Formenstrenge und setzte an die Stelle des rückwärtsschauenden Propheten den modernen, gegenwartsfreudigen Dichter. Man könnte im Hinblick auf die Programmseligkeit und bewußte Verwirklichung einseitig eingestellter theoretischer Leitgedanken (vgl. z. B. W. Bölsche *Naturwissenschaftliche Grundlagen der Poesie* 1887) im dichterischen Schaffen sowie auf Grund des Experimentierens und Studierens besonders den konsequenten Naturalismus recht gut als D.-Sch. bezeichnen, ohne damit ein ungerechtes Werturteil zu fällen. In schroffer Abwendung vom Wirklichkeitsfanatismus, aber in diesem Widerstreben gleichfalls einseitig überspannt, flüchtete sich der „Kreis um Stefan George" (R. Borchardt, K. Wolfskehl, L. Klages, P. Gerardy u. a.) in die kühle Formenstrenge, in die dünne Atmosphäre der l'art pour l'art, näherte sich aber in seinen 'Blättern für die Kunst' bedenklich dem formalen Schulbetrieb, der das Ausdrucksmittel der Sprachform zum Selbstzweck macht. Unter Ablehnung der Georgeschen Formenstrenge und der Volksfremdheit, anknüpfend an den Holzschen Naturalismus, aber irrational in der Weltanschauung, schart sich um Otto zur Linde und den 'Charon' 1904ff. die Charongruppe (K. Röttger, R. Paulsen, R. Pannwitz u. a.). Die neuklassizistische Gruppe (Paul Ernst, W. v. Scholz) folgt vielfach allzu schulmäßig historisch abgeleiteten Theorien. Den extremen Expressionismus vertritt die Berliner „Sturm-Gruppe" (A. Stramm, Becher, Schreyer, H. Walden u. a.) Indessen gilt es noch abzuwarten, welche der vielen modernen Dichterkreise, die sich vielfach um einen Verlag als Sammelpunkt gruppieren, dauernde Geltung gewinnen werden.

Als Sammelpunkte für D.-Schulen und D.-Kreise kommen also vor allem in Betracht: 1. Freundeskreise (bes. stud.) in Universitätsstädten (Heidelberger, Straßburger, Leipziger, Göttinger, Berliner, Jenaer Kreis). 2. Das gastliche Haus, oft auch der Landsitz eines Dichters (Mutian, Gleim, Kerner) oder Dichterfreundes (z. B. Fr. H. Jacobi [Gut Pempelfort]; J. Fr. Reichardt [Berlin und Landsitz Giebichenstein bei Halle]; Kinkel [Bonn]; Liszt auf der Altenburg u. a.). Auch Frauen standen oft im Mittelpunkte, z. B. Julie Bondeli (Bern), Christine v. Axen (Hamburg), die Berliner Jüdinnen der romantischen Salons u. a. m. 3. Die Gönnerschaft eines Fürsten (Weimarer, Münchener Kreis). 4. Liter. Organe (z. B. 'Bremer Beiträge', 'Göttinger Musenalmanach', 'Athenaeum' usw.). 5. Größere Verlagsanstalten in neuerer Zeit (Inselverlag, Diederichs, Kurt Wolff u. a.).

§ 3. Kritisch betrachtet, kann die Bezeichnung D.-Sch., die besonders, ja fast ausschließlich für Lyriker Anwendung findet, nicht gerade als ein Prunkstück der literarwissenschaftlichen Fachsprache gelten. Vielfach dient die Zusammenfassung verwandter Dichter in „Schulen" dem bloßen Dispositionsbedürfnis, besonders in älteren Literaturgeschichten. So ordnet z. B. R. v. Gottschall ('Dt. Nat. Lit.' 1891) sein „Hauptstück" über die Lyrik überwiegend nach D.-Sch., kennt eine „Heinesche Schule", zu der Geibel, Lingg, v. Schack u. a. m. gezählt werden, von denen Geibel wiederum eine „Geibelsche Schule" führt . . . „so ist auch (!) von einer Platenschen Schule zu sprechen"; ebenso dort „Schule Byrons" usw. — Trotz der zähen Tradition läßt erfreulicherweise die neuere Lit.-Wiss. die schon dem Sprachgefühl nach unschöne und auch häufig sachlich wenig zutreffende Bezeichnung D.-Sch. mehr und mehr fallen zugunsten des zwangloseren Begriffes „D.-Kreis".

Als Anschauungsmaterial für die lokale Gruppierung: S. R. Nagel *Deutscher Literaturatlas* 1907. Sehr aufschlußreich für die Gruppenbildung und damit auch für die D.-Kreise ist J. Nadler *Literaturgeschichte der deutschen Stämme u. Landschaften* vgl. Bd. I S. 73—89 (Thüringer Schule), 103/4, 111, 117 (Baseler Gruppe), 137, 141, 183, 213—15 (Mutianus Rufus u. s. Kreis) usw. Bd. II (1923) u. III (1924). — Zur St. Gallener Schule vgl. P. Piper *Die Schriften Notkers u. seiner Schule*; v. Winterfeld *Die Dichterschule St. Gallens und der Reichenau*, N. Jb. V (1900) S. 341. Singer *Die Dichterschule von St. Gallen* 1922. Neuere Forschungen (Kelle) lassen die bisher übliche Annahme einer St. Gallener Übersetzungsschule (Notker Labeo) als unhaltbar erscheinen, vgl. G. Ehrismann *Gscht. d. dt. Lit. bis zum Ausgang d. Mittelalters* I (1918) S. 416, H. Schneider *Gscht. d. dt. Lit.* 1924. S. 117. — K. Hartfelder *Dt. Übersetzungen klass. Schriftstell. aus d. Heidelb. Humanistenkreis.* Progr. Heidelbg. 1884. *Briefe G. M. Lingelsheims, M. Berneggers u. ihrer Freunde* hsg. v. Alex. Reifferscheid 1889 (Heidelberger Kreis). J. Tittmann *D. Nürnberger Dichterschule* 1847. *Ged. d. Königsberger Dichterkreises* hsg. v. B. H. Fischer (Hall. Ndr. 44—48). K. Heine *Üb. d. Ausdruck Zweite Schlesische Schule* ZfvglLg. VI (1893) S. 448 ff. A. Hübscher *Die Dichter der Neukirchschen Sammlung* (Schlesier u. a.), Euph. XXIV (1922) S. 1—28, 259—287. F. Wehl *Hamburgs Literaturleben im 18. Jh.* 1856. *Bremer Beiträger* hsg. v. Muncker (DNL. LXIV). E. Michael *Zu E. Schmidts Charakteristik d. Br. Beiträger im 'Jüngling'*, ZfdPh. XLVIII (1920) S. 115—125. P. Döring *Der nordische Dichterkreis u. die Schleswiger Litteraturbriefe.* Progr. Sonderburg 1880. M. Laue *Der Hallesche Kreis . . . Klopstock u. seine Anhänger . . . Hainbund u. Wieland* 1890. R. Prutz *Der Göttinger Dichterbund* 1841. *Der Göttinger Dichterbund* hsg. v. A. Sauer (DNL. XLIX—L). Joh. Crueger *Über Bundesbuch u. Stammbücher d. Hains*, Akad. Blätter hsg. von O. Sievers I (1884) S. 600 ff. Redlich ZfdPh. IV (1873) S. 127 ff. P. Otto *Die dt. Gesellschaft in Göttingen* 1898. S. 90f. F. Babsch *Die Stellung d. Göttinger Dichterbundes i. d. dt. Lit.* Progr. Graz 1911. E. Consentius *Aus H. Chr. Boies Nachlass*, ZfdPh. XLIX (1923) S. 57—78 (gibt zugl. Einbl. in den Darmstädter Kreis). R. Haym *Die Romantische Schule* 1920[4]. R. Steig *Die Familie Reichardt u. d. Brüder Grimm*, Euph. XV. Erg. H. (1923) S. 15f. J. Nadler *Die Berliner Romantik* 1921. H. Levin *Die Heidelberger Romantik* 1922. A. Lütteken *Die Dresdener Romantik u. H. v. Kleist.* Diss. Münster 1917. H. H. Houben *Jungdeutscher Sturm u. Drang* 1911. O. Kanehl *D. jg. Goethe i. Urteile d. 'Jg. Deutschland'*, 1913 spricht vom „Lehrkörper" (Rahel, Bettina ?, die Stieglitz, Menzel, Börne u. Heine) u. d. „Schule" (Gutzkow, Laube, Wienbarg, Th. Mundt u. a.). A. Mayr *Der schwäbische Dichterbund* 1886. *Das Kernerhaus u. s. Gäste* hsg. v. Th. Kerner 1897[2]. M. Haushofer *Die lit. Blüte Münchens und Max. II.*, Beilg. z. Münch. Allg.

Ztg. 1898 Nr. 36/7. A. Helbig *E. Geibel u. d. Münch. Dichterschule.* Progr. Aarau 1912. J. Hallermann *Freiligraths Einfluß auf die Lyriker der Münchener Dichterschule* 1917. Joh. Joesten *Lit. Leben am Rhein* 1899. J. Hollitzer *Fr. Liszt u. d. lit. Leben in Weimar* (ungar.) Budapest 1913 (Inhaltsang. v. Verf. i. Euph. XI. Erg.-H. [1914] S. 240f.). La Mara *Aus der Glanzzeit der Altenburg* 1906. B. Gerlach *Die lit. Bedtg. d. Hartmann-Reinbeckschen Hauses i. Stuttg. 1779—1849.* Diss. Münster 1910. Phil. Witkop *Heidelberg u. d. dt. Dichtung* 1916.

B. Markwardt.

Didaktische Dichtung s. Lehrhafte Dichtung.

Dimeter, antiker Vers aus zwei anapästischen(⏑⏑⏊), choriambischen(⏊⏑⏑⏊), daktylischen(⏊⏑⏑), iambischen(⏑⏊⏑⏊), ionischen (⏑⏑⏊⏊ oder ⏊⏊⏑⏑) oder trochäischen (⏊⏑⏊⏑) Metren. S. die einzelnen Metren, auch *Antike Versmaße.*

P. Habermann.

Dipodische Verse. Wenn in einem Verse zwei rhythmische Glieder so zueinander stehen, daß die Hebung des einen Gliedes die des andern an Schwere überragt, wodurch oft eine Zusammenfassung der beiden rhythmischen Gruppen erfolgt (‼ × ! ×), so spricht man mit einem nicht sehr glücklich gewählten Ausdruck von „Dipodien" oder von „dipodischer Bindung". Dipodie ist ursprünglich ein Ausdruck der antiken Taktlehre. Schnelles Tempo bedingte eine Unterscheidung der Thesen in Haupt- und Nebenthesen ⏑⏊⏑⏊ ⏑⏊⏑⏊. Der Ausdruck ist dann in der dt. Verslehre auch für bloße Sprechdichtung verwendet worden. Hierdurch ist sein Sinn ganz verändert. Der Ausdruck „dipodisch" wird in der dt. Verslehre besser durch „abgestuft" ersetzt. Bei monopodischer oder podischer Bindung oder besser in gleichschwebenden Versen bleiben die Glieder einander koordiniert; es findet keine Unterordnung statt. Dipodische Gliederung braucht nicht auf eine gerade Anzahl von Versgliedern zurückzugehen. Der Bau von Dipodien ist nicht an das Versschema gebunden. Das gleiche Metrum kann dipodisch oder monopodisch gebildet sein. Die Volksdichtung, das Studenten- und Soldatenlied ist im allgemeinen dipodisch. Dipodische Verse sind meist beschwingter, leichter, schneller im Tempo als die gleichmäßigeren, langsameren, ernsteren, gedankenvollen monopodischen Verse. Mit Verwendung des antiken Begriffs der Dipodie sind Verse mit gleichlaufendem und gebrochenem Rhythmus unterschieden worden, je nach dem die Verse nur aus steigenden oder fallenden oder aber aus im Rhythmus wechselnden Dipodien gebaut sind.

E. Stolte *Metrische Studien über das deutsche Volkslied.* Progr. Crefeld 1883. E. Sievers *Zur Rhythmik und Melodik des nhd. Sprechverses,* Rhythmisch-melodische Studien (1912) S. 36ff. E. Zitelmann *Der Rhythmus des fünffüßigen Jambus,* NJbb. XIX (1907) S. 500—533, 545—570. Fr. Kauffmann *Deutsche Metrik* S. 167—176. J. Minor *Metrische Studien,* GRM. III (1911) S. 417—438. Minor *Metrik.* S. 183ff., 523. Saran *Versl.* unter „Abstufung" und „Ausgleichung".

P. Habermann.

Distichon s. Antike Versmaße.

Dithyrambus s. Ode.

Dorfgeschichte. § 1. Als Dorfgeschichte kann man allgemein eine Geschichte bezeichnen, die bäuerliche Verhältnisse in bäuerlicher Umwelt behandelt. Die Entwicklung und Ausbildung dieser Erzählungsart, die allmählich notwendig zur Ausweitung der gattungsmäßigen Enge kommt, ist bedingt durch eine Betrachtungsweise, die eine Erfassung und Darstellung der sichtbaren Wirklichkeit erstrebt: das Werden der D. ist also zugleich das Werden des Realismus; und weiter durch rein künstlerische, weltanschauliche oder tendenzhafte, außerkünstlerische Strömungen, denen die D. als geeignetes Mittel zur Aufnahme ihrer Gedanken dient. Die D., die also allgemeingültige wie zeitlich beschränkte Werte enthält, ist eng verknüpft mit dem stets wechselnden Verhältnis einer Zeit zum Land und seinen Bewohnern, mit dem Gegensatz von Natur und Kultur. Sie ermöglicht in besonderem Maße die unerbittlich wahre, psychologische Menschenschilderung, weil im engen Wirkungskreis und im engen Zusammenleben auf dem Lande die Charaktere sich gleichartiger, aber auch schärfer prägen, die Gegensätze einfacher, aber auch ausschließlicher sind, die Leidenschaften sich ursprünglicher, aber auch rückhaltloser äußern.

§ 2. Notwendig besitzt das eigentlich klassische Hochmittelalter und seine aristokratisch-idealistische Dichtung mit ihren bestimmten ritterlichen Formen und Stoffen kein inneres Verhältnis zum Bauern und somit auch keine literarische Gestaltung des Bauerntums. Erst eine Auflockerung dieser strengen Kultur gestattet die Einbeziehung auch des Landbewohners in eine Dichtung, der es sich wie der höfischen Dorfpoesie und ihrem namhaftesten Vertreter, Neidhart von Reuenthal (um 1230), trotz aller realistischen Beobachtung nicht um Erfassung einer Volksschicht in ihrer Gesamtheit handelt, sondern um Ständesatire, um die derbe Verspottung des Bauern durch den Ritter. Aus diesem Gegensatz von Hoch und Niedrig bildet sich eine Art verborgener D. heraus, bezeichnenderweise bei unbeteiligten Betrachtern, Mönchen und Spielleuten, wie etwa die mit erziehlicher Absicht geschriebene Verserzählung Wernhers des Gärtners, der 'Meier Helmbrecht' (um 1250), nachdem schon um 1040 der geistliche Dichter des 'Ruodlieb' in einer kurzen Einschaltung Einblick in dörfliche Verhältnisse gegeben hatte. Solche objektive Betrachtung blieb ohne literarische Nachahmung.

§ 3. Dem 14., 15., noch selbst dem 16. Jh. gilt der Bauer als der Tölpel schlechtweg; Fastnachtsspiel, Schwankdichtung und Volksbuch ('Eulenspiegel', 'Lalenbuch') erweisen mit ihrem rohen Spott erschreckend deutlich die verzweifelte soziale Stellung des Nährstandes. Der Schweizer Heinrich Wittenweiler steigert in seinem derbkomischen Epos, dem 'Ring' (um 1450), der übermütig genialen Darstellung einer Bauernhochzeit, das Bild des grobianischen Dörpers ins wahrhaft Groteske. Verheißungsvolle Ansätze zu einer vertieften Erfassung bäuerlichen Daseins bieten die zahlreichen Fazetiensammlungen der Reformationszeit; vor allem Heinrich Bebel, selbst ein Bauernsohn, aber als Humanist zwischen und über den Ständen stehend, zeichnet in seinen '*Facetiae*' (1506, 1509) den wirklich geschauten und scharf beobachteten Typ des dumm-schlauen, schwäbischen Bäuerleins.

§ 4. Das 17. Jh. sucht in seinem Streben, auch Gegensätzlichstes zu vereinen, die Kluft zwischen Stadt und Land zu überbrücken durch die jetzt in Schwung kommende Schäferdichtung, die, voll innerer Hohlheit und künstlicher Spielerei, Sehnsucht nach dem Landleben und seiner Ruhe und Einfachheit mit der Leidenschaft für eine übertrieben feine Gesellschaftskultur verbindet. Der unflätige Bauer muß nun dem parfümierten, arkadischen Schäfer weichen. Sinn für Wirklichkeit fehlt hier völlig; denn Ausnahmen sind solche plastischen, naturnahen kleinen Ausschnitte, wie sie Moscherosch in den 'Gesichten' (1643 f.) gibt und Grimmelshausen im 1. Buch des 'Simplizissimus' (1668) oder im 'Stolzen Melcher' (1673), der in manchem dem 'Meier Helmbrecht' verwandt ist. Das Schäferwesen, nun ins Idyllisch-Sentimentale gewendet als gemäßer Ausdruck des Rokoko, behauptet sich noch im 18. Jh. mit seinem schäferlichen Idealtyp und dem elegisch-idealisierten, unwirklichen Landschaftsbild. Trotzdem liegt in dieser Idyllendichtung, wie sie besonders von Salomon Geßner ('Idyllen' 1756ff.) und kraftvoll bodenständiger vom Maler Müller ('Schafschur' 1775, 'Nußkernen' erster Druck 1811) künstlerisch gepflegt wurde, die Keime zu einer neuen D. Idylle und D. gehen, trotz enger Beziehungen, fortan literarisch getrennte Wege.

§ 5. Die eigentliche Heimat der D. ist, nicht zufällig, die Schweiz. Schon Albrecht von Haller, dem ein neues Landschaftsgefühl und eine neue, starke Freude an der Wirklichkeit eigen ist, hatte in seinem Lehrgedicht 'Die Alpen' (1729) das Lob des wurzelhaften, heimatlichen Bauernstandes gesungen und dadurch geholfen, überhaupt den Bauern statt des Schäfers zum Gegenstand der Betrachtung, ihn und seine Umwelt erst wieder literaturfähig zu machen. Denn auf welche Widerstände solches Beginnen stoßen konnte, zeigt bedeutsam eine Abhandlung J. A. Schlegels, die sich scharf gerade gegen das Neue, eben gegen das 'Natürliche in den Schäfergedichten' wendet (1746), also gegen den Stoff an sich wie gegen eine realistische Darstellung kämpft. Trotzdem wurden in der Schweiz die Anregungen Hallers aufgenommen und noch verstärkt durch die philanthropisch-pädagogischen, aufgeklärten Ideen des philosophischen 18. Jhs., durch rein nationalökonomische Theorien, vor allem durch die echt rationalistische Lehre des Physiokratismus. Nun wurde der Bauer, anders als bei Geßner, in seiner Wichtigkeit für den Staat, als soziales Glied gewürdigt, man gab auch dem bislang Gedrückten Menschenrechte, Rousseau wirkte da nicht nur durch seinen Ruf zur Natur. Der demokratische Grundzug der Schweiz sprach sich hier aus. Nun konnte Hans Kaspar Hirzel, empfindsam - aufklärerisch, in stark erziehlicher Einstellung 1761 'Die Wirtschaft eines philosophischen Bauers', des nachmals berühmten und von Goethe verehrten Kleinjogg, mit neu erwachter Freude am wirklichen Leben trefflich schildern; das war keine Dichtung, sondern eine für die Hebung und Bildung einer Schicht, des Bauernstandes, bestimmte Tendenzschrift, zugleich eine Verherrlichung des Ackerbaus. Mit solchen nichtkünstlerischen Bestrebungen folgt dann J. H. Pestalozzi, der in seinem Erziehungsroman 'Lienhard und Gertrud' (1781) plötzlich ganz anders eindrücklich den Bauern und zwar den taglöhnernden Kleinbauern in seinem Elend erfaßt und, Kunst und Belehrung wahrhaft vereinend, zeigen will, wie der Landmann durch kluge Wirtschaft und starkes Gottvertrauen sich heraufarbeiten kann. Die humanen philosophischen Gedanken des Jhs. kommen in dieser ersten neuen D. des großen Erziehers mit seiner Liebe zum Volk am deutlichsten zum Ausdruck. Wo Pestalozzi von gemeiner Niedrigkeit zu berichten hat, besitzt er wirkliche Darstellungskunst. In der Ausmalung solcher dunklen Seiten menschlichen Daseins ist ihm Ulrich Bräker verwandt, der in seiner Selbstbiographie, dem 'Armen Mann im Toggenburg' (1783), erschütternden Einblick in dörfliches Elend gewährt. Ein Nichtschweizer, Heinrich Zschokke, setzt zwar diese sozialpädagogische D. fort mit seinen Erzählungen 'Das Goldmacherdorf' (1823) und 'Die Branntweinpest' (1857), erweist aber, wie diese an sich entwicklungsfähige Richtung bei Mangel an wahrer dichterischer Gestaltungskraft durch das aufdringliche Hervorkehren der pädagogischen Absicht platt, langweilig, lehrbuchartig wird. Erst Gotthelf brachte hier neues Leben.

§ 6. Auch in Deutschland wuchs die Anteilnahme am Land und seinem Bewohner stetig. Justus Möser besonders betonte den geschichtlichen und volkswirtschaftlichen Wert eines gesunden, heimischen Bauernstandes. Der Landmann erscheint im Lied (Claudius), im Lustspiel, in der realistischen Idylle (Maler Müller, J. H. Voß), greifbar lebendig in J. P. Hebels 'Schatzkästlein' (1811). Aber eine eigentliche, realistische D. wie in der Schweiz bildet sich nicht, begreiflicherweise auch nicht in der Romantik, die einzig durch ihre Begeisterung für Volkstum, Volkslied und Märchen den Weg zur poetischen Seele des Volkes bahnt. Bezeichnend baut sich die D. der Romantik, Brentanos 'Geschichte vom braven Kasperl und dem schönen Annerl' (1817), auf Volksliedern auf; in ihr, wie in Kleists ungleich realistischerer Novelle 'Michael Kohlhaas' (1810), drückt sich ein stets unveränderter Charakterzug des Bauern erschütternd aus, seine starrköpfige Hartnäckigkeit mit ihren tragischen Folgen, ein Motiv, das der wahrhaft psychologischen D. eines Keller und Anzengruber stets zum Mittelpunkt wird. Brentanos Erzählung, der es nur auf das Bloßlegen innerseelischer Vorgänge ankommt, fehlt die scharfe Beobachtung der Umwelt, ebenso einer anderen D., einer „Idyllnovelle", voll romantischen Spukwesens, dem 'Irrwisch-Fritze' der Adelheid Reinbold (1838).

§ 7. Im bewußten Gegensatz zu solch verschwimmender Wirklichkeitsdarstellung bildet sich allmählich die D. als selbständige Gattung heraus, Immermann, Gotthelf, Auerbach sind ihre Schöpfer. Die genaue Schilderung deutschen bäuerlichen Lebens in seiner gesunden Einfachheit richtet sich gegen die verstiegenen, übergeistreichen Salonromane des jungen Deutschland mit seinen internationalen Tendenzen und dann gegen die verlogenen, sentimentalen, theatralischen Schweizerromane nach Art von H. Claurens 'Mimili' (1816). Man will Anderes, Festes, Bodenständiges und vor allem Heimisches in der Dichtung. Daneben spielen demokratisch-politische und soziale Probleme eine wichtige Rolle: die Aufhebung der Leibeigenschaft vor allem, die dem Bauern neue Rechte verleiht. Zu solchen äußeren treten rein künstlerische Gründe und Bedingungen: die D. wäre unmöglich ohne die durch die Romantik geschaffene Kunstform der Novelle und ohne die tiefen Anregungen Scotts mit seiner auf treuester Einzelbeobachtung beruhenden Kunst, kurz ohne die neue Stilgattung des Realismus. Die Darstellung kulturhistorischen Lebens, zuvor meist nur aus der Vergangenheit und aus der Fremde geübt, wird jetzt auf bäuerliche Verhältnisse übertragen, die zudem ein Stück Vergangenheit noch rein bewahren. Kulturhistorischer Roman und D. berühren sich eng.

§ 8. Deutlich wird dies bei Immermanns 'Oberhof' (1839), der, eingeschlossen in den 'Münchhausen', nicht, wie z. B. Auerbach, in die Breite wirkte. Immermann gibt keine D. mit dem ausgesprochenen Zweck, den Bauern bei der Arbeit zu zeigen, sondern er führt nach Kellers Wort „das Volk in seinem ehrwürdigen, historischen Roste" vor, zeichnet im Hofschulzen einen wirklichen Menschen, den in der Scholle wurzelnden, stammfesten Bauern mit seinem kraftvollen Selbstbewußtsein, und unterstreicht mehr die typischen als die individuellen Charakterzüge des Landmanns. Und ebenso betont den sittlichen Wert des Althergebrachten, durch lange Überlieferung Geheiligten im patriarchalischen Dasein alter Bauernkultur der andere Wegbereiter der D., der Schweizer Jeremias Gotthelf (Albert Bitzius), der nun eine starke, ethisch-politische Tendenz, erziehlich-praktische Gedanken und damit etwas Unkünstlerisches in seine Schilderung großer Höfe des „Bernbiets" hineinträgt; er nimmt, reaktionär, den Kampf gegen den verderblichen „Zeitgeist" auf mit Hilfe des alten „Bernergeists", den er als den Hort des Bewährten und darum Guten allem Neuen gegenüber wahren will, so sehr auch er die sittliche und volkswirtschaftliche Hebung des Landmanns erstrebt. Selbst unter Bauern aufgewachsen, schreibt Gotthelf bewußt für den Bauern und zugleich über den Bauern, er fühlt die innige, charakterprägende Verbindung von Boden und Menschen und ihren Einfluß auf die Seele des Bauern, die er mit psychologischer Feinkunst unvergleichlich erfaßt, er stellt den Bauern in seinem unmittelbaren Wirkungskreis dar und gibt so ein selten treues, in seiner Wirklichkeit erschöpfendes und oft verletzendes Gesamtbild. Sein ganzes Werk, nicht nur sein erstes (1836), darf sich in Wahrheit einen vollkommenen Bauernspiegel nennen. „Die breite, satte Gegenständlichkeit und echt homerische, behagliche Anschaulichkeit" rühmte Keller, „wie es doch so wahrhaft episch hergehe in dieser Welt." Der Allgemeinheit gilt Berthold Auerbach mit seinen 'Schwarzwälder Dorfgeschichten' (1843ff.) als der typische Vertreter schlechthin der Gattung und zugleich als ihr Schöpfer. Sein ungeahnter Erfolg ist historisch bedingt; Immermanns und Gotthelfs Bedeutung gerade für die D. erkannte man nicht, und ihre hohe Wertschätzung ist auch erst das Ergebnis späterer Zeit. Nur so konnte Auerbachs idyllische, schönfärberische Schilderung des Bauerntums als Offenbarung genommen werden, und allerdings bot er gegenüber den literarischen Gestalten der Jungdeutschen Urwüchsigeres und Echteres. Aber bei ihm, der vor allem auch die Form der D. kunstvoll verfeinerte, tritt der sentimentale Zeitgeist, die Sehnsucht nach dem Lande, am deutlichsten hervor als Ergebnis der aus kulturpolitischen Erwägungen gewählten Gegenüberstellung von Stadt und Land, von Kultur und Natur; und Natur war nur allein im dörflichen Bewohner zu finden, der gerade bei Auerbach leicht zum weichlich-idealen Salonbauern wird. So sieht er, der zwar unter dem ländlichen Volk, aber doch als ein Rassenfremder aufgewachsen war, in der liebevoll ausmalenden Schilderung des Landes eine sittliche, nicht nur eine rein künstlerische Aufgabe. Er arbeitet der Heimatdichtung vor, indem er sich auf ein Gebiet, das er aus eigenster Anschauung genau kennt, auf den Schwarzwald beschränkt; er sucht, bei aller Freude an der Wirklichkeit und ihrer realistischen Erfassung, als Kulturmensch das Poesievoll-Romantische, Unverbildete und Edle im Landmann, er will den Volksgeist, die ländliche Seele erfühlen und doch zugleich bilden. Die starke, besonders in den späteren D. aufdringlich werdende Reflexion läßt in ihrer gewollten Geistreichigkeit den jungdeutschen Einfluß erkennen.

§ 9. Auerbach fand sofort unzählige Nachfolger. Unabhängig von ihm hatte schon J. Rank seine 'Erzählungen aus dem

Böhmerwald' (1843) geschrieben. Aus den Nachahmern ragt selbständig und künstlerisch hervor Melchior Meyr mit seinen geschmackvoll-anmutigen 'Erzählungen aus dem Ries' (1851 ff.), die gleichfalls das Dorf und seine Bewohner leicht idealisieren. Kräftigere, gut geschaute, lebendige Bilder aus dem Bregenzer Wald bot F. M. Felder 'Sonderlinge' (1867), 'Reich und Arm' (1868). Die D. wurde zum Schlagwort, fand aber auch sofort erboste Gegner wie etwa Hebbel, der von „Dorfgeschichtenschwindel" sprach. Ein einsichtiger Beurteiler wie Hermann Kurz geißelte ebenso die Auswüchse dieser ins Kraut schießenden „didaktischen Ruralmoralromantik" in der Erkenntnis, daß jede Tendenz diese Gattung beeinträchtige, allerdings aber, wie er selbst erfahren mußte, den Erfolg auch abschwächte. Seine musterhaft aufgebaute Erzählung 'Der Weihnachtsfund' (1855) gehört durch ihre geschlossene künstlerische Wirkung zu den besten D., ein „Seelenbild aus dem schwäbischen Volksleben" nach seinen eigenen Worten gleich dem 'Sonnenwirt' (1854), mit dem Kurz den notwendigen Schritt von der D. zum kulturhistorischen, realistischen Roman tat, einem Werk voll erschütternder, sich einwühlender Charakteristik eines bäuerlichen Verbrechers. Der Roman gehört in eine Reihe mit Kleists 'Kohlhaas' und der düster-wuchtigen, auf roter Erde spielenden 'Judenbuche' (1842) der Annette von Droste-Hülshoff; auch mit Auerbachs tragischem 'Diethelm von Buchenberg' (1852). Daß die D., frei von aller Tendenz, überhaupt nur „der Embryo des provinziellen historischen Romans", nur die Vorbereitung zum Realismus sei, erkannte Otto Ludwig, und er lieferte den Beweis mit seinen vollsaftigen Erzählungen 'Die Heiterethei' (1854) und 'Zwischen Himmel und Erde' (1856), die man als eigentliche D. nicht mehr ansprechen kann, da sie, bei aller Liebe zur Breite und Tiefe des Volkslebens, darüber hinauswachsen zu Werken, die die ganze Wirklichkeit und Sichtbarkeit draußen und drinnen enthalten. Noch höher steigt Gottfried Keller mit seiner schon der Weltliteratur angehörigen Seldwyler Novelle 'Romeo und Julia auf dem Dorfe' (1856), die im tragischen, echt bäuerlicher enger Starrköpfigkeit entsprungenen Einzelschicksal zweier Unglücklichen doch zugleich allgemeingültiges und ewiges Menschengeschick enthüllt, eine D. im höchsten Sinne des Wortes ohne jeden außerkünstlerischen Gedanken, der Gipfel der ganzen Gattung. In solcher wahrhaften Durchleuchtung einfacher menschlicher Seelen reicht an den Schweizer der Österreicher Ludwig Anzengruber heran mit seinen kraftvollen und künstlerisch hochstehenden Romanen 'Der Schandfleck' (1876) und 'Der Sternsteinhof' (1885), markigen Verkörperungen des Bauerntums, ebenbürtig seinen Bauerntragödien, die er als Gattung erst schafft.

§ 10. Allmählich wird die D. als überwundene Vorstufe des Realismus und später des Naturalismus verdrängt und abgelöst durch den „provinziellen, historischen Roman", durch die sog. Heimatdichtung, die, unmittelbar an O. Ludwig anknüpfend, von Bartels und Lienhard um 1900 zu neuer künstlerischer Aufgabe berufen, durch liebevolle und gewissenhafte Abschilderung, wie jede Eindruckskunst, nun das Wesen eines einzelnen, eng abgegrenzten Landstrichs im Bauern als dem Vertreter einer ausgeprägten Stammesart erfühlen und die tiefinnerlich bedingte Verwurzelung des Menschen in seinem Boden, aus dem er Kraft zum Leben zieht, erweisen will. Solche wahre „Schollendichtung", die sich in die Volks- und Landschaftsseele versenkt, bereiten Norddeutsche wie Reuter, Raabe, Storm mit ihren Werken, die alle notwendig über den Rahmen der D. hinauswachsen, vor. Sehr groß ist die Zahl von Dichtern und Schriftstellern, die, gleichsam das deutsche Reich aufteilend, mit sehr unterschiedlichen künstlerischen Mitteln sich ein ganz bestimmtes Stück deutscher Landschaft, meist ihre engere Heimat, auswählen und so oft bei dieser ermüdenden Nahsicht den freien Ausblick in die Weite vergessen. Vor allem die norddeutsche Tiefebene findet viele dichterische Betrachter, unter denen Gustav Frenssen hervorragt mit seinem erfolgreichen Roman 'Jörn Uhl' (1901), der eindrucksvollen Gestaltung eines schwerblütigen Marschbauern und seiner Umwelt. Den holsteinischen Landbewohner wollen W. Jensen, Tim Kröger, Helene Voigt-Diederichs ergründen, den

Heidebauern mit starker Betonung des Landschaftsbildes erfühlt unvergleichlich echt Hermann Löns, dann in weitem Abstand Heinrich Sohnrey, der als Dorfschullehrer Einblick in dörfliche Verhältnisse gewann. Den Bauern des Weserlandes schildert Lulu von Strauß und Torney ('Bauernstolz' 1901). Auf dem Boden des Naturalismus steht W. v. Polenz, dessen Agrarromane ('Büttnerbauer' 1895, 'Der Grabenhäger' 1897) mit ausgesprochener, starker Tendenz soziale Zeitfragen packend behandeln; ausdrücklich widmet er „dem deutschen Nährstande" seine Werke und vertieft sich in die Seele der Lausitzer Bauern. In Mitteldeutschland siedeln W. Holzamer, A. Bock, J. Wassermann und mit berufener Meisterschaft Clara Viebig ihre Erzählungen an, im Schwarzwald spielen die Geschichten von H. Hansjakob und Hermine Villinger, Schweizer Heimatkunst pflegen eifrig und feinfühlig J. Boßhart, J. C. Heer, E. Zahn, M. Lienert und H. Federer, während der derb zupackende L. Thoma und besonders L. Ganghofer mit seinen billigen, schönfärberischen Mitteln die Bewohner des bayerischen Alpengebiets in ihrer Urwüchsigkeit begreiflich machen wollen. Der warmherzige Steirer Peter Rosegger bietet mit seinen Werken ernstere, gewissenhaftere Heimatskunst. Die Ausdruckskunst aber meidet bewußt solche Versenkung in die Welt der Einzelbeobachtung.

Die große Linie der D. führt also von Pestalozzi über Immermann und Gotthelf zu Auerbach, Ludwig und Keller. Die geschichtliche Bedeutung der D. aber liegt darin, daß sie „die Geburtsstätte moderner Wirklichkeitsdarstellung" ist.

R. Hallgarten *Die Anfänge der Schweizer Dorfgeschichte* 1906. E. Rüd *Die deutsche Dorfgeschichte bis auf Auerbach.* Diss. Tüb. 1909. H. Glück *Der Dialekt in den Dorfgeschichten Auerbachs und Meyrs.* Diss. Tüb. 1914. L. Lässer *Die deutsche Dorfdichtung* 1907. Lulu von Strauß und Torney *Die Dorfgeschichte in der modernen Literatur* 1906. O. Walzel *Die Wirklichkeitsfreude der neueren Schweizer Dichtung* 1908. Ricarda Huch *Jeremias Gotthelfs Weltanschauung* 1917. A. Bettelheim *Auerbach* 1907. E. Roggen *Die Motive in Auerbachs Dorfgeschichten.* Diss. Bern 1913. H. Bischoff LE. VIII (1906) Sp. 1127ff., 1276ff.

W. Rehm.

Dörperliche Dichtung.

§ 1. Begriff. — § 2. Neidharts Dichtung. — § 3. Neidharts Nachleben. — § 4. Neidharts höfische Nachahmer. — § 5. Die dörperliche Epik. — § 6. Bedeutung der dörperlichen Dichtung.

§ 1. Begriff. Als D. kann man in der mhd. Literatur alles bezeichnen, worin der Bauer als grob und unhöfisch im Gegensatz zum höfisch erzogenen Ritter dargestellt wird. Das Wort *dörper* in seiner nd. Form stammt aus dem Ndfränk., es ist eine Übertragung des franz. *vilain* und auf dem Wege der mündlichen Standessprache mit der flämelnden Mode nach Süddeutschland gekommen, wo die literarischen Belege ziemlich spät sind (Lexer I 453). In der Dichtung zeigt es sich zuerst in der Ableitung *dorpeit*, bei Veldeke MF. 68, 10. Auch die Gesinnung des Wortes, die bewußte, verächtliche Absonderung vom Bauern, ist franz. Ursprungs. Dagegen ist die Art und Weise, wie diese Gesinnung in der dt. Dichtung Ausdruck gewonnen hat, eigentümlich deutsch. Sie ist weniger aus Standeshochmut als aus einer Gegenwirkung des natürlichen Empfindens gegen die Verstiegenheiten des höfischen Minnesanges erwachsen. Die Figur des *dörpers* erscheint zuerst, wenn auch unter anderem Namen, wie *getelinc*, in den Liedern Neidharts, und zu den ältesten Belegen des Wortes *dörper* gehören die bei seinen namenlosen Nachbarn. So ist „D." im geschichtlichen Sinn die Dichtung Neidharts und seiner Nachahmer, also ein bestimmter Zweig der mhd. Lyrik. In weiterem Sinne kann man ihn auf die Literatur beziehen, die ihm inhaltlich nahesteht.

Hierfür hat Lachmann den Ausdruck „höfische Dorfpoesie" gebraucht (zu Walther 65, 32) und hinzugefügt: „Das war sie: Neidhart dichtete nicht etwa zur Unterhaltung seiner Bauern." Der Ausdruck hat sich dann so fest eingebürgert, daß er auch von denen gebraucht wird, die diese Erklärung sich nicht rückhaltlos zu eigen machen. Ihr steht die Auffassung gegenüber, daß ein gewisser Teil der Neidhartschen Lieder, und zwar die frühesten, zunächst für das bäuerliche Publikum seiner Heimat verfaßt und vor ihm gesungen worden sind. So findet man es meistens dargestellt, mit verschiedenen Deutungen im einzelnen. Der weitestgehende Vertreter ist Bielschowsky gewesen, der deshalb auch das „höfisch" strich. Die Lachmannsche Auffassung ist dagegen in aller Schärfe vertreten durch Seemüller und Singer. Mit dieser Frage hängt nicht nur das Bild zusammen, das man sich von Neidharts äußerem Leben entwirft, sondern das Verständnis seiner Dichtung. Sie hängt auch weiter zusammen mit den Fragen, welche die Nachbildner Neidharts angehen, deren Erzeugnisse in den unechten Strophen und Liedern vorliegen. Diese unechte Nachkommenschaft erschwert das Geschäft ungemein. Die treffsichere Leistung, die Haupt in seiner Ausgabe geboten hat, erspart nicht die Nachprüfung, wie sie jetzt E. Wießner in der 2. Aufl. vorgenommen hat. Dabei ist der Inhalt des Ausgeschiedenen fast ebenso wichtig wie der des Bleibenden.

§ 2. Neidharts Dichtung mit ihrem Reichtum an bewegtem, farbigen Inhalt verlockt dazu, überall Erlebtes zu sehen und dies zu einem Lebensbilde zusammenzureihen. So lange man über den von ihm geschaffenen neuen Stil sich nicht einig ist, kann man das wirklich Erlebte nur da deutlich erkennen, wo er stilistisch im alten Gleise geht, wie in den Bittstrophen, in den ihrer Absicht nach dem Spruch nahestehenden Strophen über die Not Österreichs, in den Liedern von der Kreuzfahrt und der Fahrt in ein fremdes Land. Das gibt an sicheren Tatsachen etwa: er stammte aus Bayern, aus der Gegend von Landshut, machte eine Kreuzfahrt übers Meer, eine Heerfahrt mit einem Bischof nach der Steiermark, verlor die Gunst seines Herzogs, vielleicht auch sein Haus, suchte den Dienst Friedrichs von Österreich und dichtete dann an dessen Hofe. Das tragische Ende dieses Fürsten hat er wahrscheinlich nicht mehr erlebt. Dagegen bekundet die Erwähnung in Wolframs 'Willehalm' 312, 11—14, daß er schon vor 1217 durch seine Dörperschilderungen bekannt geworden war, wozu noch Walthers Tadel (64, 31; 65, 32), den wir nicht umhin können, auf ihn zu beziehen, von dem Aufsehen zeugt, das er erregt hat. Außerdem müssen wir ihm glauben, daß er verheiratet war, ein Hauswesen hatte und daß *ein ungetriuwer* ihm das Haus angezündet hat. Mit weiteren Einzelheiten kommen wir auf ein unsicheres Gebiet. Bedeutsamer und deutlicher ist der allgemeine Erlebnisinhalt seiner Dichtungen. Er hat das bäuerliche Leben ganz anders angesehen als irgendein Dichter vor ihm (man vergleiche Wolframs behaglich-überlegenen Humor); er hat ihre Arbeit, ihre Lebensweise, ihre Feste und Tänze innerlich erlebt, er hat eine heftige, leidenschaftliche Freude an dem Anblick dieser Sitten und dieser Menschen. Der Tanz an der Linde, der ausgelassene Spektakel der Winterstube haben es ihm angetan. Auch wo er spottet und schilt, haben sein Auge und seine Erinnerung eine Lust daran. Diese Eindrücke hat nun ein Geist aufgenommen, welcher im Minnesang des hohen Stils, besonders demjenigen Reimars, geschult war. Da erschien ihm diese Welt unbedingten Genusses, ausschlagender Freude als ein Widerspiel der höfisch gezwungenen Sitte, des minniglichen *trûrens*. „Das scherzhafte Gemälde tölpischen Unschicks ist zugleich ein Spottbild höfischer Geziertheit" (L. Uhland *Schr. zur Gesch. d. Dichtung u. Sage* V 249). Dabei war er von Anfang der Ritter und blieb es. Das gab ihm den sicheren Beobachtungsposten des Außenstehenden und das Gefühl der unbedingten Überlegenheit. Allerdings veränderte er sich während der langen Jahre seines Dichtens im Ton und in der Einstellung. Die *getelinge*, die es dem Ritter in Kleidung und Reichtum gleichtun wollen und, wenn sie vergnügt sind, nichts anzustellen wissen als sich zu raufen, gehören zunächst zum lebenstrotzenden Gegenbilde höfischer Feinheit, verwandeln sich aber immer mehr in die Zerrbilder grämlichen Hasses. Den Kontrast zwischen dem dörflichen Gegenstand und dem dahinterstehenden höfischen Leben durch die Form fühlbar zu machen, ist auch das Wesen seines Stils. Der Bau der Strophen, der dreiteiligen der Winterlieder wie der Sommerreien ohne Wiederholung der Stollen, ist durchaus hohe Schule des Minnesangs. Ohren, die an diesen gewöhnt waren, konnten an dem Kontrast zwischen Inhalt und Form nicht vorbeihören, mochten sie sich darüber amüsieren wie Herzog Friedrich oder ärgern wie Walther. Für uns leichter aufzufassen ist die Kontrastwirkung der Sprache, die auch bei aller Originalität ihre stilistische Heimat im Minnesange hat. Erstaunlich vielseitig ist Neidhart darin, von zarter Dissonanz bis zu grellem Mißklang. Man kann sich kaum denken, daß solche Kunst für Bauern verschwendet worden sei, auch wenn man annähme, der Spaß sei gewesen, daß sie selber nicht gemerkt hätten, was für eine Rolle sie oder ihre Mädchen darin spielten. Und wenn sie es merkten, hätte handgreiflicher Widerspruch nicht gefehlt. Die Lieder haben ihren eigentlichen Sinn nur vor solchen Hörern, welche sie auch würdigen konnten, mögen auch die groben Wirkungen am leichtesten begriffen worden sein und den lautesten Erfolg gehabt haben. Auch an kulturgeschichtlicher Wirklichkeit gemessen, sind diese Lieder als Tanzlieder im Dorfe erst denkbar, nachdem sie an den Höfen Mode geworden wären.

Aber waren es Tanzlieder? Ist irgendeins der Neidhartlieder, auch der früheste Sommerreien, vor oder zu einem Tanze gesungen? Das ist nicht zu entscheiden. Wir können gar nicht wissen, welches der mhd. Lieder, in dem vom Tanzen geredet wird, in eigentlichem Sinne ein Tanzlied gewesen ist, außer den von Ulrich von Lichtenstein als *tanzwîse* bezeichneten. Eine andere Frage ist es, ob Neidhart zu seinen Reien- und Wintertänzen volkstümliche Tanzlieder als Vorbilder gehabt hat. Bielschowsky schließt das aus dem nach Strophenform, Inhalt und innerem Bau durchgeführten Unterschied der Sommerreien (Tanz unter der Linde) und der Winterlieder (Schilderung des Tanzes in der Stube). Diesem hätten zwei ebenso scharf unterschiedene Arten der volkstümlichen Tanzlieder entsprochen. Auch hier fehlt es an der Bezeugung, namentlich der besonderen Art der Winterlieder (Fr. Vogt ZfdPh. XXXV [1902] 121 f.). Aus den Winterliedern eine typische Form des bäuerischen Tanzliedes zu erschließen, ist ein Spiel der Phantasie. Und sehr viel mehr vermögen wir auch nicht zu leisten, wenn wir ein solches Vorbild für Neidharts Sommerreien suchen. Ob die Verbindung des Frühlingsbildes mit den Dialogen der Mutter und Tochter, des Mädchens und der Gespielin wirklich in volkstümlichen Tanzliedern vorkam oder gar fest ausgeprägt war, das können wir nicht wissen. Jedenfalls darf man über solchen Fragen nicht das Nächstliegende vergessen. Das Jahreszeitbild im Anfang und die Gedankenverbindung des Sommers mit der Freude und des Winters mit der Klage kannte Neidhart als festen Besitz des Minnesangs. Er hat diese Eingangsformel mit seinem Bedürfnis nach fester Umrahmung zum Grundthema gemacht. Der innere Bau der weiteren Ausführung ergibt sich aus der geistigen Einstellung des Dichters. Er zielt auf Kontrast, es geht überall vom „Zarten zum Unzarten" (Uhland *Schriften* V 253). Der Gang verläuft nicht ohne Sprünge, es werden der gegensätzlichen Wirkung halber Elemente zusammengefügt, die sich eigentlich fremd sind. Am deutlichsten ist das in den Winterliedern. Die Vereinigung von Winterklage, Minnestrophen und Dörperszenen (von Credner zur Kritik glücklich benutzt) ist etwas Einmaliges und Persönliches. Wenn es ihm nicht immer glückt, die Teile zusammenzuhalten, so lassen gerade die lockeren Gebilde die Absicht erst recht erkennen. Nichts anderes ist die Verbindung des Frühlingsbildes mit dem Dialog von Mutter und Tochter oder von Mädchen und Gespielinnen, dem dann Aufbruch zum Tanz oder Prügelei in kurzem Bericht folgt, wenn der Dialog nicht kurz abreißt. Es scheint doch so, daß Neidhart die Form seines Winterliedes erfunden, die seines Sommerliedes wenigstens zu seinen Zwecken umgestaltet hat.

Ist es nun so, wie Uhland es gemeint zu haben scheint: „was er auf dem Tulner Feld erfahren, beobachtet, ersonnen, singt er zur Belustigung seines fürstlichen Hofes" (a. a. O. S. 253)? So unmittelbar die Beobachtung des Lebens zu gestalten, ist gegen alle Art mhd. Dichtung und findet seinen Widerspruch auch in einer Menge von Einzelheiten, die den Anschluß an Überliefertes, Festgewordenes zeigen. Mit dem Tanz unter der Linde und in der Stube, die ja ein so wesentliches Element volkstümlicher Lustbarkeit ausmachten, wie Berthold von Regensburg in der Auslegung des 3. Gebots drastisch zeigt, mit diesen Tänzen kannte er auch die Lieder dazu, seien es die herkömmlichen Chorstrophen oder die Weisen des Spielmanns. Aber damit ist der Bereich der festlichen Unterhaltungen nicht beschlossen. Mit Recht hat kürzlich Singer auf das mimische Element in der D. hingewiesen. Nur muß man nicht allein an die mimischen Figuren und Szenen von Spielleuten, sondern auch an die mimischen Bräuche, Kampfspiele und Umzüge denken, die sich im Herkommen bis auf unsere Tage erhalten und im Fastnachtsspiel eine besondere dramatische Gattung hervorgebracht haben. Darauf weist die dialogische Zankszene in den Reien. Sie hat in ihrer Einführung eine oft bemerkte Ähnlichkeit mit der franz. Pasturelle, aber nicht in der Weiterführung. Auch müßte eine Nachahmung derselben literarisch vermittelt sein. Die Szene ist aber hier untrennbar mit dem Sommertanz verbunden, gehört also zum dörflichen Material. Von dem epischen Dialog, wie er in einer Volksweise einfachen unzerlegten Stils Platz haben könnte, trennt sie aber der ausgesprochen mimische Charakter. Vom Wortspiel geht er ins Tätliche über: Kampf um die Kleider, zerrissene Ärmel, Schläge mit dem Stecken oder Rocken. Und auch im Natureingang klingt, das muß dazu bemerkt werden, ein mimisches Moment an: Winter und Mai streiten miteinander, der Winter muß das Feld räumen (4, 35), zwischen Winter und Sommer besteht Feindschaft (95, 6), die Ankunft des Maien wird verkündet (9, 3), der Sommer wird empfangen (9, 13; 16, 38; 19, 17), der März wird als Tänzer genannt (7, 17 usw.). Von dieser persönlich gefaßten Darstellung finden sich vor Neidhart nur ganz leise Spuren (*boten des sumeres* MF. 14, 1; *her Meie ir müeset Merze sîn* Walther 46, 30 (womit ein Gegenbeispiel unserer Zeit aus Flandern zu vergleichen ist: Stijn Streuvels schließt eine Schilderung des eintretenden Frühlingswetters: *de Meie heeft de Maarte verwonnen! zegden de menschen*, '*Langs de wegen*' S. 128); vom Kampf zwischen Winter und Sommer ist aber nie die Rede. Solche Szenen führt in buntester Mannigfaltigkeit die andl. Malerei vor, worauf Singer besonders hinweist. Wir dürfen aber auch schon für den Anfang des 13. Jhs. einfache Vorführungen nach Art der Fastnachtsspiele annehmen, die von Spielleuten agiert wurden. Das Spiel von Sankt Paul 'Neidhart mit dem Veilchen' vom Ende des Jhs. kann das bezeugen. Es ist nicht zuviel vermutet, wenn man dabei außer an weibliche Zankszenen auch an Selbstdarstellungen grotesker Bauernfiguren denkt, mit überreicher Kleidung, phantastischen Hauben, ungeheuren Schwertern, Masken, die sich „erklären", wobei das Ganze in eine festliche Prügelei ausläuft. Und auch das allegorische Element gehört dazu, das bei Neidhart eine so große Rolle spielt. Außer den bekannten Dingen, wie dem Spiel mit dem Namen *Riuwental*, gehört dazu z. B. das Übersteigen in den Garten (62, 31) und wohl auch die ganze Geschichte von Engelmar, der der Friedemar ihren Spiegel nahm (vgl. Frauenlobs Marienleich 12, 38), eine Geschichte, die auch für die Hörer der Zeit nur dann einen Sinn hatte, wenn eine allgemeine Beziehung dahintersteckte. Alle diese Dinge, auf die Singer hinweist, sind noch keine Lösung, aber enthalten gewiß eine Aufgabe.

§ 3. Neidharts Nachleben. Dieselben Dinge, aus denen Neidhart seine Motive schöpfte, würden nun auch für die Verfasser der unechten Strophen und Lieder greifbar gewesen sein. Man kann in ihnen etwa drei Stufen unterscheiden: Zunächst stilistische Nachbildungen und sachliche Gegenstücke, die von anderen Dichtern, vielleicht auch Spielleuten, für denselben Hörerkreis gedichtet wurden, oft in der Absicht, ihn anzugreifen, indem die Partei der *getelinge* gegen ihn genommen wurde, die sog. Trutzstrophen: also eine Vergröberung dessen, was in feinerer Form zwischen Walther und Reimar sich abgespielt hat. Dann wurden diese Lieder weiter hinaus getragen, es traten nun nicht bloß in Österreich und Bayern, sondern auch in verschiedenen Gegenden Mitteldeutschlands bis ans Niederfränkische heran die Nachahmer auf, von denen wir Lieder in Neidharts Manier haben, die sich durch gröberen Inhalt und Verschlechterung der Machart kennzeichnen. Drittens haben wir die Gruppe, die wir die „epische" nennen können, weil in ihnen Neidhart als Held von allerlei Schwankgeschichten zunächst mehr nur erwähnt wird, wie in der Geschichte von Neidhart im Faß, dann aber wirkliche Handlungen an sich zieht. Hier ist er der Bauernfeind und wird allmählich zu einer

Sagenfigur, die am Ende auch etwas wie ein Epos findet, indem diese Schwanklieder zum Schwankbuch von Neidhart Fuchs zusammengefaßt werden. Dieser Beiname hängt, nicht ganz deutlich, damit zusammen, daß die jüngere Überlieferung ihn an den Hof des 100 Jahre nach ihm lebenden Herzogs Otto als eine Art von Spaßmacher versetzt, eine Rolle, die zu dem geschichtlichen Neidhart nicht recht paßt.

§ 4. Neidharts höfische Nachahmer. Freilich, dem ernsthaften Minnesang hat er einen Schlag versetzt: alle Vertreter des „Gegensanges", wie Uhland ihn nennt, zeigen mehr oder weniger seine Einwirkung. Am wenigsten noch sein Zeit- und Hofgenosse, der leichte, dreiste, im Kunstempfinden unfeine Tannhäuser. Die ersten wirklichen Nachahmungen finden wir bei den schwäbischen ritterlichen Dichtern, die fast noch seine Zeitgenossen sind. Sommerreien und Winterlieder hat Burkart von Hohenfels, den Dialog zwischen der Alten und der Tochter Ulrich von Winterstetten. Bei Gottfried von Neifen fallen neben den Liedern der hohen Minne in künstlichsten Strophen sehr merkwürdig vier Lieder in schlichter Form und mit derb-volkstümlichem Inhalt auf. Von dem einen, das unvollständig erhalten ist, abgesehen, sind sie in der Sprachform so sicher, so ungezwungen, daß der Text noch seinem Verfasser nahesteht, noch nicht lange im mündlichen Umlauf gewesen sein kann. In dem Wiegenlied haben wir eine Verbindung von Ammenlied und Sommerlied nach Neidharts Art, im Lied von der Flachsschwingerin eine solche von Arbeitslied und Pasturelle: also Ergebnisse literarischer Vermittlungen. Das grobe Büttnerlied allerdings ist wohl ein richtiges Handwerkerlied, ein Arbeitslied. In der Schweiz erscheint als Nachahmer Neidharts Goeli in drei Liedern; stilwidrig schließt er an einen Sommereingang eine Dörperszene; örtlich bestimmt scheint er, wenn er den *dorfweibel* zum Helden des Tanzplatzes macht. Viel selbständiger und mannigfaltiger zeigt sich Steimar, der Schöpfer des Herbst- und Schlemmerliedes. Er erfand auch das Motiv von der *dirne, diu nâch krute gât*, als Gegenbild der *frouwe*, einen von Neidhart mit merklicher Feinheit behandelten Gegensatz vergröbernd. Ihm folgte der gute Hadlaub, den Herbstliedern fügte er den Typ des Erntelieds hinzu: *ez gêt nu in die erne vil schoener dirne fîn* (Bartsch *Schweizer Minnesinger* S. 316) und gibt dem Dörperstreit den witzigen Abschluß, daß *Kunz* die *Elle* dem *Ruodolf* gegen zwei Ziegen und ein Huhn abläßt. Sparsamer erscheinen uns die Nachfolger Neidharts auf dem bayerisch-österreichischen Gebiet, was an der Einseitigkeit unserer Überlieferung liegen kann. Ein hübsches ausführliches Sommerreienbild mit Dialog gibt Stamheim; das Mutter- und Tochter-Gespräch bringen der Österreicher Geltar und der Kärntner von Scharfenberg, dieser außerdem noch ein Gespräch zwischen Gespielinnen.

Immer ist es mit dem dörperlichen Inhalt die Stilform, die nachgeahmt wird, so lange der Zusammenhang in der Überlieferung der Minnesingerkunst besteht. Das geht mit dem 13. Jh. zu Ende. In der Folgezeit herrscht die stoffliche Nachwirkung, es entstehen die Vergröberungen und die Schwankgedichte der unechten Neidharte. Die *dirne*, als Parodie der *frouwe*, wird nun mit Anknüpfung an den Typ der Pasturelle in der *grasemetze* des Hermann von Sachsenheim erneut. Erst im 15. Jh. erscheinen wieder einzelne Nachbildungen, die wenigstens mittelbar auf den Stil des echten Neidhart zurückgreifen. Bei Hans Hesseloher, dem Bayern, ist der Spott über die Dörper die Hauptsache. Oswald von Wolkenstein bringt in Liedform und Dialog die Dirne als Jäterin, als Graserin, als faule, sinnliche Magd, die von der Hausfrau zur Arbeit gerufen wird: diesem Auftritt widmet er ein sehr künstliches, in Gespräche aufgelöstes Gedicht, ein vielstimmiges, gleichsam schnatterndes Gebilde.

§ 5. Auf wenige einzelne Fälle beschränkt sich die dörperliche Epik, und ihre Gesinnung ist von Grund aus anders. Ob man die sechs Ehestandsmären des Strickers (GA. Nr. 32, 33, 34, 37, 45, 46), die in bäuerlicher Umwelt spielen, dazu rechnen soll, ist zweifelhaft, weil hier nicht die bäuerliche Sitte, sondern der allgemeine moralische Fall den Gegenstand bildet. Einwirkung Neidharts kommt nur insoweit in Frage, als etwas ganz Unhöfisches nach

Motiv und Moral in guter literarischer Form geboten wird. Deutlich ist dagegen die Anregung, welche von ihm aus bald nach seinem Tode den Gärtner Werner, den Verfasser des 'Meier Helmbrecht', getroffen hat. Hildemars Haube (86, 6ff.) gibt als Helmbrechts Haube der Erzählung die sinnfällige Marke (den „Falken" P. Heyses) und das novellistische Gefüge. Aber der Geist dieser ersten deutschen Dorfgeschichte ist ein ganz anderer. Der Dichter steht im bäuerischen Leben drin, das Hofleben wirkt von draußen als eine zerstörende Macht. Es ist eine pathetische Satire von tiefstem Ernste, die in der Abweisung des verunglückten Sohnes durch den Alten einen erschütternden Höhepunkt erreicht. Und zu einem anderen großzügigen Wurf von umfassender epischer Weite hat der allgemeine von Neidhart ausgehende Anstoß im 15. Jh. geführt, dem 'Ring' des Heinrich von Wittenweiler. Um die groteske Hochzeit des Bertschi Triefnas mit Mätzli Rührdenzumpf ist eine weitläufige Handlung gruppiert, das Ganze ist zugleich eine Parodie des heroischen Epos. Hier tritt auch Neidhart selber auf. Benutzt ist darin ein älteres Gedicht, das eine Bauernhochzeit komisch darstellt. Der Bauer ist darin nur Gegenstand der komischen Verspottung, ohne den ernsten Hintergrund, der bei Hugo nicht fehlt. Dies ältere Gedicht 'Von Betzen Hochzeit' stimmt in der Auffassung des Bauern mit dem Fastnachtsspiel (s. d.), das im 15. Jh. bei den Handwerkern der dt. Städte im Schwange war. In Art und Ziel seiner Bauernverspottung folgt dieses wohl älteren spielmännischen Formen, hat aber, wie von überall her, auch aus der Neidhartischen Schwankliteratur zusagende Stoffe entnommen. Das ist weniger ein Zusammenhang des Werdens als eine äußerliche Berührung mit der höfischen Dorfpoesie.

§ 6. Bedeutung der D. Diese ist vielmehr eine besondere Erscheinung im Rahmen der Geschichte des Minnesanges. Sie hat durch den Geist eines lebhaften, erfinderischen, sprachfähigen Mannes, der auch ein wenig pedantisch war, ihren Stil und Charakter bekommen. Dann hat sie teils in der Dichtung der Namenlosen ihren Lauf ins Breite und Bürgerliche genommen, teils in der Nachbildung benannter, höfischer Dichter eine Weile wirksam gelebt, bis sie dann verklungen ist mit dem, dessen Gegenspiel zu sein ihr Wesen war.

Literatur (außer der allgemeinen Literatur zum Minnesang): *Neidhart von Reuenthal* hsg. v. M. Haupt 1858; 2. Aufl. von E. Wießner 1925. *Die Lieder Gottfrieds von Neifen* hsg. v. M. Haupt 1851. *Die Leiche und Lieder des Schenken Ulrich von Winterstetten* hsg. v. J. Minor 1882. *Die poetischen Erzählungen des Herrand von Wildonie* hsg. v. Kummer 1880 (darin S. 181 ff. die beiden Lieder des von Scharfenberg). *Die Schweizer Minnesinger* hsg. v. K. Bartsch 1886. *Der Tannhäuser* hsg. v. S. Singer 1922. A. Bielschowsky *Geschichte der deutschen Dorfpoesie im 13. Jh. I. Leben und Dichten Neidharts von Reuenthal* (AG. I) 1891. K. Credner *Neidhartstudien I.* Diss. Leipzig 1897. K. Gusinde *Neidhart mit dem Veilchen* (Germ. Abhh. 17) 1898. J. Seemüller *Zur Poesie Neidharts* (Prager deutsche Studien 8) 1908. S. 325—338. R. Brill *Die Schule Neidharts* (Pal. 37) 1908. W. Behne *Die Reihenfolge der Lieder Gottfrieds von Neifen.* Diss. Gött. 1912. F. Mohr *Das unhöfische Element in der mhd. Lyrik.* Diss. Tübingen 1913 (mit weiteren Literaturangaben). S. Singer *Neidhartstudien* 1920. *Meier Helmbrecht von Wernher dem Gartenaere* hsg. v. Fr. Panzer 1924⁴. *Heinrich von Wittenweilers Ring* hsg. v. R. Bechstein (Stuttg. Lit. Verein Bd. 23) 1851. E. Wießner *Das Gedicht von der Bauernhochzeit und Wittenweilers Ring,* ZfdA. L (1913) S. 225—279.

G. Rosenhagen.

Drama. A. Theorie.

§ 1. Abgrenzung gegenüber Lyrik u. Epik. — § 2. Begriffsbestimmung. — § 3. Wesen. — § 4. Aufbau. — § 5. Entwicklung der dramat. Theorie.

§ 1. Abgrenzung gegenüber Lyrik und Epik. a) Ausdrucksweite: Während der Lyriker den einzelnen Stimmungsausschnitt als ein isoliertes, subjektives Erleben heraushebt aus dem reichen Nebeneinander, das der Epiker in breiter Stofffülle zu meistern sucht, packt der Dramatiker ein geballtes, eng ineinandergreifendes Wechselspiel von Charakteren, Ereignissen und Zuständen und stellt es dar im straffen In- und Aufeinanderwirken gleichgerichteter und widerstrebender Kräfte. — b) Ausdrucksfolge: Wenn die Lyrik wesentlich als ein Einmalig-Gegenwärtiges wirkt und das Epos durchweg vergangenes Geschehen objektiv berichtet, so läßt das D. aus dem Vergangenen (Vorfabel) und dem Gegenwärtigen (Handlungsverlauf) ein Zukünftiges (Handlungsergebnis) sich in gedrängter Wirkungszeit gestalten („zeitliche Konzentration", Ermatinger). Darin liegt vielleicht die tiefere Ursache für die an sich äußerliche und überholte Forderung von Ort- und Zeiteinheit. Die Geschehenszeit im Roman umfaßt zwar auch Vergangenes, Gegenwärtiges und Zukünftiges, aber nicht in der konzentrierten zeitlichen Wirkungsform (Aufführungsdauer begrenzt). — c) Ausdrucksart: In rohen Umrissen läßt sich die Lyrik etwa umgrenzen als Bekenntnis inneren und äußeren Erlebens, die Epik als Bericht äußeren und inneren Geschehens, die Dramatik als unmittelbare Darstellung äußerer und innerer Handlung. — d) Ausdrucksmittel und Wirkungsform: Über die Hilfskonstruktion von Grenzen nach Ausdrucksweite, Ausdrucksfolge und Ausdrucksart führt die Betrachtung der Ausdrucksmittel vom mehr graduellen zum wesenhaften Unterschied. Lyrische und epische Dichtung wird allein durch das Wort vermittelt. Beim D. (Schauspiel) tritt die äußere zur inneren Schau. Von der — in Epik und Lyrik erforderlichen — Leistung der nachschaffenden Phantasie in starkem Maße entlastet, erlebt der Aufnehmende (Zu-Schauer) das dramatische Geschehen nicht nur mittelbar als reproduziertes Phantasiegebilde, sondern unmittelbar als dargestellte Handlung, das Nacherleben wird zum Miterleben. Diese Sonderform der Ausdrucksmittel stellt also die Handlung als das spezifisch Dramatische heraus. — Die Versuche, Dramatik als Synthese von Epik und Lyrik zu deuten (Oesterley, Wackernagel, Gottschall u. a. m.), sind mit Vorsicht aufzunehmen, da auch die Verschmelzung und innere Gattung von lyrischen und epischen Elementen noch längst nicht das D. erzeugt: Gefahren der epischen Weitläufigkeit und lyrischen Verweichlichung.

§ 2. Begriffsbestimmung. Das D. ist die dichterische Gestaltung einer organischen Handlung oder Handlungsreihe (Einheit der Handlung), die aus der streng motivierten Wechselwirkung (Einheit der Motivierung) individuell wollender und wirkender Charaktere — seltener kollektiver Massen — (Einheit der Charakteristik) einerseits und hemmender oder fördernder Ereignisse und Zustände der Umwelt andererseits mit Notwendigkeit sich entwickelt und zu einem klaren Abschluß führt. — Überwiegt die Einwirkung des individuellen Charakters auf den Handlungsverlauf, so spricht man von Charakterdramen (s. d.). An die Stelle des Einzelhelden setzt man gelegentlich neuerdings eine Gruppe (z. B. Goering 'Seeschlacht'; v. Unruh: 'Ein Geschlecht'; vgl. auch Sorges 'Bettler'; schon Wedekind läßt Gruppen im Chor sprechen) oder die Masse im Massendrama ('Weber', 'Florian Geyer', 'Masse Mensch'). — Beherrscht der Einfluß äußerer Zustände die Handlungsbildung, so entsteht das Zustandsdrama, im weiteren Sinne das Milieudrama (s. d. Art. *Milieu*). — Erdrückt die Notwendigkeit der Verhältnisse, Ereignisse und Zustände das individuelle Wollen durch unabwehrbare Schicksalshaftigkeit, so bildet sich oft einseitig das Schicksalsdrama (s. d.) heraus. Es bestehen Beziehungen zwischen Schicksalsdrama und dem Zustands- bzw. Milieudrama im Naturalismus, der vielfach das Milieu als Schicksalszwang empfindet (Umwelt = Schicksal). — Im Ideendrama werden Charaktere und Ereignisse einer einheitlichen Idee untergeordnet, die weit umfassende Weltanschauungsfragen behandelt. Enger ist der Kreis, den das Problemdrama umspannt (Gesellschaft, Ehe, Geschlecht). — Haben derartige Probleme nur ein parteilich und zeitlich gebundenes Interesse, so ergibt sich eine einseitige Tendenz, wie sie durch Tendenzdramen vertreten wird. — Über die Gruppierung der Dramen nach literarischen Stilrichtungen vgl. unter B u. C.

Die Einteilung nach dem Handlungsergebnis, dem „Ausgang", scheint an sich oberflächlich, trifft aber doch insofern Wesentliches, als sich die dramatische Spannung bei dem im D. stets dargestellten Kampfe (vgl. § 3: Wesen) naturgemäß auf das Endziel richtet. Bei der Tragödie endet das dramatische Geschehen mit dem äußeren oder inneren Zusammenbruch. Das Schauspiel führt — unter Wahrung der ernsten Grundstimmung — zur Überwindung des Konfliktes. Die Tragikomödie gibt nicht ein lockeres Nebeneinander von Tragik und Komik, sondern deren innige Durchdringung: eine überaus schwierige und selten völlig geglückte Synthese aus

Thesis und Antithesis. Die Komödie (Lustspiel; s. d.) löst die — meistens nur scheinbare Verwicklung — mit heiterer Überlegenheit über menschliche Schwächen; ihre derbere, anspruchslosere Schwester ist die Posse (s. d.). Erwähnenswert sind besonders Literaturpossen (Lenz, Grabbe, Platen usw.) und Zauberpossen (Wien). Das Melodrama (s. d.) begleitet den Dialog stellenweise mit Instrumentalmusik, das Monodrama (s. d.) nur dramat. Monolog. Die Pantomime (s. d.) als mimischer Gefühlsausdruck und stumme — vereinfachend stilisierte — Handlungsgestaltung sei als Grenzform zur Tanzkunst mit herangezogen. Die Musikdramen Wagners sind ein Versuch, über den sich streiten läßt wie über Hofmannsthals Operntexte; im ganzen müssen die dramatischen Werte der Oper doch stark hinter dem Vorrang der Musik zurückstehen. Schattenspiele (s. d.) hat man vergeblich neu zu beleben versucht.

§ 3. Wesen. Das Wesen des Dramatischen wurzelt in einer intensiv gespannten Polarität von Aktion und Reaktion, Streben und Widerstreben, drängender Kraft und hemmendem Widerstand, kurz: im Kampf. Das Grundgesetz alles Lebens, die Bewegung durch Wirkung und Gegenwirkung, beherrscht auch den Lebensausschnitt, den der wählende Griff des Dramatikers als D. heraushebt. Diese kämpferische Bewegung äußert sich in Tragödie und Schauspiel als dynamische Wucht, in der Komödie und Tragikomödie zum mindesten als elastische Beweglichkeit. Der Kampf bestimmt die großen Linien des D. im Spiel und Gegenspiel und setzt sich über vielfach variierte Zwischenglieder und Abstufungen fort bis hinab zur Rede und Gegenrede des Dialogs. Die Gegensätzlichkeit tritt in reichen Modifikationen auf; einige wesentliche Fälle folgen: A. Held und hochwertige äußere Gegenmacht. Extremer Fall: Individuum und Schicksal ('Ödipus' usw.), Einzelwille gegen Weltwillen; milderer Fall: der Freiheitsdrang des einzelnen gerät in Konflikt mit sittlichen Mächten bzw. mit realen Mächten als deren Vertreter ('Räuber': Karl Moor > Gesetz; 'Don Carlos': Liebe > Familiensitte; 'Agnes Bernauer': Recht der Liebe > Staatsnotwendigkeit). Dabei kann auch das Individuum Vertreter einer ethischen Macht sein, so daß zwei sittliche Forderungen in Kollision geraten ('Antigone': Pietät > Gesetz; 'Iphigenie': Familiensinn [Orest] > Dankbarkeit [Thoas] 'Nibelungen', Hagen: Gastrecht — Mannentreue, Krimhild: Familiensinn — Blutrache, Rüdiger: Familiensinn und Freundschaft — Mannentreue). — B. Held und äußere Gegenmacht minderwertiger Qualität, vertreten durch Personengruppe oder Umwelt (Milieu): 'Romeo und Julia', 'Emilia Galotti', 'Kabale und Liebe', 'Hannibal', 'Maria Magdalena', 'Volksfeind', 'Brand', 'Der König', naturalistische Milieudramen. — C. Held und äußere Gegenmacht, verkörpert durch einen deutlich hervorragenden Gegenspieler (Charakter gegen Charakter). 1. Held und ebenbürtiger, hochwertiger Gegner: Tasso — Antonio; Faust — Mephisto; Cäsar — Brutus; Don Juan — Faust; Holofernes — Judith; Julius — Guido (Leisewitz), Penthesilea — Achilles; Milliardärssohn — Ingenieur (Kaisers 'Gas') usw. Hierher gehört auch in gewissem Sinne 'Minna v. Barnhelm', wo sich Tellheim — Minna als gleichwertig edle Charaktere gegenüberstehen, nur gibt sich hier der Kampf Stolz gegen Stolz als bloßer Scheinkampf, wie das der Anlage als Lustspiel entspricht. — 2. Held und minderwertiger Gegenspieler: Othello — Jago; Emilia + Odoardo — Prinz + Marinelli; Ferdinand + Luise — Wurm + Präsident; Tell — Geßler (Gegner dabei oft Intrigant, Gefahr der Schwarz-Weiß-Kunst). Bei allen diesen Dramentypen wird Wirkung und Gegenwirkung verteilt auf gesonderte Träger. — D. Innerer Kampf, Streben und Widerstreben in der Seele des Helden. Hierher gehören im weiteren Sinne alle zwiespältigen, zerrissenen Charaktere, z. B. Faust: Geistesstreben — Sinnenlust; Sappho: Ideal der Kunst — Liebesbedürfnis, selbst die Jungfrau von Orleans: Mission — Liebestriebe usw. — E. Als Übergangsform zwischen den beiden letzten Gruppen und damit als Kombination des äußeren und inneren Kampfes: der eine Pol des inneren Zwiespaltes wird verstärkt durch einen äußeren Träger, Typus: Held und Verführer, z. B. Faust, Geistigkeit — Sinnentrieb, verstärkt durch Mephisto;

Emilia Galotti — Prinz: Ritterlichkeit — Sinnentrieb und Skrupellosigkeit, verstärkt durch Marinelli; Clavigo, Treue — Bedenken, verstärkt durch Carlos (nicht Verführer im schlechten Sinne). Vielfach spielt diese Variation hinüber zu Fall C 2, wo der Held dem minderwertigen Gegner unterliegt, weil eine eigene innere Schwäche (z. B. Othello: Eifersucht, Mißtrauen) dem Gegenspieler entgegenkommt. — Reiche Vielseitigkeit der Gestaltungsmöglichkeiten hat nun eine bunte Mannigfaltigkeit von Verbindungen, Verschiebungen, Überkreuzungen und Mischformen geschaffen (vgl. Volkelt), die sich aber doch den großen Grundtypen mehr oder weniger stark nähern. Überall kehrt die bald kräftig ausgeprägte, bald latente Spannung von Pol und Gegenpol wieder, jene Handlungsspannung, die dann ihre Resonanz findet in der Spannung des Zuschauers (dramat. Spannung als Wirkungsform).

§ 4. Aufbau (Technik). Da der Dramatiker seinen Handlungsausschnitt aus dem großen Gewebe des kausalen Zusammenhanges der Wirklichkeit löst, muß er die Fäden, die für das Weiterspinnen wichtig sind, zurückverfolgen: Vorfabel. Auf die Notwendigkeit, diese für das Verständnis unentbehrlichen Geschehnisse (vor dem zeitlichen Einsatzpunkte der Handlung) dem Zuschauer durch den Mund handelnder Personen zu vermitteln, sind zum größten Teil die epischen Elemente (Erzählungen, Berichte usw.) des D. zurückzuführen. (Äußerliche Lösung dieses Problems: informierender „Prolog" [z. B. Euripides] und „Vorspiel" ['Jungfrau v. Orleans' usw.]). Zwar vermeidet der Dramatiker möglichst die geschlossene Mitteilung an einer Stelle (so bei Gryphius 'Cardenio und Celinde': episch-breite Vorfabel im Eingangsdialog Cardenio — Pamphilius) und verteilt sie über weitere Handlungsintervalle; doch sind kleinere und größere Berichte (Botenszenen, Mauerschau) nicht immer ohne Zwang zu vermeiden. Es gibt Fälle, in denen erst gegen Ende des D. wesentliche Teile der Vorfabel dem Zuschauer bekannt werden und werden dürfen, weil ihre Kenntnis die Lösung bringt; vgl. 'Nathan', 'Käthchen von Heilbronn' u. a. Der Charakter der Vorfabel ist oft entscheidend für die Gesamtanlage des D. Normalerweise bietet sie nur die nötigen Voraussetzungen, von denen aus die Handlung fortschreitend sich entwickelt. In derartigen Dramen spricht man von einem synthetisch-progressiven Handlungsverlauf (Zieldrama: die Handlung drängt einem zukünftigen Ziele zu: 'Emilia Galotti', 'Wallenstein' usw., die Mehrzahl aller straff disponierten Dramen). Die Vorfabel kann jedoch auch selbst die Katastrophe bzw. deren Ursachen enthalten; dann ergibt sich der analytisch-regressive Handlungsverlauf (Folgedrama: die Handlung bezieht sich auf einen rückwärtigen Ausgangspunkt, der in der Vorfabel oder doch im Anfang des Stückes liegt: 'Nathan'-Handlung, 'Der zerbrochene Krug', 'Lear', 'Fuhrmann Henschel' u. a.). Durchweg weist das Folgedrama einen wenig straffen Aufbau und überhaupt geringe Handlungsdynamik auf. In enger Beziehung zu ihm steht das Zustandsdrama mit kaum merklicher äußerer Handlung, das im Rahmen gegebener Zustände (oft Milieu) Charaktere analysiert und entwickelt (O. Spieß: „Entwicklungshandlung") oder doch von allen Seiten beleuchtet ('Ugolino', 'Tod Adams' [Klopstock], auch Künstlerdramen wie 'Tasso', 'Sappho' usw.).

Das seit G. Freytag immer noch nachwirkende Schema des technischen Aufbaus erfaßt nur das fortschreitende Zieldrama. Nach einer Einleitung, die wirkungsvoll andeutend die Grundstimmung vorklingen läßt, und vielfach mit ihr verschmolzen, gibt die Exposition die erste Orientierung über Situation und Personen und leitet mit dem „erregenden Moment" zur Steigerung (Verwicklung) über, die im „Höhepunkt" gipfelt. Die „fallende Handlung" führt manchmal nach einer vorübergehenden Hebung im „Moment der letzten Spannung", manchmal auch in scharf absinkender Kurve — zur Katastrophe (Tragödie) oder Lösung (Schauspiel). „Retardierende Momente" wirken dabei spannungbelebend, verhindern eine ermüdende Wirkung der notwendigen Entwicklung durch die Eröffnung scheinbarer Auswege (Möglichkeiten). — Dieses gebräuchliche Schema ist hier der Information wegen festgehalten worden. Einer strengeren Prüfung wird es

indessen nicht entgehen, daß manches dieser Konstruktion nur Notbehelf sein kann. Die Freytagsche Pyramidenform  erweist sich sogleich als unzulänglich, wenn man bedenkt, daß sie die Exposition und Katastrophe oder auch erregendes Moment und Moment der letzten Spannung auf gleiche Kurvenhöhe legt. Da ein derartiger Strukturtypus (und zwar in viel komplizierteren Formen; vgl. O. Spieß) höchstens für streng synthetisch-progressiven Handlungsverlauf in Betracht kommt, dieser aber durchaus zielstrebig ist, so läge es vielleicht näher, von der Beziehung aller vorbereitenden Handlungsteile zum Handlungsende auszugehen. Das Wesentliche der „großen Szene" liegt dann nicht in irgendwelcher „Höhe" (wie kann z. B. in der Tragödie etwas im Kurvenwert „höher" bemessen werden als die Katastrophe?), sondern im klaren Ausblick auf das wahrscheinliche (Schauspiel) oder notwendige (Tragödie) Handlungs*ergebnis*. F. Saran definiert wenigstens das erregende Moment beim Zieldrama als „das Sichtbarwerden des Zieles des Willens". Aber dieses Willensziel bezieht sich auf die Charaktere. Da die dramatische Disposition doch durchaus der bewußten gedanklichen Komposition und zielstrebigen Gestaltung zugehört, so könnte man an die Stelle der inhaltlichen (Personen-) Ziele das Gestaltungsziel des Dichters selbst setzen und dementsprechend den Aufbau erläutern an der Art, wie der Zuschauer dem Ziel entgegengeführt wird. Dann ergäbe sich etwa folgender „Aufbau", besser „Weg": 1. Ausgangspunkt (Exposition), 2. erster andeutender Durchblick auf ein Handlungszwischenziel (erregendes Moment) und damit mittelbarer Hinblick auf das Endziel, 3. klarer Ausblick („Höhepunkt"), 4. vorübergehende Sichtentziehung des Handlungszieles (Moment der letzten Spannung), 5. Handlungsziel (Katastrophe bzw. Lösung); ablenkende Seitenblicke (= retardierende Momente), also eine Kurvenlinie, wie folgt: 
Man hat bisher eigentlich immer den Weg der handelnden Personen beobachtet und nur mittelbar den Weg des Dichters. Wenn man die Komposition analysieren will, so ist es nicht so wesentlich, wie die handelnden Personen *ihre* Handlung aufbauen, als vielmehr, wie der Dichter *seine* Handlung — eben das Gesamtdrama — aufbaut. Jedoch könnte hier nur eine Sonderuntersuchung vielleicht gangbare neue Wege weisen, die auch das analytische D. nicht so ganz seitlich liegenlassen dürften. Dort müßten die entscheidenden Glieder der Folgehandlung in rückwärtige Beziehung zum Ausgangspunkt gebracht werden.

§ 5. *Entwicklung der dramatischen Theorie (Dramaturgie).* Wesen und Wirkung der dramatischen Dichtung haben Dichter und Denker immer wieder zur theoretischen Erörterung angeregt. Dabei haben die Dichter den Vorteil des inneren Erlebens und der praktischen Erfahrung, aber oft auch die Schwäche mangelnder begrifflicher Klarheit, während die Denker wohl in der Definition klarer sind, aber leicht dem Zwange ihres Systems folgen. Aristoteles hatte als Eindrucksziel für den Zuschauer „Furcht und Mitleid" gefordert. *Lessing* — der als erster die Aristotelischen Grundgedanken vom Wuste der Mißverständnisse und Mißdeutungen der Renaissancetheoretiker (bes. auch der franz. Klassiker) befreite — setzt sich mit dieser Forderung in der 'Hamburgischen Dramaturgie' kritisch auseinander mit dem Ergebnis, daß die „Furcht" sich nicht auf die handelnden Personen beziehen solle, sondern „das auf uns selbst bezogene Mitleid" sei. Diese Deutung ist wesentlich, weil bei einer derartigen Auffassung nicht mehr die „hohen Standespersonen" — wie sie bis dahin im Gegensatz zur Komödie dem ernsten Schauspiel zugeteilt worden waren — der Ausdruckswirkung angemessen erscheinen mußten, sondern vielmehr Charaktere der bürgerlichen Klassen, die dem Zuschauer jenes „auf sich selbst bezogene Mitleid" möglich und natürlich machten (Weg zum „bürgerlichen Trauerspiel": 'Miß Sara Sampson'). Zugleich aber ist die zeitliche Gebundenheit Lessings nicht zu verkennen. Die Aufklärung fordert auch vom Kunstwerk einen moralisch-erzieherischen Zweck; diesen Zweck sieht L. — dem Humanitäts- und Toleranzideal entsprechend — im *Mitleid* (doch nicht so ganz „überholt", s. Mitleid bei G. Hauptmann) oder genauer in der Übung des Mit-Leidens. So weist er das später von der Ästhetik wieder aufgenommene —

Wirkungselement der Bewunderung, das Mendelssohn heranziehen will, als unwesentlicher zurück: „Ich glaube, der ist der größte Geck, der die größte Fertigkeit im Bewundern hat; so wie ohne Zweifel derjenige der beste Mensch ist, der die größte Fertigkeit im Mitleiden hat." Die Gefahr der einseitig moralisierenden Tendenz, der Erweichung des Mitleids in sentimentale Rührung und der Konstruktion überedler Charaktere liegt dabei nahe. — Herder, den seine impulsiv-gefühlswarme Veranlagung mehr zur Lyrik wies, dessen geniale Anregernatur aber auch das dramatische Problem erfaßte und weitertrieb, empfand die Gefahr der bürgerlich-moralisierenden Enge und stellte ihr — auf seinen historischen Sinn gestützt — die ganze Weite seiner genetischen Geschichtsauffassung entgegen. „Die Geschichte ist also der große Zufluchtsort der tragischen Genies", Geschichte im Herderschen Sinne als lebendiger Kosmos, in dem Einheit und Vielheit, Individuum und Gattung, Besonderes und Allgemeines organisch ineinandergreifen. Diesen mächtigen Komplex wirkender und sich wechselseitig steigernder Kräfte findet er bei Shakespeare, dessen Mittler er wurde. Aber indem er das D. vom Zweckprinzip befreit und seinen Sinn in der Widerspieglung der großen Entwicklung sieht, die das Ganze höher stellt als das Einzelne, gewinnt er zugleich Verständnis für die antike Schicksalstragödie. Damit schuf er zugleich ein Gegengewicht gegen Lenz, der in dem typischen Konflikt der Kraftgenies zwischen individueller Freiheit und allgemeiner Notwendigkeit den Schwerpunkt einseitig in die Richtung der Individualität verschob und den Helden, den großen „Kerl", in den Mittelpunkt des dramatischen Geschehens rückte: „Denn der Held allein ist der Schlüssel zu seinen Schicksalen" (→ Charakterdrama). — Schillers strenge Sittlichkeit führte ihn trotz des kraftgenialen Schwunges, den er in seiner Drangperiode mit Lenz teilte, und trotz seiner historischen Großzügigkeit, die auf Herder hinwies, anfangs zum moralisierenden Zweckprinzip zurück, das ihn „die Schaubühne als moralische Anstalt" bewerten ließ. Wieder drängen sich Mitleid und Rührung als Eindrucksziel des Ds. in den Vordergrund: „Eine Tragödie also ist vollkommen, in welcher die tragische Form, nämlich die Nachahmung einer rührenden Handlung, am besten benutzt worden ist, den mitleidigen Affekt zu erregen" ('Über die tragische Kunst' 1792). Aber das hohe ethische Pathos und die Einwirkung Kants ließen Schiller über das enge zweckgebundene Moralisieren empordringen zur Forderung der sittlichen Freiheit und neben dem Rührenden auch das Erhabene der dramatischen Wirkung mit heranziehen. Der junge Goethe sah — Sturm und Drang — das Dramatische besonders bei Shakespeare darin, daß „die prätendierte Freiheit unseres Willens mit dem notwendigen Gang des Ganzen zusammenstößt". Die „moralische Zweckmäßigkeit" lag seinem rein künstlerisch eingestellten Wesen fern. Nicht von der Philosophie her (Schiller), sondern im D. selbst suchte er wie in jedem lebendigen Organismus das Bildungsgesetz zu finden. Strenge Tragik war seiner auf harmonischen Ausgleich gerichteten Veranlagung wenig gemäß. Auch aus seinen theoretischen Äußerungen — zu denen er mehr durch den geistigen Austausch mit Schiller als durch eigenes Bedürfnis angeregt wurde — spricht der erlebende Gestalter, nicht so sehr der sinnende Theoretiker. Das Theoretisieren jedoch war so recht das Element der Romantiker. Von jetzt ab geht die Theorie des Ds. derartig in die Breite, daß sie sich mit knappen Stichworten kaum noch zusammenzwingen läßt. Fr. Schlegel fordert die „philosophische Tragödie" und als ihr Wirkungsziel den Eindruck „der ewigen kolossalen Dissonanz, welche die Menschheit und das Schicksal unendlich trennt". Im übrigen glaubt die „progressive Universalpoesie" die Scheidung der Dichtungsarten entbehren zu können: „Alle klassischen Dichtarten in ihrer strengen Reinheit sind jetzt lächerlich." A. W. Schlegel kommt bei fruchtbaren Gesichtspunkten im einzelnen doch zu dem allgemeinen, etwas verschwommenen Eindrucksziel, daß wir „von einer unaussprechlichen Wehmut befallen werden [Rührung], gegen die es keine andere Schutzwehr gibt als das Bewußtsein eines über das Irdische hinausgehenden Berufs" (Erhebung). Wertvoller sind die auf den historischen Sinn der Romantik (zurückgreifend auf Herder) gestützten Theorien Tiecks, der vom historischen D. „die Gesamtheit einer großen Geschichtsbegebenheit“ fordert, von Schiller an Stelle des individuell eingestellten 'Wallenstein' lieber den Dreißigjährigen Krieg dramatisch bewältigt gesehen hätte und deshalb Shakespeare als Muster preist. Jean Pauls dramaturgische Erwägungen arbeiten das Individuelle kraftvoller heraus; das Überwiegen der Verhältnisse und die geschichtliche Breite weist er dem Epos zu: „Das Epos breitet das ungeheure Ganze vor uns aus ...; das D. schneidet den Lebenslauf eines Menschen aus dem Universum der Zeiten und Räume“ (Gegengewicht gegen Tieck-Herder). Im Ganzen hob die Tendenz der Romantik nach einer Ausweitung des Individuellen zum Ganzen (Universalen) die Polarität von Freiheit das Individuums und Notwendigkeit des Allgemeinen und damit das Grundelement des Dramatischen auf (geringe dramatische Produktion von Dauerwert). Wo Dramen hohen Stils entstanden, wie bei Kleist, tauchte sogleich wieder jener Konflikt auf. Ebenso bei einer tiefer dringenden Betrachtung, wie bei Schelling, der es klar ausspricht: „Denn das D. überhaupt kann nur aus einem wahren und wirklichen Streit der Freiheit und Notwendigkeit, der Differenz und Indifferenz [Annäherung an Schellings philosoph. System] hervorgehen.“ Dabei muß die Notwendigkeit von zufälligem Unglück frei sein; erreicht ihre reinste Form also im unvermeidlichen Verhängnis (Wille des Schicksals). Die antike Tragödie ist also nicht Schicksalsdrama im schlechten Sinne, sondern höchste Form. Eigene Schuld zu büßen ist billig, aber unschuldig zu büßen ist höchste Tragik, ist Ehre. Die hochgespannte Forderung liegt schon in der Richtung des Großartig-Erhabenen, das dann Hegel als Wirkungsziel der „tragischen Heroen“ hervorhebt: „Es ist die Ehre der großen Charaktere, schuldig zu sein. Sie wollen nicht zum Mitleiden, zur Rührung bewegen. Ihr fester starker Charakter ... flößt Bewunderung ein [vgl. Mendelssohn], nicht Rührung.“ Über Furcht und Mitleid („tragische Sympathie“) steht das „Gefühl der Versöhnung, das die Tragödie durch den Anblick der ewigen Gerechtigkeit gewährt, welche in ihrem absoluten Walten durch die relative Berechtigung einseitiger Zwecke und Leidenschaften hindurchgreift“. — Schopenhauers feinem Kunstverständnis entgeht — obgleich er die „Plattheit“ der Versöhnung ablehnt — nicht die Polarität der dramatischen Kräfte. Aber da er die Welt nur als Vorstellung und Objektivation des Willens gelten läßt, so muß er die Gegensätzlichkeit in den Willen selbst hinein verlegen: „Es ist der Widerstreit des Willens mit sich selbst, welcher hier [im D.], auf der höchsten Stufe seiner Objektivität, am vollständigsten entfaltet, furchtbar hervortritt.“ Wie er überhaupt die Kunst als Quietiv wertet, so ist ihm (Pessimismus) Wirkungsfolge der Tragödie der „Geist der Resignation“, die Verneinung des Lebens (das Tragische der niederdrückenden Art, vgl. Volkelt). Da Bürgerunglück oft äußerlich (Geld, Macht usw.) abwendbar ist, so scheinen ihm Charaktere der großen Welt für das D. geeigneter: „den bürgerlichen Personen fehlt es ... an Fallhöhe“. Eine beachtenswerte Bemerkung angesichts der Tatsache, daß große Dramatiker trotz entgegengesetzter Tendenzen doch immer wieder zum „großen Stoff“ greifen, selbst G. Hauptmann. Zu ihnen gehört auch Hebbel. Im Vorwort zur 'Maria Magdalena' begegnen unter den angeführten Übelständen des bürgerlichen Trauerspiels jene Schopenhauerschen Gedanken, nur nicht so prägnant gefaßt wie bei diesem. Hebbels grüblerischer Drang ins Große, Mächtig-Übermenschliche konnte kein Genüge finden an der geringen Fallhöhe. Hebbel will im historischen D. das Weltgeschehen in den großen Entwicklungswenden packen. Der Held soll zugleich mit der Durchführung seiner Sondermission eine neue Weltperiode mit heraufführen. Das kann er nur, wenn er im Übermaß der Entfaltung die notwendigen Schranken menschlichen Handelns zerbricht; dadurch aber lädt er die tragische Schuld der Maßlosigkeit auf sich und muß — dem Fortschritt des Ganzen dienend — untergehen. Daß er aber das Fortschreiten der Menschheit fördern darf: darin liegt das versöhnend-erhebende Moment der Tragik. Die höchste Tragik entwickelt sich gerade dort, wo der Mensch an einer vortrefflichen (keiner verwerflichen) Bestrebung zugrunde geht. Die „Vereinzlung“ (indiv. Einzelwille) erzeugt nicht „bloß zufällig“ die tragische Schuld; vielmehr ist diese Schuld der Maßlosigkeit schon in dem Wesen der „Vereinzlung“ notwendig eingeschlossen — nämlich in ihrer Unvollkommenheit. Durch das Hindrängen zur Vollkommenheit überschreitet das Individuum das Maß und gerät in Konflikt mit dem Ganzen (Universalwille), wird aber gleichzeitig dem Aufstieg dienstbar (Vervollkommnung). Da Hebbel sich so — nicht ohne Anreger wie Schelling, Hegel, Solger u. a. — eine eigene Metaphysik ergrübelt und den Dualismus in die Gottheit („Gottes Sündenfall“) und das Leben als solches hinüberträgt (Pantragismus), gewinnt seine stolze Definition zum mindesten subjektive Berechtigung: „Das D. stellt den Lebensprozeß an sich dar.“ — Durchweg im bewußten Gegensatz zur Hebbelschen Reflexion und gestützt auf seine Shakespearestudien drängt O. Ludwig das blutlos Abstrakte zurück gegenüber dem Konkreten, Sinnlich-Anschaulichen. Dramatik darf nicht die Magd der Philosophie sein; die Idee muß wieder zwanglos eingehen in das Lebendig-Unmittelbare. Sie ist kein „Thema“, sondern das „plastische Gesetz des Werkes“. Betonung der Leidenschaft (= Kraftkonzentration, nicht haltloser Affekt). Urgrund des Tragischen ist der Widerspruch im Charakter, so daß Leiden schuldvolles Handeln erzeugt, aus dem neues Leiden sich steigernd erwächst. Ludwigs Theorie wahrt Kontakt mit den darstellerisch bühnentechnischen Möglichkeiten. Straffe Notwendigkeit, aber in Form der Rekonstruktion eines lebendigen Werdens, wird gefordert. Im theoretisch-ästhetischen Ringen um das Naiv-Unmittelbare ging Ludwig — als Dichter — leider selbst diese spontane Kraft verloren. — Im „poetischen Realismus“ findet sich schon manches keimhaft angedeutet, was dann der „Naturalismus“ zur Theorie erhebt, vgl. z. B. O. Ludwigs Definition: „Der Dramatiker schaut ... die Zustände an Gestalten.“ Der Naturalismus überträgt seine bekannten Forderungen — strenge Wirklichkeitserfassung ohne idealisierende Verklärung — auf das D., das nicht Handlung, sondern Charakterentfaltung (nicht Entwicklung) an Zuständen und anderen Charakteren als Ziel setzt (Hart, Holz, Schlaf; Brahm, Schlenther usw.). Determinismus: Indem man die Willensfreiheit verneint oder als problematisch in Frage stellt, wurde die althergebrachte Forderung von „Schuld und Sühne“ gegenstandslos (Relativismus), mußte der frei wirkende, aktive Held dem schicksalsgebundenen, passiven Charakter weichen (Leidenstragik) und das „Mitleid“ wieder erhöhte Bedeutung gewinnen: Mitleidssittlichkeit (vgl. Lessing und z. T. Schiller). Streben nach Illusionswirkung: wesenhaft, verfeinerte Psychologie; formal, Neigung zur Ort- und Zeiteinheit. Der Symbolismus (s. d.) versucht Reales zum symbolischen Geltungswert zu erheben. Die Neuromantik, z. T. mit Symbolik verbunden, kennt ebenso wie der Naturalismus keine straffe Handlungsführung: Auflösung in das Lyrisch-Stimmungshafte, Überkultur das Sprachstils auch im D. — Der Neuklassizismus sucht in der Theorie (Paul Ernst, v. Scholz, Lublinski) eine Rückgewinnung des dramatisch-handlungsreichen Kampfes, das „hohe D.“, das sittliche Ideen vertritt. Strenge logische Konstruktion, gedrängte Form, große (bes. historische) Stoffe. Es fehlte aber der große Könner, der dieses theoretische Wollen überzeugend verwirklicht hätte; auch die Theorie ist nicht allzu tief, aber an sich gesund. Im Drang nach Totalität (vgl. Universalismus der Romantik), nach Ausweitung des Ichs zum All, hebt der Expressionismus die Gegensätzlichkeit als Grundbedingung des D. auf. Primitive Ausdruckskunst bleibt stärker in Lyrik als Dramatik: Gefahr des Allegorisch-Abstrakten einerseits und der lyrischen Erweichung andererseits; Theorie wenig einheitlich, da mehr intuitiv.

I. Ästhetiken u. Poetiken: M. Carriere *Das Wesen u. die Formen der Poesie* 1854. S. 224f. H. Oesterley *Die Dichtkunst u. ihre Gattungen* 1870. S. 200—240. W. Wackernagel *Poetik, Rhetorik u. Stilistik* 1873. S. 171—231. H. Baumgart *Handbuch d. Poetik* 1887. W. Scherer *Poetik* 1888 (schwächer als sonst); vgl. dazu E. Wolff *Prolegomena d. literar-evolutionist. Poetik* 1890, über Drama S. 5f. J. Methner *Poesie u. Prosa, ihre Arten u. Formen* 1889. S. 172—266. Th. Lipps *Grundlegung d. Ästhetik* 1903. M. Dessoir *Ästhetik u. allg. Kunstwiss.* 1906. J. Volkelt *System d. Ästhetik* 1905—14. R. Müller-Freienfels *Psychologie d. Kunst* 1923². Ders. *Poetik* (Aus Nat. u. Geistesw. 460) 1921. R. Lehmann *Dt. Poetik* 1919² passim. J. Volkelt *Ästhetik d. Tragischen* 1917³. E. Ermatinger *Das dichterische Kunstwerk* 1921. S. 362f. E. Hirt *Das Formgesetz der ep., dramat. u. lyr. Dichtung* 1923. H. Hefele *Das Wesen der Dichtung* 1923 (wenig über Drama S. 141, 150).

II. Zur Theorie: H. Hettner *Das moderne Drama. Aesth. Unters.* 1852; neu hsg. v. Merbach 1924. J. Geyer *Studien über tragische Kunst* I/II 1860/1. H. Baumgart *Aristoteles, Lessing u. Goethe. Über das ethische u. d. ästh. Prinzip d. Tragödie* 1877. J. Bernays *Zwei Abhdlg. üb. d. Arist. Theorie d. Dramas* 1880. Fr. Spielhagen *Neue Beiträge z. Theorie u. Technik der Epik u. Dramatik* 1898. C. Weitbrecht *D. dt. Drama. Grundzüge seiner Ästh.* 1900. E. Steiger *Das Werden des neuen Dramas* 1903. H. Bahr *Dialog vom Tragischen* 1904. F. Knoke *Begriff d. Tragödie nach Aristoteles* 1906. W. v. Scholz *Gedanken zum Drama* 1905. P. Ernst *Der Weg zur Form* 1905. Lublinski *Einleitg. z. 'Peter v. Rußland'; der Weg z. Tragödie* 1906. R. Dehmel *Tragik u. Drama* (IX. Bd. d. Werke) 1909. K. Holl *Zur Geschichte der Lustspieltheorie* 1910. M. Schnabel *Über d. Wesen d. Tragödie*, Z. f. Ästh. u. allg. Kunstwiss. V (1910) S. 16—42. M. P. Nilson *Der Ursprung d. Tragödie*, NJbb. XXVII (1911) S. 609—642, 672—696. G. v. Lukács *Metaphysik d. Tragödie*, Logos II (1911) H. 1. Ders. *Zur Soziologie d. mod. Dramas*, Arch. f. Soz.-Wiss. XXXVIII (1914) S. 303ff., 662ff. H. Friedemann *Das Formproblem d. Dramas.* Diss. Erlg. 1911. J. Bab *Von den sprachkünstlerischen Wurzeln des Dramas* (versucht vom sprachlichen Material her dem Wesen des Dramas beizukommen), Z. f. Ästhet. VI (1911) S. 43—60. W. Conrad *Bühnenkunst und Drama* a. a O. S. 249f. W. Creizenach *Geschichte d. neueren Dramas* 1911. II. Bd. 1. Teil 1918². R. F. Arnold *Das mod. Drama* 1912² (reicher bibl. Anhang). P. Schiemann *Auf d. Wege z. neu. Drama* 1912. O. Brahm *Kritische Schriften über Drama u. Theat.* 1913. E. Witte *Stilgesetz u. persönliche Werte in der tragischen Kunst.* Progr. Blankenburg a. H. 1913. A. Görland *Die Idee des Schicksals i. d. Gesch. d. Tragödie, e. Kpl. einer Ästhetik* 1913. M. A. Quinlan *Poetic justice in the drama* 1913. Fr. W. Kracher *Dramat. Mitleidsmittel i. mod. deutsch. Drama.* Diss. d. Univ. v. Chicago 1913. T. L. Marble *How to appreciate the Drama; an elementary treatise on dramatic art* 1914. Th. Lipps *Der Streit über die Tragödie* 1915 [1891]. O. Haupt *Wirkt die Tragödie auf das Gemüt?* 1915. H. Schlag *Das Drama. Wesen, Theorie u. Technik d. Dramas* 1917². M. R. Scherrer *Technik und Auffassung des Kampfes im deutsch. Drama d. 18. Jhs., zur Form u. Sachgesch. d. dramat. Dichtg.* 1917. A. Kerr *Die Welt im Drama* 1917. B. Diebold *Anarchie im Drama* 1921. M. Freyhan *D. Drama d. Gegenwart* 1922. P. Schaaf *Die Stufen der dramatischen Gestaltung des Seelenlebens*, G.-R. M. XI (1923). R. Petsch *Zwei Pole des Dramas*, Dt. Vierteljahrsschrift f. Lit.-Wiss. u. Geistesgscht. II (1924). S. 193—224. G. Hauptmann *Ausblicke* 1924 Abschnitt Dramaturgie S. 13—23. Arnold Zweig *Lessing, Kleist, Büchner*; im Aufsatz *Kleist* ist eingeschoben eine theoretische (intuitiv-dichterische) Erörterung über das Wesen des Dramas an sich in 18 Thesen S. 83—90. E. Ermatinger *Die Kunstform des Dramas* 1925.

III. Zur Dramaturgie: G. Bulthaupt *Dramaturgie des Schauspiels* III. Bd. 1918 (1881 als *Dramaturgie der Klassiker*). R. Petsch *Dt. Dramaturgie von Lessing bis Hebbel* 1912 (Pandora) Bd. 11; dort findet sich die dramaturg. Lit. v. Gottsched bis O. Ludwig; rückwärts ergänzend: R. Schacht *Die Entwicklung der Tragödie in Theorie u. Praxis v. Gottsched bis Lessing* 1910. J. Sprengler *Die Philosophie in der dt. Dramaturgie d. Gegenwart*, Hist.-polit. Blätter CLX (1917) H. 7—9. *Festschrift f. J. Volkelt zum 70. Geb.* v. P. Barth u. a. 1918; darin A. Köster *Von d. krit. Dichtk. zur Hbg. Dramaturgie;* G. Witkowski *Das Tragische;* P. Barth *Dramaturgie u. Pädagogik.* G. Keckeis *Dramaturgische Probl. i. Sturm u. Drang* 1907. R. Petsch *Freiheit u. Notwendigkeit in Schillers Dramen* 1905. Fr. Strich *Grillparzers Ästhetik* (Forsch. n. Lg. 29).

IV. Zur dramatisch. Technik: G. Freytag *Die Technik des Dramas* 1863 (1912¹²). A. Perger *System der dramatischen Technik* 1911. R. Plöhn *Das Theaterstück, Umriß einer Technik u. Psychologie des mod. Dramas* 1913. Als Sonderunters. aufschlußreich O. Spieß *Die dramat. Handlg. in Lessings Emilia Galotti u. Minna* (Bausteine 6) 1911; ders. *Die dramat. Handlung in Goethes Clavigo, Egmont u. Iphigenie. Ein Beitr. zur Technik des Dramas* (Bausteine 17) 1918.

B. Markwardt.

B. Mittelalterliches.

§ 1. Begriff, Ursprung und Zweck. — I. Frühzeit. § 2—7. Weihnachtsfeiern und -spiele. — § 8—10. Prophetenspiele. — § 11—17. Osterfeiern und -spiele. — § 18—20. Marienklagen. — § 21. Legendenspiel. — § 22—26. II. Übergangszeit. — § 27. III. Hochmittelalter. § 28—36. Passionsspiele. — § 37—38. Passionsspiele. — § 39—41. Legendenspiele. — § 42. Moralitäten. — § 43. IV. Ausklang.

§ 1. Begriff, Ursprung und Zweck. Das ernste D. des MA. beschäftigte sich nur mit religiösen Stoffen, wie das bei der geistigen Einstellung dieser Zeit nicht anders sein konnte. Das Jenseits bedeutete dem damaligen Menschen alles, nach der Lehre der Kirche war das irdische Leben nichts als eine Vorbereitung auf das Dasein nach dem Tode. Der gesamte kirchliche Kultus war darauf angelegt, in deutlichen Symbolen die Heilswahrheiten des Christentums der gläubigen Menge immer wieder vorzuführen und einzuprägen. Aus dieser Tendenz erwuchsen auch die ersten Anfänge des religiösen D.

Die kirchlichen Gesänge des MA. enthielten schon seit den ersten Jhh. insofern einen dramatischen Kern, als bei bestimmten Anlässen eine Teilung des Sängerchors in zwei Halbchöre stattfand oder auch das Volk im Wechselgesang auf den Gesang des Klerus antwortete. Daher ist eigentlich die dramatische Darstellung im MA. ein Teil des Gottesdienstes, und wir müssen für die gesamte Entwicklung bis zum Ende des MA., d. h. in diesem Falle bis zur Reformation, stets streng scheiden zwischen der „Feier", d. h. der Darstellung, die noch einen integrierenden Bestandteil des Gottesdienstes bildet, und dem „Spiel", das vom Kultus losgelöst erscheint und entweder nur im Anschluß daran oder auch ganz selbständig aufgeführt wird. In der Form prägt sich ebenfalls diese Scheidung deutlich aus: Die lateinischen, später teilweise deutschen Feiern werden gesungen, sie waren eine Art Oratorien oder geistl. Opern, durchkomponiert. Das Spiel hingegen wurde fast ganz gesprochen, rezitiert, nur die eingelegten geistl. Sequenzen und Lieder, entweder noch lat. oder bereits verdeutscht, wurden gesungen.

Der Zweck des mal. D. bestand nicht, wie in der Antike und in der Neuzeit seit der Renaissance, in der Vorführung von sich befehdenden Kräften oder Willensenergien, sondern in der Erbauung und Erschütterung der Zuschauer durch Verdeutlichung der heiligen Geschichten und Legenden. Es ist daher grundfalsch, mit modernen Maßstäben an das mal. D. heranzutreten, nach Aufbau, Spannung, Charakteristik zu fragen und danach seinen Wert einzuschätzen. Vielmehr beruht die ganz andersartige Entwicklung des mal. Schauspiels, seine innere und äußere Form völlig auf der andersartigen Tendenz, die es verfolgte, und die nicht im künstlerischen, sondern im religiösen Bereiche lag. Es besteht keine Verbindung zwischen dem mal. und dem modernen D., und alle Versuche, eine solche gewaltsam herzustellen, sind von romantischer Unfruchtbarkeit oder historizistischer Mentalität getragen.

Doch die erste Form des mal. D., die sog. „Feier", verschwand mit dem Aufkommen des erweiterten „Spiels" keineswegs völlig. Allerdings war eine solche Entwicklung vielerorten vorhanden. Doch anderswo bestanden die einfachen Formen daneben weiter. Je nach den Verhältnissen, besonders baulicher oder finanzieller Art, hatten die Kirchen und Klöster entweder Feiern oder kleine oder große Spiele. Auch war die kirchliche Festordnung bestimmend: Für die Hauptfeste hatte man später umfangreiche Stücke, für die geringeren Tage die einfachen. Für die Besuche von geistl. Würdenträgern und für speziell klerikale Feiern, z. B. Primiz oder Neuaufnahme ins Stift, verwendete man gelehrte lat. Texte, für die Gemeindefeiern Spiele mit dt. Stellen und schließlich vollständig dt. Texte. Noch bis in die Barockzeit hinein haben sich neben den weit ausgebauten Spielen schlichte einfache Feiern erhalten, und beide Arten gingen stets nebeneinander her.

In ganz Deutschland waren im MA. diese Spiele verbreitet. Wo die Kirche herrschte, da drang auch das religiöse Schauspiel durch. Und der fälscht die Geschichte, welcher nur für den Süden und für einen bestimmten Stamm das D. in Anspruch nehmen will und die übrigen mehr oder weniger vollkommenen Reste im Norden und Osten aus der Entwicklung streicht. Gerade im Norden hat das D. in eigenartigen und bedeutenden Leistungen vielfältig geblüht.

I. Frühzeit. — Weihnachtsfeiern und -spiele. § 2. Aus den ersten drei christlichen Jhh. besitzen wir keine Nachrichten über ein besonderes Fest der Geburt Christi. Erst im 4. Jh. zeigten sich in Ägypten die ersten Spuren des Epiphaniasfestes, das als Geburtsfest Christi gefeiert wurde. Die Verbreitung dieser Feier im Abendlande beruht wohl auf dem Einfluß des Konzils von Nicäa i. J. 325. Das jetzige kirchliche Weihnachtsfest als besondere liturgische Feier am 25. Dez. ist in Rom entstanden und dort zum erstenmal am 25. Dez. 354 (spätestens, aber höchst unwahrscheinlich 355) vom Papst Liberius begangen worden. Die Adventfeier ist zuerst im 6. Jh. bezeugt; in Deutschland wird sie indes erst im 9. Jh. eingeführt; jedenfalls findet sie sich noch auf der Mainzer Synode von 813 nicht unter den heiligen Zeiten genannt. Seit den Karolingern begann aber das Kirchenjahr, statt wie bisher mit dem 1. März, mit Weihnachten, und hieraus kann man schließen, daß fortan auch die Advente gefeiert wurden.

Die Advente sollten die Christenheit zum würdigen Empfange des Heilands bereiten und wurden daher in stiller Betrachtung und in tiefem Ernst begangen. Bei den einzelnen Gottesdiensten dieser Zeit wurden schon früh der liturgische Gesang und die kirchlichen Lektionen an verschiedene Geistliche verteilt: der erste dramatische Keim. Diese primitive Art der Weihnachtsfeier hat sich lange gehalten; wir begegnen ihr noch im 12. Jh. in einer Hs. des Klosters St. Lamprecht zu Steiermark (ZfdA. XX [1876] S. 134f.).

S. Bäumer *Das Fest der Geburt des Herrn in der altchristl. Liturgie*, Katholik 1890 I 1—25. H. Usener ArchfRw. VII (1904) S. 289. Bünger *Geschichte der Neujahrsfeier in der Kirche* Theol. Diss. Jena 1910. A. Heisenberg *Zur Feier von Weihnachten u. Himmelfahrt im alten Jerusalem*, Byzantin. Zs. XXIV (1924) S. 329 bis 336.

§ 3. Die dramatische Weiterentwicklung knüpfte an zwei Punkten an, einem Versatzstück und einem Text. In der Kirche wurde im Chor die Krippe mit dem Christkind aufgestellt und nun die Anbetung der Hirten in einfacher, mimischer Art durch Kleriker verkörpert. Aus Frankreich scheint dieser Brauch weiter nach England und Deutschland gewandert zu sein. Dann traten zu den Hirten die Hebammen an der Krippe hinzu, welche nach der späteren kirchlichen Tradition die jungfräuliche Geburt bezeugen. Mitunter wurde die Jungfrau Maria, die man noch nicht durch einen Menschen darzustellen wagte, durch ihr Bild auf dem Altar angedeutet. Mit solchen Erweiterungen war bereits der Übergang zum eigentlichen D. gegeben: die Kleriker werden durch die weiten Gewänder als Frauen charakterisiert, die Hirten und Hebammen agieren. Endlich traten als handelnde Personen noch Maria und Josef hinzu und wiegten mit den anderen Spielern das Kind in der Krippe, ein Brauch, der als letzter Rest der alten Spiele sich, auch in protestantischen Gegenden, bis in das 19. Jh. gerettet hatte.

Diese Entwicklung wäre aber nicht möglich gewesen, wenn nicht in textlicher Hinsicht eine Loslösung von den biblischen Worten stattgefunden hätte. Einer der größten Künstler des MA., der Mönch Tutilo zu St. Gallen, gleichbedeutend als Elfenbeinschnitzer wie als Musiker, erweiterte die seit Notker dem Stammler in St. Gallen besonders gepflegte liturgische Sequenzendichtung durch kunstvolle sog. „Tropen", die er mit dialogischen Stellen versah. Dadurch wurde die Möglichkeit gewonnen, auch den Kunstgesang auf verschiedene Personen zu verteilen und in die äußere Entwicklung der „Handlung" einzureihen.

Hoffmann v. Fallersleben *Gesch. d. dt. Kirchenliedes* 1861³. S. 416—440. G. Hager *Die Weihnachtskrippe* 1901. G. Schaumberg *Die Weihnachtskrippe*, Bühne u. Welt VI (1904) I 291—298. R. Heidrich *Christnachtsfeier u. Christnachtsgesänge in der evangel. Kirche* 1907. — W. Meyer *Fragmenta Burana* 1901. P. Wagner *Ursprung u. Entwicklung der liturg. Gesangsformeln* 1911³. S. 277ff. P. E. Kretzmann *The liturgical element in the earliest forms of the mediaeval drama* (Univ. of Minnesota, Studies in Lang. and Lit. 4) 1916. S. Singer [u. P. Wagner] *Die Dichterschule von St. Gallen* 1922.

§ 4. Eine ganz einfache Form des Weihnachtsspiels ist damit gewonnen: Maria sitzt vor dem Altar an der Krippe, sie fordert Josef auf, ihr Kind zu wiegen (späteres Lied: „Josef, liebster Neffe mein, hilf mir wiegen mein Kindelein!"), und dieser erklärt sich dazu bereit; der Chor beginnt ein frohes Weihnachtslied, und die Hirten beten mimisch an. Einen späten Ausläufer dieses schlichten Weihnachtsspiels haben wir in dem sog. Hessischen Weihnachtsspiel zu erblicken. Um 1450 zu Friedberg wahrscheinlich im dortigen Franziskanerkloster verfaßt, baut es sich auf der Grundlage eines sich eng an die Liturgie anschließenden lat. D. auf, ist aber in seinen Erweiterungen in die grobe Atmosphäre eines dt. Spießbürgers des 15. Jhs. versetzt. Dieser einfache Typus hat sich noch lange gehalten: er erscheint 1511 im tirolischen Sterzing, dann besonders in Thüringen, Schlesien, Oberbayern, Österreich und Ungarn. In der Barockzeit wurde er aufgeschwellt, dann wieder vereinfacht und herrscht in katholischen Gegenden noch heute (s. d. Art. *Volksschauspiel*).

K. W. Piderit *Ein Weihnachtsspiel* 1869; dazu C. Schröder Germania XV (1870) S. 376 bis 379. Froning DNL. XIV 901—939. R. Jordan *Das hess. Whsp. u. das Sterzinger Whsp. v. J. 1511.* Progr. Krumau 1902/03. E. Reinfeld *Sprache u. Heimat des hess. Whsp.* Diss. Marburg 1909. — K. Weinhold *Weihnachtsspiele u. -lieder aus Süddeutschland u. Schlesien* 1853. Schröer *Dt. Weihnachtsspiele aus Ungarn* 1859; dazu J. Bolte Märkische Forschungen XVIII (1884) S. 219f. Thüringen: Zeitschr. f. Thüring. Gesch. VI (1865) S. 272—283. NF. XI (1898/9) S. 367—374. Große *Zwei Arnstädter Heilige-Christ-Komödien.* Progr. Arnstadt 1899. Sachsen: G. Mosen *Die Weihnachtsspiele im sächs. Erzgebirge* 1861. Schlesien: A. Peter *Volkstümliches aus Österreichisch-Schlesien* 1864. I 361 bis 378. F. Vogt *Die schles. Weihnachtsspiele* 1901. ZfVk. XXIV (1914) S. 188—190. Mitteilungen d. Schles. Gesellsch. f. Vk. H. XII (1904) S. 80f., Bd. XV (1913) S. 1—39, Bd. XVI (1914) S. 249 bis 258, Bd. XXIV (1923) S. 127f., Bd. XXV (1914) S. 106—120. Böhmen: Mitteilungen d. Ver. f. Gesch. d. Dt. in Böhmen XVIII (1881) S. 306—328. A. Hruschka u. W. Toischer *Dt. Volkslieder aus Böhmen* 1891; Mitteilgn. d. Nordböhm. Exkursionsklubs XXVII (1904) S. 63 bis 66, XL (1917) H. 4, XLI (1918) H. 1. A. Jungbauer *Das Whsp. des Böhmerwalds* 1911. Oberösterreich: A. Hofer *Weihnachtsspiele.* Progr. Wiener Neustadt 1892. Österreich. Rundschau I (1904) S. 442—444. Salzkammergut: Zeitschr. f. österreich. Vk. IX (1903) S. 89—107, 142—150. ZfVk. XVIII (1908) S. 129—150. Tirol: W. Pailler *Weihnachtslieder u. Krippenspiele* 1884. ZfVk. XX (1910) S. 387—394. Bayern: A. Hartmann *Weihnachtsspiel u. Weihnachtslied in Oberbayern* 1875; Bayerland 1913/14 S. 246—249. Ostpreußen: ZfVk. XXV (1915) S. 398—400. Ostpreuß. Heimat 1916 S. 605—610 usw.

§ 5. Im 11. Jh. wurde das Hirtenspiel weiter ausgebildet, indem es Anregungen von dem Osterspiel (s. u. § 11ff.) herübernahm, und schloß sich in dieser dramatisch bewegteren Form mit dem Krippenspiel zu einem mehr oder weniger einheitlichen Ganzen zusammen. Doch war damit die Entwicklung des Weihnachtsspieles noch nicht beendet. Im NT. gibt es neben der Anbetung der Hirten noch eine zweite Erzählung, die sich an der Krippe abspielt: die Huldigung der Heiligen Drei Könige. Auch diese wurde ursprünglich allein am Epiphaniastag, dem 6. Jan., dargestellt. Und zwar anfangs in fast ganz pantomimischer Form. Drei Geistliche, durch Kronen als Könige bezeichnet, treffen sich von verschiedenen Seiten her in dem Mittelschiff der Kirche; sie zeigen sich gegenseitig den Stern, der entweder an einem Strick schwebend am Gewölbe entlang gezogen oder von einem Chorknaben auf einer Stange ihnen vorangetragen wird, küssen sich und ziehen in feierlicher Prozession zur Krippe im Chor. Dort werden sie von den Hebammen empfangen, bringen ihre Geschenke dar, beten an und ziehen wieder von dannen. Diese einfache, in erster Linie von Musik und Gebärden getragene Handlung wurde bewegt ausgestaltet durch die Einführung des Herodes im 11. Jh. Er sitzt seitwärts, wird von den Königen besucht und erteilt ihnen Anweisungen, wie später seinen Knechten den Befehl zum Kindermord. Hier bei der Figur des Herodes setzte bereits starke schauspielerische Gestik und Mimik ein, ja er wurde allmählich zum Mittelpunkt des Dreikönigsspiels und erscheint noch in Shakespeares 'Hamlet' als Typus eines Theaterbösewichts.

Das Dreikönigsspiel war ursprünglich ein Vorspiel zur Messe. Im Laufe der Zeit löste es sich davon los, und wir haben hier das erste Beispiel, daß eine dramatische Feier sich von ihrer Liturgie trennt und ohne den Gottesdienst gespielt wird. Nun war an diesen Szenen nicht mehr viel zu ändern, sie bildeten einen festen Komplex, und bloß in der immer realistischer herausgearbeiteten Person des Herodes und seines Hofstaates konnte die Phantasie eines kirchlichen Dichters, mehr aber noch der Darsteller, neue Motive anbringen. Da kam man auf den Gedanken, das Dreikönigsspiel mit der anderen vorhergehenden Feier am Weihnachtstag selbst zu verbinden. Aber damit entstand eine Schwierigkeit für den Regisseur: An welchem Tage sollte dies nun eine längere Dauer beanspruchende Spiel gebracht werden, das den Rahmen eines festtägigen Gottesdienstes sprengte? Man verfiel darauf, die Oktave des Epiphaniasfestes zu wählen, also den 13. Jan. (die Oktaven der hohen Feste waren schon früh durch eine umfangreichere Liturgie vor den gewöhnlichen Sonntagen ausgezeichnet). Und so wurde das kombinierte große Weihnachtsspiel gleichsam als Zusammenfassung der Vorgänge, die vorher einzeln an den bestimmten Festtagen der Gemeinde geboten worden waren, zuletzt gegeben. Bei dieser Zusammenfassung beschnitt man mitunter den früheren Text. Das Hirtenspiel wurde wieder vielfach nur zur Pantomime, damit sich das Dreikönigsspiel ungehinderter entfalten konnte und die Wiederholung einer und derselben Handlung, der Anbetung des Kindes, nicht ermüdend wirkte. Auch ist es bezeichnend für die Wandlung des Zeitgeschmacks, mit beeinflußt durch die vermehrte Kenntnis des Orients infolge der Kreuzzüge: Der Aufzug der Könige wird buntfarbiger, ihr Herrschercharakter mehr und mehr betont (während sie früher oft nur als *magi* erschienen); mit dem 12. Jh. erhalten sie die Namen Kaspar, Balthasar, Melchior.

H. Anz *Die lat. Magierspiele* 1905; dazu K. Schiffmann AfdA. XXXI (1907) S. 12—17. G. Cohen and K. Young *The Officium stellae from Bilsen*, Romania 44 (1915/17) S. 357—372. K. A. M. Hartmann *Über das altspanische Dreikönigsspiel*. Diss. Leipzig 1880. — Herodes-Aufführung in Augsburg durch den Scholaster Gerhoh von Reichersberg bei Migne *PL*. CXIVC 890. J. Sondheimer *Die Herodespartien im lat. liturg. Drama u. in den franz. Mysterien* 1912. H. Mankowski *Das poln. Herodesspiel in Westpreußen*, ZfVk. XIX (1909) S. 204—206. J. K. Schuller *Herodes* 1859.

§ 6. An dieses breite Epiphaniasspiel wurde endlich noch eine letzte Szene angefügt. Das Herodesmotiv war nämlich ausgebaut worden, so daß auch der Kindermord und die Klage der Mütter von Bethlehem im Spiel erscheinen mußten. Früh schon waren die Bethlehemitischen Kinder als erste Märtyrer in der Kirche gefeiert worden und hatten als eigenen Festtag den 28. Dez. erhalten. Die Liturgie dieses Tages hatte sich durch einen schöpferischen Dichter in eine ergreifende Klage der Rahel, der Personifikation aller jüdischen Mütter, verwandelt; die Voraussetzung der Tötung, Herodes Befehl an seine Knechte, war dann vorn angefügt, und die Tötung selbst dargestellt worden. Schließlich hatte man die Flucht nach Ägypten auch pantomimisch und gesanglich beigegeben. Ein straff aufgebautes Spiel, das als Höhepunkt die tieferschütternde Klage der Rahel enthielt und diesem Darsteller dankbare schauspielerische Aufgaben stellte, war damit geschaffen worden, ein Beweis für die hohe Entwicklung des mal. Theaters im 12. Jh. Aber dieses Rahelspiel hielt sich als selbständiges Spiel nicht lange; schon nach kaum hundert Jahren wird es mit dem großen Epiphaniasspiel verschmolzen, und wir hören nichts mehr davon, daß es allein später noch bestanden hätte, wie das Hirtenspiel oder das Dreikönigsspiel.

W. Meyer *Fragmenta Burana* 1901. G. Ehrismann ZfdPh. XXXVI (1904) S. 397f. K. Young *Ordo Rachelis* (Univ. of Wisconsin. Studies in Language and Lit. 4) 1919.

§ 7. Damit ist der Weg des Weihnachtsspiels gezeichnet. Was in den folgenden Jhh. hinzukam, beschränkte sich, den Wandlungen des Zeitgeistes entsprechend, auf Äußerlichkeiten in Sprache und Kostüm. Neue Szenen gab es nicht mehr hinzuzuerfinden. Frankreich hatte die Grundlage gegeben, Deutschland hatte erweitert und aufgeschwellt, soweit es möglich war. Dann blieb das Weihnachtsspiel in einer bestimmten typischen Fassung stehen, welche unter all den mannigfachen deutschen Varianten, die immer neu an den verschiedensten Ecken des dt. Sprachgebietes auftauchen, noch heute zu erkennen ist und noch heute im Volk ein lebendiges Dasein führt.

Außer den zu § 4 angeführten Büchern von K. Weinhold und F. Vogt kommt für das Whsp. im allgemeinen noch in Betracht: R. Reinsch *Die Pseudo-Evangelien von Jesu u. Marias Kindheit in der roman. u. german. Lit.* 1879. W. Köppen *Beiträge zur Gesch. d. dt. Weihnachtsspiele* 1893; dazu J. E. Wackernell AfdA. XXIII (1897) S. 66—74. F. Weineck *Knecht Ruprecht u. seine Genossen* 1898. M. Böhme *Das lat. Whsp.* 1917.

Prophetenspiele. § 8. Beim Weihnachtsgottesdienst wurde eine dem hl. Augustinus zugeschriebene Predigt verlesen, die sich gegen die Halsstarrigkeit der Juden richtete: trotz den klaren Aussagen der Propheten weigern sie sich, Christum als den Messias anzuerkennen. Schon diese Predigt ist voll von leidenschaftlicher Erregung und dramatischer Lebhaftigkeit. Und für die Verlesung wurde, wie uns rote Zeichen in den Handschriften lehren, Wechsel der Deklamation bei den einzelnen Prophetenstellen dem Lektor zur Pflicht gemacht. Bald wurde die Predigt zum gereimten Wechselgesang und schließlich zum Schauspiel: Juden und Propheten traten einander gegenüber zur Disputation, die einen unter der Führung des Archisynagogus, die anderen unter der des Augustinus. Mancherlei Wunderzeichen aus dem AT.: Bileams Eselin, die drei Männer im feurigen Ofen, Gideons Kampf mit den Philistern, werden eingefügt; auch die antiken Sibyllen und Vergil treten als Vorverkünder Jesu auf und sagen ihren Spruch. Damit war allmählich ein Spieltypus erwachsen, der einen Angelpunkt der mal. Weltanschauung darstellte: die Auffassung von der gesamten vorchristlichen Weltgeschichte als einer Vorbereitung auf das Kommen Christi selbst.

Im 12. Jh. muß diese dramatische Ausbildung erfolgt sein. Auch hier scheint Frankreich vorangegangen, aber Deutschland bald mit selbständigen Texten fortgeschritten zu sein. Wir lesen von einem Prophetenspiel in Regensburg am 7. Febr. 1194, das aber nicht nur die Vorboten der Erlösung, sondern auch die Ereignisse, welche die Erlösung bedingten, auf die Bühne brachte, nämlich die Schöpfung, Luzifers Sturz und den Sündenfall. Damit war die ehemalige Predigtlektion zu einer Darstellung der Weltgeschichte bis zur persönlichen Erscheinung Christi geworden und gestattete nunmehr die verschiedensten selbständigen Ausgestaltungen. Im Winter 1204 auf 1205 wurde in Riga, an der östlichsten Grenze des Christen- und Deutschtums, ein umfassendes Prophetenspiel im Freien aufgeführt, um den Heiden die Grundbegriffe und Wirkungen des Christentums klarzumachen; alttestamentliche Szenen waren da neu eingefügt. Aus dem Bemühen heraus, möglichst viele und eindrucksvolle Zeugen heranzuziehen, kamen immer stärkere Ausgestaltungen hinzu, die schließlich ganz den ursprünglichen Rahmen sprengten.

Sehr lehrreich ist in dieser Hinsicht das Benediktbeurer Weihnachtsspiel aus dem 13. Jh. Es ist eine Konglomeration von Dreikönigsspiel, Prophetenspiel, Weihnachtsspiel, Herodesszenen und Rahelspiel, am Schluß in der Handschrift verderbt und entstellt. Es verschafft uns einen wertvollen Einblick in die Werkstätte eines dramatischen Dichters damaliger Zeit und läßt erkennen, wie aus einzelnen Teilen, die von vielen Seiten herangeholt worden sind, ein Schauspiel zusammengefügt wird, und wie dabei geschickt alte und neue Überlieferungen verschmolzen werden. In dieselbe Richtung weist das ein Jh. jüngere und daher schon ganz in dt. Sprache geschriebene St. Galler Weihnachtsspiel. Hier sind zwischen Propheten- und Weihnachtsspiel noch Szenen aus dem Leben der Maria eingefügt, ferner ist durch Benutzung weiterer neutestamentlicher Stellen das Ganze abgerundet worden. Ein dichterisch begabter Mann war bei dieser freien Ausgestaltung am Werke.

§ 9. Aber auch ohne die Verbindung mit dem Weihnachtsspiel entwickelte sich das Prophetenspiel selbständig weiter. Aus Würzburg und vom Niederrhein besitzen wir Fragmente eigener Fassungen, und es ist nicht unwahrscheinlich, daß die kleinen alttestamentlichen Szenenbruchstücke, die wir sonst schwer in die Entwicklung des D. einordnen können, wie die niederdeutschen Auftritte zwischen Isaak und Esau oder der Braunschweiger Simson, einst Teile eines Prophetenspiels gewesen sind. Wie solche Splitter sich dann aus eigener Kraft fortbildeten, zeigt das Vorauer Spiel von Isaak, Rebekka und ihren Söhnen aus dem Ende des 12. Jhs.; hier wird nach der Loslösung aus dem großen Spielkomplex der Hinweis auf Christi Heilstat durch weiß gekleidete Knaben vollzogen, welche die Reden und Handlungen der Spieler mit dem Gesangsvortrag einer allegorischen Auslegung begleiten.

§ 10. Auch die noch heute lebendigen sog. Paradeis- oder Adam- und Eva-Spiele sind in ihrer Wurzel die ersten Szenen solcher Prophetenspiele gewesen. Sie haben sich ebenfalls später losgelöst, weiter ausgebildet und bis in die Gegenwart vom Elsaß bis nach Ungarn hin erhalten.

Sepet *Les prophètes du Christ* 1878. H. Craig Mod. Philology X (1913) S. 473ff. M. J. Rudwin *Die Prophetensprüche u. -zitate im relig. Drama des dt. MA.* 1913. Regensburger Spiel: *MGS.* XVII 590. Rigaer Spiel: *Heinrici Chronicon Livoniae* ed. W. Arndt 1874. S. 27. E. Peters *Quellen u. Charakter der Paradiesesvorstellungen in der dt. Dichtg. vom 9.—12. Jh.* (Germ. Abhh. 48) 1915. Das Benediktbeurer Whsp. hsg. von Schmeller *Carmina Burana* 1847. S. 80—95; besser von Froning DNL. XIV 875 bis 901. Das St. Galler Whsp. hsg. von Mone *Schauspiele des dt. MA.* 1846. I 132—191. Würzburger Fragment ebd. I 196—198. Das niederrhein. Fragment bei J. C. Dieterich *Specimen antiquitatum biblicarum* 1642. S. 122; danach ungenau hsg. von v. d. Hagen in seiner Germania VII (1846) S. 348—350. Die mnd. Fragmente von Isaak u. Esau bei F. v. Stade *Specimen lectionum antiquarum francicarum* 1708. S. 34 u. in ZfdA. XXXIX (1895) S. 423—426; die Simson-Szene im Nd. Jb. VI (1880) S. 137—144. Das Vorauer Spiel hsg. von O. Kernstock Anz. f. Kunde d. dt.Vorzeit XXIV (1877) Sp. 169—173. C. Kimke *Das volkstüml. Paradiesspiel u. s. mal. Grundlagen* (Germ. Abhh. 19) 1902. Letzter Rest eines Prophetenspiels 1449 in Straßburg, meistersingerhaft aufgeputzt, bei Schilter *Thesaurus antiquitatum Teutonicarum* III (1728) S. 88 s. v. *bardus.*

Osterfeiern und Osterspiele. § 11. Auch bei der Geschichte der Osterfeier müssen wir unseren Ausgang von der Liturgie nehmen. Wie in der Weihnachtsfeier die Krippe, bildete für die Osterfeier das Grab Christi den festen und augenfälligen Mittelpunkt, um welchen die anfangs ganz sparsame Handlung sich bewegte. Die Begegnung der drei Frauen mit dem Engel am leeren Grabe nach der Auferstehung war die Keimzelle, aus der die übrigen Szenen erwuchsen. Dieser Auftritt wurde zuerst in der Grabeskirche zu Jerusalem in die Osterprozession eingereiht; dort lag es natürlich am nächsten, das Grab des Herrn zu benutzen. Dieser feierliche Prozessionsritus der orientalischen Kirche wurde durch mönchische Pilger mit vielen anderen rituellen Formen und Prozessionen in die Klöster Westeuropas verpflanzt. Allem Anschein nach geschah das im beginnenden 10. Jh., als durch die Karolinger die benediktinisch-römische Regel eingeführt worden und die Gregorianische Reform längst durchgedrungen war: denn diese Osterfeier wurde zwar in Frankreich und Deutschland eifrig weiter ausgebildet, ist in Rom aber nie offiziell geworden, ein Beweis, daß sie nach der liturgischen und rituellen Zentralisierung als Nebenzweig in bestimmten Ländern von Rom geduldet, aber nicht vorgeschrieben war.

J. Klapper *Der Ursprung der lat. Osterfeiern*, ZfdPh. L (1923) S. 46—58.

§ 12. Auch bei der Weiterbildung der Osterfeier kam zur Handlung die Form hinzu. Im 10. Jh., als aus Jerusalem der mimische Ritus nach Frankreich gebracht worden war, wurde in dem südfranzösischen Kloster St. Martial zu Limoges ein Tropus auf das Wechselgespräch der drei Marien mit dem Engel am Grabe gedichtet, der bald in Deutschland mit verteilten Rollen gesungen wurde. Ein Tedeum, vom ganzen Chor gesungen, beschloß die Feier. Durch symbolische Gestik wurde dieser Gesang noch unterstützt: Aus dem Grabe wurden Linnen und Schweißtuch gehoben und dem Volke gezeigt. Später wurde der Schluß kräftiger gestaltet durch Hinzutreten der Ostersequenz *Victimae paschali*, jener herrlichen Schöpfung des kaiserlichen Kaplans Wipo aus der ersten Hälfte des 11. Jhs., die ebenfalls dialogisiert vorgetragen wurde. Diese Grundlage war der Erweiterung ungemein fähig. Nach Belieben konnten dem alten Wechselgespräch andere Sätze des Osterrituals, Neubildungen, Stücke von anderen Sequenzen und Hymnen vorn oder rückwärts angeschoben werden, die den Weg zum oder vom Grabe belebten. — Die zweite Stufe der Entwicklung findet sich nur in Deutschland. Der Grabesszene wurde eine andere, der Wettlauf der Apostel Petrus und Johannes zum Grabe, beigefügt. Auch sie ist durch Zusätze gesanglicher, rezitatorischer und gestischer Art mannigfach erweitert worden. Wesentlich ist bei dieser Szene, daß zum erstenmal rasche Bewegung anstatt der langsamen Feierlichkeit verlangt wurde. Wie die Herodesszene in der Weihnachtsfeier, bildete die Apostelszene in der Osterfeier die Veranlassung zu realistisch-komischen Elementen, die hier anknüpften und ein dankbares Feld fanden. — Für die dritte Stufe ist eine neue Szene charakteristisch, welche darstellt, wie der Herr Maria Magdalena erscheint. Hier treten zum erstenmal Einzelpersonen einander gegenüber an Stelle der bisherigen Gruppen. Ferner ist es von Bedeutung, daß zum erstenmal der Weltheiland selbst auftritt, als Triumphator über Tod und Hölle in glänzenden Gewändern, die Kreuzesfahne in der Hand.

In diesen drei Szenen steht also ein kirchliches Schauspiel konzentriertester Form vor uns. Ausgehend von der Liturgie und ihren Sätzen, entfernt sich der Text immer mehr von dem Brevier, schließt sich dafür an den Wortlaut der Evangelien an und nimmt passende Sequenzen, Tropen, Hymnen oder Teile aus ihnen auf, um die dramatische Anschaulichkeit zu steigern. Wo und wann die älteste Osterfeier entstanden ist, läßt sich kaum feststellen; Frankreich ist auch hier wohl Vorbild für das übrige Mitteleuropa gewesen. Auch können die Übereinstimmungen zwischen einzelnen Stücken nur selten auf direkte Vorlagen oder Entlehnungen zurückgeführt werden. Es ist eben zu bedenken, daß das Ritual, das Brevier, das Hymnarium ebenso wie der Evangelientext jedem Kleriker zugänglich waren und aus diesem Vorrat sich die mannigfachsten Spielarten bilden konnten, ohne daß immer direkte Zusammenhänge angenommen werden müssen. Bei aller selbstverständlichen Gemeinsamkeit des Grundstocks weichen manche der Osterfeiern sehr von den anderen ab, wachsen zu ansehnlichem Umfang an oder streichen Sätze und Auftritte weg, so daß man zahllose Untergruppen sondern müßte. Der mächtige Einfluß einer bischöflichen Hand oder eines großen Klosters scheint für solche Änderungen mitunter die Veranlassung gegeben zu haben.

G. Milchsack *Die Oster- u. Passionsspiele* I: *Die lat. Osterfeiern* 1880; dazu A. E. Schönbach AfdA. VI (1880) S. 301—313 u. R. Lehfeld ZfdPh. XII (1881) S. 487—491. C. Lange *Die lat. Osterfeiern* 1887; dazu A. E. Schönbach AfdA. XIV (1888) S. 85—88 und W. Seelmann DLZ. 1890 Sp. 127f. W. Meyer *Fragmenta Burana* 1901. P. Butler *A note on the origin of the liturgical drama*, An English Miscellany presented to Dr. Furnivall (1901) S. 46—51. P. E. Kretzmann *The liturgical element in the earliest forms of the mediaeval drama* (Univ. of Minnesota, Studies in Lang. and Lit. 4) 1916. N. C. Broocks *The sepulchre of Christ in art and liturgie* (Univ. of Illinois, Studies in Lang. and Lit. VII 2) 1921; dazu K. Young JEGPh. XXI (1922) S. 692—701. J. Schwietering ZfdA. LXII (1925) S. 1—20.

§ 13. Im 12. Jh. geschieht dann ein energischer Schritt zur Erweiterung, indem man jetzt auch die feindlichen Mächte, analog dem Weihnachts- und Prophetenspiel, in Aktion treten ließ, aber auch ihre Ohnmacht offenbarte. Pilatus erscheint als stolzer Fürst, umgeben von seinen prahlerischen Rittern; die Rotte der Juden, auch noch vor dem toten Christus in Furcht, verlangt Bewachung des Grabes; die stolzen Wächter können aber die Auferstehung nicht hindern und erhalten später entweder Schweigegeld (von Pilatus oder von den Juden) oder Bestrafung (von Pilatus). Jetzt ist es nicht mehr möglich, sich eng an den biblischen Wortlaut zu halten, die eigene Phantasie muß arbeiten; und so ist es nicht zu verwundern, daß frei gedichtete lat. Rhythmen als Text erscheinen. Die Tradition, daß der Zusammensteller eines Spieltextes sich nur an überlieferte Verse oder Sätze zu halten habe, ist dadurch erledigt. Die schöpferische Kraft des Originaldichters ist damit auch für das geistl. D. anerkannt.

§ 14. Vor allem eine Szene, die in Frankreich zuerst geschaffen worden war, erlangte in Deutschland rasch große Beliebtheit und Volkstümlichkeit, die sog. Krämerszene. Bevor die drei Marien zum Grabe schreiten, kaufen sie die Salben bei einem Krämer (*mercator*). Diese Figur ist auf deutschem Boden mit einer Fülle von derber, oft unflätiger Komik ausgestattet worden, Konkurrenten oder Knechte wurden ihr beigesellt, das Motiv der ungetreuen Frau trat hinzu, und so bildete sich im Rahmen der sonst noch ernst und feierlich gehaltenen Osterspiele eine humoristische, realistische Szene, die nach den verschiedensten Seiten hin ausgebaut wurde und einen drastischen Gegensatz zu den vorhergehenden und nachfolgenden religiösen Auftritten bildete.

W. Meyer *Fragmenta Burana* 1901. K. Dürre *Die Mercatorszene im lat.-liturg., altdeutschen u. afrz. relig. Drama*. Diss. Gött. 1915.

§ 15. Auch der ungläubige Thomas tritt jetzt in den Kreis der Gestalten ein, die sich um den Auferstandenen scharen; sein Zwiegespräch mit Christus wird gern als wirksamer Abschluß des ganzen Osterspiels verwendet, konnte man doch an die Bekehrung des Thomas einen Lobgesang auf Christi Erlösungstat und Herrlichkeit anknüpfen.

§ 16. Noch deutlicher mußte sich indes Christi Macht offenbaren, wenn man den Herrn im Kampf mit den Bewohnern der Hölle, mit Luzifer und den Teufeln, sah. Dies wurde bewerkstelligt in der Höllenfahrtszene, die sehr wahrscheinlich auf eine liturgisch-symbolische Handlung zurückgeht. Im kirchlichen Ritual war für die Osternacht vorgeschrieben, daß das am Karfreitag vor dem Altar versenkte Kreuz erhoben und im Triumph durch die Kirche getragen wurde. An einer verschlossenen Tür, welche das Höllentor bedeutete, mußte der Träger haltmachen, anklopfen und nach Wortwechsel mit einem anderen Kleriker hinter der Tür diese gewaltsam öffnen, so daß damit Christi Einzug in die Hölle und seine Befreiung der dort gefangenen Patriarchenseelen nach dem Evangelium Nicodemi versinnbildlicht wurden. Dieses Ritual, das bereits im 9. Jh. vorkommt, wurde später vervollständigt, indem, wie es naheliegen mußte, zumal seit Christi Aufnahme in die Osterfeier, ein Geistlicher selbst die Person des Erlösers darstellte. Aus den Schlußversen des 24. Psalms und dem *Evangelium Nicodemi* wurde das Fundament einer kleinen Szene gedichtet, die gerade dadurch, daß ein liturgischer oder biblischer Text nicht vorlag, immer mehr zu eigener Ausgestaltung lockte.

Besonders die Gestalten Luzifers und seiner Untergebenen, der Teufel, wurden reich bedacht. Luzifer, der gefallene Engel, wird dabei unter den Händen begabter Dichter nicht selten zu einer tragischen Figur, gegen welche die komischen Teufel doppelt stark abstechen. Die Teufelsszenen bildeten in erster Linie einen Tummelplatz für jede Art von Groteske und Naturalismus; bis heute sind in den geistlichen sog. „Volksschauspielen" diese Szenen die urwüchsigsten und derbsten, in denen der Volkshumor am freiesten sich gehen läßt.

R. P. Wülcker *Das Evangelium Nicodemi in der abendländ. Lit.* 1872. J. Monnier *La descente aux enfers* 1904. K. Young *The harrowing of hell in liturgical drama* (Transactions of Wisconsin Acad. of Sciences XVI 2, 2) 1909. K. W. Chr. Schmidt *Die Darstellung von Christi Höllenfahrt in den dt. u. den ihnen verwandten Spielen des MA.* Diss. Marburg 1915. M. J. Rudwin *Die Teufel in den dt. geistl. Spielen* (Hesperia 6) 1915.

§ 17. Schließlich suchte man die Darstellung der Auferstehung wirksam zu gestalten durch dramatische Vorführung der voraufliegenden Ereignisse, d. h. der Passion Christi. Noch ganz bescheiden begann man damit. Man setzte aus den vier Evangelien einen knappen Text zusammen, die Hauptsache mußte die Aufführung selbst tun, die vom Abendmahl bis zur Grablegung ging und mit Vorliebe sich der Pantomime bediente, ohne Zweifel von der Musik begleitet; als Einleitung für das eigentliche Osterspiel sollte sie dienen. Damit aber waren die Osterspiele, wie sie sich allmählich aus den Osterfeiern herausgeschält hatten, an einem Punkt angelangt, wo sie, im Zusammenhang mit der gesamten Änderung in der geistigen Haltung des MA., auch eine deutliche Metamorphose durchmachten. Bisher wurden sie in der Hauptsache in feierlichem und getragenem Stil dargestellt, mit reicher Unterstützung durch Musik und farbige Gewänder; die komischen Szenen des Krämers und der Teufel bildeten einen künstlerisch gewollten Kontrast, eben um das Ernste und Gehobene der übrigen Handlung noch mehr zu betonen; die Sprache war noch fast durchgängig lateinisch, d. h. der Zusammenhang mit dem Gottesdienst wurde innerlich immer noch gewahrt, wenn er auch äußerlich manchmal gelockert oder vollkommen gelöst war und die Aufführung zu einer Tageszeit vor sich ging, wo keine Messe stattfand. Der einzige deutsche Text, das sog. Osterspiel von Muri in der Schweiz, fügt sich ebenfalls in diesen Rahmen ein; zwar ist es geschrieben für eine ritterliche Gesellschaft in der höfischen Kunstsprache, vermutlich von einem begabten Burgkaplan, aber dem Stil nach gehört es noch ganz in diese Periode der Feierlichkeit, der Gemessenheit und der Würde hinein. Nur in romanischen Kirchen, wo fast stets infolge der Krypta der Chor erhöht war, konnten diese stilisierten, abgezirkelten Spiele und Feiern — halb Oratorium, halb Pantomime — aufgeführt werden. Das gleiche Raumgefühl und der gleiche Rhythmus, welche den romanischen Stil schufen, lebten auch in den Osterspielen dieser Periode. Mit dem beginnenden 13. Jh. geht sie langsam ihrem Ende zu.

Das Osterspiel von Muri hsg. von K. Bartsch Germ. VIII (1863) S. 273—297; von Froning DNL. XIV 225—244; von Baechtold *Schweizer Schauspiele des 16. Jhs.* I (1890) S. 275 ff. Dazu S. Singer *Literaturgesch. d. dt. Schweiz im MA.* 1916. S. 18f., 41f.

Marienklagen. § 18. In der frühlateinischen christlichen Literatur gab es einen Klagegesang der Maria um den am Kreuz hängenden Sohn: *Planctus ante nescia.* Im 12. Jh. ward er ins Deutsche übersetzt, bald dialogisiert, indem nach germanischer Sitte zu Maria (wie zu der Rahel des Weihnachtsspiels) ein Tröster in der Gestalt des Apostels Johannes hinzutrat, und schließlich trilogisiert, indem der Crucifixus als dritter Sprecher beigefügt wurde. Parallel und in enger Wechselwirkung mit der bildenden Kunst, scheint diese Marienklage vom Rhein ausgegangen zu sein. Ein Zweig der Überlieferung wanderte über die Schweiz nach Süddeutschland, Böhmen und Schlesien, ein zweiter über Mitteldeutschland nach Norddeutschland. Sowohl die Übersetzungen des Hymnus *Planctus ante nescia* unmittelbar wie die daraus hervorgegangenen Marienklagen drangen in das religiöse Drama ein, lieferten Textunterlagen für die Marienszenen vor, während und nach der Kreuzigung und sind mannigfach von der Kunstdichtung durchsetzt worden. Bis in den Barock hinein hat sich die älteste Form der einfachen, halb gesungenen, halb rezitierten Marienklage, mit den tröstenden Worten des Johannes, lebendig erhalten.

§ 19. Aber auch für sich als kleine dramatische Kunstwerke müssen wir die Marienklagen auffassen, in denen es schöpferischen Dichtern möglich war, über das Traditionelle hinauszukommen. Durch zwei freierfundene Szenen hat man später das ursprüngliche Schema erweitert: einmal fürchtete Johannes, Christum zu verraten, wie es Petrus getan, und wird von Maria ermutigt und gestärkt; ferner bittet Maria den Sohn, allen Sündern zu vergeben, und wiederholt nach der ersten Ablehnung noch dringender ihre Bitte, mit dem Erfolg, daß nunmehr Christus sie erhört.

§ 20. Die Krone dieser fein ziselierten Kleinkunstwerke bildet die Bordesholmer Marienklage, welche 1475 der Mönch Reborch im holsteinischen Kloster Bordesholm nach einer unbekannten ostfälischen Vorlage bearbeitete. Tiefes religiöses Empfinden eint sich hier mit poetischem Talent. Ganz den weichen Stimmungen der Zeit und ihres Stils entsprechend, ist diese Klage mehr lyrisch als dramatisch gehalten. Als ein Teil des Karfreitagsgottesdienstes, verziert mit lat. Hymnen, z. T. in nd. Übertragungen, sollte sie durch die Reize der Musik, der Deklamation und der Kostüme das religiöse Gefühl des Laien beeinflussen und seine Seele erschüttern. Suggestive Kraft der Stimmung hat der unbekannte ostfälische Dichter erzeugt und durch wohlabgewogene Steigerung, durch Schönheit der Sprache und Klarheit des Ausdrucks, durch Tiefe und Wucht der Gedanken das erhabenste Werk der mal. Marienverehrung in Deutschland geschaffen.

A. E. Schönbach *Über die Marienklagen* 1874. G. Milchsack *Unser frouwen klage*, PBB. V (1878) S. 193—357; VII (1880) S. 201f. S. Mayr *Zwei Marienklagen*. Progr. Kremsmünster 1882. S. 29—56. F. Schmidt *Maihinger Marienklage*, Alemannia XXIV (1897) S. 69f. G. Ehrismann ZfdPh. XXXVI (1904) S. 397f. W. Pinder *Die dichterische Wurzel der Pietà*, Repertorium f. Kunstwiss. XLII (1920) S. 145—163. — G. Kühl *Die Bordesholmer Marienklage* Nd. Jb. XXIV (1898) S. 1—75. Stammler Lg. S. 68.

Legendenspiel. § 21. Die Frage nach den letzten Dingen beschäftigte besonders den mal. Menschen. Das Jüngste Gericht taucht schon früh in der bildenden Kunst auf und wird dramatisch verwertet unter dem Bilde des Antichrists. Dieses Thema gestaltete ein bedeutender Dichter, ein Geistlicher im Gefolge Friedrich Barbarossas, um das Jahr 1160 in einem packenden lat. Spiel, dem '*Ludus de Antichristo*', und ließ zugleich die Sehnsüchte der dt. Nation, die Idealpolitik des dt. Kaisertums sich darin aussprechen. Stilistisch hat sich der Dichter am kirchlichen D. geschult; in wechselnden lat. Rhythmen singen die Vertreter der einzelnen Königreiche, singen Kirche, Synagoge und Heidenschaft, singt der Antichrist seinen Part: eine durchkomponierte Oper, voll verhaltener Erregung, in getragenen Maßen, politische und religiöse Zeitgedanken wirkungsvoll verschmelzend.

Ausgaben: Pez *Thesaurus anecdotorum novissimus* II 3 (1721) S. 187ff. W. Meyer *Gesammelte Abhandlungen* I (1905) S. 136—339. Froning DNL. XIV 199—224. F. Wilhelm *Der Ludus de Antichristo* (Münchener Texte 1) o. J. (1912). Bei Wilhelm weitere Lit. Dazu noch: E. Voigt DLZ. 1883 Sp. 371f. S. Aschner MM. I (1912) S. 355—362. F. Vetter MM. II (1914) S. 279—333. Michaelis ZfdA. LIV (1913) S. 61—87.

II. Übergangszeit. § 22. Von der großen geistigen Umwandlung, welche eine scharfe Trennungslinie durch die mal. Entwicklung um die Wende vom 12. zum 13. Jh. zieht und sich dem Laien am deutlichsten in dem Schritt vom romanischen zum gotischen Baustil ausspricht, wurde auch das D. betroffen. Das Streben nach Realisierung und Individualisierung an Stelle der bisherigen Stilisierung und Typisierung machte sich auch auf diesem künstlerischen Gebiete geltend.

W. Stammler *Ideenwandel in Sprache u. Lit. d. dt. MA.*, Dt. Vjschr. II (1924) S. 753—769.

§ 23. Zunächst mischte man dt. Verse in größerer Anzahl unter den lat. Text, die gesprochen, nicht mehr gesungen wurden. Die Osterspiele von Wolfenbüttel und Trier können als charakteristischste Zeugen dafür gelten; zumal das Wolfenbüttler Spiel scheint einen der ersten Typen dieser Art zu repräsentieren und vielleicht vorbildlich gewirkt zu haben. Ähnlich steht es mit dem Trierer Spiel. Zwar wird der Text der lat. Osterfeiern noch fast vollständig benutzt, ebenso die früheren Hymnen und Evangeliensätze. Aber auf diese gesungenen lat. Stellen folgen dt. Übersetzungen in Reimen, die gesprochen wurden: zwischen *cantat* und *dicit* wird in den Bühnenanweisungen streng geschieden. Immerhin sind trotz diesem Fortschritt die Spiele noch vorwiegend im alten Stil gehalten und wurden als Bestandteil des Gottesdienstes empfunden, daher auch in der Kirche aufgeführt.

Das Wolfenbüttler Osp. gedr. bei O. Schönemann *Der Sündenfall u. Marienklage* 1855. S. 149, 168. R. Sprenger Nd. Jb. XVII (1891) S. 92. Stammler Lg. S. 67f. W. Seelmann Nd. Jb. XLVI (1920) S. 80. — Das Trierer Osp. hsg. von Hoffmann v. Fallersleben Fundgruben II (1837) S. 272—279; besser von Froning DNL. XIV 46—56.

§ 24. Das älteste Beispil eines dt. D. in Norddeutschland bietet das Spiel vom Leben Jesu, das um die Mitte des 13. Jhs. im Kloster Himmelgarten bei Nordhausen aufgeführt worden sein muß. Es enthielt das gesamte Leben Jesu von der Geburt an bis zu seiner Auferstehung; leider lassen nur geringe Bruchstücke etwas von der Schönheit und Selbständigkeit des gesamten Originals ahnen. In ähnlicher Weise haben wir uns wohl auch die Passions- und Himmelfahrtsspiele zu denken, von denen uns urkundliche Nachrichten in Hildesheim und in dem oldenburgischen Kloster Wildeshausen aus den Jahren 1230 und 1268 berichten. Noch weiter bildet diesen Typus eine Gruppe von Dramen aus, die am Niederrhein zu lokalisieren ist, und die entweder ganz oder in Bruchstücken sich erhalten hat. Der dt. Text ist noch stärker vermehrt und tritt allmählich beherrschend an die Stelle des lat. Wortlauts, welcher nur noch in den Hymnen, Sequenzen und wörtlichen Zitaten aus der Bibel sich hält.

Die Himmelgartner Bruchstücke hsg. von E. Sievers ZfdPh. XXI (1889) S. 393—395. — Hildesheimer Urkundenbuch I (1881) S. 128. — Sello *Alt-Oldenburg* o. J. (1903) S. 123. — J. Zacher *Mndl.* [Maastrichter] *Osp.*, ZfdA. II (1842) S. 302—350. Ph. Hammacher *Untersuchungen zum Maastrichter Osp.* Diss. Marburg 1921. — J. Strobl *Beiträge zur dt. Lit.-Gesch. a. d. Kreuzensteiner Bibliothek* 1909. K. Dörr *Die Kreuzensteiner Dramen-Bruchstücke* (Germ. Abhh. 50) 1919. — E. Wolter *Das St.Galler Spiel vom Leben Jesu* (Germ. Abhh. 41) 1912; dazu H. Rueff AfdA. XXXVIII (1918) S. 67—69. J. Bolte *Der Jesusknabe in der Schule, Bruchstück eines niederrhein. Schauspiels*, Nd. Jb. XIV (1888) S. 4 bis 8. — P. Wagner *Rhein. Osp. in einer Hs. d. 17. Jhs.*, ZfdA. LVI (1918) S. 100—108.

§ 25. Selbstverständlich hat sich dieser Dramentypus, den ich den „Übergangsstil" nennen möchte — Latein und Deutsch gemischt, teils gesungen, teils gesprochen — noch lange Zeit gehalten, als sich bereits ein neuer, realistischer Typus mit wesentlich anderen Motiven und Tendenzen herausgebildet hatte. Wir besitzen z. B. ein Osterspiel, das aus dem Augustinerchorherrenstift Neustift bei Brixen herrührt und 1391 geschrieben ist (das sog. Innsbrucker Osterspiel); es stammt der Sprache nach aus dem Städtchen Schmalkalden in Thüringen und steht dem Wolfenbüttler und Trierer Osterspiel nahe. Seine Entstehungszeit fällt in die erste Hälfte des 14. Jhs. Neben ihm steht das sog. Wiener Osterspiel, das 1472 in der erhaltenen Handschrift aufgezeichnet ist, aber bis in den Ausgang des 14. Jhs. zurückreicht. In Oberschlesien, am Mittellauf der Neiße, ist seine Heimat zu suchen. Diese beiden vertreten das „reife deutsche Osterspiel" auf der Höhe seiner Entwicklung.

Das Innsbrucker Osp. gedr. bei Mone *Altdeutsche Schauspiele* 1841. S. 107—144. Das Wiener Osp. hsg. von Hoffmann v. Fallersleben Fundgruben II (1837) S. 296—336. R. Höpfner *Untersuchungen zu den Innsbrucker, Berliner u. Wiener Osp.* (Germ. Abhh. 45) 1913. H. Rueff AfdA. XXXVIII (1919) S. 70—74. — J. Haupt *Bruchstück eines Osterspiels a. d. 13. Jh.*, Archiv f. Gesch. d. dt. Sprache u. Lit. I (1873) S. 355—381. — J. Klapper *Mitteldeutsche Texte aus Breslauer Hss.*, ZfdPh. XLVII (1916) S. 89—92. — Ein Regensburger Osterspiel bei

D. Mettenleiter *Musikgeschichte der Stadt Regensburg* 1866. S. 246—248. H. Pfeiffer *Klosterneuburger Osterfeier u. Osterspiel*, Jahrb. des Stifts Klosterneuburg I (1908) S. 1ff. Osterspiel von St. Florian bei A. Franz *Das Rituale von St. Florian* 1904. S. 194ff.

§ 26. Auch die Legendenspiele reihen sich in diese Umbildung ein. Wohl noch bis in den Anfang des 14. Jhs. zurück geht das Dorotheenspiel von Kremsmünster (aufgezeichnet etwa 1350), das in Ostmitteldeutschland, vermutlich Obersachsen, entstanden ist. Nach der '*Legenda aurea*' des Jacobus a Viragine schildert es in einfacher, fast nüchterner Sprache die Martern und Wunder der hl. Dorothea, die besonders in jenen Gegenden sehr verehrt wurde. Das „erregende Moment" bilden die Einbläsereien des Teufels; aber er ist durchaus nicht komisch gemeint, sondern vertritt das böse Element in sachlicher Haltung, ohne jegliche Neigung zur Groteske. Überhaupt zeichnet sich das kleine Spiel durch Ernst und Würde aus und hat noch nichts von der Weitschweifigkeit der hochmal. Spiele an sich. Zeitlich wie örtlich nähert sich das Katharinenspiel einer Mühlhäuser Handschrift diesem Legendenstück. Auch hier finden wir dieselbe sparsame Ausdrucksweise, welche die Verse auf das wesentlichste zusammenballt; lat. Hymnen werden zwischen dem dt. Text gesungen; die Aufführung ging unter den einfachsten Verhältnissen vor sich. Den Höhepunkt dieser Übergangsdramen bildet jedoch das berühmte Spiel von den fünf klugen und den fünf törichten Jungfrauen, welches 1321 von Geistlichen und Schülern zu Eisenach vor dem Landgrafen Friedrich dem Freidigen gespielt wurde. Stilistisch haben wir auch hier zunächst dieselbe Mischung von lat. Hymnen und dt. Versen; und zwar meist in der Art, daß die lat. Sätze gesungen werden und die darauf folgenden gesprochenen dt. Verse eine paraphrasierende Übersetzung des lat. Textes darstellen. Während der kürzere erste Teil die naive Weltfreude der Törichten vor Augen führt, werden im zweiten breiteren Teil, nach der himmlischen Krönung der Klugen, die Klage und der Jammer der Törichten in meisterhaften und erschütternden dt. Versen vorgetragen. Maria selbst wendet sich fürbittend an Christus (ein altes literarisches Motiv); aber auch sie wird abgewiesen: für den abgefallenen Sünder gibt es keine Gnade. Da packt den Dichter selbst das Mitleid mit den Verdammten; eine nach der anderen strömt ihre Reue und ihre Angst in tiefergreifenden Versen aus. Und zum Schluß in einem Quintett, das aus dt. Strophen im Maß der Heldenepik wie aus einem Stück gehämmert ist, steigert sich die Verzweiflung in steilster Kurve bis zu dem letzten Aufschrei: *Des sî wi ewiclîchen verloren*! Mag der unbekannte Dichter, den wir wohl im Eisenacher Dominikanerkloster zu suchen haben, auch verschiedene exegetische und literarische Quellen benutzt haben, vielleicht sich auch von anderen Spielen zu seiner Schöpfung haben anregen lassen — das kann doch den hohen künstlerischen Wert dieses D. nicht schmälern. Die bis zum Schluß mit eiserner Konsequenz durchgeführte Idee, daß dem, der nicht selbst auf sein Seelenheil bedacht ist, auch alle kirchlichen Gnadenmittel nichts helfen, mußte dem Menschen dieser mal. Periode — im Gegensatz zu einer späteren Zeit — besonders nahegehen; noch war man nicht zu Kompromissen geneigt oder auf eine individualistische Religion eingestellt. Die Chronik berichtet auch, daß der zuschauende Landgraf auf tiefste von dem unerbittlichen Urteil des Herrn erschüttert wurde; der Schlag rührte ihn, und nach zweijährigem Siechtum starb er dahin.

Religiöse Wirkung mit künstlerischen Mitteln war hier einmal in erschreckender Art erreicht worden. Und das war das Ziel dieser älteren kirchlichen Dramen: Erschütterung zu wecken, die Heilswahrheiten einzuprägen, die Weltfreudigen an den höheren Zweck des Lebens zu mahnen.

F. Schachner *Das Dorotheaspiel*, ZfdPh. XXXV (1903) S. 157—196. O. Beckers *Das Spiel von den zehn Jungfrauen u. das Katharinenspiel* (Germ. Abhh. 24) 1905. W. Lehmann *Die Parabel von den klugen u. törichten Jungfrauen*. Diss. Freiburg 1916.

III. Hochmittelalter. § 27. Die oben berührte geistige Wandlung im mal. Denken und Fühlen prägt sich sinnenfällig in den großen Passionsspielen aus, welche seit der zweiten Hälfte des 14. Jhs. dem geistlichen D. ihren Stempel aufdrücken. Nicht mehr auf innere, seelische Effekte ging man aus, vielmehr herrschte jetzt das Bestreben vor, möglichst ausführlich alles zu erzählen, was in der Leidensgeschichte Christi vor sich gegangen war, und genau zu schildern, wie sich die einzelnen Personen dabei benommen hatten. Eine gleiche Tendenz stellt sich auf den Altarbildern des Hochmittelalters ein, die überquellen von der Fülle der darauf angebrachten Geschehnisse. Demgemäß erweiterten sich die Spiele inhaltlich, mit den neuen stofflichen Motiven einte sich der Wunsch, in eigens erfundenen dt. Versen breit und ausführlich alle Einzelheiten dem zuschauenden Volk vorzutragen. Solche Spiele konnten sich nicht mehr dem engen Rahmen des Kircheninneren anpassen; sie wurden im Freien aufgeführt, entweder vor der Kirche oder auf dem Marktplatz, wie es bereits in älterer Zeit vereinzelt vorgekommen war. Da die Personenzahl sich erheblich steigerte (wir kennen Spiele mit über 300 Mitwirkenden), konnten die Rollen nicht mehr allein von Geistlichen oder Schülern besetzt werden. Sondern die Bürger stellten jetzt das Hauptkontingent der Schauspieler, Geistliche fungierten nur noch als Regisseure und Inspizienten, bloß in vereinzelten Fällen wurden ihnen auch die wichtigeren und würdigeren Rollen (Christus, die Apostel, Maria) zugeteilt. Dem neuen Raumgefühl entsprechend wurde durch Massenszenen Massenwirkung angestrebt. Die Aufführung eines solchen umfassenden D. war ein Ereignis nicht nur für die betreffende Stadt, sondern auch für die umliegende Landschaft. Der Rat oder reiche Bürger trugen die Kosten (denn Eintrittsgeld wurde im allgemeinen nicht erhoben). Meist im Sommer, oft nicht mehr an den eigentlichen Festtagen, wurde gespielt, schon mit Rücksicht auf das Wetter war das notwendig.

Eine Reihe neuer Motive und Details fand in die verbreiterten und aufgeschwellten Spiele Einlaß; der Wunsch, alles möglichst zu vergegenwärtigen und naturgetreu darzustellen, mußte dazu verlocken, die eigene bürgerliche Umgebung auf die Bühne zu bringen und z. B. die Marter Christi wie eine Hinrichtungsszene des 15. Jhs. oder die Getreuen des Herodes und Pilatus wie Stegreifritter jener Zeit zu agieren.

E. K. Chambers *The mediaeval stage* 1903. G. Cohen *Histoire de la mise en scène dans le théâtre religieux français du moyen-âge* 1906; dt. von C. Bauer 1907; dazu K. Appel SStzvglLg. VIII (1908) S. 129—134. J. Petersen *Das dt. Nationaltheater* 1919. F. Michael *Dt. Theater* 1923. W. Stammler *Dt. Theatergeschichte* 1925.

Passionsspiele. § 28. Betrachten wir zunächst die Passionsspiele, so können wir eine Reihe von landschaftlichen Gruppen sondern, welche textlich zusammengehören. Wir haben uns das so zu denken, daß ein begabter Kleriker einen größeren Text zusammendichtete und ihn zur öffentlichen Aufführung brachte. Man ahmte dann in benachbarten Orten diese Aufführung nach, borgte sich entweder das gesamte Regiebuch oder erhielt einzelne Rollen zum Abschreiben oder änderte einen bereits vorhandenen kleineren Text nach der „modernen" Bearbeitung um. Mitunter mochten auch befreundete Klöster oder Geistliche sich ganze neue Fassungen zugesandt haben; anders läßt sich die weite örtliche Verbreitung mancher Texte nicht erklären, wenn wir z. B. ein rheinisches Spiel in Österreich wiederfinden oder ein thüringisches in Tirol.

Marie Bath *Untersuchung des Johannesspiels, der Blindenheilungs- u. der Maria-Magdalenenszenen in den dt. mal. Passionsspielen.* Diss. Marburg 1919.

§ 29. Für Mitteldeutschland ist die hessische Spielgruppe von besonderer Wichtigkeit geworden. Einen Mittelpunkt bildete die reiche Stadt Frankfurt a. M. Dort wurde wahrscheinlich um 1350 ein zweitägiges Passionsspiel aufgeführt, dessen Dirigierrolle von der Hand des Kanonikus Baldemar von Peterswil geschrieben ist; die Frage, ob er auch der Verfasser oder nur der Spielleiter war, ist kaum zu beantworten. Der Dichter hat viele Verse dem geistlichen Epos 'Die Erlösung' entnommen, welches die gesamte Heilsgeschichte umfaßte; ältere Dramentexte sind ebenfalls verwandt worden. Neu und für die Frankfurter Gruppe eigentümlich ist vor allem die Einrahmung durch das Prophetenspiel. Durch den Anblick der Passion und Auferstehung sollen die Juden genötigt werden, die Wahrheit des christlichen Glaubens anzuerkennen und sich taufen zu lassen. Eine Disputation zwischen den beiden Personifikationen der Kirche und Synagoge unterstreicht diesen Gedanken noch mehr. Bei aller Realistik (die Juden z. B. tragen wirkliche, damals in Frankfurt gebräuchliche Judennamen) ist dieses Spiel Baldemars noch ernst und würdig gehalten; lat. Gesänge sind eingestreut; bloß die wichtigsten Handlungen werden vorgeführt. Es steht also dem Übergangsdrama noch sehr nahe.

Eine spätere Bearbeitung des Baldemarschen Spiels hat dann auf das stärkste die erhaltenen Texte des 15. Jhs. beeinflußt, und zwar eine Bearbeitung, die im Geiste dieser Zeit das alte Stück durch beträchtliche Zusätze zu einem umfangreichen Spiel aufschwellte. In den hessischen Städtchen Friedberg und Alsfeld und wieder in Frankfurt finden wir während des 15. Jhs. reiche urkundliche Nachrichten und textliche Zeugen einer lebhaften Schauspieltätigkeit. Dirigierrollen und vollständige Spielhandschriften von allen drei Orten lassen eine wechselseitige Beeinflussung erkennen, sowohl durch gegenseitige Besuche wie durch Entleihen von einzelnen Rollen und Abschriften ganzer Teile. Jetzt ist das alte Stück des 14. Jhs. kaum mehr zu erkennen. Das Prophetenspiel wird zwar am Anfang als wirkungsvoll einleitendes Motiv benutzt, aber zum Schluß nicht wieder aufgenommen. Ferner sind die kirchlichen Bestandteile, die lat. Gesänge, ganz zurückgetreten, dafür ist der dt. Wortlaut wesentlich verbreitert und ausgedehnt worden. Die ganze Flut der Einzelszenen aus Jesu Leben seit der Versuchung stürzt über den Zuschauer. Das Prozessionsdrama (s. u. § 37—38) äußert seinen Einfluß gerade in diesen Einzelszenen in einigen Fassungen. Dem Vorstellungskreise der Zuschauer suchte man möglichst nahezukommen durch naturalistische Wiedergabe der Vorgänge; alles mußte den Augen sichtbar vorgeführt werden, auf das bloße Erzählen durfte man sich nicht beschränken. Der soziologischen Struktur jener Gegend angemessen, wird die Verstocktheit und Halsstarrigkeit der Juden besonders stark herausgearbeitet; bei keiner anderen Gruppe tritt der fanatische Judenhaß des mal. Pöbels so stark und aufdringlich hervor wie bei den hessischen Spielen. Auch die Teufel spielen als Verführer und Seelenfänger eine groß Rolle, die indes nicht, unserem heutigen Geschmack nach, als allein komisch, sondern auch als grausenerregend für den damaligen Menschen aufzufassen ist. Gerade die beiden umfangreichen dreitägigen Spiele von Frankfurt aus dem Jahre 1493 und von Alsfeld aus dem Jahre 1501 können als Prototypen der bürgerlichen Gattung gelten, welche robuste Sinnenfreude mit handfester Frömmigkeit vereinte, ohne sich über die feineren religiösen Probleme den Kopf zu zerbrechen.

Texte bei Froning DNL. XIV 340—864. E. W. Zimmermann *Das Alsfelder Psp. u. die Wetterauer Spielgruppe*. Diss. Gött. 1909. C. Schmidt *Studien zur Textkritik der 'Erlösung'*. Diss. Marburg 1911. J. Petersen *Aufführungen u. Bühnenplan des älteren Frankfurter Passionsspiels*, ZfdA. LIX (1922) S. 83—126.

§ 30. Die einzelnen Szenen aus Christi Leben in dem Heidelberger Passionsspiel (Hs. von 1514) beruhen auf einer Überarbeitung des alten Frankfurter Spiels von 1350. Gerade dies Heidelberger Spiel ist interessant infolge der übermäßigen Anschwellung durch Präfigurationen; sein ganzer Aufbau beruht auf einem ständigen Wechsel zwischen Szenen des AT. und des NT.; fortwährend wird die Passionshandlung durch die Präfigurationen gestört. Dies Spiel, das sonst gerade wegen dieses unorganischen Aufbaus keine Nachfolge fand, hat doch in einigen Szenen nachgewirkt auf ein Augsburger Passionsspiel und schlägt daher die Brücke zu der bayrisch-österreichischen Gruppe.

Text hsg. von Milchsack (Bibl. d. Lit. Vereins 150) 1880. Eine genauere Untersuchung fehlt noch. — T. Weber *Die Präfigurationen im geistl. Drama Deutschlands*. Diss. Marburg 1919.

§ 31. Dieses in schwäbischer Mundart aufgezeichnete Augsburger Spiel des 15. Jhs., das, wie üblich, auch anderen Spielen Verse und Motive entlehnt hat, ist das Werk eines originellen Dichters, der z. B. in der Höllenfahrtszene seine Selbständigkeit wahrt und die Marienklage mit stärkeren dramatischen Akzenten versehen hat. Auf ihm beruht zu einem kleinen Teile der Text des heutigen Oberammergauer Passionsspiels. Man ist indes danach keineswegs berechtigt, letzteres als Überrest oder Dokument der mal. Spiele anzuführen; vielmehr ist es im heutigen Text und Aufführungsstil eine Mischung aus dem barokken Jesuitentheater des 17. Jhs. und dem gemäßigt realistischen Regiespiel aus der Mitte des 19. Jhs. Ebenso verhält es sich mit dem Erler und anderen Passionsspielen auf bayrischem Boden. Wie zäh sich das mal. Schauspiel in Bayern hielt, beweist ein Münchener Osterspiel, das nach der Einleitungsrede vor dem dortigen herzoglichen Hof im 16. Jh. aufgeführt wurde. Es reicht von der Höllenfahrt bis zum Gang nach Emmaus und zur Thomasszene, enthält eine Reihe origineller Auftritte und ist charakteristisch durch die Verdeutschung aller lat. Gesänge (mit einer Ausnahme). Ähnlich einfach, aber doch ebenfalls bereits von dem neuen Zeitgeist berührt, präsentieren sich die Spiele, welche in einer Hs. des 15. Jhs. in der bischöflichen Bibliothek zu Erlau aufbewahrt werden. Mit außerordentlicher Vorliebe sind hier diejenigen Szenen herausgearbeitet, welche Gelegenheit zu derber naturalistischer Darstellung bieten, also in dem einen das sündige Weltleben der Maria Magdalena, in einem anderen die Krämerszene, wo vor allem der marktschreierische Knecht Rubin im Vordergrunde steht, in einem dritten die Grabwächter des Pilatus, die als komische Prahlhänse erscheinen.

A. Hartmann *Das Oberammergauer Psp. in s. ältesten Gestalt* 1880; darin S. 1—100 das Augsburger Psp. O. Maußer *Text des Oberammergauer Passionsspiels, histor.-krit. Ausg.* 1910. [G. Queri] *Der älteste Text des Oberammergauer Passionsspiels* 1910. F. Feldigl *Denkmäler der Oberammergauer Passionslit.* 1922. W. Flemming *Das Oberammergauer Psp. in literar- u. theatergeschichtl. Beleuchtung*, ZfDt. 1922 S. 335 bis 346. A. Dörrer *Das Erler Passionsbuch* 1922[6]. F. Behrend *Das Erler Psp.*, ZfVk. XXIII (1913) S. 65—69. — Das Münchener Osp. hsg. von A. Birlinger *Ein spil von der urstend Christi*, ArchfnSpr. XXXIX (1866) S. 367—400. — K. F. Kummer *Erlauer Spiele* 1882. Dazu J. E. Wackernell ZfdPh. XV (1883) S. 364—376; K. Bartsch Germ. XXVIII (1883) S. 103—107; A. E. Schönbach GGA. 1882 S. 877—894. — A. E. Schönbach *Über das Psp. zu St. Stephan in Wien*, ZfdPh. VI (1875) S. 146—153. Zeidler *Die Schauspieltätigkeit der Schüler u. Studenten Wiens.* Progr. Oberhollabrunn 1888.

§ 32. Stellen aus jenem Augsburger Passionsspiel hat, neben anderen Quellen, das große dreitägige Passionsspiel von Eger in sich aufgenommen, das im 15. Jh. häufig auf dem Markt aufgeführt worden ist. In breitester Ausmalung führt es die gesamte Heilsgeschichte des AT. und NT. vom Sturz Luzifers und vom Sündenfall an vor; die wichtigsten Geschichten des AT. werden verwertet, Prophetensprüche eingeschoben, die legendarische Geschichte von Marias Jugend ist nicht vergessen, und von der Verkündigung rollt dann Jesu Leben bis zur Auferstehung und zur Begegnung mit Thomas ab. Also ein bezeichnendes Spiel des Spätmittelalters, breit und ausladend, derb und naturalistisch. Die Teufel entfalten eine reiche Tätigkeit; Soldaten und Juden tragen charakteristische redende Namen. Gegen komische Züge hegte indes der Verfasser eine starke Abneigung: die Krämerszene ist stark verkürzt und bietet, recht im Gegensatz zu Erlau, keinen Raum für possenhafte Situationen. Ergreifend wirkt Marias Verstummen an Christi Leichnam: sie hat keine Worte mehr, um ihrem Schmerz Ausdruck zu geben, und starrt tränenlos, ohne auf Josefs Fragen zu achten, auf den geliebten Toten hinab. Auch die Klage der Maria Magdalena am leeren Grab ist von einer erschütternden Innigkeit und gemahnt an ältere Totenklagen der höfischen Kunst; Fäden führen auch hier zu einer bayrischen Klage um Christi Tod.

Ausgabe von Milchsack (Bibl. des Lit. Vereins 156) 1881, fälschlich als „Fronleichnamsspiel" bezeichnet. J. Trötscher Germ. XXX (1885) S. 315f. A. Klitzner *Vokalismus der Reime im Egerer Fronleichnamsspiel.* Diss. Wien 1921. Die bayr. Klage bei Greith *Spicilegium Vaticanum* 1838. S. 58. — Die noch heute bestehenden zahlreichen Passionsspiele in Böhmen (Hořitz, Krummau, Kalsching, Hohenelbe, Plan usw.) entstammen dem Barock u. haben mit dem MA. nichts zu tun.

§ 33. Große Passionsspiele boten vor allem die tirolischen Handelsstädte: Hall, Sterzing, Bozen und Brixen. In Sterzing lag die Heimat aller der verschiedenen Texte, die, wie bei der hessischen Gruppe, in engster Wechselwirkung untereinander stehen, sich mannigfach durchkreuzen und immer mehr aufschwellen, bis man zu einer siebentägigen Aufführung in Bozen 1514 sich verstieg. An zwei Namen knüpft die Tiroler Dramatik an, an den aus Ingolstadt stammenden Lateinschulmeister Benedikt Debs in Bozen (1485—1515) und an den Maler Vigil Raber in Sterzing († 1552). Besonders Raber organisiert das

Theater in ganz Tirol, er ist unermüdlich tätig als Regisseur, Notenschreiber, Textredaktor, Garderobier, Fundusverwalter und Schauspieler. Wir können hier einmal besonders schön erkennen, wie auf der Initiative einzelner Individuen die Pflege der großen Spiele beruhte; das Wort vom „Herauswachsen dieser Aufführungen aus dem einheitlichen Streben der Massen" ist demgegenüber nur eine unhistorische Phrase. Bemerkenswert an diesen doch umfangreichen Aufführungen ist der enge Zusammenhang, in welchem sie noch mit dem Gottesdienste stehen. Dies kommt schon daher, daß sie, wenigstens in Sterzing und Bozen, in den Kirchen stattfanden. Ferner wurden die einzelnen Geschehnisse — wie wir das übrigens auch in anderen Gegenden finden — auf die entsprechenden Feiertage verteilt, die ihrem Andenken gewidmet waren: Palmarum begann man mit Christi Einzug in Jerusalem, Gründonnerstag und Karfreitag spielte man die Passion, Sonnabend die Marienklagen, Ostersonntag die Auferstehung, Ostermontag den Gang nach Emmaus, und am Himmelfahrtstag schloß man mit Christi Himmelfahrt. Der naturalistische Gedanke des engen Anschlusses an die Wirklichkeit liegt dieser Verteilung zugrunde. Infolge solcher Verbindung mit der kirchlichen Feier fehlt derbe Komik; nur bei dem Auferstehungsspiel zeigt sie sich, aber nicht unflätig, in den Gestalten der Grabeswächter und der Teufel. Auch durch Abrundung und Geschlossenheit der Handlung zeichnen sich diese Tiroler Spiele aus; der Versuch zur Verknüpfung und Begründung der einzelnen Szenen wird schon gemacht. Vielleicht ist dies bereits auf humanistischen Einfluß zurückzuführen.

A. Pichler *Über das Drama des MA. in Tirol* 1850. J. E. Wackernell *Über die ältesten Passionsspiele in Tirol* 1887. Ders. *Altdeutsche Passionsspiele aus Tirol* 1897. Innsbrucker Fragment hsg. von S. M. Prem AfdA. XV (1889) S. 143—145. K. Fischnaler *Die Volksschauspiele zu Sterzing im 15. u. 16. Jh.*, Z. d. Ferdinandeums 3. Folge XXXVIII (1894) S. 353—382.

§ 34. Auch auf alemannischem Boden steht eine Gruppe von Spielen in engem Zusammenhang miteinander. Luzern am Vierwaldstätter See scheint hier die Heimat für ein „Urspiel" aus der ersten Hälfte des 14. Jhs. gewesen zu sein. Erst in Bearbeitungen des folgenden Jhs. liegen die Texte vor uns, bei den verschiedenen Aufführungen mannigfach erweitert und immer von neuem überarbeitet. 1470 vereinigten sich zwei bereits bestehende Bruderschaften zu gemeinsamer Arbeit bei dem frommen Zweck der Aufführungen; später war, wie Raber in Tirol, der Stadtschreiber Renwart Cysat die treibende Kraft und Seele des ganzen Unternehmens. Das Urspiel wanderte aus Luzern, vermutlich durch reisende Mönche, nach Norden in den Schwarzwald und wurde bei den Franziskanern in Villingen gern aufgenommen. Die Auswahl der Szenen aus dem Leben Jesu weicht stark von der anderer Spiele ab; aus den Evangelienperikopen der Fastenzeit hat der Verfasser die zur dramatischen Darstellung geeigneten Szenen ausgewählt und durch individuelle Ausgestaltung einiger Charaktere miteinander und mit der Passionshandlung verknüpft. Im Text hat er sich an den Wortlaut der Bibel angeschlossen; die jetzt in Donaueschingen aufbewahrte Bearbeitung aus dem 15. Jh. schwellt ihn auch nicht auf, wie es sonst Stil dieser Zeit ist. Das Spiel aus dem Ende des 16. Jhs. ist in der Anlage und in vielen Einzelheiten von dem älteren abhängig; humanistischer Einfluß macht sich z. B. in der Akteinteilung bemerkbar. — Ähnlich wie diese zweitägigen Spiele werden die anderen auf alemannischem Boden erwähnten gewesen sein, z. B. in Winterthur und sonstigen Orten. Ein mit den bisherigen Texten nicht verwandtes Bruchstück eines Osterspiels hat sich in der Handschrift des Matthias Gundelfinger, vielleicht eines Konstanzer Geistlichen, erhalten. Der traditionelle Grundstock der Szenen ist gewahrt, aber in den Reden herrscht bei allen Anklängen an frühere Darstellungen doch starke Selbständigkeit, so in den innigen Klagen der Maria oder bei den schönen Freundesworten des Nikodemus und Josef während der Abnahme Christi vom Kreuz. Das der Sprache nach alemannische Stück, dessen 2. Teil, die Auferstehung, aus der Hs. leider herausgeschnitten ist, war offenbar für die „Bruderschaft der Bekrönung unseres Herrn" gedichtet und 1480 oder 1485 zuerst von ihr zur Darstellung gebracht worden.

B. Hidler *Renwart Cysat, der Stadtschreiber zu Luzern*, Archiv f. schweizer. Gesch. XIII (1862) S. 161—224; über das Osp. S. 188—200. Leibing *Über die Inszenierung des zweitägigen Luzerner Osterspiels v. J. 1583 durch R. Cysat.* Progr. Elberfeld 1869; dazu F. Vogt *Gesch. d. dt. Lit.* 1919 I[3] 270 (Faksimile). R. Brandstetters Veröffentlichungen: *Die Luzerner Bühnenrodel*, Germ. XXX (1885) S. 205—210, 325—350; *Die Figur der Hochzeit zu Kana in den Luzerner Osterspielen*, Alemannia XIII (1885) S. 241—262; *Musik u. Gesang in den Luzerner Osterspielen*, Geschichtsfreund XL (1885) S. 145 bis 168; *Die Regenz bei den Luzerner Osterspielen.* Progr. Luzern 1886; *Die Aufführung eines Luzerner Osterspiels im 16. u. 17. Jh.*, Geschichtsfreund XLVIII (1893) S. 277—336. — Das sog. Donaueschinger Psp. hsg. von Mone *Schauspiele des Mittelalters* 1846. I 150—350. Die spätere Fassung, noch ungedruckt, in der Fstl. Bibl. Donaueschingen Hs. Nr. 138. G. Dinges *Untersuchungen zum Donaueschinger Psp.* (Germ. Abhh. 35) 1910; dazu H. Legband ArchfnSpr. CXXX (1913) S. 392—399. Chr. Roder *Ehemalige Passionsspiele zu Villingen*, Freiburger Diözesanarchiv NF. XVII (1916) S. 163—192. Zum Nachleben vgl. Z. f. Gesch. d. Oberrheins XXII (1869) S. 397ff.; Alemannia IX (1881) S. 264f. — Gundelfingers Spiel gedr. bei Mone *Schauspiele des MA.* 1846. II 119—150. A. Hartmann *Das Oberammergauer Psp.* 1880. S. 249 bis 269. Erna Mundt *Über das Luzerner Spiel von Christi Tod u. Grablegung.* Diss. Marburg 1923; vgl. Geschichtsfreund LXXVIII (1923) S. 337—339. Die Gundelfinger waren eine angesehene Konstanzer Familie, aus der verschiedene Mitglieder als Domherren erscheinen; vgl. *Eidgenössische Abschiede* III 1 S. 150, 242, 247, 269f.; Mülinen *Helvetia sacra* I 36, 41. — Andere Passionsspiele. Winterthur: *Chronik des Laur. Boßhart* 1905. S. 46, 59, 86; Anz. f. schweizer. Gesch. NF. XIX (1917) S. 281f. Gebweiler: Alemannia XVII (1889) S. 154. Feldkirch: ebd. XII (1884) S. 21. Kolmar: *Wickrams Werke* ed. Bolte V (Bibl. d. Lit. Vereins 232) S. IX—XI. Memmingen: A. Birlinger *Aus Schwaben* 1874. S. 83. Calw: Bibl. d. Lit. Vereins 46 (1858) S. 229f. *Zimmerische Chronik* ed. Barack II 508f.

§ 35. In Norddeutschland hat sich die dramatische Kunstübung ebenfalls weiter reich entfaltet. Hier sind allerdings nicht so viele Texte vollständig überliefert wie in Mittel- und Oberdeutschland, aber die große Menge von Fragmenten sowie zahlreiche Nachrichten in Urkunden, Rechnungsregistern, Chroniken bezeugen, daß das niedersächsische Volk nicht minder spielfreudig war als die anderen dt. Stämme. 1383 wirft der Rat zu Osnabrück eine Summe aus zur Deckung der Unkosten für ein Spiel, das kurz vor Ostern, am Tage der Synode, gespielt wurde, und dessen Text sich in Bruchstücken bis auf die Gegenwart gerettet hat; nach der Sprache war es aus dem Westen, aus den Niederlanden oder vom Niederrhein, nach Osnabrück gelangt. Aus den Ratsrechnungen wissen wir, daß in Hamburg 1466 und 1480 Passionsaufführungen stattfanden; genau bucht der Kämmerer die einzelnen Posten für Aufstellen und Anstreichen der Bühne und der Requisiten, für Beschaffung und Anfertigung der Gewänder; und der Rat erließ im Verein mit der Geistlichkeit einen Aufruf an die fromme Bürgerschaft, einen „Garantiefonds" zu schaffen und durch freiwillige Zeichnungen die Kosten der Spiele mit bestreiten zu helfen. Zwei Tage, am Montag und Dienstag der Stillen Woche, wurde gespielt. In Hildesheim wurde 1487, 1499 und 1517 auf dem Markte die Passion dargestellt (wenigstens haben wir über diese Jahre genaue Angaben), und noch 1522 bestimmt ein frommer Bürger in seinem Testament eine Summe *vor dat mysterium der upstandinge Christi in der paschenacht to verhandelnde.* Andere Nachrichten melden von ähnlichen Aufführungen in Dortmund, Hameln, Lüneburg, Nordhausen, Stolberg, Wittenberg, Stralsund, Bahn in Pommern usw.

W. Stammler *Geistliche Spiele im niedersächsischen MA.*, Niederdeutsche Bühne I (1921) S. 39—46; ders. Lg. S. 65—69. — F. Goebel *Praelocutio eines mnd. Osterspiels*, Nd. Jb. XXII (1896) S. 144—146. — K. Dürre *Das Osnabrücker Osterspiel*, Niedersachsen XXIV (1919) S. 301 bis 306. Mitteilungen d. Hist. Vereins f. Osnabrück XV (1890) S. 119. — *Hamburger Kämmereirechnungen* ed. K. Koppmann II 284, 302, 342, 344; III 444f. K. Koppmann *Aus Hamburgs Vergangenheit* 1885. I 192f. Z. f. Hamburg. Gesch. I (1841) S. 136f. — *Chronik des Joh. Oldecop* ed. Euling (Bibl. d. Lit. Vereins 195) 1891. S. 52. *Henning Brandis Diarium* ed. L. Hänselmann 1896. S. 89. Gaedertz *Archival. Nachrichten über die Theaterzustände von Hildesheim, Lübeck, Lüneburg* 1888. S. 3. Stammler *Leseb.* S. 36f., 137. — *Dortmunder Chronik des D. Westhoff* (Chroniken der dt. Städte XX) 1887. S. 398. — A. v. Weyhe-Eimke *Die Äbte des Klosters St. Michael in Lüneburg* 1862. S. 131. Gaedertz a. a. O. S. 154. — *Hamelner Urkunden-Buch* ed. Fink 1903. II Nr. 30. — Pfitzner Z. d. Harzvereins XXIII (1890) S. 328. — Neue Mitteilungen des Thür.-Sächs. Geschichtsvereins II (1836) S. 647f. — D. Schröder *Wismarische Erstlinge* 1735 S. 323. — Zober *F. Wessels Schilderung des kathol. Gottesdiensts in Stralsund* 1837. S. 9. — Rühs *Pommersche Denkwürdigkeiten* 1803 I 181; *Pomerania* ed. G. Gaebel 1908. II 188. — Schwerlich aus einem Osp.

die mnd. Bearbeitung der 'St. Anselmus-Frage' in Dessau (Borchling Nachrichten der Gött. Gesellsch. d. Wissensch. 1902 Beiheft S. 254f.). Dagegen wohl noch manches in den mnd. Gebetbüchern u. Breviarien der Wolfenbüttler Bibliothek (vgl. z. B. Borchling a. a. O. S. 44).

§ 36. Auch vollständige Texte sind noch vorhanden. 1464 vollendete in dem zum Kloster Doberan gehörigen Hof Redentin ein Mönch (vielleicht Bruder Peter Kalff) ein Osterspiel, das deutlich mecklenburgischen Charakter trägt und die Annahme einer ostfälischen oder mitteldt. Vorlage auch sprachlich unnötig macht. Natürlich waren dem Dichter andere Texte bekannt, aber er benutzte sie keineswegs sklavisch, wie es sonst oft vorkommt, sondern verwertete die traditionellen Motive durchaus selbständig und originell. Zwei Teile bilden das D.: die Auferstehungshandlung und das Teufelsspiel. In jedem Teil hat der Verfasser dem wechselnden Inhalt entsprechend einen verschiedenartigen Stil angewandt, aber doch nicht so stark, daß man das Stück in zwei unzusammengehörende D. zerlegen könnte. Vielmehr zeigt sich gerade in dem einheitlichen und doch jeweils besonderen Stil beider Teile sein künstlerisches Feingefühl. Frische Lebhaftigkeit und Anschaulichkeit ohne die Häufung von realistischen Einzelheiten zeichnen das Spiel aus; die geschickte Entfaltung des zahlreichen Personenmaterials und die gute Einfügung der Teufelsszenen offenbaren einen hohen Grad poetischen Taktes. Christus steht wirklich handelnd im Mittelpunkte des ersten Teils, ihm gegenüber die fast tragische Rolle des höllischen Fürsten Luzifer. Ein altes Motiv der Ständesatire ist im zweiten Teile lebendig ausgestaltet worden: Luzifer muß seine Hölle wieder füllen, und von allen Seiten werden nun die Vertreter aller möglichen Berufe und Handwerke von den Unterteufeln herbeigeschleppt und nach kläglichem Sündenbekenntnis unter eigenem Jammergeschrei und unter der Teufel Hohngelächter in das Höllenmaul hinabgestoßen. — Die einzige authentische Nachricht von einem mittelalterl. Dramendichter, der sich selbst als solchen nennt, steht ebenfalls in einem niedersächsischen Text. Ein Fronleichnamsspiel ist es, das zu Goslar in der zweiten Hälfte des 15. Jhs. aller Wahrscheinlichkeit nach aufgeführt worden ist. Der Verfasser nennt sich in einem Akrostichon zu Anfang des Spiels Arnoldus Immessen, und einen Geistlichen dieses Namens können wir urkundlich in Alfeld und Einbeck 1483—86 nachweisen, also in der Gegend, wohin die Sprache des D. weist. In kühner, symbolreicher Umschlingung behandelt er die Vorverkündigungen von Christi Heilstat im AT. durch die Propheten, Sibyllen und David und schließt mit einer wirkungsvollen Lobpreisung der Jungfrau und Gottesmutter Maria. Der Zweck des Spiels war die Verherrlichung der Jungfrau Maria im Sinne der unbefleckten Empfängnis und nähert sich darin einem zeitgenössischen mittelniederländischen D. Vielleicht stand der Dichter franziskanischen Kreisen nahe und griff mit künstlerischen Mitteln ein in den theologischen Streit zwischen den Franziskanern und Dominikanern um dieses Problem. Die dogmatische Tendenz hat aber dem eigentlichen dramatischen Nerv des Spiels keinen Abbruch getan. Die Annahme, daß hier nur der erste Teil eines größeren D. vorliege, da das Ende unvermittelt sei, ist verfehlt. Es ist vielmehr ein deutlicher Abschluß vorhanden: Preis der Maria, die uns zur Seligkeit verhilft, und gemeinsames Loblied aller Zuschauer.

Ausgaben des Redentiner Osterspiels von C. Schröder (Nd. Denkmäler V) 1893; von W. Stammler 1925. Die Literatur bei Stammler *Leseb.* S. 145f. Dazu jetzt noch Elisabeth Spener *Die Entstehung des Redentiner Osterspiels.* Diss. Marburg 1922. — O. Schönemann *Der Sündenfall u. Marienklage* 1855. Neue Ausgabe von F. Krage (Germanisch. Bibl. II 8) 1913. Dazu Scholte Museum XXIII (1915) S. 265ff.; W. Hohnbaum Nd. Kbl. XXXIV (1913) S. 91—96. Ders. *Zur Heimatbestimmung des mnd. Sündenfalls*, ebd. XXXIV (1913) S. 72—75; dagegen F. Krage ebd. XXXV (1915) S. 43—45. W. Hohnbaum *Untersuchungen zum Wolfenbüttler Sündenfall.* Diss. Marburg 1912; dazu F. Krage Nd. Kbl. XXXIII (1912) S. 78 bis 80. Die urkundlichen Nachrichten über den Vf. bei W. Stammler Nd. Kbl. XXXVII (1919/20) S. 40.

Prozessionsspiele. § 37. Eine wesentliche Änderung erfuhr der gesamte Bau der Dramen durch die Einflüsse der Prozessionen. Nachdem Papst Urban IV. i. J. 1264 das Fest des Fronleichnams Christi gestiftet hatte, drang seit der ersten Hälfte des 14. Jhs. der Brauch durch, in einer feierlichen Prozession diesen Tag zu begehen; aus Frankreich scheint er gekommen zu sein. Vielfach bildeten sich Bruderschaften zur feierlichen Ausstattung der Prozession; die Zünfte beteiligten sich in corpore daran. Da die durch Christi Verleiblichung und Opfertod vollzogene Menschheitserlösung damit gefeiert werden sollte, kam man auf den Gedanken, die Haupttatsachen aus dieser Heilsgeschichte in der Prozession entweder durch Bilder oder menschliche Gruppen vorzuführen und dem Volke noch stärker einzuprägen. Schließlich ging der Zug an manchen Orten dergestalt vor sich, daß an bestimmten Stellen haltgemacht und von den einzelnen Gruppen mit wenigen Worten vorgetragen wurde, was die Gruppe bedeutete, wobei die Darsteller möglichst pantomimisch im Charakter ihrer Rolle tätig sein mußten. Vor dem Zuschauer entwickelte sich also in einzelnen Stationen oder lebenden Bildern die Passion Christi.

H. Craig *The Corpus Christi procession and Corpus Christi play*, JEGPh. XIII (1914) S. 589—602.

§ 38. Dieser abgerissene Stil der einzelnen Bilder drang in manchen Gegenden auch in das große D. ein. Man ließ die Handlung nicht mehr in ungehemmtem Fluß fortschreiten, sondern legte Wert darauf, einzelne Bilder in sich abgerundet zu geben und sie durch Zwischengesänge oder besondere Erklärer zu trennen. Das Prozessionsspiel aus dem schwäbischen Städtchen Künzelsau hat Muster und Vorbild in Anordnung und Text für viele Nachfolger und Nachahmer gegeben (15. Jh.). Besonders zu solcher Eigenart beigetragen haben die Präfigurationen, die von der Literatur aus in das geistl. Spiel eingedrungen waren. Dadurch, daß man sie mit den betreffenden neutestamentlichen Szenen abwechseln und durch Propheten dazwischen deuten ließ, wurde eine fortlaufende Handlung unmöglich gemacht und der Typus des „Prozessionsdramas" herausgearbeitet, auch wo eine Prozession nie bestanden hatte oder nicht mehr gegangen wurde. Die geistl. Spiele des Hochmittelalters lassen sich also stofflich und stilistisch in zwei Gruppen scheiden: das eigentliche Schauspiel und das Prozessionsspiel.

Das Künzelsauer Frsp. noch ungedruckt; Ausgabe durch Hilde Stock in Vorbereitung. Vgl. T. Mansholt *Das Künzelsauer Frsp.* Diss. Marburg 1892. Zu den Präfigurationen vgl. die Marburger Diss. von T. Weber 1919 (s. o. § 30).

§ 38. In Freiburg i. B. hatte sich, wie in Künzelsau, ein großes Prozessionsspiel aus der Fronleichnamsprozession entwickelt, welches auf dem Münsterplatz durch die Zünfte dargestellt wurde. Im 16. Jh. erweiterte man es durch Verse aus dem protestantischen Passionsspiel des Züricher Arztes Jakob Ruef, ein Beweis, wie man bei diesen religiösen Stücken die konfessionellen Schranken nicht ängstlich innehielt. Um 1600 macht sich dann der gelehrte Zeitgeist geltend: Fünf Akte werden abgeteilt, Juden und Römer erhalten humanistische Namen, die lyrischen und epischen Stellen werden zurückgedrängt und dafür dramatische Lichter in Fülle aufgesetzt. Ein hübsches Beispiel für die Humanisierung (wie anderswo für die Barockisierung) mal. Erbgutes! — Die Prozessionsspiele wurden auch in Ostmitteldeutschland gepflegt. Dresden und Zerbst glänzten in solchen Veranstaltungen, über die uns Chroniken und Pläne unterrichten. Wie sich aus einer Prozession ein Stück entwickeln kann, läßt sich deutlich an dem sog. Innsbrucker Fronleichnamsspiel beobachten; hier besteht noch ganz die primitive Anordnung der Prozession. Daß wir es mit einem Prozessionsspiel zu tun haben, welches zwischen den Jahren 1311 und 1316 in Ostthüringen entstanden sein muß, lehrt auch der Mangel an Bühnenanweisungen, die anderenfalls erforderlich wären.

E. Martin *Freiburger Passionsspiele des 16. Jhs.*, Z. f. Beförderung d. Gesch.-, Altert.- u. Volkskunde von Freiburg i. B. III (1873/74) S. 1—206. E. Eckhardt *Alte Schauspiele aus dem Breisgau*, Volkskunde im Breisgau (1906) S. 155—189. Ähnlich das Lauinger Spiel; vgl. A. Birlinger *Aus Schwaben* 1874. II 187—201. — O. Richter *Das Johannisspiel zu Dresden im 15. u. 16. Jh.*, Neues Arch. f. sächs. Gesch. IV (1883) S. 101—114. L. Gombert *Joh. Aals Spiel von Johannes dem Täufer u. die älteren Johannesdramen* (Germ. Abhh. 31) 1908. — F. Sintenis *Beschreibung einer i. J. 1507 zu Zerbst aufgeführten Prozession*, ZfdA. II (1842) S. 276—297. — Das Innsbrucker Frsp. gedr. bei Mone *Altdeutsche Schauspiele* 1841. S. 145—164. Dora Francke *Das Innsbrucker Frsp.* Diss. Marburg 1921. — Reste: A. Birlinger *Aus Schwaben* 1874.

II 172–177; ders. *Volkstümliches aus Schwaben* II 169f.; J. Bolte *Die dramat. Bußprozession zu Veume*, Festschrift f. Ed. Hahn (1917) S. 269 bis 279

Legendenspiele. § 39. In drei stark voneinander abweichenden Fassungen besitzen wir das Legendenspiel 'Theophilus' aus dem 15. Jh. Der Titelheld ist vielfach als ein „mittelalterlicher Faust" bezeichnet worden, sehr zu Unrecht, dann müßte man jeden Menschen, von dem ein Bündnis mit dem Teufel berichtet wird, ebenso benennen. Die alte lat. Quelle ist im D. wesentlich verkürzt worden, und mit Geschick hat der Dichter der vermutlich ältesten Fassung (der Wolfenbüttler) nur die Hauptpunkte herausgegriffen, welche für den Lebensweg des Theophilus bedeutungsvoll sind. Nicht die guten Werke, sondern einzig wahre Reue und Buße, nicht äußeres Tun, sondern innere Zerknirschung führen zur Seligkeit: dieses Thema ergriff den Menschen jener religiös ungemein erregten Zeit besonders stark, zumal wenn er es gleichsam leibhaftig auf der Bühne sah. Die beiden späteren Fassungen (in Stockholm und Trier) verbreitern, dem Stilwillen der Zeit folgend, das angeschlagene Thema, bringen realistische Bilder aus dem Stiftsleben zur Darstellung und individualisieren die einzelnen Kleriker anschaulich. Am Niederrhein haben wir vielleicht die Heimat des ursprünglichen Originals zu suchen.

Ausgabe von R. Petsch (Germ. Bibl. II 2) 1908; dort die ältere Literatur. Die Wiederherstellung der Urfassung versuchte C. Sarauw Det kgl. Danske Videnskabernes Selskab. Hist.-fil. meddelser VIII 3 (1923). Über die Sage vgl. W. Meyer *Gesammelte Abhandlungen* 1905. I 59 bis 73. Stammler *Lg.* S. 66.

§ 40. Das gleiche Problem behandelte ein thüringischer Dramatiker in der Reichsstadt Mühlhausen, Dietrich Schernberg, in seinem 'Spiel von Frau Jutten', das in den achtziger Jahren des 15. Jhs. entstanden und gespielt worden ist. Gleich dem 'Theophilus', den Schernberg stark benutzt hat, soll die Macht der Maria und die Sündenvergebung um der wahren Reue willen gefeiert werden. Seit dem Zehnjungfrauenspiel von Eisenach hat sich die religiöse Anschauung stark gewandelt; der auf das einmal gesprochene Urteil pochende, keine Gnade kennende Christus ist einem milden und verzeihenden Himmelsherrn gewichen, welcher in das Herz des Menschen sieht und danach seinen Spruch fällt. Zwei Zeitalter stehen sich da gegenüber. Die Grundlage für Schernbergs Spiel bildet die bekannte Fabel von der Päpstin Johanna. Verschiedene Motive aus anderen Legenden und Spielen mischt der Dichter mit heimatlichen Anspielungen und bringt alles in einer nüchternen und schwerfälligen Sprache zum Ausdruck. Dabei zeigt sich stets das Streben nach Maß und Ernst; selbst die Teufel lassen grotesken Humor vermissen. Andererseits werden die Martern der Jutta in der Hölle und die Schadenfreude der folternden Teufel mit gleichem realistischen Behagen ausgemalt wie die entsprechenden Szenen aus Christi Passion in den großen Spielen.

Ausgabe von E. Schröder (Kleine Texte 67) 1911. G. Schollmeyer *M. Hieron. Tilesius, der Reformator Mühlhausens* 1883. A. Reichl *Die Beziehungen zw. Th. Schernberks 'Spiel von Frau Jutien' u. dem nd. 'Theophilus'* Progr. Arnau 1890. R. Haage *Dietrich Schernberg u. sein 'Spiel von Frau Jutten'* Diss. Marburg 1891; dazu R. Bechstein Germ. XXXVII (1892) S. 235–240; K. Drescher Ltbl. XIV (1893) Sp. 86–89; J. E. Wackernell AfdA. XIX (1893) S. 343. C. Fasola *'Das Spiel von Frau Jutten'*, Rivista di letteratura tedesca V (1911) Nr. 7–12. — Die Literatur über die Sage von der Päpstin Johanna in REPTh. IX 254.

§ 41. Es ist immer von neuem die Frage nach dem himmlischen Gericht, welche auch die Geschlechter des späteren MA. rege beschäftigt. Der Antichrist taucht als dankbare Dramenfigur in großen und kleinen Weltgerichtsspielen wieder auf, und der Endkampf des Weltenrichters mit seinem Erbfeind wird zum unermüdlich variierten Thema spätmittelalterl. Dramen. Auf alemannischem Boden scheint im 14. Jh. ein Ernst und Würde atmendes Spiel entstanden zu sein, das in einer späten Hs., wenn auch überarbeitet, erhalten ist. Propheten und Kirchenväter weisen prologartig auf das Herannahen des Jüngsten Tages hin, da ertönen auch schon die Posaunen und Weckrufe der Engel: der Herr erscheint. Die Frommen werden für den Himmel bestimmt, die Sünder zur ewigen Verdammnis verurteilt. Maria und Johannes legen Fürbitte ein, aber Christus bleibt bei seinem Spruch. Die Teufel erscheinen freudefletschend und schleppen die Bösen mit sich, die Hölle schließt sich hinter deren Wehgeschrei. In stärkstem Gegensatz dazu stimmen die Apostel eine Dankeshymne auf Christus an, und feierlich erfolgt zum Beschluß der Einzug in den Himmel. Dies einfache dramatische Gerüst wurde in einer Fülle von Spielen bis zum Ende des 16. Jhs. durch Zusätze erweitert, umgearbeitet, mit neuen Personen vermehrt, um andere Situationen bereichert. Aus der Legenden- und Exempelliteratur wurden mannigfache Züge verwertet. Über ganz Deutschland verstreut finden wir Texte und Nachrichten von Weltgerichtsspielen. Ihre Bedeutung war in jenem Zeitalter besonders einschneidend, und es fehlen nicht Zeugnisse von ähnlichen Wirkungen der eschatologischen D. auf die religiös gestimmten Zuschauer, wie bei dem Eisenacher Spiel (s. o. § 26). Daher wurden derartige Aufführungen auch mitunter verboten. Gerade durch diese Spiele ward aber der religiöse Zweck, die Menschen vom Irdischen auf das Jenseitige zu weisen, auf das packendste erreicht, und aus diesem Grunde haben auch protestantische Verfasser im Reformationsjahrhundert sich an diesem Stoffe versucht.

Ausgaben fehlen fast noch ganz. Grundlegend die Arbeit von K. Reuschel *Die dt. Weltgerichtsspiele des MA. und der Reformationszeit* (Teutonia IV) 1906. R. Klee *Das mhd. Spiel vom Jüngsten Tage.* Diss. Marburg 1906.

Moralitäten. § 42. Sehr spät, erst im 15. Jh. und in der Hauptsache unter humanistischem Einfluß, tauchen in Deutschland die sog. „Moralitäten" auf, d. h. dramatische Dichtungen, in denen abstrakte Figuren als handelnde oder wenigstens redende Personen erscheinen. Tugenden und Laster, Tod und Leben, Armut und Reichtum sind derartige Personifikationen. In Frankreich und England waren diese Stücke seit langem beliebt; dort knüpften sie an die mlat. Literaturgattung der Streitgedichte an. Man hat bei uns lange angenommen, daß die sog. „Totentänze" (s. d.) solche auf der Bühne dargestellten Moralitäten gewesen wären. Diese Hypothese hat sich als falsch erwiesen: wir haben keine einzige Nachricht von irgendeiner Aufführung eines Totentanzes im MA., und die Form ihrer Aufzeichnung berechtigt ebenfalls nicht im mindesten zu diesem Schluß. Dagegen kann man die ernsten Fastnachtsspiele (s. d.) zu dieser Dramenart rechnen, in denen entweder (wie in Lübeck) die Rechtfertigkeit in der Welt gesucht und schließlich in der menschlichen Seele gefunden wird, oder (wie in Basel) die Hartherzigkeit der Gutsherren gegenüber ihren Pächtern an den Pranger gestellt wird; oder die zehn Alter des Menschen treten in einer Reihe auf und deuten ihre Eigenschaften aus. Erst das Reformationszeitalter benutzte diese Form zu didaktischer und kirchlicher Tendenz in vollstem Maß und bildete ihre Eigenart weiter aus.

C. Dreger *Über die dem Menschen feindlichen allegor. Figuren auf der Moralitätenbühne Frankreichs* 1904. C. Walther *Das Fastnachtsspiel 'Henselyn oder Von der Rechtfertigkeit'*, Nd. Jb. III (1877) S. 9—36; V (1879) S. 173—179. G. Binz *Ein Basler Fastnachtsspiel a. d. 15. Jh.*, ZfdPh. XXXII (1900) S. 58—63. Über das 'Spiel von den 10 Altern' vgl. K. Goedeke *Pamphilus Gengenbach* 1856. S. 54—76, 442—459, 559—605; J. Bolte *Wickrams Werke* V (Bibl. d. Lit. Vereins 232) S. XX—XXIV. K. Th. Gaedertz *Ein altmünchener Mysterienspiel*, Was ich am Wege fand 1905. S. 321—340. Rostocker Theaterzettel vom Anfang d. 15. Jhs. bei Koennecke *Bilderatlas zur Gesch. d. dt. Nationallit.* 1895². S. 94. W. Gloth *Das Spiel von den 7 Farben* (Teutonia I) 1902; dazu W. Seelmann ZfVk. XIII (1903) S. 108—110. Drei Moralitäten aus der Bremer Hs. A. 67 des 16. Jhs. inhaltlich bei Mone *Schauspiele des MA.* 1846. II 411—418.

IV. Ausklang. § 43. Im Laufe des 16. Jhs., als die Reformation immer weiter um sich griff, erwuchsen den Passions- und Osterspielen ernste Gefahren. Wenn auch die Protestanten das D. an sich hochschätzten, und einige von ihnen selbst jene alte geistliche Gattung weiterpflegten — der strengeren lutherischen Richtung widerstrebte doch die glänzende, mit allerlei weltlichem Beiwerk versehene Schaustellung des Leidens Christi, und Luther selbst hat heftig gegen diese Sitte geeifert, sie als „götzendienerisch" verdammt. Nur diejenigen Spiele, welche geeignet waren, protestantische Dogmen unter das Volk zu bringen und die alte Kirche zu bekämpfen, waren jetzt noch von Wert. So wurde der größte Teil Deutschlands für lange Zeit, ganze Strecken für immer, eines der kostbarsten und eigenartigsten Kunstgüter beraubt, welche das MA. dem Volke geschenkt hatte.

Allg. lit. 1. Sammelausgaben. E. de Coussemaker *Drames liturgiques du moyen-âge* 1861. Mone *Altteutsche Schauspiele* 1841. Mone *Schauspiele des MA.* 1846. J. Baechtold *Schweizer Schauspiele des 16. Jhs.* 1890—93. R. Froning *Das Drama des MA.* (DNL. XIV) o. J. (1891).

2. Darstellungen. W. Creizenach *Geschichte des neueren Dramas* I² 1911; dort weitere Literatur. G. Durieux *La théologie dans le drame religieux en Allemagne au moyen-âge* 1914; ders. *Les apocryphes dans le drame religieux en Allemagne au moyen-âge* 1914; zu beiden Schriften vgl. H. Anz DLZ. 1915. Sp. 1797—1799. W. Stammler *Das religiöse Drama im dt. MA.* 1925. M. J. Rudwin *A historical and bibliographical survey of the German religious drama* (Univ. of Pittsburgh Stud. in Lang. and Lit.) 1925.

W. Stammler.

C. Neuzeitliches.

§ 1. Renaissance und Reformation. — § 2. Barock. — § 3. Aufklärung. — § 4. Sturm und Drang. — § 5. Klassik. — § 6. Romantik. — § 7. Realismus und Naturalismus. — § 8. Neuromantik und Neuklassizismus; Expressionismus.

§ 1. Renaissance und Reformation. Um die Wende des 15. und 16. Jhs. kamen in Deutschland die geistigen Kräfte zur Herrschaft, die durch die wiederbelebte Antike die kirchlich gebundene Denkart des MA. umwandelten zum bewußten Gefühl der einzelnen Persönlichkeit. Fast während zweier Jhh. sind mittelalterliches und neues Lebensgefühl ineinander geschichtet. Der neue Geist der Renaissance brachte auch dem D. neue Muster und bisher unbekannte Grundsätze der Kunstübung. Aber er fand auch schon ausgebildete dramatische Formen aus der bürgerlichen Kultur der Spätgotik vor: das geistl. D. und das Fastnachtsspiel.

Erst im 15. Jh. war das geistl. D. eine von der Kirche unabhängige, wahrhaft volkstümliche Angelegenheit geworden. An abgelegenen Orten hielt es sich noch durch das 16. Jh. hindurch, während es anderwärts dem Humanistendrama, der Reformation, den ausländischen Berufsschauspielern erlag oder von den Jesuiten wieder in die Gewalt der Kirche zurückgebracht wurde. Durchaus selbständig hatte sich in Deutschland, besonders in Nürnberg, seit dem Beginn des 15. Jhs. aus kostümierten Umzügen und Tänzen das Fastnachtsspiel (s. d.) entwickelt. Knapp, kurz, von Bühnenzurichtungen unabhängig, stand es ebenso hoch in der Gunst der Menge wie das geistl. Schauspiel, dessen gegebener Stoff kein Zusammenrücken, Gliedern und Steigern, sondern nur bunt bewegtes, theatralisches Sichtbarmachen der episch dahinfließenden Schaustellungen gestattete und als D. problemlos blieb. Daneben suchte man schon im 15. Jh. auf einem dritten, diesmal unvolkstümlichen Wege das D. Das lateinische Spiel der Renaissance-Humanisten entstand als ein Vorbote der neuen Auseinandersetzungen und Umschichtungen. Auf diesen drei Grundformen beruht das bald leidenschaftlich in den geistigen Kampf des Reformationszeitalters eintretende D. des 16. Jhs. Verhältnismäßig selten nur ist eine der drei Richtungen unbeirrt und geradeaus weiter verfolgt worden, sondern oft überkreuzen sich die Wege, laufen ineinander über und trennen sich wieder.

Die Überlieferung des römischen D. war im MA. mehr unterbrochen gewesen als die der anderen Literaturgattungen. Seit 1471 wurden Plautus und Terenz in Italien nicht nur neu gedruckt und erklärt und umgestaltet, sondern auch aufgeführt und in neuen Spielen nachgeahmt. Die Aufführungen fanden in einem geschlossenen Raum auf einem dekorationslosen, immer eine Straße bedeutenden Bühnengerüst statt, dessen Rückwand einige mit Vorhängen abgeschlossene Türen, die *mansiones* der einzelnen Personen, bildeten. Diese Art der Bühne ist auch für das dt. Schuldrama des 16. Jhs. maßgebend geworden und hat seine Gestalt mit bestimmt. Der frühe Versuch des um 1475 verstorbenen, in Italien ausgebildeten Bamberger Domherrn A. von Eyb, Komödien des Plautus in dt. Verhältnisse und in dt. Prosa zu übertragen, blieb ohne Nachfolge. Aber lat. Komödien wurden auch bald von den dt. Humanisten verfaßt. Nach J. Wimphelings '*Stylpho*' (1480) unternahm Reuchlin den ersten Versuch strenger Nachahmung des Terenz mit seinem 1497 von Heidelberger Studenten aufgeführten '*Henno*'. Die Zuschauer dieses bald übersetzten und bearbeiteten und nachgeahmten Spiels waren sich bewußt, neue künstlerische Möglichkeiten vor sich zu sehen. Die Teilung in Akte, die Einführung des antiken Chors in die Komödie unterschieden dies lateinische D. von den gleichzeitigen dt. Passions- und Fastnachtsspielen, mit denen das frühe lateinische D. keinerlei Wechselwirkung gehabt zu haben scheint. Der formstrengere Bau des lat. D., das eine Volkstümlichkeit garnicht beabsichtigte, wirkte auf das spätere dt., und deshalb sind die lat. Humanisten- und Schulkomödien in einer geschichtlichen Betrachtung des deutschen D. ein notwendiges Verbindungsglied.

Die für die Theatergeschichte wichtigen gelehrten Schulen hatten durch die Reformation einen ungeahnten Aufschwung genommen. Die von den protestantischen Schulordnungen als Übungen der lat. Sprachfertigkeit, der körperlichen Gewandtheit und des Gedächtnisses vorgeschriebenen und auch von Luther und Melanchthon geförderten Aufführungen fanden in den zwanziger Jahren mitunter wöchentlich zweimal als Unterrichtsgegenstand statt, später mehr als jährliche festliche Unterhaltungen vor einem weiteren Zuschauerkreis. Einige dieser besonders in den Niederlanden und in Deutschland gepflegten lat. Schuldramen (s. d.) haben bedeutenden Erfolg gehabt, obwohl ihr Text nur den Anhängern des Humanismus (s. d.) verständlich war. Nur der Neuerung, den biblischen Stoff in das altbewährte, reizvolle Gewand des Terenz zu hüllen, verdankt z. B. des Niederländers Gnaphaeus '*Acolastus*' den beispiellosen Erfolg von 39 Auflagen zwischen 1529 und 1581. Er ist für die mehr als hundert lat. Schuldramatiker des 16. Jhs. das unbestrittene Vorbild geworden. Durch die Befriedigung der ungeheuren Schaulust und mit Hilfe der bald entstehenden dt. Übersetzungen und Nachahmungen gelangte das lat. D. sogar zu einer gewissen Volkstümlichkeit. Der bekannte biblische Stoff war mindestens pantomimisch verständlich und wurde, wie bald auch im dt. D., als Sinnbild allgemein menschlicher Eigenschaften aufgefaßt. Aus dem Alten wie aus dem Neuen Testament griff das lat. D., besonders seit etwa 1530, einzelne moralisch und konfessionell ausdeutbare Handlungen heraus. Der Gedankengehalt der Reformation füllte das antike Gefäß des Schuldramas. Neu erfundene Tendenzstoffe für oder wider das Luthertum kamen auf. Gemeinsam ist diesen lat. (Naogeorgus, Frischlin) und den bald folgenden dt. Schuldramen im Verhältnis zum mittelalterlichen D. die Gedrängtheit und die geringe Personenzahl, die von der Antike und der Terenzbühne übernommene Akteinteilung und der Chor. Über die ursprüngliche Einfachheit und die pädagogischen Absichten hinaus haben sich gegen Ende des Jhs. die lat. Schuldramen in Straßburg entwickelt (Brülow), in den Spielen der gegenreformatorischen Jesuiten haben sie bis ins 18. Jh. hinein weitergeblüht.

Sobald das Schuldrama im Dienste der Reformation auf weite Kreise wirken wollte, mußte es zur dt. Sprache übergehen. Dt. Prologe (s. d.), dt. Inhaltsangaben vor den einzelnen Akten, in den lat. Text eingefügte dt. Zwischenspiele (s. d.) bereiteten die Doppelaufführungen desselben Stücks in lat. und dt. Sprache vor, bis gleichzeitig neben den lat. auch ganz deutsche Schuldramen geschrieben wurden. So entstanden besonders im Stammland der Reformation, in Sachsen, viele geistliche Tragödien und Komödien. Leider blieben sie durch den engen Zusammenhang mit der Theologie zu genau an die stoffliche Überlieferung der Bibel gebunden. Man wagte es nicht, den Stoff selbständig zusammenzurücken und zu gliedern, während man ihn unbefangen in die eigene Zeit und Umwelt übertrug. Das Bemerkenswerteste der sächsischen Dramen, des Zwickauers Paul Rebhun zuerst 1535 von Bürgern aufgeführte 'Susanna', zeigt, was das dt. Schuldrama in der Form vom lat. gelernt hatte. Reine Reime, wechselnde kunstvolle Versmaße, Chorgesänge, glückliche Akteinteilung zeigen das Streben Rebhuns nach den Maßen und der geschlossenen, ruhigen Form der Antike, die in den Werken der bildenden Kunst des Renaissancezeitalters auch in Deutschland viel klarer zu erkennen sind als in der Dichtung. Daneben waren die volkstümlichen dramatischen Formen des ausgehenden MA. nicht plötzlich ausgestorben. Luther hatte freilich die Darstellung der Passion ausdrücklich von der Befürwortung der biblischen D. (s. d.) ausgeschlossen. So ist die mal. Entwicklung in den Gegenden, die unter seinem unmittelbaren Einfluß stehen, abgeschnitten. In der Schweiz aber und in dem katholisch gebliebenen Deutschland gediehen sie weiter, in Luzern, einer der kleinen katholischen Städte der Schweiz, bis ins 17. Jh. hinein. Noch 1633 wurden die bis in unsere Tage bestehenden Passionsspiele in Oberammergau gestiftet, die allerdings nicht eine deutliche Anschauung des mittelalterlichen Theaters geben, sondern unter dem Einfluß des Jesuitentheaters die sog. Simultanbühne der nebeneinanderliegenden Schauplätze mit einer die Dekoration wechselnden Kulissenbühne verbinden. Im protestantischen Teile der Schweiz und im Elsaß wurden die geistl. Spiele bald im humanistisch-protestantischen Sinne umgebildet, besonders durch die erst dt. geschriebenen, später z. T. lat. umgearbeiteten biblischen Dramen des Sixt Birck, des ersten Humanisten, der dt. Schuldramen verfaßt hat.

Die Auseinandersetzung mit der Reformation hatte in der Schweiz und in Süddeutschland am frühesten das Fastnachtsspiel übernommen. In Riga gab 1527, wahrscheinlich noch auf einer mittelalterlichen Standortbühne, der Hesse Burchard Waldis mit seinem nd. geistl. Fastnachtspiel 'Vam vorlorn Szohn' ein Beispiel eines reformatorischen Tendenzdramas. In der Schweiz wandelte schon in den ersten Jahren der Reformation der Maler, Dichter und Staatsmann Niklas Manuel das alte Fastnachtsspiel in ein antipäpstliches Streitdrama um. Etwa von 1530 an wandte sich das Fastnachtsspiel wieder zur tendenzlosen volkstümlichen, jetzt endlich weniger unanständigen Belustigung zurück. Der Meister dieser alten Form des komischen D. wurde Hans Sachs. Er wendete sich nach den Reformationsjahren erneut der Bühne zu, und besonders seit 1544 übertrug er zahlreiche Schwänke aus der reich entwikkelten dt. und fremdländischen Erzählungsliteratur ohne große Ansprüche, aber mit selbstverständlicher Sicherheit in dramatische Form. In seinen 85, nur ein paar hundert Verse langen und wenige Personen umfassenden Fastnachtsspielen dringt er über die alte Revueform, in der die Tänzerschar vom Herold vorgestellt wurde, zu unbewußter dramatischer Verflechtung, zu selbständiger Formung des Inhalts und zu scharfsichtiger Charakteristik vor. Über Hans Sachs hinaus hat sich das Fastnachtsspiel trotz seiner zahlreichen Nachahmer nicht entwickelt. Auch das geistl. D. des MA. lebt in diesem reimenden Handwerker noch fort. Aber hier sowohl wie dort, wo er sich zu Stoff und Stil des Humanistendramas steigern will, reicht sein Gestaltungsvermögen nicht aus. Seine 64 Komödien und 61 Tragödien sind sog. Meistersingerdramen. Diese entstanden aus dem Fastnachtsspiel heraus, das daneben weiter bestehen blieb. Hauptsächlich in der Zeit von 1545—1560 hat der große Stoffaneigner Hans Sachs, der die Form dieser Meistersingerdramen ebenso wie die des Fastnachtsspiels bestimmt hat, knapp und für wenige Spieler weltliche und geistl. Stoffe, antike und zeitgenössische geschichtliche Ereignisse, ital. Schwänke und dt. Sagen handwerksmäßig in Dialogform und in den Geist seiner Nürnberger Umwelt übertragen. Er stand selbst einer Meistersingertruppe vor. In einer Kirche oder in einem Saal standen die Zuschauer vor einem etwa zwei Meter hohen, an drei Seiten von unbemalten Stoffvorhängen umgebenen Gerüst. Ein Teil des Podiums ragte noch über den von Vorhängen umgebenen Teil in den Zuschauerraum hinein, in den rechts und links zwei Treppen hinunterführten. Auf ihnen betraten Spieler, die aus weiter Entfernung kommen sollten, die Bühne, während die drei Durchgänge an den Seiten und im Hintergrund der Stoffgardine den Ausgang in nahe Räume andeuteten. Die Spieler blieben also nicht mehr wie in der Revueform der alten Fastnachtsspiele von Anfang bis zu Ende auf der bis gegen 1600 dekorationslosen Bühne, die der Phantasie der Zuschauer weiten Spielraum ließ und dem Meistersingerdrama einen freien Aufbau ermöglichte.

Das lat. Humanistendrama, die deutsche Schulkomödie, die Volksspiele in der Schweiz, die Fastnachtspossen und die Aufführungen der Meistersinger, ein sich bildender Berufsschauspielerstand und entwicklungsfähige Bühnenformen geben also im 16. Jh. in Deutschland manche Vorbedingungen für ein großes D. Aber Gestalter, wie sie die bildende Kunst in Grünewald, Dürer, Holbein hatte, fehlten. In Deutschland gab es keine Einheit der Kultur und keinen geistigen Mittelpunkt, wie ihn Shakespeare am Ende des 16. Jhs. in London fand. Der Humanismus hatte die Kluft zwischen Gelehrten und Ungebildeten verbreitert, die Reformation die religiöse Gemeinschaft unheilbar zerrissen. Dennoch ist die gesamte breite Produktion der etwa 400 dt. und 100 lat. Dramatiker dieses Zeitraums von dem einheitlichen Grundgedanken der Auseinandersetzung mit den brennenden Glaubensfragen durchdrungen und wie kaum je vorher und nachher von der erregten Anteilnahme der Allgemeinheit getragen.

P. Bahlmann *Die lat. Dramen von Wimphelings 'Stylpho' bis zur Mitte des 16. Jhs.* 1893. O. Günther *Plautuserneuerungen* 1886. W. Creizenach Bd. II und III. H. Holstein *Die Reformation im Spiegelbilde der dramat. Lit.* 1886. P. Exp. Schmidt *Die Bühnenverhältnisse des dt. Schuldramas im 16. Jh.* (Forschn Lg. XXIV) 1903. Th. Hampe *Die Entwicklung des Theaterwesens in Nürnberg* 1900. V. Michels *Studien über die ältesten dt. Fastnachtsspiele* (QF. LXXVII) 1896. Weller *Das alte Volkstheater der Schweiz* 1863. J. Minor Einleitung zu NDL. 79/80 (1889). M. Herrmann *Forschungen zur dt. Theatergesch. des MA. u. der Renaissance* 1914. A. Köster *Die Meistersingerbühne des 16. Jhs.* 1920. Dazu die anschließende Diskussion zwischen Herrmann u. Köster, vgl. K. Drescher DLZ. 1925. Sp. 307—318. H. Cysarz *Dt. Barockdichtung* 1924. S. 22ff.

§ 2. Barock. Es ist ein Zeichen geistiger Schwäche, daß die Formen des dt. D. in den Übergangsjahrzehnten um 1600 dem Eindringen fremder, nicht immer hochwertiger Kräfte aus England, Italien und aus den Niederlanden nachgeben mußten.

Die gegen Ende des 16. Jhs. in England durchgebildete Bühnen- und Schauspielerkunst, nicht die dichterischen Formen eines Marlowe und Shakespeare, wirkten jetzt auf das dt. D. Eine Angelegenheit des Theaters, nicht des D. ist das seit 1586 nachweisbare Auftreten der Englischen Komödianten (s. d.). Um 1605 ist ihre Glanzzeit. Auf musikalischen und akrobatischen Kunststücken, auf Tanz und Gesang beruht ihr überraschender Erfolg. Auch als ihre Mitglieder mehr und mehr Deutsche geworden waren, blieb, was sie brachten: Anregungen ihrer Bühne, die in langer Berufsüberlieferung ausgebildete neue Schauspielkunst und die grenzenlose Verstofflichung und Verrohung des dramatischen Werkes, das sie nicht als unveränderliche Schöpfung einer einzelnen mit Namen bekannten Dichterpersönlichkeit auffaßten, sondern nur als Anhalt für ihre Mimik. Diese Dramen entarten schließlich zu Puppenspielen (s. d.), Haupt- und Staatsaktionen (s. d.) und Hanswurstspielen (s. d.).

Auf zwei dt. Dramenverfasser haben die Englischen Komödianten besonders gewirkt. Der Herzog Heinrich Julius von Braunschweig verfaßte aus einer vereinzelten Laune von 1593—94 in großer Eile und daher gegen alle Überlieferung in Prosa für seine englische Truppe und deren Bühne elf begebenheitsreiche dt. Dramen, Werke der unsicheren Übergangszeit. Der andere, mehr noch als Hans Sachs handwerksmäßige Hersteller unterhaltender Spiele, der Nürnberger Jakob Ayrer, stand mitten in der dramatischen Überlieferung seiner Vaterstadt, als von 1595 an die Englischen Komödianten auf ihn wirkten. Dieser Zeitgenosse Shakespeares suchte das untergehende Meistersingerdrama und Fastnachtsspiel durch ihre neuen Errungenschaften zu beleben. Er übernahm in seinen 69 erhaltenen Dramen ihre Fülle des Stofflichen, ihre leicht verwendbare Bühne und das durch ausführliche Bühnenanweisungen festgelegte realistische Spiel. Schließlich nahm er auch ihre Mode des Singspiels (s. d.) auf.

Aus dem Wunsche, die großen festlichen Veranstaltungen der Antike zu erneuern, entstanden in der italienischen Renaissance prunkvolle Feste. Sie wurden verschönt durch theatralische Opernaufführungen (s. d.), die sich durch glänzende Ausstattung, durch gewichtigere Mitwirkung der Musik und bald durch eine neue Bühne auszeichneten. Ein perspektivisches Gemälde an der Rückwand der schmalen Festsaalbühne konnte eine dem Terenztheater unbekannte Tiefe vortäuschen. Sie wurde noch verstärkt durch hintereinandergestaffelte, bemalte Seitenabschlüsse. Durch Umdrehen und später durch Auswechseln dieser Kulissen und durch seitliches Wegziehen des Hintergrundprospektes konnte die ganze Bühnenausstattung schnell verändert werden. Diese perspektivische Verwandlungsbühne ist seitdem maßgebend geblieben. Als sie im 17. Jh. sich durchsetzte, herrschten auf der Bühne der Theatermaler und der Maschinenmeister über den Schauspieler, Komponisten und Dichter. Schon

1618 wurde im Hellbrunner Parke bei Salzburg eine dt. Oper gespielt. Die mythologische Hirtenoper des Italieners Rinuccini '*Dafne*' wurde von Opitz übersetzt und mit der Musik des Dresdners Heinrich Schütz 1627 zu einer landgräflich-herzoglichen Hochzeit in Torgau aufgeführt. Vornehmlich fürstliche Belustigung ist die Oper lange geblieben. Streng nach gesellschaftlichen Klassen sonderte von da an der Zuschauerraum die Hörer, während im MA. eine gleichgestimmte Menge das Schauspiel umgab. Von italienischen Libretti waren auch die dt. Texte abhängig. Sie verdrängten mit ihren Nymphen, Göttern, Musen und Schäfern in den Drucken des 17. Jhs. zeitweilig fast ganz das gesprochene D.

Während die volkstümliche Bühne und die höfische Oper von England und Italien abhängig sind, sah das literarische D. sein Vorbild in dem klassizistischen Kunstspiel der Niederländer. Ihr Meister Joost van den Vondel schloß sich in der Form seiner 32 Dramen an die Tragödien des Seneca und später an Sophokles und Euripides an. Lyrischen Stellen und Geisterszenen wurde breiter Raum gewährt, dem Chor standen nur wenige Personen gegenüber, göttliche Einwirkung löste am Schluß die Verwirrungen.

Die Bewegung der Englischen Komödianten, der Prunk der italienischen Oper, das Pathos des niederländischen D. sind nicht mehr Ausdruck des strengen, an der Antike geschulten Formgefühls der Renaissance. Ein neuer Zeitgeist, der des Barock, der sich wiederum in der bildenden Kunst machtvoller auswirkte als in der Dichtung, erzwang sich seine neue Form. Den Weg des künstlerischen Ideals von der Renaissance zum Barock, von Lionardos streng gegliedertem, deutlich übersehbarem Abendmahl zu Rubens' zusammengeballtem, üppigem Gedränge in der Amazonenschlacht geht auch die Dichtung. Die perspektivische Kunst und der diagonale überschneidende Zug in die Tiefe der Kulissenbühne führen auch im Theater zu der bauschigen Überfülle und rauschenden Bewegung des Barock.

Drei Linien kann man durch das dramatische Gewirr des 17. Jhs. verfolgen: das in einem Sonderdasein seit 1555 reich sich entwickelnde, gegen das protestantische Schuldrama gerichtete, seinem Wesen nach internationale Schultheater der Jesuiten (s. d.), das gelehrte Kunstdrama (s. d.), das sich von Gryphius herleitet und im Schwulst der Schlesier Lohenstein und Hallmann endet, und die Haupt- und Staatsaktionen (s. d.) der Berufskomödianten.

An den katholischen Höfen wurde das lat. Jesuitendrama mit seinem festlichen Theaterprunk geradezu zur höfischen Festoper mit ungeheurem Aufwand und mit Einsatz von Hunderten von Statisten. Die bald verwendete Kulissenbühne entfaltete für die barocken Augenmenschen den ganzen Zauber ihrer Verwandlungen und Wunder mit Meeren, Schiffen, Flug- und Schwebemaschinen, Lichteffekten, Balletten, Aufzügen. Tiefe Einflüsse strömen von der Jesuitenbühne aus. Viel gewannen von ihr das weltliche Theater, die Oper und die Gelegenheitsdramen zu fürstlichen Hochzeiten und wichtigen Staatsereignissen, die nur in Programmen und Theaterzetteln erhaltenen sog. Haupt- und Staatsaktionen mit ihren Prunkszenen, in die der Hanswurst sich einmischte. Das literarische Kunstdrama des Gryphius, Lohenstein und Hallmann, das vom Wettbewerb des Breslauer protestantischen Schultheaters mit den Jesuiten ausgeht, hat vom Jesuitentheater den häufigen Dekorationswechsel und die Verwendung der durch Vorhang abgeschlossenen Hinterbühne für die wichtigsten Szenen gelernt.

Zum Unheil gingen jetzt bis zu Gottsched hin Theater und D. gesonderte Wege. Gelehrsamkeit ist gewiß ein Ruhmestitel des 17. Jhs. Aber jetzt galt selbst in der Dichtung Gelehrsamkeit oft mehr als Gestaltung. Auch dem dramatischen Dichter, der damals allein aus dichterischer Fülle und innerster Anteilnahme schuf, Andreas Gryphius, war es nicht gegeben, an volkstümliche Überlieferung anzuknüpfen. Bei dem Renaissancepoetiker Scaliger fand er seine Regeln, in Seneca und Vondel seine Vorbilder. Die Fünfzahl der Akte, die Zeiteinheit, die Reihen, d. h. Chöre am Schluß der Akte, die Form des Alexandriners, die hochgestimmte Sprache, Geistererscheinungen und Greuelszenen sind dafür die Anzeichen. Der gewandte und gelehrte, dem formlosen D. der Englischen Komödianten abholde Opitz hatte für die Tragödie als Stoffe gefordert die Darstellung „von Königlichem willen, Todtschlägen, verzweiffelungen, Kinder- und Vätermörden, brande, blutschanden, kriege und auffruhr, klagen, heulen, seuffzen und dergleichen". Das füllt auch die auf historische Studien gegründeten Tragödien des im Jammer seiner Zeit gramvollen und trüben Gryphius. Er zuerst erkennt das Wesen der Tragödie im Kampf des Helden gegen die Welt. Sein tragisches Ideal besteht aber nicht im Handeln, sondern im standhaften Dulden, das sich in gewaltsamer Rhetorik auswirkt. Sein Schauspiel 'Cardenio und Celinde' hat zwar Ton und Technik der ernsten Dramen, aber es spielt unter Bürgern und geht nicht in Tragik, sondern in Entsagung aus. Seine Prosalustspiele sind gewichtiger als die alten Fastnachtsspiele und Pickelheringspossen. Es war dem gelehrten Dichter nicht vergönnt, für ein breites, gebildetes Publikum zu schreiben und in der Wechselwirkung von Bühne und D. seinen Stil zu läutern. So mußten seine Werke fast alle Lesedramen (s. d.) bleiben.

Die Innerlichkeit des Gryphius fehlt den Werken Lohensteins. Ihm bleibt trotz seines Strebens nach Großartigkeit und Bedeutung nur die Übersteigerung und Verzerrung, der farbige, opernhafte Kulissenprunk dekorativer Worte, mühsame Gelehrsamkeit und schwülstige, lüstern-kühle Künstlichkeit. Seine sechs heroisch-bombastischen Tragödien voller Blut und ekler Greuel, voll Mord, Folter und Qualen sind zusammengeklügelter Vorrat üppiger Gleichnisse und überladener, unklarer mythologischer Anspielungen, die der Verfasser selbst kommentieren mußte. „Sinnreich" zu sein, ist der Ehrgeiz der Poeten seines Schlages.

Creizenach Einleitung zu DNL. XXIII (o. J.). Goedeke II 525. F. Bobertag *Die dt. Kunsttragödie des 17. Jhs.*, ArchfLg. V (1875) S. 169ff. W. Richter *Liebeskampf u. Schaubühne* (Pal. LXXVIII) 1910. E. Herz *Engl. Schauspieler in Deutschland* (TheatergeschF. XVIII) 1908. C. Kaulfuß-Diesch *Die Inszenierung des dt. Dramas an der Wende des 16. u. 17. Jhs.* (Probefahrten VII) 1905. W. Weisbach Vjschr. f. Lwsch. II (1924) S. 252f. F. Gundolf *Shakespeare u. der dt. Geist* 1911. W. Flemming *Gesch. des Jesuitentheaters* (SchrGesTheatergesch. XXXII) 1923; mit Literaturverzeichnis. W. Harring *A. Gryphius u. das Drama der Jesuiten* (Hermaea V) 1907. P. Stachel *Seneca u. d. dt. Renaissancedrama* (Pal. XXXXVI) 1907. L. Wysocki *A. Gryphius et la tragédie allemande au XVIIe siècle* 1893. W. Flemming *A. Gryphius u. die Bühne* 1921. B. Busse *Das Drama* I (Aus Natur u. Geisteswelt 287) 1910. J. Petersen *Das dt. Nationaltheater* 1919; mit Literaturangaben. K. Heine *Das Schauspiel der dt. Wanderbühne vor Gottsched* 1889. C. Popp *Begriff des Dramas in den dt. Poetiken des 17. Jhs.* 1895.

§ 3. Aufklärung. Auf dem Gebiete des protestantischen Schuldramas und bald auch auf der Bühne der Wandertruppen erhob sich der Widerspruch der Aufklärung gegen die geschwellte Manier des Barock. Er ging von dem Zittauer Schulrektor Christian Weise und dem Leipziger Professor Gottsched aus. Damit übernahm nach der Vorherrschaft der Schlesier im 17. Jh. wieder Sachsen im D. die Führung.

Weise ist der letzte bedeutende Schuldramatiker. Seine erzieherischen Ziele aber sind nicht mehr die der Reformationszeit und des Humanismus, sondern er will die „politische und galante Bildung" des neuen höfischen Beamtentums vermitteln. Zwischen den Possen und Aktionen der Komödianten auf den Jahrmärkten und dem gelehrten D. halten seine 56 Stücke etwa die Mitte. Er mischte grundsätzlich Fürsten und Bürger, Ernstes und Lustiges, historische Begebenheiten und erfundene Narrenpossen in seinen für die einmalige Aufführung sorglos hingeworfenen, an realistischen Szenen und witzigen Narrenauftritten reichen Spielen zusammen. Den gesunden Menschenverstand und die ungezwungene dt. Umgangsprosa setzt er dem phantastischen Schwulst des Barock entgegen. Seine Anteilnahme gilt mehr und mehr den „Stücken vom gemeinen Leben". In ihnen zieht er, leider in derselben bequemen, breiten, geschwätzigen Formlosigkeit wie in den biblischen und historischen Dramen, neue Gebiete des ihn umgebenden bürgerlichen Lebens grundsätzlich in den Bereich der dramatischen Beobachtung. Alte und neue zukunftsreiche Gedanken suchte Weise, eine Übergangserscheinung wie ein Jh. vorher Ayrer, in wahlloser Aneignung zu verbinden. Gottsched tadelte an ihm, er habe „die Regeln der alten Redekunst und Poesie" nicht gekannt und „lauter unrichtige Stücke gemacht".

Gottsched kam es auf die Form an. Seine Gedankenwelt gründet sich auf die Aufklärung. Nach den Ausschreitungen der Phantasie will er durchaus nicht etwa willkürlich, sondern aus dem Gefühl seiner Zeit heraus Vernunft, Logik, Klarheit, Regelmäßigkeit, Ordnung, Nützlichkeit auf Sprache und Dichtung übertragen, als ob es Sinnlichkeit, Leidenschaft, Phantasie gar nicht gäbe. Wer die rechten Regeln kennt, muß auch in der Kunst Vollkommenes leisten. Von diesen geistigen Voraussetzungen aus schritt Gottsched auch zur Reform des D. und Theaters. Die entarteten Haupt- und Staatsaktionen wollte er durch das regelmäßige Trauerspiel, die Harlekinaden durch anständige Lustspiele, die prunkhaften Ausstattungsopern durch zahme, gesprochene Schäferspiele ersetzen. Für das literarische D. wollte er ewig gültige, auf das klassische Altertum gegründete Gesetze der Kunst aufstellen. Er ging aber in Wirklichkeit nicht auf die Antike zurück, sondern nur auf die Ansichten, die man in Frankreich von ihr hatte. Er brachte so das deutsche D. in folgenschwere Abhängigkeit von der klassischen französischen Tragödie des 17. Jhs. Der von Boileau in der '*Art poétique*' 1674 aufgestellte Regelkodex wurde für seinen 'Versuch einer Critischen Dichtkunst' (1730) das Muster. Nach Gottscheds Rezept soll das regelmäßige Alexandriner-Trauerspiel einen moralischen Lehrsatz dem Zuschauer auf eine sinnliche Art einprägen und in fünf Hauptabschnitten das Ziel der Tragödie, Verwunderung, Schrecken und Mitleid der Zuschauer, erreichen, das Lustspiel soll eine lasterhafte Handlung bürgerlicher Personen zur Belustigung und zugleich zur Erbauung nachahmen. Die Hauptabsicht des einen moralischen Satzes fordert die Einheit der Handlung; da Unwahrscheinliches nicht geduldet wird, ergibt sich die Einheit der Zeit und des Ortes, die Ablehnung des Gesangs und des Monologs.

Für diese Theorie mußte Gottsched die praktischen Beispiele erst heranschaffen. Sein unbestreitbares, den Boden für Lessing bereitendes Verdienst ist es, daß er Bühne und Literatur wieder vereinte. In der Truppe von Johann Neuber und dessen Frau Karoline fand er seit 1727 strebsame, selbstbewußte und geschulte Schauspieler, die auf seine Ratschläge hörten und seine Anschauungen und dramatischen Versuche auf ihren Wanderfahrten durch Deutschland verbreiteten. Sie wendeten sich vom Bombast der Staatsaktionen und von den Stegreifstücken möglichst ab und verbannten den Pickelhering, wenigstens in seiner Narrenkleidung, für einige Zeit aus dem ernsten D., 1731 sogar in einem allegorischen Spiel auf der Bühne. In seiner bändereichen 'Deutschen Schaubühne nach den Regeln der alten Griechen und Römer eingerichtet' gab Gottsched für den Spielplan eine Menge von Lustspielen und heroischen Dramen heraus, zum Teil Übersetzungen, zum Teil Machwerke seiner Anhänger. Er selbst lieferte als Muster seine nach englischem und französischem Vorbild bewußt nach den Regeln zusammengestoppelte Tragödie 'Der sterbende Cato', die ein großer Bühnen- und Bucherfolg war. Dramatische Dichter hat Gottsched mit allen seinen Regeln nicht herbeiorganisieren können, viel zukunftsreiches Erbe aus dem volkstümlichen Theater hat er verschleudert und vernichtet. Am annehmbarsten sind die meist in Prosa abgefaßten Lustspiele seiner Frau Luise Adelgunde Victorie, der „geschickten Gehilfin", die Rokokoschäferspiele und die weinerlichen Lustspiele des Moralisten Gellert, welche die Wiedergabe alltäglicher Lebensumstände mit eindringender Seelenkunde vereinen, die empfindsamen, heiteren Spiele Christian Felix Weißes, der neben dem Alexandrinertrauerspiel seit 1751 nach englischem Muster besonders das Singspiel (s. d.), d. i. die Posse mit Gesang und Tanz, zu Gottscheds Ärger pflegte. In der Tragödie haben die starren Regeln alle Bewegung bis über die Mitte des Jhs. hinaus gelähmt, auch noch in einer Zeit, als der unduldsame literarische Herrscher längst der Verhöhnung verfallen war. Im wesentlichen mußten Übersetzungen herhalten. Nur der früh verstorbene, plänereiche Johann Elias Schlegel ist, wenigstens in seiner theoretischen Erkenntnis, schon über seinen Meister Gottsched hinaus zum ahnenden Erfassen Shakespeares gelangt.

Das halbe Jh. des kämpferischen Lebens des Gottschedüberwinders Lessing umspannt eine ungeheure Weite der dramatischen Entwicklung, von Gottscheds 'Sterbendem Cato' bis zur Entstehung von Goethes 'Tasso'. Die Marksteine dieses Wegs sind von Lessing errichtet mit 'Miß Sara Sampson' 1755, 'Minna von Barnhelm' 1767, 'Emilia Galotti' 1772, 'Nathan dem Weisen' 1779. Der von der Aufklärung geschulte, für das Theater geborene Gelehrte wirkt fürs Theater als Dichter, Dramaturg, Journalist und Historiker. Die fünf großen Bühnen, die Deutschland damals hatte, Leipzig, Berlin, Hamburg, Mannheim und Wien, kennt er alle. Dem mitleidslos vernichteten Gottsched schuldet er mittelbar manches; derselben Neuberin wie Gottsched verdankt er die lebendige Vertrautheit mit der Bühne. Von Molière, vom sächsischen Lustspiel, von den drei Einheiten geht er aus, und trotz alles wegweisenden Neuen hat er in der Technik seiner eigenen dramatischen Beispiele nie die Bahnen Shakespeares eingeschlagen.

Von seiner Theorie und von seinem dichterischen Schaffen geht nachhaltige Wirkung auf das dt. D. aus. Nachdem er in seinen aufrüttelnden 'Literaturbriefen' 1759 Gottscheds Theaterreform abgelehnt und schon auf den stammverwandten Shakespeare hingewiesen hatte, verfaßte er 1767—69 als Dramaturg und Theaterdichter an dem neugegründeten stehenden Hamburger Nationaltheater das lange Zeit geltende Hauptwerk der dramatischen Ästhetik, die 'Hamburgische Dramaturgie'. Diese weit ausholenden kritischen Aufsätze über die dramatische Literatur besprechen die einzelnen Stücke, die an dem bald zusammenbrechenden Theater aufgeführt wurden. Sie sind die letzte Poetik, von der ein unmittelbarer Einfluß auf die Dichtung ausging. Bei aller Vorliebe für die französischen Lustspiele (s. d. Art. *Lustspiel*) nach Molière schüttelt er die von Gottsched einseitig begründete Herrschaft der franz. klassischen Tragödie und ihrer elenden dt. Nachahmungen ab. Die Poetik des von den Franzosen mißverstandenen Aristoteles, der aber auch für Lessing unerschütterte Autorität blieb, erklärt er neu, weist die äußerlichen Übereinstimmungen der Franzosen als unwesentlich nach, verhöhnt die Einheiten (s. d.) des Ortes und der Zeit und stellt als Sohn der Aufklärung einen moralischen Zweck der Tragödie fest, nämlich die Katharsis (s. d.), d. h. die Reinigung unserer Leidenschaften durch Mitleid und Furcht, nicht, wie man bisher übersetzt hatte, durch Schrecken. In diesem Sinne sind für ihn nur die antiken Dramatiker und Shakespeare wirkliche Tragiker. Nach seinen Jugendkomödien im Stil des französelnden Leipziger Lustspiels entsteht durch die empfindsamen Briefromane des Engländers Richardson und die ersten englischen bürgerlichen Dramen im Streben nach Vermenschlichung und Gegenwartsnähe 1755 'Miß Sara Sampson'. Entgegen der Lehre Opitzens und Gottscheds entdeckte Lessing hier auch im bürgerlichen Menschen Größe und Tragik. Das dt. „bürgerliche D." (s. d.) geht von hier aus und führt über das D. des Sturms und Drangs zu den versöhnlichen Spielen F. L. Schröders, den Rührstücken (s. d.) Ifflands und den abenteuerlich aufgeputzten Familiendramen (s. d.) Kotzebues. Lessings 'Minna' nannte Goethe ein Werk von „vollkommenem dt. Nationalgehalt". Es ist auch das erste, das sich an das ganze Publikum, nicht nur an eine einzelne Schicht wendete, lebensgesättigt, festgeformt und von einem bis dahin unerhört verfeinerten und lebendig abgetönten Dialog. Zahlreiche Soldatenstücke ahmten bald das Äußerliche daran nach. Knapp, abgemessen, planvoll und bedrückend folgerichtig hat Lessing in Wolfenbüttel mit der 'Emilia Galotti' den alten Virginiastoff in die Verhältnisse des trotz der italienischen Namen dt. Absolutismus übergeführt. Das Mitleid, das der Dramaturg nur erwecken wollte, geht gegen seine theoretische Erkenntnis in Empörung über. So haben die Stürmer und Dränger in diesem D. des Standesunterschiedes Geist von ihrem Geiste gespürt, und 'Emilia Galotti' ist das älteste lebendig gebliebene Trauerspiel der dt. Bühne. Aus der Welt des Denkens ist zwei Jahre vor Lessings Tode sein Bekenntnis der Menschenliebe und der inneren Freiheit gegenüber allen äußeren Glaubensformen

'Nathan der Weise' entstanden. Weit ab von der Wertherischen Weichheit seiner Zeit setzt sich Lessing entschlossen mit den ihn bedrängenden Lebensfragen auseinander. Im Geist der Aufklärung dramatisiert dies späte Werk, das dem Blankvers Eingang ins dt. D. verschaffte, um die symbolische Fabel von den drei Ringen herum einen lehrhaften Gedanken. Von hier ging die Reihe der dramatischen Gestaltungen von Ideen aus, die über Goethes späten 'Faust' zum D. der Romantiker und zu Hebbel führt.

B. Busse *Das Drama* II (Aus Natur u. Geisteswelt 288) 1910. E. Reichel *Gottsched* Bd. II 1910. P. Schlenther *Frau Gottsched u. die bürgerliche Komödie* 1886. A. Köster *Von der 'Crit. Dichtkunst' zur 'Hamburgischen Dramaturgie'*, Festschrift für Johannes Volkelt 1918. S. 58ff. W. Weisbach Dt. Vierteljahrschr. II (1924) S. 252f. E. Schmidt *Lessing* 1909³. A. Eloesser *Das bürgerliche Drama* 1898. O. Walzel NJbb. XXXV (1915) S. 99ff., 172ff. W. Grohmann *Vers oder Prosa im hohen Drama des 18. Jhs.* Diss. Leipzig 1914. v. Stockmayer *Das dt. Soldatenstück* 1898. F. Rühle *Das dt. Schäferspiel* 1885. J. Petersen *Schiller u. die Bühne* (Pal. XXXII) 1904. R. Unger *Von 'Nathan' zu 'Faust'* 1916. M. Poensgen *Geschichte der Theorie der Tragödie v. Gottsched bis Lessing.* Diss. Lpz. 1896. R. Schacht *Entwicklung der Tragödie von Gottsched bis Lessing.* Diss. München 1910.

§ 4. Sturm und Drang. Schon in der Mitte des 18. Jhs., als die Aufklärung machtvoll sich ausbreitete, sind die Anzeichen einer Gegenwirkung gegen die einseitige Herrschaft des Verstandes zu spüren. Rousseaus Naturevangelium, die Ossian-Erneuerungen Macphersons, der seit Wielands (1762) und Eschenburgs (1775) Übertragungen in seiner Gesamtheit erfaßbare Shakespeare, die prachtvollen Worte des Engländers Young von der aller bloßen Nachahmung überlegenen *original composition* sind die ausländischen Merkmale der in den europäischen Ländern gleichen Kulturwandlung. Hamann, Gerstenberg, Herder sind die Propheten der Geniebewegung in Deutschland, die das starke Gefühl befreit, Natur gegen das verzierlichte Rokoko, ungebändigte Kraft und Leidenschaft großer „Kerle" gegen nüchternen Verstand und popularphilosophische Nützlichkeit, originale Deutschheit gegen nachahmende Ausländerei setzt und die Regelspreu des 18. Jhs. in alle Winde bläst. Die Dichtung, in der allein sich die Geniebewegung im absolutistischen 18. Jh. ausbrausen konnte, eroberte sich damals völlig die dt. Gegenwart. Das entfachte Nationalbewußtsein leuchtete in die Schätze der vaterländischen Geschichte. Der Zug nach Bewegung, nach Handeln drängte die Kraftgenies zum D. als dem Abbild des wirklichen Lebens. Der schöpferische Shakespeare wird von Gerstenberg, Herder, Goethe gefeiert. Aus seiner Bühne erklärliche, andeutende, verwehende, Zeit und Ort überspringende Szenen nahmen sie mißverstehend zum Vorbild ihrer vielgestaltigen dramatischen Begebenheiten, ohne sich viel darum zu scheren, ob sich die Kulissenbühne des 18. Jhs. damit abfinden würde. Ungebärdige Kraftausdrücke und die von Gottsched so verabscheuten Monologe kennzeichnen ihre Prosa. Das Vorbild Shakespeare kannten sie ja auch nur aus Prosaübersetzungen. Während der siebziger Jahre steht so eine ganze Reihe von dramatischen Originalgenies zusammen, eng verbunden in ihren Anschauungen. Der Form, nicht dem Gefühl nach wurzeln noch in der alten Zeit Gerstenberg mit seinem 'Ugolino' (1768) und Leisewitz mit seinem Lessingisch gebauten 'Julius von Tarent' (1776). Unmittelbar nach Lessings 'Emilia' und neben ihr wirkend erscheint Goethes nach Herders Rat umgearbeiteter, locker gefügter und daher nicht bühnengemäßer 'Götz'. Nach ihm polterte und klirrte mit Klingers 'Otto' an der Spitze der ganze Troß von Ritterdramen (s. d.) über die Bühne. Er bereitete das geschichtliche D. Schillers vor. Lenz verband in seinen 'Soldaten' (1776) bürgerliches D. und Soldatenstück; in seinen 'Anmerkungen übers Theater' (1774) gab er dramaturgischen Ansichten des Sturms und Drangs Ausdruck. H. L. Wagner, Klinger, der Maler und Dichter Friedrich Müller leiten hin zu dem theatersicheren Spätling dieser Bewegung, Schiller, dessen drängerisches Jugenddrama 'Die Räuber' Goethe acht Jahre nach dem 'Götz' schon recht mißliebig war.

B. Busse *Das Drama* III (Aus Natur u. Geisteswelt Nr. 289) 1922². G. Keckeis *Dramaturg. Probleme im Sturm u. Drang* (Unters. XI) 1907. J. Zorn *Die Motive der Sturm u. Drang-Dramatiker.* Diss. Bonn 1909. O. Brahm *Das dt. Ritterdrama* (QF. XL) 1880.

§ 5. Klassik. Goethe sowohl wie Schiller sind bald der jugendlich gärenden Zeit des Sturms und Drangs entwachsen. Wer den 'Gottfried von Berlichingen' von 1771 zusammenhält mit der in Italien 1786/7 vollendeten 'Iphigenie', ermißt den Wandel in Goethes Kunstanschauung. Gesetzlichkeit, schönes Maß und ausgeglichene Vollkommenheit der Antike kennzeichnen seine klassische Kunst. Sie läßt ihn statt der bunten Fülle der bewegten Erscheinungen die edle Einfalt und stille Größe einer wirklichkeitsentrückten, nur innerlich seelischen Handlung wählen, läßt ihn von den vielen Verwandlungen des 'Götz' zu den Einheiten (s. d.) zurückkehren, läßt ihn wie Schiller im 'Carlos' die realistische Sprache der Jugenddramen mit Versen tauschen. Der klassischen Ruhe, der klaren Beherrschtheit, der Harmonie weicht die grelle, sprudelnde Bewegtheit der Sturm- und Drangzeit. Die Griechen werden jetzt erst völlig das Vorbild reiner Menschlichkeit. Aber 'Iphigenie' und 'Tasso' verloren die Fühlung mit Publikum und Bühne. Alle Wandlungen der Form und der Auffassung vom Sturm und Drang zur Harmonie, ja zur Starrheit der Antike und zur romantischen Oper zeigt der über sechzig Jahre sich ausbreitende 'Faust'. So vielgestaltig das dramatische Schaffen Goethes ist, ihm war das D. doch nur eine Ausdrucksmöglichkeit unter anderen, nicht wie für Schiller das allein notwendige Mittel zum Wirken.

Als Schiller nach der realistischen Prosa des Sturms und Drangs und nach dem vom fürstlichen Familienbild zum jambischen Ideendrama sich wandelnden 'Carlos' sich schließlich nach langer Pause wieder dem Theater zuwandte, war auch ihm unterdes durch Goethe das Vorbild der Antike nahegerückt. Sein theatralischer und fast gewaltsam pathetischer Sinn suchte Shakespeares vielheitliche Gedankenfülle mit der griechischen Strenge, den antiken Schicksalsbegriff mit der sittlichen Freiheit des einzelnen zu vereinen. Von dem Gegensatz der Freiheit des Menschen zu der gesetzlichen Gebundenheit der Welt, in die er gestellt ist, geht seine Tragik aus. In der 'Jungfrau von Orleans' drängt sich das Theatralische, fast Opernhafte vor. In der 'Braut von Messina' suchte er der antiken Enthüllungstragödie mit den streng stilisierenden und für seine Zeit befremdlichen Mitteln des Chors und des Schicksalsbegriffs ebenbürtig zu werden. In dem Schauspiel 'Wilhelm Tell' erzielte er mit seiner in großen Linien und Flächen malenden Darstellung und der schwungvollen Rhetorik seiner Jamben eine breite, volkstümliche Wirkung. Die eilfertigen Nachahmer seiner Form und die Breittreter seines sittlichen und ästhetischen Idealismus haben diese Wirkung im Verlauf des 19. Jhs. zeitweilig getrübt. Sie hielten die Äußerlichkeiten seines Stils für die einzig mögliche Form großer dramatischer Gestaltung, auch noch als Schillers Zug ins Großartige, als das Pathos des dt. Idealismus nicht mehr Ausdruck ihres Zeitgefühls sein konnte. In Schillers D. aber ist wirklich das Poetische und Schauspielerische organisch verbunden.

B. Busse *Das Drama* III (Aus Natur u. Geisteswelt 289) 1922². A. Köster *Schiller als Dramaturg* 1891. J. Petersen *Schiller u. die Bühne* (Pal. XXXII) 1904. R. Petsch *Freiheit u. Notwendigkeit in Schillers Dramen* 1905. R. Unger *Von 'Nathan' zu 'Faust'* 1916. F. Strich *Dt. Klassik u. Romantik* 1922. S. 226ff. C. Steinweg *Das Seelendrama* 1924.

§ 6. Romantik. Der Sinn für die Bühne ging den Romantikern ab. Ihr selbstherrlicher, willkürlicher Subjektivismus sah nicht im vollendeten Kunstwerk, sondern in der unendlichen Rauschstimmung, als Dichter über die Philistermittelmäßigkeit erhoben zu sein, Wesen und Beglückung der Kunst. Das Werk konnte daher Fragment bleiben. Und gar das Schillersche Berechnen von Bühnenwirkungen und Kotzebuesche Routine waren ihnen lächerlich und ärgerlich. Geflissentlich vermischen sie die seit der Aufklärung sorglich getrennten Gattungen der Dichtung. Lyrik und Epik werden ins D. eingeschoben, die Darstellung ganzer Entwicklungen wird wie im Roman so auch im D. versucht. Die romantische Ironie erlaubt ihnen, im D. Illusion und Stimmung willkürlich zu zerstören, Zuschauer, Dichter, Theaterarbeiter, ja die Dekoration unter die Personen des Spiels zu mischen und das Stück glossieren zu lassen. Tieck hat in seinem gegen die Aufklärung und das Rührstück (s. d.) der

Kotzebue und Iffland gerichteten 'Gestiefelten Kater' das entscheidende Vorbild für solche romantischen Lustspiele gegeben. Die unbekümmerten Schauplatzänderungen, die gewollte Formlosigkeit, der Mangel an dramatischer Zusammenballung machten die romantischen D. bühnenfremd. Sie blieben gelesene Gedichte. So liegt der Gewinn, den die Romantik der Bühne brachte, nicht in den Dramen der eigentlichen Romantiker, auch nicht in der von Weber-Kinds 'Freischütz' ausgehenden und zu Wagners Musikdramen (s. d.) hinleitenden romantischen Oper (s. d.) oder in Raimunds Zauberpossen (s. d.). Die dramatische Leistung der Romantik ist vielmehr die von A. W. Schlegel begonnene und von dem Grafen Baudissin und Tiecks Tochter Dorothea beendete Übertragung der Dramen Shakespeares, der damit endgültig und ganz für den dt. Geist und die dt. Bühne gewonnen wurde. Daneben sind noch A. W. Schlegels Übertragungen des Spaniers Calderon und für die geschichtliche Erkenntnis seine Vorlesungen 'Über dramatische Kunst und Litteratur' wichtig gewesen.

Zwei Leistungen aus der Zeit, nicht aus dem reinen Wesen der Romantik hat sich allerdings die Bühne geöffnet, der einen spät, aber dann zu unverwischbarer Wirkung, der anderen zu raschem, aber vergänglichem Erfolg. Es sind die leidenschaftlich bewegten, von einem unbedingten Ausdruckswillen hochgetriebenen Gestaltungen Kleists und die Schicksalsdramen.

Goethe wies das Kleistischste D., die bühnenverachtende, von Mut und Liebe, von Gier und Blut rasende und zuckende 'Penthesilea' aus seiner ganz anderen geistigen Welt hinaus. Seine Förderung, nach der Kleist sich vergebens gesehnt hatte, und der Beifall des Publikums fielen dem an Zacharias Werners Namen sich heftenden Schicksalsdrama (s. d.) zu. Das Äußerliche des von Schiller in der 'Braut von Messina' aufgenommenen Schicksalsbegriffs wird darin und in den Nachahmungen mit klug berechneter Theatermache ausgenutzt.

Eine erfolgreiche Schicksalstragödie mit allem Zubehör ist trotz des Dichters Widerspruch auch das Erstlingswerk des großen österreichischen Dramatikers, der mit der Romantik in Zusammenhang steht, die 'Ahnfrau' des in Deutschland erst gegen 1880 wirksamen F. Grillparzer. Von dem spät nach Österreich gelangten klassischen D. und von den Feenmärchen ist er beeinflußt. Er sucht den Klassizismus mit dem Romantischen zu vereinen. Die eindringende Beobachtung seelischen Lebens in seinen Dramen weist schon auf die Ziele des späteren 19. Jhs. hin. Die anfängliche Gunst des Publikums ist Grillparzer nicht treu geblieben. Enttäuscht und früh verbittert, hat er schon 1838 der Bühne entsagt. Erst nach Jahrzehnten sind aus seinem Nachlaß seine letzten D. ans Licht getreten.

O. Walzel *Dt. Romantik* (Aus Natur u. Geisteswelt 233) 1918[4]. E. Groß *Die ältere Romantik u. das Theater* (TheatergeschF. XXII) 1910. K. G. Wendriner *Das romant. Drama* 1909. M. Pulver *Romant. Ironie u. romant. Komödie*. Diss. Freibg. 1912. B. Busse *Das Drama* III 1922[2]. J. Minor *Die Schicksalstragödie* 1883; ders. GrillpJb. IX (1899).

§ 7. Realismus und Naturalismus. Die neue Richtung des 19. Jhs. geht auf die Darstellung künstlerisch ausgewählter, nicht wie später im Naturalismus genau abgespiegelter Wirklichkeit mit ihren unentscheidbaren Widersprüchen und Kämpfen. Ehe dieser Realismus kritisch begründet und durch die neue naturwissenschaftliche, technische und historische Arbeitsweise gestützt wurde, weisen schon die fragmentarischen und unausgeglichenen, aber genialen Werke des ungestümen, alle Bühnenmöglichkeiten verachtenden Nachfahren des Sturms und Drangs Christian Dietrich Grabbe und Georg Büchners auf ihn hin.

Eine von den Bedingtheiten der Wirklichkeit unabhängige Kunst erstrebten Klassik und Romantik. Enge Verbindung von Dichtung und Leben, Wiedergabe der Kämpfe um politische und religiöse Freiheit verlangte, wie einst der vorklassische Sturm und Drang, auch vom D. das Geschlecht des Jungen Deutschland (s. d.), das der Zeit zwischen den Revolutionen von 1830 und 1848 das geistige Gesicht gibt. Weniger für die Form, in der die bisherige Kunstübung noch für Jahrzehnte in Geltung blieb, als für die Inhalte des D. werden die Anschauungen der Jungdeutschen wichtig. Gesinnung steht diesen Publizisten über Gestaltung. Laube und Gutzkow schufen das deutsche Tendenzdrama. Sie schleuderten entweder hinter der Maske historischer Gestalten oder als zeitgenössische Bürger in Dramen, die mit dem Gedankengehalt der Zeit erfüllt und technisch am französischen Gesellschaftsstück geschult waren, die fortschrittlichen Probleme ihrer Tage, ihre sozialen, religiösen, politischen, freiheitlichen Forderungen unter das Publikum und suchten es von der Bühne aus wie durch politische Leitartikel zur Tat aufzurütteln. Da sie selber viele Jahre bedeutende Bühnenleiter waren, sind ihre Werke für lange in den Spielplan eingedrungen. Etwas abseits von ihnen errang G. Freytag mit seinen 'Journalisten' (1854) einen dauernden Erfolg. Seine vornehmlich aus dem Beispiel Shakespeares und der Klassiker abgeleitete 'Technik des Dramas' (1863) ist ein halbes Jh. hindurch zu einseitig und normativ der Formanschauung des D. zugrunde gelegt worden. Aus der Menge der Dramenschreiber ragen neben dem gleichaltrigen Richard Wagner, von dessen im großen Stil theatralischen Musikdramen die stärksten Bühnenwirkungen ausgingen, nur F. Hebbel und O. Ludwig hervor.

Der grüblerische Denker Hebbel geht dem dramatischen Gestalter voran. Probleme sucht er auf, nicht ruhige, harmonische Vollendung. Seine Dramen wollen Philosophie poetisch verlebendigen; Ideen will er in Charakteren verdichten. Er stellt nicht Zeitfragen, sondern ewige Menschheitsfragen dar, mit eindringlicher Begründung und ohne Partei zu ergreifen oder abstrakt zu werden. Die Abhängigkeit des bürgerlichen Menschen von der unbedingten, niederdrückenden Macht seines Standes zeigt sein bürgerliches Trauerspiel 'Maria Magdalene' (1844). Hier geschieht die Wendung zum sozialen D. mit einer neuen zustandschildernden Enthüllungstechnik, die auf die späteren Gesellschaftsdramen Ibsens hinweist. In Hebbels historischen Dramen stoßen gleichberechtigte weltgeschichtliche Gewalten zusammen, die den widerstrebenden Einzelnen zermalmen. An Wendepunkten der Geschichte, wo Denken und Weltanschauungen sich umformen, will Hebbel den notwendigen Ablauf des Geschehenden aus inneren und äußeren, oft zu verwickelten und unübersichtlichen Bedingungen in strenger Folgerichtigkeit ableiten. Von dem Übermaß des Gedanklichen und Absonderlichen der Anfangsdramen gelangt sein Stil zu ruhigerer Klarheit. Was er dramatisch wollte, hat er in mehreren großen bedeutsamen Aufsätzen ausgesprochen. Seine einmalige dichterische Persönlichkeit blieb trotzdem zu seiner Zeit ohne Nachfolge, und erst viel später hat sich der Kreis derer, die ihn bewunderten und von ihm lernten, geweitet.

Das Ergrübeln der Grundsätze des Dramatischen hat Ludwigs Schaffenskraft gelähmt. Weil ihm die Vielfältigkeit der dramatischen Bedingungen zu bewußt war, konnte er nicht unmittelbar und triebsicher gestalten. So hat er aus zu bedenklichem Abwägen und Prüfen fünf vollendete Dramen und eine noch heute nicht ganz erschlossene Fülle von Fragmenten in seinem Schreibtisch behalten. Nur 'Der Erbförster' (1850) und 'Die Makkabäer' (1852) zeigten, daß hier ein wahrhafter Theaterdichter am Werke war, der Kunst und unverfälschtes gegenwärtiges Leben verband, der Shakespeares Können über das klassische Schönheitsideal Schillers stellte.

Die breite dramatische Produktion jener Jahre gibt zu diesen Leistungen einzelner keinen würdigen Hintergrund. Die Hoftheater, die sich Hebbel und Ludwig nur widerstrebend öffneten, und die aufs Verdienen eingestellten Privatbühnen wurden beherrscht von Familiendramen (s. d.), französischen Sittenstücken (s. d.) und Schiller-Nachahmungen, zu denen noch in den neunziger Jahren die schwungvollen, effektreichen Geschichtsdramen Wildenbruchs gehören. Das Jahrzehnt nach 1870 ist für das D. besonders unergiebig. Nur die Bauernstücke L. Anzengrubers, die an die guten Überlieferungen der Wiener Volksbühne anknüpfen und die bäuerlichen Sondereigenschaften mit den allgemein menschlichen verbinden, ragen hier hervor. Aber die vornehmen Theater blieben Anzengruber verschlossen. Nur eine rühmliche Bühnentat haben jene Jahre aufzuweisen. Von 1874 bis 1890 durchzogen die Schauspieler des Herzogs von Meiningen dt. und außerdt. Städte. In Tausenden von Aufführungen haben sie ihren Grundsatz bewährt, geschultes Zusammenspiel, Bühnentechnik und historisch genaue, wertvolle Bühnen- und Kostümausstattung dem Werk des Dramatikers unterzuordnen. Auch für das kommende D., dem die Meininger Gastspielreisen nicht mehr dienten, hat ihre Bühnenkunst die Vorbedingungen geschaffen.

Das unwahr und flach gewordene stilisierte D. hatte abgewirtschaftet. Der Leistung Hebbels und Ludwigs war man sich nicht bewußt. Neue, den Realismus weiterführende Gestaltungsmöglichkeiten sah die Dichtung im Ausland, in des Franzosen Zola und der Russen Dostojewski und Tolstoj Romanen, in der eigentümlichen, zuerst in ihrer Zielhaftigkeit verkannten Dialogtechnik der Gesellschaftsdramen Ibsens. In Deutschland kam der Naturalismus, die auf fast naturwissenschaftlich genaue Beobachtung sich gründende Darstellung der Wirklichkeit, am stärksten im D. zum Durchbruch. Im Roman hat er dafür länger nachgewirkt. Der Realist will seine persönlich-künstlerische Auswahl der Wirklichkeit geben, der Naturalist will lückenlos und genau alles darstellen, ohne Wesentliches und Unwesentliches zu unterscheiden, ohne Häßliches und Ekelhaftes zu übergehen oder zu idealisieren. Jener gibt ein Porträt, dessen bezeichnende Züge durch ihn als Künstler bestimmt sind, dieser gibt eine Photographie. Mit der alten Kunst werden die bestehenden Verhältnisse scharf kritisiert, und eine den Jungdeutschen verwandte Tendenz, die von sozialen und sozialistischen Gedanken genährt ist, durchdringt trotz des Strebens nach Objektivität die neue Dichtung. Die neue Technik der Abschilderung des wirklichen Daseins suchten die „konsequenten Naturalisten" Arno Holz und J. Schlaf 1887 zu vervollkommnen. In ihrer ersten gemeinsamen Arbeit, der 'Papiernen Passion', ergeben die wie Bühnenanweisungen gedruckten epischen Bestandteile mit dem Dialog zusammen einen absichts- und handlungslosen Ausschnitt aus der Wirklichkeit. Auf dramatischen Aufbau wird verzichtet; nur die zufälligen Einzelbeobachtungen werden lückenlos und genau aneinander gereiht. Farben, Töne, Geräusche, Gerüche, Gespräche sind mit durchgearbeitetem Sprachkönnen im „Sekundenstil", wie man es genannt hat, registriert. Die weit über das Darstellbare hinausreichenden, stimmunggebenden Bühnenanweisungen Hauptmanns sind ein Zeichen dafür, wie nahe diese Zustandsschilderung auf der Bühne dem Epischen steht. Dem vorgegebenen nordischen Verfasser der Schlaf-Holzschen Sammlung 'Papa Hamlet' widmete Gerhart Hauptmann sein erstes Drama 'Vor Sonnenaufgang'. Es wurde 1889 auf dem gegen die Polizeizensur gegründeten Vereinstheater der „Freien Bühne" (s. d.) aufgeführt. Der Naturalismus (s. d.) hat an zerfasernder Beobachtung der Seele und an Ausdrucksfähigkeit der Sprache die dt. Dichtung wesentlich bereichert. Hauptmann selbst, die größte dichterische Kraft jener Jahre, neben dem der bühnengewaltige Sudermann die Technik des Naturalismus zu Effektstücken ausnutzte, ging bald zu märchenhaften, symbolischen, romantischen und antikisierenden Dichtungen über, die nach der Dialektprosa den Vers wieder aufnahmen. So zeigt das Gesamtwerk dieses Führers die schnelle Entwicklung, die das D. der letzten Jahrzehnte durchgemacht hat.

H. Hettner *Das moderne Drama* 1852. G. Witkowski *Das dt. Drama des 19. Jhs.* 1913[4]. M. Martersteig *Das dt. Theater im 19. Jh.* 1904. W. Kosch *Das dt. Theater u. Drama seit Schillers Tod* o. J. (1922)[2]. B. Busse *Das Drama* IV (Aus Nat. u. Geisteswelt 290) 1922[2]. R. F. Arnold *Das mod. Drama* 1912[2]; mit Literaturangaben. R. F. Arnold *Bibliographie der dt. Bühnen seit 1830* 1909[2]. K. Grube *Die Meininger* (Das Theater IX) 1904. O. Harnack *Vorträge u. Aufsätze* 1911. S. 240ff.

A. v. Hanstein *Das jüngste Deutschland* 1905[3]. O. Döll *Die Entwicklung der naturalistischen Form im jüngstdt. Drama 1880—1890* 1909. M. Günther *Die soziologischen Grundlagen des naturalist. Dramas.* Diss. Leipzig 1912. B. Litzmann *Das dt. Drama in den lit. Bewegungen der Gegenwart* 1896[3]. H. Franck *Vom Drama der Gegenwart*, LE. XXVI (1924) Sp. 123ff., 257ff., 449ff.

§ 8. Neuromantik und Neuklassizismus. Expressionismus. Die wissenschaftliche Neutralität des Naturalismus hatte, wenigstens in der Theorie, das Gefühl ausgeschaltet. So setzte von der Lyrik her eine Gegenbewegung ein. Von manchen inneren und stofflichen Beziehungen hat diese Richtung den Namen Neuromantik.

Anstatt wie der Naturalismus das Alltägliche nachzubilden, trieb sie einen festlichen Kultus der Stimmung und der Schönheit. Von der feinnervigen Seelenkunde des Naturalismus zog sie zwar ihren Nutzen, aber sie erstrebte nun stilisierte Pracht, geheimnisvolle, farbige, kulturübersättigte Phantastik in Stoff und Sprache. Das D. zerfließt hier in lyrische Stimmung, wie Hofmannsthals Spiele mit ihrer erlesenen Wortmusik. Die kostbare, malerische, in Stimmung schwelgende Bühnenkunst Max Reinhardts im „Deutschen Theater" zu Berlin hat auch dem D. der Neuromantik große Wirkung gesichert. Die auf Vortäuschen der Wirklichkeit hinzielendeBühnenausstattung wurde abgelöst durch eine vereinfachende ornamentale Stilbühne, wie sie unter der Mitarbeit namhafter Maler zuerst 1908 im Münchner „Künstlertheater" verwirklicht wurde. Die Forderung strenger Form für das D. wurde in jenen Jahren von den Neuklassikern P. Ernst und W. v. Scholz erhoben, überzeugender in theoretischen Schriften als in eigenen Bühnenwerken.

Der Naturalismus gab wie die impressionistische Malerei den sinnlich wahrnehmbaren Eindruck wieder; er ging von einem Einzelfall der Wirklichkeit aus. Seit etwa 1910 ist zu spüren, daß ein anderes Lebensgefühl das dichterische Gestalten bestimmt. Der Zusammenhang zwischen Natur und Kunst wird geradezu geleugnet. Nicht das Sinnfällige, das zur selben Zeit im Lichtspieltheater (s. d. Art. *Kinostück*) sich sein Recht sucht, sondern das Geistige wird vom Expressionismus (s. d.) erstrebt, nicht das Einmalige, sondern das Gemeinsame und Typische, der dauernde Gleichniswert der Wirklichkeit. Nur Ausbruch des Innern soll zum Ausdruck kommen. Nicht die mosaikartigen, zerstückten Einzelheiten des Impressionismus (s. d.), sondern großes, einheitliches kosmisches Gefühl, Ewigkeit, Metaphysik ist das Ziel der Dichtung. Auf dem Wege dahin schreckt sie vor keiner Roheit, Entartung, Überreizung zurück. Nicht die vom Naturalismus so scharf ausgebildete psychologische Zergliederung und photographisch genaue Wiedergabe des Wirklichen, sondern das seherische Erfassen des allgemein Menschlichen wird nun erstrebt. Daher werden jetzt nicht mehr dramatische Entwicklungen lückenlos und mit umständlicher Begründung ausgebreitet, sondern abgerissen und sprunghaft suchen die übersteigernden, grellen Geschehnisse in einzelnen Bildern und Visionen das Wesentliche des inneren Lebens zu erraffen. Der Mensch in seiner Abhängigkeit vom Absoluten, ohne die persönlichen Zufälligkeiten seines Daseins, ist das Thema. Deshalb nennt das expressionistische D. auch nicht seine einzelnen Personen mit ihren eigenen Namen, sondern sie erscheinen in vereinfachten Linien als Typen: der Sohn, der erste Gefangene, der zweite Soldat, das Weib. Das Verstandesmäßige der alten Kultur wird bekämpft. Gefühl, Hingerissenheit, Rausch, Ausdruckswille sollen den Intellekt verdrängen. Aber infolge des Verzichts dieser abstrakten Dichtung auf Versinnlichung fehlen oft die Mittel, die Visionen anschaulich und verständlich zu machen und den Zusammenhang zwischen Publikum und Kunst zu wahren. Die Abwendung von der Wirklichkeit ist im D. am auffallendsten. Eine einfache, stilisierte, die Illusionsausstattung verschmähende Bühne unterstützt das hastende, auch den sprachlichen Ausdruck um der Knappheit willen verkürzende und vergewaltigende D. Ein neuer Schauspielerstil wendet sich von der naturalistischen Alltagsnachahmung, von den „Attributen der Realität" ab zu pathetischer Deklamation und großer, rhythmischer, symbolischer Gebärde.

Auf das neue D. wiesen schon in den Jahren des Naturalismus die symbolischen Bilder und die andeutende Technik Wedekinds hin, der damals in seinen Absichten meist mißverstanden wurde. Gemeinsam ist den D. der Expressionisten nicht so sehr das Technische und der Stil. Nur ein Bruchteil der 2139 zwischen 1913 und 1922 in Deutschland gedruckten und der 3284 zum erstenmal aufgeführten Dramen gehört ja überhaupt in die Bewegung, die dem Neuen zustrebt. Und auch innerhalb des Expressionismus laufen mancherlei Versuche durcheinander. Wohl aber verbindet die neuen Dramatiker das gleiche Lebensgefühl, das Suchen nach neuen Ufern. Noch heben sich die ersehnten Gestade nicht deutlich aus dem Nebel. Niemals ist ja eine künstlerische Form, wie diese Vorbereiter sie erstreben, für sich allein wertvoll oder nichtig. Schließlich entscheidet immer die Gestaltungskraft des einzelnen Künstlers, der die aus dem Zeitstil stammende Form beseelt. In Fritz v. Unruhs 'Geschlecht' (1916) und in den Schöpfungen E. Barlachs scheint der Geist unserer Zeit in einer notwendigen neuen Form Ausdruck geworden. Der dramatische Boden ist für neue Keime aufgelockert.

A. Kerr *Das neue Drama* 1912[4]. R. Petsch *Hauptströmungen im Drama der Gegenwart*, ZfdU. XXVII (1914) S. 305ff., 402ff., 483ff. J. Bab *Neue Wege zum Drama* 1911. J. Bab *Stiltendenzen im Drama der Gegenwart*, Mitteil. d. Lit. Ges. Bonn V (1914) S. 115ff. J. Bab *Der Wille zum Drama* 1919. J. Bab *Die Chronik des dt. Dramas 1900—1918* 1922. H. Franck *Vom Drama der Gegenwart*, LE. XXVI(1924) Sp. 641ff., XXVII (1924) Sp. 65ff.

H. Naumann *Die dt. Dichtung der Gegenwart* 1924[2]. W. Stammler *Dt. Lit. vom Naturalismus bis zur Gegenwart* 1924. B. Diebold *Anarchie im Drama* 1921. M. Freyhan *Das Drama der Gegenwart* 1922. Frels *Das dt. Drama 1913 bis 1920*, Alere flammam, G. Minde-Pouet zum 50. Geburtstag 1921. *Das dt. Theater, Jb. für Drama u. Bühne* I (1922/3), II (1923/4).

Allg. Lit.: G. Freytag *Technik des Dramas* 1863. Th. Lipps *Der Streit über die Tragödie* 1915[2]. J. Volkelt *Ästhetik des Tragischen* 1917[3]. C. Weitbrecht *Das dt. Drama* 1903[2]. W. v. Scholz *Gedanken zum Drama* 1905. P. Ernst *Der Weg zur Form* 1906. H. Schlag *Das Drama* 1917[2]. W. Kirchbach LE V (1902/3) Sp. 1666ff. Avonianus (= R. Hessen) *Dramaturg. Handwerkslehre* 1902[2]. W. Harlan *Schule des Lustspiels* 1903. H. Friedemann *Das Formproblem des Dramas*. Diss. Erlangen 1911. J. Bernays *Zwei Abhdlg. über die Aristotelische Theorie des Dramas* 1880. R. Petsch *Dt. Dramaturgie von Lessing bis Hebbel* I 1921[2]. Die Tat XIV H. 7. Einzelaufsätze: R. Müller-Freienfels *Stilprinzipien des germ. Dramas*, ZfdU. XXXI (1917) S. 593ff. R. Müller-Freienfels *Über die Formen der dram. u. epischen Dichtung*, ZÄsth. VIII (1913) S. 177—208. F. Gregori LE. XVI (1913/14) Sp. 319ff. R. Petsch *Zwei Pole des Dramas*, Dt. Vjschr. für Litwsch. u. Geistesgesch. II (1924) S. 193ff. E. Elster *Über die Elemente der Poesie u. den Begriff des Dramatischen*, Marburger Univ. Progr. 1903. J. Bab *Neue Kritik der Bühne* 1920. E. Ermatinger *Die Kunstform des Dramas* 1925. R. K. Goldschmit *Das Drama* (Philosophische Reihe Bd. 72) 1923. E. Hirt *Das Formgesetz der Dichtung* 1923.

A. W. Schlegel *Über dram. Kunst u. Lit.* III 1809—1811. H. Reich *Der Mimus* 1903. J. Petersen *Das dt. Nationaltheater* 1919. E. Devrient *Gesch. der dt. Schauspielkunst* 1905[2]. Ch. Gaehde *Das Theater* (Aus Nat. u. Geisteswelt Bd. 230) 1908. F. Michael *Deutsches Theater* 1923. K. Holl *Geschichte des dt. Lustspiels* 1923. H. Schauer *Das dt. Drama seit der Renaissance u. Reformation* 1924. W. Creizenach *Gesch. des neueren Dramas* I—V 1893 bis 1916.

H. Schauer.

Dramaturgie. § 1. Das spätgriechische Wort δραματουργία (= ein Drama ins Werk setzen) ist erst seit Lessing im Deutschen gebräuchlich. Es bezeichnet jetzt die theoretische und praktische Wissenschaft von der Kunst des Dramas und des Theaters. Oft meint das Wort aber nur eine der vielen Seiten dieser Wissenschaft, nämlich 1. die Lehre vom Wesen und von den poetischen Gesetzen der dramatischen Dichtung, 2. die Tätigkeit des mit der Praxis vertrauten literatur- und theaterwissenschaftlichen Beraters an der Bühne und 3. nach der Forderung Hugo Dingers eine besondere, von der Literaturwissenschaft scharf zu trennende theoretische und praktische Normwissenschaft.

§ 2. Da die Theorie vom Drama naturgemäß meist auf die bühnenwirksame Aufführung hinzielt, sind Äußerungen über Wesen und innere Gesetze des Dramas und solche über die Mittel der Darstellung auf der Bühne nicht immer voneinander zu trennen. Nach den wenig fruchtbaren Versuchen des 17. Jhs. kam eine lebhafte und ausgedehnte kritische dramaturgische Auseinandersetzung in Deutschland erst im 18. Jh. in Gang, als seit Gottsched das Drama den Hauptanteil der literarischen Bestrebungen für sich beanspruchte. Neben der ältesten D., der 'Poetik' des Aristoteles, wirkten auf das deutsche Drama von den zahlreichen theoretischen Schriften, namentlich des romanischen Auslands, besonders die der Franzosen des 17. Jhs., die die dramatischen Anschauungen ihrer Zeit widerspiegeln (Hédelin d'Aubignac '*Pratique du théâtre*' 1657, Boileau '*Art poétique*' 1674). Das moderne Drama hat sich in Deutschland in beständiger Wechselwirkung mit theoretisch-dramaturgischen Erwägungen entwickelt. Trotz aller dogmatischen Ansprüche sind die Theorien über das Drama nicht für alle Zeit unverändert in Geltung geblieben. Drama und D. mußten sich mit den wechselnden Stileigentümlichkeiten der einzelnen Kulturepochen auseinandersetzen. Ihre Erkenntnis in den

Fragen des Dramas suchten die Dichter selbst durch gelegentliche und durch systematische Äußerungen zu formen, wenn auch ihre nachträgliche Theorie sich nicht immer ganz mit der Praxis deckt. Ferner haben Anteil an diesen Bemühungen die Ästhetiker und nicht zuletzt seit Lessings grundlegender 'Hamburgischer D.' (1767) die Theaterkritiker.

Die wichtigsten Äußerungen zur Theorie des Dramas von Lessing bis Hebbel, Ludwig und R. Wagner hat zusammengestellt R. Petsch *Deutsche Dramaturgie* 1912, 1921². W. v. Scholz begann 1907 die theatralischen Schriften und Aussprüche der bedeutendsten Dramatiker in Einzelbänden unter dem Titel *Deutsche Dramaturgie* erscheinen zu lassen. M. Poensgen *Geschichte der Theorie der Tragödie von Gottsched bis Lessing*. Diss. Leipzig 1896. R. Schacht *Entwicklung der Tragödie in Theorie u. Praxis von Gottsched bis Lessing*. Diss. München 1910. W. Fischer *Die dramaturg. Zeitschriften des 18. Jhs. nach Lessing*. Diss. Heidelberg 1916. G. Keckeis *Dramaturgische Probleme im Sturm u. Drang* (Unters. XI) 1907. A. W. Schlegel *Vorlesungen über dramatische Kunst und Lit.* 1809—11. Rötscher *Die Kunst der dramatischen Darstellung* 1841; ders. *Dramaturg. u. ästhet. Abhandlungen* hsg. v. E. Schröder 1867. Th. Mundt *Dramaturgie oder Theorie u. Geschichte der dram. Kunst* [1848]. L. Tieck *Kritische Schriften u. dramaturgische Blätter* 1848/52. R. Prölß *Katechismus der Dramaturgie* 1899². C. Weitbrecht *Das deutsche Drama* 1903². W. Kosch *Das deutsche Theater und Drama seit Schillers Tod* [1922]². M. Martersteig *Das deutsche Theater im 19. Jh.* 1904. W. Harlan *Schule des Lustspiels* 1903. W. v. Scholz *Gedanken zum Drama* 1904. R. K. Goldschmit *Das Drama* (Philosophische Reihe LXXII) 1923. J. Bab *Der Mensch auf der Bühne* 1910ff. F. Gregori LE. XVI (1913/14) Sp. 319ff. J. Bab *Kritik der Bühne* 1908. J. Bab *Neue Kritik der Bühne* 1920. B. Diebold *Anarchie im Drama* 1921. H. Jhering *Aktuelle Dramaturgie* 1924. Vom Standpunkt der dr. Technik aus: G. Freytag *Technik des Dramas* 1863 u. ö. Avonianus [= R. Hessen] *Dramat. Handwerkslehre* 1902². H. Schlag *Das Drama* 1917². Zahlreiche Sammlungen von Theaterkritiken u. dramaturg. Abhandlungen, darunter die von Bahr, Bulthaupt, Frenzel, Kerr, Zabel, sind zusammengestellt von R. F. Arnold *Das moderne Drama* 1912². S. 328, 345; vgl. auch S. 347.

§ 3. Lessing war am Hamburger Theater eine dreifache Aufgabe zugewiesen: er sollte der literarisch- künstlerische Berater der Theaterleitung und der Schauspieler sein und zugleich dem Publikum das Verständnis erschließen für die Absichten des Nationaltheaters, er sollte ferner als Angestellter des Unternehmens dessen öffentlicher Kritiker und drittens auch noch Theaterdichter sein. Von diesen verschiedenartigen Tätigkeiten, die alle noch das Wort „Dramaturgie" andeutet, ist für die heute an den Bühnen beamteten Dramaturgen nur die erste übriggeblieben. Daß überhaupt auch mittlere Bühnen das literarisch geschulte Urteil des vielen Schauspielern unbequemen Dramaturgen für die Bühnendarstellung ausnutzen wollen, ist ein Zeichen dafür, daß die Literatur, das dichterische Wort an der Bühne seit dem 18. Jh. dem bloßen „Theater" übergeordnet ist. Dem Dramaturgen an der Bühne liegt heute die Auswahl, die Bearbeitung und die richtige Deutung der Bühnenstücke ob, d. h. er muß für den Spielplan unter der Fülle der dramatischen Dichtungen Auslese halten, vergessenes Gut wieder beleben, wertvolle Dramen aus der Masse der neuerscheinenden Theaterstücke herausspüren. Er muß ferner das Stück für die Aufführung durch Striche, Zusammenziehungen, Umstellungen einrichten, Veraltetes abtrennen, das Drama der veränderten Bühne, der verminderten Aufnahmefähigkeit der Zuschauer anpassen, um so dichterischen Werten die Bühnenwirkung zu ermöglichen. Goethe gestand dem Dramaturgen neben der Redaktion und Verkürzung sogar das Recht der Veränderung zu. Schließlich hat der Dramaturg in seinen Anweisungen an die Bühnenmitglieder und oft in einführenden Aufsätzen als berufener Anwalt des Dichters dafür zu sorgen, daß der Geist der dramatischen Dichtung in der Aufführung lebendig bleibt.

A. Klaar *Der Dramaturg*, LE. VI (1903/4) Sp. 225ff. u. 297ff. Von den Büchern moderner Dramaturgen seien hervorgehoben: J. Savits *Von der Absicht des Dramas* 1909. A. v. Berger *Meine Hamburgische Dramaturgie* 1910; ders. *Über Drama und Theater* 1900. E. Kilian *Dramaturgische Blätter* 1905; ders. *Aus der Praxis der modernen Dramaturgie* 1914. Zu den Bühnenbearbeitungen Goethes und Schillers: A. Köster *Schiller als Dramaturg* 1891. J. Bayer *Studien und Charakteristiken* (Bibl. deutscher Schriftsteller aus Böhmen XX) 1908. S. 338/74. V. Tornius *Goethe als Dramaturg* 1909. Die Literatur über die dramaturgische Tätigkeit von Tieck, Klingemann, Laube, Gutzkow, Ludwig ist verzeichnet in den Anmerkungen auf S. 16, 17, 21, 122, 143, 208 des Buches von W. Kosch *Das deutsche*

Theater und Drama seit Schillers Tod [1922][2]. Nachzutragen ist u.a. R. Wittsack *Immermann als Dramaturg*. Diss. Berlin 1914; ferner R. F. Arnold *Bibliographie der deutschen Bühnen seit 1830* 1909[2].

§ 4. Als besondere „freie Normwissenschaft" hat H. Dinger die D., die gesamte theoretische und praktische wissenschaftliche Behandlung der dramatischen Kunst, begründen wollen und ihre Aufgaben im Zusammenhang mit der allgemeinen Ästhetik erörtert. Er will, mit sichtlicher Unterschätzung des dichterischen Worts, die dramatische Kunst, welche die anderen nur räumlichen oder zeitlichen Künste in sich verbindet und ihnen überlegen ist, als Gattung von der Dichtkunst und somit auch die D. von der Literaturgeschichte trennen. Er versucht, die im aufgeführten Drama vereinten künstlerischen Sonderkräfte zusammenzufassen und ihre Untersuchung zu einem besonderen Wissenschaftssystem zu erheben, das sich der Ästhetik, Psychologie, Völkerpsychologie, Ethnologie, Geschichte, Kunstgeschichte, Literaturwissenschaft als Hilfswissenschaften zu bedienen hätte.

H. Dinger *Dramaturgie als Wissenschaft* 1904/5. M. Foth *Die Stellung des Dramas unter den Künsten* 1902. H. Schauer.

Dreikönigsspiel s. Drama, mittelalterliches.

Dreireim s. Reim.

Duodrama. Duodramen sind dem Wortsinne nach Dramen (also nicht abhandelnde Gespräche), in denen nur zwei Personen handelnd und sprechend auftreten, wie in dem D. 'Der Einsiedler' von Goethes Wetzlarer Freunde Siegfried von Goué, das seitdem mit seiner 'Dido' zusammen als erstes D. bezeichnet wird (1771). Über das Drama hinaus könnte man auch auf zwei Personen verteilte sog. Maskenlyrik, wie Hatem und Suleika in Goethes 'Diwan' oder Goethes 'Wanderer' duodramatisch nennen. — Das Wort D. wird aber besonders verwendet für die dem Stoff nach meist der Antike entnommenen Dramen mit zwei sprechenden Personen, die, zwischen 1770 und 1780 mit Instrumentalmusik verbunden, wie die Monodramen (s. d.) in den Schauspielertruppen als Paraderollen für hervorragende Darsteller Mode wurden. Eine feste Grenze zwischen Monodramen und D. läßt sich nicht ziehen, da viele Monodramen, in denen es nur auf die Monologe einer einzigen Hauptperson ankommt (wie gleich in dem ersten der ganzen Gattung, der 'Ariadne auf Naxos' von Joh. Chrn. Brandes), durch eine hinzutretende Nebenperson äußerlich zum D. werden. Auch Goethe schickte ja seinem Monodrama 'Proserpina' einen Monolog des Hofgärtners voraus. Als man bei großem Bedarf an solchen Werken das enge Gebiet des Monodramas ausweitete, entstanden viel mehr D. als Monodramen; die Bezeichnung Monodrama bleibt dennoch oft für die ganze Gattung in Geltung. Oft wechseln übrigens in den verschiedenen Auflagen solcher Dramen die Bezeichnungen. Die Namen Melodrama, Monodrama, D., lyrisches, akkompagniertes und musikalisches Drama oder Drama zur Musik meinen oft dasselbe. — Vgl. bes. den Artikel *Monodrama*, ferner *Lyrisches Drama*.

A. Köster *Das lyrische Drama des 18. Jhs.*, PrJbb. LXVIII (1891) S. 188ff. E. Istel *Die Entstehung des deutschen Melodramas* 1904 (wo auch Duodramen zusammengestellt sind). H. Schauer.

E

Einblattdrucke (fliegende oder Flugblätter): nur einseitig bedruckte, in der 2. Hälfte des 15. Jhs. aufkommende Blätter von Kleinoktav bis Folio, seltener Quart, mit selbständigem abgeschlossenem Inhalt. Die frühsten Druckversuche vor Erfindung des förmlichen Buchdrucks waren aus technischen Gründen sämtlich Einblattdrucke, weil das Reibeverfahren das Bedrucken der Rückseite nicht zuließ. Obwohl Gutenbergs Pressedruck dann das Bedrucken beider Seiten gestattete, blieben die E., namentlich für Bekanntmachungen aller Art (M. Luthers Thesen), sehr beliebt, als Bilderbogen bis auf den heutigen Tag. Sie brachten auf Einzelblättern kurze, bald objektiv referierende, bald subjektiv gefärbte Berichte über irgend bemerkenswerte Ereignisse, oft auch nur Sinnsprüche, Fabeln und Sentenzen; meist mit Illustrationen in Kupfer oder Holz am Kopf oder in der Mitte, darunter oder als Umgebung des Bildes der Text in Prosa oder Versen. Als Vorläufer der Zeitungen, wie sie seit dem frühen 16. Jh. genannt werden, bilden sie für das 16. und 17. Jh. eine nicht zu unterschätzende Geschichtsquelle. Doch ist im allgemeinen ihre Lokalisierung schwierig und nur bei gesichertem Vergleichsmaterial möglich. Die E. wurden allenthalben in Deutschland kolportiert, zierten die Stubenwände der Bürgerhäuser und füllten alsbald die Mappen der Liebhaber. Reiche Sammlungen davon im Britischen Museum, in der Pariser National- und der Berliner Staatsbibliothek.

J. Scheible *Die Fliegenden Blätter des 16. und 17. Jhs. in sogenannten Einblattdrucken mit Kupferstichen und Holzschnitten. Aus den Schätzen der Ulmer Stadtbibliothek* 1850. P. Heitz *Einblattdrucke des 15. Jhs.* 1899ff. G. Bebermeyer.

Einheiten. § 1. Mit dem seit dem 18. Jh. gebräuchlichen Wort „Einheiten" bezeichnet man in der Theorie des Dramas die drei Forderungen, daß keine Nebenhandlungen und Episoden die Haupthandlung des Dramas zurückdrängen, daß ferner die Handlung innerhalb eines Zeitraums vom 24 Stunden vor sich gehe, und daß der Schauplatz nicht wechsle. Sie wurden in dieser Form von den Franzosen im 17. Jh. in äußerlicher Auslegung des Aristoteles zum Gesetz erhoben und galten danach auch für das dt. Drama lange für verbindlich. An den Auseinandersetzungen über ihre Berechtigung hat sich im 18. Jh. ein gutes Teil der dt. Theorie des Dramas entwickelt. Dieser Kampf ist mit den für die dt. Literaturgeschichte wichtigen Einwänden Lessings gegen die franz. E. keineswegs abgeschlossen; vielmehr taucht in Stilepochen, die nach einer strengen Form des Dramas streben, die Frage nach der Gesetzlichkeit des inneren Zusammenhangs der E. der Zeit und des Ortes mit der kaum je ernstlich bestrittenen Einheit der Handlung immer erneut auf.

A. W. Schlegel *Vorlesungen über dramat. Kunst u. Lit.* 17. u. 18. Vorlesung. G. Freytag *Die Technik des Dramas* Kap. I 3. H. Schlag *Das Drama* 1909. S. 78. E. Hirt *Das Formgesetz der epischen, dramatischen u. lyrischen Dichtung* 1923. S. 103, 149.

§ 2. Die außerdeutsche Entwicklung bis zu Boileau. Aristoteles forderte im 8. Kap. seiner 'Poetik', daß die einfache oder zusammengesetzte Fabel der Tragödie eine einzige Handlung und diese ganz darstellen müsse. Die Teile der Fabel sollten so zusammenhängen, daß, wenn einer davon geändert oder herausgenommen werde, das Ganze geändert oder umgestaltet werde. Episoden lehnte er infolgedessen als der Einheit abträglich ab. Die antiken Dramen stellten um der Einheit der Handlung willen meist nur die Katastrophe dar und erreichten so oft beinahe die Gleichheit der Aufführungsdauer mit der wirklichen Zeit des dargestellten Vorgangs. Aristoteles stellte lediglich die Tatsache fest, daß in den vorhandenen griech. Dramen die dargestellte Handlung innerhalb eines Sonnenumlaufs vor sich gehe. Für die im griech. Theater aus inneren (Stil) und äußeren (Anwesenheit des Chors) Gründen fast selbstverständliche und also fast stets durchgeführte Einheit des Ortes hatte Aristoteles keinerlei Regel gegeben.

Für die Tragödiendichter der Renaissance wurde neben den Dramen der Griechen und des ebenfalls die E. festhaltenden Seneca auch die Theorie des Aristoteles vorbildlich. Die Forderung der Einheit der Handlung wurde allerdings erst später ausdrücklich zum Gesetz erhoben. Obwohl die Unterscheidung des Aristoteles zwischen einfacher und zusammengesetzter Handlung schon bekannt war, wirkten hier mehr als die Theorie die Dramen der Antike, von denen die etwas verwickelteren mehr zur Nachahmung reizten. Jedoch die gleichmäßig breite Darstellung von Wichtigem und Unwichtigem, wie sie das mal. Drama kannte, wurde jetzt vermieden. Die bloße Feststellung des Aristoteles, daß Tragödien auf einen Sonnenumlauf beschränkt seien, faßte aber der Italiener Trissino in seiner '*Sofonisbe*' (1515), der ersten nach den Regeln der Antike gearbeiteten Tragödie, als Gesetz auf, und es entspann sich eine lange Auseinandersetzung über die praktische Ausnutzung der zugestandenen 24 Stunden, ob nur von Sonnenaufgang bis zum Untergang oder, wie Ronsard, um Zeit zu gewinnen, wollte, von Mitternacht bis Mitternacht. Auch der später so beliebte Ausweg, die Zeit durch Vermeiden jeder bestimmten Angabe ganz vergessen zu lassen, wurde schon beschritten. Die Vorschrift der Zeiteinheit hatte nichts Einengendes, zumal nach dem Vorbild der Antike Handlungen bevorzugt wurden, die sich schon der Katastrophe zuneigten. Eher war es schwierig, diese Handlung im letzten Stadium zur Dauer eines Theaterstücks auszudehnen. Die erst nach der Mitte des 16. Jhs. ausgesprochene Regel der Ortseinheit war mit begründet durch die ital. Renaissancebühne, deren Dekoration ja unveränderlich war. Scaligers 1561 gedruckte '*Poetices libri VII*' nahmen die drei E. um der Wahrscheinlichkeit willen als Regel auf. In England (Sidney) und Spanien (Cervantes dafür, Lope dagegen) wurde für und wider gestritten; zum Siege kamen sie im 17. Jh. in Frankreich. In einzelnen Dramen (Mairets '*Sophonisbe*' 1629) und in theoretischen Erörterungen (Mairet, Chapelain, Hédelin d'Aubignac) wurde die Lehre weitergesponnen und als richtig bewiesen. Zwischen 1630 und 1640 setzte sie sich durch. Die klassischen Dichter des 17. Jhs. befolgten sie trotz gelegentlicher Verstöße und verteidigten sie als einen Sieg der Vernunft, nicht der Autorität. Corneille fand in seinem '*Discours des trois unités*' (1660) schon recht unlogische und der Wahrscheinlichkeit gefährliche Mittel, ihre unbequemen Fesseln auszuweiten. Er erstrebte im Grunde nur möglichst geringe Zeitdauer der Handlung und möglichst wenig Ortsveränderung, und auch die nur am Aktschluß, dafür aber möglichst große Wahrscheinlichkeit. Dieses *s'accomoder avec Aristote*, das bis zu Voltaire fortgesetzt wurde, hat Lessing später verspottet. Die klassische Formulierung fand die Regel von den drei E. in der '*Art poétique*' des Boileau (III v. 39):

Mais nous que la raison à ses règles engage,
Nous voulons qu'avec art l'action se ménage;
Qu'en un lieu qu'en un jour, un seul fait [accompli
Tienne jusqu'à la fin le théâtre rempli.

Die Franzosen betonten weniger die auch ihnen selbstverständliche Handlungseinheit, die sie nur als Einfachheit auffaßten, als die der Zeit und des Orts. Ihre um der *vraisemblance* willen aufgestellten Regeln erstarrten und führten gerade zu Unwahrscheinlichkeiten, Stoffbeschränkungen und einem Mangel an Spannung. Aber trotz aller durch die Einheit des Orts erzwungenen epischen Berichte und Unwahrscheinlichkeiten ist in dieser strengen Einengung ein bestimmtes romanisches Stilgefühl zu spüren. Der klassische Geist hat in diesen einfachen, ohne Abwege und Episoden mit geringer Personenzahl durchgeführten Handlungen eine neue literarische Form gefunden. In bewußter Anlehnung an die Antike erreichte die französische Tragödie eine große, übersichtliche, stilisierende Geschlossenheit. Die Werke bedeuten hier mehr als die Theorie. Unwesentlich ist daneben die willkürliche Ausdeutung des Aristoteles. Die aber übernahm gerade der Aufklärer Gottsched. Als er in seiner Reform der dt. Bühne auf theoretische Studien verfiel, gelangte er von den Griechen, die er suchte, zu den Franzosen und übertrug ihre Regeln gewaltsam auf das seinem Wesen nach in der Form lockerere dt. Drama. Die dramatische Entwicklung war vor ihm keineswegs geradezu in der Richtung der E. gegangen.

Creizenach II 491ff. H. Breitinger *Les unités d'Aristote avant 'Le Cid' de Corneille* 1879. W. Cosack *Materialien zu Lessings 'Hamb. Dramaturgie'* 1891². S. 261ff. E. Teichmann *Die drei Einheiten im franz. Trauerspiel nach Racine.* Diss. Leipzig 1909. K. Borinski *Die Antike in Poetik und Kunsttheorie* I 1914. S. 215ff.

§ 3. Die dt. Entwicklung bis zu Gottsched. Das spätmal. geistl. Drama mit den nebeneinanderliegenden Standorten, seiner Ausdehnung über mehrere Tage und seinen an Nebenhandlungen reichen, epischen Szenenmassen kannte keine E. Die Fastnachtsspiele des 15. Jhs. standen den E. der Handlung und der Zeit ihrer geringen Ausdehnung wegen unbewußt näher, aber auch in diesen primitiven Aufführungen hatte das im allgemeinen neutrale Bühnenfeld gelegentlich die Bedeutung verschiedener Standorte ('Spiel vom Kaiser und Abt', Kellersche Sammlung Nr. 22). Hans Sachs vermeidet zwar in seinen kurzen Spielen den häufigen Wechsel des Ortes, springt aber, besonders im Meistersingerdrama, dafür ohne Pause innerhalb desselben Aktes über Zeiträume von Jahrzehnten hinweg. In dem ersten, nur einige Druckseiten langen Akt seines 'Jacob mit seinem bruder Esaw' drängt er folgendes zusammen: Isaak bittet Gott um einen Leibeserben, Rebekka teilt ihm mit, daß Gott sie gesegnet hat, die *ancilla* bringt die neugeborenen Knaben, der eben erst geborene Jakob tritt auf und kauft seinem wilden Bruder, der vom „mühseligen weydwerg" heimkehrt, das Recht der Erstgeburt ab. Bei Ruef heißt es sogar einmal in kühnem Sprung über die Zeit: „Hie beschlaft Adam sin wib, die gebirt ein sun und eine tochter."

Im Schuldrama schimmert die Absicht nach strafferer Zusammenfassung der Handlung schon durch, unterstützt von der allen Ortswechsel vermeidenden Terenzbühne. Dem barocken Theater der Engl. Komödianten und der Jesuiten waren die E. fremd. Erst in der Nachfolge des ndl., von Seneca abhängigen Klassizismus wendete sich das dt. Drama ihnen zu. Gryphius zielt auf die Einheit der Handlung, hält streng auf die Einheit der Zeit, bindet sich aber nicht immer an die des Ortes. Der im Übergang zwischen Barock und Aufklärung stehende Christian Weise kehrte sich an solche Stilisierungsversuche nicht. Aber die berühmten, an Beispielen reichen Paragraphen von Gottscheds 'Critischer Dichtkunst' (1751⁴ S.613ff.) forderten in hölzerner Nachbildung der Aristotelisch-franz. Lehre mit einer gewissen Folgerichtigkeit die E. Aus der „einen Hauptabsicht" des einen „moralischen Satzes" leitete er die Einheit der Fabel ab. Um keinen „Fehler wider die Wahrscheinlichkeit" zu begehen, wie es eine wesentlich über die Dauer der Bühnendarstellung hinausreichende Handlung oder eine Veränderung des Schauplatzes vor den doch auf derselben Stelle sitzenbleibenden Zuschauern war, mußte er Einheit der Zeit und des Ortes verlangen. Er merkte nicht, daß der Irrglaube der sinnlichen Täuschung des Zuschauers durch solche Gewaltsamkeiten gerade verletzt wurde. Ihm war es um den Sieg des Verstandes über die Phantasie, erst in zweiter Linie um ein bewußtes Kunstprinzip zu tun. Seine Regeln drangen durch, und in zahlreichen Schriften wurde neben ihm seine Lehre erweitert. (Batteux-Ramlers 'Einleitung in die schönen Wissenschaften'.)

§ 4. Die dt. Entwicklung nach Gottsched. Schon in der Lehre der Schweizer verloren die E. die Gültigkeit einengender Gesetze. Lessing, der selbst von den E. ausging und sich nie weit von ihnen entfernt hat, wollte in seiner 'Hamburgischen Dramaturgie' (besonders Stück 44—46) nicht gerecht das klassische Drama der Franzosen beurteilen, sondern unmittelbar auf das dt. Drama seiner Zeit Einfluß gewinnen. Sein Kampf gegen die E. des Ortes und der Zeit, nicht der Handlung, galt dem nach seiner Meinung kalten, steifen, unnatürlichen Stil der herrschenden franz. Dramatik. An der Praxis der Franzosen machte er, ohne auf das Formproblem näher einzugehen, die nebensächlichen E. des Ortes und der Zeit lächerlich, prüfte ihre angeblich Aristotelische Theorie streng an Aristoteles nach, erklärte den Gebrauch des antiken Dramas aus der Bühne und der steten Anwesenheit des Chors und deckte auf, wie Corneille und noch Voltaire die angeblich unverletzlichen Regeln sich nach ihrem Gefallen ausgelegt hatten.

Nicolai und F. L. Schröder führten die Aussprache fort. Gerstenbergs 'Ugolino' hielt noch die E. fest. Aus einer anderen Gefühlswelt als Lessing wandten sich die Genies gegen die E. wie überhaupt gegen alle Regeln. Herder erfaßte in seinem Shakespeareaufsatz die Einheit, die Shakespeare in seinem Stil sich schuf, seine Zeitform und Raumform. „Im Gange seiner Begebenheiten, im *ordine successivorum et simultaneorum*, da liegt sein Raum und Zeit." Er spürte, daß Shakespeare Weltgeschichte und damit die Zeit selbst darstellte, und daß diese dramatische Zeit von den „gutherzigen Uhrstellern des Dramas" nicht abgemessen werden könne. Lenzens 'Anmerkungen übers Theater' von 1774, die mit Herders Aufsatz der Gegenpol zu Gottscheds Lehrmeinungen sind, verwerfen die E. Die Stürmer und Dränger wollten die angeblich planlose Vielheitlichkeit Shakespeares und seinen freien Rhythmus setzen für die franz. Einheitlichkeit und Gemessenheit. Den Zusammenhang mit dem Theater geben sie auf. Lenzens 'Neuer Menoza' hat die Anweisung: „Der Schauplatz ist hie und da." Sobald die Genies aber ernstlich für die Bühne arbeiteten, war ihre Stellung zu den E. anders. Klinger kam 1790 in den 'Zwo Freundinnen' zu der Vorschrift: „Ein Zimmer durchs ganze Stück."

Goethes Entwicklung zeigt den Wandel der Frage der E. und ihre Bedeutung überhaupt. In 'Dichtung und Wahrheit' (I 3) hat er geschildert, wie er sich schon als Knabe mit der „theoretischen Salbaderei" über die E. abgequält habe, in 'W. Meisters theatralischer Sendung' (II 2) wird darüber diskutiert. In den Leipziger 'Mitschuldigen' hängt er ihnen noch ganz an. Der 'Götz' wollte bei aller inneren Einheit ein Protest sein gegen die E. und „den Herrn der Regel Fehde ankündigen" und „ihre Türne zusammenschlagen". In 'Stella' ist die Handlung straff zusammengezogen, der nur durch die Person des Helden zusammengehaltene 'Egmont' ist zeitlich ziemlich geschlossen und wechselt den Ort nicht mehr so oft wie der 'Götz'. In strenger Stilisierung und mit viel innerlicherer Begründung als bei den Franzosen sind die E. in der 'Iphigenie' und im 'Elpenor' beachtet, bis auf die des Ortes auch im 'Tasso'. Goethe war sich dieses Wandels bewußt. „Wenn es auf der einen Seite eine Torheit gewesen wäre, die drei E. im 'Götz' zu beachten, so würde es andrerseits gegen alle Empfindung des Schönen verstoßen haben, hätte ich meiner 'Iphigenie' einen romantischen Aufputz geben wollen" (zu Soret 14. 3. 1830). Eckermann gegenüber sprach er 1825 von dem „dümmsten Gesetz" der drei E. und hielt sie nur für berechtigt, wo „das Faßliche" durch sie erreicht werde. Seinen 'Faust' hat er ihnen nie unterworfen.

Schiller hat in seiner Sturm- und Drangzeit gegen die E. sich gewehrt ('Räuber': „Die Zeit ist ohngefähr zwei Jahre"). Er hat im 'Carlos' die künstlerische Einheit der Handlung nicht wahren können, die er später durchzuführen wußte. Auf die Einheit der Zeit kam es ihm nicht an. In der Vorrede zur 'Braut von Messina', die sie ja gerade so streng innehält, erkennt er keine andere Zeit an „als bloß die stetige Folge der Handlung". Diese enthüllende Tragödie, deren entscheidende Taten wie so oft bei Schiller und in der analytischen klassischen Dichtung überhaupt vor dem Beginn des Dramas liegen, hat eine unbestimmte, idealisierte Zeit, also eigentlich eine zeitlose Form. Ein Nachrechnen der Handlungsdauer seiner Dramen, auch wo es möglich ist, widerspricht dem Sinne seines Kunstwerks.

Iffland wahrte die E. der Zeit, nicht die des Ortes. Das Drama der Romantiker war nicht analytisch wie das der Klassik, sondern „progressiv" wie das Shakespeares (F. Strich). Ihren Werken fehlt aber jede Konzentration. Auch Kleist steht trotz der in der 'Penthesilea' äußerlich gewahrten E. Shakespeare nahe. Die analytische Schicksalstragödie ist Nachfolge Schillers. Bis zu Hebbel und Ludwig ist trotz Grabbe und Büchner das Streben nach zeitlicher Zusammenfassung und Verringerung des Ortswechsels zu erkennen. Ibsen und das naturalistische Drama versuchten sogar wieder im Streben nach Wahrheit, d. h. nach Gottschedscher Wahrscheinlichkeit, den Ortswechsel zu beschränken und die Stunden der eigentlichen Handlung und der Aufführungsdauer gleichzusetzen oder wenigstens einander anzunähern, manchmal sogar mit Einschluß der Zwischenakte. Die Neuklassizisten traten, vom klassischen Stil bestimmt, für die Bühneneinheiten ein, die das von ihnen gesuchte „absolute" Drama im Gegensatz zur „dramatischen Programmusik" fördern. Die Stilbühne begünstigt die E. Das bewußte Aufgeben der naturalistischen Illusion hat das expressionistische Drama den E. nicht notwendig entfremdet (v. Unruh 'Ein Geschlecht').

E. Schmidt *Lessing* I[3] 623. J. Petersen *Schiller u. die Bühne* (Pal. XXXII) 1904. S. 92 bis 131. F. Strich *Klassik und Romantik* 1922. S. 170. P. Ernst *Die Einheit des Orts und der Zeit*, Die Schaubühne V (1908) S. 133ff., 177ff. G. Keckeis *Dramaturg. Probleme im Sturm u. Drang* (Unters. XI) 1907. Th. Friedrich *Die 'Anmerkungen übers Theater' von Lenz* (Probefahrten XIII) 1908. H. Schauer.

Eintrittsgeld. Das mal. Markttheater, das Schul- und Jesuitentheater spielte sich vor allen Mitbürgern oder vor geladenen Gästen ab; offenbar wurden keine eigentlichen Eintrittspreise erhoben. Wo der Berufsschauspieler auftritt, fordert er auch eine Bezahlung seiner Kunstübung, die für Fastnachtsdarbietungen in Naturalien bestehen konnte. Die Wandertruppen mußten von ihren Einnahmen in die städtische Kasse Abgaben zahlen, außerdem Freiplätze für den Rat hergeben. 1659 zahlte man in Wien: „6 Kreuzer zu ebener Erd und 6 mehr auf der Bünne", anderwärts waren 1 Groschen und für die Kavalierplätze 2 und 4 Groschen angesetzt. In Goethes Weimarer Theater zahlte man für den I. Platz 12, für den II. 8 Groschen. Im Jahre 1850 kostete in Frankfurt a. M. das Parterre 48 Kreuzer, in der Berliner Oper, umgerechnet, 3 Mark. Etwa mit dem fühlbaren wirtschaftlichen Einschnitt nach 1871 macht sich eine Verdopplung der Preise bemerkbar. Für Nachmittagsvorstellungen, die Holbein schon 1848 angeregt hatte, und für die sog. Klassiker-Vorstellungen der Provinzbühnen hatte man meist um die Hälfte ermäßigte Preise. Heute ist der Eintrittspreis wesentlich durch die Billetsteuer (Luxussteuer) belastet.

O. Opet *Deutsches Theaterrecht* 1897. H. Knudsen.

Ekloge s. Idylle.

Elegie. § 1. Im Altertum. E. heißt bei den Griechen jedes im elegischen Maß, d. h. in Distichen abgefaßte Gedicht, mit Ausnahme des Epigramms, das aber praktisch oft in die Kurzelegie übergeht. Der Inhalt war gleichgültig: Politik, Aufmunterung zum Kampf, Lebensgenuß, Betrachtung, Totenklage, Darstellung aus Geschichte und Sage (Mimnermos, Solon, Tyrtäus, Theognis). Liebe als elegisches Motiv kommt auf seit Antimachos (400 v. Chr.) und Kallimachos (280 v. Chr.). Doch ist von der spätgriech. E., außer durch die 'Anthologie', wenig erhalten, so daß als Vorbild der abendländischen E. vorwiegend die Römer Catull, Tibull, Properz, Ovid, die ihre griech. Meister übertrafen, in Betracht kommen. Catull hat neben dem elegischen Maß auch nichtdistichische Verse für elegieartige Stoffe verwendet ('Auf den Sperling der Lesbia'). Liebe bildet den Hauptstoff der röm. E. Die Geliebten sind Buhlerinnen höherer Art. Motive sind etwa: Große Ansprüche des Mädchens, reiche Nebenbuhler, Untreue, Eifersucht, Befragung von Wahrsagern, Geburtstag und Krankheit des Mädchens; daneben findet sich Preis von Gönnern, Politisches wie Preis des Augustus, Urgeschichte Roms, Totenklage usw. Ob die E. ursprünglich ein Klagelied war, oder ob diese Auffassung erst später entstand und etwa durch Ovids '*Tristia*' (Klagen über die Verbannung und aus der Verbannung) gefördert wurde, ist eine Streitfrage.

§ 2. Bis zu Klopstock. Die Betrachtung der E. in Deutschland wird erschwert durch den Doppelsinn des Wortes. Bald ist, wie im Griechischen, das elegische Maß ausschlaggebend (dann handelt es sich fast um die Geschichte einer metrischen Form), bald wird der Ton sanfter Trauer in den Vordergrund gestellt (dann handelt es sich um die Geschichte einer lyrischen Stimmung, die seit dem Minnesang reich vertreten ist). Im dt. MA. ist die Bezeichnung E. nicht üblich (doch nennen neuere Herausgeber Walthers „Owê war sint verswunden" manchmal so). Erst die Humanisten ahmen, zunächst in lat. Sprache, die antike E. bewußt nach; das elegische ist nun eines der beliebtesten Maße (Petrus Lotichius Secundus, Johannes Secundus). Der Inhalt ist mannigfaltig, die '*Amores*' überwiegen. Opitz führt die E. auch in die deutschsprachige Dichtung ein. Alexandriner mit gekreuzten Reimen und Wechsel von weiblichem und männlichem Reim gelten als elegisches Maß, als Ersatz des Distichons. In der 'Poeterei' formulierte Opitz den Begriff dahin, daß die E. zunächst nur „traurige sachen, nachmals auch buhlergeschäffte, klagen der verliebten, wündschung des todes, brieffe, verlangen nach den abwesenden, erzehlung seines eigenen Lebens" behandle. Er selbst überschreibt ein Gedicht, das Liebesklagen in Alexandrinern wiedergibt, schlechthin: 'Elegie'. Andere strophische Liebesklagen ('An Asterien', 'Nachtklage') könnten ebensogut E. genannt werden. Seine Schüler folgen: Fleming ('Elegie an sein Vaterland': Erinnerungen an Kindheit und Jugendliebschaften, auf der pers. Reise geschrieben; Ovids Klagen aus der Verbannung schweben vor), Logau (schildert, wie er sein von Soldaten zerstörtes Gut nach langer Abwesenheit wiedersieht), Haugwitz (im 'Poetischen Vortrab') usw. Strophische Gelegenheitsgedichte auf Todesfälle werden dann nach röm. Vorbild ebenfalls E. genannt: Bodmer ('E. an Herren Dr. Haller auf das Ableben seiner Marianne', 1737); Seidel ('E. auf das Ableben ... Pastors zu ...', 1755); Kästners E. klagen über Tod und Abschied von Freunden und Verwandten. Eine Entwicklung läßt sich vor Klopstock nicht feststellen. Die Begriffserklärungen bei Gottsched und Breitinger kommen kaum über Opitz hinaus: Klagen, verliebte Seufzer. Gottsched will die E. auch als Hochzeitsgedicht zulassen, weil Verliebtes und Zärtliches da vorkomme; er hat da den elegischen Alexandriner im Auge. Ramler-Batteux erkennt, daß nicht das Metrum, sondern die Stimmung (sanfte Trauer oder sanfte Freude) ausschlaggebend ist. — Die frühen Versuche, Distichen nachzubilden (Fischart, Heräus, Gottsched), sind belanglos für die Geschichte der E. (s. darüber A. Kostlivy *Anfänge der dt. antikisierenden E.* Progr. Eger 1898). Über eine Untergattung, die Heroide, s. d.

§ 3. Klopstock. Die eigentliche Zeit für die E. kommt, als Naturschwärmerei, Empfindsamkeit, Schwermut von England nach Deutschland dringen. Der Hauptschritt wird von Klopstock getan, dessen drei Jugendelegien 1748 erscheinen: 'Die künftige Geliebte' (unbestimmte Liebessehnsucht) 'Selma und Selmar' (Wunsch, zusammen zu sterben), 'Elegie' (Zärtlichkeit, Dichterstolz, Tugendliebe, Hochzeitswunsch für ein befreundetes Paar). In diesen E. Klopstocks wird das Distichon verwendet; sonst besteht weder motivlich noch weltanschaulich Zusammenhang mit der antiken E., wenn auch technische Einzelheiten nachgeahmt werden und das Zwiegespräch zwischen Selma und Selmar mit der Steigerung gegen den Schluß hin auf Horaz (Oden 3, 9) zurückgeht. In Klopstocks mittlere Lebenszeit fällt das elegische Gedicht 'Rotschilds Gräber', eine Totenklage um den dän. König. Im Alter entstanden dann noch sieben Distichenelegien, die sich zumeist mit der Revolution auseinandersetzen und z. T. satirische Bestandteile enthalten. Der Stil der Klopstockschen E. ist ruhiger als der seiner Oden, nicht so reich an pathetischen Absonderlichkeiten und stilistischen Neuerungen. Unter den sog. Oden nähern sich manche der E. Schiller bezeichnet z. B. 'An Ebert', 'Bardale', 'Züricher See' als elegisch. Doch ist 'An Ebert' im Stil pathetischer, feierlicher als die distichischen Gedichte. Einige andere zweizeilige Maße, wie z. B. das archilochische, das Voß später für ein 'Elegie' genanntes Gedicht verwertet, mögen von Klopstock gleichfalls als elegisch gedacht sein. (Über Klopstocks E. s. in § 2 das Progr. von Kostlivy.)

§ 4. Die Empfindsamkeitszeit, der Hain. Die neuen engl. Vorbilder sind vor allem Youngs 'Nachtgedanken' (düstere Betrachtungen über Tod, Unglück, Unsterblichkeit), Grays berühmte 'E. auf einem Dorfkirchhof' (1751), Goldsmiths 'Verlassenes Dorf', die Singer-Rowe und später Ossians schwermütige Klagen um die toten

Freunde und Helden und deren Bräute. Die ganze Zeit der Empfindsamkeit ist elegisch gestimmt. Süße Wehmut, sanfte Trauer, schwärmerische Zartheit (aber Bürgers 'Elegie als Molli sich losreißen wollte' ist von wilder Raserei des Schmerzes erfüllt), Tränenseligkeit, Schauer des Grabes und des Kirchhofs, Sterbegedanken und Todesahnungen (Hölty), Freude an der Einsamkeit (Matthisson), Naturgefühl, das in der Landschaft dieselbe Stimmung wie in der Seele entdeckt, Betrachtungen über die Vergänglichkeit alles Irdischen, Herabsetzung von Pracht, Prunk und Stolz, Freude an den kleinen Leuten und an ländlicher Einfalt (Bauernburschen und Landmädchen treten bei Hölty auf; Salis in 'Mein Vaterland' spielt die Alpenbewohner gegen Paris aus): das sind die Hauptgedanken und -gefühle der damaligen E. Hölty folgt Gray mit einer 'E. auf einem Dorfkirchhof' (vgl. auch Salis: 'Gottesacker im Frühling', 'Das Grab'; Gotter: 'Grablied'). Ähnliche Gedanken wie der Kirchhof erweckt die Ruine (Matthisson: 'E. auf den Ruinen eines alten Bergschlosses') und das Schlachtfeld (Tiedge: 'Auf das Schlachtfeld von Kunersdorf'). Die Totenklage bekommt nun tiefere Berechtigung als in dem alten Gelegenheitsgedicht. Weiße klagt um Gellerts Tod, Fr. v. Stolberg um Vater Bodmer, Claudius und Hölty um ihren toten Vater (Hölty: 'E. beim Grabe meines Vaters'). Die Liebe klagt gern um den Tod der Geliebten (Hölty, Miller), der Freund um den toten Freund (Hölty: 'Lied eines Mädchens auf den Tod ihrer Gespielin'). Ungemein oft wird Catulls Klage um den Sperling der Lesbia nachgeahmt: Ramler (Wachtel), Hölty (Nachtigall), Matthisson ('Nänie'); vgl. Miller ('E. auf einen Taubenschlag'). In der Liebe und in der Freundschaft spielen Abschied, Trennung, Verlust, Untreue, Erinnerung an erstes Zusammentreffen, ersten Kuß, an den Ort des ersten Zusammentreffens, Erinnerung an den abwesenden Widerpart eine große Rolle (v. Nicolay, Fr. v. Stolberg, Hölty, Schmidts Petrarca-Auswahl, Voß, Matthisson, Salis). Kleine Bilder aus dem Freundschaftsleben sind bei Voß und Fr. v. Stolberg oft idyllisch, werden der Distichen wegen aber E. genannt. Weitere Gegenstände elegischer Sehnsucht sind damals die Heimat (Salis: 'Mein Vaterland', 'Der Landmann in der Fremde'), die Jugendzeit (Salis), Ruhe und ländliche Zurückgezogenheit (Salis), auch frühere Zeiten, wo die Menschen reiner, treuer, deutscher waren. Die elegische Naturbetrachtung arbeitet mit Mond, klagender Nachtigall, Ruine, Klausner, Abendglocken, Sternen, seufzendem Wind, Heldenmalen, Eulenschrei, Beinhaus, Kirchhof. Matthisson und Salis bevorzugen in auffälliger Weise den Abend.

Metrisch überwiegt das Distichon bei Voß und F. L. v. Stolberg; die Älteren (Gotter, Weiße, Schmidt, v. Nicolay) haben noch Alexandriner. Oft steckt elegischer Inhalt in horazischen Strophenformen, so bei Hölty, Hahn, Miller, weswegen auch von „elegischer Ode" gesprochen wird (s. d. Art. *Ode*). Voß in der 'E. an zwei Schwestern' verwendet archilochisches Maß, das sonst als Odenmaß gilt (s. *Ode* § 3). Matthisson, Salis und Hölty bevorzugen Reimstrophen.

Technisch hat die E. oft dieselbe lose Gedankenfolge wie die Ode. 'Mein Vaterland' von Salis z. B. beginnt mit schweizer Landschaftsbildern, läßt Jugenderinnerungen folgen, kehrt zu Naturbildern zurück, wendet sich zu Bildern aus der Pariser Unrast und schließt mit Segenswünschen für die Schweiz. Der Aufbau beruht oft auf einem Gegensatz, da ja die E. aus unerwünschten Zuständen sich nach erwünschteren sehnt: Einst und Jetzt, Stadt und Land usw. Die Reimstrophenelegien nähern sich oft dem Lied, und es ist bei Hölty z. B. kein Grund anzugeben, warum die liedmäßige Klage über den Tod seines Vaters E. genannt wird, während er die Klage eines Mädchens über den Tod des Geliebten bei den Liedern einreiht. Liegen Distichen vor, so spricht man schon um des Maßes willen von E., auch wenn der Inhalt idyllisch (Voß: 'Elegie' = Hochzeitsglückwunsch) oder scherzhaft-neckisch (Voß: 'An meine Ernestine') ist. Tonangebend für die E. scheint Hölty zu sein; sein Schüler Matthisson ist Nur-Elegiker.

§ 5. Schiller. Einen neuen Typ der E. bildet Schiller aus. Dem mit der realen Welt Unzufriedenen ist die E. Ausdruck einer Weltanschauung, der Sehnsucht nach dem Ideal. In der Abhandlung über 'Naive und sentimentalische Dichtkunst' hat er das Elegische erläutert, indem er es dem Idyllischen und Satirischen gegenübergestellt: das Elegische ersehnt das Ideal, das Idyllische stellt es als verwirklicht hin, das Satirische tadelt den bestehenden Zustand. Von dieser Erklärung Schillers gehen dann die meisten Ästhetiker des 19. Jhs. aus. Schillers Gedichte 'Die Sehnsucht' und 'Der Pilgrim' reden von einem unerreichbaren schöneren Land. 'Die Ideale' nehmen Abschied von den jugendlichen Idealen. 'Die Götter Griechenlands' blicken trauernd zurück nach der entthronten griech. Götterwelt, 'Pompeji und Herculanum' nach der verschwundenen antiken Kultur. Von diesen Elegien in Reimstrophen ('Pompeji und Herculanum' ausgenommen) geht Schiller bei fortschreitendem Klassizismus zur Distichenelegie über. Damit erweitert sich der Stoffkreis, und eine klare Begriffsbestimmung ist nun erst recht nicht mehr möglich (s. § 2). Während das elegisch gestimmte Gedicht 'Das Ideal und das Leben' als Lehrgedicht angesprochen werden muß, enthalten die Distichenelegien auch nichtelegische Betrachtungen: 'Spaziergang', 'Genius', 'Die Geschlechter', 'Tanz', 'Glück'. Manche von diesen lassen sich zur Not als E. im engeren Sinne deuten: der 'Spaziergang' ist ein philosophisches Gedicht über die Entwicklung der Kultur, über das Verhältnis von Natur und Kultur; aber die Sehnsucht nach Einheit von Natur und Kultur ist immerhin die treibende Kraft. Manche der kleineren Gedichte in elegischem Maß nähern sich dem Epigramm.

§ 6. Goethe. Von Goethes E. im elegischen Maße ist nur eine rein gedanklich: die 'Metamorphose der Pflanzen'. In den anderen Elegien knüpft er an die Römer an. Seine 'Römischen Elegien' bringen wie Properz und Tibull Einzelbildchen aus dem Liebesleben, oft mehr idyllisch als elegisch, mit Rom und der antiken Sage und Geschichte als Hintergrund. Auch die zweite Gruppe der Distichenelegien bevorzugt das Liebesleben: 'Der neue Pausias' (mehr idyllisch, Form des Zwiegesprächs, Rückblick auf erstes Sichfinden der Liebenden), 'Alexis und Dora' (erster Kuß und Liebesgeständnis werden elegisch gemacht, indem der getrennte Liebhaber während der Seefahrt sich die Einzelheiten ins Gedächtnis zurückruft); 'Euphrosyne' ist dem Gedenken an eine geliebte Tote geweiht, wieder mit Rückblicken auf die Zeit der Bekanntschaft. 'Hermann und Dorothea' hingegen ist eine Art Vorrede zu dem gleichnamigen Epos. Im späten Alter entsteht dann noch die sog. 'Marienbader E.', in Reimstrophen: rührende Klagen um unmöglich gewordenes Liebesglück, ein wunderbares Hin- und Herwogen von Gefühlen und Gedanken, von Trost und Verzweiflung.

§ 7. Hölderlin. Nachzügler. Romantiker. Der dritte große Elegiker des Klassizismus ist Hölderlin. Seine sinnende, gedankenvolle Sehnsucht und keusche Traurigkeit erinnert in manchem an Hölty, sein Ringen um die höchsten Ideale der Menschheit und seine Klage um die Unvereinbarkeit von Wirklichkeit und Ideal an Schiller. Aus der Unmöglichkeit des Ideals ergibt sich ihm Sehnsucht nach goldenen Jugendtagen, nach dem Ruhe gewährenden Alter, nach dem Tode. Als elegisch stimmend kommt noch hinzu die aussichtslose Liebe zu Diotima ('Menons Klage', 'An Diotima'). Die Jugendelegien weisen Reimstrophen und Schillers Stil auf ('Griechenland', 'An die Natur'); in den späteren greift er zum elegischen Maß: 'Herbstfeier', 'Heimkunft', 'Brot und Wein'. Diese drei zerfallen in eine Reihe kleinerer Elegien. Die Stoffe sind schwäb. Landschaft, schwäb. Brauch, Preis der Heimat, Pantheistisches, Griechensehnsucht und Hoffnung auf Rückkehr der alten Götter.

Die Schiller-Goethesche Distichenelegie hat Nachfolger genug (Knebel, W. v. Humboldt u. a.), auch noch in Romantikerkreisen (z. B. A. W. Schlegel, 'Kunst der Griechen', 'Rom'; s. sein Epigramm 'Die Elegie'!). In Vermehrens Musen-Almanach finden sich: Schellings 'Tier und Pflanze', 'Los der Erde'; Freiherr v. Gernings 'Chloë und Amyntas', 'Italien und Deutschland', Varnhagens 'Furchtbarkeit der Geliebten'. Das Sehnsüchtige und Klagende liegt an sich der Romantik; doch verschmähen die Romantiker später das antike Maß und auch die antik klingende Bezeichnung E. Novalis hat Jugendgedichte in Höltys Art ('E. auf einem Dorfkirchhof'); Förster gibt Freiheitskrieglyrik, Arndt Jugend- und Lebenserinnerungen in elegischem Maß ('Luginsland'). Der Formkünstler Rückert läßt sich auch diese Gattung, besonders das elegische Maß, nicht entgehen ('An die Nacht', 'Nachtwache').

§ 8. Neuere Zeit. Das Liedmäßige beherrscht die Lyrik des 19. Jhs., wenn auch der elegische Ton deshalb nicht fehlt. Die Trennung von elegischem Lied und reiner E. ist natürlich praktisch schwer durchzuführen. Vischer nimmt als Unterscheidungsmerkmal bei der E. einen gedanklichen Bestandteil an. Das Wort E. wird seltener, wirkt in einer Überschrift schon fast wie Zitat: M. Hartmann bezeichnet seine Klagen über tschechische Unfreiheit im Anklang an Goethes 'Römische E.' als 'Böhmische E.', was in diesem Zusammenhang fast wie Parodie wirkt. Lyrische Klagen über die Leiden unterdrückter Völker finden sich auch sonst noch öfter bei Jungdeutschen, ohne daß aber die Bezeichnung E. gebraucht wird. Sonst sind die Jungdeutschen mehr satirisch als elegisch gestimmt. E. dichten damals etwa noch A. Grün, A. Meißner, M. Hartmann ('Frühes Alter': Klagen um die Jugendzeit; 'Gewisse Worte': Erinnerungen an die Liebe der Mutter). Die Weltschmerzdichter neigen zur Wehmut und damit zur E. (Lenau). Aber Heine ist zu frivol für die E. Bei Grillparzer lassen 'Tristia ex Ponto' auf Elegisches schließen; eine E. ist z. B. 'Jugenderinnerungen im Grünen'. Er vergleicht sein Dichterlos mit dem Ovids ('An Ovid'). 'Auf den Tod einer Grille' weist immer noch auf Catull zurück. Platen hat natürlich auch E., zumeist in elegischem Maß (meist Jugendgedichte allerdings, dann das Einleitungsgedicht zu den 'Festgesängen').

Ein wirklicher Elegiker taucht noch einmal in Mörike auf. Er schnitzt Höltys Namen in 'eine Lieblingsbuche seines Gartens', lobt 'Tibull', dichtet 'Akme und Septimius' nach Catull. Beispiele für seine E. wären weiterhin etwa 'Götterwink', dann ein Gedicht auf das traurige Los Keplers. 'An Gretchen' (Rückblick des Alternden beim Anblick der erwachsenen Kinder auf die Zeit, wo die Ehegatten noch selbst jung waren) zeigt, wie neue Stoffe der E. noch gewonnen werden. Aber Mörike schätzt und übersetzt auch Theokrit, und so haben manche Distichengedichte idyllischen Charakter ('Waldidylle', 'Häusliche Szene'), andere sogar scherzhaft-neckischen Ton ('Lose Ware', 'Scherz', 'Abschied'); ja er geht bis zur Parodie der E., wenn 'Alles mit Maß' über zuviel Schweinsfüße beim Mittagessen klagt.

Dann erscheint die E. noch einmal in dem Kreis der Münchner Epigonen, vor allem bei dem klassizistischen Geibel: Erinnerungen an seinen Aufenthalt in Griechenland und an jugendliche Liebe daselbst ('Charmion, eine E.', natürlich in Distichen) oder Rückblick aus der Großvaterzeit auf die Zeit der Verlobung. Wie oben bei Mörike wird die E. so dem Eheleben dienstbar gemacht. Seit rund 1880 stirbt die E. aus. Bethges und Benzmanns Sammlungen neuerer Lyrik bringen kaum einmal elegisches Maß und nie das Wort E. in einer Überschrift. v. Saars 'Wiener Elegien' (1893) wollen den Geist des alten Wien einfangen, dessen schwindendem Behagen sie nachtrauern; auf Goethes Vorbild deutet schon die Überschrift. Auch in der allerneuesten Zeit ist die E. selten (Werfel, 'E. auf das poetische Ich': Klagen über die Unfähigkeit der Sprache, das Tiefste auszudrücken; in Distichen). Des Hölderlinfreundes Trakl schwermütige Gedichte stehen der E. vielleicht noch am ehesten nahe.

Klamer Schmidt *Elegien der Deutschen* (1776). J. H. Füeßli *Allgemeine Blumenlese der Deutschen* Bd. III (1783) enthält Elegien. Ohne Namen *Die Elegien der Deutschen in einer Auswahl des Schönsten* 1832. J. J. Eschenburg *Beispielsammlung* Bd. IV (1789) enthält Elegien. Koberstein *Gesch. d. dt. Nationalliteratur* passim.

J. Wiegand.

Ellipse, von gr. ἐλλείπειν = fehlen, Auslassung des minder Wichtigen im Satz, weil es sich durch den Zusammenhang von selbst versteht. „Was tun? spricht Zeus." Besonders beliebt ist die E. in leidenschaftlich sich überstürzender Rede; unzählige Beispiele bei den Stürmern und Drängern; ebenso bezeichnend ist die E. als Ausdruck starker Willensforderung, z. B. in der Sprache des militärischen Befehls. Beachtenswert auch die E. in der Kindersprache (Weglassen wichtiger Bindungen, des Hilfszeitworts u. a. m.).

Zur E. gehörig, aber scheinbar im Gegensatz zu ihr stehend und daher auch besonders als Aposiopese bezeichnet, ist das Verschweigen und Erratenlassen des Wichtigen durch den Zusammenhang (so bei Wackernagel *Poetik, Rhetorik, Stilistik* S. 544). Gellert: „Komm ich hinauf zu dir, so soll dein Blut — "; Herder ('Cid'): „Wer hier wagt zu mucken —". Typisch ist hier stärkste Drohung mit Hinweglassen des Angedrohten. 'Euch werde ich —!' *(Quos ego!)*. P. Beyer.

Elsässische Dialektliteratur. I. Bis auf Arnolds 'Pfingstmontag' 1816. § 1. Im 16. Jh. setzt in Straßburg, dann auch in den kleineren Städten der Landschaft eine ständig wachsende Druckertätigkeit ein, die zahlreiche Bücher in Laiensprache auf den Markt bringt. Die aufkommenden Schulen tragen das Setzerdeutsch in immer breitere Schichten zunächst der städtischen Bevölkerung, danach in gewissem Abstand auch auf das Land. Der Pfarrer, der ein Kirchenbuch einrichtet, der Kirchschaffner, der seine Rechnung stellt, der Dorfschultheiß, welcher Denkwürdigkeiten aufzeichnet, bedienen sich des Schriftdeutschen. Dies und die Sprache des täglichen Lebens werden nur in dem Sinne als verschieden empfunden, daß jenes das passende Gewand ist, worin Gedanken zu Papier gebracht werden. Der Wortschatz, die Wortverbindungen, die Bilder und in gebundener Rede der Reim verraten, daß der Schriftsteller elsässisch denkt und spricht. Die Redeweise des täglichen Lebens literarisch zu verwenden, fehlt die Veranlassung.

§ 2. Nach einigen Menschenaltern Schrifttums ist die Schriftsprache bei den Gebildeten eingebürgert; der Dialekt gilt als bezeichnend für die Intimität, das weibliche Geschlecht und das Landvolk. Moscherosch läßt in den 'Gesichten Philanders von Sittewald' einen Bauer „kochersbergerisch" sprechen. P. Aubrys 'Straßburger Trachtenbüchlein' (1660, 2. Ausg. 1668) gibt zu fünf „Pauren"-Bildern gereimte Unterschriften in der Mundart. Der nächsten Generation gehört bereits ein Dialektgedicht an: 'Wunsch- und Schertz-Gedichte auff das hochzeitliche Fest Hrn. Phil. Ludw. Künasts mit Jgfr. Salome Saltzmann' 1687. Wie dieses anspruchslose Hochzeitskarmen stammen aus Straßburg, sind weiblichen Verwandten oder guten Bekannten („Basen") in den Mund gelegt und mit einer Ausnahme in Alexandrinern verfaßt die neun humoristisch-satirischen Gelegenheitsgedichte, welche F. W. Bergmann als 'Straßburger Volksgespräche' 1873 veröffentlicht hat, orthographisch etwas zurechtgemacht. Von den drei älteren, die vor und in die Zeit der Franz. Revolution gehören, sei als gelungenstes und kulturgeschichtlich wichtigstes Stück hervorgehoben das 'Brunne-Gspräch' der vier Mägde. Die sechs späteren liegen nicht nur zeitlich 1814—19 um Arnolds 'Pfingstmontag'. Charlotte Engelhardt, die Bergmann als Verfasserin dreier Gespräche glaubhaft macht, gehörte zum Kreis des Dichters. Auf diesen selbst rät Bergmann für die übrigen drei geradezu als Urheber. In der Tat lassen sie sich gut als Seitensprossen an seinem Hauptwerk verstehen. Gg. Dan. Arnold (1780—1829), Professor der Rechte erst in Koblenz, dann in Straßburg, hat einen Platz in der Literaturgeschichte neben Hebel errungen durch sein Lustspiel 'Der Pfingstmontag' 1816 (abschließende Biographie und Ausgabe von J. Lefftz und C. Marckwald in: Jahresgaben d. Gesellsch. f. Els. Literatur 2. 1914). Ein liebevoll zusammengesetztes Denkmal der Vaterstadt am Vorabend der großen Revolution, von Goethe wegen der geistreichen Darstellung unendlicher Einzelheiten gelobt, ist das Stück, dem die Handlung mangelt, eigentlich auch ein Fraubasengespräch im großen und wie diese eine Fundgrube der Kulturgeschichte und des Sprachschatzes der Zeit.

II. Bis zum 'Elsässer Schatzkästel' 1877. § 3. Erst der zweite Pariser Friede entschied endgültig über den Verbleib der Landschaft bei Frankreich. Naturgemäß setzt sich das Französische bald als Sprache des öffentlichen Lebens durch, engt auf den Gebieten der Wissenschaft und Dichtung das Hochdeutsche ein, dringt sogar auf kirchlichem Boden vor. Wer sich zur Gesellschaft rechnet, pflegt die herrschende Sprache; wer zu jener gehören möchte, sucht sich diese anzueignen, auch in den kleinen Städten, bis aufs Dorf hinaus. Der täglichen Berührung mit lebendiger Rede dt. Zunge entbehrend, wird das Elsässische von der Entwicklung der Muttersprache abgeschnürt, bleibt zurück, klingt altertümlich und in der Aussprache schulmäßig gezwungen. Auch die Mundart nimmt dauernd franz. Wörter auf. Ihr Gebiet bleibt das Gemüt und die Gemütlichkeit, das Intime, das Triviale. Arnolds Vorgang ermuntert zur Nachfolge. Das Schema des Fraubasengesprächs wird gelegentlich wieder benutzt, regt auch zu größeren Dialektszenen an; einige breite Lustspiele versuchen in den Fußstapfen des 'Pfingstmontags' zu wandeln, der seit 1835 zuweilen aufgeführt wird; selbst Singspiele mit mundartlichem Text kommen vor. Unübersehbar und noch nicht bearbeitet ist die Zahl der meist humoristischen Gedichte, die sich in den Spalten des 'Straßburger Wochenblattes' und anderer örtlicher Zeitungen ablagern. Die erwachende Teilnahme am öffentlichen Leben spricht ihre Verstimmung gelegentlich in politisch-satirischen Dialektgedichten aus. Für die große Mehrzahl sämtlicher Dichtungen gilt, daß sie der Sprache wie der Metrik unbedenklich Gewalt antun, aber den „Hausbedarf an Liedern" der Dialekt sprechenden Kreise des Elsaß befriedigend decken. Am besten gelingen die Parodien bekannter hd. Gedichte. Auch Judendeutsch wird glücklich verwendet.

§ 4. Straßburg, jetzt nur noch der Hauptort des Departements Niederrhein, stellt zunächst die Hauptmasse der Dialektdichter. Es ist hervorragend vertreten durch die Familie Stöber: den Vater Ehrenfried (1779—1835), Advokat ('Sämtl. Gedichte' 1835—36, hervorzuheben: 'Der Gimpelmarkt') und die Söhne: den Professor August (1808—83; 'Els. Volksbüchlein' 1842; 'Gedichte' 1842, 1867²; 'Sagen des Elsaß' 1852) und den Pfarrer Adolf (1810—92; 'Gedichte' 1845, 1893²). An sie reihen sich der Kaufmann K. Fr. Hartmann (1788—1864; 'Gedichte' 1831, 'Alsatische Saitenklänge' 1840—43, 1848²) mit manchen wohlgelungenen Nummern; der meistersingerische Drechsler Hirtz (1804 bis 1893; 'Gedichte' 1838), seit 1849 Herausgeber des Kalenders 'Der hinkende Bote am Rhein'; der Lehrer Boese (1809—81), als Redakteur des 'Rheinischen Demokraten' 1852 nach Algerien verbannt ('Erinnerunge' 1879); der Setzer Bernhard (1815—64; 'Wibble' 1856, 'Gedichte' 1860), Herausgeber der Wochenschrift 'Hans im Schnokeloch' (1860—62); ein Höhepunkt der Entwicklung der Industrielle Alph. Pick (1808—96; Lustspiel 'Der tolle Morgen' 1864, 'Yre-Mannsbuechel' 1873).

§ 5. Um 1840 wurde die Familie Stöber in Mülhausen ansässig. Erst seit 1797 zu Frankreich gehörig, besaß diese Fabrikstadt wie der ganze Sundgau noch kräftige Verbindungsfäden zur dt. Schweiz hinüber. Dies kommt der Dichtung zugute. Das Oberelsaß übernimmt die Führung durch mehrere Zeitschriften: der noch in Straßburg von Aug. Stöber herausgegebenen 'Erwinia' 1838—39 folgen 'Elsässische Neujahrsblätter' 1843—48, die 'Alsatia' 1850—76 und das von Zetter redigierte 'Elsässische Samstagsblatt' 1856—66, Sammelbecken liebevoller Beschäftigung mit einheimischer Volkskunde und Mundart. G. Zetter (Pseud.: Fr. Otte; 1819—72) liefert zahlreiche gute Gelegenheitsgedichte. Neben ihm sind noch zu nennen der Angestellte Lustig (1840—95; 'Werke' 1896) und der Geistliche Hemmerlin (1816—90), seit 1852 ebenfalls in Algerien ('Bunter Strauß' 1871, 'Gedichte' 1881). — Für die eigentliche Hauptstadt des Oberelsaß, Colmar, bringt G. Th. Klein (1820—65) 1859 ein 'Pfeffel-Album' heraus. Dichter zählt Colmar nur einen desto fruchtbareren, den Pastetenbäcker J. Th. Mangold (1816—90; 'Die dreyfach Hochzitt im Bäsäthal' Operettle 1863, 'Colmererditschi Gedichtla' 1875, 'Colmererditschi Komedi' 1888).

§ 6. Mehrfach nimmt die Dialektdichtung Anläufe, eine Verbindung mit der graphischen Kunst einzugehen. Bleibenden Erfolg haben die sehr volkstümlichen 'Stroßburjer Bilder' 1875ff., in ihrer Art ein zusammenfassender Schlußstrich unter die Vergangenheit wie einst der 'Pfingstmontag'. Der Krieg 1870 macht nämlich in der Dialektliteratur nicht Epoche, die vorher tätig gewesenen Kräfte wirken zunächst weiter. Den Abschluß zeigt erst das Bedürfnis nach einer Übersicht, einer Sammlung an, die Dan. Rosenstiehl liefert im 'Elsässer Schatzkästel' 1877.

III. Bis zum 'Neuen Elsässer Schatzkästel' 1913. § 7. Die Rückkehr zu Deutschland infolge des Frankfurter Friedens 1871 gab dem Reichsland eine Stellung im Rahmen des Reiches, die dem Elsässer mehr seine Eigenart als das gemeinsame geistige Erbe zum Bewußtsein brachte. Dennoch wuchsen dem dt. Parnaß aus dem neuen Boden namhafte Talente zu, und Eingewanderte lebten sich liebevoll in dessen Volksart ein, bis zur Mitarbeit an mundartlicher Dichtung. Die liebhabermäßige Beschäftigung mit der Volkskunde wurde an der Hochschule auf wissenschaftlicher Grundlage fortgeführt und brachte als reife Frucht das Dialektwörterbuch von Martin und Lienhart. Zeitschriften wie das tüchtige 'Jahrbuch des Vogesenklubs' 1885ff. ersetzten die eingegangenen älteren Publikationen. Diese Bestrebungen erfaßten aber nicht die Gesamtheit des Volkes. Man fühlte sich von all dem Neuen eher bedrückt und zog sich mit seinen Sondergütern, zu denen auch Dialekt und Dialektdichtung zählten, in abgeschlossene enge Kreise zurück. In kleinen Zirkeln, in Vereinszeitschriften wie dem 'H_2S' der Pharmazeuten, auf Vereinsbühnen und bei Liebhabervorstellungen wurde das überkommene Gut gepflegt, neues dazu geschaffen. Viele Tageszeitungen führten in ihrer lustigen Ecke Fraubasengespräche ein, Dialoge stehender Personen, die unter dem Schutz einer Art Narrenfreiheit manches aussprechen konnten, was der Leitartikel sich versagen mußte. Beifällig aufgenommen, wuchsen sich diese Dialektbeigaben wohl auch zu besonderen Beilagen aus, versuchten als selbständige Zeitschriften zu erscheinen, verschmolzen sich, gingen wieder ein. Förderlich war die Unterstützung durch den unabhängigsten eigenwilligsten Stand, die Künstler. Manche davon griffen auch selbst zur Feder, nicht immer nur aus Lust zum Fabulieren; durch das Ringen um die Geltung überlieferter Kulturformen bekam die Dialektdichtung gelegentlich polemischen, politischen Beigeschmack.

§ 8. Im Oberelsaß, wo der „Druck" schwächer, der Unabhängigkeitssinn überliefert war, riß der alte Faden überhaupt nicht ab. In Mülhausen, dem Sitz der Stöber, geht die herkömmliche Dialektdichtung mit viel Behagen weiter. Zu nennen sind die beiden Meininger, der Buchdrucker Ernest (Pseud.: R. Nest; 'Milhüser Narreblättle' 1880—84) und Jules (in den Wochenschriften 'Stadtnari', 'Hausfreund', 'Spitznasle'); Gayalin (Pseud.: Ilgeney; 'Milhüser Monatblätter' 1887); der fruchtbare Druckzeichner Landsmann (Pseud.: Fallot) mit eigener phonetischer Schreibweise.

§ 9. Straßburg war Landeshauptstadt geworden. Hier mußten die Fragen der Zeit ausgetragen werden. Der Anstoß, den Pick 1874 ('Unseri Reichsdaa-Wahle') gab, verhallte zunächst ohne nachhaltige äußere Wirkung. Nur K. F. Kettner (1844—99, gestorben als Weinhändler in Oran), veröffentlichte seit 1877 Lustspiele und Gedichte ('So sin mer halt' 1897). Der literarische Verein Alsabund mit seinem Organ 'Erwinia' (1893ff.) versuchte die Stöbersche Tradition fortzuführen. Das Gefolge blieb aus. Dagegen erfreute sich eine vornehm gehaltene, auf Spindlers und Sattlers 'Elsässischen Bilderbogen' (1893 bis 1895) ruhende Zeitschrift mit einem Doppeltitel: je nach Wunsch 'Illustrierte Elsässische Rundschau' oder '*Revue Alsacienne Illustrée*' (1899ff.), reicher Mittel und steigenden Einflusses. Auf ihre Mühle floß auch das Wasser, das die mächtig aufrauschende Quelle des Elsässischen Theaters lieferte.

§ 10. Den Anstoß hatte ein Eingewanderter gegeben, der Theaterdirektor Heßler, unter dessen Leitung 1894 eine Aufführung des 'Pfingstmontag' zustande kam. Diese zog 1896 die Gründung eines Theaterklubs, 1898 die Schöpfung des „Elsässischen Theaters Straßburg" nach sich. Von 1899 an folgten Mülhausen und Colmar, selbst Städte wie Thann und Zabern. Eine ausgedehnte Produktion von Dialektstücken setzte ein, die auch ein Aufblühen der Lyrik, selbst der Prosa in der Mundart bewirkte, meist mit regionalistischer Tendenz, die ähnlichen Bewegungen in Deutschland und Frankreich parallel ging, ohne ihrer eigenen, durch die Verhältnisse des Landes gegebenen Note zu entbehren. Aus der großen Zahl der Schriftsteller sind hervorzuheben der erste Direktor des E. Th. Straßburg J. Greber (1868—1919), der auch das ernste Drama anzubauen versuchte ('Lucie' 1896; 'D'Jumpfer Prinzesse' 1899; der Schwank 'Sainte-Cécile' 1897); ferner sein Nachfolger G. Stoskopf (geb. 1869 in Brumath), Maler und Redakteur ('Do Herr Maire' 1898, 'Dr Candidat' 1899, 'E Demonstration' 1903; Gedichte: 'Luschtigs üs em Elsaß' 1897, 'Gschpaß un Ernscht' 1898), mit wachsender Routine und glücklichen Griffen ins Volksleben. Tiefer als Dichter ist Ferd. Bastian (geb. 1868), Bureauvorsteher ('Dr Hans im Schnokeloch' 1903; Gedichte: 'Breesle un Brocke' 1904). Dem schönen Talent der Zwillingsbrüder Alb. und Adolf Matthis (geb. 1874 im Wailartal; Gedichte: 'Ziwwelbaamholz' 1901, 'Maiatzle' 1903, 'Widesaft' 1911) tat die gesuchte Wortwahl Eintrag. Neben ihnen erkämpfte sich seinen Platz Frz. Xav. Neukirch (geb. 1874; 'Pfiffel vum e Meiselocker' 1904, 'Heimetbluescht' 1911). An Frauen, denen die Liebe zur Heimat die Zunge löste, sind zu nennen Emma Müller (geb. 1870), Journalistin (Gedichte: 'Üs Straßburri' 1899, 'Mucke un Schnooke' 1909) und die gemütliche Buchsweiler Erzählerin Marie Kurr (Pseud.: Marie Hart 1856—1924; 'Gschichtle un Erinnerunge' 1911, 'Dr Herr Merckling un sini Deechter' 1913). Etwas abseits blühte in Lauterburg der Arzt H. Picard (geb. 1860 in Baden), gemütvoll und formvollendet. Von Kopenhagen aus, wo er seit 1894 als Pfarrer wirkt, steuerte Voeltzel (geb. 1860 in Bischweiler) die Kinder seiner Muse bei ('Min Heimetland' 1912). Nicht vergessen sei endlich die kleine Satire von Prof. H. Schneegans 'Dr Pfingschtmondaa von hitt ze Daa' 1899.

§ 11. Die Welle ergriff naturgemäß auch das Oberelsaß. Colmars Dialekttheater trat unter die Leitung des Prokuristen Gg. Cahn (Pseud.: Hanc; geb. 1866 zu Grußenheim; Lustspiele: 'Unser Ferdinand' 1900, 'Nur d' Liab' 1901). Für Mülhausen bearbeitete Hauser, ein geborener Badener, Erckmann-Chatrians 'Madame Thérèse' und Spindlers 'Bürgergröße und Kindestreue' 1906. Der Eingewanderte A. Dinter errang großen Erfolg mit der Komödie 'D' Schmuggler' 1904. Sie alle überragte weit der Münstertäler H. K. Abel (geb. 1876; zusammen mit Prévot: 'D' Waldmüehl' 1901, 'Im Herbschtnawel' 1901' 'Unseri schöne Rawe' 1902; Gedichte: 'In Halm und Feder' 1904). Abel betrieb auch die Einrichtung eines Bauerntheaters in seinem Wohnort Metzeral. Der Sundgau brachte ebenfalls eine Dichterin hervor, Lina Ritter mit dem historischen Volksstück 'Peter Hagenbach' 1913, und einen dichtenden Bauer in K. Zumstein ('Rim di edder i friß di' 1910).

§ 12. Wie im Vorgefühl des nahen Endes faßte Des. Müntzer (1888—1918) die vorhandene Lyrik zusammen im 'Neuen Elsässer Schatzkästel' 1913. Sich selber hat der rührige vielversprechende Mann darin keinen Platz vorbehalten. Er hätte ihm gebührt wegen seiner Gedichte ('Varianten' 1904, 'Lebensmai' 1904) und der Neubearbeitung von Stöbers 'Sagen des Elsaß' 1911.

IV. § 13. Inter arma silent Musae. Nach dem Umsturz sah sich der Dialekt einerseits hochgeehrt als eigene Schriftsprache, anderseits umbrandet, fast fortgerissen durch den übermächtig anbrausenden Redeschwall der neuen *Mère patrie.* Diejenigen Dichter, die aus ihrer dt. Einstellung kein Hehl gemacht hatten, sahen sich über den Rhein verscheucht. Unter ihnen pflückte Marie Hart der alten Heimat mit sieghaftem Humor einen Abschiedsstrauß: 'Üs unserer Franzosezit' 1920. Im Lande erhob sich eine lebhafte literarische Tätigkeit. Das Elsässische Theater nahm 1920 seine Vorstellungen wieder auf. Stoskopf lieferte zeitgemäße Schwänke und Lustspiele, Bastian die 'Prinzeß Fleurette' 1919, 'Sainte-Odile' 1920. Aus der stattlichen Schar neuer Leute sei Ch. Fuchs hervorgehoben mit seinem historischen Volksstück 'Jost Ittel' 1920. Eine Monatsschrift 'Mein Elsaßland' (Colmar 1921 f.) war schon 1923 genötigt, sich mit der Zeitschrift '*A travers les Vosges*' zu verschmelzen. Die elsässische Dialektliteratur lebt einstweilen unter erschwerten Bedingungen fort. Ad multos annos!

Martin u. Lienhart *Wörterbuch der elsässischen Mundart* 1899—1907. Schneegans *Über die orthographische Anarchie im Schrifttum des Straßburger Dialekts* 1896. Mündel *Straßburger Ditsch in vier Jahrhunderten 1687—1905* (Elsässische Volksschriften 59) o. J. (1905). Chn. Schmidt *Die Entwicklung der deutsch-elsässischen Literatur 1770—1870*, Els.-Lothr. Schulblatt XXXVIII (1908) S. 326—346, XXXIX (1909) S. 323—333. v. Borries *Deutsche Dichtung im Elsaß 1815—70* (Jahresgaben der Gesellschaft f. Els. Literatur 4) 1916. Schoen *Le théâtre alsacien* 1902. Gruber *Zeitgenössische Dichtung des Elsasses* 1905. Koehler *Das Elsaß und sein Theater* 1907.

W. Teichmann.

Empfindsame Dichtung. § 1. E. D. gab es dem Wesen nach in Deutschland lange, bevor Lessing seinem Freunde Bode das Wort zur Verdeutschung des engl. *sentimental* (in Sternes '*Yoriks sentimental journey*') emp fahl (1768). Die Dichtung der Empfindsamkeitsbewegung bedeutet innerhalb der Fortentwicklung des neuzeitlichen Individualismus den literarischen Niederschlag der Befreiung des Gefühlslebens aus den Fesseln des herrschenden Intellektualismus. In Deutschland wurde der Weg in die subjektiven Tiefen der Einzelseele zuerst auf dem religiösen Gebiet, im Pietismus (s. d.), beschritten. Das geistliche Lied des Pietismus, leicht in süßliche Schwärmerei ausartend, zeigt bereits häufig die Prägung späterer Empfindsamkeitslyrik, wie die empfindsame Dichtung der „schönen Seelen" (s. d.) ihrerseits vieles aus dem Sprachgebrauch des Pietismus übernommen hat. Das unmittelbare Einströmen pietistischer Empfindsamkeit liegt bei den in pietistischem Kreise aufgewachsenen „älteren Hallensern" (Pyra und Lange) deutlich zutage. Die enge Verbundenheit und stille Zurückgezogenheit pietistischer Zirkel wirkt in ihrer idyllisch gemütvollen, noch nicht überhitzten Freundschaftslyrik weiter. Pyras religiöse Zielsetzung der Dichtkunst, ihre schon an englischen Vorbildern (Thomson) genährte empfindsame Naturanschauung leitet dann unmittelbar zu der Erlebnisfülle Klopstocks über, mit dessen Auftreten in der zweiten Hälfte der vierziger Jahre die Empfindsamkeitswelle gewaltig anschwillt. Durch bedeutende ausländische Zuflüsse aus den sentimentalen Dichtungen Englands und Frankreichs wird sie zur Höhe getrieben und erhält für die nächsten Jahrzehnte ihr einheitliches literarisches Gepräge, bis auf dem Gipfel und Siedepunkt der Bewegung in den 70er Jahren mit Goethes 'Werther' das klassische Originalwerk der dt. Empfindsamkeit ersteht.

§ 2. Der englische Einfluß ist in der Entwicklung der dt. e. D. der führende. Schon seit dem 2. Jahrzehnt des 18. Jhs. wirken die nach engl. Muster in Deutschland zahllos auftretenden moralischen Wochenschriften an einer hausbacken und gefühlvoll moralisierenden Einstellung des dt. Schrifttums mit. Aus der bürgerlichen Literatur Englands, in dem das Bürgertum früher als in Deutschland zu sich selbst erwacht war, kam dann in den 40er Jahren der dem Geiste der moralischen Wochenschriften verwandte Tugend- und Familienroman S. Richardsons herüber. Seit den 60er Jahren treten die gemütvoll humoristischen Romane Sternes und die idyllisch beschaulichen Werke von Goldsmith hinzu. Besonders nachhaltige Steigerung empfängt die dt. Empfindsamkeit nach der Richtung schwermütig weltschmerzlicher Reflexion durch Youngs 'Nachtgedanken' (1742—43), die seit 1754 in Eberts Übersetzung weiteste Wirkung erlangen. Mit Macphersons seit 1760 hervortretenden und in Deutschland schnell übersetzten Ossiandichtungen (s. d.) kommt die in elegischen Dämmer- und Mondscheinstimmungen schwelgende Naturschwärmerei hinzu.

§ 3. Die Einwirkungen der bürgerlich-rührsamen Literatur Frankreichs, die ihrerseits der englischen verpflichtet ist, erreichen in Deutschland nicht die Stärke der englischen. Der Erfolg der realistischen Romane und Familiengeschichten der Prévost und Marivaux ist nicht vergleichbar mit dem der Werke Richardsons. Bedeutsamer für das Eindringen der Empfindsamkeit ins dt. Drama wird die in den 30er Jahren in Frankreich ausgebildete *comédie larmoyante* und ihre Weiterbildung durch Diderot. Gewaltig hat dann vor allem J. J. Rousseaus Naturevangelium auf die Generation der 70er Jahre gewirkt. Mit ihm dringt die Sprache der Leidenschaft in die matte Rührseligkeit Richardsonscher Prägung ein und führt die dt. Empfindsamkeit damit über sich selbst hinaus. Richardsons Werke ('Pamela' 1740, 'Clarissa' 1748, 'Grandison' 1753), die Idealbilder seiner unter Tränen vergötterten Tugendheldinnen und -helden, haben auf die Entwicklung aller Dichtungsgattungen, zumal der des Romans, richtungbestimmend eingewirkt. Eine gewisse tränenselige Rührsamkeit dringt schon vor Richardson vom Pietismus her in einen Roman wie Schnabels 'Insel Felsenburg' (1731—43) ein. In dem Geschick von Gellerts 'Schwedischer Gräfin von G...' wird dann bereits 1746 trotz der Überfülle der nach älteren Mustern gebildeten Handlung das Vorbild der unschuldig verfolgten Tugend Pamelas spürbar. Hatte Gellert die Schlußhandlung seines Romans nach England verlegt, so spielt J. T. Hermes' empfindsamer Erstlingsroman 'Die Geschichte der Miß Fanny Wilkes', die Richardsons Thema von der leidenden und siegenden Tugend in zugestandener Nachahmung abwandelt, durchaus in dem Mutterland des empfindsamen Romans. Erst mit seinem nächsten Werk 'Sophiens Reise von Memel nach Sachsen' (1769—73) wird dann die Eroberung der neuen Wirklichkeit des Gefühlslebens durch die e. D. auch für das Stoffgebiet des dt. Romans fruchtbar: Der empfindsame Roman kehrt als erster — das Prinzip der poetischen Ferne verlassend — bei der alltäglichen dt. Wirklichkeit ein, und zwar mit Hermes bei der des Mittelstandes. Für den Verfasser von 'Sophiens Reise' sowohl wie für die zahlreichen sich mit meist geringem Recht nach Sternes 'Empfindsamer Reise' betitelnden Werke bietet die schmale Handlung nichts als das Gerüst für die wuchernde Fülle moralistischer Exkurse und empfindsamer Betrachtungen. Von diesen sich rückgratlos verlierenden 'Reisen des Herzens' nicht anders als von der ganzen Masse der Familienromane, von der allbeliebten Clarissanachahmung der Sophie von Laroche ('Geschichte des Fräuleins von Sternheim' 1771) bis zu den gefühlig-moralischen Familiengeschichten der Engel, Lafontaine und anderer Vielschreiber gilt des jungen Goethe schlagende Kritik an Schummels 'Empfindsamen Reisen durch Deutschland' (1770—72): „Yorik empfand, und dieser setzte sich hin zu empfinden." Bei den Stürmern und Drängern wird eine Wendung von Richardson zu Rousseau deutlich. Seine '*Nouvelle Héloise*', wiewohl man sie sich nach Mendelssohns Bericht aus den Händen riß, hat allerdings nicht in gleichem Maße wie Richardson den Gesamtcharakter ganzer empfindsamer Romanreihen bestimmt. Aber zum Höhepunkt der Bewegung führt Rousseaus Glut, nicht Richardsons Rührsamkeit hinauf: zu Goethes 'Werther', der, als einziges im individuellen Erlebnis des Dichters wurzelndes Werk, Gipfel und Wendepunkt der e. D. bedeutet. Über ihn hinaus plätschert noch die tugendhafte Gefühligkeit etwa in des Hainbündlers Miller süßlich-melancholisch schmachtender Klostergeschichte 'Siegwart' (1776) und in der ganzen Flut der Wertheriaden allgemach weiter. Nur die gefühlsselig verschwimmenden Romane F. H. Jacobis ('Allwill' 1775, 'Woldemar' 1777) sind wesentlich von Rousseauscher Gefühlsphilosophie getränkt.

§ 4. Ins dt. Drama leitet Gellert in den 40er Jahren den Strom der Rührseligkeit aus der franz. *comédie larmoyante* mit seinen „weinerlichen Lustspielen" (s. d.) über. Richardsons 'Clarissa' scheint in der Zeichnung von Lessings Sara durch. Diderots *drame sérieux* wirkt dann an der Weiterentwicklung zum empfindsam moralisierenden Familiendrama bis zu den Gemmingen, Schröder, Iffland, Kotzebue und Verwandten mit.

§ 5. Lyrik und Epos sind besonders stark von dt. religiöser Erregtheit erfüllt. Klopstock wird der Abgott aller empfindsam schwärmenden Seelen. Bei ihm und seinem Kreis finden sich frühzeitig alle Elemente e. D., von England her gesteigert, zusammen: der religiöse Grundton, die tränenfrohe Melancholie, elegische Mondscheinschwärmerei und Freundschaftskultus. Gestalten seines 'Messias' wie die sterbende Cidli oder der sentimentale Teufel Abadona wurden klassische Gestalten dt. Empfindsamkeit. Von der empfindsamen Lebensstimmung getragen und auf sie zurückwirkend ist die Idyllik der Gessner, Kleist und Uz, die zarte Melancholie eines Hölty bis zu den e. D. des jungen Goethe (s. d. Art. *Darmstädter Kreis*), in dessen Jugendsatiren wie im 'Triumph der Empfindsamkeit' sich die Bewegung schließlich selbst überschlägt.

§ 6. Der wesentlichste Beitrag der e. D. zu der Gesamtentwicklung unserer Literatur beruht in der Schärfung und Vertiefung psychologischer Beobachtung, der Beseelung des Naturgefühls, der Entbindung der künstlerisch produktiven Kräfte der Phantasie und des Gefühlslebens.

E. Schmidt *Richardson, Rousseau und Goethe* 1875. R. Unger *Hamann und die Aufklärung* 1925². M. Wieser *Der sentimentale Mensch* 1924.

W. Liepe.

Englische Komödianten.

§ 1. Zeitliche Begrenzung. — § 2. Die Truppen. — § 3. Die Züge. — § 4. Der äußere Betrieb. — § 5. Die Bühne. — § 6. Repertoire. — § 7. Stil. — § 8. Die Nachfolger. — § 9. Das Singspiel.

§ 1. Zeitliche Begrenzung. Die Zeit des Auftretens der Truppen E. K. in Deutschland erstreckt sich von 1592 bis zum Ende des 30jährigen Krieges. In England war das Berufsschauspielertum seit der Mitte des 16. Jhs. weit verbreitet und durchaus herrschend geworden. Zwischen 1550 und 1600 betrieben bereits 56 Truppen dies einträgliche Geschäft. Ständiger Zustrom führte bald zur Überproduktion, die nach neuen Absatzgebieten ausschauen ließ. Als Begleiter ihres Patrons Lord Leicester betrat den Kontinent die erste Truppe, der auch der Clown der Shakespearetruppe William Kempe angehörte. 1585 findet sie sich in Dänemark und wird von dort Herbst 1586 nach Dresden eingeladen, von wo sie Juli 1587 wieder nach England zurückkehrt. Wie noch lange später, schätzte man an den Engländern besonders ihre Künste als Springer und Instrumentisten. Als Musiker waren sie schon die ganze letzte Hälfte des 16. Jhs. in Deutschland bekannt. Diesem ersten Versuch folgten seit 1592 Truppen, die ständig in Deutschland blieben. Nicht die Kriegsnot, die sie wohl einige Jahre von manchen Gebieten fernhielt, sondern die immer stärkere Durchsetzung mit deutschen Mitgliedern läßt seit etwa 1650 auch die Bezeichnung „E. K." als Aushängeschild hinter der Betonung ihrer dt. Herkunft zurücktreten. Es beginnt die Zeit der dt. Wandertruppen.

§ 2. Die Truppen. Über Holland (1590) kommt mit englischem Empfehlungsschreiben die Truppe unter Robert Brown, Thomas Saxfield und John Bradstreet Herbst 1592 nach Frankfurt. Ein Teil tritt in den Dienst des Hessischen Hofes, der andere läßt sich für den Braunschweigischen werben unter der Leitung des Clowns Sackville (Jan Bouset). Als dieser sich gegen Ende des Jhs. in Wolfenbüttel als Handelsmann und Agent des Hofes von der Bühne zusammen mit seinem Schwager Bradstreet zurückzieht, übernimmt der 1596 aus England mit neuen Kräften zurückgekehrte Brown die Führung, bis 1607. Als er 1598 sein Dienstverhältnis mit dem Kasseler Hofe löste, trat an die Spitze des Restes der mit ihm gekommene Webster (1598—1603). Nachdem sich kurze Zeit von ihm Machin abgezweigt hatte, um in die Dienste des Administrators von Magdeburg Markgraf Christian von Brandenburg in Halle zu treten, führte er nach Websters Ausscheiden zusammen mit Reeve wieder die Hessische Truppe, die er ihm 1609 allein überließ (bis 1613). Die 1603 von Brown abgezweigte Gesellschaft unter Blackreude und Theer (? Fheer) hielt sich wohl nur ein Jahr. Als Brown 1607 nach England zurückging, übernahm sein Clown John Green die Führung der Schar, die er mit großen Erfolgen bis 1628 weit durch Deutschland führte. Nach seinem Tode (?) übernahm sie der Pickelhering Rob. Reinold, dem wieder ein langjähriges Mitglied der Truppe folgte, Wilh. Roe. Von kleinen kurzlebigen Absplitterungen abgesehen (Penton, Hull, Pudsey, Aaron Asken), steht ganz selbständig nur die zahlreiche Gesellschaft John Spencers (Junker Stockfisch), von 1604—23. Von ihm splitterte vielleicht ab Robert Artzschar (Archer) 1608—14. Zuletzt erst erscheint 1649 Joris Jolliphus (bis 1660).

§ 3. Die Züge. Wie in England, strebten auch in Deutschland die Truppen danach, sich unter das Protektorat eines Fürsten zu stellen. Erst durch das Engagement für einen Hof konnten sie sich den Winter über halten, denn für eine mehrmonatliche Spielzeit in den Städten reichten weder ihr Repertoire noch die Menge des Publikums. Ihre Stützpunkte sind der Braunschweigische Hof in Wolfenbüttel und der Hessische in Kassel, vorübergehend auch Heidelberg und Halle. Ferner die Höfe der aufstrebenden ostdeutschen Staaten Brandenburg und Sachsen. Abgesehen von Graz werden die süddeutschen Höfe (Stuttgart, München, Wien) nur gelegentlich gestreift. Daneben beherbergen auch kleinere Territorialfürsten und manches Herrenschloß die E. K. einige Zeit lang, im benachbarten

Polen bot im Anfang des großen Krieges Warschau mehrere Jahre erwünschte Zuflucht. Aber Jahrzehnte hindurch festen Halt bieten jene Höfe, nach denen sich die Truppen dann bezeichnen als Braunschweigische, Hessische, Brandenburgische und Sächsische Hof-Komödianten. Dieser Halt bewahrte sie vor ziellosem Vagabundieren. Unterstützt durch Empfehlungsschreiben ihres Fürsten, der auch in Einzelfällen sich direkt für sie bemüht, suchen sie für die Sommerzeit eine einigermaßen feste Reihe von Spielorten zu finden. Von den beiden westelbischen Höfen streben sie zum Rhein und suchen die Städte zur Zeit größter Empfänglichkeit und Menschensammlung auf. Regelmäßig stellen sie sich zur Frühjahrs- und Herbstmesse in Frankfurt ein, günstig lag dazwischen in der dritten Woche nach Ostern die Kölner „Freiheit", im Anschluß an die Stadtkirmes. Meist im Hochsommer begegnen wir ihnen in Straßburg und Schwaben. Die ostdeutschen Truppen finden sich gern zum Dominik in Danzig (August) ein. Nur in ganz wenigen Fällen und für kurze Zeiträume lassen sich wirklich die Wege einer Truppe festlegen. Die verständliche Neigung, an Orte zurückzukehren, in denen schon erfolgreich gespielt worden war, ist noch erkennbar. Der Eindruck des Sprunghaften wird nicht zum mindesten auf der Lückenhaftigkeit der bekannt gewordenen Belege beruhen; denn nur wenige Städte sind bisher durchforscht (Frankfurt, Köln, Danzig, Lüneburg, Hildesheim, Wolfenbüttel, Nürnberg, Nördlingen, Rothenburg, Memmingen, Ulm, Koblenz, Straßburg, Dresden). Auch die systematische Ausbeutung aller archivalischen Möglichkeiten läßt mitunter zu wünschen übrig. Fehlt eine Abteilung besonderer Theaterakten mit Bittschriften, Repertoirelisten, Theaterzetteln u. a., so sind meist die Ratsprotokolle mit ihren Notizen über Erlaubnis oder Abweisung, über Festsetzung von Preis und Spiellokal am aufschlußreichsten. Sie werden ergänzt durch die Rechnungsbücher mit ihren Eintragungen über Abgaben und über gelegentliche Belohnungen. Mitunter verraten Gerichts- und Polizeiakten auch Unerfreuliches. Privatdokumente wie Briefe und Tagebücher, Flugblätter und Chroniken verdienen alle Beachtung.

Bisher sind für folgende Städte E. K. belegbar: Alvensleben (1602); Ansbach (1612); Augsburg (1596—97, 1602—03, 1609, 1613—14, 1618); Berlin (1606?, 1609, 1614—20, 1622—24, 1640); Balge (1619); Braunschweig (1598, 1611, 1617, 1613?); Breslau (1658, 1662); Danzig (1605, 1607, 1609?, 1611, 1615, 1619, 1623, 1636, 1640, 1643, 1647, 1653); Darmstadt (1611); Dinkelsbühl (1603); Dresden (1586/7 u. seit 1600); Elbing (1605, 1607, 1619—20); Frankfurt a. M. (seit 1592, Unterbrechung seit 1621); Gottorp (1649); Graz (1607—08); Schwäb. Hall (1603, 1609); Halle a. S. (1603—05, 1611); Hamburg (1625, 1648); Heidelberg (1598?, 1614); Heilbronn (1593); Hildesheim (1599, 1647, 1649); Jägerndorf (1610); Kassel (seit 1593, 1605 Theater „Ottonium" gebaut); (Koblenz 1605, 1648, verloren 1600—04 u. 1617—36); Köln (seit 1592, seit 1622—47 mit Unterbrechungen); Königsberg i. Pr. (1605, 1611, 1616, 1618—19, 1639, 1647); Köslin (1615); Leipzig (1585, 1591, 1596, 1600, 1603, 1610—11, 1613); Lübeck (1639, 1641, 1643, 1650—53); Lüneburg (1659—60); Marburg (1597); Memmingen (1600); München (1597, 1600, 1606, 1607); Münster i. W. (1601, 1607, 1609, 1612, 1647); Neiße (1616); Nördlingen (1604—05, 1607, 1609); Nordhausen (1604); Nürnberg (seit 1593); Olmütz (1617); Ortelsburg (1611—12); Osnabrück (1648); Passau (1607); Prag (1598, 1610, 1617, 1620, 1651, 1658); Regensburg (1608, 1613); Riga (1644, 1647); Rostock (1606, 1614, 1619); Rothenburg a. T. (1604, 1606, 1614, 1654); Rügenwalde (1607); Schmalkalden (1594); Stettin (1608/9, 1615); Straßburg i. E. (seit 1596); Stuttgart (1597, 1600, 1603, 1609, 1613/14, 1618, 1625); Torgau (1596?, 1627); Trier (1655); Tübingen (1597, vor 1613); Ulm (seit 1597); Wien (1617, 1650, 1652); Wolgast (1606, 1623—24); Wolfenbüttel (seit 1592); Zittau (1650).

§ 4. Der äußere Betrieb. Die Zahl der Mitglieder schwankt zwischen 10 und 18 im Durchschnitt. Doch erhöht sie sich oft durch eine Kapelle, die meist 6 Instrumentisten umfaßt. Da die Musiker stets getrennt genannt werden, so waren sie schauspielerisch höchstens als Statisten beschäftigt. Die Mitglieder werden als jung geschildert, der Prinzipal war der ältere und erfahrene. Die Verfassung dürfte der genossenschaftlichen Englands geglichen haben. Daher unterzeichnen häufig drei Schauspieler die Bittschriften. Diese bilden den Kern der Gesellschaft dadurch, daß sie die Hauptrollen spielen. Der Führer behält sich meist den Clown vor, einmal wohl deswegen, weil es für den Spielleiter stets mißlich ist, eine Hauptrolle des

Stückes zu spielen; anderseits war die Wirkung des Narren sowohl auf starke geistige Beweglichkeit wie auch von Anfang an auf eine gewisse Kenntnis der dt. Sprache gestellt, die der Leiter am ehesten besitzen mußte. Außerdem konnte die Drastik des Narren, der in den Pausen auftrat, die Wirkung des Stückes (der Hauptaktion) herausreißen, auch hatte er es in der Hand, die Zeit nach Bedürfnis für Vorbereitungen hinter der Bühne zu dehnen oder zu kürzen. Der Name des Narren schied nicht nur die Truppen, sondern haftete auch zäh dem Träger als Beiname an: *Bouset*, *Stockfisch*, *Pickelhäring*. An Wichtigkeit stand ihm sicher der Heldendarsteller gleich. Neben dem Amte des Kleiderverwahrers ist der Darsteller der Liebhaberin belegt (*Thomas die Jungfrau* in der Torgauer Quartierliste von 1627). Frauenrollen wurden also von Männern gespielt. Trotzdem nicht nur der Prinzipal, wie Sackville oder Spencer, sondern auch manches Mitglied seine „Hausfrau“ (1614) mit sich führt, sind doch Frauen auf der Bühne erst bei Jolliphus belegt. Vermeiden die Stücke schon große Personenzahl, so mußten mehrere kleinere Rollen von demselben Schauspieler gespielt werden. Als Statisten nahm man anscheinend auch Liebhaber zu Hilfe, junge Handwerker, Gymnasiasten und Studenten, die ja auch in eigenen Aufführungen sich betätigten; und mancher blieb da wohl dauernd bei der Truppe. Daneben füllen sich die Truppen durch Nachschub von England, dem sich beim Durchzug durch Holland noch der eine oder andere anschloß. Desto leichter konnte man dadurch zur dt. Sprache übergehen, wie seit 1604 und 1605 ausdrücklich betont wird. Manche Schauspieler kehren wieder nach England zurück, einige gründen dort ein Theaterunternehmen, andere treten in Deutschland ins bürgerliche Leben, wie Thomas Sackville, der in Braunschweig Hofimporteur, und Robert Kingsman, der in Straßburg Handelsmann, oder Bradstreet, der in Braunschweig Gastwirt wird. Sie scheinen gelegentlich auch als Impresario gewirkt zu haben. Die soziale Schätzung der großen Truppen hebt sich von der Behandlung der Gaukler und Landstreicher ab. Persönliche Gewandtheit konnte viel erreichen (Sackville, Bradstreet, Green, Spencer), die enge Verbindung mit dem Hof, häufig persönliche Fürsprache des Protektors schützten gegen allzu harte bürgerliche Deklassierung. Es fehlt nicht an Äußerungen der Hochschätzung des Rates bewährten und bekannten Truppen gegenüber. In solchem Falle wird die Zensur durch eine Extravorstellung ersetzt, der eine Bitte um Verlängerung der Spielzeit zu folgen pflegt.

Die durchschnittliche Dauer beträgt 14 Tage, besonders wenn gleichzeitig Markt gehalten wird. Sie verlängert sich im Laufe des 17. Jhs. in den großen Städten bis auf 4—6 Wochen. Spencers Aufenthalt in Köln vom Dezember 1614 bis April 1615 war nur durch seine Bekehrung zur katholischen Kirche möglich. Die daneben gegebenen Erlaubnisse von wenigen Tagen erklären sich am leichtesten als Rast der durchziehenden Bande in geschäftsstiller Zeit. Das Verbot, an Sonn- und Festtagen sowie in der Fast- und Adventszeit zu spielen, wird gern durch Aufführungen geistlicher Stücke umgangen. Die Vorstellungen beginnen nach dem Mittag (Nürnberg 2, Danzig 3 Uhr), stets also bei Tageslicht. Der Zensur unterlag auch die Art der Reklame. Das Austrommeln wird besonders in der Nähe der Kirche und an Feiertagen untersagt, nur der Maueranschlag (in England üblich; Nördlingen 1614, Nürnberg 1630, Köln 1648, undatiert Lüneburg und der älteste erhaltene: Nürnberg) gestattet.

Auch die Einnahmen unterlagen der Genehmigung des Rates. 2 Kreuzer (= 8 Pfennige Frankfurt; ferner ein Schilling Münster, Rostock; 2 Groschen Danzig; 4 Albus = 2 Kreuzer Köln) bilden die Norm, die sich langsam verdoppelt. Doch wird damit oft nach englischem Brauch nur der Eintrittspreis (*entry*), nicht der Aufschlag (*gathering*) für Sitzplätze oder die Logen der Gallerien gemeint. Der Vergleich mit den Taxen heimischer Spieler zeigt die Schätzung E. K. und zugleich die Einträglichkeit ihres Gewerbes, die durch die Nürnberger Rechnungen (15.—31. Juli 1628—66 1 fl.) bestätigt werden. In der Kriegszeit entdeckte der Rat hierin eine günstige Steuerquelle (meist $^1/_4$ der Einnahmen).

Zu dieser direkten Besteuerung der Geldausfuhr kommt die indirekte des Kaufzwanges in der Stadt, besonders durch Verbot eigener Beköstigung. Bei diesen Abgaben waren trotz der bedeutenden Erhöhung der Eintrittspreise volle Häuser nötig, und selbst Spencer drückte sich 1616 aus Köln unter Zurücklassung von viel Schulden und wenig Fundus. Denn, abgesehen von einer Gratifikation an die Polizeidiener und von Freiplätzen für den Rat, tritt noch eine direkte Miete des Spiellokales hinzu. Dieses scheint nur selten ein Zelt oder gar der offene Marktplatz gewesen zu sein. Selbst in den Wirtshäusern wird ein Saal dem Hofe vorgezogen, denn Umbauten zu diesem Zweck sind berichtet. Häufig wird der große Rathaussaal zugestanden oder ein anderer städtischer gedeckter Bau, etwa das Ball- oder Fechthaus, die Fleischbank, das Korn-, Gewand- oder Schulhaus, der Salzstadl oder ein ehemaliges Kloster (Nürnberg 1596 St. Ägidi, 1600 Augustiner). Auch bei den Fürsten spielten sie meist in Sälen („*in unserm Gemach*"). Das 1605 erbaute, 1696 abgebrochene Ottonium in Kassel scheint mit offenem Pitt, aber gedeckten Gallerien und Bühne dem Londoner Typus entsprochen zu haben, an den auch der unklare Bericht über die Regensburger Bühne Spencers (1612) erinnert.

§ 5. Die Bühne. Die Bühne der E. K. muß einfach gewesen sein, hatte sie sich doch an verschiedenartige, oft wechselnde Gegebenheiten anzupassen. Spencer und Green zogen mit wohl gepackten *Rüstwäglein* umher. Der Pfändung der *bagage*, die Reinold in Köln 1628 festhielt, entzog sich Spencer 1616 durch Zurücklassung schwer transportabler Versatzstücke. Nach ihren eigenen Anpreisungen zu urteilen, waren darauf neben Kostümen besonders *Tücher* und *allerlei erketzliches Gezeug* geladen. Nach dem Bericht über eine Ausgabe für *tepichbreter anzunageln* wurde die Bühne durch Behänge umgrenzt. Das dazu nötige Holzwerk wurde in jeder Stadt von Tischlern bezogen; Rechnungen belegen zahlreich das Auf- und Abschlagen des *Gerüstes*, das die *Dielen* als Podium erweisen. Über das Aussehen der Bühne selbst sagen chronikalische Notizen leider nichts; die Stücke selbst lassen den Typus immerhin in den Grundzügen erkennen.

Auf die in den Raum wohl offen vorspringende Vorderbühne (VB.) führte an jeder Seite eine Tür (Schlitz im Behang). Zwischen ihnen lag die Hinterbühne (HB.), ebenfalls durch Behänge umgrenzt. Im allgemeinen war diese gegen die VB. durch eine Mittelgardine abschließbar, wenngleich auch erst die Sammlung von 1630 eine solche bewußt nutzt und nennt. Bei geschlossener HB. diente der Schlitz der Mittelgardine wohl als dritte Tür ('Verlorener Sohn'). Eine genauere Ortsvorstellung verband sich mit der VB. nicht im Gegensatz zur HB. Auf dieser finden sich daher auch häufiger bedeutsame Versatzstücke, neben Tisch, Bank, Stühlen besonders der Thron, auch wohl ein Baum oder Brunnen, auch ein Altar. In diesem Falle bedeuteten jedoch VB. und HB. zusammen den betreffenden Innenraum, der wohl von beiden Seiten und von hinten Zugänge besaß. Wegen der bloßen Ummantelung mit Behängen wird Zahl und Lage der Zugänge leicht sich den Bedürfnissen angepaßt haben. Ähnlich dürfte es mit der Oberbühne gestanden haben, zu der am leichtesten sich die Musikantenempore der Wirtshäuser und Schlösser oder ein Stück der umlaufenden Gallerie der Wirtshaushöfe benutzen ließ. Im allgemeinen saß dort die Kapelle, und aus diesen technischen Schwierigkeiten erklärt es sich, daß die Gallerie selten in die Handlung einbezogen wurde, zumal wenn sie erst hätte gebaut werden müssen. Einen Abschluß nach oben (nur der HB.?) bildeten die Wolken aus blauem Tuch. Für Effekte, besonders Geistererscheinungen, diente die Versenkung. Der englische Reisende, der sich 1592 abfällig über Browns Leistungen äußert, betont den Mangel von *anygood apparall nor any ornament of the stage*. Die Einführung der Illusionsbühne mit Kulissen und Vordervorhang gehört den Wandertruppen nach 1650 unter Einfluß der Oper zu. Nicht die Bühnenausstattung, sondern das Spiel, unterstützt durch Kostüme, ist das eigentlich Wirksame und Epochemachende der E. K.

§ 6. Repertoire. Über das Repertoire der einzelnen Truppen sind wir recht ungleich unterrichtet. Brown spielte 1592 in Frankfurt '*Gammer Gartons Needle*', 1593 ein *selbst ferfertigtes Stück* von Abraham und Lot; in Ulm 1602 eine 'Susanna' und einen 'Daniel'; 1607 in Cassel einen 'Jemand und Niemand' sowie 'Vom Königssohn in England und der Königstochter von Schottland'. Da die letzten Stücke Ayrers auf die Aufführungen dieser Truppe 1602 in Nürnberg zurückgehen, so lassen sich aus ihnen noch folgende Stücke des Repertoires erschließen: Ayrers 'Mahomet II.' beruht auf Peeles 'Mahomet und Hygrin', die 'Pelimperia' auf Kyds '*Spanish Tragedy*', 'Edward III.' auf einem pseudoshakespearischen Stück, der 'König von Cypern' auf Machins '*Dumb Knight*', das darin verwendete Pickelheringsspiel mit dem „wunderbaren Stein" auf jenem der Esther, die Posse 'Vom alten Wucherer' auf 'Maria und dem Hanrey' (1620). 'Die schöne Phänicia', 'Zwei Brüder von Syrakus' und 'Die schöne Sidea' benutzen verlorene Stücke, die Shakespeare zu 'Viel Lärm um nichts', 'Komödie der Irrungen' und dem 'Sturm' anregten.

Nur 'Daniel' und 'Susanna' finden sich wieder bei den Blackreudeschen Spielverzeichnissen 1604 in Nördlingen und Rothenburg und dem wohl ebenfalls ihm zugehörigen Verzeichnis 1606 in Rothenburg. Es werden dort ferner genannt: 'Verlorener Sohn', 'Ungehorsamer Kaufmannssohn' (pseudoshakespearischer '*London prodigal*'), 'Urteil Caroli', 'Pyramus und Tisbe', 'Romeo und Julietta' (Shakespeare), 'Annabella' (Marston) sowie die Stücke des Herzogs Heinrich Julius 'Von Botzhario, einem alten Römer' und 'Vincentius Ladislaus'; ferner 'Melone König von Dalmatien', 'Ludwig König von Hispanien', 'Celinde und Sedea'. Ob dieser Truppe auch die 'Susanna' 1603 in Stuttgart und der 'Jona' 1605 in Nördlingen zuzuschreiben sind, bleibe offen. Dagegen könnte die erste Aufführung des 'Romeo' 1604 in Nordhausen Machin zugehören. Sein Nachfolger Reeve gab 1610 zum Hochzeitsfest in Jägerndorf einen 'Amadis', und vielleicht war es seine Truppe, die ein Jahr später in Halle a. S. den 'Kaufmann von Venedig' spielte.

Bei weitem am besten orientiert sind wir über Greens Spielplan. In Passau spielte er 1607 den 'Verlorenen Sohn' sowie den 'Juden', die er beide ein Jahr später in Graz wiederholt (Nr. 1—7). Da sie im gleichen Jahre in Regensburg den 'Juden von Malta' spielen, den 'Kaufmann von Venedig' aber als 'König von Cypern' bezeichnen, wird wohl stets Marlowes Stück gemeint sein. Allein stehen 'Die fromme Frau von Antorf', 'König Ludwig und König Friedrich von Ungarn', 'Vom reichen Mann und armen Lazarus' (John Bale), während 'König Edward IV.' (König und Goldschmiedsfrau) 1608 in Regensburg wie Passau gegeben wird. Aber in Dresden 1626 begegnen wir diesem Stück nicht mehr, wohingegen sich der 'Herzog von Florenz' (Massinger), 'Dr. Faustus' (Marlowe), 'Fortunat' (Dekker) und der 'Kaufmann von Venedig' gehalten haben. Auch dem 'Jemand und Niemand' begegnen wir wieder, der schon 1608 so sehr dem Hofe in Graz gefiel, daß Green eine Abschrift als Zeichen seiner Erkenntlichkeit mit eigenhändiger Widmung überreichte. Das scheint die erste Publikation aus dem sorgfältig gehüteten Schatz der Bühnenmanuskripte zu sein. Auch die beiden Hss. aus der zweiten Hälfte des 17. Jhs. vom 'Kaufmann in Venedig' (in Wien und Karlsruhe) entstammen wohl seinem Vorrat; vielleicht auch die ähnlich anzusetzenden Hss. von 'Hamlet', 'Romeo und Julietta', 'Tiberius und Annabella' (? Marston). Bis zum Druck kamen außer dem 'Tugend- und Liebesstreit' (1677) vor allem die neun Stücke der 1620 in Leipzig erschienenen Sammlung 'Englische Comedien und Tragedien'. Vielleicht benutzte der geschäftsgewandte Direktor sein Verlassen Deutschlands, um aus dem Verkauf einiger der beliebtesten Stücke noch Kapital zu schlagen. Es sind wirklich meist Schlager: 'Esther' (1), 'Verlorener Sohn' (2), 'Fortunat' (3), 'Königssohn auß Engelland' (4), 'Jemand und Niemand' (6), 'Von Julio und Hyppolita' (7) ist durch die Nennung Pickelherings auf dem Titel als zur Greenschen Truppe gehörig belegt, neben dem 'Titus Andronicus' (8) und dem Schwank 'Von der schönen Maria und dem alten Hanrey' (9), steht als einziger älterer Stoff die Bearbeitung von Gabriel Rollenhagens 'Amantes amentes' als 'Lustige Comedia von Sidonia und Theagenes' (5). Das Leipziger Repertoire (1626) enthält noch von bekannten Dramatikern Shakespeares 'Romeo', 'Julius Caesar', 'Hamlet', 'König Lear'; von Marlowe wieder 'Dr. Faustus', Kyds '*Spanish Tragedy*', Greens 'König von Aragon' und 'Orlando Furioso', Chettles 'Chrysella' ('*Patient Grissil*'); Massingers 'Dorothea' ('*Virgin Martyr*').

Zusammenhänge mit Brown zeigt der Spielplan Spencers mit seinem Schlager der 'Türkischen Triumpfkomödie' (Peele: Königsberg und Ortelsburg 1611, Regensburg 1612, Nürnberg 1613, Straßburg 1614) und den 1613 in Nürnberg aufgeführten 'Philole und Mariana' (Peeles '*Dumb knight*'), 'Celido und Sedea'; nur 'Die Zerstörung Trojas' und 'Von einem Türken' (Mason) sind bei ihm allein überliefert.

Die Verzeichnisse der Nachfolger Greens, nämlich die Reinolds in Dresden 1630 bis 1633 und 1627 in Torgau sowie Roes von 1646 in Dresden genügen immerhin, um uns einen Wandel in der Herkunft der Stücke deutlich zu machen. Zwar halten sich die alten englischen Stücke noch und gehen im 18. Jh. ins Puppenspiel über. Aber daneben treten franz. und ital. Dramen auf. Die Sammlung von 1670 bringt zwar noch 'Fortunat', 'Esther', 'Verlorenen Sohn' und 'Pickelhäring mit dem Stein', aber der erste Band rechtfertigt den Titel 'Schaubühne englischer und französischer Comoedien' als bezeichnend für die Mode in der Zeit der dt. Wandertruppen. Mehr als Anzeichen literarischer Art für die welschen Einflüsse ist der 1630 erschienene 'Liebeskampf' anzusehen. Immerhin macht er deutlich, daß etwa 1620 die eigentliche Epoche der E. K. zu Ende geht.

Die Titel wechseln, da die Mode sich einstellt, das Stück nach den vornehmsten Personen, besonders Fürsten zu benennen, manchmal vielleicht auch, um neue Stücke vorzutäuschen. Bisher sind folgende Identifizierungen gelungen: John Bale '*Lazarus*'(?); Beaumont u. Fletcher '*The Maids Tragedy*'; George Chapman '*Charles Duke of Biron*'; Henry Chettle '*Patient Grissil*'; Thomas Dekker '*Old Fortunatus*'; John Ford '*The Broken Heart*'; Henry Glapthorne '*Albertus Wallenstein*'(?); Robert Green '*Orlando furioso*', '*A Looking-Glass ...*', '*Alphonsus king of Aragon*'; Thomas Heywood '*Edward IV.*', '*Rape of Lucrece*'; Will. Houghton u. John Day '*Friar Rush and the Proud Woman of Antwerp*'; Thomas Kyd '*Spanish Tragedy*'; Lewis Machin '*Dumb Knight*'; Christopher Marlowe '*Dr. Faustus*', '*The Jew of Malta*', '*Massacre of Paris*', '*Tamerlan*'; John Marston '*Parasitaster*'; John Mason '*The Turke*'; Philip Massinger '*The Virgin Martyr*', '*The Greatduke of Florence*', '*Beleeve as you list*'; George Peele '*Sir Clyomon and Sir Clamydes*', '*The Turkish Mahomet and Hygrin the Fair Greek*'; William Rowley '*A Shoemaker a Gentleman*'; William Shakespeare '*Merchant of Venice*', '*Romeo and Juliet*', '*Julius Caesar*', '*Hamlet*', '*King Lear*', '*Titus Andronicus*', '*Othello*'; Ähnlichkeiten mit '*A Midsummer-Nights Dream*', '*Tempest*', '*Comedy of Errors*', '*Taming of a Shrew*'; Pseudo-Shakespeare '*London Prodigal*', '*Mucedorus*'; '*Edward III.*', '*Yorkshire Tragedy*', '*Two Noble Kingsmen*', '*Two Gentlemen of Verona*'; Lewis Sharpe '*The Noble Stranger*'; Shirley '*The Maids Revenge*'; John Still '*Gammer Gurtons Needle*'; Robert Wilmot '*Tancris and Giomunde*'. Ferner die anonymen englischen Stücke: '*Prodigal Child*'; '*Esther and Ahasverus*'; '*Nobody and Somebody*'; '*Destruction of Troy*'; '*Christabella and Sir Eglamour*'. Von Deutschen nur Gabriel Rollenhagen 'Amantes amentes'; Heinrich Julius 'Susanna', 'Vincentius Ladislaus'; wohl kaum Hans Sachs 'Herzog von Burgund'; benutzt das deutsche 'Fortunatus'-Stück.

§ 7. Stil. Die Vorführungen der E. K. waren deshalb so epochemachend, weil gegenüber der episch-rezitatorischen Art des Schul- und Bürgerdramas nun das rein auf schauspielerische Wirkung gearbeitete Theaterstück dem Publikum geboten wurde. Gemäß diesem Ziel erhält der Bau des Stückes wie der ganze Stil eine eigenartige Form, die als Fortschritt von vielen empfunden wurde. Es gibt Hauptszenen und verbindende Nebenszenen entsprechend den Hauptrollen. Die Zahl der Mitspieler ist stets gering. Die 40 Personen des alten dt. Spieles vom 'Verlorenen Sohn' schrumpfen auf 9 zusammen ('Königssohn' und 'Julius und Hippolyta': 6, 'Esther': 12, 'Fortunat': 13). Aus der epischen Fülle der Motive werden wenige, möglichst drastische ausgewählt, nun aber klar und effektvoll ausgebeutet. Alle erzählerische Weitschweifigkeit wird zugunsten des Vorganghaften zurückgedrängt. Episoden werden ausgeschaltet oder zum Zwischenspiel herabgedämpft. Der Vers ist der Prosa gewichen, vielleicht als Folge aus der Zeit, da man noch englisch sprach und das Publikum die rhetorische Schönheit des Textes nicht verstand. Dadurch wirkten auf Kenner schon Browns Darbietungen als *dully ponned*. Höchst trocken, oft auch roh erscheint uns solch Prosaauszug eines Shakespearischen lyrischen Monologes. Dennoch haben, als seit den ersten Jahren des 17. Jhs. sich der Gebrauch der dt. Sprache einstellte, die E. K. ihre besondere, echt barocke Rhetorik ausgebildet. Das Zarte wird zum Galant-Gedrechselten, vor allem aber wird die Kraftstelle zum schallenden Pathos aufgeschwellt. Gravitätische Nachdrücklichkeit belebt die großen Staatsszenen mit ihren weiten Gebärden. Fremdwörter, besonders zur Verstärkung des dt. Ausdruckes, stellen höfischen Prunkstil dar. Einige allbekannnte Mythologie kommt der zeitgenössischen Verehrung der Gelehrsamkeit entgegen. Volkstümliche Sprichwörter und ähnliche Sentenzen entsprechen den moralistischen Reflexionen der Zeit. Vor allem aber entlädt sich die schauspielerische Einzelleistung im Toben krasser Affekte, und der Gestik helfen die geschwollenen Tiraden, den Zuschauer aufzuregen. Psychologische Feinheiten und Übergänge fehlen natürlich. Krasse Bluteffekte werden möglichst naturalistisch vorgeführt. Kampf- und Lärmszenen brauchen außer Trompetengeschmetter nur noch Geschrei. Eigentliche Massenszenen haben sich die großen Truppen (Spencers 'Türkische Triumpfkomödie') wohl nur selten und vielleicht mit Unterstützung von Dilettanten als Statisten gestattet. Die Prosa hatte außerdem den Vorzug, dem Extemporieren günstig zu sein. Ein fester Formelschatz scheint sich schnell ausgebildet zu haben. Die Befreiung des rein Schauspielerischen von der Bindung an Reimpaar, Rezitation, der Sieg der Sichtbarkeit wurden gepriesen (Vorrede zu 1620) als *Anmutigkeit der Gebärden* und *Zierlichkeit im Reden*, die *artigen Inventionen* beziehen sich wohl nicht nur auf die Effekte, sondern vor allem auf die Mitwirkung von Musik und Tanz in den Zwischenspielen.

§ 8. Die Nachfolger. Nicht die Zufuhr an Stoffen, sondern der neue Stil wird als das Epochemachende empfunden und nachgeahmt. Mag der Fall, daß ein Gymnasium den 'Pickelhering mit dem Stein' als Nachspiel (Saalfeld 1641) oder gar ein großes Stück (Bautzen 1626) aufführt, auch als Ausnahme betrachtet werden, so bildet doch das Drama der E. K. eine ganz wesentliche Voraussetzung zum Entstehen des dt. Dramas des 17. Jhs. Denn keineswegs nur die unteren Schichten des Volkes bilden ihr Publikum, Fürstenhöfe rufen und protegieren sie, weit höher als Einheimische dürfen die Fremden ihre Eintrittspreise ansetzen, und auch ihre direkten Nachahmer entstammen den führenden Schichten. Wenn der Kasseler Hofarzt Johannes Rhenanus die Engländer bezeichnenderweise rühmt wegen der freien Abwechslung zwischen Prosa und Blankvers, so hat er die engl. Originaldramen vor Augen, er übersetzt ja auch ein engl. Schuldrama ins Lateinische ('*Speculum aestheticum*' 1600). Auch die Verehrung des Heidelberger Kurfürsten Karl Ludwig von der Pfalz meint bereits die engl. Klassizisten. In wieweit Moritz der Gelehrte von Hessen (regiert 1592—1627) in seiner eigenen Schriftstellerei den E. K. nachfolgte, läßt sich wegen des Verlustes der Hss. nicht mehr sagen.

Aber ihr anderer Mäzen, Herzog Heinrich Julius von Braunschweig (1564, regiert 1589—1613) folgt ihnen mit bemerkenswerter Begabung. Kein Wunder, daß sich seine beiden besten Leistungen, 'Susanna' (unter Benutzung von Frischlins Text) und 'Vincentius Ladislaus', außerhalb Wolfenbüttels mehrfach auf dem Spielplan finden. Mit rechtem Bühnengeschick werden dt. Stoffe nach der neuen Art bearbeitet. Der Verehrer des römischen Rechtes und der absolutistischen Zwangserziehung seines widerstrebenden Landes schreibt mit schroff moralisierender, das Böse hart strafender Tendenz. Die gehobene Stimmung aus der neugeschlossenen zweiten Ehe mit einer Tochter Jakobs I. sowie die üppigere Hofhaltung mit dem ständigen Winterengagement der E. K., dazu wohl auch das praktische wie patriotische Verlangen nach dt. Stücken haben dem schnell beweglichen, reich begabten Fürsten besonders 1594 und die unmittelbar folgende Zeit die Feder in die Hand gegeben. Scharfe realistische Beobachtungsgabe gibt den meisten Werken einen Hauch von Lebendigkeit, komische Begabung lebt sich neben den eigentlichen Komödien ('Von einem Weibe', 'Von einem Wirte', 'Von einem Edelmann', 'Vincentius Ladislaus') in den Bauern- und Narrenszenen aus, die in ndd. Mundart verfaßt sind. Der Name des Narren *Johann Bouset* erweist Sackville als unmittelbares Vorbild.

Weit fester wurzelt der Nürnberger Jurist Jakob Ayrer (1543—1605) in der heimischen Tradition, so daß er manche Einzelheiten übernimmt, sich jedoch nicht mehr ganz auf *die neue Englische manier und art* umstellen kann. Am deutlichsten ist die Einwirkung beim Narren in Handlung, Kleidung und Namen nach dem Vorbilde Sackville-Bousets. Die lebendige schauspielerische Leistung der E. K. empfindet er überhaupt als das Neue und sucht ihr nachzueifern, indem er *alles nach dem Leben angestellt* hat. In Effekten und reichlicher Dekoration sucht er vergröbernd seine Vorbilder noch zu überbieten. Dagegen übernimmt er nur die Oberbühne, nicht aber die Trennung von VB. und HB. mit ihrem Ineinandergreifen. Ein Fortschritt in der dramatischen Darstellung ist zwar vorhanden, doch nicht bedeutend. Im ganzen bezeichnen seine vielaktigen und personenreichen Stücke doch nur das Ende der alten episierenden Art; für die E. K. waren sie weder geeignet noch bestimmt.

Seiner Art stehen nahe zwei hsl. Kasseler Dramen (zwischen 1610—20) 'Fortunatus' und 'Ariodante und Ginevra'. Nur die Bühne der E. K. liegt der 'Susanna' (1603 in Münster aufgeführt, 1607 gedruckt) und 'Pyramus und Thisbe' (1601) des Straßburger Schulmeisters Samuel Israel ebenso wie dem 'Kaufmann von Padua' des Zacharias Liebholdt (1596) zugrunde, während im übrigen die Form des späteren Schuldramas beibehalten wurde. Eng an das englische Stück lehnt sich das hsl. Estherdrama von Chrysostomus Schultze (1636; Breslau Stadtbibl.) an. Endlich wäre noch Joh. Rist zu nennen, dessen 'Friedejauchzendes Teutschland' (1648) schon in die Zeit der dt. Wandertruppen überleitet.

Durchaus den Nachfolgern zuzurechnen ist schließlich der 'Liebeskampf' (1630), dem nur buchhändlerische Spekulation den Nebentitel anhängte: 'Der Englischen Comoedien anderer Teil'. Alle acht Stücke sind von einem Verf. thüringischer Herkunft selbst zusammengeschrieben. Keineswegs handelt es sich um bekannte Repertoirestücke aus der zweiten Epoche der E. K., sondern nach ihrem Vorbild werden neue Stücke gefertigt. Daher sind gerade die bühnlichen Voraussetzungen (Mittelgardine!), die Verwendung der Prosa und bewegter Gestik ihrer Eigenart zuzurechnen, wohingegen die Wahl der Stoffe sowie der Stil Autor und Zeitgeschmack charakterisieren. Unter dem Einfluß ital. Opernproduktion und Schäferlichkeit wird die Schilderung der Gemütsbewegungen geschmeidigt, der *stile culto* dringt aus der Lyrik in die Prosa hinein, die Mythologie wird als Schmuck in weiterem Maße den zahlreichen Hyperbeln und Gleichnissen beigesellt. Wie der erfindungsarme Verf. seine Dramen aus entlegenen, meist ital. Motiven zusammensetzt, so hat er bezeichnenderweise den Gesamttitel einer seiner Quellen, nämlich der Übersetzung Bandelloscher Novellen von Äschacius Major 'Glücks- und Liebeskampf' (1615), entnommen. Damit wird die Zeit der Abfassung, gestützt durch weitere Indizien, für die Zeit zwischen 1614(17)—1629 (Herbstkatalog) eingegrenzt.

§ 9. Das Singspiel. Außer dem Theaterstück, der Hauptaktion, wirkte nicht minder epochemachend das als Zwischen- oder Nachspiel gegebene Singspiel, nicht nur auf Deutschland, sondern ebensosehr auf Holland und die nord. Länder. Niedrigkomische Schwankmotive werden darin behandelt, besonders gern die Täuschung des Ehemanns, daneben Zank- und Herrschsucht der Weiber; der geckenhafte Alte und der verliebte Pedant werden verspottet. Als Galan treten der fahrende Schüler, der buhlerische Mönch auf, Pickelhering meist in Dienerrolle.

Entstanden zu sein scheint das Singspiel (s. d.) aus der dialogischen Ballade. Es wird eine beträchtliche Anzahl von Strophen nach derselben Melodie abgesungen, die meist einer älteren Ballade entnommen ist. Da der Ausdruck *Jig* aber auch einen munteren Tanz bedeutet (6/8 oder 12/8), und da neben der Verdeutschung *Singendes Spiel oder Possenspiel* auch jener *ein Lied der englische Tantz genannt* vorkommt, dürften die E. K. und *Springer* ebenfalls die Tanzkunst ausgiebig dabei benutzt haben, wird doch Green vom Grazer Hofe auch als Tanzsachverständiger behandelt.

Um mehr Leben hineinzubringen, verwenden gerade die beliebtesten Singspiele zwei verschiedene Melodien. Endlich kommt man in dem letzten Viertel des 17. Jhs. zum richtigen Singspiel mit gesprochenen Vers- oder Prosastellen, vielleicht unter Einwirkung der italienischen Oper. Von diesen Anregungen dürfte das dt. Singspiel ausgegangen sein, das wir in eben diesen Jahrzehnten an den Thüringischen Höfen blühen sehen, das sich aber von der stofflichen Begrenzung der *Jigs* frei gemacht hat.

Dem Bänkelsänger abgelauscht, bildete sich unter den Händen der Schauspieler des Elisabethanischen Zeitalters das Singspiel heraus und eroberte rasch den Kontinent. Engl. Musiker waren in Deutschland schon die ganze letzte Hälfte des 16. Jhs. hindurch geschätzt, und die E. K. greifen häufig genug ihre musikalischen Leistungen an. Richard Machin, der Mitdirektor der Truppe, war Musiker und Komponist; eine Pavane '*Delight*' hat sich noch erhalten, und vielleicht ist der spätere Prinzipal Roe mit dem Brandenburgischen Musiker Rowe zu identifizieren. Wie die engl. Tänze (Pavanen, Couranten, Galliarden) finden auch die Singspiele in Deutschland Drucker wie Nachahmer. Zu frühest wird der 'Englische Roland' erwähnt (1596 in Marx Mangolds 'Marckschiff') und 1599 gedruckt (9 Strophen zu 8 Zeilen). Fast gleichzeitig, auch mit ihm dann zusammen gedruckt (ca. 1600), begegnet 'Jan der ungetreue Ehemann' (27 Strophen zu 4 Zeilen). Ayrer, der sie aus den Vorstellungen 1593, 1596 und 1597 kennen mußte, benutzt beide Melodien ausgiebig. Engl. Drucke erhielten sich von der erfolgreichsten '*Singing Simpkin*' (zwei Melodien: 6 Str. zu 2 Z., 21 Str. zu 8 Z.), dt. in der Sammlung 1620 als 'Pickelhering in der Kiste'. Ebendort findet sich noch der 'Narr als Reitpferd' (19 Str. zu 4 Z.), der 'Windelwäscher' (26 Str. zu 4 Z.), 'Studentenglück' (42 Str. zu 8 Z.) und 'Pferdekauf' (drei Melodien: 46 Str. zu 8 Z.).

J. Tittmann *Die Schauspiele der E. K. in Dtschl.* 1880. W. Creizenach *Die Schauspiele der E. K.* (DNL. 23) 1889. J. Bolte *Die Singspiele d. E. K.* (TheatergeschF. 7) 1893; dazu AfdA. XXII (1895) S. 296—319. Bischoff '*Niemand u. Jemand*', Mitteilgn. d. hist. Ver. Steiermark XLVII (1899) S. 127ff. J. Bolte Shakespeare-Jb. XLI (1905) S. 188—93. K. Kaulfuß-Diesch *Die Inszenierung des dt. Dramas an der Wende des 17. Jhs.* (Probefahrten 7) 1905; dazu J. Minor *Euphorion* XIV (1907) S. 794ff. E. Herz *Engl. Schauspieler u. engl. Schauspiele z. Zt. Shakespeares in Deutschland* (TheatergeschF. 18) 1903; dazu ZfdPh. XXXVI (1904) S. 562ff. S. Mauermann *Die Bühnenanweisungen im dt. Drama bis 1700* (Pal. 102) 1911. W. Richter *Liebeskampf u. Schaubühne* (Pal. 78) 1910. H. Oberländer *Die geistige Entwicklg. der dt. Schauspielkunst i. Dtschld.* (TheatergeschF. 15) 1898. C. Reuling *Die komische Figur in den wichtigsten dt. Dramen bis zum Ende d. 17. Jhs.* 1890. A. Cohn *Shakespeare in Germany in the 16th and 17th Centuries* 1865. ArchfLg. XII—XV. Shakespeare-Jb. XXI, XXIII, XXXVI, XXXVIII, XL, XLI, XLVII, XLVIII. Euph. XV (1908) S. 441ff.; XXV (1914) S. 72ff. J. Meißner *Die E. K. z. Zt. Shakespeares in Österreich* 1884. Elisabeth Mentzel *Gesch. der Schauspielkunst in Frankfurt a. M.* 1882. Th. Hampe *Die Entwicklung des Theaterwesens in Nürnberg* 1897. J. Bolte *Das Danziger Theater im 16. u. 17. Jh.* (TheatergeschF. 12) 1895. K. Th. Gaedertz *Archival. Nachrichten über die Theaterzustände von Hildesheim, Lübeck, Lüneburg* 1888. K. Nießen *Die dramat. Darstellungen in Cöln bis 1700* (Veröffentlichungen des Cöln. Gesch.-Ver. III) 1917. W. J. Becker *Forschungen zum Theaterwesen von Coblenz.* Diss. Bonn 1915. R. Krauß *Das Stuttgarter Hoftheater* 1908. M. Fürstenau *Zur Geschichte der Musik u. des Theaterwesens am Hofe zu Dresden* 1867. A. Duncker *Landgraf Moritz v. Hessen-Cassel u. die E.K.*, DRs. XLVIII (1888) S. 260—75. B. Litzmann *Hamlet in Hamburg*, DRs. LXX (1892) S. 427ff. K. Koppmann *Beiträge zur Geschichte der Stadt Rostock* I (1895) S. 51ff. K. Trautmann *Dt. Schauspieler am bayer. Hofe*, Jb. f. Münchener Gesch. III (1889) S. 259ff. J. Tittmann *Die Schauspiele des Herzogs Heinrich Julius von Braunschweig* 1880. H. Herrmann *Heinrich Julius von Braunschweig.* Diss. Rostock 1919. W. Wodick *Jakob Ayrers Dramen* 1912 (dort alle spez. Lit.).

W. Flemming.

Englische Literatur (Einfluß auf die deutsche).

A. Vom Mittelalter bis zum Barock. § 1. Mittelalter. — § 2. Reformationszeit. — § 3. Englische Komödianten. — § 4. Barockroman. — § 5. Barocklyrik. — § 6. Epigramm. — B. Aufklärungszeit. § 7. Moralische Wochenschriften. — I. Epische Dichtung. § 8. Komisches Epos und Robinson. — § 9. Richardson und Fielding. — § 10. Goldsmith und Sterne. — II. § 11. Bürgerliches Drama und Lustspiel. — III. Lyrik. § 12. Prior und Pope. — § 13. Thomson. — C. Empfindsamkeit und Sturm und Drang. § 14. Milton. — § 15. Young. — § 16. Macpherson. — § 17. Percy. — D. Shakespeares Einfluß im 18. und 19. Jh. § 18. Aufklärung. — § 19. Genieperiode. — § 20. Klassik. — § 21. Romantik. — § 22. Dramatiker des 19. Jhs. — E. Lyrische und epische Einflüsse des 19. Jhs. § 23. Byron. — § 24. Richardson und Sterne. — § 25. Scott. — § 26. Dickens. — § 27. Schlußbemerkung.

A. Vom MA. bis zum Barock. § 1. Mittelalter. In altengl. bzw. ahd. Zeit waren die engl.-dt. Beziehungen auf kulturellem, also auch auf literarischem Gebiet trotz der Rassenverwandtschaft nur gering (s. d. Art. *Angelsächsische Literatur*). In der mittelengl. bzw. mhd. Periode hörte fast jegliche Verbindung auf, da in England das Germanentum nach der normann. Eroberung durch die frz.-lat. Kultur unterdrückt wurde, während Deutschland z. Z. der Kreuzzüge, die den überlegenen Bildungsstand des frz. Rittertums offenbarten, gleichfalls alles Interesse dem Romanentum zuwandte. Das frz. Vorbild war in der mhd. Epoche und bis in die frühnhd. Zeit hinein (Anfänge des Prosaromans!) derartig ausschlaggebend, daß daneben kein wesentlicher Einfluß von anderer Seite aufkommen konnte. Damit erklärt sich, daß auch, nachdem im Laufe des 14. Jhs. aus der allmählichen Verschmelzung des Angelsachsentums mit dem Normannentum das engl. Volkstum mit einer blühenden nationalen Literatur (Zeitalter Chaucers) hervorgegangen war, keine geistigen Bande zwischen England und Deutschland geknüpft wurden, trotz der durch die Hanse vermittelten äußeren Beziehungen.

§ 2. Erst das Reformationszeitalter führte zu einer Berührung beider Länder auf literarischem Gebiet, und zwar war naturgemäß Deutschland nunmehr der gebende Teil, indem die lyrische, dialogische und dramatische Tendenzliteratur Deutschlands sehr bald auch auf engl. Boden entsprechende Erscheinungen hervorrief und daneben gewisse volkstümliche Stoff- und Formkomplexe (Narrenschiff, Eulenspiegel, Grobianus, Faust) auch in der e. L. Widerhall fanden.

C. H. Herford *Studies in the literary relations of England and Germany in the 16. century* 1886.

Die in Deutschland zu dieser Zeit neben der lat. Kunstpoesie der Humanisten blühende dramatisch-religiöse und erzählende Dichtung des Bürgerstandes wurzelte ganz im dt. Volkstum und war, abgesehen von geringem formalem (Fazetien, Novelle) und stofflichem (Volksbücher) Import aus rom. Ländern, überwiegend rein national.

§ 3. Für fremde Elemente wurde die dt. Literatur erst wieder aufnahmefähig, als im letzten Viertel des 16. Jhs. die geistige Triebkraft der drei führenden Mächte des Reformationsjhs., Humanismus—Reformation—Bürgertum, abzunehmen begann und eine veränderte Kulturstimmung sich wieder mehr dem Auslande zuwandte. Stofffreudigkeit, als eins der Kennzeichen demokratischer Zeiten, war in der gesamten volkstümlichen Dichtung zum Ausdruck gekommen, aber hinter der Materie hatte veredelnd und belebend die gewaltige seelische Hochspannung des ganzen Zeitalters gestanden. Mit ihr schwand in den letzten Jahrzehnten dieses Jhs. immer mehr der Geist, der auch das literarische Leben beseelt hatte, und der entgeistigte Rohstoff wurde zum bloßen Unterhaltungsmittel einer schaulustigen Menge. Ihrem Sensationsbedürfnis kamen die grobsinnlichen Darbietungen der gerade jetzt von Norden her, über Dänemark, einwandernden und seit 1585 auf dt. Boden nachweisbaren Engl. Komödianten (s. d.) außerordentlich entgegen. Diese hatten sich die Ergötzung des Publikums durch Vorführungen jeglicher Art (als Springer, Gaukler, Musiker) und schließlich auch durch Theateraufführungen zum Gewerbe gemacht. Wie Gundolf (s. u.) mit scharfer Scheidung zwischen „Drama" und „Theater" betont, kam es ihnen nicht auf dramatische Wirkung oder künstlerische Interpretation an; das „Theater" als Schaubühne war für sie vielmehr Selbstzweck. Sie schöpften darum die engl. Stücke, mit denen sie Deutschland fast ein Jh. lang überfluteten, lediglich dem Stoffe nach aus, während Form und Gehalt in den Prosaübersetzungen und -bearbeitungen völlig verlorengingen. Wenn in dieser zweifelhaften Weise Werke von Marlowe, Kyd, Peele, Greene, Chettle, Decker, Heywood, Beaumont, Fletcher, Massinger und vor allem Dramen Shakespeares eingeführt wurden, so bedeutete das zwar eine gewisse Stoff- und Problembereicherung, aber von tieferem Einfluß auf die dt. Literatur im Sinne einer aus dem Geiste kommenden und geistige Wandlungen bewirkenden Kraft konnte bei einer derartigen äußerlichen Vermittlung nicht die Rede sein. Nicht auf literargeschichtlichem, sondern auf theatergeschichtlichem Gebiet ist die Bedeutung der engl. Komödianten für Deutschland zu suchen. Sie regten die Anfänge dt. Schauspielkunst an: a) im allgemeinen durch ihre berufsmäßig ausgebildete, stets auf Bühnenwirkung berechnete Darstellungsweise, die im Gegensatz stand zu der dilettantischen Manier der dt. Schüler- und Handwerkerspieler; b) im besonderen durch ihre Bühnentechnik (Typ der dreiteiligen Shakespearebühne, Bühnenanweisungen und szenischer Apparat). Sie gaben auch für Deutschland den Anstoß zur Bildung eines berufsmäßigen Schauspielerstandes als Vorläufer der Wandertruppen in der 2. Hälfte des 17. Jhs., aus denen im 18. Jh. die Gesellschaften der Neuber, Schönemann, Ackermann, Koch usw. hervorgehen sollten.

J. Tittmann *Die Schauspiele der Engl. Komödianten in Deutschland* (Deutsche Dichter des 16. Jhs. 13) 1880. W. Creizenach *Die Schauspiele der engl. Komödianten* (DNL. Bd. 23). E. Herz *Englische Schauspieler und englische Schauspiele z. Z. Shakespeares in Deutschland* (Theatergesch. Forsch. Nr. 18) 1903. J. Bolte *Die Singspiele der Engl. Komödianten* (ebd. Nr. 7) 1893. C. H. Kaulfuß-Diesch *Die Inszenierung des deutschen Dramas an d. Wende des 16. u. 17. Jhs.* 1905.

Von literarhistorischem Interesse als Versuche, die fremde Bühnenkunst in eigenen Produktionen zu verwerten, sind die Schauspiele des Herzogs Heinrich Julius von Braunschweig (1564—1613) und des Nürnbergers Jakob Ayrer (1543—1605). Herzog H. J. von Braunschweig hatte gleich dem Landgrafen Moritz von Hessen und anderen dt. Fürsten der Zeit auf Grund freundschaftlicher Beziehungen zum Londoner Hofe englische Schauspieler in seinen Dienst genommen, um durch ihre Künste seiner Residenz einen besonderen Glanz zu verleihen. Die nach engl. Muster verfaßten Schauspiele des Landgrafen Moritz von Hessen sind nicht mehr erhalten; die des Herzogs H. J. von Braunschweig zeigen engen Anschluß an das Vorbild der Engl. Komödianten: sie sind, statt in althergebrachten dt. Reimpaaren, in Prosa verfaßt und auf eine nach Maßgabe der engl. Stücke eingerichtete Bühne berechnet. Die Stoffe beruhen, wenn nicht auf eigener Erfindung, auf der Schwankliteratur der Zeit. Direkte Entlehnung aus fremden Literaturen ist bei den Dramen des Herzogs nicht oder nur in geringem Maße anzunehmen. J. Ayrer ging bei seiner Stoffwahl teils auf die gleiche Art der Quellen, teils aber auch auf engl. Stücke selbst zurück. Am sichersten nachweisbar ist die Übereinstimmung seiner 'Tragedia von dem griech. Keyser zu Constantinopel' mit Th. Kyds '*Spanish Tragedy*' (W. Wodick *Jak. Ayrers Dramen* 1912. S. 55ff.). Die Ähnlichkeit seiner 'Phänicia' mit Shakespeares '*Much ado about nothing*', seiner 'Sidea' mit dem '*Tempest*' beruht nach Wodick— im ersten Falle sicher, im zweiten wahrscheinlich — auf der Benutzung einer gemeinsamen Quelle. An der Roheit in Handlung und Sprache seiner Dramen trägt nicht nur Ayrers Unfähigkeit zu künstlerischer Gestaltung, sondern auch die Art und Weise schuld, in der ihm diese Stoffe durch die Englischen Komödianten übermittelt wurden. Literargeschichtlich wichtig ist, daß er nicht sklavisch die Stücke der Wandertruppen nachahmte, sondern einer vermittelnde Stellung einzunehmen trachtete, indem er das alte dt. Schauspiel, das er dem Geiste wie der Form nach (Knittelvers) fortsetzte, durch Stoffe und Darstellungsweise der Englischen Komödianten zu beleben suchte. Doch kam es ihm dabei lediglich auf die theatralische Wirkung an, und zu diesem Zweck machte er sich die neue Technik zu eigen. Die für ihn typische Benutzung englischer Neuerungen unter Verwertung der in den alten dt. Volksschauspielen angewandten Methode zeigt sich im Naturalismus seiner Darstellungsweise (Bevorzugung von Blut- und Greuelszenen), in der Verbindung des Komischen mit dem Tragischen und in der Art der komischen Figur, die bei ihm alle ihre altbekannten Züge in sich vereinigt und doch gleichzeitig nach dem Muster des engl. Narren gebildet ist, schließlich in seiner Bühneneinrichtung und in der Benutzung des Singspiels, auf dessen Einführung in Deutschland er Anspruch erhebt.

Das einzige Drama der Zeit, das einen Stoff der Engl. Komödianten in einer dem Original entsprechenden Weise in dt. Sprache behandelt, ist das von Gryphius verfaßte „Schimpff-Spiel": 'Absurda comica oder Herr Peter Squenz', eine Loslösung der Rüpelkomödie aus Shakespeares 'Sommernachtstraum'. Eine solche Wiedergabe war möglich, weil hier ein dem Originaldichter verwandter Geist am Werke und somit eine der wichtigsten Vorbedingungen für Einfluß im besten Sinne des Wortes erfüllt war. Im übrigen aber nahm die dt. Literatur die ihr durch die Engl. Komödianten, wenn auch nur andeutungsweise, gebotene Möglichkeit zu einer gesunden Weiterentwicklung mit Hilfe der ihr verwandten (s. Lessing im 17. Literaturbrief) und ihr im Elisabethanischen Zeitalter an dramatischer Vollkommenheit, geistigem Gehalt und künstlerischem Geschmack weit überlegenen engl. Literatur nicht an. Sie verlor im Jh. der verfeinerten Barockkultur den Zusammenhang mit dem Volke und dem Volksschauspiel und wandte sich ausländischen, vorwiegend rom. Meistern zu, die der neuen formalistischen Einstellung besser entsprachen, mit dt. Wesensart aber nichts gemein hatten und eine Periode der Künstlichkeit heraufführten, die ein tiefergehender Einfluß der nationalen engl. Kunst vielleicht hätte verhüten können.

§ 4. Was im Barockzeitalter an lit. Einfluß von engl. Seite überhaupt noch zu verzeichnen ist, beruht nicht auf typisch engl., sondern auf in England nach internationaler Mode verfaßten Dichtungen. Das letztere gilt besonders von den idealistischen Romanen Englands, die neben dem sonst stark überwiegenden Vorbild west- und südeuropäischer Erzählungskunst einen gewissen Einfluß auf die dt. Romantechnik gewannen: zu nennen sind hier Sir Philip Sidneys '*Arcadia*' 1590, der internationalen gezierten Schäferdichtung angehörend und fortan maßgebend, und der bekannteste lat. Roman Englands, die '*Argenis*' des John Barclay (1621), ein Vorläufer jenes zweiten und für Deutschland wichtigeren Romantypus im 17. Jh., des heroisch-galanten Romans. An der Übersetzung der '*Arcadia*' — nach einer frz. Version — war Opitz beteiligt, die der '*Argenis*', z. T. ebenfalls auf frz. Grundlage, war ganz sein Werk. Da die '*Argenis*' eines der beliebtesten Bücher des Jhs. war, folgten noch mehrere Neuübersetzungen. Hinsichtlich der Beziehungen dieser Werke zur dt. Literatur ist bemerkenswert, daß Ähnlichkeiten bestehen zwischen der '*Arcadia*' und Philipp v. Zesens 'Adriatischer Rosemund' (1645) (einzelne Episoden, Einschub von Liedern), ferner zwischen der '*Argenis*' und Zesens 'Assenat' (1670; z. B. Behandlung der Vorfabel), und daß wahrscheinlich eine gewisse Einwirkung beider Romane auf Grimmelshausens 'Simplicissimus' (1669) stattgefunden hat (Benutzung der Nebenpersonen, geplante Anagnorisis usw.). Völlige Nachahmungen der '*Argenis*' sind B. Kindermanns 'Unglückselige Nisette' (1669) und Chr. Weises Drama 'Von der sizilianischen Argenis' (1684).

C. A. v. Bloedau *Grimmelshausens Simplicissimus u. s. Vorgänger* 1908. G. Waterhouse *The literary relations of England and Germany in the 17. century* 1914.

§ 5. Auf dem Gebiete der Lyrik sind hinsichtlich engl. Einflusses im 17. Jh. nur die Dichtungen von G. R. Weckherlin (1584—1653) bemerkenswert. Bei seinem jahrelangen Aufenthalt in England als hoher Staatsbeamter hatte dieser auch Gelegenheit zu eingehender Beschäftigung mit der engl. Literatur gefunden, deren Formen und Rhythmen er vielfach übernahm. In seiner Sonettdichtung schloß er sich den zahlreichen Nachahmern der einst von Wyatt und Surrey in England eingeführten Form des Petrarca an. Dem Zeitgeschmack trug er Rechnung in seinen Eklogen, für die ihm Spensers '*Shepherds Calendar*' Muster bot, sowie in seinen Psalmenparaphrasen, in denen er — lange vor dem Schwulststil der späteren Schlesier — die in England nach dem Roman Lylys '*Euphuism*' genannte, gekünstelte Dichtersprache der Zeit nachahmte. Wichtiger aber als diese formale Beeinflussung Weckherlins ist die bloße Tatsache, daß das Beispiel der engl. und der ihm ebenso wohlbekannten frz. Poeten in ihren Bemühungen um eine Neubelebung ihrer nationalen Dichtung ihn — gleich anderen — bewog, überhaupt mit deutschsprachlicher Kunstlyrik hervorzutreten und damit der einseitig anerkannten und überschätzten lat. und ausländischen Dichtung etwas Ebenbürtiges in dt. Sprache an die Seite zu stellen.

W. Bohm *Englands Einfluß auf G. R. Weckherlin*. Diss. Göttingen 1893.

Auf gleicher Linie liegen die u. a. in Opitz' 'Buch von der teutschen Poeterey' (1624) zum Ausdruck kommenden Bestrebungen. Zu den ausländischen theoretischen Darlegungen, die er darin zusammengeschrieben hat, gehört, wenigstens dem Geiste nach, auch Sir Ph. Sidneys '*Apologie for Poetry*' (1579—80).

§ 6. Etwas abseits von der Modeliteratur des 17. Jhs. steht die Epigrammdichtung wegen ihrer frischen Natürlichkeit und markigen Kürze. Doch auch sie sollte bald Modeartikel werden. Durch die Renaissance zu neuem Leben erweckt (Martial) und zu internationaler Gültigkeit geführt, erstand ihr in dem engl. lat. schreibenden Dichter John Owen im Anfang des 17. Jhs. ein Vertreter von überragender Bedeutung, der in Deutschland begeisterte Nachfolge fand. Den Höhepunkt erreicht die dt. Epigrammdichtung in Friedrich von Logau (Ausg. s. 3000 Sinngedichte 1654). Er wußte mit dem von Owen übernommenen Gut selbständig zu walten, während andere das engl. Vorbild nur übersetzten (J. Rist, A. Tscherning) oder nach Stoff und Sprache in verflachender Weise ausbeuteten und den Alexandriner sklavisch nachahmten (G. Greflinger, J. G. Schoch usw.). Eine Nachblüte erreichte diese Epigrammdichtung um die Wende des Jhs. durch Chr. Wernickes Sammlung (1698ff.), die, obgleich fast unabhängig von Owen, eine Menge neuer Nachahmungen und Übersetzungen hervorrief. Die letzten Spuren Owenischer Art finden sich noch in Lessings Sinngedichten.

E. Urban *Owenus u. d. dtsch. Epigrammatiker des XVII. Jhs.* (Lit. hist. Forschgen. H. XI) 1900.

B. Aufklärungszeit. § 7. Die im letzten Drittel des 17. Jhs. einsetzende Reaktion gegen die dekadente internationale Salonkultur und roman. Formenliteratur beruhte einerseits auf frz.-rationalistischer, anderseits auf engl.-sensualistischer Grundlage. Die Aufklärung (s. d.) ging in England von der Naturwissenschaft aus. Ihr Ziel war wie überall Hebung des Bürgerstandes durch Belehrung auf intellektuellem und moralischem Gebiet und durch Geschmacksbildung. Diesem Streben entsprachen vorzüglich die engl. moralischen Wochenschriften (s. d.), die in unterhaltender Weise die neuen Ideen (besonders die Ansichten über Erziehung und Sitte) gemeinverständlich machten und deren schlichte Prosa zugleich Mittel zum Zweck und Selbstzweck war. Addison und Steele setzten mit dem '*Tatler*' (gegr. 1709) und seiner Fortsetzung, dem '*Spectator*' (ab März 1711), den neuen literarischen Typ durch. In Deutschland, das der bloß formalen Literatur müde war und nach Inhalten verlangte, fand der '*Spectator*' begeisterte Aufnahme und Nacheiferung. Frau Gottsched unternahm 1739—43 eine vollständige Übersetzung des Journals, das man zunächst nur aus einer lückenhaften frz. Übertragung (1719) kennengelernt hatte. Die pilzartig aufsprießenden dt. moralischen Wochenschriften (über 500 im 18. Jh.) übernahmen von ihrem engl. Vorbild nicht nur die Themen, sondern auch deren Behandlungsweise (z. B. oft fingierte Briefe aus dem Leserkreise). Den leichten Stil und die feine Satire Addisons, der seinen Geschmack an den Werken der Alten und des frz. Klassizismus gebildet hatte, erreichten sie jedoch nicht, und nachdem um die Mitte des Jhs. die Blüte dieser Zeitschriftenliteratur erreicht worden war, artete die — allerdings den damaligen bürgerlichen Verhältnissen in Deutschland angepaßte — trockene Lehrhaftigkeit immer mehr zu seichter Breite aus. In der Glanzzeit der dt. moralischen Wochenschriften waren führend die Hauptjournale der drei literarischen Zentren Zürich ('Die Discourse der Mahlern' 1721—23, hrsg. von Bodmer u. Breitinger), Hamburg ('Der Hamburger Patriot' 1724—26, von Brockes und seinen Freunden gegr.) und Leipzig ('Die vernünftigen Tadlerinnen' 1725—26, von Gottsched gegr.). Auch abgesehen davon, daß die engl. Wochenschriften zahlreiche periodische Veröffentlichungen gleicher Art in Deutschland hervorriefen, ist ihr Einfluß, besonders der des '*Spectator*', vielfach im einzelnen im Schaffen literarischer Persönlichkeiten zu verfolgen. So steht Hagedorn in seinen Lehrgedichten und Fabeln, Rabener in seinen Satiren, Gellert in seinen Fabeln, Abhandlungen und Briefen unverkennbar unter der Nachwirkung engl. Anregungen und Vorbilder. Es geht also auch der Aufschwung einer ganzen literarischen Gattung, der Fabeldichtung, neben Lafontaine auf Addison zurück. Darüber hinaus ist eine Einwirkung auf die Gesamtliteratur Deutschlands vor allem in folgenden Punkten zu verzeichnen: 1. Die engl. moral. Wochenschriften gaben den moralischen Grundton der Aufklärungsliteratur an oder verstärkten ihn doch wesentlich. 2. Sie bereiteten im Verein mit der naturbeschreibenden Lyrik Englands eine neue Art der Naturbetrachtung vor (Offenbarung Gottes in der Natur, Einfluß auf Brockes und Gellert). 3. Sie setzten den von den Sprachgesellschaften des 17. Jhs. begonnenen Sprachreinigungsprozeß fort, indem sie eine schlichte, mustergültige Prosa anstrebten, die freilich oft genug in Verflachung und selbstgefällige Breite geriet. 4. Sie bereiteten durch ihre Charakterskizzen (zur Veranschaulichung guter oder schlechter Sitten) den engl. und durch diesen den dt. bürgerlichen Familienroman vor (s. u.).

E. Milberg *Die deutschen moral. Wochenschriften des 18. Jhs.* 1879. E. Umbach *Die dtschen. moral. Wochenschriften u. der 'Spectator' von Addison und Steele.* Diss. Straßburg 1911. M. Stecher *Die Erziehungsbestrebungen der deutschen moralischen Wochenschriften* 1914.

§ 8. Besonders groß aber erweist sich der engl. Einfluß in der ersten Hälfte des 18. Jhs. auf dem Gebiete des Romans. Zu den satirischen Stimmen, die sich im Zusammenhang mit dem beginnenden Wandel der allgemeinen Weltanschauung und der literarischen Geschmacksrichtung schon frühzeitig gegen die überlebten Typen des schäferlichen und des heroisch-galanten Romans geltend machten (Cervantes, Sorel, Boileau u. a.) trat schließlich auch England, indem es an der neuen pseudoheldischen Gattung des komisch-heroischen Gedichts wesentlichen Anteil nahm. Indem das berühmteste Beispiel dieser Art, A. Popes Epos '*The Rape of the Lock*' (1711), zuerst auf Grund einer schlechten frz. Version, dann von Frau Gottsched nach dem Original, jedoch im herrschenden Versmaß der Alexandriner statt der *heroic couplets*, ins Deutsche übertragen wurde (1744), fand diese der aufklärerischen Verneinung alles Großen und Heldischen so recht liegende episch-satirische Gattung auch in Deutschland Eingang. Unter den zahlreichen Nachahmungen ist besonders F. W. Zachariäs 'Renommiste' (1744) zuerwähnen.

E. Petzet *Die deutschen Nachahmungen des Popeschen Lockenraubs*, Z. f. vgl. Litg. IV (1891) S. 409—433.

Beiläufig sei an dieser Stelle auch einer früheren engl. Verssatire gedacht, des von Dryden 1682 gegen seinen literarischen Feind Shadwell gerichteten epischen Gedichts '*MacFlecknoe*', das eine gelungene dt. Nachahmung fand in der satirischen Dichtung, die Chr. Wernicke ('Ein Heldengedicht, Hans Sachs genannt' 1702) gegen seinen Hamburger Gegner Postel, den Vertreter des überwundenen Lohensteinismus, richtete, indem er freilich das heroische Versmaß durch Alexandriner ersetzte.

Unter den engl. Romanen vom Anfang des 18. Jhs., die in Deutschland besonders bekannt wurden, sind vor allem Swifts '*Gulliver's Travels*' (1720—26) und Defoes '*Robinson Crusoe*' (1719) hervorzuheben. Der letztere hatte in Deutschland wie in aller Welt einen beispiellosen Erfolg, mit dem der Swiftsche Roman nicht entfernt wetteifern konnte, und doch war in einer Beziehung beider Schicksal gleich: nicht der ernste Grundgedanke des Verfassers, sondern das abenteuerliche Schicksal des Helden machte die Berühmtheit und Wirkungskraft dieser Romane, namentlich des letzteren, aus. Das abenteuerliche Element war aber ein Kennzeichen für den Roman des vergangenen 17. Jhs., und so ist dem '*Robinson*' sowie '*Gulliver's Travels*' keine eigentlich entwicklungsgeschichtliche Bedeutung zuzubilligen. Unter den zahllosen Robinsonaden (Robinsone aller dt. Stände und Landschaften!) ist daher auch nur eine bemerkenswert, da sie allein einen Übergang findet vom Abenteuerroman, also dem äußerlichen Roman einer überwundenen Epoche, zu einer der neuen Zeit entsprechenden innerlichen Romanart: es ist J. G. Schnabels 'Insel Felsenburg' (1731 bis 43), deren Motive außer der Robinsonnachfolge auch sehr viel der Tradition der utopistischen Literatur verdanken.

A. Kippenberg *Robinson in Deutschland bis z. 'Insel Felsenburg'* 1892. H. Ullrich *Robinson u. Robinsonaden* I. Teil Bibliogr. (LF. VII) 1898. F. Brüggemann *Utopie u. Robinsonade, Untersuchungen zu Schnabels 'Insel Felsenburg'* (FNL. XLVI) 1914.

§ 9. Der eigentliche Anstoß aber zu der neuen Art erzählender Literatur, bei der es vorwiegend auf den seelischen Gehalt ankam, und die den Schwerpunkt auf die moralische Behandlung von Konflikten sittlicher Art legte, kam ebenfalls von England. Die engl. moralischen Wochenschriften (s. d.) hatten vorbereitend gewirkt; mit den Familienromanen Richardsons ('*Pamela*' 1740, '*Clarissa*' 1748, '*Grandison*' 1753) wurde die neue Richtung und damit die gesamte e. L. auf lange Zeit maßgebend für Deutschland. Richardsons moralische und demokratische Tendenzen, seine Betonung des Individuums, dem er allerdings typische Gestalt verlieh, seine ganz neue Kunst der Seelenanalysen, für die seine Briefform so geeignet war, alles das machte seine Romane zu hervorragenden Vertretern eines Zeitalters mit wachsender Innerlichkeit und gab ihnen europäische Berühmtheit und Wirkung. In Deutschland entstanden Übersetzungen und Nachahmungen in schier endloser Zahl. Unter den dt. Nachfolgern Richardsons, die nach engl. Vorbild besonders gern die Leiden und Verfolgungen einer Frauengestalt vorführen, kommen vor allen drei in Frage: Gellerts 'Leben der schwed. Gräfin von G...' (1746, ein nach dem Muster der '*Pamela*' moralisch zurechtgestutzter, gegen den Willen des Verfassers aber unsittlich wirkender Roman, der dabei im äußeren Handlungsgefüge viel der älteren Gattung der Abenteuererzählung verdankt), die beiden zu ihrer Zeit ungebührlich hochgeschätzten Romane von J. T. Hermes, 'Geschichte der Miß Fanny Wilkes, so gut als aus dem Englischen übersetzt' (1766, Nachbildung des '*Grandison*', der Titel sollte das Publikum fangen!) und 'Sophiens Reise von Memel nach Sachsen' (1769 bis 1773, einer der meistgelesenen Romane des 18. Jhs. mit viel moralischen Lehren und Allerweltsweisheiten, nach dem Vorbild des '*Grandison*') und Sophie La Roches 'Geschichte des Fräuleins von Sternheim' (1771, nach dem Vorbilde von Richardson, Rousseau und Goldsmith). Einen Einfluß im edleren Sinne übte Richardson auf Lessings 'Miß Sara Sampson' aus; ist doch die Gestalt der Sara nach Clarissa, die des Mellefont nach Lovelace gebildet.

Im wirklichkeitsfrohen England fand Richardson, im Gegensatz zu Deutschland, fast gar keine Nachfolger, um so mehr aber Widerspruch. Bereits im Erscheinungsjahr der '*Pamela*' machte sich Fielding als Vertreter einer lebensfrischen Weltanschauung zur Stimme der allgemeinen Meinung, indem er mit seiner Pamela-Parodie '*The Adventures of Joseph Andrews*' die Opposition einleitete gegen die Unnatur und Scheinheiligkeit in Richardsons Romanen mit ihren fertigen Charakteren und ihrem Nebeneinander von sentimentaler Weinerlichkeit und kühlberechnender Nützlichkeitsmoral. In Deutschland dagegen kam es erst fast zwanzig Jahre später zu derartigen gegnerischen Produktionen: 1759 verfaßte J. K. Musäus zum Spott auf Richardson und seine Nachläufer eine Grandisonparodie, die aber nicht die künstlerische Selbständigkeit von Fieldings indirekter Satire auszeichnet. Desgleichen wendete sich F. Nicolai im 'Sebaldus Nothanker' unter anderem auch gegen die Richardsoniaden. Auch die literarische Kritik und Poetik ergriff vielfach, besonders nach der Jahrhundertmitte unter dem Eindruck der neuen, auf Lebenswahrheit und Echtheit des Gefühls dringenden Zeitstimmung, für Fielding und gegen Richardson Partei. Lessing und Herder allerdings wußten ihre Bewunderung für beide miteinander zu vereinigen; doch das Beispiel von Lenz, der sich in den 'Anmerkungen übers Theater' (1774) gegen die Schwarzweißkunst Richardsons wendet, zeigt die veränderte Stellungnahme der Jüngeren.

Im allgemeinen aber blieb in der Romanpraxis im Gegensatz zu der besseren Erkenntnis der Kritiker Richardson herrschend. Der Grund ist in der Sentimentalität seiner Romane zu suchen, die der empfindsamen Seelenstimmung der Zeit nur zu gut entsprach. Die „Empfindsamkeit" (s. d.) hatte um die Mitte des Jhs. die „Aufklärung" abgelöst, und unter ihrer Führung gelangte der dt. Roman in eine Entwicklungsphase, die der 'Werther', anstatt sie abzuschließen, auf die Höhe trieb, und die erst durch die klassische Literaturperiode überwunden wurde, nicht ohne Einfluß des humoristischen engl. Romans. Der wandlungsfähige Wieland erlebte das Richardson-Fielding-Problem in sich selbst, entsprechend seiner eigenen Entwicklung. In seiner „seraphischen" Periode stand er ganz unter Richardsons Einfluß; seine Jugendtragödie 'Clementina von Porretta' bearbeitet, vielfach mit wörtlichen Entlehnungen aus Richardsons Roman, ein Thema aus dem *'Grandison'*. Sein 'Agathon' ist „auf einem Richardson-Fundament ein Fieldingscher Bau" (Wood). Der nach dem Vorbild von Cervantes sowohl als von Fielding verfaßte 'Don Sylvio' dagegen ist Richardson-feindlicher Art.

E. Schmidt *Richardson, Rousseau und Goethe* 1875. Ch. E. Clarke *Fielding u. d. dt. Sturm und Drang*. Diss. Freiburg 1897. A. Wood *Der Einfluß Fieldings auf die deutsche Literatur*. Diss. Heidelb. 1895. H. Krieg *J. J. C. Bode als Übersetzer Fieldings*. Diss. Greifsw. 1909. K. Jahn *'Wilh. Meisters theatral. Sendung' und der humorist. Roman der Engländer*, GRM. V (1913) S. 225—233.

§ 10. Auf Richardson und Fielding folgten in England Goldsmith und Sterne. Ihre Romane vereinigten Gefühl mit Humor und konnten daher sowohl bei den Nachfolgern Richardsons als bei den Anhängern Fieldings Anerkennung finden. Goldsmiths *'Vicar of Wakefield'* (1766) verherrlichte die auch den Deutschen vertraute Gestalt des Landgeistlichen und regte eine neue, besonders zwischen 1770 und 1820 blühende Gattung von Pfarromanen an. Zu dieser gehören in mancher Hinsicht auch zwei Romane, die schon bezüglich des Einflusses von anderer Seite genannt wurden, die 'Geschichte des Fräuleins von Sternheim' von Sophie v. La Roche und Nicolais 'Sebaldus Nothanker'. Der Hauptfabrikant von Pfarromanen aber war A. Lafontaine, der in seinen zahlreichen, mit Sentimentalität und Lüsternheit verzuckerten Familiengeschichten u. a. auch nach engl. Mustern arbeitete. Wie hoch aber die Bedeutung von Goldsmith und der e. L. überhaupt für die dt. Literatur bewertet wurde, zeigen Goethes Worte an Eckermann (3. Dez. 1824): „Unsere Romane, unsere Trauerspiele, woher haben wir sie, als von Goldsmith, Fielding und Shakespeare?", und bezüglich seines eigenen Werdeganges bekennt er dankbar in einem Briefe an Zelter (25. Dez. 1829): „Es wäre nicht nachzukommen, was Goldsmith und Sterne gerade im Hauptpunkt der Entwicklung auf mich gewirkt haben. Diese hohe wohlwollende Ironie, diese Billigkeit bei aller Übersicht, die Gleichheit bei allem Wechsel ... erzogen mich aufs löblichste", wobei Goethe offenbar auf seine Entwicklungsperiode zwischen dem 'Werther' und 'Wilhelm Meister' hinzielt.

Der an dieser Stelle mit Goldsmith zugleich genannte Sterne war durch seine *'Sentimental Journey'* besonders in J. Bodes von echt Sterneschem Geiste erfüllter Übersetzung von 1768 in Deutschland durchgedrungen und hatte die höchste Begeisterung der empfindsamen Welt erregt. Der ihm wesensverwandte Wieland lernte (gleich Jean Paul) viel von Sternes humoristischer Schreibweise unter wiederholter Berufung auf seine Autorität, z. B. in den 'Dialogen des Diogenes' (1769) und in den 'Beiträgen zur geheimen Geschichte des menschlichen Verstandes und Herzens' (1770). Die in Wielands Briefen an J. G. Zimmermann in überschwenglicher Weise zum Ausdruck kommende Bewunderung für Sterne ließ indessen später nach, wohl auf Grund der allgemeinen Opposition, die sich weniger gegen Sterne selbst als gegen die vielen Nachahmer richtete, die nicht, wie Sterne, wirklich empfanden, sondern nur empfindsam schreiben wollten (vgl. Goethes Urteil in den 'Frankfurter gelehrten Anzeigen', 3. März 1771, über J. G. Schummels dreibändige 'Empfindsame Reisen durch Deutschland' 1771—72). Die Gegenströmung fand literarischen Ausdruck in J. K. Wezels 'Wilhelmine Arend oder die Gefahren der Empfindsamkeit' (1782), K. Ph. Moritz' psychologischem Roman 'Anton Reiser' (1785—1790) und am gründlichsten in Chr. Fr. Timmes vierbändigem Roman 'Der Empfindsame' (wie die meisten Satiren dieser Art gegen die ganze empfindsame Richtung und ihre Produkte, insbesondere die Nachahmungen des 'Werther', 'Siegwart' und der Romane Sternes gerichtet). Goethes 'Triumph der Empfindsamkeit' ist, da speziell auf den Kometenschweif seines 'Werther' gemünzt, nicht direkt mit Sterne in Verbindung zu bringen.

Trotz aller Abwehr aber setzte sich die an Sterne anknüpfende ungesunde Richtung als Unterströmung bis in Werke des 19. Jhs. hinein fort (s. u.).

Harvey W. Thayer *Laurence Sterne in Germany* (Columbia University Germanic Studies vol. II Nr. 1) 1905. K. A. Behmer *Laurence Sterne u. Chr. M. Wieland* (FNL. IX) 1899. J. Czerny *Sterne, Hippel und Jean Paul* (FNL. XXVII) 1904. F. Bauer *Über den Einfluß Sternes auf Wieland* 1898. J. Wihan *J. J. C. Bode als Vermittler engl. Geisteswerke i. Deutschland* 1906.

II. Drama. § 11. Das Drama machte im 18. Jh. eine ähnliche Entwicklung durch wie der Roman. Das demokratische Zeitalter der Aufklärung schuf sich wie in Frankreich (in der *comédie larmoyante* und in Diderots *drame bourgeois*) so auch in England den ihm angemessenen Typus des bürgerlichen Dramas (s. d.). Gleich dem bürgerlichen Roman durch die moralischen Wochenschriften vorbereitet, ging das bürgerliche Schauspiel diesem epischen Seitenstück seiner ganzen Art nach parallel (moral. Tendenz, typisierte Figuren, Schwarz-Weiß-Kunst, Verstand im Verein mit Sentimentalität). Nach Deutschland kam dieser neue dramatische Typus durch die Vermittlung Lessings, der in seiner 'Miß Sara Sampson' (1755) die Anregungen selbständig verarbeitete, die ihm in der Hauptsache durch Richardsons '*Clarissa*', daneben aber durch G. Lillos in England mit rauschendem Beifall aufgenommenes bürgerliches Trauerspiel '*George Barnwell or the Merchant of London*' (1731) zuteil geworden waren. Lillos '*Merchant*' und Moores '*Gamaster*' waren in England die wichtigsten Vertreter ihrer Art. In Deutschland schloß sich das neue Drama z. T. direkt an die engl. Vorbilder, häufiger aber an Lessing an. Der engl. Ursprung verrät sich fast stets in den engl. Namen der Personen und Schauplätze. Am Ende des Jhs. artete die ganze Gattung in Rührstücke schlimmster Art aus (Kotzebue), fristete ihr Dasein aber noch im 19. Jh. in den unbedeutenden, aber zugkräftigen Stücken routinierter Bühnenschriftstellerinnen. Eine letzte, scharfe Kritik — ohne historische Gerechtigkeit — ward ihr durch Hebbel in der Vorrede zu seiner 'Maria Magdalena' zuteil, einem Werk, in dem das Bürgertum seine Tragik in sich selbst, in seiner Enge und Einseitigkeit findet.

Trotz seiner Entgleisungen war dieses aus England importierte bürgerliche Drama ein wichtiges Moment in der Entwicklungsgeschichte der dt. Literatur: es half die alten Traditionen der frz. Renaissancepoetiken (z. B. die aristokratische Scheidung der Tragödie von der Komödie), die Gottsched noch vertrat, niederreißen und trug, obgleich vom Ausland kommend, zur Schaffung eines selbständigen dt. Dramas bei. In einer Beziehung übte es sogar auf die völlig andersgeartete Dichtung des Sturmes und Dranges Einfluß aus, indem die Gestalt der Milwood aus Lillos '*Merchant of London*', in Lessings 'Miß Sara Sampson' durch Marwood verkörpert, das Vorbild für das Machtweib des Geniedramas wurde. Im übrigen stellten sich die Vertreter der neuen Geistesepoche freilich in Theorie und Praxis in Gegensatz zu den erkünstelten und von mangelnder Lebenstreue zeugenden literarischen Produkten des Rationalismus. Im Anschluß an Fielding — nächst Shakespeare — forderten sie lebenswahre, von echtem Gefühl getragene Charaktere, kämpften sie gegen Philistertum und Scheinmoral für das Recht des guten Herzens (vgl. Fieldings '*Tom Jones*'). — Als eine weitere Waffe gegen die Verweichlichung des Geschmacks durch bürgerliche Rührstücke erwies sich — nach dem maßgebenden Urteil Goethes (Werke I 28 S. 194—195) — das Lustspiel in der neuen Art, die F. L. Schröder ihm mit seinen Bearbeitungen oder vielmehr Neuschöpfungen engl. Komödien gab. Wohl hat er die z. T. sehr rohen Stücke von Congreve, Beaumont u. Fletcher, Farquhar u. a., die er neben den feineren von Goldsmith und Sheridan benutzte, „von Grund aus verändert" und dem Geschmack der Zeit entsprechend moralisch gemacht, durch den kräftigen Realismus dieser Werke aber bot er den eintönigen Verstandeserzeugnissen der Aufklärung ein heilsames Gegengewicht.

A. Eloesser *Das bürgerl. Drama. Seine Gesch. im 18. u. 19. Jh.* 1898. Ch. E. Clarke *Fielding u. d. dt. Sturm u. Drang.* Diss. Freiburg 1897.

III. Lyrik. § 12. Starken Einfluß gewann die e. L. des 18. Jhs. nach Form und

Inhalt auch auf dem Gebiet der dt. Lyrik und Epik. Dryden († 1700) und Prior, die engl. Vertreter der frz. Rokokodichtung des 17. Jhs., gehören hierher nur, insofern sie mit von Einfluß waren auf den Formgeschmack der anakreontischen dt. Dichter der 30er und 40er Jahre des neuen Jhs. Der nach Wesen und Lebensauffassung einzige echte dt. Anakreontiker, F. von Hagedorn, war naturgemäß der Eleganz des engl. gentleman, die er bei seinem Aufenthalt in England (1726—1729) in Leben und Dichtung kennenlernte, besonders nahegekommen und wurde „der dt. Prior" genannt. Weit wichtiger aber war für ihn und andere Dichter der Zeit der Einfluß von Pope.

Die Bedeutung von Pope für die dt. Literatur ist nach den neueren Studien (Heinzelmann, Coffman) weniger im Inhalt seiner Dichtungen als in seiner Formkunst zu suchen. Gleich Addison hatte er die Klarheit und Einfachheit seines Stils in der Schule des frz. Klassizismus erlangt, und so konnte er der dt. Poesie wie jener der dt. Prosa als Vorbild dienen. Die zahlreichen, wenn auch meist an der Schwerfälligkeit der damaligen dt. Literatursprache scheiternden Versuche, Pope zu übersetzen und nachzuahmen, trugen nicht unerheblich zur Entwicklung des dt. poetischen Stils bei. Die Leichtigkeit und epigrammatische Präzision seiner Ausdrucksweise erreichte wiederum nur Hagedorn, der auch mehrfach seine metrische Form, das *heroic couplet*, geschickt verwendete und somit in Deutschland einführte. Mit und in der äußeren Form übernahm er zugleich den Gedankengehalt der philosophischen Lehrdichtung Popes, zumal der '*Essay on Man*' als eins der wesentlichsten Produkte der optimistischen rationalistischen Philosophie der Zeit in hohem Ansehen stand, das zwar durch Lessing und Mendelssohn mit ihrer Schrift 'Ist Pope ein Metaphysiker?' (1755) erschüttert wurde, in weiten Kreisen aber trotz Empfindsamkeit und Sturm und Drang mit der rationalistischen Gesinnung zusammen noch lange erhalten blieb; gerade die besten Übersetzungen des '*Essay on Man*' erschienen erst in der zweiten Hälfte des Jhs. Eine der ersten war die von Brockes (1740) gewesen, die aber infolge ihres achtfüßigen Versmaßes die knappe Prägung des Originals durch unerträgliche Breite des Ausdrucks entstellt hatte. Nächst dem '*Essay on Man*' fand der '*Essay on Criticism*', eine an Horaz und Boileau geschulte Poetik in Versen, besonderes Interesse. Von den „Leipzigern" sowohl als den „Schweizern" wurde Pope als Autorität angesehen, auf die beide Parteien sich beriefen. Nachgeahmt wurde neben seiner lehrhaften Dichtungsart auch seine naturbeschreibende und pastorale Poesie. (Über den Einfluß seiner Satire s. o.) Der Einfluß von Pope auf einzelne dt. Dichter der Zeit ist z. T. schwer feststellbar, da Parallelstellen z. B. zwischen Hallers Dichtungen und den seinigen möglicherweise vielfach auf gemeinsamen Ursprung der betr. Ideen aus der engl. Philosophie, namentlich Shaftesbury, zurückgehen. Wahrscheinlicher ist direkter Einfluß der lehrhaften sowohl als der naturbeschreibenden Dichtungen Popes auf Brockes und Ewald von Kleist. Doch geht bei beiden wie auch bei Hagedorn die Einwirkung Popes mit einem gewissen Einfluß von seiten Thomsons zusammen.

S. Wukadinović *Prior in Deutschland* 1895. J. H. Heinzelmann *Pope in Germany in the 18. century*, Modern Philology X (1913) S. 317 bis 364. R. Maack *Über Popes Einfluß auf die Idylle und das Lehrgedicht in Deutschland* 1895. Bertha Reed Coffman *The influence of English literature on Friedrich von Hagedorn*, Modern Philology XII (1914) S. 313—324, 503—520 und XIII (1915) S. 75—97; auch als Diss. Chicago 1914—15. G. Bondi *Das Verhältnis von Hallers philos. Gedichten zur Philosophie seiner Zeit*. Diss. Lpz. 1891. H. E. Jenny *Haller als Philosoph*. Diss. Bern 1902.

§ 13. Wie für Pope ist auch für Thomson die Vereinigung rationalistischer, lehrhaft-philosophischer Elemente mit sensualistischen (Naturbeobachtung) bezeichnend, doch mit dem bedeutsamen Unterschied, daß bei Pope die letzteren noch sehr schwach entwickelt sind (vgl. die stereotypen Phrasen seiner Naturschilderungen), während sie bei Thomson einen starken Natursinn bekunden, der sich in reimfreien Versen Bahn bricht. Parallel der neuen engl. Geschmacksrichtung und in Beziehung zu ihr — nicht einfach aus ihr — entwickelte der veränderte Geist der Zeit auch in Deutschland eine neue Art der Naturbetrachtung. Dem rationalistischen Zeitalter entsprechend war diese zunächst sinnengebunden, am einzelnen haftend und auf das Nützliche gerichtet. Das Neue und Wertvolle war, daß sie, im Gegensatz zur salonmäßigen Betrachtungsweise des 17. Jhs., von der Wirklichkeit ausging. Die naturscharfe Kleinkunst von B. H. Brockes sowohl als Hallers Naturbeschreibung großen Stils bedeutet das Anfangsglied in der Entwicklung, welche die Naturauffassung und -dichtung Deutschlands im 18. Jh. vom Impressionismus der Aufklärungszeit bis zum Expressionismus der Empfindsamkeit und der Sturm- und Drangdichter durchzumachen hatte.

Der Anteil von J. Thomsons '*Seasons*' (1726—1730) am Zustandekommen der neuen malerischen Poesie in Deutschland ist häufig überschätzt worden (u. a. von M. Koch in seiner Übersicht *Über die Beziehungen d. engl. Lit. z. d. dt. im 18. Jh.* 1883). Haller hat zu der Zeit, als er 'Die Alpen' verfaßte (1729), die '*Seasons*' wahrscheinlich noch gar nicht gekannt (vgl. Frey *Albr. v. Haller* 1879), und Brockes begann sein 'Irdisches Vergnügen in Gott' schon 1721, also 5 Jahre bevor der 'Winter', das erste Stück der '*Seasons*', erschien. Nur in den letzten Teilen seiner großen Sammlung naturbeschreibender Gedichte, die er zur Zeit seiner Übersetzung der '*Seasons*' (1744 erschienen) verfaßte, nähert sich Brockes der Art Thomsons in seiner Anschauungs- und Darstellungsweise, die sonst von der des Engländers grundverschieden ist (Brockes sieht das Detail, Thomson das Ganze der Natur). Brockes' Verdienst Thomson gegenüber liegt in anderer Richtung: durch seine uneingeschränkte Bewunderung für Thomson und seine Übersetzung von dessen Hauptwerk hat er diesen Dichter und seine neue Anschauungsweise den Deutschen bekannt gemacht und als Muster aufgestellt, sogar auf Kosten seines eigenen Ruhms. Was an Ideengehalt bei Brockes und Haller der Dichtung Thomsons entspricht, geht vielleicht, wie bei den Berührungen von Haller und Pope, auf Shaftesbury als gemeinsame Quelle zurück. Bei der zwischen Brockes und Hagedorn bestehenden nahen Bekanntschaft ist ein gewisser Einfluß von Thomson auf Hagedorn durch Vermittlung von Brockes anzunehmen, zumal beide Dichter einander in ihrer optimistischen Lebensauffassung verwandt waren. B. R. Coffman (a. a. O. S. 509f. u. 519) hat Stellen der 'Moralischen Gedichte' angeführt, die genau dieselben Ideen (Freundschaft, Freiheit usw.) behandeln wie entsprechende Stellen in Thomsons Dichtungen. Ewald von Kleist hat den Plan zu seinem 'Frühling' (1749) offenbar von Thomson entlehnt und sich in der episch-idyllischen Darstellungsweise sowie in einzelnen Motiven an die '*Seasons*' angeschlossen, ohne diese aber sklavisch nachzuahmen. Unter den sonstigen zahlreichen Dichtern, die sich nach dem Muster Thomsons richten, ist der geschickte Gieseke zu nennen, ferner Geßner, der, da er zugleich Maler war, von Thomsons beschreibender Kunst viel, namentlich Geschlossenheit der Form, lernte. Schließlich ist eine gewisse Beziehung zwischen den '*Seasons*' und Schillers 'Spaziergang' möglich (Schiller hatte von Thomsons Dichtung einen tiefen Eindruck gewonnen). Im allgemeinen aber ließ die Reaktion, die schon um die Mitte des Jhs. gegen deskriptive Naturdichtung einsetzte ('Laokoon' 1766), später kein rechtes Interesse für Thomson mehr aufkommen. Ihren letzten Triumph feierten die '*Seasons*' 1801 in Haydns Oratorium 'Die Jahreszeiten'.

Knut Gjerset *Der Einfluß von James Thomsons 'Jahreszeiten' auf die deutsche Literatur des 18. Jhs.* 1898.

C. Empfindsamkeit und Sturm und Drang. § 14. Die Ideen, die den Gegenstand von Popes und Thomsons aufklärerisch-lehrhaften Dichtungen bildeten, hatte bereits mehr als ein halbes Jh. früher, jedoch mit ganz anderer, gefühlsstarker Anteilnahme, ein engl. Dichter gefeiert: John Milton (1608—1674). In Deutschland wurde erst mit Beginn der von Bodmer und seinen Anhängern gegen den Rationalismus geführten Opposition die allgemeine Aufmerksamkeit auf Milton gelenkt, und zwar infolge von Bodmers Übersetzung des '*Paradise Lost*' (abgeschlossen bereits 1724, wegen des Widerstandes der geistl. Orthodoxie der Aufklärungszeit aber erst 1732 veröffentlicht). Der literarische Streit über die Berechtigung des Wunderbaren in der Poesie (s. Bodmers kritische Abhandlung), der sich nach dem Erscheinen dieser Übersetzung Miltons entspann, war nur der Ausdruck für den Kampf zwischen rationalistischer und gefühlsmäßiger Weltanschauung, der dann für die damalige Zeit zugunsten der letzteren entschieden wurde durch Klopstocks 'Messias' (1748ff.), das mächtigste und wirksamste Zeugnis jener neuen Seelenstimmung, die wir mit dem Namen Empfindsamkeit zu bezeichnen pflegen. Miltons '*Paradise Lost*' in Bodmers Übersetzung hatte Klopstock zu seinem Gedicht inspiriert und blieb während der jahrzehntelangen Arbeit daran das ihm vorschwebende Muster. Trotzdem bestehen wichtige Unterschiede in Art und Technik des Ganzen: Miltons Werk ist wesentlich episch, Klopstocks Dichtung ist überwiegend lyrisch; das '*Paradise Lost*' wird in geschickter Steigerung zum Höhepunkt geführt, der 'Messias' setzt mit einer Stärke des Tons ein, die keine Steigerung mehr zuläßt.

Klopstocks Gedicht zeigt die Bedeutung von Miltons '*Paradise Lost*' für die dt. Literatur zugleich von der formalen Seite: mit diesem Werk hat Klopstock die unter dem Einfluß von Addison und Pope vereinfachte und geklärte dt. Dichtersprache zu einem Ausdrucksmittel von symphonischer Gewalt und Vielseitigkeit erhoben. Unwesentlich dagegen für den Entwicklungsgang der dt. Literatur sind die schnell vergessenen patriarchischen und idyllischen Dichtungen und Epopöen, die Miltons religiöses Epos hervorrief: Bodmers 'Noah' (1750), 'Jakob und Joseph', 'Jakob und Rahel' usw., Klopstocks 'Tod Adams' (1757), Geßners 'Tod Abels' (1758) usw.

G. Jenny *Miltons Einfluß auf die deutsche Literatur* 1890. F. Häbler *Milton und Klopstock* III. T. 1893—95.

§ 15. Ähnlich Milton unterscheidet sich Edward Young in seinen '*Night Thoughts*' (1742—1745) von Pope und seiner Schule. Beide haben die freiere metrische Form des Blankverses, beide erfüllen die abstrakten Erwägungen über Leben, Tod, Unsterblichkeit, Freundschaft usw., die sie z. T. mit jenen teilen, mit starkem, und zwar religiösem Gefühlsleben. Einen Schritt noch über Milton hinaus tut Young, indem er eine persönliche Note einführt (Schmerz um den Tod von drei Angehörigen, heute als poetische Fiktion angesehen; s. H. C. Shelley *Life and letters of Edward Young* 1914).

Da Young mit seinen schwermütigen '*Night Thoughts*' völlig den Neigungen der empfindsamen Zeitgenossen entsprach, wurde diese Dichtung in Deutschland begeistert aufgenommen, und zwar zunächst besonders im Kreise der sog. „Bremer Beiträger" (s. d.). Zu diesen gehörte J. A. Ebert, der Freund Klopstocks und Verfasser der ersten Prosaübersetzung der '*Night Thoughts*' (1752), dem die weitere Verdeutschung, Herausgabe und Interpretation der Schriften Youngs fast zum Lebenswerk wurde. Es folgten viele Übersetzungen in den verschiedensten Versmaßen und Dutzende elender Nachahmungen, die das „Youngisieren" zur Mode machten, und diese blieb, auch als die Zahl der Nachahmungen selbst infolge der scharfen Verspottung von Lessing, Herder u. a. abnahm. Als Ausdruck der allgemeinen Geistesrichtung ihrer Zeit halfen die '*Night Thoughts*' den Weg bereiten, der zum 'Werther' führte; einen tiefen und dauernden speziellen Einfluß aber haben sie in Deutschland nicht ausgeübt. Vorübergehend oder im Verein mit anderen engl. Dichtern beeinflußten sie Bodmer ('Noah'), Klopstock ('Messias'), Wieland in seiner pietistischen Periode ('Briefe von Verstorbenen' 1753, 'Sympathien' 1754, 'Empfindungen eines Christen' 1757). Doch standen Klopstock und sein Freundeskreis und mehr noch Wieland in den genannten Werken zugleich unter dem Einfluß von Youngs Schützling, Elizabeth Singer Rowe, deren '*Friendship in death*' (Briefe von Verstorbenen 1728) und '*Devont exercises*' (1739) dem Freundschaftskult und den pietischen Neigungen der Zeit vorzüglich entgegenkamen. Klopstock feierte „die göttliche Rowe" in mehreren Oden.

John L. Kind *Edward Young in Germany* (Columbia University Germanic Studies vol. II Nr. 3) 1906. J. Barnstorff *Youngs 'Nachtgedanken' und ihr Einfluß auf die deutsche Literatur* 1895.

§ 16. Hatte Young in den '*Night Thoughts*' den Ton der Empfindsamkeit getroffen, so wurde er anderseits mit seinen '*Conjectures on original composition*' (s. u. § 19) zum Wortführer der Genieperiode. Die Grundelemente der beiden, sich ergänzenden Geistesrichtungen: verfeinertes Empfinden auf der einen, kraftvolle Ursprünglichkeit auf der anderen Seite, vereinte, wenn auch in einer genial gefälschten Dichtung, der Schotte James Macpherson (1736—1796). Seine angeblich aus dem 3. Jh. n. Chr. stammenden, einem Sänger Ossian zugeschriebenen Gesänge (zu vier Fünfteln phantasievolle Erfindung, nur zum kleinsten Teil auf echten gälischen Balladen beruhend, während gälische Epen in Schottland und Irland überhaupt nie vorhanden waren) mußten mit ihrer nebelhaften Mondscheinatmosphäre und ihrer melancholischen Einförmigkeit in Inhalt und Form (Klagen um Liebe und Tod gefallener Helden in rhythmischer Prosa) das empfindungsselige Zeitalter und namentlich die Deutschen im Sturm gewinnen. Teilübersetzungen folgten der engl. Veröffentlichung (von 1760 an) fast unmittelbar, und 1768 übertrug M. Denis das Ganze. Daß es in Hexametern geschah, erregte berechtigte Entrüstung, der Herder in seinem 'Auszug aus einem Briefwechsel über Ossian und die Lieder alter Völker' in den Blättern 'Von dt. Art und Kunst' 1773 Ausdruck verlieh. An gleicher Stelle vertrat Herder gegen einen der wenigen Skeptiker in Deutschland, wahrscheinlich Gerstenberg, seinen Glauben an die Echtheit der Ossianischen Epen. In seine Sammlung 'Volkslieder' (1779) nahm er Übersetzungen aus dem Ossian auf, die teils von ihm selbst, teils vom jungen Goethe verfaßt waren, und an diese knüpften seine Theorien über Volkspoesie an. Goethe zeigte sein Interesse in weiteren Übersetzungen, die z. T. aus dem 'Werther' bekannt sind und — mit dem stimmungsverwandten 'Werther' selbst — sehr zur Verbreitung des Ossianischen Geschmacks beitrugen. Mit der Wertherperiode aber schwand auch Goethes Begeisterung für Ossian. Seinen eigentlichen Einfluß in Deutschland übte Macphersons 'Ossian' jedoch auf dem Wege über Klopstock aus. Neben dem gefühlsmäßigen war es das nationale Element dieser Dichtung, das Klopstock fesselte. Es regte ihn an zu seinen bardischen Gesängen, einer auf rassen- und sprachgeschichtlichen Irrtümern (Einssetzung von Keltentum mit Germanentum) beruhenden Dichtungsart, die eine Verherrlichung der altgerm. Heldenzeit bezweckte und fortan von mittelmäßigen Geistern (Kretschmann, Denis) zur Mode gemacht und übereifrig gepflegt wurde, bis schließlich das ganze „Bardengebrüll" der Lächerlichkeit anheimfiel (vgl. d. Art. *Bardendichtung*).

Spuren Ossianischer Stimmung und Stileigentümlichkeiten finden sich in der gesamten Lyrik dieser Epoche, nicht zuletzt in der teils schwärmerischen, teils — aus Franzosenhaß — betont deutschtümelnden Dichtungsart des Göttinger Hains (s. d.). Die Begeisterung für Ossian schwand mit der empfindsamen Geistesrichtung, der das Werk angehörte. Seine Bedeutung für Deutschland aber war, daß es, wenn auch selbst ein Kunstprodukt, das Interesse auf primitive und spontane Poesie und damit auf die Volksdichtung lenken half.

R. Tombo *Ossian in Germany* (unvollendet; CUGS vol. I, Nr. 2) 1901. L. Ch. Stern *Die Ossianischen Heldenlieder*, Z. f. vgl. Lg. VIII (1895) S. 51, 71, 143 ff. Van Tieghem *Ossian et l'Ossianisme* 1920. E. Ehrmann *Die bardische Lyrik im 18. Jh.* Diss. Heidelberg 1892.

§ 17. Noch weit bedeutsamer als Ossian aber war für die Entwicklung der dt. Literatur in volkstümlicher Richtung die Sammlung der '*Reliques of Ancient English Poetry*', die Bischof Percy 1765 veröffentlichte. Vor Überschätzung ihres Einflusses aber ist zu warnen. Der früher (noch bei Lohre, s. u.) geltenden Anschauung, daß die Schöpfung der dt. ernsten Ballade durch Bürger in erster Linie auf direkten Einfluß Percys zurückgehe, tritt Valentin Beyer entgegen in seinem Buche: *Die Begründung der ernsten Ballade durch G. A. Bürger* (QF. XCVII 1905). Auf Grund äußerer (zeitlicher) und innerer Kriterien stellt er fest, daß Bürger erst im Jahre 1777 entscheidende Eindrücke von der Sammlung Percys erhalten habe, daß also seine in der 'Lenore' (1773) dokumentierte Wendung von der Bänkelsängerromanze alten Stils (Gongora bis Gleim, Schiebeler, Löwen u. a.) zur ernsten Ballade ohne direkten Einfluß

Percys zustande gekommen sei. Für die Frage nach dem engl. Einfluß, der im besonderen von Percys Sammlung für die dt. Literatur ausging, hat zu gelten, was bereits in mehreren ähnlichen Fällen angedeutet wurde: das ausländische Vorbild bewirkt nicht plötzlich etwas ganz Neues, einen Umbruch in der literarischen oder allgemein geistigen Entwicklung des anderen Volkes, sondern greift nur fördernd und verwandte Tendenzen stützend in diese ein, geboren aus dem gemeinsamen, über den Nationen wirkenden Zeitgeist, den es wiederum auswirkt. In der Epoche, die Percys Sammlung bezeichnet, drängte dieser Geist auf Befreiung vom Zwange der Konvention, auf Ursprünglichkeit und Natur, und fand sie in der Volkspoesie, die im aristokratischen 17. Jh. in Mißachtung gefallen war und unbeachtet unter der literarischen Oberfläche ein verkanntes Dasein geführt hatte. Die Wiederbelebung des Interesses für volkstümliche Dichtung geschah vor der Zeit Percys in England durch Addison (im '*Spectator*') und Macpherson, in Deutschland — z. T. unter Berufung auf jene beiden als Autoritäten — durch Männer wie Gerstenberg, Hamann und vor allem Herder. Dieser hatte sich bereits als Knabe in Livland für Volkslieder begeistert; Percy aber entfachte seinen Sammeleifer. Der Unterschied in der Art seiner 1779 erschienenen Sammlung von derjenigen Percys beruht auf einer Verschiedenheit in der Auffassung des Begriffes „Volkslied". Während Percy diesen wie späterhin die Romantik national beschränkt, versteht Herder darunter die Liedäußerungen aller primitiven Völker und Zeiten. Diese Auffassung zeigt der oben erwähnte Aufsatz 'Über Ossian und die Lieder alter Völker', den er im August 1771 begann, unter dem unmittelbaren Eindruck der '*Reliques*', die ihm im gleichen Monat von Raspe zugesandt worden waren. Dieser Aufsatz aber (1773 veröffentlicht) wirkte im Verein mit dem 'Götz' auf die Ausarbeitung der zu jener Zeit bereits halbvollendeten 'Lenore' Bürgers. Ein direkter Einfluß von Percy auf Bürger begann erst mit dem Jahre 1777. Wie ein Brief an Boie aus jenem Jahr bezeugt, bewirkten die altengl. Balladen, daß „ein gewaltiges Chaos balladischer Ideen" in ihm entstand, das ihn zur Produktion drängte. Seine Sammellust hatte er schon vorher betätigt.

Wie auf die literarischen Führer der Zeit wirkten Percys '*Reliques*' auch auf das Heer kleinerer Geister: den spontan entstandenen Geschmack für volkstümliche Poesie sanktionierend, riefen sie ähnliche Dichtungen, Übersetzungen und vor allem Sammlungen von Volksliedern, hervor; übrigens auch Parodien von seiten der Aufklärer (Nicolais 'Feyner kleyner Almanach'). Die bloßen Nachahmungen sind keiner besonderen Erwähnung wert. Einfluß Percys im eigentlichen Sinne ist im einzelnen schwer feststellbar, da er von dem des dt. Volksliedes oft nicht zu scheiden ist. An Sammlungen sind zu nennen Bodmers 'Altengl. Balladen' (1780) und 'Altengl. und altschwäb. Balladen' (1781), die beide also kurz nach Herders 'Volksliedern' erschienen und unter allen Sammlungen des Jhs. die größte Anzahl von Übersetzungen aus Percy enthalten; bemerkenswert ist ferner Fr. H. Bothes Volksliedersammlung von 1795 (zur Hälfte aus Percy übersetzt). Das letzte und größte, dem Percyschen Unternehmen gleichwertige Werk dieser Art ist die von Arnim und Brentano 1806—1808 veröffentlichte Sammlung 'Des Knaben Wunderhorn', die das Interesse für das Volkslied dem 19. Jh. übermittelte, wo es durch die Spätromantiker und durch unsere neueren großen Balladendichter (Uhland, Strachwitz, Fontane) gepflegt und zu einer Grundvoraussetzung echt dt. Lyrik und Epik gemacht wurde.

H. Lohre *Von Percy zum Wunderhorn* (Palästra XXII) 1902. L. A. Rhoades *Höltys Verhältnis zur engl. Literatur* 1892. G. B. Maury *Bürger et les Origines anglaises de la Ballade litéraire en Allemagne* 1889.

D. Shakespeares Einfluß im 18. und 19. Jh. § 18. Shakespeares Bedeutung für die dt. Literatur kann nur im Zusammenhange erfaßt werden; da sie im 18. Jh. maßgebend wurde, ist die Besprechung an dieser Stelle eingefügt. Eine eingehende und erschöpfende Behandlung der Beziehungen ist in dem hier gebotenen Rahmen nicht möglich. Es sei deshalb von vornherein auf die zusammenfassende Darstellung von Gundolf (*Shakespeare und der deutsche Geist* 1918²) und die Bibliographie und den geschichtlichen Überblick bei Price (s. den Verweis am Schluß dieses Artikels) verwiesen.

Im 17. Jh., in der Zeit der rein stofflichen Ausbeutung Shakespearescher Dramen durch die Engl. Komödianten (s. o.), war von der schöpferischen Persönlichkeit des Dichters nichts übermittelt worden, nicht einmal der Name. Auch Gryphius, für den man früher (Wysocki) Kenntnis Shakespeares in Anspruch nehmen wollte, hat nach neueren Forschungen (Keppler) von dem engl. Dramatiker weder den Namen noch die Werke gekannt, sondern ist nur indirekt durch die verballhornisierenden Aufführungen der Engl. Komödianten beeinflußt. Erst im Aufklärungszeitalter, im Zusammenhange der Bemühungen um eine Reform der dt. Bühne, wurde die Aufmerksamkeit auf Shakespeare gelenkt, und zwar gab den Anstoß C. W. v. Borcks Alexandrinerübersetzung des 'Julius Cäsar' (1741), die der Verfasser, später preuß. Staatsminister, auf seinem Londoner Gesandtschaftsposten angefertigt hatte. Im Gegensatz zu J. E. Schlegel, der in einem im unmittelbaren Anschluß an Borcks Übertragung veröffentlichten Aufsatz 'Vergleichung Shakespeares und Gryphs' (1741) als erster Deutscher warm für den engl. Dramatiker eintrat, sprach sich Gottsched in seinen 'Beyträgen' (VII 516ff.) scharf gegen die Übersetzung eines Stücks aus, das „den Regeln der Schaubühne und gesunden Vernunft" widerspräche und stellte nach wie vor frz.-klassizistische Vorbilder auf. Lessing bekämpfte diese in seinem berühmten 17. Literaturbrief (1759) als dem dt. Wesen nicht entsprechend und wies auf Shakespeare hin, suchte jedoch dessen dramatische Technik mit der rationalistischen Theorie des Dramas, den sog. Aristotelischen Regeln, auf Grund einer heute nicht mehr als gültig angenommenen Deutung der antiken Beweisstellen in Einklang zu bringen. Seine Verteidigung des naturhaften engl. Schauspiels im Gegensatz zum regelmäßigen frz. Drama stand in enger Beziehung zu Drydens *'Essay of dramatic poesie'* (1684), den er Ende 1758, also kurz vor Erscheinen des 17. Literaturbriefes, ins Deutsche übersetzt hatte. Es ist bei Lessings Anschauungen selbstverständlich, daß Shakespeare im gewissen Sinne (neben dem bürgerlichen Drama) Voraussetzung seiner eigenen Dramen ist. A. Böhtlingk hat im 1. Bd. seines Werks *Shakespeare und unsere Klassiker* eine Anzahl von Parallelen in Motiven, Charakteren usw. zusammengestellt, namentlich zwischen 'Minna von Barnhelm' und 'Nathan' einerseits und dem 'Kaufmann von Venedig' anderseits. Einfluß im eigentlichen Sinne aber war nicht möglich, da Lessing, der Nationalist, nach dem Wesen seiner Persönlichkeit und Kunst grundverschieden von Shakespeare war. Lessings Dramen sind „gemacht", sind „als Anwendung seiner Dramaturgie" zu bezeichnen — Shakespeares Dramen sind „Geburten" (Gundolf).

Wie Lessing als Kritiker, suchten Wieland als Übersetzer und F. L. Schröder als Bearbeiter und Theaterdirektor Shakespeare in Deutschland einzubürgern. Alle drei zeigten sich als konservative Rationalisten, indem sie sich auf das für ihre Zeit Mögliche beschränkten. Wieland konnte auch gar nicht mehr geben, da er in das Kompositionsgeheimnis Shakespearescher Dramen überhaupt nicht eingedrungen war. Von Popes nörgelnder Shakespearekritik ausgehend, strich oder kürzte er, was dem Geschmack seiner Zeit nicht entsprach. Auch den Eigenwert der Versform von Shakespeares Dramen hatte er, wie seine Zeitgenossen, noch nicht erfaßt. Er gab die 22 Dramen, die er übersetzte (1762—1766), mit Ausnahme des 'Sommernachtstraums' und einiger lyrischer Stellen durchgehend in Prosa wieder. Trotz aller ihrer Mängel aber war diese Übersetzung von großer Bedeutung. Durch sie wurde Shakespeare erst weiteren Kreisen Deutschlands bekannt gemacht und damit sein Einfluß auf die dt. Literatur ermöglicht: ein zunächst allerdings, infolge der Unangemessenheit und Formlosigkeit der Wiedergabe, vielfach zu extremer Formverachtung verführender Einfluß ('Götz' usw.). Bei Wielands Eindrucksfähigkeit ist es dabei nicht erstaunlich, daß Shakespeares launisch-romantischen Komödien, die seiner eigenen Wesensart nahelagen, seine Dichtungen beeinflußten. Etwas von ihrer poetischen Atmosphäre ist bis in die Sprache seines 'Don Sylvio von Rosalva' und 'Oberon' gedrungen.

E. Keppler *Gryphius und Shakespeare.* Tübing. Diss. 1921. W. Pantow *Die erste metrische deutsche Shakespeareübersetzung* 1892. A. Böhtlingk *Lessing und Shakespeare* 1909. M. Simpson *Vergleichung der Wielandschen Shakespeareübersetzung mit dem Original* 1898. B. Seuffert *Wielands, Eschenburgs und Schlegels Shakespeare-Übersetzung,* Arch. f. Lg. XIII (1885) S. 229 ff. A. Köllmann *Wieland und Shakespeare, mit bes. Berücksichtigung des 'Sommernachtstraums'* 1896. L. Wurth *Zu Wielands, Eschenburgs und Schlegels Übersetzungen des 'Sommernachtstraumes'* 1897. H. Uhde-Bernays *Der Mannheimer Shakespeare* 1902. E. Stadler *Wielands Shakespeare* 1910. Merschberger *Die Anfänge Shakespeares auf der Hamburger Bühne* 1890.

§ 19. Der neuen Sturm- und Drangepoche (s. d.), die sich auf Grund ihrer tieferen seelischen und künstlerischen Einstellung Shakespeare mit ungleich größerem Verständnis zuwandte, obgleich sie ihn nur in der vielgeschmähten Wielandschen Fassung kannte, verhalf u. a. Young zu einer richtigeren Einschätzung seines Wertes. 1759 — im Erscheinungsjahre von Lessings 17. Literaturbrief — veröffentlichte Young seine '*Conjectures on original composition*'. Er fordert in diesem Aufsatz für das Genie das Recht, original zu schaffen, d. h. allein aus Natur und Menschheit zu schöpfen und nicht mit dem Maßstabe einer längst überholten Kulturepoche gemessen zu werden, und weist dabei auf Shakespeare hin. Der Einfluß der 'Conjectures' auf die dt. Sturm- und Drangbewegung ist von Kind (a. a. O. S. 11—58) außerordentlich hoch angeschlagen worden, während Steinke in seiner Studie über den gleichen Gegenstand (Univ. of Illinois diss. 1917) mit Recht betont, daß diese auch ohne Young zustande gekommen wäre, von ihm jedoch in einer ihrer Grundideen bestärkt worden sei. Das gilt besonders für Hamann, einen der Führer der Geniezeit. Seine grenzenlose Bewunderung für Young beruhte auf seelischer Übereinstimmung, vor allem auf dem gleichen Glauben an die Heiligkeit der Inspiration. Wirksam wurden Hamanns Ideen erst durch seine beiden Schüler Gerstenberg und Herder. Gerstenberg brachte in den 'Schleswigschen Litteraturbriefen' (1766) seine Ideen über Originalität und Shakespeare häufig in der Art Youngs zum Ausdruck. Herder aber durchdrang mit der ihm eigenen und zugleich von Hamann ererbten Kraft der Intuition die Totalität Shakespeares und verkündete diese dem dt. Volke in seinem 'Aufsatze über Shakespeare' (begonnen 1771, veröfftl. 1773 in der Sammelschrift 'Von Deutscher Art und Kunst'). Zugleich hat er in Straßburg offenbar Goethes Ansichten über Shakespeare tief beeinflußt. Goethes 'Shakespearerede' (Frankfurt 1771) hat gleiche Klangfarbe wie Herders Shakespeareaufsatz, wächst aber als persönliches Bekenntnis über jenen hinaus. Neben diesen beiden Zeugnissen für die Beurteilung Shakespeares durch die Stürmer und Dränger stehen J. M. R. Lenz' 'Anmerkungen über das Theater' (1771—74 entstanden), viel mehr als jene im Geniestil verfaßt. Als Anhang veröffentlichte Lenz sein 'Amor vincit omnia', eine Übersetzung von '*Love's labours lost*', bezeichnenderweise in Prosa verfaßt. In seinen eigenen Werken wurde Lenz ein Opfer der Shakespearomanie, der kleinere Geister in jener Zeit wie auch später verfielen: sie ahmten den falsch verstandenen Shakespeare Wielands nach, indem sie Natürlichkeit gleich Gemeinheit, Urwüchsigkeit gleich Formlosigkeit setzten. Ein Beispiel dafür sind die Stücke H. L. Wagners, dessen niederen Anlagen eine solche Interpretation viel mehr entsprach als den edleren von Lenz. In anderer Verzerrung treten Shakespearesche Elemente in Klingers Drama 'Sturm und Drang' (1776) auf. Das Kraftgenialische ist hier Selbstzweck, die Leidenschaft ist zur Übertreibung, zum Pathos geworden. Nur dem Maler Müller ist es gelungen, wenigstens eine Seite des echten Shakespeare, die seiner besonderen Begabung entsprach, zu verwerten: Shakespeares „panisches Landschaftsgefühl" (Gundolf S. 269). — Beiläufig sei innerhalb dieser vorklassischen Dichtungswelt auch auf G. A. Bürgers Macbethbearbeitung verwiesen, die bei ihrer erfolgreichen Wirkung viel zur Einführung Shakespeares in Deutschland beigetragen hat.

G. Weber *Herder u. das Drama* (Fzn. Lg. 56) 1922. H. Rauch *Lenz und Shakespeare* 1892. L. Jacobowski *Klinger und Shakespeare* 1891. K. Kauenhoven *G. A. Bürgers Macbeth-Bearbeitung.* Königsb. Diss. 1915. E. Walther *Der Einfluß Shakespeares auf die Sturm- und Drangperiode.* Progr. Chemnitz 1890.

§ 20. Goethe — im Gegensatz zu Lessing — war durch seinen schöpferischen Instinkt, seine „Naivität", kurz: als Genie dem Genie Shakespeare verwandt. Bewußt stellte er sich nur im 'Götz' und 'Egmont' unter Shakespeares Einfluß. Das zeigt u. a. seine spätere Äußerung (Eckermann, Gespräche, 25. Dez. 1825), er habe wohl daran getan, sich den gar zu reichen und gewaltigen Sh. mit diesen beiden Dramen vom Halse zu schaffen. Shakespearesche Elemente aber wurden fortan zu einem integrierenden Bestandteil seiner Dichterpersönlichkeit, untrennbar von dem ihm ursprünglich Eigenen, so daß er 1820 rückblickend in der Erinnerung von Shakespeare und Frau von Stein mit gewissem Recht sagen konnte: „Euch verdank' ich, was ich bin." Die bei Shakespeare vorherrschende Tragik des Menschen, der sein eigenes Schicksal ist (Hauptbeispiel Hamlet), ist charakteristisch auch für Werther und Tasso und — in anderer Weise — für Faust. Im 'Faust' hat ferner das Dämonische Shakespearescher Gestalten (Macbeth) eine Nachwirkung erhalten. Von geringerer Bedeutung sind einige direkte Entlehnungen, so das im 'Faust' wiederkehrende St. Valentinslied der Ophelia.

Die von Goethe hochgeschätzte Wielandsche Übersetzung trug gewiß bei ihm wie bei den Stürmern und Drängern einen Teil der Schuld daran, daß er der inneren Notwendigkeit der Shakespeareschen Komposition nicht gerecht wurde. Er hielt eine vereinfachende Bearbeitung des 'Hamlet' für berechtigt (s. die Diskussion in 'W. Meisters Lehrjahren') und verteidigte seine rigoros vorgehende Romeobearbeitung, die im Februar 1812 auch auf der Weimarer Bühne erschien, gegen die scharfen Angriffe der Romantiker in seinem Aufsatz 'Shakespeare und kein Ende' (der 1813 geschriebene Hauptteil erschien 1815 im 'Morgenblatt für gebildete Stände', der 1816 geschriebene Schluß kam erst 1826 in 'Kunst und Altertum' zur Veröffentlichung) mit der Erklärung, Shakespeares Werke seien in ihrer ursprünglichen Gestalt besser zum Vorlesen als für die Bühne geeignet. Daß er als Theaterleiter Stücke brauchte, die dem damaligen Stand seiner Bühne angepaßt waren, sprach bei solcher Beurteilung und dem entsprechenden Verfahren mit, hatte er doch mit Schiller zusammen beschlossen, Sh. mit aller „Besonnenheit" aufführen zu lassen.

Schiller war als „sentimentalischer" Dichter grundverschieden von Shakespeare. In seiner Sturm- und Drangzeit nahm er sich Shakespeare zum Muster ('Räuber'), in seinen sonstigen Werken aber ist wenig vom Wesen Shakespeares zu spüren. Seiner eigenen Weltanschauung entsprechend konnte er Sh. nur moralisch interpretieren (Musterbeispiel: seine im Mai 1800 in Weimar und dann auch viel auf anderen Bühnen gespielte Macbethbearbeitung). Aber gerade diese völlig inkorrekte Deutung wirkte durch das Medium seiner eigenen Dramen dynamisch in Deutschland, da sie den lehrhaften Neigungen des dt. Bürgers entsprach.

R. W. Emerson *Über Goethe und Shakespeare, übers. von H. Grimm* 1857. Goethehandbuch III. Bd. (1918) S. 332—335. A. Huther *'Götz' und Shakespeares histor. Dramen* 1893. H. Eckert *Goethes Urteile über Shakespeare aus seiner Persönlichkeit erklärt* (St. z. engl. Phil.) 1918. B. Sandmann *Schillers 'Macbeth' u. d. engl. Original* 1888. H. Fietkau *Schillers 'Macbeth' u. s. Quelle* 1897. A. Köster *Schiller als Dramaturg* 1891. G. v. Vincke *Schiller als Shakespearebearbeiter*, Theatgesch. Forsch. 6 (1893), S. 115 ff. Shakespeare-Jb. Bd. IV, VI, XV.

§ 21. Hatten Goethe und Schiller als Klassiker sich nur bedingt an Shakespeare angeschlossen, so feierten die Romantiker ihn, wie ihre Vorgänger, die Stürmer und Dränger, ohne Einschränkung. Sie standen ihm in ihrer irrationalen und kosmischen Einstellung, ihrem Sinn für die Breite und Fülle des Lebens und ihrer Neigung für Formmischung, ja Formlosigkeit geistig und künstlerisch nahe. Im Zusammenhange damit steht u. a. der Einfluß Shakespeares auf Tiecks Märchendrama. Zu beachten ist aber auch, daß die durch Aufklärung, Sturm und Drang und Klassizismus gereifte dt. Dichtersprache nun endlich fähig zum Ausdruck dieses geistigen Phänomens geworden war. A. W. Schlegels Shakespeare-Übersetzung war die große Tat der Romantik, durch die Sh. ein Besitz des gesamten dt. Volkes wurde. (Über die weitere Geschichte der durch Dorothea Tieck und Graf Baudissin unter Tiecks Leitung nicht gleichwertig fortgesetzten Shakespeare-Übersetzung sowie über die Streitfrage der Revision und Neuübersetzung s. v. Vincke Sh.-Jb. XVI 1881.) Zugleich legte die ältere Romantik den Grund zur Shakespeare-Philologie, in der Deutschland im Verlaufe des 19. Jhs. eine maßgebende Bedeutung gewann (Gründung der dt. Shakespeare-Gesellschaft, des Shakespeare-Jahrbuches 1865). Mit der wissenschaftlichen Erkenntnis aber wuchs auch die künstlerische Erkenntnis, und diese spiegelte sich der in dauernden Einwirkung Shakespeares auf die großen dichterischen Schöpfungen des 19. Jhs. namentlich im Drama wieder.

M. Bernays *Zur Entstehungsgeschichte des Schlegelschen Shakespeare* 1872. Ch. Eidam *Bemerkungen zu einigen Stellen der Schlegelschen Shakespeareübersetzung* 1898. Shakesp.-Jb. XXXII (1896) S. 330ff., XXXVIII (1902) S. 212ff. R. Genée *Schlegel und Shakespeare* 1903. H. Lüdeke *L. Tieck u. das alte engl. Theater.* Frankfurt. Diss. 1917. H. Lüdeke *Buch über Shakespeare. Handschriftl. Aufzeichnungen von L. Tieck* 1920.

§ 22. Shakespeare-Atmosphäre weht in Kleists Leidenschaftstragödie 'Die Familie Schroffenstein' ('Romeo und Julia'), Shakespeare-Geist atmet sein Guiskardfragment, Shakespearesche Züge und Stileigentümlichkeiten weisen auch seine anderen Dramen, besonders die historischen ('Prinz von Homburg') auf. — Auf Grillparzers sanftempfängliche Natur wirkte Shakespeare geradezu faszinierend. Er pries sich glücklich, daß er Sh. kennengelernt und in sich aufgenommen habe, klagte aber, daß der Gewaltige seinen Geist tyrannisiere. Was er sich von Sh. zu eigen gemacht hatte, floß in seine Werke ein. Der ersten Zeit der direkten Entlehnungen ('Ahnfrau') folgte eine rein geistige Beeinflussung seiner reiferen Werke (u. a. 'König Ottokar'). — Auf Hebbels Dramenproduktion wirkte die triebhafte Lebenskraft Shakespeares, die im Gegensatz zu dem stark reflektierenden Element seines eigenen Wesens stand, günstig ein. Sein Bestreben aber war, über das individuelle Charakterdrama Shakespeares hinauszukommen, indem er die Tragik in den Widerspruch zwischen Mensch und überindividuellen Lebensmächten (Staat, Zeitanschauungen usw.) verlegte und damit die Brücke zum Problem- und Gesellschaftsdrama Ibsens schlug. — Bedingungslos setzten die führenden Theoretiker des 19. Jhs. Shakespeares Dramen als Muster an. Otto Ludwig ('Shakespeare-Studien' 1855ff.) leitete mit feinfühligster Kunstkritik aus ihnen bis ins letzte die Gesetze dramatischer Kunstausübung ab, unterband freilich mit diesen jahrelang betriebenen minutiösen Analysen und Kunststudien immer mehr sein eigenes Schaffen. — Bei Grabbe ging Shakespeares Einfluß weniger in die Tiefe als bei anderen großen Dramatikern des 19. Jhs. In seinem Erstlingswerk noch ein sklavischer Nachahmer Shakespeares (vgl. 'Herzog Theodor von Gotland' und 'Titus Andronicus'), bekämpfte er später die „Shakespearomanie" auf das heftigste, ohne sie jedoch selbst ganz überwinden zu können. Mit seinen Hohenstaufendramen wollte er Shakespeares historische Stufe überbieten. — Unter den Nichtdramatikern des 19. Jhs., die besonders unter dem Einfluße Shakespeares standen, ragt Nietzsche hervor. Zweifellos haben Shakespeares Kraftnaturen, denen Nietzsche wie den Helden Byrons — nach dem Zeugnis seiner Schwester — lebhaften Beifall zollte, die Entstehung seiner Idee vom „Übermenschen" mitbewirkt.

C. C. Hense *Deutsche Dichter in ihrem Verhältnis zu Shakespeare*, Shakesp.-Jb. VI (1871), S. 83 ff. Meta Corssen *Kleists u. Shakespeares dramatische Sprache.* Dissert. Berl. 1920. E. Groß *Grillparzers Verhältnis zu Shakespeare*, Shakesp.-Jb. LI (1915) S. 1—34. W. Alberts *Hebbels Stellung zu Shakespeare* (FNL. XXXI) 1908. W. Scherer *Ludwigs Shakespearestudien*, Vorträge u. Aufsätze 1874 S. 389ff. R. M. Meyer *O. Ludwigs Shakespearestudien*, Shakesp.-Jb. XXXVII (1901) S. 59ff. Léon Mis *Les Etudes sur Shakespeare d'Otto Ludwig* 1922. H. L. Hock *Shakespeare's influence on Grabbe.* Diss. Univ. of Pennsylvania 1911. E. A. Schalles *Heines Verhältnis zu Shakespeare.* Leipz. Diss. 1904.

E. Lyrische und epische Einflüsse des 19. Jhs. § 23. Das 19. Jh. als Ära der „Weltliteratur" (Goethe) stellt der Erforschung ausländischen und spez. engl. Einflusses auf die deutsche Dichtung weit größere Schwierigkeiten entgegen als das 18. Jh. Während bis gegen Ende des 18. Jhs. Deutschland im wesentlichen der nehmende Teil war, wurden die Beziehungen seit der Wende dieses Jhs. mehr und mehr wechselseitig. Die dt. Literatur, die sich im Verlauf des 18. Jhs. unter engl. Einfluß neu gebildet hatte, war in ihrer klassischen Periode zur Selbständigkeit gereift und fähig geworden, selbst Anregungen zu geben. Was sie aber nunmehr noch vom Auslande nahm, ist in vielen Fällen schwer scheidbar von dem frei aus ihr Sprießenden.

Die errungene Gleichwertigkeit zeigte sich im 19. Jh. zunächst auf dem Gebiete der Lyrik (jüngere Romantik). Wohl wurden verschiedene engl. Lyriker des ausgehenden 18. wie die früheren und späteren des 19. Jhs. durch zahlreiche Übersetzungen bekannt (Burns, dessen Gedichte Goethe auf Anregung von Carlyle als einer Übersetzung würdig empfahl, ferner Thomas Moore, Browning, Tennyson und die Präraphaeliten); ein irgendwie tiefer spürbarer Einfluß aber ging von keinem von ihnen aus.

Nur ein Dichter, der wegen des lyrischen Gehalts seiner den verschiedensten Gattungen angehörenden Dichtungen zu den Lyrikern gehört, Lord Byron (1788 bis 1824), übte auf Deutschland einen geradezu dämonischen Zauber aus, der allerdings in der Allgemeinheit schnell wieder verflog. Die Persönlichkeit des vornehmen Skeptikers und Weltverächters, der schließlich im Kampf für die Unabhängigkeit der Griechen seinen Tod fand, mußte den liberalisierenden Neigungen der Zeit durchaus entsprechen (vgl. Wilh. Müllers 'Griechenlieder' 1821 ff.). Am stärksten aber wirkte sein „Weltschmerz". Der „Byronismus" setzte in gewissem Sinne die aus dem 18. Jh. überkommene Wertherstimmung fort und wurde wie jene zur Mode, zumal die politischen Enttäuschungen in Deutschland Anlaß zum Pessimismus gaben. Das „Junge Deutschland" (s. d.) blickte bewundernd auf Byron, dessen Poesie anderseits durch die Neigung zum Schauerlichen (der „Vampire") sowie durch ihre exotische Farbenpracht den späteren Romantikern entsprach. Die geistige Bedeutung seiner Dichtungen wurde selbst von Goethe überschätzt, dessen begeisterte Würdigung Byrons bis heute eine wesentliche Stütze des noch hier und da auftauchenden Byronkults geblieben ist. Goethe übersetzte Teile aus dem 'Manfred', der seinerseits unter Einfluß der Goetheschen Faustdichtung entstanden war. In seinen literarischen Beziehungen zu Byron sah er ein Stück Weltliteratur. Außerordentlich zahlreich waren die sonst entstandenen Übersetzungen. 1828 erschien die erste vollständige Übertragung, aus der Zusammenarbeit von 13 Verfassern entstanden. Unter den späteren Gesamtübersetzungen ist besonders diejenige Otto Gildemeisters (1865) hervorzuheben.

Gilt es, einzelne dt. Dichter festzustellen, die in besonderem Maße von Byron beeinflußt wurden, so fällt der Blick sogleich auf H. Heine. Es ist durchaus einleuchtend, daß Heine beim Tode Byrons erklären konnte: „Byron war der einzige Mensch, mit dem ich mich verwandt fühlte" (Brief an Moser 25. Juni 1824). Sein Bestreben, als Nachfolger Byrons zu gelten, um dadurch interessant zu werden und Erfolge zu haben, hatte z. Z. dieser Äußerung aber schon nachgelassen infolge der Warnungen, mit denen man bereits dem Byronfieber, das seine vergiftenden Wirkungen in Leben und Dichtung zeigte, entgegenzutreten suchte. Er bemühte sich nun, die Anschauung zu verbreiten, daß die Übereinstimmungen zwischen Werken Byrons und den seinigen nur zufällig und aus ähnlicher Anlage und Grundstimmung zu erklären seien. Am stärksten stand Heine offensichtlich in den Jahren 1820—1822 unter dem Einfluß des europ. Modedichters. 1820 übersetzte er die erste Szene aus dem '*Manfred*', im gleichen Jahre begann er seinen 'Almansor', zwei Jahre später den 'Ratcliff', zwei Tragödien, deren erste ganz in der Art von Byrons lyrischen Dramen geschrieben ist. Im 'Almansor' sind die für Byrons Verserzählungen typischen Situationen und theatralischen Charaktere (selbst die Namen) verwertet, auch Stil und Bildersprache zeigen Ähnlichkeiten. Der 'Ratcliff' steht nach Heines eigener Überzeugung höher als alle seine früheren Dichtungen, da er aus echtem, schmerzlichem Liebeserleben hervorgegangen ist. Die Beziehungen zu Byron sind innerlicher, liegen in der Atmosphäre des ganzen Stücks, das anderseits stark unter der Einwirkung der Schicksalstragödie steht. Der Byronische Heldentypus aber wird durch keine der Gestalten Heines so treffend verkörpert wie durch William Ratcliff.

Auch Heines frühe Übersetzungen einzelner Gedichte Byrons sowie einiger Einlagen aus dem ersten Gesange des '*Childe Harold*' übten eine gewisse Wirkung auf seine eigene verwandte Poesie aus. — Der Weltschmerz Byrons, mit dem Heine oft nur kokettierte, mußte in Lenaus schwermütiger Seele den reinsten Widerhall finden. Parallelen bieten sein 'Faust' und 'Don Juan' schon durch den Gegenstand, wegen ihrer Gesamtstimmung aber auch seine anderen Dichtungen. Nicht unähnlich ist Grillparzers Stellung zu Byron. Namentlich die 'Ahnfrau' zeigt in Motiven und Einzelstellen einen dem Verfasser wohl unbewußten Einfluß Byrons, dessen frühere Werke er gelesen hatte, bevor er sein Trauerspiel schrieb.

A. Brandl *Goethes Verhältnis zu Byron*, Goethejb. XX (1899) S. 3—37. Artikel *Byron* im Goethehandbuch I 288—292. F. Melchior *Heinrich Heines Verhältnis zu Lord Byron* (LF. XXVII) 1903. W. Ochsenbein *Die Aufnahme Lord Byrons in Dtschld. u. s. Einfl. auf den jungen Heine*. Diss. Bern 1905. O. Weddigen *Lord Byrons Einfl. auf die europ. Literaturen der Neuzeit* 2. Aufl. 1901. L. Wyplel *Byron u. Grillparzer*, Jb. der Grillparzerges. XIV (1904) S. 23—59.

§ 24. Im Drama des 19. Jhs. blieb Shakespeare noch in mancher Beziehung richtunggebend, doch nicht mehr absolut herrschend. Den stärksten Impuls von seiten Englands erfuhr Deutschland aber jetzt auf dem Gebiete des Romans. Zunächst wirkten noch einige Romanschriftsteller des 18. Jhs. nach. Richardsons moralische Weltanschauung klingt noch leicht in Arnims Roman 'Armut, Reichtum, Schuld und Buße der Gräfin Dolores' (1810) nach, während Tieck in seinem 'William Lovell' (1795) nur einzelne Motive der '*Clarissa*' zu verwerten gewußt und Stil und Briefform nachgeahmt hatte. — Wesentlicher war der fortdauernde Einfluß von Sterne. Jean Paul war in der Kunst des Humors und der entsprechenden Technik bewußt sein Schüler, und durch Jean Pauls Vermittlung wirkte Sterne dann indirekt auf Brentano (Spott über die eben geschaffenen Charaktere im 'Godwi' 1800). Ob und wieweit aber die „romantische Ironie" in diesen Zusammenhang gehört, ist bei der Eigenart dieser ganz aus dem Wesen der dt. Romantiker entsprungenen Erscheinung fraglich. — Bei dem in gewisser Beziehung Sterne verwandten Heine, der Sterne im Original kannte und bewußt nachahmte, wurde der Humor zum Sarkasmus, die Empfindsamkeit zur Schmerzverzerrung.

J. O. E. Donner *Richardson in der dtsch. Romantik*, ZVL. X (1916) S. 1—16. J. Czerny *Sterne, Hippel u. J. Paul Ein Beitrag z. Gesch. des humorist. Romans in Dtschld.* (FNL XXVII) 1904. A. Kerr '*Godwi*'. *Ein Kap. dtscher. Romantik* 1898. St. Vacano *Heine und Sterne* 1907.

Als heilsame Reaktion gegen die von Sterne erweckten ungesunden Tendenzen ist Dickens' Natürlichkeit, besonders sein gesunder Humor, anzusehen. Das erkannte schon Julian Schmidt, der unter den Kritikern der Zeit der wärmste Bewunderer der neueren engl. Romanliteratur war und sich besonders für Scott und Dickens begeisterte. In seinen 'Bildern aus dem geistigen Leben unserer Zeit' charakterisiert Jul. Schmidt neben Scott (1771—1832) und Dickens (1812—1870) auch Bulwer-Lytton (1803—1873) und George Eliot (1819—1880). Mit diesen beiden wetteiferte Thackeray (1811—1863) an Berühmtheit, bis Oscar Wilde (1856—1900) in den Vordergrund des Interesses trat. Den stärksten Einfluß aber übten die beiden Größten, Scott und Dickens, aus.

§ 25. Bei Walter Scott zeigt sich die genannte Wechselseitigkeit der literarischen Beziehungen zwischen England und Deutschland besonders deutlich. Er hatte in seiner Jugend Gedichte wie Bürgers 'Lenore' und 'Der wilde Jäger' übersetzt, ferner Goethes 'Götz' und den 'Erlkönig'. Seine Romane standen offensichtlich unter dem Einfluß dieser frühen Eindrücke und erreichten nun wiederum in Deutschland die stärkste und dauerndste Wirkung. Von ihnen geht eine neue Epoche des Romans, zugleich aber auch der Geschichtsschreibung aus. Beide lernten von Scott, „Geschichte" als ein in sich zusammenhängendes „Geschehen" zu fassen und vergangene Zeiten in ihrer Eigenart farbenfreudig und volkskundlich echt darzustellen, ohne die Gegenwart und ihre Forderungen aus dem Auge zu lassen. Die historischen Romane der Romantiker (Tieck, Arnim) dagegen waren meist zu sehr auf das Irrationale, den Sinn der Geschichte, gerichtet, als daß sie wahrhaft von Scotts bildkräftiger Kunst hätten beeinflußt werden können. Vereinzelte Übereinstimmungen erklären sich mit wenigen Ausnahmen aus dem allgemeinen Geiste der Zeit, der auf Belebung der Vergangenheit gerichtet war (vgl. Victor Hugo und Manzoni, beide allerdings in der Beobachtung der Lokalfarbe Schüler Scotts).

Als ein direkter Nachfolger von Scott hat Willibald Alexis (Wilh. Häring) zu gelten. In seinem Erstlingswerk 'Walladmor' (1823) bloß nachahmend (in täuschender Weise, trotz der parodistischen Absicht), gelang es ihm später, bei seiner vorzüglichen Beobachtungsgabe und seinem hochentwickelten Landschaftssinn, sich alle Vorzüge der Darstellungskunst Scotts zu eigen zu machen und, in der Art der '*Waverley Novels*', an einem Gegenstand aus der vaterländischen Geschichte alter Zeiten, besonders der brandenburg-preuß. Vergangenheit, lebendig werden zu lassen. — Wilhelm Hauff schrieb seinen Roman aus der württemberg. Geschichte 'Lichtenstein' (1824) erst, nachdem er zwölf Romane von Scott sorgfältig als Muster studiert hatte. Stoffwahl, Technik und Farbgebung lassen infolgedessen den Einfluß von Scott deutlich erkennen, dem Hauff an Phantasiekraft verwandt war.

Gustav Freytag, Julian Schmidts Mitarbeiter an den 'Grenzboten', sah in Scott den Vater und das höchste Vorbild des modernen Romans. Seine Romane sind in gewissem Sinne die praktische Anwendung seiner theoretischen Erkenntnisse. Sie zeigen Scotts epische Komposition, oft aber auch die Frische seiner Schilderungen. Der Einfluß lag nahe wegen der gleichen Interessen beider Schriftsteller 1. für geschichtliche Entwicklungen, 2. für das praktische Leben in Stadt und Land. Der ersten Gruppe entsprechen die 'Ahnen' (1872—1880), der zweiten 'Soll und Haben' (1855). Die zur zweiten Gruppe gehörigen Romane Scotts, für die '*Guy Mannering*' (1815) typisch ist — während für die andere '*Ivanhoe*' (1819) —, bedeuten den Anfang des Dorfromans. Sicher hätte sich dieser im Zeitalter des Realismus auch ohne Scott in Deutschland entwickelt, doch sind seine Romane als Ausgangspunkt wichtig. Ob er auf die einzelnen Vertreter, namentlich Auerbach, im einzelnen einwirkte, muß dahingestellt bleiben.

H. A. Korff *Scott und Alexis. Eine Studie zur Technik des hist. Romans* 1907. P. Ulrich *Gustav Freytags Romantechnik* (Beitr. z. n. Lit.-Wissenschaft III) 1907.

§ 26. Otto Ludwig spendete in seinen 'Romanstudien' den Werken Scotts hohe Anerkennung, stand in seiner Produktion aber mehr unter dem Einflusse von Dickens, dessen Romane den im 19. Jh. dauernd zunehmenden realistischen und demokratischen Tendenzen sowie seiner eigenen Kunstanschauung, insbesondere seiner Neigung zum liebevollen Versenken in kleine Dinge, vorzüglich entsprachen. Durch zahlreiche Übersetzungen bekannt und außerordentlich populär geworden (namentlich '*David Copperfield*'), halfen sie eine neue Gesamtatmosphäre epischer Art schaffen, indem sie das bereits vorhandene Interesse für schlichte Wirklichkeit und für das Gemütsleben der unteren Klassen vertieften. Zu Dickens' Technik nahm O. Ludwig in den Romanstudien in objektiver Weise kritisch Stellung. Sein Verhältnis zur dt. Dorfgeschichte behandelt er in einem besonderen Aufsatz (Gesammelte Schr. hrsg. von A. Stern VI 159—165). Seine eigene Dorfgeschichte, die 'Heiterethei', zeigt namentlich in der humorvollen Charakterisierung der Nebenpersonen deutlich den Einfluß von Dickens.

Auch auf Gustav Freytags Romane wirkten sowohl Dickens als Scott ein, nur daß hier der letztere das Hauptmuster abgab. Da aber die Anfänge von 'Soll und Haben' in die Jahre zurückgehen, als '*David Copperfield*' in Deutschland und namentlich im „Grenzboten"-Kreise geradezu im Mittelpunkt des Interesses stand, lag eine gewisse Beeinflussung von dieser Seite nahe. Es ist anzunehmen, daß Dickens in der Kunst der bis ins einzelne gehenden humorvollen Charakterisierung von Personen, Dingen und Situationen das Vorbild Freytags war. Beide suchen den Bürger bei seiner Arbeit auf; doch herrscht bei Freytag das Interesse für den oberen Mittelstand vor, während Dickens gerade gegen jegliche Geldaristokratie und für die unteren Klassen des Bürgerstandes und das Proletariat kämpft (z. B. im '*Christmas*

'Carol'). Dickens' warmherziges Eintreten für Arme und Unterdrückte aber war der eigentliche Grund für die Beliebtheit seiner Romane. Aus dem Geist des Zeitalters sozialer Reformbestrebungen entstanden, wirkten sie bestätigend und bestärkend, zum mindesten auf literarischem Gebiet. Um nur einige Dickens verpflichtete Schriftsteller des 19. Jhs. hervorzuheben, sei an Raabe, Reuter und Spielhagen erinnert. Während bei W. Raabe dieser sicherlich vorhandene Einfluß nicht von dem seines eigentlichen Meisters, Jean Paul, zu trennen ist, zeigt er sich deutlich bei F. Reuter. Durch sein gefühlstiefes und zugleich humoristisches Wesen war Reuter dem Engländer so ähnlich, daß man ihn „den dt. Boz" oder „den plattdeutschen Dickens" genannt hat. Er hatte Dickens' Romane (in der Übersetzung) in seiner Festungszeit gelesen, und zwar mit so großem Interesse, daß er später noch viele Stellen wörtlich wiedergeben konnte. Anregungen für bestimmte Charaktere (auch charakterisierende Namen) und Situationen in seinen eigenen Werken boten ihm namentlich die '*Pickwick Papers*', ohne jedoch seiner Originalität Eintrag zu tun. Wie er bekanntlich seine Charaktere überhaupt häufig literarischen Modellen nachbildete, so wählte er Mr. Pickwick als Muster für seinen Onkel Bräsig. Die Geschichte, die am deutlichsten Reuters soziale Gesinnung zeigt, 'Kein Hüsung' (1857) ist in vielfacher Beziehung mit Dickens' '*Hard times*' (1854) zu vergleichen.

Spielhagen nannte in seinen 'Beiträgen zur Theorie und Technik des Romans' (1883) S. 226f. Dickens, Goethe und Goldsmith „die Epiker von Gottes Gnaden" und stellte im besonderen '*David Copperfield*' als Muster eines Romans auf. Sein eigener Roman 'Hammer und Amboß' (1869) ist diesem Vorbild nach Inhalt und Art der Charaktere außerordentlich ähnlich. Das soziale Problem ist hier das eigentliche Thema.

H. Lohre *O. Ludwig u. Ch. Dickens*, ASNS. CXXIV (1910) S. 15—45. F. Lüder *Die epischen Werke Otto Ludwigs und ihr Verhältnis zu Ch. Dickens*. Diss. Greifsw. 1910. R. Freymond *D. Einfl. v. Ch. Dickens auf Gust. Freytag mit bes. Berücksichtigung der Romane 'David Copperfield' und 'Soll u. Haben'* (Prager Deutsche Studien XIX) 1912. H. Geist *Fritz Reuters lit. Beziehungen z. Charles Dickens*. Diss. Halle 1913. M. M. Skinner *Brief notes on the indebtedness of Spielhagen to Dickens*, Journal of Engl. and German Philology IX (1910) S. 499—505.

Eine Untersuchung des Einflusses der e. L. auf die dt. kann nicht über die Grenzen des 19. Jhs. hinausgehen, da über das bereits verflossene erste Viertel des 20. Jhs. in dieser Beziehung nichts Sicheres feststellbar ist. Der Kosmopolitismus in der Literatur hat bis zum Weltkriege derartig zugenommen, daß sich vielfach nur internationale Strömungen zeigen, deren Vermittlungswege nicht immer deutlich erkennbar sind. Die Tendenzen der Nachkriegsliteratur aber sind noch ebensowenig zu übersehen wie die Wirkungen einzelner, noch lebender Schriftsteller Großbritanniens, die um ihrer Eigentümlichkeiten willen in Deutschland so beliebt geworden sind, daß ein direkter Einfluß von ihrer Seite annehmbar ist (z. B. Shaw). Es sei zum Schluß auch hingewiesen auf die starken Einflüsse religiöser und philosophischer Art, die Deutschland im Laufe der Jhh. von England erfahren hat. Da es sich dabei nicht um literarische Wirkungen im eigentlichen Sinne handelt, konnten sie an dieser Stelle nicht berücksichtigt werden. Der Einfluß der engl. Philosophie ist in zahlreichen Monographien behandelt worden; bezüglich des religiös-kirchlichen Einflusses gibt das Werk von A. Hauck 'Deutschland und England in ihren kirchlichen Beziehungen' (1917) die wechselseitigen Verhältnisse. Für die gesamten Beziehungen engl. und dt. Literatur zueinander ist auf das Werk von L. M. Price *English and German Literary Influences. Bibliography and Survey* (1919) zu verweisen.

Gerda Mielke.

Enjambement (Versbrechung), von franz. *enjamber* „überschreiten", bedeutet im allgemeinsten Sinne Aufhören und Beginnen eines Satzes im Innern eines Verses. E. liegt vor, wenn der rhythmische Einschnitt am Versende an Stärke bzw. Schwäche dem im Versinnern sehr nahe steht, und wenn infolgedessen ein Teil des Verses rhythmisch scheinbar enger mit dem folgenden oder voraufgehenden Verse zusammenhängt als mit dem anderen Teil des gleichen Verses. Auf die

Erscheinung des E. hat zuerst W. Grimm (*Zur altdeutschen Metrik* 1813) aufmerksam gemacht. Der Begriff hat sich aber sehr vertieft und in den der Brechung gewandelt, worunter jede Verschleierung der im rhythmischen Gruppensystem vorkommenden Einschnitte durch (scheinbaren) Widerspruch zwischen syntaktischer und metrischer Gliederung verstanden wird (Strophen-, Absatz-, Ketten-, Reihen-, Bund-, Gliedbrechung). Im Verlauf der Forschung sondern sich zwei Betrachtungsweisen: die metrische und die syntaktische. Eine historische Erklärung und rhythmische Deutung des E. hat Fr. Saran gegeben. In den orchestischen Urrhythmen, d. h. in Formen, die Bewegungsliedern noch nahestehen, sind die rhythmischen Grenzen am Strophen-, Ketten- und Reihen-, mitunter auch Bund- und Gliedschluß stark ausgeprägt. Mit dem Schwinden der Melodie und des orchestisch-rhythmischen Gefühls aber und mit dem Überwiegen des Sprachakzents mit seiner wesentlich andersgearteten Gliederung (s. d. Art. *Akzent*) verblaßt die strenge orchestische Gliederung, und die freiere Gliederung des Sprachakzents setzt sich mehr durch. Der Sinn geht nun, weniger gehemmt durch starken rhythmischen Einschnitt, über die orchestisch-rhythmischen Grenzen hinweg, und es entsteht Strophen-, Ketten- und Reihenbrechung. Die Einschnitte verschwinden nicht ganz; sie behalten ihren Rang im rhythmischen System, werden aber verschleiert. Halbe Brechung liegt vor, wenn der überlaufende Sinn nur ein Stück der betreffenden rhythmischen Gruppe zum Vorausgehenden oder Folgenden zieht, ganze Brechung, wenn von den zwei Teilen der gebrochenen Gruppe der erste nach rückwärts, der andere nach vorwärts Anschluß findet. Der Art seiner Entstehung nach ist das E. in Sprechformen häufiger als in musikmetrischen Formen. Im 'Beowulf' und 'Heliand' ist die Kettenbrechung (Verbindung der Vorderreihe mit vorausgehender Hinterreihe) sehr beliebt (s. d. Art. *Hakenstil*). Bei Otfried und in den ahd. Reimgedichten ist das E. selten. Im Frühmhd. nimmt es zu. Im Mhd. ist das *rîme brechen* eine Eigenart der Verstechnik. Hans Sachs zeigt starke Formen des E. Zur Zeit der Alexandrinerherrschaft wird das E. sehr eingeschränkt. Lessing verwendet es häufig, ebenso Goethe; Schiller besonders im 'Don Carlos'. Im einzelnen fehlt es an Untersuchungen für die neuere Zeit. In ästhetischer Beziehung bewirkt das E. Beweglichkeit durch Modulation der Stimme und Tempobeschleunigung.

Saran *Versl.* S. 188—192. P. Habermann *Die Metrik der kleineren ahd. Reimgedichte* 1909. B. Ritter *Die metrische Brechung in den Werken Hartmanns von Aue.* Diss. Halle 1913. J. Vorstius *Die Reimbrechung im frühmhd. Alexanderliede.* Diss. Marburg 1917. Fr. Wahnschaffe *Die syntaktische Bedeutung des mhd. Enjambements* (Pal. 132) 1919. L. Hettich *Der fünffüßige Jambus in den Dramen Goethes.* (BeitrnLg. 4) 1912. S. 120—156. R. Ritter *Die metrische Brechung in den Werken Konrads von Würzburg und seiner Nachfolger.* Diss. Erlangen 1918. P. Habermann.

Entwicklungsroman s. Bildungsroman.

Epigonendichtung. § 1. Die E. ist nächst dem Realismus die breiteste geschlossene Entfaltung in unserer Literatur des 19. Jhs. Ihre ersten Keime entsprossen klassischem Samen in romantischem Erdreich. Das zeitgenössische Gefolg der Klassik, gleich dieser selbst vorzüglich aus den Quellen des 18. Jhs. gespeist, erheischt als „Klassizismus" (s. d.) eine abgesonderte Würdigung. Von solcher Dichtung scheidet sich das Epigonentum, zwar von den nämlichen Sternen gelenkt und ebenfalls antikisierender Linie geneigt, doch überall mit Werkzeug der emportauchenden Schlegel- und Hegelzeit gerüstet, an eine Bildungswelt geschmiedet, die allem Drang nach klassischem Menschen- und Künstlertum von vornherein einen eklektischen, restaurativen, sentimentalischen Zug aufprägt. Das Schlagwort „Epigonen" beherrscht das Bewußtsein vornehmlich der Jahre nach dem Ausklang des idealistischen Zeitalters, allgemein aber wohl auch der gesamten Strecke zwischen den Freiheitskriegen und der Februarrevolution. Immermanns großer Roman schafft unter diesem Titel geradezu die Enzyklopädie einer gärenden Epoche, 1836. Nachtreter gibt es überall, wo Gründer sind. Das Wesentliche bleibt, daß Epigonenkunst in diesem Säkulum energische Entwicklungskurven zieht: Mal einer Zeit, die wenig Sinn für das Organische gewahrt hat, die lieber jedem Können huldigt als dem Müssen folgt, die aus dem Tiefen- in das Dickenwachstum geraten ist. Erst in den letzten zwei Jahrzehnten des Jhs. büßt das Epigonentreiben alle öffentliche Geltung ein... Das vorerst zu betrachtende Gebild ist das Erzeugnis einer Mutterlauge, die etwan in den Blütejahren Friedrich Matthissons aus klassischen Stoffen und romantischen Lösungen, nicht ohne Zusätze aufklärerischer Herkunft, zubereitet wird: Ihr entstammen zum Teil noch gewisse Kristalle des schwäbischen Kreises, ganz überwiegend die Pseudomorphosen der Dresdener um Kind und Hell und Gefährten, durchaus der amorphe Dilettantismus der Almanach- und Journalkränzchen; verwandten Ursprungs ist auch eine Gruppe verspäteter Wieland-Nachahmungen, insonderheit auf österreichischem Boden. Diese früheste Etappe des Epigonentums (§ 2) reicht ungefähr von 1800—1830; Heine und Immermann geleiten sie zu Grab. Das nächste Stadium (§ 3) fällt schon in jenes aktivere Zeitalter, das sich in seinem epischen Realismus und lyrischen Individualismus am rundesten und hellsten verkörpert. Hierher zählen vorab die klassizistischen Kreise der Plateniden und Münchener, die Jüngerschaft Grüns und die Gilde der Versnovellisten, die Akademiker von Rückert bis Hamerling, die Byronschwärmer und Italienwanderer, außenseits auch die Exotisten und Dekorateure halb romantischen, halb goethisierenden Ehrgeizes. Diese Woge verebbt erst an der Schwelle der Ibsen- und Hauptmannzeit. Die stärkste Spannung zwischen Alt und Jung aber eröffnet sich im Drama, und im Gebiet des Dramas entspinnt sich die machtvollste Auswirkung des ganzen Epigonentums (§ 4): Erst friedfertige Nachbarschaft von Klassizismus, Lyro-Szenik, Schicksals-Romantik; nachher, seit den Tagen Jungdeutschlands, der Kampf um Schiller, das Gesinnungstheater des Liberalismus, das Monumentaldrama Wagners, der Ideal-Historismus Hebbels, und nach den Stürmer- und Entdeckertaten wieder die Plüschmöbelmanufaktur der Wilbrandt und Wildenbruch und deren kleinerer Gesellen. Auch hier wird nachher der Naturalismus Krisis und Neugeburt. Die spätere Epigonendramatik, bürgerlich und gepflegt von Fulda bis Wildgans, literarisch gehoben bei Stucken und Lienhard und Hardt und Verwandten, ist wohl in keiner Hinsicht mehr das Glied einer lebendigen Entwicklung.

§ 2. Die Scheitellinie zwischen dem 18. und 19. Jh. ist selbst in den Niederungen der Literatur nicht verkennbar. Sie trennt denn auch die Epigonen von den Klassizisten: Die Klassizisten sind zumeist bewußte Handlanger, Schrittmacher, Dolmetscher der Klassiker; die Epigonen greifen nach den höchsten Kränzen. Der Klassizismus fühlt sich dem Zeitlos-Vollkommenen der klassischen Kunst zugeschworen; dem Epigonentum hat sich der ewig-menschliche Gegensatz von Schillers naivem und sentimentalischem Typ in den romantischen Konflikt zwischen Antik und Modern umgewandelt. Jene mischen, diese pfropfen. Jene verquicken Schillerisches Pathos mit Vossischer Formenstrenge und Höltyschen Seufzern und rationalistischer Reflexion; diese verstreuen überall auch Früchte romantischen Sammlertums. So gattet sich in solcher frühen Epigonendichtung immer die Goethische Gestalt dem Tieckischen Gespinst, klassischer Mythos der romantischen Feerie, Olympisches dem Paradiesischen, Rhetorik der Musik, Heroisches der Elegie. Was einen Hölderlin qualvoll zerreißt, tritt hier zu beschaulichem Bündnis zusammen. Versunken der tragische Grundzug der Klassik, für die alles Besitzen ein Entsagen ist und alles Formen ein sittlicher Kampf. Nicht aus gesamtmenschlichem Wesenskern kommt diese Kunst, nur aus behendem Handgelenk... Solche klassisch-romantischen Mixturen verschänkten mit weltschmerzlicher Gebärde Matthisson und mit schlichterer Salis, in nüchterner Förmlichkeit die Halem und Collin, voll lehrhafter Absicht die Kosegarten und Baggesen: Hier vermählen sich Klopstock- und Wielanderinnerungen, Psalmodik und Exotik, Liebliches und Gezacktes, Arkadien und Schauergewölk, zuweilen höfisch frisiert, öfter elegisch aufgekratzt. Eine um ein paar Jahre jüngere Bildungskunst vertreten, in vorwiegend antikischem Geleis, die neuen Epen im Stil der Pyrkerschen 'Tunisias': H. A. Clodius

'Eros und Psyche', Kurowski-Eichens 'Tantalis', Heidelbergs 'Orpheus und Eurydike': Alle konventionell in der Wahl des „großen Gegenstands", in rührseliger Episodik, in klischierter Verknüpfung von Sichtbarem und Unsichtbarem, in antikisierender Personifikation christlicher Dinge zu barocken Allegorien, im Mißbrauch eines pseudohomerischen Gleichnisvorrats. Viel härtere Zucht verrät die Verskunst der Fouqué und Stägemann oder des romantik-näheren Zedlitz. Auch auf die Schwaben muß verwiesen werden, mag auch der Aufstieg von Uhland zu Mörike das angegebene Niveau unmeßbar überragen; besonders Neuffers Horazianische Motivik ist der Bildungsschwelgerei des Modelieblings Matthisson ergeben, weniger schon die herberen Pfizer und Schwab; auch der bewährte Übersetzer und Altertumskenner Conz gemahnt an die gröberen Sänge der Göttinger und bleibt bei aller Formgewandtheit einem Bürger näher als dem heiß verehrten Landsmann Hölderlin... Neben diesen spröderen Geistern waltet nun eine Reihe weicherer, die tiefer aus dem Brunnen der Romantik trinken: Voran die virtuosen Koloristen, wie Löben und Schütz, kein einziger unberührt von der Orientforschung der Schlegel und Hammer, Görres und Bopp. Benachbart die Nutznießer katholisierender Neigungen, Legendäres in blumige Festkleider hüllend: Schulzes 'Cäcilie', Wessenbergs 'Irene', Meinholds 'St. Otto'. Ernst Schulze, durch den Liebesroman seiner kurzen Jugend menschlicher Prototyp der epigonischen Trivialromantik, erntet den stärksten Widerhall bei zahlreichen versprengten Folgern Wielands: Hier paart sich altes Rokoko romantischem Gut. Die ersten spärlichen Früchte solcher Vermischung bieten schon Werkchen von der Art der 'Wunderblume' der Elise Ehrhardt oder A. Hagens 'Otfrid und Lisena'. In der Versnovelle der Goldschnittzeit lebt dieser Stil noch einige Jahrzehnte fast völlig unzersetzt fort. In den Stamm der Gesamtbewegung freilich schneiden nunmehr Heine und Immermann eine tiefe, epochenscheidende Kerbe.

§ 3. Der Titel „Epigonen" empfängt in den dreißiger Jahren wachsenden Nachdruck. Seit Goethes Tod ist die letzte, großartige Bezwingung des Chaos der jüngsten Jahrzehnte entschwunden. Und mit Hegel scheint die gesamte Epoche des idealistischen Denkens dahingegangen. Dahin ist das tausendjährige Reich der Romantik, und ein männlicheres sprengt die Tore; aber die Stunde der Entscheidung trifft ein papierenes Geschlecht: „Zerrissene", Byronomanen oder Don Juans. Für Heine bietet sich hier ein Quell der Ironie, für Immermann ein Sporn der Kritik. In beiden weckt der Name Hegel einen seltsamen Zweiklang von Ehrfurcht und Trotz, Entschlossenheit und Wehmut. Beide sind sich peinvoll bewußt, im Schatten von Gipfeln zu stehen. Beide wollen von vorn anfangen, nicht weil sie das Alte entwertet, vielmehr weil sie es vollendet wähnen. Heine flüchtet in romanische Formkultur und gründet jenen Manierismus, der einen nach Jahrzehnten noch nicht ganz verblaßten Zustand schafft und spiegelt: die Kunstform losgelöst von jeder Lebensform, das Wüchsige und Wurzelhafte preisgegeben, das Sehertum dem Mimentum geopfert. Immermann aber versucht in zwei umfassenden Gemälden (den 'Epigonen' und dem 'Münchhausen') das Schicksal einer Zeit zu gestalten, deren Nerv eigentümliche „Zweideutigkeit aller gegenwärtigen Verhältnisse" ist: Epigonentum! Jedes Stück Vergangenheit hat einen Rock hinterlassen, in jeden wird geschlüpft. Überall Allerweltsgescheitheit, nirgends innere Form. Man besitzt allerhand Fähigkeiten und keinen Kern. In Immermanns satirischen Elegien, Sonetten, Romanzen kehren solche teils polemischen, teils resignierten Töne wieder. Viel düsterer klingt sein Lied als etwan die Fanfaren Feuerbachs, des forschen Propheten des Positivismus. Der stärkste Nachfahr Immermanns im Zeitroman ist Spielhagen.

Die edelsten der Epigonen sind die Platen-Deutschen. Was ihren Meister von der tief ersehnten Klassik trennt, ist nur ein Mangel an gesamtmenschlicher Energie. Platen bleibt Schlürfer der Form, Priester der Linie, heldischer Forderer. Aber er dient seiner Gottheit allein im umhegten Bezirk eines heiligen Hains, nie strebt er ein Gesetz des Menschen und der Welt zu vollstrecken. Er entbehrt alles schicksalvollen Verstricktseins in die Dinge, und nicht umfassende Befreiung der Seele, nur Steigerung eines einzigen Sinns ist füglich der Gewinn seiner apollinischen Kunst. Nicht ohne Recht erheben Jungdeutsche den Vorwurf, hier sei Egoismus. In stärkerem Grad gilt dies alles von der verwandten Sippe der Münchener: Da ist der gesprächige Geibel, durch seine 'Brunhild' Träger des Schillerpreises 1857; die meisterlichen Landschaftsmaler Schack und Heyse, die tieferen Seelenforscher Leuthold und Lingg, die seichter-leichteren Grosse und Greif; daneben die halb akademische, halb tendenziöse Lyrik Anastasius Grüns samt Anhang, später die robuste Geschmeidigkeit Scheffels und Grisebachs. Auf ähnlichem Boden erblüht die bürgerliche Versnovelle: Kinkel, Moritz Hartmann, Roquette, Reinick, Baumbach; auch Friedrich Wilhelm Webers 'Dreizehnlinden' wurzelt hier. Diesen Kreisen benachbart, nicht unmittelbar ihnen zugehörig, ist auch jene vor allem in epischen Darstellungen bewährte Italien-Motivik, deren Kolorit nicht der Einfühlung in römische Vergangenheit entspringt, sondern der warmen Berührung mit dem Land und den Leuten des Südens. Obgleich indes die Themen häufig anekdotisch und historisch sind, scheint diese Gattung den formalen Elementen nach doch eher den Namen „Italismus" zu verdienen als „Renaissancismus" (F. F. Baumgarten); zumal da der Gipfel solches Stils, und in verschiedenem Bezug der gesamten klassizistischen Literatur des Jahrhunderts überhaupt: C. F. Meyer, in der Kette des Renaissancismus eine ebenso freie und ragende Stellung wahrte wie nur im Gesichtsfeld des „poetischen Realismus". Die Hauptanregung jenes Italismus entfließt zum Teil noch den Romanen Wielands, deren Tönung insonderheit durch die veredelnde Vermittlung von Heinses 'Ardinghello' an die Romantik überliefert wird, indessen auch dank den Kopien der Trivialliteratur am Jahrhundertbeginn allerseits heimisch ist. Sie erfährt Kräftigung durch Bulwer, der ebenso wie Walter Scott das Renaissancebild alles Realismus formen hilft. Aber schon etwa der 'Agathokles' der Karoline Pichler weist Wielands klare Spuren, und selbst der alte Tieck der 'Vittoria Accorombona' erscheint zutiefst beeindruckt. Der Italismus findet frühe Pflege bereits bei Seume oder Wilhelm Müller, Vervollkommnung nachher bei Kurz und Rehfues, Kopisch und Gaudy, vor allem aber bei Waiblinger, dem sonnigsten und markigsten in dieser Schar: Allein durch sein menschliches Schicksal lebt dieser heimatflüchtige, in Italien einem wüsten Lazzaronentreiben erlegene Schwabe das Urbild eines Epigonen dar, wie sich in Hölderlins Untergang der Sturz eines Riesen verkörpert. Hölderlins Form und Goethes Gestalt eifert Waiblinger nach, auch er — doch ganz anders als Platen — ein Enthusiast des Klassischen ohne den sittlichen Zügel. Schilderung und Charakteristik ist sein Amt, nicht Geschmack noch Erhebung. Überragend bleibt seine Zeichnung vornehmlich süditalienischer Landschaft, Gewinn eines an Maler Müller erinnernden Freiluftdaseins, im übrigen rasche Reiseskizzen und realistische Genrestücke, die sich würdig an Darstellungen Rumohrs, selbst an die Tagebücher eines Gregorovius reihen. Allem „poetischen Realismus" werden hier reiche Kräfte zugeführt, und noch bei Jordan und Hamerling ist der Einstrom zu spüren. Der historische Roman der Wolff, Dahn, Ebers, Sperl, Hausrath, Adolf Stern hat diesen Früchten so wenig entsagt wie das Kenner- und Schlürfertum der Kugler und Werder und Troß . . . Neue, vorderhand manieristisch ausgewertete, Erweiterung erwächst solcher Kunst durch die Farbensträuße der Freiligrath und Schack, Stieglitz und Bodenstedt. Züge der byronisierenden und philhellenischen Dichtung bleiben lebendig, ein Schöpfer wie Lenau macht in verschiedener Hinsicht auch koloristische Schule. Der wegebahnende Eroberer des Orients wird nun Rückert: freilich, er ist vor allem auf eine gewisse Klassizierung des Ostens bedacht, wie ja auch Platen just hier den Pfad der antikischen Formkunst betritt: den Pfad von orientalischer Ghaselendichtung über das Sonett zur griechischen Ode, Elegie, Hymne. Indessen noch der Wille aller jüngeren Akademiker von ethnologischer Ambition gilt solcher Einordnung der fremden Götter in ein humanistisches Pantheon unter Obhut des gebildeten Europäers.

§ 4. Dichtere Fäden als in diesen lyrisch-epischen Bezirken verknüpfen auf dramatischem Gebiet die Kunst der Epigonen ihren Meistern. An die dramatischen Leistungen denkt man vorzüglich, wenn ohne bestimmteren Zusatz vom Epigonentum des 19. Jhs. die Rede ist. Vorweg nun offenbart sich hier, daß die von Anbeginn in die Gesamtbreite des nationalen Lebens gerichtete Tat Schillers weit heller und dauernder nachklingt als das immer nur Ausgewählten zugängliche und gegenständlich überhaupt nicht nachahmbare Werk Goethes. Später entspinnt sich freilich auch in Sachen des Dramas ein klassisch-romantischer Antagonismus: hier Schiller, dort Shakespeare; das ist die Saat des Dramaturgen Tieck. Vorerst aber stehen sich nur zwei Typen innerhalb des Klassischen entgegen: links das von Schillers Geist erfüllte heroisch-pathetische Schauspiel, und rechts ein lyrisierend-gräzisierendes mit Goethischen Schattungen. Jenes massig-historisch, dem Vorwurf nach antikisch oder national, dieses idyllisch und sentimentalisch, voll Neigung zur Mythologie. Aus Schillers Welt entlehnt das pathetische Drama die monumentale Rhetorik, die Freskocharaktere und das feierlich-festliche Kolorit, die Verquickung der Kolossalaktion mit rührenden Familienszenen; doch weicht das tragische Ethos dem lässigeren Widerspiel von Bürgerglück und Heldentugend. Der formbegabteste in diesem Epigonenrund ist Heinr. Jos. v. Collin: gebildet ebenso an Schiller und am Iphigenienvers wie an der griechischen Tragödie und am Aristoteles; 'Regulus' und 'Coriolan' führen die größte Geste, in der 'Polyxena' überwiegt Lyrisch-Mythologisches, die 'Horatier und Curatier' erwerben ihrem Dichter seitens Johannes von Müllers den Titel des deutschen Corneille. Auf nachbarlichen Pfaden schreiten — um aus der überwältigenden Masse nur eine winzige Auswahl zu treffen — Fr. Ast ('Krösus') und J. v. Auffenberg ('Die Spartaner', 'Das Opfer des Themistokles'), J. G. Seume ('Miltiades') und K. Th. Beil ('Alexander'), Fr. v. Üchtritz ('Alexander und Darius', 'Rom und Spartacus'), E. Raupach ('Timoleon') und J. v. Soden ('Virginia'). Endlos die Kette der Tiberius-, Nero-, Brutus-, Alexanderstücke, bis zu den Münchenern, die fast alle auch im Drama dilettieren (Geibel, Heyse, Grosse, Greif), bis zu dem unglücklichen Albert Lindner, dem obersten der Oberlehrer-Tragiker, dessen 'Brutus und Collatinus' 1866 den oft entweihten — zwölf Jahre später an Franz Nissels 'Agnes von Meran' verliehenen — Schillerpreis erntet. Auch Gutzkow verfertigt einen 'Nero', Gregorovius einen 'Tod des Tiberius' und noch Kürnberger einen 'Catilina'. (In Grabbes 'Hannibal' und 'Marius und Sulla' pulst immerhin anderes Blut.) Überall Schillerische Rhetorik und Figurenzeichnung, zudem stilistische und sentenziöse Anklänge, die öfters an Plagiate grenzen.

Das gräzisierende Drama beruht vorab auf einem kleinen Erbteil Goethischer Prägung, der von der Romantik gerade in Hinsicht des Lyrischen ausgebeutet und mit Motiven insbesondere Calderons verbunden wird. Der reimfreie Jambus wird oft mit dem spanischen Trochäus vertauscht, Lieder und Strophen eingeschoben, alles dramatische Gefüg gesprengt. A. W. Schlegels 'Ion' gehört hierher und Aug. Klingemanns 'Ödipus und Iocaste' und Rochlitzens 'Antigone'. Den Drill der Weimarischen Dramaturgie verraten auch Klingers 'Medeen' und Kannegießers 'Iphigenien', Weichselbaumers Charaktergemälde antiker Heroen oder das saubere Handwerk der Schütz und Apel und Michael Beer. Die nirgends auch nur von fern erreichten Gipfel dieses nachklassischen lyrisierenden Dramas bleiben Grillparzers 'Sappho', 'Des Meeres und der Liebe Wellen', in manchem Bezug auch 'Das goldene Vließ': Hier wird dem Ringen aller Epigonen, das Antike dem „Modernen" zu paaren, so edle Erfüllung zuteil, daß wir diesen Erhabensten im Zeitalter der Erben nur in unmittelbarer Gemeinschaft mit den Vollendern und Entdeckern gerecht zu würdigen vermögen. (Vgl. den Artikel *Klassik*.) Grillparzer in hoher Art und reinem Willen vielseitig verwandt ist Immermann: Auch dieser, der — gleich Kleist und nachmals Ludwig — über das Griechentum schmerzvoll und abwegig grübelt, unternimmt nach besonnenem Tasten ('König Periander und sein Haus') in seiner 'Alexis'-Triade den ersten Versuch einer antikisch-modernen Synthesis: Geboren wird ein wahnschaffenes Gegenbild zum 'Goldenen Vließ'. Weiter als Grillparzer bleibt eben Immermann dem klassischen Ethos entrückt; jener ringt, dieser experimentiert; in Grillparzer vollzieht sich ein Schicksal, die krisenreiche Zeit zeitlos verklärend, Immermann trägt die Zeit mit ihrem Widerspruch und Weh in zwei Kompendien.

In Dingen des Lustspiels ist das 19. Jh. mit verhältnismäßig nur geringer Überlieferung befrachtet. Das bürgerliche Unterhaltungsstück im Stil Schröders und Kotzebues wuchert natürlich fort. Der neue teils shakespearisierende, teils aristophanische Zug wird eigentlich erst von der Romantik eingeführt. Die Literaturkomödien der Rückert und Platen und Gruppe und Prutz sind epigonisch mehr im Geist als in der Form.

Am lichtesten strahlt Schillers Flamme über ein drittes dramatisches Reich, in dem sich die lautersten Kräfte des aufsteigenden Bürgertums sammeln. Hier allein ist Glut und Schwung, hier allein nimmt das Epigonentum Anteil an künstlerischem Wachstum in die Höhe und Tiefe. Schillers kolossalische Dimensionierung bei kompositorischer Strenge, sein Gestus, sein Rhythmus, sein Ethos wirken als Energie und Atem fort: Zunächst in der anspruchslosen Manier der Theodor Körner und Klingemann, auch bei den wuchtigeren Zacharias Werner und Fouqué. Fortsetzung bildet dann die Reihe der nationalen Geschichtsschauspiele, besonders — dies dank A. W. Schlegel — Hohenstaufenstücke: Von Raupachs 'Kaiser Friedrich I.' und Grabbes 'Barbarossa' bis hinab zu Lindners 'Stauf und Welf' und dem verwandten Anhang der Greif und Dahn. Der mächtigste Beherrscher dieser Gattung ist dann Wildenbruch, und aus dessen Geheg geht es aufwärts und abwärts: hinab zu den Purpurschmarren der Lauff und Gefährten, empor zu den Weckrufen Unruhs. Die dekorativ-rhetorische Linie der Raupach- und Fouquézeit, zur Hälfte nach Schiller und halb nach Iffland, findet Gefolg in den Poeten des Bildungsbürgertums, vom Schlag der Schenk und Holtei oder Halm und Laube oder Geibel und Heyse. Die wohl bedeutendste Gesamterscheinung dieses Kreises ist Freytag, dessen 'Technik des Dramas' die repräsentative Dramaturgie des Epigonentums bleibt; noch einzelnes bei Anzengruber kann von hier verstanden werden. Nur flüchtigen Hinweis verdienen die harmlosen Mitläufer vom Schlag der Böttger und Fitger, Gottschall und Meißner und J. L. Klein. In den Streber- und Gründerjahren verkörpert Wilbrandts Werk den stärksten Hort des Epigonenstücks. Die jüngeren Versuche in und am Stildrama — als Herolde der weit verschiedenen Spielarten seien Hardt, Stucken, Paul Ernst genannt — entspringen sekundärem Impuls und zeugen füglich nicht als lebendige Glieder Entwicklungen fort... Der ragendste Bewahrer und Erneuerer des Schillerschen Monumentalstils, zugleich der adligste Verkünder des klassischen Ethos ist Richard Wagner; freilich nicht mehr ein Mensch unvermischt klassischen Geblüts, entfernt von Schillers Harmonie der bildnerischen und der denkerischen Kräfte. Schiller und Schopenhauer sind hier Hemisphären einer Welt, allerdings einer Welt, die strahlend und hehr wie nichts im Jahrhundert von Hegel bis Nietzsche für das idealistische Evangelium des großen Menschen und des großen Stils zeugt, wenn auch zuweilen schon in Formen, die den Boden jener Ideale unterhöhlen helfen... Für die Zukunft gesät hat hierneben nur jene Bewegung im Epigonendrama, die vorerst, in Jungdeutschlands Tagen, das Pathos verblichener Ideologien durch ein historistisch-politisches zu verdrängen versucht. Die Ästhetik des Dramas wird ergänzt durch Gesinnungsmomente nicht so sehr ewig-menschlicher als aktuell-zeitkritischer Natur. Schiller, dank Tiecks Dramaturgie lange von Shakespeare überschattet, tritt wieder in den Brennpunkt der Teilnahme, wenn auch nicht in den Höhepunkt der Schätzung: In Heines und viel mehr in Börnes Kampf um Goethe wird er zum Fundament der Problematik; Wienbarg erhebt allerhand Einwände gegen das zeitfremde Chimärentum der Schillerschen Humanität, bewährt sich aber im eigenen Stil der erörternden Prosa zutiefst von dem Gerügten abhängig; Laube und Gutzkow ringen sich nach anfänglicher

Kritik zu warmer Verehrung durch, hartnäckiger wahrt nur der öde Mundt die Gegnerschaft. (Am dringendsten gemahnt nachher der wilde Ankläger Lassalle, wohl der fortreißendste Journalist des Jhs., auf Schritt und Tritt an Schillers Rhythmik und Rhetorik.) Solchem Zwiespalt entsteigt das Drama der Gutzkow und Laube und ihrer ungezählten Nachtreter. Immermanns Zeitschmerz wird hier durch mancherlei Verträge beschwichtigt, während er von den Grabbe und Büchner bis auf den Grund durchlitten wird. Bei Büchner, Griepenkerl, Niebergall vernimmt man Vorklänge des Naturalismus, Laube und Gutzkow und Beer ebnen die Wege des Unterhaltungstheaters. In Mosens strafferen und Rückerts massigeren Stücken waltet noch Energie des Hegelismus, die dann in Hebbels Werken ewiges Gebild wird. Eine neue Metaphysik des Sittlichen, ein neuer Pessimismus, eine neue Psychologie entthronen hier die Maße alles klassischen Menschentums. Neue Motivknüpfung, neue Figurenzeichnung, neue Kompositionskunst sind die nächsten Früchte. Was Hebbels Schritt bedeutet, wird durch Ibsen offenbar. Betrachtet man Gruppenerscheinungen, dann erkennt man in dieser Schöpfung die Wende zweier Zeitalter.

Die einschlägigen Hauptwerke vgl. unter dem Artikel *Antikisierende Dichtung*. Dazu kommt an Einzelarbeiten: A. Ludwig *Schiller u. d. d. Nachwelt* 1909. H. Bulthaupt *Dramaturgie des Schauspiels* IV[12] 1908ff. M. Martersteig *D. dt. Theater im 19. Jh.* 1904. R. F. Arnold *Bibliographie d. d. Bühnen seit 1830* 1908. — O. E. Schmidt *Fouqué, Apel, Miltiz* 1908. J. Wihan *Collin u. d. patriotisch-nationalen Kunstbestrebungen in Österreich zu Beginn d. 19. Jhs.*, Euph. Erg.-H. V (1901). E. Planck *D. Lyriker d. schwäbischen Klassizismus* 1896. Z. Flamini *Müller e Roma* 1908. W. Büngel *D. Philhellenismus in Deutschland 1821—29* 1917. H. Kraeger *D. Byronsche Heldentypus* 1898. J. Hart *Wolff u. d. moderne Minnepoesie* 1887. A. Helbig *E. Geibel u. d. Münchener Dichterschule.* Progr. Aarau 1912. F. J. Hallermann *Freiligraths Einfluß auf d. Lyriker d. Münchener Dichterschule* 1917. E. Kalischer *C. F. Meyer in seinem Verhältnis z. ital. Renaissance* 1907. — H. Maync *Immermann* 1921. E. Spohr *D. Darstellung d. Gestalten in Immermanns 'Epigonen'* 1915. V. Klemperer *Spielhagens Zeitromane u. ihre Wurzeln* 1913. J. Dresch *Schiller et la Jeune Allemagne*, Rev. germ. 1905. O. Mayrhofer *G. Freytag u. d. junge Deutschland* 1907. W. Deetjen *Immermanns 'Kaiser Friedrich II.'* 1901. A. Gabriel *Friedrich von Heyden mit bes. Berücksichtigung d. Hohenstaufendichtungen* 1901. W. Schulte *Grabbes Hohenstaufendrama* 1917. A. L. Jellinek *Konradin-Dramen*, StVLG. II (1902) S. 104ff. F. Koch *A. Lindner als Dramatiker* 1914. M. Berendt *Schiller-Wagner* 1901. C. Spitteler *D. Epigonentum*, N. Züricher Ztg. 1891 Nr. 21—24.

H. Cysarz.

Epigramm. § 1. Altertum und Mittelalter. E. war bei den Griechen zunächst, wie der Name sagt, Aufschrift auf Grabmal, Standbild usw. Es gab die Bedeutung des Gegenstandes an; Kürze war Gebot, Form das Distichon. Dann entwickelt sich daraus, losgelöst vom Denkmal, die Aufgabe, Persönlichkeiten, Bücher, Orte, Taten kurz zu würdigen. Schließlich kommt man zu Gedanken, Empfindungen, Anekdoten, Merkversen. Satirisches taucht erst später auf; desgl. der geistreiche Abschluß. In der 'Griechischen Anthologie' zeigt sich, daß kurze Elegie und E. kaum zu unterscheiden sind. Bei den Römern (Martial) überwiegt das satirische E. Im MA. fehlt das dt. E.; Sprüche wie in Freidanks 'Bescheidenheit' und die Priamel bieten wenigstens Ähnliches. Der lat. Dichtung des MA. ist es nie ganz verlorengegangen (Grabschrift; Aufschrift an Gebäuden, Bildern, Büchern, Geschenken).

§ 2. Renaissancezeit. Die Renaissance führt das E. im Abendland wieder ein; es bleibt eine beliebte Gattung in aller antikisierenden Dichtung (s. d.). Bei den Humanisten hat es lateinisches Gewand; in Deutschland sind die Hauptvertreter Sabäus, Euricius Cordus, Grudius. Europäischen Ruf erlangte der Engländer Owen (1560—1622). In die dt. Dichtung führt nach vorhergehenden Übersetzungen (über die aus der Anthologie s. u. Rubensohn) und nach vereinzelten, von 1638 ab mehrfachen, Versuchen von Lobwasser, Hudemann und Weckherlin, Opitz das E. ein, gemäß seinem Renaissanceprogramm. Außerdem entsprach es der Freude des Barock am Antithetischen und Zugespitzten. In der 'Poeterei' erklärt er es für eine kurze Satire; Kürze und Spitze als Abschluß sind die Hauptforderungen, die Opitz und das 17. Jh. an das E. stellten (so noch bei Meister und bei Neukirch [1724]); sie sind aus Owen abgeleitet, der im Gegensatz zu Martial fast nur zwei- und vierzeilige E. hat. In stofflicher Hinsicht empfiehlt Opitz es besonders für Liebe, Begräbnis, Lob, Vornehmer, Gebäude, Scherzreden, verwirft hingegen den satirischen Gebrauch, den Hohn auf anderer Leute Fehler. Er dichtet selbst dt. E. neben lat.; und seine Schüler und Zeitgenossen folgen ihm: Rist, Czepko, Fleming, Lauremberg, Moscherosch, Tscherning, v. Haugwitz, A. Gryphius, Greflinger, Grob u. v. a.; desgl. die späteren Schlesier: Hofmannswaldau ('Hundert Grabschriften', 'Poetische Grabschriften'), v. Abschatz, Hunold (am Anfang des 18. Jhs., leichtfertig wie seine Romane). Der erste dt. Theoretiker des E. ist Meister: 'Unvorgreifliche Gedanken von deutschen Apophthegmatibus' 1698. — Alle Renaissance-Epigrammatik schöpft unbedenklich aus dem reichen Schatz alt- und neulat. E., aus der Anthologie, aus Italienern (z. B. Hofmannswaldau aus Marino), Franzosen und Niederländern (Opitz); vor allem sind Martial und Owen (seit 1641 mehrfach ins Deutsche übersetzt) vorbildlich. Das bleibt so bis nach Lessing. Diese E. wenden sich zumeist (man glaubt so, *prodesse* und *delectare* zu verbinden) gegen allgemein menschliche Laster (Trunksucht, Schwatzhaftigkeit; Geizhals und Bramarbastyp besonders oft), gegen Laster der Zeit (besonders Logau gegen Modetorheiten und Franzosennachäfferei, ebenso Wernicke); gegen die Gebrechen einzelner Stände, vor allem der studierten Berufe (Anwälte, Richter, Geistliche, vor allem Ärzte), dann gegen die Frauen (Zanksucht, Schwatzsucht, Putzsucht, Tanzwut, gegen scheinheilige Lüsternheit, Hausdrachen, fröhliche Witwen, geschminkte Alternde usw.). Namentlich genannte Zeitgenossen werden noch nicht vorgenommen. A. Gryphius und Logau haben Religiöses, Gryphius auch Persönliches ('Warum das Feuer seine Dissertation verzehrte'). Es schließt sich an das Lob oder die Kennzeichnung berühmter Männer (Hofmannswaldaus 'Grabschriften'; Tacitus, Mucius Scävola bei Wernicke, letzterer natürlich nach Martial), sowie Süßlich-Galantes (Fleming: Perlen trägt die Geliebte nicht zum Schmuck, sondern um den Perlen zu zeigen, daß sie dunkel sind gegenüber ihrer weißen Haut). Politisches beschränkt sich auf den Kampf gegen Ausländerei und franz. Politik sowie auf den Tadel dt. Schwäche (Logau, Wernicke; Treffendes sagt Neukirch gegen Ludwigs XIV. anmaßende Politik). Dazu kommt dann viel spruchartige Weisheit, z. B. über Alter und Jugend, und allerlei Klugheitslehren (bei Logau viel z. B. über Weinfreundschaft, die nicht lange hält). Es wirkt da die alte volkstümliche Spruchweisheit nach, die auch im 17. Jh. noch gesammelt wurde. Ganz auf den Spruch beschränken sich die mystisch-katholischen „Sinnreime" Schefflers ('Cherubinischer Wandersmann'). — Die metrische Form ist meist der Alexandriner, daneben finden sich andere Reimzeilen von gleicher oder verschiedener Länge (letzteres z. B. bei Wernicke). Das Madrigal (s. d.), das dem E. nahesteht, findet sich unter E. eingemischt. Was die Technik angeht, so sind schon so ziemlich alle Möglichkeiten vertreten, weil von den Alten das E. schon ziemlich ausgeschöpft war. Das Streben nach mannigfaltiger Einkleidung ist bei Logau und Wernicke deutlich zu spüren. Manche Wortwitze sind recht kindlich, so wenn Gryphius einen dummen Doktor verspottet, indem er Doktor in Dock + Tor zerlegt. Einen Begriff von der Mannigfaltigkeit der Einkleidungen gibt ein Blick auf die damals vorkommenden Arten. Es finden sich zunächst das Wortspiel (Logau: der Soldat sei re-sol-ut) nebst Zweideutigkeit sowie anagrammatische Spielereien (Meister des Wortwitzes ist Owen); dann Bild und Vergleich: als durchgeführtes Bild (Logau: die Welt ein Meer, der Glaube das Segel, der Teufel macht Sturm usw.), als Vergleich aus der Natur (Logau: Schmeichler bei Hofe wie Fliegen in der Speisekammer: beide sterben nicht aus); ferner Stellungnahme zu einer Äußerung, zu einem Zitat oder einer bekannten Tat: das Zitat wird zu wörtlich ausgelegt, oder es wird dagegen Stellung genommen, oder es wird zugestimmt; und bei einer Tat wird gesagt: so ist es auch in diesem Fall, oder so ist es nicht. Die Form der Grabschrift ist oft nicht ernst genommen (auf einen Floh: Hofmannswaldau) oder läuft auf Typenkennzeichnung hinaus ('Grab eines alten

Bräutigams' ebenda). Die meisten E. und ihre Spitzen beruhen auf einem Gegensatz; wirkungsvoll ist der gehäufte Gegensatz (Logau: Wer's hat, wer's nicht hat, wer's gehabt hat; oder Wernicke: Was Gold im Beutel war, wird Kupfer im Gesicht); noch wirkungsvoller mit chiastischer Stellung (Logau: Wer will, darf nicht; wer darf, will nicht, nämlich bei Hof die Wahrheit sagen) oder mit paradoxer Wendung (Wernicke: Erreicht den Zweck, indem er ihn verfehlte). Echt barock ist die Art, wie Abschatz auf Gegensätzen seine E. aufbaut, wenn er etwa an eine schöne Hinkende oder an eine schöne Großnasige seine Verse richtet. Klimax, Schallnachahmung, Akrosticha, Häufung von Synonymen, Rätsel, Priamel, witziger Trugschluß, übertriebene Folgerung sind seltener. Eingespräch, Zwiegespräch, Anrede, Frage und Antwort können sich mit diesen Arten verbinden. Den Zusammenhang mit dem antiken E. beweisen auch die lat. Namen, die für die einzelnen Charaktertypen üblich sind, ein Brauch, der bis zu Lessing einschließlich gilt. Da heißt ein Wucherer Lukrin, ein Fauler Piger; die meisten Namen jedoch ohne Beziehung zum Charakter (Artemon, Palemon, Camilla, Chlorinde usw.).

R. Levy *Martial u. die deutsche Epigrammatik des 17. Jhs.* 1903. E. Urban *Owenus u. die deutschen Epigrammatiker des 17. Jhs.* 1899. M. Rubensohn *Griechische Epigramme in deutscher Übersetzung des 16. u. 17. Jhs.* 1898. K. Friebe *Hofmannswaldaus' Grabschriften'* 1893. v. Waldberg *Galante Lyrik* 1885. v. Waldberg *Dt. Ren.-Lyrik* 1888.

§ 3. Logau, Wernicke. Die Hauptvertreter des E. sind Logau in der Mitte, Wernicke am Ende des 17. Jhs. Logau wurde von seiner Zeit kaum beachtet, erst von Lessing ans Licht gezogen. Er hat über 3500 E. geschrieben. Er überragt weit den Durchschnitt seiner Zeit durch seinen sittlichen Ernst und seine tiefe Frömmigkeit mit stoischem Einschlag sowie durch seine Vielseitigkeit, seine realistische Beobachtungsgabe, seine Welt- und Menschenkanntnis. Die Not des Vaterlandes und persönliches Mißgeschick machen ihn schwermütig. Er wendet sich gegen die Glaubensstreitigkeiten seiner Zeit, geißelt Höfe und Hofleben und den Unsinn des schrecklichen Krieges. Daneben behandelt er die oben genannten allgemein üblichen Stoffe. Eine Form des E. hat er besonders ausgebildet, das Aufsuchen geistreicher, unerwarteter Ähnlichkeiten oder Unähnlichkeiten zwischen zwei Begriffen, wie es heute in Scherzrätseln üblich ist von der Formel „Was für ein Unterschied ist zwischen ...?" Beispiel: Geizhals und fettes Schwein, was haben sie gemeinsam? Beide sind erst im Tode nützlich. Daneben gehört zu seinen Besonderheiten: ironisches Lob, ironische Ermutigung, Einkleidung in die Form der kurzen Anekdote, Vorliebe für witzige Vergleiche aus Natur und Landbau (besonders Bienenzucht). Wernicke teilt mit Logau den Kampf gegen die Hofsitten, gegen unadligen Adel und gegen Ausländerei. Ihm eigen ist der Kampf gegen den schlesischen Schwulst, der ihn in die bekannte Fehde mit Hunold verwickelt. Was die Form anlangt, so ist er ein großer Liebhaber des Gegensatzes; manche E. enthalten fast in jeder Zeile einen Gegensatz, so daß fast jede Zeile ein kleines E. ist, ein Brauch, den schon Scaliger empfohlen hatte ('Mucius Scävola').

H. Denker *Beitrag zur lit. Würdigung Logaus.* Diss. Gött. 1889. P. Hempel *Die Kunst Friedrichs von Logau* 1916. Jul. Elias *Chr. Wernicke.* Diss. München 1888.

§ 4. Kästner. Das ganze 18. Jh. hindurch erfreut sich das E. höchster Gunst. Auf Witz und Berechnung eingestellt, ist es ja der Verstandeskultur der Aufklärung so sehr angemessen. Neue Stoffe sind zunächst nicht nötig; man sucht die alten Vorwürfe immer witziger zu gestalten. Manche Einfälle lassen sich durch zahlreiche Dichter hin verfolgen. Des Brockes 'Sinngedichte' allerdings sind nur platte Sittenlehren ohne besondere Formung. Gottsched nennt das E. einen kurzgefaßten scharfsinnigen Einfall, schränkt es aber inhaltlich auf Lob und Tadel, aufs Persönliche ein und empfiehlt es für Grabschrift, Illumination und Ehrenpforte. Die späteren Theoretiker Sulzer, Weiße und Ch. H. Schmid erklären es als satirischen Einfall, der entweder witzig oder naiv sei. Den Höhepunkt der Aufklärungsepigrammatik stellen Kästner und Lessing dar. Die Zahl von Kästners E. beträgt nur gegen 400, die erste Sammlung erschien 1755; er schreibt weiter bis rund 1800. Als Gesamtpersönlichkeit ist der Göttinger Mathematikprofessor kälter, nüchterner, gesinnungsärmer als Logau. Aber sein Witz ist schärfer. Von Vorgängern ist er unabhängig. Sittensprüche treten bei ihm zurück; die wenigen enthalten stoische Verachtung der äußeren Freuden. Stofflich fällt das Überwiegen des Literarischen auf. Aber die Satire ist immer noch farblos, wenn auch oft bestimmte Göttinger Personen gemeint und manchmal mit Namen genannt sind; sie wendet sich etwa gegen den Typ des wässerigen Verseschmieds, gegen beschränkte Gelehrte, gegen törichte Kritiker. Mangelnder Absatz, einschläfernde Wirkung, Heuchelei der Moralphilosophen, Abschreiberei, Hahnreischaft der Gelehrten, das sind Motive dieser Art. Zu den üblichen allgemeinen Lastertypen tritt neu der Stutzer (Rokoko). Neu sind Versuche, die einzelnen Nationen zu kennzeichnen. Die politische Satire geht nur auf Frankreichs Gier und Niederlagen (Roßbach = Hippokrene) und später auf die Frz. Revolution. Was sich auf Liebe bezieht, hat einen Stich ins Lüsterne und später ins Zynische. Technisch fällt die Knappheit, die fast ausschließlich satirische und witziggeistreiche Einstellung und das ständige Ausgehen von einem konkreten Einzelfall auf. Sonderbare Einzelfälle werden gezimmert: Ein Dichter läßt sich auf blaues Papier drucken; ein Verleger heiratet die Tochter eines Krämers. Beliebt sind die Aufklärung einer paradox scheinenden Behauptung (ein Hauptmann wird von den Müttern der Freunde und Feinde gefürchtet: die einen fürchten für das Leben ihrer Söhne, die anderen für die Herzen ihrer Töchter) und komische Trugschlüsse (Mäuse fressen das Manuskript eines Dichters; Mäuse trinken keinen Wein, also müssen die Verse Wasser sein). Wiederholt knüpft Kästner an das vorausgehende E. an, es zurücknehmend, berichtigend, einen Einwand dagegen entkräftend, wie schon Martial.

C. Becker *Kästners Epigramme* (Bausteine IV) 1911.

§ 5. Lessing hat auch als Theoretiker sich viel mit dem E. beschäftigt ('Zerstreute Anmerkungen' 1771). Sein Ideal ist Martial. Er geht von der Grundbedeutung „Aufschrift" aus. Wie ursprünglich das E. unzertrennlich war von dem Gegenstand, auf dem es stand, so sei heute die Angabe eines Tatbestands unerläßlich, über den eine geistreiche Bemerkung gemacht werde. Die so entstehenden beiden Teile nennt er Erwartung und Aufschluß. Der Sittenspruch, der bloß Aufschluß ist, und der bloße Bericht über eine witzige Tatsache, über die kein Urteil gefällt wird, seien keine E. Da Lessing das E. so ganz formal deutet, gibt er sich keine Mühe, stofflich Neues zu bieten. Das meiste hat er von Martial, Cordus und Franzosen entlehnt; aber er wählt das Beste aus. Scharf, bissig und aufs feinste zugespitzt sind seine E. Er hat also die alten Vorwürfe: den Geizhals, den die Kranken unter die Erde bringenden Arzt, die auf Abbruch zu heiratende Witwe, den schlechten Dichter, bei dem man nicht speisen kann, ohne seine Verse anhören zu müssen. Es herrscht eine hämische Freude am Übelauslegen, eine gewisse zynische Menschenverachtung, die nicht aus Lessings Weltanschauung stammt, sondern um der Gattung willen gepflegt wird: Jupiter gewinnt Europa weder als Gott noch als Mensch, sondern erst als Bulle. Den Wortwitz hat Lessing ausdrücklich in Schutz genommen: Ein angeblich fromm gewordener Greis lebt der Beschauung; abends werden ihm Mädchen gebracht, natürlich auch bloß um der Beschauung willen. Sein Hauptmittel ist das Erratenlassen und Andeuten. Der Leser muß einen Schritt über die Worte des Dichters hinausgehen: Es überlegt einer, ob er heiraten solle; tu, was dein Vater tat, rät ihm Lessing, heirate nicht! Der Vorwurf der unehelichen Geburt ist also die Hauptsache, obgleich davon gar nicht gesprochen wird (vgl. 'Auf den Brand zu **'; 'Auf die Genesung einer Buhlerin'). Dann liebt er die Enttäuschung am Schluß: Die Frauen sind in allen Dingen lobenswert, ausgenommen in — Gedanken, Worten und Werken. Der anscheinende Widersinn des Schlusses gehört gleichfalls in das Gebiet des Erratenlassens: Der Dichter ist mit 20 anderen eingeladen, sagt aber ab, weil er nicht gern allein speist. Die Erklärung, daß die 20 sämtlich Nullen sind, wird verschwiegen (doch so schon bei Martial). Durch solche Mittel wird das E. ganz ins Geistig-Logische verlegt. Kein plumpes, direktes Aussprechen! Dasselbe gilt für die Verwendung der Ironie: Der Dichter scheint eine Schöne gegen den Vorwurf, daß sie ihr Haar färbe, in Schutz nehmen zu wollen; aber die Entschuldigung belastet sie noch mehr: es war schon schwarz, als sie es kaufte. Neben den antikisierenden Namen erscheinen nun auch deutsche, wie Laar, Fell, Hinz und Kunz usw.

E. Schmidt *Lessing* I 97ff. Albrecht *Lessings Plagiate* 1888.

§ 6. Zeitgenossen und Nachzügler. Neben Kästner und Lessing erscheinen die Zeitgenossen belanglos. Hagedorn, dessen E. erst 1755 gesammelt erscheinen, schöpft aus Martial, den Franzosen und Engländern. Neben banalen Sittensprüchen stehen E. auf literarische Persönlichkeiten. Die Spitze ist ihm von dem anakreontischen Lied her vertraut. In einer Anmerkung verteidigt er das E., „das aus herzlicher Empfindung fließt". Götz übersetzt aus der griechischen Anthologie. Bei ihm erscheint das Madrigal als Nebenbuhler des E. Boileau hatte es feiner und vornehmer als das E. genannt: es atme Zärtlichkeit und Liebe. Es soll mehr fein und gefällig als sinnreich und auffällig sein. Götzens Vorbilder sind die Franzosen Lainez und Moncrif. Beispiel: Vernunft, widersetze dich nicht meinen Wünschen! Gleiche lieber einer Kerze, die Spiel und Mahlzeiten beleuchtet; beleuchte meine Vergnügungen, aber störe sie nicht! Es herrscht also ein anakreontischer Ton.

Es gibt wenig Dichter um 1750, die keine E. lieferten. Gleim gibt noch in seinen alten Tagen mehrere Sammlungen heraus ('Nesseln auf Gräber'), unbedeutend und moralisierend. Er sagt, er wolle nicht mit scharfem Stachel stechen, sondern nur den Sündern den Spiegel vorhalten. Derartige Beteuerungen sind der zahmen, milden Aufklärung geläufig. Ewald von Kleist steht z. T. unter Lessings Einfluß, benutzt ältere Vorbilder. Pfeffel aus der Gellertschule schließt sich im E. an Kästner an.

Das alte Reim-E. bleibt beliebt, als die Aufklärung längst durch Sturm und Drang überholt ist, ja bis nach 1800 hin. Die Nachzügler des franz. Geschmacks (Gotter z. B.), und was um 1770 dem Gleimschen Kreis angehört (Göckingk, Heinse), dichten E. Der Göttinger und der Hamburger Musen-Alm. füllen die Lücken mit E. E.-Sammlungen lassen in den 70er und 80er Jahren erscheinen: Thümmel, Heinse, Göckingk, Murr, Heusler, Kretschmann, Langbein, Tiedge, v. Einem beliefert die Almanache. Auch Boie dichtet (anakreontische) E. E. finden noch immer Leser: die Göckingkschen werden in wenigen Jahren dreimal aufgelegt. Späte Nachzügler sind die Schwaben Weißer (gest. 1834) und Haug (gest. 1829). Haugs '100 E. auf Ärzte, die keine sind' zeigen ihn bei der alten Verspottung von Standestypen. Sein Witz hat viel von Lessing gelernt. Zweizeilige E. sind bei ihm häufig. Daß er ganze Sammlungen einem bestimmten Motiv widmen konnte ('Hyperbeln auf Herrn Wahls große Nase'), zeigt den Reichtum seiner Einfälle. Sein Sondergebiet ist die Übertreibung: Piger freut sich im Grabe, daß er des Atemholens überhoben ist. Die E. auf Wahls Nase leben von der Übertreibung: „Wer deine Nase mißt, Stirbt, eh er fertig ist."

§ 7. Klopstock, Herder, der Hain. Ein völlig anderes Aussehen zeigen Klopstocks E. Die frühesten stammen aus dem Anfang der 70er Jahre; sie gehören zu den frühesten in Distichen (daneben auch hexametrische und gereimte). Inhaltlich überwiegt das Literarische, jedoch in anderer Art als früher: nicht satirisch gegen namenlose schlechte Dichter, sondern Theoretisches, über Fragen der Metrik, über Wesen der Dichtkunst, Griechentum und Franzosentum, deutsche Gründlichkeit und auch über bestimmte, zumeist ausländische Dichter. In bewußter Abkehr von franz. Geistreichigkeit sind sie ohne Spitze, witzlos und dadurch fad. Ein E. über das Schöne und Erhabene schließt: Sucht ihr andere Quellen, so verliert ihr euch im Sande. Lessings Lehre wird abgelehnt: Lessing hatte in einem E. das E. einen Pfeil genannt; Klopstock sagt in einem E., es sei bald ein Pfeil, bald ein Schwert, bald ein kleines Gemälde, bald ein Blitz, ein Strahl.

Um dieselbe Zeit rückt auch Herder von Lessing ab, geht statt von Martial von der 'Griechischen Anthologie' aus. 1785 gibt er seine Theorie des E. Statt Erwartung und Aufschluß sagt er Darstellung und Befriedigung. Statt Kürze und Pointe verlangt er Einheit des Gesichtspunkts, unter dem der Gegenstand aufgefaßt wird. Er unterscheidet sieben Arten des E.: die Aufschrift, das Exempel-E., das schildernde, das leidenschaftliche, das künstlerisch gewandte, das täuschende, das rasche oder flüchtige E. Die letzte Art ist erst die von Lessing zur einzigen gemachte. Herders Erklärung ist also viel weitherziger. Er hat dann viele E. der Anthologie übersetzt und das Distichon als Versmaß eingebürgert. Seine eigenen E. sind wieder mehr spruchartig; sie sind human wohlwollend, ehrfürchtig, nicht scharf und bösartig. Er handelt von Kunst, Dichtung, Leben, Liebe. Die Veredlung der Weltanschauung durch Humanität wird deutlich; Liebe und Frauen werden nun ehrerbietig behandelt. Manche E. sind ohne Spitze, andere bedienen sich guter Vergleiche, kleiner Fabeln oder der bei Herder auch sonst beliebten Klimax ('Anklage').

Der Hain schwankt noch zwischen Altem und Neuem. Voß hat noch Satire auf wässerige Dichter, Frauen, Juristen; Bürger treibt noch Frauenverspottung, geißelt gehörnte Ehemänner und leichtfertige Liebhaber. Daneben haben beide auch politische E., gegen Fürsten, Adel, Kriecherei, geadelte Schmeichler. Voß ist nicht sehr witzig; Bürger neigt zum Sittenspruch, den er gut formuliert („Die schlechtsten Früchte" usw.), äußert mannhafte, trotzige Gesinnung, edles Selbstgefühl, mehr als im Leben. Auch Fr. v. Stolberg, Claudius (letzterer stofflich altmodisch), Miller (dieser unbedeutend) schreiben E.

Der Sturm und Drang scheint sich wenig aus dem E. zu machen. Seinem Überschwang ist es zu konzentriert, verhalten, logisch. Die E. von Lenz sind vorwiegend literarisch, nicht bedeutend.

E. Beutler *Vom griech. E. im 18. Jh.* (Probefahrten XV) 1909.

§ 8. Schiller und Goethe wandeln in Herders Bahnen. Nur die 'Xenien' nähern sich der Gottsched-Lessingschen Erklärung. Bei beiden fällt die unendliche Vertiefung des Inhalts zunächst auf. Das Höchste der Menschennatur, das Tiefste des philosophischen Denkens, ideale Gesinnung, Streben nach allgemeiner Erkenntnis kommen zu Wort. Schiller erörtert etwa den Gegensatz von Handeln und Leiden, Glück und Schicksal, handelt von der Würde des Menschen, von Freiheit, Pflicht, Ideal, Wahrheit und Schönheit, Goethe von Leben, Liebe und Kunst: Preis der Liebe, Verhalten den Frauen gegenüber, Glossen zu eigenen Liebeserlebnissen ('Venetianische E.'), Aufgabe des Künstlers, Verhältnis zum Kritiker. In den Gedanken übers Leben zeigt sich Goethes weltfrohe Art (nur in den 'Venetianischen E.' Unmut und Verärgerung). Er handelt von den Vorzügen der Jugend und denen des Alters, vom Segen des Irrtums, von Dankbarkeit, Hoffnung und von praktischer Lebensklugheit (Undankbarkeit der Eckartrolle, Wert des Reichtums, Folgen der Freigebigkeit usw.). In den 'Venetianischen E.' kommt auch die Politik zu Wort (gegen schlechte Fürsten und den Pöbel in gleicher Weise). Dazu Spott über äußerliche ital. Frömmigkeit. Das Renaissance-E. ist endgültig überwunden.

Beiden Dichtern gemeinsam sind die 'Xenien', neben den 'Venetianischen E.' die erste einheitlich abgestimmte E.-Sammlung. (Der Ausdruck 'Xenien' ist aus Martial genommen.) Sie werden im allgemeinen durch einen einheitlichen Rahmen zusammengehalten: Reise der Xenien, die sich bis in die Unterwelt erstreckt. Manche E. sind wieder zu kleineren Gruppen verbunden: die Flüsse, die Philosophen. Dann ist nicht mehr jedes E. für sich verständlich, und Stücke wie die 'Jeremiade' und 'Shakespeares Schatten' gehen in die zusammenhängende Satire größeren Umfangs über. Die 'Xenien' sind ganz literarisch, aber nicht gegen allgemeine Typen von schlechten Dichtern, sondern gegen deutlich charakterisierte Dichterpersönlichkeiten jener Zeit. In E.-Sammlungen antworten Campe, Fulda, Garve, Manso u. a.

Vgl. E. Boas *Schiller u. Goethe im Xenienkampf* 1851. E. Schmidt u. B. Suphan *Xenien 1796* (Schriften der Goethe-Gesellsch. 8) 1893. W. Stammler *Antixenien in Auswahl* 1911.

Schillers E. sind nicht im alten Sinne geistreich. 'Odysseus', 'Der Kaufmann', 'Columbus' z. B. sind ganz im Geist der Anthologie gehalten. Selbst die 'Xenien' sind oft mehr deutlich als geschliffen. Die verwendeten Gegensätze sind oft wenig anschaulich: Sein und Haben, Tun und Sein, Ganzes und Teil; andere E. sprechen bloß eine Tatsache aus, wie der Spruch von der Dichtkunst als Quelle der Verjüngung. Andere Gedanken sind hingegen auf sehr anschauliche Gegensätze gebracht, mit Hilfe von Bildern, wie die E. von den Königen und Kärrnern, von der Göttin und der melkenden Kuh. Lessings Technik des Verschweigens und Erratenlassens fehlt. Die Abgrenzung nach der Distichenelegie hin ist manchmal schwierig ('Deutsche Treue'). Einen neuen Typ stellen die Versuche dar, das Wesen einer metrischen Form in ein Distichon einzufangen: 'Distichon', 'Stanze' usw. — In Schillers und anderen Musen-Alm. spielt das E. in Herders Art eine große Rolle (Goethe, Herder, Matthisson, Kosegarten, Woltmann, Conz; letzterer auf Bilder der Dresdener und Casseler Galerie).

Den rund 100 E. Schillers steht eine erheblich größere Zahl bei Goethe gegenüber; da sich eine scharfe Grenze nach dem Spruchartigen und Sprichwörtlichen nicht ziehen läßt, läßt sich bei dem ungeheuren Ausmaße von Goethes Spruchdichtung eine Ziffer nicht annähernd angeben. Was unter 'Epigrammatisch' steht, sind keineswegs alles E.; längere Gedichte stehen bloß wegen des zugespitzten Schlusses da. E. finden sich ferner unter den Überschriften 'Antiker Form sich nähernd', 'Parabolisch', 'Kunst', 'Invektiven', 'Weissagungen des Bakis' (z. B. 26f.) und auch unter den 'Zahmen Xenien' und selbst unter den 'Sprüchen in Reimen'. Satirische Epigrammatik hat Goethe durch sein ganzes Leben hin begleitet.

Goethes Technik ist vielgestaltig. Im Alter neigt er zur einfachen Spruchweisheit. Die E. im engeren Sinne streben nicht immer nach aufschriftartiger Kürze, malen oft aus, mehr in der Art gewisser Sachen der 'Griechischen Anthologie'. Es finden sich Keime von lyrischen Gedichten (Venedig 7). Bezeichnend für die weitherzige Auffassung des E. ist das 68. Venetianische: Beschreibung der Flinkheit der Eidechsen; Abschluß: Ich will sie Lazerten nennen und noch oft zum Vergleich benutzen. Von den 'Venetianischen E.' können längst nicht alle den Namen E. beanspruchen. Was Goethes E. auszeichnet, ist die Schärfe der Beobachtung und die treffende Bildlichkeit des Sehens. Wie weit übertrifft das E. vom scharf kritisierenden Dilettanten an Feinblick das grobtypisierende Renaissance- und Aufklärungs-E.! Dann die wunderbare Bildkraft! Herrscher, Volk, Land erscheinen ihm als Hammer, Blech, Amboß; des Schwärmers zahlreiche Anhänger sind Sand am Meere, des Dichters wenige Freunde Perlen. Von Sturm und Drang und dem Vorbild des 16. Jhs. her stammt die Vorliebe für Drastisches aus dem Alltagsleben: Begeisterung muß frisch sein wie Austern, oder negativ gewendet: sie ist keine Heringsware; und mit einem dritten Bild wartet die Überschrift auf: 'Frisches Ei, gutes Ei'. Gern werden Bilder durchgeführt: Gedichte sind gemalte Fensterscheiben (vgl. noch: der nörgelnde Gast als Rezensent, und 'Kläffer'). Wie belebt sich nun das Beispiel aus der Natur (die Libelle von Nahem sehen wollen: Zergliederer deiner Freuden), das aus dem Menschenleben (wundertätige Bilder sind schlechte Kunstwerke), das aus der Göttersage (Amor mit zwei Sanduhren)! Gute Spitzen sind nicht selten; dann auch wieder sind die Gegensätze matt: sein, unser; hüben, drüben; jene Partei, unsere Partei. Auch das Wortspiel wird mit Kunst gehandhabt: Wer sich nicht selbst zum besten halten kann, der ist gewiß nicht von den besten. Metrisch kommt bei Schiller nur das Distichon, bei Goethe neben dem Distichon die zu mannigfachen Gebilden zusammengestellte Reimzeile in Betracht.

E. Beutler wie § 7.

§ 9. In der Romantik spielt das E. keine besondere Rolle; gab es früher kaum einen epigrammlosen Dichter, so fehlt es jetzt fast ganz bei Brentano, Tieck, Chamisso, Schenkendorf usw. Nachzügler, vorwiegend in der Art der Kästnerzeit, sind Wilhelm Müller ('Lyrische Reisen und epigrammatische Spaziergänge') und der Wiener Nichtromantiker Castelli. Auch bei den E. schreibenden Dichtern sind die E. spärlicher, und sie werden nicht mehr in selbständigen Büchern gesammelt herausgegeben. Soweit das E. sich findet, huldigt es meist der Art Schillers und Goethes. Die 'Xenien' wirken am meisten, gemäß der romantischen Freude an der Literatursatire. Kleist hat E. in Xenienart, Immermann und Grillparzer in ihren Gedichten Abschnitte, die 'Xenien' heißen. Der Witz des E. müßte der Romantik eigentlich liegen, aber die gepreßte Form sagt ihr nicht zu, und zudem ist es eine Gattung der vorausgehenden Generation. A. W. Schlegel kennzeichnet die Silbenmaße in der Art Schillers, jedoch jedesmal das gekennzeichnete Silbenmaß verwendend: Hexameter, Elegie, Choliambus usw. Derartiges nähert sich romantischer Spielerei und Parodierfreude: Kerner in 'Spindelmanns Rezension eines Buchs' ahmt die Sprache des Philisters nach, A. W. Schlegel übersetzt dieselbe Shakespearezeile im Stil verschiedener Zeitgenossen. Abgesehen von der Literatursatire (s. d.) ist die romantische Epigrammatik mehr Spruchdichtung: so Uhland über Natur, Liebe, Mutter und Kind, Körner über Jahreszeiten, Lebensalter, Örtlichkeiten, Eichendorff über Wandern und Dichterlos. Da schwebt meistens Goethe vor. Besonders Rückert steht der Goethischen Altersspruchweisheit nahe ('Zahme Xenien' wie bei Goethe), auch durch seine pantheistisch-optimistische Weltanschauung. Auch morgenländisches Vorbild führt ihn zur Spruchdichtung, die ganze Bände bei ihm füllt. Distichen wechseln mit Reimen. „Vierzeiler" treten zu Hunderten an ('Angereihte Perlen'). Wie der Morgenländer nicht scharf kontrastiert, hat auch Rückerts Art nichts Zugespitztes. Manches ist stumpf, anderes geschwätzig und nicht gedrängt genug, anderes ist mit Rückertschen Wortspielereien beladen („Wer nicht mehr zu sagen weiß, als er weiß zu sagen ..."). Zwischendurch findet sich einmal ein echtes E. ('Dummer Streich'). Inhalt ist, neben dem Literarischen (ein Buch heißt 'Kritik'), vor allem Lebensweisheit.

§ 10. Die Epigonenzeit. Bei Platen gehört das E. zum Programm der Erneuerung der klassischen Gattungen. Natürlich als Distichon. Neben den üblichen literarischen Stoffen (viel über eigene Werke) und einigem Politischen hat er viele E. auf berühmte Stätten Italiens, besonders Venedigs, und auf Gemälde. Es liegt Einwirkung der 'Venetianischen E.' vor. Platens E. sind ausgesprochen spitzenlos. Über Volterra z. B. sagt er nur, daß man von der kyklopischen Mauer aus über das Gebirge hinweg die Schiffe des Meeres sehe.

Das stark satirisch eingestellte Junge Deutschland konnte das E. gut gebrauchen. Formal nicht schöpferisch, übernimmt es das Vorbild des Klassizismus auch hier. Auch Herwegh hat 'Xenien', die aber politisch sind, auch wo sie sich literarisch geben. Gegen Fürsten, Adel, Militarismus, Zensur usw. wendet sich also jetzt das E. Hoffmann von Fallersleben ist ein guter Epigrammatiker, desgleichen der politisch liberal denkende Grillparzer, bei dem allerdings auch das Literatursatirische sich sehr breitmacht.

Soweit die klassizistische Welle reicht, stirbt das E. nicht ganz aus. Einen Typ für sich stellt Mörike dar. Viele seiner Distichenepigramme kann man ebensogut Kurzelegien nennen. Fast alles kann bei ihm zum E. werden: Empfindung, Stimmung, ein Einfall, ein kleines Erlebnis, eine Situation ('Auf dem Krankenbett': Hoffnung belebt ihn wieder), Bildchen aus dem Liebesleben oder aus der Natur ('Versuchung', 'Nachts am Schreibepult'). Der Grundzug vieler E. ist schelmisch-neckisch; auch wo Mörike satirisch ist, ist er nicht boshaft. Manchmal nähert er sich der wirklichen Aufschrift: 'Auf eine Uhr mit drei Horen', 'Auf eine schöne Lampe', auf drei geschälte Äpfelchen an einem Zweig ('Weihgeschenk'). Oder ein Geschenk wird mit erklärenden Worten begleitet ('Mit einem Anakreonskopf'). Es schließen sich kurze Beschreibungen von Örtlichkeiten an (Bebenhausen: 'Sommerrefektorium', 'Kapitelsaal' usw.), dann grabschriftartige Sachen ('Am Grabe eines Künstlers'; doch ist an einem Grabe auch die Elegie möglich: 'Am Grabe von Schillers Mutter'); schließlich Würdigungen bedeutender Männer (Tibull, Haydn; hier Zusammenhang mit der Grabschrift) und Kennzeichnung von Typen oder Personen, lobend oder mit Humor tadelnd ('Maschinka', 'Meines Vetters Brautfahrt', 'Schulschmäcklein'). Die kleinen Sachen sollen als Ganzes wirken, daher ist Spitze überflüssig und selten. Hingegen begegnet bei Mörike nichts Allgemein-Lehrhaftes.

Dieselbe weitherzige Auffassung bei Hebbel: „Bilder, wie sie im Flug sich haschen lassen, Gedanken, Welche sich runden in sich, manches geschichtliche Stück. Auch zuweilen ein Hauch, der leise schwellend den Busen Hebt und wieder verläßt, eh er ein Lied noch beseelt. Und dazwischen, doch selten, die Köpfe von Schelmen und Wichten." Ein großer Abschnitt seiner Gedichte heißt 'E. und Verwandtes'; Unterabteilungen darin sind Kunst, Gnomen, Geschichte, Ethisches, Persönliches. Im Gegensatz zu Mörike drängt sich Betrachtendes (über Leben und Kunst) vor; dann E. auf Bauten und ital. Reiseeindrücke. Für Hebbel bezeichnend sind gesuchte Vorwürfe: z. B. eine tote Schwalbe, die eine lebende Mücke im Schlunde hat. Das Distichon überwiegt wie bei Mörike.

Weniger originell ist Geibel, der Epigone. Seine E. reichen vom Xenion bis zum Goethischen Spruch ('Distichen vom Seestrand', 'Distichen aus Griechenland', 'Kleinigkeiten', 'Wintertagebuch', 'Sprüche'). Der Spruch überwiegt, die allgemeine Lebensweisheit, die Klugheitsregel; alles ist von der gemütvollen, maßvollen, konservativen Gesinnung Geibels getragen. Selbst die Sprüche sind gut zugespitzt („Bei der Arbeit recht Beginnen, Beim Genießen rechter Schluß"). Das ‚Wintertagebuch' geht auch auf Politisches ein. Distichen, Vierzeiler, andere Reimzusammenstellungen stehen nebeneinander. Ähnlich sind die E. Leutholds, wenn auch seine politische Stellung abweicht. Auch andere aus dem Münchner Kreis dichten E. (Bodenstedt, Heyse, M. Greif). Der Ästhetiker Vischer hat 1867 mit seinen zornglühenden 'E. aus Baden-Baden' praktischen Erfolg im Kampf gegen die Spielhöllen. Die Sammlung 'Vierblätter' der Frieda Schanz hat sogar sieben Auflagen bis 1901.

Die Theorie des 19. Jhs. übernimmt von Lessing die Begriffe Erwartung und Abschluß, bemüht sich aber, auch dem Goethe-Schillerschen E. gerecht zu werden, und schließt sich deswegen mehr der Herderschen Erklärung als der Lessingschen an (Vischer, Lehmann).

B. Patzak *Hebbels E.* (ForschLg.) 1902.

§ 10. Neueste Zeit. Seitdem die Naturalisten alles Epigonentum verwarfen, war das E. nicht mehr geschätzt. In die bekannten Blütenlesen von Busse, Bethge, Benzmann sind nur ganz wenige aufgenommen. Und diese wenigen gehören Vertretern des älteren Geschmacks an: der Ebner-Eschenbach, Ludw. Fulda. Bei Henckell, Bierbaum, Liliencron finde ich einiges mehr Spruchartige. Der musikalisch stimmungsvolle Symbolismus hat für das gedanklich knappe E. keinen Sinn; daran kann auch Nietzsches Vorbild nichts ändern. Nietzsches aphoristische Veranlagung führt zum Spruch, zum scharfen, oft mehrfach gespitzten; doch kaum zum eigentlichen E., dem vielleicht einiges an Personen Gerichtete nahekommt (an Schopenhauer, Wagner, Spinoza). In Georges 'Siebentem Ring' enthält die Abteilung 'Tafeln' vier- bis achtzeilige Sprüche (an Personen, auf Gemälde und Zeitanschauungen), meist schlicht und stumpf; doch nähern sich einige dem E. Bei den ekstatischen Expressionisten kann ich mich eines E. nicht entsinnen.

J. J. Eschenburg *Beispielsammlung* Bd. II 1788. K. Brumbey *Sinngedichte der Deutschen* 1780. [J. H. Füeßli] *Allgemeine Blumenlese der Deutschen* Bd. VI 1788. K. Jördens *Epigrammenlese aus ... Epigrammatisten der Deutschen* 1789; ders. *Blumenlese deutscher Sinngedichte* II 1789—91. K. Schütz *Epigrammatische Anthologie* III 1806f. Haug und Weißer *Epigrammatische Anthologie* X 1807—09. Ohne Namen *Epigrammendichter* 1843. R. Benedix *Sammlung deutscher Epigramme* 1861. D. Haek *Deutsche Sinngedichte und Epigramme* 1885. G. E. Lessing *Zerstreute Anmerkungen über das E.* 1771, Munckers Ausg. XI 213ff. J. G. Herder *Über Geschichte und Theorie des E.* 1785f., Suphans Ausgabe XV 205ff., 329ff. Koberstein passim.

J. Wiegand.

Epilog. § 1. Mit E. (= „Nachwort", „Nachrede"; auch der Sprecher der Nachrede wird damit bezeichnet) sind im Drama die Schlußworte gemeint, die ein besonderer *Epilogus* oder (dann oft in einem Monolog) eine Person des Stückes nach der Handlung an die Zuschauer richtet, um die Absichten des Dichters oder der Aufführung zu verdeutlichen. Dem E. liegt es also ob, den Abschluß zu betonen, Mitteilungen über das nächste Spiel zu geben, das Gesehene zusammenzufassen und vor allem die Erregung entspannend auszunutzen durch die an den Verstand, nicht wie Handlung und Chor mehr an das Gemüt, gerichtete moralische Ausdeutung, wie sie ja auch andere Dichtungsformen (Schwänke des Hans Sachs, Fabeln, Dichtungen der Aufklärungszeit) kennen. Nachspiel (s. d.), Schlußlied des Chors (s. d.) treten mitunter für ihn ein, im 18. und 19. Jh. manchmal zugespitzte Schlußworte, die gern den Titel des Stücks in bedeutungsvoller Betonung aussprechen. Daneben gibt es E., die nicht durch das Drama selbst, sondern durch die äußeren Umstände bei seiner Aufführung veranlaßt sind. Die Bedeutung des E. wie des Prologs (s. d.) für das Drama hängt eng mit der von der Bühnenform abhängigen Gestalt des Dramas und mit seinen Absichten zusammen.

§ 2. Durch Plautus ist die Anrede an die Zuschauer am Schluß des Stückes aufgekommen. Aus der in ihrer Äußerung zeitbedingten Religiosität heraus enthält der schließlich zur Formel werdende E. der geistlichen Dramen des MA. oft den Hinweis, Christus für sein Leiden durch einen tugendsamen Wandel zu danken und sich so das ewige Leben zu erwerben; aus praktischen Bedürfnissen gibt er die Aufforderung zum Wiederkommen, den Inhalt des nächsten Spieltags, das Zeichen zum Heimgehen. Prolog und E. werden meist von derselben Person in würdiger, obrigkeitlicher Heroldskleidung gesprochen (*Herold*, *Ehrenholt*, *Ausschreier*, *Regierer* oder *regens* des Spiels, *praecursor*, *proclamator*, *prolocutor*, *expositor ludi*, *conclusor*), oder autoritative Erscheinungen (Engel, Kirchenväter, der Papst) übernehmen diese gewichtige Rolle. Mitunter ist der E. auf mehrere Personen verteilt und nähert sich dann dem Nachspiel.

§ 3. Im süddt. Fastnachtspiel des 15. Jhs. (auch die würdigeren Lübecker Spiele hatten eine *achterrede*) bezeichnet der meist vorhandene, in der Form wandelbare E., den gewöhnlich der *precursor*, *gesegner*, *peschleusser*, *urlaubnemer* spricht, wie später der Vorhang das Ende, faßt den Inhalt zusammen, zieht die moralische Nutzanwendung (oft in Gestalt von Priameln), schließt mit Segenswünschen (*gesegenreim*), mit Entschuldigungsbitten wegen etwaiger Ausschreitungen, mit der Bitte um Bewirtung oder Geld und in späteren Spielen mit der Angabe des Verfassernamens (Hechler, Folz, später bes. Hans Sachs).

§ 4. Nach dem Vorbild von Reuchlins '*Henno*' übernahmen alle lat. Humanisten- und Schuldramen bis zu Brülovius hin den E. am Schluß des 5. Aktes, so daß die typische Form: Prolog, 5 Akte, E. entsteht. Nach dt. und zumal nach lat. Aufführungen des 16. Jhs. (Frischlin) ist der E. meist unentbehrlich; er spricht dem Rat den Dank für Spielerlaubnis und Überlassung des Platzes aus, deutet gelegentlich mit Humanistenstolz auf die Beachtung dramatischer Kunstgesetze hin, betont in polemischer Absicht die Wichtigkeit des rechten Glaubens, wiederholt verdeutlichend den Inhalt, spricht den Erziehungsabsichten der Reformationszeit entsprechend vor allem die Nutzanwendung aus, nicht selten (Birk, Rebhun, Voith, Hans Sachs seit der 'Esther' von 1536) durch säuberlich nummerierte Besprechung oder symbolische Ausdeutung aller Personen des Spiels. Er setzt den biblischen oder historischen Stoff zu den Zeitfragen in Beziehung und geht mit allgemeinen nützlichen Betrachtungen manchmal über das im Spiel Dargestellte hinaus. H. Sachs überträgt in seinen Fastnachtspielen das Aussprechen der Schlußmoral gelegentlich Personen des Spiels; in seinen Meistersingerdramen sind dem Anschein nach vor dem E. sämtliche Schauspieler unter Führung des vom Spiel getrennten Herolds durch den Zuschauerraum abmarschiert, um ihre Kostüme nochmals zu zeigen; dem zurückkehrenden Herold fiel dann der formelhafte, immer breiter (vgl. auch J. Ruef) und zitatenreicher werdende Beschluß zu.

§ 5. Die Elisabethanische Bühne ließ den E. und das Schlußgebet für die Königin (vgl. Shakespeare 'Heinrich IV.' 2. Teil) mitunter von Personen des Stückes aussprechen (Shakespeare: 'Sturm', 'Ende gut, alles gut', 'Wie es euch gefällt') oder gab dem Clown Gelegenheit zu einer komischen Soloszene (Shakespeare: 'Was ihr wollt'). Wenn auch E. und Prolog in den überlieferten Texten oft fehlen, werden die Engl. Komödianten in Deutschland sie wohl anzuwenden gewußt haben. Ihr Nachahmer Heinrich Julius von Braunschweig läßt daher auch mitunter Personen des Stückes *loco epilogi* die Moral aussprechen und mit einem frommen Spruch schließen. Bei Ayrer muß manchmal der vom *ehrenholt*, vom Narren oder von Nebenpersonen gesprochene E. die Handlung über das Dargestellte hinaus weiter erzählen. Gryphius läßt im 'Peter Squentz' den Dichter als in einen Epilogus umgewandelten Prologus die Hans Sachssche Manier parodieren; auch in seinen Tragödien will er ebensowenig wie die meisten Jesuitendramatiker auf die ausgesprochene Nutzanwendung verzichten. Chrn. Weise behielt den *Nachredner* für Entschuldigungsbitten, Segenswünsche, Spielankündigungen, komische Schlußszene des Narren bei, da er so für einen Schüler mehr Gelegenheit zu einer Redeübung hatte. Die unmittelbare, für das mal. Passionsspiel und das reformatorische Schuldrama wesentliche moralische Belehrung verlor sich im 18. Jh. Die E., welche die Theaterdichter anfertigten, dienten der Truppe, nicht dem Drama. 1753 entfesselte der E. der Theaterprinzipalin Koch zu Weißes 'Der Teufel ist los' einen langen literarischen Streit mit den Gottschedianern. Noch F. L. Schröder erbat sich im E. die Gunst des Publikums. Den E. zur ersten Aufführung des Hamburg. Nationaltheaters hat Lessing im 6. Stück der 'Dramaturgie' mitgeteilt. Goethe setzte im E. zu den 'Vögeln' aufklärend Athen und Ettersburg in Beziehung, fügte 1786 dem 'Triumph der Empfindsamkeit' in alter Weise eine Moral an, versuchte später in seinen von einem bestimmten Stück unabhängigen E. die Zuschauer für seine Theaterabsichten zu gewinnen, fügte in einer seiner Theaterreden, dem Epilog zum 'Essex', der Hauptrolle einen bedeutenden Schluß an, benutzte im August 1805 die Gelegenheit der szenischen Darstellung von Schillers 'Glocke' zu einem E. auf den verstorbenen Freund.

§ 6. Notwendige Bestandteile des Dramas waren seit der Einführung des Theaterzettels, der Guckkastenbühne mit dem Vorhang, dem Zurücktreten der moralischen Belehrung weder Prolog noch E. Eine gewisse Bedeutung erlangte der E. noch bei Tieck, der aus der romantischen, der Theaterillusion feindlichen Einstellung heraus die Nichtwirklichkeit, das Nur-Poetische der Aufführung dadurch deutlich machen wollte, daß er sie in den altertümlichen Rahmen des Prologs und E. einspannte ('Genoveva', 'Gestiefelter Kater', 'Zerbino', 'Verkehrte Welt').

C. Hagemann *Gesch. des Theaterzettels I* [MA.]. Diss. Heidelbg. 1901. S. 71ff., 112ff., 121. E. Zellweker *Prolog u. Epilog im dt. Drama* [bis 1600] 1906; dazu DLZ. XXVII (1906) Sp. 1697; ZföG. LVII (1906) S. 720. Creizenach II 98, III 433, IV 313. H. Schauer.

Epitheton (gr. „Beiwort"). Seine Bedeutung für Dichterpsychologie und Stil ist erst von der neueren Forschung, besonders durch R. M. Meyer (*Stilistik* § 4—58) richtig erkannt. Die ältere Stilistik (Wackernagel) wurde schon mit ihrer der lat. Rhetorik entlehnten Bezeichnung *epitheton ornans* (das „schmückende") dem Besonderen der deutschen Sprache nicht gerecht.

Das E. will eine Sache oder Person kennzeichnen, beurteilen. Mit steigender Kultur entwickelt sich die Neigung für eine vom Gesamturteil freiere persönliche Kennzeichnung. Man unterscheidet daher zwischen

1. dem typisierenden Beiwort besonders der älteren Zeit. Es gehört zu den ins Gemeingermanische zurückreichenden „formelhaften" Bestandteilen unserer Sprache (vgl. R. M. Meyer *Die altgerm. Poesie nach ihren formelhaften Elementen beschrieben* 1889; A. Daur *Das alte dt. Volkslied nach seinen festen Ausdrucksformen betrachtet* 1909). Zusammenstellungen wie *graues Roß*, *rotes Gold*, *grüner Wald*, *junge Braut*, *scharfes* oder *goldenes Schwert*, *rote Rose*, *weiße Hand* sind als gemeingerm. zu betrachten. Uhland hat wohl als erster in seiner Abhandlung über das dt. Volkslied auf ihre Bedeutung hingewiesen und als Dichter den archaisierenden Ton auch durch Wiederbelebung dieser formelhaften Beiworte zu treffen gesucht. Dem Wandel der Kunstepochen entsprechen vielfach Wechsel typischer Beiwortbezeichnungen; dem „silbernen" Rokokomond Klopstocks, der Göttinger, noch des jungen Goethe, der „goldene" Mond der Romantik, der „rote", „gelbe", „bleiche" Mond des Impressionismus. Berühmt ist das typische Beiwort in Goethes homerisierendem 'Hermann und Dorothea' („der treffliche Hauswirt" usw.); es handelt sich hier um eine

persönliche Kennzeichnung von Menschentypen durch stehende Beiworte, wie wir sie in der neueren Literatur bei Thomas Mann („der Herr mit den Gamaschen" u. a.) erlebten.

2. dem individualisierenden Beiwort. Schon in der Poetik des 17. Jhs. (Ronsard) gefordert, kommt es doch ganz selten (Gryphius) zu individuellen Beiworten. Jean Paul (Vorschule der Ästhetik § 78) stellt die Goethischen Beiworte allem voran: „Die Beiworte ... sind Gaben des Genius ... Besonders winden die Goethischen (auch seine unbildlichen) gleichsam die tiefste Welt der Gefühle aus dem Herzen empor." Tatsächlich bedeutet für Goethe das Beiwort — man beachte die suchenden zwei-, drei- und mehrfachen Beiwortvariationen von seiner mittleren Zeit an —, was für Schiller das Tätigkeitswort. Auch A. W. Schlegel sind Goethes Beiworte „an ihrem bestimmten Platz bedeutend" (W. XI 213). Nach seinen Vorlesungen (Minor S. 288) bestimmt sich der Wert der Beiworte danach, in welchem Grade sie überhaupt angenehme und schöne Nebenvorstellungen erwecken. Bei sonst gleichen Bedingungen ist ihm das bedeutsamste E. das schönste. Das „unerwartete", vielfach witzig wirkende Beiwort gelangt durch Jean Paul, Brentano, besonders Heine zu ästhetischer Geltung. Verstärkend wirken die *audition colorée*, überhaupt die Empfindungsmischungen der Romantik: „Der Wirt trug einen hastig grünen Leibrock" (Farbe und Bewegungsempfindung); „ein Meer von blauen Gedanken" (Färbung von Abstrakta).

P. Beyer.

Epode bezeichnet 1. als ἡ ἐπῳδὸς περίοδος in der chorischen Lyrik der Griechen eine auf zwei gleichgebaute Strophen, die Strophe und die Antistrophe, folgende abweichende Strophe; 2. als ὁ ἐπῳδὸς στίχος einen kürzeren Vers, der sich an einen längeren anschließt und danach Gedichte in solchen Metren. Epodische, d. h. distichische Formen schuf zuerst Archilochos von Paros (um 650 v. Chr.). Horaz beansprucht Epist. I, 19, 23 den Ruhm, sie mit seinen von ihm *iambi*, von den Grammatikern „Epoden" genannten Gedichten in iambischen und daktylisch-iambischen Maßen in die röm. Literatur eingeführt zu haben. Der Begriff E. ist dann in beiden Bedeutungen von der dt. Poetik übernommen worden.

P. Habermann.

Epos.

A. Theorie s. Nachtrag.

B. Mittelalterliches Epos s. Heldenepos, Höfisches Epos, Volksepos.

C. Neudeutsches Epos.

§ 1. Vor Klopstock. — § 2. Die Zeit Klopstocks. — § 3. Wieland und seine Schule. — § 4. Idyllisches Epos. — § 5. Goethes weitere Epen. — § 6. Die Romantik. — § 7. Erneuerung alter Epen und Sagen; Märchen. — § 8. Geschichtliche Epen. — § 9. Volkskundliche und erdkundliche Stoffe. — § 10. Idyllisches Epos. — § 11. Unterhaltungsepos. — § 12. Weltanschauungsepos. — § 13. Das komische Epos.

§ 1. Vor Klopstock. Nach der hochmal. Blüte ist das E. dem ausgehenden MA. verlorengegangen oder doch nur in epischen Kompilationen (Ulrich Füetrer, 'Heldenbuch') vertraut. Das 16. Jh. benutzt erzählende Versdichtungen stets nur zu lehrhaft-satirischen Zwecken (Rollenhagens 'Froschmeuseler'). Nur in der lat. Dichtung der Humanisten lebt die epische Form durch das antike Vorbild (so noch A. Gryphius' '*Olivetum*': Leiden des Herrn am Ölberg, in Hexametern). In dt. Sprache erscheint das E. zuletzt von allen durch die Antike empfohlenen Gattungen. Übersetzungen bieten zunächst Ersatz: die 'Odyssee' (1537 durch S. Schaidenreißer), die 'Ilias' (1610 durch J. Spreng), beide in Reimpaaren; im Laufe des 17. Jhs. du Bartas' ‚*La Semaine*' (1619ff., durch T. Hübner), Tassos 'Befreites Jerusalem' und Ariosts 'Rasender Roland' (1626 und 1632 ff., beide durch D. von dem Werder, in Alexandriner-Stanzen); Miltons 'Verlorenes Paradies' (1682), Lukans ‚*Pharsalia*' (1695); noch später Marinos 'Kindermord' (nach anderen Vorgängern von B. H. Brockes 1715) und Fénélons 'Telemach' (1727 ff., durch B. Neukirch, aus frz. Prosa in dt. Alexandriner). Eine richtige Vorstellung vom Wesen des Epischen hat man noch nicht, Betrachtung und Beschreibung spielen in den dt. Originalarbeiten eine große Rolle. Opitz bezweifelte, daß das „Heldengedicht" noch möglich sei, da die Götter tot wären. Eine zusammenhängende Entwicklung liegt nicht vor. Einige Versuche kürzeren Umfangs wählen antike Stoffe: Weckherlins 'Urteil des Paris' (1616, 800 Alexandriner, lange Reden), eine 'Lukretia' von J. P. Titz (um 1645). Zwei biblische Epen beschäftigen sich mit David (das eine von G. Neumarck 1655; das andere, von Herzog Anton Ulrich von Braunschweig, ist eingelegt in dessen 'Octavia'). Katholiken geben gereimte Heiligenleben: G. Meinrad das Leben Bernhards von Clairvaux (1680), Megerle das der hl. Katharina (1695). Etwas häufiger sind epische Dichtungen auf Helden der Gegenwart; aber sie kommen halb von der pritschmeisterlichen Ehrenrede, halb vom Lobhymnus her, sind mit Lobhudeleien durchzogen und münden ausschließlich in die sog. Hofdichtung. Mehrere beschäftigen sich mit Gustav Adolf (z. B. Wekherlins Preisgedicht auf ihn; S. Wielands 'Der Held von Mitternacht' 1633 usw.). Sonst sind zu nennen J. Bessers fragmentgebliebenes 'Lobgedicht' auf die Taten des Großen Kurfürsten, J. V. Pietschs Gedicht auf den Türkensieg Karls VI., J. U. Königs damals berühmtes Gedicht 'August im Lager' (1731, Beschreibung eines sächs. Manövers, mit vielen Allegorien). All das sind platte, trockene Reimereien. Zwei größere Dichtungen behandeln dt. Helden der Vorzeit: Freiherr W. H. von Hohenberg den 'Habsburgischen Ottobert' (1664), einen sagenhaften Vorfahren der Habsburger (in 36 Büchern, mit Abenteuern in Ritterromanart mit Götter- und Zaubermaschinerie; das beste E. des Zeitraums), und Ch. H. Postel den 'Großen Wittekind', mit viel Gelehrsamkeit und mancherlei Anleihen bei lat. Schriftstellern (erst 1724 erschienen); Ariost und Marino schweben vor.

Die am Anfang des 18. Jhs. entstehenden Halbepen, die sich um den Streit Wernicke-Postel und Gottsched-Bodmer ranken, sind Literatursatiren (s. d.). Die Theorie des 18. Jhs. (Gottsched, Breitinger, Batteux) verlangt vom E. („Epopöe" sagte man damals), daß es das Geschick ganzer Völker darstelle und Könige, Feldherrn, Staatsmänner zu Helden habe, daß es durch Nebenhandlungen erweitere, daß alles darin groß, heroisch, wunderbar sei; um letzteres zu erreichen, hält man die Mitwirkung von Göttern für unerläßlich. Indessen gerät auch zu Gottscheds Zeit das E. noch nicht in Fluß. An wichtigeren Erscheinungen aus dieser Zeit kommen höchstens in Frage eine 'Theresiade' (von F. Ch. von Scheyb, 1746), ein E. 'Der großmütige Friedrich III., König zu Dänemark' (1750, von L. F. Hudemann), D. V. Trillers 'Sächsischer Prinzenraub' (1743, in Alexandrinern). Lehrgedicht und beschreibende Dichtung vertreten sonst das E. Wie unsicher man sich fühlt, zeigt die Tatsache, daß 1732 Bodmer das 'Verlorene Paradies' nur in Prosa zu übertragen wagte.

Goedeke III² S. 242 ff. E. Stern *Das dt. E. des 17. Jhs.* Progr. Budweis 1875f.

§ 2. Die Zeit Klopstocks. Einen Umschwung ruft der 'Messias' hervor (1748 drei Gesänge; Fortsetzungen 1751, 1756, 1769, 1773). Klopstock führte das Leiden des Erlösers in 20 langen Gesängen vor. Die Handlung an sich ist mager, sie wird erweitert durch zwei Liebesgeschichten (der Jüngling von Nain und die Tochter des Jaïrus, ein Apostel und eine Schwester des Lazarus) und durch den Bittgang der Maria zur Gattin des Pilatus. Da Christus schon im 10. Gesange stirbt, werden die restlichen zehn Gesänge gefüllt mit fünfzig Auferweckungen alttestamentlicher Personen, mit Lobgesängen, mit Erscheinungen des auferstandenen Heilands und mit Erscheinungen anderer Auferstandener. Engel und Teufel ersetzen die Göttermaschinerie; die Engel bereiten die Wunder vor, beobachten die Erlösungstaten und erstatten Bericht darüber, bringen Gebete und Botschaften vor Gottes Thron. In Visionen werden Zukunftsausblicke eröffnet. Pietismus, Aufklärungsmitleid und Tränenseligkeit kreuzen sich. Es fehlt an Anschaulichkeit, Seelenkunde, Zeitfarbe, klar gesehener Umwelt. Wichtig für die Zukunft ist die Einführung des Hexameters.

Der 'Messias' zieht die sog. Patriarchaden (s. d.) und eine Anzahl frommer erzählender Gedichte nach sich: Lavaters hexametrische Umschreibungen der Apokalypse (1780) sowie der Evangelien und Apostelgeschichte (1783—86), noch 1801 F. von Sonnenbergs 'Weltende' u. a. Der Wetteifer mit Klopstock ruft auch die Gottschedjünger nun auf den Plan: Ch. O. Schönaich stellt dem 'Messias' einen 'Hermann' (1751) und 'Heinrich den Vogler'

(1757) (beide in gereimten trochäischen Achtfüßlern) gegenüber. Heinrich den Vogler hatte ja auch Klopstock einmal behandeln wollen. J. E. Schlegel schreibt seinen unvollendeten 'Heinrich den Löwen' (1766) noch in Alexandrinern. Mit vaterländischen Epen landete man auf dem bereits von Gottsched empfohlenen Gebiete. Überall wirkt Klopstocks Vers und Stil auf die Späteren ein, etwa auf D. Jenischs 'Borussias' (1794, Held ist Friedrich II.), ja noch auf den österr. Bischof J. L. Pyrker, der im Anfang des 19. Jhs. einen 'Rudolf von Habsburg' und eine 'Tunisias' (Karls V. Zug gegen Tunis) lieferte. E. v. Kleists vaterländisches E. 'Cissides und Paches' (1759) allerdings hat das Leonidasepos des Engländers Glover zum Vorbild, eine Dichtung, die zusammen mit dem 'Messias' auch des jungen Wieland hexametrischen 'Cyrus' (1759) beeinflußte. Bei Kleist herrscht der Geist des Siebenjährigen Krieges: zwei spartanische Freunde verteidigen heldenhaft eine ihnen anvertraute Feste gegen makedonische Übermacht.

Geschehnisse des bürgerlichen Lebens sind dem ernsten E. noch verschlossen; werden sie behandelt, so werden sie ins Komische gezogen, und es entsteht das komische E. (s. d.).

§ 3. Wieland und seine Schule. Einen neuen Typ liefert die Hinwendung zur Ritterepik. Bodmers Parzival- und Nibelungenerneuerungen (1753, 1767) blieben ohne Wirkung. Aber ein Erfolg war Wielands Zurückgreifen auf den ihm geistesverwandten Ariost. Nun erscheinen wieder Ritter und Feen, Zauberer und Geister. Abenteuerliche Handlung, gaukelnde Phantastik, Glanz und Farbe, heitere Laune, leichter Gesprächston, leisironische Behandlung des Helden und der an sich ernsten Handlung, Freude am Sinnlichen trotz nicht fehlender Sittenbelehrung sind die Kennzeichen seiner Epik: 'Idris und Zenide' (1768, unvollendet); 'Der neue Amadis' (1771); 'Gandalin' (1776). Den Höhepunkt stellt 'Oberon' dar (1780); bei aller Heiterkeit, Freiheit und Anmut nähert sich dieses epische Hauptwerk Wielands der Weltanschauung der Humanität. Die Grundlage bildet eine altfrz. Chanson de geste, in die Oberons Zwist mit Titania eingewoben wird. Solche Sagenverschmelzung wird dann in der romantischen Zeit fast Regel. Die neue metrische Form Wielands ist die noch frei gehandhabte Stanze. Einen weiteren neuen Typ stellt Wielands 'Musarion' dar, ein Vorläufer des philosophischen E., in Charakteren, Handlung und Umwelt den griech. Romanen des Dichters verwandt, wie diese den Übergang des Helden zu einer anderen Weltanschauung darstellend. Wielands Nachfolger verstärken die komischen Bestandteile seiner Epen: Alxinger ('Doolin von Mainz', 'Biomberis'), H. Nicolay ('Galwin'), F. A. Müller. Weiter steigert sich das Komische zum Burlesken, etwa in Blumauers 'Travestierter Äneis' (1784, Einwirkung auch von Voltaires 'Pucelle') und in Kortums 'Jobsiade' (1774; komischer Lebenslauf eines verunglückten Theologiestudenten). Mit Kortum verwandt in der parodistischen Technik ist Ratschkys 'Melchior Striegl', der zugleich eine Satire auf die Auswirkungen der Frz. Revolution in Deutschland ist.

§ 4. Idyllisches Epos. Aus Vossens Idyllen erwächst sein idyllisches E. 'Luise'. Drei Idyllen (Fest im Walde, Verlobung, Hochzeit) schließen sich zusammen; doch bleibt Voß noch zu sehr im Zuständlichen stecken. Immerhin kommt es ihm nicht mehr auf erträumte Einfalt und Unschuld an, wie Theokrit und Geßner, sondern auf realistische Zeichnung der kleinbürgerlichen Behaglichkeit. Homer, den er ja auch in Hexametern übersetzt, lehrt ihn die liebevolle Beschäftigung mit der Kleinwelt des Alltags, die allerdings auch schon im komischen E. vom Typ des 'Renommisten' vorhanden gewesen war. F. A. Wolfs 'Prolegomena' legen an der Hand der Homerischen Dichtung das Wesen des Epischen klar, und nun folgt Goethe, Vossens 'Luise' weit hinter sich lassend, mit 'Hermann und Dorothea', dem epischen Hauptwerk der dt. Klassik: die Liebesgeschichte aus der Welt des vorwärtsstrebenden, erwerbstätigen Bürgertums, gehoben durch Adel der Gesinnung und tiefe Lebensweisheit, mit bedeutendem, politischem Hintergrund und Ausblick auf die Gesamtkultur der Zeit (Haus- und Gartenbaukunst, Musik, Tracht). Überlegener Kunstverstand waltet allenthalben, in der Zusammendrängung der

Handlung auf einen Tag, in der Einschiebung von Widerständen, in der strengen Objektivität, in der Ersetzung der Beschreibung durch Handlung. Die weiteren idyllischen Epen der Zeit stehen Voß näher als Goethe: L. Neuffers 'Tag auf dem Lande' (1800); L. Th. Kosegartens ländliche Dichtungen 'Jukunde' (1803) und 'Inselfahrt'; J. M. Usteris Idyllen in Züricher Mundart 'De Vikari' und 'De Herr Heiri', die eine auf dem Lande, die andere in der Stadt spielend. J. Baggesens 'Parthenais' (1804, idyllische Reise dreier Schwestern zum Gipfel der Jungfrau) mischt wieder allegorische Götterfiguren unter die neuzeitlichen Gestalten.

W. Knögel *Voß' 'Luise' und die Entwicklung der dt. Idylle.* Progr. Frankfurt a. M. 1904.

§ 5. Goethes weitere Epen. Noch engeren Anschluß an Homer suchte Goethe in der 'Achilleis', einer Fortsetzung der 'Ilias'; sie blieb unvollendet. Bewegte sich Goethe hier in der heldischen Welt, so griff er mit dem Hexameterepos 'Reinecke Fuchs' (1794) auf das alte Tierepos zurück, es mit neuen satirischen Spitzen auf die Zeitverhältnisse versehend. Ein großes Weltanschauungsepos ('Die Geheimnisse', in Stanzen) wurde nur begonnen; der groß angelegte, auf der Zwölfzahl fußende Plan, der Vertreter aller Weltreligionen vorführen und in der Verherrlichung der Humanität gipfeln sollte, mag immerhin späteren Epen Anregung gegeben haben.

Fr. Spielhagen *Die epische Poesie und Goethe*, Goethe-Jb. XVI (1895) S. 1*—29*. M. Koch *Goethe als religiöser Epiker*, Frankfurter Hochstifts-Berichte XIII (1897) S. 1—131.

§ 6. Die Romantik: Allgemeines über die Epen der Zeit. Die durch die Romantik herbeigeführte Beschäftigung mit Geschichte und MA, mit dem Schrifttum aller Völker und Zeiten, mit Südromanen und Morgenland im besonderen, mit der mhd. Epik, mit Volksdichtung und Volkstum gibt eine Fülle neuer Stoffe und Vorbilder. Die Epenflut dauert etwa bis 1880; Riesenauflagen kommen etwa seit 'Otto dem Schütz' und dem 'Trompeter' häufig zustande. Nach dem Stoff wollen wir scheiden: die Erneuerung alter epischer Dichtungen und Bearbeitung von Sagen- und Märchenstoffen, die geschichtlichen, die volkskundlichen, die idyllischen, die philosophischen und die komischen Epen. Die aus Geschichte und Sage überwiegen weit. Eine schroffe Trennung der Unterarten ist natürlich unmöglich; auch die philosophischen Epen z. B. sind durchweg geschichtlich. Was die die Epen durchwaltenden Anschauungen anlangt, so kommen naturgemäß nicht bloß romantische Ansichten zu Wort. Keine Weltanschauung bleibt unvertreten. Auch das Junge Deutschland z. B. bedient sich der Form; Meißners 'Ziska' kämpft gegen Pfaffentum, für religiöse Freiheit und Gleichheit. In einem 'Ahasver' tötet sich der ewige Jude am Grabe Börnes, weil alle Revolutionen seine Freiheitshoffnungen enttäuschten. Es gibt Epen für und gegen die Frauenemanzipation (F. von Heydens 'Wort der Frau' 1843). Eine Gruppe von weltanschaulich wenig befrachteten Epen pflegt man als Unterhaltungsepen zusammenzufassen. Das ist erst recht ein sehr dehnbarer Begriff. In vielen Epen überwiegt das Lyrische: Lieder, selbst ganze „Büchlein" Lieder einzuschieben ist eine Zeitlang Mode ('Trompeter', 'Dreizehnlinden'). Andere wieder sind sehr abenteuerreich und arbeiten mit den Motiven des niederen Unterhaltungsromans: z. B. Feuersbrunst, Überfall, Mord, Räuber usw. in K. J. Becks 'Janko'. Oft macht sich das Vorbild von 'Hermann und Dorothea' geltend: Umwelt und Kultur der Zeit ('Trompeter'), Liebesgeschichte mit Krieg als Hintergrund. Schilderungen gehören zum unentbehrlichen Schmuck, vor allem Naturschilderungen, dann aber auch solche aus dem Volksleben (Weinlese, Wirtshaustreiben, Martinsabend, Eisgang, Maifest in Wolfgang Müllers 'Maikönigin'; s. § 10). Die metrischen Formen sind sehr mannigfaltig; Hexameter und Stanzen, Reimpaare und Nibelungenstrophe sind am häufigsten. Werden wechselnde, der jeweiligen Stimmung des Abschnitts angepaßte Maße verwendet, so ist das ein Zeichen für lyrische und Stimmungseffekte. (Über Auflösung in Romanzen s. § 7.)

§ 7. Erneuerung alter Epen und Sagen; Märchen. Zunächst stürzt sich die Romantik auf die Epen und Sagen älterer Zeit. Liegen mehrere Fassungen vor, so sucht man oft durch Beschneiden und Mischen eine Musterfassung herzustellen.

Den Anstoß gab Herder mit dem 'Cid' (1805, aus dem Span. durch frz. Vermittlung). Der 'Cid' zerfällt in Einzellieder, etwa 70, die jedoch nicht jedes für sich ohne weiteres verständlich sind; die Einheit ist bloß durch die Person des Helden gegeben; das E. hat die Form der Lebensbeschreibung. Mit dem 'Cid' hat Herder das Vorbild für die sog. Romanzenkränze gegeben, die die Handlung in einzelne balladenartige Lieder oder Bilder zerlegen, was zum Verzicht auf Einheitlichkeit der Handlung und des Aufbaues verleitet. Durch Lachmanns Liedertheorie wurde dann die Vorliebe für diese Form bestärkt; man glaubte darin etwas Urepisches zu sehen (Lenaus Epen, A. Grüns 'Letzter Ritter', Gaudys 'Kaiserlieder' usw.). Dem 'Cid' folgt zunächst Fr. Schlegels Heldengedicht 'Roland', nach Turpins Chronik (1806, führt die span. Assonanzen ein). Unter den zahllosen Übersetzern mhd. Epen ragen K. Simrock durch die Menge, W. Hertz durch die Güte der Übertragungen hervor ('Tristan' 1877). Zahlreich sind die Bemühungen um den Tristan, darunter Immermanns unvollendete Bearbeitung in Romanzen. Rückert erschließt die ind. und pers. Epik ('Nal und Damajanti' 1828; 'Rostem und Suhrab' aus Firdusi 1838); den vollständigen Firdusi gibt Schack 1851.

Andere bearbeiten alte Sagen frei, sei es, daß ihnen die vorhandenen Fassungen nicht genügen, sei es, daß sie modernisieren wollen, oder sei es, daß keine epenartige Fassung aus älterer Zeit vorliegt: W. Hertz, 'Lanzelot und Ginevra' 1869; 'Hugdietrichs Brautfahrt' 1860; 'Spielmannsbuch, Novellen in Versen aus dem 12./13. Jh.'. Simrock verarbeitet die Dietrichsagen nach nordischer Quelle zu einem großen 'Amelungenlied' (1843—49). Nordische Quellen werden überhaupt gern benutzt: Simrocks 'Wieland der Schmied' (1835), 'Sigurds Brautfahrt' von Geibel (1846), Jordans ehemals berühmte 'Nibelungen' (1868—74), die stabreimen, auf nordischen Quellen fußen, sonst aber stark verneuzeitlichen; sie bringen neuste Naturwissenschaft hinein, putzen die Handlung mit Anleihen aus dem Schauerroman auf, lassen die alten Helden eine schlampige Umgangssprache reden. Den Sagenkreis um Karl den Großen bearbeiten Fouqué ('Karls Geburt und Jugendjahre' 1814), Simrock, G. Pfarrius ('Karlmann' 1844), O. F. Gruppe ('Königin Berta' 1848, 'Kaiser Karl' 1852, auch ein 'Alboin' 1830), L. Bechstein ('Haimonskinder' 1830). A. Grün verband im 'Pfaffen vom Kahlenberg' Amis- und Neidhardschwänke zu einem ländlich-idyllischen E. (1850). Daß auch spätere Zeiten diesen Stoffen noch günstig waren, beweisen etwa Dahns 'Amelungen' (1876) und Baumbachs 'Horand und Hilde' (1878, nach der 'Gudrun').

Neben diesen literarischen Sagen bieten auch die unliterarischen Sagenstoffe und Ortssagen und schließlich die Märchen eine reiche Fundgrube für epische Bearbeitungen. Es mag genügen, die Titel einiger besonders bekanntgewordener Werke zu nennen: R. Baumbachs 'Frau Holle' (eine Thüringerwaldsage, 1880) und 'Zlatorog' (sloven. Alpensage, 1877), Julius Wolffs 'Rattenfänger von Hameln' (1875) und 'Wilder Jäger' (1877). Über Ahasver s. § 12. Antike Sagen sind selten (H. Leutholds 'Penthesilea'). — Unter den Versmärchen gibt es Bearbeitungen von Dornröschen, Sieben Raben, Rübezahl usw.; sie fanden begreiflicherweise wenig Anklang. Anziehender waren Stoffe aus 'Tausendundeiner Nacht', so vor allem Platens 'Abassiden' (1833; mehrere Märchen sind verschlungen zu einer Geschichte von den wunderbaren und gefahrvollen Reiseabenteuern dreier Kalifensöhne) und F. von Heydens 'Schuster von Ispahan' (1850). Am meisten Anklang fanden die erfundenen Märchen, die zumeist von der romantischen Naturbeseelung und von redenden Blumen und Bäumen leben. Ein frühes Beispiel dieser Art gab E. Schulze mit der 'Bezauberten Rose' (1818): Die Königstochter wird in eine Rose verzaubert und durch Gesang entzaubert (Ausg. DNL. 147). Es folgen von bekannteren epischen Märchendichtungen 'Waldfräulein' von J. v. Zedlitz (1843), 'Was sich der Wald erzählt' von G. v. Putlitz (1850), und 'Waldmeisters Brautfahrt' von O. Roquette (1859). Mit diesem erfolgreichsten Werk (über 80 Aufl.) landen wir schon bei den reinen Unterhaltungsepen: Prinz Waldmeister, auf der Reise zu Prinzessin Rebenblüte begriffen, wird von einem Professor einbotanisiert und dann durch andere Blüten und Pflanzen befreit; ein den Wein schmähender Kaplan wird trunken gemacht; die Geister der Weine bringen dem Paar ihre Glückwünsche; daneben noch Liebe zwischen Jäger und Winzerin und fröhliches Studententreiben.

§ 8. Geschichtliche Epen. Die durch die Romantik hervorgerufene geschichtliche Einstellung des Geisteslebens fördert das geschichtliche Epos so gut wie den Geschichtsroman. Ziel ist Verlebendigung eines bedeutenden Stückes Vergangenheit. Das Bedeutende liegt meist in dem Kämpfen einer geistigen Macht, mit der der Dichter sympathisiert, so daß weltanschaulicher Untergrund oft mitgegeben ist, wie denn ja auch das philosophische Epos sich meist geschichtlicher Einkleidung bedient. — Berührung mit der Lebensbeschreibung entsteht, wenn eine Chronik zugrunde liegt oder eine geschichtliche Gestalt in ihrem Gesamtwirken dargestellt wird (Fouqués 'Du Guesclin' 1871). Zerlegung in Einzelbilder (s. § 7; Romanzenkranz) stellt sich dann leicht ein. C. F. Meyers Dichtung 'Huttens letzte Tage' (1871) stellt zurückblickend auch das ganze Vorleben dar, in Gesprächen und Erinnerungen. — Wenn das geschichtliche Epos große Taten der Vergangenheit verherrlicht, berührt es sich mit der ursprünglichen Aufgabe des Epos, wie sie in 'Ilias', 'Äneis', 'Lusiaden' usw. zutage tritt. Vaterländische Begeisterung bringt gutgemeinte Epen über die Freiheitskriege hervor; die Reformationsfeier von 1817 zeitigt Lutherepen und Verwandtes. — Vaterländische Gründe führen zur Verherrlichung des Heimatstaates; wir haben Epen aus der Geschichte der Schweiz, Bayerns, Württembergs, Hannovers, Braunschweigs usw., oft mit einem Einschlag von Liebedienerei gegen das Fürstenhaus. Auf höherer Warte stehen die Rudolf-von-Habsburg-Epen Collins und Grillparzers (Bruchstück) und A. Grüns 'Letzter Ritter' (= Kaiser Max). — Ch. Scherenberg begründet eine besondere Unterart, das Schlachtenepos, in preuß.-monarch. Geist gehalten: 'Ligny' (1846), 'Waterloo' (1849), 'Hohenfriedberg', aber auch 'Aboukir' (1854). Ein anderer Preuße, v. Köppen, eifert ihm nach; ein später Nachfahre ist noch v. Wildenbruch mit 'Vionville' (1874) und 'Sedan' (1875). Die Masse der Kampfschilderungen macht diese Epen langatmig und eintönig, wenn auch vereinzelte Szenen und Bilder durch realistische Anschaulichkeit überraschen. — Allgemein vaterländischer Begeisterung entstammen dann die noch immer vertretenen Arminiusepen, die Epen von Heinrich dem Vogler, Otto dem Großen und Andreas Hofer und über die Hohenstaufenzeit. Gaudys 'Kaiserlieder' (1835, Napoleon verherrlichend) und A. Meissners 'Ziska' (s. § 6) entstammen im Gegensatz dazu mehr jungdeutscher Einstellung. Die Zeit nach 1870 erzeugt viele vaterländische Epen (Graf Schack 'Lothar' 1872; s. o. Wildenbruch); der Stoff kann auch dem Altertum entnommen sein wie in Schacks 'Plejaden' (griech. Freiheitskampf gegen die Perser, 1881). — Stoffe aus der unmittelbaren Gegenwart sind seltener: Semmig 'Robert Blum' (1848, radikal); F. v. Köppen 'Wrangel' (1855, konservativ). — Dem Anfang des Jhs. gehören Epen an, die schlechthin MA. und Ritterzeit verherrlichen, etwa Fouqués 'Corona' und 'Bertrand du Guesclin', E. Schulzes 'Cäcilie' (das Christentum siegt über dän. Heidentum, 1818, Stanzen; Proben DNL. 147). — Seit dem Aufschwung des Geschichtsromans und seit dessen Hinwendung zur kulturgeschichtlichen Treue geht auch das Epos diese Bahn. Farbenreiche kulturgeschichtliche Schilderungen werden zu Prunkstücken ausgearbeitet: Feste, Gelage, Krönungen usw. (so in Heyses 'Thekla' das Kybelefest, 1858). Solche Schilderungen liebt auch Hamerling (z. B. 'König von Sion' = Wiedertäufer in Münster, 1869, Hexameter), dessen Epen sich wegen der Schopenhauerschen Grundlage und wegen „des Wissens um die Möglichkeit verschiedener Weltanschauungen" den Weltanschauungsepen nähern. J. Wolffs 'Tannhäuser' (1880) entrollt die ganze Literaturgeschichte des Minnesangs (Vorbild ist in dieser Hinsicht 'Ekkehard'), kommt aber nicht über geschichtlichen Mummenschanz hinaus. — Ganz wie im geschichtlichen Roman stehen neben den Epen, die große geschichtliche Ereignisse behandeln, Epen mit erfundener Handlung, die sich aber von einem genau gezeichneten kulturgeschichtlichen Hintergrund abhebt. Scheffels 'Trompeter von Säkkingen' (1854) mit seinem Zeitbild des 17. Jhs. ging voran, F. Dahns 'Harald und Theano' (1855), auf Cypern spielend, stellt röm. Sittenlosigkeit und barbarische, aber treue und wahrhafte Germanen, heidnischen Götzendienst und neues Christentum einander gegenüber. Der Münchener Kreis, besonders auf den historischen Zeitgeist eingestellt, beteiligt sich an allen Arten von geschichtlichen Epen: Heyses Freund L. Laistner schreibt 'Barbarossas Brautwerber' (1875). — Eine Gruppe für sich bilden, technisch betrachtet, die Epen, die eine ganze Bewegung, eine geschichtliche Periode in ein Epos bringen wollen, auf einen Einzelhelden verzichtend. Lenaus 'Albigenser' stellen eine religiöse Bewegung in ihrer ganzen Breite dar; A. Schlönbachs 'Hohenstaufen' (1859) umfassen ein Herrschergeschlecht; am weitesten spannt H. Linggs 'Völkerwanderung' (1866—68) den Rahmen, einen Zeitraum von 300 Jahren und viele Reiche umfassend: Chlodwig, Theoderich, Gelimer, letzte Goten, Alboin füllen nur ein Buch des umfangreichen Werkes.

Ph. Krämer *Das Ritterepos bei Fouqué.* Diss. München 1913. K. Voretzsch *Gaudys Kaiserlieder und die Napoleondichtung*, PrJbb. XCV (1899) S. 412—96.

§ 9. Volkskundliche und erdkundliche Stoffe. Wie neben der zeitlichen die räumliche Ferne als romantisierend gilt, so steht neben dem geschichtlichen eine Art fernländisches Epos. Zwar fehlt das Außereuropäische fast ganz ('Minona' 1856: südamerikanisches Leben, idyllisch). Zumeist werden die osteurop. Völker bedacht, Ungarn, Polen, Serben, Tscherkessen. Jungdeutsche Schwärmerei für die Freiheit unterdrückter Völker kommt manchmal hinzu. Diese Epen sind bald abenteuerreich, bald idyllisch, bald sagenhaft. Der Ungar ist durch Lenau herausgehoben. Beck liefert das Epos 'Janko, der ungar. Roßhirt' (1841, mit Räubern, Zigeunern, Raubüberfall usw.) und die poln. Volksleben darstellende 'Jadwiga' (1863). F. Bodenstedt zeigt sich in 'Ada, die Lesghierin' (1853, Blutrache, Liebespaar aus feindlichen Familien) mit Sitten und Land der Tscherkessen wohl vertraut; wenn am Schluß Russen das glücklich vereinte Paar abschlachten, so wirbt der Zug um Mitleid für die von Rußland Bedrückten. Auch R. von Meerheimb ('Gulat und Dschadra' 1848) nimmt sich der Leiden des tscherkessischen Volkes an. Becks 'Wlasta' (1829) behandelt die Sage vom böhmischen Mägdekrieg und tritt ebenso wie Meißners 'Ziska' für die Tschechen ein. Vorwiegend Österreicher sind es, die sich diese Ostvölker zum Vorwurf nehmen. Wurzbach mit der Dichtung 'Von einer verschollenen Stadt' (1850) verherrlicht Krakau und seine Bewohner und Geschichte. Die Form des Romanzenkranzes ist so frei, daß sie selbst derartige an der äußersten Grenze der Epik gelegene Vorwürfe zu behandeln gestattet. An dieser Grenze bewegen sich auch einige Rheingedichte, die man volkskundlich-erdkundlich nennen könnte: Das 'Epos vom Rhein' (1855) des hess. Dichters Wilh. Schulz verfolgt den Rhein von der Quelle bis zur Mündung, Personifikationen zu Hilfe nehmend; und Wolfgang Müller schildert „Natur, Leben, Kunst und Geschichte des Rheins" in der 'Rheinfahrt' (1846).

§ 10. Idyllisches Epos. Wenig gepflegt wird das in der dt. Gegenwart spielende Epos. Einige Nachfahren der Vossischen 'Luise' sind zunächst zu verzeichnen: das vielgelesene epische Idyll 'Hannchen und die Küchlein' (1822) von A. Eberhard; E. Crusius mit dem ländlichen Epos 'Die Verlobung' (1844); und der Züricher W. Corrodi mit zwei Mundartidyllen in der Art Usteris (s. § 4). Erst in den 40er Jahren setzt das idyllische Epos stärker ein. In den Bahnen von 'Hermann und Dorothea' wandeln 'Adam und Eva' (Moritz Hartmann, 1851; ein vor Kosakeneinquartierung in den Wald geflüchtetes Paar findet sich in Gefahr und Entbehrung), Hebbels 'Mutter und Kind' und ein später Nachzügler, 'Hermann und Dorothea' (1901, Idyll in fünf Gesängen) von F. von Saar. Hebbels Werk ist das bedeutendste (1859, Hexameter); es bringt ausnahmsweise keine Liebesgeschichte, sondern behandelt Mutterschaftssehnsucht und den Kampf von Mutter und Pflegemutter um das Kind. — Mörikes 'Idylle vom Bodensee' (1846), schalkhaft, mit mehreren unverbundenen, an sich unbedeutenden Handlungen, gehört mehr ins Gebiet des rein Bukolischen. Die in Mode kommende Dorfgeschichte gibt der Versidylle neuen Aufschwung. Schon 1835 schreibt Melchior Meyr sein „ländliches Gedicht" 'Wilhelm und Rosine', dessen Handlung sich in einfachsten Bahnen bewegt, da Leute und Leben im Ries die Hauptsache sind. Wolfgang Müllers 'Maikönigin' (1852) wird im Titel als „Dorfgeschichte in Versen" bezeichnet (Widerstand des reichen Bauern wird von ausdauerndem Liebespaar überwunden, rhein. Dorfsitten; s. § 6). Die 'Maikönigin' hat dann auf Fritz Reuters beide Epen eingewirkt: 'Hanne Nüte' (1860) mischt Dorfgeschichte mit Kriminalgeschichte und Tierepos (die Vögel greifen andauernd in die Liebes- und Kriminalgeschichte, wie Menschen handelnd, ein); 'Kein Hüsung' (1858) ist düsterer als alle vorhergenannten, hat stark freiheitliche Tendenz, indem es gegen den harten Landadel gerichtet ist und die Nöte eines leibeigenen, an den Gutshof gebundenen Paares behandelt.

W. Knögel s. § 4. Fr. Enß *Hebbels E. 'Mutter und Kind'* 1909.

§ 11. Unterhaltungsepos. Um die Mitte des Jhs. macht sich, besonders nach dem Scheitern der 48er Bewegung, Abspannung, Überdruß an Politik und hochgesteckten Zielen bemerkbar. Man begnügt sich mit harmloser Lebensfreude, Jugendübermut, Fahrendeschülerstimmung, Sorglosigkeit und Wein- und Sangesfreude. Eine harmlose, etwas sentimentale Liebesgeschichte bildet gewöhnlich den Untergrund. Sage, Märchen oder erfundene Handlung auf geschichtlichem Hintergrund sind als Stoffe gleich willkommen. Die Charakterzeichnung ist oberflächlich. Den Ausgangspunkt stellt G. Kinkels liebeswürdige Dichtung 'Otto der Schütz' dar (1846; „eine rheinische Geschichte" sagt der Titel; ein als Jäger verkleideter, wandernder Fürstensohn gewinnt unerkannt die Liebe der Grafentochter). Durch Kinkels rhein. Dichterkreis wird O. Roquette zu 'Waldmeisters Brautfahrt' angeregt (1851; s. § 7). In der Märchenform folgt ihm der demselben Kreis angehörige Wolfgang Müller im 'Prinzen Minnewin' (1854). Ein Dichter Th. Meurer widmet dem 'Siebenundfünfziger', einem besonders gesegneten Rheinweinjahrgang, ein Epos. — Unberührt von dieser genußfrohen Stimmung ist die Versnovelle 'Amaranth' (von O. von Redwitz, 1849), die gewöhnlich auch zu den Unterhaltungsepen gestellt wird; sie schwimmt in süßlicher, katholisierender, deutschtümelnder Romantik. — Hingegen hat der Hauptschlager dieser Gruppe, Scheffels 'Trompeter von Säkkingen' (1853), wieder die trinkfrohe Burschenstimmung. Durch Humor und kulturgeschichtliche Treue überragt er die Vorgänger und die Nachahmer (relegierter, schweifender Student und Edelfräulein, Liebe, Trennung wegen des Standesunterschiedes, schließlich Vereinigung durch den Papst). Der Riesenerfolg lockt zahllose Nachfahren, deren gelesenste Jul. Wolff und R. Baumbach waren. — Auch Webers 'Dreizehnlinden' (1878), das katholische Gegenstück zum 'Trompeter', ist Scheffelnachahmung. Daneben hat die über 20mal ins Deutsche übertragene Frithjofssage (1825) Pate gestanden. Unter den zahllosen katholischen Nachahmern von 'Dreizehnlinden' ist L. Brills 'Singschwan' die beste (Titel s. bei E. Weber S. 45ff.). — Auch einige Epen der in Verserzählungen sehr eifrigen Münchner Gruppe können hier angefügt werden. An Stelle von Humor und Bummelstimmung tritt Heyses bekannte Liebes- und Leidenschaftsauffassung. Die Liebesverwicklungen sind demgemäß etwas raffinierterer Art; sie sind aus Heyses Novellen bekannt, wie denn auch die Bezeichnung „Novelle in Versen" hier öfter begegnet. Wir nennen Heyses 'Braut von Cypern' (1856, nach einer Novelle von Boccaccio, Umwandlung eines Tölpels durch die Liebe) und Julius Grosses 'Mädchen von Capri' (1860, der Freund wird als Nachfolger und Tröster zu dem verlassenen Mädchen geschickt, gewinnt unerkannt dessen Liebe, wird erkannt, gehaßt usw.).

§ 12. Weltanschauungsepos. Die Romantik war mit Philosophie und Lebensgestaltungsgedanken hoch befrachtet. Doch entlud sich das mehr in Drama und Roman. Das früheste Weltanschauungsepos (s. auch § 3 'Musarion') wären wohl Goethes 'Geheimnisse' geworden. Wie diese sind auch Brentanos tiefsinnige 'Romanzen vom Rosenkranz' Bruchstück geblieben, wenn auch ein sehr umfangreiches. Der Rahmen war zu weit gespannt. Der Aufbau ist wie bei Goethe symmetrisch-systematisch. Die Dreizahl beherrscht ihn. Ein Fluch lastet auf einem Geschlecht, seit Christi Zeit, so daß es immer wieder in Blutschande verfällt. Sechs Geschwister, drei Schwestern (die drei „Rosen") und drei Brüder, können das Geschlecht entsühnen, wenn sie die geschlechtliche Liebe zueinander überwinden. Da sie sich aber nicht als Geschwister kennen, wohl aber wieder drei Liebespaare bilden, ist außergewöhnliche Frömmigkeit und Keuschheit vonnöten, um den Versuchungen nicht zu erliegen. Die katholische Idee der freiwilligen Keuschheit wird verherrlicht; die Entsühnung sollte mit der Entstehung des Rosenkranzes in Verbindung gebracht werden. Unchristliche Philosophie wird in der Gestalt eines pantheistischen Professors niedriger gehängt. J. Mosens 'Ritter Wahn' (1831) und 'Ahasver' (1838) stellen den Menschen, der nicht sterben will, und den Menschen, der nicht sterben kann, dar und drehen sich um Lebensfreude und Lebensüberdruß. Die beiden großen Epen Lenaus, 'Savonarola' (1837) und 'Die Albingenser' (1842), kämpfen beide für Geistesfreiheit; doch ist 'Savonarola' asketisch eingestellt, sich gegen jungdeutsche Emanzipation des Fleisches wendend, während 'Die Albigenser' scharf gegen Unduldsamkeit, Inquisition und Kirche Stellung nehmen. Man sieht aus Mosen und Lenau, daß auch das Weltanschauungsepos vorwiegend sich der Sage oder Geschichte bedient. 'Savonarola' ist im Aufbau lebensgeschichtlich (über 'Albigenser' s. § 8 Ende). — Gegen 1860 macht sich ein Gegenstoß gegen die Seichtheit der Unterhaltungsepen bemerkbar; man will philosophische Vertiefung; auch der nun in Mode kommende Schopenhauer ist günstig. Der Gegensatz von Weltüberdruß und Lebensfreude war für die Dichtung überhaupt dankbar (J. Mosen; Schacks 'Nächte des Orients'). Schon 1843 hatte H. Lorm in der „morgenländischen Faustsage" 'Abdul' die „Unstillbarkeit menschlicher Sehnsucht" behandelt. Hamerlings 'Ahasver in Rom' (1866) verkündet nun Pessimismus und führt zu diesem Zwecke den Helden in Rom mit Nero, dem Bankrott machenden Anhänger der Sinnenlust, und mit den entsagenden ersten Christen zusammen. Auch E. Grisebach in seinen sinnlichen und farbenreichen Tannhäuserepen ('Der neue Tannhäuser' 1869, 'Tannhäuser in Rom' 1875) ist Anhänger Schopenhauers. — Eine besondere Gruppe bilden Epen, die einen Gedanken durch die ganze Entwicklung der Menschheit hin nachweisen wollen. Das tat H. Rebenstock schon 1847 in 'Walhalla der Menschheit' (die Geschichte der Menschheit sei ein planvoll geordnetes Ganzes). F. von Schack zeigt in den 'Nächten des Orients' (1874) einem Unzufriedenen in Bildern aus allen Glanzzeiten der Geschichte, daß Leid immer der Menschheit Teil war. Heinrich Hart wollte im 'Lied der Menschheit' (1888—96) den Aufstieg der Menschheit in einer gewaltigen entwicklungsgeschichtlichen Bilderfolge darwinisch dartun, brachte es aber nur auf drei Einzelepen (Entstehung der Einehe, der Alleinherrschaft, der Religion). Von weiteren philosophischen Epen der späteren Jahre seien noch genannt: Jul. Grosses 'Volkramslied' (1890, der Aufgabe nicht gewachsen), der 'Robespierre' der Maria delle Grazie (1894, mischt Hamerlings Farbenglut mit Zolas Beobachtungsart, sieht im Helden den Anwalt der sozial Tiefstehenden, fügt eine große Vision ein, die in Schacks Art den Helden in alle Zeiten führt), F. Avenarius' 'Lebe!' (1893, Icherzählung, stark lyrisch; ein Arzt entwickelt sich von Liebesschmerz und Selbstmordgedanken zu praktischer Liebestätigkeit). Den Abschluß gewissermaßen stellen Spittelers alte Mythen frei und kühn fortbildende Epen dar: 'Prometheus und Epimetheus' (1881, Biblisches ins Griechische einmischend, in Bibeltonprosa, später in Verse umgegossen; „Preis des freien Adelsmenschen", Vorahnung von Nietzsches 'Zarathustra') und 'Olympischer Frühling' (1900—04, 5 Teile; ein neues Göttergeschlecht löst das alte ab, die neuen Götter kämpfen um die Herrschaft, Zeus siegt; und wie sie dann die Welt beherrschen und was sie auf der beherrschten Welt unternehmen). Es ist viel Allegorisch-Parabolisches im 'Olympischen Frühling', die Darstellung ist aber realistisch und streng objektiv episch; neben dem Zwiespalt von Weltfreude und Weltschmerz ist viel praktische Lebensweisheit, die sich der Satire nähert, hineingebracht.

Im Gegensatz zu diesen mehr oder minder ungläubigen Epen legt das katholische Lager seine Weltanschauung in biblische Erzählungen, Legenden und Heiligenleben: F. W. Helle 'Jesus Messias' (1870—86, groß angelegt, morgenländische Umwelt, aber zu viel Dogmatik); E. Behringer 'Die Apostel des Herrn' (1878); E. Ringseis 'Der Königin Lied' (ein Marienleben) usw. J. Seeber dichtet einen 'Ewigen Juden' vom katholischen Standpunkt aus (1894).

J. Prost *Die Sage vom ewigen Juden in der neueren dt. Literatur* 1905. A. Sörgel *Ahasverdichtungen seit Goethe* (Probefahrten VI) 1905.

§ 13. Das komische Epos. Dieses hat im 19. Jh. keine zusammenhängende Entwicklung. Die Romantik ist ihm zunächst nicht günstig, weil es eine Gattung des 18. Jhs. war. Versuche erstrecken sich übers ganze Jh. Aber sie fanden bei der Lesewelt wenig Anklang und sind zumeist verschollen; auch die Forschung läßt sie unbeachtet. Zunächst sind noch Nachwirkungen der 'Jobsiade' zu spüren: K. Prätzels 'Feldherrnränke' (1815), F. Hallenslebens 'Töffeliade' (1836). — Die Zeit zwischen 1830 und 1855 bringt eine Anzahl komischer Epen hervor, die jedoch natürlich mehr der Satire zuzuzählen sind: Moriz Hartmanns 'Reimchronik des Pfaffen Mauritius' (1849, Heinestil, als Chronik sich gebend: Einnahme Wiens durch Windischgrätz, Frankfurter Parlament, Ungarischer Aufstand), A. Glasbrenners 'Verkehrte Welt' (in der alles auf den Kopf gestellt ist: eine Gräfin besorgt des bürgerlichen Helden Haushalt, der Sultan macht ihm zuerst Besuch usw.; 1856), K. Schröders 'Krethiplethiade' (1855); Zuccalmaglios lustige rheinische Revolutionschronik 'O'lumpiade' hat rückschrittlichen Standpunkt. Andere knüpfen an Tierdichtung oder Gullivers Reisen an: E. F. Bäßlers 'Ameisen- und Immenkrieg' (1841), A. Glasbrenners 'Neuer Reinecke Fuchs' (unter den Tiermasken sind Papst, Jesuiten, Bundestag, der preuß. König usw. leicht zu erkennen, Satire auf Staat und Kirche; 1846) usw. Es seien noch genannt aus dieser Zeit: J. Baggesens 'Adam und Eva' (1826; Eva eine Kokette, Adam ein spekulierender Philosoph, deswegen beide leicht von der Schlange betört), K. Immermanns niedliches 'Tulifäntchen' (1827; gegen aufgeblähten Rittergeist und die Großsprecherei der kleinen Zeitgenossen, Quixotetyp von äußerster Kleinheit und größtem Mut) und A. Grüns 'Nibelungen im Frack' (1843; Schrullen eines Fürsten, der eine Leidenschaft für Geigen und absonderliche Geiger hat: ein Riesenkerl handhabt den Baß als Cello, ein Zwerg die Geige als Baß usw.). — Nach 1870 scheint sich noch einmal eine kleine Welle zu heben: Schacks 'Durch alle Wetter' (1870, Stanzen, große Reimgewandtheit; die Primadonna und der Gesandtschaftsattaché werden in die tollsten amerik. und ital. Abenteuer verwickelt); R. Gottschalls 'König Pharao' (1872); J. Grosses 'Pesach Pardel' und 'Der Wasunger Not, ein tragikomisches Heldengedicht' (1873); E. Ecksteins 'Schach der Königin' (1870), 'Der Stumme von Sevilla' (1871) und 'Urania' (1872); und ein Nachzügler schließlich, F. v. Saars 'Pincelliade' (1897). W. Buschs komische Lebensläufe kann man kaum Epen nennen; sie bilden infolge der engen Verbindung mit dem Bild eine Gattung für sich.

W. Dohn *Das Jahr 1848 im dt. E. und Drama* (BreslB. 32) 1912.

§ 14. Neuste Zeit. Der Naturalismus verwarf das Epos zugunsten des Romans. (Doch hat G. Hauptmann 1921 ein ländliches E. 'Anna' nachgeliefert.) Auch die Neuromantik konnte ihm nicht zu Gunst verhelfen. v. Liliencrons „kunterbuntes Epos" 'Poggfred' (1896) ist mehr Tagebuch in Versen, in Episoden zerflatternd. Th. Manns 'Herr und Hund' und 'Gesang vom Kindchen' (beide 1920, beide in Hexametern) sind idyllisch, ohne Handlung. Einzig zu nennen ist R. Dehmels Romanzenroman 'Zwei Menschen' (1903): Fürstin und Sekretär des Fürsten fliehen zusammen, nachdem die Fürstin ihr Kind getötet; aber Nietzsches Auslebegedanken münden schließlich in sozialen Sinn. Die Symmetrie wird weit getrieben: 3 Kreise zu je 36 Gesängen zu je 36 Zeilen. — Die Heimatkunst steuert Frenssens 'Bismarck'-Epos (1913, umgearbeitet 1923) bei. — Die Ausdruckskunst schließlich widersteht erst recht der festüberlieferten Eposform. Was allenfalls hierher gehört, ist visionär-formlos. Däublers 'Nordlicht' (1910) besteht aus Gesichten, mischt Mythen, Sage und Geschichte, um die Menschheitsentwicklung und -aufgabe zu zeichnen; nimmt den Flug ins Kosmische; ist stark lyrisch. Max Pulvers 'Merlin' (1918) nähert sich dem Drama, indem die lyrischen Gespräche nur durch wenige Erzählworte verbunden sind. Natürlich ist auch 'Merlin' eine Menschheitsdichtung, Merlin ein Symbol der Menschheit.

K. Koberstein in den Teilen, die die Entwicklung der Gattungen behandeln. H. Kurz *Geschichte der deutschen Literatur* hat Abschnitt 'Epische Dichtung' in jedem Band I—III 1876, IV[4] 1882. Ernst Weber *Geschichte der epischen und idyllischen Dichtung* (Deutschkundliche Bücherei) 1924 (scheidet Groß- und Kleinepik nicht deutlich).

J. Wiegand.

Erlebnis. § 1. Jegliches Schöpfertum, in welcher Sphäre der Kunst es sich betätigen mag, hat zur Grundvoraussetzung eine erhöhte Intensität des Erlebens. Insbesondere für den Dichter ist das Selbsterleben die erste und wichtigste Bedingung seines Schaffens. Macht der reiche und tiefe Gehalt die eigentliche Größe des Wortkunstwerks aus, so gilt hier Goethes Wort: „Poetischer Gehalt ist Gehalt des eigenen Lebens" (Jubiläumsausgabe XXXVIII 326). Aber nicht alle die unzählbaren Lebenszustände, durch welche die sozusagen bürgerliche Person des Künstlers hindurchgeht (und welche im psychologischen Sinne natürlich gleichfalls als Erlebnisse zu bezeichnen wären), sind nährende Speise für sein geistiges Wesen. Nur denjenigen unter den Momenten seines Daseins, welche dem Künstler einen Zug des Lebens in seiner Bedeutsamkeit aufschließen, kommt eine wesentliche Beziehung zu seinem Werke zu. Es sind dies solche Erlebnisse und Erfahrungen, die von ihm mit erregtem Gemüte ergriffen werden, mit starken Affekten in ihm nachwirken. Auf die Gefühlsresonanz kommt es an, nicht auf den Inhalt des Ereignisses; ein weltbewegendes Geschehen kann für den Dichter völlig belanglos bleiben, wenn es ihn innerlich kalt läßt, hingegen das scheinbar Belangloseste, wenn es irgendwie in die Sphäre des fühlenden und wollenden Ich gerät, zum ein Kunstwerk auslösenden Anstoß werden. „Was sind denn unsere Erlebnisse?" fragt Nietzsche ('Morgenröte' § 119). „Viel mehr das, was wir hineinlegen, als das, was darin liegt! Oder muß es gar heißen: an sich liegt nichts darin? Erleben ist ein Erdichten?" Und Georg Simmel (*Goethe* 1913. S. 17f.) bejaht die Frage mit diesen Worten: „Es gibt vielleicht eine — für jedes Individuum andere — allgemeinste, nicht in Begriffe zu fassende Wesensformel, nach der seine seelischen Vorgänge sich bestimmen, ebenso das Hineinnehmen der Welt in das Ich im Erlebnis, wie das Hinausgehen des Ich in die Welt im Schöpfertum. In dem Maße nun, in dem diese fundamentale Wesensbewegtheit selbst schon den Charakter überwiegender Spontaneität und künstlerischen Gestaltens trägt, — in eben dem wird auch schon das Erlebnis von vornherein und in der Art eben seines Erlebtwerdens die Züge des Schöpfertums und der künstlerischen Werte an sich tragen. Wo die Wurzelsäfte der Persönlichkeit . . . künstlerisch tingiert sind, da ist das Erlebnis sozusagen schon ein artistisches Halbprodukt." Der schöpferische Prozeß des Dichters beginnt eben nicht mit der Konzeption (s. d.) des Werkes oder gar erst mit dem bewußten Gestalten, sondern schon beim Erleben.

§ 2. Auf das Gefühlserlebnis kommt es dabei an, und dieses ist gar nicht allemal bloßer Reflex einer äußeren, realen Erfahrnis (= Realerlebnis); oft wird gerade das Nichterlebte, bloß Geträumte, Ersehnte zum eigentlich künstlerischen Erlebnis (= Phantasieerlebnis), und die Spannung zwischen der praktischen und der poetischen Existenz des Dichters kann dann so anwachsen, daß etwa einer, der sein Privatleben mit allem erdenklichen Schmutz besudelt, die ihn dennoch zu tiefst erfüllende Sehnsucht nach Reinheit in den Wunschphantasien seiner Schöpfungen befriedigt. In diesem Sinne trifft Ibsen in brieflichen Bekenntnissen wiederholt (an Magdalena Thoresen 29. V. 1870; an Laura Kieler 11. VI. 1870; an Passarge 16. VI. 1880) eine Unterscheidung zwischen Erlebtem und Durchlebtem und erklärt: „Alles, was ich gedichtet habe, hängt aufs engste zusammen mit dem, was ich durchlebt — wenn auch nicht erlebt habe."

Honoré de Balzac, der in seinen Romanen in Reichtümern wühlt, alle raffinierten Künste und Kniffe des Geldmachens weiß, im wirklichen Leben aber als Geschäftsmann jämmerlich gescheitert und unter der Last seiner Schulden zusammengebrochen ist, hat alle vom Schicksal ihm versagten Erfolge und Genüsse in den Räuschen seiner Phantasie ausgekostet, die eigene Armut betrogen mit dem Überfluß und der Verschwendung seiner Geschöpfe. Und Grillparzer (Hock XIII 277f.) beantwortet die Frage, ob Shakespeare ein Mörder, Dieb, Lügner, Verräter, Undankbarer, Wahnsinniger gewesen sei, weil er dergleichen Gestalten so meisterlich geschildert hat, mit einem entschiedenen Ja: „Das heißt, er mußte zu dem allen Anlage in sich haben, obschon die vorherrschende Vernunft, das moralische Gefühl nichts davon zum Ausbruch kommen ließ."

§ 3. Ist tatsächlich das innere Gefühlserlebnis Hauptwurzel und letztes Stoffelement jedweden Dichtwerks, so kann, wer in den Quellgrund der Dichterseele eindringen will, offenbar nichts Verkehrteres tun, als sich mit sorgfältiger Aufsuchung von Ähnlichkeiten in Leben und Bildung eines Dichters einerseits und in seinen Werken anderseits zu begnügen. W. Scherer (*Aufsätze über Goethe*[2] 1900. S. 128) und seine Schule glaubten damit genug getan; die Folge war, daß das Kunstwerk dabei ganz in den Hintergrund geriet oder doch sein Gehalt stark entwertet wurde. Darüber, was den Künstler im Innersten und am innigsten ergriffen, was, ein befruchtender Keim, in dem empfängnisbereiten Schoß seiner Seele das Kunstwerk gezeugt hat, kann biographische Untersuchung nicht aufklären; viel eher kann umgekehrt das Kunstwerk, als der unmittelbarste und treueste Ausdruck des Erlebnisses, dem Biographen die Augen öffnen, daß er das wahre Wesen des Dichters, unbeirrt durch die täuschenden Zufälle von dessen äußerem Lebensgang, richtig erkenne.

§ 4. Natürlich wird man den Keim des Kunstwerks selten oder nie in einem einzigen Erlebnis zu suchen haben, vielmehr in einer ganzen Kette solcher, in mehr oder minder umfassenden Erlebniskomplexen; und es werden nicht immer dem Dichter voll bewußte Erlebnisse sein, sondern oft auch ins Unterbewußtsein verdrängte, die aber gerade darum nur desto heftiger die Seele foltern und auf tausend Umwegen zum Ausdruck drängen. Diese aufzudecken, hat die Psychoanalyse (s. d.) sich mit Erfolg bemüht.

§ 5. Die Psychoanalyse leiht ihre, dem heuristischen Werte nach nicht hoch genug zu schätzende Methode aber auch dem Literaturforscher, der die Dichter und Dichtungen bestimmenden Grunderlebnisse aufzugraben bemüht ist. Denn keineswegs sind wir diesbezüglich auf die reine Intuition des Kritikers angewiesen, vielmehr lassen sich auch auf diskursivem Wege nicht minder wertvolle und dabei doch verläßlichere Resultate erzielen, als sie etwa F. Gundolf durch vermeintlich unmittelbare Wesensschau in seinen Büchern über Goethe, George und Kleist gezeitigt hat. In ähnlicher Weise nämlich, wie sich der Psychoanalytiker des „verdrängten" Gedankenmaterials seiner Patienten bemächtigt, kann auch der Betrachter von Dichtungen durch umfassende und peinlich genaue Sammlung und Vergleichung der großen und kleinen Motive (s. d.), die innerhalb mehrerer oder sämtlicher Werke eines Poeten wiederkehren — und solche Motivkonstanz findet sich bei jedem Dichter —, die Erlebnisphänomene feststellen, um die seine Seele ruhelos kreist.

R. M. Werner *Lyrik und Lyriker* 1890. S. 96ff. W. Dilthey *Das Erlebnis und die Dichtung* 1922[8]. S. 197ff.; Gesammelte Schriften IV 55f. J. Volkelt *System der Ästhetik* III (1914) S. 108f., 142. R. Müller-Freienfels *Psychologie der Kunst* 1923. II[2] 25, 28, 31, 137ff., 187. E. Ermatinger *Das dichterische Kunstwerk* 1921. S. 8f., 29, 32, 48f., 76f. O. Walzel *Leben, Erleben und Dichtung* 1912; ders. *Gehalt und Gestalt im Kunstwerk des Dichters* o. J. (1923). S. 53ff., 64. J. Körner *Erlebnis-Motiv-Stoff*, Festschr. f. O. Walzel 1924. S. 80ff. Charlotte Bühler *Der Erlebnisbegriff in der modernen Kunstwissenschaft*, ebda. S. 195ff.

J. Körner.

Erzählung s. Novelle.

Erziehungsroman s. Bildungsroman.

Essay. Unter E. (engl.; franz. *essai*) verstehen wir eine kürzere, in loser Form des Stils und der Anlage gehaltene Abhandlung, die sich mit irgendeinem allgemein interessierenden Thema aus dem geistigen Leben der Zeit beschäftigt. Das entscheidende Kennzeichen des E. ist darin zu suchen, daß er den geistigen Gehalt des jeweils gewählten Problems dem Leser als subjektives Erlebnis des Autors zu übermitteln weiß und mit der angedeuteten Freiheit der Form das Herausarbeiten des Wesentlichen zu einen versteht. Unverkennbar bleibt der journalistische Einschlag dieser Gattung, der die Grenze zieht zwischen dem E. und der formal gebundenen, auf die rein objektive Behandlung feststehender oder festzustellender Tatsächlichkeiten zielenden streng wissenschaftlichen Abhandlung.

Der Sache nach findet sich der E. in jeder Literatur, sobald sie über eine kunstmäßig ausgebildete Prosa verfügt; den Namen prägte Montaigne ('*Essais*' 1580), dem sich in England Bacon anschloß ('*Essays*' 1597). Die deutsche Literatur setzte erst seit etwa 1860 nach H. Grimms Vorgang ('Essays' 1859) den E. an Stelle des früheren „Versuchs". Die namentlich in den letzten Jahrzehnten ständig wachsende Unrast auch des geistigen Lebens hat im Verein mit der Anteilnahme immer weiterer Kreise an gewissen Fragen von allgemeiner Bedeutung die Zahl der E. im deutschen Schrifttum ständig wachsen lassen. An Essayisten unserer Zeit seien u. a. genannt: Bab, Bahr, Bölsche, Gildemeister, Landauer, Rathenau.

Über das Wort vgl. H. Schulz *Deutsches Fremdwörterbuch* 1913. S. 180. Zur Sache: H. v. Gleichen-Rußwurm LE. VI Sp. 774ff. P. Ernst Schaubühne VII² S. 542; dazu Poritzky *Probleme und Porträts* 1906. S. 3ff. J. Zeitler *Taten und Worte* 1903. S. 152ff. H. Beyer.

Euphuismus s. Schwulst.

Evangelienharmonien sind Zusammenarbeitungen der Evangelien in eine fortlaufende Erzählung. Altdeutsche haben wir drei, die sämtlich zu Fulda und seinem Abte Hraban in Beziehung stehen: die Tatianübersetzung, den Heliand und Otfrieds *Liber evangeliorum theodisce conscriptus*.

1. Erweckt ist der Gedanke durch die alte Fuldische Hs., die die E. des Syrers Tatian (2. Jh.) in der durch den Bischof Viktor von Capua i. J. 546 ans Licht gezogenen und mit Vorrede versehenen lat. Übersetzung enthielt und die Stammmutter der übrigen Hss. geworden ist. Die ahd. Übersetzung trägt in der einzigen erhaltenen Hs. S. Gall. 56 fol. 9. Jh. (die sonstigen Trümmer stammen aus ihr) den lat. Text des Fuldensis neben sich; ihre Abweichungen im biblischen Wortlaut erklären sich wohl aus der Aufforderung der Vorrede (ed. Sievers 4, 2), nach den beigefügten Verszahlen den Bibeltext zu vergleichen. Die Schrift in G rührt von sechs Händen her, deren Grenzscheiden vielfach nicht nur mit denen grammatischer und stilistischer Art, d. h. verschiedener Übersetzer, sondern auch mit Seitenschlüssen zusammenfallen, so daß man in dem Erhaltenen eine gleichzeitige und gleichartige Reinschrift des Originals wird sehen müssen. Auch nach der Sprache ist die Arbeit fuldisch, jünger als Hrabans Isidorglossierung von 826—29 (Steinmeyer *Ahd. Glossen* III 432ff., IV 356, V 39), und man hat sie vielleicht nicht sowohl der Anregung Hrabans als König Ludwigs zu danken, der 832 in Fulda war und auf der gleichen Tatianischen Grundlage den altsächsischen Heliand erwachsen ließ. Denn es ist zwar eine Schulleistung, aber kein Schulbuch: dagegen spricht schon die üppige Ausstattung der Hs. Die Übersetzung ist sehr verschiedenartig, erhebt sich streckenweise kaum über Interlinearversion und erreicht auch in den besten Stücken nicht die freie Sicherheit der Isidorsippe. Die Zahl der Mitarbeiter und ihre Anteile stehen noch nicht fest. Die literarische Einordnung s. unter *Ahd. Literatur*.

2. Über den 'Heliand' vgl. *Altsächsische Literatur*.

3. Neben die Tatianische stellt Otfrieds Buch eine neue Art von E. Die Anregung aber zu seiner Arbeit mag er doch aus der älteren Prosa überkommen haben. (Der Auftrag einer *veneranda matrona nomine Judith*, ad Liutb. 4, 8, ergibt nichts Näheres.) Im Stoff und seiner Anordnung ließ er sich von der gebräuchlichen Perikopenreihe beeinflussen. (Daß er sie einfach einem Lektionar entnahm [Schönbach ZfdA. XXXVIII 217], glaube ich nicht, weil sich kein leidlich Übereinstimmendes findet oder erweisen läßt, und weil der Dichter die letzten Teile vor den chronologisch undurchsichtigen mittleren gearbeitet hat, wo dann doch eine selbständige Aus-

wahl und Beschneidung angenommen werden muß, und weil das *partem evangeliorum* [*evangeliono deil*] *conscribere*, ad Liutb. 9, auf eine Heranziehung der Bibel weist, die auch innerhalb der Perikopen deutlich wird. Damit ist das *inter quatuor evangelistas medius incedere*, ad Liutb. 29, gegeben. Auf den Titel und die poetische Form führte wohl das Evangeliengedicht des Juvencus. Den Vers, den ersterhaltenen dt. mit Endreim, bildete der Dichter mit Anlehnung an den lat. Hymnenvers aus dem dt., die Anwendung von Refrains, Akrostichen, Telestichen mochte er seinem Lehrer Hraban danken. Die Einstreuung der Kapitel *spiritaliter*, *mystice*, *moraliter*, die ohne rechte Scheidung das Erzählte allegorisch, symbolisch, moralisch ausdeuten, ergab das von Hraban empfohlene (vgl. auch Mon. Germ. Poet. Lat. I 392) Peter-Paul-Epos Arators, das auch für die Vielheit und Anordnung der Widmungen vorbildlich sein konnte. Dazu wären noch mannigfache andere Quellen anzunehmen, Prudentius, Sedulius, besonders aber die Kommentare von Alkuin, Hraban, Beda zu Johannes, Matthäus, Lucas u. a.: ich glaube nicht an eine einheitliche Kommentarquelle (etwa die '*Glossa ordinaria*' des Walahfrid Strabo), weil jene Dreiheit der Auslassung der Markusperikopen (bis auf Kap. V 16, das aber besonders frei ist) entspricht und der Dichter sich bei jeder Perikope auf einen Kommentar beschränken konnte.

Das Ganze ist vortrefflich aufgebaut. Es ist *mystice* nach den fünf Sinnen in fünf Bücher geteilt, das erste Buch bis zur Taufe Christi reichend, das vierte den Tod, das fünfte die Auferstehung, dazwischen das zweite und dritte, zuletzt verfaßt, z. T. freier angeordnet und gekürzt, Lehren und Wunder darstellend, jedes Buch wie das ganze Werk durch Einleitungs- und Schlußkapitel abgegliedert. Dazu kommen nach der Rangordnung die Widmung an Ludwig den Deutschen, der lat. Brief an Erzbischof Liutbert von Mainz, der die Approbation erbittet, die Verse an Bischof Salomo von Konstanz, dem Otfried das Werk zur Beurteilung übersandt hat, am Schlusse die Dedikationen an Hartmut und Werinbert in St. Gallen, einst Genossen in der Fuldaer Schule; alles in lat. althergebrachten Gedanken und Wendungen, die dt. Zuschriften mit jenen Akro- und Telestichen geschmückt, Ton und Inhalt genau förmlich nach den Adressaten modulierend; der lat. Brief an Liutbert eine schwülstige, mehrfach geänderte und um so schwerer verständliche Abhandlung, die uns bestätigt, daß alles ins einzelne bedacht ist: Zweck, Veranlassung, dichterische Vorbilder, Einteilung, Sprache, Vers. Der Zweck war, die Geistlichkeit durch die Lektüre vor dem *rerum sonus inutilium* (ad Liutb. 5), dem *laicorum cantus obscenus* (6), dem *ludus saecularium vocum* (10) zu bewahren, den lat. Versen christlicher Dichter einheimische des erwählten Volkes der Franken entgegenzustellen (ad Liutb. 13ff., 110ff. und I, 1) und durch die Erklärungskapitel den Sinn der Schrift denen zugänglich zu machen, die die lat. Kommentare nicht verstehen (ad Liutb. 24ff.).

Nach allem ein ungewöhnliches, in so vielem Betracht neues, in der Komposition löbliches, im Sprachlichen großes Unterfangen. Aber doch nur ein ungeschlachter Zwitter in der bösen Mischform einer kommentierten Übersetzung in Versen, eines wissenschaftlichen und predigthaften Epos, mit Eigenschaften sowohl der lat.-geistlichen als der germ.-weltlichen Dichtung, streng im Bibeltext, freier nur in lyrischer Einfühlung und der Anwendung der Kommentare mit ihrer so oft peinvoll sinnlosen Wissenschaft, eingedeutscht etwa im Gefühlsmäßigen, nicht, wie der Heliand, im Tatsächlichen, Vers und Sprache namentlich im Anfang mühselig mit Füllseln und Flickseln, Leeren und Breiten, zuweilen auch noch mit Hilfe der älteren Kunst zwingend, rührend durch unsägliche hingebende Ausdauer und durch mönchisch-kindliche Weichheit eines gläubigen Pedanten. Otfried schrieb im Kloster Weißenburg, dessen Schulleiter er war, in südrheinfränkischer Mundart und vollendete sein Werk nach den Regierungsdaten der damit Bewidmeten zwischen 863 und 871 (vgl. E. Schröder ZfdA. LV [1917] S. 377ff.). Es ist mitsamt den kritischen Zeichen (Elisionspunkt, rhythmischer Akzent, Vokalhäkchen), den Malen seiner

Knechtschaft, aufs genaueste überliefert durch eine Originalhandschrift mit Autorenkorrekturen (Vindob. 2687), zwei Abschriften (Pal. lat. 52, 9. Jhs., und „Discissus", 12 Doppel- und 5 halbe Blätter, 9. Jhs.) und eine Umsetzung ins Bairische, die laut Unterschrift der Priester Sigihardus unter Bischof Waldo von Freising anfertigte, höchstwahrscheinlich zwischen 902 und 905 (Cod. germ. Monac. 14 am. III 4 d).

Zur literarischen Einordnung Otfrieds vgl. *Ahd. Literatur.*

Literatur ebenda und in den dort angeführten Werken von Ehrismann S. 275ff. u. 171ff., v. Unwerth S. 223, 158ff. u. 187, Braune S. 195ff.

G. Baesecke.

Exempel. § 1. Im MA. heißt jede Erzählung *exemplum*, die zur Veranschaulichung einer theologischen (moralischen oder dogmatischen) Lehre dient. Seit den Homilien und Dialogen Gregors d. Gr. (vor 604) kommt eine solche Verwendung zunächst von Entlehnungen aus den neutestamentlichen Parabeln, später aus 'Barlaam und Josaphat', aus den *'Vitae patrum'* immer häufiger in den für Mönche bestimmten Traktaten und Predigten auf. Dieser Verwendung tritt seit der zweiten Hälfte des 12. Jhs. die Benutzung in der Predigt für Laien zur Seite, und zwar in der Art, daß sich ein auf die Sonntagsevangelien verteilter Apparat von E. herausbildet. Ansätze dazu zeigt schon Maurice de Sully († 1196; vgl. Romania V [1876] S. 466 und J. Klapper *Der Arme Heinrich.* Progr. Breslau 1913). Alanus v. Lille († 1202) empfiehlt in der *'Summa de arte praedicatoria'* I (Migne PL. CCX 114) E. am Schluß der Predigt zur Fesselung und Belohnung der Hörer. Beispiele für diese Verteilung sind zahlreich, von den *Sermones* des Jacobus de Vitriaco († 1240) an bis zu denen des Gottschalk Hollen († 1481). Die aus solchen *Sermones dominicales* herausgezogenen E. machen, sobald der Hinweis auf den Ort ihrer Verwendung fehlt, den Eindruck ungeordneter Sammlungen. Hier sind die Quellen vielseitiger: Gregor von Tours, Petrus Damiani, Johannes Monachus, dessen *'Liber de miraculis'* vor 872 besonders die Erzählungen des Johannes Moschos (c. 570—620) aus dem Griechischen ins Abendland trägt, Stoffe aus der *'Disciplina clericalis'* des Petrus Alphonsi, Chroniken, Orosius, Beda, Wilhelm von Malmesbury, Fabeln, die *'Historia scolastica'* des Petrus Comestor († 1198), die *'Legenda aurea'* des Jacobus de Voragine († 1298), das *'Speculum maius'* des Vincentius Bellovacensis († 1264), die Visionsliteratur, antike Überlieferungen, Plinius, Valerius Maximus, Seneca, Macrobius, Ovid u. a., Heiligenleben, Marienmirakel und Klostergeschichten. Wesentlich ist hier das seit dem 12. Jh. einsetzende Bestreben, die Stoffe mit einer moralisierenden oder mystischen Deutung zu verbinden; dieser Einstellung zuliebe werden neue E. konstruiert, wie es der Grundstock der *'Gesta Romanorum'* (vor 1342) zeigt. Das beste Beispiel für diese Art von Traktaten ist der Robert Holcots († 1349), *'Convertimini'*, der wohl von den *'Gesta Romanorum'* benutzt wurde. Da die Verteilung auf die Sonntagsevangelien der Stofferweiterung wenig Spielraum läßt und die Übersicht über die Motive erschwert, kommt die alphabetische Anordnung unter Stichwörtern seit dem 13. Jh. auf, vornehmlich bei Dominikanern und Franziskanern, ausdrücklich für den Gebrauch der Prediger. Die Verwendung von unpassenden, mit der Predigt kaum verbundenen oder auf das Gelächter der Hörer abzielenden Geschichten (*risus paschalis*, Schwänke, Satiren), ihre Häufung führten zu ihrer Bekämpfung, z. B. durch Wycleffe, und seit der Reformation zu ihrer Unterdrückung in der evangelischen Predigt.

§ 2. Form und Kunstwert der E. ist ganz verschieden. Wenn auch oft unabhängige Erzählungen von gewisser Länge zu treffen sind, so sind es doch überwiegend knappe Inhaltsangaben, die ihre Ausgestaltung dem Prediger überlassen.

§ 3. In der katholischen Predigt sind die E. auch weiter gern benutzt worden, so von Geiler von Kaysersberg, Martin von Cochem, Abraham a Sancta Clara. Ihren erzieherischen Wert schätzten die Jesuiten, wie ihre zahlreichen Sammlungen zeigen. Auch in evangelischen Kreisen werden sie für die Jugend- und Volksbildung weiterverwendet; der Pfarrer Andreas Hondorff verfaßt ein deutsches *'Promptuarium exemplorum'* (1568, 1570, 1574), das von Philipp Lonicerus ins Lateinische übersetzt wird als '*Theatrum historicum sive Promptuarium exemplorum*' (1575). Weltliche Unterhaltungsbücher entnehmen daraus, wie früher die '*Gesta Romanorum*', ihren Grundstock; so Schumanns 'Nachtbüchlein', Paulis 'Schimpf und Ernst', Kirchhofs 'Wendunmut'; sie gehen als moralische Erzählungen in die Schullesebücher über.

§ 4. Wichtiger ist die Befruchtung der dt. Literatur, Sagen, Märchen, Volkslieder durch E.-Motive, wie den Gang nach dem Eisenhammer, das Lebenswasser, den Königssohn im Paradiese, den König Jovinian im Bade, den Mönch von Heisterbach, den toten Gast, Beatrix die Küsterin, den Averitter, die drei Blinden (Herder), den tödlichen Goldfund (Chaucer '*The Pardoner's Tale*'; Frhr. v. Vincke 'Die 3 Kreuze im Walde'; Geibel 'Die Goldgräber') und sehr viele andere.

Die wichtigsten Werke folgen hier in zeitlicher Anordnung. Caesarius v. Heisterbach *Dialogus miraculorum, libri XII* (um 1222), hrsg. v. J. Strange 1851; die 12 Distinctiones enthalten 746 Erzählungen; dazu die 58 Mirakel seiner *Homilien*, Druck v. J. A. Coppenstein 1615, und die 191 Mirakel der *Fragmente der Libri VIII miraculorum*, hsg. v. A. Meister 1901 (Röm. Quartalschr. f. christl. Altert.-Kunde 13. Suppl.-Heft); vgl. A. Kaufmann *C. v. H.* 1862. Deutsche Übersetzung eines Teils des *Dialogus* von Joh. Hartlieb († um 1471—1474). Jacobus de Vitriaco († 1240) *Exempla* aus den 39 *Sermones vulgares*, gedr. v. J. B. Pitra *Analecta novissima* II (1888); Th. Fr. Crane *The Exempla or illustrative stories from the Sermones vulgares of Jacques de Vitry* (Folk-Lore Society XXVI) 1890; J. Greven *Die E. aus den Sermones feriales et communes des J. v. V.* (Samml. mlat. Texte, hsg. v. A. Hilka, H. 9) 1914; G. Frenken *Die E. d. J. v. V.* (Qu. u. Unters. z. mittelalt. Philol., hrsg. v. P. Lehmann VI 1) 1914; vgl. Ph. Funk *J. v. V., Leben u. Werke* (Beitr. z. Kulturg. d. MA. u. d. Renaiss., hsg. v. W. Goetz H. 3) 1909. Odo v. Cheriton († 1247) *Parabolae* etwa 100 Fabeln und *Sermones* (nach 1219); vgl. Hervieux *Les Fabulistes latins* IV (1896) S. 1ff. Thomas Cantipratanus († um 1280?) *Bonum universale de apibus* (13. Jh.); 1. Druck o. O. u. J., dann Leyden 1515; Douay 1597, 1605, 1627. Stephanus de Borbone († um 1261), Dominikaner, *Tractatus de diversis materiis praedicabilibus* oder *Liber de septem donis Spiritus Sancti*; das auf 7 Teile angelegte Werk bringt nur Teil 1—4 und ein Stück von Teil 5; gedr. u. d. T. *Liber de dono timoris* Ulm 1480(?); Auszüge bei Lecoy de La Marche *Anecdotes historiques, légendes et apologues tirés du recueil inédit d'Étienne de Bourbon* (Soc. de l'hist. de France) 1877; vgl. B. Hauréau Journ. des Sav. 1881 S. 591ff., 739ff. Magister Humbertus (H. de Romans?) *Tractatus de abundantia exemplorum* oder *Liber de dono timoris* oder *De septemplici timore* (13. Jh.), wohl Paraphrase des vorigen; vgl. B. Hauréau *Hist. litt. de la France* XXIX (1885) S. 546 u. *Not. et Extr.* II (1891) S. 72; gedr. o. O. u. J. (Ulm, Zainer 1470?) als *Liber de Abundantia Exemplorum Magistri Alberti Magni Ratispa Episcopi ad omnem materiam. Liber Exemplorum ad usum Praedicantium*, ed. A. G. Little (Brit. Soc. of Franciscan Studies I) 1908; 24 Kap., im 1. Teile nach himmlischen Ständen, im 2. alphabetisch geordnet, wohl zwischen 1275 u. 1279 geschrieben. *Speculum Laicorum* (zw. 1279 u. 1292), fälschlich John of Hoveden zugeschrieben; 93 Kap. alphabetisch geordnet mit 579 Geschichten; Ausg. v. J. Th. Welter *Le Sp. L.* 1914. *Liber Exemplorum secundum ordinem alphabeti*, in Frankreich verbreitet, wohl aus dem 13. Jh. *Compilatio singularis Exemplorum* (Hs. d. 15. Jhs., Tours Nr. 468), Dominikanersammlung d. 13. Jhs., hsg. v. A. Hilka (90. Jahresber. d. Schles. Ges. f. vaterl. Kultur) 1913. *Erzählungen des Mittelalters*, hsg. v. J. Klapper 1914; 211 E. aus Hss. d. 14. u. 15. Jhs., auf Sammlungen des 13. Jhs. zurückgehend. Johannes Gobii Junior, Dominikaner aus Alais, Dép. Gard, *Scala caeli*, um 1300 geschr., alphabetisch; gedr. Lübeck, Brandis 1476; Ulm, Zainer 1480; Straßb., Ebner 1483; vgl. G. Huet Bibl. de l'École des hautes études LXXXI (1920) S. 305—320. Arnuldus (v. Lüttich?) *Alphabetum Narrationum* (14. Jh., 1308?); vgl. Denifle *Quellen z. Gelehrtengesch. d. Pred.-Ord.*, Arch. f. Lit.- u. Kirchengesch. d. MA. II (1886) S. 233ff.; englische Übersetzung d. 15. Jhs., hsg. v. Mrs. M. M. Banks *An Alphabet of Tales* (Early Engl. Text Soc. 126—127) 1904—05; vgl. P. Toldo Herrigs Arch. CXVII (1906) u. CXVIII (1907). *Tractatus de diversis historiis Romanorum et quibusdam aliis*, 1326 in Bologna geschrieben; 96 moralisierte E., wohl im 14. Jh. in Italien entstanden und mit den *Gesta Romanorum* verwandt; hsg. v. S. Herzstein 1893 (Erlanger Beitr. z. engl. Philol., hsg. v. H. Varnhagen XV). Robert Holcot († 1349), Dominikaner, *Convertimini*, 48 Kap.; von den den meisten Hss. gemeinsamen 76 allegorisierten E. finden sich 41 in Oesterleys *Gesta Romanorum* wieder, 8 auch in den *Moralitates* Holcots; die *Gesta Rom.* haben wohl Holcot benutzt; die *Moralitates* umfassen 54 Abschnitte, vornehmlich Geschichten und allegorisierte Bilder aus römischen Quellen; davon begegnen 27 in den *Gesta Rom.*; Drucke Paris 1510, 1513; Basel? 1586. Hier auch seine *In Librum Sapientiae Regis Salomonis Praelectiones CCXIII* mit 56 moralisierten Erzählungen. *Gesta Romanorum* (vor 1342 in Deutschl. oder Engl. geschr.), hsg. v. H. Oesterley 1872; *Die G. R. nach d. Innsbr. Hs. v. J. 1342* hsg. v. W. Dick 1890; bei Oesterley 283 Kap., 1—181 Vulgärtext, 182 bis 196 aus anderen Hss., 197—283 Anhang; bei Dick 200 + 1 Kap., von denen 170 den 181 des Vulgärtextes, die anderen dem Anhang entsprechen; als Verf. der Moralisationen nennt sich im Innsbrucker Texte ein *frater de ordine Minorum*. Johannes de Bromyard, engl. Dominikaner des 14. Jhs., *Summa Praedicantium*, alphabetisch unter 189 Titeln; Drucke o. O. u. J. (Basel 1479—1486?), Nürnberg 1485, Venedig 1586, zuletzt Antwerpen 1614. *Exempla*, hsg. v. J. Klapper (Samml. mlat. Texte, hsg. v. A. Hilka, H. 2) 1911; 115 Stücke d. 12.—15. Jhs. Johannes Herolt († 1468), Dominikaner, *Promptuarium exemplorum discipuli*, alphabetisch, Drucke Nürnb. 1480, Straßb. 1488; letzte Ausg. *Discipulus Redivivus* Augsb. 1728. *Speculum Exemplorum*, 15. Jh., gedr. Deventer 1481, Cöln 1485, Straßb. 1487 u. 1495, Hagenau 1519; von Joannes Maior S. J. erweitert als *Magnum Speculum Exemplorum*, Cöln 1608 und mit neuen Zusätzen 1618. *Speculum Spiritualium*, Paris 1510. Von Werken in der Landessprache sei erwähnt das des Minoriten Nicolaus Bozon, der kurz nach 1320 schrieb; L. T. Smith et P. Meyer *Les Contes moralisés de N. B.* (Soc. des anc. textes fr.) 1886.

Den Gang der Forschung kennzeichnen außer den genannten Ausgaben folgende Werke u. Aufsätze: F. W. V. Schmidt *Disciplina clericalis* 1827. Th. Wright *Selections of Latin Stories from mss. of the 13. and 14. centuries* (Percy Society VIII) 1842. F. Pfeiffer *Beiträge z. Kenntnis der Köln. Mda. im 15. Jh.*, Die deutschen Mundarten I (1854), II (1855). Geffcken *Bilderkatechismus des 15. Jhs.* 1855. F. Pfeiffer *Predigtmärlein*, Germania III (1858) S. 407ff. K. Goedeke *Asinus vulgi*, Orient u. Occident I (1862) S. 531—560, 733f. K. Goedeke *Every Man, Homulus und Hekastus* 1865. Lecoy de La Marche *La chaire française au moyen âge* 1868, 2. éd. 1886. R. Cruel *Gesch. d. deutschen Pred. im MA.* 1879. A. Graf *Miti del medio evo* 1892. R. Köhler u. A. Schönbach hellen die Motivgeschichte auf. Entscheidende Förderung bringt J. A. Herbert im *Catalogue of Romances in the Department of Mss. in the Brit. Mus.* III (1910) mit den Motivregistern der Londoner E.-Hss. J. J. Mosher *The Exemplum in the Early Religious and Didactic Literature of England* 1911; gründliche Besprechungen von T. F. Crane Modern Philology IX (1911) u. X (1913); Romanic Review II (1911) u. VI (1915); Modern Language Notes XXXII (1917); American Philos. Soc. LVI Nr. 5 (1917). Der Popularisierung dienen J. Ulrich *Proben d. lat. Novellistik d. MA.* 1906; A. Wesselski *Mönchslatein* 1909; ders, *Märchen des MA.* 1925.

J. Klapper.

Exposition. § 1. Die E. (von lat. *exponere* „darlegen"), dt. „Einleitung", ist die Darbietung der Voraussetzungen. Das auch in anderen literarischen Formen (Epigramm, Sonett) angewendete Wort bedeutet im Drama die ahnungsvolle und dabei möglichst durchsichtige, von Nebendingen unbeirrte Einführung in die sachlichen und persönlichen Verhältnisse der zu erwartenden dramatischen Verwicklung, wie sie Goethe am ersten Akt des '*Tartuffe*' rühmte. Die E. gibt oft auch die Grundstimmung des Dramas an ('Hamlet', 'Macbeth'). Im weiteren Sinne nennt man E. alle mitgeteilten Ereignisse, die vor der Bühnenhandlung liegen, also die ganze Vorfabel.

§ 2. Seit Aristoteles ('Poetik' Kap. 12) wird in der Theorie des Dramas von den organischen Bestandteilen des Dramas gesprochen, mit denen die Teilung in Akte bald in Zusammenhang gebracht wurde. Donat unterscheidet in seinem Terenzkommentar nur Protasis (Einleitung), Epitasis (Verwicklung) und Katastrophe (Lösung) der dramatischen Handlung. Mit seiner naturgemäßen Dreiteilung suchten Theoretiker der Renaissance (Willichius, de Sommi) die Gliederung in fünf Akte durch Einschieben neuer Teile zu vereinen. Im sächsischen Schuldrama findet sich gelegentlich (Gg. Schmid) neben der Fünfzahl der Akte noch die Einteilung Donats, die auch Batteux-Ramler noch im 18. Jh. erwähnt.

§ 3. Auf Grund der zu seiner Zeit beliebten Dramen stellte G. Freytag in seiner 'Technik des Dramas' die Vorschrift auf, daß jedes richtig gebaute Drama bestehen müsse aus a) Einleitung, b) Steigerung, c) Höhepunkt, d) Fall oder Umkehr (s. d. Art. *Peripetie*) und e) Katastrophe (s. d.), was den fünf Akten des Dramas entspreche. Die Angabe der dem Stück eigentümlichen Stimmung und des Tempos, eine ausgeführte vorbereitende und die erwartungsvolle Teilnahme erweckende Szene und das erste, „erregende" Moment der dramatischen Bewegung wollten er und die ihm folgenden Poetiker des 19. Jhs. dem ersten Akt zugeteilt wissen. Dies der schulmäßigen Erklärung zu einseitig zugrunde gelegte, nur nachbeschreibende und nur von einer kleinen Anzahl von Dramen abgeleitete Kunstgesetz paßt durchaus nicht auf alle klassischen Dramen (vgl. die weit über den ersten Akt hinausreichende E. des Musterlustspiels 'Minna von Barnhelm') und ist auch von Freytag selbst nicht immer innegehalten worden.

§ 4. In „analytischen" oder Katastrophendramen, deren entscheidende Begebenheiten schon vor dem Beginn der Bühnenhandlung unabänderlich abgeschlossen sind, und die nur die letzte Stufe der Handlung vorführen, geht im Gegensatz zum „progressiven" Drama (Shakespeare) das Enthüllen der Vorgeschichte, also die E., sehr weit durch das Drama. Dies analytische Drama mit weitreichender E., zu dem im weitesten Sinne alle unter dem Gesetz der Kausalität stehenden Dramen gehören, haben die nach klassischer Formung strebenden Dichter bevorzugt (z. B. Sophokles, die Renaissance, Gottsched, der späte Schiller, Ibsen). Das ebenfalls durch die klassische Form bedingte Festhalten an der Einheit des Orts (s. d. Art. *Einheiten*) und die Zustandsschilderung des Naturalismus gaben der E. breiteren Raum.

§ 5. Die Art, in der dem Zuschauer die zum Verständnis der Bühnenhandlung notwendigen, im Grunde epischen Mitteilungen gemacht werden, ist sehr verschieden. Der Einschreier des spätmal. Fastnachtspiels, der Namen, Stand und Rang der handelnden Personen aufrief und einen charakterisierenden Titel oder einen Inhaltsauszug mitteilte, und die berechnete, allmählich enthüllende Dialogtechnik Ibsens sind da etwa die Gegensätze. Zwischen ihnen steht der E.-Monolog, der sich in der Antike, im geistlichen Drama des MA., oft bei Hans Sachs, zur Entfaltung rednerischen Prunks bei Gryphius und seinem Meister Vondel findet, den Lessing verteidigte und Goethe verwendete. Oft muß der epische Prolog (s. d.) helfen (z. B. bei Euripides, im mal. geistl. Drama, im frühen Fastnachtspiel). Der Prolog stellt die Personen vor, oder sie tun es selbst (*Ich pin ein meir frisch und stolz*) oder lassen durch gegenseitige Anrede den Namen erkennen. Durch eine Spielordnung von 1507 ist sogar bezeugt, daß die Spieler bei einem Fronleichnamsprozessionsspiel an der Kopfbedeckung oder in der Hand einen Zettel mit ihrem Namen trugen, ganz wie es die bildende Kunst jener Zeit tut. Manchmal gibt ein besonderes Vorspiel (s. d.) die E. Sobald es auf Illusion ankam, wurden die exponierenden Mitteilungen in einem Gespräch verhüllt, bei Plautus der Sklaven, im 19. Jh. der Dienstboten, im 18. Jh. (Lessing) und noch bei Ibsen mit dem Vertrauten, wobei oft Dinge ausgesprochen wurden, die der Spieler längst wissen mußte.

§ 6. Zur Zeit der Haupt- und Staatsaktionen trat an die Stelle des gesprochenen exponierenden Prologs ein gedrucktes Blatt mit genauer Inhaltsangabe, besonders bei historischen und mythologischen Stücken. Der gedruckte Theaterzettel (s. d.) mit dem Titel des Stückes, den Schopenhauer ein „Monogramm des Inhalts" nannte, und der den Inhalt, manchmal durch Doppelspiel, andeutet (vgl. dazu Lessing 'Hamburgische Dramaturgie' St. XXI), mit der Gattungsbezeichnung des Stücks und mit seinem Personenverzeichnis gibt noch heute, wie der mal. Prolog, ein Stück der E.

E. Ziel *Über die dramatische Exposition* 1869. G. Freytag *Die Technik des Dramas* II. Kap. R. Franz *Der Aufbau der Handlung in den klass. Dramen* 1898[2]. LE. V (1902/3) Sp. 1665. H. Schlag *Das Drama* o. J. (1909). S. 150.

H. Schauer.

Expressionismus. § 1. Naturalismus, Neuromantik, Neuklassik bezeichnen das Ende einer vergehenden Kultur- und Geistesperiode und sind doch zugleich auch der Auftakt zu der großen geistigen Neuregelung, welche mit dem ersten Jahrzehnt des 20. Jhs. einsetzt. Tastend waren bereits die Grundfragen berührt worden: Befreiung von Schablone und Konvention, Drang zum Menschlichen, Streben nach dem Übersinnlichen — allerdings noch vielfach mit der naturwissenschaftlichen Einstellung aus der Epoche des Positivismus und Materialismus belastet (Wedekind, Strindberg, Stehr, G. Hauptmanns 'Emanuel Quint'). In der Überwindung dieser Grundstimmung, in dem bedingungslosen Verlangen nach geistigen Zielen auf geistigen Wegen, liegt die Bedeutung der jüngsten Phase der dt. Literatur, welche man mit einem aus der Bildkunst geholten Wort „Expressionismus" oder „Ausdruckskunst" zu nennen pflegt.

§ 2. Seit der Mitte der neunziger Jahre des 19. Jhs. gewinnt langsam eine neue, idealistisch gerichtete Weltanschauung an immer stärkerer Kraft, zumal bei der jungen Generation. Man besinnt sich wieder auf das Ewige, das Absolute, eine Wendung zum Metaphysischen vollzieht sich. In der Philosophie erhalten die idealistischen Strömungen der Neukantianer und Neuhegelianer noch mehr Geltung. Phänomenologische Betrachtungsweise ringt um Gestaltung. Im Gegensatz zum Relativismus der Naturwissenschaft, zum Historizismus der Kulturwissenschaft sehnt man sich nach einer Ethik der Werte. Die Welt als Einheit will man erfassen; man will nicht mehr Teilerfolge, Teilreformen, sondern das Neuwerden des ganzen Menschen. Dem Letzten des menschlichen Lebens, den Grundproblemen menschlicher Tat, metaphysischer Bewegung im Zeitlichen nähert sich dies neue Gefühl. Des Franzosen Bergson Intuitionismus bleibt nicht ohne Einfluß. Eine neue Religiosität erwächst aus diesem Grunde, mit hervorgerufen durch die ungeheuren seelischen Erschütterungen des Weltkrieges.

§ 3. Solchem frischen Boden mußte auch eine neue Kunstanschauung entsprießen. Für die expr. Dichtergeneration erschöpft sich der Gehalt des Menschlichen nicht mehr in den Erlebnissen und Gefühlen des Einzelnen, im Privaten und Häuslichen. Vielmehr sind solche Einzelschicksale künstlerisch zu verwerten, durch welche sich das „Leben" in seiner Allgemeinheit offenbart und verkörpert. Das Verhältnis des Menschen zum Absoluten ward zum Problem des künstlerischen E. Schau des Göttlichen, Versinnlichung des Übersinnlichen begehrte man. Die Kunst sollte wieder Religion werden. Das Gedicht erhob sich wieder zum Gebet, das Kunstwerk zu einer Erscheinung des höheren Lichts, die Kunst zum Mittel innerer Läuterung. Der expressionistische Dichter schämt sich nicht mehr, religiös und fromm zu sein. Religion bedeutet ihm nicht mehr Herabfließen göttlichen Geistes, sondern „Entfaltung keimhaft eingeborener seelischer Wirklichkeit", sie ist ihm ein Aufstieg vom Physischen ins Geistige, in Gott, zu Gott empor. Das „reine Wollen" als Prinzip jedes sittlich guten Handelns, das Ethische überhaupt als selbständige Macht, mußte sich auch in der Kunst auswirken. Im engsten Zusammenhang damit steht das Verhältnis der expr. Dichter zum Weibe: sie nahen ihm scheu, ehrfurchtsvoll; sie sehen in ihm die Mutter zukünftiger Söhne; es gilt ihnen nicht als bloßes Geschlechtswesen, sondern als ebenbürtiger Mensch mit eigenem Willens- und Gefühlsleben.

§ 4. Der E. schrieb auf sein Banner: Kunst ist Ausdruck! Wenn ihm entgegengehalten wurde, daß Kunst nicht Ausdruck, sondern Gestaltung sei, so ist festzustellen, daß auch der E. nach einer ganz bestimmten Form suchte, die allein sein Leben zum Ausdruck bringen konnte. Seelische Erlebnisse sollten aber nicht mehr symbolisch, sondern unmittelbar zum Ausdruck gelangen, wie die Musik reine Gefühle in Töne umsetzt Doch der Ausdruck des Seelischen allein genügte dem E. nicht — denn das wollte der spätere Impressionismus (s. d.) auch. Vielmehr sollte das Einmalige, das Individuelle verschwinden, nur das Typische, das Wesenhafte, welches allen gemeinsam ist, sollte gegeben werden. Nicht das, was sich mit den Sinnen erkennen läßt, ist das Wirkliche, wie Naturalismus und Impressionismus behaupteten. Hinter den Erscheinungen steht vielmehr das Wesentliche; dies herauszuholen, ist Aufgabe des Künstlers, der sein Ich zum All erweitern muß. Der Ausdruck der eigenen Seele ward nicht als persönliches Erlebnis, sondern als allgemeine Formel gefaßt, in ein absolutes Gesetz eingereiht. Was für Schillers Ästhetik „Gestalt" war, wurde im E. der „Ausdruck". Eine innere Verwandtschaft mit der Frühromantik (Athenäumsfragment 116!) leuchtet hie und da durch, wie überhaupt manche den E. als neues oder letztes Aufflackern der Romantik angesehen wissen wollen. Romantische Züge stecken in dem Glauben an die Güte der Menschennatur (Rousseau, Herder), in der religiösen Mystik (Novalis), in der Bevorzugung des Proletariers (= Volk) vor dem „Bürger" (Rousseau, Brentano). Romantisch ist das wiedererscheinende Inzestmotiv als Keim von Verwicklungen seelischer und realer Art (Th. Manns 'Wälsungenblut', G. Hauptmanns 'Indipohdi', F. Thieß' 'Die Verdammten', H. Hesses 'Demian'), wobei allerdings die Einwirkung der Psychoanalyse Freuds nicht zu unterschätzen ist. Doch auch zur Klassik bestehen geistige Beziehungen (Hölderlin-Renaissance!), so daß man versucht ist, geistesgeschichtlich den E. als eine Synthese aus Klassik und Romantik zu bezeichnen. Wenn die Klassik „Mensch" sagte, so meint sie Vernunft und Gefühl;

in der Romantik hieß „Mensch" Leidenschaft und Sinne; für den E. bedeutete „Mensch" Vernunft und Leidenschaft. Wie historisch die expr. Dichter sich selbst empfanden, beweisen die genauen Daten, welche sie fast immer am Anfang oder Ende ihrer Werke über deren Entstehungszeit niederlegten; sie wußten, daß sie Kinder einer Übergangszeit waren, Vorboten einer neuen Geistesperiode, gleich den Frühhumanisten in Italien und Deutschland.

§ 5. Drei metaphysisch-ethische Gedanken treten anfangs stark betont auf: die „Menschheit", der „Mensch an sich"; der magische Zusammenhang der einzelnen untereinander; die Möglichkeit einer seelischen Verbindung zwischen Entfernten oder zwischen Lebenden und Gestorbenen (der Getrennte oder Tote schwebt immer um uns). Der Glaube an den Menschen offenbart den hohen Idealismus der jugendlichen Dichter: er bedeutet, daß in jedem Menschen etwas lebe und wirke, welches imstande sei, ihn über sein leibliches Selbst, über seine armselige, häßliche, gegenwärtige Wirklichkeit zu erheben. Die Russen Tolstoj und Dostojewski, welche bereits einmal in der Zeit des Naturalismus, damals allerdings nur stofflich und technisch, die dt. Literatur beeinflußt hatten, wirken jetzt abermals und weit intensiver durch ihr Ethos, ihre Güte, ihre vom Jammer der Menschheit erfaßte Seele. Ungerecht ist in diesem Zusammenhang der Vorwurf der Vaterlandslosigkeit gegenüber einer Jugend, die durch das Nationale hindurch das Menschliche erstrebte — keine literarische Bewegung Deutschlands, auch nicht die Romantik zur Zeit der Befreiungskriege, hat solche Blutopfer im Weltkriege für die Verteidigung des Vaterlandes gebracht (Stadler, Sorge, Lichtenstein, Trakl, Schnabel, Lotz, Stramm, Seemann, Sack, Baum, Burger u. v. a.).

§ 6. Auch das Verhältnis zur Natur mußte sich wandeln. Dem expr. Künstler wurde die Natur zum Symbol ewigen, großen Geschehens. Er schildert sie, oft bis ins einzelnste — aber nur, um daraus ein Umfassendes, ein Weltgefühl abzuleiten. Die Landschaft löst er nicht in sich auf, wie der Impressionist (z. B. v. Liliencron), sondern sucht in ihr tiefe Gesetze oder große Leidenschaften, welche ihm das Wesen der Welt entschleiern helfen. Die Natur ist für ihn kein einzelnes Objekt, allein und abgesondert hingestellt, sondern stets in Verbindung mit dem Weltganzen, dem Schöpfergeist, den Wesenheiten, welche dahinter schlummern. Sie will er erwecken, sie aus den Banden der Bilder befreien und, sein Ich bereichernd, zugleich allgemeingültige Werte aufweisen.

§ 7. Im Stil hat der E. manches vom Naturalismus und Impressionismus gelernt oder übernommen. Vor allem die grundsätzliche Verwendung jeglichen Stoffgebietes. Mit der epigonenhaften „schönen" Auswahl ist endgültig aufgeräumt. Allen Erscheinungen des „rasenden Lebens" (K. Edschmid) will man sich nähern, aber dabei auf keine bestimmte, alleinseligmachende Manier schwören. Nur nach Stilisierung wird gezielt, das Ethos überall gesucht. Der E. besitzt keinen bestimmten alleinigen Stil, keine ausschließlich ihm reservierte Technik. Vielmehr wie in der Romantik hält die Künstler allein das gemeinsame Lebensgefühl zusammen. Bei einzelnen hat sich allerdings ein besonderer sprachlicher Stil ausgeprägt, ohne daß dieser nun als typisch für den E. überhaupt anzusehen ist. Man wollte vereinfachen, alles auf den intensivsten und knappsten Ausdruck bringen — und so verschwanden bei einer Dichtergruppe Artikel, Konjunktionen, Beiwörter: „Im Zimmer stand Jüngling erhabner Schöne und zuckte Schande, Untergang, Verbrechen"; „Nackte Zähne der Zeit klafften und zeigten Hunger." Um das Tempo der Erzählung zu beschleunigen, wurden die Sätze mitunter kurz, abgehackt; ja, man kann fast sagen, daß die neue Prosa zunächst atemlos vorwärtsraste, um dem stürmenden Pulsschlag der Zeit, welche Weltkrieg und Revolutionen gebar, sich anzupassen. Sowohl in Roman und Novelle wie im Drama verwandte man solche Stilmittel: G. Kaiser, R. Goering sind hier, K. Edschmid, K. Sternheim, V. C. Habicht dort die energischsten Vertreter dieser Stilmanier eine Zeitlang gewesen.

§ 8. Wie jede junge literarische Bewegung, suchte auch der E. von der Bühne herab seine künstlerische Neugestaltung zur Geltung zu bringen. Das Drama sollte den Rhythmus des Lebens finden, des realen Lebens einerseits, welches den Menschen in sein Gebiß nimmt und trotz allem Sträuben zermalmt (Schicksalsgedanke!), und des inneren Lebens anderseits, welches auf seelische Erneuerung eingestellt ist. Aus dem ersten Streben heraus erklärt sich die oft reiche Handlung, welche aber nicht mehr sorgfältig in bedächtiger Entwicklung aufsteigt, sondern sprunghaft in großen Stufen zur Höhe reißt. Es ist charakteristisch, daß das Theaterstück, im Gegensatz zu den Zustandsschilderungen des Naturalismus auf der Bühne, vom E. wieder „Drama" getauft wurde; denn „Handlung" wollte der expr. Dichter auf die Bretter bringen und erschüttern, nicht aber lediglich schauen oder weinen machen. Die Darstellung des inneren Lebens zielte auf seelische Typen, welche vielfach nur unter den Gruppenbezeichnungen „Vater", „Mädchen", „Sohn", „Mann", „Weib" auftreten und menschliche Wesensinhalte verkörpern. Der Monolog (s. d.), von dem Naturalismus verbannt, von der Neuromantik wieder herbeigeholt, wird zum wichtigsten Instrument für die Offenbarung ästhetischen und ethischen Willens (Schenzinger 'Berggang'). Die neue dramatische Form, welcher G. Hauptmann in den ‚Webern' und im 'Florian Geyer' sich genähert hatte, wird abermals versucht: Massenschicksal ist typisch, nicht Einzellos (Hasenclever 'Menschen'; Toller 'Masse Mensch'). Lyrische und musikalische Behelfe werden herangezogen: bei gehobenen Stellen fügen sich Verse und Reime ein, der Rhythmus beflügelt sich, Musik ertönt (Sorge 'Der Bettler'; Wildgans 'Liebe'; Brecht 'Trommeln in der Nacht'); wiederum G. Hauptmann hatte in der mystisch bewegten Schlußanrede Michael Kramers an den toten Sohn diese Mittel vorsichtig angedeutet. Ein neues geschichtliches Drama zu schaffen, ward versucht (Johst 'Die Propheten'), in welchem, analog dem neuen historischen Roman, die historischen Persönlichkeiten Typen für Ewigkeitsgedanken bedeuten sollen — wobei die Gefahr nicht vermieden wurde, ein geschichtsphilosophisches Kolleg zu halten anstatt blutvolle Gestalten zu beleben. Die Gegenwart mit Krieg, Revolution, Inflation, mit allen sinnverwirrenden Problemen aus Gegenwart und Zukunft, aus Politik, Wirtschaft und Geist in ein neues Kunstwerk zusammenschmelzen, versuchte F. v. Unruh in den bisher beiden einzigen Teilen seiner Trilogie: 'Ein Geschlecht' und 'Platz'. In der hergebrachten Dramenform konnte das nicht gelingen, chaotisches Geschehen zerbrach auch für künstlerische Tradition. An Strindbergs späte Mysterien sich anlehnend, schuf v. Unruh zwei gewaltige Werke, welche ihr Formgesetz in sich selbst tragen und nur von innen her auch in der Form begriffen werden können.

§ 9. Am stärksten schwang das expr. Lebensgefühl in der Lyrik. Der Dichter umfing Welt und Menschen brüderlich: „Die Welt fängt im Menschen an" (Werfel); „Mensch, werde wesentlich" (Stadler); „Jeder Mann ein Bruder" (Goll) — solche Sätze aus expr. Gedichten sind symptomatisch für das Ethos dieser Lyrik. Es ist Reflexionslyrik, nicht Stimmungspoesie. Fortreißendes Temperament, dynamischer Willenssturm stößt mitunter nur krampfhafte Schreie aus (Stramm) oder entlädt sich in kaskadenhaft sprudelnden Hymnen (Becher) oder ballt sich zusammen zu explosiv herausgeschleuderten Gesängen (Ehrenstein, v. Hatzfeld). Der brennende amerikanische Lebensbejaher Walt Whitman, der Vlame Verhaeren wurden auch in Deutschland zu Wortführern des menschlichen Gesamtlebens, zu viel nachgeahmten Dithyrambendichtern der brausenden Gegenwart. Ethische Propheten, tiefgrübelnde Gottsucher (Werfel, Rilke) sprachen ihre flammenden Aufrufe, ihre mystischen Schauer in rhythmisch neugegliederten Versen aus. Feilender Kunstverstand bediente sich der alten Formen; Sonett, Terzine wurden bevorzugt (Däubler, Rilke); Hölderlinscher Odenfall ward nachgeahmt (Binding). Bild und Klang wurden von manchen auf Kosten des Gehalts gepflegt; der Gefahr, sich an den Wortklang und seinen musikalischen Ton zu verlieren, sind sie nicht entgangen (Friedrich Schnack, Schiebelhuth).

§ 10. Deutlich hat die expr. Welle auch in der epischen Prosa ihre Spuren hinterlassen. Zwei Ziele leuchteten da auf: Erschütterung und Erhebung wie im Drama. Doch jetzt ist der Mensch nicht mehr, wie früher, Objekt, sondern Subjekt der Kunst: er handelt, er kämpft mit der Wirklichkeit, er ist nicht mehr, wie im Naturalismus, „der Hausknecht des Universums" (Koffka), er sehnt sich nach Entfaltung seines Herzens. Dem expr. Prosaiker war es nicht mehr notwendig, eingehende psychologische Studien zu treiben; kühn schwang er sich von einem seelischen Zustand zum anderen, ohne sich lange mit Motivierung aufzuhalten, die meist als langweilig und nichtzwingend empfunden wurde und bestenfalls subjektive Projektion unter objektiver Maske bedeutete. Weit wichtiger erschien es, in den Sinn des Daseins, in den Wert der Existenz, in das Wesen der Erscheinungen zu dringen und sie sprachlich zu bezwingen (Edschmid 'Die sechs Mündungen'; J. Wassermann 'Das Gänsemännchen' und 'Christian Wahnschaffe'; G. Hauptmann 'Der Ketzer von Soana'; H. Hesse 'Demian'; Binding 'Unsterblichkeit'). Phantastische Geschichten finden kein ungläubiges Lächeln mehr, wenn sie hinter die Dinge leuchten und die Rätsel ihrer Bedeutung erhellen (Werfel 'Spielhof'; Binding 'Legenden der Zeit'; Schaeffer 'Josef Montfort'). Der Dichter darf, mit einem Wort, wieder „dichten", er ist nicht mehr Sklave seines Stoffes, sondern Herrscher.

§ 11. Nichts ist für solche Wandlung lehrreicher als der historische Roman (s. d.). Seine expr. Aufgabe besteht darin, in Träger vergangener Zeiten intuitiv hineinzuschauen und sie als Symbole ewiger Menschheitsideen, Menschheitsrechte und Menschheitskämpfe zu gestalten. Nicht die Realität einstiger Jhh. galt es wieder zu verkörpern, sondern ihre Wesenheit festzuhalten. Das, was als großer unbesiegbarer Gedanke das Bleibende in der Flucht der geschichtlichen Phänomene bedeutete, war zu kristallisieren und aus der scheinbar fessellosen Freiheit der Erscheinungen in eine selbstschöpferische Form der Kunst zu bändigen, welche Überlieferung und Gestaltung in Harmonie einte. Es handelte sich darum, den unmittelbaren seelischen Lebensstrom wieder aufzudecken und wirksam zu machen, aus welchem alle historischen Formulierungen entsteigen. (Brod 'Tycho Brahes Weg zu Gott'; Kolbenheyer 'Paracelsus'; Ina Seidel 'Das Paradies'; Lulu v. Strauß und Torney 'Der Jüngste Tag'; Werfel 'Verdi'; Blunck 'Hein Hoyer', 'Berend Fock', 'Stelling Rotkinnsohn').

§ 12. Einzelne der expr. Ideen steigen bereits in der vorhergehenden Epoche auf. Schon Gerhart Hauptmann suchte stets das Menschliche, wenn er die Güte predigte; aber er blieb relativ, die entschlossene Parteinahme der Expressionisten (wenigstens einer Gruppe) fehlte ihm. Der Gedanke des Friedens und der Völkerversöhnung, welcher eng damit zusammenhängt, geht ebenfalls durch alle Werke Hauptmanns, vom 'Bahnwärter Thiel' bis zum 'Weißen Heiland': nur die Liebe kann die Menschen erlösen, sowohl aus sozialer Gebundenheit wie aus geschichtlicher Gegebenheit. Das Mysterium der Menschwerdung im Weibe, welches den Kampf der Geschlechter zu enden bestimmt ist, löst den Konflikt schon in Wedekinds 'Franziska' und G. Hauptmanns 'Griselda' wie dann in F. v. Unruhs 'Platz'. Die unsichtbare Solidarität aller Menschen untereinander, die Verantwortlichkeit aller an dem Unglück oder dem Tode des anderen steht als gedanklicher Hintergrund hinter den Dramen von H. Mann 'Madame Legros' und G. Kaiser 'Hölle, Weg, Erde' wie hinter dem Roman von Wassermann 'Das Gänsemännchen'. Aber die Energie, mit welcher die neue Jugend diese Ideen immer wieder aufwarf, von den verschiedensten Seiten beleuchtete, sich nicht täuschen oder beschwichtigen ließ, unterschied die expr. Kunstwelt deutlich von der älteren Generation und gab ihr Lebensberechtigung.

O. F. Walzel *Die dt. Dichtung seit Goethes Tod* 1920. F. v. d. Leyen *Dt. Dichtung in neuer Zeit* 1921. A. Soergel *Dichtung und Dichter der Zeit* 1916[3]. H. Naumann *Die dt. Dichtung der Gegenwart* 1923. W. Stammler *Dt. Literatur vom Naturalismus zur Gegenwart* 1924. E. Ermatinger *Die dt. Lyrik in ihrer geschichtl. Entwicklung von Herder bis zur Gegenwart* 1921. B. Diebold *Anarchie im Drama* 1921. M. Freyhan *Das Drama der Gegenwart* 1922. Mielke-Homann *Der dt. Roman des 19. u. 20. Jhs.* 1920[3]. M. Krell *Über neue Prosa* 1919.

W. Stammler.

F

Fabel s. Lehrdichtung.

Facetie. § 1. Witziger Einfall, Scherzrede oder kleine heitere Erzählung, ursprünglich in lat. Prosa, auf ein scharf pointiertes Bonmot auslaufend. Die Literaturgattung eröffnet nach 1450 der Florentiner Francesco Poggio († 1459), langjähriger Sekretär der apostolischen Kanzlei, mit seinem '*Liber facetiarum*': lustig boshafte Geschichten oft von erotischer Färbung, wie der Verfasser sie im Bugiale, dem Lästerstübchen der apostolischen Schreiber, in der Heimat oder auf Reisen gehört hatte. In spöttisch-ironischem Ton gehaltene Schwänke, aber keine Satiren; denn kein bestimmter Stand und keine speziellen Zeitverhältnisse werden beleuchtet, und kein didaktischer Unterton klingt durch, sondern ein in sich selbst gegründeter, mit feiner Ironie spielender Humor will unterhalten und belustigen. Daneben historische Anekdoten: auch sie auf den gleichen Witzton wie die übrigen *Confabulationes* abgestimmt; wieder andere Erzählungen von Wunderdingen und monströsen Naturerscheinungen wirken mal. und passen nicht recht in den einheitlichen Zuschnitt des Ganzen. Aber in der Form sind sämtliche Stücke ebenmäßig: die Darstellung knapp, der Hauptakzent auf die Pointe gelegt. Ist auch die Gattung des Schwankes und der Anekdote alt und allen Völkern eigen, so ist doch die literarische Fixierung durch Poggio ein echtes Gewächs der ital. Renaissance, gewachsen auf dem Boden einer neuen Kultur und neuer Umgangsformen: nicht mehr bestimmt wie im MA. eine durch kirchliche Anschauungen gespeiste Moral die Gesetze der F., sondern eine neue Ästhetik, die dem heiteren Genuß dienen und der diesseitsfrohen Geselligkeit jedweden Pessimismus und alles Weltabgewandte fernhalten möchte.

§ 2. Der Theoretiker des neuen Renaissancefacetus, Iovianus Pontanus, hat das Wesen der witzigen Unterhaltung, die *ad iocos et relaxationem animorum* gepflegt wurde, genau beschrieben: sie beruht auf der *urbanitas*, und die mit ihr Begabten heißen *urbani* oder *faceti*. Für den gesprochenen wie für den geschriebenen Facetus gelten dieselben Regeln: beider Zweck ist die *iucunditas et oblectatio*, doch sind der Konversation durch eine gewisse *moderatio* engere Grenzen gezogen als der Lektüre.

§ 3. Von Italien aus trat der Facetus einen schnellen Siegeszug an, nach Frankreich und Deutschland gleichzeitig mit der Renaissance-Novelle. In Frankreich wurde er der Antrieb zur Blüte einer neuen Novellistik. Auch in Deutschland, namentlich im Südwesten, bemühten sich führende Humanisten um die Einführung und Verbreitung der ital. Novelle. Aber einmal fehlte hier die Basis dazu, eine eigne Prosakunst; zum andern wirkte der realistisch-bürgerliche Zug der Zeit, gestärkt durch das Renaissance-Ideal der Freiheit des Individuums, der aristokratisch-humanistischen Propaganda entgegen. So mußte denn die F., der Schwank das dringend empfundene Bedürfnis nach einer prosaischen Unterhaltungsliteratur stillen, ohne daß die Renaissance-Novelle mit ihrem leicht frivolen Charakter auf deutschen Boden verpflanzt wurde. Dafür hielt man sich desto enger an das lat. Original des Poggio und schuf eine reiche Facetienliteratur, die um das Zentrum des gelehrten Humanismus kreiste und von dort angetrieben wurde, bis deutsch-volkstümliche Tendenzen sich der neuen Gattung bemächtigten und sie umbogen.

§ 4. Als erster in Deutschland baut Stainhöwel die F. an im Rahmen seiner kombinierten Fabelsammlung, dem 'Esop' (um 1475). Wie stets folgt seine Übertragung auch hier möglichst wortgetreu dem lat. Original, in diesem Fall Poggio. Sein Beispiel findet Anklang. Etwa ein Jahrzehnt später (1486) beendet Augustin Tünger, Prokurator der Kurie in Konstanz, eine Zusammenstellung deutsch und lateinisch geschriebener Facetien. Er bleibt aber nicht bei der einfachen Übersetzung stehen, sondern will Eignes geben. Doch erreicht er nicht das ital. Vorbild, weil bei ihm der Moralist den Erzähler überschattet, so daß die Wirkung des Witzes, des *facete dictum*, gemindert, oft ganz aufgehoben wird. Sein Werk prägt die charakteristischen Züge jener Übergangszeit aus: die Unausgeglichenheit zwischen formfreudigem, pointiertem Schwank und gestaltloser, wortemachender Moral.

§ 5. Seit dem MA. war in Deutschland eine andre Facetusart von pedantisch-trockner Moral heimisch: am bekanntesten durch das *Facetus* betitelte Gedicht *Cum nihil utilius humanae credo saluti* aus 192 Verspaaren mit endgereimten Hexametern, das sich selbst als eine Ergänzung zum 'Cato' bezeichnet und allerhand Regeln für Anstand und gute Sitte aufstellt: vom Ausgang des 12. Jhs. bis an die Schwelle des Reformationszeitalters auf dt. Schulen das beliebteste Lehrgedicht der weitverzweigten gnomischen Poesie, was zahlreiche Hss. und Drucke bezeugen. Im 14. und 15. Jh. wurde das Gedicht häufig verdeutscht, meist durch Vierzeiler; auch Seb. Brant mühte sich um 1490 an einer Übersetzung ab: durchweg langweilige, technisch minderwertige Machwerke, die in sklavischer Anlehnung an das lat. Original keine eignen Gedanken aufbringen. Der Inhalt ist schlecht disponiert, nur die Tischzucht ist ausführlicher behandelt. Den Grundton bildet die Mahnung zur Bescheidenheit und Demut im Umgang mit Menschen und gegen Gott und die Kirche. Sprache, Metrik und Reimtechnik sind unbeholfen und formlos. Hier fand also der neue Renaissance-Facetus so gut wie keine Anknüpfungspunkte. Selbst wenn wie bei Seb. Brant der alte und neue Facetus sich kreuzen, wird der welk gewordene ältere Zweig nicht aufgefrischt. Wohl hat Brant fast den 4. Teil seines zur Besserung der Sitten zusammengestellten Fabelbuches dem '*Liber facetiarum*' Poggios wörtlich entlehnt, aber nur den Stoff, nicht den Geist: der nüchtern ernste Moralist will nur belehren, nicht belustigen, überhaupt nicht unterhalten.

§ 6. Doch zwei Stellen gab es, wo der neue Facetus auch in Deutschland wegen stofflicher und formaler Analogien ansetzen konnte: Kirche und Universität, genauer Predigtmärlein und Quodlibet-Quästionen. Gegen Ende des 15. Jhs. dringt wie im Bereich der weltlich gelehrten Bildung auch in die kirchliche Predigt der Geist heiterer Komik ein. Schon früher hatte die Predigt die Erzählkunst in Anspruch genommen (Mirakelgeschichten), aber nicht zu Unterhaltungszwecken wie jetzt (s. d. Art. *Exempel*). Vergebens sucht die Kirche der Einführung schwankhafter Elemente entgegenzuwirken; es gelingt ihr nur, in der schriftlichen Überlieferung das allzu Schwankartige vorläufig auszuscheiden. Allmählich bildet sich ein fester Brauch aus, der die Anwendung von Predigtscherzen regelt. Selbst an hohen Festtagen, wie im Ostergottesdienst, gewöhnt man sich daran, daß die geistliche Ansprache mit einem Schwankintermezzo gewürzt wird. Dem realistischen Zuge der Zeit nachgebend, wird der Predigtstil immer volkstümlicher. Auch Geiler von Kaisersberg, der letzte große Prediger populärer Observanz, mildert die Wucht seiner Reden gern durch schwankhafte Episoden, wobei er wie die echten Facetisten an wichtigen Stellen den Ausdruck zu witzigen und feinen Pointen zuspitzt. So erlangt innerhalb der homiletischen Literatur die Schwankepisode immer größere Bedeutung, bis das Predigtmärlein noch in der 1. Hälfte des 16. Jhs. selbständig wird. Daß das innerhalb des Geilerschen Wirkungsbereichs geschieht durch einen Mann, der die Predigten des Kaisersbergers aufgezeichnet hatte, ist kein Zufall: unter dem Titel 'Schimpf und Ernst' erscheint 1522 in Straßburg eine Sammlung kurzer, unterhaltsamer Erzählungen, die der Guardian des Straßburger Barfüßerklosters, Joh. Pauli, zusammengebracht hatte. Er hat in den alten Schatz der mal. Homilien und Parabelliteratur tief hineingegriffen, aber seine Darstellung durch volkstümliche Auffassung und Formgebung zu verlebendigen verstanden.

§ 7. Der neue, freiere Geist setzte sich auch dort durch, wo die scholastischen, lebensfeindlichen Tendenzen am zähsten sich hielten: an den Universitäten. Um das Interesse der Scholaren an den weitschweifigen Disputationen zu beleben, wurden am Schluß witzige Fragen zur Diskussion gestellt und damit dem langverhaltenen Humor Tür und Tor geöffnet. So entstand, durch keine moralisierenden Nebenabsichten getrübt, in den *Quaestiones de quodlibet* eine der geistvollsten und freimütigsten Formen der Parodie und Ironie, die ganz in der Art der ital. F. auf Witz und Wortspiel eingestellt war. Dieser in der Gelehrtenwelt kräftig sich durchsetzende Humor, der nur sich selbst dienen will, entlehnt nun die Stoffe seiner Schwänke nicht aus der Literatur, sondern schöpft die volkstümliche Überlieferung aus. Damit aber beschreitet die lat. F. in Deutschland einen neuen Weg, der über die Populartradition folgerecht zur dt. Sprache, zum dt. Schwank (s. d.) führt.

§ 8. Einen entscheidenden Schritt nach dieser Richtung macht der bedeutendste dt. Facetist, der Tübinger Professor Heinrich Bebel, der 1506/09 drei Bücher F. herausgibt. Sein Humor saugt Nahrung und Würze aus dem Urquell volkstümlichen Schwankgutes. Aber den zweiten Schritt tut er nicht: für die noch ungeschliffene Muttersprache sucht der Humanist die Facetie nicht zu gewinnen, sondern er begnügt sich, den rohen dt. Schwankstoff in das elegante Prunkgewand der lat. Kunstsprache zu kleiden und dadurch der Nachwelt zu retten. Bebel, der den lat., dt. durchsetzten Prosaschwank auf die Höhe der Darstellung führt, schließt sich in der Formgebung eng an das Vorbild Poggios an, indem er die Wirkung auf die witzige, fein pointierte Wendung einstellt. Aber der Gegenstand seiner Schwänke ist echt schwäb.-volkstümlich: so wie er sie in seiner ländlichen Heimat direkt aus dem Volksmund erlauscht, gießt er sie in die literarische Kunstform, ohne dem dt. Charakter des Stoffes Gewalt anzutun. In der Materie von Poggio durchaus unabhängig, sind nur Stilgefühl und Formwille humanistisch: Inhalt, Anschauung und Denkart sind urdeutsch. Und Bebel ist ein begeisterter Patriot, der sich stolz und freudig zum Germanentum bekennt. Welcher Abstand gegen den älteren südwestdt. Humanismus, der in der restlosen Kopie der klassischen Vorlage erstarrte! Die meisten der Bebelschen F. bewitzeln das Leben und Treiben der Bauern und Geistlichen, aber ohne gehässige Tendenz und frei von weltflüchtiger, romantischer Symbolik. Daneben stehen Volksmärchen und Lügenmärlein, die der Tübinger Humanist als erster in die F. einführt. Die alte Gattung der Lügenmärchen reicht bis ins 11. Jh. hinauf; aber Bebel bietet nicht die üblichen Schilderungen einer verkehrten Welt, sondern wirkliche Lügen, Aufschneidereien: *mendacia explosissima*, die dem Schmied von Kannstatt, einem von Bebel geschaffenen Lügnertypus, in den Mund gelegt werden, und die in den Münchhausiaden des 18. Jhs. und bis heute fortleben.

§ 9. Bebels F. hatten einen durchschlagenden Erfolg und wurden sogleich eifrig nachgeahmt, ohne daß aber ihre Höhe je wieder erreicht wurde. Schon 1508 gab Joh. Adelphus Mulig seine '*Margarita Facetiarum*' heraus, eine aus den verschiedensten Elementen kompilierte Sammlung, worin nur die '*Scommata*' Geilers den Charakter echter F. haben, und wovon über die Hälfte die Verdorbenheit des Klerus illustrieren. Das Werk zeigt schon deutliche Spuren des beginnenden Verfalls der durch Bebel zu voller Blüte gebrachten Literaturgattung.

§ 10. Den Abstieg konnte auch ein interessanter, geistvoller Versuch, die '*Colloquia*' des Erasmus (1524), nicht hemmen: lebhafte, witzige Dialoge, die der F. über den bisherigen Zweck der amüsanten Unterhaltung hinaus die mehr ästhetische Aufgabe zuweisen, eine höhere Kultur des gesprochenen Wortes und der Konversation zu fördern. Aber der Stil dieser Scherzdialoge hat mit dem der Poggio-Bebelschen F. wenig gemein: an Stelle des *facete dictum* setzt Erasmus die *venusta loquendi formula*, wodurch die scharf pointierte Kürze, der knappe Aufbau zugunsten einer breiter ausmalenden Detailschilderung und damit der ursprüngliche Charakter der F. beseitigt wird.

§ 11. Im weiteren Verlaufe des 16. Jhs. schreitet der Verfall der lat. F. schnell vorwärts. Die Schwank- und Fabelsammlungen des Luscinius Nachtigall (1524), Joh. Gast (1541/9), Joachim Camerarius (1564) sind durchweg gelehrte Kompilationen, die origineller Prägung entbehren und nicht mehr wie die echte F. nach dem Leben geformt sind. Wenn sie auch z. T. den Charakter der F. für sich in Anspruch nehmen, so entfernen sie sich doch in Wahrheit immer weiter von ihrer Form, bis schließlich die breit ausladende Anekdote den kurzen pointierten Schwank ganz verdrängt.

§ 12. Daß daneben die alte F., wenn auch vorwiegend nur in mündlicher Tradition, fortlebt, beweist die 1600 posthum erschienene Sammlung des Nic. Frischlin, der wie kein zweiter bei der Unterhaltung in froher Tafelrunde den Witz liebte. Mag sein Humor auch oft ins Obszöne abgleiten, so steht er doch den alten Meistern der F. in nichts nach: knappe, drastische Darstellung, zwingende Pointen ohne jede moralisierende Tendenz kennzeichnen seinen Stil. Der Wortwitz dominiert, die Fabel selbst liefert nur die notwendige Umrankung. Die oft derbe Pointe gibt er dt. oder zweisprachig. In der Form schöpferischer Humanist, ist Frischlin im Stoff dt. Schwankdichtern verpflichtet. Schon vor ihm hatte Joh. Hulsbusch in seiner aus dt. Schwankbüchern kompilierten '*Silva sermonum iucundissimorum*' (1568) die deutschen Vorlagen Wort für Wort ins Lateinische übersetzt. Dadurch erhält aber der dt. Prosaschwank mehr und mehr das Übergewicht über die humanistische lat. F. Im Ausgang des 16. Jhs. ist dieser Umformungsprozeß beendet.

§ 13. Bald nach der Mitte des 16. Jhs. wird die dt. Sprache volkstümlicher Prägung dem Prosaschwank dienstbar gemacht. Als erster tritt Jörg Wickram mit einer Schwanksammlung in dt. Sprache hervor, dem 'Rollwagenbüchlein' (1555). Ihm folgen Jac. Frey, der schon im nächsten Jahr seine 'Gartengesellschaft' als des Rollwagens anderen Teil erscheinen läßt, wozu dann sein Landsmann Mart. Montanus mit den beiden Schwankbüchern 'Wegkürzer' (1557) und 'Der Gartengesellschaft zweiter Teil' (1559/66) die Fortsetzung liefern will. Gleichzeitig stellt Valentin Schumann eine Schwanksammlung 'Nachtbüchlein' (1559) zusammen.

§ 14. Obschon nicht sehr lateinkundig, wird Wickram doch von seiten der humanistischen F. durch Vermittlung einer 1550 anonym erschienenen Sammlung 'Scherz mit der Wahrheit' angeregt, während er von dem andersgearteten, aus dem Predigtmärlein erwachsenen ersten Schwankbuch dt. Sprache, Paulis 'Schimpf und Ernst', weniger beeinflußt ist. Was Bebel in lat., will Wickram in dt. Sprache schaffen. Aber er verfällt, statt der knappen Motivierung des Wortwitzes, der epischen Einkleidung und Begründung durch Leben und Handlung: schon bei Wickram wird so aus dem humanistischen *facete dictum* ein *facete factum*. Und bei den andern Schwankdichtern ist das noch mehr der Fall. Frey, den Humanisten stofflich tief verpflichtet, entfernt sich in der Form weit von ihrem Vorbild. Und bei Montanus, der überhaupt nicht viel Interesse für die lat. F. aufbringt, und bei Schumann wird dies Streben nach handlungsreicher, breit ausgesponnener Darstellung noch mächtiger. Je schwächer aber der Einfluß der humanistischen F. auf den dt. Schwank, desto stärker wird der der volkstümlichen Literatur. So wird der Abstand zwischen lat. und dt. F. immer größer.

§ 15. Die gegen diese Entwicklung einsetzende Reaktion ist nicht von Dauer. Michael Lindner, der Verfasser des 'Rastbüchleins' und 'Katzipori' (1558), versucht noch einmal die echte F. für die dt. Sprache zu retten. In Anschauung und Tendenz, in Stilgefühl und Formwillen will er es den Humanisten gleichtun. Und wirklich gelingt es ihm, Charakter und Wirkung seiner Schwänke auf das *facete dictum*, den Wortwitz, einzustellen unter Ausscheidung aller epischen und moralisierenden Motive. So wird er der eigentliche Facetist in dt. Sprache. Aber sein Beispiel verklingt ungehört.

§ 16. Schon das nächste Werk, Wilh. Kirchhofs 'Wendunmut' (1562), der sich im Stoff zwar eng an Bebel, z. T. bis zu wörtlicher Übersetzung, anlehnt, atmet vom Geist des Tübinger Humanisten keinen Hauch. Das lehrhaft erzählende Element überwuchert und erstickt den Schwankcharakter. Also die gleiche Entwicklung wie bei der lat. F.: zur Didaktik. Kirchhof schließt die Facetienliteratur ab. Nachklänge wie z. B. Bernh. Hertzogs 'Schildwacht' sind als unselbständige Machwerke ohne Belang.

F. Zarncke *Die deutschen Universitäten im MA.* 1857. A. Bömer *Die lateinischen Schülergespräche der Humanisten* 1897/99. C. Schroeder *Der deutsche Facetus* (Pal. 86) 1911. K. Vollert *Zur Geschichte der lateinischen Facetiensammlungen des XV. und XVI. Jhs.* (Pal. 113) 1912.

G. Bebermeyer.

Fahrende s. Spielleute und Spielmannsdichtung.

Familienblatt: volkstümliche Unterhaltungszeitschrift, meist illustriert, die durch dichterische und populärwissenschaftliche Beiträge unterhaltend, belehrend und aufklärend zu wirken bestimmt ist. Das F. repräsentiert einen bestimmten Zs.-Typus, der sich scharf von anderen unterscheidet. Hauptmerkmale: Vielseitigkeit; Grundsatz der unterhaltenden Belehrung (*prodesse et delectare*); Volkstümlichkeit; eine gewisse „sittliche" Tendenz (die oft in Prüderie ausartet); Unterstützung des Wortes durch das Bild; nationale, patriotische Orientierung; ein gewisser Konservatismus in künstlerischer und neuerdings auch in politischer Beziehung; Einstellung auf einen bürgerlichen (nicht höher-intellektuellen) Leserkreis; schließlich ein bestimmtes Ethos geselligkeitsfördernder Traulichkeit (eben das „Familienmäßige"). Herrschaft des Aktualitätsprinzips ist vermieden, obwohl das F. großen politischen Ereignissen (Krieg) seine Teilnahme nicht versagt. Parteipolitisches, Polemisches ist grundsätzlich ausgeschlossen. Von den allgemeinen Kulturzss. und Rundschauen unterscheidet sich das F. durch das Zurücktreten streng sachlicher Information, durch stärkere Betonung des Unterhaltenden; von den literar.-kritischen usw. und fachwissenschaftlichen Organen durch Mehrseitigkeit seiner Interessen. Neben dichterischen und unterhaltenden Beiträgen (Gedichten, Romanen, Novellen, Humoresken, Plaudereien) bringt es auch (meist illustrierte) belehrende Artikel aus dem Gebiet der Zeitgeschichte, Geographie, Volkskunde, Kultur-, Kunst-, Literaturgeschichte, dem Gesamtgebiet des Technischen, der Naturwissenschaften; daneben auch Populärmedizinisches sowie Informationen haushaltungskundlicher Art. Das Streben des F. geht darauf, die wissenschaftlichen und technischen Fortschritte zu popularisieren.

§ 1. Geschichtliche Entwicklung. Vorstufen: Das F. im eigentlichen Sinn ist eine Schöpfung des 19. Jhs., doch sind schon früher gewisse Vorstufen zu konstatieren. Solche sind die Zss. der Aufklärung, namentlich die 'Monatsgespräche' des Thomasius (1688), ferner die „Moralischen Wochenschriften" (s. d.), die mit dem F. die freisinnigen Humanitätstendenzen, einen gewissen Eudämonismus und Trivialoptimismus, aus positivistischer, aufklärerischer Weltfreudigkeit hervorgehend, gemeinsam haben und ähnlich wie das F. in unterhaltender Weise ethisch und intellektuell fördern wollen. Dann M. Claudius ('Wandsbecker Bote'). Deutliche Vorläufer finden sich auch unter den spätromantischen Zss., wie denn überhaupt die Zeit um 1815 eine gewisse Analogie zur Epoche um 1850 zeigt, in welche die Ausbildung des modernen Typus des F. fällt. In beiden Fällen handelt es sich um Restaurations- und Reaktionsepochen, die auf fehlgeschlagene Versuche politischer und sozialer Befreiung folgten. Starke Einschränkung der geistigen Freiheit der Staatsbürger (Zensur). Die Bevölkerung, die sich von der Teilnahme am öffentlichen politischen Leben ausgeschlossen sieht, wird resigniert. Das Interesse für große Fragen schwindet in den breiten Schichten, dafür macht sich mehr und mehr ein Bedürfnis nach heiterer, unverbindlicher Unterhaltung geltend. Die Zss., die nun entstehen, haben den Zweck, die Menschen den Unerquicklichkeiten des realen Daseins zu entführen und einen heiteren Quietismus („Biedermeierzeit"; s. d.) zu predigen. Flucht in die neutralen Sphären der Familiengemütlichkeit. Schon die Titel solcher Zss., die um 1815—30 auftauchen, sind bezeichnend: 'Für müßige Stunden' 1816, 'Wintermonate für Freunde leichter Unterhaltung und froher Laune' 1814—15, 'Der Kranz oder Erholungen für Geist und Herz' 1821. — In dieser Zeit gibt es auch zahlreiche Zss., die Unterhaltung und Belehrung zum Programm haben, daneben aber auch über gesellschaftliche und künstlerische Ereignisse informieren wollen. Charakteristischer Vertreter ist der 1817 bis 1848 von Gubitz herausgegebene 'Gesellschafter oder Blätter für Geist und Herz'. Sein Programm klingt ganz familienblattmäßig, wird aber keineswegs in diesem Sinn durchgeführt. Das Ethos ist mehr gesellschaftlich. Den Hauptteil dieser Blätter repräsentieren die „Korrespondenzen", die Gesellschafts- und Theaterklatsch enthalten. Illustrationen und größere Aufsätze fehlen völlig. Den Inhalt bilden: kleine Erzählungen, Memoiren, anekdotisch aufgefaßtes Biographisches, Berichte über ausländische Verhältnisse (seichter Kosmopolitismus ist für alle diese Blätter bezeichnend). Trotz der relativ bedeutenden Mitarbeiter sind alle diese Zss. unbedeutend und oberflächlich. Ein österreich. Gegenstück zum 'Gesellschafter' sind die von L. A. Frankl 1842—48 hsg. 'Sonntagsblätter'. — Stärker nähert sich dem F. die 1835 von A. Lewald gegründete 'Europa' (1846—59 hsg. von G. Kühne, unter dem sie einen mehr jungdt.-radikalen Charakter annimmt; erscheint bis 1885). Unter Lewald ist sie ein gemäßigt liberales Familien- und Gesellschaftsblatt. Unter den Mitarbeitern erscheinen Auerbach, Dingelstedt, Geibel, Hackländer, Heine, König, Laube, Spazier, Stolle. In ähnlichem Fahrwasser bewegen sich: 'Blätter aus der Gegenwart für nützliche Unterhaltung und wissenschaftliche Belehrung' (1830—53), auch der Mundtsche 'Freihafen'. Daneben gibt es eine breite Unterschicht von Zss., die das Wesen des F. annähernd bereits verkörpern: 'Der Vaterlandsfreund, Unterhaltungen für Geist und Herz'; 'Der deutsche Volksbote. Eine Zs. für vaterländische Interessen zur Belehrung und Unterhaltung' usw. Diese Zss. wenden sich hauptsächlich an die unteren Stände, die früher ein F. besitzen als die oberen. Bedeutsam wird das F. aber erst durch die Gründungen Gutzkows und Keils.

§ 2. Die eigentlichen F. Gutzkows 'Unterhaltungen am häuslichen Herd' (1852 bis 1861 hsg. von G., dann bis 1864 von K. Frenzel) sind ein reguläres F. höherer Stufe, es fehlen nur die Illustrationen. Der Einfluß eines engl. Vorbilds (der '*Household Words*' von Dickens) ist bestimmend. Mitarbeiter: Auerbach, Halm, Lewald, Lorm, J. Rank, Solitaire, Spielhagen, A. Sternberg, Hebbel, Björnson. Inhalt: Gedichte, Novellen, Lebensbilder, Artikel über „Stimmungen und Richtungen der Zeit", Geschichtliches, Biologisches, Physiologisches ('Der Mensch'), in Fortführung romantischer Interessen auch Meta- und Parapsychologisches ('Nachtseiten der Natur'), ferner „populäre Darstellungen aus der elementarischen Welt" ('Die Erde und ihr Leben'). Gutzkow erkennt richtig, daß die Zeit, der leeren Phrasen und des unfruchtbaren jungdt. Polterns müde, nach Positivem, nach realem Wissen verlangt. Er stellt nun sein Blatt auf das erwachende naturwissenschaftliche Interesse ein. Die Bestrebungen A. v. Humboldts ('Kosmos'), Littrows, Liebigs, Vogts, Moleschotts, die durch populäre Schriften naturwissenschaftliche Kenntnis in die breiten Massen tragen wollten, finden durch ihn Unterstützung, doch lehnt er Büchners billigen Materialismus in einer programmatischen Rezension ab. Gutzkow ist hier weniger einseitig als Keil. — Das wichtigste F., das zugleich am deutlichsten diesen Typus verkörpert, ist die 1853 von E. Keil begründete 'Gartenlaube', doch ist die landläufige Ansicht falsch, daß Keil damit diesen Typus erst geschaffen habe. Seine Schöpfung ist nicht nur in allen Punkten historisch vorbereitet, sondern es sind auch die bestimmenden Wesenszüge bereits geschaffen. Das Ethos des Familienhaften ist seit dem Familienroman der Richardson, Goldsmith u. a. da, auch die synkretistisch-eklektische Tendenz, ebenso ist das Streben nach naturwissenschaftlich-medizinisch-technischer Aufklärung bereits für Zss. bestimmend geworden; diese Dinge werden von ihm nur stärker betont. Auch der Ausdruck „Familienblatt" ist nicht von ihm geprägt. Schon 1845 gibt es eine Zs. 'Schwäbisches Museum, Familienblatt zur Unterhaltung und Belehrung'. Für die Illustration, die allerdings erst Keil zu einem wesentlichen Bestandteil des F. macht, ist sein Vorbild J. J. Weber, der Schöpfer der dt. illustrierten Zs. Früher waren nur graphische Beilagen (Modekupfer, Stahlstiche berühmter Männer usw.) üblich, doch keine Textillustrationen. 1830 gibt in England die *Society for the diffusion of useful knowledge* eine volkstümliche Zs. '*Penny Magazine*' heraus, die Buchdruck und Holzschnitt vereinigt. Im Anschluß an dieses engl. Vorbild ruft Weber 1833 sein 'Pfennig-Magazin' ins Leben. Diese Zs., die, ohne selbst F. zu sein, mit diesem die volkspädagogische Tendenz teilt, ist Vorläuferin von Webers Rundschau '(Leipziger) Illustrierte Zeitung' (seit 1843), für die engl. ('*Illustrated London News*' 1842) und frz. Revuen ('*Illustration*' Paris 1843) bestimmend waren. Nach Webers Vorgang erwählt auch Keil das xylographische Verfahren als das für seine volkstümliche Zs. geeignetste. Die Abbildungen, die er in den ersten Jahrgängen bringt, haben rein demonstrative Funktion. Keil ist eigentlich nur ein glänzender Organisator, dennoch hat er bedeutende Verdienste um das F. Er ist endgültig über die jungdt. Geschwätzigkeit und den vagen Kosmopolitismus hinausgekommen. Keil hatte schon früher andere Zss. herausgegeben, so den 'Planeten', den 'Leuchtturm' (1846), die aber wegen ihrer starken politisch-satirischen Betätigung nicht als F. angesehen werden können. 1851 erwirbt er von F. Stolle den 'Dorfbarbier', als dessen Beiblatt das erste Heft der 'Gartenlaube' Juli 1853 erscheint. Als Herausgeber und verantwortl. Redakteur zeichnet Jahre hindurch F. Stolle, da Keil, der wegen Preßvergehens bestraft war, die Leitung einer Zs. untersagt war. Keils erste Plannotizen zur 'Gartenlaube' (publiziert Börsenbl. f. d. dt. Buchh. LXXI [1904] Sp. 2762) schließen sich eng an Gutzkows Disposition an, wirken dann aber selbst wieder auf dessen Blatt zurück. Ihre Hauptziele: naturwiss. Volksaufklärung und Pflege des Gemeinsinns und der Liebe zum Gesamtvaterlande, verfolgt die 'Gartenlaube' unbeirrt von Anfang an. Hinsichtlich des dichterischen Teils ist sie aber anfangs recht unsicher, erst gegen Mitte der 60er Jahre findet sie hier ihren Stil. Die 'Gartenlaube' hatte ungeheuren Erfolg. Im ersten Jahre fand sie 6000 Abnehmer, nach siebenjährigem Bestehen über 100000, nach 1871 überschritt sie 400000. Die Zeit ist diesem Typus günstig; das Beispiel der 'Gartenlaube' bewirkt Nachahmung. So wandelt sich das Cottasche 'Morgenblatt für gebildete Leser' (früher 'Stände') seit den 50er Jahren mehr und mehr in ein F. um. Zahlreiche neue F. entstehen: 1859 'Über Land und Meer', bunter als die 'Gartenlaube', witzblattähnlich, dabei weniger liberal; 1864 'Daheim', protestantisch-konservativ; 1866 'Buch für Alle'. Welches Ansehen die F. und besonders die führende 'Gartenlaube' um diese Zeit genossen, ist daraus ersichtlich, daß sich Bismarck selbst direkt beim preuß. König für sie einsetzte, als sie 1866 verboten worden war. Ihr Einfluß ist überaus groß. Ihrer politischen Gesinnung nach linksliberal-bürgerlich, hält die 'Gartenlaube', und andere F. mit ihr, die 48er Traditionen hoch; sie tritt für ein geeinigtes Deutsches Reich unter preuß. Führung ein und versäumt keine Gelegenheit, Zeiten großen nationalen Aufschwungs ihren eigenen Zeitgenossen ins Gedächtnis zu rufen; an allen großen Ereignissen für die dt. Nation (Feier der Schlacht bei Leipzig, Schillerjubiläum) nimmt sie teil. Die Wirksamkeit der F. in dieser Epoche darf nicht gering angeschlagen werden. Damals sind sie mit allen wertvollen Tendenzen der Zeit in Fühlung. Der große Umschwung kommt erst nach 1870. Nunmehr ist erreicht, was man erstrebt hat. Damit verschwindet das treibende Element, die F. verfallen einem behaglichen Quietismus, werden konservativ und „staatserhaltend". Außerdem legt man sich mehr und mehr auf einen als gewinnbringend erkannten Typus fest. Die F. werden zur reinen Geschäftssache, deren sich alsbald der Kapitalismus bemächtigt (Scherl). Höhepunkt und Blütezeit der F. ungefähr 1860—85. Damals entstehen zahlreiche neue F.: 'Alte und neue Welt' 1866, 'Das neue Blatt' 1869, 'Nach der Arbeit' 1872, 'Die Heimat' 1876, 'Vom Fels zum Meer' 1881, 'Das Universum' (Reclam) 1884, 'Zur guten Stunde' 1887, 'Das bunte Blatt' 1895, 'Am häuslichen Herd' 1898. Auch deutschösterreich. und deutschschweiz. F. gibt es in relativ nicht geringer Zahl; sie sind in gewissem Maß partikularistisch orientiert; doch ist gerade für die größeren F. die Vermeidung jedes betonten Lokalcharakters bezeichnend. Einigung des Gesamtsprachgebiets durch vielgelesene F. Von österreich. F. seien genannt: die 'Neue Illustrierte Zeitung' seit 1873, schließt sich an einen bewährten dt. Typus ('Über Land und Meer') an; das spezifisch Österreichische kommt am meisten in biographischen Artikeln zum Ausdruck; Mitarbeiter u. a. Rosegger, Wilbrandt, A. Grün. 'Die Heimat' 1876—1901 (1882—85 auch von Anzengruber redigiert) hat die 'Gartenlaube' zum Vorbild; ernster, mehr Wissenschaft, weniger Anekdotisches; das Österreichische kommt namentlich durch die zahlreichen Übersetzungen aus den Landessprachen der Monarchie (dem Ungarischen [Petöfi, Jókai], dem Slovenischen [Prešern]) zum Ausdruck; Mitarbeiter: Anzengruber, Saar, Rosegger, Betty Paoli, Hamerling, K. Beck, Bauernfeld. — Religiös gerichtete F. Als Reaktion gegen den Liberalismus und religiösen Indifferentismus, den einseitigen naturwissenschaftlichen Positivismus der maßgebenden F. entstand in den Jahren des Kulturkampfes eine ansehnliche Zahl christlicher (kath. u. protestant.) F. Diese Zss., die gegenwärtig in breiter Schicht vorhanden sind ('Ave Maria', 'Illustr. evangel. F.', 'Der kath. Familienfreund') geben entweder den Inhalt eines gewöhnlichen F., nur mit einer bestimmten christlichen Weltanschauung tingiert (z. B. 'Alte und neue Welt'), oder sie bringen direkt religiöse Artikel, Homiletisches, Moraltheologisches usw. (z. B. 'Evangel. Hausfreund'). — Nebenerscheinungen: Der große Erfolg des F. zwingt auch Zss. anderer Art, diesem Typus Konzessionen zu machen. So wird der Synkretismus des F. auch für die Familienbibliotheken, Volkskalender und Jugendzss. ('Der gute Kamerad', 'Kränzchen' usw.) bestimmend. Selbst Tageszeitungen schaffen familienblattähnliche Beilagen. Eine weitere Nebenerscheinung des großen Erfolgs der F. ist ihre Anähnlichung aneinander. Die F. bekommen mehr und mehr ein gleiches Aussehen: Vereinheitlichung, Schablonisierung im Sinn des als publikumswirksam erkannten Charakters. — Schichtung und Gliederung: Die Oberschicht der F. strebt seit den 90er Jahren mit Macht dahin, den Typus des F. zu verlassen und sich dem Charakter der Rundschau anzunähern. Die Blätter werden vornehm und hochrepräsentativ, z. B. 'Über Land und Meer', 'Buch für alle', 'Reclams Universum', 'Vom Fels zum Meer', ebenso gewisse Übergangserscheinungen ('Velhagen und Klasings Monatshefte'). Die Mittelschicht (am besten vertreten durch die 'Gartenlaube') bewahrt ihren Charakter ziemlich treu; Fortschritte nur in der Ausstattungstechnik. Die Unterschicht (z. B. 'Das neue Blatt', 'Das bunte Blatt') bietet derbste Trivialliteratur, namentlich Kriminalistisches, daneben seichte Komik. Eine wirkliche Entwicklung fehlt. Der Umschwung von populärwissenschaftlich-universaler Einstellung zu spezieller einzelwissenschaftlicher kommt in den F. wenig zur Geltung; gar nicht die Abkehr vom platten naturwissenschaftlichen Materialismus, das Neuerwachen des metaphysischen Bedürfnisses, welches Ende des 19. Jhs. einsetzt. In seiner Blütezeit entsprach das F. auch höheren Ansprüchen. Der große Erfolg veranlaßt jedoch die Herausgeber zu einem verhängnisvollen Irrtum. Sie behalten den erfolgreichen Typus bei, ohne zu bedenken, daß dieser veralten mußte. Durch diesen falschen Konservatismus erfolgte in den 80er Jahren die Entfremdung des F. von den höheren Zeitinteressen, daher der Niedergang seit dieser Zeit. Damit ist auch ein Hauptangriffspunkt für den mit der Zeit des Naturalismus heftig einsetzenden Kampf gegen das F. gegeben. Die Oberschicht ist nun bemüht, sich von gewissen überlebten Zügen freizumachen. Man bestrebt sich, vom Ethos des Familienmäßigen loszukommen, sucht Unterhaltung und Belehrung, statt in gegenseitiger Durchdringung, in reinlicher Scheidung zu geben, indem man das Hauptblatt literarisch-künstlerisch orientiert und das informative bunte Allerlei in Anhänge und Beiblätter verweist.

§ 3. Das F. und die Literatur. Anfänglich wird besonders das „Familiengemälde" gepflegt (L. Storch, F. Stolle, Aug. Schrader usw.). Auch die „Dorfgeschichte", in deren Blütezeit die Entstehung des F. fällt, ist beliebt. Damals haben die F. noch Fühlung mit den führenden Erscheinungen der Literatur; doch sind die Dorfgeschichten des F., die ein versüßlichtes und sentimentalisiertes ländliches Milieu bringen, vom Realismus der literarischen Dorfgeschichte (Immermann, Gotthelf) weit entfernt. Herm. Schmid, K. Stieler, M. Haushofer, L. Ganghofer, R. Greinz, A. v. Perfall schaffen die Tradition der Familienblatt-Dorfgeschichte, die in den meisten Fällen nichts anderes ist als ein ländliches Familiengemälde. Besonders charakteristisch ist aber für das F. der Frauenroman vom Typus Marlitt, dessen rosiger Pseudoidealismus und verflachender Konventionalismus im Laufe der Entwicklung immer mehr zu dem den literarischen Charakter des F. bestimmenden Auswahlprinzip erhoben wird. Vertreterinnen dieser Tradition, gegen die sich die heftigsten Angriffe richten, sind: E. Marlitt (Eugenie John, 1867 erster Roman in der 'Gartenlaube'), E. Werner (E. Bürstenbinder), W. Heimburg (Berta Behrens), Luise Westkirch, Anny Wothe, Nathalie v. Eschstruth usw. Ihnen verdankt das F. z. T. seine Verbreitung, aber auch seine literarische Signatur. Auch zum Gesellschafts- und Zeitroman Spielhagenscher Tradition, zu Ausläufern der jungdt. Diskussionsnovelle, zur Novellistik der Münchner, zum geschichtlich-archäologischen Professorenroman (Dahn, Ebers), zur gemäßigten Heimatkunst findet das F. noch Beziehungen, aber nicht zum Naturalismus, Symbolismus und zu expressionistischen Strömungen. Mit dem Einsetzen der neuen Kunst um 1885 beginnt die Spaltung. Der Naturalismus hat u. a. die Bekämpfung des F. und des Backfischidealismus der hier vertretenen Autoren zum Ziel (vgl. den Programmaufsatz in M. G. Conrads realistischer Wochenschrift 'Die Gesellschaft' 1885). Umgekehrt wendet sich das F. gegen den Naturalismus, gegen den Einfluß Zolas und bevorzugt in jenen Jahren ostentativ Dichter wie Heyse, Wilbrandt usw. Seither hat das F. die Fühlung mit der literarischen Oberschicht verloren. Die F. haben nicht wie manche Rundschauen den Mut gehabt, konsequent literarisch Wertvolles zu bieten und so im Sinn einer ästhet. Erziehung zu wirken. Führende Geister sind in ihm nicht zum Wort gekommen. Hier wird vornehmlich Unterhaltungsliteratur gepflegt. Der innere Niedergang, in dem sich die F. seit 1880 befinden, läßt sich auch hier erkennen.

Für den Literarhistoriker können die F. als Textsammlungen Bedeutung gewinnen; insofern, als sie gelegentlich bedeutsame Erstdrucke von Romanen bringen, die in der Buchausgabe dann eine andere Gestalt erhalten (z. B. 'Der Schandfleck' von Anzengruber). Textkritischer Wert. Ferner sind sie literaturpsychologisch und kulturhistorisch interessant. Für die neuerdings viel diskutierte „Literaturgeschichte der Wirkung", des „Geschmacks" und des „Erfolgs" sind sie die bedeutsamste Quelle.

1. Verzeichnisse der Zss.: Goedeke VIII 4ff. R. F. Arnold *Die dt. belletrist. Zss. des 19. u. 20. Jhs.*, ZföG. LXIV (1913) S. 485ff. R. F. Arnold *Allg. Bücherkunde*² 1919. S. 176ff. *Leipziger* (später *Deutscher*) *Zeitungs-Katalog* (zuerst 1841). *Dt. Journal-* (später *Zeitschriften-*) *Katalog* (seit 1865). H. O. Sperling *Zeitschriften-Adreßbuch.* J. Kürschner *Handbuch der Presse* 1902. *Bibliographie der dt. Zss.-Lit.* hsg. v. F. Dietrich (seit 1896). *Veröffentlichungen der dt. Bibliographischen Gesellschaft* (*Bibliogr. Repertorium*) namentlich I u. IIIf.

2. Heranzuziehen ist ferner die Lit. über Zeitungswesen (s. d.), vor allem L. Salomon *Geschichte des dt. Zeitungswesens* III 1906.

3. Spezielles: J. Bobeth *Die Zeitschriften der Romantik* 1911. K. Feißkohl *Ernst Keils publizistische Wirksamkeit u. Bedeutung* 1914. R. v. Gottschall *Die dt. Nationalliteratur des 19. Jhs.*² 1901/02. IV 346ff. ('Die Dichterinnen der Gartenlaube'). Rosa Mayreder *Familienliteratur*, LE. VIII (1905/06) Sp. 411ff.; vgl. dazu 746ff. [J. Prölß] *Zur Geschichte der 'Gartenlaube'*, Gartenlaube L (1902); selbständ. 1903. Christine Touaillon *Zur Psychologie des Familienblattes*, Gegenwart LXVIII (1905) S. 278ff. E. v. Wolzogen *Das Familienblatt u. die Literatur*, LE. IX (1906/07) Sp. 178ff. A. Wurm *Unsere Zeitschriften für allg. Kultur*, Literarischer Handweiser NF. XLIII (1905) S. 351ff.; ders. *Charakter u. Kulturwert unserer Kunstzeitschriften*, ebd. S. 145ff. A. Zapp *Schriftstellerleiden*, Zukunft 1898; vgl. LE. I (1898/99), Sp. 303/04. *Zur Geschichte der 'Gartenlaube'*, Börsenbl. f. d. dt. Buchhandel LXXI (1904) Sp. 2762/3. F. Kainz.

Familienroman (§ 1) im engeren Sinne ist eigentlich nur jener Roman, dessen Umwelt die Familie bildet und dessen Konflikte aus der familiären Bindung erwachsen. Dieser reine Typus, am deutlichsten in J. J. Engels 'Lorenz Stark' 1795—96, später in Otto Ludwigs 'Zwischen Himmel und Erde' 1856 und gegenwärtig etwa in Franz Nabls 'Grab des Lebendigen' 1917 oder in Lou Andreas-Salomés 'Haus' 1921, ist im dt. Roman außerordentlich selten. Gewöhnlich versteht man daher unter F. jene Romane, welche auf dem stark betonten Hintergrund der Familie Probleme aufrollen, Tendenzen vortragen, Ereignisse und Gestalten schildern. Dem allgemeinen Gebrauch nach denkt man sich ferner bei der Bezeichnung F. bürgerliche Romane, während eigentlich die Romane aller Stände F. sein können (Gotthelfs Bauernromane und E. von Keyserlings Adelsromane sind meist F.).

Die Entstehung des F. setzt ungestörtes häusliches Leben, somit gesicherte Zeiten und ein wohlhabendes Bürgertum voraus. Daher taucht der dt. F. im 16. Jh. auf, verschwindet im 17. und nimmt vom 18. bis ins 19. Jh. zu; in der Gegenwart tritt er wieder zurück. So oft sich der Deutsche stärker am öffentlichen Leben beteiligt, macht der F. dem Zeitroman oder dem sozialen Roman Platz. Je mehr sich aber die Wissenschaften entwickeln, die sich auf den Menschen beziehen, und je stärker die familiären Reibungen sind, desto mehr gestaltet er sich aus. Diese beiden Tendenzen können sich aber auch kreuzen und dadurch gegenseitig abschwächen.

Infolge seines allen Menschen vertrauten Stoffes ist der F. durch starkes Zuströmen von Laien gekennzeichnet, und damit hängt es auch zusammen, daß die Frau schaffend und genießend an ihm den stärksten Anteil hat, ja daß sie ihn zeitweise gänzlich beherrscht. Dadurch neigt er zur Oberflächlichkeit und technischen Vernachlässigung; anderseits erfährt er damit ständige Befruchtung durch das Leben und wird auf diese Weise zur anpassungsfähigsten und daher ausdauerndsten Gattung des Romans.

In der Gestaltenreihe des F. treten die weiblichen Helden stark hervor; sie sind ebenso wie die männlichen Figuren meist Menschen des Mittelmaßes. Auch die Ereignisse bewegen sich auf mittlerer Linie; sie sind meist innerlicher Natur.

Bisher schloß sich der F. den realistischen Epochen an; auch geschichtliche F. sind selten. Der F. hat im allgemeinen stark konservative Neigungen. Erziehliche Ursachen spielen bei seiner Entstehung mit, und bis weit ins 19. Jh. behält er diese Richtung bei. Erst die Zunahme des psychologischen Interesses in der Gegenwart drängt das Erziehliche zurück.

§ 2. Der Anfang des dt. F. fällt in das 16. Jh. und künstlerisch mit dem Anfang des dt. Romans überhaupt, kulturell mit der Blüte des dt. Bürgertums zusammen, welche eine Betonung und Schätzung des städtischen Familienlebens mit sich brachte. Jörg Wickrams Vorliebe für das Familiäre, schon in Wahl und Behandlung seiner Dramenstoffe sichtbar, ließ ihn bereits den 'Ritter Galmy' 1539 nach der Seite der Familie ausgestalten; in seinen selbständigen Werken näherte er sich dann immer mehr dem F., bis er schließlich mit den 'Guten und bösen Nachbarn' 1556 einen ausgesprochenen F. schrieb, indem er die Erlebnisse einer Familie während mehrerer Generationen darstellte; statt abenteuerlicher Ereignisse spielen Heiraten und Geburten die Hauptrolle.

§ 3. Wickram fand keine Nachfolge. Vom Ende des 16. Jhs. bis tief ins 17. hinein gilt das Interesse des dt. Publikums dem Amadisroman sowie dem Volksbuch mit seinen Abenteuern. 1645 versuchte Philipp von Zesen in seiner 'Adriatischen Rosemund' auf selbstbiographischer Grundlage familiäre Erlebnisse zu gestalten, indem er die Geschichte einer wegen der konfessionellen Verschiedenheit des Brautpaars gelösten Verlobung erzählte. Aber bald verdrängten die höfisch-ritterlichen Abenteuer und die gelehrten Exkurse des heroisch-galanten Romans die Freude am Familiären völlig, und auch Grimmelshausen und die Unterschicht des Romans hatten es mit ganz anderen Stoffen zu tun. Die bürgerliche Satire Chr. Weises und Chr. Reuters wies gleichfalls nach ganz anderer Richtung. Nur in J. G. Schnabels 'Insel Felsenburg' 1731—43 tauchten trotz der abenteuerlichen Grundlage familiäre Züge auf.

§ 4. Erst das Ausland weckte im 18. Jh. das Interesse für die Familie wieder. Das erstarkte engl. Bürgertum schuf sich einen F., nachdem die moralischen Wochenschriften die allgemeine Aufmerksamkeit auf das bürgerliche Alltagsleben gelenkt hatten. Mit dieser Aufmerksamkeit verband sich ein starkes erziehliches Bestreben, das sich bei Richardson und seiner Schule hauptsächlich auf die Frau richtete. Man wollte diese für die Ehe erziehen und dadurch der Auflösung der Familie entgegenarbeiten, welche mit der Umgestaltung des Wirtschaftslebens begonnen und mit der Differenzierung der Menschen zugenommen hatte. Richardsons Romane wurden unmittelbar nach ihrer Veröffentlichung ins Deutsche übersetzt, und 1746 begann mit Gellerts 'Schwed. Gräfin' die Blütezeit des dt. F. Bis weit ins letzte Drittel des 18. Jhs. hinein ist nun der Mensch innerhalb der Familie der bevorzugteste Stoff des Romans; um die Wende des 19. Jhs. beginnt man ihn häufig als Glied des Staates und der Gesellschaft zu betrachten, und seit dem Ende des 19. Jhs. schildert man seine Stellung zur Welt.

In seinen Anfängen hängt der dt. F. noch mit dem Abenteuerroman zusammen, wie sich bei Gellert und Hermes deutlich beobachten läßt. Nach und nach werden die erziehlichen Absichten stärker betont. Sie betreffen vor allem die geschlechtliche und familiäre Erziehung der Frau. Man beschreibt die Gefährdung der weiblichen Tugend und gibt die Mittel an, der Gefahr auszuweichen.

Daneben beschäftigt man sich auch mit Erziehungsfragen anderer Art, Kindererziehung, Ablenkung von der Empfindsamkeit, Heranbildung von Mann und Frau für soziale Pflichten. Die Romane von J. Th. Hermes, Chr. Fr. Nicolai, J. G. Müller, Chr. Salzmann, J. G. Schummel, J. H. Pestalozzi, J. H. Jung-Stilling, Sophie v. La Roche gehören alle in diesen Zusammenhang; aber auch religiöse Fragen werden eingehend behandelt (Hermes in 'Sophiens Reise' 1769, Nicolai im 'Sebaldus Nothanker' 1773), und die Satire, besonders gegen die Empfindsamkeit und das Geniewesen, findet gleichfalls ihre Stelle (J. K. Musäus 'Grandison II.' 1760—62; J. G. Müller 'Siegfried von Lindenberg' 1779). Allen diesen F. bedeutet das Tatsächliche mehr als das Gefühl, und der Einfluß des Alltags erscheint ihnen wichtiger als die großen Lebensmächte Natur und Kunst, wie sie denn überhaupt für alles Abstrakte das skeptische Lächeln der Aufklärung haben. Ihre Psychologie ist nicht tief, aber klug.

Der Brief und das Tagebuch spielen im F. des 18. Jhs. eine große Rolle. Die Sprache ist einfach, klar und leidenschaftslos. Der Wortschatz ist bedeutend enger als bei den anderen Romanströmungen jener Zeit; er besitzt mehr Konkreta, aber bedeutend weniger Abstrakta und hat geringere Assoziationskraft.

§ 5. Der F. des 18. Jhs. teilt sich in eine empfindsame und eine rationalistische Strömung. Die starken, von Richardson stammenden empfindsamen Elemente machen sich schon bei Gellert und Hermes bemerkbar, desgleichen bei Jung-Stilling, Sophie v. La Roche und ihren Nachfolgerinnen. Spärlicher treten sie bei Nicolai, Musäus, Müller und Engel auf; selten fehlen sie ganz. Sie führen schließlich zur Entstehung des empfindsamen und des Genieromans, der das Gerüst des Familiären häufig beibehält ('Werther', 'Frl. von Sternheim' der La Roche, selbst Jung-Stilling und Moritz), aber durch völlig andere Betonung einen neuen Typus darstellt. Sowohl auf den empfindsamen als auf den rationalistischen dt. F. wirken neben Richardson Sterne, Fielding, Smollet, Goldsmith, Rousseau und St. Pierre.

Der dt. F. dieser Zeit hat stark weibliche Färbung, und zwei Drittel aller Schriftstellerinnen wenden sich ihm zu. Er hat ihnen eine Reihe von feinen Beobachtungen und psychologischen Anregungen zu danken; auch die realistische Darstellung des Hauses stammt von ihnen. Die hervorstechendsten weiblichen F. des 18. Jhs. sind 'Rosaliens Briefe' von Sophie La Roche (1780—81), 'Die Amtmännin von Hohenweiler' von Benedicte Naubert (1787) und schließlich Auguste Fischer-Venturinis freilich schon zum Eheroman hinüberführende 'Honigmonate' (1809).

Der dt. F. dieser Epoche bedeutet einen großen Fortschritt in der Entwicklung des Romans. Er hat die Handlung vereinfacht und dadurch einerseits kompositionelle Klarheit hervorgerufen, anderseits eine Erfüllung mit seelischem Inhalt notwendig gemacht. Er erfaßte die Nähe und lernte sie technisch bewältigen; er verringerte den Zwischenraum zwischen Leben und Kunst.

Er reinigte aber auch den Roman von wüster Erotik und machte ihn zum Sprachrohr sittlicher Bestrebungen; schließlich bereitete er durch die psychologische Durchleuchtung der Familie den psychologischen Roman vor.

Trotzdem sind ganz große Leistungen auf seinem Gebiet in dieser Epoche selten. Der vollendetste F. der Aufklärung ist J. J. Engels 'Lorenz Stark' 1795—96, ein Werk von feinster Seelenkunde, verblüffender Wirklichkeitstreue, vollendeter Mimik, starker innerer Spannung und lebenswahrem Dialog. Seine Gestalten sind plastisch und scharf umrissen, und seine Komposition ist außerordentlich geschickt.

§ 6. Ebenso wie der empfindsame Roman bedient sich auch der klassizistische Roman z. T. familiärer Motive in anderer Verwendung, Betonung und Beleuchtung. Jean Paul, zwischen allen diesen Richtungen stehend und zugleich mit dem romantischen Roman verwandt, baut zahlreiche Wirkungen auf dem familiären und kleinbürgerlichen Gerüst seiner Romane auf. Der romantische Roman dagegen lehnt alles Familiäre ab und verdrängt den F. für einige Zeit gänzlich aus der Oberschicht der dt. Literatur. Er vertauscht die Familienmotive wieder mit abenteuerlichen, will an die Stelle des „räsonnierenden" den frischweg erzählenden Roman setzen und nähert sich erst spät in einigen Werken von Tieck wieder der Umwelt der Familie. Die Mittel- und Unterschicht (Johanna Schopenhauer, Lafontaine, Kotzebue, Clauren und viele andere) dagegen bleibt dem F. treu, so daß auch die literarische Oberschicht immer wieder von Familienmotiven durchsetzt wird. Selbst Goethes 'Wahlverwandtschaften' 1809 sind ohne den F. nicht zu denken, stellen aber das Problem anders, indem sie, damals etwas Neues, erotische Fragen unter dem Gesichtswinkel der Familienbindung zur Lösung bringen.

§ 7. Im ersten Drittel des 19. Jhs. nimmt der geschichtliche Roman nach dem Vorbild Walter Scotts das Hauptinteresse der Deutschen gefangen; wie er, berücksichtigt auch der jungdt. Roman die Familie nicht oder nur nebenbei. Auch um diese Zeit lebt in der Unterschicht der F. fort; er wird vom engl. Roman der Miß Burney, Miß Austen und Mrs. Inchbald beeinflußt und liegt zum größten Teil in weiblichen Händen.

§ 8. Um die 30er Jahre des 19. Jhs. begann endlich das Interesse für die Familie auch in den Romanen der Oberschicht wieder zuzunehmen; die psychologischen, sozialen und soziologischen Erkenntnisse der neuen Zeit vertiefen es und gestalten es aus. Mit Immermanns Oberhofepisode in seinem 'Münchhausen' 1839 beginnt sich das Familiäre in das Gewand einer bestimmten Landschaft zu hüllen; besonders das bäuerliche Familienleben wird jetzt gern geschildert, so bei Gotthelf ('Uli der Knecht' 1841) und Berthold Auerbach ('Barfüßele' 1856, aber auch 'Auf der Höhe' 1865), später bei L. Anzengruber, P. K. Rosegger, W. Polenz und L. Thoma. Überhaupt beginnen jetzt die Linien des Heimatromans und des F. stark ineinanderzufließen, z. B. bei Fritz Reuter 'Ut mine Stromtid' 1862 und W. Raabe 'Der Hungerpastor' 1864; zugleich kündigt sich eine neue Blüte des F. an, welche etwa am Ende der 50er Jahre des 19. Jhs. einsetzt und von Dickens beeinflußt ist. F. ohne soziale Tendenz sind von dieser Zeit an selten, und auf diese Weise ist der dt. F. jetzt häufig zugleich Ständeroman (G. Freytag 'Soll und Haben' 1855, 'Verlorene Handschrift' 1865; Ludwig 'Zwischen Himmel und Erde' 1856; Luise v. François und Marie v. Ebner-Eschenbach in einer Reihe von Romanen, später G. v. Ompteda 'Silvester von Geyer' 1897 und 'Eysen' 1900, Th. Mann 'Buddenbrooks' 1901, Clara Viebig 'Das tägliche Brot' 1902, E. Zahn 'Die Clari Marie' 1904) oder Rassenroman (K. E. Franzos in seinen ostjüd. Romanen seit 1876 und Georg Hermann in 'Jettchen Gebert' 1906). Ja selbst dort, wo der F. erotisch orientiert ist, mengt sich ein soziales Element, bei den Frauen meist ein Stück Frauenfrage, ein: Gabriele Reuter 'Aus guter Familie' 1895.

§ 9. Im allgemeinen ist der dt. F. des 19. Jhs. noch mehr als der des 18. ein beliebtes Gefäß für Tendenzen aller Art, die gewöhnlich wichtiger werden als der familiäre Hintergrund. Aber neben aller Problematik verschwindet das erotische Element doch auch nicht aus dem F., ja, es zeigt sich hauptsächlich in der starken Zunahme des Eheromans. Das Liebesleben vor der Ehe gilt nicht mehr als das Wichtigste; wo man es doch aufgreift, spielt das Soziale hinein (Th. Fontane 'Irrungen Wirrungen' 1888). Die gegenseitige Anziehung der Gatten ist jetzt zur erotischen Hauptfrage geworden, und der Liebesroman gestaltet sich zum Eheroman. Das liegt in der menschlichen Differenzierung, welche das eheliche Verhältnis immer komplizierter macht, in der Verfeinerung des erotischen Gewissens, in der gehobenen Stellung der Frau, in der psychologischen Schulung des modernen Menschen und in der Verlegung des Abenteuers in das Innere (der Ehebruch ist das Abenteuer der „polizierten" Gesellschaft und damit auch das stärkste Spannungsmoment). Zu allen diesen inneren Ursachen für die Entwicklung des F. zum Eheroman kommt aber auch noch der Einfluß des frz. Romans (hauptsächlich Flaubert, Zola und Maupassant) und der nord. Eheproblematik.

Theodor Fontane war der größte Vertreter des modernen dt. Eheromans. In seiner 'Effi Briest' 1895, in 'L'Adultera' 1882, 'Cécile' 1887 und 'Unwiederbringlich' 1892 beleuchtete er die Ehe und die Bindungen der familiären Umwelt von allen Seiten; er erklärte und beurteilte den Ehebruch auf der Grundlage der feinsten Sittlichkeit und des tiefsten menschlichen Verständnisses; er erfaßte die Bedingungen des menschlichen Zusammenlebens bis ins Letzte und machte den modernen F. zum Werkzeug der feinsten Seelenkunde. Wahrscheinlich im bewußten Gegensatz zu J. Stindes humoristischen F. ('Familie Buchholz' 1886ff.) zeichnete er in seiner 'Frau Jenny Treibel' 1892 familiäre Typen außerhalb der Eheprobleme auf das feinste; überall blickt in seine Romane zugleich auch das Leben und Treiben der Gesellschaft herein. Mit ihm ist Ed. Graf Keyserling trotz aller überzarten Subtilität und mancher Degenerationserscheinungen verwandt.

§ 10. Die starke seelische Durchdringung ist ein Hauptmerkmal des modernen dt. F. Die konservative Färbung ist nicht mehr so selbstverständlich wie im 18. Jh. Nur in Ausnahmefällen richtet sich das Interesse ausschließlich auf rein familiäre Probleme. Dann entstehen wirkliche F. wie etwa bei Lou Andreas-Salomé ('Das Haus' 1921), welche die Reibungen, Gefahren und Seligkeiten des Zusammenlebens von Eheleuten und von Eltern mit heranwachsenden Kindern schildert, oder bei Franz Nabl ('Das Grab des Lebendigen' 1917), der Familienliebe beschreibt, die, ins Pathologische gesteigert, zur Sklaverei wird. Von dieser Gruppe zweigen die jüngsten Romane Jakob Wassermanns ab; sie bedeuten eine der höchsten Stufen, wenn nicht den Gipfel des dt. Gegenwartsromans. Seine 'Ulrike Woytich' 1924 und sein 'Faber' 1925 beweisen, daß der F. zugleich mit der inneren Welt auch die äußere Welt umfassen kann; sie lassen die höchsten Entwicklungsmöglichkeiten für den dt. Roman der Zukunft ahnen.

Auch Ottomar Enking hat ('Familie P. C. Behm' 1902) echte F. geschaffen und stellt sie auf stark landschaftlich gefärbte kleinbürgerliche Grundlage; Auguste Hauschner weiß in ihrer 'Familie Lowositz' 1909 Familiäres in nationalem und sozialem Rahmen wahrheitsgetreu zu schildern.

Rein weibliche Erlebnisse sind im weiblichen F. noch immer eine Seltenheit; Stufen zu solchen echten Frauenromanen bedeutet 'Das Haus zum Mond' von Ina Seidel 1916 und 'Das Kindlein' von Erika Rheinsch 1911.

§ 11. Auch der F. der Mittelschicht (A. Wilbrandt, H. Sudermann, F. von Zobeltitz, R. Herzog und tausend andere) verfügt über geschickte Technik und leidlich interessante Problematik; seine Psychologie verflacht die Erkenntnisse der Oberschicht, popularisiert sie aber zugleich. Der Unterhaltungsroman des 19. und 20. Jhs. ist zum größten Teil F.

§ 12. Eine noch größere Rolle spielt die Umwelt der Familie schon seit den 60er Jahren des 19. Jhs. bei der Unterschicht. Diese Romane, fast durchweg von Frauen, sind durch Eugenie Marlitt ('Goldelse' 1867, 'Das Geheimnis der alten Mamsell' 1868) charakterisiert. Sie richteten durch ihre unwahre Psychologie und ihre süßliche Lebensdarstellung menschlichen und künstlerischen Schaden an, der kaum durch die Verbreitung freiheitlicher Gesinnung und einer gewissen Durchschnittsbildung aufgewogen wurde.

Die neuromantische Richtung zweigt, ebenso wie später die expressionistische, vom F. ab; nur selten ruhen neuromantische Romane auf familiären Grundlagen wie etwa im 'Ludolf Ursleu' der Ricarda Huch (1893) oder in 'Vita somnium breve' (1902), wo die Hemmungen der Familie die eigentliche Problematik ausmachen. Mit dem Ausgange des 19. Jhs. wird der dt. F. seltener; der Krieg hat ihn ganz in den Hintergrund gedrängt. In allen Schichten scheint man — wie immer nach ungeheuren Massenschicksalen — größerer Maße zu bedürfen, und deshalb wendet sich die Ober- und Mittelschicht dem Staats- und utopischen Roman zu (Arnold Ulitz, Alfred Döblin, Vicki Baum, Auguste Hauschner), die Unterschicht dem mystischen Roman (G. Meyrink, Paul Busson).

Der F. des 19. und 20. Jhs. hat sich von der umständlichen Technik des 18. Jhs. gänzlich losgelöst; die Vorgeschichte des Helden wird gewöhnlich in der Exposition kurz abgetan. Briefe und Tagebücher spielen keine nennenswerte Rolle mehr. Der Wortschatz ist viel bunter; Konkretes und Abstraktes halten einander das Gleichgewicht, fast überall ist Mundartliches eingemischt, und die Berufssprachen haben ihre Beiträge geliefert.

Was hat der F. geleistet? Mit wenig Ausnahmen hielten sich bisher die allergrößten Persönlichkeiten von ihm fern oder benutzten ihn nur als Ausgangspunkt. Daher lieferte er der dt. Literatur nur wenig ganz große Gestalten, Tendenzen und Motive. Dagegen ist er durch seine seelische Vertiefung, durch die realistische Erfassung des Alltags und durch die ständige Verbindung von Stoff und Geist sehr wichtig für die Entwicklung der dt. Literatur geworden.

Christine Touaillon.

Familienschauspiel. § 1. Das F. ist eine Abschwächung des bürgerlichen Trauerspiels (s. d. Art. *Bürgerl. Drama*). Es bringt ebenso wie dieses die Personen und die Umwelt des Bürgertums auf die Bühne, sucht aber im allgemeinen nicht tragische, sondern nur moralische und unterhaltende Wirkungen. Diese „dem ehrbaren Bürger- und Familiensinn" gemäßen Stücke brachten, wie es im 13. Buch von Goethes 'Dichtung und Wahrheit' heißt, „den Wert des mittleren, ja des unteren Standes zu einer gemütlichen Anschauung und entzückten das große Publikum".

§ 2. Familienroman (s.d.) und bürgerliches Drama waren als die wichtigsten Verbreiter der Gedanken der Aufklärung entstanden. Schon seit Lillos '*George Barnwell*', seit Lessings 'Miß Sara Sampson' und seit Ch. F. Weiße neigte das bürgerliche Drama dem Familienstück zu, wenn es auch zeitweise nach Lessings Beispiel diesen engen Bezirk zur Darstellung des sozialen, politischen, staatlichen Lebens weitete. Die literarischen Absichten und die Beispielstücke von Diderot (*genre sérieux*) und Mercier engten es weiter ein. Bei diesen Franzosen und in der vorhergegangenen *comédie larmoyante* ist auch die tränenreiche Rührung schon vorgebildet, die das dt. Familienstück der Aufklärungszeit gern aufnahm und bald im Rührstück (s. d.) ausgestaltete.

§ 3. Im Jahre 1780 erschienen zwei an Erfolg und an Nachfolge reiche Nachfahren von Diderots '*Père de famille*': O. H. von Gemmingen formte die frz. *comédie* als Schauspiel zum 'Deutschen Hausvater' um; der Schauspieler G. F. W. Großmann gab seinem „Familien-Gemälde" 'Nicht mehr als sechs Schüsseln' die humoristische Färbung des Lustspiels. Die damals beliebte Titelangabe „Familiengemälde" (Lenz, Großmann, Schröder, Iffland), die Lessing schon auf Gellerts Komödien angewendet hatte, zeigt an, daß die treibende Kraft dieser Stücke nicht die Handlung ist, sondern daß es auf Zustandsschilderung ankommt. F. L. Schröder, der sogar Shakespeare dem Familiendrama annäherte und Othello, Desdemona, Hamlet und Cordelia am Leben ließ, schwenkte in die neue Richtung ein. Er vereinigte die moralische Absicht des bürgerlichen Trauerspiels und die versöhnliche Wirkung des Lustspiels zum rührenden Familiengemälde (Muster: 'Der Vetter aus Lissabon'), das natürlich wie das bürgerliche Drama in alltäglicher Prosa geschrieben sein mußte. Diese Werke wurden zu ihrer Zeit gar nicht als Kunstwerke aufgefaßt, sondern als Abschilderungen zufällig erlauschter wirklicher Begebenheiten.

Mit Angelegenheiten, die über den engen Kreis des Familienlebens hinausgingen, befaßten sie sich nicht. Es ist kein Zufall, daß Schröder als erster für die geschlossene Zimmerdekoration eintrat, die dem Bürgerzimmer mehr die enge, abgesonderte Traulichkeit gab als die Bühnenausstattung mit Seitenkulissen. Der andere berühmte Schauspieldichter jener Jahre, A. W. Iffland, entzog sich dem strengen Stil der Weimarer sogar, wenn er Schillersche Dramen darstellte. In seinen eigenen vielgespielten Theaterstücken lobte er in moralisierender Absicht die bürgerliche Tugend und das einwandfreie Familienleben, in dessen Enge er seine der dt. Umwelt entnommenen, wirklichkeitstreuen Personen sich bewegen ließ. Das Geheimnis seines Erfolgs, der die Dramen der Klassiker in den Schatten stellte, liegt nicht in starken Erschütterungen, sondern in Ausnutzung der Rührung, von der er selbst nicht frei war, und die dem Geschmack seiner Zeit entsprach. Der Weg des bürgerlichen Trauerspiels zum Schauspiel senkt sich hier weiter abwärts zum Rührstück. Kotzebue vollends erheuchelte das, was Iffland ehrlich und wohlmeinend fühlte, und putzte skrupellos die rührenden Familienstücke, die er neben den anderen gangbaren Sorten schrieb, mit neuartigen exotischen Zutaten heraus.

§ 4. Auch Schillers fast zu gleicher Zeit und am gleichen Ort wie Ifflands 'Verbrecher aus Ehrsucht' entstandenes, von Iffland mit Namen versehenes bürgerliches Trauerspiel 'Kabale und Liebe' neigte in den letzten Akten den Intrigen und Gefühlen des Familienstücks zu, ebenso der unvollendete 'Menschenfeind'. Später wendete er sich in den 'Xenien' scharf gegen diese Richtung des Dramas und gegen Ifflands Nachahmer und setzte den realistisch-formlosen Familienszenen die 'Braut von Messina' als Familientragödie hohen Stils entgegen. (Vgl. auch Goethes 'Prolog zur Eröffnung des Berliner Theaters' 1821 Vers 68ff.)

§ 5. In dem Kampf gegen das Familienstück berührt sich die Klassik mit der Romantik. Tieck verspottet es im 'Gestiefelten Kater', A. Müller ging im 'Phöbus' dagegen an. (Weitere Belege bei Haym *Die romantische Schule* 1870. S. 117, 747ff., 756, 760.) Auf den Spielplan der Bühnen wirkte das nicht ernstlich ein. Tüchtige Bühnenschriftstellerinnen wie Charlotte Birch-Pfeiffer bemächtigten sich auch des beliebten Familienstücks; erfolgreich wandelte R. Benedix weiterhin in Ifflands Spuren. An Versuchen, dem F. wieder die Tragik des bürgerlichen Trauerspiels zu geben, hat es im 19. Jh. nicht gefehlt (L. Robert; M. Beer; Hebbels 'Marie Magdalene'). O Ludwigs 'Erbförster' zeigt bei aller Ähnlichkeit des Stoffes mit Ifflands 'Jägern' den Gegensatz der bürgerlichen Tragik zur Behaglichkeit des F.

§ 6. Mit dem gesellschaftskritisch gestimmten Naturalismus gewann das bürgerliche Drama und damit auch das Familienstück neue Bedeutung. Manche früheren Züge sind hier wiederzufinden. „Die Familie, das ist das moderne Schicksal", hatte Taine gesagt. Eine „Familienkatastrophe" nannte G. Hauptmann sein 'Friedensfest'. Die 'Familie Selicke' von Holz und Schlaf, die das dt. naturalistische Drama einleitet, hat eine handlungsarme Zustandsschilderung wie die Familiengemälde des 18. Jhs. Die Gefahr für das bürgerliche Drama und das F., im Rührseligen unterzugehen, wurde wieder deutlich an Sudermann.

C. Flaischlen *O. H. von Gemmingen* 1890. A. Eloesser *Das bürgerliche Drama* 1898. A. Stiehler *Das Ifflandische Rührstück* (TheatergeschF. 16) 1898. K. Lampe *Studien über Iffland als Dramatiker*. Diss. Leipz. 1899. B. Busse *Das Drama II* (Aus Natur u. Geisteswelt 288). S. 86f. O. F. Walzel *Das bürgerliche Drama*, NJbb. XXXV (1915) S. 184ff. K. Goldschmit *Das Drama* (Philosophische Reihe 72) 1923. S. 123f.

H. Schauer.

Farce. § 1. F. ist eine in der dt. Literatur nicht einheimische Dichtungsart. Ihre Heimat ist Frankreich, von wo aus sie allerdings auch nach Italien und den Niederlanden sich ausgebreitet hat. Der frz. Name *farce* kommt von lat. *farcire* ('stopfen'), *fartus* > vulg. lat. *farsus*; er ist frühestens belegt in einer Ordonnanz des Prévôt von Paris vom 6. Juni 1398. Als früheste Bezeichnung eines komischen Dramas an Stelle des allgemeineren Titels *jeu* tritt er auf in dem Mirakel vom St. Fiacre in der Sammlung Ste. Geneviève, worin zwischen Tod und Wundertaten des Heiligen ein burleskes Zwischenspiel als Spannung erhaltendes und lösendes, Lachen erregendes Füllsel eingestopft ist, etwa um 1420. Als geringes Überbleibsel einer Flut von F. aus dem 14., 15. und 16. Jh. sind noch 155 F. erhalten, die nur zu geringem Teil Einschiebsel in Mysterien, zum weitaus größeren Teil aber seblständige, aus Reden weniger typisierter Personen aneinandergereihte Dramolette sind, deren durchschnittliche Zahl von Achtsilblerverszeilen schon der Poetiker Sibilet des 16. Jhs. mit 500 angab, wobei aber so große Unterschiede bestehen, daß die F. '*Peu-File, Jeanne et Parnette*' vom Ende des 15. Jhs. 111 Verse und die berühmteste F. '*Maistre Pathelin*' (vor 1470) 1599 Verse zählen. Die großenteils unbekannten Verfasser stammten aus allen möglichen Ständen, es waren fahrende Spielleute und seßhafte Bürger, Handwerker und Studenten, Geistliche und Rechtsgelehrte. Bekannte Autorennamen sind etwa Eustache Deschamps (14. Jh.), Villon, Andrien de la Vigne (15. Jh.)., Margarete von Navarra, Jehan d'Abundance, Rabelais, Clément Marot (16. Jh.). Die Verfasser zeigen durchgängig eine scharfe Beobachtungsgabe für alles Komische im täglichen Leben und eine veranschaulichende Kraft für dessen realistische Darstellung. Ohne jede dichterische Prätension für den Augenblick bestimmt zur Belustigung der Zuschauer, geben sie mit ausgeprägter vis comica, treffendem Witz und zupackender Satire einen Kulturspiegel ihrer Zeit, der Aktualitäten jeder Art aus sozialem, wirtschaftlichem, kirchlichem, politischem Leben lustig karikiert. Mit Recht betont schon 1548 Sibilet die Ähnlichkeit der F. mit dem antiken Mimus. Dieses Mimusgut, das noch mehr durch mündliche Tradition wie durch Fabliaux, Schwänke und Novellen überliefert ist, zeigt sich in den häufig wiederkehrenden Schwankmotiven der Großsprecher, des Ehe- und Liebeslebens, das natürlich auch Gelegenheit zu allerlei Obszönitäten gibt. Häufig begegnen wir auch der für Komik besonders sich eignenden Prozeßform, die ja auch die Grundlage zu dem beliebten '*Maistre Pathelin*' bildet, von dem bis 1600 mindestens 25 Drucke erschienen. Die politische Satire der F. stammt schon aus der Mitte des 15. Jhs., ihre Blüte erlebt sie zu Beginn des 16. Jhs. Im Laufe des 16. Jhs. erscheinen neben den dramatisierten lustigen Anekdoten auch F. von durchaus ernstem Inhalt. Es ist überhaupt schwer, die F. gegen ihre zeitgenössischen Kunstverwandten wie die Sottien, Moralitäten und Monologe, zu denen auch die *sermons joyeux* gehören, abzugrenzen, insbesondere gegen die Sottien sind solche begrifflichen Grenzen überhaupt nicht durchzuführen. Gelegentlich werden auch dramatische Monologe als F. aufgefaßt, während die Moralitäten durch ihre realitätsfremden Allegorien entfernter stehen. In der Mitte des 16. Jhs. hat dann die humanistische Bewegung die mal. F. in das Formgewand der antiken Komödie gesteckt und dadurch die frz. Originalkomödie begründet wie etwa E. Jodelles '*L'Eugène*', dessen Prolog ausdrücklich auf diese Entstehungsart hinweist.

In einheimischer dt. Literatur entspricht der F. am ehesten das komische Zwischenspiel in den geistlichen Dramen des MA. und das damit verwandte, selbständige Fastnachtspiel (s. d.), obwohl sie nicht voneinander abgeleitet werden können, Eigen gewächse ihres heimischen Bodens sind und überdies in Form und Inhalt deutliche Unterschiede aufweisen. Die frz. F. ist viel mehr Bürgerspiegel als Bauernsatire wie das dt. Fastnachtspiel, sie ist im allgemeinen auch von feinerer Komik und gewandterem, geistreicheren Witz. Auch die Form zeigt nicht nur in dem beliebten Einschub von Lyrik (Volksliedern) eine größere Freiheit und Schmiegsamkeit, sie findet den Ausdruck ihrer leichtflüssigeren Lebendigkeit auch in der Reimbrechung und dem häufig anzutreffenden Ersatz der üblichen Reimpaare durch Triolette.

Anderseits ist wie für das dt. Fastnachtspiel auch für die frz. F. die Hauptzeit die Fastnachtzeit; sie verbreitet sich allmählich allerdings über das ganze Jahr und wird bei allen möglichen öffentlichen und privaten Gelegenheiten aufgeführt. Ganz Frankreich teilt die Schau- und Spiellust an den F. Bekanntere Aufführungsorte sind außer Paris Rouen, Lyon, Dijon, Troyes, und zwar werden die F. entweder privat in Häusern oder aber öffentlich auf Plätzen oder auf die Stadt durchfahrenden Wagen gespielt. Sämtliche Kreise und Stände des Bürgertums stellen wie die Autoren auch die Darsteller in jener Zeit ausgedehntester Theaterlust in Frankreich, die auch zahlreiche Narrengesellschaften — vielleicht die Ahnherrn der rhein. Karnevalsgesellschaften — entstehen sah, aus denen wiederum Spieltruppen sich bildeten.

§ 2. In der dt. Literatur erhielt die F. Bürgerrecht erst durch die Stürmer und Dränger, die unter ihrem Namen Knittelverssatiren schrieben, worin sie mit ihren menschlichen und literarischen Gegnern schneidig abrechneten. Der junge Goethe fand in ihnen den Ausdruck für seinen genial überschäumenden selbstbewußten Jugendmut, und ihm, dem tief und allseitig, wenn auch schmerzvoll Erlebenden, ist es auch verliehen, die Geniefarcen zu Humordichtungen zu erheben wie im 'Satyros' und auch im 'Jahrmarktsfest zu Plundersweilern'; wesentlich satirisch geartet ist sein 'Pater Brey'. Wie Goethe seine Satiren außer im altertümelnden Knittelversreimpaar gelegentlich auch in beschwingter Prosa aussprach, etwa in 'Götter, Helden und Wieland', so auch seine mitstürmenden und -drängenden Genossen Lenz, Klinger, Wagner. Die Romantik, in mannigfacher Beziehung die Fortsetzung des Sturms und Drangs, griff auch dessen Farcendichtung in Hans Sachsischer Fastnachtspielmanier auf und verwertete sie ebenso zum Ausdruck eigenen Strebens wie zur satirischen Verspottung alles Gegnerischen; ihre Vertreter sind Tieck, A. W. Schlegel und auch der Philosoph Schelling. Die historisch klarer schauende Romantik gebraucht aber ihrer nationalen Tendenz entsprechend weniger die Bezeichnung F. als Fastnachtspiel (s. d.).

Im 19. und 20. Jh. wird in der dt. Literatur F. häufig gleichbedeutend mit Posse und Schwank gebraucht, wobei als deren Wesen Kürze, anekdotische Pointe und Derbkomik gelten; Beispiele geben schon die 'Ästhetik' des Hegelianers Arnold Ruge (1837) S. 257 und die 'Dramatik' von Christian Birch (1847) S. 241.

Bibliographie: 1. Sammlungen: Le Roux de Lincy et Michel *Recueil de farces, moralités et sermons joyeux* 1857. P. L. Jacob *Recueil de farces, soties et moralités du XV*[e] *siècle* 1859. Picot et Nyrop *Nouveau recueil de farces françaises* 1880. — 2. Literatur: Gröber *Grundriß d. rom. Philol.* II 1241 ff. W. Creizenach I 1911[2], S. 431 ff. II 1918[2]. S. 535 ff. M. E. Fournier *Le théâtre français avant la renaissance* (1450 bis 1550); *Mystères, moralités, farces* 1872. Petit de Julleville *Histoire du théâtre en France au moyen âge*. II. *Les comédiens en France au moyen âge* 1885; III. *La comédie et les mœurs en France au moyen âge* 1886; IV. *Répertoire du théâtre comique en France au moyen âge* 1886. R. Werner *Drei Farcen des XV. Jhs.* Diss. Gött. 1879. A. Beneke *Das Repertoire und die Quellen der franz. Farce.* Diss. Jena 1910. J. Schumacher *Studien zur Farce 'Pathelin'.* Diss. Berl. 1911. K. Holl *Gesch. d. dt. Lustspiels* 1923. S. 193 ff.

K. Holl.

Fastnachtspiel. § 1. Das F. entsteht aus frühjährlichen kultischen Fruchtbarkeitstänzen. Der Fruchtbarkeitsdämon mit dem Phallussymbol ist der Ahne des Narren. Mit der Christianisierung wird der heidnische Dämon zum Teufel; gegen Ende des MA., mit fortschreitender Aufklärung, Rationalisierung, wird der Böse, das Sittlich-Negative, zum Dummen, dem Intellektuell-Negativen, wird der Teufel zum Narren. Grundzüge dieses Narren sind Gefräßigkeit, Geilheit, Feigheit, Großmäuligkeit, Dummheit, wodurch er sich als Verwandter des antiken Mimus erweist. Den Übergang vom Teufel zur komischen Figur beobachten wir in den Herodesspielen, wo die grausamen teuflischen Kindermörder zugleich sich als Narren gebärden, wie auch die bildende Kunst diese Kindermörder mit der Narrengugel dargestellt zeigt.

§ 2. Zwischenstufe zwischen heidnischen Kulttänzen und F. bilden die Lenzfeiern, wie sie nur in den Neidhartspielen enthalten sind. Der Übergang vollzieht sich durch das Eindringen des gesprochenen Wortes in die rein natursymbolischen Tänze, seien es Umzüge oder Rundtänze. Das Wort dient zu Charakterisierungen von Einzelfiguren oder zu Rede und Gegenrede, wozu gerne die Form von Rätsel und Lösung gewählt wird. Damit dringt das Mimisch-Deklamatorische ins Chorische und drängt dieses zurück. Die Spielleute als Erben der antiken Mimen sind die Hauptträger dieser primitiven dramatischen Volkskunst und bringen als Stoffelemente altüberliefertes Mimusgut, Schwanküberlieferungen, Volksspäße hinzu. Mit dem Vorherrschen des rationalen Wortelements in ursprünglich rein symbolischen Tänzen ist nun auch die Möglichkeit satirischer Weltbetrachtung gegeben. Die Urzelle des Dramatischen war diesen Tanzfeiern schon durch ihren Kampfcharakter verliehen, indem die lichten Frühjahrsmächte die finstern Winterdämonen besiegten. Mit der Vermenschlichung der Dämonen, der Bindung des Mythos an die reale Welt wird dem Kampfe ein Ziel gesetzt. Die ältesten Fastnachtspiele haben Revueform, in der eine Reihe gleichartiger Typen ein Gleiches begehrt, z. B. sieben Frauen erheben nacheinander Anspruch auf einen Mann, der sich für die letzte erklärt; oder zehn Liebesnarren erzählen der Reihe nach ihre Liebestorheiten, und der letzte als größter Narr erhält den als Frauenpreis ausgesetzten Apfel. In diesem Wettbewerb um ein gemeinschaftliches Ziel liegt schon ein Spannungselement, das noch stärker betont ist in den beliebten Streit- und Gerichtsspielen. Eine ganze Reihe von F. verläuft in Gerichtsform und hat als Stoff meistens — nicht alle, wie das Spiel vom Tanawäschel zeigt, — Eheverhältnisse zum Gegenstand, wodurch breiter Raum für die beliebte Sexualkomik gegeben war. Diese Sexualkomik war nur ein Teil der Derbkomik, die ihrem Volkscharakter entsprechend die F. ausfüllen; besonders unflätig wirken die Arztspiele. Derbrealistische Unterstreichung leiblicher Funktionen wie Fressen, Saufen, Darmentleerung, Geschlechtsverkehr sind Hauptmittel der Fastnachtspielkomik. Aber neben dieser ins Groteske gesteigerten Karikierung realistischer Umwelt werden auch der mündlich und schriftlich überlieferten Literatur, den Schwanksammlungen, den Märchen und Sagen Stoffe entnommen; mit dem Ein- und Vordringen des Humanismus auch der lat. und griech. Literatur ('Ein Spil von dem Perner und Wundrer' Keller Nr. 62; 'Ayn Spil von Mayster Aristotiles' Nr. 128). Schließlich finden sich auch Stücke, die politischer Satire dienen, wie 'Des Turken Vastnachtspil' (Nr. 39).

§ 3. Die Zahl überlieferter F. beträgt etwa anderthalbhundert Stück, die aber teilweise wieder stark voneinander abhängig sind, ja in Einzelfällen nur Überarbeitungen, Ausdehnungen vorhandener Stücke sind. Ihre Verfasser sind unbekannt geblieben, was bei ihrem Gelegenheitscharakter ohne Anspruch auf literarische Bedeutung verständlich ist. Nur zwei Verfasser kennen wir aus dem Ende des MA.: Hans Rosenplüt, genannt der Schnepperer, und Hans Folz. Letzterer, der, obwohl geborener Pfälzer, gleich Rosenplüt in Nürnberg lebte, ist diesem in Technik ebensowohl wie in künstlerischer Energie und Temperament überlegen. Er erhebt sich über den Moralphilister und wird als Humorist zum besten Vorgänger von Hans Sachs. Aber grundsätzlich ändert er auch nichts an der Fastnachtspielform. Wenn man die durchschnittliche Verszahl der Fastnachtspiele mit etwa 300 bis 330 ansetzt, so übersteigt allerdings sein Stück 'Die alt und die neu Ee' (Keller Nr. 1) mit 1034 Verszeilen ganz beträchtlich diesen Umfang. Aber es dürfte doch wohl die Unterscheidung angebracht sein, daß man F., die für Hausaufführungen bestimmt waren, trennt von solchen, die auf dem Markte aufgeführt wurden. Die meist abends dargebotenen privaten Hausspiele sind kürzer und persönlicher gehalten, die bei Tageslicht aufgeführten öffentlichen Marktspiele länger und von allgemeinerem, etwa politischem Interesse. Solche Unterscheidung kann natürlich nur annäherungsweise getroffen werden, da zwischen beiden Spielarten wieder Zusammenhänge derart bestehen, daß etwa erfolgreiche Hausspiele für öffentliche Marktaufführungen erweitert wurden oder gelegentlich auch ein Marktspiel zu häuslicher Privataufführung gekürzt wurde. Immer ohne starre Grenzsetzung darf wohl behauptet werden, daß bei den Hausspielen viel weniger Anlaß vorlag, den ohnedies für Zuhörer wie Spieler sehr durchsichtigen Schleier offiziell zu lüften, als bei den öffentlichen Spielen, und daß bei jenen mit ihren persönlichen Spitzen und Neckereien leichter als bei diesen das Individualisierungselement Eingang fand. Wenn Hans Folz auch in seinen öffentlichen Spielen schon das Bestreben zu individualisieren bekundet, so steht er doch ebenso wie Rosenplüt noch auf dem Boden des alten typischen F., das von dem ursprünglich heidnisch-ritualen Charakter sich zur Standessatire entwickelt hat. Da die Verfasser meistens, wie Rosenplüt und Folz, Städter, Bürger sind, so wendet sich ihre Satire gegen alles, durch das sich die Stadt, der Bürger bedroht fühlt; sie richtet sich infolgedessen gegen die den Kaufmann in seinem Gewerbe behindernden wegelagerischen Ritter, sie nimmt, wie bei dem von nationalem Bürgerstolz erfüllten Rosenplüt, politischen Charakter an, sie betätigt sich, wie bei Folz, entsprechend der Zeitströmung, antisemitisch. Aber die Schadenfreude, die trotz aller gelehrten Theorien nie ganz aus dem Gebiete des Komischen entfernt werden kann, lebt sich doch am stärksten und allgemeinsten in der satirischen Verspottung der Bauern aus, so daß man trotz gelegentlicher Ausnahmen die bürgerliche Bauernsatire als Grundcharakter des mal. F. bezeichnen darf.

§ 4. Diese F. waren, wenn uns auch die Mehrzahl aus Nürnberg überliefert ist, über ganz Deutschland und die Schweiz verbreitet. Sie waren, ihrem Ursprung entsprechend, richtige Volksspiele, die, sei es auf dem Markt oder in der Stube, von dem Volk inmitten des Volks für das Volk gespielt wurden. Es ist daher begreiflich, daß die leidenschaftlichen Stürme der Reformationszeit auch im F. ihren Widerhall fanden, oder daß einzelne Streiter die Fastnachtspielform als Kampfmittel gegen die Gegner benutzten. Insbesondere in der Schweiz ist das F. als reformatorisches Tendenzstück beliebt; seine Hauptvertreter sind der Nürnberger Pamphilus Gengenbach und Niklaus Manuel. Erst nach den 30er Jahren des Reformationsjhs. dient das F. wieder allgemeiner Satire.

§ 5. Der bedeutendste Fastnachtspieldichter des 16. Jhs. ist Hans Sachs. Wenn dieser auch noch das Bauernmilieu vorherrschen läßt, so zeigen seine F. doch auch bürgerliches Milieu. Ihm, dem Humoristen, ist es mehr um komische Darstellung des Menschlich-Allzumenschlichen zu tun als um Standessatire. Seine durchschnittlich 360 derbknorrige Knittelverse umfassenden 85 Spiele zeigen eine frische Beobachtungsgabe, auch wenn er seinen Stoff irgendwelchen Schwanksammlungen entlehnt, und offenbaren in dem von beschränkter Personenzahl knapp geführten, witzigen Dialog trotz der lehrhaften Moralschwänzchen künstlerische Konzentration und theatralische Wirkungskraft.

§ 6. Der Nürnberger Nachfolger des Hans Sachs als literarisch bekannter Dichter von F. ist Jakob Ayrer, von dem 36 Stücke erhalten sind. Ihr Inhalt ist im wesentlichen der bekannten Schwankliteratur des 16. Jhs. entnommen, oder aber sie sind ein Gerank von Streichen um die von den Engl. Komödianten (s. d.) übermittelte Narrenfigur.

§ 7. Mit J. Ayrer stirbt das F. ab. Erst im 18. Jh. wird seine Form durch die nationalhistorische Tendenz des Sturm und Drangs, namentlich des jungen Goethe, neu belebt und hauptsächlich zur Literatursatire verwandt; doch ihre Benennung lautet gewöhnlich „Farce" (s. d.). Erst in der historisch tiefer dringenden Fortsetzung des Sturms und Drangs, in der Romantik, wird mit der Wiederbelebung der alten Form auch der alte Name angewandt; das starke Formtalent A. W. Schlegels bewährt sich besonders in dieser Wiedererweckung des altdt. F. Auch in der Romantik dient das F. der Literatursatire (s. d.).

A. v. Keller *Fastnachtspiele aus dem 15. Jh.* (Bibl. d. literar. Vereins in Stuttgart Bd. 28—30) 1853; *Nachlese* (Bd. 46) 1858. F. Schnorr von Carolsfeld *Vier ungedruckte Fastnachtspiele des 15. Jhs.*, ArchfLg. III (1874) S. 1ff. O. Zingerle *Sterzinger Spiele nach Aufzeichnungen des Vigil Raber* (Wiener Neudrucke 9 u. 11) 1886. W. Seelmann *Mnd. Fastnachtspiele* (Drucke des Vereins f. ndd. Sprachforschung I) 1885. Wehrmann und Walther *Lübecker Fastnachtspiele*, Nd. Jb. VI (1880) S. 1ff. R. Brandstetter *Luzerner Fastnachtspiel*, ZfdPh. XVII (1885) S. 347 ff., 421 ff.; ders., *Zu den Luzerner Dorfspielen*, ebda. XVIII (1886) S. 459 ff. L. Lier *Zur Geschichte der Nürnberger Fastnachtspiele*. Diss. Leipz. 1880. V. Michels *Studien über die ältesten dt. Fastnachtspiele* (QF. 57) 1896. G. Binz *Ein Basler Fastnachtspiel*, ZfdPh. XXXII (1900) S. 58 ff. W. Creizenach *Geschichte des neueren Dramas* I 1911². M. J. Rudwin *The origin of the German carnival comedy* 1920. A. Kaiser *Die Fastnachtspiele von der Actio de sponsu* 1899. K. Holl *Geschichte des deutschen Lustspiels* 1923.

K. Holl.

Festspiel. § 1. Der Ausdruck „Festspiel" bezeichnet 1. die über das Alltägliche hinausgehobene Darstellung eines dramatischen Werkes, wobei also das Drama die Hauptsache und die gemeinschaftliche Aufnahme der dramatischen Darbietung das Fest selbst ist; 2. die vielfach für den besonderen Zweck erst angefertigte dramatische Vorstellung, die eine andere festliche Gelegenheit (etwa höfische Ehrentage, Jubiläen, Gedenktage) nur schmücken und erhöhen soll. Aus dieser zweiten Art von F. ist eine besondere Art von Hofdramen entstanden, bei denen es im Gegensatz zum Gemeinschaftsfestspiel (Griechen, mal. Mysterienspiele) gerade auf die Absonderung der durch Geburt, Bildung oder Bildung bevorrechteten Kreise vom Volke ankam (Renaissancefestspiele). Daß diese beiden Arten von F. ineinander übergehen können, zeigt R. Wagner.

§ 2. Gemeinschaftsfestspiele, die nicht alltäglich, sondern nur zu bestimmten Zeiten stattfanden, waren die aus Kulthandlungen entstandenen klassischen griech. Dramen. In den mal. Mysterienspielen fühlte sich das Volk, und zwar Spieler wie Zuschauer, durch einen gemeinsamen religiösen Gedanken verbunden. An einzelnen Stellen (in Oberammergau, in den Volksspielen der als Volk einheitlichen Schweiz) ging dieser Gedanke nie völlig unter. Nach der langen unheilvollen Trennung des dt. Dramas in Kunstdrama und volkstümliches Spiel entstanden im 18. Jh. Versuche, Nationaltheater zu begründen (in Hamburg, Wien, Mannheim, Berlin), die der ganzen Nation, d. h. dem erst seit der Aufklärung einheitlichen Publikum, und der nationaldeutschen Kunst gehören sollten. Der Gedanke des gemeinsamen Erlebnisses durch festliche dramatische Spiele gewann im 19. Jh. an Boden. Wilhelm Schlegel wünschte Weihefestspiele, Immermann in Düsseldorf und Dingelstedt in Wien wollten „Meisterspiele" als festliche Veranstaltungen bieten; R. Wagner unternahm es, das Theater zu reformieren und mit seinem Gesamtkunstwerk nationale Gemeinschaftsfestspiele an einer Stelle in Deutschland und nur in bestimmten Zeitabständen zu schaffen, aber da sein auf die eigenen Musikdramen beschränktes Bayreuther Festspielhaus nur bemittelten Zuschauern offenstehen konnte, sind bloß F. für eine internationale Hörerschaft daraus geworden. — Den Festspielgedanken Wagners suchte man auf das gesprochene Drama zu übertragen (Veranstaltungen von Zyklen, die den Spielplan über das Alltägliche erhoben, Musterspiele, Volksfestspiele, Nationalfestspiele für die dt. Jugend in Weimar, Naturtheater). Auch von F., die einzelnen großen, bes. religiösen Persönlichkeiten galten und Laien in großer Zahl als Mitspieler heranzogen, versprach man sich Erfolg (Luther- und Gustav-Adolf-F. im Festspielhaus zu Worms, in Jena; Calvin-F. in Chur), ebenso von F., die mit der heimatlichen Geschichte eines Ortes in Beziehung stehen (Wallenstein-F. in Eger, der „Meistertrunk" in Rothenburg o. T.). Solche zur Ausgestaltung von Heimatfesten besonders in Süddeutschland vielfach geschaffenen oder wieder aufgenommenen heimatlichen F. scheinen volkstümlicher zu sein als die — mitunter etwas gewaltsam neubelebten — geistlichen Spiele in katholischen ländlichen Gegenden. Theatervorstellungen in Riesenräumen suchen das Gemeinschaftserlebnis großer Massen zu wecken, aber Volksfestspiele wie die der Griechen oder des dt. MA. sind nicht daraus entstanden.

A. Jolles *Von Schiller zur Gemeinschaftsbühne* 1919. R. F. Arnold *Das moderne Drama* 1912[2]. S. 59f., 331. J. Petersen *Das dt. Nationaltheater* (ZfdU. 14. Ergänzungsheft) 1919. S. 72ff. In den letzten beiden Büchern Angaben von Einzelliteratur, ebenso bei W. Kosch *Das dt. Theater und Drama seit Schillers Tod* o. J. (1922)[2]. S. 214.

§ 3. Gelegenheitsfestspiele kannte schon das ausgehende MA. Aus Frankreich und England sind schmeichelnde allegorische F., eine Abart der mal. Moralitäten, erhalten, mit denen hohe Herrschaften begrüßt wurden. Besonders häufig waren solche Lob- und Komplimentierspiele im 15. Jh. in Italien, wo in die mal. Formen der Moralität Renaissanceelemente eindrangen und so die allegorischen Renaissance-F. entstanden. Das höfische weltfreudige Theater überwand dort im Bunde mit Malerei, Architektur und Musik seine religiösen Anfänge. Der Text der dabei gespielten antiken Komödien geriet in den Hintergrund. Zwischenspiele, die Verwandlungskünste, Chöre, Kostümballette zeigten und im Park, im Schloßhof, endlich auf der höfischen Festsaalbühne stattfanden und die Zuschauer ins Spiel einbezogen, wurden durch ein mythologisches Thema lose zusammengehalten. Die höfische Oper mit ihrer perspektivischen Bühnenmalerei ist daraus entstanden. In Spanien, Portugal, in den Niederlanden wurde dieser Zweig der Renaissancekultur gepflegt. In England liebte es später besonders die Königin Elisabeth, in Städten und auf Landsitzen mit sinnreichen und prunkvoll ausgestatteten F. überrascht zu werden (Lyly, auch Shakesspeare). In Deutschland versuchten sich Grünpeck und Conrad Celtis ('*Ludus Dianae*' 1501) in (natürlich lat.) Renaissancefestspielen und erstrebten damit die Krönung zum poeta laureatus. Der höfischen festlichen Unterhaltung diente auch in Deutschland die Oper, und zwar die ital. wie die dt.; diese Bestimmung hat den Bau des dekorativen Zuschauerraums, in dem die Hofloge von allen Rängen zu sehen sein mußte, bis über R. Wagners Reformversuche hinaus beeinflußt. Lauremberg, Rist (1654 das Gelegenheitsfestspiel '*Depositio Cornuti*' zu einem Buchdruckerfest), A. Gryphius, C. Stieler sind unter den F.-Dichtern der Barockzeit zu finden. — Das Treiben der Renaissancefestspiele und -aufzüge hat Goethe im Mummenschanz am Kaiserhof ('Faust II') dargestellt; in seinen „Maskenzügen" hat er für lebende Bilder und Kostümaufführungen — später manchmal mit Unlust — Gelegenheitsdichtungen geliefert, für die ihm „Symbolik, Allegorie, Fabel, Gedicht, Historie, Scherz" als Quellen dienten. Sie sind nicht eigentlich dramatische Dichtungen, sondern ein bestimmter Gedanke soll mit bildhaften Mitteln veranschaulicht werden. 'Des Epimenides Erwachen', 'Paläophron und Neoterpe', Ehrungen Ifflands und Schillers sind seinen F. zuzuzählen. Schillers letzte vollendete Dichtung, das „lyrische Spiel" 'Die Huldigung der Künste', ist ebenfalls ein symbolisches F. Noch in den F. J. v. Lauffs ist die altbekannte höfische Veranlassung vorhanden, während sich G. Hauptmann durch die freiheitliche, unhöfische Gesinnung seines 'Festspiels in dt. Reimen' zur Jahrhundertfeier 1913 Angriffen aussetzte.

Creizenach I 483f., II 36ff., III 190f., 492ff., 531f., IV 41. J. Petersen *Das dt. Nationaltheater* 1919. S. 34ff. W. Flemming *A. Gryphius und die Bühne* 1914. S. 96. J. Zeitler *Goethe-Handbuch* II (1917) S. 521.

H. Schauer.

Fin de siècle-Dichtung s. Dekadenzdichtung.

Flagellantendichtung s. Geißlerlieder.

Flugschrift. § 1. Eine Druckschrift im Umfang von nur wenigen Blättern oder Bogen, in bündiger und leicht verständlicher volkstümlicher Sprache aktuelle politische, kirchliche, soziale und wissenschaftliche Tagesfragen behandelnd, um die öffentliche Meinung für oder gegen einen lebhaft besprochenen Gegenstand einzunehmen: ganz dem Bedürfnis und der Wirkung des Augenblicks zugewendet, beim Erscheinen von den Lesern förmlich verschlungen, aber oft ebenso rasch wieder vergessen. In Prosa oder Versen, als Spruch oder Lied, in dialogischer und dramatisierender Form, als Streit- und Parteischrift, freimütig und derb, oft mit satirischem Einschlag auftretend, bald roh, bald geschickt zusammengestellt je nach Bildung und Talent des Verfassers; mit Vorliebe illustriert, um den Inhalt für die Menge zu versinnlichen und zu karikieren: der beigegebene Holzschnitt, der den Höhepunkt der Darstellung einprägsam abbildet, soll das Auge fesseln und zum Lesen und Kaufen einladen. In gleichem Sinne wirkt der Titel, der wortreich den Zweck der F. angibt und anpreist; nur wenige, wie z. B. der 'Karsthans' (1520), bevorzugen schlagwortartige Kürze der Überschrift. Für die Geschichte der Politik, Literatur, Kunst und Kultur, also zur Gewinnung historischer Kunde wie zur richtigen Wertung der geistigen Strömungen, namentlich des 16. und 17. Jhs. liefern die F. ein wichtiges Quellenmaterial.

§ 2. Die F. kommt bald nach Erfindung des Buchdrucks auf und vertritt die später periodisch erscheinenden Zeitschriften und Zeitungen. Was jene Literaturgattung auszeichnet und wertvoll macht, ist der unerschöpfliche Reichtum des Stoffes: kaum ein Gebiet des öffentlichen und privaten Lebens, das darin nicht abgespiegelt würde. Neben den großen religiösen und politischen Bewegungen greifen die F. alles auf, was die Masse des Volkes nur irgend interessiert wie Aberglaube, Prophezeiungen, wunderbare Erscheinungen und Begebenheiten aller Art, Untaten, Unglücksfälle, Krankheiten und ihre Heilmittel, Kalender, Feste und Feierlichkeiten, Gesetz, Sitte, Mode, Küche und Keller, Schule und Beruf.

§ 3. Als wirksames Kampfmittel der Reformationszeit in der ersten Hälfte des 16. Jhs. äußerst populär geworden, erlebt die F. schon damals ihre Blüte und gilt geradezu als *vox populi*. Voran die Schriften der führenden Reformatoren und ihrer Hauptgegner rufen eine Unmenge von Polemiken auf den Plan, die in leidenschaftlichen Übertreibungen und bewußten Unwahrheiten einander überbieten. Nur wenige davon erheben Anspruch auf künstlerische Formung und Wertung und können hierin den Vergleich mit den F. von mehr literarischem Charakter aushalten. Um die Mitte des 16. Jhs. bedeutet die F. als scharfe Waffe im Streit der Meinungen bereits eine solche Macht, daß 1548 und 1577 besondere Reichspolizeiverordnungen erlassen werden, die ihre Wirksamkeit einschränken sollen: vergebens.

§ 4. Auch das 17. Jh. kann mit einem reichhaltigen F.-Material aufwarten. Haben zwar die religiösen Auseinandersetzungen selbst an leidenschaftlicher Bewegtheit eingebüßt, so rücken nun die mehr politischen Ereignisse, vor allem die Schrecken des 30jährigen Krieges und die Bedrohungen und Übergriffe der Franzosen, in den Vordergrund. Dann werden wie im 16. Jh. die Zustände in Gesellschaft und Kultur durch Schlaglichter gehörig beleuchtet. Ja es scheint fast, als ob die nicht polit. F. des 17. Jhs. noch kräftigere Farben aufgetragen hätten als die politischen: zuweilen wirkt die Derbheit fast unflätiger als im 16. Jh.

§ 5. Im Laufe des 18. Jhs. kommen die periodisch erscheinenden Zeitschriften und Zeitungen über die früher so dürftige Nachrichtenvermittlung hinaus und graben der F. manchen Lebensquell und Zustrom ab. Gleichwohl erfreut sich die alte Gattung auch jetzt noch großer Wertschätzung. Die neuen Ideen, die im Bereich des geistigen und öffentlichen Lebens andringen und sich im Kampf mit den überlieferten Anschauungen siegreich durchsetzen: die religiöse Aufklärung und die politischen Forderungen des Bürgertums sind von einer F.-Flut begleitet. Der Ton dieser durchweg polemischen Schriften ist nach wie vor derb und voll der schärfsten persönlichen Invektiven, wie sie z. B. aus Anlaß der bühnenreformatorischen Bestrebungen das Schmähgedicht 'Leben und Taten der weltberüchtigten Frau Friederica Karolina Neuberin' (1743) gegen die Trägerin der Neuerung in schamloser Infamie schleudert. Aber auch der rein literarischen Fehde zwischen Gottsched und den Schweizern ist kein Mittel zu schlecht, um den Gegner niederzukämpfen. So erzielt 1754 das 'Neologische Wörterbuch' Schönaichs, eines Gottschedanhängers, dank der Massierung von Witz, Spott und Hohn beim Publikum große Wirkung, worauf die erbitterten Schweizer mit ebenso grobem Geschütz antworten.

§ 6. Auch das 19. Jh. läßt im literarischen Kampf die alte Waffe nicht einrosten. Ereignisse wie die Bedrückung durch Napoleon und die Befreiungskriege, dann weiter die politischen Bestrebungen der 30er und 40er Jahre bis zur Revolution von 1848 und der Kampf um die Einigung der deutschen Stämme bieten Stoff in Hülle und Fülle, den federflinke Geister dem Volke mundgerecht zurechtformen. Die Reaktion sucht die F.-Literatur auszurotten oder doch niederzuhalten: seit 1819 steht in Deutschland die F. unter Zensur bis 1848. Schon wenige Jahre später führt das preuß. Preßgesetz v. J. 1851 erneut eine scharfe Kontrolle ein. Erst 1874 wird durch Reichsgesetz die Preßfreiheit der F. für das Gebiet des neuen Deutschen Reichs endgültig geregelt, die seitdem, von Ausnahmezuständen abgesehen, bis heute besteht.

§ 7. Auf die äußere Form und Ausstattung verwenden die Herausgeber der F. anfänglich große Sorgfalt: etwa bis zur Mitte des 16. Jhs. wetteifern selbst die kleinen Stücke, in Papier, Druck und Bildschmuck, namentlich des Titelblattes und seiner Einfassung, Bestes zu bieten. Und Künstler von Ruf, wie Albr. Dürer und Luk. Cranach, sorgen durch Mitarbeit für erstklassige Leistungen. In der 2. Hälfte des 16. Jhs. gerät die Ausstattung in Verfall, bis sie um die Mitte des 17. Jhs. ihren tiefsten Stand erreicht; sie hebt sich dann wieder langsam, ohne aber auch nur annähernd die alte Höhe zurückzugewinnen. Zeitung und Zeitschrift überflügeln die F. nun auch in der Ausstattung.

§ 8. Die Gesetze der inneren, der literarischen Form, des Stils, denen die F. durch Jhh. gefolgt ist, wurden von der Forschung bis in die neuste Zeit hinein nicht genügend gewertet. Und doch birgt auch diese Literaturgattung poetische Schätze, die gehoben werden sollten. Natürlich ist der Wert der formalen Einkleidung je nach Talent und Absicht des Verfassers verschieden. Die einen propagieren nur den Stoff ohne viel Formkraft und Stilgefühl. Andere schlagen wenigstens im Titel ein wirksames Motiv an, ohne es aber durchzukomponieren. Nur wenn ein Leitmotiv durch die ganze F. durchgeführt wird, haben wir es mit einer bewußt künstlerischen Formgebung zu tun.

§ 9. Mit Vorliebe entlehnt die F.-Literatur ihre Motive dem kirchlich-theologischen Gebiet, wobei die Verfasser mit großer Kühnheit vorgehen. So nutzen sie z. B. die Leidensgeschichte des Herrn, indem sie für Christus eine historische Persönlichkeit einsetzen, um dieser des Lesers Mitgefühl zu erwecken; oder sie wählen die Form der ironischen Passion, worin statt des Gekreuzigten irgendein Bösewicht auftritt, um durch den Kontrast zu wirken. So seltsam das Passionsmotiv in solcher Verzerrung uns heute anmuten mag, so eindruckstief muß es damals gewesen sein: ranken doch seine Ausläufer bis ins 19. Jh. hinein, während seine Vorläufer und literarischen Parallelen, die ironischen Gebete und Psalmen, schon im MA. aufkommen. Auch an die derben Scherze der Vaganten, die u. a. ein *Evangelium secundum Marcas argenti* mit biblischen Worten nachbildeten, sei in diesem Zusammenhang erinnert. Gleich beliebt sind das Vater-Unser-Motiv, die politischen 10 Gebote, der politische Katechismus und die Umbildung der Psalmen zu weltlichen Zwecken vom frühen 16. Jh. bis in die Gegenwart.

§ 10. Auch nach Vorbildern aus der medizinischen Sphäre schneiden die Autoren das einkleidende Gewand ihrer F. gern zu. Sie konnten sich dabei auf alte volkstümliche Scherze und sprichwörtliche Redensarten (z. B. vom Narrenschneiden, Narrenschinden, der Narren Harn besehen, Kälberarzt, Narrenarznei bei Brant und Murner) und auch auf humanistische Kunstgriffe wie Gerbels '*Eckius dedolatus*' berufen. Hierher gehören Schriften wie die des Nicl. Manuel 'Von der kranken sterbenden Seelmeß' (1524), ein Motiv, das dann im 17. Jh. ins Politische gewendet wird, wo aller Herren Länder, das kranke Römische Reich deutscher Nation an der Spitze, im Krankenbett vorgestellt werden. Auch der Vergleich politischer Zustände und Vorgänge mit Schwangerschaft und Geburt ist damals gang und gäbe: noch das 19. Jh. ist mit solchen F. wie 'Politische Wochenstube' und 'Kreißende Germania' vertreten. Daß hier Derbheiten aller Art bis zur Prozedur eines politischen Klistiers Tür und Tor geöffnet war, liegt auf der Hand. Stirbt aber der Kranke, so wird ihm ein ironisches Epitaph gesetzt, eine Gattung, die damit gleichwertig neben die im 17. Jh. so beliebte Modedichtung der ernsthaften, überschwenglichen Lobpreisung tritt.

§ 11. Damit verwandt sind ironischer Lebenslauf, ironisches Testament und ironischer Gerichtshof, dessen Rechtssprüche als Ausfluß einer hohen Staatsweisheit sich geben. Zur Bekundung solcher staatsrechtlichen Weisheit und politischen Erfahrungssätze bieten die F.-Verfasser viel Witz auf. So macht der 22jährige Leibniz als junger Diplomat in seiner F. '*Specimen demonstrationum politicarum pro eligendo rege Polonorum*' v. J. 1669 als erster den achtbaren Versuch, die Methode der logisch-mathematischen Demonstration, die bis dahin nur auf Philosophie und Naturrecht durch Spinoza und Hobbes übertragen war, auf die Lösung einer aktuellen politischen Frage (polnische Königswahl) anzuwenden. Wir müssen heute konstatieren, daß die Form seiner mathematischen Beweisführung und Logik auf uns nicht eben sehr überzeugend wirkt. Anders damals. Noch 1850 propagiert eine preußenfeindliche F. einen 'Grundriß politisch-preußischer Logik'.

§ 12. Der häufig polemische Ton und Charakter der F. brachte es mit sich, daß auch aus dem Kriegsleben gern Bilder und

Motive auftauchen wie Beschießung und Erstürmung einer feindlichen Burg und Schleifung ihrer Mauern und ähnliches. Wird aber eine Stadt wie z. B. Magdeburg im 30jährigen Kriege wirklich vom Feind erobert, dann vergleicht man ihren Fall mit der Schändung einer Jungfrau (*defloratio*). Um begehrte Länder und Städte werden förmliche Brautwerbungen veranstaltet. Ebenso werden Jagd, Spiel und Tanz um- und ausgedeutet, bis sie willkommene Stützen liefern für den formalen Aufbau einer F., wobei man wieder auf altes literarisches und allegorisches Gut zurückgreifen konnte. Welche Fülle von Masken und Motiven boten allein die Formen der Jagd mit ihren Tierverkleidungen oder die verschiedenen Spielarten wie Schach- und Kartenspiel, Glückshafen und Lotterie. Beim Tanzmotiv eröffnet der 'Kalvinische Vortanz' (1621) den Reigen, in dem je nach der Mode Wechselreihen, Ballette und andere Tänze einander ablösen.

§ 13. Häufig werden die auftretenden Personen, auch die Helden der Vergangenheit, in direkter Rede eingeführt. Die Darstellung gewinnt dadurch an dramatischer Bewegtheit und Zuspitzung und geht, wenn die Form des Dialogs durchgeführt wird, von selbst in die dramatische Gattung über. Das trifft namentlich für die frühen F. der ersten Reformationszeit zu: die fieberhafte Spannung, die damals alle Gemüter erregt, elektrisiert auch den Stil der F. und schärft ihn ins temperamentvoll Dramatische. Die Dialogform lebt fort bis tief ins 19. Jh. hinein, ist aber in ihren Wortführern dem Wandel der Mode unterworfen: das 16. Jh. vertreten der Pfarrer und Soldat, das 17. der Kaufmann und Hofmann oder — im Zeichen der Schäferpoesie — der Hirt, während im 18. und 19. Jh. gern die verschiedenen deutschen Stämme ihren Herold vorschicken. Nur einer hält allen Zeiten den Spiegel vor: der Narr; freilich vertauscht auch er die Maske mit dem Hanswurst, Kasperl und Eulenspiegel.

§ 14. Noch manche Einkleidungsform wäre zu erwähnen, wie etwa die zahlreichen fingierten Briefe. Doch mögen die Beispiele genügen, um den Reichtum der Formgebung, die Fülle der Gesichte und Erfindungen, die die F.-Literatur auszeichnen, zu charakterisieren. Manches Stück davon ist ein Rest mal. Erbgutes, vieles dürfte verloren sein, aber viel hat sich auch bis ins 19. Jh. und in die Gegenwart hinein lebendig erhalten. Anderes hat sich gewandelt oder ist neu aufgekommen zumal unter Einwirkung ausländischer Einflüsse, die im Laufe der Zeit nacheinander und gleichzeitig von Italien, Frankreich und Holland her mächtig werden. Erscheinen doch im späten 17. und 18. Jh. F. deutscher Autoren in französischer Sprache, nachdem schon das ganze 16. und 17. Jh. hindurch die Neulateiner gewichtige Beiträge zugesteuert: auch an der Tagesschriftstellerei hatten die humanistisch Gebildeten hervorragenden Anteil.

§ 15. Was endlich eine Äußerlichkeit, die vielfach geübte Verleugnung der Verfasserschaft, angeht, so hat diese Anonymität und Pseudonymität ihren Grund nicht nur in der berechtigten und verständlichen Vorsicht des Verfassers oder in dem damals beliebten Versteck- und Maskenspiel. Wer die Masse des Volkes anreden und überzeugen wollte, der mußte, gleichsam als öffentliches Sprachrohr, seiner selbst vergessen, in der Menge untertauchen wie der Volksliеddichter neben und mit ihm: ist doch die Grenze zwischen historischem Volkslied und F. unfest und fließend.

§ 16. Der vorhandene Bestand an F., der außerordentlich groß und mannigfaltig ist, harrt noch der bibliographischen Zusammenfassung und Sichtung. Erst wenn dies geschehen, ist eine systematische Durchforschung und Erschließung möglich. Was bisher bearbeitet wurde, ist zeitlich und örtlich begrenzt. Am meisten ist für die F.-Literatur der Reformationszeit getan. Aber schon aus der 2. Hälfte des 16. Jhs. und aus der Flut der anonymen F. liegt noch reiches Material brach. Durch Jhh. war das wissenschaftliche Interesse an den F. gering; erst in der 2. Hälfte des 19. Jhs. trat darin eine Wandlung ein: nachdem die großen Bibliotheken daran gingen, ihre Bestände an F. systematisch zu ordnen und Lücken auszufüllen, konnte die Forschung die auf diesem Gebiet lang versäumten Aufgaben energisch in Angriff nehmen. Vgl. auch Art. *Einblattdrucke*.

J. Opel und A. Cohn *Der Dreißigjährige Krieg. Eine Sammlung von historischen Gedichten und Prosadarstellungen* 1862. E. Weller *Die ersten deutschen Zeitungen* (1505—1599) 1872 (Bibl. d. Lit. Vereins in Stuttgart 111). G. v. Zwiedineck-Südenhorst *Zeitungen und Flugschriften aus der ersten Hälfte des 17. Jhs.* 1873. Ders. *Die öffentliche Meinung in Deutschland im Zeitalter Ludwigs XIV.* (1650—1700) 1888. M. Grünbaum *Über die Publizistik des Dreißigjährigen Krieges von 1626 bis 1629* (Hallesche Abhandlungen zur neueren Geschichte 10) 1880. J. Haller *Die deutsche Publizistik in den Jahren 1668—1674* 1892. W. Rudeck *Geschichte der öffentlichen Sittlichkeit in Deutschland* 1897. S. 322ff. O. Clemen *Flugschriften aus den ersten Jahren der Reformation* 1907ff. F. Behrend *Die literar. Form der Flugschriften*, ZblBblw. XXXIV (1917) S. 23ff. Ders. *Die Leidensgeschichte des Herrn als Form im politisch-literarischen Kampf, besond. im Reformationszeitalter*, ArchfRefGesch. XIV (1917) S. 49ff. K. Schottenloher *Flugblatt und Zeitung* (Bibl. f. Kunst- und Antiquitätensammler 21) 1922. P. Hohenemser *Flugschriftensammlung Gustav Freytag* (Stadtbibl. Frankfurt a. M.) 1925. G. Bebermeyer.

Form. § 1. Geschichtliches. Aus lat.-rom. *forma* schon im 13. Jh. als höfisches Lehnswort *forme* eingedeutscht und an Stelle des älteren *bilde, gestalt* getreten, blieb die F. in der Kunstbetrachtung dank der mittelalterlich-dualistischen Weltanschauung ohne Eigenleben und Bedeutung. Auch was die streng antikisierenden Renaissanceregeln bis in die Mitte des 18. Jhs. an Formgedanken gaben, beschränkte sich auf „Regeln", „Hauptpunkte", „Vorschriften" über Einzelfragen der äußeren F.; bezeichnend, daß auch hier das Wort F. — abgesehen von der Rhetorik — keine Rolle spielte. Lessings Bedeutung ist es, dem französischen Klassizismus wie der älteren Nachahmungstheorie gegenüber energisch die Eigenform der Wort- gegenüber der Bildkunst ('Laokoon') und die Besonderheit der dramatischen F. ('Hamb. Dramaturgie', 80. Stück) betont zu haben; doch blieb sein Rationalismus im Logisch-Zweckmäßigen der äußeren Wirkungsform befangen.

Das Formproblem im jetzigen ästhetischen Sinne ruht auf der Grundlage des Herder-Junggoethischen Organismusgedankens. Danach ist die äußere Erscheinung des Kunstwerks weder zufällig noch willkürlich, auch keineswegs nur ornamental, vielmehr in ihrer äußeren Abgrenzung notwendiger Ausdruck innerer dynamischer Spannungen, in ihrer Geschlossenheit ein Mikrokosmos, Abbild der großen Weltschöpfung. Die Ursprünge dieses Gedankens reichen über Shaftesbury und Plotin zurück bis zur spätgriechischen Logosidee. „Indem man den Logos als vernünftige Kraft, als tätige Vernunft faßte, hatte man ein Dynamisches und ein Rationales in eins verbunden. In dem Maße aber, als man sich des Irrationalen im Leben immer deutlicher bewußt wurde, erfuhr auch der dynamische Faktor in dieser Bindung eine stets wachsende Betonung; und so wandelten sich die Ideen, die Logoi, immer eindeutiger aus Urbildern in wirksame, formende Kräfte" (Weiser). Dieses Hervorgehen auch des Mikrokosmos aus einer inneren schöpferischen Ursache zu verdeutlichen, erscheint seit Plotin immer wieder jenes Bild des Baumes, der sich aus einem lebendigen, inneren Prinzip, dem Keim, entfaltet. Die Entfaltung dieser ἐνέργεια τεχνική, dieser „künstlerischen Bildkraft" in Maß und Zahl zum harmonisch sich schließenden Organismus empfindet schon dieser letzte Denker griechischer Kulturgemeinschaft als urschön. Das Verdienst, seinen Begriff des inneren Bildes (τὸ ἔνδον εἶδος) mit Energie aufgenommen und ihn im germanischen Sinne des Persönlichen, Charakterhaften der „Bewegung" in der Einheit weiter entwickelt zu haben, gebührt Shaftesbury. Seine Hervorhebung der inneren Form (*the inward form*) als schöpferisch organisierender Urkraft bedeutet die Überwindung des Formelhaften, Typischen älterer Theorie und Kunstgestaltung, wird zum Recht der „Eigenform".

Deutscher Sturm und Drang und ältere Romantik sind, wenn auch jedes in seiner Weise, aufs stärkste von diesen Gedanken durchblutet. Das Erlebnis der inneren F. führt bis zur Gleichgültigkeit gegenüber der äußeren. Goethe ('Aus G.'s Brieftasche' 1776): „Es ist endlich einmal Zeit, daß man aufgehöret hat, über die F. dramatischer Stücke zu reden, über ihre Länge und Kürze, ihre Einheiten, ihren Anfang, ihr Mittel und Ende, und wie das Zeug alle hieß ... Deswegen gibt's doch eine F., die sich von jener unterscheidet, wie der innere Sinn vom äußeren; die nicht mit Händen gegriffen, die gefühlt sein will... Freilich wenn mehrere das Gefühl dieser inneren F. hätten, die alle Formen in sich begreift, würden wir weniger verschrobene Geburten des Geistes anekeln. Man würde sich nicht einfallen lassen, jede tragische Begebenheit zum Drama zu strecken, nicht jeden Roman zum Schauspiel zerstücklen!" Und Schleiermacher ('Ästhetik'): „Das innere Bild ist das eigentliche Kunstwerk ... das äußere ist nur ein später hinzukommendes, was sich ebenso verhält zu dem inneren, wie sich die Mitteilung des Denkens durch die Rede oder Schrift zu dem Denken selbst verhält." Solche Bemerkungen stehen am Beginn der idealistischen oder Gehalts-Ästhetik (Schelling, Hegel und seine Schule).

Ihr tritt Herbart entgegen mit seiner formalistischen Auffassung der Kunst. Er knüpft weniger an das durch Winckelmann emporgeführte klassizistische „Ethos der F." als direkt an Kant an: „In der Erscheinung nenne ich das, welches macht, daß das Mannigfaltige der Erscheinung in gewissen Verhältnissen geordnet werden kann, die F. der Erscheinung" ('Kritik der Urteilskraft'). Es ist aber nicht nur die Komposition, der Aufbau allein — alle formalen Elemente des Kunstwerkes (für die Dichtung i. allg. Sprache, Wortwahl, Farben- und Klangprobleme, Vers- und Lautbindung) sind als die sinnlichen und damit primären Faktoren der Kunstwirkung Gegenstände formalistischer Untersuchungen. Man hat in der zweiten Hälfte des 19. Jhs. diesen Gegensatz zu überbrücken versucht: Fechner durch die Lehre vom direkten und assoziativen Faktor im Erfassen des Kunstwerkes, dann Wundt und seine Schule auf dem Wege der psychologischen Ästhetik, endlich Dilthey durch seine historisch-phänomenologische Betrachtungsweise. Die neuesten Arbeiten über das Formproblem beweisen weniger eine grundsätzliche Verschiedenheit in der Auffassung der Kunst überhaupt als im Erfassen und damit in der Methode der künstlerischen Schau. Die Untersuchungen Ermatingers und Hirts (Lehrer und Schüler), zu fast gleicher Zeit im gleichen Verlage erschienen, steuern auf entgegengesetztem Wege zu gleichem Ziel: der Gesamterfassung des Kunstwerkes; der erste, ursprünglich Gehaltsästhetiker, sucht von der inneren F. zur äußeren den Weg, der andere, durchdrungen von den ewigen drei Grundgesetzen der lyrischen, epischen und dramatischen Gattungen, will von diesen äußeren Grundformen auf ihre innere Bedingtheit schließen. Der erste dürfte mehr der individuellen, der zweite mehr der sozialen Seite der Kunstform gerecht werden.

Der geheime Zwiespalt in der Spannung zwischen Gehalt und äußerer F., der sich über die dt. Ästhetik hinaus überhaupt in der dt. Dichtung offenbart, ist vielfach auch als Charakteristikum der germanischen Kunst gegenüber der romanischen gedeutet worden. Neuerdings sucht Theodor A. Meyer diesem Gegensatz im Anschluß an Strichs Buch über 'Dt. Klassik und Romantik' dadurch gerecht zu werden, daß er aus einer Grundforderung aller Kunst „Einheit in der Mannigfaltigkeit" heraus zwei Richtungen der Kunstformung sieht: die eine betont als das Wesentliche die Einheit, Geschlossenheit; es ist die „klassische" Kunstauffassung. Die andere legt allen Wert auf die „Mannigfaltigkeit"; es ist die „barock-romantische". Erscheint in der ersten die Betonung der formalen Einheit bis zur Überstrenge durchgeführt, die dynamische Innenwirkung auf die äußere F. oft schwach, verdünnt, so wirkt in der zweiten der Reichtum künstlerischen Erlebens bis zum Übermaß, das oft die Geschlossenheit vermissen läßt. Man spricht daher, entsprechend der Kunstgeschichte (Wölfflin), von geschlossener und offener, tektonischer und atektonischer F.; beide haben ihre ästhetische Berechtigung, und es ist einseitig, hier mit dem Gegensatz von F. und Formlosigkeit im Sinne von Regelmäßigkeit und charakteristischer Besonderheit zu arbeiten. Das Spannungsverhältnis zwischen Gehalt und F., das zur Erweiterung, zuletzt zur Sprengung überlieferter Formen führen mußte, ist deutlicher als in Poesie und bildender Kunst in der Musik greifbar, z. B. in der Entwicklung der Sonatenform bei Beethoven.

§ 2. Grundsätzliches. Form ist begrifflich darum nicht zu erfassen, weil sie als individueller Organismus zu gelten hat.

Das ästhetisch Wertvollste der F. steht jenseits aller faßbaren „objektiven" Merkmale; es läßt sich nur von Fall zu Fall „monographisch" beschreiben. — Vom Standpunkt der Aisthesis ist zu sagen: F. ist äußere, sinnliche Begrenzung des Kunstwerks, die Anreiz geben soll zur Betrachtung ihres Gehalts. Sie erhält diesen Anreiz durch Wahl, Beziehung und Ordnung ihres Materials, in der Dichtkunst also des Wortes. Die Einheitlichkeit ihres Charakters heißt Stil. Man genießt in und durch die F. den Gehalt (auch Inhalt oder Idee). Übereinstimmung beider bezeichnet man als „formvollendet"; es ist das klassische Formideal. Ein Gegensatz zwischen beiden ist anschaulich nicht faßbar (aus diesem Grunde hat Elsters Einteilung in äußeren und inneren Stil keinen Anklang gefunden); in diesem Sinne gilt Goethes: „Nichts ist drinnen, nichts ist draußen, Denn was innen ist, ist außen" noch heute. Aber schon die Möglichkeit einer fühlbaren Dissonanz zwischen beiden beweist, daß sie nicht identisch sind. Der Dualismus erklärt sich so, daß ein individualer Faktor als innere Formkraft gegen die äußere sozial-traditionelle ankämpft. Auch diese Spannung empfinden wir als ästhetisch wertvoll, weil sie das Recht auf die Eigenform betont. — Dem Standpunkt der Genesis liegt vielfach Analogie mit dem physischen Werdeprozeß des Individuums zugrunde; wie hier, bleibt auch dort vieles im Dunkel: Nach dem Stadium der „produktiven Stimmung" mit seinen „musikalischen", farbigen und schattenhaften Begleiterscheinungen wird die F. dem Künstler als Vision plötzlicher Bewußtseinsbesitz im Augenblick der „Konzeption" (s. d.). Die Skizzierung oder der Entwurf gibt Klarheit durch Akzente, Ordnung und Grenzen. Letzte, die äußere „Wirkungsform" betreffende Möglichkeiten (Bilder und Vergleiche, Vers und Klang) ergeben sich meist erst bei der Aus- oder Durchführung.

Geschieht auch alle große Formung anscheinend „frei", so doch keineswegs willkürlich, sondern mehr oder weniger überwiegend nach einer der drei Grundrichtungen: der lyrischen, epischen und dramatischen. Durch sie ergibt sich, was man im Hinblick auf die Gesamtliteratur als lyrische, epische und dramatische Gattungsform bezeichnet. Maßgebend ist die Haltung des Dichters zur Wel und damit auch zur Ideenwelt seines Werkes: 1. Der Dichter als Welle im Strom des Allgeschehens: Lyrik. 2. Der Dichter dem Strom des Allgeschehens gegenüber: Epik. 3. Der Dichter (dem Hörer entrückt, weil hinter dem Kunstwerk) als Herr über dem Strome: Dramatik. Bildlich:

Hörer ←→	[Wort / Dichter]		= Lyrik.
Hörer ←→	Dichter (Rhapsode)	←→ Handlung	= Epik.
Hörer ←→	Handlung	←→ Dichter	= Dramatik.

Lyrik ist Rhythmus, Schwingung des Allgeschehens als gegenwärtiger Zustand des Ich, steht damit außerhalb aller Handlung, ist „Intensität im Punkt" (Hirt). Ihre Bilder sind im Grunde Symbole inneren Geschehens, erhalten ihre Einheit also nicht durch äußere Verknüpfung, sondern durch die Ichbezogenheit. Epik birgt Handlung als Vergangenheit von wechselnder Raumnähe oder -ferne (Schichtungen), zeitlicher Weite oder Dichte (Bericht oder Darstellung), im ganzen mit der Neigung, im weiten Umfang d. h. extensiv zu gestalten. Das Drama dagegen ist zeiträumliche Gegenwartsgestaltung bei stärkster, auf Lösung oder Katastrophe hinzielender Intensität. Unter sonst gleichen Bedingungen wird das rein epische Werk über das lyrische Epos den Sieg davontragen. „Es erfreut durch seine Übereinstimmung mit der Gattungsidee" (Th. A. Meyer). Im Laufe der Tradition und der Kulturen bilden sich Typen der äußeren Gattungsform; diese werden je länger desto mehr als tote Schemata empfunden und durch neue Geschmacksrichtungen, oft revolutionär, variiert, erweitert, zerbrochen, endlich neu geformt. Der Kampf, der auch auf künstlerischem Gebiet stets als Kampf des Individuums gegen den sozialen, traditionellen Typus zu gelten hat, macht sich im Einzelwerk vielfach spürbar als Spannungsverhältnis zwischen Gehalt und (überlieferter) Form.

Kunst bleibt Formung, somit F. für die Kunst ewiges Gesetz. Mag das Kunstwerk

„symbolische Darstellung des Unendlichen" (A. W. Schlegel) sein, in seiner Erscheinung verlangt es Grenzen; hierdurch und durch seine Akzentuierung des Wesentlichen vor dem Unwesentlichen geht es über die Natur hinaus, hat man es sogar als „naturfeindlich" empfunden. Aus dem alten Grundsatz der „Einheit in der Mannigfaltigkeit" ergeben sich „die einzelnen Gesetze der F., ihre Kontrasthaltigkeit und ihre Geschlossenheit, ihre Gliederung oder ihr rhythmischer Fluß, ihr architektonischer Aufbau oder ihre Gestaltung in gegensätzlichen und im Gegensatz einheitlichen Massen, ihr Zusammengehaltensein durch Symmetrie oder durch Steigerung und endlich die Linien-, die Farben- und die Klangeinheit und die Einheit des Rhythmus" (Th. A. Meyer). Aber das Empfinden für das, was Einheit ist, bleibt wandelbar, relativ bedingt; so erklärt sich z. B. der Kampf um sekundäre Fragen wie um die „Einheit" von Zeit und Ort im Drama. Je nachdem der individuale Faktor oder der soziale im Formwillen überwiegt, erklärt sich die Bevorzugung der Mannigfaltigkeit gegenüber der Einheit, des (individualen) Ausdrucks gegenüber dem (traditionellen) Formtyp, das Recht der Eigenform gegenüber der Erfüllung einer Gattungsform.

Zu § 1. Über die Entwicklung des Formbegriffs bis Schiller orientiert Chr. Fr. Weiser *Shaftesbury u. das dt. Geistesleben* 1916; über das Verhältnis von *Freiheit und Form (Studien zur dt. Geistesgeschichte)* bis Hegel: Ernst Cassirer 1916; vom Klassizismus ab mit nicht immer überzeugender Einordnung M. Hamburger *Das Formproblem in der neueren dt. Ästhetik und Kunsttheorie* 1915.

Zu § 2. Allgemeines über Kunstform enthalten sämtliche Ästhetiker (Lipps, Volkelt, Dessoir u. a.); zur Einführung E. Meumann *Ästhetik der Gegenwart* 1908. Über die poetischen Formen unterrichten, abgesehen von den Poetiken (bes. Müller-Freienfels 1914, R. Lehmann 1919²) neuerdings: E. Ermatinger *Das dichterische Kunstwerk* 1921, E. Hirt *Das Formgesetz der epischen, dramatischen u. lyrischen Dichtung* 1923, E. Winkler *Das dichterische Kunstwerk* 1924 (ein Buch, das unter Vermeidung des Ausdrucks „Form" die ästhetischen Wirkungsformen untersucht); vom Standpunkt des künstlerischen Schaffens Herm. Hefele *Das Wesen der Dichtung* (1924) S. 154—194. Grundsätzliches über die Gattungsformen bei Th. A. Meyer *Das Stilgesetz der Poesie* 1901 sowie in Meyers Aufsatz *Form und Formlosigkeit*, Dtsch. Vierteljahrsschr. f. Lit.-Wiss. u. Geistesgesch. III (1925) S. 231—272. Über einzelne Gattungsformen: Lyrik: R. M. Werner *Lyrik u. Lyriker* 1890. Epik: O. Ludwig *Epische Studien* (Ausg. von A. Stern, VI. Bd.); K. Friedemann *Die Rolle des Erzählers in der Epik* 1910. Drama: J. Volkelt *Ästhetik des Tragischen* 1906². Julius Bab *Wege zum Drama* 1906. P. Ernst *Der Weg zur Form. Ästh. Abhandlungen, vornehmlich zur Tragödie u. Novelle* 1915. Ältere, einst viel zitierte Werke wie G. Freytags *Technik des Dramas* und Spielhagens *Beiträge zur Theorie u. Technik des Romans* erscheinen heute zeitbefangen und äußerlich.

O. Walzels *Gehalt und Gestalt* in dem von ihm herausgegebenen 'Handbuch der Literaturwissenschaft' kam zu spät, um hier nutzbar zu werden; seine geistesgeschichtliche Formbetrachtung, auf breiter Grundlage ruhend, erscheint besonders wertvoll wegen seiner kunst- und kulturvergleichenden Analysen; darüber hinaus gibt er beachtenswerte Hinweise für eine Synthese zwischen Gehalt und Form. P. Beyer.

Formel. Der latein. Ausdruck *formula* geht aus von der juristischen Fachsprache der röm. Prozeßpraxis. Er bezeichnet das juristische Schema, das geeignet ist, einen bestimmten Tatbestand zu decken, und das, schriftlich niedergelegt, für den besonderen Prozeßfall jeweils mit individuellem Leben erfüllt wurde. Es ist also eine an dem Einzelfall gewonnene, aber zu typischer Bedeutsamkeit gehobene Abstraktion. Sammlungen derartiger *formulae* wurden zur Grundlage röm. Rechtskodifizierung. Hierüber orientiert am bequemsten der Artikel: *formula* in Pauly-Wissowas Realenzyklopädie.

Für unseren Sprachgebrauch ist aber Formel vielmehr gerade das, was im röm. Prozeßverfahren durch die *formula* abgelöst wurde, und was ein typischer Bestandteil früher Rechtsentwicklung überhaupt ist, nämlich die mündlich überlieferten und verwendeten, in ihrem Wortlaut bis ins einzelne festliegenden und nur so gültigen Wendungen, mit denen die Prozessierenden ihre Forderungen, Klagen und Verteidigungen vorbrachten. Ganz Entsprechendes bieten auch die german. Volksrechte. Hier finden wir die Handhabe zur Definierung des Begriffes Formel. Wir erkennen in der Formel die von der Allgemeinheit anerkannte und übernommene und dadurch traditionell gewordene Prägung eines Gedankens oder Begriffes, die in derselben oder annähernd der gleichen Fassung in verschiedenen Zusammenhängen jederzeit wiederkehren kann. Sie erblühte naturgemäß in einer Zeit, in der die individuelle Lebensgestaltung noch zaghaft und unbeholfen war, und wo der Einzelne in seinem ganzen Tun und Denken noch eingebettet war in die Beziehungen zu den natürlichen oder politisch-sozialen Verbänden, Familie und Sippe, Stand und Gefolgschaft. Wo das Leben sich in fest gegebenen und als unabänderlich empfundenen Formen und Forderungen vollzog, wurde auch der nötige Ausdruck aller Bezüge und Gedanken, alles Fühlens und Wissens in ein für allemal festen Formen gefunden. Die Formel ist mithin zwar nicht durch die Allgemeinheit geprägt im Sinne des dichtenden Volksgeistes der Romantik. Sie ist wohl die Prägung eines Einzelnen, aber eines Individuums, das noch ganz im Allgemeinen umschlossen ruht. Gerade hierin liegt die letzte Eigenart der Formel und ihrer ästhetischen Wirkung auf den Menschen der Gegenwart. Sie ist Ausdruck einer vergangenen und nicht wieder erweckbaren Epoche der geistigen Entwicklung unseres Volkes. Uns verbindet keine innere Notwendigkeit mehr mit diesen Gebilden, die Gedanken und Empfindungen für die umfassendste Allgemeinheit in die treffendste Form gekleidet haben, so daß ihre stete Wiederholung nicht ermüdet, sondern immer neu und geheimnisvoll anregt. Wir streben nach der individuellsten und persönlichsten Nuance alles Denkens und Fühlens und seines künstlerischen Ausdrucks. Aber zugleich erfüllt uns die romantische Sehnsucht, aus der Vereinzelung herauszutreten und, ans Allgemeine angeschlossen, an den geheimnisvollen Kräften und Schwingungen teilzuhaben, die uns etwa aus der Formelsprache des Volksliedes (s. d.) entgegenwehen. Nicht umsonst ist die Romantik die eigentliche Wiederentdeckerin der Formel und ihres Reizes geworden.

Heute vollziehen sich im allgemeinen nur noch die rein konventionellen Verhältnisse des Lebens gewohnheitsmäßig in formelhaften Wendungen, etwa Gruß und Dank, Briefanfang und Briefschluß. Doch im Eid, in den geprägten feierlichen Formen des Gebets und religiösen Kultes lebt ein Stück der zwingenden Macht der Formel nach; im Sprichwort bleibt formelhafte Prägung altüberlieferter Lebenserfahrung bis heute erhalten. Als literarisch-stilistische Erscheinung hat sich ihr Geltungskreis stark verengt. Nur die Gattungen eigentlich volkstümlicher Poesie wie Märchen, Sage, Volkslied, Rätsel u. ä. kennen sie als Stilmittel, und von ihr lernt die Kunstdichtung, die volkstümliche oder altertümliche Wirkungen erstrebt. Sonst besitzen wir nur noch das kurzlebige, aus der Massenhypnose geborene und mit der Aktualität sterbende Schlagwort, das etwas von der formelbildenden Kraft auch in der heutigen Welt noch am Werke zeigt.

Somit grenzt sich die Formel als eine rein sprachliche Prägung scharf ab gegen den konventionellen Inhalt, für den man etwa die Bezeichnung Schema durchführen könnte. Die Scheidung der beiden Begriffe wird nicht immer mit der nötigen Schärfe aufrechterhalten, da sich feste Form und gegebener Inhalt häufig miteinander verbinden. Man sollte indessen z. B. in der Märchenforschung nicht von der „Dreibrüderformel", der „Bärensohnformel" u. ä. sprechen.

Unter den verwandten sprachlichen Prägungen ist die Scheidelinie zum Refrain (s. d.) zu ziehen. Der Refrain ist zwar eine nicht nur einmalige, sondern sich formelartig an jedem Einschnitt wiederholende Wortfolge. Aber er ist darum doch eine individuelle Prägung, deren Reichweite über das einzelne Dichtwerk nicht hinausgeht, in und mit dem sie geschaffen ist. Man denke etwa an ein Gedicht wie die 'Wacht am Rhein'. Die Refrainzeilen sind jeder Strophe des Gedichtes eigen, aber sie sind ganz in den Körper dieses einen Gedichtes eingeschlossen und in ihm allein lebendig. Auch der Refrain kann wandern, kann hier und dort in Gedichten auftauchen, wie es im Volkslied und vorbildlich in der Volksballade (s.d.) geschieht. Erst dann und dadurch wird er zur Formel.

Ähnlicher Beurteilung unterliegt die anaphorische Wiederholung bestimmter Zeilen oder Sätze zur Unterstreichung und Hervorhebung ihrer Bedeutung und zur Gliederung des ganzen Werkes. Dieses in neuster Zeit etwa von Thomas Mann virtuos verwendete Stilmittel bleibt in der Sphäre des Individuellen und grenzt sich damit scharf gegen die Formel als Allgemeingut ab.

Ist die Formel als Gattung Erzeugnis kollektivistischen Denkens, so ist ihre eigentliche Heimat die typisch kollektivistische Literatur. Recht, Kult und Magie werden von Formeln ganz getragen. Dem festgeprägten Wort kommt hier gesteigerte Bedeutung zu. Wie Name und Person für primitives Denken sich decken, so die Formel und die Tat, die dahintersteht. Geprägtes Wort ist wie bedeutsame Gebärde Symbol, nicht in dem modernen abgeblaßten Sinne eines schönen Spiels, sondern als eine Konzentration von Macht, die Handlungen und Geschehnisse erzeugt und erzwingt. Auf der festgeprägten Formel ruht die Macht des Zauberspruchs (s. d.), der wirkungslos bliebe, wenn nicht das richtige Wort getroffen wird. Darum ist in dem zweigliedrigen Spruchtyp, der im Germanischen vorherrscht, die Prägung des eigentlichen Zauberwortes viel starrer als die des ersten, epischen Teiles, der poetischer Umbildung von mancherlei Art fähig ist.

Die geringe Menge heidnisch-kultischer Dichtung, die uns erhalten ist, läßt uns auch nur selten kultische Formeln erkennen. Auch die sichtlich formelhaften Prägungen in den seltenen Fällen, wo nord. Dichtung das Kultische streift (die kleine Ritualszene der Völsi-Strophen, Genzmers Edda-Übersetzung II, 184ff.; der Heilsgruß der erweckten Sigrdrifa ebda. I 132; die feierlichen Verfluchungen des Skirnir-Liedes ebd. II 27 und der Buslubön ebd. II 180), sind uns eben nur einmalig zugänglich. Häufiger kehren die Weihe- und Fluchformeln in run. Inschriften, namentlich auf Grabsteinen, wieder. Ein dt. Ableger ist die größere Nordendorfer Spange mit der Weiheformel: *wigi þonar.* Das Eindringen des Christentums bringt eine Fülle neuer religiöser Formelprägungen mit sich, und namentlich der aufblühende Marien-Kult des 12. Jhs. wird zum fruchtbaren Boden religiöser dt. Formelprägung.

Die Rechtsformel, die allenthalben das Bild des altgerman. Rechtstextes beherrscht, führt aus der symbolischen zur praktischen Formel hinüber. Mündliche Weitergabe der Rechtssatzung bedingt einprägsam feste Formulierung, einmalige, endgültige Fassung des gleichen Gedankens für alle einschlägigen Stellen. Nur die Formel macht die mündliche *lagsaga* möglich. So wird die Rechtsformel zur Merkformel. Der Merkvers schließt sich hier an, der Wissenswertes in einfachster fester Prägung zusammenstellt. Der ags. Widsið mit den einfachen, immer wiederholten Sätzen ist hier ein sehr altes Beispiel. Die genealogischen und später die skaldentechnischen Interessen bringen lange Merkversdichtungen mit einfachsten formelhaften Gewandungen zuwege; eine Abart bildet die Priamel (s. d.). Ebenso merkversartig ist die formelhafte Prägung realer Lebensweisheit, die ihre großen Sammlungen von den Hávamál der Edda und von Spervogel und Freidank an besitzt, und die im ein für allemal gültigen Bilde und im eindrucksvollen Reimklang als Sprichwort (s. d.) Allgemeingut wurde. Als solches lebt sie bis heute weiter und sog Nahrung aus allen Quellen, namentlich aus der Bibel und aus dem sentenzenhaften Erfahrungsschatz der Griechen und Römer.

Aus der kultischen oder praktischen Sphäre in die poetische nahm das epische Einzellied die Formel als Stilmittel mit hinüber. Die oben definierte ästhetische Wirkung der Formel stellt sich bei der Lektüre altgerman. epischer Dichtung ohne weiteres ein. Im Gebiet des Merkversartigen bleibt es noch, wenn im Rätsel- oder Weisheitsstreit die episch-dramatische Einkleidung in Personeneinführung, Anrede und Antwort formelhaft wiederkehrt. Dt. Beispiel ist uns hier das Traugemundlied mit der Antwortformel: *Des haste gefraget einen man, der dir ez wol gesagen kan.*

Ebenfalls bleibt in der Nähe des Merkversartigen die epische Einleitungsformel vom Typ des Hildebrandsliedes: *Ik gihorta dat seggen*, oder das: *Ar vas alda* edd. Dichtung. Derartige „Gerippeformeln" bleiben auch der mhd. Volksepik eigentümlich.

Rein poetische Formeln prägt dann massenhaft die german. Stilform der Variation, die immer von neuem danach trachtet, relativ wenige, im Stoff- und Denkgefüge der Dichtung ungeheuer stark unterstrichene Begriffe poetisch zu umschreiben.

Diese Variationstechnik, deren barocke Überschnörklung die skald. Kenning-Technik ist, beherrscht auch die dt. Dichtung mit Prägungen wie: *wentilseo*, *neorxnawang*, *middilgart*, *wewurt* u. v. ä. Der Stabreim lockt zur Bildung von Zwillingsformeln (*fuir enti finstri*, *weges oder waldes*), die bis in die Gegenwart fortleben (Mann und Maus, Kind und Kegel) ebenso schafft der Endreim solche Zwillingsbildungen (Stein und Bein, Sack und Pack).

Auch sonst tritt der formelhaft geprägte Ausdruck, Satzteil oder ganzer Satz, heraus. Die altdt. Dichtung ist wegen ihrer durchaus lückenhaften und zufälligen Erhaltung selten in der Lage, Material zu liefern, doch zeigt namentlich die gleichzeitige ags. Dichttung diese Erscheinung gut. Im Deutschen schafft erst die christliche Dichtung von ihrem Standpunkt aus eine Fülle neuer formelhafter Wendungen und Sätze. Diese entfalten sich zu überragender Bedeutung vor allem in der streng religiösen Dichtung des 11.—12. Jhs. Sie bedürfen noch einer eingehenden Sammlung und Sichtung, um in ihrer vollen Bedeutung erkannt und bei der Beurteilung literarischer Zusammenhänge richtig bewertet zu werden.

In der weltlichen mhd. Dichtung tritt die Formel beherrschend wieder in der sog. Volksepik des 12.—13. Jhs. hervor. Diese lehnt sich in Stoffwahl und Stilmitteln eng an die Tradition der heimischen Heldendichtung an, die viele Generationen lang ohne schriftliche Aufzeichnung eben infolge der Fülle ihrer formelhaften Prägungen weiterzuleben verstand. So gab sie dem wieder erstarkenden literarischen Interesse für weltliche Stoffe ein reiches Material an Ausdrücken und Wendungen für Personenschilderungen, Kampfbeschreibungen, Brautwerbung, Rede und Antwort u. v. ä. an die Hand, die diese gerne ausnützte. Dagegen ist die eigentliche Kunstdichtung des 13. Jhs. mit ihrer modern-ritterlichen Stoffwahl der Formel gegenüber viel zurückhaltender. Sie benutzt aber dennoch die oben als Gerippe-Formeln bezeichneten Bildungen für die Außenposten der Dichtung, Einleitung und Abschluß, Quellenberufung und Anrede an den Hörer, Polemik und Demutsformel. Auch schafft das Reimbedürfnis geläufige Verbindungen. Sobald diese Kunstdichtung zu sinken und Volksgut zu werden beginnt, wie es besonders intensiv in den Volksbüchern des 15.—16. Jhs. geschieht, werden ihre Ausdrucksformen alsbald zu formelhaften Wendungen. Der balladeske Stil vollends, der weniger in Deutschland als in der Volksballadendichtung Schottlands und der skandinav. Länder durchgestaltet wurde, hat ein für allemal gültige Fassungen nicht nur für Einzelheiten, sondern für ganze geschlossene Szenen geschaffen, so daß hier nicht mehr nur Ausdruck und Satz, sondern ganze Strophen und Strophenreihen zu Formeln erstarren und von einem Liede zum anderen überwandern, von einem Vortragenden voll benutzt, von dem anderen verkürzt oder überhaupt fortgelassen, so daß schließlich derartige Gedichte zu mehr als der Hälfte aus einem Mosaik von Formeln bestehen.

Die Kunstlyrik des 12.—13. Jhs. ist von vornherein weit stärker formelhaft durchwachsen und durchklungen als die gleichzeitige Kunstepik, und man kann wohl sagen, daß sie den oben definierten Stimmungsgehalt formelhafter Prägung zum ersten Male mit bewußtem, ästhetischem Empfinden ausnutzt. Schnell schafft sie sich ihre Stichworte für die typischen Sphären gefühlsmäßigen Erlebens und sentimentalischer Naturbetrachtung, deren der Minnesang fähig ist. Der Falke, die Linde, die Heide, der kleinen vogellîne sang, der kahle Baum, der Klee sind ein paar solche Stichworte, die formelmäßig wiederkehren. Das lyrische Volkslied der folgenden Jhh., das ganz stark aus diesen Stimmungsquellen schöpft, hat diese und ähnliche Stichworte weitergeführt und hat überhaupt formelhafte Ausdrucksweise in hohem Maße und bis zu völliger Überwucherung des Individuellen verwendet.

A. Heusler *Die altgerman. Dichtung* (Handbuch der Literaturwissenschaft hsg. von O. Walzel) 1923 passim. v. Unwerth-Siebs *Ahd. Lit.-Gesch.* S. 40f. R. M. Meyer *Die altgerman. Poesie nach ihren formelhaften Elementen beschrieben* 1889. W. Paetzel *Die Variationen in der altgerman. Alliterationspoesie* (Palästra 48) 1913. R. Meissner *Die Kenningar der Skalden* 1922. R. Petsch *Formelhafte Schlüsse im Volksmärchen* 1900. F. Seiler *Dt. Sprichwörterkunde* (Handb. f. d. dt. Unterr. IV, 3) 1922. Fr. Vogt *Salman und Morolf* 1880. S. 133ff. R. M. Meyer

ZfdA. XXIX (1885) S. 121—236; mit ausgedehnten Sammlungen zum Minnesang, im übrigen mit unannehmbaren Folgerungen. A. Daur *Das alte dt. Volkslied nach seinen festen Ausdrucksformen betrachtet* 1909. H. de Boor.

Fränkische Dialektliteratur s. Nachtrag.

Französische Literatur (Einfluß auf die dt.) s. Romanische Literaturen.

Frauendichtung. Obwohl sich die F. erst auf den höheren Stufen ihrer Entwicklung deutlich von der Männerdichtung abhebt, läßt sie sich doch nur bei Berücksichtigung der Geschlechtsschranken richtig erkennen und bewerten. Denn die physiologische Beschaffenheit der Frau wirkt ja auf ihre Produktion ein, indem sie diese hemmt und die Frau durch ihr Schonungsbedürfnis und ihre geschlechtliche Rolle vom Manne abhängig macht. Infolgedessen ist sie an Familie und Haus gebunden und wird für diese erzogen; geistige Tätigkeit ist ihr lange weder möglich noch erlaubt. Daraus erklärt sich der späte Beginn der F., der religiöse und moralisierende Charakter ihrer Anfänge und ihre Beschränkung auf eine kleine Zahl von Gattungen. Das stille Dasein der Frau macht sie zur Lebensbetrachterin, zur Wiederholerin kleiner Alltagserlebnisse, zur Märchenerzählerin im Kreis der Kinder und ruft dadurch eine Art epischer Schulung hervor. Auf diese Weise wird der Roman das Lieblingsgebiet der Frau, und seine Breite liegt ihr näher als die novellistische Verdichtung.

Das zurückgezogene Leben und die verschiedenen Stationen der Mutterschaft begünstigen die Versenkung in das Gefühl, und so wird die Lyrik zur zweiten weiblichen Lieblingsgattung.

Viel schwerer dagegen konnten sich in diesem Dasein, dem die leidenschaftliche Tat, der Blick in das Weltgewühl und auch die Fülle der menschlichen Erscheinungen fehlte, die dramatischen Keime entwickeln; deshalb besitzt das Drama bis heute nur wenige weibliche Vertreter.

Die Frau schildert, ihrem Geschlechtstum entsprechend, am liebsten die Familie; die Erziehung ist ihre beliebteste Tendenz, und die Liebe ihr Hauptmotiv. Da sie sich lange Zeit hindurch an die männliche Überlieferung anlehnt, ist sie auch in ihren Stoffen vom Manne abhängig und stellt die innersten weiblichen Erlebnisse erst sehr spät dar. Die erste Dichterin in Deutschland war die Nonne Hrotswith von Gandersheim (10. Jh.), eine Frau von Gelehrsamkeit, Welt- und Menschenkenntnis. Sie schrieb religiöse Dichtungen in lat. Sprache. Eine ihrer Erzählungen behandelt das Faustmotiv in versöhnendem Sinne. Sie verfaßte als Erste in Deutschland Dramen, und zwar nach dem Vorbild des Terenz, doch zeichnete sie im Gegensatz zu ihm die Tragik der Sünde. Ihre Stoffe entstammen der Legende; die Behandlung ist lebenswahr und leidenschaftlich, gelegentlich mit humoristischen Zügen durchsetzt. Ihre Dramen beweisen stärkste formale Begabung und eine bedeutende Persönlichkeit.

Die F. in dt. Sprache beginnt mit Frau Ava, über deren Aufenthaltsort und Schicksale die wissenschaftlichen Ansichten auseinandergehen. Sie lebte im 12. Jh. in Österreich und dichtete ein Leben Jesu und einige andere geistliche Werke, die in Form und Inhalt einfach, aber anmutig und tiefempfunden sind.

Zur Zeit der Mystik im 13. und 14. Jh. tauchen dt. Dichterinnen in größerer Zahl auf. Der mystische Grundgedanke von der Vereinigung der Seele mit Gott erzeugt in der weiblichen Christusliebe ein Gegenstück zum männlichen Marienkult und drängt, bei den „Bräuten Christi" naturgemäß am stärksten, zum dichterischen Ausdruck. In den Offenbarungen verschiedener, meist adliger Nonnen verbindet sich Religiös-Erotisches und Visionäres; am bedeutendsten sind die Visionen der Mechthild von Magdeburg (geb. um 1210, gest. um 1300). Sie war eine hochgebildete Adlige mit angeborener visionärer Veranlagung und lebte zuerst als Begine, dann als Nonne. Ihr 'Fließendes Licht der Gottheit', urspr. in nd. Sprache geschrieben, ist eine Mischung von Prosa und Versen und enthält mystische Dialoge, z. B. zwischen der Seele und der Minne oder zwischen Gott und der Seele. Der Wort- und Gedankenschatz des Minnedienstes ist hier ins Religiöse übertragen. Mechtild fügte der Abstraktionsfähigkeit, welche die dt. Prosa durch Meister Eckhart und seine Schule erlangte, noch ein künstlerisches Element bei, dessen Grundlage die Ekstase ist. Sie besitzt große Gewalt über die Sprache, Bilderpracht, Anschauung und Gedankentiefe.

Es ist kein Zufall, daß am Anfang der dt. F. geistliche Frauen stehen; in diesen Zeiten erschwerte die starke Inanspruchnahme durch Hausarbeit und Mutterschaft sowie die geringe Bildungsmöglichkeit der Hausfrau jede geistige Betätigung aufs äußerste.

Mit dem Zurücktreten des Religiösen und der steigenden Freude am Irdischen verschwindet die mystische Dichtung; nun wächst auch bei der Frau das Interesse an dem ritterlichen Abenteuer. Fürstinnen übersetzen und bearbeiten die frz. Prosafassungen der Chansons de geste; Elisabeth von Nassau-Saarbrücken (ca. 1395—1456) ist die Begabteste unter ihnen. Andere wieder sammeln Volksbücher, fördern berühmte Übersetzer und unterstützen so gleichfalls die Entwicklung des dt. Romans. Diese Entwicklung bricht gegen das Ende des 16. Jhs. ab und beginnt erst mit dem heroisch-galanten Roman im 17. Jh. wieder, der indessen der weiblichen Beteiligung durch seinen gelehrten und heldenhaften Charakter nicht recht zugänglich ist.

Erst unter dem Einfluß der Reformation fängt wieder eine gruppenweise Beschäftigung der Frauen mit der dt. Literatur an; diesmal handelt es sich um die Lyrik. Zum erstenmal in Deutschland trifft eine geistige Umwälzung ein auch den Frauen wichtiges Gebiet; zum erstenmal müssen sich ihre Führer auch der Frauen versichern. Infolgedessen geht mit der Reformation eine Verbesserung der weiblichen Bildung Hand in Hand, und die Frauen beginnen in größerer Zahl Worte für ihr religiöses Fühlen zu finden. Viele Fürstinnen und andere adlige, aber auch bürgerliche Frauen widmen sich dem religiösen Lied, das sich unter dem Einfluß des 30jährigen Krieges zu einer Art von Trostdichtung ausgestaltet. Diese Gedichte, für einen engen Kreis gedacht, später aber den Gesangbüchern einverleibt, atmen wehmütige Vergänglichkeitsstimmung und fromme Ergebung. Dabei sind deutlich zwei Strömungen unterscheidbar, eine geistliche Liebesdichtung mit mystischem Christuskult und eine verstandesmäßig-innige Flucht in den Schutz Gottes. Zu den zahlreichen Vertreterinnen gehören Luise Henriette Kurfürstin von Brandenburg (1627—67), Aemilia Juliane Gräfin von Schwarzburg-Rudolstadt (1637—1706), Aurora Gräfin Königsmarck (1668—1728), die beiden Frauen des Grafen Zinzendorf, Erdmuthe (1700—22) und Anna (1720—60); ab und zu auch einige bürgerliche, z. B. Juliane Patientia Schultin (1680—1701) und Sibylla Schwarz (1621—38). Die geistliche Frauenlyrik des 16., 17. und 18. Jhs. steht an Glut, Innigkeit und Sicherheit im Gebrauch von Abstraktionen nicht weit hinter der geistlichen Männerlyrik zurück; eine Reihe allgemein bekannter Kirchenlieder, wie „Jesus meine Zuversicht" oder „Wer weiß, wie nahe mir mein Ende", stammt von Frauen.

Die individuelle Färbung hingegen mangelt sowohl den geistlichen als auch den weltlichen Frauengedichten des 17. und 18. Jhs., welche nach und nach häufiger werden. Ihre Verfasserinnen werden oft in die gelehrten Gesellschaften aufgenommen oder zu „kaiserlichen Poetinnen" gekrönt. Auch den Bekanntesten, wie Sidonia Zäunemannin (1714—40), Christiane Mariane von Ziegler († 1752) und Johanna Charlotte Unzerinn (1724—82) fehlt jede persönliche und weibliche Note. Unter ihren Nachfolgerinnen im Laufe des 18. Jhs., z. B. Agnes Gräfin Stolberg (1761—88), Philippine Engelhard (1756 bis 1831), Susanne von Bandemer (1751 bis 1828), Arnoldine Wolf (1769—1820), Julie Freiin von Bechtolsheim (1747 bis 1847), Karoline Rudolphi (1750 bis 1811), Emilie von Berlepsch (1757 bis 1830), Friederike Brun (1765—1835), Amalie von Imhof (1776—1831) und Elisa von der Recke (1756—1833), findet sich keine einzige große Persönlichkeit; sie sind Nachempfinderinnen der rationalistischen und klassizistischen Lyrik. Auch Naturdichterinnen wie die Karschin (1722 bis 91) entwickeln sich nicht zu nennenswerter Höhe.

Einige Frauen, durch ihren Beruf oder den ihres Gatten in Verbindung mit der Bühne gebracht, schreiben dramatische Stücke, so die Neuberin (1697—1760), die als Schauspielerin und Schauspieldirektorin wirkte, als Sprachrohr Gottscheds die tragédie classique in Deutschland verbreitete, den Hanswurst bekämpfte, schließlich aber zu Gottscheds Gegnern überging. Sie schrieb einige Vorspiele und ein Lustspiel ohne Bedeutung. Mit ungleich größerem Talent wirkte Luise Adelgunde Gottsched (1713—1762) neben ihrem Gatten für das Theater, zuerst als Übersetzerin und Bearbeiterin, dann mit eigenen Dramen Lebhaftigkeit, Witz, Gestaltungsgabe und Verständnis für das Wesen des Dramatischen verratend.

Ihre eigentliche Sphäre, den Roman, entdeckte die dt. Frau erst im letzten Drittel des 18. Jhs. Ihre Stellung war wirtschaftlich gedrückter, geistig aber freier geworden. Viele häusliche Arbeiten wurden jetzt außerhalb des Hauses verrichtet, die Geburtenzahl sank, der zunehmende Frauenüberschuß bildete die Grundlage wirtschaftlicher und seelischer Nöte der Frau. Die Erweiterung des weiblichen Gesichtskreises, die Zunahme der weiblichen Bildung ermöglichten es der Frau, sich über ihre Nöte zu äußern, und auch der Mann gestattete ihr jetzt das öffentliche Hervortreten, wenn auch nur zögernd und allein zu erziehlichen Zwecken. Und als der dt. Roman die Familie zu seinem Stoff und den Brief zu seiner Form machte, entstand der dt. Frauenroman. Sophie von La Roche (1731—1807) leitete ihn 1771 mit ihrem 'Fräulein von Sternheim' ein und begründete damit zugleich vor dem 'Werther' den empfindsamen dt. Roman. Von Richardson, Rousseau und St. Pierre beeinflußt, setzte sie auch später diese Richtung fort, schrieb aber daneben eine Reihe dem Rationalismus zuneigender Romane. Die volle Entfaltung ihrer Begabung wurde durch ihr ängstliches Schielen nach der öffentlichen Meinung und nach dem männlichen Frauenideal verhindert; dagegen trug sie durch die Einbürgerung Richardsonscher Psychologie und St. Pierrescher Naturbetrachtung dazu bei, die Seele des dt. Romans zu erwecken. Ihr größtes Verdienst liegt aber darin, daß sie den Bürger und den kleinen Beamten, den Bauern und den Handwerker in den dt. Roman des 18. Jhs. einführte und so die Begründerin der Dorf- und Kleinbürgererzählung wurde.

Ihre zahlreiche Nachfolge schloß sich zum größeren Teile der rationalistischen Richtung an. Unter ihr ist in erster Linie Benedicte Naubert (1756—1819) mit der 'Amtmannin von Hohenweiler' 1787 zu nennen, welche, auf Goldsmith fußend, mit Humor eine Frauengestalt von größter Echtheit und Plastik geschaffen hat. Weniger bedeutend, aber stark beachtet waren Helene Unger (1751—1813), die Verfasserin des Erziehungsromanes 'Julchen Grünthal' 1784 und Karoline von Wobeser (1769—1807), die mit ihrer 'Elise, oder das Weib, wie es sein sollte' 1795 ganz offiziell Probleme der Frauenfrage, konservativ gelöst, im Roman zur Erörterung bringt. Daneben versuchten sich zahlreiche andere Schriftstellerinnen im Roman, indem sie erziehend und belehrend die Familie zu ihrem Stoff machten. Sie haben meist seelisches Feingefühl und sittliche Empfindung und stellen geschickt die Kleinigkeiten des Lebens dar; große Probleme aber, neue Tendenzen und plastische Gestalten sind ihnen fremd.

Neben diesen familiären Gegenwartsromanen bildete sich am Ende des 18. Jhs. der geschichtliche Frauenroman aus. Therese Huber (1764—1829) führt mit ihrer 'Familie Seldorf' 1795, einem Roman, der in der Frz. Revolution spielt, zu dieser Gattung hinüber. Ihre Hauptvertreterin ist Benedicte Naubert, die in allzu eifriger Produktivität ihr Talent erschöpft hat. Trotzdem zeigen ihre zahllosen geschichtlichen Romane eine Fülle von lebendigem Stoff und starken epischen Fluß. Die abenteuerlichen Ereignisse verbinden sich häufig mit fein beobachteten seelischen Reflexen; sie weiß jede Stimmung auf den Leser zu übertragen; Feingefühl, Selbständigkeit und Sinn für soziale Gerechtigkeit sprechen aus ihren Werken. Sie fußt auf dem heroisch-galanten Roman und bildet das Mittelglied zwischen dem rationalistischen Geschichtsroman Wielands und dem nationalen Geschichtsroman, der auf dem Boden der Romantik steht. Ihre 'Volksmärchen' 1789—93 sind schon vor A. W. Schlegels Theorie und Tiecks Praxis stark von romantischen Elementen durchsetzt und bilden das Mittelglied zwischen Musäus und Tieck. Ihre Sprache ist farbig, kraftvoll und prägnant, die Motive sind geistreich erfunden und die Form der Rahmenerzählung wird mit Geschick verwendet.

Weniger zahlreich und von geringerer Bedeutung sind die Vertreterinnen des empfindsamen Romans, noch seltener die Verfasserinnen klassizistischer Werke. Obwohl der Weimarer Kreis das weibliche Echo begehrt und vom Wesen und der Kunst der Frau viel höher denkt als der Rationalismus, finden sich in ihm zwar hochgebildete, aufnahmefähige und feinfühlige Frauen, auch großzügige und leidenschaftliche Naturen, nirgends aber große künstlerische Persönlichkeiten. Im Drama (Frau von Stein 'Dido' 1794, Karoline von Günderode [1780—1806] 'Mahomet'), in der Lyrik und Versepik (Amalie von Imhof 'Die Schwestern von Lesbos' 1801) leisteten sie nicht viel; auch ihre Begabung zeigte sich im Roman am stärksten. Karoline von Wolzogen (1763 bis 1847) hat in ihrer 'Agnes von Lilien' 1797 den Einfluß Richardsons und der La Roche noch nicht ganz abgestreift; doch zeichnet sich das Werk durch große Linien, geläuterte Lebensauffassung, seelische Vertiefung und gehobene Sprache aus. Charlotte von Kalb (1761—1843), leidenschaftlich ungezügelt und zugleich krankhaft passiv, aber von hoher Bildung und reichem Geist, brachte über ihrem Roman 'Cornelia' das halbe Leben hin, ohne aus verschwommenen Bruchstücken ein zusammenhängendes Werk bilden zu können. Ungleich größere Begabung besaß Sophie Mereau-Brentano (1761—1806), in ihren Gedichten ganz von Schiller beeinflußt. Ihr Roman 'Das Blütenalter der Empfindung' (1794) übertrug den Klassizismus zuerst auf den dt. Frauenroman und bewies große geistige und seelische Feinheit. Ihre romantische Erzählung 'Amanda und Eduard' 1803 fällt durch eine Reihe moderner Züge auf.

Im allgemeinen ist die Romantik im dt. Frauenroman nur schwach vertreten, obwohl gerade die Romantiker, welche den vollkommenen Menschen nur in der Vereinigung weiblicher und männlicher Züge erblickten, auch von der Frau künstlerisches Schaffen forderten. Einen offiziellen romantischen Roman schrieb nur Dorothea Schlegel (1763—1839); ihr 'Florentin' 1801 ist aber ein durchaus anempfundenes Machwerk. Auguste Fischer-Venturini (1764—?) dagegen ist zwar ohne die Romantik nicht zu denken, geht aber weit über sie hinaus. Sie ist die begabteste Dichterin ihrer Zeit. Ein tiefer Inhalt, dem sich die Form völlig anpaßt, verbindet sich in ihren Romanen 'Die Honigmonate' 1802 und 'Der Günstling' 1809 mit den leidenschaftlichsten Tönen und den zartesten Seelenregungen. Die Gestalten sind auf das feinste beobachtet und treten plastisch hervor, die Sprache besitzt vollkommene Sicherheit und Klarheit und steigert sich bis zum Ausdruck des leidenschaftlichsten Schwunges und des bittersten Sarkasmus; sie besitzt einschmeichelnden Rhythmus und vollen Klang. Die Betonung des Kraftideals, der starke soziale Sinn und die Erhebung eugenetischer Forderungen verbinden Auguste Fischer-Venturini mit der Moderne.

Seit der Wende des Jhs. verbreitert und verflacht sich der dt. Frauenroman. Johanna Schopenhauer (1766—1838) mit ihren verständigen und technisch geschickten Erzählungen stellt einen relativen Höhepunkt dar. Die Schriftstellerinnen dieser Zeit schildern mit Vorliebe noch immer die Familie; nur wenige wenden sich dem geschichtlichen Roman zu, so Karoline de la Motte-Fouqué (1775—1831) und Karoline Pichler (1769—1843).

Die bedeutendsten Frauen dieses Zeitraumes schaffen wenig oder nichts. Karoline Schlegel, die Meisterin der Charakterisierungsgabe, Karoline von Humboldt, Henriette Hertz, Rahel Varnhagen und selbst Bettina Brentano (1785—1859) sind „heimliche Künstler", deren Persönlichkeit größer ist als ihr Werk; auch Bettinas beste Arbeiten sind eine Verbindung von Leben und Kunst, wobei das Leben die bedeutend größere Rolle spielt.

Erst die jungdt. Zeit befruchtet den Frauenroman wieder. Zu den ausländischen Einflüssen des 18. Jhs., die noch immer verborgen fortwirken, tritt der Einfluß der George Sand. Ida Gräfin Hahn-Hahn (1805—1880), die Verfasserin des Liedes

'Ach wenn du wärst mein Eigen', leidet am Zwiespalt zwischen Ideal und Wirklichkeit und schildert als eine der Ersten den Zustand der seelischen Zerrissenheit. Dabei spielen die unverstandene Frau und der dämonische Mann eine große Rolle. Es fehlt Ida Hahn-Hahn nicht an Geist, wohl aber an Wahrhaftigkeit und Gestaltungskraft. Fanny Lewald (1811—1889) ist im Gegensatz zu ihr klar und nüchtern, voll Verständnis für große Fragen und dabei immer zielbewußt. Die soziale Frage spielt bei ihr eine große Rolle, auch frauenrechtlerische Tendenzen fehlen nicht, doch verliert sie nie den Zusammenhang mit der Familie. Neben diesen beiden treten Erscheinungen von geringerer Wichtigkeit auf, so Fanny Tarnow (1783—1862), Henriette Paalzow (1788—1847), eine Modegröße seit ihrem durchschlagenden Erfolg mit 'Godwie-Castle' 1838. Amélie Bölte (1817—1891), Therese von Struve und viele andere gehen im Gefolge des engl. Gouvernantenromans (Currer Bell *'Jane Eyre'* 1847). Der soziale Roman findet in Luise Otto-Peters' (1819—1895) Erzählung 'Ludwig der Kellner' 1842 eine Vertreterin, und in der Unterschicht tritt Luise Mühlbach (1814—1873), vom Jubel des Publikums begleitet, mit zahllosen geschichtlichen Romanen auf.

Von nun an entwickelte sich der dt. Frauenroman nicht mehr bloß in die Breite, sondern auch in die Tiefe. Marie von Nathusius (1817—1857) und Luise von François (1817—1893) stellten die ersten Höhepunkte dar; die erstere stark moralisierend, aber innig und echt; die andere in ihrer größten Schöpfung, der 'Letzten Reckenburgerin' 1871 ihre großartige Ethik ganz in Gestaltung umsetzend und ihre idealistische Weltauffassung mit der Realistik ihrer Beobachtung stützend. Auch sie steht auf der Grundlage der Familie und betont konservative Ideale, aber hinter dem kategorischen Imperativ der Pflicht steht verhaltene Leidenschaft. Eine Natur von ähnlicher Großzügigkeit, aber ebenso international wie jene national, war Malwida von Meysenbug (1816—1903); während Luise von François aus der Enge reiche Nahrung zog, griff sie weit aus, doch ist sie keine epische Künstlerin, und ihre Memoiren sind wichtiger als ihre Erzählungen geworden. Die maßvolle Marie von Ebner-Eschenbach (1830—1916) gestaltet auf der Grundlage einer harmonischen, weitblickenden und milden Persönlichkeit und im Besitz reichster Bildung das Leben der verschiedensten Gesellschaftsschichten. Wahrhaftigkeit der Empfindung, tiefstes Gerechtigkeitsgefühl und reiche Phantasie zeichnen sie aus; dazu kommt versöhnender Humor. Familienroman und sozialer Roman verbinden sich bei ihr; der Einfluß Turgenjews ist nicht zu verkennen. In weitem Abstand von ihr steht die kraftvolle, leidenschaftliche, kluge, aber einseitigere und weniger tiefe Clara Viebig (geb. 1860), welche z. T. unter dem Einfluß des frz. Naturalismus von den familiären Fragen den Weg zu politischen und sozialen Problemen findet. Gabriele Reuter (geb. 1859) übt mit dem glücklichen Griff ihres Romanes 'Aus guter Familie' 1895 starke Wirkung aus, ihr und Hedwig Dohm (1833—1919) schließen sich zahlreiche Genossinnen auf dem Gebiet des frauenrechtlerischen Tendenzromanes an, welche mit der Entwicklung der Frauenfrage im 19. Jh. gleichen Schritt halten; den berühmtesten Tendenzroman dieser Zeit auf politischem Gebiet schuf Bertha von Suttner (1843 bis 1914) mit ihrem Buche 'Die Waffen nieder' 1889. Während dieser Zweig des Frauenromans von der Familie ausgeht, aber in die Welt hinausreicht, suchen andere Schriftstellerinnen vom Familiären in die Tiefe zu gehen und das Feinste und Verborgenste ihrer weiblichen Erlebnisse zu gestalten. Bei Lou Andreas-Salomé (geb. 1861) werden die Familienkonflikte immer subtiler, ohne deshalb an Wahrheit einzubüßen und sowohl Ina Seidel (geb. 1885) in ihrem 'Haus zum Monde' 1916 als auch Erika Rheinsch (geb. 1880) in ihrem eigenartigen, zwischen Bekenntnisbuch und Roman schwankenden 'Kindlein' 1911 bemühen sich, die geheimsten Regungen der Mutterschaft künstlerisch darzustellen.

Zur selben Zeit herrschen in der Unterschicht noch immer die letzten Ausläufer des Familienblattromanes, der, von E. Marlitt (1825—87) eingeleitet und zum größten Teil von Frauen geschrieben, das Aschenbrödelmotiv bis zum Überdruß abwandelt und aus Haß Liebe entstehen läßt. Er hat durch seine unwahre Menschen- und Lebensschilderung schädlich und geschmackverderbend gewirkt.

Vom weiblichen Familienroman führen auch Fäden zum Heimatroman, so bei Hermine Villinger (1849—1917), Clara Viebig, Auguste Hauschner, Auguste Supper und Anna Schieber; von ganz besonderer Bedeutung ist Helene Voigt-Diederichs (geb. 1876).

Die größte Erscheinung des unter den Frauen schwach vertretenen neuromantischen Romans ist Ricarda Huch (geb. 1864), die in ihren frühen Werken ('Ursleu' 1893 und 'Vita somnium breve' 1902) von der Familie ausgeht, den Stoff aber ins allgemein Menschliche ausweitet. Ihrer großen seelischen Wandelbarkeit entspricht ihre künstlerische Wandlungsfähigkeit. Die Tiefe ihres Verstandes und ihrer Bildung schenkt ihr immer neue Probleme, ihre Gestalten prägen sich unvergeßlich ein, die feinste Stimmungskunst ist über ihre Darstellung ausgebreitet, und ihre Sprache hat unwiderstehlichen Klangreiz. Sie ist von Goethe, der Romantik und Keller beeinflußt, schmilzt aber ihre Anregungen mit den Elementen ihrer eigenen Persönlichkeit zu einem völlig neuen Ganzen um, dem weder die seelische Reizsamkeit noch das soziale Empfinden der Moderne fehlt. Helene Böhlau (geb. 1859), eine Geistes- und Seelenverwandte Bettinas, besitzt Humor, ein umfassendes leidenschaftliches Weltgefühl, Gestaltungsgabe und eine blühende Sprache. Zum Teil auf ihren Spuren geht die überfeine, allen Strömungen hingegebene, sehr begabte Sophie Hoechstetter (geb. 1873).

Eine geringere Rolle in der Gegenwart spielt der geschichtliche Roman, doch hat er trotzdem einige sehr bedeutende Vertreterinnen aufzuweisen. Vor allem wieder Ricarda Huch, welche mit ihrem 'Confalonieri' (1910) und ihrem 'Großen Krieg' (1912) eine neue Art des Geschichtsromans begründet hat. Daneben, Geschichte und Heimat verbindend, stehen die kluge und behagliche Charlotte Niese (geb. 1854), Grethe Auer, eine der feinsten und gestaltungsfreudigsten Schriftstellerinnen auf diesem Gebiet, in erster Linie aber Enrica von Handel-Mazzetti (geb. 1871), deren Romane herb, leidenschaftlich und großzügig sind und auf genauester Kenntnis der Geschichte beruhen. Ihr Gegenstück auf evangelischem Boden ist die spröde und kraftvolle Lulu von Strauß und Torney; in die Zukunft weisen Begabungen wie die Alma Johanna Königs ('Der heilige Palast' 1922).

Während sich die Frau andauernd vom Drama fernhält (Charlotte Birch-Pfeiffer, 1800—68, mit ihrer rein äußerlichen dramatischen Gewandtheit bildet keinen Gegenbeweis) und nur einige vereinzelte Erscheinungen von Kraft und Tiefe wie Elsa Bernstein (Ernst Rosmer) und Gertrud Prellwitz eine Ausnahme bilden, beginnt sich die Frauenlyrik der Gegenwart zu immer größerer Bedeutung zu entwickeln. Die Versepik besitzt sehr wenig Vertreterinnen (Maria Eugenie delle Grazie mit ihrem großangelegten Epos 'Robespierre', Isolde Kurz mit ihrer tiefen Verserzählung 'Die Kinder der Lilith', Lulu von Strauß und Torney und Agnes Miegel mit kraftvollen Balladen), hingegen kündigt sich die lyrische Begabung der Frau schon seit dem Anfang des 19. Jhs. unverkennbar an. Einigen kleineren Begabungen wie Agnes Franz (1794—1843), Helmina von Chézy (1783 bis 1856), der Dichterin von 'Ach, wie ist's möglich dann', Luise Hensel (1798—1876) schließen sich andere Lyrikerinnen ohne ausgeprägte Eigenart an, dann aber folgt Annette von Droste-Hülshoff (1797 bis 1848), die gleichberechtigt neben den größten männlichen Lyrikern steht. Grandiose Selbständigkeit kennzeichnet ihre Gedichte; sie beherrscht den Ausdruck bis ins letzte. Ihre Naturbeobachtung beruht auf fast krankhaft verfeinerter Sinneswahrnehmung und umfassender wissenschaftlicher Bildung und macht sie zur Vorläuferin der Moderne. Trotzdem verhindern Herbheit und Tiefe ihre Volkstümlichkeit. Neben ihr verliert die kluge und tief empfindende Betty Paoli (1815—94). Ada Christen (1844—1901) ist, äußerlich genommen, die Schöpferin der weiblichen sozialen Lyrik, doch fehlt ihr Formstrenge und Selbstkritik.

Ricarda Huch, von Goethe, Keller und vom südslav. Volkslied beeinflußt, Isolde Kurz, deren Gedichte tiefen Gehalt in klarster Form besitzen, Agnes Miegel mit volkstümlichem Einschlag, Rosa Mayreder, die Meisterin des Sonetts, in dessen Form sie die tiefsten Gedanken und leidenschaftlichsten Empfindungen gießt, und Erika Rheinsch, in vielen Erkenntnissen zu Hause und alle Formen beherrschend, am tiefsten aber der Romantik verpflichtet, bezeichnen die Höhen der modernen Frauenlyrik. Daneben beweisen Ilse Frapan, Alberta von Puttkamer, Erna Grautoff, Irene Forbes-Mosse, aber auch Jeanne Berta Semmig, Toni Schwabe, Anna Ritter, Frida Schanz, wie sehr sich der Gedanken- und Gefühlskreis der Frau erweitert und ihre Formsicherheit gefestigt hat; Hedwig Dransfeld, Margarete Susman, Hermione von Preuschen schlagen leidenschaftlichere Töne an. Auf dem Gipfel aber steht Ina Seidel. Ihre Gedichte sind ganz erdennah und reichen doch ins Übersinnliche; alle Töne stehen ihr zur Verfügung, und ihre Gedanken reichen auf den tiefsten Grund.

Merkwürdig hingegen ist es, daß die Frau auf dem Gebiete der Kinderdichtung ungleich weniger leistete als der Mann. Namen wie etwa Ottilie Wildermuth, Johanna Spyri und Paula Dehmel können sich mit denen Brentanos und Poccis nicht messen.

Aus den einzelnen versprengten Begabungen der Frühzeit sind somit ganze Gruppen weiblicher Dichter geworden; heute beherrscht die Frau nicht mehr bloß ein vereinzeltes Sondergebiet, sondern sie ist in den meisten Gattungen heimisch. Sie schadete der Dichtung oft durch zu starke Betonung des Erotischen und durch Verflachung und Verfälschung der Charakteristik. Anderseits aber trug sie zu einer höheren Auffassung der Liebe bei und reinigte den Roman von bedenklichen Auswüchsen. Sie bereicherte die Kunst um feine seelische Beobachtungen und belebte sie durch ihren Blick für die Kleinigkeiten des Lebens; heute können sich ihre besten Schöpfungen mit den besten Schöpfungen ihrer männlichen Zeitgenossen messen.

Christine Touaillon.

Freie Bühne. Angeregt durch das *Théâtre libre* des Schauspielers André Antoine, das mit seinem impressionistisch-naturalistischen Darstellungsstil bei dem Berliner Gastspiel 1887 stärksten Eindruck hinterließ, setzten sich 1889 Maxim. Harden, Theod. Wolff und von der Literatur Otto Brahm und Paul Schlenther für die Gründung eines Vereins ein, dessen Ziel es war, der jungen naturalistischen Dichtkunst den Weg zur Bühne und zum Publikum zu öffnen, als geschlossene Gesellschaft bei den Aufführungen die feindliche Zensur zu umgehen. Man verzichtete sowohl auf ein eigenes Theater wie auf ein eigenes Ensemble, das vielmehr von Fall zu Fall den jedesmaligen Bedürfnissen der Mittagsvorstellungen entsprechend zusammengestellt wurde. Die erste und berühmte Aufführung galt Ibsens 'Gespenstern' am 29. September 1889; am 20. Oktober folgte G. Hauptmanns 'Vor Sonnenaufgang'. Anzengruber, A. Holz und Joh. Schlaf, Strindberg und Tolstoi standen auf dem antikonventionellen, literarisch bedeutenden Spielplan. Nach dem Muster dieser Vereinigung bildeten sich sehr bald andere, darunter auch die 'Freie Volksbühne' B. Willes (s. *Volksbühne*). Brahm gründete als Organ der Vereinigung im Jahre 1890 die Zeitschrift 'Freie Bühne', aus der sich die 'Neue Rundschau' entwickelte.

P. Schlenther *Wozu der Lärm? Genesis der Freien Bühne* 1889. W. Thal *Berliner Theater und die „Freien Bühnen"* 1890. H. Knudsen.

Freie Rhythmen sind ungereimte, stark rhythmische, aber nicht metrische Zeilen geringeren Umfangs mit frei wechselnder Hebungszahl; am häufigsten sind Zeilen von 3 und 4 Hebungen. Da die f. R. ohne Metrum rein nach dem Akzent der erregten Sprechart gebaut sind, so können mehrere Hebungen nebeneinander stehen. Aus dem gleichen Grunde ist in den f. R. auch für nebentonige Silben ungehindert Raum. Binnen- und Eingangssenkung können fehlen, ein- oder mehrsilbig gebildet sein. Die Schwere der Hebungen und Senkungen ist im allgemeinen stark gegeneinander abgesetzt. Die f. R. haben keine strophische Gliederung. Öfters wird aber eine Anzahl Reihen durch einen stärkeren Sinnesabschnitt zu einem Ganzen zusammengefaßt. Schwebende Betonung und auch Enjambement ist infolge der unmetrischen Natur der f. R. so gut wie ausgeschlossen.

Die f. R. werden besonders zum Ausdruck feierlicher, erhabener Stimmung verwendet. Sie sind in die dt. Dichtung durch Klopstock eingeführt, der damit in der Ode 'Dem Allgegenwärtigen' 1758 vor die Öffentlichkeit trat. Klopstock war wohl zur Bildung der f. R. weniger durch die Nachahmung Pindars und der Dithyrambendichter angeregt als durch die Psalmen mit ihren kurzen, unstrophischen Zeilen. Übrigens liegen sie ganz in der Entwicklung der Kunst Klopstocks. Den strengen Reimvers verschmähend, führte er antike reimlose Metren ein, um sich rhythmisch freier bewegen zu können. Die f. R. bedeuten bei ihm, daß er auch über die antikisierenden Verse hinweg zu noch freieren, ja ganz freien Gebilden fortschreitet. In den f. R., dem „freien Klopstockischen Silbenmaße", war das Opitzische Gesetz des regelmäßigen Wechsels von Hebung und Senkung bewußt durchbrochen und Freiheit von starrem Metrumzwang erzielt. Da die f. R. Anschmiegsamkeit an die Feinheiten des Sinnes und der Empfindung erlaubten und durch kein Metrum gehinderte Ausdrucksfähigkeit gestatteten, so wurden sie von Klopstocks Zeitgenossen, besonders von Hamann, Herder, auch Lessing, der sie mit Recht für Prosa hielt, empfohlen. Der junge Goethe hat sie in seinen Hymnen viel verwendet. Er neigt dazu, sie regelmäßig zu formen und gleichmäßige Abschnitte zu bilden. F. R. haben u. a. gebraucht Hölderlin, Heine, Scheffel, Lingg, Saar, A. Holz und viele Lyriker der Gegenwart.

Von F. Saran werden die f. R., da sie kein Metrum haben, als rhythmische Prosa angesehen. Eine Klärung der Frage, ob die f. R. als Vers oder Prosa anzusehen sind, hat R. M. Meyer (*Das Gesetz der f. R.*, Euph. XVIII [1911] S. 273—295) mit unzureichenden Gründen versucht.

Minor *Metrik*. S. 325—333, S. 528. Saran *Versl.* S. 330. Ad. Goldbeck-Löwe *Zur Geschichte der freien Verse in der dt. Dichtung von Klopstock bis Goethe*. Diss. Kiel 1891. L. Benoist-Hanappier *Die freien Rhythmen in der dt. Lyrik, ihre Rechtfertigung und Entwicklung* 1905. G. Fittbogen *Die sprachliche und metrische Form der Hymnen Goethes* 1909. E. Elster *Das Vorbild der freien Rhythmen Heinrich Heines*. Euph. XXV (1924) S. 63—86.

Nicht zu verwechseln mit den f. R. sind die freien Verse (*vers libres*), Verse von verschiedener Hebungszahl in dem gleichen, meist jambischen Metrum. Ins Deutsche kamen die freien Verse zuerst im 17. Jh. durch die Nachbildung des ital. Madrigals (s. d.). Dann wurden sie besonders in der Operndichtung (Opitz 'Dafne' und 'Judith') verwendet. In der gesprochenen Dichtung finden sie durch die Übersetzungen frz. Fabeln von Lafontaine und Lamotte weite Verbreitung und werden wegen ihrer zwanglosen Anwendbarkeit von Gellert, Hagedorn, Rost, Lessing gern gebraucht. Mit besonderem Geschick verwendet freie Verse Wieland in den 'Komischen Erzählungen', der die Beweglichkeit des Verses durch eingestreute zweisilbige Senkungen noch steigert. Er füllt auch seine Stanzen ('Oberon') mit ihnen.

Minor *Metrik*. S. 323ff., 527. Saran *Versl.* S. 330.

P. Habermann.

Freiheitsdichtung s. Politische Dichtung.

Freilichttheater. Im Gegensatz zum Naturalismus und im Zusammenhange mit der „Heimatkunst" entstanden Bühnen unter freiem Himmel; ihre Zahl ist heute sehr beträchtlich, vermehrt durch gelegentliche Festspielaufführungen aus geschichtlichen Anlässen (Hussitenspiele in Bernau 1911). Eins der ältesten Freilichttheater ist das Bergtheater Wachlers bei Thale im Harz. Die künstlerischen Möglichkeiten des Freilichttheaters sind sehr beschränkt, nicht nur durch die Wetterschwankungen, sondern vor allem durch die einseitigen Schauplatzbedingungen. Eine wesentliche Förderung hat die Theaterkunst durch das Freilichttheater nicht erfahren.

H. Knudsen.

Freimaurer, Orden und geheime Gesellschaften. In der ersten Hälfte des 18. Jhs., als der engl. Einfluß auf die dt. Kultur seinen Höhepunkt erreichte, kam auch das Freimaurertum von England über Hamburg nach Deutschland. Seit 1738 gehörte Friedrich der Große, damals noch Kronprinz, dem Freimaurerbunde an. Ferdinand von Braunschweig und Karl August von

Weimar (1782 Meister vom Stuhl) folgten ihm nach. Schon 1738 konnte Schwabe eine Wochenschrift 'Der Freymaurer' herausgeben.

Toleranz, Kosmopolitismus und werktätige Menschenliebe waren die Haupttendenzen der echten F., Gedanken, welche wir auch bei Herder, Goethe, Lessing u. a. finden. Es waren zugleich die Ideale der Aufklärung und der Humanitätszeit, so daß es schwer ist, zwischen maurerischen Tendenzen und allgemeinen Stimmungen der Zeit zu unterscheiden.

In Hamburg, der Heimatstätte der dt. Logen, wurde Lessing 1771 aufgenommen; aber die Geheimniskrämerei behagte dem Kämpfer für Freiheit und Licht nicht, so daß er sich in Braunschweig von der Loge zurückzog, wie er schon 1751 in der Fabel 'Das Geheimnis' die Logen verspottet hatte. Im Sinne eines echten F. predigte 1779 'Nathan', und 1777ff. unterhielten sich 'Ernst und Falk' über das Maurertum. Aus Lessings Drang nach Wahrheit (vgl. die Widmung) entstanden die 5 Dialoge, in denen echter, tiefer Freimaurerei das Wort geredet wird, welche sich nicht in Formen bannen läßt. Falk-Lessing faßt die Tendenz der Maurer dahin zusammen: „Die wahren Taten der F. zielen dahin, um größtenteils alles, was man gemeiniglich gute Taten zu nennen pflegt, entbehrlich zu machen." Wie Lessing war auch Herder F. dem Geiste nach. 1776 wurde er Logenbruder in Riga, um von hier aus den Gedanken einer echten Humanität zu fördern. Aber die Geheimniskrämerei stieß ihn wie Lessing ab; denn „welche geheime Wissenschaft es mit der Wahrheit und der Religion gut meint, die hört sofort auf, geheim zu sein" ('Gespräche über geheime Gesellschaften'). So trat auch Herder nicht in die Loge Amalia zu Weimar ein, jedoch erhielt sich sein Interesse für die Freimaurerei durch die Freundschaft zu Aurelius Feßler und Friedrich Ludwig Schröder, den beiden großen Reformatoren der dt. Freimaurerei, wie er auch 1782 im 'Teutschen Merkur' durch 'Historische Zweifel...' bewies. In den 'Briefen zur Beförderung der Humanität' erschien Franklin als echter Vertreter freimaurerischer Humanitätsideale. Im 26. Stück der II. Sammlung finden sich starke Berührungspunkte mit Lessings Freimaurergesprächen ('Über eine unsichtbar-sichtbare Gesellschaft'), an welche auch 'Adrastea' VI, 8 anknüpfte. Ganz im Sinne des Humanitätsgedankens faßte auch Goethe, nachdem er 1780 Maurer geworden war, seine Aufgabe. Als rühriger Logenbruder nahm er teil an den Festen der Loge Amalia und bewährte sich in werktätiger Liebe als Logenbruder (vgl. das Gedicht 'Das Göttliche'). Im 'Wilhelm Meister' (Lehrjahre VII 9, Wanderjahre III 9 u. a.) und 'Faust' finden sich zahlreiche Anklänge an maurerische Tendenzen. Zusammenhängend äußerte sich Goethe nie über die Freimaurerei, nur gelegentlich, wie z.B. in der berühmten Trauerrede auf den Logenbruder Wieland oder in den Logenliedern. Wenn Goethe zu Mozarts von maurerischen Ideen getragener 'Zauberflöte' einen zweiten Teil plante, so zeigt sich auch hier, wie sehr Goethe mit dem Maurertum in Verbindung stand. Schillers Stellung zu den F. ist noch immer nicht ganz geklärt, obwohl er mit zahlreichen F. freundschaftlich verkehrte, besonders seit seinem Eintritt in die Mannheimer „Deutsche Gesellschaft" (s. d.), welche neben literarischen Interessen die Verwirklichung der Humanitätsgedanken der F. sich als Ziel gesetzt hatte. Schiller war merkwürdigerweise nicht Mitglied der hochberühmten Loge Anna Amalia zu Weimar, sondern er ließ sich in die Rudolstädter Loge aufnehmen. Im 'Lied an die Freude' und besonders im 'Don Carlos' bewegte er sich in den Ideen der Maurer.

In Lessing, Herder, Goethe und z. T. auch in Schiller offenbart sich das echte Freimaurertum des 18. Jhs., das sich nicht in mystischen Spielereien und äußerlichen Gebräuchen erschöpfte. Aber der Hang zum Geheimnisvollen war nun einmal vorhanden, so daß sich der Schwindler Cagliostro mit seinem ägypt. Ritual, der Verheißung des Steins der Weisen und anderem Unsinn bald eine große Gemeinde verschaffen konnte. Männer wie der Reichsfreiherr von Hund und der Jude Johnson brachten vollends Unruhe und Streit in die Reihen der F. Diese wollten sich bald reformieren im Sinne der mal. Ritterorden (vgl. Z. Werner 'Die Söhne des Tales') und bereiteten so den Boden für „die tiefe Sehnsucht nach dem unerschöpflichen Born gemütvollen mal. Phantasielebens" der Romantik (Schneider S. 55). Hippels 'Kreuz- und Querzüge' verspotteten diese Entartung des Maurertums.

Neigung zur Mystik, Alchemie, Geisterbeschwörung usw. machten sich immer mehr breit in den zahlreichen Orden und geheimen Gesellschaften, denen der Boden durch das geheimnisvolle Maurertum bereitet war. So wollte der 15jährige Goethe schon der „Arcadischen Gesellschaft zu Philandria" beitreten. Auch in der Wetzlarer Tafelrunde herrschte ein mal.-maurerischer Ritus. Besonders zahlreich wurden die Orden aber 1770, wo die Amicisten, Schwarzen Brüder, Unitisten u. a. auf den Universitäten eine bedeutende Rolle spielten. Über den Orden der Rosenkreuzer, vor allem über seinen Ursprung, herrscht noch heute völliges Dunkel. 1614 erschien zu Kassel die '*Fama Fraternitatis R.C* . . .', welche, im Geiste Platos geschrieben, die Geschichte des frommen Christian Rosenkreuz erzählte. Herder sah J. V. Andreae als den Verfasser an, weil dieser auch 1616 die 'Chymische Hochzeit Christiani Rosenkreuz' geschrieben hatte. Ferdinand Katsch bestritt (1894) diese Hypothese, während Begemann sich neuerdings für sie einsetzte. Offenbar ist das Werk in Süddeutschland entstanden. Ob die theosophisch gerichtete Rosenkreuzerei im Anschluß an die '*Fama*' entstanden ist oder schon vorher, ist kaum zu entscheiden. Schon Leibniz bemühte sich vergeblich, ihr auf die Spur zu kommen. Ob die Rosenkreuzerei des 18. Jhs. mit den alten Rosenkreuzern direkt im Zusammenhang steht, läßt sich schwerlich erweisen. Bei beiden finden wir neuplatonische Weltanschauung, Neigung zu übersinnlichen Experimenten, zur Mystik und Theosophie, so daß sich hier im Kampf mit dem Lichte der Aufklärung die Romantik vorbereitete im Anschluß an Paracelsus und Jakob Boehme. Am Berliner Hofe blühte die Rosenkreuzerei unter Friedrich Wilhelm II., wo zugleich die Verbindung mit dem erstarkten Maurertum besonders deutlich wird. Der Swedenborgianismus und der Meßmerismus breiteten sich in diesen Kreisen aus, bis der Schwindel der Schrepfer und Cagliostro, welcher angab, Freimaurerei zu sein, seinen Höhepunkt erreichte. Schillers 'Geisterseher' und Goethes 'Großkophta' zeigen, wie groß der Einfluß dieser geheimen Orden und ihrer betrügerischen Führer war.

Ganz andere Ziele verfolgte der Illuminatenorden. Sein Gründer (1776) Weishaupt bezweckte „eine heimliche, aber um so festere Verbrüderung gleichgesinnter Vorkämpfer der Aufklärung, eine antisemitische und doch nach demselben Vorbild geschulte und gegliederte Genossenschaft", welche im Anschluß an die F., zu denen Weishaupt gehörte, Glückseligkeit und Menschheitsbildung sich als Hauptaufgabe stellte. Im 'Pythagoras' lehnte Weishaupt ausdrücklich „Goldmacherei und ähnliche Torheiten" ab. Thomas Abbts Schrift 'Vom Verdienst' sollte der Leitfaden der Gemeinde sein (Pythagoras S. 660ff.). 1779 wurde der überschwängliche Knigge in den Orden aufgenommen, welcher bald eine größere Zahl von bedeutenden Geistern dem Orden zuführte. Namen wie Goethe, Herder, Nicolai, Pestalozzi, Schlosser, Karl August von Weimar u. a. finden sich in den Papieren des Ordens. Knigge wurde der eigentliche Organisator des Ordens, welcher ihm mit großer Emsigkeit immer neue Seelen zuführte, so daß Weishaupt schließlich einsehen mußte, daß der Illuminatenorden ein Werk Knigges geworden war. Mit wachsender Mißgunst verfolgte er die Arbeit seines Logenbruders, bis dieser schließlich aus dem Orden austrat, der nun mehr und mehr in Verfall geriet, da eine große Anzahl von Mitgliedern Knigge folgte. Inzwischen hatten die Rosenkreuzer und Jesuiten wieder am bayr. Hof festen Fuß gefaßt, so daß hauptsächlich auf ihr Betreiben hin der Orden der Illuminaten 1784 aufgehoben wurde. Politische Verwicklungen waren der Hauptanlaß. Zugleich wurde der Orden revolutionärer Umtriebe beschuldigt, da er Freiheit und Gleichheit der Menschen propagiert hatte. Besonders in Bayern hatten die Illuminaten große Bedeutung erlangt, wo fast alle bedeutenden Geister sich in ihrem Orden zusammenfanden. Wie groß ihr Einfluß war, erkennt man daran, daß sie sogar beschuldigt wurden, den Ausbruch der Frz. Revolution herbeigeführt zu haben.

Allgemeines Handbuch der Freimaurerei 1900. H. Boos *Geschichte der Freimaurerei* 1894. F. J. Schneider *Die Freimaurerei und ihr Einfluß auf die geistige Kultur in Deutschland am Ende des XVIII. Jhs.* 1909. R. Haym *Herder.* I 165ff., II 158ff., 789ff. Hugo Werneke *Goethe und die königliche Kunst* 1905. Fr. Lüdtke *Schillers Zugehörigkeit zur Freimaurerei,* LE. XXIV (1922) Sp. 955 ff. J. Schwering *Schiller und die Freimaurer,* LE. XXIV (1922) Sp. 1210 ff. G. Schuster *Die geheimen Gesellschaften, Verbindungen und Orden* 1906. A. Kluckhohn *Die Illuminaten,* Vorträge u. Aufsätze (1894) S. 344—400. K. Gödeke *Adolph Freiherr Knigge* 1844.

O. Stempell.

Freisingen s. Meistergesang.

Friesische Literatur. § 1. Es kommt bloß das Ostfriesische und das Nordfriesische in Betracht; das Westfriesische lebt nur in der niederländ. Provinz Westfriesland, und seine Literatur gehört daher nicht der dt., sondern der niederländ. Lit. an. Näheres über das Gebiet der fries. Sprache und Lit. findet man bei Th. Siebs PGrundr. I² 1153ff.; II² 521ff.

I. § 2. Von einer ostfries. Literatur der Neuzeit ist kaum zu reden. Die altostfries. Sprache kennen wir aus reichen und bedeutsamen Rechtsquellen des 13. bis 15. Jhs.; die neuostfries. Sprache hingegen ist aus nur ganz wenigen Aufzeichnungen seit dem 17. Jh. bekannt, und diese haben eigentlich bloß einen sprachgeschichtlichen und volkstümlichen, jedoch kaum einen literarischen oder gar dichterischen Wert. Es ist wohl eine einzig dastehende Erscheinung, daß bei einem geistig hochstehenden Volke seit etwa fünfhundert Jahren kaum ein literarisches Erzeugnis in der eigenen Sprache überliefert ist.

§ 3. Aus dem Jahre 1632 haben wir ein Hochzeitgedicht in dreißig Alexandrinern von einem gewissen Imel Agena von Upgant — inhaltlich wertlose Reimzeilen, in denen der Verfasser zuerst bedauert, keine ordentlichen Verse machen zu können, und dann Lobpreisung und Glückwünsche für das Hochzeitspaar anschließt; gedruckt zu Emden 1632 als fliegendes Blatt: '*Breydloffts Gedicht to Eren anda Weelbehagen, Dio Erentfesten Monnhaften anda Foernemen Eggerick Ulricken, Breydgom anda Diw Eerdudentrijcke Junffer Tialda Haiunga Breyd, Ulben Hayunga Drusta to Nodds aeinige Dochter*' (vgl. Zwitzers Ostfries. Monatsblatt III [1875] S. 354 und H. Deiter Jahrb. d. Gesellsch. f. bild. Kunst u. vaterländ. Altertümer zu Emden XIII [1899] S. 224). Nicht viel jünger sind ein paar fries. Gedichte, die sich in dem um das Ende des 17. Jhs. geschriebenen '*Memoriale linguae frisicae*' des Johannes Cadovius Müller finden. Dieser war 1650 zu Hamburg geboren, war von 1675 bis zu seinem Tode 1725 Pastor zu Stedesdorf im Harlingerlande und hat sich um das Ostfriesische dadurch ein Verdienst erworben, daß er den Sprachschatz des dort aussterbenden Friesisch in einem Realglossar gesammelt und mancherlei Volkskundliches über Hausbau, Kleidung usw. sowie Sprachproben (biblische Stücke, Anekdoten u. dgl.) mitgeteilt hat. Ein Gedicht am Schlusse der Schrift, das sich an den Fürsten richtet und in scherzhafter Weise das Hebräische, die Sprache Gottes, mit dem Friesischen in Verbindung bringt, scheint von Cadovius selber verfaßt zu sein; in einem weiteren Stücke, '*Frewdensong up uhses liafen firsten uhn sommentlycken doorluchtige uverheits suhnheyd uhn weyhlstaunde*', das mit dem Namen Harry Jummers unterschrieben ist, wird zum Tanze mit Gesang am Festtage des Fürsten aufgerufen und diesem dann ein Glückwunsch dargebracht.

§ 4. Solcher Tanz scheint bei den damaligen Ostfriesen eine große Rolle gespielt zu haben, und die näheren Mitteilungen des Cadovius darüber sind uns sehr wertvoll. Er sagt (S. 32 der Ausgabe von E. König): *Es mussen auch die alten Oistfriesen gahr kein francoisische Curtisanen gewest sein, weil man nicht mehr, alß ein eintziges recht oistfrisisches Lied, in ihrer Sprachen findet, welches ich, als die eintzige Reliquie der alten oistfrisischen Poeterey, benebenst seiner eigenen Melodia beyfuegen wollen*: *Sie haben zwar alte niehdersachsische Lieder in ihrer Sprachen vertiret*: *alß*: *Störtebihker uhn Gödecke Michaël etc. vnd dergleichen mehr, aber von ihren eigenen Landesliedern, habe ich außer dieß eintzige, keines erfahren können. Wann sie ja eine zugetragene Sache in Reimen bringen wollen, ist es alle Zeit nach dem metro vnd melodia ihres eintzigen bucolici*: *Buhske di Remmer etc. eingerichtet worden. So haben auch die alten Oistfriesen, nach diesem eintzigen Lied, ihren eintzigen vnd eigenen oistfrisischen Tantz gehabt, welcher mit vier Personen, alß zween Manns vnd zwo Frawen, oder Jungfrawen, ist getantzet worden, vnd zwar nach dem Tact, darbey sie gahr sonderbahre actiones vnd Bewegung deß Leibes, der Armen, Händen, Baynen, Kopffs, vnd aller Glieder hatten vnd machten, welcher Tantz dehrohalben schwer wahr, vnd itzo mit der alten Sprachen, seinen Abtritt genommen, vnd sich schier zur Ruhe niehdergeleget, (weil gahr wenige mehr gefunden werden, die ihn nach der alten Weise, itzo tantzen können,) den alten offt erhaltenen Schweiß, wieder eintrucknen zu lassen. Man könnte aber auß diesem schweren Tantze, die Agilität vnd Hurtigkeit, der Frisen sehen, die ihre Glieder nach dem geschwinden vnd langsahmen Tact, ohne Vnterweisung eines francoischen Tantzmeisters, meisterlich bewegen kunten, wie sie nuhr selbst gewolt, vnd musten die Weibesbilder gleiche Posituren mit den Männern machen, vnd mit gleichen Minen, ihnen alles nachthun; sie schlugen aber in dem Tantze mit den Händen zusammen, bald forne, bald hinten auf den Rücken, bald zwischen den Beyhnen wechselweyse, welches alles die Weibesbilder mitthun, vnd nachmachen musten, welches, wie ichs den einsten gesehen, mier zwar lächerlich, doch nicht vngeschickt vorkam.* Und dann wird uns das Lied, nach dem die Ostfriesen diesen Tanz getanzt haben, als *dait ohlde Freeske hardergesong Buhske di Remmer* mitgeteilt. Dieses eigenartige Tanzlied hat eine weit über das fries. Gebiet hinausgehende Bedeutung, und darum ist viel über die Ausführung geschrieben worden: *Buhske di Remmer, ein oistfrisischer Gesell, oder Bawersknecht, welcher mehr Lust zu dem Buhlen, als ehlichem Stande hatte, beredet eine junge Dirne, vnd helt sie sieben Jahre auf, mit der sußen Hoffnung, daß er sie ehelichen wolle .... da sie nichts mehr von ihm erhalten kan, als waß sie in den sieben Jahren genossen, beklaget sie sich sehr, seiner Vntreue, vnd fuhret als eine Bawerinne, artig ein, daß Mittleyden der vnvernunfftigen Thiere ...* Cadovius berichtet, er habe mit diesem Hirtenliede von acht Strophen nicht das vollständige Stück geben können; auch habe er keine weiteren fries. Lieder erfahren, und niemand kenne den Verfasser; sicher sei, daß es *vor das erste und elteste frisische Lied gehalten wird.* Wie das Lied aufgeführt wurde, ist umstritten; wahrscheinlich ist, daß mindestens vier Personen, Männer und Frauen, mit jenen *sonderbaren Actiones und Bewegungen* tanzten, und daß unter den Sängern gegenüber einem erzählenden Chor ein Mädchen auftrat, sich über die Untreue des Freiers beklagte und das Mitleid der einzelnen Haustiere mit Nachahmung ihrer Stimmen einführte. So heißt es Strophe 3 *di hahne woll uppe den ricke satt, juh krehde der von* („der Hahn wohl auf der Stange saß, sie krähte davon"), Nr. 4 *di oghse woll oppe di stalle staun, juh belckde der von* („der Ochse wohl auf dem Stalle stand, sie brüllte davon") usw. Inwieweit ein Wechselgespräch zwischen dem Freier, dem Mädchen und dem erzählenden Chor anzunehmen ist, läßt sich nicht feststellen; auch die gute musikalische Überlieferung, die Cadovius in Noten- und Tabulaturnotierung gibt, bietet hier keine Entscheidung.

Man vergleiche über dieses Lied die beste Ausgabe: *Johannes Cadovius Müllers Memoriale linguae Frisicae, nach der Jeverschen Originalhandschrift hsg. von* Erich König (Forschungen d. Vereins f. niederdeutsche Sprachforschung IV) 1911; ältere Ausgaben des Liedes in *Memoriale linguae Frisicae hrsg. von* Dr. L. Kükelhan 1875 und bei H. Deiter Jahrb. d. Gesellsch. f. bild. Kunst u. vat. Altert. XIII 224ff.; vgl. Th. Siebs a. a. O. II² 547.

§ 5. Die einzigen Gegenden, aus denen uns sonst noch die ostfries. Sprache durch größere Zeugnisse bekannt ist, sind das Land Wursten (d. h. der Wurtsaten) am rechten Ufer der unteren Weser nahe ihrer Mündung, die zum Jeverlande gehörige Insel Wangeroog und das an der Leda gelegene Saterland, eine wahrscheinlich aus dem 13. Jh. stammende Siedlung der Emsfriesen. — Aus dem Lande Wursten, wo das Friesische um die Mitte des 18. Jhs. ausgestorben ist, kennen wir kein literarisches Zeugnis, sondern nur Wörterverzeichnisse. — Die dankenswerten wangeroogischen Mitteilungen von Ehrentraut in dessen *Friesischem Archiv* I 414ff. u. II 1ff. haben nur sprachlichen und volkskundlichen Wert (drei kleine weitere Sprachproben teilt E. Littmann mit in *Friesisches aus Altwangeroog* 1922); bei mehrfachem längeren Aufenthalte auf der Insel Wangeroog habe ich dort und auch in der Siedlung

Neuwangerooge bei Varel keine Spur eines Liedes oder literarischer Überlieferung vorgefunden. Die Sprache ist jetzt ausgestorben. Wenn bei Firmenich (*Germaniens Völkerstimmen* III 11) die erste Strophe des Buhskeliedes in wangeroogischer Mundart gegeben wird, so ist das nur eine Übersetzung nach dem harlingischen Text. — Auch über das Saterland, wo das Friesische noch von etwa 3000 Leuten gesprochen wird, ist wenig zu sagen. J. G. Hoche (*Reise durch Osnabrück und Niedermünster in das Saterland, Ostfriesland und Groningen* 1800) berichtet, er habe ein Volkslied mit einer hübschen Weise singen hören und sich den Inhalt erzählen lassen; es ist eine Ballade von einem Mädchen, das ihrem Geliebten, der Kapitän ist, in Matrosenkleidung folgt. Hoche gibt Verse davon in hochdt. Übersetzung an; noch 1884 habe ich von einem alten Manne in Scharrel das Vorhandensein eines solchen Liedes bestätigen hören und sehe keinen Grund, den von J. Bröring (*Das Saterland* 1901. II 162) erhobenen Zweifeln beizustimmen. Die saterländ. Lieder, die mir dereinst durch den verdienten Professor Dr. J. Minssen in Versailles († 1901) mitgeteilt wurden, sind alle frühere oder spätere Übersetzungen aus dem Deutschen; das gleiche gilt von den Liedern, die Bröring (a. a. O. S. 153ff.) mitteilt, sowie von dem Kehrreime eines sog. Nationalliedes, das um 1848 von einem Kaplan Seeling verfaßt ist. Übersetzung ist auch das aus dem Westfälischen stammende Lügenmärchen, das als '*Hågəbö^{u}kən efangéliən*' (*Hagebüchen Evangelium secundum David Knost*) betitelt ist (vgl. Th. Siebs *Das Saterland*, ZfVk. III [1893] S. 409). Die sonst mitgeteilten saterländ. Textesind nur als Sprachproben zu bewerten.

II. § 6. Die nordfries. Sprache lebt an der Westküste von Schleswig zwischen Husum und Tondern (die genaueren Grenzen sind von Siebs PGrundr. I² 1170 und *Zur Gesch. d. engl.-fries. Sprache* S. 28 verzeichnet). Mit Sicherheit ist anzunehmen, daß Friesen in diesen Gebieten bereits im 12. Jh. wohnten; sie sind in die Gegenden nördl. der Eider vermutlich dereinst aus dem ostfries. Sprachgebiete eingewandert. Heute wird das Friesische von etwa 20000 Leuten gesprochen, und zwar in stark voneinander abweichenden Mundarten: es sind die festländischen Dialekte der Süder- und Nordergosfarde, der Halligen, von Ockholm, der Karrharde, der Bökingharde und der Wiedingharde; ferner die Mundarten der Inseln Amrum und Föhr, Sylt, Helgoland. Dereinst war das Friesische auch auf Pellworm, Nordstrand und Südfall sowie in Eiderstedt lebendig.

§ 7. Die ältesten Literaturdenkmäler des festländischen Nordfriesisch weisen nach der Insel Nordstrand. Ein Volkslied in Nordstrander Mundart ist von E. Bruhn unter den Papieren des Petrus Sax († 1662) auf der Königl. Bibliothek zu Kopenhagen gefunden und in der Zeitschrift 'Nordelbingen' II.Bd.(1923) gedruckt worden: *Hans Taedtsen auwer di Merke snarr, bei di Möneschin; Hi wurt ein fatten Böetling war, bei di liachte Möneschin.* Das ziemlich rohe und witzlose Lied schildert ausführlich in neun Strophen, wie Hans Taedtsen bei Mondschein über die Feldmark rennt, einen fetten Hammel stiehlt, ihn nach Hause bringt und mit seiner Familie schlachtet; vielleicht wurde der Text von einem Vorsänger, der Kehrreim von den Zuhörern gesungen (vgl. auch Holthausen [s. u.] S. 649, 666). Aus derselben Zeit haben wir zwei geistliche Gedichte des Chronisten und Nordstrander Pastors Anton Heimreich (geb. 1626 auf Nordmarsch, als Pastor auf Nordstrandischmoor gest. 1685) vom Jahre 1661: ein '*Mirensöngh*' d. h. „Morgenlied" (*Ick kon ich noog thonck sedje*), das aus dem Deutschen des Joh. Matthesius übersetzt und nach der Melodie „Aus meines Herzens Grunde" oder „Helft mir Gottes Güte preisen" zu singen ist, und ein '*Eensöngh*' d. h. „Abendlied" (*Ick thonck dy, lieve hiere*) nach der Melodie „Ich dank dir, lieber Herre" oder „Lobet Gott unsern Herrn".

Beide sind gedruckt in: Heimreich *Ernewrete nordfresische Chronick* 1668 neu hsg. von N. Falck 1819 I 27—30; neuerdings mit Erklärungen hsg. von F. Holthausen *Nordfriesische Studien* PBB. XLV (1920) S. 1ff.; vgl. auch hierzu und zum folgenden F. Holthausen PBB. XLV, XLVIII, XLIX und *Die Sprache u. Literatur der Nordfriesen*, Schleswig-Holsteinisches Jahrbuch 1922 S. 7ff. sowie F. Holthausen *Die nordfries. Literatur*, Nordelbingen, Beitr. z. Heimatforschung in Schleswig-Holstein

IV (1925) S. 649—666 [erst nach Niederschrift dieses Beitrages erschienen]. Pauls *Literatur über Nordfriesland*, Schleswig-Holstein. Jahrb. 1922 S. 113ff. Siebs PGrundr. II² 548ff., 649—666.

Ein Denkmal der gleichen Nordstrander Sprache, das von Falck a. a. O. S. XXXI als „Der Kleine Katechismus Lutheri im Föhringer und Nordstrandinger Dialekt, auf der Königl. Bibl. in Copenhagen, handschriftlich" erwähnt ist, kennen wir jetzt aus einer Königsberger Hs. vom Anfang des 17. Jhs.; es ist eine Abschrift, deren Vorlage möglicherweise noch aus dem 16. Jh. stammt. Der Katechismus ist abgedruckt von W. Ziesemer NdJb. XLVIII (1922) S. 53ff.

In der dem Nordstrander Dialekt sehr nahestehenden Mundart der Hallig Nordmarsch ist ein geistliches Gedicht von 13 Strophen von dem Pastor Lorenz Lorenzen (1720—1790), Prediger auf Nordmarsch, vermutlich um 1749 gedichtet: *Good is jümmer arcken näy* („Gott ist immer jedem nah", nach der Melodie „Schwing dich auf zu deinem Gott" zu singen). Ein weiteres Stück von Lorenzen ist ein Gespräch zwischen Davids Diener A. und dessen Freund B. über die Buße des Königs, nach der Erzählung im 2. Buch Samuelis 12, 15ff. Der Diener erzählt, wie der König heult und klagt, wie er aber von Gott erhört wird und ihm ein Preislied zur Harfe singt. Das zwölfstrophige Gedicht ist, mit dem geistlichen Liede, gedruckt bei Joh. Friedr. Camerer *Vermischte historisch-politische Nachrichten von einigen Gegenden der Herzogtümer Schleswig und Holstein* 1758—62. II 111ff. Die beiden Gedichte sind (mit einem Vaterunser und anderen Sprachproben) gedruckt von Holthausen PBB. XLV (1920) S. 5ff. — Um die gleiche Zeit (1749) ist in der Mundart der Wiedingharde von einem gewissen Andreas Bendixen aus Neukirchspiel ein 'Hochzeitlied' in Alexandrinern verfaßt worden, das auf einem fliegenden Blatte (in der Provinzialen Bibliothek zu Leeuwarden) erhalten und in J. H. Halbertsma's *'Hulde aan G. Japiks'* (Leeuwarden 1827) II 258 gedruckt ist (vgl. Holthausen a. a. O. S. 42ff.). Es ist ein Gedicht ohne literarischen Wert. Ein Lied, das der Pastor Petreus zu Deetzbüll 1732 auf den Geburtstag des Königs Christian VI. verfaßt haben soll, ist mir nicht bekannt geworden; ein Lied auf König Friedrich V. (von 1748) ist PBB. XLVIII (1923) S. 1ff. abgedruckt: es hat als Dichtung keinen Wert. Auch was wir sonst an Gedichten vom nordfries. Festlande aus dem 19. Jh. kennen, hat für uns in erster Linie den Wert von Sprachproben; freilich mag das eine oder andere zudem auch ein volkstümliches Interesse bieten. In den Zeitungen des nordfries. Gebietes findet man gelegentlich kleine nordfries. Erzählungen und Lieder gedruckt; auch sind bisweilen, namentlich von Vereinen, Lieder zu kleinen Sammlungen vereinigt. Zumeist sind es Übersetzungen oder doch Nachbildungen nach dem Hochdeutschen. Ein Beispiel solcher Sammlungen, wie sie auch beim Nordfriesischen der Inseln noch erwähnt werden sollen, sind die *'Lidjan unt Ömrang-and Halleg-Fresk, samalt fan B. Fr. Bonken'* (Breklum 1914), eine Anzahl geistlicher Lieder, die dem Hochdeutschen nachgebildet sind; unter ihnen ist auch der schon erwähnte Gesang *'Good is jümmer arcken näy'*. Mehr sprachlichem denn literarischem Bestreben sind wohl die Sammlungen des Stedesander Küsters und Lehrers Moritz Nissen (1822—1902), einem eifrigen Vorkämpfer der fries. Sprache, zu danken, der 1868 zu Altona sein Buch *'De frèske sjemstin'* ('Der fries. Spiegel') erscheinen ließ. Nach einer sprachlichen Einleitung folgen, zumeist mit hochdt. Übersetzung, zahlreiche Gedichte, die über die Heimat des Friesen und seine Gefühle in der Fremde handeln, religiöse Stimmungen — namentlich an den Festtagen — geben, allerlei Sagenmotive verwerten und Szenen aus dem täglichen Leben des Volkes schildern; Sprüche, Verse auf mancherlei Redensarten, Prosastücke beschließen die Sammlung, die nach Inhalt und Form nicht eigentlich volkstümlich zu nennen ist. Ein Gedicht von Nissen *'Tu Jüll'* ('Zu Weihnachten') ist von Johan Winkler mit niederl. Übersetzung und Anmerkungen herausgegeben (*Een noordfriesche brief en een noordfriesche Vers*, De vrije Fries XII [1873] S. 437—450). Alles dies ist in der Mundart der Karrharde geschrieben; auch andere Mundarten berücksichtigt eine Sprichwörtersammlung, die Nissen als *'De frèske Findling'* in 10 Abschnitten (Stedesand

1873—83) hat erscheinen lassen. Eine noch handschriftlich auf der Kieler Universitätsbibliothek ruhende Sammlung, '*De Makker tu de freske Sjemstin*' ('Das Gegenstück zum friesischen Spiegel') benannt, enthält mancherlei Dichtungen in gebundener und ungebundener Rede, zum zum Teil auch Dramatisches ('*Di trinne Söme tu Martensdei*': 'Die runde Summe zum Martinstag'). — Eine kleine Zahl von Gedichten und kurzen Stücken sind als Sprachproben der Moringer Mundart dem Buche von Bende Bendsen *Die nordfries. Sprache nach der Moringer Mundart* 1860 S. 466—71 angehängt (vgl. J. H. Halbertsma De vrije Fries X 345). — Als heute noch lebende Dichter seien genannt N. A. Johannsen in Flensburg und Rektor R. Jensen in Hamburg; ersterer hat Erzählungen und Gedichte in Moringer Mundart, letzterer Erzählungen in der Sprache der Wiedingharde verfaßt; vgl. auch '*Nordfriesische Lieder*' (2. Aufl. Tondern 1912) und '*Nordfriesische Lieder in Moringer Mundart*' (Niebüll 1921).

§ 8. Reichlicher fließen die Quellen auf den nordfries. Inseln. Zunächst Amrum und Föhr. Das älteste, uns bekannte Gedicht ist ein zwölfstrophiges geistliches Lied des Föhringer Pastors Chr. Karl Quedensen († 1763) *Uun a hemmel efter a duas tu kemmen, Det wansket arkenian ham wel* („In den Himmel nach dem Tode zu kommen, das wünscht ein jeder sich wohl"). Es ist gedruckt bei Chr. Johansen *Die nordfries. Sprache nach der Föhringer und Amrumer Mundart* 1862 S. 281 (sodann auch von Holthausen PBB. XLVIII 15ff.). In diesem Buche sind — außer verschiedenen Übersetzungen — allerlei Föhringer und Amringer Überlieferungen in den 'Erzählungen des alten Besenbinders Jens Drefsen' mitgeteilt. Von demselben Chr. Johansen ist eine Erzählung in nordfries. Sprache '*Arammud an Dögganhaid bi-rköödar oder Armut und Tugend (beieinander)*' (Schleswig 1855) herausgegeben. Nach Föhr und Amrum weisen uns auch die von Otto Bremer 1888 gesammelten '*Ferreng an ömreng stacken üb rimen*' („gereimte Stücke"), in denen das eigenartige, als alte Ballade anmutende Tanzlied '*ä bäi ä redder*' und ein Hochzeitslied (beide schon gedruckt in Ehrentrauts Friesischem Archiv II 328ff.) sowie Versstücke zeitgenössischer Verfasser enthalten sind; ferner, gleichfalls von Bremer 1896 hsg., '*A. J. Arfsten sin Düntjes*', kleine Prosaerzählungen eines alten, 1812 geborenen Nieblumers. Auch in den vier Jahrgängen eines kleinen, von O. Bremer und N. Jirrins 1893ff. hrsg. Kalenders '*Ferreng an ömreng allemnack*' sind allerlei mundartliche Stücke vereinigt. Als neueste Föhringer Dichter sind der in Husum lebende Studienrat Peters und der in Altona lebende Propst Martens zu nennen: beide haben mancherlei Lieder, ersterer hat auch muntere Theaterstücke gedichtet; vgl. auch '*Föhringer Lesebuch*' (2. Aufl. 1913).

§ 9. Das wertvollste Denkmal nordfries. Lit. ist in der Sprache der Insel Sylt gedichtet. Es ist ein von frischem Humor erfülltes volkstümliches Lustspiel '*Di Gidtshals of di Söl'ring Pid'ersdei*' ('Der Geizhals oder der Sylter Peterstag') von Jap P. Hansen, „vormals Seefahrer, später Küster und Danebrogsmann in Keitum auf Sylt" (1767—1855). Das Lustspiel schildert mit guter Charakterzeichnung einen alten geizigen Bauern, der seinen Kindern nicht einmal Geld zur Belustigung am Peterstage, dem Sylter Volksfest, geben will, aber später bekehrt wird. Trefflich sind auch die heute noch auf Sylt volkstümliche Gestalt eines Jüten, der dän.-fries. Mischsprache redet, eine Frau, die Söl'ring, Platt- und Hochdeutsch durcheinander mischt, und andere Personen geschildert. Das Stück ist zuerst in Flensburg 1809 gedruckt, dann in 2. Auflage (Sonderburg 1833) unter dem Titel 'Nahrung für Leselust in nordfries. Sprache'; in dieser Ausgabe ist eine Erzählung '*Di lekkelk stjüürman*' (Der glückliche Steuermann) angefügt. Eine Reihe von 16 Liedern und anderen Kleinigkeiten (Rätseln, Scherzfragen u. dgl.) folgen als '*Hok leedt'is en wat lidt muar*' ('Einige Lieder und sonst was Kleines'); von den Liedern sind 7 schon in der ersten Ausgabe und dann auch getrennt (Sonderburg 1811) erschienen. Die wertvollsten dieser Lieder, die zum Teil vor hundert Jahren auf der Insel gang und gäbe und noch um 1900 den älteren Syltern geläufig waren, sind in phonetischer Aufzeichnung und mit den Melodien 1911 von Th. Siebs (ZfVk. XXI 63 ff.) gedruckt worden. Wie Chr. Jensen (*Bestrebungen zur Erhaltung des nordfries. Volkstums* 1909 S. 6) mitteilt, hat J. P. Hansen handschriftlich ein 1822 verfaßtes Schauspiel '*Di ual' Tid' üp Söl'*' ('Die alte Zeit auf Sylt') und eine Sammlung von 220 Sylter Sprichwörtern hinterlassen.— Ein Sohn dieses J. P. Hansen und, wie sein Vater, Küster in Keitum, C. P. Hansen (1803—1879), hat sich durch Aufzeichnung von Sagen in Sylter Sprache verdient gemacht; sie sind uns inhaltlich aus Müllenhoffs wertvollem Werke bekannt. Hansen hat sie an verschiedenen Stellen gedruckt; man vergleiche seine Schriften: 'Chronik der fries. Utlande' 2. Aufl. 1868; 'Der Sylter Friese' 1862; 'Das Schleswigsche Wattenmeer und die nordfries. Inseln' 1865; 'Altfries. Katechismus in Sylter Mundart' 1862; vor allem '*Uald' Söl'ring Tialen*' 1858; 'Sagen und Erzählungen der Sylter Friesen' 1875; 'Beiträge zu den Sagen, Sittenregeln, Rechten und der Geschichte der Nordfriesen' 1880. Sylterfries. Strophen 'Die Friesin und ihre Freier' finden sich in 'Die freiheitliebenden, sich selber bildenden Friesen, ein fries. Volksbuch von C. P. Hansen' (o. O. u. J.) S. 141. Auch ist ein größeres Gedicht dieses C. P. Hansen unter dem Namen Kristjan Jappen als '*De bridfiarhoogher üp Sölth of dit Miraakel fan Eidem*' mit einer westfries. und einer holländ. Übersetzung und Anmerkungen von Johan Winkler veröffentlicht in De vrije Fries XII [1869] S. 81—133. Über das Leben des Christian Peter Hansen vgl. M. Dirks *Een noordfriesche Schoolmester*, De vrije Fries XI 377—391 (Illustr. Familienjournal 1867 S. 20—22). — Als Zusammenstellung von Sylter Liedern und sonstigen Stücken sei noch folgendes erwähnt. In einer handschriftlichen Chronik eines Gasthofes zu Keitum fand ich 1897 die Mitteilung, daß 1824 am 26. Juni dem dän. König Friedrich in Tondern gehuldigt wurde und man dabei nach der Melodie *God save the King* ein dreistrophiges Lied sang (*Üs Söldring faamen kin Wü lidtet üs benem, Mar nem dag mud* usw.); darauf überreichte ein Sylter drei weitere Strophen dem Könige. Diese Lieder sowie ein '*Brölleps leedt*' (Hochzeitslied) und '*En paar wensken*' ('Ein paar Wünsche') sind in der Chronik enthalten, letztere beiden Lieder auch in 'Nahrung f. Leselust' von J. P. Hansen. — Prosastücke aus J. P. Hansens Lustspiel sowie aus neuerer Zeit, Übersetzungen aus dem Hochdeutschen und aus anderen fries. Mundarten, Lieder und Kleinigkeiten verschiedenster Art sind von Boy P. Möller zu einem '*Söl'ring Leesbok*' (1909) zusammengestellt, von demselben sind auch Lieder gesammelt zu einem '*Söl'ring Leedji-Bok*' (1911). In ähnlicher Weise hat Andreas Hübbe '*Sölring Dechtings en Leedjis*' ('Sylter Gedichte und Lieder') 1913 zu einem Büchlein vereinigt. In neuester Zeit sind, um den Syltern Lieder in ihrer Sprache zu schaffen, mancherlei Verse bekannten Weisen untergelegt worden, auch hat man in volkstümlichem Streben alte Bräuche wie das *Biikenbrennen* (Fackelbrennen) wieder zu beleben gesucht und zu ihnen Verse gemacht. Literarischer Wert kommt diesen Stücken ebensowenig zu wie den vielen Nachbildungen deutscher geistlicher Lieder. Allerlei Vereinsbestrebungen auf den nordfries. Inseln sowie auf dem nordfries. Festlande und anderwärts haben die Teilnahme an solchen Liedern gefördert. — Eine selbständigere und ursprünglichere Art zeigen die um 1855 niedergeschriebenen Gedichte eines Jürgen R. Hinrichs (genannt Jürren Rinken), der 1785 in Rantum geboren ist und bis 1865 in Westerland gelebt hat. Er war erst Seemann, dann Bauer. Eine Sammlung seiner volkstümlichen Gedichte wurde mir 1897 aus Privatbesitz zur Veröffentlichung übergeben (vgl. PGrundr. II², 549 sowie Z. d. Vereins f. Vkde XXI [1911] S. 63), und ich gedenke sie mit Holthausen herauszugeben. Es sind humoristische Gelegenheitsgedichte, unter denen eine Reise nach dem Monde mit vielen scherzhaften Anspielungen auf Sylter Verhältnisse an erster Stelle steht. Auch von dem (um 1900 verstorbenen) Lehrer Christiansen in Tinnum sind eine Reihe kleiner volkstümlicher Gedichte verfaßt worden. — Unter den noch lebenden Sylter Dichtern ist an erster Stelle Erich Johannsen (geboren 1862 in Keitum) zu nennen; er lebt als Zimmermann in seinem Dorfe; in seinen Mußestunden hat er manche Theaterstücke in Sylter Sprache geschrieben, die von seinen Landsleuten an Winterabenden gern aufgeführt wurden. Die meisten Stücke sind nicht originell; gelegentlich aber hat er mit gutem Humor volkstümliche Gestalten seiner Heimat geschildert. Die beiden besten seiner Lustspiele, '*Di Frīər fan Mōasum*' ('Der Freier von Morsum') und '*Söl'ring Halfjungkendrēnger*' ('Sylter Jungen, die abends auf Liebeswerbung gehen', eig. 'Halbdunkeljungen') sind mit Übersetzung, Erläuterungen und Wörterbuch von Th. Siebs 1898 herausgegeben. In diese Stücke sind verschiedene Lieder eingefügt; eines von diesen '*Ûs fōafârn wēer en stolt tai rött, Ja kür nīn trūlōas dâd*' ('Unsere Vorfahren waren ein stolzer zäher Stamm, sie kannten keine Treulosigkeit'), dessen vier Strophen als Kehrreim den fries. Wahlspruch '*Lefər dōad ûs slâf*' ('Lieber tot als Sklav') haben, ist als '*Söl'ring Soong*' ('Sylter Lied') mit einer würdigen Melodie (Berlin, Simon 1898) herausgegeben worden. Die schöne, von Wilhelm Berger nach Angaben von Siebs geschaffene Weise ist auf Sylt später leider auf minderwertige Texte übertragen worden; die erste und letzte Strophe des Johannsenschen Liedes geben mit jener Melodie eine gute Volkshymne.

§ 10. Von der Insel Helgoland (von der uns als älteste Sprachproben nur einige Sätze in Camerers *Vermischte historisch-politische Nachrichten* I [1758] S. 227ff. vorliegen) sind uns — außer einigen Kinderversen, Sprichwörtern u. dgl. — vor allem eine Anzahl hübscher kleiner Gedichte, meist humoristischer Art, von Heinrich Claasen († auf Helgoland um 1916) bekannt; sie sind bei Th. Siebs *Helgoland und seine Sprache* (1909) gedruckt. Eine Reihe älterer Gedichte aus der Zeit um 1860, die von dem einst auf Helgoland wirkenden Arzt Dr. Harmsen gesammelt waren, sind von Siebs in den Mitteilungen der Schlesischen Gesellschaft für Volkskunde XII 161 veröffentlicht worden. Vor allem ist hier, neben Kleinigkeiten von Knutz Michels und Groneweg, die volksmäßige Ballade '*Di lōats sīn brid*' ('Die Lotsenbraut') von Albrecht Groneweg zu nennen; das Motiv der 'Lenore' erscheint hier mit dem seemännischen Motiv der auf Rückkehr des Geliebten harrenden Matrosenbraut verbunden; ob der Dichter nach einer dt. Vorlage geschaffen hat, ist nicht zu erweisen.

Th. Siebs.

Frühneuhochdeutsche Literatur.

I. Abgrenzung und Einteilung: § 1. zeitlich a. obere, b. untere Grenze, c. Teilabschnitte. § 2. landschaftlich. § 3. sachlich. — II. Allgemeine Grundlagen: § 4. Wandlungen a. wirtschaftlich-soziale, b. geistige. § 5. Dichter und Publikum. § 6. Überlieferung. — III. Formen: § 7. Poesie. § 8. Prosa. § 9. Schriftsprache. — IV. Stoffe: § 10. alte. § 11. neue. — V. Gattungen: § 12. Epik. § 13. Didaktik. § 14. Lyrik. § 15. Drama. — VI. Ausblick: § 16. Bemerkungen.

I. § 1. Als f. L. bezeichnet man die Übergangsepoche, die von der mhd. zur nhd. Sprache und Dichtung überleitet. Die zeitlichen Grenzen dieser Literaturperiode sind nach jeder Richtung flüssig: es gibt keine Kriterien, die eindeutig bestimmen könnten, wo das Frnhd. beginnen und aufhören soll.

a. Die lautgeschichtlichen Hauptmerkmale, die das Nhd. vom Mhd. scheiden (Verbindung bayr.-österreich. und md. Elemente im Vokalismus mit einem Konsonantismus hochfränk. Lautverschiebungsstufe), begegnen landschaftlich schon in mhd. Zeit: ihre endgültige Herrschaft wird durch Schreibstube, Kanzlei und Druckerei künstlich geschaffen. Es dauert Jahrhunderte, bis die verschiedenen Dialekte den Widerstand gegen diese sprachliche Uniformierung aufgeben. Auch der Bruch, der mit dem nationalen Sprachzustand im syntaktischen Gefüge durch das Vordringen der neuen Geschäfts-, Kanzlei- und Rechtsprosa erfolgt und den dt. Satzbau durch peinliche Nachahmung des lat. Vorbildes nach den Gesetzen logischer Periodisierung umwälzt, ist kein plötzlicher: er setzt im 14. Jh. ein und schreitet langsam von Stufe zu Stufe voran.

Ebensowenig vermag, wer die Dichtung jener Zeit nach stofflichen und formalen Scheidelinien mustert, irgend feste Grenzsteine gegen das Mhd. zu entdecken. Denn die alten Stoffe und Formen leben noch lange fort und werden nur ganz allmählich umgebildet, verbürgert: langsam, von Schritt zu Schritt tastend, vollzieht sich dieser Prozeß. Will man überhaupt einen zeitlichen Einschnitt machen, dann am besten auf geistesgeschichtlichem Gebiet: das Jahrzehnt um 1350 führt mit dem Eindringen der neuen Renaissance-Strömungen in Böhmen unter Karl IV. eine Wende der dt. Kultur herauf. Danach gehören in der dt. Dichtung die ersten Ansätze zu humanistisch-renaissancemäßiger Formgebung, zumal die schöne Literatur in Prosa, wie 'Der Ackermann aus Böhmen', zur frnhd. Epoche.

b. Die untere Grenze hebt sich schärfer ab als die obere. Mit Beginn des 17. Jhs. gleichen sich die sprachlichen Gegensätze mehr und mehr aus. Zwar ist die Einheit der dt. Schriftsprache damals noch keineswegs hergestellt: kann man doch allein auf hd. Gebiet um 1600 noch mehrere Schriftsprachen unterscheiden. Aber auf der anderen Seite dringt die werdende Gemeinsprache auch auf nd. Boden, wo man sich gegen sie in den letzten Jahrzehnten des 16. Jhs. noch heftig sträubte, nunmehr siegreich vor.

Auch geistesgeschichtliche und künstlerisch-formale Kriterien weisen auf einen Einschnitt um 1600. Das Zeitalter der Reformation, das nicht erst mit Luther beginnt, ist in seinem akuten Stadium um 1600 abgeschlossen. Die bewegenden Mächte, die die Neuzeit heraufführen, sind Renaissance und Reformation: die Schwelle der Neuzeit muß man also entweder in der Mitte des 14. oder im Ausgang des 16. Jhs. verankern. Das Zwischenglied von 1350—1600, das uns hier interessiert, ist ausgesprochene Übergangszeit.

Mitten in den Wirren des 30jährigen Krieges bringt das 17. Jh. eine neue Kunstform hervor, indem der Humanismus sich verjüngt und der neue weltliche Gelehrtenstand sich zum Träger der Literatur macht: eine entscheidende Wendung gegen MA. und Übergangszeit. Vor dieser gelehrten Richtung weicht die im 16. Jh. noch so überaus kraftvolle volkstümliche Dichtung zurück, ohne freilich ganz die Segel zu streichen. Die neuen Poeten, durch die lange lat. Schulung der Humanisten formgewandt geworden, lernen seit Opitz dt. zu dichten und sind die Sieger in dem alten Kampf der gelehrten und ungelehrten Geister.

c. Wem also bei der zeitlichen Abgrenzung der frnhd. Literaturepoche mit runden Zahlen gedient ist, der mag sich an 1350 und 1600 halten. Will man nun weiter zergliedern, so ergibt sich das Jh. von 1350 bis 1450 sprachlich als die Hauptausbildungszeit der werdenden Schriftsprache im Kreise der berufsmäßig Schreibenden, bildungs- und stilgeschichtlich als Übergangszeit der Literatur von der mal. adligen Hofgesellschaft an die neue soziale Schicht des städtischen Bürgertums. Die Periode von 1450—1600 setzt dann den sprachlichen Einigungsprozeß fort und führt die Hochblüte dieser volkstümlichen stadtbürgerlichen Literatur herauf im Kampfe mit den vorwiegend gelehrten Bestrebungen des jungen Humanismus, die sich nach 1600 siegreich durchsetzen.

§ 2. Die landschaftliche Begrenzung der f. L. läßt sich mit festeren Linien umreißen. Sie umfaßt, wie der Name besagt, das hd., also das gesamte obd. und md. Sprachgebiet: im Südwesten am Oberrhein auf altem Kulturboden das Alemannische, im Südosten an der Donau das Bayr.-Österr., mit den Hauptorten Basel, Straßburg, Augsburg, München und Wien; und weiter das Md. vom Mittelrhein über Thüringen bis Schlesien. Die md. Deutschordensdichtung, die im späten 13. und 14. Jh. auf dem Kolonialboden des Nordosten aufblüht, stirbt im 15. Jh. bald nach Tannenberg (1410) ab. Als später die humanistische Bewegung bis nach Preußen vordringt, stützt sie sich nicht mehr auf den Orden, sondern wie im alten Kulturgebiet auf das aufstrebende Stadtbürgertum.

Was den Anteil der Landschaften an der Literatur im einzelnen betrifft, so behauptet sich die ganze frnhd. Zeit hindurch das Übergewicht Oberdeutschlands. Auch die Reformation hat an diesem Zustand nichts geändert. Erst im 17. Jh. tritt darin eine Verschiebung ein. Das hindert aber nicht, daß auf obd. Gebiet ein gewisser literarischer Gegensatz zwischen dem Südosten und Südwesten deutlich und wirksam wird: während man in Bayern und Österreich noch lange der alten epischen Kunst aus der verklingenden mhd. Zeit huldigt, gibt man sich in Württemberg und Baden früher den neuen geistigen Strömungen hin, die in der 2. Hälfte des 15. Jhs. aus Italien, Frankreich und den Niederlanden andringen. Schon vorher, im Ausgang des 14. Jhs., hatte die neue Kulturbewegung an der Peripherie, nämlich im md. Osten und bald anschließend auch am Niederrhein, einen kraftvollen Auftrieb erfahren: Orte wie Prag, Leipzig, Erfurt, Köln und niederländ. Städte treten jetzt mit ein in den Wettbewerb um die geistige Führung. Damit geht die literarische Hegemonie Oberdeutschlands freilich noch nicht verloren, aber der Boden ist bereitet für Bildung und Aufstieg neuer geistiger Kraftzentren.

§ 3. Bei der sachlichen Begrenzung darf man die f. L. nur nach den ihr eignen Voraussetzungen und Absichten werten. Wollte man moderne Kunstmaßstäbe anwenden, so müßte vieles, namentlich aus der Prosa, von vornherein beiseitegeschoben werden. Anderseits aber ist der Rahmen der Betrachtung bedeutend enger zu spannen als z. B. bei der ahd. Literatur, wo alle erhaltenen Denkmäler dt. Sprache zu berücksichtigen sind. Die Prosaliteratur, deren Ausbreitung für die frnhd. Epoche so charakteristisch ist, hat nur dann Anspruch auf Beachtung durch den Germanisten, wenn sie entweder für die Ausbildung der werdenden Gemeinsprache wichtig ist oder durch Vorzüge formal-stilistischer Art aus der übrigen Masse hervorragt. Schriften, die nur dem amtlichen und privaten Geschäftsverkehr oder wissenschaftlichen und politischen Zwecken dienen, ohne auf Stil und Geist der gleichzeitigen Dichtung einzuwirken, scheiden ohne weiteres aus. Das gilt auch für die Flut der Flug- und Streitschriften (s. d.), sofern sie nicht wegen ihrer literarischen Form oder Gedanken bemerkenswert sind. Umgekehrt darf man an einer zwar nicht dt. geschriebenen, aber künstlerisch bedeutsamen Literatur jener Zeit nicht vorübergehen: der neulat. Poesie der dt. Humanisten, sollen nicht klaffende Lücken das Gesamtbild der frnhd. Dichtung entstellen.

Will man das so begrenzte Gebiet der f. L. nach sachlichen Gesichtspunkten einteilen, so ergibt sich die Gliederung der Darstellung nach allgemeinen Grundlagen, Formen, Stoffen und Gattungen von selbst.

II. § 4. Überblickt man die Gesamtentwicklung der frnhd. Dichtung und vergleicht man sie mit der voraufgehenden Epoche, so erhebt sich die Kardinalfrage: wie kommt es, daß im Laufe des 14. bis 16. Jhs. das Literaturbild der mhd. Blütezeit sich so von Grund auf wandelt? Die Antwort kann nur lauten: das ist eine Folge der tiefgreifenden wirtschaftlichen, sozialen und geistigen Umwälzungen, die sich in jenem Zeitraum vollziehen. Das eine ist vom anderen nicht zu trennen. Die wirtschaftlich-soziale Umschichtung hätte nicht in dem Umfang sich auswirken können, wenn nicht mit ihnen die geistigen Strömungen und Wandlungen Schritt gehalten oder gar sie vorbereitet hätten. Es ist nun üblich, die gründliche Umstellung, die an der dt. Dichtung während der Übergangszeit vom MA. zur Reformation vor sich geht, mit dem kargen Hinweis zu erklären, daß in jener Epoche das Rittertum als Träger der Literatur aus seiner sozial und kulturell führenden Stellung durch das emporgekommene Bürgertum verdrängt worden sei. Gewiß, die Tatsache stimmt, genügt aber nicht zur Erklärung.

a. Seit dem 14. Jh. verlieren die beiden großen, beherrschenden Mächte des MA., Kaisertum und Kirche, ihren alten einheitlichen Charakter und geraten in fortschreitenden Verfall. An ihre Stelle drängt sich die gestaltenreiche Welt der Territorien und Städte, und auch die Kirche scheidet sich nach Nationen. Dieser staatsrechtlich-kirchenpolitische Vorgang schafft jedoch nur die Vorbedingungen, den Rahmen für die wirtschaftliche und soziale Umschichtung und Entwicklung der werdenden Neuzeit. Zu gleicher Zeit aber werden andere Kräfte wirksam, die das wirtschaftliche Leben von sich aus umgestalten: bis zum Beginn des 14. Jhs. mußte Deutschland den größten Teil seiner wirtschaftlichen Energie für den kolonisatorischen Ausbau des Landes aufwenden, um durch Nutzbarmachung der natürlichen Hilfsquellen ein geschichtliches Dasein zu ermöglichen. Erst nach Abschluß dieses Prozesses konnten die Länder den Austausch ihrer Erzeugnisse durch Handel organisieren. Das aber sind die ersten Anfänge zur Weltwirtschaft der Neuzeit. Also auch auf wirtschaftlichem Gebiet leitet das 14. Jh. die neuzeitliche Entwicklung ein: erst in diesem Säkulum tritt Deutschland in den Welthandel ein. Im Norden erschließt die Hanse die Meere, den Westen mit dem Osten verbindend. Im Süden entwickelt sich gleichzeitig ein reger Verkehr mit den ital. Städten, die ihrerseits bereits den orient. Handel an sich gezogen haben. Im Westen steigert der Rhein seine alte Bedeutung als Verkehrsweg nach den Niederlanden und England. Und mit dem Außenhandel hält der Binnenhandel Schritt.

So wird Deutschland im 14. Jh. dank seiner Lage ein Verkehrsland großen Stils. Industrien kommen auf in Stadt und Land, und neue Städte entwachsen dem Boden. Handel und Industrie aber bilden eine neue Wirtschaftsform und soziale Schichtung aus: das kapitalistische Unternehmertum. Nun gedeiht in den Städten Reichtum und Wohlstand: der neue Stand des städtischen Patriziats baut sich auf, der sich nicht mit der wirtschaftlichen Machtstellung begnügt, sondern auch die politische Führung an sich bringt. So sind um 1400 in allen aufblühenden Städten die neuen Patriziergeschlechter Inhaber und Träger der städtischen Verfassung und Macht. Das aber bedeutet einen Sturz der alten Gewalten, nicht nur im wirtschaftlich-staatlichen, auch im geistig-kulturellen Leben. Dies ist der tiefere Grund, weshalb seit dem 14. Jh. auch die Pflege der Dichtkunst an das Bürgertum, zunächst an das führende Patriziertum, dann an das Stadtbürgertum schlechthin übergeht. Daß das Rittertum gleichzeitig auch seine frühere militärische Rolle ausgespielt hat, untergräbt natürlich auch seine alte Vormachtstellung, ist aber von nicht so entscheidendem Gewicht.

b. Ebenso umwälzend sind die g e i s t i g e n Wandlungen jener Übergangszeit: Mystik, Humanismus, Reformation. Die M y s t i k ist freilich keine neue und auf dt. Boden beschränkte religiöse Bewegung. Sie hat ihre tiefsten Wurzeln in den neuplatonischen Stimmungen der spätgriech. Philosophie, die als letzte Stufe religiöser Erkenntnis das unmittelbare geistige Erschauen der Gottheit lehrt und den Umgang mit der übersinnlichen Welt durch Visionen und übernatürliche Offenbarungen begünstigt. Die wissenschaftliche Durchbildung erhält die Mystik in Nordfrankreich im Anschluß an die Lehren des heiligen Bernhard, der von der Meditation zur Kontemplation, von der Magie zur Vision fortschreitet, indem im 12. Jh. Hugo und Richard von St. Viktor ein förmliches System frommer Erhebung entwerfen. Die beiden großen religiösen Erwecker des 13. Jhs., Joachim von Fiore und Franz von Assisi, erheben dann mit dem Anhang ihrer Nachahmer und Schüler, der Spiritualen, die von ihnen erneuerte und propagierte Frömmigkeit auf den Schild zum Kampf gegen die hierarchische Herrschsucht der Kirche. Und im 14. Jh. wird die Bewegung nach der philosophischen, kirchlichen und erbaulichen Richtung weiter vertieft. Erneuerung des Christenmenschen und der Kirche: diese alte Forderung wird neu beschwingt. In den ersten Jahrzehnten des 14. Jhs. breitet sich die Mystik vom Oberrhein über ganz Deutschland aus, nur dem östl. Kolonisationsgebiet bleibt sie fremd. Zum Hort der neuen Strömung werden die Dominikanerklöster; doch auch die Minoriten sind nicht lässig: sie werden die Prediger und Berater des aufstrebenden Bürgertums.

So treibt die dt. Mystik im 14. Jh. die schönsten Blüten. Wie die Seelen der unzähligen Gottsucher, so geben sich auch die Dichter und Künstler dem Zauber mystischen Erlebens hin. Indem die führenden Geister der Mystik ihren Empfindungen in gedankentiefen Predigten, Erbauungsschriften und Briefen Ausdruck geben, wird die Literatur nachhaltig befruchtet: sie verdankt ihnen die schönsten Prosadenkmäler vor der Reformation, gleich gehaltvoll an Gedankentiefe, religiöser Innigkeit wie sprachbildnerischer Fülle.

Die zweite neue Macht, die inmitten des Zusammenbruchs der mal. Kultur ersteht, ist die R e n a i s s a n c e. Auch sie keine absolut neue Geistesbewegung: humanistische Strömungen ziehen sich durch das ganze MA., nicht nur z. Z. der Karolinger und Ottonen, bald mehr im Verborgenen, bald mehr sichtbar wirkend. Freilich können sie sich an Wucht nicht mit dem Hauptstrom der eigentlichen Renaissance messen. Das neue Weltbild der Wiedergeburt aus dem Geist der Antike wird zuerst in Italien lebendig im Zeitalter Dantes, Petrarcas und Rienzos. Von dort aus ergreift dann im 15. und 16. Jh. das ganze Abendland das Verlangen nach einer Neugestaltung der Kultur im öffentlichen und geistigen Leben, in Staat und Kirche, in Wissenschaft und Kunst, nach einer Neuformung auch der sozialen und sittlichen Zustände. Die neu gegründeten, aufblühenden Universitäten werden der Hort der jungen Bewegung. In Frontstellung gegen das MA. will man im besonderen dem Individuum eine neue Wertung erringen durch Steigerung und Vertiefung des Persönlichkeitsgedankens. Die Sonne der Antike soll zu neuen Zielen voranleuchten. So sind in Wahrheit die neuen Mächte Humanismus und Renaissance eine Einheit, mag auch die übliche Begriffsbestimmung sie scheiden und jenem mehr die gelehrt-literarische, dieser die künstlerisch-ideengeschichtliche Unterbauung des Kulturumschwungs zuweisen.

Die Keime der neuen Bewegung verpflanzen Rienzo und Petrarca nach Böhmen, wo sie am Hofe und im Kreise Karls IV. und seiner Beamten, seines Kanzlers und Kanzleipersonals empfänglichen Boden finden. So bahnt sich in Deutschland schon im 14. Jh. die geistige Wandlung an, und die Grundlage für die Entwicklung zur modernen Welt wird geschaffen. Dies Jh. ist also durchaus nicht nur eine Epoche allgemeinen Verfalls, sondern leitet auf wirtschaftlich-sozialem wie geistigem Gebiet den Übergang vom MA. zur Neuzeit ein.

Dem jungen böhm. Humanismus gelingt bald nach 1400 ein literarisches Kunstwerk in dt. Prosa, wie es die 300 Jahre der Renaissance und Reformation nicht wieder hervorgebracht haben und in seiner Art überhaupt nicht mehr erreicht worden ist: 'Das Streitgespräch zwischen dem Ackermann aus Böhmen' und dem Tod'. Wohl wird das eigenartige Werk in seiner Bedeutung schon von den Zeitgenossen erkannt, wie seine überreiche Überlieferung bezeugt: aber der Geist jenes unverbildeten frühen dt. Humanismus trägt weiterhin keine edlen Früchte. Die humanistische Poesie des 15., 16. und frühen 17. Jhs. erschöpft sich mit wenigen Ausnahmen in sklavischer Nachbildung antiker Muster und entfremdet den Humanismus der deutsch-volkstümlichen Kultur. Schon die zweite Welle der dt. Renaissance, etwa 50 Jahre später zunächst wiederum von Böhmen aus mit der Wirksamkeit des in der Hofkanzlei tätigen Enea Silvio einsetzend und dann nach dem dt. Südwesten sich fortbewegend, wird getragen von dem Dogma der absolut geltenden Norm der Antike, wie sie inzwischen in Italien herrschend geworden war. Die gelehrten Übersetzungen wie die Steinhöwels, Albrechts von Eyb und des Niklas von Wyle atmen nicht mehr den gesund heimatlichen Geist des frühen böhm. Humanismus. Sie huldigen, wenn auch in verschiedenem Grade, doch vorwiegend dem fremden Ideal in Sprache und Stil. Erst die schwäb. Humanisten, an ihrer Spitze die Tübinger Heinrich Bebel, Nicod. Frischlin und als letzter Friedr. Herm. Flayder, stellen den Anschluß an die nationale Überlieferung wieder her.

Aber das Gros der Humanisten wendet sich ab von der heimischen Literatur. So kann sich die literarische Renaissance in der dt. Poesie und Prosa nicht recht auswirken und ist auf die lat. dichtenden Poeten angewiesen. Dadurch gerät die dt. Bildung in einen verhängnisvollen Zwiespalt: heimatlich-volkstümliche und gelehrt-latein. Dichtung stehen nun einander fremd und feindselig gegenüber, bar der Mittel und Möglichkeiten eines versöhnenden Ausgleichs. Und an diesem Gegensatz werden beide siech. Der Humanismus erstarrt in seiner einseitigen Tendenz zur Wiedererweckung des klassischen Altertums, und die neulat. Poesie verliert mit ihrer immer strenger werdenden Nachprägung antiker Formen und Vorbilder den frischen, warmen Zustrom des nationalen dt. Geistesgutes. Zugleich werden die Kunstwerke der mhd. Literaturblüte vernachlässigt und fortschreitendem Verfall preisgegeben, seitdem ihr früherer Träger, das höfische Rittertum, dem neuaufstrebenden Stadtbürgertum das Feld hat überlassen müssen.

So sinkt die dt. Dichtkunst in der handwerkigen Übung der dichtenden Bürger in formlos roher Sprache, in Vers und Prosa, immer tiefer. Die Tradition der alten Kunst stirbt ab, und die Ansätze zu einer neuen dt. Dichtersprache bleiben bis tief ins 16. Jh. hinein schwach. Nichts bezeichnet den Verfall der alten Kunstform eindrucksvoller als die plumpen Umarbeitungen mhd. Gedichte in der handschriftlichen und gedruckten Überlieferung des 15. und 16. Jhs. Und über diesen Niedergang der Kunstform darf auch der volkhafte Charakter der Sprache mit dem Reichtum an Sprichwörtern voll sinnlicher Kraft und an poetisch-frischen Bildern nicht hinwegtäuschen.

Den Zerfall der poetischen Form vermag auch die große religiöse Umwälzung des 16. Jhs. nicht aufzuhalten. Wie vorher seit dem 14. Jh. die dt. Literatur aus den das Geistesleben umgestaltenden Wirkungen des Humanismus im Sinne einer künstlerischen Aufgipflung des Formwillens und Stilgefühls nur mageren Gewinn zieht, ebensowenig führt die Reformation eine Verfeinerung des literarisch-ästhetischen Geschmacks herauf: kein neues Zeitalter dt. Poesie beginnt, vielmehr setzt sich im ganzen der dichterische Tiefstand des 14. und 15. Jhs. fort. Hervorragende Einzelleistungen sind vorhanden, aber sie vermögen dem Gesamtbild der Literatur des 16. Jhs. nur einige erfreuliche Züge einzuzeichnen.

Die Reformation verbindet sich mit dem Urquell der national-volkstümlichen Literatur in gleicher Weise wie mit den Bestrebungen des Humanismus. Dadurch werden die humanistische und die volkstümliche Richtung nach außen vereinigt, aber innerlich nicht ausgeglichen. Einzelne Dichtgattungen wie namentlich das Kirchenlied, die Satirik, Didaktik und das Drama blühen unter den Impulsen des kirchlichen Kampfes auf, wie überhaupt die ganze Literatur sich inhaltlich mehr als die gleichzeitige Bildkunst nach dem Stande und den Zielen der reformatorischen Bewegung in Zustimmung oder Ablehnung orientiert: sie wird Tendenz- und Streitdichtung. Aber von einer inneren Erneuerung ist im literarischen Leben der Reformationszeit auf dt. Boden wenig zu spüren. Wie sich die Renaissance erst in der dt. Gelehrtendichtung des 17. Jhs. auswirkt durch Umbildung der poetischen Kunstform, so fallen die letzten Schranken der durch die Reformation errungenen geistigen Freiheit erst im 18. Jh.

§ 5. Spannen wir den Rahmen enger und stellen die Frage nach Dichter und Publikum, dann zeigt das Literaturbild der frnhd. Zeit folgende charakteristischen Züge: das Schrifttum ist ausgesprochen männlich, produktiv wie rezeptiv, von Männern und in erster Linie für Männer geschrieben. Abgesehen von der Mystik sind Frauen kaum schöpferisch beteiligt, und die meisten Dichter, voran die Humanisten, wenden sich vorwiegend an ein männliches Publikum. Nur einzelne Gattungen der Unterhaltungsliteratur, ferner das geistliche und volkstümliche Lied sind auch für weibliche Kreise berechnet. Die Umschichtung der sozialen Standesverhältnisse mußte die bevorzugte Stellung, deren sich die Frau, die Herrin in der mal. höfischen Gesellschaft erfreute, mehr und mehr erschüttern, ohne daß die Bürgerfrau sogleich ihren Platz einnehmen konnte.

Falsch wäre jedoch die Vorstellung, als ob mit dem Verfall des Rittertums das Bürgertum allein die Literatur gefördert hätte. Mit dem Niedergang der kaiserlichen Macht steigt die Gewalt der Landesfürsten, die sie nach beiden Fronten, nach oben und unten, befestigen, bis sie mit den politischen auch die geistigen Bewegungen beherrschen. Fällt doch durch die Reformation den protestantischen Landesherrn neben ihrer weltlichen Macht auch die höchste kirchliche Autorität zu. So behaupten oder gewinnen die Fürstenhöfe, wie z. B. der pfälzischen Wittelsbacher, auch für das literarische Leben jener Übergangszeit einen nicht zu unterschätzenden Einfluß: gerade im 15. Jh. wird die neue Unterhaltungsliteratur vom Hofadel propagiert. Und hier weiß auch die Frau ihre alte Stellung als Schirmherrin der Kunst noch zu wahren, wie das Beispiel der geistvollen Pfalzgräfin Mechthild, „der Liebhaberin aller Künste“, am sichtbarsten beweist. Die Höfe bereiten nicht nur der absterbenden Dichtung ritterlichen Gepräges eine Pflegestätte, sondern schließen sich auch den neuen literarischen Strömungen auf wie dem Humanismus.

Geistige Kraftzentren wie in Italien werden diese Fürstenhöfe freilich nicht. Dazu fehlte als Milieu die Umwelt eines künstlerisch interessierten und empfänglichen Ritterstandes, mußte fehlen, weil der literarische Gesamtstil der Zeit ein anderer, eben bürgerlich-volkstümlich geworden war. Die Dichter sind nicht mehr wie im MA. Geistliche und Ritter, sondern mehr oder weniger gebildete Laien von hoher und niederer bürgerlicher Stellung; erst der Kirchenkampf führt wieder das geistliche Element auf den Plan. Und wie die Dichter, so das Publikum. Selbst die Berufspoeten verziehen von den Höfen in die Städte, wo sie in den Reihen des wohlhabenden Bürgertums ihre Gemeinde finden. Das ästhetische Bedürfnis aber dieser aufstrebenden Stadtbürger ist nicht eben hoch: das alte höfische Bildungsideal hat die Umschichtung der Standesverhältnisse nicht überdauert, und eine neue gesellschaftliche und künstlerische Kultur muß erst wachsen. Schwer wiegt dabei, daß die jungen Triebe der Renaissance auf dt. Boden nur in der Bildkunst und der latein. Gelehrtenpoesie ansetzen. Die Dichtkunst büßt im poetischen Ausdrucksvermögen, in Metrik, Rhythmus und Stil alte Werte ein, ohne neue zu schaffen. Wie das ganze Zeitalter ungeschminkt natürlich und derb ist, so auch die Literatur, die vom Stoffinteresse, nicht vom Formwillen beherrscht wird und nicht sich selbst, sondern der Tendenz dient. Wie der Bürger ist auch das Schrifttum, dem sein Interesse gilt, nüchtern und auf praktisch-reale Ziele gerichtet: keine Kunst im strengen Wortsinn, nur ein literarisches Handwerk.

§ 6. Auf den neuen ausgedehnten Leserkreis und dessen Bildungsniveau stellt sich auch die Überlieferung der f. L. ein: der billigen und schnellen Vervielfältigung, auf die es jetzt ankommt, dient die Massenherstellung gewöhnlicher Papierhandschriften, dann auch die seit der zweiten Hälfte des 15. Jhs. neu entdeckte Technik des Buchdrucks in zunehmendem Maße. Die Hss. des 14. Jhs. überliefern noch vorwiegend Werke aus dem Kreise des mhd. höfischen Epos, das aber nach der Mitte dieses Jhs. immer mehr aus der Überlieferung verschwindet, weil es seinem ganzen Charakter nach dem Wandel der Bildung und Weltanschauung sich am wenigsten anpassen kann. So hebt sich also auch vom Gesichtsfeld der Überlieferung aus die Zeit um 1350 als Grenzlinie zweier literarischer Epochen ab. Viel länger werden die mhd. didaktischen Gedichte gelesen und abgeschrieben, so namentlich die 2. Hälfte des 14. und weiterhin das ganze 15. Jh. hindurch. Das 15. Jh. ist überhaupt die Blütezeit der Hss.-Produktion und vor allem des Hss.-Handels. Und zwar ist neben der preiswerten Papierhs. auch der kostbar ausgestattete Luxuskodex von fürstlichen und reichen bürgerlichen Herren begehrt. Daran ändert auch der Buchdruck vorerst nichts: die rege Schreibertätigkeit hält an, zumal das neue, noch unvollkommene und rohe Druckverfahren den verwöhnten Geschmack nicht befriedigen kann. Die Vorstellung, als habe der Buchdruck mit einem Schlage die Hs. außer Kurs gesetzt, ist absolut irrig. Erst gegen die Mitte des 16. Jhs. überflügelt der Druck die Hs., die aber noch bis in die Mitte des 19. Jhs. hinein eine gewisse Rolle spielt.

Der Buchdruck kommt sogleich den literarischen Neigungen und Erzeugnissen der breiteren Schichten des Volkes entgegen und ermöglicht dem Schrifttum eine ungeahnte Massenwirkung. Die zunehmende Verbreitung der Schulbildung unter den Laien hilft den Erfolg sichern. Damit aber verdrängt die stille Einzellektüre den früher üblichen Vortrag vor größerem Hörerkreise. Auch für die des Lesens Unkundigen wird gesorgt: ihnen erleichtert die beigegebene Illustration, meist in Holzschnitt, das Verständnis. Dadurch wieder ergeben sich innige, oft aufschlußreiche Wechselbeziehungen zwischen Wort und Bild, auf die auch die Literaturgeschichte mehr als bisher achten sollte.

III. Für die poetische Darstellung verfügt die f. L. über zwei Formen: eine gebundene und eine ungebundene, Vers und Prosa. Den Reimvers hat sie aus der mhd. Epoche übernommen, während das Aufkommen der dt. Prosa, die in mhd. Zeit im ganzen selten und auf bestimmte Gattungen wie geistliche Predigt und Traktate sowie weltliche Lehrbücher und Rechtsliteratur beschränkt ist, ein hervorstechendes Charakteristikum gerade der frnhd. Literatur-Epoche ist.

§ 7. Der frnhd. Reimvers kennt eine zweifache Technik: die eine erstrebt alternierenden Rhythmus, d. h. regelmäßigen Wechsel von Hebung und Senkung; sie beginnt mit Konrad von Würzburg und endet bei dem silbenzählenden Schablonenvers des Hans Sachs: nach des Meistersängers Adam Puschman Bezeichnung der „gemeine dt. Vers". Die Freiheiten des mhd. Verses werden aufgegeben, nur die Auftaktpause wird geduldet; die Silbenzahl ist fest: 8 Silben bei stumpfem, 9 bei klingendem Ausgang. Bei dem der dt. Sprache eigenen jambischen Tonfall ergab sich bei 4 Hebungen die feste Silbenzahl von selbst. Die epische, didaktische und dramatische Dichtung verwendet diesen Normalvers so gut wie ausschließlich. Die Harmonie zwischen Wort- und rhythmischem Akzent wird nicht immer gewahrt und ist individuell verschieden, wie überhaupt die Verskunst jedes Dichters für sich betrachtet werden muß. Auch sollte man scheiden zwischen metrischem Schema (Alternation fürs Auge) und freiem Vortrag (natürliche Wortbetonung fürs Ohr). Die sprachliche Unsicherheit leistete der metrischen Disharmonie Vorschub, die aber unbedingt nach dem damaligen Sprachstand beurteilt werden muß; denn die Akzentstärke, z. B. der Ableitungssilben und zweiten Kompositionsglieder, war eine andere als heute. Das gilt auch für den Meistersang (s. d.), der im übrigen auf die Rhythmik verheerend wirkte. So kommt es, daß in der Metrik damals Theorie und Praxis oft wenig übereinstimmen.

Die andere Technik wahrt die alten Freiheiten der Versbehandlung; Synkope der Senkung wird freilich auch von ihr mehr und mehr gemieden. Die Silbenzahl ist nicht fest, der Rhythmus nicht alternierend, die natürliche Wortbetonung also weniger in Gefahr. Diese Technik bevorzugt die volkstümliche Dichtung im engeren Sinne, also vor allem das weltliche und geistliche Volkslied. Im übrigen werden die beiden Techniken nicht immer auseinandergehalten; vielmehr kann man bei vielen Dichtern ein Schwanken zwischen der strengen und freien Richtung beobachten.

Die Versuche, neue metrische Formen, z. B. antike Versmaße, in die dt. Dichtung einzuführen, haben bis in den Ausgang des 16. Jhs. wenig Erfolg und nur episodenhafte Bedeutung. Erst im 17. Jh. werden durch die Gelehrtenpoesie der deutschen Metrik neue Wege gewiesen, nachdem in den letzten Jahrzehnten des 16. Jhs. die Grammatiker wie Albertus, Ölinger und Clajus sich theoretisch mit metrischen Problemen beschäftigt hatten.

Auch die frnhd. Reimtechnik ist nicht aus einheitlichem Guß. Ein großer Prozentsatz der Bindungen ist nur vom Lautstand der Mundart als rein zu betrachten, wodurch das Reimbild außerordentlich buntfarbig wird. Je nach Bedarf und Geeignetheit erscheinen schriftsprachliche oder mundartliche Sprachformen. Unreine Reime, Assonanzen und andere Ungenauigkeiten sind im ganzen selten, am häufigsten bei Fremdwörtern und Eigennamen. Der Überlieferung folgend, wird stumpfer Reim bevorzugt, schon im 14. Jh. bis über 80%, im 16. Jh. bis 95 und 100%; aber eine nicht unbedeutende Gruppe von Dichtern steht außerhalb dieser Tradition und verwendet für ein Drittel (z. B. Scheit und Murner) bis fast zur Hälfte (z. B. Burkard Waldis und Fischart) weiblichen Ausgang, damit also den alten Stand von 1200 erreichend. Die besonderen Spielarten, wie sie die mhd. Reimtechnik namentlich im Minnesang ausprägte, retten sich bis ins 16. Jh. hinüber, bald häufiger (z. B. im Meistersang), bald seltner auftretend: gleitender und erweiterter, gespaltener und rührender, Drei- und Vielreim, Binnen- und Schlagreim, Reimbrechung und Enjambement. Ist die Reimtechnik im allgemeinen glatt, so ist man in der Reimkunst weniger empfindlich: die gleichen Reimtypen, -wörter und -bänder folgen dicht aufeinander, ohne daß man darin eine Schwäche des Reimvermögens und Armut des Reimschatzes erblickt hätte. Mitunter sind solche Wiederholungen auch ein beabsichtigtes Stilmittel

(Lautmalerei). Häufig steht der zweite Vers nur des Reimes wegen da, und ganze Verspaare kehren in fester Formulierung wieder, indem ein Reimwort eine ganz bestimmte Wendung auslöst.

Zu strophischen Gebilden greifen nur einige Dichtgattungen wie Meistersang, das volkstümliche, historische und kirchliche Lied; dabei werden außer dt. auch gern antike und roman. Vorbilder kopiert.

§ 8. Die andere Darstellungsform, die Prosa, die für die mhd. Epoche einen tiefst untergeordneten Rang hat, gewinnt im Laufe der frnhd. Zeit Schritt um Schritt an Boden, bis sie gleichberechtigt neben der älteren Schwester steht. Seit dem 14. Jh. wächst der schriftliche Verkehr in dt. Prosa zu einer beherrschenden Kulturmacht an, der alle Geistesgebiete untertan werden: Wissenschaft, Recht, staatliches und privates Geschäftsleben und Dichtkunst. In der Literatur werden die alten Versepen in Prosaromane aufgelöst, beliebte Gattungen, wie Schwank und historische Chronik, vorwiegend in Prosa dargestellt, neben religiöse Erbauungsschriften tritt die Bibelübersetzung (s. d.), und einen breiten Raum nimmt die Übersetzung antiker Schriftsteller ein. Das künstlerische Niveau der frnhd. Prosa ist im allgemeinen nicht hoch: die mhd. Kunstsprache ist mit der höfisch-ritterlichen Bildung und Poesie verwelkt, die neue Schriftsprache erst im Werden. Nur einige Denkmäler wie der Ackermann-Dialog und Luthers Bibelübersetzung überragen an bildnerischer Kraft und Fülle des sprachlichen Ausdrucks turmhoch die Masse des zeitgenössischen Prosaschrifttums.

§ 9. Die Einigung der dt. Schriftsprache ist ein Vorgang, der fünf Jhh. umspannt: er setzt im 14. Jh. ein und wird erst im 18. zu einem gewissen Abschluß gebracht. Die Grundlage wird in dem Jh. von 1350 bis 1450 gelegt auf ostmd. Boden durch berufsmäßig Schreibende. Die neue Geschäftssprache ist ein durch Konvention geschaffenes Kunstprodukt: im Lautstand eine Mischung od. und md. Elemente, in der Syntax und im Stil eine weitgehende Nachahmung der lat. Prosa. Im Vokalismus verbindet sich die bayr.-österr. Diphthongierung, z. B. mhd. *mîn* > nhd. *mein*, *hûs* > *Haus*, *vriunt* > *Freund* mit der md. Monophthongierung, z. B. mhd. *liep* > nhd. *lieb* (gesprochen ī), *muot* > *Mut*, *gemüete* > *Gemüt*, wozu ein hochfränk. Konsonantenstand und eine gewisse Restitutionstendenz zur Einschränkung und Regelung der *e*-Apo- und Synkope sich gesellen. Diese lautlichen Vorgänge bilden den Kern der sprachlichen Einigungsbewegung. Aber ebenso bedeutsam ist die Neuformung des syntaktischen und stilistischen Satzgefüges durch Nachahmung des lat. Vorbildes, wie sie durch die humanistische Übersetzungsliteratur aufkam und nachhaltig gefördert wurde. Der Satzbau selbst der für den Gebrauch der untersten sozialen Schicht bestimmten Formulare wird nun dem lat. Muster genau nachgeprägt, sogar bis zur Rhythmisierung des Satzschlusses, der nach den Regeln des sog. *Cursus* akzentuiert wird.

Von den Kanzleien findet die neue, wenigstens in ihren äußeren Umrissen feste Schriftsprache Eingang in die Literatur, und durch Luther erlangt sie allgemeinste Geltung. Nicht als ob der Reformator von sich aus die schriftsprachliche Einigung angestrebt hätte: sein Ziel war die Erneuerung der Kirche, nicht der Sprache; er übernahm die Sprache der kursächs. Kanzlei und blieb zeitweilig hinter der sprachlichen Entwicklung zurück. Aber durch das große Werk seiner Bibelübersetzung, ein Geschenk nicht nur für die Gelehrten, sondern für das ganze dt. Volk, an gewaltiger, lebendiger Sprachkraft unerreicht bis auf den heutigen Tag, förderte er tatsächlich den sprachlichen Einigungsprozeß wie kein zweiter. Das neue Gewand war nun fertig, es fehlten nur noch die Verzierungen, die das 17. und 18. Jh. zu liefern hatten. Seitdem hat sich der lautliche Zustand im ganzen wenig geändert, aber im syntaktischen Gefüge und in der Steigerung der künstlerischen Ausdrucksfähigkeit ist unsere moderne Schriftsprache weit über die frnhd. Anfänge und das Zeitalter Luthers hinausgekommen.

Die mhd. Literatursprache war eine Sprache des gesprochenen Wortes, des für das Ohr berechneten Vortrags; die nhd. Prosa ist eine Sprache der Schrift, der für das Auge bestimmten Lektüre.

IV. Der mhd. Dichter legt weniger Wert auf den Stoff, auf die Erfindung als auf neue Auffassung und Darstellung des bekannten Vorwurfs. Anders der frnhd. Autor: er will durch den Inhalt, weniger durch die Form wirken. Man sollte deshalb erwarten, daß die frnhd. Literaturepoche mit einer ergiebigen stoffschöpferischen Leistung aufwarten könne. Das aber ist nicht durchweg der Fall: die Dichtung der Übergangszeit zehrt noch lange vom überkommenen Stoffgut, und wenn sie Neues in Angriff nimmt, dankt sie das nicht immer eigener, sondern auch fremder Erfindung.

§ 10. Die Abgrenzung des literarischen Besitzstandes der frnhd. Zeit ist schwierig: manches, was im 14. und 15. Jh. noch lebendig ist, geht dem 16. Jh. verloren; und umgekehrt ist manches dem 14. und 15. Jh. noch fremd, was das folgende Jh. neu aufzuweisen hat. Die Linie der literarischen Tradition reißt vor dem 16. Jh. an mehreren Stellen ab. Aber der Urgrund des Schrifttums des 16. Jhs. baut sich doch auf dem Vermächtnis der beiden voraufgegangenen Jhh. auf, nur daß alles ins Volkstümliche gewendet wird: so lebt fort die mhd. Heldenepik, oft freilich merkwürdig umgebildet zu anscheinend neuen Prosaromanen; altes Gut aus mhd. Spruch und Lied bewahrt das Meister- und Volkslied, und ebenso setzen das geistliche und Fastnachtspiel, Didaktik und Allegorik alte Überlieferung fort. Vieles davon, namentlich die Reste der Heldenepik, sind alteinheimische nationale Stoffe, während anderes, wie die allegorisch-didaktischen Auslegungen, als Gemeingut aller Nationen anzusprechen ist.

§ 11. Seit der zweiten Hälfte des 13. Jhs. wendet man sich der unmittelbaren Gegenwart zu, die Stoff zu historisch-poetischen Darstellungen liefert, wie z. B. in der Deutschordens-Dichtung. Auch die spätmhd. Lyrik greift zur aktuellen Tagespolitik, ein Verfahren, das dann die historischen Volkslieder der Folgezeit namentlich in der Form der Schlachtberichte fortsetzen. Besonders aber stellt sich die aufblühende satirische Dichtung und die kirchliche Kampfliteratur in den Dienst der Gegenwart: Jahrzehnte lang beherrschen die religiösen und moralischen Reformgedanken alle Gattungen der Literatur. Nur die meisten Humanisten halten sich dieser Arena ferner, dafür eifrig bemüht, die Antike gegenwärtig zu machen. Sie helfen der dt. Dichtung neue Gebiete erobern. So tritt z. B. neben die neue lat. Fazetie (s. d.) der dt. Prosaschwank. Auch von Frankreich wirken Einflüsse, wie in mhd. Zeit, von Beginn bis Ende der frnhd. Periode herüber und regen zu neuen Versuchen an: es sei nur an die ersten reinen Prosaromane in Deutschland, das Werk der Deutsch-Französin Elisabeth von Nassau-Saarbrücken, und an Fischarts 'Gargantua' erinnert.

V. Die Abgrenzung der verschiedenen frnhd. Dichtgattungen nach Epik, Didaktik, Lyrik und Drama ist nicht immer eindeutig. Der ganzen Literatur jener Epoche ist ein gewisser epischer Grundzug eigen, der die Scheidelinien, namentlich zwischen Epik, Drama und Didaktik, verwischt.

§ 12. Die ritterliche Epik der mhd. Blütezeit, besonders das Heldenepos, lebt in den folgenden Jhh. fort: gerade im 14. und 15. Jh. ist man regsam, um ihre Erzeugnisse durch Hss.-Produktion und -Handel zu verbreiten. Dabei wird aber die hochentwickelte Kunstform der ritterlichen Dichtung barbarisch entstellt, eine Erscheinung, die den Wandel der Zeit und des Kunstgeschmacks grell beleuchtet. Dasselbe Niveau halten die Epen, die damals neu entstehen: so die rohen Bearbeitungen der alten Heldenepen wie z. B. das 'Lied vom hürnen Seyfried', das bis ins 17. Jh. und, in Prosa aufgelöst, sogar bis ins 19. Jh. hinein gedruckt wird. Von den mhd. höfischen Epen werden nur der 'Parzival' und der jüngere 'Titurel' zum Druck gebracht. Wolfram wirkt überhaupt am lebendigsten nach: noch im 15. Jh. sind Parzival und der Gral ein Sinnbild ritterlichen Glanzes, und der jüngere 'Titurel', den man allgemein für ein Werk des Eschenbachers hält, wird mit Ehrfurcht bestaunt. In seiner Strophenform dichtet der Wolframschwärmer Püterich von Reicherzhausen um 1450 seinen berühmten 'Ehrenbrief' an die Pfalzgräfin Mechthild, und versucht der am Münchner Hofe lebende Dichtermaler Ulrich Füetrer um 1490 den ganzen Kreis der Artussage im

'Buch der Abenteuer' zu erneuern. In der Erschließung neuen Stoffgebietes ist man sehr bescheiden. Der letzte Repräsentant ritterlicher Kultur und höfischer Dichtung ist Kaiser Maximilian I.

Auf die Dauer können diese kuriosen Reimwerke den Wettbewerb mit dem neuen Prosaroman nicht durchhalten; er verdankt sein Aufblühen frz. Einfluß. Nun werden auch die übrigen Stoffe der höfischen Epik verjüngt. Angesichts der bösen Verwilderung der metrischen Form bedeutet die Prosaauflösung einen gesunden, natürlichen Abschluß der epischen Entwicklung. Formwille und Stilgefühl dieser Volksbücher sind umstritten und bedürfen noch kritischer Sichtung. Sie sind zweifellos einer bestimmten künstlerischen Absicht entsprungen, die man nicht schlechthin als Unkunst abtun kann. Aber mit kulturpolitisch-tendenziösen Schlagworten oder ästhetischen Konstruktionen, ob wir die sprachliche Ausdrucksform der Volksbücher im Sinne germ.-got. Bewegtheit oder renaissancehafter wortsparender Gedrängtheit auffassen sollen, ist der wissenschaftlichen Erkenntnis wenig gedient. Die kernige, plastische Sprache kam der naiven Aufnahmefähigkeit des gemeinen Volkes entgegen und machte die Prosaromane zur Lieblingslektüre der Erwachsenen, die sie wie Märchen andächtig und gläubig lasen.

§ 13. Epochen mit unausgeglichener Weltanschauung haben eine Vorliebe für allegorische Einkleidung der Gedanken: das Gewächs der Allegorie wuchert gleich üppig in der Übergangszeit vom Altertum zum Christentum wie in der werdenden Neuzeit. Auch die scholastisch-mystische Theologie des 12. Jhs. legt die Bibel symbolisierend aus, und in der dt. und lat. Dichtung des 12. und 13. Jhs. füllt die legendarische Visionsliteratur einen breiten Raum aus. Aber die mal. Allegorie ist mehr eine gelehrte Spielerei als eine urwüchsig-volkstümliche Betrachtungsweise. Im 14. und 15. Jh. tritt auch darin eine Änderung ein: die sinnbildliche Ausdeutung der Bibel wird jetzt populär und nimmt typische Formen an. Die Mystik begünstigt diesen Prozeß. Den verschiedensten Motiven wird nun eine allegorische Auffassung und Auslegung unterschoben. Heinrich von Heslers Paraphrase der Apokalypse, des Jakob von Cessolis 'Schachbuch' und die Umdichtungen der christlichen Heilsgeschichte dienen dem gleichen Zweck und übertragen den Hang zum Sinnbildlichen in die rein weltliche Dichtung. In derselben Richtung wirken Einflüsse von Frankreich nach Deutschland: der lat. Traktat '*De amore*' eines frz. Kaplans, ein förmliches Gesetzbuch der Minne, wird die Vorlage für die Minnelehre des Eberhard von Cersne. In Deutschland war die poetische Form der Minnedisputation und -allegorie inzwischen längst heimisch geworden (durch Hartmann und Gottfried), und seit dem 13. Jh. gedeihen die selbständigen Minneallegorien der Epigonen wie 'Kloster der Minne' und 'Minneburg', als Rahmenmotiv der Dicht- und Bildkunst gleich willkommen. Nach dem Vorgang der geistlichen Dichtung und Predigt werden die Verrichtungen des gewöhnlichen Lebens wie z. B. die Jagd in Hadamars von Laber gleichnamigem Gedicht allegorisch umgedeutet. Die letzten Ausläufer dieser Kunstform ranken in grotesker Verzerrung bis ins 16. Jh. zu Murner ('Gäuchmatt' und 'Mühle von Schwindelsheim').

Die Allegorie macht die ursprünglich scholastischen Begriffe der breiten Laienwelt zugänglich, die sie begierig aufnimmt als vermeintliches Zeichen einer höheren gelehrten Bildung, wie das Bürgertum sie erstrebte. Damit aber das große Publikum sie recht versteht, muß die allegorische Um- und Ausdeutung zu möglichst sinnfälligen Mitteln greifen. Und als diese gefunden und geprägt sind, wird die Allegorie vornehmlich ein Werkzeug der Didaktik, die weite Gebiete der f. L. beherrscht. Sie ist eine geradlinige Fortsetzung der mhd. didaktischen Poesie, die am längsten gelesen und immer wieder abgeschrieben wird: seit der Mitte des 14. Jhs. erlebt die mhd. Lehrdichtung eine förmliche Wiedergeburt. Besonders der Südosten gibt einen fruchtbaren Boden für das Gedeihen der didaktischen Pflanze ab. Heinrich der Teichner und Peter Suchenwirt sind hier ihre bekanntesten Vertreter um und nach 1350. Mit seinen Ehrenreden auf verstorbene

Fürsten und Herren, worin auf eine Totenklage meist eine Schilderung der ritterlichen Taten des Verstorbenen und eine ausführliche Beschreibung seines Wappens folgt, leitet Suchenwirt zu den berufsmäßigen Reimsprechern und Wappendichtern über, die bei den Turnieren als Herolde auftraten. Die Hauptrepräsentanten dieser Gattung, Hans Schnepperer, genannt Rosenblüt, und Hans Folz, die in Reimreden aller Art sattelfest sind, wirken nacheinander im 15. Jh. in Nürnberg.

Je länger desto lauter klingt in der didaktischen Literatur ein satirischer Unterton durch. Noch im Ausgang des 15. Jhs. erreicht die moralisch-satirische Lehrdichtung mit Seb. Brants berühmtem 'Narrenschiff' den Gipfel, im Druck 1494 erschienen in Basel: ein Monumentalwerk von europäischem Erfolg, das den ganzen Kulturkreis seiner Zeit umspannt und die Literatur bis in das nachopitzische 17. Jh. hinein beeinflußt hat, obwohl die Idee und Anlage des Ganzen nicht original, die Komposition locker und nicht frei von Wiederholungen und Widersprüchen ist. Brant ist ernst, gelehrt, grotesker Übertreibung abhold. Anders die Satiriker des 16. Jhs., an ihrer Spitze Murner und Fischart: sie schlagen eine äußerst scharfe, satirische Klinge und kennen keinerlei Rücksicht. Milder sind die predigenden Satiriker, deren bedeutendster, der gelehrte, mit Brant befreundete Joh. Geiler von Kaisersberg (1445—1510), den Buchsatirikern an populärer Wirkung mindestens gleichkommt.

Wieder anderen Charakters ist das satirische Element der so beliebten Schwankdichtung (s. d.), die in der dt. Literatur seit der Mitte des 15. Jhs. durch Übersetzung der ital.-lat. Renaissance-Novellistik, der Fazetie, heimisch wird. Das ganze 16. Jh. hindurch sind die Frey, Montanus, Lindner, Schumann, Wickram, Kirchhoff u. a. eifrig bemüht, dem Publikum immer neue Sammlungen zu bieten, ohne dabei auf Originalität großen Wert zu legen. Sie gleiten vom Humor nur zu gern ins Obszöne, ohne in der formalen Zuspitzung das lat. Vorbild eines Heinr. Bebel auch nur annähernd zu erreichen: aus dem *facete dictum* wird durchaus ein *facete factum*. Die Vorliebe der Zeit für die kleine witzige Erzählung, für Allegorik und Didaktik bringt auch für die äsopische Fabel ein reges Interesse auf, die in dt. Vers- und Prosabüchern nacherzählt wird. So stellt um die Mitte des 14. Jhs. der Berner Dominikanermönch Ulrich Boner 100 Fabeln unter dem Titel 'Der Edelstein' zusammen, und im 15. Jh. sammelt Heinrich Steinhöwel aus verschiedenen Quellen einen reichen Vorrat lat. Fabeln, dem bei der Drucklegung eine dt. Prosaübersetzung beigegeben wird. Die kürzeste didaktische Form endlich, das Sprichwort, erfreut sich weit und breit, bei den Satirikern wie bei Luther und im Publikum, einer großen Beliebtheit, und man versucht, den reichen Schatz volkstümlicher Weisheit durch Sammlung und Drucklegung der Nachwelt zu erhalten.

§ 14. In der Lyrik wahrt das Minnelied von allen Dichtgattungen am längsten das aristokratische Erbe aus der mhd. Blütezeit. Zwar kann sich der Minnesang (s.d.) dem allgemeinen Verbürgerungsprozeß nicht entziehen: neben adlige treten bürgerliche Sänger, Patrizier und Fahrende, und wie einst an den Adelshöfen bilden sich nun in den Städten Literaturzentren. Der Minnesang hört auf, ausschließlich ritterliche Standesanschauungen wie einst zu spiegeln. Aber der Adel huldigt nach wie vor mit Begeisterung der edlen Sangeskunst. Ja, an der Peripherie, im Norden und Nordosten, erlebt das Minnelied im Kreise fürstlicher und ritterlicher Herren eine schöne Nachblüte. Auch in der alten Heimat, im dt. Süden, behauptet der Adel bis in die Spätzeit hinein seine führende Stellung im Minnesang: zwei größere Liedersammlungen haben ritterliche Dichter zum Verfasser, Hugo v. Montfort (um 1357—1423) und Oswald v. Wolkenstein (um 1377—1445). So gleitet der Minnesang nur allmählich, Stufe um Stufe von seiner alten Höhe herab, und zwar mehr in seiner inneren Qualität als in der äußeren Technik. Wie derb auch schließlich der Ton sein mag, in dem die materiellsten Daseinsfreuden besungen werden: die Form bleibt kunstvoll, bis sie endlich der Verkünstlung verfällt und sich in Wort- und Reimspielereien tot läuft. Besondere Gattungen, wie das Tanzlied, das nach dem Vorbild der volkstümlichen Lyrik heranwächst, und das Streitgedicht, das der Allegorie die Tür zum Eindringen auch in die Lyrik öffnet, und Ansätze zu epischer Ausmalung werden beliebt.

Bis in den Ausgang des 13. Jhs. geben die Berufssänger den Ton an; im 14. Jh. wird das anders: das Publikum selbst wird sangesfroher, gefällige Lieder werden dem Verfasser enteignet, werden Allgemeingut, ihr Wortlaut wird dem Spiel mündlicher Überlieferung preisgegeben. Das Minnelied wird zum Volkslied (s. d.), richtiger zum volkstümlichen Lied, denn das Volk als Ganzes dichtet ja nicht, sondern ein einzelner macht sich zum Interpreten der Gesamtheit und ihrer Stimmung. Der Name „Volkslied" ist eine späte, durch Herder geprägte Bezeichnung. Vorher heißt es allgemein „ein schönes Lied", „ein neues Lied" oder nach singfreudigen Berufen „Bergreihen", „Reiterlied". Form und Gefühlston des Volksliedes sind typisch: der Dichter entpersönlicht sich und taucht in der Allgemeinheit unter. Alle Stände sind an der volkstümlichen Liederdichtung beteiligt: Bauer und Handwerker, Scholar und Landsknecht, Priester und Gelehrter und die Frauen. Dadurch kommen mehrere Liedarten auf: zu dem eigentlichen Volkslied, dem Liebeslied und dem geselligen Lied, treten das historische und politische Volkslied, die Volksballade (s. d.), die vergangene, sagenhafte und aktuelle, gegenwärtige Ereignisse dichterisch gestalten. Und diese weltlichen Spielarten ergänzen sich durch eine neue geistliche, das Kirchenlied (s. d.), das zwar die feierliche Melodik der mal. lat. Hymnik nicht erreicht, aber durch Luthers Gefühlsstärke und Sprachkraft gleich im 16. Jh. zu durchschlagender Wirkung gebracht wird.

Im Gegensatz zum Minnesang ist die Spruchdichtung der Popularisierung und Verbürgerung sehr früh, schon in mhd. Zeit, ausgesetzt. Bald nach Walther von der Vogelweide, der den Sangspruch adelt, wird der Schritt ins Bürgerliche bewußt getan: die Spruchpoesie wird zum Meistersang (s. d.). Für die geistige Verengung und Verknöcherung, die diese Wandlung herbeiführt, kann alles ehrliche und gradsinnige Streben der dichtenden Meister nicht entschädigen. Im 14. und frühen 15. Jh. mischen sich bei den Hauptvertretern wie Heinrich von Mügeln und Muskatblut scholastische und humanistische Elemente mit geistlicher und weltlicher Minne, ohne daß feste Formen gefunden werden. Im Laufe des 15. und 16. Jhs. organisiert sich der Meistersang dann zunftmäßig zu festen Schulgenossenschaften. Überall werden Meistersingerschulen gegründet, in denen die Kunst regelrecht gelernt und korrekt ausgeübt wird: so am Mittel- und Oberrhein, im ganzen Süden und auch in den östl. Kolonisationsgebieten. An der Spitze steht Nürnberg mit Hans Sachs. Erst die dt. Barockdichtung des 17. Jhs. bringt die Lebensquelle des Meistersangs zum Versiegen.

§ 15. Auch das frnhd. Drama (s. d.) setzt alte Formen fort und baut neue aus. Sein Charakter ist fast mehr episch als dramatisch. Das geistliche Drama (Oster- und Weihnachtsspiel), das damals schon auf eine längere Tradition zurückblicken kann und bei der Aufführung, nicht mehr auf das Kircheninnere angewiesen, in den stolzen Kirchen- und Rathausbauten einen wuchtigen Hintergrund hat, vermag sich ebensowenig wie die anderen Dichtgattungen dem volkstümlichen Zuge der Zeit zu entziehen. Die lat. Sprache wird durch die dt. ersetzt und der Freude des Zuschauers am sinnfällig Derben wird durch populäre Erweiterungen Rechnung getragen: das Dreikönig- und Fronleichnamspiel und allerhand Episoden aus dem Leben Jesu treten hinzu, selbst die Weissagungen des Alten Testaments werden mit dargestellt, wobei Bürger aller Stände mitwirken. Die Folge ist, daß sich das Drama nach Handlung und Schauplatz in lauter Einzelszenen auflöst. Im übrigen herrscht der gleiche Mangel an künstlerischem Schwung wie in der ganzen Literatur: man verfolgt keine ästhetischen, sondern lehrhaft-erbauliche Zwecke, die dem Publikum während der Aufführung durch besondere Vermittler nahegebracht werden.

Hierin berührt sich das geistliche Drama eng mit den Moralitäten oder Lehrspielen, die im 15. Jh. aufkommen. In ihnen sind die Träger der Handlung ursprünglich personifizierte Abstrakta. Später wird der Begriff verallgemeinert und auf alle allegorischen Dramen angewendet, selbst auf Possen. Nach Stoffkreis und Tendenz gehört die Moralität mehr zur episch-didaktischen als zur dramatischen Gattung, während sie die Form und Inszenierung mit Mysterienspiel und Posse teilt. Sie ist aber weniger Bühnenstück als Lesedrama: ihre Blütezeit, spätes 15. und 16. Jh., wäre ohne Buchdruck nicht denkbar, der ihr aber in Deutschland nicht zu solcher Verbreitung verhelfen kann wie in England und Frankreich. Dafür wird bei uns damals das Possenspiel intensiver als anderswo gepflegt. Am bekanntesten ist es in der Form des Fastnachtspiels (s.d.), wozu sich das komische Drama namentlich in Nürnberg früh entwickelt. Auch dies wieder kein Drama im modernen Sinn, sondern nur ein komischer Aufzug mit Dialogen. Das älteste Denkmal eines weltlichen komischen Schauspiels ist ein dramatisierter Neidhartschwank in einer Aufzeichnung aus dem 14. Jh. Verliebte Narren und übertölpelte Bauern sind die Lieblingsfiguren dieser Possen, die dem Obszönen gern Tür und Tor öffnen.

Die Reformation verengt und erweitert das dramatische Feld. Der strengeren protestantischen Richtung widerstrebt das geistliche Spiel mit der Schaustellung der Leiden Christi, während es in katholischen Gegenden durch das Schuldrama der Jesuiten (s. d.) zurückgedrängt wird. Wenn das geistliche Drama, wie z. B. das Oberammergauer Passionsspiel, sich hält, dann ist es tiefgehenden Wandlungen unterworfen und kann schließlich nur durch das historische Interesse weiter Volksschichten lebendig bleiben. Im Kirchenkampf machen sich beide Parteien das Drama als Waffe dienstbar. Von den zur Lektüre bestimmten Gesprächen und Dialogen schreitet man fort zum Bühnenstück. Das protestantische Tendenzdrama entsteht, und auch das ältere Fastnachtspiel nimmt den Kampf um die neue Lehre auf. Der protestantischen Ethik zusagende biblische Stoffe werden immer wieder dramatisiert, um damit die eigene Position im Glaubensstreit zu festigen. Selbst die lateinische Schulkomödie (s.d.) der Humanisten tritt in den Kampf ein und greift über ihren ursprünglichen Wirkungsbereich weit hinaus. Die Schulaufführungen antiker Dramen dienen zunächst pädagogischen Übungen; bald aber werden sie Selbstzweck, die antiken Vorbilder werden eifrig nachgeahmt, und wertvolle Leistungen werden hervorgebracht. Die Aufführungen bleiben auf die Schule nicht mehr beschränkt, sondern werden auch auf öffentlichen Plätzen in dt. Sprache wiederholt. Dadurch wieder wird das Volksschauspiel (s.d.) beeinflußt, leider nicht nachhaltig genug, um der Entwicklung des dt. Dramas einen kräftigen Auftrieb zu geben und Umwege zu ersparen. Mit dem Ende des 16. Jhs. (1592) macht ein neuer Konkurrent, das Schauspiel der Englischen Komödianten (s. d.), dem Schuldrama die Herrschaft auf der dt. Bühne streitig. Bis in die Mitte des 17. Jhs. behaupten die Engländer das Feld, das sie dann dem inzwischen ausgebildeten Stand der dt. Berufsschauspieler überlassen müssen.

VI. § 16. Die frnhd. Epoche hat ihre Bedeutung weniger auf literarischem als auf geistesgeschichtlichem Gebiet. Sie hat das dichterische Erbe des MA. verfallen lassen und für den Neuaufbau der Literatur nur erst grobe Grundmauern aufgeführt. Die Zeit von 1350—1600 ist eine Kulturwende: die Abkehr vom mal., die Vorbereitung der modernen Welthaltung. Schöpferische Geister von überragender Größe leiten den Umschwung ein und treiben ihn vorwärts im Kampf mit der Masse. Ihre Waffe ist die Feder, das geschriebene und gedruckte Wort. So dient die Literatur der werdenden Neuzeit nicht sich selbst, nicht künstlerischen Aufgaben, sie dient anderen, höheren Mächten. Gleich dieser muß sie auf die Massen wirken: Massenwirkung aber und schöpferische Leistung wohnen im Reich der Poesie nicht in einem Haus.

Die Literaturwissenschaft hat die frnhd. Epoche bis heute nicht eben bevorzugt. Dank einer veralteten und verfehlten Einteilung des Forschungsbetriebes wird die Zeit von 1350—1600 in den Literaturgeschichten dort als lästiges Anhängsel, hier als dürres Vorfeld betrachtet oder gar in der Mitte durchschnitten. Mit Unrecht. Eine Literaturgeschichte jener Übergangszeit kann aber nur schreiben, wer die literarische

Produktion im Umkreis der gesamten Geisteskultur zusammen schaut und den Blick auch auf die geistigen Strömungen und Erzeugnisse der westl. und südl. Nachbarländer richtet.

Allgemeine Literatur: K. Goedeke *Grundr. z. Gesch. d. dt. Dichtung* I², II². F. Vogt *Mhd. Lit.* in Pauls Grundr. II² 1 S. 285ff. Ders. in Vogt u. Koch *Gesch. d. dt. Lit.* I⁴ 1923. S. 228ff. W. Golther *Die dt. Dichtung im MA.* 1912. S. 428ff. J. Nadler *Lit.-Gesch. d. dt. Stämme u. Landschaften* 1923 I², II². J. Janssen u. L. Pastor *Gesch. d. dt. Volkes seit d. Ausg. d. MA.* VI¹⁵·¹⁶: *Ausg. d. MA. Kunst u. Volkslit. bis z. Beginn d. Dreißigjährig. Krieges.* K. Burdach *Vom MA. z. Reformation. Forschungen z. Gesch. d. dt. Bildung* I 1893 und seit 1912ff. Ders. *Reformation, Renaissance, Humanismus* 1918. Ders. *Dt. Renaissance. Betrachtungen über unsere künftige Bildung* 1920².

Speziallliteratur: J. Bächtold *Gesch. d. dt. Lit. in der Schweiz* 1897. S. 169ff. J. Seemüller *Dt. Poesie vom Ende d. 13. bis in den Beginn d. 16. Jhs.*, Gesch. d. Stadt Wien (1907) III, I 1ff. R. Wolkan *Gesch. d. dt. Lit. in Böhmen und den Sudetenländern* 1925. S. 18ff. K. Burdach *Vorspiel, Ges. Schriften z. Gesch. d. dt. Geistes* 1925 I, 2: *Reformation und Renaissance.* W. Brecht *Einführung in das 16. Jh.*, GRM. (1911) III 340ff. P. Merker *Reformation und Literatur* 1918. G. Roethe *D. Martin Luthers Bedeutung f. d. dt. Lit.* 1918. Weitere Spezialliteratur in den aufgeführten Darstellungen.

G. Bebermeyer

G

Galante Dichtung.

§ 1. Wortbedeutung. — § 2. Die gesellschaftlichen Voraussetzungen. — § 3. Die Eigenart der g. D. — § 4. Die ausländischen Vorbilder. — § 5. Die innere Form. — § 6. Der Sprachstil. — § 7. Verskunst. — § 8. Werke u. Verfasser. — § 9. Galante Prosa.

§ 1. Wortbedeutung. Das *Hôtel de Rambouillet* erweiterte den span.-ital. Ausdruck *galant*, der ursprünglich nur die höfische Festkleidung (*gala*) meinte, zur Bezeichnung des preziösen Gesellschaftstons und Bildungsideals überhaupt. In Deutschland wurde er seit den 80er Jahren des 17. bis in das 2. Jahrzehnt des 18. Jhs. hinein als Modewort für elegant und modern schlechthin verwendet. So sprach man nicht allein von galanten Pferden und Hunden, nein auch von galanten Predigern, ebensowohl von galanten Stiefeln und Pantoffeln wie Hammel- und Kälberbraten, vom galanten Clavichordium wie auch von galanten Studien, Gedichten, Briefstellern bis zur galanten Ethik. Vorherrschend bleibt bei allen Definitionen, die, seit Kaspar Stieler 1691 das Wort lexikalisch erfaßte und Christian Thomasius seinen Mißbrauch verspottete, sich beständig häufen, stets die Betonung des Formalen. Die feine gesellschaftliche Gewandtheit in Manieren und Reden, besonders den Frauen gegenüber, bildete den Kern des Begriffs, dem seine frz. Herkunft einen wesentlichen Reiz verlieh. Wird er in dieser Bedeutung auch von der folgenden Epoche der bürgerlichen Aufklärung noch verwendet, häufig mit „artig" zusammen, so erstreckte er sich in seiner eigentlichen Glanzzeit auch auf Kleidung und einen bestimmten Kreis allgemeiner Bildung als Voraussetzung der Konversation. Von Ernsteren wurde selbst die Wohlanständigkeit gemäß den Forderungen der gesellschaftlichen Konvention mit eingeschlossen. So umgreift das Wort alle Seiten der formalen Erscheinung des Lebensideals der führenden Gesellschaft jener Generation, im Gegensatz zu „politisch" als dem Ausdruck der privaten Lebenstaktik.

§ 2. Die gesellschaftlichen Voraussetzungen. War in Frankreich die g. D. ein unmittelbares Produkt der Wirklichkeit, natürlich der Salons und ihrer Unterhaltung, so blieb sie in Deutschland doch mehr übernommene literarische Mode. Wenn auch zunächst nicht für den Druck geschaffen, berührt die Abhängigkeit von Vorbildern recht buchmäßig. Die Gesellschaft, die diese Produktion als Unterhaltung und Würze benutzte, bestand aus dem um den Fürsten sich gruppierenden Kreis der eigentlichen Hofleute (Hof) sowie der höheren Beamtenschaft. Wie das erwerbende Bürgertum überhaupt in jener Epoche den Hof als Führer und Vorbild der Kultur ansah, hat es auch diese literarische Mode als Ausfluß des übernommenen Bildungsideals des *galant homme* mitgemacht. Die Verfasser entstammen daher sowohl der Aristokratie als auch dem studierten Bürgertum. Selbst das volkstümliche Gesellschaftslied trägt, wenn auch in burschikoserer Form, die gleichen Grundzüge wie die höfische Richtung.

§ 3. Die Eigenart der gal. Dichtung. Im Gegensatz zum handwerksmäßigen Betriebe der Gelegenheitsdichterei als Gelderwerb ist die g. D. lediglich Zeitvertreib, jedoch nicht stiller Nebenstunden, sondern mit der Beziehung auf die aristokratische Geselligkeit. Die rein personale Einstellung verhindert die anspruchslose Fröhlichkeit des geselligen Liedes, führt zum prononcierten Sprechvortrag des Gedichtes. Alles Weitschweifige, episch Gemächliche würde langweilen; Kürze allein fesselt. Wohl vorbereitet amüsiert der witzige Schluß, schmeichelt die gewandte Huldigung: in rascher Bewegung eilen die stets gereimten Zeilen zum Ende, dessen Pointe den Geist des Verfertigers ins rechte Licht zu setzen sich müht.

Die Frau bildet den Mittelpunkt der Geselligkeit, ihre Verherrlichung den der galanten Poesie. Da durch die gesellschaftliche Öffentlichkeit das Elementargefühl der Liebe ausgeschlossen war, blieb für den Autor nur Schmachten und Preisen als Gesellschafts- und Phantasiespiel. Die Frau bleibt stets die Stolze, Zurückhaltende, Unerbittliche; der Mann ihr Sklave. Als Märtyrer der Liebe zeigt und genießt er die Nuancierung seiner Gefühle oder die Pracht seiner Zergliederung all der Reize seiner Verehrten. Sympathetische Naturstimmung fehlt; eine bestimmte Situation wird zwar vorausgesetzt, jedoch nie innerhalb des Gedichts episierend beschrieben, vielmehr als Prämisse in die Überschrift gewiesen. So sehr die handgreifliche Eindeutigkeit der Hochzeitscarmina verpönt war, so gern passierte die gewandt gesagte Zweideutigkeit. Denn nicht aus dem Gefühl, sondern aus dem Verstand mit der kombinatorischen Phantasie ist diese spätbarocke Kleinkunst gezeugt.

§ 4. Die ausländischen Vorbilder. Frankreichs *société polie* bildete das Vorbild der Grundeinstellung der Deutschen, lieferte das Bildungsideal. Frz. Sprache wurde nunmehr recht eigentlicher Bestandteil der „galanten Wissenschaft", und der Bildungsaufenthalt in Frankreich erhielt den Vorrang vor Italien und Holland. Eifrige Beschäftigung mit den frz. Erzeugnissen führt nicht zu getreuen Übersetzungen, sondern zu freier Benutzung. Die meisten Pointen, Situationen und Einfälle gehen auf die Vorlagen zurück. Besonders Le Pays und Benserade, für den poetischen Brief Voiture, werden geplündert. Dagegen fehlt die feine Einzelbeobachtung kleiner individueller Züge; alles wird trotz aller Zergliederung nach dem konventionellen Ideal typisiert. Der Deutsche dichtet offenbar nur aus dem allgemeinen Gefühl der Verliebtheit und der Unerfülltheit. Die Effekte geraten kräftiger, die Farben bunter, die Tendenz gröber. Frankreich ist nämlich nicht das einzige Vorbild. Der allbeliebte '*Pastor fido*' liefert weitere Motive, Gefühle und Situationen, die als typisch empfunden werden und sich schon durch die bekannten Schäfernamen eindeutig bestimmen. Vor allem jedoch liefert Italien den Stil, den Marinismus. Gemäß dem Pomposo des dt. Hofzeremoniells herrscht dieser die längste Zeit vor, und Hofmannswaldau wird als Vorbild gepriesen. Durch diese Vermischung frz. Inhalte mit ital. Stil erhält die galante Poesie Deutschlands eine eigenartige Färbung.

§ 5. Die innere Form. Wegen der Beschränktheit des für die Poesie in Betracht kommenden Lebensausschnittes ist der Umkreis der Motive nicht groß. Am beliebtesten sind: der Wechsel der Küsse (Rückgabe des gestohlenen Kusses); der Tausch der Herzen; die Augen als Anstifter von Unheil, als Verursacher von Wunden und Schmerzen; die Klage über das Schweigenmüssen; der Wunsch, einer der Gegenstände in der Umgebung der Geliebten zu sein (Blume am Busen u. a.); das Beobachten der Geliebten in halb oder ganz entblößtem Zustande; endlich die Erfüllung der Wünsche im Traum.

Dabei werden die im Titel festgelegten Situationen ganz momentan und der Wirklichkeit entnommen gewählt. Jedoch nicht zum Zwecke der Beschreibung, sondern voll antithetischer Möglichkeit, so daß alles zur Überraschung am Ende hinführt. Diese wird dadurch gewonnen, daß die Ausführung der einen Seite zunächst ablenkt von der zugehörigen anderen, auf die mit jäher Wendung der Blick am Schlusse fällt. So stellen die Gedichte geistreiche Interpretationen gegebener plastischer Situationen dar. Sie spiegeln keinen Ablauf von Gefühlen und Stimmungen, sondern die kombinatorische Regsamkeit von Gedanken und Vergleichen über ein ruhendes Bild.

§ 6. Der Sprachstil. Da die galante Poesie keine Vermittlung von Gegenständlichem erstrebt, sondern den bewegten Seelenzustand zu versprachlichen sucht, diesen jedoch nicht in schlichtem Gegenbild ausdrückt, so wird sie zur Verblümtheit und Geziertheit geführt. Die Gefühlserregtheit sucht sich zu verkörperlichen, sucht sich durch Umschreibung und Bild darzustellen, deren Anschaulichkeit demnach keinen Wirklichkeits- und Selbstwert besitzt. Dies umschreibt die Zeit mit dem Stilideal der „Lieblichkeit“, als deren Herold Hofmannswaldau gepriesen wird.

Das Verbum wird nicht unlebendig gehandhabt, jedoch nicht bewußt gepflegt; das Nomen steht im Vordergrund des Interesses.

Die Wortwahl hält, bei aller Vermeidung des Volkstümlichen, im Gebrauch des Fremdwortes absichtlich Maß. Im Gegensatz zum gleichzeitigen Kurial-, Brief-, selbst Romanstil (Hunold) verwendet man nur die geläufigsten Modeworte der Gesellschaftssprache. Die bequem reimenden Diminutiva oder nachgestellte attributive Adjektiva sind noch wie bei Opitz verpönt. Wiederbelebung altdeutscher Worte und Wendungen wird vermieden. Das Streben geht durchaus auf das Neue, Ungewöhnliche, Überraschende.

Demgemäß wird auf die Wahl „scharfsinniger“ und „nachdenklicher“ Epitheta alle Sorgfalt verwendet. Am galantesten wirken zusammengesetzte (*elfenbeinweiß*). Als charakteristischstes Stilmerkmal fallen die zahlreichen Nuancen von Farben auf (weiß: Schnee, Schwan, Marmor, Milch, Lilie, Alabaster, Silber, Perle — rot: Blut, Granat, Koralle, Nelke, Purpur, Rose, Rubin, Scharlach); außerdem solche von Geschmacksempfindungen (Ambrosia, Nektar, Muskateller, Julepp, Honig, Zucker, Saft, Most, Tau, kandiert); daneben liefern Geruch (Ambra, Jasmin) und Tastgefühl ungewöhnliche Beiträge. Weitere Gelegenheit, seine Gewitztheit brillieren zu lassen, bieten Oxymoron und Wortspiel. Der Drang nach Steigerung führt vom Beiwort zum selbständigen Vergleich. Beliebt sind Bilder aus der Nautik, dem Soldaten- und Kriegsleben, selbst das Kartenspiel wird herbeigezogen. Neben der Metapher steht das durchgeführte Gleichnis, das leicht zur Allegorie führt. Häufung und Steigerung führt zur Kette von Gleichungen des „Ikon“ (*exergesia*). Bei den Umschreibungen wird die Mythologie als allzu abgegrast ganz ausgeschieden.

§ 7. Verskunst. Die metrischen Ansprüche sind bedeutend und werden von den Theoretikern noch verschärft. Geschicklichkeit der Mache wird erstrebt und bewundert. Dazu gehört zunächst flotte Reimtechnik; Reimlosigkeit ist verpönt. Dialektfreiheit wird trotz guten Willens nicht völlig erreicht. Die Wahl der Versformen ist lebendig (3—6füßig). Gemäß dem Kunstwollen wird nur lyrische Kleinkunst hervorgebracht, Kürze des Inhalts verbindet sich mit kurzen Strophenformen. Daher fehlt das große Gebäude der Pindarischen Ode eines Gryphius, erst am Ende tritt die Kantate (s. d.), mit den beiden Abarten der Serenade und Pastorale, auf, besonders durch Neumeister und Hunold gepflegt (etwa 1709). Als relativ ungebundenste Form nimmt das ziemlich verdrängte Madrigal (s. d.) großen Aufschwung. Es wird stets durchgereimt und auf eine Pointe zugespitzt. Im Aufbau zeigt es den Einfluß des Sonetts (s. d.), des kunstvollsten Versgebäudes der Zeit. Streng wird nach frz. Vorbild die Trennung der beiden Quatrains und Terzette eingehalten, wozu sich die Heraushebung der letzten (letzten beiden) Zeilen als Gipfel nicht recht verträgt. Der Alexandriner (s. d.) mit jambischem Tonfall herrscht hier vor, regelmäßiger Wechsel von weiblichen und männlichen Reimen wird sorglich eingehalten. Am nächsten der volkstümlichen Art hält sich die Ode (s. d.), meist in vierfüßigen Jamben abgefaßt. Dadurch, daß auch sie sich dem Streben zur Pointe anschließt, verliert sie ihre Sangbarkeit und bekommt eigene Gestalt. Nach Neukirch soll jede Strophe mit einem „pondus“ schließen, wozu der Refrain gern benutzt wird, der nun statt der allgemeinen losen Stimmung des Volks- und Gesellschaftsliedes enge logisch-inhaltliche Kettung erhält. Als besondere Spielerei bildet er gelegentlich auch die erste Zeile der Strophe (Ringelode). Am eifrigsten wird sie von den Gegnern des Marinismus gepflegt: Neumeister, Günther, am mannigfaltigsten von Woltereck. Ungemein beliebt ist die knappeste Zuspitzung im Epigramm (s. d.). Es muß nicht aus zwei, aber aus wenigen Alexandrinern bestehen. Alle galanten Stoffe können in ihm abgehandelt werden. Das vierzeilige Hochzeitsepigramm führt Valentin Alberti ein. Natürlich halten Witz, Satire und Frivolität reichliche Ernte. Der

Blitz des Esprit, gern als Oxymoron gebracht, wird reichlich von Frankreich bezogen. Nach dem Vorbilde von Voiture und Pays wird endlich der poetische Brief gepflegt. Ausnahmsweise selbst in Sonettform (Celander), stellt er in gereimten Alexandrinern ein Stück Dialog dar, der mit einem Kompliment, Witz o. ä. schließt. Hofmannswaldaus Heldenbriefe sind stilistisch Vorbilder, regen auch zur genaueren Nachahmung an (Omeis, Menke, Hanke, Neumeister, Anselm v. Ziegler). Dialektik der Gefühle bildet auch hier wie in all den anderen Strophenformen den Inhalt.

§ 8. Werke und Verfasser. Da die galante Poesie beiläufig zur Unterhaltung der Gesellschaft entstand, lief sie zunächst in Einzelgedichten handschriftlich um. Aus privaten Sammlungen ging hervor die bahnbrechende Anthologie von Benj. Neukirch 'Herrn v. Hoffmannswaldau und anderer Deutschen außerlesene und bisher ungedruckte Gedichte' (Leipzig 1695). Die Größe des Erfolges leuchtet hervor aus dem Umstand, daß gleich 1695 eine erweiterte Neuauflage und 1697 mit 3. Aufl. zugleich ein zweiter Teil erschien. Andere setzten die Sammlung fast almanachartig fort: 3. Teil 1703, 4. Teil 1704 von C. H., 5. Teil 1705, 6. Teil 1709. Nur dem Namen nach hängt der 7. Teil 1727 mit diesen zusammen; er gehört einer neuen Zeit nach Inhalt wie Autoren an. Konkurrenzunternehmen sind 'Des schlesischen Helicons auserlesene Gedichte' (Frankfurt und Leipzig 1699 und 1700), 'Des Neueröffneten Museum-Cabinets auffgedeckte poetische Wercke' (hsg. v. E. Uhse, Leipzig 1715), Menantes' 'Auserlesene und theils noch nie gedruckte Gedichte verschiedener berühmter und geschickter Männer' (3 Bde., Halle 1718—20), endlich der 1. Bd. von Chr. Fr. Weichmanns 'Poesie der Niedersachsen' (Hamburg 1721). Der Gesellschaftspoesie steht diese Anthologieform der Literaturwerdung wohl an, ebenso wie das Verschweigen der Autoren, die nur durch Initialen dem Kenner sich verraten (noch nicht vollständig identifiziert). Bei der Auffassung dieser Kleinigkeiten als Nebensachen verzichteten manche Autoren überhaupt auf ihre Herausgabe (z. B. Eltester), andere fügten sie als eine Gruppe ihren Werken ein (Martin Hanke: 3. Buch seiner 'Deutschen Lieder 5 Bücher'. Breslau 1698. — Gottlob Stolle , Benj. Neukirch, Beccau, Abschatz, Assig), zuweilen nur als Auswahl (Besser). Gering ist die Zahl der selbständigen Ausgaben: Menantes (Chr. Frdr. Hunold, 1702), Philander (Joh. Burkhard Menke, 1705), Neumeister (1707 'Allerneueste Art . . .'), Amaranthes (Gottl. Siegm. Corvinus, 1710), Celander (Hamburg 1716), Christoph Woltereck.

Aus den Daten der Ausgaben ergeben sich als Blütezeit der g. D. ungefähr die Jahre 1695—1705. Ihr Ende fällt um 1715 durch Rationalismus und Pietismus (Menantes!); die Anfänge liegen in den 80er Jahren des 17. Jhs.

Nach ihrem Stilideal lassen sich die Autoren in drei Gruppen teilen. Die zahlreichste folgt Hofmannswaldaus „Lieblichkeit". Es sind vorwiegend Schlesier (der sog. 2. schles. Schule zugerechnet). Die gewandtesten und fruchtbarsten sind Menantes (Hunold), Benj. Neukirch, Celander, Amaranthes (Gottlob Siegm. Corvinus), dazu Eltester, Kamper, Beccau, Assig, Abschatz und viele Unbedeutende; auch die Jugendgedichte von Brockes gehören dazu. — Der planen, frz. witzigen Art folgen Philander (J. B. Menke), G. F. Hanke, Besser, Heini, Canitz. Der Gefahr der Plattheit dieser meißnischen Richtung wie der des Schwulstes jener entgeht die mehr volkstümliche Gruppe der Leander, Erdm. Neumeister, Joh. Georg Neukirch, Woltereck, wozu auch Christian Günther und Mühlpforth manches beisteuerten. Der Übergang zum Gesellschaftsliede ist fließend.

§ 9. Galante Prosa. Den Reigen theoretischer Abhandlungen eröffnet das Vorwort Benj. Neukirchs zu seiner Anthologie. Menantes veröffentlicht als Erster eine Stilistik 'Die allerneuste Manier, höflich und galant zu schreiben' (Hamburg 1702) und gibt 1707 Neumeisters Poetik heraus: 'Die allerneuste Art zur reinen und galanten Poesie zu gelangen'. Während Philander nur innerhalb seiner 'Vermischten Gedichte' (1710) eine unbedeutende Unterredung von der Poesie bietet, fassen Joh. Georg Neukirchs 'Anfangsgründe zur Reinen Teutschen Poesie Itziger Zeit' (Halle 1724) noch einmal das

Ergebnis der eben abgelaufenen Epoche zusammen.

Paul Wincklers posthum erschienener 'Edelmann' (1696; ca. 1684 verf.) stellt in losem romanhaftem Rahmen die Wissensgebiete wie die Manieren des *galant homme* dar, der bezeichnenderweise der holländischen Geldaristokratie entstammt, aber dem protzigen Neuadel wie dem verkommenen Junkertum als Muster entgegengestellt wird; sicherlich zur Verherrlichung des gebildeten Beamtenadels.

Nicht der hohe Sinn des Zeitideals, sondern mehr die schlüpfrigen Nebenseiten machen sich allmählich in dem Unterhaltungsroman bemerkbar. 1685 gehen Happel und Bohse (Talander) zu dieser Richtung eines „galanten Romanes" über. Joh. Leonh. Rost (Meletaon) folgt bald. Hunold beginnt seinen Ruhm mit der 'Verliebten und galanten Welt' (Hamburg 1700). H. A. Langenmantels 'Selimor' (1691) ist mit galanten Versbriefen ausgestattet. Noch 1720 schreibt Joach. Meier seine „curiöse und galante Staats- und Liebesgeschichte" 'Asterie'. Abrechnung vom Standpunkt des vulgären Pietismus hält erst 1738 'Der im Irr-Garten der Liebe herum taumelnde Cavalier'.

G. Steinhausen *Galant, curiös und politisch*, ZfdU. IX (1895) S. 22ff. R. Hildebrand *D.Wbch.* Bd. IV. P. Hoffmann *Artig u. galant.* Progr. Frankenberg i. Sa. 1909; vorher: Grenzboten L (1891) S. 571—81 (schlecht). M. v. Waldberg *Die galante Lyrik* (QF. 56) 1885 (grundlegend). W. Dorn *Benj. Neukirch* (Lit.-hist. Forschgn. 4) 1897. A. Hübscher *Die Dichter der Neukirchschen Sammlung*, Euph. XXIV (1922) S. 1—27, 259—86. Ders., Euph. XXVI (1925) S. 279 ff. W. Flemming.

Gassenhauer. Klang und Sinn dieses Wortes waren im 16. Jh., welches die ersten Belege auch für die übertragene und hier allein in Rede stehende Bedeutung „Lied des Gassenhauers = Gassenläufers, Pflastertreters, Bummlers" oder „Lied zum Gassenhauer", einem Tanz auf der Gasse in dreiteiligem Takte, liefert, noch nicht so schlimm und minderwertig wie heute. Zwar sagt der Zürcher Lexikograph Maaler oder Pictorius 1561: '*gassenhauwer, ein gemein und schlächt gassenlied, carmen triviale*', aber der Humanist meint damit in Wirklichkeit etwa Volkslied, Volksgesang, Vaudeville, und so ist auch der Titel in den beiden miteinander zusammenhängenden Sammlungen 'Gassenhawerlin', Frankfurt 1535 bei Christ. Egenloff (Egenolff), und 'Gassenhawer und Reutterliedlein', ca. 1536 bei Peter Schöffer in Straßburg (?), zu verstehen als volkstümliches Lied, gleichbedeutend mit Bergreihen (s. d.), Reuterliedlein und den übrigen Volksliedtermini des 16. Jhs. Auch Hans Sachs nahm für sich in Anspruch, neben Kriegs-, Buße-, geistlichen Liedern Gassenhauer gedichtet zu haben. Aus den im DWB. sub voce verzeichneten Simplizissimus- und Schelmuffskyzitaten ist zu ersehen, daß man im 17. Jh. u. a. beliebte, auf der Gasse getanzte Tänze samt den Tanzweisen und -liedern darunter verstand, und noch im 18. Jh. und darüber hinaus gebraucht man G. und Gassenlied in der Bedeutung von Volkslied (zuletzt wohl Alem. XXI 202), und die etwa damit verbundene Geringschätzung galt dann — wohlgemerkt mit der Einstellung der Aufklärung — dem Volkslied ganz allgemein. Erst die unter dem Einfluß der Romantik stehende, das Volk überschätzende Volksliedforschung des 19. Jhs. unterschied zwischen dem edlen, langlebigen Volkslied und dem niedrigen, rohen, kurzlebigen G. Die moderne Forschung kommt davon wieder ab, weil es nach ihrer Meinung das wissenschaftliche Bild vom Volkslied fälscht, wenn man das Anstößige oder Kurzlebige einfach ausscheidet und unter dem Begriffe G. sammelt. G. bezeichnet vielmehr so recht die Volksläufigkeit, auf die es bei der Definition des Volksliedes in erster Linie ankommt. Übrigens hatten manche Forscher wie A. Kopp (*Der Gassenhauer auf Marlborough*, Euphorion VI 276), die der Volkspoesie kritischer gegenüberstanden, den alten Gebrauch nie ganz aussterben lassen.

H. Naumann.

Gastspiel. Das G. eines Bühnenkünstlers hat entweder den Zweck, ihn für eine Verpflichtung an der betr. Bühne dem Publikum und der Presse vorzustellen und ihn unter den eigenen Darstellern beurteilen zu können; oder — häufiger — geschieht das Gastspiel, um dem Publikum einen namhaften Künstler zu zeigen. Im zweiten Drittel des 19. Jhs. führten solche Virtuosen-Reisen zum Verderben dessen, was für die Theaterkunst die Grundlage ist: des Ensembles, des künstlerisch abgetönten Zusammenspiels aller Kräfte. Dieses zerfiel, je mehr die neuen Eisenbahnverbindungen das Gastspielen erleichterten, und die kleinen Provinzbühnen lockten ihr Publikum durch einen herausragenden Darsteller. Solch ein „Mauernweiler", wie die Theatersprache es nennt, war z. B. Friedrich Haase; auch Adalb. Matkowsky hat viel gastiert. Ein gastierender Schauspieler, der übrigens oft nur mit einigen wenigen Bravour-Rollen reist, kann für das Publikum, noch mehr für die Schauspieler sehr anregend sein und „Nacheiferung wecken", so Frdr. Ludw. Schröder bei seinem Mannheimer Gastspiel im Jahre 1780. Später ist man zu Gastspielreisen eines ganzen Ensembles übergegangen, unter ihnen sind die Theaterfahrten der „Meininger" (s. d.) von allererster Bedeutung, die von 1874—1890 in 37 Städten spielten. Angelo Neumann spielte mit einem besonderen Ensemble im Jahre 1882 in Deutschland und im Ausland R. Wagners 'Ring des Nibelungen', Carl Heine reiste mit seinem Ibsen-Theater, Frdr. Kayßler mit seiner Tolstoj-Truppe. Im Jahre 1887 gastierte anderseits Antoine mit seinem „Théâtre libre" in Berlin, im Jahre 1906 (und 1921) das „Moskauer Künstler-Theater". Neuerdings ist die Gast-Inszenierung eines fremden Regisseurs aufgekommen: G. Hartung (Darmstadt) inszeniert in Berlin, Karlheinz Martin (Berlin) in Wien. Auch Max Reinhardt (Salzburg, Schweden, Schweiz) ist hier zu nennen. Eine besondere Art Gastspiel stellen die Wanderbühnen dar, in deren ganzem System es indes liegt, Theaterkunst in Städte zu tragen, denen ein stehendes Theater fehlt (Märkisches Wandertheater, Württembergische Volksbühne). H. Knudsen.

Gebärde. Die primitive Theaterkunst des MA. hatte auch eine einfache, ja einförmige, starre Gebärdensprache, die mit ganz bestimmten „stabilen", d. h. festgelegten und traditionell angewandten Gesten, 6 an der Zahl, arbeitete; es sind das die Ausdrucksformen z. B. für das Gebet Christi auf dem Ölberg, die Wiedergabe des Entsetzens der Juden bei den Worten des Herrn: „Ich bin's" oder für den Judaskuß. In den „labilen" Gesten, die weniger prägnant waren und an beliebigen Stellen verwendet werden konnten, kam man dem Schaubedürfnis im mal. Marktplatztheater entgegen. Auch das Handwerkertheater des H. Sachs hat 6 Hauptgesten, und zwar (nach M. Herrmanns *Forschungen zur Theatergeschichte des MA. und der Renaissance* 1914) folgende: Händezusammenlegen, Händeaufheben, Händewinden, Händezusammenschlagen, Armeaufheben, Hände-über-dem-Kopf-Zusammenschlagen. Der Teufel und der Jude haben freiere Gebärdensprache. Im ganzen aber mußte diese Zeit, in der es Berufsschauspieler nicht gab, sondern die mit wirklich nur abgerichteten Dilettanten Theater machte, ein leicht lehrbares und lernbares Gestensystem haben. Auch die Gestik der Jesuitenschüler mußte die Eigenschaft besitzen, aber sie ist wesentlich lebendiger, ja beschwingter und bewegter und ist beherrscht vom Pathetischen und vom höfischen Zeremoniell. Diese Gestik mußte zwar, weil nicht alle Zuschauer den lat. Text verstanden, deutlicher und weiter werden; aber man ging hier niemals so weit wie die Wandertruppen, die, das Erbe der Englischen Komödianten (s. d.) antretend, ihre Gesten nur zu leicht in komödiantische Verzerrung und übertriebenen Schwulst ausarten ließen. Hier werden auch die Gesten der komischen Person, die übertriebene, komisch-unergiebige Betriebsamkeit noch vergröbert und mit Unanständigkeitsgebärden durchsetzt. Nach der Theaterreform Gottscheds wird die Gebärdensprache der dt. Bühnen französisiert und normiert auf eine allgemeine Gültigkeit und Verständlichkeit, wobei nicht die künstlerische Wahrheit, sondern das Schönheitsgesetz maßgebend wurden. Das mußte zu stereotypen, unindividuellen Gesten führen, und solche theatralischen Posen wurden mit Vorliebe von zeitweise stummen Personen angewandt. Das Verschränken der Arme, das Verbergen der Hand im Busen oder das Hineinstecken der Hand zwischen zwei Rock- oder Westenknöpfe oder das „Portebras", ein unwillkürlich sein sollendes Heben des Armes, sind solche leeren Gesten, die noch erweitert werden durch die „fünf Positionen" aus den Regeln der Tanzkunst. Nach dem

Vorgang von J. F. v. Göz hat J. J. Engel 1785 in den 'Ideen zu einer Mimik' die Gebärdensprache zu systematisieren versucht, indem er sie in „ausdrückende" und „malende" einteilt. Nachdem sich im 19. Jh., unter Ablehnung der in Goethes 'Regeln für Schauspieler' niedergelegten sog. Weimarer Schule, die Gebärdensprache zu freierer Kunstübung ausgebildet hat, ist man nicht mehr zu dem rationalistischen Standpunkt eines Lehrgebäudes der Gestik zurückgekehrt; was an Lehrbüchern besteht, z. B. Alfred Auerbachs 'Mimik' ([4]1922), gibt Übungsmaterial als Anregung für den Schüler zu freier Selbstentfaltung unter Verzicht auf irgendwelche Normierung.

C. Michel *Die Gebärdensprache* 1886.

H. Knudsen.

Gebetbuch (katholisches). § 1. Die ältesten Gebetbücher des Abendlandes waren lat. Psalterien. Nach alter Überlieferung bildeten die Psalmen die Grundlage des kirchlichen Gebetes für die Geistlichen; sie wurden es ebenso für die zum Gebrauch der Laien bestimmten Gebetbücher, die daher auch einfach *saltari*, *salter* genannt wurden. Nach dem 'Sachsenspiegel' (Buch I Art. 24) erbt die Frau . . . *lîn und alle wîbliche kleidere, vingerlîn, armgolt, schapil, saltere und alle bûche, die zu gotis dînste hôren* [*die vrowen phlegen zu lesene*] . . . Solche Psalterien, die oft kostbar ausgestattet waren — man ersieht das schon aus der Einreihung bei den weiblichen Schmucksachen im 'Sachsenspiegel' —, konnten nur für den Gebrauch gebildeter und vornehmer Laien in Frage kommen, denn sie waren teuer. Das Volk, das überhaupt nicht lesen konnte und erst recht kein Latein verstand, begnügte sich für sein Privatgebet mit dem Vaterunser, dem Glaubensbekenntnis und einigen kurzen dt. Gebeten, die leicht auswendig gelernt werden konnten. Neben den Psalterien wurden für vornehme Laien auch bereits andere Gebetbücher zusammengestellt, bei denen jedoch der Psalter immer den Kern und Grundstock bildete. Erhalten sind uns von den ältesten Gebetbüchern nur wenige, und zwar solche von besonders kostbarer Ausstattung; die anderen sind verbraucht worden und so zugrunde gegangen. Der Inhalt dieser Gebetbücher besteht im wesentlichen aus liturgischen Gebeten, d. h. also solchen von allgemeinem Charakter; doch finden sich schon im 11. Jh. auch Gebete mit persönlichem Gepräge, wie sie einen Hauptbestandteil der neueren Gebetbücher ausmachen. Waren es bis zum 12. Jh. fast nur die Allerheiligenlitanei und einige an sie anknüpfende Gebete, die den Psalmen hinzugefügt wurden, so kamen im 13. Jh. kleinere Offizien und Gebete für die Privatandacht, besonders für den Empfang des Buß- und Altarssakramentes und für die Verehrung einzelner Heiligen hinzu, die dem Laien eine reichere Abwechslung boten. Nach dem 13. Jh. trat allmählich das Brevier, das kirchliche Stundengebet, als Grundlage des Gebetbuches an die Stelle des Psalters, der allerdings im Brevier wieder einen Hauptbestandteil bildet (vgl. den Art. *Brevier*); die ganze Entwicklung des Gebetbuches verläuft vom Psalterium über das Brevier zuletzt zum Missale (Meßbuch). Die *Horae* (*Livres d'heures*, „Stundenbücher") sind, wie schon ihr Name zeigt, im wesentlichen nur sehr stark verkürzte Laienbreviere. Fast alle enthalten sie das seit dem 13. Jh. beliebt gewordene kleine Offizium von der Mutter Gottes, die meisten auch die Tagzeiten vom Leiden Christi (*de S. Cruce*), die vom Hl. Geist und das Totenoffizium; daran schließen sich dann meistens die Bußpsalmen, die Allerheiligenlitanei und eine Reihe von Gebeten, wobei besonders die Gebete zu einzelnen Heiligen wechseln je nach den Gegenden, für die die Bücher angefertigt sind. Bei aller Übereinstimmung in Zweck und Anlage ist zugleich doch auch die Mannigfaltigkeit und Verschiedenheit in den erhaltenen Gebetbüchern dieser Art so groß, daß sich allgemeingültige Beschreibungen und Bestimmungen kaum geben lassen. Entnommen sind die Gebete meistens den liturgischen Büchern oder schließen sich doch eng an sie an. Das Hinzutreten von Meßgebeten und Gebeten für die Festtage des Kirchenjahres zeugt für das Bestreben, einen engeren Anschluß an den liturgischen Gottesdienst und lebhaftere Teilnahme an ihm zu gewinnen. Im 15. Jh. wurde es üblich, für jeden Tag der Woche ein Offizium zu geben.

§ 2. Die älteren Gebetbücher sind ausnahmslos lat. abgefaßt. Dt. Gebete finden sich einzeln schon vor dem 12. Jh., sie mehren sich im 13. und 14. Jh.; teils sind sie nach lat., meist liturgischen Vorlagen übersetzt, teils freie Neuschöpfungen. Die älteste größere Sammlung von dt. Gebeten, das sog. G. von Muri aus dem 12. Jh., für eine Frau und vielleicht auch von einer Frau zusammengetragen, kann nur mit Vorbehalt als G. bezeichnet werden; es fehlt ihm ein wesentliches Merkmal des G., die Anordnung nach einem bestimmten Plan und zu einem bestimmten Zweck, es enthält nur lose aneinandergereihte Bittgebete und Segen, in denen z. T. noch Reste altheidnischen Beschwörungsglaubens in christlicher Form nachleben. Dt. Gebetbücher werden erst häufiger seit dem 14. Jh.; sie sind zumeist Übersetzungen lat. Vorlagen, wobei das Bedürfnis für die Nonnenklöster wohl den wichtigsten Beweggrund bildete. Gereimte Übertragungen kirchlicher Hymnen oder frei verfaßte gereimte Gebete und Lieder sind in ihnen nicht selten.

§ 3. Die Erfindung des Buchdrucks verhalf dem Gebetbuch nicht nur zu größerer und allgemeinerer Verbreitung, sondern in notwendiger Folge auch zu festerer und einheitlicherer Form. Die seit dem Jahre 1487 von Frankreich aus in großer Zahl verbreiteten, reich und schön ausgestatteten *Livres d'heures*, die bald auch in Deutschland, England und Italien als *Horae*, *Primers*, *Libri d'ore* nachgedruckt und nachgeahmt wurden, enthielten ein Kalendarium, die Anfänge der vier Evangelien und die Passion, die Offizien der Mutter Gottes, des Hl. Kreuzes und des Hl. Geistes, die Bußpsalmen und die Allerheiligenlitanei, das Totenoffizium und eine Reihe von Gebeten; sie schöpften ihren Inhalt ganz aus der Liturgie. In erweiterter Form erschienen sie in Deutschland seit dem Ausgang des 15. Jh. als *Hortuli animae*, verdeutscht als 'Seelengärtlein' oder 'Seelenwurzgärtlein'. Durch mannigfache Erweiterungen und Einschiebungen, durch reichere Auswahl und Zugabe von Gebeten für besondere Gelegenheiten, beim Aufstehen und Schlafengehen, beim Verlassen des Hauses usw., nähern sich die *Hortuli* bereits mehr den heutigen Gebetbüchern. Eigen sind ihnen die vielen Ablaßgebete mit z. T. ganz unsinnig hohen Ablaßangaben und Versprechungen über die Wirksamkeit der Gebete, ein hauptsächlich den Druckern zur Last fallender Unfug, dem erst durch die strengen Zensurbestimmungen des Konzils von Trient ein Ende gemacht wurde. Noch mehr erweitert wurden die *Hortuli* durch Meßerklärungen, Beichtspiegel, Anweisungen, den Sterbenden beizustehen, und ähnliche Zusätze, so daß sie allmählich den Inhalt der zahlreichen Meß-, Beicht- und Sterbebüchlein in sich vereinigten. Neben den *Hortuli* erschienen noch manche andere Gebetbücher; oft ist bei ihnen die Grenze zwischen Gebet- und Betrachtungsbuch flüssig, doch enthalten auch die Betrachtungsbücher in den meisten Fällen Gebete. Die meisten dieser Büchlein, für deren Beliebtheit die vielen Drucke zeugen, erfreuen uns noch heute rein äußerlich durch ihre schöne, geschmackvolle Ausstattung.

§ 4. Durch die Reformation und ihre Angriffe gegen die lat. Liturgie wurden Verdeutschungen und Erklärungen der liturgischen Bücher und Gebete veranlaßt, die von den gebildeten Laien als Gebetbücher bei der Teilnahme am liturgischen Gottesdienst gebraucht werden konnten und wurden. Überhaupt wurde durch die Reformation die Vorherrschaft des lat. Gebetbuches allmählich zurückgedrängt. Besonders waren es die Kartäuser, die auf diesem Gebiete als Verdeutscher einen regen Eifer entwickelten. Ein dt. Missal oder Meßbuch für das ganze Jahr erschien bereits 1526 in München; M. Christoph von Flurheim gab eine Verdeutschung aller Kirchengesänge (in Prosa) und Gebete des ganzen Jahres vom Introitus der Messe bis zur Komplet (1529). Georg Witzel (Wicel) arbeitete durch seine zahlreichen Verdeutschungsschriften am Nachdrücklichsten in dieser Richtung; vier verschiedene von ihm verfaßte dt. G. lehnen sich ganz an die Liturgie an. Bei Witzel begegnet bereits der Gedanke der Vereinigung von Gebet- und Gesangbuch, der auch in Adam Walassers Gebetbüchlein 'Ein edel Kleinat der Seelen' (1561) zum Ausdruck kommt, das zwischen den Gebeten eine Reihe von Kirchenliedern enthält. Rutger Edinger hatte mit seinen 'Teutschen Evangelischen Messen' (1572) die etwas unklare Absicht, daß seine gereimten Übertragungen der Hymnen und Sequenzen nach der Choralmelodie gesungen werden sollten, dachte dabei aber keineswegs an eine Verdrängung des lat. Chorals. Edinger übersetzte auch das oft aufgelegte lat. Gebetbuch des Simon Verepäus ins Deutsche (1571). Hervorzuheben sind noch die Gebetbücher des hl. Petrus Canisius: 1556 ein Gebetbuch für Studenten, 1560 Katechismus und Gebetbuch und 1563 ein '*Hortulus animae*', eine vollständige Umformung des alten *Hortulus*.

§ 5. Sehr viele G. sind außer den schon genannten in der zweiten Hälfte des 16. Jhs. erschienen, mit und ohne Verfassernamen. Es ist nicht möglich, eine Beschreibung ihrer Besonderheiten zu geben, schon aus dem einfachen Grunde, weil es schwer ist, Exemplare von ihnen ausfindig zu machen. Ihre große Zahl und die vielen Neuauflagen zeugen für ein starkes Bedürfnis. Die meisten tragen verlockend anmutige Titel, um die Kauflust zu reizen, eine Vorliebe, die sich bis in die Zeit der Aufklärung gehalten hat. Das folgende Verzeichnis gibt eine Auswahl, die schon als einfache Zusammenstellung nicht ohne Reiz ist: 'Der geistliche Rosenstock' (1564), 'Gnadenbrünnlein' (1567), 'Seelartzney' (1570), 'Geistlicher Wecker' (1572), 'Geistlich Brunn der dürstigen Seel' (1575), 'Der geistlich Herzentröster' (1576), 'Die geistliche Straß' (1576), 'Heilsamer Brunnquell der Gnadendürstigen Seel' (1583), 'Güldene Schatzkammer' (1584), 'Seelen Trost' (1585), 'Herzenmahner' (1586), 'Schöpfbrunnen geistlicher Andacht' (1586), 'Würtzgärtlein' (1586), 'Gülden Schatzkämmerlein' (1589), 'Schatzkämmerlein' (1591), 'Geistlich Geschmeid und Kleinodt' (1591), 'Geistlich Taschenbüchlein' (1592), 'Paradeisgärtlein' (1592), 'Catholisch Rosengärtlein' (1594), 'Das gülden Haußkleinot' (1594), 'Christliche Catholische Ehrenkränzlein' (1594), 'Der Seelen Proviantbüchlein' (1594), 'Hortulus liliorum Liliengärtlein' (1595), 'Vergiß mein nicht andächtiger Gebetlein' (1595), 'Der Seelen Trostkistlein' (1600), 'Spaziergärtlein Christlicher Seelen' (1600).

§ 6. Im wesentlichen ist schon mit dem Ende des 16. Jhs. Form und Inhalt des heutigen Gebetbuches erreicht; das Psalterium und die Offizien sind zurückgedrängt durch Gebete aus dem Missale zum Anhören der Messe, durch Gebete für den Empfang des Bußsakramentes und der Kommunion, durch Morgen- und Abendgebete und solche für andere Gelegenheiten, durch Sterbegebete und Gebete für die Verstorbenen. Zu bemerken ist noch, daß in der zweiten Hälfte dieses Jhs. viele neue Litaneien entstanden und in die Gebetbücher übergingen, nachdem schon im 15. Jh. neben der allein liturgischen Allerheiligenlitanei einzelne wie die vom Namen Jesu und die für die Verstorbenen sich verbreitet hatten. In Rom verhielt man sich gegen die neuen Litaneien zurückhaltend und ablehnend (vgl. den Art. *Litanei*); gleichwohl hielt die Vorliebe für dieses Wechselgebet an. Im 17. und 18. Jh. finden sich Gebetbücher mit zwanzig, dreißig und mehr Litaneien, man hat sogar eigene Litaneibücher zusammengestellt.

§ 7. Im 17. Jh. steigert sich mit der Verbreitung der Schulbildung auch die Zahl der Gebetbücher; die meisten enthalten neben den Gebeten zugleich auch Lieder für den kirchlichen Volksgesang. Zu den allgemeinen Gebetbüchern treten jetzt noch die zahllosen Bruderschafts- und Wallfahrtsbüchlein, deren Benutzung also auf bestimmte Gelegenheiten beschränkt ist. Aus den vielen Gebetbüchern können nur ein paar der bedeutendsten herausgegriffen werden. Des Kölner Pfarrers Jak. Merlo-Horst '*Paradisus animae christianae*' (1644) dient hauptsächlich der Verehrung des Altarssakramentes; es ist ein durchaus selbständiges und eigenartiges, mystisch beeinflußtes Werk und setzt gebildete Leser voraus; es ist erst 1697 ins Deutsche übersetzt worden. Außer Gebeten gibt der Verfasser Betrachtungen und Anleitungen zum Beten und geistlichen Leben in Form von Gesprächen zwischen Christus und dem Menschen; die zahlreichen Litaneien schöpfen ihre Anrufungen größtenteils aus der Hl. Schrift. Das Buch ist bis ins vorige Jh. noch oft neu gedruckt worden mit mannigfachen Verkürzungen, Vermehrungen und Änderungen. Weniger Gebetbuch als Erbauungs- und Betrachtungsbuch war das von dem Jesuiten Friedrich von Spe, dem Dichter der 'Trutz-Nachtigall', bearbeitete 'Güldene Tugent-Buch' (1649); es soll aber hier erwähnt werden als eins der kennzeichnendsten Bücher der Barockmystik und eins der eigenartigsten Erzeugnisse der katholischen Gebet- und Erbauungsliteratur. Es will den Leser anleiten zur Übung der drei Tugenden des Glaubens, der Hoffnung und der Liebe und tut das mit einer solchen Innigkeit und Eindringlichkeit der Rede und Zurede, daß ein williger Leser sich ihr kaum entziehen kann; manche Ausführungen müssen dabei freilich aus ihrer Zeit heraus verstanden werden. Clemens Brentano hat das Büchlein neben der 'Trutz-Nachtigall' einer Erneuerung wert gehalten (1829). Eins der verbreitetsten katholischen Gebetbücher, man kann sagen das verbreitetste, ist das von dem rheinischen Ordensgenossen Spes, dem P. Wilhelm Nakatenus, zuerst 1660 dt., dann 1667 lat. als '*Coeleste Palmetum*' herausgegebene 'Himmlische Palmgärtlein'; es ist in ungezählten Auflagen bis auf die neueste Zeit immer wieder neu gedruckt und auch in mehrere fremde Sprachen übersetzt worden. Das Büchlein schließt sich im ersten Teile inhaltlich wieder an die Stundenbücher an und beginnt wie diese mit dem Offizium der Gottesmutter und den anderen Offizien und Gebeten, enthält aber dann eine große, für alle Gelegenheiten und Bedürfnisse ausreichende Sammlung von weiteren Gebeten nebst Anweisungen und Anleitungen zum christlichen Leben und gibt bei den einzelnen Heiligen kurze Nachrichten über ihr Leben und ihre zur Nachahmung empfohlenen Tugenden. Auch die Lieder des Büchleins sind von Nakatenus verfaßt; viele von ihnen sind in den bleibenden Bestand der katholischen Gesangbücher übergegangen (vgl. W. Bremme *Geistl. Lieder von Wilh. Nakatenus* 1903). Zweckmäßig angelegt und reichhaltig war das von dem Jesuiten Heinrich Bödeker bearbeitete Gebetbuch 'Guldener Rauch-Altar', auch lat. '*Altare aureum incensi*' (1686); es enthält zahlreiche Offizien und Litaneien, Andachten und Gebete für alle Feste und Gelegenheiten, Inhaltsangaben der sonntäglichen Evangelien nebst Gebeten, Meßandachten und Andachten für den Empfang der Sakramente. Mehr belehrend war das 'Heilsame Bet- und Tugend-Buch' des Jesuiten Alexander Wille (1698). Der Jesuitenorden, der, wie schon aus den wenigen Angaben zu ersehen ist, besonders im 17. Jh. einen großen Einfluß auf das religiöse Leben des katholischen Volkes ausübte, suchte durch Belehrung zunächst den Glauben zu festigen und auf dieser Grundlage das christliche Leben und die Gottesverehrung zu fördern. Dieser durch die Glaubensspaltung des 16. Jhs. bedingten Praxis entsprechen die von Mitgliedern des Ordens herausgegebenen Gebetbücher; sie suchen durch den Verstand auf Wille und Gemüt zu wirken. Umgekehrt machen es die zahlreichen Gebetbücher des Kapuzinerpaters Martin von Cochem, des bedeutendsten religiösen Volksschriftstellers, den der Katholizismus aufzuweisen hat; P. Martin sucht zuerst immer das Gemüt zu erfassen und dadurch Verstand und Wille mit fortzureißen, und das war der Hauptgrund, weshalb gerade er vom Rationalismus des 18. Jhs. am meisten bekämpft und verspottet wurde. Er hat nach seiner eigenen Angabe an die dreißig Gebetbücher verfaßt, von denen nur genannt seien 'Der große Baumgarten' (1675), 'Der Wohlriechende Myrrhengarten' (1687), 'Der Guldene Himmelsschlüssel' (1689), 'Der Liliengarten' (1699), 'Heiliger Zeiten Gebet-Buch' (1704), die alle in vielen Auflagen verbreitet worden sind. P. Martin sucht in seinen Gebetbüchern zwar einen engen Anschluß an die Feier des Kirchenjahres, verzichtet aber dabei fast ganz auf die liturgischen Gebete, schöpft vielmehr mit Vorliebe aus den Schriften der Heiligen und aus mal. Offenbarungen oder aus seinem eigenen Innern. Die Unterweisungen, mit denen er die Gebete verknüpft, zielen auf das Gemüt; dem Fühlen und Denken des Volkes weiß er sich ausgezeichnet anzupassen, so daß seine Gebetbücher die volkstümlichsten von allen geworden sind und daher auch am wenigsten veralten. Es ist nicht ohne Grund, daß sie bis in die neueste Zeit in mehr oder weniger durchgreifenden Bearbeitungen immer wieder neu gedruckt worden sind (vgl. J. Chr. Schulte *P. Martin von Cochem 1634—1712* 1910).

§ 8. Nakatenus und Martin von Cochem behaupteten auch im 18. Jh. in der katholischen Gebetbuchliteratur die erste Stelle. In Norddeutschland wurde das von dem Dominikaner Raimund Bruns zuerst 1738 in Potsdam herausgegebene 'Katholische Unterrichts-, Gebet- und Gesangbuch' sehr beliebt. Es war zunächst für die Diaspora entstanden und legte aus diesem Grunde, wie schon der Titel zeigt, den Nachdruck auf den Unterricht; im ersten Teile enthält es einen vollständigen Katechismus, im zweiten Teile Morgen- und Abendgebete, Meßgebete und Gebete für den Empfang der Sakramente, Gebete für besondere Gelegenheiten und ein paar Bruderschaftsandachten, im dritten Teile das Gesangbuch. Es ist bis in die Mitte des vorigen Jhs. noch oft neu gedruckt worden, u. a. auch in Wien und in Köln, ein Zeichen, daß seine Verbreitung sich nicht auf den Norden beschränkte. Erst die in der zweiten Hälfte des 18. Jhs. um sich greifende Aufklärung drängt diese Bücher zurück, ohne sie indes ganz beseitigen zu können. Dem Rationalismus geht im G. die Fühlung mit der Liturgie gänzlich verloren. Der Anschluß an das Kirchenjahr wird bewahrt und sogar stark hervorgehoben, aber vom Geiste der kirchlichen Liturgie ist wenig mehr zu spüren; in den Gebeten herrschen Vernunft und Sentimentalität, Moral und Salbung. Das bedeutendste Gebetbuch dieser Zeit ist das 'Vollständige Lese- und Gebetbuch' von Joh. Michael Sailer, dem späteren Bischof von Regensburg, in zwei Teilen (1783), von dem 1784 ein von Sailer selbst veranstalteter Auszug als 'Vollständiges Gebetbuch für katholische Christen' erschien. Bei Sailer verband sich Rationalismus mit mystischen Einflüssen; in seinem Gebetbuch äußert sich der Rationalismus noch in maßvoller und milder Form. Die Förderung der Gottes- und Nächstenliebe ist sein Hauptziel; Vernunftgründe und Erwägungen suchen „lebendige Empfindung des Herzens" zu erwecken, auf die der Hauptnachdruck gelegt wird. Es ist nicht leicht, in kurzen Worten die Eigenart dieses für seine Zeit vortrefflichen Buches zu bestimmen, hinter dem eine bedeutende und tieffromme Persönlichkeit steht. In seiner Anordnung lehnt es sich ganz an die älteren Gebetbücher an, liturgische Gebete aber wie die Psalmen werden durch neu gedichtete dt. Psalmen ersetzt und eine Reihe rationalistischer Lieder eingestreut. Die weitere Entwicklung des rationalistischen G. führt wie im Gesangbuch — meistens waren Gebet- und Gesangbuch vereinigt — zu einseitiger Betonung der allgemeinen Wahrheiten des Christentums und der Moral; das Gebet verliert seine dogmatische Grundlage, die Gebetbücher werden z. T. interkonfessionell. Das Gebet sollte hauptsächlich fromme Empfindung und Rührung wecken und wird darüber salbungsvoll und rührselig; die Vernunft hat die alte Glaubenskraft schal gemacht, es ist ein Zwiespalt entstanden, und man hat das Gefühl, als habe das Herz des Betenden zu seinem eigenen Verstandesglauben kein rechtes Vertrauen. Vielverbreitete rationalistische Gebetbücher waren das des Hofrats Frhrn. Karl von Eckartshausen, eines Laien, 'Gott ist die reine Liebe' (1790), das in viele Sprachen übersetzt wurde, und das 'Gebetbuch für aufgeklärte Christen' von Phil. Jos. Brunner (1801); auch das von dem Kardinal Fürsten Alexander von Hohenlohe bearbeitete G. 'Der im Geiste der katholischen Kirche betende Christ' (1818) erlebte manche Auflagen. Die in der Zeit des Rationalismus erschienenen mehr oder weniger offiziellen Gebet- und Gesangbücher für einzelne Diözesen oder kirchliche Gemeinden legten den Nachdruck mehr auf den Gesang als auf das Gebet, am wenigsten berücksichtigten sie das Privatgebet; es hing das mit dem Bestreben nach einer dt. Liturgie zusammen.

§ 9. Der Rationalismus war vorwiegend eine Angelegenheit der gebildeten Kreise, dem Volk ist er mit allen Mitteln der Überredung und Erziehung und z. T. sogar mit Zwang aufgedrängt worden; ganz hat es sich aber seinen alten Glauben nicht nehmen lassen und hat auch in der Aufklärungszeit lange an seinen alten Gebetbüchern festgehalten. Die Rückkehr zum Alten setzte noch vor der Mitte des vorigen Jhs. ein. Das von dem Jesuiten Joh. Bapt. Devis 1839 herausgegebene 'Gebet- und Erbauungsbuch für katholische Christen', das später noch oft neu aufgelegt wurde, ging wieder ganz auf die Praxis der Gebetbücher des 17. Jhs. zurück, verknüpfte Unterricht mit Gebet und bot wieder dieselbe Auswahl von Gebeten für die Teilnahme am liturgischen und außerliturgischen Gottesdienste wie für die Privatandacht. Die Gebetbücher von Nakatenus und Martin von Cochem wurden in neuen Bearbeitungen herausgegeben und in großer Zahl verbreitet. Dem Wunsche nach einem engeren Anschluß an die Liturgie kamen dt. Meß- und Vesperbücher entgegen. Seit der Mitte des vorigen Jhs. sorgten auch die Diözesanbehörden für die Herausgabe von Diözesangebetbüchern, meistens zusammen mit Gesangbüchern (vgl. die Zusammenstellung in dem Art. *Gesangbuch, Katholisches*), die das Volk zur Teilnahme am liturgischen Gottesdienst anleiten und Gebete für den Sakramentenempfang, Andachten für die Zeiten des Kirchenjahres und Gebete für die Privatandacht enthalten. Außerdem erschienen aber noch zahlreiche andere Gebetbücher, allgemeine und solche für alle möglichen besonderen Veranlassungen sowie für einzelne Stände, gute und minderwertige, fast ein Übermaß, so daß man nicht zu Unrecht von einer Gebetbuchfabrikation gesprochen hat, die sich zu einem besonderen, nicht immer von ideellen Rücksichten geleiteten Industriezweig ausgewachsen hat. Nach kirchlicher Vorschrift müssen die Gebetbücher vor ihrem Erscheinen der kirchlichen Zensur vorgelegt werden; das Imprimatur bietet jedoch nur Gewähr für die Übereinstimmung mit der kirchlichen Lehre, nicht aber für den sonstigen Gehalt und Wert dieser Bücher.

§ 10. Die jüngste, von den Benediktinern ausgehende liturgische Bewegung innerhalb des Katholizismus drängt auf einen engeren Anschluß an die Liturgie, an das allgemeine Gebet der Kirche, auch für das Gebetbuch. Neue Übersetzungen und Anleitungen suchen den Geist und Gehalt der lat. Liturgie zu erschließen und für das Gebet und das christliche Leben des Laien nutzbar zu machen. In der Liturgie der katholischen Kirche hat sich ja seit fast zwei Jahrtausenden das Schönste und Beste angesammelt, was an Lob und Preis Gottes, an Dank und Bitte in menschlichen Worten Ausdruck gefunden hat.

St. Beissel *Zur Geschichte der Gebetbücher*, Stimmen aus Maria-Laach LXXVII (1909). W. v. Seidlitz *Die gedruckten illustr. Gebetbücher des 15. und 16. Jhs.*, Jb. der kgl. preuß. Kunstsammlungen V (1884) S. 128ff., VI (1885) S. 22ff. Fr. Hotzky *Zur dt. Gebetbuchliteratur des ausgehenden MA.s.* Progr. Kalksburg 1913. J. Klapper *Das dt. Privatgebet im ausgehenden MA.*, Korrespondenzblatt des Gesamtvereins d. dt. Geschichts- u. Altertumsvereine LXII (1914) Sp. 216ff. W. Walther *Handschriften dt. Gebetbücher*, Geschichtl. Studien für Albert Hauck (1916) S. 187ff. G. Domel *Die Entstehung des Gebetbuches u. seine Ausstattung in Schrift, Bild u. Schmuck bis zum Anfang des 16. Jhs.* 1921.

J. Gotzen.

Geblümter Stil. § 1. Mhd. *blüemen* bedeutet „mit Blumen schmücken", dann überhaupt „künstlich auszieren". Auf stilistisches Gebiet wird der Ausdruck seit dem 13. Jh. mit besonderer Vorliebe übertragen, und *geblüemtiu rede*, *g. wort* bedeutet von Haus aus nichts anderes als unsere „blumenreiche Sprache". Gegen Ende des Jhs. wird der Ausdruck fester Terminus für eine besondere Stilart. Sie wird von einer bestimmten Richtung jener Zeit als Triumph formaler Kunstvollendung gepriesen, entspricht aber in ihrer typisierenden Absichtlichkeit und krampfhaften Künstelei dem irregeleiteten Empfinden eines kraftlos floskelsüchtigen Epigonentums.

§ 2. Die Kennzeichen des g. St. treten nicht immer durchgehend auf. Neben Dichtungen, die von Anfang bis zu Ende geblümt sind, stehen andere, die nur an bevorzugter Stelle, am Anfang, am Schluß oder in einem besonderen Kernstück, den vermeinten Schmuck aufweisen. Das Ziel des *blüemens* ist in erster Linie Auffälligkeit. Das Herkömmliche muß durch das Ungewöhnliche ersetzt werden. Dieses darf natürlich nur der Manier nach typisch sein und fordert im einzelnen Fall immer wieder verwegene Erfindung heraus, sonst könnte es ja den gewünschten außerordentlichen Charakter nicht tragen. Die Aufgabe ist also, mit typischen Mitteln scheinbar Individuellstes zu schaffen, das Außergewöhnliche nach einem erlernbaren Rezepte hervorzubringen. Diese typischen Mittel sind vor allem: prahlendes Hervorheben der eigenen Person, Kunst, Fähigkeit; willkürlich extravagante Sprachbereicherung: neue Worte werden teils aus Mundart oder Fremde eingeführt, teils selbständig gebildet, so namentlich Komposita aller

Wortklassen, dann Substantiva aus Adjektiven, Verba aus Substantiven usw. Solche neue Worte treten mit besonderer Vorliebe in den Reim und werden zu überraschenden Wortspielen verwendet. Die syntaktischen Figuren der Wortwiederholung, Anapher, der asyndetischen Häufung, des Parallelismus, Pleonasmus, der Tautologie stehen in Blüte. Die beliebte Litotes wird gesteigert durch eine paarige Nebeneinanderstellung von positiver und negativer Wendung desselben Ausdruckes; eine von den vielen Umschreibungsarten des einfachen Begriffes. Von umschreibenden Konstruktionen steht die des einfachen Verbums durch *sein* mit part. präs. voran. Eine reiche Metaphern- und Vergleichstechnik und die Vorliebe zur Hyperbel steigern den Eindruck des Abgeschmackten oft bis zum Grotesken.

§ 3. Geschichte. Der g. St. wurzelt ohne allen Zweifel in der Kunst Wolframs (obschon man schon frühere Ansätze zu finden glaubte, z. B. im 'Pilatus'). Alle die später übertriebenen Stileigentümlichkeiten sind bei ihm in Ansätzen schon vorhanden, und schon innerhalb seiner Produktion läßt sich die beginnende Übertreibung feststellen. Daß er anspruchsvolle Dunkelheit der Diktion anstrebt, hat er selbst zu Beginn des 'Parzival' ausgesprochen. Die Mittel dazu stimmen mit denen des g. St. schon weithin überein. Hochtrabende Fremdwörter (*sarapantratest* = Drachenhaupt, Parz. 50, 5), mundartliche Freiheiten der Konstruktion und der Wortwahl, kühne, wortspielerisch verwendete Neubildungen (*nie seil baz gehundet wart ouch was der hunt vil wol geseilt* Tit. 142), verwickelte Umschreibungen, namentlich für den Namen Gottes (z. B. *den man noch mâlet also das lamp und ouch das kriuz in sînen klân* Parz. 105, 10), weithergeholte hyperbolische Vergleiche (*daz aht ich als ein kleine breme viele ûf einen grôzen ûr* Will. 335, 8), Dopplung des Ausdrucks durch Litotes (Typus: *Der junge, niht der alte*) u. dgl. finden sich bei ihm schon in Mengen. Im 'Titurel' besonders bürgert sich die schleppende Umschreibung des Verbs durch das part. präs. ein: *ein bracke kom zuo zin jagende . . . des bin ich durch vriunde noch diu klagende* (Tit. 133). An die Manier dieses Torsos knüpft sich ja die Wolframnachahmung Albrechts, die nicht nur die Partizipialumschreibungen zu unerträglicher Hölzernheit des Stils anhäuft, sondern überhaupt in allem und jedem die stilistischen Ansätze der Werke des Meisters übertreibend ausbaut. Sein sog. 'Jüngerer Titurel' ist das erste reine Produkt des g. St., wie ja auch der Ausdruck *blüemen* bei ihm zuerst als Terminus technicus erscheint. Nach ihm tritt er gemäßigter auf bei Konrad von Würzburg ('Goldene Schmiede'), um von Frauenlob, vor allem in dem Marienleich, gleich wieder auf die Spitze getrieben zu werden. Im 14. Jh. mußte die verhüllende, metaphern- und bilderreiche „blümende" Manier dem allegorischen Zeitgeschmack sehr genehm sein, besonders eroberte sie sich eine Domäne in der aufblühenden Minneallegorie (s. d.). Egen von Bamberg und sein Schüler, der Verfasser der 'Minneburg', bedeuten das Extrem der ungenießbaren Verkünstlung.

§ 4. Die Tradition des Blümens scheint sich demnach in drei verschiedenen Gattungen entwickelt zu haben: In der Epik wird sie gekennzeichnet durch die Reihe Wolfram — Albrechts 'Titurel' — 'Lohengrin' — Konrad v. Würzburg — Johann v. Würzburg. In der Lyrik (Meistergesang) durch die Reihe: Konrad — Frauenlob — Mügeln — Montfort — Muskatblut. In der Minnerede geht die Entwicklung über Egen, die 'Minneburg', Hadamar von Laber, Suchenwirt bis zu Sachsenheim, bei dem sich im 15. Jh. die Spuren verlieren.

Mordhorst *Egen v. Bamberg und die geblümte Rede* (Berl. B. XLIII) 1911. Ehrismann PBB. XXII (1902) S. 257. Borchling *'Der jüngere Titurel' und sein Verhältnis zu Wolfram* 1897. Ehrismann *Gesch. d. d. Lit.* II, 1 S. 158.

H. Schneider.

Gedankenlyrik. § 1. Die Eigenart der Gedankenlyrik liegt darin, daß sie Ideen und Aspekte nicht symbolhaft einkörpert, sondern als unmittelbaren Gegenstand darstellt. In jeder bloßen Problem-Lyrik erscheint Abstraktes nur im Leib und Kleid von Bildern; in der Gedankendichtung bleibt das Ideale die letzte faßbare Sprache des Ethos, der Persönlichkeit, des Weltgefühls. Die allgemeine Gnomik strebt zumeist nur nach der rednerischen Paraphrase des Begrifflichen; in der G. soll das Theoretische als Erlebnis vermittelt werden. G. fordert einerseits die hellste Bewußtheit eines Ideengefügs — das scheidet sie nach unten von der Pseudo-Poesie der losen Wallungen und leeren Schemen, nach oben von der Mythik etwan Hölderlinschen Schlags —, andererseits die wärmste Teilnahme einer zutiefst bewegten Seele — das trennt sie von den Gattungen der Lehr- und Spruchdichtung. Demgemäß zählt die patriotische, politische, soziale Lyrik des 19. Jhs. ebensowenig hierher wie die allverbreitete Fabel- und Bîspeldichtung oder namentlich die Satire. G. ist gelebte Reflexion in aufhöhender und beschwingender, nie kanonisierender Form, nicht konventionelle Ideologie noch ungestaltiger Formalismus. Die Themen solcher Kunst sind religiöser oder metaphysischer oder moralischer Natur, entsprechend den Sphären des Meta-Phänomenalen; indessen führt die dichterische Auswertung von überallher zu Motiven einer ästhetischen Begriffsbildung, wie sie insonderheit bei Schiller, hier aus vorerst Platonischen und Kantischen Impulsen, lichtvoll sich entfaltet. — Unter den europäischen Literaturen ist die dt. die an Gedankendichtung bei weitem reichste. Die orgiastischen Ausbrüche der Leopardi oder Byron, die wolkig-schweifenden Meditationen der Lamartine und de Vigny, die reflektierende Subtilität der Shelley oder Keats berühren sich nur peripher mit jener umfassenden Gestaltungs- und Gesinnungs-Problematik, die der dt. Dichtung aus Luthers Erde erwächst. Im österreichischen Bezirk gibt es während der Zeit der Abgesondertheit, also vom 16. bis an das Ende des 18. Jhs., nur ganz geringe Einsprengsel dt. G. Der Norden aber geht in dieser Epoche den Weg von der massiv-amusischen Didaktik des Reformationsjahrhunderts durch die satirische Tradition des Barock und durch die puritanisch-moralistische Lehr- und Zweckdichtung der Aufklärung bis in die Bildungskunst der wirkungshungrigen Allerhandkönner des 19. Jhs. Wir wollen diesen Werdegang in einen raschen historischen Überblick fassen, indem wir übrigens nicht nur die strenge Gedankenlyrik herausschälen, sondern auch nach den angrenzenden didaktischen Gattungen ausschauen, aus denen jene einen guten Teil ihrer Kräfte zieht. Hierauf soll an dem überragenden, eigentlich gattungsschöpferischen Beispiel Schillers tiefer in die Struktur solches Gebilds hinabgeleuchtet werden (§ 3).

§ 2. Die Didaktik des MA. wahrt durchaus kirchliches Gepräg; gelehrte Bildungsdichtung überwiegt, lehrhafte Tierdichtung bildet den buntesten Ableger. Liturgik und Scholastik und ritterliche Etikette wird ausdrücklich doziert. Legendarisches und Chronikalisches tritt in den Vordergrund, theologische „Summen" wetteifern mit exoterischer Polyhistorie ... Die kernhafte Gnomik der Spervogel-Zeit versiegt unter der Herrschaft des Romans, der Spielmanns- und der Abenteuerdichtung; erst Walther und Reinmar von Zweter führen sie einem neuen Gipfel zu. Daneben regt sich hier und dort höfische Reflexionslyrik, am eindrucksvollsten in den Variationen und Paradoxen Friedrichs von Hausen. Erst nach dem Abklingen der Blütezeit gewinnt die lehrhafte Dichtung breiteres Publikum, aus höfischer Umwelt in bürgerliche gerückt, vielfach Vagantenkunst fortsetzend: Da ist der fahrende Schwabe Marner und der Süddt. Kanzler, die Norddt. Rûmesland und Regenbogen, in mancher Hinsicht schon Wegbereiter des Meistergesangs. Es folgt 'Der Winsbeke' und 'Die Winsbekin', Thomasin von Zirclaeres 'Welscher Gast' und Freidanks 'Bescheidenheit' und Hugo von Trimbergs 'Renner', schließlich der Troß der Fabulisten und Allegoristen des 14. und 15. Jhs. — Das 16. Jh. sammelt Sprichwörter (Tunnicius, Agricola, Franck u. v. a.) und bearbeitet Fabeln (von Alberus und Waldis bis Spangenberg und Rollenhagen); es macht die Welt zur Schule und dient, seit Brant und Murner, satirischer Allerweltsbelehrung und -erziehung; Narren- und Teufelsschriften versuchen im Lachen zu tadeln und durch Tadel zu bessern, die großen '*Specula*' stellen sich predigend und betend über das Weltgetrieb, die Jedermann-Stücke halten Gericht über menschliche Stände und Werke, Himmel und Hölle berühren sich in eschatologischen Visionen. (Die unermeßliche Überlieferung des Kirchen- und Gemeindelieds, Mund einer dogmatischen Ordnung, ist hier nicht zu begleiten.) — Das barocke Jh. verleiht der didaktischen Dichtung vor allem gelehrten Charakter. Opitz, der dem Erzieherisch-Erbaulichen viel inniger zuneigt als dem Kritisch-Satirischen, verzapft horazisch-christliche Weisheit in 'Zlatna', im 'Lob des Feldlebens', im 'Vielguet'. Ähnliche Male eignen schon mehreren Neulateinern, auch Th. Höck und den Dichtern der Zinkgrefschen Anthologie, wie nachher vielen Freunden des Opitzischen Gesellschaftslieds. Reiner sproßt protestantische Didaktik beim Pastor Rist und im Chorlied von Rinckart bis Schmolck. Und üppig blüht die Epigrammatik, auf den Höhen der Gryphius und Logau wie in den Senken der Abschatz und Henrici. Edelste G. ist erstlich bei Fleming, nicht so sehr in den 'Überschriften' und 'Poetischen Wäldern' als in den 'Sonetten', dieser persönlichsten Urform eines neuen Lebens- und Kunstwillens; dann, in noch strengerer Prägung, bei Gryphius, wieder in der barocken Gestalt der Sonette, dogmatisch wuchtig zugleich und artistisch behend. Hier wird lautere Gotik von holdestem antikischem Kontur umspannt! Farbiger ist die gnomische Kunst eines Czepko, zerwühlter die Verse Schefflers, weicher und schüchterner der Nachhall bei gewissen Pietisten. — An der Schwelle des Goethe-Jhs. ragt die „physikotheologische" Dichtung des Brockes und die spekulativ-pathetische des Haller; nebenher die Unsterblichkeits-Rhetorik der Creuz und Drollinger. Thomson und Pope finden Nachfolge, bis zu Geßner und Wieland und Matthisson; selbst Uz schreibt eine 'Theodicee', neben einem 'Versuch über die Kunst stets fröhlich zu sein'. Von Milton strömt Energie zu Bodmer und zu Klopstock: Verkörpert der 'Messias' das verjüngte Mysterium des Protestantismus, so strebt die gräzisierende Lyrik einer neuen Durchdringung von Antik und Germanisch entgegen, während in anderen Oden die ossianisierende Wingolf-Ideologie Eingang gewinnt. Der Glanz und die Glut des Klopstockschen Verses, unter den Bremer Beiträgern ehrfürchtig geliebt, strahlt bis zu Lavater, bis zu den Stolbergen, in vieler Hinsicht bis zu Schubart und dem jungen Schiller. Ideen-Elemente tauchen in den Spielen der Halberstädter und Hallenser auf, am markigsten und männlichsten später bei Göckingk. Die Raisonnements der Logau und Wernicke werden im Zeitalter der Rabener und Liscow vielfach fortgesetzt, neuen Atem gibt ihnen erst Lessing; 'Nathan der Weise', aus Studien erwachsen, als Streitschrift gemeint, ist das wohl bedeutendste Werk der Gedankendichtung zwischen Klopstock und Schiller. Auch Wieland hat in seinen Jugendepen und Patriarchaden, in den Satiren und Episteln teil an dieser Gattung, ebenso wie die feierlichen Lehrdichtungen Herders. Was man in Goethes Lyrik hierher zählen kann, gehört zumeist der späteren Zeit an: Vereinzeltes in der Abteilung 'Kunst', etliches unter 'Parabolisch' und 'Epigrammatisch', mehreres in der Gruppe 'Gott und Welt', selbstredend noch im 'West-östlichen Divan', der ja gerade auch in dieser Richtung Nachfolge gezeitigt hat; hervorstechende Beispiele aus Goethes 18. Jh. sind — abgesehen von der Mitarbeit an den 'Xenien' und den 'Votivtafeln' — die 'Geheimnisse' (1784) oder die 'Metamorphose der Pflanzen' (1798). Gedankendichtung schroffsten Stils, wie nachmals zuweilen bei Hebbel, herrscht schrankenlos bei Grillparzer, der in der Lyrik ja von vornherein nichts als betrachten, kritteln, reflektieren kann, politisch, literarisch, moralistisch. In seiner Heimat haben Dichter wie Halm oder Saar gerade diese Note übernommen. — Dem Gipfel Schiller gebührt noch besondere Würdigung. (Unmittelbare Mit- und Nachläufer dieses Epochen- und Gattungsschöpfers, von Tiedge ['Urania'] bis zu Fr. K. Gerok ['Palmblätter', 'Pfingstrosen'] verzeichnet der Artikel *Klassizistische Dichtung*.) Romantische Christologie, Natursymbolik, Historistik führt immer auch ausdrückliche Ideen in die Dichtung ein. Viel stärkere Gedanken-Zeugungskraft bewährt der Hegelismus, der durch Werke wie Schefers 'Laienbrevier' oder Sallets 'Laienevangelium' in der schönen Literatur angesiedelt wird, mittelbar auch durch die Verse seines Todfeinds O. Fr. Gruppe, ebenso wie noch durch D. Fr. Strauß' 'Poetisches Gedenkbuch' und Fr. Th. Vischers 'Lyrische Gänge'. Ideenlyrik schafft auch Anastasius Grün, der nicht eben Gedanken ausspricht, aber doch Stimmung zur Doktrin verdichtet und diese dann gesinnungsmäßig übermittelt; seine 'Spaziergänge eines Wiener Poeten' bleiben auch durch die individuelle dichterische Qualität von der (in unserem Zusammenhang zu übergehenden) Tendenzlyrik der Beck und Herwegh, Hoffmann und Dingelstedt, Kinkel und Freiligrath unterschieden. Der überragende Gedankenlyriker der Epigonenzeit aber ist Rückert: Schon seine Jugendlyrik sucht Natur und Leidenschaft mit Geist und Sittlichkeit zu paaren; spekulatives Christentum drängt zu geschichtsphilosophischer Rechtfertigung (nach Art etwan Baurs); östliche Weisheit vermählt sich europäischer Mystik; so ergibt sich, vorwiegend unter den Auspizien Schellings, eine Verquickung von Ekkehart und Böhme und Scheffler mit Ferideddin Attar und Dschelaleddin Rumi. Es ist eine eklektische Popularphilosophie mit historisierenden Zügen, die Rückerts 'Weisheit des Brahmanen' bietet: Romantische Symbolik, katholisierende Mystik, Hegelistischer Pantheismus geben die Hauptstoffe dieses Ideen-Salats. — Geringere Ausbeute an echter Gedankenlyrik liefert das Zeitalter der Lorm und Jordan und Hamerling. Die soziale und ideologische Lyrik des Naturalismus ist selbstverständlich Legion. Härteren Gusses bleibt einiges bei Julius Hart und Bruno Wille, am reichsten wohl beim heißblütigen Intellektmenschen Dehmel. Kosmische Hyperbolik füllt schwärmerisch-großwortig die Verse Alfred Momberts, noch leerer und tönender die eines Franz Evers. Ideenlyrisches erscheint z. B. in bürgerlich-phantastischem Gewand bei Scheerbart, in viel höherer Sphäre der Form und des Ethos bei Morgenstern. Ein singulärer Rang eignet der Allegorik Spittelers, gärend in den 'Extramundana', gereift in den 'Balladen', vollendet auch in den 'Glockenliedern'. Das umwälzende Schicksal Nietzsche, Anstoß zu bislang vielleicht unerahnbaren Begriffen von Dichtertum und Schriftstellertum, weltweite Wandlung aller Form, zugleich Prophetengruß und Grablied, liegt bereits jenseits der verfolgten Kategorie. Die Gedankenlyrik des expressionistischen Zeitalters bedarf darum anderer Perspektive.

§ 3. Das erleuchtende Erlebnis der Gedankenlyrik empfängt der Deutsche durch Schiller; hier ist das Urbild und das Maß solcher Kunst; ohne Schiller würden wir wohl von dieser Gattung überhaupt nicht sprechen. Es gibt nun in der Literahistorie einen weiteren und einen engeren Begriff der Schillerschen Gedankendichtung: Entweder werden nur jene Gedichte einbezogen, die das ästhetische Ideengebäude des klassischen Denkers vermitteln: dies entspricht dem strengen, kritisch allein berechtigten Begriff; oder man nimmt auch die typisierende Bürgerdichtung hinzu, das 'Lied von der Glocke' und das 'Eleusische Fest' und die 'Würde der Frauen' u. ä.: so ergibt sich der vagere, oberflächlichere Begriff. Wir haben uns an jenen kleineren Bezirk zu halten! (Die Gattung der 'Glocke' soll Normen gegenwärtig machen, keine Theoreme; daß sie gelegentlich im Schema steckenbleibt, ist nicht ihre Natur, nur ihr Gebrechen: Schiller strebt das Gesamtmenschlich-Bedeutsame an symbolischen Fällen des Einzel- und Gesellschaftslebens ['Glocke'] und des Kulturgeschehens ['Eleusisches Fest'] zu veranschaulichen, gelangt indes oft nur zum Tüchtig-Allgemeinen. Hier ist keine Gedankenlyrik in der strikten Bedeutung der Kategorie.) — Am Anfang stehen die 'Künstler'; in Hinsicht der Form vorbereitet durch den festlichen Schwung des 'Lieds an die Freude' und durch den stolzen Flug der 'Götter Griechenlands', bezüglich des Gehalts das Thema aller weiteren Gedankenlyrik Schillers angebend: Schönheit birgt Wahrheit, Schönheit schafft Sittlichkeit. Dieses Doppelverhältnis bildet das Fundament des ganzen Gedankenbaus! Kunst ist Versöhnung zwischen Sinnlichkeit und Sittlichkeit, Synthesis sämtlicher menschlicher Kräfte, Einform von Geist und Natur, Denken und Anschauung, Sollen und Wollen ... Diese Platonisch-Plotinische Botschaft Schillers ist dem Jh. erstmals durch Shaftesbury verkündet worden. Ein Aufstieg von Rousseau zu Shaftesbury: Das bedeutet der Weg von den 'Räubern' zu den 'Künstlern'. Mit Shaftesbury schreitet Schiller nunmehr gegen Kant und durch Kant zu Goethe: Dies ist der Gang der Abhandlungen in den ersten 90er Jahren. (Vgl. den Art. *Naive und sentimentalische Dichtung.*) Nach diesem Reifeprozeß kehrt Schiller wieder zum lyrischen Pathos der 'Künstler' zurück: Im Jahr 1795 wird der Hauptteil seiner Gedankendichtung geboren, 1796 die 'Xenien', 1797 Nachklänge wie 'Das Glück' oder das (allerdings nur halb hierher gehörende) 'Eleusische Fest'. Im Mittelpunkt des Kreises stehen 'Das Ideal und das Leben' und der 'Spaziergang'; hier sammeln sich die Strahlen und Ströme der ausgegorenen Gedankenlyrik, wie 6 Jahre vorher der gärenden in den 'Künstlern'. Die Mehrzahl spinnt nur Einzelstränge der 1789 angeschlagenen Thematik fort: 'Poesie des Lebens', 'Der Genius', 'Der Tanz', 'Die Macht des Gesanges', vorzüglich 'Die Ideale'. Einen Sonderbereich erfüllen die 'Worte des Glaubens', die 'Worte des Wahns', der 'Spruch des Konfuzius'. Auch 'Das verschleierte Bild zu Saïs' hängt ein ägypt. Kleid (Wieland, Zauberflöte, Logentum!) an einen Kantischen Rechen; von leichterem Kaliber ist der 'Pegasus im Joche', im lässigeren Plauderton der Fabeldichtung; satirischer getönt 'Die Weltweisen'. Nur mittelbar hierher zu zählen ist die Gattung des 'Lieds an die Freude': 'Resignation', 'Sehnsucht', 'Das Glück', oder die späteren Zeugnisse Weimarischer Geselligkeit: 'An die Freunde', 'Die Gunst des Augenblicks', das Weinlied 'Die vier Weltalter', die beiden Punschlieder. Die 'Xenien' und 'Votivtafeln' bedürfen keiner näheren Erörterung. — Schillers vielfältige Berührung mit der Welt der Aufklärung: mit Leibniz-Wolffscher Ästhetik, mit Winckelmanns und Hemsterhuis' Klassizismus, mit Mengsischer Platonik und Moritzischer Organismus-Lehre, seine Verbundenheit mit dem jahrtausendalten Gut sämtlicher Renaissance-Bewegungen von Augustinus und Eriugena bis zu Giovanni Pico und Giordano Bruno, das alles kann hier nur im einen Namen Shaftesbury angedeutet werden — ohne Überschätzung der bewußten Nachfolge. Schiller breitet über einen außerordentlich strenge geschlichteten und gegliederten griech. Tempelbau die prunkvollen Teppiche einer immer auch noch von Klopstock und vom Sturm und Drang geschwellten Oratorik, mit verstreuten Gewinden empfindsamer Erbauungs-Phraseologie; das Wort nicht nur als Mitteilung, kritisch feilend, sondern zugleich als Wirkung glanzvoll schwingend, durch die gebundene Form nicht so sehr Intuition als Suggestion befördernd, voll Lutherischer Zuversicht auf die weltüberwindende Macht des Logos und zugleich voll rhetorischer Verve und Pique; nicht scharflinigste Kantung strebt er an, sondern er möchte alle zündende Ergriffenheit des Lehrers, Helden, Heiligen in die Brust seines Jüngers tragen. Auch Schillers Gedankenlyrik, wie alle Kunst dieses Literatur-Napoleon, bietet also vielfach weniger ein Form- und Ausdrucks- als ein Wirkungs- und Nachdrucksproblem . . . Shaftesbury, der Harmonieherold am Morgen des Jhs., spricht im Stil des prosaischeu Hymnus, der sich zum größeern Teil der Eloquenz der engl. Deisten und Freidenker, zum kleineren des exakten Begriffsgerüsts Bacons und Lockes bedient. Schillers Gedankenlyrik, in vielem Bezug eine Krönung des aufgeklärten Zeitalters, bildet aus den vorzüglich neuplatonischen Begriffsbrocken und Vorstellungsresten, wie sie im ganzen 18. Jh. fragmentarisch umherliegen, eine seelen- und weltbildschöpferische Sprache, grundlegend für die gesamte Struktur des dt. Idealismus, in der Schlegel- ebenso wie noch in der Hegel-Zeit. Schiller erweist sich auch hier als der klassische Urheber eines Klangs, eines Schritts, einer Rasse.

M. Carriere *Das Wesen und die Formen der Poesie* 1854. S. 221ff. über „Gedankenlyrik". R. M. Werner *Lyrik und Lyriker* 1890. J. Volkelt *Zwischen Dichtung und Philosophie* 1908. R. Eckart *D. Lehrdichtung, ihr Wesen und ihre Vertreter* 1909². P. Stanciov-Cerna *D. Gedankenlyrik.* Diss. Leipzig 1913. — M. Citoleux *La poésie philosophique au XIXe siècle* 1906. G. Voigt *Fr. Rückerts Gedankenlyrik* 1881. J. M. Fischer *Studien zu Hebbels Jugendlyrik* 1910. — E. Philippi *Schillers lyrische Gedankendichtung* 1888. Fr. A. Lange *Einleitung und Kommentar zu Schillers philosophischen Gedichten* 1897. Helene Lange *Schillers philosophische Gedichte* 1910³. P. Carus *Schiller as philosophical poet,* Open Court XIX 293ff. J. Thikötter *Ideal und Leben nach Schiller und Kant* 1892. S. Neide *W. v. Humboldt als Richter und Ratgeber bei Schillers lyrischen Gedichten.* Progr. Landsberg a. W. 1891. J. Schwietering *Schillers 'Künstler',* Hamb. Nachrichten 1911 N. 2. A. Frank *Das Ideal und das Leben.* Progr. Reichenberg 1890.

H. Cysarz.

Geißlerlieder. Schon für die Anfänge der Geißlerbewegung in Deutschland (1260—62, 1296) ist bezeugt, daß gewisse Lieder, die gelegentlich ausdrücklich als „neu" bezeichnet werden, bei den Aufzügen der Flagellanten eine besondere Rolle spielten. Überliefert aber ist nur ein Verspaar:

ir slacht euch sere in Christes ere,
durch got so lat die sunde mere,

das auch später noch im Kernstück des Hauptleises erscheint. Erst seit dem Pestjahr 1349, das ein gewaltiges Anschwellen der Geißlerbewegung brachte, haben wir wie ausführliche Beschreibungen des Rituells der Flagellanten auch Aufzeichnungen ihrer Lieder. Für beides sind die wichtigsten Quellwerke Fritsche Closeners 'Straßburger Chronik' und Hugos von Reutlingen 'Chronicon auf das Jahr 1349': Closeners Chronik die breiteste Darstellung ihrer Bußübung, Hugos die reichste Quelle ihrer Lieder, die nicht nur die beste Überlieferung der Texte, sondern (und zwar als einziger Zeuge) zu sämtlichen Texten auch die Melodien bietet. Nächstdem ist die 'Limburger Chronik' des Tileman Ehlen von Wolfhagen von Bedeutung. Das überlieferte Liedergut sondert sich in zwei Gruppen: Lieder, die beim Einzug in einen Ort, auf dem Wege zum Geißelungsakt oder beim Abzuge angestimmt wurden, und Gesänge, die den Bußakt selbst begleiteten. Als gemeinsame Bezeichnung erscheint in den dt. Quellen der *Leis*, vereinzelt auch der *Leich*. Am besten unterrichtet sind wir über den Leis, der bei der Geißelung gesungen wurde. Er war der liturgische Text zu einer Bußübung, die ihr festes Zeremoniell hatte und in der Aufmachung eines mit Zuschauern rechnenden religiösen Schauspiels auftrat. Die Lieder beim An- und Abmarsch wechselten; dieser Gesang stand fest, zu ihm gehört das meiste, was die Quellen hie und da an Bruchstücken aus Geißlerliedern bieten (Anfang: *Nu tret herzuo der bössen welle*). Dieser umfängliche Leis zerfällt in mehrere Teile, die im Vortrag durch ein sich gleich bleibendes Zwischenstück auseinander gehalten wurden, wie auch der mehrmalige Geißelumgang unterbrochen wurde durch Niederfallen und Kniebeugungen. Ob und wieweit es sich bei diesem Gesang um ein Zusammenwachsen aus ursprünglich selbständigen Teilen handelt oder um Aufschwellung eines von Haus aus kürzeren Liedes, ist nicht mehr zu erkennen; denn auch in der besten Fassung, bei Hugo von Reutlingen, scheint der Leis in der Strophenordnung, vielleicht auch im Umfang nicht mehr ganz intakt; und die anderen Fassungen zeigen ihn im Zustande fortschreitender Zersungenheit. Für einzelne seiner Elemente reicht die Tradition bis zu den Liedern von 1260 zurück. — Unter den Prozessionsliedern der Geißler waren solche, die für den besonderen Zweck ihrer Fahrten gedichtet waren (so vor allem das mehrfach überlieferte *Nu ist diu betfart so here*), doch eigneten sie sich auch bereits vorhandene geistliche Lieder zu. So figuriert bei Hugo von Reutlingen ein schlichtes Weihnachts- und Dreikönigslied als Geißlerleis. Von solchen Fahrtliedern sind fünf vollständig oder den Anfangsstrophen nach überliefert. Inhaltlich sind die Leise, soweit sie Neuschöpfungen darstellen, ziemlich dürftig. Neben Gebeten an Christus treten Anrufungen der Fürbitte Mariä stark hervor. Parallelen zur Predigt und zu den Statuten der Geißler sind festzustellen, ketzerische Züge hat man zu Unrecht in ihnen nachweisen wollen. Der aktuelle Anlaß der neuen Geißlerbewegung, das große Sterben, klingt nur gedämpft mit hinein. Im ganzen zeigen die Leise den kompilatorischen Charakter von Volksliedern niederen Ranges, und zwar verwerten sie z. T. recht altes Gut; so knüpft ein Fahrtleis an ein Kreuzfahrerlied an. Auch Kontrafaktur weltlicher Volkslieder läßt sich beobachten. Irgendwelchen künstlerischen Wert hat das, was uns von Geißlerliedern überliefert ist, nicht. In dieser Hinsicht sind die älteren ital. Geißlerlieder erheblich überlegen, mit denen die dt. übrigens keine unmittelbaren Berührungen zeigen. Wohl aber sind die dt. Leise von Geißlerscharen anderer Zunge (Slaven, Wallonen) übernommen oder benutzt worden.

Goedeke [2]I 239. Zacher bei Ersch-Gruber I 56, Sp. 242ff. P. Runge *Die Lieder und Melodien der Geißler des Jahres 1349 nach der Aufzeichnung Hugos von Reutlingen* 1900.

A. Hübner.

Geistliche Dichtung. Als solche wird im folgenden — zum Unterschiede von religiöser Poesie — die Dichtung verstanden, die ihre Wirkung innerhalb des kirchlich-geistlichen Aufgabenkreises sucht, womit von selbst gegeben ist, daß ihre Schöpfer meist Geistliche sind und ihre Stoffe aus kirchlichem Überlieferungs- und Lehrgut schöpfen.

§ 1. Die ahd. Zeit. Was die ahd. Periode an g. D. geschaffen hat, läßt sich einheitlich begreifen nur vom Standpunkt der inneren und äußeren Auseinandersetzung des fränk.-rom. Christentums mit dem germ. Heidentum. Die beiden großen christlichen Epopöen der ahd. Zeit wollen eine Überwindung heidnischen Geistes, sei es seiner religiösen oder poetischen Äußerungen, nur daß auf nd. Boden die Überlieferungen heidnischer Zeit in Leben und Dichtung noch frischer und achtunggebietender waren. Daher im 'Heliand' der Versuch, Vorstellungs- und Anschauungswelt des Germanen mit dem Christentum zu verschmelzen, unternommen von einem Dichter, der sich noch in seelischem Zusammenhang mit Art und Tradition seines Volkes befand und sich, ohne absichtsvoll zu neuern, von der ererbten Kunstform der Stabreimdichtung tragen ließ. Dagegen bei Otfrid das Werk eines Dichters, der mit persönlichem künstlerischen Ehrgeiz an seiner Schöpfung hing, eines Gelehrten, der von vornherein mit einem engeren und höheren Publikum rechnete, und eines Mönches, den seine lat.-theologische Bildung gelöst hat von altheimischer Tradition, die ihm gefährlich schien, der deshalb auch zu der neuen Form des rom. Reimverses griff. Aber die Auffassung der Christusgestalt im ganzen verleugnet den Geist einer heroischeren Zeit noch nicht: sein Christus ist der mächtige Herrscher, sehr fühlbar unterschieden von der weicheren und leidenden Gestalt späterer Christologien. Ein ähnliches Mit- und Gegeneinander von Heidnischem und Christlichem zeigen auch die kleineren geistl. Dichtungen. Soweit sie vorotfridisch sind, halten sie nicht nur am Stabreim fest, sondern sind auch sonst durch lockere Fäden mit germ. Dichtung verbunden. Der Verfasser des 'Wessobrunner Gebets' hat im ersten Stück offenbar ein heidnisches kosmogonisches Gedicht vor Augen gehabt und benutzt; und im 'Muspilli' verdanken die Verse des Mittelstücks, die den Weltuntergang schildern, mindestens Farbe und Pathos stoffverwandten heidnischen Dichtungen. Und auch die nachotfridischen, in Reimversen abgefaßten Dichtungen lassen z. T. ein Eingehen auf die noch lebendige Tradition germ. Dichtung erkennen. Das epische Gedicht von 'Christus und der Samariterin' zeigt gattungsmäßig und auch in Einzelheiten des Stils deutliche Berührungen mit dem altheidnischen epischen Liede. Und auch legendarische Lieder wie das vom reckenhaften hl. Georg haben in volksläufigen Heldenliedern, die sie ausstechen sollten, ihr Widerspiel. Nur die verschiedenartigen Bitt- und Gebetsstücke, zu denen auch die problemreiche Bearbeitung des 138. Psalms zu rechnen ist, stellen einen ganz neuen Typus dar.

§ 2. Die frühmhd. Zeit. Aber diesen geistl. Dichtungen der ahd. Periode fehlt noch der innere Zusammenhang, wie er in der ahd. Prosaliteratur wohl vorhanden ist: sie bleiben Einzel- und Gelegenheitsstücke. Das änderte sich erst, seit mit der cluniazensischen Reform des 11. Jhs. eine neue asketische Frömmigkeit ihren Einzug auch in Deutschland gehalten hatte. Eine reiche und vielgestaltige g. D. entfaltete sich nun ziemlich unvermittelt, die wie das 'Ezzolied', das sie fast programmatisch anführt, nach Stoff und Charakter weithin die Zusammenhänge mit der neuen religiösen Strömung nicht verleugnet. Auch die spärlichen Anfänge der nd. g. D., die im 12. Jh. neu beginnt, zeigen dieselbe Note. Die Sorge um das Seelenheil führt zur Vertiefung in den Erlösungsprozeß, daher eine Reihe dogmatischer Dichtungen, die den ganzen göttlichen Weltplan zu übergreifen versuchen, darunter einzelne mit stark weltverneinenden Akzenten (Hartmanns 'Rede vom Glauben'). Sie lenkt den Blick auch auf die letzten Dinge, im Verein mit den eschatologischen Erwartungen, die bald stärker bald schwächer zumal den Volksglauben des ganzen MA. beherrschten. Eine gewisse Vorliebe für die Apokalypse, wie sie sich später in hd. und nd. Übersetzungen äußert, macht sie auch jetzt schon zum meistbenutzten biblischen Buch. Epische g. D. tritt zurück: in Bearbeitungen der ersten Bücher Mosis liegen bedeutsame Anfänge der Bibelübersetzung vor, vielleicht Rudimente eines noch größeren Planes, der auch eine zyklische Zusammenfassung des Weltschicksals, Sünde und Erlösung, im Auge hatte. Die Legende spielt noch nicht die große Rolle wie in späterer Zeit; nur eine größere Gruppe von Jenseitsvisionen zeigt wieder, welche Richtung das religiöse Interesse nahm; und dieselbe Zuspitzung auf die Endzeit ist festzustellen, wo sich Dichtungen wie die der Frau Ava an neutestamentliche Stoffe machen. Die religiöse Stimmung von Sündenzerknirschung und Erlösungsbedürfnis schafft als neues literarisches Genos die Sündenklagen, poetisierte lyrisch-epische Beichtgebete, die sich im 12. Jh. in ziemlicher Zahl entfalten. Und die Überzeugung vom Unwert alles Irdischen und der Verderbtheit derer, die ihm nachjagen, läßt eine Reihe moralisch-pädagogischer Dichtungen entstehen, unter ihnen das Eindringlichste, was die mhd. Frühzeit geschaffen hat, die Zeitsatiren des Eiferers Heinrich von Melk. Eine gewisse Konkurrenzstellung gegenüber weltlicher Dichtung ist auch jetzt wieder nicht zu verkennen: das 'Annolied' will ausgesprochenermaßen den Helden der Volksdichtung ein geistliches Paroli bieten, die Legenden wollen im Grunde das gleiche; und in manchen erzählenden Dichtungen spürt man nicht nur in der Stoffwahl, sondern z. T. auch in der Behandlungsweise ein Eingehen auf Geschmack und Gelüst der weltlichen Hörer ('Judith', 'Drei Männer im Feuerofen', 'Makkabäer'). Öfter aber ist es theologische Überlieferung oder Zeitströmung, die den inneren und äußeren Charakter der dichterischen Erzeugnisse bestimmt. Die typologische Betrachtungsweise überwuchert bereits die naive Erzählung. Zwar ist von scholastischer Behandlung theologischer Fragen wenig zu spüren; statt dessen vielmehr ein ungefüges Streben zur Totalität in der Darstellung religiöser Zusammenhänge, ähnlich wie später in den historischen Dichtungen. Aber man hat bereits eine sichtliche Freude an allerhand Zahlenspielereien (besonders mit der Sieben), wie sie zum äußeren Apparat der Mystik gehören. Eine innerliche mystische Stellung zu Gott ist noch nicht gewonnen oder noch nicht ausdrucksfähig; bei Frau Ava leise Vorklänge. Mit am unpersönlichsten ist fürs erste die lyrische Mariendichtung, die etwa mit dem zweiten Drittel des 12. Jhs. einsetzt (s. diesen Art.). Sie weist mit ihrer weicheren, froheren Stimmung schon in den nächsten Zeitraum hinüber.

§ 3. Die mhd. Zeit: Epik. Die Neugestaltung des literarischen und geistigen Lebens, die mit dem späteren 12. Jh. durch das Eindringen der ritterlichen Kultur in Deutschland hervorgerufen wurde, wirkte sehr fühlbar auf die g. D. ein. An sich von der weltlichen Literatur stark zurückgedrängt, bevorzugt sie nunmehr das leichteste, eingängigste Genos, das ihr zur Verfügung stand, die Legende. Laiendichter und Geistliche vereinigen sich in ihrer Pflege, auch stofflich und formal sind die Beziehungen zur weltlichen Epik so eng, daß sich hier die Grenze der g. D. nicht scharf ziehen läßt. Bevorzugen die höfisch geschulten Dichter des 13. Jhs. noch männliche Legendenhelden, so treten mit dem 14. Jh. weibliche Heilige entschieden in den Vordergrund, auch wo es sich um die legendarische Erhöhung von Gestalten der jüngeren Geschichte handelt. Dieselbe Erscheinung auch auf nd. Boden, nur, mit dem üblichen Zurückbleiben der mnd. Literatur, 100 Jahre später. Das läßt sich kaum lösen von der zunehmenden Bedeutung und Ausbreitung des Marienkults und seinen literarischen Begleiterscheinungen: der hl. Jungfrau sind neben zahlreichen Einzellegenden im späteren 13. und im 14. Jh. mehrere große legendarische Biographien gewidmet worden. Die Christusgestalt tritt auch für die Epik neben ihr ganz zurück. Sie beherrscht die Szene auch im 'Passional', dem besten und beliebtesten Werk aus dem Kreise der großen Legendensammlungen, deren das spätere MA., nach seiner Neigung zum zyklischen Zusammenschluß von Erzählstoffen, mehrere hervorgebracht hat. Wo einmal die Gestalt Christi episch angegriffen wird, gibt man sie mit theologischer Verbrämung (Konrad von Heimesfurt, Johannes von Frankenstein); aber eine rein dogmatisch-theologische Dichtung, wie sie sich in frühmhd. Zeit so reich entfaltet zeigte, tritt in diesem Zeitraum kaum hervor, wenigstens auf hd. Boden. Stärker sind Interessen dieser Art bei den Niederdeutschen, wo nach dem Vorgange Konemanns im 14. und 15. Jh. einige z. T. recht umfängliche, freilich populär gehaltene geistliche Lehrgedichte entstanden sind; neben ihnen steht eine Reihe didaktischer Allegorien geringeren Umfangs, die sich Ende des 15. Jhs. bis zur Höhe des Lübecker 'Totentanzes' (s. d.) zu erheben vermochten. Soweit es sich um hd. Literatur handelt, zeigt der dt. Orden am meisten Neigung, sich mit Theologie und Moralisation zu beschäftigen, der Orden, der überhaupt die fruchtbarste Zentralstelle geistlicher dt. Literatur im späteren MA. darstellt (s. d. Art. *Deutschordensdichtung*). Hier entstand unter der Förderung geistig interessierter Hochmeister eine Reihe von Bearbeitungen einzelner Bücher des Alten Testaments, mehr oder minder stark theologisch durchsetzt, hinter denen sich der Plan eines zusammenhängenden Bibelwerkes in dt. Sprache abzuzeichnen scheint. Hier schuf Tilo von Culm das eigenartigste und fast das einzige abgerundete Christusleben der mhd. Epoche, freilich rein theologisch betrachtet und einer Darstellung des ganzen Heilsprozesses eingeordnet. Hier rief auch die eschatologische Spannung der Zeit wieder Dichtungen ins Leben, in erster Linie Heslers 'Apokalypse', neben der in Heinrich von Neustadts ungefähr gleichzeitiger Darstellung 'Von Gottes Zukunft' ein Werk anderen Stoffes, aber ähnlicher Tendenz steht. Diese eschatologische Stimmung, die sich gegen den Ausgang des MA. immer mehr verstärkte, macht es auch verständlich, wenn wertlosen Reimereien prophetischen Inhalts ('Sibyllen-Weissagung') ein Jahrhunderte überdauernder Erfolg zuteil wurde. Die Neuprägung religiösen Lebens, die in der mhd. Periode die Mystik brachte, hat gerade für die g. D. keine reicheren Früchte getragen: wo sie tiefes inneres Erlebnis war, mußte sie die Fesseln des Verses sprengen. Das Hohelied und der ihm entstammende Gedanke von der Brautschaft der minnenden Seele, der *filia Syon*, mit Christus wird der Ausgangspunkt einer Reihe von Dichtungen, von denen aber keine ein mystisches Gotteserlebnis von solcher Tiefe erkennen läßt wie das poesievolle Prosawerk der Mechthild von Magdeburg.

§ 4. Lyrik. Am originalsten und gegen das Ende auch am fruchtbarsten ist die Periode auf dem Gebiet der geistlichen Lyrik. Dabei ist zu scheiden zwischen kunst- und volksmäßiger geistlicher Liederdichtung, Gebieten, die sich, wenigstens im gröbsten, decken mit denen von gelesener und gesungener Lyrik. Wie bei der Legende ist auch hier eine Grenzvermischung mit weltlicher Kunstlyrik festzustellen, insofern als die weltlichen Dichter vom älteren Minnesang an sich in steigender Menge geistliche Stoffe aneignen (vgl. schon die konventionellen Kreuzlieder der älteren Minnesänger, bei den Spruchdichtern und Meistersängern gutenteils Themata aus dem Gebiet der Mariologie), während anderseits auch die rein geistlich interessierten Dichter zumindest formal der weltlichen Lyrik verpflichtet sind. So kann im 15. Jh. ein ritterlicher Sänger, Peter von Arberg, in der vielgepflegten Gattung des geistlichen Tageliedes seinen Ruhm finden, während der Mönch von Salzburg von meistersingerischen Künsteleien viel stärker bestimmt ist als von den lat. Hymnen, die auch eine Quelle seiner Liederdichtung sind. Inhaltlich freilich pflegt sich diese rein geistliche Kunstlyrik, die zu guten Teilen Marienlyrik ist, einfacher zu halten, als es die Tradition der Spruchdichter und Meistersänger zuließ; und auch äußerlich suchen manche Anlehnung ans Volkslied, zumal in Gestalt von Kontrafakturen, so daß nach dieser Seite hin die Grenze mit dem geistlichen Volkslied verschwimmt. Denn die Kontrafaktur oft recht weltlicher Lieder ist ein festes Element im spätmal. geistlichen Volkslied, das im übrigen bereits eine lange Geschichte hat. An ihrem Anfang steht das *Kyrie eleison* des Gregorianischen Chorals, das schon in ahd. Zeit von der Gemeinde mitgesungen werden konnte und den Ansatzpunkt bildete für volkstümlich einfache Verse geistlichen Inhalts. Die so entstehenden Leise, die namentlich bei Wallfahrten im Gebrauch waren, werden für uns erst seit dem 14. Jh. recht greifbar, formal vielfach sehr rohe, oft auch episch gehaltene Gesänge. Auf dem Gebiet des geistlichen Liedes hat auch Niederdeutschland wertvolle, eigenwüchsige Schöpfungen hervorgebracht.

§ 5. Drama. Die Geschichte des dt. geistlichen Dramas (s. d.) zeigt eine gewisse Parallelität zur Entwicklung des geistlichen Volksliedes, insofern auch hier liturgische Elemente des Gottesdienstes die Keimzelle der Dichtgattung bildeten, das Herübergleiten der Produktion aus priesterlichen in Laienhände ähnlich zu denken sein wird wie dort, und wie dort die volksmäßigen Schöpfungen bis in die jüngste Zeit in ihren Elementen vielfach den Zusammenhang wahren mit den alten, rein kirchlichen Dichtungen. Nur freilich, daß das geistliche Volksdrama gegen Ausgang des MA., wenn das Possenhafte überwucherte oder das Hauptinteresse sich auf grelle Handlung und allerlei Inszenierungskunststücke warf, innerlich gewertet seinen Charakter als geistliche Dichtung nahezu aufgeben konnte. Was die Stoffe der geistlichen Volksdramen anlangt, so bleibt bis ins 16. Jh. und darüber hinaus ihr Ursprung aus den Oster- und Weihnachtstropen erkennbar, im übrigen ist zu beobachten, wie die dramatische Produktion in Stoff und Tendenz mit der übrigen geistlichen Literatur der Zeit parallel läuft. Stoffe aus dem Christusleben, die außerhalb der Passion stehen, begegnen selten; häufiger hat der Marienkult Ausdruck gefunden, besonders in den dramatisierten Marienklagen, die freilich einen strengeren Charakter wahrten als die volksmäßigen Passionsspiele. An ihnen ist auch das Mnd. mit einigen ausgezeichneten Stücken beteiligt (voran steht die 'Bordesholmer Marienklage'), wie denn überhaupt das Drama einen Ruhmestitel der mnd. g. D. bildet. Auch Legenden werden seit dem 14. Jh. öfter dramatisch behandelt (Dorothea, Katharina, der hl. Georg, auf nd. Boden Theophilus — gerade die Gestalten, die auch die epische Legende liebt). Vor allem aber spiegelt auch beim geistlichen Drama die Stoffwahl das starke eschatologische Interesse namentlich des ausgehenden MA. wieder. Auch die zyklische Zusammenfassung von Stoffen, die den ganzen christlichen Weltplan von der Engelschöpfung bis zum Jüngsten Gericht zur Anschauung bringen (vgl. etwa das Künzelsauer Fronleichnamsspiel), entspricht Tendenzen, wie sie ebenso in der epischen Poesie seit den kleineren Dichtungen der frühmhd. Zeit zu beobachten sind.

§ 6. Die ältere nhd. Zeit: Lyrik. Mit der Reformation verändern sich die Grundlagen der g. D. Die Reformation schafft nicht nur neue religiöse Überzeugungen und eine neue innere Einstellung des Menschen Gott gegenüber, sondern auch äußerlich einen neuen Stil religiösen Lebens. Die einfacheren Linien bedingten Einschränkung, Verarmung in bezug auf Möglichkeiten einer g. D., die freilich wettgemacht wurden durch Individualisierung und Vertiefung des religiösen Erlebnisses und seines dichterischen Ausdrucks. Waren für das MA. geistliche und religiöse Dichtung identische Begriffe, weil es Religiosität nur innerhalb der kirchlichen Vorstellungen gab, so legt die Reformation den Grund für eine Scheidung dieser Linien. Schuf im MA. die Wahl eines Stoffes aus kirchlicher Überlieferung fast mit Notwendigkeit eine g. D., so hört auch dieser Zusammenfall allmählich auf.

Das gegebene Äußerungsmittel für die neue Religiosität war Lyrik; und geistliche Lyrik ist der einzige große und kraftvolle Strom g. D., der die nhd. Periode in ihrer ganzen Breite durchzieht. Die protestantische Liederdichtung, die zunächst in Stil und Stoff mancherlei Zusammenhänge mit der alten Kirche zeigt, ist bei Luther und seiner Generation noch in ziemlichem Ausmaß zweckbestimmt: Polemik, Apologie, konfessionelle Didaxe verlangen ihr Recht; das überindividuelle, auf „Wir" gestimmte Gemeindelied macht dem Bekenntnis subjektiven religiösen Erlebens, dem „Ich"-Liede, noch den Boden streitig. Es bedurfte erst einer längeren Entwicklung, vor allem auch in Richtung auf Festigung und Ruhe der neuen Kirche in sich selber, ehe die persönlichere, im eigentlichsten Sinne protestantische Liederdichtung des größten geistlichen Liederdichters, Paul Gerhards, möglich wurde (vgl. den Artikel *Kirchenlied*). Die Liedform beherrscht, nach Luthers übermächtigem Vorbild, in solchem Maße die Dichtung des Protestantismus, daß sie zum Gefäß wird auch für objektive Stoffe, für die die g. D. des MA. epische Formen verwendete. So werden nicht nur die zehn Gebote, das Glaubensbekenntnis, Luthers Katechismus, sondern auch biblische Parabeln, Evangelientexte, ganze biblische Bücher in Lieder gebracht. Auch die schon zu Luthers Lebzeiten einsetzenden und noch im 18. Jh. bis zum Überdruß sich wiederholenden Bearbeitungen des ganzen Psalters gehören auf diese Linie. So tritt frühzeitig neben das Kirchenlied eine geistliche Leselyrik von größter inhaltlicher Spannweite, die je später je mehr sich ins Uferlose ausbreitete. Ihre Schöpfer sind überwiegend Geistliche, doch betrachten auch die weltlichen Dichter noch im ganzen 17. Jh. ihre Pflege als ein nobile officium, so daß der volle Form- und Stilreichtum der weltlichen Lyrik sich auch auf diesem Gebiete auftut. Tieferlebte Dichtung (Fleming, Gryphius) steht dabei neben innerlich leerer Reimerei, die nur noch den Stoff mit g. D. teilt (Opitz, Zesen). Die katholische Liederdichtung, die von der protestantischen ganz deutlich einen Anstoß in der Richtung auf das Gemeindelied hin empfangen hat, steht doch im 16. Jh. in fruchtloser Konkurrenz neben ihr: die katholische Tradition war der neuartigen Gattung Kirchenlied nicht recht gefügig. Und auch als im 17. Jh. die katholische Liederdichtung sich zu neuer Blüte erhob, geschah es nicht zuletzt, weil sie wieder den Mut zur eigenen Form gewann. Spes und Schefflers geistliche Liederdichtung macht in ihrem schäferlichen Gewande zwar dem Zeitgeschmack Konzessionen, aber nicht kirchlichen Bedürfnissen; sie ist in ihrer mystischen Selbstinteressiertheit und Isolierung im ganzen unchoralhaft. Und Jakob Balde verschmäht in seinen Hymnen sogar das Kleid der dt. Sprache. Das ist selbstbewußte Rückkehr zu älterem katholischem Stil.

§ 7. Drama. Nächst der Lyrik ist es das Gebiet des Dramas, auf dem die mal. g. D. in die neuere Zeit herübergreift. Seine lebendigste Fortsetzung fand das geistliche Volksschauspiel (s. d.) des MA. in der Schweiz, wo nicht nur Passionen und Weltgerichtsspiele in großer Aufmachung das ganze 16. Jh. hindurch anhielten, sondern wo auch, bei Katholiken und Protestanten, die Vorliebe bleibt für umfängliche, mit großem Personal arbeitende, oft auf mehrere Tage berechnete Stücke. Im Stoff freilich macht sich eine große Veränderung geltend, insofern als legendarische Themata mehr und mehr abgestoßen werden und das religiöse Drama immer entschiedener zum biblischen wird. Auch das gilt gleichermaßen für Protestanten wie für Katholiken, findet aber eine rechte Erklärung nur von der neuen Kirche aus, die sich aus der Hl. Schrift nicht nur die Lehre, sondern auch die Vorbilder des Lebens holte, im bewußten Gegensatz zum Heiligenkult der alten Kirche, die sich hier gewissen Rückwirkungen nicht entziehen konnte. Von demselben Gesichtspunkt aus muß es natürlich verstanden werden, wenn auch das protestantische *Drama sacrum* strengerer Form, das aus der Schulkomödie herauswuchs, die Stücke von Joseph, Tobias, Esther, Susanna usw. in den Vordergrund seines Repertoires stellte. Eigen ist dem biblischen Drama (s. d.) der Protestanten, das fast ausschließlich aus den Händen von Pfarrern und Schulmeistern hervorging und seine bezeichnendste Form im mittleren Mitteldeutschland gewann, ein grob-didaktisches Element und ein agitatorisch-polemischer Zug: parabolische Stoffe wie der vom verlorenen Sohn (auch nd. von Burkard Waldis meisterlich geformt) schlugen deshalb an Beliebtheit noch die historischen Gestalten der Bibel. Aber trotz aller Gegnerschaft blieben gewisse Grundstoffe des katholischen Dramas auch im protestantischen lebendig: Themata aus Christi Leben erscheinen, sogar die dramatische Zusammenfassung des ganzen göttlichen Weltplans wird in protestantischer Beleuchtung erneuert, nur Darstellungen der Passion treten, nachdem Luther Bedenken geäußert hatte, ganz zurück. Das geistliche Drama der Protestanten, das während des 16. Jhs. mit ihrem konfessionellen Streitdrama vielfach eng verbunden war, gewann, wie das geistliche Lied, später eine objektivere Haltung; es lebte, in immer selteneren Vertretern, bis zu den biblischen Schauspielen des Christian Weise. Hier erst, Ende des 17. Jhs., erlischt auf protestantischem Boden eine dramatische Tradition, deren Fäden aus der Neuzeit in das MA. herüberreichen. Auch die Katholiken hatten ihr Schuldrama, das in der Vorliebe für biblische Stoffe mit dem protestantischen zusammenging. Zur Blüte entwickelte es sich aber erst seit dem ausgehenden 16. Jh. in den Händen der Jesuiten, die nicht nur seine innere Form hoben und seinen äußeren Apparat prunkvoll und effektsicher ausgestalteten, sondern vor allem auch seinen Stoffkreis gewaltig erweiterten, zumal nach der Seite des Historischen hin (vgl. den Artikel *Jesuitendrama*). Immerhin behaupten auch bei ihm biblische Stoffe einen festen Platz, und in der stärkeren Heranziehung legendarischer Themata macht sich sogar ein Zurücklenken in ältere Wege des katholischen Schauspiels bemerkbar. So birgt also das Jesuitendrama, das auch bei den nichtbiblischen Stoffen den geistlich-moralisierenden Zweck oft scharf hervorkehrt, einen anderen Ausläufer der mal. g. D.

§ 8. Das 18. Jh. Im 18. Jh. verändern sich die Verhältnisse insofern, als der Unterschied von geistlicher und religiöser Dichtung immer deutlicher und tiefer wird. Zwar bleiben religiöse Gegenstände bis in die Geniezeit bevorzugte Stoffe fast jeder Art von Dichtung, aber es verliert sich allmählich die Beziehung zu der in die Form der Kirchen gefaßten Religion, und es verlieren sich der Gedanke und die Absicht einer Wirkung der Dichtung im Dienste dieser Kirchen. Ein allgemeinerer Theismus wird seit Gellert zum Inhalt religiöser Dichtung, und ein neues Kunst- und Persönlichkeitsgefühl, das nicht schlechthin dem Stoff dienen will, wird seit Klopstock zu ihrem Gestalter. Äußerlich kennzeichnet sich der Wandel gegenüber der früheren Zeit am deutlichsten dadurch, daß alle bedeutende Dichtung religiösen Inhalts von nun ab aus der Hand nichtgeistlicher Dichter kommt; die ausgesprochen geistliche Dichtung dagegen sinkt zu einer Literatur zweiten Ranges herab, wie die Kirchenreligion selber aus ihrer Vormachtstellung innerhalb des geistigen Lebens in eine bescheidenere Position gedrängt wurde. So bringt denn das 18. Jh. nur scheinbar eine neue Blüte g. D. Zwar ersteht ein Epos religiösen Inhalts neu; aber das Leitwerk dieser Epopöen, Klopstocks 'Messias', ist keine g. D., die in eine Linie zu stellen wäre mit den mal. Bearbeitungen desselben Themas: Erlebnis, Stoff, Ziel sind anderer Art. Dasselbe gilt mehr oder minder für die zahlreichen Nachahmer des 'Messias', die bis ins 19. Jh. herüberreichen. Auch ein Drama religiösen Inhalts ist von Klopstock neu geschaffen worden; es teilt mit dem geistl. Drama des 16. Jhs. vielfach den Stoff, ohne doch seinen geistlichen Charakter zu teilen. Am ehesten mag das noch für Bodmer gelten; dafür wirken seine Dramen auch (ähnlich seinen Epen) wie Anachronismen. Dagegen besteht eine ununterbrochene Tradition auf dem Gebiet der Liederdichtung, nur daß gerade auf diesem Felde der Unterschied zwischen religiöser und g. D. steigende Bedeutung gewinnt. Der Pietismus, dessen Liederdichtung den Anschluß an die des 17. Jhs. herstellt, vereint noch beides: er empfand sich bei aller vornehmen Pflege individueller Religiosität doch als Kirche in der Kirche. Seit dem Rationalismus scheiden sich die Wege immer mehr: auf Gellert folgt Klopstock, folgen die Bremer Beiträger (s. d.), folgt Goethe schließlich, und mit ihnen stuft sich eine religiöse Lyrik, die so vielgestaltig ist in ihren sich befreienden Formen wie in der Art ihres Gotteserlebnisses: denn auch die spinozistische Frömmigkeit Goethes schafft noch religiöse Poesien. Und auf der anderen Seite eine geistliche Liederdichtung, die sich bewußt innerhalb kirchlicher Grenzen hält und für ein kirchlich gesinntes Publikum bestimmt ist, überwiegend von Geistlichen herrührend, die damit die Praxis des 16. u. 17. Jhs. fortsetzen. Diese geistliche Liederdichtung, die riesenhaften Umfangs ist, ist natürlich mit der Zeit vorgeschritten: sie ist glatt nach Form und Stil, unkonfessionell und verfügt über viele Register, von mystischer Versenkung bis zu trockener Dogmatik; aber z. T. gerade deswegen wirkt sie trotz innerer Echtheit auch in ihren besten Vertretern noch (etwa bei Christ. Sturm oder dem Pietisten Frh. Christ. v. Pfeil) unoriginell, abgegriffen, als Dichtung zweiten Ranges. Natürlich läßt sich keine feste Grenze zwischen religiöser und geistlicher Lyrik abstecken: Nicht nur Gellert, auch einzelne der Bremer Beiträger haben in Gesangbücher Aufnahme gefunden, und auch bei Graf Christian Stolberg hat manches Lied Choralform. Neben der Perzeption ist eben auch die Rezeption von Belang für den geistlichen Charakter einer Dichtung.

§ 9. Das 19. Jh. Das 19. Jh. bringt keine grundsätzlich neuen Züge. Zwar wird das kirchliche Christentum nunmehr allmählich in die Defensive gedrängt, und es ist ein anderer Keimpunkt, wenn die geistliche Liederdichtung an Masse nicht abnimmt; zwar sondern sich die geistlichen Dichter schärfer ab als im 18. Jh., wo es bis an die Schwelle der klassischen Zeit ererbte Pflicht jedes Poeten war, sich auch an religiösen Stoffen zu versuchen — aber es bleibt die Tatsache, daß die g. D. nicht mehr im vorderen Treffen der literarischen Produktion steht. Obgleich ein Virtuose wie Gerok den herkömmlichen Stoff zu bereichern vermag, geht der geistliche Liedersang doch im ganzen, auch in seinen Hauptvertretern — neben Gerok Knapp, Spitta, Julius Sturm — in Mitteln und Formen zu Lehen bei älterer geistlicher oder zeitgenössischer weltlicher Dichtung. Die zunehmende Isolierung des Kirchenchristentums in einer ungläubigen oder indifferenten Welt gibt seiner Liederproduktion den Charakter einer kaum noch konfessionell bestimmbaren Bekenntnisdichtung, die bestenfalls nach der formalen Seite, aber nicht in der Differenzierung seelischer Erlebnisse mit der übrigen Lyrik Schritt zu halten vermag. Welche Möglichkeiten an sich nach dieser Richtung hin bestanden, läßt die g. D. der Droste erkennen. Dabei ist freilich zu beachten, daß die mit solcher Verfeinerung verbundene Individualisierung kollidiert mit einem der Wesenszüge der g. D., ihrem Gemeinschaftscharakter. In dieser Gegensätzlichkeit liegt einer der Hauptgründe für den Niedergang der geistlichen Dichtung in der neueren Zeit.

A. H. Kober *Geschichte der religiösen Dichtung in Deutschland* 1919. A. Hübner.

Gelegenheitsgedichte (§ 1) sind Gedichte, die ihre Entstehung bestimmten Gelegenheiten verdanken. Von solchen, die für bestimmte Anlässe, wie Hochzeiten u. dgl. verfaßt wurden, muß man die scheiden, die aus einer besonderen Gelegenheit, aus deren Nachwirken in der schöpferischen Phantasie des Dichters heraus entstanden sind. Die einen bedichten die betr. Gelegenheit als Gegenstand, in den anderen, den Gelegenheitsdichtern im Goethischen Sinne, schwingt das innere Erlebnis einer besonderen Gelegenheit. Die einen sind gereimte Aufsätze über ein aufgegebenes Thema, die nur in seltenen Ausnahmefällen Ansätze künstlerischer Vertiefung offenbaren, die anderen häufig die Frucht echter dichterischer Empfängnis, für die der äußere Anlaß nur als mehr oder minder zufällige Auslösung im Gestalteten verschwindet. Gedichte dieser letzteren Art krönen oft genug die Höhepunkte dt. Lyrik. Die politischen Sprüche Walthers gehören ebenso dahin wie viele Strophen des jungen Goethe. Im engeren Sinne aber versteht man unter Gelegenheitsgedichten nur solche zur Feier bestimmter Vorkommnisse.

§ 2. Sie waren seit alters im Schwange und haben immer ein Heer bezahlter Reimschmiede ernährt. Darüber hinaus aber haben sie auch in der zünftigen Dichtung periodisch einen breiten Raum eingenommen. Ihre Hauptblüte fällt ins 17. und den Beginn des 18. Jhs. Wie seine anderen metrischen, stilistischen und textlichen Muster hatte Opitz, der große Lehrmeister der Dichtung des 17. Jhs., auch diese Gruppe aus dem Humanismus übernommen. Nicht von den gewerbsmäßigen Festdichtern, die damals als sog. „Spruchsprecher" geradezu eine Landplage geworden waren, so daß Karl V. 1548 und Rudolf II. 1577 ausdrückliche Verbote gegen sie erließen (J. Chr. Wagenseil 'Von der Meistersinger holdseliger Kunst' 1697 S. 491 f.), ähnlich wie später am 30. März 1658 die Hamburger Behörde gegen ihre Nachfahren! Über diese „Bettelpoeten" gießen auch die gelehrten Dichter des 17. Jhs. immer wieder die Schale ihres Zornes und Spottes aus (Opitz, Fleming, Zesen, Rist u. a., besonders G. W. Sacer 'Reime dich oder ich fresse dich' 1673). Sie wählen sich vielmehr als Vorbilder die deutsch-, vor allem aber die fremdsprachigen Gelehrtendichter des Humanismus, wie Paul Schede-Melissus (1539—1602) und Peter Denaisius (1561—1610). Schon diese hatten gern anläßlich von Hochzeiten, Geburtstagen, Reiseabschieden mit ihren gereimten Stilübungen geprunkt. Daneben hatte die bedeutendste Poetik des Humanismus, Julius Caesar Scaligers '*Poetices libri septem*' (1561) ausführlich darüber gehandelt. Auf sie geht Opitz in seiner 'Poeterei' (1624) zurück. Danach gehören die Gelegenheitsgedichte zu den „Sylven" oder „Wäldern". Brautlieder, Leichencarmina u. ä. stehen als Dichtgattung gleichwertig neben Tragödien und Epen.

§ 3. Trotz ihrer scharfen Verurteilung der Bettelpoeten unterscheiden sich die gelehrten Dichter in ihren G. kaum von der Brotdichterei. Die Anlässe für die Gelegenheitsgedichte scheinen nahezu unbegrenzt zu sein. Auch die abgeschmacktesten Vorkommnisse, wie die Vorführung eines tanzenden Pferdes, werden besungen. Abgesehen von solchen Einzelfällen erfreut sich der humanistisch beeinflußte Gelehrtenstolz gern am Besingen von akademischen Ereignissen, z. B. der Erlangung der Magisterwürde. Gelehrte Auslassungen, Vergleiche mit berühmten Namen der Antike u. dgl. spielen in ihnen eine große Rolle. Die Ohnmacht des Dichters, mit seinen Worten den wirklichen Ruhm seines Helden nicht voll ausschöpfen zu können, wird trotz dieser Überschwenglichkeiten stark betont. — Sehr gern werden ferner Ankunft und Abreise von Freunden und Gönnern im Gedicht gefeiert. Naturgemäß sind dabei die Willkommensgrüße, sofern es sich — wie meist — um Neuankömmlinge handelt, am unpersönlichsten. Es sind Preislieder, in denen die Beschwörung mythologischer Gestalten, die Anrufung der gesamten lebenden und toten Umwelt zur Teilnahme an der Freude und stilistisch eine Fülle von Superlativen die innere Leere verdecken muß. Etwas vielgestaltiger und inhaltsreicher sind die Abschiedsverse. Die engere persönliche Bekanntschaft gibt hier den Dichtern in der Rückschau auf gemeinsam verlebte Stunden und in Anspielungen auf die Zukunftspläne des Gefeierten ausgiebigere Stoffe an die Hand. Ankunft und Abreise haben im übrigen gleichzeitig auch im geistlichen Lied eine typische Gruppe von „Reiseliedern" entwickelt, Danklieder für die glücklich überstandene Reise bei der Ankunft, Gebete um Gottes Reisesegen bei der Abfahrt. — Weitaus die verbreitetsten Arten der Gelegenheitsgedichte sind Geburtstagsgrüße, Hochzeits- und Sterbegedichte. Geburtstagsglückwünsche enthalten vornehmlich eine Verherrlichung des Geburtstagskindes und Glückwünsche. Inhaltliche Spielereien wie Namensanspielungen, Anagramme, Akrosticha füllen besonders gern die ausgesprochenen Namenstagsgedichte. Sofern die Verse mit einem Geschenk zusammen überreicht werden, liegt die besondere Form des „Angebindes" vor, die den herkömmlichen Inhalt um einen besonderen Hinweis auf das „Angebundene" erweitert. — Noch verbreiteter war — genau wie auch heute noch — die Gruppe der Hochzeitsgedichte, Züge der antiken Mythologie (Amor, Hymen), die Beseelung der Natur, an welcher der allgemein die Welt beherrschende Liebestrieb aufgezeigt wird — beides oft in schäferlicher Aufmachung —, Glückwünsche und als Abschluß der, häufig stärker erotisch gefärbte, Gutenachtgruß und das Geleit in die Hochzeitskammer bilden den herkömmlichen Inhalt dieser Lieder. Seltener nur treffen wir bei den reiferen Dichtern individueller zugeschnittene Strophen. Die Nachwirkung unverstandener, schulmäßig nachgebildeter antiker Vorbilder, die einst aus einem ganz anderen Lebensgefühl geschöpft waren, macht sich hier am peinlichsten bemerkbar. — Auch die Leichencarmina bedienen sich des geschilderten Apparates der Renaissancedichtung, vor allem beim Preis des Toten, der in keinem richtigen Sterbegedichte fehlen darf. Für Klage und Trost, die ebenfalls zum unvermeidlichen Inhalt gehören, werden neben der Antike Gedanken aus der Psalmendichtung und dem theologischen Schrifttum ausgebeutet.

§ 4. Die Formen der Gelegenheitsgedichte offenbaren die ganze Fülle der ausgesprochen auf Äußerlichkeiten eingestellten Barockdichtung. Sonette, Pindarische Oden und Alexandrinergedichte wechseln mit liedhaften Strophen. Sehr oft finden sich Zwiegesänge und eingestreute Chöre. Bewußte Spielereien wie Echogedichte, Bilderverse usw. sind besonders beliebt.

Wie die bildende Kunst des Barock, so ist auch die Gelegenheitsdichtung des 17. Jhs. von Engeln, Putten und anderen mythologischen Fabelwesen bevölkert. Die Natur wird gern beschworen, doch bleibt sie immer verstaubte Kulisse. An eigener Erfindung und schöpferischer Kraft ist diese Art Lyrik äußerst arm. Gelegenheitsgedichte, in denen ergriffen und ergreifend echtes Leben zittert, wie etwa bei Gryphius, bleiben seltene Ausnahmen.

§ 5. In der Gelegenheitsdichtung darf man mit Recht den charakteristischsten Ausdruck der Lyrik des 17. Jhs. sehen. Sie ist nicht nur zahlenmäßig die stärkste Gruppe. Ihr Überhandnehmen ist nur denkbar in einer Zeit seelischer und geistiger Armut. Es ist begründet im Geist jenes Jhs., der zwar aufstrebte, sich aber noch nicht zu schöpferischer Befreiung des inneren Menschen hindurchgerungen hatte und deshalb noch tote Formeln und Inhalte in das lyrische Gewand preßte. Nur darum nahm auch niemand Anstoß an dem ewigen Einerlei dieser Stoffe, an ihrer Phrasenhaftigkeit und Hohlheit, an der gröblichst darin zutage tretenden gesellschaftlichen Lüge. Noch war Lyrik nur eine äußere Form, eine gelehrte Übung für kurzweilige Stunden, nicht Sprache der Seele. Die Geburtsstunde der lyrischen Persönlichkeit mußte folgerichtig die Todesstunde der Gelegenheitsdichtung werden. Christian Günther beendet mit der Epoche der Barockdichtung auch die der Gelegenheitslyrik. Alles, was danach in der großen Literatur an Gelegenheitsgedichten geschaffen ist, sind Einzelwerke, die sich nicht mehr zu einer festen Gattung mit typischen Zügen zusammenfügen lassen. Bei Günther sehen wir, wie der oben gekennzeichnete Unterschied zwischen Zweckgedichten für eine bestimmte Gelegenheit und Erlebnisgedichten aus einer solchen verschwimmt. Seinen Gedichtüberschriften nach sind beide Gruppen bei ihm zahlreich vertreten. Inhaltlich aber spüren wir in allen, wie stufenweise die ererbten Phrasen aufgesogen werden von dem strömenden unerschöpflichen Leben, das triebhaft und sieghaft die Lyrik aus ihrer Erstarrung befreit. Dichtung wird sich selbst offenbarendes Leben. Die Gelegenheitsdichtung des 17. Jhs. sinkt unter. An ihrer Stelle aber taucht neu auf die Gelegenheitsdichtung im Goethischen Sinn.

E. Höpfner *Reformbestrebungen auf dem Gebiete d. dt. Dichtung des 16. u. 17. Jhs.* 1866. H. Palm *Beiträge z. Gesch. d. dt. Lit. d. 16. u. 17. Jhs.* 1877. K. Lemcke *Von Opitz bis Klopstock* 1882. M. v. Waldberg *Renaiss.-Lyrik* 1888. K. Borinski *Poetik d. Renaissance* 1886. C. Enders *Dt. Gelegenheitsdichtung bis zu Goethe*, GRM. I (1909) S. 292—307.

A. Gramsch.

Gelehrtendichtung. § 1. Konventionelle Auffassung. Der Ausdruck „Gelehrtendichtung" wird mit ziemlicher Unklarheit mehr in negativ wertender als objektiv beschreibender Bedeutung verwendet. Besonders wird er dazu benutzt, um die gesamte Literatur des 17. Jhs. als innerlich unwahre Mache pedantischer Stubengelehrter zu brandmarken, die mit Hilfe angelernter, volksfremder Lateinbildung beliebige, unerlebte Themata als Zeitvertreib schulmäßig abhandelten.

Eingehende Sachforschung und Einfühlung enthüllen dieses Verdikt in solcher Verallgemeinerung als unhaltbar. Denn die Poeten des 17. Jhs. sind ihrem Beruf nach vorwiegend praktisch tätige Beamte und nicht eigentliche Gelehrte: allerdings ist ihre Bildung durch die humanistisch orientierten Institute Gymnasium und Universität bestimmt, wie das seit dem Entstehen einer selbständigen weltlichen Bildung in Deutschland stets gewesen ist. Daher finden sich bei dem Versuch, eine Bildungsliteratur nach dem Vorbild der anderen Völker zu schaffen (vgl. d. Art. *Schlesische Schulen*) im Formelschatz tatsächlich starke Anleihen bei der antiken Dichtung und Rhetorik. Trotzdem hat die Zeit unzweifelhaft bedeutende Dichterpersönlichkeiten hervorgebracht. Man tut daher besser daran, diese Dichtung nach dem Gesamtstil als Barock zu bezeichnen. Daß es innerhalb dieser, aber ebenso auch in den anderen Epochen unserer Literatur Erscheinungen gegeben hat, die mit Fug als G. sich bezeichnen lassen, ist damit noch keineswegs bestritten.

§ 2. Literaturwissenschaftliche Definition. Für einen sinngemäßen Gebrauch des Terminus „Gelehrtendichtung" kann die soziale Stellung des Verfassers als Gelehrten nicht ausschlaggebend sein. Nicht notwendig bringt der dichtende Gelehrte auch G. hervor, obschon diese stets Männer zu Verfassern hat, deren überdurchschnittliche Bildung in engem Zusammenhang mit der Gelehrsamkeit der Zeit steht. Ebensowenig genügen wird eine lediglich gelehrte Herkunft des Stoffes, obschon meist der Stoff der G. gerade dadurch charakterisiert sein wird. Um die G. von der nur stoffvermittelnden Volkserziehung abzuheben, ist notwendig, auf die Darstellung zu achten. Gelehrtenhafte Floskeln jedoch zeugen nur von Scheinbildung, erwecken den Eindruck übler Popularwissenschaftelei, nicht aber von Dichtung.

Wesenhaft bezeichnet wird G. vielmehr dadurch, daß sie ihr Erlebnis aus der Gelehrtenarbeit des Verfassers zieht, der demnach zum mindesten in dem betr. Abschnitt seines Lebens — nicht notwendig im Brotberuf — in der gelehrten Arbeit stand. Nicht nur zeitlich, während dieser Beschäftigung als Gelehrter, sondern aus ihr erwächst also ein mit ihr im Zusammenhang stehender Stoff als Verleiblichung wesentlicher Gefühlsinhalte zu gemäßer Form, eben zur „Dichtung". Dabei wird durch die mit den Zeiten wechselnde Auffassung von Gelehrsamkeit sich das Aussehen der G. in den einzelnen Epochen deutlich voneinander abheben. Es kann dabei sowohl Inhalt wie Form oder Gehalt im Vordergrund stehen.

§ 3. Mittelalter. Das MA. verarbeitet naiv-praktisch das antike Erbe und macht es so seinen andersgearteten Bedürfnissen dienstbar. Während es für den Ausdruck seiner Frömmigkeit in Hymnus, Sequenz und Tropus nach Inhalt wie Form eigene Wege findet, schließt es sich in der exklusiven Bildungsliteratur direkt der Tradition von Vergil, Horaz, auch Ovid an. Kulturell führend ist der geistliche Fürstenstand mit den reichen Klöstern und Stiften, der besonders den Kaiserhof nach sich zieht. Naturgemäß herrscht die G. vor.

Die erste Etappe bildet die sog. Karolingische Renaissance. Zeit- und Lehrgedichte, Episteln und Epigramme herrschen bei Alkuin wie Paulus Diakonus und dem Formbegabtesten des Kreises vor, bei dem Westgoten Theodulf; der Franke Angilbert wird als Homer gefeiert. Hrabanus Maurus verpflanzt diese Übung nach Fulda, sein begabtester Schüler Walahfrid Strabus nach den Klöstern am Bodensee, wo sie in St. Gallen und Reichenau bis ins 11. Jh. gepflegt wird. Dem absterbenden germ. Heldenlied setzt der '*Waltharius*' des Ekkehard (ca. 920) eine antikisierende Umbildung entgegen, nicht nur hinsichtlich des äußeren Versgewandes, sondern selbst nach Durchführung der Handlung und Charakterisierung. Das Anfang des 11. Jhs. in Tegernsee entstandene 'Ruodlieb'-Epos zeigt ebenfalls den gelehrten Verfasser. Im Zusammenhang dieser episierenden Bestrebungen steht auch Otfrids 'Christ'. Durch Bruno, den Bruder Kaiser Ottos I., wurde seit der Mitte des 10. Jhs. die Ausbreitung der antiken Bildung besonders an den Stiftsschulen der Bischofssitze gefördert. Als schönstes Denkmal dieser Ottonischen Renaissance ragen Hrotsvithas Buß- und Märtyrerstücke hervor, die im Wetteifer mit Terenz diesen mit seinen eigenen Waffen schlagen und verdrängen wollen. — Am stärksten entzündet sich an antikem Lebensgefühl und Dichtervorbild die in dieser Zeit blühende Dichtung der Vaganten. — Der Gelehrsamkeit entsprungen sind außrrdem mhd. Denkmäler wie der 'Merigarto' sowie alle der Theologie entnommenen Stoffe, neben den Legenden die Darstellungen der Weltheilsgeschichte von der '*Summa theologiae*' und dem 'Anegenge' an über die 'Kaiserchronik' bis zu Jansen Enikels Weltchronik. Auch die Übersetzung von Ovids Metamorphosen durch Albrecht von Halberstadt gehört hierher, ja sogar der 'Gregorius' Hartmanns von Aue. Die Scholastik regt die allegorische geistliche Dichtung an, die ihrerseits wieder die weltliche Minneallegorie hervorruft. Auch für den Meistersang bietet sie die gelehrten Themen. Eine eigenartige weltliche Wissenschaft entwickelt sich in der Heraldik, die zur Wappendichtung führt, als deren bestes Beispiel Konrads von Würzburg 'Turnier von Nantes' gilt.

§ 4. Der Humanismus. Erst seit der Mitte des 15. Jhs. bildet sich in Deutschland ein selbständiger weltlicher Gelehrtenstand. Wie früher die Klöster werden nun die Universitäten die Pflegestätten der humanistischen G. Man will mit der Seele der Antike die Welt erleben, und so charakterisiert die humanistischen Renaissancepoeten ein ästhetisch-genießerischer Materialismus. Man lebt sich in ein Vorbild ein und erlebt nun im wesentlichen nach dessen Empfindungsart und Weltanschauung, man gewöhnt sich dessen Ausdrucksweise in Gang und Wendung seines Stiles und Rhythmus an. Man benutzt also geprägte Formstücke und setzt mosaikhaft neue Gedichte zusammen. Dazu helfen neben den handschriftlichen Exzerpten gedruckte Florilegien. Daß, trotzdem sich oft jede Zeile auf ein Zitat zurückführen läßt, dennoch dichterische Eindrücke zustande kommen, kann nicht geleugnet werden.

Von Vergil und Ovid genährt, ersteht die Dichtung eines Petrus Secundus Lotichius (1563) als die bedeutendste Erscheinung des christlichen Humanismus. Die vorwiegend weltliche Richtung beginnt gleichzeitig mit den '*Amores*' von Celtes (1562). Eobanus Hessus hatte schon 1514 Ovids Heroiden nachgeahmt: Vincentius Opsopoeus schreibt eine '*Ars amandi*' neben einer Trink- und Scherzkunst. Laurentius Rhodomannus dichtet griech. eine '*Argonautica*', '*Thebaica*', '*Troica*', die zeitweilig sogar für antik gehalten wurden. Das Epigramm nach Martial und die Satire nach Lucian werden reichlich gepflegt. An Terenz entzündet sich im Gegensatz zum Fastnachtspiel die Schulkomödie seit Wimpfelings '*Stylpho*'. Die Prosa wird als Kunst entdeckt.

Durch diese G. wird eine große Bereicherung an Formmöglichkeiten erreicht in einem Zeitraum, der nur holprige Zweckrede und naive Unterhaltungsprosa für die breite Masse kannte. Auch inhaltlich wird vor allem die Bekanntschaft mit Tacitus' '*Germania*', die Celtes zuerst wiede rherausgibt, zum Anstoß patriotischen Stolzes und historischen Forschens.

Die neulat. Poesie um die Wende des 16. zum 17. Jh. ist schon der Barockzeit zuzurechnen.

§ 5. Das 17. Jh. Der Bildung einer nationalen dt. Literatur kam die Gelegenheitsdichtung erst im 17. Jh. zunutze. Auch hier ist die neulat. Poesie führend. Die Erlebnisart hat sich jedoch in eine vorwiegend formale gewandelt. Daher sieht man nicht mehr das Heil im Aufgehen in einen Dichter, sondern benutzt Phrasen- und Sentenzensammlungen aus allen irgend zugänglichen Dichtern. Die lat. Gelegenheitsdichterei wuchert fort und wird in dt. Sprache unaufhörlich nachgeahmt. In der ersten Hälfte des Jhs. grassiert der mythologische Aufputz. Die Epigrammatik (s. d.), die durch Owen neuen Anstoß erhält, wird ebenfalls dt. nachgebildet. Unter Senecas Vorbild entsteht eine barocke Tragödie, lat. von den Jesuiten (s. d.) gepflegt, dt. besonders von den Schlesiern fortgebildet (s. d. Art. *Schlesische Schulen*). Einzig das Epos vermag nicht in dt. Sprache Wurzel zu schlagen. In lat. hat es in Bidermann und Andreas Gryphius bedeutende Vertreter gefunden. Die didaktische Dichtung, in der als Lateiner der Jesuit Balde (vgl. d. Art. *Jesuitendichtung*) hervorragt, knüpft an die Philosophie des Seneca an. Durch Opitz faßt sie im Deutschen Fuß in der verchristlichten Form des Holländers Lipsius. Die Produktionen dieses Schlesiers sind ohne Zweifel die historisch wirksamsten G. des Jhs. überhaupt, weil sie den Idealen des akademisch gebildeten Publikums entsprechenden Ausdruck geben. Lukrez stand bei seinem naturbeschreibenden Epos 'Vesuvius' Pate, während die Schäferdichtung, die er einführen half, Theokrit zum Ahnen hat. Die Verherrlichung des Landlebens läßt, trotzdem sie das echteste seiner Produktion ist, doch weder Vergils '*Bucolica*' noch Epiktets Philosophie vergessen. An Persius und Juvenal schließt sich Joachim Rachel an. Das starke antiquarische Interesse gibt für den Roman Anstoß nicht allein zum Katalogisieren des nunmehr zur Bildung gehörigen gelehrten Wissens (Lohenstein, Paul Winckler), sondern auch zur Ausspinnung ganzer Romanhandlungen (Lohenstein, Buchholtz, Anton Ulrich von Braunschweig u. ä.) und selbst für die Satire (Moscherosch).

Der gelehrtenhafte Eindruck der Barockliteratur geht darauf zurück, daß zwei Richtungen von Gelehrsamkeit sich kreuzen und durch ihre Verschiedenartigkeit sich doppelt bemerkbar machen: neben einem pragmatischen Sammeln historischer und naturwissenschaftlicher Stofflichkeiten steht nämlich ein abstrakter Formalismus humanistischer Herkunft. Beides gehört als höfische Rhetorik und moderne Staats- und Lebenskunde zum Bildungsgut des Beamtentums des absolutistischen Polizeistaates, das eben das gebildete Publikum ausmacht.

§ 6. Das 18. Jh. Das Publikum des 18. Jhs. bildet das Bürgertum: Kulturerziehung steht im Mittelpunkt seines Interesses. Die Gelehrsamkeit richtet sich auf die philosophische Begründung einer Moral als Lebensnorm: das Bildungserlebnis heftet sich daher vorwiegend an den Gehalt: der gelehrte Dichter hat popular-philosophische Tendenz.

Die Kunst einer reinen, klaren Prosa zeichnet neben Lichtenberg und Lessing die philosophischen Essays eines Abbt und Sturz, Matthias Claudius wie Garve aus. Georg Forster schafft die künstlerische Reisebeschreibung, während ohne die naturwissenschaftliche Forschung weder Haller noch Brockes zur Lyrik gekommen wären. Die Familiengeschichte in Romanform (s. d. Art. *Familienroman*) stellt Vorbilder aufklärerischer Lebensführung dar bei Nicolai, J. J. Engel, Knigge und am bedeutendsten bei Hippel. Campes 'Robinson' ist eine Kulturgeschichte für Kinder, Pestalozzis 'Lienhard und Gertrud' die Einkleidung seiner pädagogischen Lehren. Die Menschenkenntnis wird mit wissenschaftlich genauer Analyse betrieben in den psychologischen Romanen eines Jung-Stillung und K. Ph. Moritz. Der erziehliche Staatsroman (s. d.) findet in Wieland und Haller Vertreter. Aus tiefstem philosophischen Erlebnis erblüht Schillers Gedankenlyrik.

§ 7. Das 19. Jh. Im historisch orientierten 19. Jh. entzündet sich die Begeisterung des gelehrten Dichters am Stoff. Der Roman dient der Verlebendigung entschwundener Zeiten. Die dt. Geschichte spielt eine große Rolle: neben Dahn stehen Freytag, Scheffel und Riehl; das romanische MA. wählen Heyse und Hertz; die Renaissance vor allem Adolf Stern und C. F. Meyer; Ebers führt in das ägypt. Altertum. Das Versepos trägt durchweg epigonenhafte Züge (Kinkel, Scheffel, Gregorovius, Jordan). In der Lyrik wirken Volkslied und Ballade auf Hoffmann von Fallersleben, Uhland und Dahn. Eigenartig ist Adolf Wilbrandts Versuch, in seinem Drama 'Timandra' Platons 'Apologie' und 'Kriton' zum großen Teil wörtlich auf die Bühne zu bringen.

Besonders als Erneuerer alten Dichtungsgutes treten seit dem Anfang des Jhs. wichtige Leistungen hervor: Wilhelm Schlegel (Shakespeare), Tieck (Minnelieder und Cervantes), Rückert (pers., arab., ind. Dichter), Freiligrath (engl., amerikan. Dichter), Heyse (ital. u. span. Lyrik), Hertz (altfrz. und mhd. Epen), Schack (Spanier und Firdusi), Simrock (alt- und mhd. Epen), Fulda (Molière), Gildemeister (Byron, Dante, Ariost), v. Wilamowitz (griech. Dramen), Gundolf (Shakespeare), Stefan George (engl., frz. Lyrik, Dante), Kalckreuth (Verlaine), Th. v. Scheffer (Homer). Vgl. d. Art. *Mittel-* und *neulateinische Dichtung*.

W. Flemming.

Gemäldegedicht (Bilderdichtung): ein durch ein Bild angeregtes oder auf ein Gemälde verfaßtes Gedicht im Umfang von wenigen Versen bis zu ausgedehnten strophischen und epischen Gebilden. Nach Erfindung des Buchdrucks werden Bildergedichte überall im Abendlande beliebt. Auch die damals weit verbreiteten Einblattdrucke (s. d.) erläutern wie noch heute die Bilderbogen (s. d.) und -bücher gern die Illustrationen mit anspruchslosen Reimen. Die eigentlichen Bildergedichte sind umfangreicher: sie schließen sich an eine bildliche Darstellung an, die sie dann eingehend interpretieren. Ihre Hochblüte erlebt diese Bilderdichtung im 16. Jh., indem sie im Stil und Gehalt dem volkstümlichen Geschmack jenes Zeitalters bereitwillig huldigt. Am stärksten reizen phantastische oder scherzhafte Gestalten und Begebenheiten, zumal monströse Märchen- und Wundertiere, Fabeln und Schwänke aller Art, die Einbildungskraft und ermuntern zu immer neuen darstellerischen Versuchen, wobei sich Bild und Vers zu gemeinsamer Wirkung verbinden.

Anderen Charakter hat die Nachblüte, die der Bilderdichtung in der Form des von den Romantikern gepflegten Gemäldegedichts erwächst. Schon im 18. Jh. hatte die Bedeutung der Kunst und ihrer Jünger bestimmte Vorwürfe der Poesie erschlossen: indem Kunst und Künstler als dichterische Motive verwertet werden, wird ein Gemälde zum Inhalt eines Gedichts, der Künstler zum Helden einer Erzählung gemacht. Wir haben es hierbei mit einer Äußerung der vielfältigen Wechselwirkungen zwischen Bild- und Dichtkunst (s. d.), im besonderen mit der Frage zu tun: wie formt der durch den Anblick eines Gemäldes in seiner Phantasie angeregte Dichter den empfangenen Bildeindruck poetisch um?

Das Verhältnis zwischen Bild und Gedicht ist flüssig: von bloß äußerlicher Berührung bis zu genauer Nachbildung werden alle Grade der Wechselwirkung durchlaufen. So ist z. B. der Zusammenhang zwischen Kleists 'Prinzen von Homburg' und Kretschmars 'Homburgbild' oder dem 'Zerbrochenen Krug' und Debucourts Gemälde '*Le juge ou la cruche cassée*' nur locker: die Bilder haben der frei schaffenden Phantasie des Dichters eine bloße Anregung vermittelt. Kleists dichterischem Temperament ist die Bildbeschreibung in Gedichtform im Stil der Romantiker wesensfremd. Wenn er versucht, einen Stich Hartmanns: 'Die Marien am Grabe' in Versen wiederzugeben, dann wird aus der Beschreibung ein selbständiges lyrisches Gedicht: 'Der Engel am Grabe des Herrn', das in der Kraft der Sprache und in der Plastik der Form die Bildvorlage tief überschattet. Auch das als Bühnenausstattung dienende Bild an der Wand, das bemerkenswerte Beispiele für die Einwirkung des Bühnenbildes auf das neuere Drama liefert, spielt bei Kleist keine Rolle.

Hat auch Goethe auf Tischbeins Wunsch zu dessen Idyllen einige Reime gedichtet und im Alter eine Ausgabe von Radierungen, die nach seinen eigenen Handzeichnungen ausgeführt waren, mit kleinen Gedichten begleitet, so ist doch die Kunstform des Gemälde- und Künstlergedichts eine echt romantische. A. W. Schlegel verfaßt einen ganzen Sonettenkranz auf Werke der alten Meister, und andere Romantiker folgen ihm willig, ohne indessen überall neue Wege der poetischen Umformung von Bildmotiven zu finden.

Erst dem künstlerischen Fühlen und Wollen der modernen Lyrik gelingen neuartige Umgestaltungen von Bildeindrücken zu Sprachkunstwerken, indem alle Grade der Berührung zwischen Dicht- und Bildkunst ausgewertet werden. So vergleiche man Liliencrons Gedicht 'Böcklins Hirtenknabe' mit dem Gemälde 'Klage des Hirten' des Schweizer Meisters; oder Dehmels Gedicht 'Jesus und Psyche' mit Klingers großem Bild 'Christus im Olymp', Hofmannsthals 'Idylle im Böcklinschen Stil' mit Böcklins 'Zentaur in der Dorfschmiede'; oder man beachte, wie Stefan George das Erlebnis Böcklin ganz allg. dichterisch zu fassen sucht mit der Beschreibung der Pietà in 'Tage und Taten' und im Gedicht 'Böcklin' im 'Siebenten Ring'. Die Beispiele mögen genügen: sie zeugen beredt von der Fülle und Tiefe der Wechselbeziehungen, die das Verhältnis der modernen Schwesterkünste zueinander beleben.

Auf eine andere Gattung von Gedichten, die durch die äußere Form ihres Aufbaus die Gegenstände, nach denen sie benannt sind, wie Herz, Kreuz, Krone, Baum, Berg, nachbilden und so selbst plastische Figuren darstellen, sei nur beiläufig verwiesen. Zu dieser durch Scaliger eingeführten Spielerei vgl. Art. *Bilderlyrik*.

J. Bolte *Bilderbogen des 16. u. 17. Jhs.* ZfVk. XVII (1907) S. 425ff. Dort weitere Speziallit. A. Köster *Das Bild an der Wand. Eine Untersuchung über das Wechselverhältnis zwischen Bühne und Drama.* Abh. d. phil.-hist. Kl. d. sächs. Ges. d. Wissensch. 27 (1909) S. 267ff.

G. Bebermeyer.

Genieperiode s. Sturm und Drang.

Gesangbuch, a) katholisches, das die für den kirchlichen Volksgesang in der Landessprache geeigneten und bestimmten Lieder enthält.

§ 1. Die Lieder des G. sind durchweg nach verschiedenen Rubriken geordnet, meistens nach der Einteilung des Kirchenjahres. Da bestimmte Vorschriften der kirchlichen Behörden nicht vorliegen, sind Anordnung, Auswahl, Behandlung der Texte und Melodien in das Belieben der Herausgeber und Bearbeiter gestellt. Verlangt wird, daß alle zum kirchlichen Gebrauch bestimmten G. von der bischöflichen Behörde approbiert sein müssen; dadurch wird aber nur verbürgt, daß sie nichts enthalten, was gegen die Lehre und Gesetze der Kirche verstößt.

Man kann noch unterscheiden zwischen offiziellen G., die für eine bestimmte Diözese zum Gebrauch vorgeschrieben oder doch wenigstens empfohlen sind — sie sind dann meistens im Auftrage der bischöflichen Behörde bearbeitet und herausgegeben — und nicht offiziellen G., entweder solchen allgemeiner Art oder für bestimmte Kreise, wie Kongregationen, Bruderschaften, religiöse Vereine, Volks- und höhere Schulen u. a.

Die neueren G. sind meistens mit Gebetbüchern (s. d.) vereinigt; die Gesänge bilden dann entweder einen besonderen Teil oder sind zwischen die Gebete an den ihnen zukommenden Stellen eingeordnet.

§ 2. Die Entwicklung und Geschichte des G. beginnt nach der Erfindung der Buchdruckerkunst. Abhängig ist es von dem vorhandenen Bestand an Liedern und für seine Erweiterung und Vermehrung von der Entwicklung der Dichtung, mit der es demnach gleichläuft. Den Vortritt hat im G. die Reformation. Luthers erstes Gesangbüchlein vom J. 1524 und seine Nachfolger bringen den Anstoß. Das erste katholische G. war das von dem Hallischen Stiftspropst Michael Vehe herausgegebene 'New Gesangbüchlin Geystlicher Lieder' (1537) mit 52 Texten und 47 Melodien; mehrere alte Lieder sind in der durch die Reformatoren „gebesserten" Form aufgenommen und durch neue Strophen erweitert. Der Herausgeber hat offenbar persönlich keine nähere Fühlung mit dem altkatholischen kirchlichen Volksgesang gehabt. Dem alten Gebrauch entspricht es, wenn die Lieder des G., wie die am Schluß beigegebene „Ordnung" anzeigt, vor und nach der Predigt und bei den Prozessionen gesungen werden sollten. Erst dreißig Jahre später erschien ein neues, weit umfangreicheres G. von dem Bautzener Domdechanten Johannes Leisentritt 'Geistl. Lieder und Psalmen' in zwei Teilen (1567) mit 250 Liedern (darunter 27 lat.) und 181 Melodien; die 2. Aufl. von 1573 hat 240 Texte und 167 Melodien, die 3. stark vermehrte Aufl. 347 Texte und 246 Melodien. Leisentritt übernahm fast das ganze G. von Vehe, dazu kamen Lieder von Georg Witzel (Wicel) und 25 von seinem Freunde Christoph Hecyrus (Schweher); 66 Texte sind protestantischer Herkunft. Die Abwehrstellung des G. gegen die „vnzelbaren manichfeltigen Secten" geht aus den Vorreden deutlich genug hervor; aber die Aufnahme der vielen protestantischen Lieder ist es wohl gewesen, die den „mißgönnern" und „verleumdern" des Herausgebers Anlaß zu Verdächtigungen gegeben hat. Schon im J. 1575 wurde auf Anordnung des Bischofs von Bamberg ein Auszug aus Leisentritts G. mit 62 Liedern nebst Melodien zum alleinigen Gebrauch für die Bamberger Diözese vorgeschrieben, weil „an vilen enden vnd orthen in der Kirchen . . . teutsche Lieder oder Gesäng, der ein guten thail nit Catholisch, sonder verdächtlich sind, gesungen werden." Es ist dieses Bamberger G. also das erste offizielle Diözesan-G.; liturgisch von Wichtigkeit ist darin die Bestimmung, daß wegen der Gesänge aus dem Amt der Messe nichts ausgelassen werden soll.

§ 3. Gegen Ende des 16. Jhs. mehren sich die G.; das Bedürfnis war unter dem Einfluß der Reformation auch bei den Katholiken sehr rege geworden, was nicht nur aus den vielen neuen Auflagen, sondern auch aus manchen Bemerkungen in den Vorreden hervorgeht. Das von Christoph Hecyrus in Prag herausgegebene G. 'Christl. Gebet und Gesäng' (1581) enthält 52 Lieder, die zum größten Teil von Hecyrus selbst gedichtet sind. Die von Adam Walasser in Tegernsee herausgegebenen G. (1574, 1577 und 1581) mit manchen volkstümlichen Liedern und Rufen wurden die Grundlage des 1586 in München gedruckten 'Gesang vnd Psalmenbuchs' mit 55 Liedern, darunter auch 14 aus Kaspar Ulenbergs 'Psalmen Davids', die seit ihrem ersten Erscheinen (1582) von den Gesangbuchherausgebern allgemein viel benutzt wurden. Auch das Münchener G. betont in der Vorrede seine gegen die Reformation gerichtete Stellung: „Ich hoff auch, es sollen durch diß Büchlein allerley falsche Sectische Gesangbücher, welche von vnsern widersachern in das edel Catholische Bayrland gebracht vnd eingeschlichen, dadurch die einfeltigen verfüert, abgeschafft vnd außgereit werden." Einige neue Texte finden sich in dem Innsbrucker Gesangbüchlein 1587 (1588, 1589) und dem Dillinger 1589. Beliebt war, nach den vielen Auflagen zu schließen, das Würzburger Gesangbüchlein von 1591. Das älteste von Jesuiten bearbeitete G. sind die 1596 zu Freiburg im Üchtland erschienenen 'Catholischen Kirchengesäng'. Offiziellen Charakter hatten die auf Befehl des Bischofs Eberhard von Speyer 1599 in Köln gedruckten 'Alten Cath. Geistl. Kirchengeseng', obschon sie nicht ausdrücklich für den Gebrauch im Bistum Speyer vorgeschrieben worden sind. Das Buch — bisher die ältesté Quelle für eins der schönsten aller Kirchenlieder „Es ist ein Ros' entsprungen" — enthält 174 Lieder, darunter 42 lat., mit 112 Melodien. Vehe, Leisentritt und Ulenberg sind benutzt worden, jedoch mit mancherlei Abweichungen in den Texten und Melodien. Das G. ist nicht nur in Speyer, sondern auch sonst viel gebraucht worden und erlebte bis 1625 wenigstens noch sieben neue Auflagen. Stark benutzt wurde es von dem Konstanzer Gesangbüchlein 1600 (1613). Das von dem Schulmeister und Choralisten Nikolaus Beuttner 1602 in Graz herausgegebene G. (neue Aufl. 1604 u. 1660) enthält viele volkstümliche Rufe, die vom Herausgeber aus dem Volksmunde aufgezeichnet worden sind. Volkstümlichen Charakter hat auch das Mainzer 'Catholische Cantual' (1605); das Büchlein, das eine Reihe neuer, bis dahin in den G. nicht vorkommender Lieder enthält, war sehr beliebt, wie die Neuauflagen und Nachdrucke zeigen. Eigenartig ist das für die Bruderschaft der hl. Cäcilia in Andernach 1605 (1608) in Köln herausgegebene G. 'Cath. Geistl. Gesänge vom süßen Namen Jesu', das in der Vorrede scharf gegen das seit dem Kölnischen Reformationsversuch unter Hermann von Wied am Rhein auch in katholischen Kreisen vielverbreitete evangelische Bonner G. (1544 u. ö.) ankämpft. Zu jedem der 184 dt. Lieder bringt das Büchlein zugleich einen lat. Text; 105 dt. Texte sind neu, also offenbar als „Gebrauchsdichtung" zur Füllung des G. verfaßt worden. Von den zahlreichen neuen Melodien sind manche dem damaligen weltlichen Volksgesang entnommen. In Köln wie anderwärts nahmen sich seit dem Anfang des 17. Jhs. die Jesuiten des kirchlichen Volksgesanges an; die als erstes Kölner Jesuitengesangbuch im J. 1607 erschienenen 'Cath. Kirchengesäng' waren zunächst für die Kinder zusammengestellt mit Rücksicht auf die von den Jesuiten geleiteten Katechesen. Die für den allgemeinen Gebrauch erweiterten späteren Ausgaben (1615, 1619, 1623, 1625 u. 1631) erschienen in Konkurrenz mit dem in Köln gedruckten, bereits erwähnten Speyerischen G. Das Speyerische G. war wieder das Vorbild für die seit 1609 in Paderborn in vielen Auflagen herausgegebenen 'Alten Cath. Geistl. Kirchengesäng'. Auf bischöflichen Befehl erschienen 1628 das Würzburger G. und das neue Mainzer G. 'Himmlische Harmony', dessen Grundlage das alte Mainzer Cantual war. In Bamberg gab Johann Degen das erste mehrstimmige kath. G. (1628) heraus, dessen Melodien nach der Vorrede in Bamberg schon 60 bis 70 Jahre gesungen wurden. Das erste und einzige niederdt. katholische G. erschien 1629 in Münster. Aus allen den bis dahin erschienenen G. „gleichsam den Kern zusammengezogen" hat dann der Abt des Stiftes Göttweig in Niederösterreich David Gregor Corner in seinem 'Groß Catholisch G.' von 1625, das von der 4. Aufl. an (1649) den Titel 'Geistliche Nachtigall' annahm (vg. R. Johandl im Archiv f. Musikwissenschaft II [1920] S. 462). Wegen seiner Reichhaltigkeit auch an alten, volkstümlichen Rufen — die 3., stark vermehrte und deshalb umfangreichste Aufl. von 1631 zählt 76 lat. und 470 dt. Texte, darunter 42 protestantische, mit 276 Melodien — ist Corners G. eine der bedeutendsten und wichtigsten Erscheinungen in der Literatur des katholischen G. Großen Einfluß und weite Verbreitung gewann das 1637 von den Jesuiten in Köln herausgegebene 'Geistliche Psälterlein', von dem bis zur 10. Ausg. von 1653 bereits 30000 Stück abgesetzt waren und das bis in den Anfang des 19. Jhs. ungezählte weitere Auflagen erlebte. Durch das 'Psälterlein' ist eine große Zahl der Lieder Friedrichs von Spe verbreitet und dadurch der geistlichen

Schäferpoesie und der Barockmystik der Weg in die G. gebahnt worden. Wegen ihrer Tendenz ist noch hervorzuheben die 1659 in Wien erschienene 'Davidische Harmony', die sich fast nur auf protestantische Vorlagen stützt: unter den 125 Texten dieses G. stammen fast zwei Drittel aus protestantischen Quellen. Eine vermehrte und verbesserte Neuausgabe der Davidischen 'Harmony' ist das 1666 zu Augsburg gedruckte Rheinfelsische (zu St. Goar übliche) G., das zu den anderen protestantischen Liedern noch 19 Psalmen von Opitz aufgenommen hat. Beide G. sind von Jesuiten herausgegeben und verfolgten den Zweck, den Protestanten den Übertritt zum Katholizismus leichter zu machen.

§ 4. Der Umschwung, der sich im 17. Jh. durch den barocken Zeitgeschmack in der Dichtung vollzog, zeigt sich bei den G. schon in den Titeln: 'Himmlischer Harffenklang' (1624), 'Himmlische Harmony' (1628), 'Geistlicher Paradeiß-Vogel' (1663), 'Keusche Meer-Fräulein' (1664), 'Himmlische Nachtigall' (1673), 'Heilige Hertzens-Frewd' (1696), um nur ein paar zu nennen, kennzeichnen deutlich die Zeit ihres Entstehens. Innerlich machte sich die neue Geistesrichtung in der Form und im Inhalt geltend. Die Opitzsche neue Verskunst verlangte nach regelmäßigerem Versbau, wie ihn schon Friedr. von Spe, ohne um Opitz zu wissen, gehandhabt hatte. Schäferpoesie und Barockmystik brachten den süßlichen Deminutivstil und die geistige Liebesstimmung des Hohenliedes, die für die G. dieser Zeit charakteristisch sind. Der alte Liederbestand blieb zwar neben dem Neuen erhalten; aber man begann doch schon, die alten Texte zu verbessern und zu verändern. Zahlreiche Neudichtungen suchten den Liederbestand zu erweitern und dem Volke neben den alten Liedern neue, dem Zeitgeschmack entsprechende darzubieten. Hierhin gehören die Dichtungen von Johannes Kuen ('*Epithalamium Marianum*' und '*Florilegium Marianum*' 1638, '*Tabernacula pastorum* oder Geistl. Schäfferey' 1650 u. a.), Friedr. von Spe ('Trutz-Nachtigal' und 'Güldenes Tugent-Buch' 1649), Joh. Philipp von Schönborn ('Cath. Sonn- und Feyertägliche Evangelia' 1656, 'Die Psalmen des Königl. Propheten Davids' 1658), Angelus Silesius (Joh. Scheffler) ('Heilige Seelenlust' 1657), August Curtz ('Harpffen Davids' 1659), Peter Keyenberg ('Psalterspiel' 1666, 'Himmlische Nachtigall' 1673), Dominicus Nugent ('Christl. Nachtigall' 1675), Bartholomäus Christelius ('*Annus Seraphicus* Seraphisches Lieb-Jahr' 1678), Joh. Georg Seidenbusch ('Marianischer Schneeberg' 1687), Fulgentius a S. Maria ('*Sacrae cordis deliciae*, d. i. Heilige Hertzens-Frewd' 1696) u. a. Sie boten den G.-Herausgebern reichen neuen Stoff zur Auswahl. Durch das Kölner 'Psälterlein' 1637ff. wurden, wie schon erwähnt, viele Lieder von Spe verbreitet. In das Mainzer G. 1661 (1665) gingen die Dichtungen Joh. Philipp von Schönborns über. Lieder von Kuen, Spe, Angelus Silesius, Albert Curtz finden sich zahlreich in dem von Joh. Georg Braun herausgegebenen G. '*Echo hymnodiae celestis*' (1675). Viele neuere Lieder enthielten, um nur noch zwei Beispiele zu nennen, das G. 'Nord-Sterns Führer zur Seeligkeit' (1671) und das Eichsfeldische G. (1668) 1690. Andere G. hielten mehr an dem alten Liederbestand fest und überdauerten in dieser Form mit mehr oder weniger Veränderungen die Mitte des 18. Jhs., wie das Osnabrücker G. (bis 1768), das in Erfurt gedruckte Mainzer G. (bis 1774), das Straßburger (bis 1778), das Paderborner (bis 1780), das Würzburger (bis 1792). Das in zahlreichen Auflagen verbreitete Mainzer 'Cantual' wurde 1682 von P. Martin von Cochem neu bearbeitet, mit Liedern aus „denen Trierischen, Cöllnischen, Würtzburgischen und Speyrischen Gesangbüchern" vermehrt und erhielt sich lange in der Gunst des Volkes. Viele neuere Lieder wurden im Volke verbreitet durch die Missionsbüchlein der Jesuiten, die seit 1717 an verschiedenen Orten gedruckt wurden. Ein reichhaltiges Kompendium aus den bis dahin erschienenen G., von Vehe und Leisentritt angefangen, ist die von dem Jesuitenmissionar Anton Koniaß 1730 in Königgrätz herausgegebene 'Lob-klingende Harfe des neuen Testaments' mit 574 Texten, darunter auch vielen, aus den als Quelle benutzten G. übernommenen protestantischen Liedern. Bemerkenswert sind in diesem G. noch die Meßgesänge, die ersten „deutschen Singmessen". Viele neue Lieder neben wenigen, zum Teil stark umgearbeiteten alten finden sich in den von den Jesuiten zu katechetischen und Missionszwecken 1737 in Wien herausgegebenen G. 'Geistliche in Reim verfaßte Lehren' und 'Gott-Lob Singendes Jahr'. Weit verbreitet war das von dem Dominikaner Raimund Bruns zuerst 1738 in Potsdam herausgegebene und dann oft neuaufgelegte 'Cath. Unterrichts-, Gebet- und Gesangbuch', das fast nur alte Lieder enthält.

§ 5. Mit dem Vordringen des Rationalismus beginnt seit der Mitte des 18. Jhs. auch in den katholischen G. ganz nach protestantischem Vorbild die „Verbesserung" der alten Lieder und bei fortschreitender Entwicklung deren gänzliche Ausmerzung. Für das über Bord Geworfene mußte Ersatz geschaffen werden, und alsbald ist ein geschäftiges Heer von G.-Herausgebern fleißig bei der Arbeit, das Volk mit den zum größten Teil recht dürftigen Erzeugnissen des neuen Geistes zu überschütten. Der G. werden fast unzählige; das Beste in ihnen war aber nicht auf katholischem Felde gewachsen. Alle bedeutenderen protestantischen Liederdichter dieser und auch der älteren Zeit sind in den katholischen G. vertreten: Gellert, Bruhn, Bürde, Dieterich, Mudre, Neander, Weiße, Klopstock, Lavater, Münter, Schubart, Sturm und viele andere. Allmählich ging fast der gesamte rationalistische Liederbestand des Protestantismus in die katholischen G. über. Selten freilich wurde eins dieser Lieder unverändert übernommen, was ja auch in vielen Fällen nicht wohl anging; oft wurden sie bis zur Unkenntlichkeit umgedichtet. Anfangs wurden diese Lieder wohl nicht ohne Kenntnis ihrer Herkunft übernommen; später aber hielten die Herausgeber der G. auch das Fremde, was sie in ihren Vorlagen fanden, meistens für katholisches Eigentum (vgl. M. Schneiderwirth *Das kath. dt. Kirchenlied unter dem Einflusse Gellerts und Klopstocks* 1908). Zum erstenmal, und zwar ganz unvermittelt, tritt der neue, rationalistische Geist hervor in der 'Tochter Sion' (1741) des Kölner Satirikers Heinrich Lindenborn, deren 206 Lieder sämtlich vom Verfasser neu gedichtet und mit neuen Melodien von verschiedenen Komponisten versehen sind. Das Buch richtet sich in erster Linie gegen das Kölner 'Psälterlein' der Jesuiten, und von dieser Seite erwuchs ihm ein stiller, aber zäher Widerstand. Aber Lindenborns Lieder kamen der Zeitrichtung entgegen und wurden daher in viele G. aufgenommen (vgl. K. Beckmann *Heinr. Lindenborn, der Kölnische Diogenes* 1908). Weitere neugedichtete G. entstanden in der ausgesprochenen Absicht, dadurch die alten Lieder zu verdrängen und zu ersetzen. Dahin gehören das 'Christ-Catholische Kirchen-G.' (1760) des Benediktiners Joh. Bapt. Barmann und 'Der Singende Christ' (1762) des Jesuiten Wilh. Hausen, beides unbedeutende Erzeugnisse, die sich mit Lindenborn nicht messen können. Besser sind die Neudichtungen von Ignaz Franz ('Die christkath. Lehre in Liedern' 1766, 'Allgemeines und Vollständ. Catholisches G.' 1778 u. a.), von denen sich einzelnes bis heute gehalten hat. Den Gipfel rationalistischer Dichterei erklomm der Würzburger Domkaplan Franz Berg in seinen 'Liedern zum kath. Gottesdienste' (1781), deren selbstbewußt-redseliges Vorwort in einem fast komischen Gegensatz steht zu den Leistungen des Buches.

§ 6. Sehr groß wurde nach der Mitte des Jhs. die Zahl der im rationalistischen Sinne neu zusammengestellten G. Die alten Lieder fehlen entweder ganz oder die wenigen erhaltenen sind stark verändert und umgearbeitet; dafür machten sich das lehrhafte Moralisieren, das gereimte Anpredigen Gottes und der Menschen um so breiter, und da der Vorrat an katholischen, der Zeit entsprechenden Liedern nicht ausreichte, griff man reichlich in den für diesen Zweck viel ergiebigeren Liederbestand der Protestanten. Die bischöflichen Behörden förderten diese Bestrebungen oder griffen doch wenigstens nicht hemmend ein. Wenn das Danziger Kath. G. 1732 (1758) und das Königsberger 1765 sehr viele protestantische Lieder enthielten — die 2. Ausg. des Danziger G. von 1750 wurde deswegen vom Fürstbischof von Ermland verboten —, so mag sich das aus der Umgebung erklären, und es sind dabei vielleicht ähnliche Gedanken bestimmend gewesen wie bei der 'Davidischen Harmony' von 1659 und dem Rheinfelsischen G. von 1666. Aber für die in ganz oder überwiegend katholischen Gegenden erschienenen G. fallen solche Beweggründe fort. Das Paderborner 'Neue vermehrte und verbesserte Cath. G.' 1765 enthält neben älteren, aber sprachlich veränderten Liedern viele neue, und zwar größtenteils protestantische. Das 1767 in Brixen erschienene 'G. zum Gebrauch der Josephinischen Jugend in Dresden' hat neben verbesserten alten Liedern unter den zahlreichen neuen 78 aus Lindenborns 'Tochter Sion' und 13 protestantische. Ganz ähnlich verhält es sich mit dem G. Osnabrück 1768. Das Bruchsaler 'Cath. G.' 1770 läßt weder die alten noch die neuen Lieder (z. B. 29 aus der 'Tochter Sion') unverändert. Das auf Befehl der Kaiserin Maria Theresia 1776 herausgegebene G. hat nur neue Lieder aufgenommen, darunter solche von Denis und 47 von Ignaz Franz. Große Verbreitung und durchschlagenden Erfolg fand das von dem Münchener Hofkammerrat Franz Seraph von Kohlbrenner, einem Laien, herausgegebene G. 'Der hl. Gesang zum Gottesdienste in der röm.-kath. Kirche' (1777); es enthält nur neuere Lieder — darunter die vielverbreitete dt. Singmesse „Hier liegt vor deiner Majestät" —, die fast alle in den kirchlichen Volksgebrauch übergegangen sind und sich bis heute gehalten haben. Der Einführung des von dem Mainzer Pfarrer Ernst Xaver Turin bearbeiteten 'Neuen christkath. Gesang- und Gebetbuches für die mainzer Erzdiözes' (1787) setzte das Volk an verschiedenen Orten heftigen Widerstand entgegen, der in Rüdesheim nur durch Gewalt beseitigt werden konnte. In Fulda verhalf das von dem Benediktiner Aug. Erthel bearbeitete G. 'Der nach dem Sinne der kath. Kirche singende Christ' (1778), mit vielen vom Herausgeber nach lat. Hymnen neugedichteten Texten, und in der Diözese Osnabrück das von dem Domvikar Rudolf Deutgen, einem Konvertiten, im Auftrage der bischöflichen Behörde herausgegebene 'Neue kath. G.' (1781) dem Rationalismus zum Durchbruch; Deutgens G. wurde besonders in Norddeutschland viel verbreitet und hielt sich in neuer Bearbeitung bis 1885. Auch in St. Gallen brach man 1782 mit der alten Überlieferung zugunsten des Rationalismus. Am konsequentesten sind die rationalistischen Grundsätze durchgeführt in dem 'G. zum Gebrauch der Herzogl. Wirtembergischen kath. Hofkapelle' (1784). Der Herausgeber, Benedikt Maria Werkmeister, Hofprediger an der Stuttgarter katholischen Hofkapelle, verschanzt sich in der Vorrede hinter den Befehl des Herzogs, der nur solche Gesänge in die Sammlung aufgenommen wissen wollte, „die das praktische Christenthum empfehlen, und von allen Christen unseres Vaterlandes mitgesungen werden könnten, ohne daß sie in ihrer Andacht durch Stellen gestört würden, welche ihrer innern Überzeugung Gewalt anthun. Um dieser höchsten Absicht gewissenhaft nachzukommen, haben wir keine andern Gesänge gewählt, als solche, welche den Geist gemeinschaftlich anerkannter Warheiten athmen und zur allgemeinen Christenerbauung dienen". Das G. ist in der Tat interkonfessionell; die meisten Lieder sind von protestantischen Verfassern.

Immermehr setzt sich jetzt ein großer Bestand von protestantischen Liedern in den G. fest, teils unverändert, teils so umgearbeitet, daß das Original oft nur schwer zu erkennen ist. In den von Georg Caspar Carli 1785 in Augsburg herausgegebenen 'Katholischen Kirchengesängen' stammt mehr als die Hälfte von protestantischen Verfassern, während sich das Straßburger G. 1789 mehr an katholische Dichter wie Riedel, Denis und Ignaz Franz hielt. Sehr bedeutende Anleihen aus dem protestantischen Liederschatz hat wieder das 1798 in Düsseldorf von Jak. Hoogen und P. A. Clemens herausgegebene G. gemacht. Ein gleiches gilt von den 1800 in Würzburg von dem Pfarrer Joh. Georg Willmy herausgegebenen 'Erbaulichen Liedern und Gebethen beym öffentl. Gottesdienste im Bisthum Würzburg', die zwar nicht offiziell eingeführt, aber wohl von der bischöflichen Behörde zur Einführung empfohlen wurden, sowie von den ebenfalls 1800 von dem Pfarrer Jos. Sperl in Nürnberg bearbeiteten 'Christlichen Gesängen'. Große Verbreitung fand das zuerst 1803 von dem westfäl. Pfarrer Melchior Ludolf Herold herausgegebene G. 'Der hl. Gesang oder vollständiges kath. G.', dessen 2. Aufl. 1807, die für die folgenden maßgebend geblieben ist, unter 330 Texten nachweisbar wenigstens 150 von protestantischen Verfassern enthält; kein einziges Lied wurde vom Herausgeber unverändert aufgenommen, alle wurden mehr oder weniger umgedichtet. Das Buch wurde in sehr vielen Auflagen verbreitet und wurde erst durch die Einführung des Paderborner Diözesan-G. von 1874 endgültig verdrängt. Sehr viele protestantische Lieder wurden auch in das 'Vollständige G. zum Gebrauch der kath. Kirchengemeinde zu Sagan' 1806 aufgenommen, dessen fünf erste Abteilungen den Entwurf zu dem 1778 von Ignaz Franz herausgegebenen G. bilden. Die 1807 in Dillingen von Christoph v. Schmid herausgegebenen 'Christlichen Gesänge zur öffentl. Gottesverehrung' enthalten viele eigene Dichtungen des Herausgebers neben manchen protestantischen Liedern. Das 1807 von Ignaz Heinr. v. Wessenberg herausgegebene, dann 1812 in einer stark erweiterten, von Jos. Wilibald Strasser im Auftrage Wessenbergs besorgten Bearbeitung neu aufgelegte Konstanzer 'Gesang- und Andachtsbuch' enthält bereits in der ersten Ausgabe viele Lieder protestantischer Herkunft; in der neuen Bearbeitung, in der das weiter unten zu erwähnende Münchener G. von 1810 stark benutzt ist, wächst deren Zahl noch bedeutend. Außerdem enthält diese Ausgabe eine Reihe Dichtungen v. Wessenbergs, die dem Volke einen ungedämpften, stark rhetorischen Rationalismus in Klopstockischem Odenstil darbieten. Das G. mit seinen vielen, später mehrfach neu bearbeiteten Auflagen hat den Rationalismus in der aus der Konstanzer Diözese hervorgegangenen Freiburger Erzdiözese bis zur Einführung des neuen Diözesan-G. im J. 1892 im Kirchengesang lebendig erhalten. Benedikt M. Werkmeister blieb auch in dem von ihm in Verbindung mit dem Pfarrer Beda Pracher 1807 in Tübingen herausgegebenen 'G. bei den Gottesverehrungen der kath. Kirche zu gebrauchen' seinen alten Grundsätzen treu. Ein wahres Liederkompendium des Rationalismus ist das von Kaspar Anton v. Mastiaux 1810 bis 1811 in München in drei Bänden bearbeitete 'G. zum allgemeinen Gebrauche bei öffentl. Gottesverehrungen'. Man denke sich ein Volksgesangbuch in drei umfangreichen Bänden! Sie enthalten zusammen 816 Liedertexte, darunter nachweislich 386 von protestantischen Verfassern. Um den Geist dieses Buches zu kennzeichnen, genügt der Hinweis, daß dem Volk in der Mette am Ostersonntage das Osterlied aus Goethes Faust „Christ ist erstanden! Freude dem Sterblichen" als ein dieses Tages würdiges Kirchenlied zugemutet wird. Mit solchen Purzelbäumen hatte der Rationalismus sich überschlagen. Das Münchener Kompendium ist von späteren Gesangbuchherausgebern noch vielfach benutzt und ausgeschrieben worden; aber die Höhe war mit ihm überschritten. Erwähnt seien noch die 'Geistlichen Lieder' von Hermann Ludwig Nadermann (1810), die neben Bearbeitungen älterer, auch protestantischer Lieder eine Reihe eigener, stark von Klopstock beeinflußter, aber doch zum Teil recht guter Dichtungen des Herausgebers enthalten (vgl. B. Hölscher *H. L. Nadermann als Dichter kathol. Kirchenlieder*. Progr. Recklinghausen 1870); sodann die 'Gesänge beym Römischkath. Gottesdienste' von Christoph Bernhard Verspoell (1810), die 'Feyerlichen Gottesverehrungen in der kath. Kirche' von Karl Anton Euler (1813), das 'Kath. Gebet- und Gesangbuch für nachdenkliche Christen' von Joh. Bapt. Weigl (1817), das 'Kath. G. für den öffentl. Gottesdienst im Bisthume Würzburg' von Sebastian Pörtner (1828), die neben einer großen Zahl anderer den rationalistischen Geist mehr oder weniger nachdrücklich fortpflanzten.

§ 7. Der durch die Romantik aufgenommene Kampf gegen den Rationalismus lenkte auch für das Kirchenlied den Blick wieder auf die vergessenen und verachteten Schätze einer glaubensfroheren Vergangenheit. Die Wiedererweckung des alten Kirchenliedes setzte sich in den G. erst langsam durch, denn das Volk hielt jetzt fest an seinen „alten" rationalistischen Liedern, die seinen Vätern oft gegen ihren Willen aufgedrängt worden waren. Heinrich Bones '*Cantate*' (1847; 10. Aufl. 1905) brachte zuerst den alten Liederbestand wieder zur Geltung, in vorzüglicher Bearbeitung und bereichert durch gute Neudichtungen. Die Bedeutung des '*Cantate*' für die Erneuerung des alten Kirchenliedes kann nicht hoch genug angeschlagen werden; das lesenswerte Vorwort des Werkes zeigt den Ernst und die zielsichere Klarheit, mit der Bone ohne Engherzigkeit seine Arbeit unternommen hatte. Die anmaßliche Alleinherrschaft des Rationalismus in den katholischen G. war gebrochen. Das von Stephan Lück bearbeitete 'Trierer Gesang- und Gebetbuch' (1846), das G. von Moritz Brosig (Breslau 1850), das 'Kath. G. aus der Diözese Rothenburg' (1850) von Georg Kautzer, das 'Kölnische G.' von Albert Gereon Stein (1852) bedeuten gegen früher einen großen Fortschritt, wenn auch zunächst noch manche Zugeständnisse gemacht werden mußten. Ganz im Geiste Bones für eine verständige Erneuerung des Alten arbeitete Theodor Tilike in seinen G. '*Magnificat*' (1862) und '*Pange lingua*' (1864). Die zahlreichen und meist in vielen Auflagen verbreiteten G. von Joseph Mohr ('Cäcilia' 1868, '*Cantate*' 1873, 'Cäcilia' 1873, '*Jubilate Deo*' 1877, 'Lasset uns beten' 1881, 'Psälterlein' 1891) trugen viel zur Neubelebung des alten Kirchenliedes bei und wurden in verschiedenen Diözesen als offizielle G. eingeführt. Sehr fördernd und klärend in der Frage der Gesangbucherneuerung wirkten die beiden Schriften von Guido Maria Dreves 'Ein Wort zur Gesangbuchfrage' (1884) und als Fortsetzung 'Archaismen im Kirchenliede' (1889), das erste als Prolegomenon und das zweite in gewissem Sinne als Rechtfertigung für sein Gesangbüchlein 'O Christ hie merk' (1885), in dem er 150 meist ältere Lieder in liebevoll schonender Bearbeitung zusammengestellt hatte.

§ 8. Auch die bischöflichen Behörden nahmen sich der G. wieder an, besonders seitdem der im J. 1867 zur Hebung des liturgischen Gesanges gegründete „Allgemeine dt. Cäcilienverein" auf eine Erneuerung des dt. Volksgesanges im Sinne strengerer Kirchlichkeit drängte. Die meisten Diözesen dt. Zunge erhielten seit der Mitte des vorigen Jhs. ihre offiziellen Diözesan-G., einige erst in unserem Jh., wie die folgende Zusammenstellung zeigt (wo zwei Jahreszahlen angegeben sind, bedeutet die zweite Zahl ein neu eingeführtes oder neu bearbeitetes G.): Augsburg (1859, 1902), Bamberg (1858, 1881), Basel (1891), Breslau (1892), Brixen (1903), Brünn (1907), Culm (1880), Eichstätt (1915), Ermland (1855, 1878), Freiburg (1892), Fulda (1890), Hildesheim (1893), Köln (1880), Königgrätz (1897), Leitmeritz (1844), Limburg (1875, 1906), Luxemburg (1868, 1894), Mainz (1865), München und Freising (1909), Münster (1865, 1897), Olmütz (1845, 1891), Osnabrück (1903), Paderborn (1874), Passau (1896), Regensburg (1908), Rothenburg (1865), Salzburg (1883, 1918), St. Gallen (1863), St. Pölten (1882, 1897), Seckau (1885), Speyer (1881), Straßburg (1900), Trier (1846, 1892), Wien (1915), Würzburg (1886).

§ 9. Die Frage des dt. Einheitsgesangbuchs für die katholische Kirche ist seit Jahrzehnten erörtert worden, ohne daß dadurch ein praktisches Ergebnis erzielt worden wäre. Erneut in Fluß gekommen ist sie seit dem J. 1909, als auf der Generalversammlung des Cäcilienvereins der Beschluß gefaßt wurde, durch eine Kommission zunächst einmal 25 zum Gebrauch bei allgemeinen katholischen Veranstaltungen geeignete Lieder zusammenzustellen und nach Text und Melodie einheitlich festzulegen. Der Krieg ließ den Wunsch nach solchen Einheitsliedern besonders stark hervortreten, und so ist denn im J. 1916 auf Anregung der Fuldaer Bischofskonferenz eine Auswahl von 23 Einheitsliedern herausgegeben worden. Ein bescheidener Anfang ist dadurch gemacht. Die weiteren Absichten gehen dahin, einen für den Bedarf des Kirchenjahres ausreichenden Liederkanon einheitlich festzulegen als Grundstock für alle Diözesan-G., an den dann die einzelnen Diözesen ihre besonderen Lieder anschließen könnten. Ob aber dieser Plan bei den Gegensätzen, die gerade beim dt. Kirchenliede zwischen Westen und Osten und Süden und Norden herrschen, sich überhaupt verwirklichen läßt, wird erst die Zukunft zeigen müssen.

W. Bäumker *Das kath. dt. Kirchenlied in seinen Singweisen* I—IV 1886—1911. G. M. Dreves *Ein Wort zur Gesangbuchfrage* 1884. Ders. *Archaismen im Kirchenliede. Noch ein Wort zur Gesangbuchfrage* 1889. G. Erlemann *Die Einheit im kath. dt. Kirchenliede* I 1911. Ders. *Das neue Einheitsgesangbuch?* 1913. K. Wüstefeld *Geschichte des eichsfeldischen Kirchen-Gesanges* 1921.

J. Gotzen.

Gesangbuch, b) evangelisches s. Kirchenlied, evangelisches.

Gesellschaftslied. § 1. Definition. Im Unterschied zum Volkslied (s. d.), das wir der Gesamtheit des Volkes als Masse entstammend und geläufig denken, wurzelt das G. in jener Schicht, die sich als „gute Gesellschaft" sozial absondert von der Masse. Insoweit Teile dieser ihr nacheifern, übernehmen sie (in den Städten) auch jene Lieder, die dann durch solche Volkläufigkeit zersungen werden. So repräsentiert das G., so oft auch der Autor sich namhaft machen läßt, das Fühlen der kulturell führenden Schicht in ihrem Kollektivbewußtsein. Deswegen wird es besonders bei Veranstaltungen dieser Gemeinschaft gesungen, bei Festen zu Trunk und Tanz, ohne mit dem eigentlichen geselligen Liede und dessen viel engeren Motivkreis zusammenzufallen.

§ 2. Stil und Motive. Da die Verfasser des G. derselben Schicht angehören, die als „Gebildete" zugleich Träger der Kunstlyrik als individuellen Ausdrucks der Einzelseele sind, so ist die starke wechselseitige Beeinflussung erklärlich. Zumal die Formen der Gesellschaft rascher sich wandeln als Sitte und Denken des Volkes und außerdem ausländischen Einflüssen aufgeschlossen sind, lassen sich deutlich Wandlungen der äußeren Form verfolgen. Demgegenüber bleibt die innere Form als unmittelbare Folge des Sinnes des G. überhaupt weit konstanter. Die Verbindung mit der Musik wie die Bestimmtheit für ganze Kreise erfordern Flüssigkeit und Kürze. Strophigkeit erleichtert den Fortgang, lockert den Zusammenhang. Leichte Nachfühlbarkeit bewahrt vor allzu großer Tiefe, Eigenartigkeit und Verstiegenheit wahrt den Zusammenhang mit der Wirklichkeit, erhält stets einen gewissen Rest Anschaulichkeit.

Der Motivkreis ist typisch, dabei nicht allzu eng. Die Liebe spielt eine große Rolle, besonders das werbende Schmachten und sein Umschlag in die Absage, die auch in Spott oder groteske Übertreibung übergeht. Die Einzeleinkleidung bringt oft wiederholte, doch zahlreiche typische Situationen. Als Freuden der Muße werden neben dem Kartenspiel die Getränke gepriesen: Wein, Bier, Kaffee und Tee sowie der Tabak; außerdem aber Frau Musica. Neben dem Spaziergang fehlt das Lob der Geselligkeit nicht. Reine Natur- oder Wanderlieder fehlen, an ihrer Stelle stehen schäferliche Situationen.

§ 3. Soziale und kulturelle Voraussetzungen. Das G. ist in besonders hohem Maße gebunden an soziale Voraussetzungen. Es konnte erst entstehen, als die organisch gegliederte Masse des ganzen Volkes nicht mehr als solche Trägerin der Kultur blieb. Seit der Mitte des 16. Jhs. bildet sich um das zur politischen und dadurch bald auch zur wirtschaftlichen Herrschaft gelangte Territorialfürstentum die Schicht der Gesellschaft, wurzelnd im Beamtentum. Aus dem Bürgertum hervorgehend und in den engsten Hofkreis hinstrebend, war es der Mittler zwischen der Bürgerschaft im Ganzen und den neuen Bildungsformen, die an den Höfen nach ausländischen Mustern gepflegt wurden. Die volksfremde höhere Bildung auf Gymnasium und Universität verstärkte das Ansehen wie das Bedürfnis der Bürgerschaft, sich von dem neuen Gute und Geiste vieles anzueignen, um nicht nur durch Titel, Tracht, Gebaren den Zusammenhang mit den Herrschenden zu beweisen: sich selbst als „Gesellschaft" zu empfinden.

Als die Kultur immer mehr auf rein seelisch-geistige Durchformtheit der Einzelpersönlichkeit gelegt wurde und auch sozial die Klassen- und Berufsgebundenheit zerfiel, löste sich die Gesellschaft als seelischer Komplex auf. An die Stelle trat neben dem Einzellied in Musik und Lyrik das bloß gesellige Lied oder das gewisser Gruppen: Freimaurer, Studenten, Gesangvereine (Liedertafel). Dies wird in der Zeit unserer Klassik (drittes Viertel des 18. Jhs.) deutlich. Zugleich läßt das wieder erwachte Volkslied sowie das nationale Erleben neue Motive und Formen erwachsen und weitet in Stil und Inhalt die Ansprüche: ein neues volkstümliches Lied entsteht. Das daneben existierende gesellige Lied bleibt künstlerisch und inhaltlich unbedeutend, spießbürgerlich; es trägt noch viel Erbe vom alten G. mit sich. Seit dem letzten Viertel des 19. Jhs. weicht es dem Gassenhauer (s. d.) zusehends. — Die Dauer des G.

reicht nach kurzer Vorbereitungszeit (1550 bis 1590) von 1590 bis um 1800, Barock und Rokoko sind stilistisch und psychisch, kulturell und sozial seine Heimat.

§ 4. Die Zeit der Entstehung. Als Vorstufe kann die im Laufe des 15. Jhs. sich in den Städten ausbildende Pflege des mehrstimmigen Volksliedes gelten. Wohl dem Vorbilde der fürstlichen Singkapelle nachkommend, wurde diese für die patrizischen Kreise des Bürgertums ein wichtiger Bestandteil geselliger Unterhaltung, wie viele Bilder bezeugen. Der Notendruck erlaubte, in der ersten Hälfte des 16. Jhs. ein offenbar großes Bedürfnis durch zahlreiche Sammlungen zu befriedigen. Dieses kontrapunktische Überspinnen der Grundmelodie (im Tenor) verrät Abstumpfung gegenüber dem Erlebnisgehalt, die sich noch deutlicher in dem Ragout der Quodlibets zeigt. Auch formal offenbart sich dieser Entseelungsprozeß in den noch nachwachsenden Liedern, die durch Kontamination aus festem Formelschatz gestückt, durch einige äußerliche humanistische Requisiten aufgeschmückt sind.

Der Anstoß zum G. ist rein musikalischer Natur: die madrigaleske ital. Liedform (s. d. Art. *Madrigal*). Seit 1550 begegnen ital. Musiker an den Höfen (München, Dresden), die ihre Schützlinge zum Studium nach Italien schicken. Die Zentren ital. Austausches, Augsburg und Nürnberg, werden die führenden Verlagsorte. Wurde der musikalische Madrigalstil zunächst naiv auf die alten Texte übertragen, so verlangte die seit 1576 (Regnart) anhebende Vorliebe für die Villanelle enges Anschmiegen des Metrums, sei es oft nur in der Silbenzahl. Herrschen auch da noch die alten stehenden Formeln vor, so bringt die 10 Jahre später (seit Lindners *'Gemma musicae'* 1588) einsetzende Welle der Canzonette die größte Annäherung an die ital. Lyrik in Formen wie Motiven (Lechner, Zachariae). Aber rasch setzt selbständige Verarbeitung ein und damit eine eigene dt. Produktion.

§ 5. Frühzeit 1595—1620. Hans Leo Haßler findet (seit 1596) einen glücklichen Ausgleich zwischen dt. und welscher Art als Komponist, der Österreicher Christoph v. Schallenberg gleichzeitig eine wirklich poetische Form, während Valentin Haußmanns flüssige Gewandtheit dem neuen Bürgertum das Produkt der neuen gesellschaftlichen Bildung mundgerecht und durch viele Sammlungen leicht zugänglich macht. Die neuen Motive und Stilfiguren zu verbreiten, helfen besonders die Texte zu den modischen Tänzen mit (Galliarde, Intrade, Pavane, Paduane, Balletto). Sachsen übernimmt von nun an die Führung. Christian Demantius (1567—1643) hat als Musiker größere Verdienste denn als Dichter, wie auch Johann Christen; auch helfen die typischen Formeln immer noch recht viel. Aber Joh. Herm. Schein hat mit diesen Mitteln doch wirklich Ansprechendes geleistet: frisch, flott, auch gelegentlich volkstümlich derb. Neben diesen steht der fruchtbare Melchior Franck (ca. 1573 in Zittau, 1603—39 Hofkapellmeister in Koburg), dessen Koloraturen und Schleifen der Zeitmode besonders huldigen, steht Joh. Jeep (1582 bis ca. 1650) und Erasmus Weidmann (1572—1634) und Martin Zeuner (um 1612ff.). Überall ist diesen Trink-, Freundschafts- und Liebesliedern ihre Eignung für das Convivium anzumerken; ihr Zusammenhang mit dem Studentenleben ist nicht zufällig. Denn Verfasser wie Publikum ist im wesentlichen eben die akademisch gebildete Beamtenschaft. Die erhaltenen Handschriften hatten denn auch zu Sammlern Studenten (Petrus Fabricius ca. 1605 in Rostock; Adrian Smerit 1600 in Leiden) oder Adelige (Frdr. v. Reiffenberg 1588; Prinz Joach. Karl von Braunschweig 1601). Sie alle zeigen wie auch die verbreitetste gedruckte Sammlung des Paul von Aelst (1602) das Weiterleben des älteren Volksliedes daneben.

§ 6. Die Blüte des barocken G. (1620 bis 80). Die Entstehung einer selbständigen Lyrik seit 1620 tat dem G. keinen Abbruch, sorgte vielmehr für dessen poetische Veredlung, während ihr selbst von ihm frischer Lebenshauch zuwehte. Poeten wie Musiker pflegen sich in der volkstümlichen wie kunstvollen Richtung zu betätigen. Opitzens metrische Reform wandte sich gegen das alternierende Prinzip, das aus der musikalischen Rhythmik erwachsen war. Von seinen Gedichten (1627 Joh. Nauwach, 1642 Kindermann) wie denen der Zeitgenossen wird alles einigermaßen Brauchbare gern vertont. Die bekannten drei Lyriker-Kreise pflegen auch in Wort und Weise das G.

Neben dem musikalischen und dichterischen Gehalt bei Heinrich Albert und Simon Dach fällt Kaldenbach sehr ab. Weit zahlreicher als der Königsberger ist der sächs. Kreis mit Leipzig als Zentrum. Paul Fleming ist Scheidts Schüler. Nicht minder wirksam und verdienstvoll steht neben ihm sein Freund Gottfried Finckelthaus, der als Sproß eines alten Patriziergeschlechtes zwar stets Weltmann à la mode bleibt, ohne an Natürlichkeit und scherzfroher Sangbarkeit einzubüßen, während dem Freund beider, Christian Brehme, besonders das lustige Trinklied gelingt. In Andreas Hammerschmidt (1642 u. 49 'Weltl. Oden') und Christ. Dedekind (1657 'Aelbische Musenlust') fand die festliche Lebhaftigkeit kongenial anmutige Musik, besonders von letzterem auch poetisch achtbare Unterstützung. In dieser Tradition leisteten die jüngeren Joh. Georg Schoch, Casp. Ziegler, David Schirmer Tüchtiges. In dem Märker Adam Krieger (1634—66) erstand der erste Klassiker des Liedes. Sein Seelenreichtum ist auch in seinen selbst verfertigten Texten spürbar, die als liebenswürdige Hagestolzen- und Trinkdichtung in Leipziger Tradition stehen. Die frische Jugendpoesie Christian Weises endlich (1668 gesammelt) reizt Joh. Petzel (1672) und Joh. Krieger, die alte Tradition glorreich beendend.

Derber gibt sich der niedersächs. Kreis um Hamburg. Mit den genannten Komponisten kann sich nur Joh. Schop vergleichen. Rists Jugendlyrik ist besser als die seiner musikalischen Freunde. Besonders einflußreich wird die Sammlung Gabriel Voigtländers (1642), der als dän. Trompeter voll Geschmack moderne Tanzweisen auswählt und mit eigenen Texten ganz annehmbar versieht. Neben Zesen zeigen deutlich Grefflinger und Jacob Schwieger seinen Einfluß, während Joh. Christoph Göring (1645) seine leidlichen Texte nicht genügend den entlehnten Melodien anpaßt. Eine dichterische Hochleistung ist allein Caspar Stielers 'Geharnschte Venus' (1660).

Nicht nur in den führenden Produktionszentren dringen viele dieser Lieder aus der eigentlichen „Gesellschaft" wirklich ins Volk. Unbedeutendere Poeten und Musiker folgen von Riga über Danzig, Stralsund, Rostock, Lübeck, über Frankfurt a. M., Berlin und Braunschweig bis Nürnberg. Der streng katholische Südosten nur hält sich fern. Daß die Bildungsromane der Epoche häufig Lieder sogar mit Noten einfügen, lehrt Verbreitung wie Bildungswert des G. Die Liedersammlungen bestätigen dies Bild. Der Leipziger Student Clodius (1669) notiert Melodien von Albert, Hammerschmidt, Ad. Krieger, besonders aber von Voigtländer; dazu Texte von Dach, Zesen, Schwieger, Schoch, Rist, Stieler, Grefflinger, Voigtländer, Weise. Gedichte von Opitz und Dach sowie Melodien von Albert, Schein, Hammerschmidt stehen bereits 1632 im Liederbuch für die Prinzessin Luise Charlotte von Brandenburg. Das 'Venusgärtlein' (1652?, erhalten seit 1656), die erfolgreichste gedruckte Sammlung, schöpft besonders aus Grefflinger, Finckelthaus, Göring, Rist, daneben aus Zesen, Dach, Voigtländer. Neben älteren Komponisten (Haußmann, Melch. Franck, Lechner u. a.) auch aus Albert u. a.

Als Triumph des G. entsteht seit der Mitte des 17. Jhs. besonders an den Thüringer Höfen ein dt. Singspiel. Es muß jedoch seit dem letzten Jahrzehnt des Jhs. der Übermacht der neapolit. Oper weichen.

§ 7. (1680—1740.) Die kunstvolle Arie verdrängt einerseits das strophisch-schlichte G. Das Klavier entwickelt sich vom bloßen Begleiter zum selbständigen Träger der Tanzmusik. Es bleibt für den Textdichter nur das komische Couplet aus den Opern, wie sie am fruchtbarsten Hunold (Menantes) und Henrici (Picander), Corvinus (Amarantes), Gressel (Celander), Stoppe u. a. lieferten. Für die galant stilisierten und pointenhaft zugespitzten Machwerke entschädigen mitunter Melodien von Meistern wie Wolfg. Franck, Joh. Phil. Krieger, Reinh. Keiser, Joh. Siegfr. Kusser. Die Produktion war noch reichlich und gehaltvoll genug, daß daraus der Berliner Musiker Pepusch 1728 eine Liederoper für Gays engl. Text zusammenstellen konnte ('*The Beggar's Opera*'), die Weltruhm und -verbreitung erlangte. Die dt. Hausmusik repräsentiert das 'Augsburger Tafelkonfekt' (1733—46) und die 'Singende Muse an der Pleiße' von Sperontes (1736—45). Es sind meist Tanzlieder, zu denen Sperontes (wohl der Leipziger Joh. Siegm. Scholze) Texte neu oder umgedichtet hat. Bei ihm spiegelt sich deutlich die Umformung des Publikums und seines Geschmackes im Sinne der Aufklärung. Die Genügsamkeit des erwerbenden Bürgertums singt seine Freude an Kaffee und Tabak, Billard, Karten und Kegel; die Verliebtheit ist stark moralisch gefärbt. Durch ihn wurden Lieder von Christ. Günther verbreitet (s. u.). Die um 1700 herrschende galante Geschraubt- und Lüsternheit ist geschwunden. Wir finden sie aber noch in den handschriftlichen Sammlungen des Studenten Reyher (1743 in Kiel) und des Freiherrn v. Crailsheim (stud. 1747/49 in Altorf). Der Adel steht um diese Zeit durch seine Französelei fern.

§ 8. Blüte im Rokoko (1740—70). Die Gebildetenschicht innerhalb des Bürgertums entzückte sich an der dt. Anakreontik. Auch musikalisch zeigt sich der Rokokostil eindringlich in den Weisen Hurlebuschs in Gräfes Sammlung (1737). Seitdem auch Valentin Görner (1742ff.) seine bedeutende Begabung in den Dienst des G. gestellt, hebt für dieses eine neue Blütezeit an. Wie groß das Interesse des Publikums ist, zeigen neben den literarischen Zeitschriften die musikalischen Wochenschriften Hillers (Leipzig seit 1759). Die gleichzeitige ästhetisch-kritische Besinnung kommt der Theorie des Liedes zugute: 1752 Krause 'Von der musikal. Poesie' und 1760 Marpurg 'Krit. Briefe über die Tonkunst'. Während die Berliner unter diesen beiden sich zu einer Schule zusammenschließen und mit leichter, natürlicher Melodik die anakreontische Rokokopoesie vertonen, schaffen Benda und Hiller in Leipzig, engl. Anregungen aufnehmend, ein frisches Singspiel. Zu ihrer volkstümlichen Frische passen trefflich die schlichten Texte des unermüdlichen Chr. Felix Weiße ohne alle Bildungsanakreontik. Es steht bereits das Streben dahinter, nicht gesellschaftlich-gebildet, sondern allgemein-menschlich zu dichten.

§ 9. Der Ausgang. Neben dem Ideal der reinen Menschlichkeit ändert die Belebung des Volksliedes das Kunstwollen zu dem Ziele der Volkstümlichkeit hin. Von den Dichtern sind es Claudius und Voß, Hölty und Martin Miller, Fr. L. Stolberg und Bürger. Der sentimentale Einschlag trennt es vom alten Volkslied. Stil und Gehalt der Berliner Schule folgen ihnen. J. A. P. Schulz schafft nun wirklich 'Lieder im Volkston' (1782); Joh. André findet zu den Balladen (Claudius, Bürger) den gemäßen Stil. Reichardt gelingt neben echter Volkstümlichkeit zuerst ein modernes Kunstlied. Daneben pflegt er bewußt das gesellige Lied und hat das Verdienst, der erste bedeutende Komponist Goethischer Lyrik zu sein. In beidem schließt sich Zelter ihm an. F. L. A. Kunzen gelingen prächtige Sondercharakteristiken: Spinn-, Schnitter-, Jagdlieder. In Süddeutschland stehen neben Schubart der naiv volkstümliche Christoph Rheineck und Joh. Rud. Zumsteg, der starken Einfluß auf Franz Schubert und Loewe ausübte. Die Romantik brachte noch Wanderlieder und vaterländische Gesänge hinzu. Silcher schuf! Gleichzeitig fand die alte gesellschaftliche Schichtung durch die Napoleonschen und Steinschen Reformen ihre Umgestaltung. Das G. macht dem von der Schule weiterverbreiteten volkstümlichen Lied und dem rein geselligen Lied Platz.

Allgemeines. H. Kretzschmar *Geschichte des dt. Liedes.* Bd. I. 1911. M. Friedländer *Das dt. Lied im 18. Jh.* 2 Bde. 1902. R. Eitner *Das dt. Lied.* 3 Bde. 1880. Ders. *Quellenlexikon der Musiker.* 10 Bde. 1899—04. A. Reißmann *Das dt. Lied in seiner hist. Entwicklung* 1861. G. Müller *Geschichte des dt. Liedes* 1925. R. Velten *Das ältere dt. Gesellschaftslied unter dem Einfluß der ital. Musik* 1914.

Texte. Hoffmann von Fallersleben *Gesellschaftslieder des 16. u. 17. Jhs.* 1860. K. v. Ditfurth *110 Volks- u. Gesellschaftsl. des 16., 17., 18. Jhs.* 1875; *100 Volks- u. Gesellschaftsl. des 17., 18. Jhs.* 1872. H. Hurch *Chr. v. Schallenberg* (Stuttg. Lit. Ver. Bd. 253) 1910. A. Sandberger *Hans Leo Haßler* (Dkm. dt. Tonkunst in Bayern Bd. 4). Publ. Ges. f. Mus.-Forschg. Bd. 15.

Einzel-Abhandlungen. R. Schwartz *H. L. Haßler,* Vierteljahrsschr. f. Mus. IX (1893) S. 51ff. A. Kopp *Dt. Volks- u. Studentenlied* 1899 (Crailsheimsche Hs.). Ders. *Die Liedersammlung d. Frhrn. Frd. v. Reiffenberg,* ArchfnSpr. CV (1900) S. 265ff. Ders. *Günther u. Sperontes,* ZfdPh. XXVII (1895) S. 351 ff. Ph. Spitta *Sperontes' 'Singende Muse',* Vjschr. f. Musw. 1 (1885) S. 35ff. = Mus.-gesch. Aufs. (1894) S. 175ff. G.

Calmus *'Die Beggars Opera'*, Sammelbd. d. Internat. Mus.-Ges. VIII, 2 (1907) S. 286 ff. W. Niessen *Das Liederbuch des Stud. Clodius.* Diss. Berlin 1891. J. Bolte *Liederhandschriften des 16. u. 17. Jhs.* ZfdPh. XXV (1892) S. 29 ff. R. Kade *Chr. Demantius*, Vjschr. f. Musw. VI (1890) S. 469 ff. A. Prüfer *J. H. Schein u. d. weltl. Lied d. 17. Jhs.* (Publ. d. Internat. Mus.-Ges. Beihefte 2. Folge H. 7.) 1908. K. Fischer *Gabriel Voigtländer.* Diss. Berlin 1910.

W. Flemming.

Gespenstergeschichte. § 1. Begriff und Technik. Die im Schrifttum wie in der mündlichen Überlieferung aller Völker und Zeiten weit verbreitete G. bezeugt das Streben namentlich der durch geistige Bildung bzw. Verbildung wenig oder gar nicht beeinflußten Völker und Volksschichten, dem ihnen innewohnenden Hang zum Übersinnlichen sinnfälligen Ausdruck zu geben; je nach dem Stande der transzendentalen Erkenntnis erscheint in diesen Erzählungen die Welt des Jenseitigen mehr oder minder anthropomorph dargestellt. Die G. wird durch ihr Stoffgebiet gerade in volkstümlicher Gestaltung zu einem Spiegel des Seelenlebens, wie es sich durch Einflüsse kultureller, historischer, auch landschaftlicher Art als bedingt erweist; auch rassenmäßige Eigenheiten prägen dieser Literaturgattung ihren Stempel auf. Zahllos ist, wie anderswo, auch im Gebiet der dt. Zunge die Zahl der von Mund zu Mund, von Generation zu Generation überlieferten Geschichten, von denen in ursprünglicher Fassung nur relativ wenige schriftlich fixiert worden sind. Das Volkslied weiß von Gespenstern ebenso zu berichten wie das Märchen. Wie nachhaltig diese Unterströmungen durch das Medium künstlerischer Bearbeitung auch auf weitere Schichten des Volkes wirken können, zeigen etwa das Lenorenmotiv oder die Erzählung vom Tod als Paten. Anderseits lassen sich Bestandteile dieser volkstümlichen Überlieferung als Reste einer ursprünglich höheren Stufe geistigen Lebens deutlich erkennen (religiös-mythologische Stoffe).

Unter den Begriff der G. fallen auch die „Geistergeschichten" als eine mit jenen meist in eins gefaßten, aber doch von ihnen abzugrenzende Spielart. Genau genommen erzählt die „Geistergeschichte" von Erscheinungen, deren Gestalt und Auftreten nenie mehr oder minder greifbaren Zusammenhang mit der Körperwelt nicht verleugnen können. In der rohen Form der Darstellung erweisen sich die „Geister" als durch irgendwelche, oft recht äußerliche Attribute möglichst seltsamer Art modifizierte, sich einer eigenen Existenz erfreuende Gestaltungen irdischer Lebensformen; von da führt ein weiter Weg zu der verfeinerten, auf psychologisch-medizinischen Erkenntnissen beruhenden Technik, die jene Erscheinungen zu Gebilden einer durch irgendwelche Einflüsse körperlichen oder seelischen Ursprungs angeregten Phantasie macht, die ihre Vorstellungsinhalte den Formen der körperhaften Umwelt unbewußt gleich werden läßt. Im Gegensatz dazu bleibt der G. im weiteren Sinne das Gebiet des Übersinnlichen überhaupt zugewiesen, soweit sich sein Bestehen in irgendeiner Form unserem Wahrnehmungsvermögen bemerkbar macht. Freilich wird diese Abgrenzung immer eine theoretische bleiben, auf die der lebendige Sprachgebrauch wenig oder gar keine Rücksicht nimmt.

Der eigenartige Stoff der G. bedingt eine besondere Einstellung des Lesers, als deren Hauptmoment sich eine seelische Spannung ergibt. Diese Spannung beruht auf der je nach der Kunst des Erzählers und der geistigen Struktur des Hörers bzw. Lesers veränderlich starken Suggestion von der Existenz einer Welt unirdischer, irgendwie jenseits vom eigenen Dasein sich regender Gestalten und Kräfte, deren Auswirkungen bis zur Möglichkeit einer unmittelbaren Berührung mit dem eigenen Ich gesteigert erscheinen. Tritt an Stelle des Gespenstes in einer vervollkommneten Technik das Gespenstische, mithin an Stelle realer Gestaltung die Stimmung, so wird die Wirkung auf feiner empfindende Seelen wesentlich verstärkt. Denn die Wahrheit eigentlicher Gespenstererscheinungen mag manchem trotz überzeugender Darstellungskunst unglaublich sein und bleiben; reine Stimmungsschilderung gespenstischen Gehaltes läßt die Möglichkeit einer Umsetzung des Gedachten in Tatsächliches bedeutend näherrücken. Der Grundton der erwähnten Spannung ist demnach ein in mannigfaltigen Stärkegraden empfindbares Furchtgefühl; eine rechte G. muß den Leser „bange machen".

Diese Spannung muß im Innern des Aufnehmenden ausklingen und darf nie zur Unzeit gelöst werden, ohne die Wirkung der G. zu zerstören. Bleibt durch Mangel an Technik bzw. an Kraft des Stimmungsgehaltes die Gespensterwelt zu körperhaft, so erscheint sie zu vertraut, um jene Spannung zu erregen; oder wird gar — namentlich einem kritisch veranlagten Geiste — hinter dem Getriebe der Spukgestalten die führende Hand des Erzählers sichtbar, so bleibt alles Kulisse. Endlich verträgt diese Spannung kein langes Anhalten, das entweder zur abstumpfenden Ermüdung oder zur Überreizung der Phantasie führen muß: ein Gespensterroman ist ein Unding.

§ 2. Geschichtliche Entwicklung. In der dt. kunstmäßigen Literatur ist bis ins 17. Jh. hinein die G. ein unbekannter Gast. Das Verhältnis von Jenseits und Diesseits war, zumal im MA., durch die Orientierung alles Geistigen an religiösen Maßstäben zu scharf umrissen, um den Gedanken an eine im engeren Sinne literarische Behandlung des zwischen beiden liegenden Grenzgebietes aufkommen zu lassen. Im Zeitalter des Humanismus und der Reformation füllte das Interesse am Treiben dieser Welt den Kreis der literarischen Bestrebungen völlig aus. Erst im 17. Jh. begannen die politischen Verhältnisse den Boden fruchtbar zu machen für die Aufnahme fremdländischer und antiker Einflüsse (Engl. Komödianten, Seneca), die auch das Eingreifen des Jenseits in die irdische Welt zu einem Felde dichterischer Betätigung werden ließen (Gryphius u. a.); freilich machen diese ersten Erscheinungen aus dem Jenseits heutzutage in der Mehrzahl einen reichlich unbeholfen-körperhaften Eindruck. Eine eigentliche G. fand diese Zeit noch nicht, ebensowenig die folgende; Lessing schrieb im XI. Stück seiner 'Hamburg. Dramaturgie' feine Bemerkungen über die Wirkung der Geistererscheinungen auf der Bühne. Aus volkstümlicher Überlieferung schöpfte Bürger seine 'Lenore', die erste echte G. in Versen (vgl. auch den 'Wilden Jäger'); hier erscheint die Stimmung, im wesentlichen aus äußeren Umständen fließend, als ein Hauptfaktor der Wirkung des Ganzen. Der engl. Geisterroman des 18. Jhs. (Walpole) förderte auch in Deutschland die Neigung für die „Schauerromantik", deren hauptsächlichstes Element neben der Räubergeschichte die G. bildet, oft mit jener zu einem haarsträubenden Ganzen verschmolzen. Diese Schauerromantik, die der Unterhaltungsliteratur das Gebiet der G. eroberte, bildete jene G.-Stimmung aus, die Bürger zum Grundton seiner Erzählung gemacht hatte.

Seit Herder wurde auch die G. aufs neue durch das Eindringen fremder Stoffe befruchtet. Goethe hat gespenstische Stimmung zum überzeugenden Ausdruck gebracht ('Erlkönig', 'Braut von Korinth'), anderseits auch Beispiele einer objektiv-nüchternen Betrachtungsweise solcher Erscheinungen in den 'Unterhaltungen deutscher Ausgewanderter' gegeben. Schiller lieferte in seinem lange nachwirkenden 'Geisterseher' (der in unserer Zeit in H. H. Ewers einen Vollender finden sollte!), das erste bedeutsame Beispiel einer Verbindung von Kriminal- und Geistergeschichte mit Szenen von packender Wirkung und hat auch im Drama solche Elemente nicht verschmäht ('Jungfrau von Orleans'). Die Hochflut der G. brachte das Zeitalter der Romantik, da diese Art der Erzählung eine notwendige Erscheinungsform ihrer geistigen Kräfte werden mußte. Alle Register des Dämonisch-Gespensterhaften zog E. Th. A. Hoffmann; seine Geisterwelt ist teils von schauriger Überzeugungskraft, teils erscheint sie ins Groteske verzerrt, nicht selten aber auch in einer ironischen Färbung, die bewußt den erzielten Eindruck wieder zerstört — ein Typus, den Heines 'Gespenster' in vernehmbarem Nachklang wiederholen. Auch die Verbindung von Geister- und Kriminalgeschichte hat Hoffmann in bewußter Anlehnung an den 'Geisterseher' wieder aufgenommen ('Ignaz Denner'). Gerade von Hoffmanns Erzählungskunst aus ziehen sich merkbare Spuren in die Unterhaltungsliteratur jener Zeit. (Schiller und Hoffmann spendeten auch manche treffliche Bemerkung theoretischer Art über die Technik der G.) Ein Meisterstück stimmungsvoller Gespenstererzählung dichtete Kleist ('Das Bettelweib von Locarno'); liebenswürdig verklärt sich die Welt der Geister in Hauffs

'Phantasien im Bremer Ratskeller', ironisch gefärbt erscheint sie in seinen 'Memoiren des Satans', drohend in den 'Märchen'. Proben der diesbezüglichen Afterromantik finden sich in dem 'Gespensterbuch' von Apel und Laun, aus dem auch der Kindsche Text zu Webers 'Freischütz' stammt.

Auf lange durch den immer stärker werdenden materialisierenden Zug der Zeit zurückgedrängt, gewann die G. erst um die Wende des 19. und 20. Jhs. wieder Boden in der Literatur, begünstigt durch die einsetzende Reaktion gegen den Naturalismus und das Aufkommen okkultistischer Neigungen, die sich ihren literarischen Ausdruck suchten und fanden. Nun aber erscheint die Technik dieser Geschichten bedeutend verändert und verfeinert; die Neuromantik verwertet Erkenntnisse wissenschaftlicher und okkultistischer Herkunft zu einer neuen Gestaltung dieser Gattung, ohne doch bewährtes Altes außer acht zu lassen. Der Amerikaner E. A. Poe, die Franzosen Villiers de l'Isle und Maupassant, der Engländer Bulwer, die slav. Literatur u. a. gaben Beispiel und Vorbild. Glaubhaftes wird mit Unglaublichem zu einem eigenartig berückenden Ganzen vermengt, das die diesseitige Welt selbst in ihren alltäglichsten Erscheinungen in das Dämmerlicht des Transzendenten zu hüllen weiß. Feinste Fäden werden aufgespürt, die von dieser zu jener Welt führen, neues Erkennen auf psychoanalytischem Wege gewonnen und so ein neues, weites Gebiet der übersinnlichen Literatur erarbeitet, das mit der G. alten Stiles oft nur noch die allgemeinsten Grundbedingungen teilt. An Namen seien Ewers, Frey, Meyrink in knapper Auswahl genannt.

Eine Monographie der G. fehlt noch; den Versuch machte Diederich *Von Gespenstergeschichten, ihrer Technik und ihrer Literatur* 1903. Vgl. auch E. Heilborn *Das dt. Gespenst*, LE. XVII 1170ff. Mielke-Hermann *Der dt. Roman des 19. u. 20. Jhs.*[5] 1920. Martens *Die dt. Literatur unserer Zeit* 1921. H. Beyer.

Gespräch. § 1. Der Dialog als Kunstform ist so alt wie die Sprache überhaupt. Nicht in einsamer Gedankenarbeit, sondern in lebendigem Gedankenaustausch von Mensch zu Mensch hat sich die Sprache ausgebildet und abgeschliffen. Demgemäß finden wir dialogische Formen, Rätsel und Streitgedichte, unter den ersten Spuren dichterischen Lebens. Neben dem poetischen Dialog tritt auf einer höheren Stufe der Geistesbildung der philosophische, die Form, in der uns die Philosophie Platos entgegentritt, und die sich im ganzen Altertum großer Beliebtheit erfreute. Sie wurde am Ausgang der Antike von Lucian zur Satire umgebogen, und die Dialoge dieses „Aufklärers" des Altertums wurden das Muster für die witzigen Köpfe der Renaissance (Aretino) und für die von Hutten geschaffene dt. Gesprächsliteratur des 16. Jhs. sowie für die geistreichen Franzosen des 17. Jhs., unter denen die lat. geschriebenen, höchst unanständigen G. der Aloisia Sigea von Chorier (Meursius) eine besondere Stellung einnehmen. Die großartigste Ausgestaltung erfuhr jedoch der kultische Dialog, der sich in der Antike aus dem Wechselgesang und -gespräch des Chores und des Tragöden zum griech. Drama, im MA. aus der Liturgie des christlichen Gottesdienstes zum geistlichen Drama entwickelte. Als vierte Form muß der lehrhafte Dialog genannt werden, der die merkwürdige Gattung der lat. humanistischen Schülergespräche zeitigt und in der Lehrform des Katechismus seine Vollendung findet. Diese letztere Form gehört nicht eigentlich mehr in die Literaturgeschichte, doch ist aus humanistischen Schülergesprächen, die ursprünglich nur der Einübung lat. Mustersätze dienten, eines der bedeutendsten Werke des Humanismus, die '*Colloquia familiaria*' des Erasmus, hervorgegangen.

§ 2. Unter den poetischen Dialogen nehmen die Streitgedichte die erste Stelle ein. Der 'Wartburgkrieg' am Beginn des 14. Jhs. bedeutet einen gewissen Höhepunkt der Gattung. Das bekannte Streitgedicht vom Wasser und Wein stammt aus der mittellat. Vagantendichtung und ist von da aus, wie so manches andere, in das dt. Volkslied eingedrungen. Vom Streitgedicht führen sichtbare Fäden zum Fastnachtspiel. Anderseits dringt in das Streitgedicht auch die Prosaform ein. Das bedeutendste Werk dieser Art ist der aus dem Geiste des böhm. Frühhumanismus geborene Streitdialog 'Der Ackermann aus Böhmen' des Johann von Saaz (um 1400). Das Streitgedicht in seiner alten überlieferten Form ist dann im 16. Jh. von Hans Sachs in hervorragender Weise gepflegt worden.

§ 3. Der philosophische Dialog Platos ist eigentlich ein Scheindialog, eine nur durch gelegentliche Zwischenbemerkungen unterbrochene Abhandlung. Erst durch Lucian kommt in den Dialog Leben und Bewegung. Durch ihn hat der Dialog den satirischen Grundcharakter erhalten, den die Humanisten durchaus festgehalten haben. Ulrich von Hutten stellte den lat. Dialog, der an dem Muster Lucians geschult ist, zuerst in den Dienst des Kampfes gegen seine persönlichen Feinde, namentlich gegen den Herzog Ulrich von Württemberg, dann in den Dienst des Kampfes gegen die röm. Kirche. Mit der Übersetzung seiner vier Reformationsdialoge ins Deutsche in dem berühmten 'Gesprächbüchlein' (1521) gab er den Anstoß zu der unendlich umfangreichen Dialogliteratur der Reformationszeit (vgl. den Artikel *Reformationsliteratur*). Die bedeutendsten Stücke sind neben Huttens Gesprächen 'Der Karsthans', 'Der Neu-Karsthans', 'Das Kegelspiel', Die 'Lutherisch Strebkatz', '*Triumphus Veritatis*' und die 4 Dialoge des Hans Sachs. Die fruchtbarsten Jahre sind die Jahre 1521—1525. Im J. 1524 allein erschienen nach G. Niemanns Zusammenstellung (s. u.) über 30 Dialoge. Dann ebbt die Welle ab, um 1546 im Kampfe gegen das Interim wieder erheblich anzuschwellen.

Der Kunstform nach sind alle diese Werke echte G. Überall wird eine feste Charakterisierung der redenden Personen beabsichtigt. Wenn bei Hutten der rhetorische Charakter des philosophischen Dialogs, in dem e i n e Person den Hauptanteil bestreitet und die Mitredenden oft nur auf weiterführende Zwischenbemerkungen beschränkt sind, immerhin noch zu erkennen ist, so ist dieser Charakter schon im 'Karsthans' völlig überwunden. Hier ist der Einfluß des Dramas deutlich zu merken. Überhaupt ist die Grenze zwischen Dialog und Drama im 16. Jh. oftmals gar nicht erkennbar. Darin, daß das G. nur Unterhaltung, das Drama Handlung darstellt, ist sie nicht zu suchen, denn die Revueform des Fastnachtspiels ist ja ebenfalls ganz handlungslos. Vielmehr ist der Umstand maßgebend, ob das Werk für die Aufführung geschrieben ist oder nicht. Aber auch hier ist die Bestimmung nicht leicht. Reuchlins '*Sergius*' würde man ohne weiteres als Dialog bezeichnen, wenn man nicht wüßte, daß das Werk für die Aufführung im Kreise Heidelberger Studenten geschrieben worden ist. Heinrich Bebel schrieb 1501 seine '*Comoedia vel potius dialogus de optimo studio scholasticorum*'. Auf der Grenze zwischen Dialog und Drama stehen der lat. '*Eckius dedolatus*' von 1520 und ebenso die unflätige '*Monachopornomachia*' des Simon Lemnius von 1538. Es gibt endlich Belege dafür, daß lat. Streitgedichte als Dramen aufgeführt worden sind, und Hans Sachs hat den Lucian stets als Dramatiker aufgefaßt.

Die Form der Reformationsdialoge ist überwiegend prosaisch, wie es durch das Vorbild Lucians und der Humanisten gegeben war. Aber auch gereimte Dialoge finden sich, wie Pamphilus Gengenbachs 'Totenfresser'. Hier ist wieder der Einfluß des Dramas zu erkennen, und alle diese gereimten G. stehen auf der Grenze zur dramatischen Form.

§ 4. In der Folgezeit verliert der Dialog seine Bedeutung. Erst im 18. Jh. kommen der Platonische und der Lucianische Dialog wieder zu Ehren. An der Spitze steht Klopstock mit seinen moralischen und grammatischen Gesprächen. Herder hat den Dialog schon in den 'Fragmenten' (Gespräch zwischen einem Rabbi und einem Christen über Klopstocks 'Messias') und dann später noch öfter verwandt. Eine Modernisierung des Platonischen Dialogs ist Moses Mendelssohns 'Phaedon', und in die Reihe der philosophischen Dialoge gehören Lessings 'Freimaurergespräche' sowie der von Goethe übersetzte Diderotsche Dialog 'Rameaus Neffe'. Den Lucianischen Dialog bildet Wieland nach in den 'Göttergesprächen' und im 'Diogenes von Sinope'. Auch Wielands Jünger Heinse hat den Dialog als Kunstform gebraucht. Die eigentliche Lucianische Form erwacht jedoch in den frz. und dt. Nachbildungen seiner 'Totengespräche' zu neuem Leben. Auch hier hat Wieland im 'Peregrinus Proteus' das Höchste geleistet (vgl. den Artikel *Totengespräche*). Noch die Romantiker haben den Dialog gelegentlich verwendet, doch ist mit der Aufklärung die kurze Wiederbelebung dieser Form zu Ende, und gegenwärtig begegnet er als selbständiges literarisches Erzeugnis nur noch als archaische Spielerei (Hermann Bahr 'Dialog vom Marsyas' 1904). Die Stelle des philosophischen Dialogs nimmt seit der klassischen Zeit mehr und mehr der fingierte philosophische Briefwechsel ein, wie er uns in Schillers 'Philosophischen Briefen' (Julius und Raphael, 1786) vorliegt, während die 'Briefe über ästhetische Erziehung' ebenso wie Lessings 'Literaturbriefe' und 'Antiquarische Briefe' reine Abhandlungen sind, in denen Lessing allerdings in seiner Impulsivität oftmals den Gegner leibhaftig vor sich sieht und seine Invektive demgemäß oft die Form der persönlichen Anrede annimmt. Im übrigen verbirgt sich die unendlich reiche philosophische, lehrhafte und satirische Dialogliteratur seit Wieland und Goethe im Gewande des Romans.

§ 5. Neben dem Dialog als literarischer Kunstform ist noch die Aufzeichnung wirklich gehaltener G. zu nennen. An erster Stelle steht hier die Sammlung von Luthers Tischreden, die u. a. von seinem Tischgenossen Anton Lauterbach gesammelt und von Johann Aurifaber herausgegeben wurden (Ausgabe der Mathesischen Sammlung von E. Kroker 1903), und sodann die weltberühmten 'G. mit Goethe' von Johann Peter Eckermann. Goethes sämtliche G. sind von W. v. Biedermann gesammelt und chronologisch geordnet worden (1889—96, neue Ausg. von F. v. Biedermann 1909—11). F. v. Biedermann hat auch die G. von Schiller, Kleist und Lessing in gleicher Weise bearbeitet.

R. Hirzel *Der Dialog. E. lit.-hist. Versuch* T. 1. 2. 1895. G. Niemann *Die Dialogliteratur der Reformationszeit* (Probefahrten 5) 1905. H. Walther *Das Streitgedicht in der latein. Literatur des MA.* (Qu. u. Unters. z. lat. Philol. d. MA. 5, 2) 1920. A. Bömer *Die latein. Schülergespräche der Humanisten* (Texte u. Frschgn. z. Gesch. d. Erz. u. d. Unterr. 1, 1. 2) 1897—99.

C. Kaulfuss-Diesch.

Ghasel (arab. „Gespinst") ist bei den Persern, Indern und Türken eine beliebte, den Arabern entlehnte Form des lyrischen Gedichtes. Im Deutschen machte zuerst Fr. Schlegel den Versuch, es nachzubilden (1803). Es besteht aus 10—20, höchstens 30 beliebigen, aber unter sich gleichen Versen, die mit einem Reimpaar beginnen und denselben Reim in den geraden Zeilen festhalten, während die ungeraden ungereimt bleiben (aa ba ca da . . . .). Es herrscht also nur ein Reim durch das ganze Gedicht. Je zwei Verse bilden ein Distichon, innerhalb dessen eine stärkere Interpunktion nicht gestattet ist. Der orientalische Name für ein solches Distichon ist *beit*, d. i. „Haus". Das erste Distichon, das Reimpaar aa, heißt „Königsbeit". Inhaltlich enthält das G. ein Lob des Friedens, der Ruhe, des Schenken, des Weins. Bietet die gleiche Form ein Lob des Krieges, des Lagerlebens, des Sieges, eine Totenklage, so nennt man das Gedicht Kasside. Als Meister des G. gilt bei den Persern Hafis. Nachbildungen des G. schufen Fr. Schlegel, Rückert, Platen, Bodenstedt, Geibel.

Minor *Metrik.* S. 504—508, 537. H. Tschersig *Das Gasel in der dt. Dichtung und das Gasel bei Platen* (Bresl. B. 11) 1907. P. Habermann.

Glosse (metr.) ist eine span. Form des lyrischen Gedichtes. Sie besteht aus vier Strophen von je 10 trochäischen Vierhebern (Dezimen), deren letzte Verse die vier Verse des meist vorangestellten Themas sind, das der Dichter variiert. Die Reimfolge ist a b a b a, c d c c d. Die Form war in der ersten Hälfte des 19. Jhs. bei den Romantikern sehr beliebt. Abweichungen von der strengen Form, etwa wenn statt der Dezimen acht- oder zwölfzeilige Strophen gebraucht werden, wenn das Thema nicht vierzeilig ist, wenn nicht die Schluß-, sondern die Anfangsverse der Dezimen das Thema bilden u. a., bezeichnet man als „freie Glossen" oder „Variationen".

Minor *Metrik.* S. 496ff., 536.

P. Habermann.

Glossen, althochdeutsche.

§ 1. Erklärung. — § 2. Entstehung; a) selbständig; b) aus lat. Sammlungen. — § 3. Leistung. — § 4. Philologische Beurteilung. — § 5. Datierung und Lokalisierung. — § 6. Sprachliche Bedeutung. — § 7. Literarische Bedeutung. — § 8. Geistesgeschichtliche Bedeutung. — § 9. Insbesondere die Handschriften als Zeugnisse der Bildung und Gelehrsamkeit.

§ 1. Glossen (ahd.) sind im Text oder an den Rändern über- oder beigeschriebene,

z. T. durch hinzugesetztes . *f.* (*francice*) oder . *t.* (*teutonice*) durch .|., . *i.* oder *id* = *id est* oder durch Verweisungszeichen verknüpfte Übersetzungen einzelner lat. Worte ins Ahd.: Interlinear-, Kontext-, Marginalglossen; die Interlinearglossen können sich zu völligen Interlinearversionen (s. d.) auswachsen; alle drei Arten mit den übersetzten Worten ausgezogen, zu alphabetisch oder nach der Reihenfolge im Texte geordneten Glossaren verschiedenster Mischungsverhältnisse zusammengestellt werden. Jenes sind „Wörterbücher", dieses „Kommentare"; sachliche Anordnung ergibt „Sachglossare". In diesen Sammlungen begreift man unter „Glosse" sowohl das lat. Stichwort (*lemma*) wie die Verdeutschung (*interpretamentum*). An 700 Handschriften bewahren ahd. G., sie füllen 5 starke Lexikonbände (Steinmeyer u. Sievers *Die ahd. Glossen* 1879—1922).

§ 2a. So enthält der Clm. 6394 (Steinmeyer IV 526) gelegentliche Interlinearglossen zu Servius; der Cl. 6375 (IV 526) dgl. zu Rufinus, beide am Schluß aber auch eine Sammlung von G. zu demselben Texte, noch nicht alphabetisch; der Codex S. Galli 911 (IV 459) hat die Interlinearglossen des Parisinus 7640 (IV 595) im Kontext (und in vielen Kommentaren bleiben die G. im Kontext); Clm. 6355 (IV 526) ist ein Beispiel für Randglossierung (der Canones), am Schlusse dann wieder eine Sammlung von G., lat. und dt., zu demselben Texte; der Bernensis 89, 9. Jhs., (IV 386) hat am Schlusse der Canones schon ein alphabetisches Wörterbuch: INCIPIUNT UERBA DIFFICILLIMA EXCERPTA DE CANONES INTERP̄; eine spätere Hand hat es durch Zwischenschriften ergänzt. Demgegenüber ist sachliche Anordnung, z. B. nach Gliedern des menschlichen Körpers, wie im Vocabularius St. Galli (III 1), in den Kasseler G. (III 9), in Hrabans Isidorglossen (ZfdA. LVIII 264ff.) zunächst auf Grund des lat. Textes (Isidors 'Etymologien') von selbst entstanden und erst durch besondere Bearbeitung, z. B. im '*Summarium Henrici*', unsrem größten Sachglossar (11. Jhs., III 58ff.), etwa umgestaltet. Durch Kombinationen können dann die unentwirrbarsten Knäuel entstehen. In der großen Sammlung des Clm. 14689, 11—12. Jhs., (IV 545) folgen einander G. zu biblischen und weltlichen Büchern und mehrere sachliche Vokabulare; aber die Ränder sind dann von mehreren anderen Händen und in immer neuer Ausnutzung des Raumes mit Ergänzungen bedeckt, die abgeschrieben ununterscheidbar sein müßten.

§ 2b. Ob man freilich ohne das antike Vorbild von gelegentlichen Anfängen zu systematischen Sammlungen gekommen wäre, scheint zweifelhaft. Gerade unsere ältesten Glossendenkmäler entstehen nicht über und aus zusammenhängenden Texten, sondern sind Übersetzungen von lat. Glossensammlungen, die ihrerseits schon im Altertum aus Literaturwerken ausgezogen und alphabetisch geordnet sind und den Zweck haben, seltene und interessante Worte durch bekannte zu verdolmetschen und so zu bewahren. Es ist auch bezeichnend, daß nicht gleich das uns natürliche Verfahren der Übersetzung eingeschlagen wird, nämlich, daß man die lat. Lemmata übernimmt, die lat. Interpretamenta durch dt. ersetzt (so in dem alphabetischen Bibelglossar Rd-Jb: I 271ff.), sondern daß vielmehr beide Verdeutschungen übergeschrieben erhalten, wodurch ja der ursprüngliche Sinn und die alphabetische Anordnung wieder zerstört wurden. So verhält es sich beim Keronischen Glossar und noch bei seiner Neubearbeitung, den *Samanunga uuorto* (pseudohrabanisches Glossar, I 2ff.). Auch die Arbeit des Vorortes ahd. Glossierung, Reichenau, fußt auf fertigen Wortsammlungen: der lat.-lat. Bibelkommentar Rz geht zurück auf die Schule des Afrikaners Hadrian, Abtes zu Canterbury († 720) — auch Erzbischof Theodor von Canterbury († 690) wird als Gewährsmann genannt —, so auf das angelsächsische Vorbild hinweisend, das auch in ags. und dt. Glossierungen, besonders aus Reichenau, St. Gallen und Fulda und deren Nachkommen kenntlich ist, da eine wirkliche Eindeutschung nicht erfolgt (vgl. d. Art. *Angelsächsische Literatur*). Hier in Reichenau haben wir auch die Mischungen ganzer Glossare vor unseren Augen. In dem alten Aug. IC 2 des 8. Jhs. (IV 399) folgt auf Rz das lat.-dt. Rb: da stehen die aus dem AT. ausgezogenen Stichworte in Spalten untereinander, das Dt. ist von anderer

Hand hinzugesetzt (soweit es überhaupt geschehen ist), Sammlungen aus Esaias und Gregors Homilien waren bereits in der Vorlage eingeschoben. Zum Teil neben Rb steht in parallelen Spalten das alphabetische Bibelglossar Rd, und neben seinen letzten Kolumnen setzt schon wieder Re ein, größtenteils aus zwei epitomierten alphabetischen Glossaren, dem pseudohrabanischen und einem zu Greg. Hom. II buchstabenweise zusammengeschoben. Den Schluß macht das nicht alphabetische Bibelglossar Rf. Die Murbacher Sammlung *Jc (IV 589) schließlich zeige, wie Mischungen schon mit dem Entstehen verknüpft sind: die Stichworte werden dem (seinerseits schon kontaminierten) antiken Glossar *Affatim* entnommen, die Übersetzung zwar vielleicht teilweise aus Eigenem, andernteils aber aus dem Keronischen Glossar und den *Samanunga uuorto* bestritten (PBB. XLVI 469ff.). Jeder Buchstabe beginnt mit einer neuen Spalte: so bleibt Platz für Nachträge, und er ist für Einschübe aus der Benediktinerregel und den lat.-ahd. Isidorischen Schriften benutzt. Und Jc ist wiederum nur Teil einer großen Sammlung Jabcd des Oxforder Jun. 25, 9. Jhs. Die Einzelteile aber stehen hier wie dort zugleich in anderweitiger Verwandtschaft und gehen die mannigfaltigsten Verbindungen mit anderen Sammlungen ein. Daß dann „Adespota" übrigbleiben, die noch auf keinen Text und keine Sammlung haben bezogen werden können, namentlich Stückchen alphabetischer Glossare, ist kein Wunder, zu bewundern ist vielmehr die Leistung Steinmeyers, die sie so beschränkte (IV 220—249 u. V 47—49). Das Ende dieser Entwicklung sind die großen Corpora wie das Monseer (Vindob. 2723, 10. Jh., IV 650ff.), das erste Tegernseer (Clm. 19440, 10.—11. Jhs., IV 570ff)., das großenteils in das zweite (Clm. 18140, 11. Jhs., IV 561ff.) übergegangen ist, das z. T. auf sehr alten Grundlagen beruhende, besonders mannigfaltige Schlettstädter des 12. Jhs. (IV 612ff.), das Innsbrucker (Oenipont. 711) des 13. (IV 469ff.).

§ 3. Natürlich hat sich auch die sachliche Leistung inzwischen geändert, und man hat die dargetane Kenntnis des Lat. mindestens für die älteste Zeit mit Recht als chronologischen Maßstab mitbenutzt. Man begreift kaum, wie das Keronische Glossar bei dem ungeheuerlichen Unverstand seiner Übersetzung irgend jemand hat nützen können, selbst in der Bearbeitung Ra; erst die Karlische Läuterung in den *Samanunga uuorto* ist, namentlich nach der Neualphabetisierung (R*γθ), ein nützliches Handbuch geworden, das denn auch in vielen Abschriften, Auszügen und Verjüngungen verbreitet und mit anderen Wörterbüchern vermischt ist: 16 Handschriften lassen sich nachweisen (PBB. XLVI 456ff.). Daß auch später Schreiberdummheit und -trägheit manchmal das Lächerlichste zuwege bringt, braucht kaum gesagt zu werden. Am Schlusse steht aber doch die in Notkers des Deutschen Schule erwachsene Leistung Ekkehards IV. (?), über deren sprachliche, stilistische und Interpretations-Feinheit bei Ehrismann S. 432ff. nachzulesen ist.

§ 4. In den seltensten Fällen können wir behaupten, eine erste Niederschrift vor uns zu haben, wie etwa bei der alemannischen, wahrscheinlich Reichenauer Lukasglossierung (I 728ff.) und dem gleichfalls Reichenauer Bibelglossar Rb (IV 399); Pa (IV 595; I 1ff.) hat zwar noch die alte zwischenzeilige Stellung der G., ist aber doch schon Abschrift, und dasselbe gilt von den anderen Keronischen und sonstigen ältesten Handschriften, auch vom *Vocabularius St. Galli* (III 1ff.), der sogar schon eine Kompilation darstellt; das *Summarium Henrici* (III 58ff.) haben wir erst in Handschriften des 12. Jhs. und da gleich in vielen. Oft ergeben sich bei mehrfacher Überlieferung komplizierte Handschriftenstammbäume, und oft ist Verwandtschaft kaum zu erkennen. Denn es ist eine natürliche Eigentümlichkeit der Glossenüberlieferung, daß sie nicht nur zur Kontamination und, bei ihrer Loslösung vom Textzusammenhang, zur Korruptel neigt, sondern oft rasch auf Auszüge und auf wenige Worte zusammenschrumpft: es kann schließlich eine einzelne, aus einem Wörterbuche entnommene G. einer Textstelle übergeschrieben werden, so daß der Kreislauf von neuem begönne. Aber wie alte G. in junge Handschriften, so können auch junge in alte kommen. Die alem. Lukasglossierung (I 728ff.) steht über einem Unzialtexte des 7. Jhs., der Iuvencus Clm. 6402 (IV 527) des 8. Jhs. trägt G. des 11. Jhs. Zwar ist die Regel ängstliches Beibehalten alter Formen, und etwa im Clm. 17403, 13. Jhs. (IV 559), sind durch mechanisches Abschreiben des längst Unverständlichen die unmöglichsten Formen entstanden; die Goslarer Papierhandschrift 2 (IV 463) zeigt diese Treue noch im 14. Jh. (vgl. Gröger *Die ahd. und angels. Kompositionsfuge* 1911. S. 74, 107, 136, 149, 166: die Überlieferung der G. ist hierin vielfach konservativer als die anderer Denkmäler); aber z. B. die Canonesglossen des Vindob. 361, 11. Jhs. (IV 634), sind schon verjüngt, und es sind natürlich viele Zwischenstufen möglich, ohne daß die Paläographie irgend hinreichende Kriterien böte. Manches ist schon mhd. Namentlich aber läßt das Abschreiben außerhalb der Heimat fast immer mehr oder minder starke mundartliche Spuren zurück, auch wenn keine eigentliche Umsetzung in einen anderen Dialekt beabsichtigt ist. Walahfrid sucht (wie Hraban) bei der Kompilation seiner Bibelglossierung die eigene Sprache einheitlich durchzuführen. Charakteristisch die Mischung in der *Lex Baiuvariorum*: die latinisierten Kunstworte in ihren dt. Teilen fränkisch, die neuen dt. Zutaten bairisch (v. Kralik Neues Archiv XXXVIII 15ff., 34ff., 45ff.).

Die Erforschung der genealogischen Zusammenhänge steckt denn auch noch in den Anfängen, und sie darf nicht, wie immer von neuem versucht ist, durch grammatische Beschreibung von Hss. oder selbst Handschriftengruppen überrannt werden, die dann eben doch nur komplexe Größen ergeben.

§ 5. Wir erkennen eine vorkarlische Schicht aus der Mitte des 8. Jhs. mit dem Keronischen Wörterbuch (I 1ff.) und der Vorstufe des *Vocabularius St. Galli* (III 1ff.) und der Kasseler G. (III 9ff.), vielleicht bairisch-romanischer antiker Herkunft, deren handschriftliche Abkömmlinge ins Reichenau-St. Gallische Gebiet hineinragen und dort z. T. neu bearbeitet werden. In Reichenau beginnt dann, auf angels. Anregung (§ 1b), die reichhaltige Glossatur besonders der biblischen Bücher, die z. T. auch in Murbacher Umschriften (Jabd) erhalten ist und zur Interlinearversion (s. d.) führt. In ihren Kreis und an die Wende des 9. Jhs. gehören wohl auch die ersten Vergil-, Prudentius- und Gregorglossierungen (II 625ff., 382ff., 162ff., vgl. d. Art. *Ahd. Literatur* § 2a), die in unendlichen Verzweigungen auch Baiern und Franken bis an den Niederrhein überschatten. In Rheinfranken wird Karl die Glossierung der neuerworbenen Canoneshandschrift (II 82ff.; PBB. XLVI 444ff.) und in Regensburg nach der Einverleibung Baierns die Neubearbeitung des Keronischen Wörterbuches (s. o. § 3) ins Leben gerufen haben; die alten Wessobrunner G. (IV 576) werden damals mitgewandert sein; auch die alten Melker G. (I 820) stehen wohl noch zu ihm in Beziehung. Einen festen Punkt haben wir dann wieder an Hrabans Isidorglossen: Fulda 826—829 (s. o. § 1a, auch die Orosiusglossen werden zu ihm gehören: II 356ff.; ZfdA. LVIII 241ff.), und wohl auch an Walahfrids Bibelkommentar, der während seiner Reichenauer Abtszeit (842—849) erstellt sein wird: es zeigt sich deutlich der Zusammenhang zwischen Fulda, St. Emmeram und St. Gallen, wie zwischen Fulda und Reichenau. Die Monseer Sammlung (s. o. § 2) gehört der zweiten Hälfte des 9. Jhs. an; das alphabetisch-enzyklopädische Salomonische Glossar (IV 27ff.) wird dem 920 gestorbenen Abtbischof Salomon III. von St. Gallen und Konstanz zugeschrieben; das *Summarium Henrici* (III 58ff.) hat einen term. p. q. an 1007 und ist vielleicht noch jünger als die G. Ekkehards IV. Nach Steinmeyer (bei Reutercrona *Svarabhakti* 1920. S. XXXIII) gehört die Hauptmasse der Zeit von 850—900 an, aber im einzelnen ist es nach § 4 außerordentlich schwer, über das Alter und die Entstehung der Originale, geschweige der massenhaften bis ins 15. Jh. reichenden Handschriften etwas auszusagen. Die Kapitularien Karls d. Gr. sind noch nicht zur Datierung verwandt.

§ 6. Dementsprechend ist auch, mindestens solange die Masse nicht Schritt vor Schritt philologisch aufgearbeitet ist, die sprachliche Ausbeute, namentlich der späteren G., trotz alles angewandten Fleißes, gering, nicht nur, weil die lautliche und formale Mischung unkontrollierbar ist, sondern auch weil Laut, Form und Wortschatz keineswegs die lebendige Sprache einer Zeit oder eines Ortes widerspiegeln muß: Eigenes und Überliefertes sind vorläufig unlösbar verknotet, so daß scheinbar zahlreiche Belege für ein Wort vielleicht oft auf einen einzigen zurückzuführen sind und der zweifellos große Gewinn an sonst unbekannten Worten sich sehr verdünnt, und obendrein verhindern der Verfall der Formen, die zunehmende Fehlerhaftigkeit der aber- und abermaligen Umschriften mehr und mehr, die Unterschiede festzustellen. Nur die älteren, schon jetzt einigermaßen genealogisierten Glossen mit ihren antiquarischen Formen und vielen ἅπαξ εἰρημένα können den gleichen Rang mit den zusammenhängenden literarischen Überlieferungen, nur die ältesten einen Vorrang beanspruchen: sie sind die ältesten ahd. Überlieferungen überhaupt, und ihre starke Bedeutung für die Durchleuchtung der Grammatik und die Füllung des Wörterbuches ist unangefochten.

§ 7. Über die Zugehörigkeit der G. zur ahd. Literatur s. d. Daß die literarische Bedeutung im heutigen Sinne bei unseren G. außerordentlich gering ist, wird keinen Augenblick bestritten.

§ 8. Die literarhistorische ist schon darum größer, weil eine ganze Reihe von Ausdrücken des dichterischen Bezirkes, wie *leih*, *gartsang*, *winileod*, *leodslackeo*, *skof* usw. sogleich mit Erklärung erhalten sind. Die eigentliche Bedeutung liegt auf dem Gebiet der Geistesgeschichte: von den G. hat eine künftige Geschichte der deutschen Gelehrsamkeit auszugehen. Zweck ist bei der einzeln auftretenden G. wie beim ausgewachsenen Wörterbuch und Kommentar meist Texterklärung, sei es für den Schulbetrieb oder für den Privatgebrauch; die Anwendung von Geheimschrift (gewöhnlich Ersetzung des Vokals durch den im Alphabet folgenden Konsonanten; über eine andere, zu der am Anfang der Handschrift der Schlüssel mitgeteilt wird und bei der jeder Buchstabe ein eigenes Zeichen erhält, s. Steinmeyer IV 496, 3), setzt zwei Leser, nämlich Lehrer und Schüler, und pädagogische Absicht, Schule voraus, und als Zeugnisse für Art, Leistungsfähigkeit, Ausdehnung des Schulbetriebes, der mit seiner Einstellung auf das Verdeutschen das Studium des Lat. in der Richtung auf die Notkersche Art umgestaltet, haben wir die G. in erster Linie zu bewerten. Nur bei gewissen ältesten, sachlich geordneten G., dem *Vocabularius* (III 1ff.) und den Kasseler G. (III 9ff.), handelt es sich um praktischen, nicht kirchlich gelehrten Gebrauch, und nicht das lat., sondern das dt. Wort soll vermittelt werden, etwa einem keltischen Mönche oder, in dem „Gesprächbüchlein", zu dem sich die Kasseler G. schließlich erweitern, einem reisenden romanischen Kleriker. Auch beim Keronischen Wörterbuch möchte man aus der ursprünglichen Anlage schließen, daß einem Lateiner das dt. Wort, nicht einem Deutschen das Lat. geboten werden sollte. Weiterhin haben wir die großen Sachglossare als gelehrte Enzyklopädien, als Konversationslexika, die spärlichen medizinischen (III 599ff., IV 368ff.) z. T. als praktische Hilfen zu betrachten. Insgesamt: auch die jüngeren G. zeigen, was, wie und wo man las, erklärte, wußte, denn von den glossierten Handschriften können wir sagen, daß sie benutzt sind; sie zeigen, wie die Scharen in zähem Kampfe das Erbe der römisch-christlichen Welt in Textverständnis, Begriff- und Wortbildung (z. B. der kirchlichen Terminologie) zu erringen trachten, das die Führer in ihren literarischen Arbeiten erstürmen, und so an der Gesamtaufgabe dieses Schrifttums mitarbeiten. Sie vervielfachen mit ihren Hunderten von Handschriften die Verbindungsfäden zwischen den Kulturstätten, die uns die eigentliche Literatur erkennen läßt, helfen sie durch ihre Masse aus der Vereinzelung und Zufälligkeit heben, die der ahd. Überlieferung eine Literatur-„Geschichte" vorenthalte, und geben dem deutsch-literarischen Bilde erst seine rechte Tiefe: für das Verständnis der Untergründe und Zusammenhänge sind sie als die tiefste Schicht antik-christlicher Bildung in unserer Sprache kaum minder wichtig als die lat. Literatur, auf der sich die ahd. erhebt.

§ 9. Freilich ist auch in dieser Richtung erst wenig geschehen, und man kann im allgemeinen nur die Hauptorte nennen, die Glossenhandschriften besaßen, und sagen, welchen Inhalts die sind, nicht, woher sie kamen, und wohin sie gingen, wieviel verloren ist. Am häufigsten sind Bibelglossen, besonders alttestamentliche (während Glossierungen zu Bibelkommentaren, Ambrosius, Beda, Hieronymus, sehr spärlich sind: II 24f., 44, 328ff., IV 313f., 333f.). Verschiedene Sammlungen entstehen schon seit der Wende des 8.—9. Jhs. Die späteren gehen meist auf Walahfrids oder die ihr verwandte Monser-Sammlung zurück. Diese, die größte unter ihnen, bezeugt durch Handschriften des 10.—14. Jhs., daß man sie in Monsee, Tegernsee, Salzburg, Göttweig, Regensburg, Freising, Benediktbeuern, also durch ganz Baiern benutzte, seit dem 12. Jh. wäre sie nach den heutigen Handschriftenbeständen auch in Windberg, Scheyern, St. Blasien, Rheinau, Weingarten vorhanden gewesen. Ein Evangelien-Glossar erstreckt sich in Handschriften des 8.—11. Jhs. von Reichenau-St. Gallen über Mainz und Xanten bis ins niederdeutsche Essen und Elten, eins zu den Paulinischen Briefen im 11. Jh. von Reichenau und Einsiedeln nicht nur nach Tegernsee, sondern auch ins niederdeutsche Werden. Noch früher reicht ein alttestamentliches nach Abdinghof bei Paderborn, Hildesheim und Halberstadt: hier grenzt die Frage nach dem literarischen Verhältnis von Ahd. und Nd. und der Lokalisierung der nd. Denkmäler. Dabei ist der alten nur einmal überlieferten Glossare, z. B. in Aug. IC und Jun. 25 und 83 und der interlinearen Glossierungen von Würzburg, die alle isoliert zu sein scheinen, noch gar nicht gedacht. Die Überlieferung des Glossars von Albert von Siegburg und noch eines anderen beschränkt sich auf Zisterzienserstifter. (Steinmeyer IV S. VI; die Glossierungen sind in Bd. I nach den biblischen Büchern zerlegt.)

Demgegenüber ist die Glossierung heidnisch-antiker Schriftsteller nur schwach. Es gibt größere Sammlungen nur zu Vergil (II 625ff.), Boethius (II 54ff.), Priscian (II 367ff.), Sallust (II 608ff.) — zugleich vier charakteristische literarische Gruppen: der christlich gewandte Dichter, der Philosoph, der Grammatiker der Schule, der Historiker —, aber auch sie nur in wenigen Handschriften. Hervorgehoben seien die großen Vergilkommentare von Tegernsee (Clm. 18059, 11. Jhs., II 625ff.) und Echternach (Paris. Lat. 9344, 11. Jhs., II 698f.); aber selbst bei Vergil ist nur die Schlettstadter Handschrift bis zur Stufe des alphabetischen Wörterbuches gediehen (II 675ff.). Sonst haben wir nur Einzelnes und Verzetteltes zu Terenz (II 624f.), Horaz (II 336ff.), Ovid (II 359), Lucan (II 355f.), Juvenal (II 347ff.), Persius (II 360ff.), bei denen eben keine Beziehung zur christlichen Welt vorhanden ist, zu Martianus (II 356), Orosius (II 356ff.), Vegetius (II 625) und dem Vergilerklärer Servius (II 723ff.), etwas mehr zu Donat (II 158), Phocas (II 363ff.), Eutyches (II 165) als Grammatikern. Mancher Name hiervon ist aber nur durch den früher Erfurter Parisinus 9345, 11. Jhs. (mfr.), (IV 596f.) belegt; sonst sieht man etwa St. Gallen und St. Emmeram hervorstechen; die kleine Orosiussammlung aber wird ihnen aus dem Hrabanischen Fulda zugekommen sein (§ 5).

Man darf indes hierbei nicht übersehen, daß gerade für die Erklärung der Alten bereits anderweit gesorgt war: durch die G., die man fertig übernahm, d. h. nur übersetzte: schon die Vorlagen des Keronischen Wörterbuches enthielten z. B. Vergilglossen, dazu Servius, Festus Pauli, Nonius, Lucan, Terenz + Donat, Ovid, Cassian, Isidor (Brans *Das Reichenauer Glossar Rf* 1914. S. 101). Das Salomonische Glossar ist zum größeren Teile Auszug des '*Liber glossarum*', einer großartig angelegten, wahrscheinlich span. Enzyklopädie für den Gebildeten des 8. Jhs., die auch Erklärungen zu Cicero, Vergil, Hieronymus, Isidor usw. enthält. Wir haben in dem Emmeramer Clm. 14429, 9.—10. Jhs. (IV 540), noch die kürzende Handschrift, aus der der St. Gall. 905, nach der Bibliothekslegende das Originalexemplar Salomons und Vorlage für seine Glossierung, hervorgegangen ist, und so sind abermals die beiden Orte für diese Studien zusammen zu nennen. Es ist aber auch das alte Glossar *Abavus* fast ganz aufgenommen, und dies neue Buch hat in zahlreichen, namentlich bairischen Handschriften lange weitergewirkt, es ist von Papias und Vincenz von Beauvais aufgenommen und sogar noch gedruckt. Und so enthalten auch die sachlich geordneten G., schon weil sie mehr oder minder auf Isidors Enzyklopädie zurückgehen, Antikes. Das gilt noch für die große Zusammenfassung des *Summarium Henrici* (III 58ff.), auch für die etwas älteren *Versus de volucribus, bestiis, arboribus* usw. (III 20ff.), von denen die Hauptsammlung (Steinmeyer Nr. DCCCCXXXIV) die reichste aller Überlieferungen unter den ahd. G. hat: gegen 50 Handschriften des gesamten Gebietes, davon freilich nur der Vindob. 85 (IV 626) noch dem 11. Jh. angehörig.

Von den übrigen nichtbiblischen G. stellen weitaus die Hauptmacht Prudentius (II 382ff.) und Gregor (II 162ff.) in Handschriften aller Stämme und Jhh.: kein Zweifel, daß die '*Psychomachia*' und die '*Cura pastoralis*' (Wesle *Die ahd. G. des Schlettstadter Codex* 1913. S. 92f.) nächst der Bibel im Vordergrund des Studiums gestanden haben. Demnächst sind die Canonesglossen (II 82ff.), d. h. Studien am geistlichen Rechte, zu nennen: nach unseren Beständen lokalisierbarer Handschriften sind sie in Würzburg, Ebrach, St. Emmeram, Freising, Monsee, Tegernsee, Salzburg, St. Florian, in Augsburg, Weingarten, St. Gallen, Einsiedeln, aber auch in Hildesheim, Paderborn, Halberstadt vom 8.—10. Jh., weniger im 11. und 12. Jh. benutzt. Dagegen sind für das Studium des weltlichen Rechts nur geringe und großenteils nicht lokalisierbare Glossenzeugnisse beizubringen (II 352ff., doch vgl. § 4).

Alles übrige, mit Ausnahme etwa von Hieronymus (II 322f.), Aldhelm (II 8ff.), Sedulius (II 614ff.) tritt stark zurück, selbst Ambrosius (II 24ff.), Augustin (II 40f.) und Beda (II 44ff.), und die Glossierungen zu den *Vitae* und *Passiones Sanctorum* (II 738ff.) erheben sich nicht über lokale Bedeutung; reichlicher ist nur die des Tegernseer Clm. 18547, 11. Jhs., zur *Vita Martini* des Sulpicius Severus (II 747ff.).

Alles einzelne ist in dieser Massenhaftigkeit noch zu tun. Steinmeyers Werk ist ein ordnender Abdruck, königlich ausgestattet mit allem Zubehör, keine kritische Ausgabe. Es läßt das Arbeitsfeld in seiner Weite erst überblicken, auch zeitlich: Abschriften und Umarbeitungen reichen vom 8. bis zum 15. Jh.: auch zur Zeit Gottfrieds von Straßburg und noch viel später benutzte und bearbeitete man in den Stiftern von Hoch- und Niederdeutschland ahd. G. Aber die geistige Führerschaft, die dies Tun einst bedeutete, ist ins trostloseste Gegenteil verkehrt: allein das eben ist der Sinn, der die ahd. Denkmäler auf unsere Zeiten gebracht hat.

Literatur vgl. Artikel *Althochdeutsche Literatur* und in den dort angeführten Werken von Ehrismann S. 242ff. und Bethge *Ergebnisse* S. 205ff. Dazu Zachers Artikel *Glossen* in Ersch und Grubers Enzyklopädie I 70, S. 213ff. P. Piper *Die Sprache u. Literatur Deutschlands* I (1880) S. 35ff. R. Loewe *Prodromus corporis glossariorum Latinorum*. Diss. Leipzig 1872. G. Goetze *Corpus Gloss. Lat.* 1888ff. Steinmeyer *Aus dem Nachleben des Clm.* 18 140, Aufsätze für W. Braune (1920) S. 199ff. O. B. Schlutter *Weitere Nachträge zu den ahd. G.*, JEGPh. XX (1921) S. 385ff. H. Sperber *Eine ahd. Glosse*, WuS. (1921) S. 146ff. [P. Schweiger *Die ahd. Florentiner G.* Diss. Innsbruck 1921.] P. Helmstaedt *Die G. des Cod. Laud. lat. 92 der Oxforder Bodleiana*. Diss. Halle 1923. G. Baesecke *Die dt. Genesisglossen der Familie *Rz*, ZfdA. LXI (1924) S. 222ff.; ders. AfdA. XLIII (1924) S. 109ff. E. Schröter *Walahfrids dt. Erklärung der bibl. Bücher Genesis bis Regum II u. der ahd. Tatian*. Diss. Halle 1925. S. a. den Artikel *Interlinearversion*.

G. Baesecke.

Glykoneus s. *Asklepiadeische Strophe* unter Antike Versmaße.

Gnomische Dichtung s. Lehrdichtung.

Gongorismus s. Schwulst.

Gotische Literatur. § 1. Erhaltene Literatur. Die uns erhaltene got. L. steht ganz im Zusammenhang mit den Christianisierungsbestrebungen innerhalb der got. (westgot.) Welt. Sie knüpft sich hauptsächlich an den Namen des arian. got. Bischofs Wulfila (geb. ca. 311, gest. 382 oder 383), auf dessen Bibelübersetzung alle vorhandenen got. Bibeltexte zurückgehen. Wulfila war Bischof seiner Goten von etwa 341 an; er führte ihren christlichen Teil unter dem Druck der Bedrohung durch die heidnischen Volksgenossen aus den dakischen Sitzen jenseits der Donau über den Fluß und verschaffte ihnen Ansiedlungsgebiet in der röm. Provinz Mösien. Die fragmentarisch erhaltenen Bibelhandschriften (Teile der vier Evangelien, der sämtl. Paulusbriefe und — vom AT. — ein Stückchen Nehemias) sind bedeutend jünger und stammen aus der ital. Zeit der Goten. Unsicher bleibt Alter und Entstehung eines Kommentars zum Johannesevangelium (von Maßmann, dem ersten Herausgeber, *Skeireins* genannt). Doch kann dieser wegen der Benutzung des Bibelkommentars des Cyrillus von Alexandria nicht vor Mitte des 5. Jhs. verfaßt sein. Sehr unsicher sind wir auch in der Beantwortung der vielumstrittenen Frage nach Wulfilas griechischem Originaltext. Wir haben allerdings ein Recht anzunehmen, daß ihm die Rezension Lucians des Märtyrers vorlag, die ihr Verbreitungszentrum in Konstantinopel hatte. Aber noch ist namentlich für das NT. die Gewinnung des Luciantextes nicht befriedigend gelungen. Daher können weder Kauffmanns auf die Zitate des Chrysostomus noch Streitbergs auf v. Sodens Textklassifikation begründete Versuche, Wulfilas Original zu gewinnen, als geglückt gelten. Sie müssen mißlingen, solange die theologisch-kritische Vorarbeit noch nicht genügend vorgeschritten ist. Die Frage wird noch dadurch kompliziert, daß Wulfila zweifellos von der lat. Rezension beeinflußt ist. Im engen Zusammenhang damit steht die Frage, wieweit die erhaltenen Handschriften Wulfilas gotisches Original verändert und evtl. unter Benutzung anderer Textrezensionen verfälscht haben. All diesen ungelösten Schwierigkeiten gegenüber ist es vorläufig am klügsten, die von Wrede und Jülicher befürwortete Haltung eines langsamen und vorsichtigen Vorwärtstastens einzunehmen. Jülichers Hinweis auf die lat.-griech. Mischkultur der nordöstlichen Provinzen des Imperium als das Milieu, aus dem Wulfilas Werk hervorgewachsen ist, erhält eine beachtenswerte Stütze in dem Nachweis, daß die von den Goten erfundene Runenschrift und das mit ihr verwandte Alphabet der got. Handschriften auf einer Mischung lat. und griech. Elemente beruhen.

Als Literaturwerk behält Wulfilas Bibelübersetzung seine hohe Bedeutung als ältester Beleg germ. Übersetzungsliteratur, ja germ. Literatur überhaupt. Die Durchdringung germ. und christlich-antiken Geistes tritt hier zum ersten Male greifbar auf dem Pergament niedergelegt vor uns. Diese prinzipielle Bedeutung kann nicht hoch genug geschätzt werden. Dagegen ist die künstlerisch-stilistische Leistung des Gotenbischofs schwer zu bewerten, solange festere Grundlagen für die Beurteilung fehlen. Die oben genannte Unmöglichkeit, Wulfilas Urtext zu gewinnen, sowie der Mangel an vergleichbarem gotischem Sprach- und Literaturmaterial erschweren das Urteil ganz außerordentlich und lassen es verfrüht erscheinen, stilistische Untersuchungen am Wulfila-Text vorzunehmen. Im allgemeinen dürfte Wulfilas Leistung etwa zwischen der ahd. Isidor- und Tatianübersetzung einzuordnen sein; jener ist sie in der engen Abhängigkeit von der Wort- und Satzstellung des Originals unterlegen, diese scheint sie an Empfänglichkeit für Bedeutungsnuancen entschieden zu überragen.

Die übrigen got. Sprachreste, zu denen auch die Runeninschriften von Kowel und Pietroassa gehören, haben nur sprachliche, keine literarische Bedeutung. Sie sind in den Textausgaben der got. Bibel abgedruckt oder aufgezählt.

Die Literatur ist zusammengestellt in den Ausgaben von E. Bernhardt (1884), Stamm-Heyne-Wrede (12. Aufl. 1913) und Streitberg *Die got. Bibel* 1908/10. Ferner bei Braune *Got. Grammatik* 9. Aufl. 1920. Dazu Kauffmann ZfdPh. XLIII (1911) S. 118ff., 401ff. Jülicher *Die griech. Vorlage der got. Bibel*, ZfdA. LII (1911) S. 365ff.; LIII (1912) S. 369ff. Kauffmann *Der Stil der got. Bibel*, ZfdPh. XLVIII (1920) S. 7ff., 165ff., 349ff.; XLIX (1921) S. 11ff.

§ 2. Erschließbare Literatur. Von got. Profanliteratur ist uns nichts erhalten. Wir sind darauf angewiesen, aus indirekten Quellen Schlüsse zu ziehen und erhalten auch einige Auskunft. Zwar das vielbesprochene „Got. Weihnachtsspiel", das in Kögels Literaturgeschichte eine so große Rolle spielt, hat aus ernsthafter Diskussion auszuscheiden. Dagegen hat die liedmäßige Dichtung mit geschichtlich-sagenhaftem Inhalt ihre Spuren bei den antiken Historikern hinterlassen. Der Typ des germ. Heldenliedes (s. d.), den wir in angels. und ahd. Resten, lebendiger bei den Nordgermanen finden, darf in der Formgebung, der Stoffwahl und den sittlichen Triebkräften der Handlung als eine zuerst bei den Goten erwachsene Kunst betrachtet werden. Die Wanderungszeit mit ihrem neuen Blick auf das Leben und mit den neuen großen Aufgaben des Einzelnen und der Volksgesamtheit hat auch der Kunst neue Impulse gegeben. Wie das Preislied (s. d.) erwächst das Heldenlied in der aristokratischen Kriegerwelt der wandernden Stämme, zuerst sicher bei den begabten und am höchsten kultivierten Goten. Unsere Hauptquelle für got. Heldendichtung ist die Gotengeschichte des Jordanes (MG. Auct. ant. V), dessen Bericht mit „sagenhaften", d. h. wenigstens oft auf liedmäßiger Tradition beruhenden Zügen durchsetzt ist. Am instruktivsten ist sein Bericht über den Tod des König Ermanarich (Kap. 24), den wir mit den historischen Nachrichten des Zeitgenossen Ammianus Marcellinus einerseits, den nordischen Dichtungen über diesen Stoff anderseits vergleichen können. Der Bericht des Jordanes erweist sich dabei als eine Kontamination von Historikernotiz und Heldenlied. Eine systematische Auswertung des Jordanes nach dieser Richtung steht noch aus. Unter anderen antiken Historikern, die national-got. Dichtung benutzt haben, ist ferner Cassiodor zu nennen, dem wir u. a. das Zeugnis für die Lieder auf den treuen Gensimundus verdanken, der seinerseits wichtige Züge zum Porträt des alten Hildebrand beigesteuert hat, und die verlorenen, aber in späteren Quellen (Fredegar) benutzten '*Gesta Theoderici*', die eine Reihe sagenhaft typischer Motive an Theoderich knüpfen.

Wertvoller ist uns noch die Belehrung, die wir aus germanischen Quellen ziehen, denn hier liegt doch das got. Erbe in poetischer Formung vor, und zwar in einer Formung, die dem got. Original sprachlich und metrisch doch immerhin nahesteht. Die westgerm. Literaturen sind auch hierin karg. Die Merkverse des alten Widsidliedes verraten nicht mehr als die weitgespannte Kenntnis got. Stoffe, die die Angelsachsen aus ihren Festlandsitzen mitbrachten, und die sie um das uralte Gotenreich an der Weichsel gruppierten, das sicherlich in der got.-nationalen Dichtung nicht vergessen war. Die deutsche Literatur hat allein im Hildebrandslied ein stilistisch doch tief umgestaltetes Stück got. Dichtung bewahrt, während wir aus dem Wust der mhd. Dietrich- und Ermanarichdichtung und vielleicht auch aus den lat. Hexametern des '*Waltharius*' mit Mühe ein paar Kernstücke herausspüren, die wohl einmal liedmäßige got. Dichtung gewesen sein könnten. Dagegen ist auch hier wieder der Norden aufschlußreicher. Das Lied von der Hunnenschlacht, obwohl erst in den späten Handschriften der Hervararsaga aufgezeichnet, darf in großen Teilen als got. Dichtung voll got. Siegergefühls bewertet werden. Es dürfte im Kern ein Niederschlag der Befreiungskämpfe nach Attilas Tode sein. Hier können wir ein ungefähres Bild von der Höhe got. Leistung auf dem Gebiet der Heldendichtung gewinnen, denn gerade die poetischen Hauptstellen sind vornordisch. Die auffallende Verwandtschaft der nordischen Hamdismál mit dem Bericht des Jordanes über Ermanarichs Ende ist schon von Mogk mit Recht auf direkte Übermittlung zurückgeführt worden, allerdings auf der zu engen Basis der Rückwanderung der Heruler im Jahre 512. Auf unserer erweiterten Kenntnis der mächtigen Kulturberührungen zwischen Donaugoten und Skandinaviern kann Mogks Theorie fester begründet wieder aufgenommen werden. Der Kreis der Vermutungen darf auf Attilas Tod und die nord. Hildebrandtradition ausgedehnt werden. Dagegen muß es einstweilen zweifelhaft bleiben, wie weit auch mythische Dichtung diesen Weg gegangen ist. Neckels dahingehende Auffassung, daß got. Lieder dem skand. Norden orientalisch-thrakische Attis-Adonissagen als Grundlage seiner Baldrgestalt vermittelt hätten, darf noch nicht unter die gesicherten Ergebnisse aufgenommen werden.

Streitberg *Got. Literatur*, Pauls Grundriß II, 1² S. 1ff. Heinzel *Über die ostgot. Heldensage*, WSB. CXIX (1889). Mogk *Die älteste Wanderung der dt. Heldensage nach dem Norden*, Forschgn. zur dt. Philologie, Festschr. f. R. Hildebrand 1894. H. Schück *Studier i Hervararsagan*. Rektorsprogramm Upsala 1918. H. de Boor *Die nord. und dt. Hildebrandsage*, ZfdPh. XLIX (1923) S. 149—181; L (1924) S. 175—210.

H. de Boor.

Göttinger Hain. § 1. Gründung und Wirksamkeit des Göttinger „Hain" sind

Erscheinungsformen des gewaltigen Kampfes, der im letzten Drittel des 18. Jhs. einsetzt gegen die vernünftig-schablonisierende, regelgebundene, Intuition und Phantasie knechtende Geistesströmung der vielfach unter frz. Einfluß erwachsenen dt. Aufklärung (s. d.). Ihre rationale Entwicklung hatte zu einer fieberhaften Analyse der Umwelt, alles Sehbaren, alles Begreifbaren, zur rationalen Erklärung auch alles bisher Unbegreiflichen geführt. Eine Systematisierung des Weltbildes war der Weg, die Entseelung der Natur die begreifliche Folge solchen rationalen Erkenntniswillens; die Mechanisierung alles Geistigen die letzte Konsequenz eines ausschließlich vernunftmäßigen Suchens nach starrer, Leben und Denken beherrschender Gesetzmäßigkeit. Solche Gesetzmäßigkeit aber übersteigerte nicht nur die Auswirkungen der absolutistischen Staatsform und beeinflußte auf diese Weise das öffentliche und soziale Leben, sondern sie rückte auch die Kunst in den Bereich ausschließlicher Verstandestätigkeit, degradierte sie zur Zweckfunktion.

Diese kulturpsychologische Situation konnte auf die Dauer nicht unwidersprochen bleiben. Von verschiedensten Seiten her stürmte die Opposition gegen die Rationalisierung der Welt und gegen ihre soziologischen und künstlerischen Äußerungsformen an. Ein neuer, streng bürgerlich-national orientierter Gesellschaftskreis schickt sich an, an Stelle des international gerichteten Scheinadels und Bürgerparvenütums des absterbenden Rokoko die Leitung der kulturellen Entwicklung Deutschlands zu übernehmen. Dieser sozialpolitischen Wendung entspricht zugleich eine Vereinfachung der äußeren Formen, ein Zug zur Natürlichkeit, ein Ehrlichwerden des Psychischen, ein Wachsen des sozialen Verstehens, vor allem aber auch wieder eine gesunde Entfaltung des Gefühlslebens. Schon der Geist der Empfindsamkeit (s. d.) trägt trotz seiner tränenseligen Philistrosität in solcher Beziehung doch den Keim einer neuen Gesundheit in sich. Die Empfindung und Erkenntnis aber gerade der Vollender der Aufklärung — Kants und Lessings — von den Grenzen rationaler Weltanschauung, ihr ehrliches Verlangen nach einem neuen, irrationalen Weg tun ein Übriges, um die Oppositionsbewegung zu stützen. Vor allem jedoch vermag die seelische Dynamik, die subjektivistische Einstellung des Pietismus in ihrer leidenschaftlichen Kampfstellung gegenüber dem Rationalismus gemeinsam mit den Bestrebungen des Sensualismus die nötigen Waffen zu schmieden.

Schon wird Hamann zum Rufer im Streit und Klopstock der erste Künstler-Herold einer neuen geistigen Welt. Die begeisterungsfähige Jugend aber, die nun den eigentlichen Kampf um die Befreiung des Lebens und der Kunst aufnehmen will, sie findet sich in einzelnen Zentren zusammen zu gemeinsamem Vorgehen. So wird Straßburg zur Hochburg der — im engeren Sinne des Wortes — „Stürmer und Dränger" (s. d.), Göttingen zum Sitz des „Hains". Und beide Gruppen, die in vielem lebhafte Beziehungen pflegen, wollen künstlerisch und kulturell im Grunde das Gleiche. Während jedoch die Shakespearebegeisterten Straßburger mehr der wuchtigen Ausdrucksform des Dramas zuneigen, finden die dem Geist der Empfindsamkeit näherstehenden Göttinger die dichterische Ausprägung ihres Ringens vor allem im Lyrisch-Idyllischen.

§ 2. Ein literarisches Unternehmen, das dem frz. '*Almanac des Muses*' nachgebildet werden soll, gibt den eigentlichen Anstoß zu der neuen Göttinger Bewegung. Heinrich Christian Boie, der Sohn eines Flensburger Pastors, gibt gemeinsam mit dem aus der Rokokosphäre herkommenden Friedrich Wilhelm Gotter 1769 im Göttinger Verlage Dietrich einen deutschen 'Musenalmanach für das Jahr 1770' heraus. Noch tritt hier die eigentliche Zielrichtung des literarischen Strebens nicht klar hervor; denn neben Klopstock und Gerstenberg sind auch Gleim, Ramler und eine ganze Reihe von Dichtern vertreten, die ihrer geistigen Einstellung nach der Aufklärung angehören. Dennoch erringt schon dieser erste Band des neuen Almanachs trotz Konkurrenz durch einen widerrechtlich von anderer Seite herausgegebenen Leipziger 'Almanach der deutschen Musen' bedeutsamen Erfolg. Und je mehr in den Folgejahren die Aufklärungsgegner im Rahmen des Almanachs an Raum gewinnen, desto stärkeren Einfluß nimmt er auf die

Entwicklung vor allem der lyrischen Dichtung. Bald gelingt es dem Geschick Boies, die bedeutendsten Köpfe unter den lyrischen Revolutionären heranzuziehen; Bürger und Voß, Claudius und Hölty, die beiden Vettern Miller, Hahn und Cramer, Herder und Goethe: sie alle sind in den nächsten Jahren im Musenalmanach vertreten und verdrängen allmählich Wieland und seinen Kreis. Diese Geschlossenheit des Vorgehens aber hatte zur Folge, daß die jungen, dem Irrationalen zugewandten Dichter von ihren Gegnern als einheitliche Gruppe angesehen wurden und sich allmählich selbst als solche fühlten. So hatten denn vor allem die in Göttingen weilenden Mitarbeiter das Bedürfnis, sich auch persönlich enger aneinanderzuschließen und ihrem Schaffen ein gemeinsames Ziel zu setzen. Dieses Ziel und Vorbild aber hieß: Klopstock.

In seinem Namen und Geiste wurde am 12. September 1772 in einem Dorfe bei Göttingen von den Vettern Miller, von Hahn, Hölty, Voß und Wehrs ein Bund der Freundschaft — nach Klopstocks Ode 'Der Hügel und der Hain' kurz der „Hain" genannt — gegründet. Der Zauber der ländlichen Natur, die weiche Stimmung der herbstlichen Mondnacht, der unheimliche Schatten mächtiger Eichen — all dieser Eindruck des schier Unsagbaren, mystisch ins Unendliche sich Steigernden erfaßt die phantasiefreudigen jungen Menschen aufs tiefste, entringt ihnen den Schwur der Kampfestreue. Kampf eben um das Ideal: Klopstock, Kampf um die Freiheit der Phantasie und des Lebens, Kampf vor allem auch um religiöse, nationale Eigenberechtigung und gegen nationale Versklavung, als deren geistigen Urheber sie Wieland ansahen. Mag da in manchem auch übers Ziel geschosssen worden sein, mag uns heute die Bardenmaske vielleicht auch lächerlich erscheinen: im Wesen war jene geistige Bewegung, die in der Entstehung und weiteren Wirksamkeit des G. H. sich manifestierte, doch eine innerlich berechtigte Abwehr gegen allzu lange währende, geistige und allgemein-kulturelle Fremdherrschaft. Der Göttinger Musenalmanach wird nun zum Kampforgan; ein „Bundesjournal" hält die Entwicklung der Bewegung fest, und ein „Bundesbuch" sammelt all jene Dichtungen, die ihrer Einstellung und ihrer künstlerischen Qualität nach dem neuen dichterischen Wollen entsprechen.

Bald erweitert sich der Kreis der jungen Leute: vor allem kamen die beiden Grafen Friedrich Leopold und Christian von Stolberg hinzu, der Schleswig-Holsteiner Esmarch, der Hannoveraner Leisewitz und noch andere schlossen sich an, und Bürger sowie Claudius traten dem Kreise, wenn auch nicht als direkte Bundesmitglieder, näher. Klopstock und Wieland aber sind und bleiben die Pole, um die Liebe und Haß, Streben und Abwehr, Schaffen und Kritik der Göttinger sich bewegen. Und da Klopstock selbst am Bunde Interesse zeigt, ja 1774 persönlich inmitten der jungen Leute erscheint, ist der Höhepunkt dieser literarischen Gärung erreicht; „literarisch" freilich im weitesten Sinn, da die politische Seite des Kulturkampfes, der Tyrannenhaß, ebenso scharf ausgeprägt war wie die gefühlsmäßig-künstlerische und die moralisch-nationale. Und: „Gärung" durchaus in der Bedeutung des chemischen Veredlungsprozesses, durchaus gedacht als organisch-notwendige Durchgangsstufe zur Blütezeit irrationaler Dichtung, wie sie späterhin verkörpert erscheint in Klassik und Romantik. Denn mag auch bald nach erreichtem Höhepunkt speziell die Göttinger Hain-Bewegung als solche infolge Abwanderung der wichtigsten Mitglieder abgeflaut sein, mag diese Zersplitterung in der Spaltung des Almanachs in einen Göttinger und einen Hamburger zum Ausdruck gekommen sein: die künstlerischen und kulturpsychologischen Errungenschaften der Hainbündler und derer, die ihnen nahestanden, waren doch nicht mehr wegzuleugnen; im Gegenteil: sie wirkten gerade infolge der Leidenschaftlichkeit ihres Impulses, infolge der jugendfrischen Kraft ihrer tiefinneren Überzeugung trotz mancher Schwächen weit hinein in den geistigen, seelischen und künstlerischen Konsolidierungsprozeß des deutschen Idealismus.

§ 3. Die Welt des deutschen Rokoko hatte in der Lyrik der Anakreontiker (s. d.) gleichwertigen Ausdruck gefunden. Nichts konnte der Kostümpose ohne innere Erfüllung mehr entsprechen als diese rein formale Dichtung von Wein und Liebe, die ihre Schaffensanregung nicht im erschütternden Erlebnis fand, sondern in spielerischer Formgraziosität, ja die geradezu bewußt Dichten und Leben zu trennen suchte. Jene kulturelle Gegenströmung aber, von der oben schon die Rede war, und für die Rousseaus Kulturpessimismus nur als symbolisches Zeichen des neuen Zeitgeistes gewertet werden muß; jene Gegenströmung, der die ausschließliche Einheit aller Lebensäußerung die Gewähr für ihre Ehrlichkeit zu sein schien, sie mußte naturgemäß auch neue Erscheinungsformen der Kunst und insbesondere der Dichtung zum Leben erwecken. Die Antithetik alles kulturellen Geschehens ließ zugleich mit dem Ehrlich- und Schlichtwerden der äußeren Lebensformen dem rein Verstandesmäßigen des Aufklärungszeitalters das Gefühl als Beherrscher aller Lebens- und Schaffensantriebe gegenübertreten und damit einen mächtig vordringenden Verinnerlichungsprozeß beginnen.

Klopstock war der erste bedeutende Vertreter dieses neuen, dynamischen Künstlertums, das seine Formen nicht mehr konstruktiv aus fremden Beispielen übernahm, sondern intuitiv aus innerstem Erleben emporwachsen ließ; das die Welt dichterischer Verkörperung nicht mehr — wie die Anakreontik — aus Büchern holte, sondern aus der wahrhaftigen Visionskraft der eigenen Seele. Wie begreiflich, daß die junge Generation dieser herandämmernden Aufklärungsgegnerschaft in Klopstock den Meister und Heros sah! Und dennoch konnte er dieser jungen Generation Vorbild nur in eingeschränktem Maße sein. Denn wohl ist seine Kunst einzig entsprossen dem tief zu innerst erfühlten seelischen Erlebnis; aber dieses Erlebnis hat keine Erdenbindung, es ist gottgegeben; die Welt des Irdischen ist ihm lediglich Symbol göttlicher Allmacht, Natur und Menschentum nur die notwendig-reale Begrenzung göttlicher Unendlichkeit. Die jungen Aufklärungsbekämpfer aber stehen bewußt mitten im Irdischen des Lebens. Sie glauben inbrünstig an den Ewigkeitswert von Klopstocks Ruf zum Irrationalen und setzen sich seine Erfüllung zum Ziel; aber sie teilen nicht Klopstocks restlos musikalische Seraphik; ihr Blick ist nicht aus strahlend göttlicher Höhe hinabgerichtet durch tausend Sphären auf die allmählich verdämmernde Erde, sondern mitten aus dieser engen, bedrängten, aber doch plastisch-lebenbejahenden Erde hinauf zum Ewigkeitsziel deutscher Göttlichkeit. Gerade diese Erdgebundenheit aber läßt die Göttinger einen Schritt vollziehen, der für die künftige Entwicklung der dt. Lyrik von besonderer Bedeutung werden sollte: die Eroberung des realen Erlebniswertes. Dadurch war — über das rein psychische Erlebnis Klopstocks hinaus — der volle Gegensatz zur anakreontischen Trennung von Dichten und Leben manifestiert, war deren Einheit für die deutsche Lyrik wiedergewonnen. Mag, wie in allen Übergangszeiten, die geistige Welt des bekämpften Vorgängers auch noch stark nachwirken in den Anschauungsformen des gärenden Neuen, mögen etwa Miller und Stolberg, zum Teil auch Hölty und Claudius in gar mancher Einzelheit, in manchem Bild, in mancher Gestaltungsweise noch den Requisitenkasten der Anakreontik benutzen — diese Anleihen können nichts besagen gegenüber der ehrlichen Erlebnisfreude, gegenüber der in ihren Dichtungen immer wieder zutage tretenden Totalität ihres Wesens.

Mit solchem Wachsen des Erlebniswertes gegenüber anakreontischer Konstruktion fällt aber auch die Typenschablone des Rokoko. Die Forderung nach Wahrhaftigkeit des Erlebens als künstlerischer Schaffensgrundlage führt naturnotwendig zur Subjektivierung dieses Schaffens. Auch der Straßburger Kreis war ja zum gleichen geistesgeschichtlichen Resultat gekommen. Denn neben dem neuen, dem titanischen ebenso wie dem sozialen Drama erwuchs dort die lebensnahe Lyrik des jungen Goethe und Lenzens; und wie jene war auch die der Göttinger nicht — wie es im ersten Augenblick den Anschein haben könnte — impressiv, sondern expressiv, war nicht Eindrucks-, sondern Ausdruckskunst, war Synthese von Beobachtungs- und Wunschwelt, aber beides nicht als posierte Spielerei, sondern als tiefgefühlte Erlebnisgestaltung.

Freilich, soweit die Göttinger entfernt waren von Klopstocks Seraphik, von seiner Gottesperspektive, soweit auch waren sie entfernt von Goethes Titanentum, von Lenzens selbstironischer Willkürgestaltung. Denn ihre Welt ist eine Welt der Enge, des Sichbescheidens. Gerade deshalb allerdings eine Welt des sozialen Verstehens ebenso wie der Andacht zum Kleinen — auch in ihrem Verhältnis zur Natur. Die Aufklärung hatte in ihren romanophilen Regungen stets nach der großen Geste des frz. Pseudoklassizismus gestrebt, ohne dieser auf die frz. Adelsdekadence berechneten Drapierung aus den engen Verhältnissen des dt. Bürgertums heraus mehr als den Willen zur Pose, gepaart mit schlecht verhüllter Kleinbürgerangst, bieten zu können. Mit solcher Talmikultur, die große Teile des Gesamtvolkes, so eben das Kleinbürgertum selbst und den mächtigen Faktor: Bauerntum, ausschloß vom Horizont dichterischer Darstellung, sollte nun aufgeräumt werden. Nun wurde gerade das Kleinbürgertum ebenso wie das Bauerntum in den Mittelpunkt lyrischer Darstellung gerückt. Allerdings waren alle die vielen Bauernlieder der Voß, Hölty, Miller, Claudius trotz guter Bauernbeobachtung keineswegs schon aus bäuerlicher Mentalität heraus empfunden: sie waren, in übertragener Gleichstrebigkeit mit Rousseau, vielmehr der Sehnsuchtsausdruck des infolge der negativen Wirkungen der Aufklärung kulturpessimistisch gestimmten Städters. Dennoch durchaus echt sowohl als Empfindungsausdruck des wahrhaft Erlebten als auch in der Einstellung zur Natur.

Schon die Anakreontiker hatten gegenüber der rationalistischen Gelehrtenpoesie einen deutlichen Schritt auf das moderne Naturerlebnis zu gemacht. Aber noch handelt sich's bei aller Naturfreudigkeit um etwas Papierenes, bloß Vorgestelltes, nie selbst Gesehenes und lebendig Erfühltes; um ein Statisch-Typisiertes, das je nach Notwendigkeit auf Grund eines ungeschriebenen Kodex mit Hilfe ganz bestimmter, immer wieder gebrauchter Versatzstücke auf die Bühne der Darstellung beschworen wird. Für die Göttinger aber bedeutet die Natur nicht mehr Versatzstück, sondern, wie ihre kleinbürgerlich-philiströse Umwelt, die Ergänzung des Ich. Wie diese Welt der gemütlichen Enge, so wird auch die Natur miteinbezogen in den Gesamtorganismus ihres empfindsam-überströmenden Freundschaftskultus. So wie dies empfindsam Strömende den Menschen an den Menschen knüpft, seelisches Erlebnis im mitfühlenden Nachschwingen einer anderen, empfänglichen Seele sich spiegeln läßt, so wird die neu entdeckte heimische Landschaft, wird der Eichenhain, das rauschende Gewässer, so wird vor allem die zauberhafte Mondscheinnacht — wir stehen hier ja am Beginn der deutschen Mondscheinpoesie — zum beseelten Freund, zum Mitempfinder, dynamischen Widerspiegler aller Freuden und Leiden. Diese Einstellung aber, verbunden mit der schon erwähnten Subjektivierung des Gestaltungswillens, führt gegenüber anakreontischer Einförmigkeit der Melodienführung zu einer von innen her bestimmten Modulationsfähigkeit der lyrischen Stimmung.

Die Skala freilich, die diese Stimmungsmodulation durchläuft, sie findet ihre Grundtonart stets im Volkstümlichen. Eben daran aber ist ja der Echtheitsmaßstab anzulegen: die Enge der Verhältnisse, aus denen das Gefühlsleben der Göttinger (mit Ausnahme der Grafen Stolberg) erwächst, sie darf und soll auch im dichterischen Ausdruck nicht geleugnet werden. Ob erotisches Erleben zum Anlaß wird; oder ob Höltys erschütternder, ehrlich erlittener Lebenszwiespalt zwischen Weltfreude und Todesschauer die dichterische Inspiration gibt; ob Claudius die ganze, treue Innigkeit der kinderseligen Mütterlichkeit erfühlt; oder Miller in Nonnenliedern gegen vermeintliche soziale Entrechtung ankämpft; oder ob Stolberg und gar mancher andere das Haßlied auf die absolutistischen Tyrannen singt — immer bleibt doch gerade in bestgelungenen Kunstwerken dieses Kreises der volksmäßige Ton der natürlich gegebene, immer ist die Nachwirkung Herderscher Volksliedpropaganda neben der Gefühlserlösung Klopstocks trotz anakreontischer Restbestände deutlich zu erkennen.

Wie aber all diese dichterische Gefühlsgestaltung als Erlebnis realer Enge auftritt, so auch der Ausdruck des Nationalen; sei es, daß er in patriotischer Kundgebung oder im Tyrannen-Haßgesang sich äußert. All diese lyrischen Äußerungen tragen viel mehr ethischen als politischen Charakter an sich, sind weit mehr kulturelle Abwehr gegen Französelei als Ausdruck produktiver Nationalpolitik. Die politische Unreife des dt. Staatsbürgers im 18. Jh. hat trotz alles Bardengebrülls zu einer Klärung der durch romanischen Einfluß unerquicklich gewordenen innen- und außenpolitischen Situation nicht geführt. Wohl aber hat die national-ethische Einstellung der Göttinger und ihrer Freunde trotz mancher moralischen Engherzigkeit doch erheblich beigetragen zu jener inneren Festigung des deutschen Volksempfindens, das, nach neuerlicher empfindlichster Erniedrigung so vorbereitet, späterhin mit dem kräftigen Gegenstoß der Befreiungskriege antworten konnte.

§ 4. Weitaus weniger produktiv wirkte die Göttinger Hain-Bewegung sich auf den übrigen Gebieten dichterischer Entfaltung aus, und es ist sehr bezeichnend, daß diese übrigen, nichtlyrischen Kunstwerke nur in entfernterem zeitlichen oder persönlichen Zusammenhange mit der Hain-Bewegung selbst stehen. Dennoch sind die für die Lyrik maßgebenden Kennzeichen kultureller, geistesgeschichtlicher, künstlerischer Auswirkung auch für diese Kunstwerke der anderen Dichtungsgattungen maßgebend gewesen.

So stehen vor allem Voß' eigentlich schon nach dem Ableben der Hain-Bewegung entstandene Idyllen naturgemäß in engstem Zusammenhange mit der Lyrik des Hains. Die ganze Milieubedingtheit, der Ausdruck kleinbürgerlichen Hausfriedens, die Erlebnisechtheit der von vier anspruchslosen Wänden häuslicher Bescheidenheit begrenzten Wunsch-, Glück- und Sorgenwelt, sie spiegeln sich wider in der breitausladenden hexametrischen Kunstform ebenso wie in der gemütvollen Art der Interieur- und Seelendarstellung. Die Umwelt des Menschen, sie wird auch hier wieder zur beseelten Ergänzung des Ich, zum Stimmungsfaktor für den Wiederklang wahrhaften Erlebens. Wie die Lyrik des Hains in vieler Beziehung eine Überwindung anakreontischen Rokokogeistes bedeutet, so die Voßsche Idylle in ihrer sozialen Echtheit, in ihrem gemütvollen Realismus eine Überwindung der Rokokoidylle, wie sie sich etwa bei Geßner in ihrem gemimten Traum von Schäfern mit Seidenkleidern und Perücken äußerte.

In noch viel schärferer Weise aber bedeuten Bürgers Balladen die Überwindung der anakreontischen Bänkelsängerromanzen der Gleim, Schiebeler usw. Mißverstandenes romanisches Vorbild hatte im Dunstkreis des absterbenden Rokoko zum Fäulnisprodukt einer spielerisch-saftlosen, höfisch-ironischen Bänkelballade geführt, die den Volkston vorspiegelte, im Grund aber geradezu Schundliteratur war. Dieser geschminkten Unechtheit gegenüber fuhr Bürgers 'Leonore'-Dämonie, gestützt auf Percys und Herders Versuch einer Wiederverlebendigung der Volkspoesie, hinein wie ein reinigendes Gewitter. Die ganze Wucht seelischer Erschütterung türmt sich in dieser ersten wahrhaft deutschen Ballade empor zum mystisch-realen Nachterlebnis; Leben und Tod paaren sich im Stimmungstaumel leidenschaftlich überhitzter Phantasie zum großartigen Subjektivgemälde voll dynamischer Kraft. Und nicht minder durchschüttert die Gewalt sozialen Gewissens die Ballade von 'Des Pfarrers Tochter von Taubenhain'. Stärker noch als in der Hain-Lyrik tritt hier das expressive Moment in den Vordergrund, und näher als die Lyrik findet gerade Bürgers Balladen-Dichtung den Weg zum Schaffen des Straßburger Kreises hin.

Nach solcher Richtung tendierten ja auch Drama und Roman, soweit sie mit dem Hain überhaupt in Beziehung stehen. Denn trotzdem Leisewitz Mitglied des Hains war, sind gerade seine Beziehungen zu den übrigen Mitgliedern nie stark betont worden. So stehen denn auch seine Dramen — der 'Julius von Tarent' ebenso wie die Dramolette 'Die Pfändung' und 'Der Besuch um Mitternacht' — viel mehr in der Kunsttradition der Stürmer und Dränger und gleichzeitiger Lessingscher Errungenschaften als in der des Hains, wenngleich natürlich das Gemeinsame der ganzen Kulturerneuerungswelle, das Betont-Gefühlsmäßige wie das Naturnah-Rousseaubegeisterte, die wahrhaftige Lebens- und

Welterfassung wie die psychologische Subjektivierung und vor allem die Tendenz zum Tyrannenhaß auch in diesen Werken seine Spuren hinterläßt.

Und genau so steht Millers später entstandener 'Siegwart'-Roman viel mehr in der Linie der Werther-Nachfolge als in der Hain-Bewegung. Aber auch hier schlagen jene Wogen der Empfindsamkeit, der Mondscheinbegeisterung und sentimental-brüderlichen Naturerfassung, der Umweltbeobachtung und sozialen Problematik an, die als Schaffens- und Stimmungsantrieb in der Hain-Lyrik zu finden sind, so daß Zusammenhänge deutlich werden. —

§ 5. Als geistesgeschichtliche Gesamtheit betrachtet, muß jedenfalls die Göttinger Hain-Bewegung als einer der wichtigsten und stärksten Faktoren der jungen, begeisterungschäumenden Irrationalitätsströmung gewertet und eingegliedert werden. Mag auch der Hain-Dichtung mit Recht Kleinlichkeit, Philistrosität vorgeworfen werden, mag sie behaftet sein mit dem Kennzeichen der Uneinheitlichkeit, des typischen Übergangs — dennoch hat sie in all dem Gewoge ideellen Ringens eine Richtung aus dem untergehenden, morsch gewordenen Alten hin zum fruchtbaren Neuen, zum wesenhaft Deutschen bedeutet und weithin sichtbar demonstriert. An ihrem Erfolg aber hat sich das Selbstbewußtsein der Reifezeit idealistisch-dt. Denkens und Dichtens emporgerichtet.

R. E. Prutz *Der Göttinger Dichterbund* 1841. K. Weinhold *H. Ch. Boie* 1868. H. Grantzow *Geschichte des Göttinger Musenalmanachs* (Berl. Beiträge z. germ. Philologie 22) 1909. A. Sauer Einleitung zu Bd. 49 von Kürschners Deutscher Nat.-Lit. H. Hettner *Geschichte der dt. Literatur im 18. Jh.* III, 1[6] (1913) S. 292ff. E. Ermatinger *Die dt. Lyriker in ihrer geschichtlichen Entwicklung von Herder bis zur Gegenwart* 1921. I 39ff. J. F. Schneider *Die dt. Dichtung zwischen Barock und Klassizismus* 1924. S. 393ff. H. Kindermann *Entwicklung der Sturm- und Drangbewegung* 1925. Einzelliteratur bei Goedeke.

H. Kindermann.

Graziendichtung. Unter den Gestalten der griech. Mythologie, deren zahlreiche Verwendung ein besonderes Charakteristikum der dt. Rokoko-Dichtung des 18. Jhs. bildet, nehmen die Grazien insofern eine Sonderstellung ein, als nach ihnen vielfach die ganze poetische Richtung dieser Zeit als „Graziendichtung" bezeichnet wurde. Maßgebend hierfür war nicht nur die häufige poetische Verwendung der von der antiken Kunst, der anakreontischen Lyrik und der griech. Anthologie überlieferten anmutigen, mit Rosen bekränzten, heiter im Reihentanze sich schwingenden Mädchengestalten, die vom bloßen stilistischen Zierat des Barock im Rokoko poetischer Stoff, ästhetisch und ethisch inhaltsvoller Begriff wurden, sondern zugleich die theoretischen Bestrebungen einer Zeit, die sich bemühte, das Wesen des Schönen zu ergründen und dabei zum ersten Male den Begriff des Anmutigen herausstellte und weiter entwickelte.

Zwei Richtungen lassen sich innerhalb dieser Graziendichtung scheiden, entsprechend den beiden Hauptströmungen der dt. Literatur gegen die Mitte des 18. Jhs.: eine mehr von Frankreich beeinflußte Richtung, die das Anmutige vorwiegend im äußeren sinnlichen Reize oder als Reiz des Geistes *(esprit)* faßt und, von Hagedorn ausgehend, hauptsächlich in der frühen Anakreontik zum Ausdruck kommt und eine stark von engl. Strömungen abhängige Richtung, die vorwiegend seelische Schönheit und Anmut betont und nach ersten Anklängen bei Pyra in dem jungen Wieland ihren Hauptvertreter findet. Während dieser aber im 'Antiovid' theoretisch ganz von Shaftesbury abhängig erscheint und seine poetischen Mustervorbilder des anmutigen Mädchens von Milton und Richardson entlehnt, vollzieht sich späterhin in diesem Hauptvertreter der dt. Rokokodichtung ein Ausgleich der beiden Strömungen, dem die dt. Literatur eines ihrer anmutigsten Gebilde verdankt: 'Musarion oder die Philosophie der Grazien' (1768). Wieland ist es denn auch, der 1770 in den 'Grazien' eine „Geschichte" der drei jugendlichen Göttinnen zu schreiben versucht und eine Darstellung ihres Wesens und all ihrer Beziehungen zu den Menschen und Göttern gibt. Von diesen Werken angeregt und beeinflußt ist dann J. G. Jacobis 'Charmides und Theone oder die sittliche Grazie' (1773), worin — sich mit gleichzeitigen pädagogischen Tendenzen berührend — die Erziehung der Jugend zur Anmut, zur sittlichen Grazie dargestellt wird, eine Forderung, die dann in Herders 'Fest der Grazien' ganz ins Lehrhafte einer praktischen Ethik einmündet.

F. Pomezny *Grazie u. Grazien i. d. dt. Lit. d. 18. Jhs.* (Beitr. z. Ästhetik VII) 1900. Vgl. auch *Anakreontik*. Erna Merker.

Griechische Literatur s. Antike Literatur.

Grobianische Dichtung. Die g. D., deren Hauptvertreter ironische Anstandsregeln geben, indem sie freches und unflätiges Benehmen bei Tische empfehlen, durch abschreckende Schilderungen solchen Betragens davor warnen oder nach einem damals üblichen Vorgang „durch Scherz belehren", beginnt in Deutschland Ende des 15. Jhs. Ihre Blütezeit erreicht sie im 16. Jh., wirkt aber noch in Ausläufern nach bis in die erste Hälfte des 18. Jhs.

I. Vorbereitung. § 1. In der höfischen Zeit des MA. galt strengste Beobachtung guter Umgangsformen als Äußerung einer vornehmen, tüchtigen und sittlichen Gesinnung. Den Rittern und ihren Frauen gab Thomasin von Zirklaere in seiner, der Beharrlichkeit im Guten gewidmeten Reimdichtung 'Der Welsche Gast' (1215/16) Vorschriften für den gesellschaftlichen Verkehr, auch für das Benehmen bei Tisch. Wegen der zunehmenden Verrohung der Sitten in den Übergangsjahrhunderten wurden damals ältere lat. Anstandsregeln verdeutscht und bearbeitet, so hauptsächlich die Cato zugeschriebenen '*Disticha de moribus*'. Viel jüngere Ergänzungen dazu, der '*Facetus*' und der '*Moretus*', wurden von Sebastian Brant verdeutscht. In den ersten Jahrzehnten des 16. Jhs. haben mehrere dt. Humanisten in lat. Schriften unter anderem auch gutes Benehmen bei Tische gelehrt. Das bedeutendste Werk darunter ist des Desiderius Erasmus '*De civilitate morum puerilium*' 1528, das eine Hauptquelle für Dedekinds '*Grobianus*' wurde.

§ 2. Thomasins Tischregeln wurden losgelöst und zu einer selbständigen Dichtung 'Hofzucht' ausgestaltet, auch in jüngere Bearbeitungen des dt. Cato eingefügt. Wie in lat., ital., frz. und engl. Sprache, so erschienen auch seit dem 13. Jh. in dt. Sprache zahlreiche, meist in Reimpaaren abgefaßte Tischzuchten, die wohl einer gemeinsamen, doch verlorengegangenen Quelle entstammen. Im 14. und 15. Jh. mehrt sich ihre Zahl. Die 1492 gedruckte 'Tischzucht' von Jakob Köbel zeigt schon einen grobianischen Zug. Und in einer ganz neuartigen Behandlung von Catos Lehrgedicht wahrscheinlich aus dem Anfang des 15. Jhs. 'Wie der Meister seinen Sun lernet' werden die alten Vorschriften umgekehrt, in roher Weise der Jüngling zu anstößigem Benehmen aufgefordert und ihm zur Belohnung dafür eine der höchsten Kronen versprochen. Noch verstärkt wird der Grobianismus in Brants freier Bearbeitung der '*Thesmophagia*' von Reinerus Alemannicus, die schon durch übertriebene Schilderung des unschicklichen Betragens einen Übergang zur Parodie bildet. In die 2. Auflage seines 'Narrenschiffes' (1495) schiebt Brant den Abschnitt 110a 'Von disches unzucht' ein, wo überhaupt nicht mehr Zucht gelehrt, sondern das Treiben der „unheflichen Narren" abschreckend geschildert wird. Derber und anschaulicher als seine Vorgänger kommt er dem Typus des Grobianus schon näher durch die hier in allen Einzelheiten geschilderten Haupteigenschaften dieser Gesellen: die schlaue und rücksichtslose Verfolgung eigennütziger Absichten.

§ 3. Der Ausdruck Grobian taucht, so viel wir wissen, zuerst 1482 in Zeningers '*Vocabularius theutonicus*' auf als Verdeutschung für *rusticus*. Doch zum Schutzheiligen unflätiger Schlemmer erhob ihn erst Brant in der ersten Ausgabe des 'Narrenschiffes' (1494) am Beginn des 72. Abschnittes „Von groben Narren", der mit den denkwürdigen Versen beginnt:

> Ein nuer heilig heisst Grobian,
> den will ietz füren iederman
> und eren in an allem ort
> mit schäntlich wüst werk, wis und wort.

Im Abschnitt selbst wird ein lebendiges Bild vom wüsten Treiben dieser Rotte entrollt. Eine solche Heiligsprechung komischer und anstößiger Begriffe war damals allgemein üblich. Durch Brant wird nun der heilige Grobianus zum Schutzherrn und Anwalt jedes unanständigen Benehmens im Wirtshaus wie in der Familie. In Murners 'Schelmenzunft' (1512) führt er in Gestalt eines Schweines den Vorsitz einer wüsten Tafelrunde. Die Vorschriften, die hier gegeben werden, laufen den Regeln der Tischzucht schnurstracks zuwider. In seinen vom 'Narrenschiff' ausgehenden Predigten schildert Geiler die Zutrinker, gibt die landläufigen Regeln der Tischzucht, vergleicht die Säufer mit Tieren und zählt deren Unarten in Einzelheiten auf. Eine mit vielen geschickten Einschüben versehene Verbreiterung der Brantschen Tischzucht bildet 'Ein schön Reygenlied von Sant Grobian', wo von den Schlemmern auch Gott gelästert wird. Es ist wahrscheinlich um die Mitte des 16. Jhs. am Oberrhein verfaßt in der Art von Volksliedern mit formelhaften Wendungen und Kehrreim.

§ 4. Eine weitere Wandlung von ernsten Sittenlehren zu deren Umkehrung fördern die damals so beliebten Dichtungen vom Schlaraffenland. Ende des 15. Jhs. kommt in Deutschland dieser Name auf, im 16. Jh. die ersten poetischen Darstellungen dieses Stoffes. In dem hier vorkommenden Zug, daß der träge, gefräßige und flegelhafte Mensch reich belohnt und geehrt wird, berühren sich diese mit Anschauungen der g. D. Auch die von dt. Humanisten nach antikem Vorbild abgefaßten ironischen Enkomien, scherzhafte Lobschriften auf böse Menschen, schädliche Tiere und Ungeziefer und vor allem auf Laster gehören mit der damals so reich bebauten Trinkliteratur in diesen Kreis. Eine folgerichtige Durchführung der Parodie tritt erst ein in der kleinen Prosaschrift: 'Grobianus Tischzucht bin ich genannt Den Brüdern im Seworden wolbekannt' (Worms 1538 W[ilhelm?] S[alzmann?]). Der Witz dieser Schrift besteht hauptsächlich darin, daß der Verfasser den Brüdern und Schwestern des neu gestifteten Ordens in 16 Artikeln Ratschläge erteilt, wie man rücksichtslos und den guten Sitten zum Hohn am besten seinen Hunger stillen kann. Der Verfasser reiht viele Kniffe und Unarten trocken aneinander und überläßt die weitere Ausmalung dieser fruchtbaren Andeutungen einem geschickteren Nachfolger.

II. Dedekinds 'Grobianus'. § 5. Das Hauptwerk der gesamten g. D. ist Friedrich Dedekinds '*Grobianus. De morum simplicitate libri duo*' (Frankfurt a. M. 1549). Seit 1543 studierte der Verfasser an der Universität Marburg Theologie. Er konnte dort aus nächster Nähe den Grobianismus und die Trunksucht der Studenten beobachten. Dort lernte er auch seine Quellen und Vorlagen kennen, das 'Narrenschiff', des Erasmus '*Laus stultitiae*', ältere Tischzuchten und Erzeugnisse der Trinkliteratur, die ihm zahlreiche Beispiele rohen Betragens und die Art der Anordnung boten. Doch über alle seine Vorgänger hinaus erhebt sich seine Dichtung neben der Folgerichtigkeit der Parodie durch die harte satirische Strenge, die trotz dem scheinbaren Wohlbehagen an der Stickluft der Kneipe und den anstößigen Scherzen der Schlemmer, die er herzlich belacht, doch den deutlich erkennbaren Grundgedanken bildet, ferner durch den Reichtum an Phantasie und den unverwüstlichen Humor, mit denen er immer wieder drollige Einfälle und grobianische Lagen, meist auch die Gründe für deren scheinbare Rechtfertigung beibringt. Der Held, als anschauliche Persönlichkeit gezeichnet, steht im Mittelpunkt dieses Treibens. Er verbindet Schlauheit mit Derbheit, wie seine Gesinnungsgenossen, der Pfaffe von Kalenberg, Markolf und Eulenspiegel. Seinen Kommilitonen zuliebe verfaßte Dedekind sein Werk lat. in glatten Distichen und in einer mit klassischer Bildung gesättigten Sprache. Den größten Raum in der Darstellung nehmen die Mahlzeiten ein, doch werden auch Belehrungen für das sonstige Betragen vom Morgen bis zum Abend gegeben. Der Stoff ist in zwei Bücher eingeteilt. Im ersten wird der Held als Sohn und als Diener des Hauses aufgefaßt, im zweiten als Gast in einem fremden Hause und später als Gastgeber. Diese Anordnung ist deshalb ungeschickt, weil sie unbedingt zu Wiederholungen nötigt. Außerdem bringt das letzte nachhinkende Kapitel allerlei scheinbar gute Lehren, die alle hätten früher an passenderen Stellen eingefügt oder weggelassen werden können.

§ 6. Ein echter Grobianer, so beginnt Dedekind, soll nicht aufstehen, bevor er den Tisch gedeckt sieht, und soll den Morgengruß im Bett vergessen. Ein sorgfältiges Waschen und Kämmen ist überflüssig und ungesund. Ein fettiger Hut und unsaubere Schuhe, ein kurzes Affenröcklein oder ein überlanger Mantel kleiden am besten. Wer im Grobianerorden Ruhm und Lohn erwerben will, der mißachte bei Tisch alle Gesetze des Anstandes und der Höflichkeit, verkehre unehrerbietig mit Standespersonen, frech mit jungen Mädchen, der lache und niese, huste und spucke möglichst empfindlich für seine ganze Umgebung und lasse den Äußerungen seines Magens den freiesten Spielraum. Ein Diener behalte seinen eigenen Vorteil im Auge, stelle sich dumm und schwerhörig, so entgeht er mancher lästigen Arbeit. Ehrbare oder langweilige Gäste suche er rasch trunken zu machen oder schenke ihnen den sauersten Wein, damit sie eher heimgehen. Den richtigen Schlemmern aber schanze er die besten Bissen zu und setze sich möglichst bald in ihre Mitte. Dann erklingen wüste Lieder und tolles Geschwätz. Erhebt sich dann ein Streit, so werfe der Diener alle Gäste zur Tür hinaus, lege sich angekleidet auf sein Bett und lasse den Hausherrn die Lichter auslöschen und Tür und Tor sperren. Ist aber der Grobianer als Gast geladen, dann soll er sich vorerst bei dem Diener seines Wirtes nach dem Speisezettel erkundigen und bei der Tafel auf seinen Vorteil bedacht sein. Er soll erst in später Stunde heimgehen und sich auf der Straße ungebührlich aufführen. Als Wirt behandle er seine Gäste so schlecht, daß sie nicht wiederkommen. Dedekinds 'Grobianus' hatte einen außerordentlichen Erfolg. Noch im Erscheinungsjahr kamen drei Nachdrucke, 1550 zwei, 1551 und 1612 je eine und 1624 zwei Ausgaben heraus.

III. Scheits 'Grobianus'. § 7. Zu Worms 1551 erschien die erste Verdeutschung dieses Werkes durch Kaspar Scheit: 'Grobianus. Von groben sitten und unhöflichen geberden'. Der Wormser Lehrer ging bei seiner Verdeutschung überaus geschickt vor. Er schlug durchweg den richtigen Ton an. Durch seine mannigfach belebte und grobkörnige Ausdrucksweise, durch die schlichten Reimpaare hat er die Form dem grobianischen Wesen angepaßt und so ein echt volkstümliches und dt. Werk geschaffen. Er bringt den ganzen Wortlaut der Vorlage, fügt dieser aber eine Fülle neuer Späße und Schwänke sowie köstliche Randbemerkungen hinzu und hat das Werk im ganzen um das Doppelte vergrößert. Auch den Grundgedanken Dedekinds arbeitet Scheit deutlicher heraus. Er tritt als Schulmeister Grobianus auf und weist bei jedem Streich auf die Anschauungen und Regeln seiner Schule hin, die er als die einfachen, natürlich derben Gewohnheiten der alten unverdorbenen Zeit darzustellen sucht. Von dieser Verdeutschung folgten noch 14 Nachdrucke bis 1615, wobei bereits seit 1554 alle Randbemerkungen und die Verse des Beschlusses wegfielen.

IV. Die Neubearbeitungen von Dedekinds 'Grobianus'. § 8. Die freundliche Aufnahme seines Werkes hat den inzwischen zum Pastor in seiner Heimat Neustadt am Rübenberge ernannten Dedekind zu einer Neubearbeitung ermutigt, die 1552 unter dem gleichen Titel erschien, und die durch Einschub neuer und starke Erweiterung alter Abschnitte sehr anschwoll. Er fügte auch mehrere Schwänke ein nach Bebels Facetien und nach mündlicher Überlieferung. Von den neuen Unterweisungen sind nur wenige auf der Höhe der ersten Auflage. Mehrere sind witzlos, übertrieben, ja abgeschmackt und geradezu ekelhaft. Wiederholt fällt er jetzt aus dem Ton der Ironie in den der Strafpredigt. Am Schluß fügt er ein drittes Buch hinzu über die Jungfrauen, deren Bitte, ihnen auch gute Ratschläge zu geben, er nicht widerstehen konnte. Hier empfiehlt er nun seinen Schülerinnen ein freches Benehmen auf der Straße, rühmt die Geschwätzigkeit und Naschhaftigkeit und preist die Wirtshäuser, wo sie dem bezechten Liebhaber leicht ein Heiratsversprechen abringen können; schließlich lehrt er sie den Kampf mit den Flöhen. Damals kannte Dedekind wohl noch nicht die Verdeutschung Scheits. Doch bei der dritten Bearbeitung 1554 gibt er nach Scheits Vorbild seinen Kapiteln Überschriften und überschreibt auch erst jetzt das letzte Buch mit '*Grobiana*', einem Ausdruck, den er aus Scheits Vorrede kennenlernte. Diese erweiterte Fassung erlebte noch 15 Drucke bis 1704. Die 'Renovierte alamodische Hobelbank' um 1660 bringt einen Anhang: 'Kurz verfaßter Grobianus', einen stark gekürzten Auszug aus Dedekinds 'Grobianus'.

V. Nachwirkung. § 9. Die dritte Bearbeitung des 'Grobianus' wurde auch mehrfach ins Deutsche übertragen, zunächst vom Pfarrer von Eckardtshausen Wendelin Hellbach in Reimpaaren mit starker Benutzung der Verdeutschung Scheits mit allen seinen Zusätzen und Vorreden: 'Grobianus und Grobiana' (Frankfurt am Main 1567, mit vier späteren Drucken bis 1704). Diese Fassung wurde durch Peter Kienheckel mit starken Kürzungen in Prosa übertragen: *'Grobianus redivivus'* (Nürnberg 1607). Schließlich hat der Brieger Organist Wenzel Scherffer von Scherffenstein Dedekinds Werk unmittelbar aus dem Lateinischen in Alexandriner übertragen: 'Der Grobianer und die Grobianerin' (Brieg 1640, mit zwei späteren Drucken bis 1708). Im ganzen erschienen die lat. und die dt. Fassungen in mehr als fünfzig Ausgaben in den verschiedensten dt. Städten, doch auch in Leyden und London. Schließlich wurde dieses Werk auch ins Magyarische und ins Englische übertragen. Mit der zweiten engl. Übersetzung von Roger Bull 1739 beschloß es seine nahezu 200jährige literarische Lebensdauer. Zur Nachwirkung gehört noch: 'Die verkehrt Tischzucht Grobiani' von Hans Sachs 1563, die aber nur die Regeln seiner früheren Tischzuchten (s. d.) in Parodie umwendet und den kleinen Grobianus von 1538 heranzieht. Dieser wurde noch 1583 ins Niederdeutsche übertragen sowie Anfang des 18. Jhs. bearbeitet und an Bücher verwandten Inhalts angefügt. Abhängig von der Hellbachschen Verdeutschung sind einige Abschnitte in Johannes Sommers *'Ethographia mundi'* I (1614). Das Wort „Grobian" findet sich im 16. und 17. Jh. sehr häufig in Liedern, Schwänken, Sprichwörtersammlungen und Fastnachtspielen. Luther verwendete es als Schimpfwort, Hans Sachs erfand ein Kloster, Wickram eine Brüderschaft vom St. Grobian. „Grobian" hat sich bis heute in volkstümlichen Erzählungen und Schauspielen sowie im mündlichen Gebrauch erhalten.

Fredericus Dedekindus 'Grobianus' hsg. v. A. Bömer (LLD. 16) 1903. A. Hauffen *Caspar Scheidt, der Lehrer Fischarts, Geschichte der grobianischen Literatur in Deutschland* (QF. 66) 1889; dazu Besprechungen von Strauch (AfdA. XVIII 359—381) u. Ellinger (ZfdPh. XXV 417/9). L. Fränkel *Bemerkungen zur Entwicklung des Grobianismus,* Germ. XXXVIII S. 181—193. *F. Dedekinds 'Grobianus' verdeutscht von C. Scheidt,* hsg. v. G. Milchsack (NDL. 34/5) 1882. M. Matthiessen *F. Dedekinds 'Grobianus' nach der Übersetz. von Scheidt und Hellbach neu hsg.* 1921. A. Hauffen.

G'stanzl s. Schnadahüpfl.

H

Hakenvers. Unter Hakenversen (auch Hakenstil) versteht man die Erscheinung, daß die Langverse (Ketten) in einigen Denkmälern der alliterierenden Dichtung in der Mitte gebrochen sind (s. d. Art. *Enjambement*). Durch den Sinn der Verse wird die Vorderreihe einer Langzeile mit der Hinterreihe der vorhergehenden Langzeile verbunden und der im rhythmischen Gruppensystem stärkere rhythmische Einschnitt am Ende der Langzeile zugunsten des Einschnittes hinter der nächsten Kurzzeile verschleiert. Die eddischen Stücke sind so (strophisch) gegliedert, daß die stärkeren syntaktischen Einschnitte in der Regel an den Schluß der Langzeilen fallen (Zeilenstil). Über ein Langzeilenpaar (eine Halbstrophe) greift der Sinn selten hinaus. Die südgermanischen Vertreter der alliterierenden Dichtung zeigen stichische Bildung und legen oft die stärkere Satzgrenze an den Schluß der ungeraden Kurzverse (Hakenstil). Die Sangbarkeit der Dichtungen ist nach dem Vorkommen von Zeilen- oder Hakenstil bejaht bzw. verneint worden. Eine Entscheidung der Frage aus diesem Gesichtspunkte erscheint aber kaum möglich. A. Heusler scheidet strengen Zeilenstil, der stichisch die syntaktische Einheit jeder Langzeile wahrt, freien Zeilenstil, der zwei Zeilen eng verbindet und die einfache und doppelte Langzeile verwenden kann, und den Hakenstil, der in der beschriebenen Weise die beginnende Auflösung des freien Zeilenstils zeigt. Im 'Heliand' ist die Hakenversbildung sehr häufig. Im 'Hildebrandslied' sind von 61 Ketten 20 gebrochen. Im 'Muspilli' ist der Sinn für den Hakenstil abgestumpft. Von den 103 Ketten des 'Muspilli' sind nur 13 gebrochen. Der ästhetische Reiz des Hakenverses liegt in dem Widerspiel der Kräfte, dem Streit der syntaktisch-inhaltlichen Gliederung mit der orchestisch-rhythmischen Gruppierung, die durchaus nicht aufgelöst, wohl aber mehr oder weniger verschleiert ist.

A. Heusler *Dichtung* in Hoops' Reall. I 457—458. Ders. *Heliand, Liedstil und Epenstil*, ZfdA. LVII (1920) S. 26—31. Saran *Versl.* S. 190, 234. Ders. *Das Hildebrandslied* 1915. S. 128—129.

P. Habermann.

Hallesche Dichterkreise. § 1. Es sind zwei Dichtergruppen zu scheiden, die so stark unter der geistigen Atmosphäre der Stadt Halle standen, daß sie ihnen, über das Zufällige eines vorübergehenden Aufenthaltes hinaus, den Namen zu Recht zu geben vermochte: der Kreis der älteren Hallenser Dichter Pyra und Lange und der Kreis der jüngeren: Gleim, Uz, Götz, der sog. Anakreontiker. Trotz ihrer nur wenige Jahre auseinanderliegenden Anfänge, trotz späterer gleichzeitiger Wirkungszeit und persönlicher Verbundenheit verkörpern sie doch ganz verschiedene Entwicklungstendenzen der dt. Literaturentwicklung im zweiten Viertel des 18. Jhs.: Pietismus, engl. Einflüsse, religiös erhabene Stoffe in der Form der Odendichtung auf der einen, frz. Vorbilder, weltlich-heitere Sinnenfreude in anmutigen liedmäßigen Strophen auf der anderen Seite. Dieses Gegensätzliche gilt es zunächst zu betonen, um dann aber auch die vorhandenen Verbindungslinien aufzuzeigen.

§ 2. Die Dichtung der älteren Hallenser ist aus dem Pietismus herausgewachsen, jener gefühlsvertieften empfindsamen geistlichen Strömung, die, der Mystik des 14. Jhs. verwandt und von ihr beeinflußt, zur mächtigen, von der preuß. Regierung nachdrücklichst geförderten Bekenntnisform wurde. Noch unter Speners bestimmendem Einflusse wurden die Lehrstühle der neuen Universität Halle (gegründet 1694) besetzt, die dadurch zum Mittelpunkt der pietistischen Bestrebungen wurde und unter A. H. Franke und Joachim Lange eine Hochblüte dieser Geisteshaltung erzielte. Freilich war diese neue Richtung im Grunde literaturfeindlich und die dramatische Kunst, besonders die Oper, mußte in pietistischen Gegenden schwer um ihre Existenz ringen. Aber, wenn das so lange unter rationalistischen Fesseln brach liegende Gefühlsleben überhaupt erst einmal wieder angebaut wurde, dann mußte es schließlich seine Wärme unbewußt auch jenseits des religiösen Gebietes in alle anderen Lebensverhältnisse einströmen lassen. Ein erstes Zeugnis dieses neuen Lebensgefühls und einer entsprechend aus ihm herauswachsenden Kunstanschauung ist Pyras 'Tempel der wahren Dichtkunst' (1737), neben Hallers 'Alpen' das erste große Werk vor Klopstock. Aus Visionen und Wanderungen erhebt sich das neue Ideal: religiöse Stoffe, religiös-verinnerlichtes Christentum als eigentliches Problem wahrer Dichtkunst: „. . . laß allezeit, so oft du singst und spielst | den Vater und den Herrn der Engel und der Menschen | den gantzen Inhalt sein." Noch stören zahlreiche antike Reminiszenzen, Anlehnungen an Vida u. a. oft unvermittelt den Aufbau, Popes '*Temple of fame*', Miltons gesamte Vorstellungswelt sind inhaltlich und formal von bestimmendem Einfluß, und doch weist das Ganze bereits klar auf die Messiade hin. Noch deutlicher aber wird der Anfang einer wirklichen Erlebnisdichtung in 'Thirsis und Damons freundschaftlichen Liedern', einer Sammlung von Gedichten Pyras und Samuel Gotthold Langes (eines Sohnes des Hallenser pietistischen Professors), die in den Jahren 1736 bis 1744 dem Freundschaftsbunde beider und dem idyllischen Zusammenleben auf Langes Pfarre in Laublingen entsprangen (nach Pyras Tode 1746 von Bodmer, 1749 in 2. verm. Aufl. von Lange herausgegeben). Mit ihren, aus seelischem Echtheits- und Wahrheitsbedürfnisse geborenen neuen Themen: Gott, Freundschaft, Natur, alle in religiöser Innigkeit vorgetragen und in pietistischer Gefühlshaltung von Todesvorstellungen und schmerzhafter Resignation durchwoben (Pyra starb schon 29jährig), haben diese Lieder Epoche gemacht und bezeichnen den ersten wichtigsten Schritt auf der Entwicklungsbahn der empfindsamen Dichtung. In derselben Richtung liegt die Wirkung von Langes 'Horatzischen Oden' (1746) und seiner späteren Übersetzung der Psalmen (1760). Die „erhabene" Gattung mit ihren „bedeutenden" Themen (der Pseudo-Longinsche Erhabenheitsbegriff wurde in jenen Tagen mit Eifer diskutiert) verlangte auch die erhabene Form, und diese fand man vor allem in Horaz vorgebildet, der nunmehr seine eigentliche Rezeption erlebte, nachdem ihn der Humanismus nur im fremdsprachlichen Gewande, das 17. Jh. nur als unerschöpfliche stilistische Fundgrube eingeführt hatte. Viëtor hat in seiner '*Geschichte der dt. Ode*' (S. 99ff.) der Dichtung der älteren Hallenser ihren ehrenvollen Platz in der Entwicklung dieser Bestrebungen angewiesen, und Fittbogen hat ihre Bedeutung für die Metrik gegenüber vielfach falscher Einschätzung richtig gestellt (*Goethes Hymnen* S. 61ff.). An Langes Horaz-Übersetzung (1752) ist sachlich freilich nicht viel zu retten und in dieser Beziehung besteht Lessings Angriff im 24. Literaturbriefe und das böse '*Vade Mecum*', das den literarischen Ruhm des Laublinger Pfarrers mit einem Schlage vernichtete, zu Recht. Immerhin darf man doch auch ihr ein bescheidenes Verdienst beimessen sowohl in bezug auf die Einbürgerung des antiken Dichters wie in dem durchaus nicht ganz mißlungenen Versuch eines neuen Übersetzungsprinzips, das nicht jedem beliebigen Dichter jedes beliebige Versgewand anzuziehen sucht, sondern in diesem Falle wenigstens antiker Form sich nähert.

§ 3. Gleichzeitig stehen aber die 'Freundschaftlichen Lieder' und mit ihnen ihre Verfasser als ein wichtiger Faktor inmitten der theoretischen Streitigkeiten jener Tage. Einmal entfachen sie den schon lange glimmenden Funken: Reim oder Reimlosigkeit zur Flamme. Schon dem Weiseschen Zeitalter waren Zweifel am Werte des Reimes gekommen, 1719 trat Dubos als erster für Reimlosigkeit ein, die Schweizer (unter Miltons Einfluß) folgten und selbst Gottsched hat vorübergehend den „verdrießlichen Reim“ verworfen, um sich später freilich gegen die Abschaffung zu erklären. Als dann Pyras 'Tempel der wahren Dichtkunst' schon auf dem Titel die „reymfreien Verse“ ankündigte, als Bodmer in der Vorrede zu den 'Freundschaftlichen Liedern' das Schlagwort von der „obotritischen Musik der Reime“ prägte und als schließlich in demselben Jahre Langes 'Horatzische Oden' mit der Vorrede G. F. Meiers 'Vom Werte (d. i. Unwerte) der Reime' erschien, die bald eine Art Katechismus der „Reimlosen“ wurde, da erreichte der Streit, der sich übrigens noch bis weit in die fünfziger Jahre hinein erstreckte, seinen Höhepunkt. Doch sind für die Einseitigkeiten innerhalb dieser Polemik (die übrigens von beiden Parteien rein äußerlich, ohne Verständnis für den sinnlichen Klang, die Ausdrucksfähigkeit der Laute, die rhythmische Verstärkung usw. geführt wurde) nicht die Hallenser verantwortlich zu machen. Besonders Pyra, der heute immer noch als der prinzipielle und extremste Gegner des Reims gilt, wollte ihn durchaus nicht völlig ausrotten. Zwar konnte für ihn, dem Erhabenheit und Schwung der Poesie das Wesentliche der Dichtung bedeuteten, der Reim kein konstitutives Verselement sein, aber seine Angriffe richten sich nur gegen die Machwerke, die nüchternste Prosa mit Hilfe des Reims als Poesie auszugeben versuchen. Auch sind zwei Drittel seiner eigenen Gedichte ebenso wie zahlreiche poetische Erzeugnisse Langes in Reimversen geschrieben und letzterer hat sich später ausdrücklich dahin ausgesprochen: „Das Wesen der Dichtkunst besteht weder im Reime noch in der Vermeidung desselben.“ — Aber nicht nur in dieser Frage stehen die älteren Halleschen Dichter im Literaturstreite der Zeit. Jede Eroberung, die die Empfindsamkeit machte, war ein Verlust für den Gottschedschen Rationalismus und stellte sich ebenso selbstverständlich in Gegensatz zu der Diktatur der Leipziger Richtung wie in eine Linie mit den Schweizern. So spinnen sich denn die Fäden künstlerisch und persönlich nach Zürich, und Pyras Streitschriften gegen Gottsched: 'Erweis, daß die Gottschedianische Sekte den Geschmack verderbe' (1743) und 'Fortsetzung des Erweises ...' (1744) nehmen mit ihren der Zeit vielfach vorauseilenden Ideen eine besondere Stelle in der zahlreichen Literatur dieser Art ein. An diesem Punkte aber macht sich nun der Einfluß jener zweiten geistigen Richtung in Halle, der Leibniz-Wolffschen Aufklärung, geltend, die nach dem scheinbaren Siege des Pietismus, der 1727 Wolff vertrieben hatte, in Wolffs Schüler Baumgarten weiterlebte. Pyras theoretische Anschauungen aber stehen deutlich unter dem Einfluß von Baumgartens Ästhetik, die ihrerseits wieder Pyrasche Gedankengänge aufnimmt und damit zugleich die Sphäre von Baumgartens Schüler Meier streift, der als Freund Langes vielleicht auch noch persönlich Beziehungen zu Pyra unterhielt.

§ 4. Es ist unbedingt nötig, die Persönlichkeit G. F. Meiers viel enger mit den Hallenser Dichterkreisen zu verknüpfen, als dies zumeist geschieht. Nicht der eigenen poetischen Erzeugnisse wegen, die ihn nach der anakreontischen Seite weisen, sondern auf Grund der bedeutsamen Mittelstellung, die er zwischen den älteren und den jüngeren Hallensern einnimmt. Unermüdlich hat er sich sowohl für die Seraphiker wie für die Anakreontiker in Schrift und Wort eingesetzt. Sein Kampf für Milton, seine Hinweise auf den ästhetischen Gehalt der Psalmen, seine Stellungnahme in der Polemik gegen den Reim, seine scharfen Angriffe gegen Gottsched und der volle Einsatz seiner damals nicht geringen Autorität für Klopstock in der 'Beurteilung des Heldengedichts der Messias' (1748) haben das, was Pyra und Lange begonnen hatten, erst zu eigentlicher Auswirkung gebracht. Anderseits ist er aber auch der Dogmatiker der Anakreontiker, denen er gleichfalls persönlich freundschaftlich verbunden war, geworden. Seine 'Gedanken von Scherzen' (1744), die auch durch zahlreiche günstige Besprechungen, Inhaltsangaben, Übernahme in andere Werke, popularisierte Darstellungen die denkbar größte Verbreitung erfuhren, sind sicher von nicht zu unterschätzender Einwirkung auf die Ausbreitung der Art, anakreontisch zu dichten, gewesen, und es ist sogar nicht unwahrscheinlich, daß das Hauptwerk der Anakreontik, Gleims 'Scherzhafte Lieder' seinen Titel in Anlehnung an Meiers Schrift gewählt hat. Ist für Gleim in jenen Jahren Meier doch immer nur der, „der vom Scherzen" geschrieben hat. — Über den jüngeren Halleschen Dichterkreis s. Art. *Anakreontik*.

G. Waniek *Immanuel Pyra und sein Einfluß auf die dt. Literatur des 18. Jhs* 1882. A. Sauer *Freundschaftliche Lieder von I. J. Pyra und S. G. Lange* (DLD. 22) 1885. E. Bergmann *G. F. Meier als Mitbegründer der dt. Ästhetik* 1910. K. Viëtor *Geschichte der dt. Ode* 1923. G. Fittbogen *Die sprachliche und metrische Form der Hymnen Goethes* 1909. G. F. Hertzberg *Geschichte der Stadt Halle* 1893.

Erna Merker.

Handwerkertheater. Das Theater der Handwerker hat seine Blütezeit in der Epoche des Hans Sachs gehabt. Soweit es sich um Revuen und Fastnachtspiele handelte, genügte, wenn es überhaupt nötig war, in Kneipe oder Hof ein rasch aufgestelltes Podium als Bühne. Wenn sie großes Theater spielten, bot ihnen der Chorraum einer Kirche oder ein Saal den Spielplatz. Ihre Schauspielkunst arbeitete mit einem Mindestmaß einfacher Gebärden; deren wesentlicher Grundzug war eine leichte Lehr- und Lernbarkeit, da die mitwirkenden Handwerker keine geborenen Künstler waren, sondern für ihre Theaterleistungen abgerichtet wurden. Das Handwerkertheater ist mit der Zeit seiner eigentlichen Blüte nicht ganz abgestorben, später allerdings mehr ein allgemeines Ständetheater geworden, nicht eigentlich an ein Handwerk gebunden. So wissen wir z. B., daß noch bis zum Ausgang des 18. Jhs. die Salzschiffer des kleinen bayrischen Städtchens Lauffen a. d. Salzach im Winter, wenn die Arbeit ruhte, als wandernde Truppe herumzogen, sich „sogar an regelmäßige Stücke" wagten und „sich durch theatralisches Talent von eigenem Schlag einen Winterverdienst zu erwerben suchten", auf einer Tradition fußend, die offenbar bis ins 17. Jh. zurückreichte. Die „Japanesenspiele" in Schwyz (Schweiz) sind im 19. Jh. etwas Ähnliches.

M. Herrmann *Forschungen zur dt. Theatergesch. des Mittelalters u. d. Renaissance* 1914. R. M. Werner *Der Laufner Don Juan* (Theatergesch. Forsch. 3) 1891.

H. Knudsen.

Hanswurst s. Komische Person.

Hanswurstspiel. Mit H. bezeichnet man jene älteren Theaterstücke possenhaften Charakters, in denen die lustige Person im Mittelpunkt steht. Mit dem Namen H., Pickelhering, Harlekin, in Österreich besonders Kasperl, Bernardon, Zipperl, Thaddädl, Staberl u. a. behält er auch deren sympathischen Mutterwitz, guten Mut, unerschöpflichen Appetit, ihre nie versagende Bauernschläue, Beweglichkeit und Lustigkeit. Seine Herkunft aus der komischen Dienerrolle verleugnet er weder in Gesinnung und Benehmen noch in Sprache und Abenteuer. Die Komik der Handlung besteht wesentlich darin, zu dieser seiner eingeborenen Art seine Erlebnisse in Kontrast zu bringen. Doch ist die objektive Komik der Situation nicht Selbstzweck und Hauptwirkungsmittel, sondern dient vielmehr der Entfaltung subjektiver Komik in Benehmen und Äußerungsweise des H. Es herrscht also eine eigentümliche Mischung von naturalistischen Einzelzügen bei phantastischer Verschlungenheit. Alles ist auf die Entfaltung seiner schauspielerischen Leistung gestellt, bei der glückliches Extemporieren besonders im aktuellen Wortwitz bedeutend mithilft.

Dies alles weist deutlich auf das Hervorgehen des H. aus dem Pickelheringsspiel der Engl. Komödianten, unter Nachwirkung des Fastnachtspieles und in aufnahmewilligem Wettkampf mit der *commedia dell' arte*. Daher führt er nicht selten den Namen Harlekin, das Spiel den der Harlekinade. Die Wanderbühne pflegte es seit der 2. Hälfte des 17. Jhs. als Nachspiel hinter der Hauptaktion (vgl. d.). Selbst als der Rationalismus den Hanswurst aus den ernsten Stücken verbannt hatte, behielt er das H. noch bei bis über die Mitte des 18. Jhs. hinaus. Die Posse schwächte den eigenartigen Charakter des alten H. weniger dadurch, daß sie den H. durch grundsätzliche Einfügung in einen Beruf verbürgerlichte, als durch den Umstand, daß sie nun die Handlungskomik in den Vordergrund stellte, den H. damit also doch rationalisierte und aus der souveränen Rolle stärker in das Zusammenspiel mit anderen drängte, obwohl sie ihm die Hauptrolle meist ließ. In alter Form hielt sich der Typus einzig auf dem Puppentheater bis zur Gegenwart. Lessing und Möser, Goethe und die Romantik haben das antiquarische Interesse wieder auf den Hanswurst und das H. gelenkt.

Floegel-Bauer *Gesch. d. Grotesk-Komischen* 1914. G. Wustmann *Verbannung des Harlekin*, Schr. V. Gesch. Lpz. Bd. II (1878) S. 149—63. X. Flock (Frhr. v. Radler) *Hw. u. seine Erben* 1892. Karl Holl *Gesch. d. dt. Lustspiels* 1923. S. 117—119. W. Flemming.

Harlekin s. Komische Person.

Haupt- und Staatsaktion. § 1. Definition. Der Ausdruck H. u. S. wurde durch die Polemik Gottscheds und seiner Zeit als kritischer Terminus geprägt für die Stücke der deutschen Wanderbühne. Diese schied die ernsten Stücke als „Haupt-Aktion" von dem obligaten burlesken Nachspiel; charakterisierte in anderen Fällen den politisch-historischen Inhalt durch die Bezeichnung „Staats-Aktion"; verbindet gelegentlich auch beide Benennungen, während um die Mitte des 17. Jhs. der schon früher geläufige Ausdruck „Aktion" meist mit einem empfehlenden Attribut (lieblich, neu u. a.) begegnet.

Der rationalistische Geschmack wandte sich gegen die erfolgreichen Repertoirestücke der vorangehenden Generation (etwa 1685—1720). Stehen diese zwar in deutlichem Zusammenhang mit der typischen Art des Bandenstückes vorher, so läßt sich immerhin eine gewisse Unterschiedenheit von denen der Englischen Komödianten, in geringerem Maße auch von denen der dt. Truppen zwischen 1650—1680, bemerken. Demnach darf die Bezeichnung H. u. S. als literaturgeschichtlicher Terminus Verwendung finden für das unliterarische Bandenstück um die Wende des 17. Jhs. Dieser Vorherrschaft des bloßen Theaters setzt die Vereinigung mit der Literatur, die Bindung an das Wort des Dichters ein Ende (Neuberin).

§ 2. Das Publikum. Der lediglich für den Erwerb spielende Schauspieler mußte in Stoff wie Ausführung seine Stücke gänzlich vom Geschmack seines Publikums abhängig machen. Das Kleinbürgertum verlangte von seiner Bühne im Zeitalter des Absolutismus Teilnahme am höfischen Glanz: die Aktionen mußten „Staat" machen, Fürsten und Hof vorführen. Dazu zeigt die Flugschriften- wie Romanproduktion deutlich zeitpolitisches und historisch-genealogisches Interesse. An den Stoffen lockt jedoch nicht das eigentlich Geschichtliche, sondern neben Kriegslärm und Festpomp das Privat-Persönliche, nämlich Intrigen und Liebeshändel. Gegenüber dem Gleichmaß kleiner Alltagssorgen wird Steigerung von Leidenschaft und Schicksal erwartet. Gespreizte Galanterie und Sentimentalität schielen nach der galanten Dichtung der Aristokratie; Not und Jammer der Gekrönten lassen das Leid des Bürgers klein erscheinen, und ein gewisses Ressentiment spricht auch in der Ausbildung der komischen Figur innerhalb des Stückes mit. Die Trivialität der Froschperspektive eines Hanswurst befreit von dem verpflichtenden Anspruch einer fremdartigen Ethik, auf der die benutzten Kunstdramen basieren.

So bildet der Wandermime als Ersatz für die Oper der Hofbühne und die Kunsttragödie der Gymnasial- oder Jesuitenbühne für sein kleinbürgerliches Publikum die H. u. S. aus, der zwar auch Vornehme oder Gebildete gelegentlich beiwohnen, doch stets mit dem Bewußtsein des Gastes und des Überlegenen.

§ 3. Die Überlieferung. Zum Druck gelangt die H. u. S. nicht. Als Eigentum des Prinzipals handschriftlich aufbewahrt, verbreitet sie sich legitim durch Erbschaft oder Kauf, nicht selten wohl auch unrechtmäßig durch Schauspieler, die sich selbständig machten oder zu anderen Truppen übergingen. Bei dieser Gelegenheit wurden wohl Veränderungen und Revisionen vorgenommen gemäß dem Geschmack der Zeit, dem Fundus, der Mitgliederzahl. Während die ernsten Szenen im Wortlaut festliegen, wobei geringe Abweichungen geduldet sein dürften, ist für die komischen Szenen das Fortspinnen dem Einfall freigegeben. An Handschriften besonders reich ist Wien. Häufig sind nur die Titel erhalten.

Der Identifizierung der Stücke setzt die Gestaltung des Titels größte Schwierigkeiten entgegen. Der Angabe des Stoffes, wobei zum Namen des Helden Rang und Land gefügt wird ('Der wollüstige Croesus König in Lidien'), wird die Formel für den

Gehalt ('oder das Wunder der brüderlichen Liebe und Treue') meist vorangestellt, wie das in der Literatur der Zeit überhaupt Sitte war. Da der Gehalt für mehrere Stoffe paßt, findet sich besonders der Gehaltstitel zugkräftiger Stücke auf andere übertragen. Oft folgt zuletzt noch die Ankündigung, in welchen Situationen die lustige Person auftritt ('mit Hanswurst dem grosmüthigen Sklaven und verschmitzten Hoffschrantzen').

Nach dem Vorbilde des Kunst- und Ordensdramas wie der Oper wurde zur Orientierung wie Spannung eine kurze Inhaltsangabe der Ankündigung beigefügt. Diese ist demnach kein Szenar für das Extempore der Schauspieler. Angabe der Personen wie ihrer Besetzung macht den Schluß des Theaterzettels.

§ 4. Die dramatische Technik. Der Bau der H. u. S. ist durchaus traditionell und typisch. Die Personen, im allgemeinen der Aristokratie entstammend, sind in schroffem Kontraste gegeneinandergestellt und enthalten meist nur einen Grundcharakterzug. Die Hauptperson bewährt immer wieder märtyrerhaft Standhaftigkeit, Großmut, Ergebung, Treue, Keuschheit oder bleibt sich als tobender Tyrann gleich an Grausamkeit und Wollust. Wird zwar versucht, mit solch grobschlächtiger Psychologie die Handlung zu motivieren, so treibt doch allein die Bosheit und Untreue des Intriganten vorwärts. Um einen möglichst raschen Ablauf zu erreichen und Spannung zu erwecken, wird der Zufall ausgiebig bemüht. Belauschen und Mißverstehen, Verkleidung und Verstellung, falsche Namen und Wiederfinden Verschollener, dazu Geistererscheinungen und Prophezeiungen sind nie verschmähte Hilfen. Der Gehalt, den der Titel andeutete, wird im Laufe des Stückes zwar erörtert, doch bleibt es nur ein moralisierender Oberbegriff, keine organisierende Leitidee. Sinn für echte Tragik fehlt, ja, wo die Vorbilder solche boten, wird sie durch veräußerlichte Motivierung vermieden. Vor allem muß am Schluß die Belohnung der Guten befriedigen, wobei die Gegner sanft davonkommen. Trotzdem fehlt es im Innern des Stückes nicht an Mord, Selbstmord und Grausamkeit. Diese Motive gehören sogar zu den ständigen Effekten. Solche Effektszenen bilden die Achsen der Akte, das Gerippe der Wirkung. Einerseits stillen sie durch Entfaltung von Pracht das Schaubedürfnis, etwa als Triumphzug, Siegesfest, Kronrat, Audienz, Krönung, Hochzeit, selbst Totenfeier; anderseits befriedigen sie das Schauerbedürfnis durch Vorführung von Gericht und Hinrichtung, Mord u. Selbstmord, Schlacht und Aufstand, Wut und Wahnsinn, Geisterspuk unter Donner und Blitz. Zur Steigerung dienen Parallelszenen und Wiederholungen oder schroffe Kontraste, zu denen die komischen Partien zu rechnen sind.

§ 5. Der Sprachstil. Der Stil der H. u. S. ist eine aufgeputzte Prosa, an Stelle des schwer memorierbaren und zuviel Übung und Einstudierung erfordernden Alexandriners des Kunstdramas, den zu fassen das Publikum wohl nicht geschmeidig genug war. Floskeln und Wendungen des Kanzleideutsch mischen sich mit der geblümten Art des Marinismus, dessen aufdringliche Umschreibungen, Vergleiche, Bilder neben der antiken Mythologie und Heldengeschichte besonders Krieg und Schiffahrt, aber selbst Edelsteine, Wohlgerüche und Blumen bemühen. Fremdworte, auch die der Umgangssprache, begegnen gewollt selten. Während im allgemeinen ein knapper Dialog herrscht, erhalten die Effektszenen ausführlichere, geschmückte Rede. An wichtigen Kraftstellen, auch am Schluß stehen Alexandriner, an bedeutsamen Partien sentimentaler Art auch Kurzverse. Gelegentlich wird ein Lied nach bekannter Melodie, selbst ein Tanz als Ersatz für Arie und Ballet eingestreut. In schroffem Gegensatz dazu zeigen die komischen Szenen vulgär-saloppe Alltagssprache voll der geläufigen Fremdwörter; das Extempore spinnt die satirische Reflexion weiter, neben Witz und Zote spielt das resümierende Sprichwort eine Rolle.

§ 6. Quellen und Vorbilder. Das Verlangen des Publikums, an dem Theater der oberen Stände teilzuhaben, bestimmt die Auswahl der Vorbilder. Nur selten wird einmal ein aktuelles Ereignis (Karl XII.) direkt zum Drama umgewandelt, und auch dann in der typischen Form, die sich herausgebildet hatte durch Anpassung des Literaturdramas an die Mittel der Wanderbühne. Am wenigsten brauchbar war natürlich das antikisierende Reflexionsdrama; man hielt sich an das Ereignisdrama, wie es unter spanischem Einfluß Frankreich, Holland, Italien fortgebildet hatten. Da die deutsche Produktion deren nicht genügend bot (am beliebtesten Gryphs 'Papinian'), zog man Übersetzungen fremdländischer Stücke heran, wagte mitunter auch ein eigenes. Besonders gute Ausbeute gestatteten die ital. Opern (meist mit Übersetzung). Vom Repertoire der Engl. Komödianten begegnen uns geringe Reste.

Bei solcher Zustutzung wurden Inhalt und Charaktere im wesentlichen beibehalten. Die Kürzungen dienen dem Zweck, die Handlung rascher und krasser zu gestalten. Daher fällt alle lange Reflexion, Monolog u. Arie werden in kurzen Dialog umgewandelt, Berichte durch die Vorgänge selbst ersetzt. Hinzu kommen die locker eingefügten komischen Partien. Daher teilt die H. u. S. mit Kunstdrama und Oper Stoffe wie Motive, selbst Effekte wie Psychologie sind nur gradweise verschieden. Das eigentlich Trennende ist der Stil: weder Ton- noch Wortkunst kann der Wandermime nachahmen noch sein Publikum aufnehmen, ihm bleibt allein Vorgang und Mimik.

C. Heine *Joh. Velten.* Diss. Halle 1887. Ders. *Das Schauspiel d. dt. Wanderbühne vor Gottsched* 1889. Ders. ZfdPh. XXI (1889) S. 280ff.; ZfvglLg. NF. II (1888) S. 166ff.; VjschrLg. II (1888) S. 322ff. F. Homeyer *Stranitzkys Drama vom Hl. Nepomuck* (Pal. 62) 1907. A. v. Weilen *Die Theater Wiens* Bd.* I (1899). Ders. *Zur Wiener Theatergesch.* (Schr. Ver. f. österr. Bibliothekwesen Bd. 1) 1901. R. Weiß *Die Wiener H. St. A.* 1857.—Texte: 'D. UnglückseeligeTodes-Fall Caroli XII', hsg. v. C. Heine 1888. R. Payer von Thurn *Wiener H. St. A.* (Schr. Lit. Ver. Wien Bd. 1 u. 13) 1908—10.

W. Flemming.

Hebung und Senkung.

§ 1. Begriffliches. — Die Schwereabstufung. — § 2. Auflösung der Hebung und Senkung. — § 3. Mehrsilbige Senkungen. Hebungsverschleifung. — § 4. Senkungsausfall. Überdehnte Hebung. Katalexe. — § 5. Hebungsverkürzung. — § 6. Schwebende Betonung.

§ 1. Begriffliches. Die Schwereabstufung. H. u. S. sind die Übersetzungen von Arsis (von αἴρειν *heben*) und Thesis (von τίθημι *setzen*). Die lateinischen Grammatiker gebrauchten Arsis und Thesis als Bezeichnung für die H. u. S. der Stimme und bezeichneten mit Arsis demgemäß den sogenannten schweren Taktteil, mit Thesis den leichten Taktteil. Den Gebrauch der Termini in diesem Sinne hat R. Bentley im Anschluß an die lateinischen Grammatiker in die neuere Metrik eingeführt. Die griechischen Grammatiker bezeichneten gerade umgekehrt mit Arsis den leichten Taktteil, mit Thesis den schweren, weil sie die Bezeichnungen im ursprünglichen Sinne als einen Begriff des Taktierens empfinden, wobei Arsis als das Aufheben des Fußes beim Tanze oder des Armes beim Taktschlagen den leichten Taktteil, Thesis als das Niedersetzen des Fußes oder der Niederschlag des Armes den schweren Taktteil bedeutet. Diese Verwendung der Begriffe findet sich ebenfalls in den Handbüchern der Metrik, so daß zahllose Mißverständnisse sich ergeben haben und noch ergeben. Mehr und mehr setzt sich indessen mit Recht der ursprüngliche griech. Gebrauch der Termini durch, wobei man allerdings die Scheidung von Thesis—Arsis als Begriffen der Taktlehre im engsten Sinne von Hebung — Senkung als metrischen Termini durchführen sollte. Im Deutschen ist der Gebrauch der Begriffe H. u. S. eindeutig. Er ist auf das H. und S. der Stimme bezogen, wobei die falsche Anschauung zugrunde liegt, daß die Schwere nur durch Tonerhöhung erzeugt wird. Hebungen sind die Silben, die aus der Schallmasse durch ihre akzentuelle Schwere heraustreten. Der psychische Eindruck der Schwere kann durch eine ganze Reihe von Faktoren hervorgerufen werden (s. Art. *Akzent*: Schwere und Faktoren des Akzents). Die akzentuelle Schwere der Hebungen ist im Verse abgestuft, ebenso die der Senkungen. Während schon früher wohl Haupt- und Nebenhebungen unterschieden wurden, die unterschiedliche Schwere der Senkungen aber unbeachtet blieb, hat Fr. Saran verschiedene Stufen der Schwere geschieden (für die Senkung leicht × × ╳, für die Hebung schwer ~̀ ~̏ ~̀̏ ~́, überschwer ~̀ ~́). Je künstlerischer eine Schallform durchgearbeitet ist, um so klarer scheiden sich die Schwerestufen, deren Verteilung und Auswahl von der Persönlichkeit des Schaffenden und dem Ethos seines Werkes abhängig ist (s. a. *Dipodische Verse*).

Saran *Versl.* S. 40ff., 94ff. Ders. *Das Hildebrandslied* 1915. S. 94—100. S. Behn *Der dt. Rhythmus und sein eigenes Gesetz* 1912. Ders. *Rhythmus und Ausdruck in dt. Kunstsprache* 1921.

§ 2. Auflösung der Hebung und Senkung. Im altgerman. Alliterationsvers sind Träger der Hebungen fast nur lange Silben. Für eine Länge kann aber auch die Folge ⏑́ × eintreten, d. h. die Hebung kann sprachlich durch zwei Silben ausgefüllt sein, von denen die erste kurz sein muß, während die zweite indifferent ist. Man bezeichnet diese Erscheinung als Hebungsauflösung; sie findet sich auch im ahd. und mhd. Reimvers. Die Senkungsauflösung steht unter weniger strengem Gesetz. Nur ist auch hier bei Auflösung die erste Silbe kurz und möglichst leicht. Zusammenhängende Untersuchungen fehlen. Nur für Reinbots 'Georg' hat C. v. Kraus Regeln für Senkungsauflösung und zweisilbige Senkung ermittelt. Die Auflösungsregel für H. u. S. stammt aus Liedformen stark orchestischen Charakters, in denen noch strenge Zweiteiligkeit der rhythmischen Form herrschte, und in denen es darauf ankam, rhythmische Doppelkürze, die Auflösung eines langen Zeitwerts, auch sprachlich-akzentuell möglichst entsprechend auszudrücken. Die Hebungsauflösung wird später freier gehandhabt, teils weil die Silbenwerte durch die Silbendehnung verändert werden, teils weil sich Wort und Weise trennen.

Saran *Versl.* S. 172—173; weiteres unter „Auflösung" im Register. C. v. Kraus *Metrische Untersuchungen über Reinbots 'Georg'*, Abh. der Göttinger Akad. Phil.-hist. Klasse NF. VI Nr. 1 (1902). P. Habermann *Metrik der kleineren ahd. Reimgedichte* 1909.

§ 3. Mehrsilbige Senkungen: Lachmann war der Ansicht, daß im ahd. und mhd. Reimverse die Senkung stets einsilbig sein müsse. Gegenüber mehrsilbigen Senkungen nahm er seine Zuflucht zu den Mitteln der Hebungsverschleifung, wobei die beiden Silben der aufgelösten Hebung sprachlich zu einer Silbe verschleift werden sollen, der schwebenden Betonung, der Vokalverschmelzung, der Elision u. a. Seine Aufstellungen sind vornehmlich durch die Untersuchungen H. Pauls zum Teil als irrtümlich erwiesen, auch durch die weitere Forschung sehr stark eingeschränkt worden.

H. Paul *Metrik* in PGrundr. II 66—78. C. v. Kraus *Metrische Untersuchungen über Reinbots 'Georg'*, Abh. der Göttinger Akad. NF. VI (1902). E. Sievers *Rhythmisch-melodische Studien* 1912. Minor *Metrik* S. 168—177, 552. Saran *Versl.* S. 173; passim (Register unter „Senkungsüberfüllung").

§ 4. Bei Senkungsausfall wird im orchestischen, meist auch im metrischen Rhythmus die Zeit der ausfallenden Senkung zur Zeit der vorhergehenden Hebung hinzugenommen; eine Hebungslänge wird dann überdehnt (überdehnte Hebung). Die Zusammenziehung hat rhythmisch eine stark beschwerende Wirkung. Sie muß daher in guten Versen durch das Ethos bedingt sein. Im Altgerm. und Altdt. gilt die nur aus dem orchestischen Rhythmus zu verstehende Regel, daß eine überdehnte Hebung mit einer sprachlich langen Silbe besetzt sein muß, d. h. mit einer Silbe, deren Sonant lang oder bei Kürze durch tautosyllabische Konsonanz gedeckt ist. Bei Zusammenziehung der letzten Senkung einer Reihe mit der vorhergehenden Hebung spricht man von Katalexe (s. d.). Diese Zusammenziehung wirkt stark schließend.

Wilmanns *Walther von der Vogelweide*[2] S. 46. Saran *Versl.* S. 174—175 u. passim (Register: „Zusammenziehung").

§ 5. Hebungsverkürzung. Fällt die rhythmische Hebung bei Ausfall der folgenden Senkung auf eine sprachliche Kürze, so liegt Hebungsverkürzung vor. Hebungsverkürzung ist zwar kein Beweis für Sprechvortrag des betreffenden Gedichtes, wohl aber ein Zeichen für den überwiegenden Einfluß des sprachlichen Akzents auf die alten orchestisch-rhythmischen Zeitverhältnisse. Hebungsverkürzung ist bei Otfrid verhältnismäßig häufig, in den kleinen ahd. Reimgedichten begegnet sie selten. Sie findet sich auch gelegentlich bei guten mhd. Dichtern. In der mhd. Lyrik kommt sie wohl nicht vor.

Saran *Versl.* S. 185—186; passim (Register: „Hebungsverkürzung").

§ 6. Schwebende Betonung entsteht, wenn in einem Metrum eine akzentuelle Hebung in eine metrische Senkung gedrückt wird, oder wenn eine Senkung eines Metrums akzentuell schwerer ist als die folgende Hebung. Es entsteht dadurch eine Spannung zwischen metrischer und akzentueller Gliederung, bei der aber das Metrum durchaus siegt. Da im Deutschen Wortakzent und metrische Hebung sich grundsätzlich decken, so ist schwebende Betonung eine Abweichung von der Norm. Sie kommt daher besonders oft in Übergangsperioden vor. Nicht selten ist sie auch durch Gemütsakzent bedingt. Statt des Ausdrucks „schwebende Betonung" werden auch die bezeichnenderen Termini metrische Drückung (einer akzentuellen Hebung) oder metrische Erhebung (einer akzentuellen Senkung) gebraucht.

Saran *Versl.* S. 182; S. 205—209; S. 264—265; passim (Register: „Drückung, metrische"). H. Paul *Metrik* in PGrdr. II 80—81. Minor *Metrik.* S. 177, 521. A. Heusler *Deutscher und antiker Vers* 1917 passim (Register: „Schwebende Betonung"). P. Habermann.

Heiligenlied. Das für den kirchlichen Volksgebrauch bestimmte Lied zur Anrufung eines oder mehrerer oder aller Heiligen, durch das die Heiligen wegen ihrer Tugenden und Verdienste gepriesen und um ihre Fürbitte bei Gott angerufen werden.

§ 1. Das H. ist wie die Heiligenverehrung überhaupt begründet in der Lehre der katholischen Kirche von der Gemeinschaft der Heiligen, nach der die drei Teile der kirchlichen Gemeinschaft, die streitende, die leidende und die triumphierende Kirche (d. s. die Heiligen) unter ihrem Haupte Christus für immer miteinander verbunden sind und die Heiligen durch ihre Fürbitte bei Gott den streitenden und leidenden Mitgliedern der Kirche helfen können.

§ 2. In der Liturgie fand die Heiligenverehrung ihren ältesten Ausdruck im Kanon der Messe und in der Allerheiligenlitanei, bis zum 17. Jh. der einzigen liturgischen Litanei (vgl. den Art. *Litanei*). In der Geschichte des dt. Kirchenliedes ist die Allerheiligenlitanei von einflußreicher Bedeutung gewesen; auf sie gehen höchstwahrscheinlich die Kyrie-Rufe zurück, in denen nach vielen Zeugnissen die älteste Beteiligung des Volkes am kirchlichen Gesang sich ausdrückte (vgl. den Art. *Kirchenlied, katholisches*), so daß also das dt. Kirchenlied von den ersten Anfängen an in engster Beziehung zur Heiligenverehrung stand. Es ist daher nichts Verwunderliches, daß das älteste erhaltene dt. Kirchenlied, das Petruslied, ein H. ist. Der Geistlichkeit mußte daran gelegen sein, die Heiligenverehrung zu fördern, war sie doch das beste Mittel zur Ablenkung der dem Deutschen tief im Blut sitzenden Heldenverehrung ins Christliche. Wir sehen daher die Geistlichkeit schon frühzeitig bestrebt, das alte heidnische durch ein christliches Heldenlied zu ersetzen. Solche epischen Heiligenlieder sind das Georgslied und Ratperts Lied auf den hl. Gallus, das uns nur in der lat. Übersetzung Ekkehards IV. überliefert ist. Sie sind beide wohl kaum für den kirchlichen Gebrauch bestimmt gewesen; aber wenigstens das Lied auf den hl. Gallus scheint vom Volke bei anderen Gelegenheiten gesungen worden zu sein. Daß das Volk Lieder auf Heilige sang, wird uns noch mehrfach bezeugt; so wissen wir von dt. Liedern auf die Wundertaten des hl. Ulrich († 973) und aus dem 12. Jh. von Lobliedern auf den hl. Matthias in Trier: *laudes S. Mathiae, quas vulgo leisos vocant.*

§ 3. Unter den Heiligen, die besonders verehrt und durch Lieder gepriesen wurden, standen an erster Stelle die der röm. Liturgie; es waren das zunächst die Heiligen aus der Hl. Schrift, also vor allem Maria, Johannes der Täufer, die Apostel und die Engel, sodann die in Rom besonders verehrten Märtyrer und Bekenner, wie sie durch den Kanon der Messe und die Allerheiligenlitanei festgelegt waren. Zu ihnen kamen in Deutschland dann nach und nach die einheimischen Heiligen, die ersten Verkündiger des Evangeliums, bedeutende kirchliche Persönlichkeiten wie Bischöfe, Ordensleute, Einsiedler u. a., je nach den verschiedenen Gegenden. Jedes Land, jede Diözese, jede Stadt hatte ihre eigenen Heiligen, und da auch jede Kirche und Kapelle meist auf den Titel eines Heiligen geweiht war, so entsprach es nur dem Bedürfnis, wenn die lateinische liturgische Dichtung des MA. so ungemein reich ist an

Hymnen und Sequenzen zu Ehren der Heiligen. Die Missalien des MA. enthalten ihrer eine große Menge, während sie heute ganz aus dem röm. Missale entfernt sind; aber im Brevier sind auch heute noch die Hymnen auf die Heiligen recht zahlreich vertreten. Reliquien der Heiligen waren im ganzen MA. vielbegehrte Schätze, für deren Erwerb Fürsten, Städte, Klöster und Kirchen keine Opfer scheuten. Jeder Stand, jedes Handwerk hatte einen Heiligen als Patron; für jede Krankheit, für jedes besondere Anliegen galten bestimmte Heilige als nie versagende Helfer, und sie waren besonders volkstümlich. Die lat. Hymnen waren in vielen Fällen die Vorlagen für dt. Heiligenlieder, die im Ausgang des MA. zahlreich überliefert sind. Sie sind meistens Übersetzungen oder freie Bearbeitungen lat. Hymnen; doch fehlt es auch nicht an volkstümlichen Rufen, wie sie namentlich bei Bitt- und Wallfahrten vom Volke angestimmt wurden. Ein großer Teil dieser Lieder war nur in bestimmten Gegenden verbreitet; in vielen Fällen beschränkten sie sich nur auf einen Ort oder eine Kirche, wo der betreffende Heilige verehrt wurde.

§ 4. Allgemein verbreitet waren Lieder auf alle Heiligen oder auf einzelne Heiligengruppen, wie die Engel, die Apostel, Märtyrer, Bischöfe, Jungfrauen u. a., oder solche Lieder, in denen der Name eines Heiligen nach Bedarf eingefügt wurde; es wurden auch an die allgemeinen Lieder eine oder mehrere Strophen angehängt, in denen der Heilige des Tages genannt wurde. Dazu kommen Lieder auf einzelne Heilige, deren Verehrung allgemein verbreitet war. Den ersten Rang nimmt natürlich Maria, die Gottesmutter, ein. Unter den Engeln steht Michael, der dt. Schutzpatron, an erster Stelle, dann folgen Gabriel und Raphael; die Verehrung der Schutzengel gewinnt erst vom 16. Jh. an Verbreitung (1670 wurde das Schutzengelfest für die ganze Kirche vorgeschrieben). Unter den Aposteln war ihr Haupt, der hl. Petrus, am meisten gefeiert, wie schon das Petruslied zeigt; mit ihm, dem Himmelspförtner („Laßt uns St. Peter rufen an, Die Himmel er aufschließen kann"), hat das Volk immer in einem vertrauten Verhältnis gestanden. Von den übrigen Aposteln erfreuten sich noch der hl. Paulus, mehr aber noch der hl. Johannes und der hl. Jakobus, dieser hauptsächlich durch die Wallfahrt nach Compostella, einer allgemeinen Verehrung; bei den anderen war sie örtlich beschränkt, wie etwa beim hl. Matthias in Trier. Von den sonstigen Heiligen wurden am meisten verehrt und dementsprechend auch in Liedern gepriesen: Christophorus, Georg (der Patron des dt. Rittertums), Johannes der Täufer, Laurentius, Martinus, Nikolaus, Sebastian (der Patron der Schützengilden), Stephanus der Erzmärtyrer und in Süddeutschland der hl. Wolfgang; von weiblichen Heiligen: Agnes, Anna, Apollonia, Barbara, Brigida, Cäcilia, Dorothea, Katharina, Margareta, Maria Magdalena und Ursula. In den Gesangbüchern finden sich je nach der Gegend noch manche Lieder auf andere Heilige, deren Verehrung sich auf diese Gegend beschränkte. Die Orden suchten ihre Heiligen in den Vordergrund zu rücken, die Dominikaner den hl. Dominikus, die Franziskaner den hl. Franz von Assisi und den hl. Antonius von Padua, und am eifrigsten seit dem 17. Jh. die Jesuiten den hl. Ignatius, den hl. Franziskus Xaverius und später den hl. Aloisius.

§ 5. Heute finden sich im allgemeinen nicht mehr so viele Lieder auf einzelne Heilige in den Gesangbüchern wie früher. Die meisten der in den Diözesangesangbüchern enthaltenen H. gelten den Diözesan- und Lokalheiligen. Ganz allgemein verbreitet sind heute fast nur noch die Lieder zum hl. Joseph, dem Nährvater Christi, dessen Verehrung erst seit dem 15. Jh. sich verbreitet hat (1870 wurde er zum Schutzpatron der Kirche und 1889 zum Patron und Vorbild aller Stände erklärt), und die auf den hl. Aloisius, den Patron der Jugend, besonders der studierenden (Erhebung dazu 1729). Häufig sind noch Lieder zum hl. Johannes dem Täufer, Petrus und Paulus, Michael und zu den Schutzengeln, in Deutschland auch zum hl. Bonifatius. S. auch Art. *Legende*.

St. Beissel *Die Verehrung der Heiligen u. ihrer Reliquien in Deutschland* (Stimmen aus Maria-Laach, Erg.-H. 47 und 54) 1890—92.

J. Gotzen.

Heimatkunst. Das Schlagwort „Heimatkunst" ist im Jahre 1900 durch die Zeitschrift 'Heimat' propagiert worden, die nach zweimaligem Firmenwechsel bald darauf einging. An der Leitung der Zeitschrift waren Adolf Bartels, Friedrich Lienhard, der nach dem Erscheinen des ersten Heftes als Herausgeber zurücktrat, aber führender Mitarbeiter blieb, und der Verleger Georg Heinrich Meyer beteiligt. Hauptpunkte des Programmes der „Heimatkunst" waren Kampf gegen die „Vorherrschaft Berlins", Opposition gegen die Entwicklung des modernen Geisteslebens, das sich auf den Voraussetzungen der Großstadtkultur, des internationalen Austausches geistiger und materieller Güter im beschleunigten Lebenstempo entfaltete, Betonung des Wertes provinzieller und stammlicher Sonderart, an der sich Idee und Richtung der dt. Kultur, Eigentümlichkeit und Wesen des dt. Volkstums offenbaren sollten. Das auf dieser Grundlage entworfene Programm unterschied sich wenig von anderen Richtungen konservativer Kulturpolitik, wie sie seit Justus Möser häufig formuliert worden sind. Es war im wesentlichen den Ideen von 'Rembrandt als Erzieher' entlehnt; auch abhängig von Paul de Legardes 'Dt. Schriften' und — bei Lienhard — von Heinrich v. Steins Versuch, die Bayreuther und Weimarer Tradition zu vereinigen. Haltung und Gesinnung der Zeitschrift war wenigstens anfangs nahe verwandt mit Rudolf Huchs im gleichen Jahr und Verlag erschienenem Buch 'Mehr Goethe', das den Einfluß Nietzsches zurückzudrängen suchte und in Zola den Naturalismus bekämpfte. Der Zusammenhang der konservativen Kulturpolitik mit dem politischen Parteiwesen trat in dem von Bartels vertretenen Antisemitismus und Lienhards Appell an die „nationalen Berliner" zutage.

Die literarische Propaganda der „Heimatkunst" richtete sich gegen Ibsen, Zola, Maeterlinck, d'Annunzio, gegen Naturalismus, Dekadenzpoesie, gegen Symbolismus und psychologische Verfeinerung. Als Repräsentanten der „Heimatkunst" wurden Keller, Raabe, Hebbel gefeiert, was nicht ohne verengende und verkleinernde Sehweise möglich war.

Die theoretische Grundlegung der „Heimatkunst" war ebenso unzulänglich wie ihre kritische und propagandistische Auswertung. Ihren literarischen Vertretern fehlten die persönlichen und sachlichen Voraussetzungen, die notwendig waren, um gegenüber den bekämpften Richtungen geistige Überlegenheit zu gewinnen. Trotzdem fand das Schlagwort „Heimatkunst" starke Resonanz. Seine ersten Verbreiter waren zwar weder vollgeistige Repräsentanten noch gar Führer der allgemeinen Reaktion gegen die ausgleichenden Wirkungen der Großstadtkultur und der bedrohlichen Teilerscheinungen des modernen Geisteslebens, die von anderen Kritikern viel tiefer erfaßt worden sind. Aber das Schlagwort entsprach einer Grundstimmung, die weit über den Gesichtskreis der Wortführer hinausreichte, auch außerhalb des dt. Kulturkreises fühlbar war.

Seit dem Beginn des modernen Zeitalters, seit der Renaissance, ist eine Spannung zwischen dem dichterischen Lebensgefühl und der Gestaltung der Kulturzustände bemerkbar. Sie ist mit der zunehmenden Ausbreitung der Technik und Wissenschaft, mit dem Wachsen der modernen Stadtkultur und der Entfernung des Stadtmenschen von der Natur gewachsen. Der erste, noch spielerisch gehaltene Ausdruck dieser Spannung ist die Pastoraldichtung, die nach Rousseaus Auftreten allmählich in ein ernsthaftes Verhältnis zur Natur und Kultur gelangte. Um die Mitte des 19. Jhs. hat die Dorfgeschichtenliteratur (s. d.) die Funktion der Pastoraldichtung übernommen. Neben ihr entwickelte sich eine Epik, in der die Darstellung einfacher Lebenszustände ebenso die Grundlage des Dichterischen wie der Kulturkritik, des ästhetischen wie des sittlich-religiösen Bewußtseins bildete. In ähnlicher Weise, aber mit geringerer Tiefe verband sich in der dt. Lyrik das Gefühl des Dichterischen mit der Opposition gegen die Modernisierung der Lebensformen. Parallel mit der literarischen entwickelte sich eine politisch-gesellschaftswissenschaftliche Ideologie, die den Organismusgedanken auf das Geistesleben und die Verfassung von Staat und Gesellschaft zu übertragen suchte.

Nach der Reichsgründung haben diese Tendenzen durch den Gegensatz zu der notwendig erfolgenden Zentralisation des Kulturlebens ebensoviel Anregung empfangen wie durch die Schwächeerscheinungen der modernen Kultur. Das Bestreben, in Anlehnung an die Tradition des Heimatbodens eine kulturelle Sicherung gegen die Gefahren des beschleunigten Kulturwandels zu finden, verschmolz sich mit dem Interesse an der Bewahrung aller altertümlichen Reste des Volkslebens und der Stammesart sowie der Abwehr gegen die politischen, gesellschaftlichen und kulturellen Ansprüche der volkreichen Städte. Diese Stellungnahme beruhte zwar auf der Verkennung der wichtigsten Entwicklungstendenz, sie ging von einer irrigen Auffassung des agrarischen wie des städtischen Lebens aus, sie verwickelte sich in Widersprüche und verführte zu intellektueller Unredlichkeit; aber sie entsprach dem lebhaften Bedürfnis einer einflußreichen Bildungsschicht auch innerhalb der Großstädte. Noch vor dem Erscheinen der 'Heimat' hat Hermann Bahr „die Entdeckung der Provinz" verkündet. Eine rege literarische Produktion, die sich auf die Darstellung landschaftlicher und stammlicher Sonderart konzentriert und mit Gustav Frenssens Roman 'Jörn Uhl' breiten Erfolg gewinnt, ist nicht Ergebnis, sie steht in der Tradition, die Gotthelf, Auerbach, Reuter, Groth, Anzengruber geschaffen haben, aber sie wäre als Bestätigung des Schlagwortes der „Heimatkunst" aufzufassen, wenn seine Verbreiter nicht literarische und politische Tendenzen miteinander verquickt hätten.

R. M. Meyer *Die deutsche Literatur des 19. und 20. Jahrhunderts* fortges. v. H. Bieber 7. Aufl. 1923. S. 601 ff. H. Bieber.

Heldenbuch ist eine Bezeichnung des 15. und 16. Jhs. für Sammlungen von Gedichten aus der Heldensagensphäre, meist von Heldenepen. Drei Sammlungen derart sind bekannt:

1. Das Dresdner Heldenbuch (so genannt nach dem Aufbewahrungsort), 1472 von Kaspar von der Rhön aus Münnerstadt in Franken und einem Unbekannten für den Herzog Balthasar von Mecklenburg geschrieben. Die Bearbeiter fußen z. T. auf guten Quellen, die aber namentlich der Ungenannte aufs rücksichtsloseste verdirbt, vor allem im Streben nach Verkürzung. So berichtet er z. B. mit Stolz, daß er die Wolfdietrichdichtung von 700 auf 333 Str. verkürzt und *vil unnütz wort vernichtet* habe. Formal roh, abgeschmackt und geistlos gibt sich das Meiste und ist dennoch nicht wertlos, weil eine Anzahl von Gedichten in Rezensionen vorliegt, die wir sonst nicht kennen. (Inhalt: Ortnit, Wolfdietrich, Ecke, Rosengarten, Meerwunder, Sigenot, Etzels Hofhaltung, Herzog Ernst, Laurin, Dietrich und seine Gesellen, Hildebrandslied. Die gesperrten sonst nicht erhalten.)

2. Das gedruckte Heldenbuch, um 1477 erschienen und dann bis 1590 öfter wiederholt. Der Text steht einer wenig älteren Straßburger Hs. (Schreiber: Diebold von Hanau) sehr nahe. Es enthält Ortnit, Wolfdietrich (D), Laurin, Rosengarten sowie eine sehr wichtige Vorrede (später auch als Anhang gedruckt), die aus unbekannten Sagenquellen schöpft.

3. Das Ambraser Heldenbuch (wohl auch „Heldenbuch an der Etsch" zu nennen), in der Ambraser Hs. der Wiener Hofbibliothek. Die Hs. ist (gleich einem verschollenen „Riesenbuch") im Auftrage Kaiser Maximilians in den Jahren 1504 (1512?)—1516 von dem Zöllner Hans Ried in Bozen geschrieben worden. Die Vorlagen waren z. T. ganz vorzüglich, namentlich die heldenepische Sammelquelle (der, nach einigen, der in den Akten Maximilians enthaltene Name „Heldenbuch an der Etsch" eigentlich zukäme); und eine Reihe der wichtigsten Dichtungen des 13. Jhs. ist nur durch diese Quelle des 16. Jhs. auf die Nachwelt gekommen (die Heldenepen Kudrun, Biterolf, Wolfdietrich A; die höfischen Epen Erec, Moriz von Craun, Türlins 'Mantel'). Daneben enthält die Hs. einen Text des Nibelungenliedes (a), einen Iwein usw.

Sammelausgaben der neueren Zeit haben den Namen H. aufgenommen, sowohl Editionen (Müllenhoff, v. d. Hagen) wie Übersetzungen (Simrock).

Goedeke I² § 61. — Das Dresdener H. in v. d. Hagens *Deutschen Gedichten des MA.* II. (1811). Germ. I (1856) S. 53. ZfdPh. III (1871)

S. 241. — Neudruck des gedruckten H. von A. v. Keller (Stuttg. lit. Verein Nr. 87) 1867. Anhang: W. Grimm *Heldensage*[3]. S. 134. — Ambraser Hs.: Gottlieb *Ambraser Handschriften* 1900. S. 137f. Germ. IX 381. — *Deutsches Heldenbuch* von v. d. Hagen. 2 Bde. 1855; von Jänicke, Amelung, Martin u. a. 5 Bde. 1866ff. K. Simrock *Das große H.* (Amelungenlied, sollte auch Nibelungen und Kudrun in sich aufnehmen) 1835ff.; *Das kleine Heldenbuch* 1844. H. Schneider.

Heldenepos.

§ 1. Begriff und Abgrenzung. — § 2. Entstehungsgeschichte. — § 3. Entwicklungsgeschichte. — § 4. Stil. — § 5. Form. — § 6. Stoffe. — § 7. Chronologie. 1. Die epischen Vorläufer des Nibelungenliedes. 2. Das Nibelungenlied. 3. Nachnibelungische Epik. — § 8. Nachleben.

§ 1. Begriff und Abgrenzung. Unter H. verstehen wir jene mhd. Dichtungen, die bisher noch meist mit dem Namen Volksepen (s. d.) belegt werden. Eine soziale oder genetische Abgrenzung, wie sie diese Bezeichnung erstrebt, ist nicht durchzuführen. Als wesentliches Kennzeichen der Gattung ist ein stoffliches festzuhalten: die Dichtungen, die hier in Frage kommen, behandeln Gegenstände und Personen aus dem Gebiete der dt. Heldensage. Ihre Wurzeln liegen nicht, wie bei der gesamten höfischen Epik, in der lat. oder frz. Literatur, sondern wachsen aus germ. Erdreich empor. Der Zusammenhang mit der Heldenpoesie der Vorzeit ist freilich nicht bei allen Epen bewahrt, aber doch bei den ältesten und wertvollsten. Die jüngeren machen sich spätere Sproßformen zunutze und bilden die Sage willkürlich fort.

Die Stoffe der Heldenepik waren also nicht modisch, und daraus erklärt es sich, daß sie bei der ritterlichen Gesellschaft kein besonderes Glück machen konnten. Aber es wäre falsch, aus dem Ausdruck „Volksepos" zu schließen, daß sie sich von vornherein an ein ganz anderes, sozial niedriger stehendes Publikum gewandt hätten. Mit heißem Bemühen hat zumal der Dichter des Nibelungenliedes versucht, sein Werk hoffähig und ritterbürtig zu machen. Andere folgen ihm darin; gegen Ende der Periode greift dann und wann auch ein höfisch geschulter Dichter einen heldenepischen Stoff auf. Vorurteilsfreie Hofpoeten wie Wolfram machen kein Hehl aus ihrer Vorliebe für die heldenepischen Stoffe, und Anspielungen auf sie konnten immer auf Verständnis zählen. In später Zeit finden sich in Sammelhandschriften Helden- und Ritterepik friedlich zusammen. Die Verfasser dieser Gedichte dürfen allerdings nicht in Ritterkreisen gesucht werden. Die meisten fallen unter den weiten Sammelbegriff der „Spielleute", aber sie zeigen sich zum größten Teil als Männer von weitem Gesichtskreis und unverächtlicher Bildung, die sich ja allein schon in der Niederschrift eines Buchepos ausspricht.

Weitere Besonderheiten, die das H. vom höfischen Epos scheiden, liegen vor allem auf drei Gebieten: auf dem entstehungsgeschichtlichen, dem textgeschichtlichen, dem stilistisch-formalen.

§ 2. Entstehungsgeschichte. Grundlage des höfischen Epos ist *daz buoch*, die schriftliche Quelle, die meist einfach übersetzt wird. Die Vorlage des H. ist auf alle Fälle bereits in dt. Sprache abgefaßt. Das Entscheidende liegt aber darin, daß die ursprüngliche Quelle aller Heldenepik im Heldenlied zu suchen ist. Erst im späteren Verlauf der Entwicklung wurde es möglich, daß auch hier ein Buch, d. h. eine bereits schriftlich gestaltete epische Darstellung, die Vorlage abgab. Das Verhältnis des Heldenliedes (s. d.) zum H. hat die Forschung ein Jh. lang beschäftigt; jetzt ist durch A. Heusler endgültige Klarheit geschaffen. Nicht durch das Nebeneinanderstellen einer Reihe sich inhaltlich ergänzender Lieder, sondern durch die Aufschwellung einer Liedfabel zu epischer Länge entsteht ein Epos. Dabei ist nicht ausgeschlossen, daß durch episodische Einarbeitung auch andere Liedinhalte noch Verwendung finden oder eine spätere Anlängung des bereits vorhandenen Epos dadurch vor sich geht, daß ein weiteres Lied episiert wird. Die wesentlichste Änderung beim Episierungsprozeß spielt sich jedenfalls nicht auf stofflichem, sondern auf stilistischem Gebiete ab: der Liedstil wird durch den Epenstil ersetzt, die gedrungene, hastige Sprunghaftigkeit durch breites Ausladen und Verweilen, durch Einfügung von Episoden, Nebenfiguren, Schilderungen usw. Das Lied wurde auswendig vorgetragen, das Epos in vielen Abschnitten vorgelesen; auch das ergibt verschiedene kompositorische Methoden. Das

Lied wurde nur mündlich festgehalten und fortgepflanzt, das Epos nur schriftlich überliefert.

§ 3. Entwicklungsgeschichte. Trotzdem will sich beim H. jene Festigkeit und Endgültigkeit der Form und Fassung nicht einstellen, wie sie das höfische Epos auszeichnet. Dieses konnte wohl stilistisch-lexikalisch gelegentlich retuschiert, später durch Zusätze aufgeschwellt werden, im ganzen aber ist seine Tradition bis zu den Einzelheiten des Wortlautes konstant geblieben. Beim H. war das anders; diesen anonymen Werken brachte man geringere Achtung entgegen als den Gedichten, hinter denen ein gewichtiger Name stand. Die Varianten, die sich bei der Kopie einstellten, mußten beträchtlicher sein, weil sich der Schreiber viel eher berufen fühlte, dem Dichter am Zeuge zu flicken. Aber dabei blieb es nicht. Fortwährend befand sich die Textgestalt dieser Dichtungen im Fluß, fast alle machten sie mehrere Umformungen durch, bis sie eine einigermaßen endgültige Gestalt gewannen. Man kann dabei scheiden zwischen vollkommener Umschmelzung, die alles von Grund aus neu formte und selten etwas stehenließ, und bloßer Umarbeitung, die auf weite Strecken den alten Bestand wahrte, um dann anderwärts gründlich zu neuern, nicht nur durch Erweiterung, sondern auch wieder durch Umschmelzung. Diese Umformungssucht der Späteren gegenüber fertigen epischen Werken wirkt sich auf die verschiedenste Weise aus. Es ist keineswegs immer gesagt, daß das Spätere ein Schlechteres sein muß. Aber häufig ist dies doch der Fall, indem der sinkende Geschmack jüngerer Zeit in der Bearbeitung sein Recht fordert. Doch erfreuen an manchen Bearbeitungen Erweise einer die Vorlage überragenden kompositorischen Geschicklichkeit, einer Fähigkeit zu besonnener Kürzung oder hübscher epischer Aufrundung, auch wohl einer strengen formalen Schulung, die das nachlässige Original zu bessern sucht. Es ist nicht immer leicht, der vorliegenden, meist lückenhaften Überlieferung anzusehen, welche Stufe der Entwicklung sie jeweils verkörpert, ob in ihr die direkte Episierung eines Liedes, ob die Umschmelzung eines früheren Epos, ob eine bloße leichte Überarbeitung vorliegt. Widersprüche, Wiederholungen, Lücken der Darstellung, Ungleichmäßigkeiten in Sprachgebrauch, poetischer Technik und Stil können zur Entgliederung ursprünglich getrennter Bestandteile und zur Beseitigung später aufgetragener Schichten benutzt werden. Dem selbstsicheren Überscharfsinn älterer Zeiten, die sich in Zerlegung, ja Zerfetzung alter Einheiten gefielen, mußte besonnen konservierende Kritik entgegentreten. Bei Untersuchungen derart hat das Bestreben vorzuwalten, jede Entwicklungsschicht als literarhistorische Realität, jeden Bearbeiter als literarische Persönlichkeit zu erfassen.

So hat man jetzt zur Gewißheit zu erheben gewußt, daß das Nibelungenlied das einheitlich gedachte und geradlinig komponierte Werk eines bedeutenden Poeten ist, der ein bereits vorhandenes Epos mit einem erst von ihm zur Epenform aufgeschwellten Liede kombiniert hat. Ähnlich wird es sich mit der 'Kudrun' verhalten, bei der allerdings die eigene Erfindungskraft des Dichters weiteren Spielraum fand. Beide Epen sind also streckenweise Umschmelzungen, streckenweise Originalgedichte. Von anderen ursprünglichen Epen besitzen wir nur noch Aufschwellungen, die z. T. in einzelne Stücke zerrissen sind, Auszüge, Konkurrenzfassungen, die sich aus derselben epischen oder liedhaften Grundlage entwickelt haben.

§ 4. Weltanschauung und Stil. Die Heldenepik ist weder eine formal-stilistische Einheit, noch weist sie eine gleichmäßige Entwicklung nach einer Richtung auf. Ihrer Herkunft und ihren Lebensbedingungen nach ist sie zu einem durchgehenden Dualismus verurteilt. Ein reiner Heldenepenstil, wie er in dem England des 8. Jhs. noch möglich war, konnte sich nun nicht mehr entwickeln. Das Ethos des Heldenliedes mußte gleichermaßen leiden durch die höfische Verfeinerung des Tones und der Sitten wie durch die Verchristlichung der Lebensanschauung, die oft einer Verweichlichung gleichkam. Völlig unausgeglichen stehen auch Derbheiten der späteren mündlichen Fortpflanzungszeit und spielerische Zierlichkeiten des verfeinerten Rittertums nebeneinander; Siegfried prügelt Kriemhild, um die er erst so minniglich geworben hat. Die kolossalen heroischen Ausmaße der alten Hagen- und Kriemhildgestalten werden durch kleinliche Anschwärzungen auf ein mittleres Bösewichtniveau herabgedrückt oder durch weißwaschende Beschönigung verkleinlicht. Diese Zwiespältigkeit zeigt sich auch in den Einzelheiten von Syntax und Wortwahl. Altmodische, dem 13. Jh. kaum mehr verständliche Vokabeln und Konstruktionen stoßen hart zusammen mit hochmodernen, wie die urheroische Schildjungfrau Brünhild sich mit dem Seidenrock aus *Azagouk* (aus Wolframs 'Parzival') schmückt. Doch ist diese seltsame Vereinigung entlegener Vorstellungen und Ausdrücke wieder keine konsequent ausgebildete Stilform, sondern jedes einzelne Werk verhält sich in dieser Beziehung verschieden und unterliegt seinen eigenen Entstehungsbedingungen. Die archaischen Elemente treten natürlich in den jüngeren Werken mehr und mehr zurück, dafür entsteht in ihnen eine neue, noch unorganischere Mischung durch Eindringen grober Elemente der spielmännischen Vorstellungs- und Ausdrucksweise. Am charakteristischsten für den Mischstil des H. ist das Nibelungenlied selbst; die 'Kudrun', obschon wesentlich jünger und auf weite Strecken ohne archaische Vorlage, sucht ihm darin wie in allem getreu zu folgen. Bei den anderen Gedichten hat sich zwischen das heroische Originallied und das Buchepos eine breite und entstellende Mittelschicht eingeschoben. Unverbildete kräftige Originalität in Diktion und Handlungsführung zeigen am ehesten noch 'Wolfdietrich' A und 'Rosengarten' A . Ein spielmännisches Inhaltsschema tritt bereits beim 'Ortnit' zutage. Die späteren Redaktionen der Rosengärten und Wolfdietriche (insbes. D) lassen auch die Formelsprache des Spielmannsgedichtes reichlich anklingen und entstellen den Inhalt durch abenteuerliche und schwankhafte, z. T. auch frömmelnde Anleihen aus dieser Sphäre. Höfische Anlage zeigt das Gedicht von Biterolf, das Etzel zu einer Art Artus umprägen will. Streben nach zierlicher Verritterlichung des ganzen Lebens tritt am stärksten hervor im 'Rosengarten' F und in der ältesten Bearbeitung von 'Dietrichs erster Ausfahrt'; formale Tendenzen des höfischen Gedichts suchte ein späterer Redaktor dem 'Wolfdietrich' C aufzupressen.

§ 5. Form. Der äußeren Gestalt nach lassen sich 3 Gruppen von H. scheiden:

A. Epen in der alten Form der Langzeilenstrophe, die schon in der Zeit der Heldenlieder auf verschiedene Weise hatte abgegrenzt werden können. In der Praxis der mhd. Zeit schwankt der Umfang zwischen 3 und 4 Langzeilen, die Vierzahl ist das normale. Die ehemals durch Alliteration in sich gebundenen Langzeilen wurden nun durch den Endreim paarig gebunden; es entstand also eine Strophe aus 8 Kurzzeilen mit der Reimstellung OaOaObOb. Späteres Streben nach reicherem Reimschmuck hat die Bindung ababcdcd hergestellt (Einführung von Zäsurreimen), die aber in keinem Gedicht des 13. Jhs. ganz konsequent durchgeführt ist. Das Streben nach Markierung des Strophenabschlusses führte zu stärkerer Füllung der letzten Langzeile, deren eine, meist letzte, Halbzeile über das normale Maß hinausgeführt wurde. So entstanden vier vierzeilige Strophengebilde: 1. Die echte Nibelungenstrophe des Baues 3kl 3s 3kl 3s 3kl 3s 3kl 4s. 2. Der Hildebrandston, ebenso, nur in der letzten Halbzeile 3s. 3. Die Kudrunstrophe, im Aufgesang zur Nibelungenstrophe stimmend, im Abgesang aber abweichend: 3kl 3kl 3kl 5kl. 4. Die Waltherstrophe weicht nur in der 4. Langzeile von der Nibelungenstrophe ab und bildet sie 5kl 4s. Ein reiner Vertreter der ersten Art liegt nur im Nibelungenlied vor. Die Praxis der meisten späteren Epen (Ortnit, Wolfdietrich, Rosengarten, Albhart) zeigt eine Vermischung der ersten und zweiten Art, diese dringt endlich ganz durch. Historisch gleichberechtigt, wird der sog. Hildebrandston doch wohl als jüngere Abart der Nibelungenstrophe gelten müssen. Bei Kudrun- und Waltherstrophen läßt sich das nicht mit der gleichen Sicherheit behaupten. Eine dreizeilige Form ist erhalten in der sog. Rabenschlachtstrophe, die aus 6 Kurzzeilen des Schemas OaOabb besteht. Zeile 3—6 entsprechen Zeile 5—8 der Kudrunstrophe. Vielleicht liegt hier die ursprüngliche Strophe der Dietrichepik vor.

B. Epen in höfischen Reimpaaren: Klage, Biterolf, Laurin, Dietrichs Flucht, Dietrich und Wenezlan. Starke stilistische und lexikalische Einschläge aus den höfischen Epen sind durch die Wahl dieser Form nicht immer bedingt. Sie erklärt sich daraus, daß bei diesen Gedichten eine liedhafte Grundlage, die Strophenform vorgeschrieben hätte, teils überhaupt nicht vorhanden war, teils nur in der flüchtigsten Weise benutzt wurde.

C. Epen im sog. Bernerton, einer neuen, komplizierten Strophe, die der mündlichen Dichtung der Spielleute entstammte und zuerst in der vorliterarischen liedhaften Vorstufe des Eckenepos bezeugt ist (Carm. Bur. S. 71 alte Eingangsstrophen eines Eckenliedes). Danach nahm sie also das Eckenepos auf; Sigenot, Dietrichs erste Ausfahrt, Goldemar schlossen sich an. Auch diese 13-zeilige Strophenform hatte allerlei Wandlungen durchzumachen.

F. Panzer *Das deutsche Volksepos* 1903. J. Meier *Werden und Wesen des Volksepos* 1909. Ker *Epic and Romance* 1908². A. Heusler *Lied und Epos in germ. Sagendichtung* 1905. Ders. *Heliand, Liedstil und Epenstil*, ZfdA. LVII (1920) S. 1ff. H. Schneider *Das mhd. Heldenepos*, ZfdA. LVIII (1921) S. 97ff. — Nibelungenstrophe: K. Simrock *Die N. und ihr Ursprung* 1858. A. Heusler *Zur Geschichte der altdt. Verskunst* (Bresl. B. 8) 1891. S. 97ff. W. Braune PBB. XXV (1900) S. 92ff. PGrundr. II², 2 S. 127ff. — Bernerton: C. v. Kraus ZfdA. L (1908) S. 1 passim.

§ 6. Stoffe. Greifbare stoffliche Grundlagen sind meist nur dort vorhanden, wo ein Heldenlied episiert worden ist. Zu scheiden ist zwischen der Episierung alter Lieder der Völkerwanderungszeit und junger des 12.—13. Jhs. (s. *Heldenlied*). Soviel wir wissen, haben sechs Lieder der Frühzeit den Stoff zu H. geliefert. Die fränkischen Lieder von Brünhild (Siegfrieds Tod) und dem Burgundenuntergang liegen dem Nibelungenlied zugrunde; das alte Hildelied dem Mittelteile der 'Kudrun', das fränkische Lied von Dietrich dem Chlodwigsohne den Wolfdietrichen; das (bayr.) Lied von Dietrichs Flucht und der Rabenschlacht den Dietrichepen. Man hat da allerdings auch an eine Doppelheit der liedhaften Quelle gedacht, aber das eigentliche Fluchtlied, das man postuliert hat, mangelt des pointierten Gehaltes. Eine Rekonstruktion der liedhaften Quellen ist für die Wolfdietriche und die Dietrichepen nicht möglich, die drei anderen werden durch ihre nord. Nachkommenschaft einigermaßen lebendig gemacht. Das Waltherepos ist selbst so trümmerhaft, daß von dem alten Waltherlied (das auch die Quelle für Ekkehard gewesen sein mag) nicht mehr viel durchschimmert.

Jüngere Lieder bilden die Quelle des Biterolf (Lied vom Kampfe zwischen Dietrich und Siegfried, von Dietleib), der Rosengärten (wohl eine Fortbildung jenes Kampfliedes), des Ortnit (wohl zwei Lieder: Ortnits von Garten Brautfahrt, Drachenkampf) und des Eckenepos; wohl auch des Seifridsliedes. Gelegentliche Benutzung von Liedern zeigt sich in einer Bearbeitung von Dietrichs erster Ausfahrt und in Albharts Tod. Einen schon liedhaft behandelten Stoff (aber kein Heldenlied) griff wohl auch der Hauptteil der Kudrun auf, der die Leidensgeschichte der Heldin behandelt. Noch ungeformtem örtlichem Sagengut verdankt das kleine Epos von König Laurin seine Entstehung, ein weitverbreitetes Zwergenmärchen (Entführung und Befreiung einer Jungfrau) half mit und lieferte später auch den Grundriß für den Goldemar. Örtliche Traditionen spielen wohl auch herein in das Gedicht von Dietrichs erster Ausfahrt, das in seiner Urgestalt im übrigen als freie Erfindung anzusprechen ist.

Folgende Stoffkreise wären zu scheiden: 1. Burgundischer Kreis: Nibelungenlied, Klage, Seifriedslied, Walther. 2. Dietrichkreis, und zwar a. historische Dietrichepik: Dietrichs Flucht, Rabenschlacht, Albharts Tod; b. märchenhafte Dietrichepik: Ecke, Sigenot, Goldemar, Laurin, Dietrichs erste Ausfahrt. Verbindung zwischen 1 und 2: Kampf zwischen den Helden des Burgunden- und Dietrichkreises: Biterolf, Rosengarten. 3. Wolfdietrichkreis, der den Ortnit an sich gezogen hat: die Wolfdietriche, Ortnit.

§ 7. Chronologie. Eine Übersicht über die Entwicklung der Gattung stößt auf große Schwierigkeiten, da einmal viel verloren ist und dann von den verschiedenen Stoffen sich nur die Repräsentanten erhalten haben, die bei dem Konkurrenzkampfe der verschiedenen Fassungen siegreich blieben; begreiflicherweise keineswegs immer die altertümlichsten und künstlerisch höchststehenden. Immerhin läßt sich die Lebensgeschichte des H. einigermaßen rekonstruieren. Man kann drei Stadien der Entwicklung unterscheiden: 1. Vornibelungische Epik. 2. Das Nibelungenlied selbst. 3. Nachnibelungische Epik.

1. Die epischen Vorläufer des Nibelungenliedes fallen noch ins 12. Jh. und mußten, von dem großen Nachfahren überwuchert, allmählich zugrunde gehen. Immerhin waren sie im 13. Jh. noch lebendig genug, um durch den rückständigen Norden nach Norwegen zu gelangen, wo sie die Grundlage für die große Kompilation der Thidrekssaga abgeben halfen. Sogar einem Kompilator des 15. Jhs. war das ältere Nibelungenlied noch zugänglich (Anhang zum Heldenbuch). Nur zwei dieser frühen Heldenepen werden greifbar, es sind a. die sog. ältere Not, ein Burgundenepos, das von der Einladung zu Etzel bis zur Nibelungenkatastrophe reichte, knapp und kraftvoll, ohne höfischen Anstrich erzählte, vieler Gestalten und Episoden des jetzigen Liedes noch entriet. Es wahrte den Geist einer rauheren Heldenzeit, Kriemhild selbst reizte ihr Söhnchen gegen Hagen auf, um den tötlichen Streit hervorzurufen, und Dietrich von Bern tötete eigenhändig die *vâlandinne*. Gleich diesem älteren Gedicht lag unserem Nibelungenlied als Quelle vor b. das alte Dietrichepos. Es behandelte wohl Dietrichs durch die Übermacht Ermanrichs erzwungene Flucht aus seinem Reich und den Wiedereroberungsversuch mit hunnischer Hilfe, samt der Katastrophe der jungen Etzelsöhne. Zahlreiche Reflexe dieses Gedichts im Nibelungenlied und in der Klage helfen den etwas entstellten Auszug der Thidrekssaga ergänzen. — Unsicherer bleibt das Hildeepos für diese frühe Zeit. Lediglich der sehr flache Mittelteil unserer Kudrundichtung nötigt zur Annahme einer älteren epischen Vorstufe. Sie muß die Entführung der Hagentochter Hilde durch Hettel erzählt und in der Schlacht auf dem Wülpensande zu tragischem Ende geführt haben. — Noch fraglicher ist die frühe Existenz eines Waltherepos. Es läßt sich lediglich nachweisen, daß dem Biterolf ein solches vorgelegen haben muß. Die erhaltenen Reste sind aus dem 13. Jh.

2. Das Nibelungenlied ist die epochemachende und gattungsschöpferische Leistung dieses ganzen Literaturzweiges. Es kann sich an Verbreitung zwar nicht mit Wolframs Werken messen, dennoch zeigt die Zahl von Hss., daß es einen großen, wenn auch landschaftlich begrenzten Kreis von Interessenten gefunden hat. Die meisten Hss. weisen nach Tirol. Die ursprüngliche Heimat des Gedichtes ist aber an der Donau zu suchen, wo der Vf. jeden Fußbreit Boden kennt. Man darf ihn wohl mit dem Bischofssitze Passau in Verbindung bringen und die Vollendung des Werkes in die ersten Jahre des 13. Jhs. setzen. Grund des Erfolges war nicht nur die überragende Wucht dieses Doppelsujets, das in seinen Einzelteilen jedermann bekannt gewesen war und hier in überraschend neuer Verbindung und Beleuchtung erschien; nicht nur das äußere Geschick des Dichters, das die Geschmacksrichtung verschiedenster Kreise zu berücksichtigen suchte, sondern vor allem die absolute künstlerische Höhe des Geleisteten. Trotz vieles Ungleichmäßigen und Stillosen, mancher Verwässerung, Aufschwellung und fragwürdiger Zuerfindung ist das Werk eine kräftige, planvoll aufgebaute und in langsamem Anschwellen zu höchster Wirkung gesteigerte künstlerische Einheit; doppelt eindrucksvoll für eine Zeit, die durch sorgfältige Komposition epischer Dichtungen nicht verwöhnt war, und deren Ansprüche auf psychologische Vertiefung der handelnden Personen hier besser erfüllt waren als in den meisten höfischen Durchschnittsepen. Allerdings vermißten Spätere ein Letztes an inhaltlicher Straffheit und höfischer Durchbildung, und so setzte sich unter den mannigfachen Bearbeitungstendenzen, die an das Lied herangebracht wurden, vor allem die glättende, Gegensätze überbrückende und den Ton abschleifende durch, die in der Redaktion C (Hohenems-Donaueschinger Hs.) verkörpert wird. Die älteren Fassungen A (Hohenems-Münchener Hs.) und B (St. Galler Hs.) streiten bis heute um den

höheren Echtheitsrang. An die Originalfassung des großen Epos schloß ein geistlicher Vf. ein tränenreiches Nachspiel, die 'Klage', und dieses erste Epigonenwerk ist von Anfang an mit der wegeweisenden Meisterschöpfung verbunden geblieben.

3. Nachnibelungische Epik: a. Weitere epische Bearbeitung der alten Heldenliedstoffe erfolgte teils selbständig, teils im Anschluß an die schon vorliegenden Werke und erstreckte sich über die ersten Jahrzehnte des 13. Jhs. Es entstand ein Wolfdietrichepos, das den Helden zuerst mit dem niederdeutsch-russischen König Ortnit in Verbindung brachte; ein Dietrichepos, das Personal und Handlungsschema des älteren mächtig erweiterte; ein Waltherepos, das auf den Voraussetzungen des Nibelungenliedes aufbaute, und schließlich der jüngste und einzig ganz erhaltene Repräsentant dieser Gruppe, das Gedicht von 'Kudrun'. Das unveränderte Weiterleben ist aber eher ein Zeichen des Mißerfolges als der weiten Verbreitung dieses modernsten und dem 13. Jh. sicher fremdartigsten aller H. Die anderen Dichtungen standen eben nicht still, sondern erregten so viel Interesse, daß sie immer neue Bearbeiter fanden; die geringe Beachtung der Kudrun, die von der heutigen Einschätzung dieses Meisterstückes eines tiefgründigen Psychologen und phantasiereichen Dichters weit abweicht, hat seinen Grund wohl vor allem in dessen stofflicher Eigenbrötelei. Hier fehlte fast ganz der Zusammenhang mit der noch lebendigen Heldensage, die den anderen Epen von vornherein ihre Wirkung sicherte. Weltauffassung, Menschenzeichnung und vor allem reale Beziehungen lassen die 'Kudrun' dem Nibelungenlied gegenüber als Produkt einer viel jüngeren Zeit erscheinen. Vor 1240 ist sie schwerlich zu setzen.

b. Es folgte eine Zeit der neuen epischen Stoffbildung, die durch Sagenkombination und Verwertung der Liedersujets des 13. Jhs. gewonnen wurde. Um die Jahrhundertmitte fällt das von weitester Belesenheit zeugende Sagenkompendium 'Biterolf und Dietleib', das außer der vorhandenen Literatur (nur die Kudrun bleibt ihm fremd) einige junge Lieder benutzt. Es kennt auch schon eine weitere, sagenkombinatorische Bearbeitung des Wolfdietrichstoffes: Der sog. 'Wolfdietrich' A ist mit einem neuen, aus 2 Liedern gewonnenen Epos von 'Ortnit' zwar noch nicht zur stofflichen Einheit verschmolzen, aber doch aufs engste zusammengerückt. In Konkurrenz mit dem 'Biterolf' tritt vielleicht 20 Jahre später das älteste Rosengartenepos (A), eine frische und knappe Episierung des ganz jungen Liedes. Nach einiger Zeit wurde eine solche unabhängig nochmals vorgenommen; dieser neue 'Rosengarten' D schöpft ausgiebig aus dem 'Biterolf' und geht somit in der Sagenkombination noch weiter. Resultat einer jungen Sagenverknüpfung war auch das Gedicht von dem jungen Seifried, das wir für das 13. Jh. postulieren dürfen, trotzdem unsere Tradition 300 Jahre jünger ist. — Die tirolischen Lokalsagen von 'Ecke' und 'Laurin' treten hinzu und liefern Stoff zu neuer Verherrlichung Dietrichs, jene durch das Medium eines Liedes. Schon in der unliterarischen Form durch mehrere deutsche Landschaften verbreitet, hat dieser Stoff einen Jhh. anhaltenden Erfolg erzielt. Ohne erkennbare Vorlage wurden dem Berner im 'Goldemar' (fast ganz verloren) und in 'Dietrichs erster Ausfahrt' (fast ganz aus der sog. 'Virginal' heraus konstruierbar!) weitere märchenhafte Taten angedichtet, bis man schließlich um die Jahrhundertwende zu höfischer Huldigung den zeitgenössischen König Wenzel von Böhmen in einen Zweikampf mit Dietrich verstrickte ('Dietrich und Wenezlan').

c. Die Zeit der Aufschwellung und des Verfalls: Soweit die Epen am Leben geblieben waren, wurden sie vom Ende des 13. Jhs. an die Beute skrupelloser effekthaschender Bearbeiter, deren Ehrgeiz war, eine Fülle von Personen in Aktion zu setzen und die Abenteuerlichkeit der Handlung um jeden Preis zu mehren. Diese Stoffwut führt auch zu einer Ineinanderarbeitung verschiedener epischer Behandlungen desselben Gegenstandes. Am charakteristischsten prägt sich das typische Schicksal des beliebten heldenepischen Sujets aus in den Wolfdietrichgedichten, die erst nach 1300 ihre endgültige Form in der großen Kompilation 'Wolfdietrich'

D erreichten, welche 3 vorhandene Wolfdietrich-Gedichte samt dem 'Ortnit' ineinanderarbeitet. Auch der 'Rosengarten' C stellt eine Zusammenschweißung von A und D dar. In diese Spätzeit fällt auch die uns allein erhaltene Gestalt der historischen Dietrichepik. Das große Gedicht der 30er oder 40er Jahre wurde von einem stümperhaften Epigonen, Heinrich dem Vogler, in zwei Teile zerlegt; ein erster, das 'Buch von Bern' (gewöhnlich 'Dietrichs Flucht' genannt) führt Dietrich ins Hunnenland, das zweite, die 'Rabenschlacht', schildert den vergeblichen Wiedereroberungsversuch. Ein einziger Fall der Verselbständigung einer heldenepischen Episode lag damals bereits vor in 'Albharts Tod'. Besonders verwickelt gestalteten sich die Schicksale von 'Dietrichs erster Ausfahrt'; das ursprüngliche Gedicht wurde mehrmals überarbeitet, aufgeschwellt und kontaminiert; drei durchaus sekundäre Fassungen des Stoffes allein sind uns überkommen. 'Laurin' wurde fortgesetzt ('Walberan'), aufgeschwellt ('Laurin' D) und in andere metrische Form gegossen (Dresdener Hs.).

In dieser Zeit kann man auch erst ernstlich von einer allgemeinen landschaftlichen Ausbreitung der Gedichte reden. Bisher war das bayr.-österr. Sprachgebiet wie die Entstehungs- so die Hauptverbreitungsgegend der Heldensagendenkmäler gewesen. Abgesehen von den Niederschlägen in der Thidrekssaga zeigt sich keine wirksame Verbreitung in Mittel- und Norddeutschland, und auch im Südwesten sind die Spuren zunächst vereinzelt. Den ersten Erweis des Interesses auch anderer als bayr.-österr. Landschaften erbringen 'Wolfdietrich' A und 'Ortnit', die man nach Ostfranken zu setzen hat. Die Lieder waren in ihren Verbreitungsbedingungen offenbar günstiger gestellt: die entscheidende Beeinflussung des (noch mündlich verbreiteten) Eckenliedes durch frz. und örtliche Einflüsse hat am Rhein stattgefunden, zur Episierung ist der Stoff in seine alte Heimat Tirol zurückgekehrt. Am Rhein bildete sich nach der Jahrhundertmitte eine eigene Gestalt der Siegfriedsage aus. Gegen Ende des Jhs. beteiligen sich dann Dichter aller Landschaften an der Pflege heldenepischer Stoffe. Eine kombinierte Hs. des 'Rosengarten' und des 'Laurin' gelangte nach Mitteldeutschland und wurde dort umgebildet, auch der 'Rosengarten' D könnte md. sein. Die große 'Wolfdietrich'-Kompilation D nimmt ein Alemanne vor, das erste Gedicht von 'Dietrichs Ausfahrt' hatte ebenfalls einen alemannischen Vf., ein Rheinländer und ein Ostfranke wetteiferten in der weiteren Ausgestaltung des Stoffes. Eine letzte, bedeutungslose Etappe in der Geschichte der H. wird im 15. Jh. erreicht; die z. T. überlangen Gedichte wurden wieder gekürzt; sie wurden, soweit sie allzu veraltet erschienen, in die Diktion einer neuen Zeit überführt; und sie wurden schließlich mehrfach in Sammlungen vereinigt, die den Namen Heldenbücher (s. d.) führten.

Ausgaben u. wichtigste Literatur: NL. hsg. v. Lachmann 1878[5] (A), Bartsch 1870/80 (B), Zarncke 1887[6] (C). Th. Abeling Das NL. u. seine Literatur 1907, 1909, 1920. A. Heusler *Nibelungensage und NL.* 1923[2]. E. Kettner *Die österreich. Nibelungendichtung* 1897. Hss.-Verhältnis: W. Braune PBB. XXV (1900) S. 1ff. — Kudrun hsg. von E. Martin 1902[2], Martin-Schröder 1911[2], Symons 1914[2]. F. Panzer *Hilde-Gudrun* 1901. Dröge ZfdA. LIV (1914) S. 121. — Rosengarten hsg. v. G. Holz 1893. — Waltherbruchstücke in Streckers Ausgabe des '*Waltharius*'[2] 1925. H. Schneider GRM. XIII (1925) S. 14ff., 119ff. — Alle anderen Heldenepen in dem *Deutschen Heldenbuch* hsg. v. Müllenhoff. 5 Bde. 1866ff. Zu Biterolf: W. Rauff Diss. Bonn 1907. W. Haupt *Zur nd. Dietrichsage* (Pal. 129) 1913. — Zu den Wolfdietrichen: H. Schneider *Die Gedichte und die Sage von Wolfdietrich* 1913. — Zu Dietrichs erster Ausfahrt: C. v. Kraus ZfdA. L (1908) S. 1ff. — Zu den Heldenepen im ganzen H. Schneider *Heldendichtung Geistlichendichtung Ritterdichtung* 1925. S. 333ff., 504ff.

§ 8. Nachleben. Die natürliche Lebenszeit des H. währte bis zum Anfang des 17. Jhs. Das Maß seiner Beliebtheit in der späteren Zeit war von der künstlerischen Bedeutung unabhängig. Das Nibelungenlied gelangte nicht mehr zum Druck und war 1575 für Wolfgang Lazius lediglich noch unsichere historische Quelle. Dagegen konnte sein rheinisches Konkurrenzwerk, das Seifridslied, im 16. Jh. noch einmal in die veränderte Sprache und Versform der Zeit gegossen werden. Einige Figuren des Dietrichkreises genossen im Reformationsjh. noch sprichwörtliche Berühmtheit, entsprechend der großen Anzahl von Drucken des 'Ecke', des 'Sigenot' usw., die verbreit etwaren. Das Heldenbuch (Ortnit, Wolfdietrich und die Rosengärten) wurde bis 1590 aufgelegt. Es entwickelte sogar noch dichterisch fortzeugende Kraft und veranlaßte in Hans Sachsens Siegfrieddrama (nach dem Seifridslied) eine Einlage, die den Rosengartenkämpfen gewidmet ist. Zu Beginn des 17. Jhs. noch regte es ein zyklisches Wolfdietrich-Drama von Ayrer an. Der große Krieg erst hat die Erinnerung an das heimische Heldentum und Heldenepos verblassen gemacht.

Gegen Ende des 18. Jhs. erfuhr es eine künstliche Wiederbelebung, der dann wenigstens für das wichtigste Denkmal dieser Sphäre eine innere Wiederaneignung folgte. Das H. war gelegentlich immer wieder Gegenstand gelehrter Diskussion gewesen, vor allem wegen seiner historischen Beziehungen (Gottsched, Lessing usw.), hat es dann aber auch weiterhin nie mehr verstanden, anderes als wissenschaftliches Interesse zu erregen trotz der Übersetzungen durch Simrock. Das Nibelungenlied bedurfte des Neuentdeckers. J. J. Bodmer war der Wegweiser, der Arzt Obereit 1755 der glückliche Finder der Hs. C. 1758 druckte Bodmer den 2. Teil des Gedichtes ab, 1782 ließ sein Schüler H. Myller den ganzen Text in einer Mischredaktion folgen. Die erste Ausgabe des auf nibelungischem Gebiete so vielgeschäftigen v. d. Hagen erschien 1810. In der Zeit politischer Bedrängnis Deutschlands wurde das Nibelungenlied für viele, speziell aus der jungen Generation, ein nationaler Schatz und manchem Freiwilligen 1813 ein Begleiter ins Feld. — Wissenschaftlicher Erforschung brach A. W. Schlegel Bahn, dessen klarer Blick weiter sah als der anfänglich ungezügelte Enthusiasmus der jüngeren Romantiker Görres, J. und W. Grimm. 1816 ließ sich zuerst der Fürst, aber auch der Tyrann aller Nibelungenforscher vernehmen, Karl Lachmann ('Über die ursprüngliche Gestalt des Gedichtes von der Nibelunge Not', erste kritische Ausgabe 1826). Er baute auf zwei Grundthesen auf: 1. der überragenden Bedeutung der Hs. A; 2. der Entstehung des Epos aus der Aneinanderreihung von 20 Liedern (vgl. § 2). Damit hat er die beiden Hauptprobleme der Nibelungenkritik aufgestellt, die die Forschung fast ein Jh. in Atem gehalten haben. Für die breite Massenwirkung des Gedichts spielten sie keine Rolle. Übersetzungen stellten sich seit v. d. Hagen (1807) in reicher Zahl ein, die Simrocksche (1827) hat sich bis heute die meisten Freunde erworben. W. Grimm aber hatte bereits in einer Rezension der Übersetzung v. d. Hagens die Forderung nach Wiedereroberung des Stoffes durch einen selbständigen modernen Dichter verlangt. Vor allem die Dramatiker fühlten sich denn auch von ihm während des 19. Jhs. angeregt (Raupach, Hebbel). Wagner fußt fast ausschließlich auf der Edda, die auch für Jordans 'Nibelunge' weithin maßgebend ist. — Kein anderer heldenepischer Stoff kam daneben auf. Die 'Kudrun' ist zwar ebenfalls mehrfach übersetzt worden (auch hier behauptet Simrock den Vorrang) und hat gleich dem Dietrichkreise gelegentlich einmal den Dramatiker gereizt (E. Hardt, Eberhard König), aber im ganzen schlummern die poetischen Schätze dieser Stoffkreise bis heute noch ungehoben fort.

J. Crüger *Die erste Gesamtausgabe der Nibelungen* 1884. J. Körner *Nibelungenforschung der deutschen Romantik* 1911. PGrdr. I² S. 44ff.

H. Schneider.

Heldenlied. § 1. Begriff. Der exakt gefaßte literarhistorische Terminus „Heldenlied" setzt sich mehr und mehr fest für eine bestimmte Art von *carmen heroicum*, nämlich für das epische Lied der german. Frühzeit und seine liedhaften Ableger. Es ist als eine Schöpfung der Völkerwanderung anzusehen und, soweit sich beurteilen läßt, an kein fremdes Vorbild angelehnt. Wenige, aber klare Berichte lat. und volkssprachlicher Autoren bezeugen die Existenz und die Beschaffenheit der Gattung. Es war eine höfische Poesie, die vor Herrscher und adligen Kriegern von einem sangeskundigen Mitglied der Gefolgschaft vorgetragen wurde. Fast alle german. Stämme scheinen an ihr teilgehabt zu haben. Ihre Blüte erstreckte sich über mehrere Jahrhunderte. Ausgegangen ist sie vielleicht von got. Fürstenhöfen, um durch Mittel- und Westeuropa bis in den Norden zu gelangen.

§ 2. Bau. Die äußere Form dieser Lieder war die stabreimende Langzeile, die sich zu knappen, freien Strophenkomplexen (2—5 Zeilen) zusammenschließen konnte. Die wichtigsten stilistischen Eigenheiten waren die durch die Strophenform nahegelegte Neigung zu Parallelismus, Antithese, Asyndeton und vor allem variierender Wiederholung der Begriffe. Das Bedürfnis, denselben Gegenstand mehrmals zu benennen, führte eine im Laufe der Jhh. immer kunstvoller werdende Umschreibungstechnik herbei, deren Haupterscheinungen man mit den altwestnord. Ausdrücken *heiti* und *kenning* zu bezeichnen pflegt. *heiti* ist der Ersatz der normalen Vokabel durch eine abliegende („Renner" für „Roß"), die *kenning* ist eine zu äußerster Knappheit gedrängte Metapher („Leichnam" für „Körper"; *lihhamo* das „Fleischkleid"). Das wesentlichste und durchsichtigste Kennzeichen des H. ist seine Komposition: es ist episch insofern, als es einen faktischen Vorgang oder eine Mehrheit von Vorgängen zur Grundlage nimmt. Es kennt aber keine breit ausladende Erzählung und keine ruhige Freude am Tatsächlichen. Die Ereignisse sind nur Anlaß und Folie für die menschlichen Leidenschaften, deren plastische Vergegenwärtigung, nicht Schilderung, dem Heldenlied-Dichter die Hauptsache bleibt. Deshalb verweilt er so wenig wie möglich bei der Darlegung des äußeren Geschehens, gefällt sich auch keineswegs in der Ausmalung großer Kampftaten, sondern schreitet von Gipfel zu Gipfel, und diese Gipfel der Handlung werden jeweils gebildet durch erregte dramatische Szenen, in denen die Konflikte in gebändigter, aber leidenschaftdurchglühter Dialogform zum Austrag kommen. Bisweilen besteht das Lied auch nur aus einer weitausholenden und planvoll gesteigerten Redeszene, aber die häufigste Technik ist die der Mehrgipfligkeit, die die Übergangsglieder zwischen den Hauptsituationen völlig zu vernachlässigen pflegt.

§ 3. Stoffe. Stoff der H. ist die sog. Heldensage. Man wird gut tun, diesen Begriff so einzuschränken, daß er im wesentlichen eben nur die Liedfabeln der Völkerwanderungszeit und deren spätere Weiterbildungen umfaßt. Diese Liedstoffe oder Heldensagenstoffe sind auf verschiedener Grundlage aufgebaut. Es ist daran festzuhalten, daß das historische Geschehen der Völkerwanderungszeit das Fundament für die meisten Lieder geliefert hat. Natürlich ist nicht reine Geschichte zu Ohren der Sänger gekommen, sondern mündlich verbreitete, unwillkürliche Umbildung, für die der Ausdruck „Sage" recht wohl am Platz ist. Aber die frühere unklare Vorstellung, nach welcher die Sage gewissermaßen von selbst Liedform angenommen, und die frühesten Lieder sich auf die Wiedergabe vermeinter oder wirklicher historischer Begebenheiten beschränkt hätten, ist jetzt abgetan. In jedem einzelnen Falle mußte eine dichterische Individualität den Stoff von sich aus zum Liede gestalten und konnte dabei so selbständig verfahren, wie ihr beliebte, durch Umbildung der Tradition, eigene Hinzuerfindung, Ausschöpfung anderer Quellen. Das internationale Erzählgut der Antike und des Orients, dessen Kenntnis die Germanen sich bei ihren Wanderungen hatten aneignen können, spielte dabei eine große Rolle. Diese fremden Novellenzüge konnten primäre oder sekundäre Bedeutung haben: jenes ist der Fall im Hildebrandslied, in dem das fast allen Poesien bekannte Motiv des Sohn-Vater-Kampfes eine germ. Einkleidung erfuhr, dieses etwa im Wielandslied, das auf Ortstradition aufgebaut und durch antike Motive der Dädalus- und Vulkansage ausgeziert ist.

Die unmittelbar auf geschichtlichen Vorgängen fußenden Liedinhalte sind für uns die durchsichtigsten und interessantesten. Dem aristokratisch-individualistischen Charakter dieser Poesie entspricht es dabei, daß die großen Völkergeschicke der Zeit völlig zurücktreten müssen vor Persönlichkeit und Erlebnis des einzelnen: Die politischen Vorstellungen und Ausmaße verlieren sich mehr und mehr, die einfach menschlichen Verhältnisse des Sippen- und Gefolgschaftswesens interessieren ausschließlich. Die Hunnenschlacht auf den Katalaunischen Feldern wird zu einem Bruderkampf im engsten Sinne, während sie es in der Wirklichkeit im weitesten Sinne gewesen ist (Ostgoten gegen Westgoten); der Vernichtungsfeldzug der Hunnen gegen Burgund erscheint als eine verräterische Mordtat des Königs Attila an seinem Schwager Gunther. So wird die Handlung meist auf eine ganz einfache, aber tiefste menschliche Leidenschaften aufwühlende Form gebracht. Das verhängnisvolle Schicksal der besten und begabtesten Stämme der Völkerwanderungszeit drückt sich in der tieftragischen Grundstimmung der meisten Lieder aus.

§ 4. Die alten Lieder. Bei den Westgoten entstand jenes Lied von der Hunnenschlacht, anknüpfend wohl an die Niederlage der Hunnen im Jahre 453. Ostgotische Dichter bildeten das Schicksal des Königs Ermanarich (4. Jh.) zu einer Familientragödie um und besangen sonst manche Vorgänge aus der alten Geschichte ihres Volkes, die uns nicht mehr zugänglich sind. Der hervorragendste gotische Stoff der späteren Heldendichtung, Dietrichs von Bern (d. i. Theoderichs d. Gr.) Flucht und die Rabenschlacht ist wohl erst nach der Gotenkatastrophe von einem bayrischen Dichter ausgestaltet worden. — Bei den Franken wurde ähnlich der Untergang eines großen Nachbarvolkes besungen und in Verbindung gebracht mit dem Tode Attilas, es entstand das Lied vom Burgundenuntergang, das die Grundlage für den zweiten Teil des Nibelungenliedes gebildet hat. Auch sein erster Teil fußt auf fränkischem Heldensang, aber die historischen Wurzeln des spätestens für das 6. Jh. bereits zu postulierenden Liedes von Siegfried sind dunkel. Vielleicht spiegelt es Verhältnisse der Merovingerzeit wieder, wie sicherlich das Lied von Wolfdietrich, d.h. dem Chlodwigssohn Theudebert. — Aus den zahlreichen langobardischen Liedfabeln, von denen wir Kunde haben, gewinnen drei festere Gestalt: Das Lied vom Untergang der Heruler und zwei Lieder von König Alboin. Bei anderen Stoffen sind Heimat und Entstehungszeit fraglich. Der Ursprung des Liedes von Walther und Hildegunde, der Sage von Siegmund, der sicher von der Seeküste stammenden Geschichte von Hilde und Hettel ist noch unaufgehellt. Wieland der Schmied gehört wohl nach Westfalen, gestattet aber keine historische Anknüpfung. Ursprung und früheste Gestalt der nordisch-angelsächsischen Liedfabeln sind meist ebenfalls rätselhaft geblieben.

§ 5. Quellen. Die Lieder sind sämtlich untergegangen, da sich nie jemand zu ihrer Aufzeichnung veranlaßt gesehen hat. Die mittelbaren Quellen, die für ihre Erschließung zur Verfügung stehen, sind von zweierlei Art:

1. Die lat. Geschichtschreiber bringen teils Anspielungen auf sie, teils geben sie förmliche Auszüge, da sie, freilich ohne sich unmittelbar dazu zu bekennen, die Lieder als historische Quelle benutzen. Es kommen vor allem der Gote Jordanes und der Langobarde Paulus Diakonus in Betracht. Dieser reproduziert in seiner Langobardengeschichte eine Anzahl Heldenlieder, namentlich von Alboin, offensichtlich bis zum wörtlichen Anschlusse genau, jener bringt neben vielen Erwähnungen alter Liedstoffe wenigstens einen gedrängten Auszug aus einem alten Lied von Ermanarich. Die fernere Entwicklung dieser Fabel läßt sich an der Hand deutscher Chronisten gut verfolgen.

2. Viel wichtiger sind natürlich die Zeugnisse in den Volkssprachen. Die hoch- und niederdeutsche, angelsächs. und altwestnord. Poesie weist vom Beginn der Schreibzeit, ca. 700, bis zum Ende des 13. Jhs. zahlreiche Spuren und Trümmer der ehrwürdigen Heldenlieddichtung auf. Anspielungen und inhaltliche Wiedergaben sind dabei seltener als unmittelbare Verwertung und Verarbeitung der alten Liedreste, aus denen sich unter diesen Umständen manches wörtliche Überbleibsel durch Jahrhunderte hat retten können. Das ae. Beowulfepos reproduziert knapp zwei Liedinhalte, vom Finnsburgkampf und von Siegmund. Das Hauptkontingent wird aber gestellt durch die altnorwegischen und altisländischen Lieder eddischer Art, die eine Neuerweckung der alten Technik und des alten Geistes bedeuten und in zäher Treue viele Züge, ja ganze Strophen bis zu ihrer Aufzeichnung im 13. Jh. festgehalten haben. Die fünf ältesten Eddalieder gehen auf südgerm. Vorstufen zurück: Hunnenschlachtlied, Hamdirlied (Ermanarich), Sigurdlied (Siegfrieds Tod), Atlilied (Burgundenuntergang), Wielandslied.

§ 6. Das Heldenlied in Deutschland. Auf deutschem Boden hat die wohl got. Vorbildern abgenommene Kunst schon im 6. oder spätestens 7. Jh. Wurzel gefaßt. Sie scheint sich lange lebendig gehalten zu haben, auch als die Fürstenhöfe der Völkerwanderungszeit vergangen waren, das alte Gefolgschaftswesen sich gelockert hatte und die adlige Kunst sozial eine Stufe sank, vermutlich von den Fahrenden in Pflege genommen wurde. Es ist aber falsch, diese verdienstvollen Bewahrer des poetischen Erbes mit den Gauklern und Mimen auf eine Stufe zu stellen. Es gibt Zeugnisse, nach denen sich Träger des Heldenliedes noch lange bei den breiten Volksmassen besonderen Ansehens erfreuten (der Friese Bernlef). So allein erklärt es sich, daß im 7. und 8. Jh. nicht nur die alten Lieder mit respektvoller Treue erhalten wurden, die dem Norden nicht nachstand, sondern daß auch neue, künstlerisch vollwertige Dichtungen entstanden. Man darf das wenigstens schließen aus dem Dasein des einzigen, kostbaren Lieddenkmals in deutscher Sprache: des Hildebrandsliedes. Die Tatsache der Aufzeichnung rückt es ja scheinbar aus dieser sonst mündlichen Traditionsreihe heraus und schließt den Verdacht buchmäßiger Entstehung nicht ganz aus. Aber seine seltsam gemischte Sprachform, die methodelose nd. Niederschrift eines obd. Originals, läßt sich nur dann befriedigend erklären, wenn man annimmt, das Lied sei zum Zweck des mündlichen Hinüberwanderns auf nd. Gebiet leicht umgefärbt und zufälligerweise gerade in diesem Stadium aufgeschrieben worden. Die sagenhistorischen Grundlagen sind klar; das Lied ist in einer Zeit abgefaßt worden, in der die Geschichte von Dietrichs 30jähriger Verbannung allgemein bekannt und in mindestens einem Lied verbreitet war. Ohne direkt daran anzuknüpfen oder eine förmliche Ergänzung dazu geben zu wollen, hat sich der Dichter des Hildebrandsliedes die überkommene Situation zwanglos zu eigen gemacht. Das ist typisch für den gegenseitigen Zusammenhang von älteren und jüngeren Liedern, von denen schwerlich je eines als Fortsetzung des anderen gedichtet worden ist. In den *barbara et antiquissima carmina*, deren sich nach Einharts bekannter Notiz Karl der Große annahm, sieht man gern eine abschließende Sammlung der deutschen H. und einen weiteren Beweis für deren fortdauernde Pflege bis etwa 800.

Die weiteren Schicksale spielen sich jahrhundertelang unter der literarischen Oberfläche ab. Gelegentliche Polemik der Geistlichen gegen die Gottlosigkeit und Unwahrhaftigkeit dieser Poesie beweisen aber das fortdauernde Interesse der Bevölkerungskreise, die an der lat. oder rein geistlich eingestellten Dichtung der Übergangszeit unbeteiligt waren. Die Spielleute des 12. Jhs. sangen so gut wie die des 8. Jhs. vom Burgundenuntergang und von Dietrich von Bern. Ein Lied von Hilde und der Schlacht auf dem Wülpensande ist dem Pfaffen Lamprecht zu Gehör gekommen, und die Zeugnisse für die Dietrichslieder nehmen im Laufe des 12. Jhs. immer zu. Diese jahrhundertelange mündliche Wiedergabe ergab das wunderlichste Gemisch von Treue und Willkür. Manche Lieder sind von Grund aus umgebogen worden, wie das vom Burgundenuntergang, in welchem nach dt. Auffassung die Burgundenprinzessin nicht mehr den Tod der Brüder am Gatten (Etzel), sondern umgekehrt den Tod des Gatten (Siegfried) an den Brüdern rächt. Andere Lieder hatten durch reiche Ausbildung des Details eine Verschiebung erfahren: im Liede von Hilde hat die alte Märchengestalt des Wate schon um 1130 die ehemalige Hauptfigur Hetel zurückgedrängt. Eine weitgehende Neuschöpfung hat das Hildebrandslied erfahren, dessen Katastrophe aus dem verweichlichenden spielmännischen Geist späterer Zeit heraus jedes tragischen Ernstes beraubt erscheint. Erstaunlich nimmt sich die Zähigkeit aus, mit der sich in einem Ermanrichlied des 13. Jhs. alte Prägungen aus der Gotenzeit gehalten haben, neben ganz modernen Vorstellungen aus der ausgebildeten Dietrichepik jener Epoche.

§ 7. Neue Lieder. Das H. war aber auch im 12.—13. Jh. keine ausgestorbene Gattung, die vom Publikum und den Fahrenden aus alter Pietät noch weitergeschleppt wurde. Es kam mit dem allgemeinen Aufschwung der mhd. Poesie wieder zu neuen Ehren und hat auch neben der beginnenden Heldenepik seinen Platz behauptet. Um und nach 1200 muß eine erhebliche Bereicherung des Repertoires eingetreten sein. Die alte Technik wurde dabei festgehalten, nur daß die stabende Langzeile natürlich längst dem endreimenden Zeilenpaar gewichen war. Auch die Strophenform blieb im ganzen die gleiche. Der heroische Geist freilich war meist durch den spielmännischen verdrängt, die stilistische Eigenart zerrüttet, der künstlerische Wert sehr ungleichmäßig. Zur Höhe des Literaturwerkes haben die Lieder auch jetzt nicht emporgestrebt und sind deshalb auch nicht aufgezeichnet worden. Die Neuschöpfungen des 13. Jhs. sind daher nur zu erschließen aus ihrer schnell erfolgten Episierung (s.d. Art. *Heldenepos*) und ihrer Verwendung in der nd.-norw. Thidrekssaga, der ebensogut Lied- wie Epenquellen zugeflossen sind. Eine Bereicherung des Stoffgebietes entstand 1. durch Einbeziehung fremder Heldenkreise, spez. des nd.-russ., aus dem mehrere Lieder von Dietleib (Thetleif, ein holsteinischer Held) und Ortnit (Hertnit von Gardareich, d. h. von Rußland) ins hd., vor allem oberd. Gebiet drangen; 2. durch Herausspinnen von Episoden aus den alten Sagenkreisen. Vor allem lockte die Rivalität rheinischer und bayrischer Spielleute dazu, den fränk. Helden Siegfried mit dem südostd. Dietrich sich messen zu lassen. Das geschah schon zu Beginn des 13. Jhs. in einem Kampfliede, das Siegfried und Dietrich an der Spitze von 12 Heldenpaaren sich befehden ließ. Es wurde dann verbreitert und farbig umgestaltet zu dem Lied vom Kampf im Rosengarten zu Worms. Lieder von Dietrich und seinen Gesellen Witege und Heime sowie von Siegfrieds Drachenkämpfen reichen wohl schon in frühere Jhh. zurück; neu dagegen war das Bestreben, den Helden von Bern auch mit verschiedenen Lokalfiguren und Dämonen in Zusammenhang zu bringen. Ein tirol. Lied vom Riesen Ecke (eine liedhafte Vorstufe des epischen Eckenlieds), den Dietrich nach hartem Kampfe erschlägt, ist die jüngste der uns erkennbaren Schöpfungen, auch nach seiner gänzlich untraditionellen Strophengestalt.

Nur von einem dieser neuen Lieder, dem vom Rosengarten, kann man durch vorsichtige Rekonstruktion ein einigermaßen klares Bild gewinnen. Die Strophenzahl ist beträchtlich, an die 100, das epische Element stark entwickelt, namentlich durch die Einführung einer Reihe von Nebenpersonen. Die Neigung zu sprunghafter Technik, die nur dialogische Gipfel herausstellt, bleibt bestehen. Aber an Stelle der starken, in der Äußerung diskreten Leidenschaft ist derbe Redseligkeit getreten, an Stelle der sparsamen Schilderung heldischen Tuns groteske Übertreibung (vgl. die spöttische Bemerkung Wolframs, Willehalm 384, 23ff.), an Stelle des tragischen Ernstes effekthaschende Spaßhaftigkeit. Die Träger dieser Poesie waren im 13. Jh. jene besseren Fahrenden, die schließlich auch den sinkenden Minnesang in Pflege nahmen und das Hauptkontingent der späteren Spruchdichtung gestellt haben. Der Marner war ein solcher, und an einer interessanten Stelle zählt er sein Repertoire von Heldenliedern auf: *Wie Dietrich von Berne schiet, der Riuzen sturm, wen Kriemhild verriet, Heimen ald hern Witegen sturm, Sigfrides ald hern Eggen tôt.* Mit der Stabilisierung der lyrischen und Spruchdichter in den Meisterschulen mag die Pflege des H. ihrer Hand entglitten und damit völlig herabgekommen sein. Beim Hildebrandslied und Ermenrichs Tod beweisen späte Drucke die andauernde Beliebtheit und die Aufnahme in die Reihe der volkstümlichen Lieder. Die sog. Volksballade (s. d.) hat in mancher technischen Eigentümlichkeit das Erbe des H. angetreten.

A. Heusler in Hoops' Reall. unter *Dichtung* I 411ff. und *Heldensage* II 488ff.; ders. *Altgermanische Dichtung* 1924. S. 144ff. v. Unwerth-Siebs in PGrundr. I³, § 3. H. Schneider *Heldendichtung Geistlichendichtung Ritterdichtung* 1925. S. 12ff., 467ff.

Einzelne Lieder. Methodisches: G. Neckel *Beiträge zur Eddaforschung* 1908. Hunnenschlacht: G. Neckel a. a. O. *Eddica Minora* Nr. 2. — Ermanrich: A. Heusler in Hoops' Reall. I 627ff. H. Schneider ZfdA. LIV (1913) S. 343. C. Wesle PBB. XLVI (1922) S. 248. — Dietrichs Flucht und Rabenschlacht: A. Heusler in Hoops' Reall. I 464ff. W. Haupt *Zur nd. Dietrichsage* (Pal. 129) 1913. S. 212ff. H. Schneider ZfdA. LVIII (1921) S. 100ff. — Siegfried (Brünhilde): A. Heusler, Festschrift für Braune (1920) S. 47ff. Ders. *Nibelungensage und*

*Nibelungenlied*² 1923; ebd. abschließend über die Lieder vom Burgundenuntergang. — Wolfdietrich: H. Schneider *Die Gedichte und die Sage von W.* 1913. — Alboin: A. Heusler in Hoops' Reall. I 56f. F. Genzmers Nachdichtung des Rosimundliedes im ArchfnSpr. CXLII (1920) S. 1ff. — Hilde: A. Heusler in Hoops' Reall. II 520f. — Hildebrandslied: E. Steinmeyer *Die kleineren ahd. Sprachdenkmäler* 1916. S. 1ff. G. Neckel PBB. XLII (1917) S. 97ff. — Jüngeres Hildebrandslied: MSD. II 26. H. de Boor ZfdPh. IXL (1923) S. 149ff.; L (1924) S. 125ff. — Dietleib: W. Haupt a. a. O. S. 1ff. — Zwölfkampflied: H. Schneider ZfdA. LVIII (1921) S. 120ff. — Eckenlied: H. Schneider ZfdA. LIV (1913) S. 354. H. de Boor Mittlgn. d. Schles. Ges. f. Volkskunde XXIII (1922) S. 29ff. — *Ermenrikes Dot* hsg. von Goedeke 1851. H. de Boor, Festschrift für Th. Siebs (1922) S. 22ff. H. Schneider.

Hendekasyllabus (Elfsilbler) s. Antike Versmaße, besonders § 9, Odenmaße und Blankvers.

Hendiadyoin, gr. „eins durch zwei", rhetorische Figur der lat. Sprache, darin bestehend, daß zwei Hauptworte einander beigeordnet wurden, von denen das eine eigentlich nur beiwörtliche Geltung hat (Virgils *arma virumque cano* statt: *armatum virum cano*); gelegentlich durch Übersetzung und Nachbildung auch im Deutschen anzutreffen. P. Beyer.

Heraldische Dichtung s. Heroldsdichtung und Pritschmeister.

Heroide. § 1. Das Wort entstammt Ovid. „Die Heroiden Ovids, der diese Gattung zuerst ausbildete," sagt Eschenburg in seinem 'Entwurf', „sind Briefe von Heroinen (*Heroides*) an ihre entfernten Geliebten, daher der Name der Heroide entstanden ist." Heroiden oder Helden- bzw. Heldinnenbriefe sind also fingierte Liebesbriefe, die Heroen an die ferne Geliebte, resp. Liebende an ihren Helden schicken.

§ 2. Ovids Heroiden finden ihre ersten Nachahmungen in Italien, zunächst in lat. Sprache (Basini, Pontanus, Marullus), dann auch im Ital. (Luca Pulci und Marco Filippi im 16. Jh., Pietro Michiele, Antonio Bruni und Lorenzo Crasso im 17. Jh.). Auch Spanien kennt diese Dichtungsgattung im 16. Jh., später auch Portugal. Besonderer Beliebtheit erfreute sie sich in Frankreich: M. d'Amboise, André de la Vigne, F. Habert, F. Debez. Diese frz. Blüte geht der dt. um etwa ein Jh. voraus; im 18. Jh. aber erfolgt noch eine Nachblüte mit B. de Fontenelle, Ch. P. Colardeau, J. de la Harpe, Dorat, Mercier, Pezay u. a. In England sind besonders Michael Drayton und Pope von Bedeutung. Holland darf als Vertreter neben Barlaeus und Cats seinen größten Dichter Vondel nennen.

§ 3. Auch in Deutschland fing es mit lat. Nachahmungen an. Für die Heroide in dt. Sprache steht Chr. Hofmann von Hofmannswaldau (1617—1679) an der Spitze. Zwar hatte bereits vor ihm (um 1647) J. P. Titz in 'Knemnons Send-Schreiben an Rhodopen' den Versuch eines Heldenbriefes gemacht; da er aber ohne Beachtung blieb, hat er auch keinen Einfluß gehabt. Jedenfalls ist Hofmannswaldau der bedeutendste Vertreter dieser Gattung in Deutschland. Er ist vor allem von Ovid abhängig, wie die Übereinstimmung vieler sachlicher Einzelheiten beweist, daneben aber vielleicht auch von Pietro Michiele, Michael Drayton oder anderen (für diese Frage vergleiche man die in der Bibliographie genannten Werke von Ernst, Ettlinger, v. Waldberg und Friebe). Neben Hofmannswaldau ist H. A. von Ziegler und Kliphausen (1653—1697) zu nennen, ferner D. Caspar von Lohenstein (1635—1683), M. Omeis (1646—1708), E. Neumeister (1671—1756), C. F. Kiene, J. G. Pritius, Licimander und J. B. Menke (Philander von der Linde). Um 1740 ist die Gattung in Deutschland tot. Es ist auch A. W. Schlegel nicht gelungen, ihr neues Ansehen zu verschaffen.

§ 4. Den Stoff nehmen die dt. Heroidendichter in den seltensten Fällen aus der klassischen Mythologie; da beschränken sie sich durchweg auf Übersetzungen. Dagegen sind Stoffe aus der Weltgeschichte und aus der Heiligen Schrift beliebt.

Die dt. Heroide besteht gewöhnlich aus einer prosaischen Einleitung, einem Männerbrief und einem antwortenden Frauenbrief. Der Männerbrief hat einen werbenden, allmählich kühner werdenden Charakter, der in der Aufforderung zur völligen Hingabe seinen Höhepunkt erreicht. Im Frauenbrief weist die Geliebte zuerst empört das Ansinnen ab, fügt dann aber hinzu, daß die Liebe sie zwinge, ihre Gesinnung zu ändern. Der Umschwung von ablehnender Empörung zur Hingabe ist manchmal recht plötzlich.

Die Form ist die des gereimten Alexandriners mit der Reimstellung abab. Die im 17. Jh. so beliebte Hundertzahl gilt auch hier: fast alle Heldenbriefe zählen genau hundert Alexandriner. Das bringt seine eigenen Schwierigkeiten mit sich. Für die Werbung sind ja 100 Zeilen nicht zuviel; für die Frau erwächst daraus die Notwendigkeit, die Sache in die Länge zu ziehen. Wiederholungen sind denn auch nicht selten. Auch das Metrum führt zu Wiederholungen, wie *nein nein*, *bald bald*, *ach ach* usw.

Die Galanterie des Gegenstandes färbt auch an der Sprache ab. Wie der Inhalt sich über die Moral hinwegsetzt und die beschreibende Phantasie die gewagtesten Situationen nicht scheut, so versteigt sich auch die Sprache zu den sinnlichst-schwülstigen Ausdrücken, wie *Rubinen-Mund*, *Lilien-Brust*, *Keuschheits-Schnee*, *Ambra-*, *Bisem-* und *Zibeth-Duft*, *Liebes-Zucker* usw.

J. J. Dusch *Briefe zur Bildung des Geschmacks* III (1767) Nr. 14, 15, 18; IV (1770) Nr. 3. J. G. Sulzer *Allgemeine Theorie der Schönen Künste* II (1792) s. v. *Heroide*. E. J. Koch *Grundriß einer Geschichte der Sprache und Literatur der Deutschen* 1795/98. II 140ff. A. Schreiber *Lehrbuch der Ästhetik* 1809. S. 255ff. J. J. Eschenburg *Entwurf einer Theorie und Literatur der schönen Redekünste*, 5. Ausg. v. Pinder 1836. §§ 220/225. M. v. Waldberg *Die galante Lyrik* (QF. 56) 1885. S. 131ff. K. Friebe *Über Hofmann von Hofmannswaldau und die Umarbeitung seines 'Getreuen Schäfers'* 1886. J. Ettlinger *Chr. Hofmann von Hofmannswaldau* 1891. M. Jellinek *Hofmannswaldaus Heldenbriefe*, VjschrLg. IV (1891) S. 1—40. G. Th. G. Ernst *Die Heroide in der dt. Literatur* 1901. J. H. Scholte.

Heroldsdichtung (Wappendichtung). § 1. Eine im Ausgang des 13. Jhs. aufkommende, im 14. und 15. Jh. sehr beliebte Dichtart, die nach dem Vorbild Konrads von Würzburg, der im 'Turnier von Nantes' die Rüstung der auftretenden Ritter heraldisch genau beschreibt, die Wappen der fürstlichen und adligen Herren schildert und ausdeutet. Ist der Stoff schon an sich unpoetisch, so vertrocknet die Dichtung unter der Hand von Berufsherolden, die ihre langweiligen Wappenkataloge mit schwülstigen Lobpreisungen ihrer Gönner verbrämen, in der Dürre schablonenhafter Pedanterie. Die Wappendichter, die im späten MA. das Spielmannserbe antreten, entstammen durchweg dem niederen Stande der Gehrenden und Fahrenden, wie oft schon ihr Beiname bezeugt; nach längerer Dienstzeit im Gefolge eines adligen Herren erwerben sie bei Bewährung das Heroldsamt, nicht aber die Ritterwürde. Des Waffenhandwerks kundig, mußten sie mehr vom Turnierwesen als vom Kriege selbst verstehen. Als Reimsprecher an öffentliches Auftreten gewöhnt, hatten sie bei Turnierfesten Namen und Wahlspruch ihres Herrn auszurufen und die Bedeutung seines Wappens in Versen zu künden. Die Bezeichnung „Herold" überliefert als erster Suchenwirt; vorher heißen die Wappendichter „Knappen von dem Wappen", „Wappenknaben" oder „Persevanten" (= *Poursuivants*). Sie hatten eine eigne Amtstracht und Rangordnung: der König der Fahrenden war zugleich Oberster der Herolde, der Wappenkönig. Die H. ist ein echtes Gewächs des nachhöfischen Epigonentums, das den verblichenen Glanz der schon romanhaften ritterlichen Blütezeit vergeblich aufzuputzen sucht.

§ 2. Heraldische Schilderungen treffen wir schon in der frühen höfischen Epik an seit Veldeke; bedeutsam aber wird die Wappenbeschreibung erst bei KvWürzburg. Die Annahme indessen, dieser Dichter habe in jüngeren Jahren ein Heroldamt bekleidet, ist irrig; denn die Stellen, die sein heraldisches Interesse verraten, gehören sämtlich seinen späteren Werken an ('Engelhard', 'Partonopier,' 'Trojanerkrieg', 'Schwanritter' und besonders 'Turnier von Nantes'). Erst als Rudolf von Habsburg Basel zum Schauplatz ritterlicher Festlichkeiten machte, hatte Konrad Gelegenheit, wappenkundliche Beobachtungen zu machen (vgl. Edw. Schröder *Studien zu KvWürzburg* V, in den Nachrichten der Göttinger Ges. d. Wissensch., phil.-hist. Kl. 1917 S. 116ff.). Seine Wappenbeschreibungen sind keine berufmäßige Heroldarbeit, sondern künstlerischer Auffassung entsprungen. Er ist kein dichtender Heraldiker, sondern ein Dichter, der gelegentliche Ansätze zur Heroldskunst macht, weil bei seiner Vorliebe für die äußere Erscheinung seiner Helden ihn auch ihre Rüstung interessiert, und zwar die ganze Rüstung, nicht nur Schild und Helm wie bei den bediensteten Heraldikern.

§ 3. Der bedeutendste und fruchtbarste Wappendichter ist der Österreicher Peter Suchenwirt aus dem 14. Jh. Seine zahlreich überlieferten Nekrologe und Ehrenreden baut er nach einem festen, traditionellen Schema, wobei jedesmal das Wappen des Verherrlichten trotz beteuerter Unfähigkeit fachkundig beschrieben und erläutert wird: die „Blasonierung" der Helm- und Schildzier. Der Umfang der Ehrenreden ist ungleich und schwankt zwischen 100 und 600 Versen.

Nächst Suchenwirt gilt der Nürnberger Hans Schnepperer, genannt Rosenblüt, als Hauptvertreter der H. Aber bei ihm ist die Wappendichtung nur eine kurze Episode seines Lebens und Dichtens. Seiner Adelsfeindschaft stehen die dilettantischen Blasonierversuche schlecht an: er gleitet in seinen Lobreden über die Wappenbeschreibung schnell hinweg oder wendet die weltliche Betrachtung ins Geistliche; so entwirft er Christus, dem ersten Ritter, ein Wappen und führt das Jüngste Gericht in Form einer Wappenprobe vor.

Von andren, wie Wigand von Marburg, der als hochmeisterlicher Wappenherold die Kriegstaten der Deutschordensritter besang, oder Johann Holland, der als bayrischer Herold um 1420 ein gereimtes Verzeichnis der bayrischen Turniergeschlechter zusammenstellte, ist wenig auf uns gekommen, während die viel gelesene Schrift des pfalzgräflichen Herolds Georg Rüxner 'Anfang, Ursprung und Herkommen des Turniers in Teutscher Nation' wegen ihrer erdichteten Angaben der Forschung mehr geschadet als genutzt hat. Im 16. Jh. stirbt die Wappendichtung aus: die Pritschmeister (s. d.) verdrängen die Herolde aus Amt und Würden.

G. A. Seyler *Geschichte der Heraldik* 1885—1889. A. Galle *Wappenwesen und Heraldik bei Konrad von Würzburg*. Göttinger Diss. 1911; abgedruckt ZfdA. LIII (1912), 209ff. W. Uhl *Peter (der) Suchenwirt* ADB. 37, 774ff. G. Roethe *Hans Rosenplut* ADB. 29, 222ff. G. Bebermeyer.

Herrnhuter. § 1. Die Herrnhuter, auch als mährische Brüder und als Brüder-Unität bekannt, sind die Anhänger einer auf Grundlage der alten böhmischen Brüderkirche erstandenen evangelischen Teilkirche. Die böhm. Brüder (s. d.), ursprünglich nur auf Böhmen und Mähren beschränkt, hatten im 16. Jh. auch in Polen Anhänger gefunden. Infolge der gegen sie gerichteten harten Verfolgungen in diesem und dem folgenden Jh. schlossen sich die in Polen ansässigen Brüder allmählich dem reformierten Bekenntnisse an; die tschechischen Brüder aus Böhmen wanderten unter ihrem Bischof Joh. Amos Comenius nach Polen aus, wo sie sich allmählich verloren, die aus Mähren nach Ungarn. Nur in den ursprünglichen Verbreitungsgebieten der Brüder, im sog. Kuhländchen Mährens, zu dem außer Fulnek auch die Orte Sehlen, Seitendorf, Zauchtel und Kunwald gehörten, konnten sich Reste der dt. Brüdergemeinden in aller Stille und Verborgenheit erhalten. Als aber unter Karl VI. die Verfolgungen der Akatholiken neuerdings schärfere Formen annahmen, zog ein Teil dieser Brüder in die Umgebung von Berlin, wo sie sich später mit der neuen Bruderunität vereinigten, ein anderer, Brüder aus Zauchtel und Kunwald, siedelte sich unter Führung des Christian David aus Senftleben 1722 auf einer Besitzung des Grafen Zinzendorf an und gründete am Fuße des Hutberges Herrnhut. Seit 1727 nahm sich Zinzendorf, der den Ansiedlern anfangs wenig Verständnis entgegenbrachte, mehr der neuen Kolonie an und suchte ihre Organisation durchzuführen. Graf Nikolaus Ludwig Zinzendorf (1700—1760) war der übrigens nicht ganz richtigen Ansicht, daß, wie die alte Unität der böhmischen Brüder von der evangelischen Kirche als einer ihrer Teile anerkannt worden war, so auch die Gemeinde zu Herrnhut zwar durch Predigt und Sakramentspendung als mit der evangelischen Kirche eins sich bekennen, in sozialer und kultischer Hinsicht aber das Recht haben sollte, sich selbständig zu entwickeln. Um seiner Ansicht zum Durchbruch zu verhelfen, wurde er 1734 selbst lutherischer Theologe und übernahm zugleich die Leitung seiner Gemeinde. 1748 erwirkte er in Preußen die Anerkennung der Brüder als evangelische Glaubensverwandte mit freiem Religionsexerzitium,

1749 in England die Anerkennung als mährische Episkopalkirche unter dem Titel *Unitas fratrum*. So entwickelte sich die Brüderunität im Gegensatz zu Zinzendorfs ursprünglichen Absichten zu einer Kirche mit eigener Verfassung und eigenem Kultus.

§ 2. Das erste Gesangbuch der Gemeinde in Herrnhut erschien 1735 in Löbau; es enthielt 972 Lieder und einen Anhang, insgesamt 999 Lieder, darunter 208 von Zinzendorf, dem bedeutendsten Liederdichter der Gemeinde, der alle übrigen Dichter, wie Gregor, Garve und Albertini, stark beeinflußt hat. Andere Lieder steuerten seine Gemahlin Erdmuth Dorothea, Joh. Andreas Rothe, Dober und Gutbier bei; aber nur zwei Lieder stammten aus dem alten Brüdergesangbuch, während 7 von Nichtbrüdern und 46 von anonymen Verfassern herrührten. Eine 2. Auflage erschien 1737 mit 5 neuen Anhängen, zu denen 1738 und 1739 noch 2 weitere kamen, wodurch die Zahl der Lieder bis auf 1370 stieg. Eine 3. Auflage unter dem Titel: 'Christliches Gesangbuch der Evangelischen Brüder-Gemeinen' erschien 1741 und brachte 3 weitere Anhänge, die den Umfang des Gesangbuches auf 2357 Lieder erhöhten. Da so das Gesangbuch allmählich unförmig angeschwollen war und viele der Lieder den Zielen der Unität nicht entsprachen, entschloß man sich bei der Vorbereitung einer 4. Auflage, die 1778 in Barby erschien, zu einer Revision der Lieder, so daß die neue Auflage nur 1750 Lieder enthält, von denen 127 Lieder nicht von Mitgliedern der Brüdergemeinde stammen; aber ein Anhang, der 1806 erschien, bereicherte das Gesangbuch doch wieder um 278 neue Lieder. Deshalb wurde 1862 der Beschluß gefaßt, aus dieser Liederfülle ein kleines Gesangbuch auszuwählen, einige besonders schöne Lieder von Zinzendorf neu aufzunehmen, minder bedeutende aber wegzulassen und an deren Stelle andere, besonders von Dichtern der evangelischen Kirche, zu setzen; so erschien 1870 in Gnadau die neue Umarbeitung mit 1212 Liedern, von denen 1124 dem früheren Gesangbuch entnommen wurden, 88 neu hinzukamen. 1892 erschien in Gnadau eine neuerliche Bearbeitung auf Grundlage der Auflage von 1778 unter dem endgültigen Titel: 'Gesangbuch der evangelischen Brüdergemeine' mit 1213 Liedern, von denen 19 neu an Stelle von ungebräuchlichen älteren Liedern traten. Bei einzelnen Liedern sind Strophen gestrichen, wenn sie den anderen nicht gleichwertig erschienen, anderen Liedern sind Strophen hinzugefügt worden. 1900 erschien ein unveränderter Abdruck.

Historische Nachricht vom Brüder-Gesangbuche des Jahres 1778, und von dessen Lieder-Verfassern 1835. J. T. Müller in: Julians Dictionary of hymnology 1892. S. 765—769. Ders. RE. s. v. *Brüder-Unität.* R. Wolkan.

Hessische Mundartendichtung. § 1. Die Geschichte der hessischen Mundartendichtung beginnt verhältnismäßig früh. Schon für das Jahr 1725 ist ein selbständiges mundartl. Gedicht, das sog. 'Spottgedicht aus dem Busseckertal', nachweisbar, das sich auf den Abschluß eines dreiundzwanzigjährigen Rechtsstreits mit dem Landgrafen Ernst Ludwig bezieht. Der erste Mundartdichter, dessen Namen wir kennen, ist Geheimrat Eberhard Georg von Lüder zu Loßhausen (1685—1759), dessen Lieder in Schwälmer Ma. sich durch die Frische der Empfindung und die Unmittelbarkeit der Darstellung von den hd. Gedichten seiner Zeit vorteilhaft unterscheiden. Sie haben sich, wenn auch in mannigfacher Veränderung, bis heute im Volksmund erhalten. Das gilt auch von zwei längeren erzählenden Gedichten des Salinenrats Karl Friedrich Langsdorf (1794—1852), die in oberhessischer Mundart geschrieben sind und zu den besten ihrer Art zählen.

§ 2. Eigentliche literarische Bedeutung gewinnt erst Friedrich Lennig (1796—1838), dessen gesammelte Schriften Karl Altendorf (bei Reclam) wieder herausgegeben hat. Ursprünglich Karnevalsvorträge, sind sie Zeugnisse des vielgerühmten rheinischen Humors, mit dem ein gut Teil Derbheit gepaart ist, aber Lennig schafft keine Karikaturen wie die meisten anderen Fastnachtsdichter, sondern leibhaftige Menschen und entfaltet seinen Stoff durchaus eigenartig und mit sittlichem Ernst wie die 'Geschichte Jerjerls', die der 'Jobsiade' vergleichbar und doch eine völlig ernsthafte, ja moralische Erzählung in Versen ist. Neben ihn rückt der schwerblütige Germanist Karl Weigand (1804—1878) mit einigen lyrischen Gedichten in oberhess. Ma., dann der spielerische Franz von Kobell (1803—1882) mit pfälzischen Gedichten und schließlich als bedeutendster dieser Zeit Karl Gottfried Nadler (1809—1849), dessen Gedichtsammlung 'Fröhlich Palz, Gott erhalts!' heute noch in neuen Auflagen erscheint. Als würdiger Schüler Hebels offenbart er ein starkes und ursprüngliches Talent für die Darstellung des volkstümlichen Lebens und verwendet wie Lennig sowohl die städtische Mundart als auch die ländliche der Pfalz mit fast vollkommener Sicherheit. Entsprechend seiner Absicht, das Volk in seinem Denken, seinem Leben und seiner Ausdrucksweise so darzustellen, „wie es nun einmal ist", bringt er allerhand Sagen, Schwänke und Erzählungen, aber auch Übertragungen hd. Gedichte und tiefempfundene, rein lyrische Stimmungsbilder. Auch die Politik zog er in den Kreis seiner Dichtung. Besonders bemerkenswert ist bei ihm, daß er seinem Gedichtbändchen ein umfangreiches und wertvolles Wörterbuch beigegeben hat.

Der bekannteste Mundartdichter des rheinfränk. Gebietes ist Friedrich Stoltze (1816—1891), der in der Hauptsache die städtische Umgangssprache Frankfurts verwendete. Er erzielte dadurch seine überraschend großen Erfolge, aber er offenbarte damit zugleich auch, daß ihm die Sprache nur ein Stilmittel war. Dem Versmaß und dem Reim werden Syntax und Grammatik der Mundart unbedenklich geopfert, und so ergibt sich denn, daß der fruchtbarste und vielseitigste Mundartdichter Rheinfrankens die Mundart am ungenauesten wiedergibt, obwohl er ein sicherer Kenner der heimischen Mundarten gewesen ist. Seine eigentliche Bedeutung liegt in dem tiefen, gemütvollen Humor, der starken, komischen Gestaltungskraft und der Weite seines Weltbildes, obwohl er auch einmal den Spaßmacher zu spielen versteht, wie kurz vor ihm Max Leopold Langenschwarz (1801 bis 1867), der um 1840 der gefeiertste Fastnachtsdichter in Mainz war, obwohl er die bäuerliche Ma. von Frankfurts Umgebung verwendete. Er verfügte über eine außerordentliche Beobachtungsgabe, einen ungewöhnlichen Witz und eine verblüffende Gestaltungskraft.

Von Stoltzes zahllosen Nachahmern hat ihn keiner erreicht, auch Heinz Dewills nicht, der mit biederem und behaglichem Humor einen 'Heedelberger Dragunerwachtmeester' geschaffen hat. Es sind zwei starke Bände, aber trotz des hohen Lobes, das ihm Klaus Groth gespendet hat, ist er nicht das Muster eines Mundartdichters. Klaus Groth konnte als Norddeutscher den oft falschen Klang dieser durchaus hd. gedachten und mit gefährlicher Leichtigkeit geschriebenen Verse sicher nicht hören; sein Urteil wurde ohne Nachprüfung weitergegeben, obwohl es durchaus nicht richtig ist.

Die bedeutendsten Lyriker der rheinmain. Lande sind Oberhessen: neben Karl Weigand vor allem Theodor Bindewald (1829—1880), Peter Geibel (1841—1901) und Friedrich Wilhelm Möbius, der seine Lorbeeren als Friedrich von Trais (1842—1906) erworben hat. Zu ihnen gesellt sich der satirisch angehauchte Georg Asmus (1830—1896), der in Amerika eine zweite Heimat gefunden hat. Sie alle verbinden einen offenen Blick mit schlichter und inniger Darstellung ländlicher Ereignisse, zu der bei Friedrich von Trais, dem herzhaftesten Mundartlyriker Hessens, eine schlichte und tiefe Einfalt des Herzens tritt und die wurzelechte Einheit mit seiner angestammten Heimat; dazu kommt bei ihm eine fröhliche Phantasie und ein starker Hang zum Träumen. Seine unmittelbaren Nachfolger Karl Schaffnitt (geb. 1849), Elard Briegleb (1822—1904) und Heinrich Naumann (geb. 1874) brachten manche beachtenswerten lyrischen Schöpfungen, erreichten ihn jedoch nicht. Das gelang Georg Volck (1862—1914), der ganz mit dem Odenwald verwachsen war und die geheimste Herzenssprache seiner Bauern verstand. Er bleibt immer durchaus wahrhaft und schlicht und steht ganz nahe bei Hebel, der ihm unerreichter Meister der Dialektdichtung war.

Von den Mundartdichtern unserer Tage sind nur Greta Bickelhaupt, Karl Ettlinger,

Wilhelm Platz und Lina Sommer als besonders beachtenswerte Erscheinungen zu nennen; die Fülle des anderen bleibt höchstens gefällige Reimerei.

§ 3. Die mundartliche Erzählung ist viel seltener. Einer der wenigen, die wirklich in der Ma. denken und schildern können, eine der erfreulichsten Erscheinungen der neueren Mundartdichter überhaupt ist B. A. Rack (1832—1901), der seit 1875 unter dem Namen Max Barack eine ganze Reihe vergnüglicher Schriften herausgab.

Während er sich meistens nur mit spaßhaften Vorgängen beschäftigt, zeigt F. Reuting (geb. 1878), jetzt als Friede Düsterbeen in Heidelberg verheiratet, das Volk nicht nur bei Scherz und Lust, sondern auch in seinem tieferen Wesen. Die schlichte Innigkeit ihrer Darstellung und die große Sorgfalt, mit der sie die Ma. verwendet, geben ihren Erzählungen 'Höchster Schwere' einen ganz besonderen Rang. Hier steht man tatsächlich am Quell des rheinfränk. Volkstums.

§ 4. Unter den zahlreichen ma. Dramen ist die Schulkomödie 'Der Prorector' von Karl Ludwig Textor (1775—1851), dem Vetter Goethes, die älteste. Neben ihrer kulturgeschichtlichen und sprachlichen Bedeutung ist sie das erste Zeugnis für die literarische Verwendung der Frankfurter Ma. in hd. Zeit. Zwar werden in den Quellen noch zwei ältere Lustspiele in Sachsenhäuser Ma. genannt ('Die Sachsenhäuser' und 'Das junge Ehepaar'); aber sie sind nicht gedruckt worden und leider auch nicht handschriftlich erhalten.

Der eigentliche Schöpfer des Frankfurter Lokalstücks, dessen Erfolge eine große Anzahl von Nachahmungen hervorrief, war Karl Malß (1792—1848). Er hatte mancherlei Widerstände zu überwinden, ehe es ihm gelang, der Ma. im „Nationaltheater der freien Stadt Frankfurt" Eingang zu verschaffen, obwohl er dessen zweiter Direktor war. Wie Nestroy fehlte es auch ihm an Phantasie, und er begnügte sich wie jener damit, ältere Stücke für seine Zwecke zu benutzen. Diese entlehnten Handlungen umzugestalten, einen witzigen und schlagkräftigen Dialog auszuspinnen, das verstand er meisterhaft, und in weiser Erkenntnis seiner Fähigkeiten beschränkte er sich denn auch durchaus auf seine Mittel. Von seinen vielen Werken sind neben dem ersten 'Die Entführung oder der alte Bürger-Capitain' vor allem seine 'Hampelmanniaden' zu nennen, in denen er die Frankfurter Kleinbürger um die Jahrhundertwende mit einfachen und natürlichen Mitteln lebenswahr und echt versinnbildlicht, und zwar in solchem Maße, daß sie durchaus als Geschöpfe ihrer Zeit erkennbar sind. 'Die Hampelmanniaden', die Hassel und später Hallenstein und Stoltze verfaßten, reichen nicht entfernt an die Possen von Malß heran, in denen ein gutes Stück Frankfurter Kulturgeschichte steckt.

Naturalistisch aufgefangene Bilder von unerbittlicher Schärfe gibt Johann Wilhelm Sauerwein (1803—1847), ein ausgezeichneter Kenner des bürgerlichen Lebens, ein liebenswürdiger, lebensfroher Dichter. Ihm gelangen lebendige humoristische Schilderungen aus dem alten Frankfurt, das er mit oft recht derben und stets eindrucksvollen Strichen und sehr urwüchsig darstellte. Von seinen Werken, die unter dem Titel 'Frankfurt, wie es leibt und lebt' neuerdings auch gesammelt herausgegeben sind, ist die 'Quartierschule', (ursprünglich 'Der Gräff, wie er leibt und lebt') am bekanntesten geworden.

Statt über dem Leben zu stehen, stehen die meisten Bühnendichter mitten darin und verfolgen keine anderen Ziele, als den Zuschauer angenehm und harmlos zu unterhalten. Ein Charakterstück hat keiner von ihnen gegeben; das hat von allen ma. Dramatikern des rhein-main. Landes allein Ernst Elias Niebergall (1815—1843) gekonnt, der bedeutendste Dialektdichter Hessens, ja ganz Süddeutschlands, wenn man von den Lyrikern absieht. Er ging nicht von außen an die Dinge heran, er schuf aus seinem eigenen Innern, aber bezeichnenderweise nur, wenn er in seiner angestammten Mundart redete. Seine hd. Erzählungen, die unter dem Namen Streff ursprünglich in der Frankfurter 'Didaskalia' erschienen, sind ohne jede persönliche Note. Aber gleich in seiner ersten Dialektkomödie, 'Des Burschen Heimkehr oder Der tolle Hund', zeigten sich starke Ansätze zu einem wahrhaften Charakterstück. Jedoch die vielen Monologe, die Verschleppung der Handlung und der durchaus triviale Schluß hinderten damals (1837) die Erkenntnis, daß man es mit einem Mundartdichter eigener Art zu tun habe. Schon sind die Männer ausgezeichnet dargestellt, und selbst, wenn man die Mundart abzieht, bleibt noch genug eigenes Leben übrig, aber über den Durchschnitt ähnlicher hd. Schwänke ragt das Stück nicht hinaus. Erst vier Jahre später gelang ihm das Werk, das trotz aller dramaturgischen Einwände eine Dichtung von genialem Schwung und tiefster Menschenkenntnis ist, sein 'Datterich'. Es ist durchaus ma. gedacht und hat in unserer ganzen Literatur nicht seinesgleichen. Mitten unter vormärzlichen Spießbürgern steht dieser Datterich, das verkommene Genie, der sie alle zum besten hält, die schlimmere Halunken sind als er. Um ihn dreht sich nicht nur das Stück, sondern sämtliche Gefühle und alle Gedanken der anderen; von ihm empfangen sie ihr Licht und ihre Bedeutung. Keiner von den vielen Menschen, die mit verblüffender Sicherheit dargestellt sind, sagt auch nur ein Wort zuviel, und nicht einer ist da, der nicht sein ganz bestimmtes Gesicht hätte in dieser ewig gleichen, ewig ausdruckslosen Masse. Selbst die Frauen, die sich in dieser Umgebung alle zum Erschrecken ähneln, haben eine gewisse Besonderheit, jede ist in ihrer Art rund und plastisch. Seine Ma. ist nicht immer ganz einwandfrei, aber es ist keine Frage, daß ihre innere Wahrhaftigkeit weit über die äußere Wahrheit hinausgeht, und daß sie daher trotzdem treu und zuverlässig ist. Die Vermutungen, daß noch ein drittes Stück von ihm vorhanden sei, haben sich bisher leider nicht bestätigt.

Von den zahllosen Nachahmern Niebergalls hat kaum einer ein eigenes Gesicht. Einen höheren Flug nimmt nun die Mainzer ma. Dichtung, die mit Lennig einen Höhepunkt erreicht hatte, mit Karl Weiser (1803—1865). Seine Gedichte, die in der Hauptsache für die Sitzungen des Mainzer Karnevalvereins verfaßt wurden, sind nicht sehr bedeutend, aber seine 'Lokalpossen', vor allem sein 'Tünchermeister Oelgrün', sind getreue Spiegelbilder aus dem Kleinbürgertum, in denen er sichere Charakterisierung und eine nicht gewöhnliche Gestaltungskraft zeigt. Ganz Nachahmer dagegen ist E. H. A. Hallenstein (1801—1881), der sich, neben dem Charakterkomiker und Chronisten des Frankfurter Stadttheaters Samuel Friedrich Hassel (1798—1876), der dankbaren Figur des Herrn Hampelmann bemächtigte. Seine Ma. ist das Frankfurter Gassendeutsch mit hd. Flicken.

Um die Mitte des Jhs. hat auch Gießen einen ma. Beitrag zur Literatur beigesteuert, die Lokalposse 'Spenglermeister Bimbächer' von Gustav Asmus und Dr. Krönlein. Nach dem offenbaren Vorbild Niebergalls haben sie zu einer recht lustigen Handlung ein paar Typen aus Gießener Handwerkerkreisen ersonnen, die ihr Fundament haben und stehenbleiben, wenn sie auch nie aus einem wackeren Durchschnitt hinauskommen. Recht vielseitig und erfolgreich hat sich Elisabeth Menzel (1847—1914) betätigt. Ihr Volksstück 'Die Räuber' behandelt den Aufenthalt Schillers in Sachsenhausen. Sehr reizvoll und hübsch ist auch das Charakterstück 'Alte Hausmittel' mit der herzhaften Gestalt der Frau Rat. Die gute Frankfurter Überlieferung pflegt Richard Ochs, der unter dem Namen Hans Rudolf ein Dutzend vergnüglicher Schwänke in 3 Bändchen erscheinen ließ, die einen starken Formwillen verraten. Recht lustig gibt sich der Darmstädter Heinrich Rüthlein in seinen kleinen Stückchen 'Die Villa', 'Die Maibowle', 'Die Brieftasche'.

§ 5. Was sonst im Laufe dieser Jahre erschienen ist, ist literarisch ziemlich belanglos und kommt höchstens für den Mundartforscher in Betracht. Hierher gehört auch die reichhaltige Fastnachtsliteratur, d. h. die Sammlungen humoristischer Gedichte und Vorträge, die während der Fastnachtszeit in den großen öffentlichen Sitzungen vorgetragen werden. Dichterisch meist ohne Belang, geben sie häufig einen wertvollen Einblick in die Zeitverhältnisse und bergen auch nicht selten einen reichen Schatz volkskundlichen und sprachlichen Stoffes.

A. Askenasy *Die Frankfurter Mundart und ihre Literatur* 1904 (fast vollständige Bibliographie der Frankfurter Mundartdichtung). A. Burger *Bibliographie der schönen Literatur Hessens* 1908. (Unzuverlässig.) K. Esselborn *Darmstadt in der Dichtung* 1918. Ders. *Ernst Elias Niebergall* 1922. G. Fuchs *Niebergalls dramatische Werke* 1894; dazu G. Nick Quartalblätter des Hist. Ver. für das Großherzogtum Hessen I (1894) S. 582ff. S. Hassel *Die Frankfurter Lokalstücke auf dem Theater der freien Stadt von 1821—1866* 1867. K. Hessler *Hessische Landes- und Volkskunde* II 1904. H. Knispel *Das gr. Hoftheater in Darmstadt 1810—1890* 1891. K. Neurath *Geschichte der mundartlichen Literatur in Hessen und Nassau* 1908. (Vollständige Bibliographie — ohne Frankfurt a. M.) H. Reis *Die Mundarten des Großh. Hessen* 1910. F. Schön *Geschichte der rheinfränkischen Mundartdichtung* 1913. (Eine äußerst flüchtige Zusammenstellung einiger biographischer und bibliographischer Notizen, die völlig unzuverlässig sind.) W. Schoof *Die dt. Dichtung in Hessen* 1901. L. Sternberg *Die nassauische Literatur* 1913.

K. Neurath.

Hexameter s. Antike Versmaße und Daktylus.

Hiatus (lat.: „die gähnende Öffnung") bedeutet im eigentlichen Sinne das Zusammentreffen zweier Vokale am Ende des einen und am Anfang des nächsten Wortes. Von den Griechen und Römern wurde der H. als Mißklang empfunden und daher im Vers im allgemeinen gemieden. Beseitigt wurde er durch Abfall (*Elision*) des auslautenden oder Wegfall (*Aphärese*) des anlautenden Vokales oder durch Verschmelzung (*Synizese*, *Krasis*) der beiden Vokale. Im Deutschen gilt H. im eingeschränkten Sinne als vorliegend, wenn unbetontes kurzes oder geschwächtes e am Ausgang eines Wortes vor Vokal steht. Der H. ist angeblich gemildert, wenn das unbetonte e zur Charakteristik der Flexionsform notwendig oder der Ausgang eines Eigennamens ist, tatsächlich, wenn zwischen dem auslautenden e und dem anlautenden Vokal eine Sprech- oder Verspause liegt. Betontes e oder betonter Vokal vor vokalischem Anlaut wird im allgemeinen nicht als H. angesehen. In Wahrheit ist aber die Schwere der vor dem H. stehenden Silbe gerade bedeutungsvoll für die Empfindung des H. A. Koch scheidet drei Arten von H.: fallenden H., bei dem das leicht beschwerte e zwischen zwei Senkungen steht, steigenden H., wenn unbetontes e vor betontem vokalischen Anlaut steht und schwebenden H., wenn beide Vokale unbetont oder schwach betont sind. Sicherlich hat bei einzelnen Dichtern klassische bzw. frz. Theorie stark eingewirkt. Das Verhalten der einzelnen Dichter zum H. ist im übrigen durchaus kein Zeichen für ihr metrisches Feingefühl. Ist schon die ästhetische Berechtigung der Hiatusregel an sich sehr zweifelhaft, so kann die Absicht, den H. zu vermeiden, schwere metrische Mängel zur Folge haben. Im übrigen können metrische, besonders aber sprachmelodische Gründe oder der Wunsch nach Individualisierung der Rede zum bewußten Beibehalten des H. führen. H. ist im Dt. ohne Anstoß, wenn die Sprechart, z. B. portato, staccato des belehrenden, spitzigen, stark betonenden Stils die Silben auseinanderhält. Legato-Stile meiden den H. Bei syntaktisch-metrischen Einschnitten wird der H. zumeist nicht empfunden, ebensowenig vor schweren Worten, die mit Vokal anfangen. Allgemeine Regeln über den H. gibt es nicht. Die Frage des H. muß von Fall zu Fall entschieden werden.

E. Sievers hat gezeigt, daß Elision die Sprachmelodie eines Verses stark verändert, und daß die ganze Frage des H. im Zusammenhange unter sprachmelodischen Gesichtspunkten behandelt werden muß. Im ahd. Reimvers wird H. deutlich gemieden, ebenso im Frühmhd. Auch für das Mhd. darf man als Regel annehmen, daß der H. möglichst gemieden wurde. Doch fehlen noch zuverlässige Untersuchungen; die früheren gereinigten Ausgaben ließen solche oft auch gar nicht zu. Opitz verbietet den H., gestattet aber dafür die von ihm gemißbilligten kurzen Formen mit Beifügung des Apostrophs. Seine Forderungen wurden von den nachfolgenden Theoretikern im wesentlichen bis zu Gottsched wiederholt, allerdings infolge Schwierigkeiten bei durchgängiger Vermeidung des H. auch gemildert. Die Dichter der neueren Zeit verhalten sich zum H., wohl stark beeinflußt durch die antike und franz. Theorie, ganz verschieden. Klopstock, J. H. Voß, A. W. Schlegel erstreben Freisein vom H., ohne indes das Ziel zu erreichen. Bei Lessing und Goethe ist das Streben nach Vermeidung des H. unverkennbar, während Schiller damit freier verfuhr. Nach A. Kochs Untersuchungen läßt sich etwa folgende Reihe aufstellen: Am wenigsten Hiate hat Platen; dann folgen Lessing, Klopstock, Uhland, Bürger, Goethe, Voß, Rückert, Jul. Wolff, Simrock, Fr. Reuter, Chamisso, Seume, Lavater, Grillparzer, Mörike, Schiller, Wieland, Storm, Heine, H. v. Kleist, Scheffel, Hauff, G. Hauptmann, Körner, Droste-Hülshoff, Hebbel.

W. Scherer *Über den H. in der neueren dt. Metrik*, Kleine Schriften II 375ff. E. Norden *Die antike Kunstprosa* 1898 (passim). K. Burdach *Zur Geschichte der nhd. Schriftsprache*, Festgabe für R. Hildebrand (1894) S. 296ff. Minor *Metrik*. S. 177—182, 522. H. Paul *Metrik* in PGrundr. II 67, 106—107. Fr. Kauffmann *Deutsche Metrik*[3] § 49—54. M. Haupt *Konrads von Würzburg Engelhard* zu Vers 716. O. Schroeder *Vom papiernen Stil* 1908. S. 21ff. J. Frank *Aus der Geschichte des Hiatus im Verse*, ZfdA. XLVIII (1907) S. 147—161. C. v. Kraus ZfdA. LI (1910) S. 339. R. Kappe *Hiatus und Synalöphe bei Otfrid*, ZfdPh. XLI (1910) S. 137—208, 320—359, 470—508; XLII (1911) S. 407. L. Hettich *Der fünffüßige Jambus bei Goethe* 1913. S. 247—266. A. Koch *Von Goethes Verskunst* 1917. S. 139—171. E. Sievers. *Metrische Studien* IV, Abh. der Sächs. Gesellschaft der Wissenschaft. Phil.-hist. Klasse Bd. XXXV (1918) S. 22ff.

P. Habermann.

Hildebrandston s. Nibelungenstrophe.

Hintertreppenroman s. Schundliteratur.

Hirtendichtung. § 1. Unter H. versteht man eine Gattung poetischer Werke, die eine arkadische Welt als höchstes Ideal und das Leben in einer solchen als größtes Glück darstellen, und zwar erscheint die Ruhe und Schlichtheit der Natur, das anspruchslose und friedliche Leben eines Hirten oder Schäfers um so begehrenswerter, je friedloser und drückender die wirkliche Welt ihre Herrschaft empfinden läßt. Die Hirtendichtung ist ausgesprochen sentimentalisch im Schillerschen Sinne: „Weil Unschuld und Glück mit den künstlichen Verhältnissen der größeren Sozietät und mit einem gewissen Grad von Ausbildung und Verfeinerung unerträglich schienen, so haben die Dichter den Schauplatz der Idylle aus dem Gedränge des bürgerlichen Lebens heraus in den einfachen Hirtenstand verlegt und derselben ihre Stelle vor dem Anfange der Kultur in dem kindlichen Alter der Menschheit angewiesen" (Schiller).

§ 2. Das erste Schäfergedicht der Nürnberger Dichterschule (s. d.), das 'Pegnesische Schäfergedicht' von G. Ph. Harsdörffer (1607—1658) und J. Klaj (1616 bis 1656), gibt die damalige Ansicht über die Entstehung der Gattung in folgenden Worten: „Weil das sorgenlose Hirtenleben ein uralter, notwendiger, unschuldiger und dem höchsten Gott wohlgefälliger Stand ist, haben die Dichter seit undenklicher Zeit ihre lieblichsten Kunstgedanken in Schäfergedichten ausgebildet." Besonders die Schafhirten sind in begünstigtem Zustande, „da sie, bei ihren Herden fast müßig, ihrer Gedanken am besten abwarten können und kein so unbändiges Vieh wie die anderen zu hüten haben". Das Leben unter den wechselnden Bildern der Natur, der Anblick des Himmels in seiner heiter lächelnden oder furchtbar drohenden Herrlichkeit mögen Phantasie und Gemüt des müßigen Schäfers zu dichterischer und religiöser Begeisterung stimmen. Da aber der Müßiggang, wie alles Bösen, so auch der Liebe Ursprung ist, so haben die Schäfer auch die meisten Liebeshändel, was denn natürlich der Poesie wieder vortrefflich zustatten kommt (Tittmann).

§ 3. Theokrit hatte mit seinen Hirtengesprächen diese bukolische Poesie (βουκόλος = „Rinderhirt") bei den Griechen als selbständige Gattung eingeführt. In derselben Art dichteten dann, ihm nachfolgend, Bion und Moschus. Sein Einfluß auf die folgenden Jhh. war aber bedeutend geringer als derjenige Vergils, der nach dem Muster der Idyllen Theokrits in seinen Eklogen (*Bucolica*) das Leben der sizil. und ital. Hirten schildert, seinen erdichteten Schilderungen aber dadurch einen eigentümlichen Reiz verleiht, daß er unter der Fülle des Hirtenlebens Personen und Begebenheiten seiner eigenen Zeit darstellt und mancherlei Anspielungen auf gegenwärtige Zustände in seine idyllischen Beschreibungen geschickt verwebt.

§ 4. Dieser Reiz, in maskierter Weise fürstliche Abenteuer und Liebesaffären zu erzählen, ohne daß das Publikum die Helden der Geschichte erkennen konnte, verhalf der Gattung zu besonderer Beliebtheit im Zeitalter der Renaissance. Den schwerverständlichen, dunkel-allegorischen '*Bucolica*' Petrarcas folgte Boccaccios '*Ameto*', diesem die einflußreiche '*Arcadia*' Sannazaros (1502). Das Schäferdrama fand in Tassos '*Aminta*' (1572) und Guarinis '*Pastor fido*' (1590) seine ersten Vertreter. Von Italien geht die Linie über Spanien nach England und Frankreich. Montemayor schrieb seine '*Diana*' (1542), Ph. Sydney seine posthum veröffentlichte '*Arcadia*' (1590), Honoré d'Urfé seine '*Astrée*' mit der typischen Gestalt des Céladon. In Holland schuf P. C. Hooft das Schäferspiel '*Granida*' (1605), J. van Heemskerck den Hirtenroman '*De Batavische Arcadia*' (1637), dem zahlreiche lokale 'Arkadien' bis ins 19. Jh. hinein folgten.

§ 5. Nie war der Einfluß des Auslandes auf die deutsche Dichtung stärker als um die Wende des 17. Jhs. Besonders Italien und Frankreich galten als Muster feiner Kultur. Unter frz. Einfluß erschien 1595 in Mömpelgart „ein herrliches Gedicht durch du Mont-Sacré (Montreux) Teutsch durch F. C. V. B." unter dem Titel 'Die Schäffereyen von der schönen Juliana'. Hier läßt sich die Bezeichnung „Schäferei" zum ersten Male belegen. Besonders wichtig wird dann das Jahr 1619. Nicht weniger als drei Übersetzungen ausländischer Schäferdichtungen werden in diesem Jahr veröffentlicht. Abermals ist Mömpelgart, durch seine Lage dazu wie geschaffen, Vermittlerin für Frankreich: es erscheinen dort die ersten Bände von d'Urfés '*Astrée*' in deutscher Übersetzung. Nürnberg bringt im selben Jahr von der Hand des Freiherrn von Kuffstein die erste Verdeutschung der '*Diana*' des Montemayor, die 1646 von Harsdörffer modernisiert und in erweiterter Fassung noch 1661 und 1663 von neuem herausgegeben wurde.

§ 6. Auch das Schäferdrama fand im Jahre 1619 den Weg nach Deutschland: Guarinis '*Pastor fido*' wurde von Eilger Mannlich ins Deutsche übersetzt. Besonders Opitz wendet sich der Hirtendichtung als bevorzugte poetische Gattung zu. Er tritt mit kleineren Schäfereien, die er als Musterbeispiele aufstellt, hervor. Dann macht er sich an die Übersetzung von Rinuccinis Hirtenoper '*Dafne*', die von Heinrich Schütz komponiert und zu Torgau 1627 aufgeführt wurde. Dies bedeutet den Anfang der ital. Oper (s. d.) in Deutschland. Eine Originaldichtung ließ er im Jahre 1630 folgen, die 'Schäfferey von der Nimfen Hercinie', eine Verquickung bukolischer und didaktischer Poesie. Acht Jahre später überarbeitete er die bereits 1629 von Valentin Theocritus von Hirschberg verfaßte dt. Übersetzung von Sydneys '*Arcadia*'.

Es folgt nun in der dt. Literatur eine Periode, in der es zum guten Ton gehört, bukolisch zu dichten, und so findet sich zum mindesten einiges dieser Art bei fast jedem Dichter, der sich an Opitz anschließt. Besonders das Schäferspiel ist sehr beliebt. Wir nennen A. Buchners 'Orpheus' (1638, von Schütz komponiert), E. C. Homburgs 'Tragico-Comoedia von der verliebten Schäfferin Dulcimunda' (1643), Andreas Gryphius' 'Geliebte Dornrose' (1660). Spät bis ins 18. Jh. hinein finden wir seine Ausläufer, wie Gleims 'Blöden Schäfer' und Goethes 'Laune des Verliebten'.

§ 7. Der Schäferroman ist von der lyrischen Schäferdichtung kaum zu trennen. Vermischung von Prosa und Poesie findet sich bereits in Boccaccios '*Ameto*' und Sannazaros '*Arcadia*'. Und so ist es in fast allen Schäferromanen geblieben. In dieser Hinsicht schließt sich auch Zesens 'Adriatische Rosemund' an. Doch darf man diesen Roman nicht als eine eigentliche Schäferdichtung betrachten: das Schäferliche bildet nur eine Einlage, ähnlich wie es auch Dramen mit einem pastoralen Zwischenspiel gibt.

§ 8. Schon bei Vergil, stärker noch in der ital. Renaissancedichtung wurde das Hirtenkostüm als Maske für lebende Personen verwendet. Gern stellte der Dichter auch sich selbst dar: Opitz als Corydon, Rist als Daphnis, K. Stieler als Filidor, Greflinger als Seladon an der Donau. Wenn aber die Beziehung auf wirkliche Personen sich wieder verwischte, wurde die verhüllende Maske zu einem festen Typus, und es entstand eine arkadische Welt für sich ohne Bezug auf die Wirklichkeit. Darin wandert der geputzte Dafnis, Filidor, Damon oder Amandis mit seiner Galathea, Chloris oder Diana umher. Die anmutige Schöne führt ein zartes Lämmchen am rosa Band durch idyllische Gefilde, und der liebentzündete Schäfer schwärmt ihr dabei von seinen Gefühlen vor. Leider ist die Geliebte oft recht spröde und wehrt seine lyrischen Ergüsse in unzweideutiger Weise ab. Dann ist er genötigt, sein einsames Liebesleid in die Natur zu tragen, wo er unter den Weiden am Bach sich auf der Hirtenschalmei etwas vorspielt.

Diesem vornehmen Schäfer steht der derbere, mehr der Wirklichkeit entsprechende Hirt gegenüber, dem allmählich nach Vergil der Name Corydon als Kennzeichen des Bäurischen angehängt wird. Die Corydonfigur wird häufig zu Kontrastwirkungen verwendet, um der „Schäferey" ein humoristisches Element beizumischen. Deshalb läßt sich auch Hirten- und Schäferdichtung nicht ohne weiteres trennen.

§ 9. Daß die exotische Pflanze arkadischer Dichtung auf dt. Boden so gut gedieh, hat manche Ursachen. Zunächst war das Zeitalter der Nachahmung auch dieser Einwanderung günstig. Dann schufen die politischen Verhältnisse des Dreißigjährigen Krieges die günstige Vorbedingung zur Flucht aus der rauhen Wirklichkeit in ein erträumtes Arkadien. Schließlich aber, und das war wohl der Hauptgrund: was ließ sich nicht alles in dieser Form unterbringen! Im Hirtenkleid war der Dichter imstande, seinem Fürsten den Weihrauch zu streuen, der ihm zu einer Belohnung oder einer gesicherten Stellung verhelfen mußte. So verherrlicht Opitz in seiner 'Hercinie' das Haus Schaffgotsch, E. Gläser das braunschweigische, S. Birken das österr. Fürstengeschlecht. Die lose Zusammensetzung der Schäferei ermöglichte dem didaktisch veranlagten Dichter, mühelos seine Weisheit einzuflechten. Die Schäferdichtung wurde ein Tummelplatz der Gelehrsamkeit.

§ 10. Diese Vorzüge in den Augen der Zeitgenossen waren ebenso viele Gefahren für die dichterische Schönheit. Die Flucht aus der Wirklichkeit in ein Reich der Phantasie führte zu Raffinement und Entartung, die Maskenverkleidung zeitigte Erstarrung und Typenbildung, die Belehrungstendenz schuf Trockenheit und poesielose Dürre. So mußte die Gattung ihre Parodie herauslocken. So geistreich wie die des Cervantes ist die Verspottung auf dt. Boden nicht geworden; doch hat G. W. Sacer in der ihm wohl mit Recht zugeschriebenen Parodie 'Reim' dich oder ich fresse dich' (1673) nicht ohne Glück den mythologischen Apparat der Schäferdichtung verspottet.

§ 11. Nachdem aber die Gattung sich selbst überlebt hatte und die Sphäre längst zur reinen Staffage herabgesunken war, brachte ihr das Zeitalter des Rokoko eine Nachblüte (Gleim, Goethe) durch gefällige Umschaffung des symbolisch gewordenen Apparats. Der Übergang vom Barock ins Rokoko vollzieht sich in der Literatur auf arkadischem Boden.

F. Schiller *Über naive und sentimentalische Dichtung* 1795—96. J. Tittmann *Die Nürnberger Dichterschule* 1847. F. Bobertag *Geschichte des Romans* I 1876; ders. *Rokoko-Arkadien*, Vom Fels zum Meer II (1882) S. 903—909. C. Lemcke *Von Opitz bis Klopstock*[2] 1882. M. v. Waldberg *Die dt. Renaissance-Lyrik* 1888. A. Köster *Der Dichter der 'Geharnschten Venus'* 1897. A. Franz *Johann Klaj* 1908. L. Olschki *Guarinis 'Pastor Fido' in Deutschland* 1909. K. Gartenhof *Die bedeutendsten Romane Philipp von Zesens.* Progr. Nürnberg 1912. H. Cysarz *Dt. Barockdichtung* 1924.

J. H. Scholte.

Historie. H. bezeichnet ursprünglich im Sinne von *historia*, „Geschichtserzählung", Aufzeichnung einer geschichtlich wahren Begebenheit. Die Dichter des MA. legten, der Einstellung ihrer Leser entsprechend, besonderen Wert darauf, die von ihnen dichterisch behandelten Ereignisse als wirklich geschehen gelten zu lassen, und bezeichneten daher ihre erzählenden Dichtungen gern als *histôrjen.* So band sich frühzeitig in dem Bedeutungsgehalt von *histôrje* der Begriff von geschichtlicher Wahrheit mit dem der Unterhaltsamkeit. Vgl. 'Partenopier' 228: *sô wirt im ein histôrje schîn, diu beide wâr ist unde guot.* In gelehrten Kreisen bleibt der Begriff der H. als des geraden Gegensatzes zur erdichteten Fabel bestehen; so noch im 17. Jh. bei Schuppius (670): *eine fabel und keine histori*, doch drängt sich im volkstümlichen Gebrauch die Bedeutung des Unterhaltsamen, Abenteuerlichen und Phantastischen zeitig in den Vordergrund. Vor allem die Volksbücherdrucke mit ihren Titelanpreisungen der *schönen und wahrhaftigen*, der *hüpschen und lieplichen*, der *anmutigen, lesenswürdigen, abenteuerlichen und seltsamen history* bringen diese Bedeutung in Schwung. Mochte auch der naive Leser aus dem Volke noch an die Wahrheit der Riesen-, Ritter- und Liebeshistorien glauben, so drang doch gerade von diesen Schriften her die Bedeutung des Unglaubhaften und Abenteuerlichen in den literarischen Begriff von *historie* ein, wie er dann von den neueren Dichtern verwandt wurde. Das Wort erhielt so einen grotesk komischen Beiklang und die seinem Ursprung gerade entgegengesetzte Bedeutung des abenteuerlich Erdichteten, ähnlich wie das Diminutiv *histörchen* den Sinn von Anekdote annahm. — Erwähnt seien in diesem Zusammenhang noch die mal. Historienbibeln, die von neueren Herausgebern so bezeichnet wurden, da sie die historischen Bibelabschnitte mit Einschiebseln aus der Profangeschichte im Stile der geschichtlichen Chronik behandelten. Vgl. d. Art. *Volksbuch*. W. Liepe.

Historischer Roman. § 1. So nennt man eine umfangreichere, erzählende Dichtung, die sich um beglaubigte geschichtliche Persönlichkeiten oder Tatsachen dreht. Doch kann auch bloß der Hintergrund als genauer begrenzter Zeitabschnitt geschildert und als solcher kenntlich gemacht sein. Das Historische liegt also einerseits im Stoff, anderseits im Ziel der künstlerischen Darstellung.

§ 2. In seinen Anfängen rankte sich der h. R. um Gestalten der Weltgeschichte, die durch einen berühmten Namen oder sonst irgendwie das Interesse weckten, und drapierte sie mit dem Überkommenen romanhafter Abenteuer. Das Poetische und das Historische standen sich also als zwei verschiedene Dinge gegenüber. Das poetische Element wurde von außen an die Geschichte herangetragen und diese durch theatralischen Aufputz der Gestalten für die dichterische Behandlung geeignet gemacht. Allmählich begann man aber, im geschichtlichen Verlaufe selbst einen poetischen Kern zu sehen und den Entwicklungsgang der Jhh. zum Gegenstande dichterischer Behandlung zu machen. Man wies am persönlichen Schicksal den Zusammenstoß zweier Zeitalter nach. Man zeichnete vergangene Kulturepochen nach ihrer Sitte und äußeren Lebensgestaltung. Anderseits versenkte sich der Dichter in die eigenartige Atmosphäre entschwundener Zeiten, um das Ethos ihrer Menschen zu erspüren, das seelische Problem ihrer Führer zu ergründen. Wir haben somit zwischen der memoirenhaften, genrebildlichen, ideengeschichtlichen und psychologischen Gattung des h. R. zu unterscheiden.

§ 3. Die altertümliche Sprachform ist kein charakteristisches Zeichen des h. Rs. Eher umgekehrt. Das Interesse, das der Geschichtsroman an der Vergangenheit nimmt, ist ein ausgesprochen gegenständliches. Er zeichnet Menschen und Schicksale in der Eigenart, die das ewig gleiche Menschenlos zu einer bestimmten Zeit im Wandel der Dinge annimmt. Wo dagegen der Reiz des Altertümlichen in der Sprache durch den Gebrauch veralteter Wendungen und Wortformen zum Ausdruck kommt, handelt es sich um einen technischen Kunstgriff, der nichts anderes besagen soll als: ferne Vorzeit. Die Vorgänge sollen der Gegenwart entrückt, in ein romantisches Helldunkel getaucht werden, das sie der nüchternen Beleuchtung des Alltags entzieht. So sind Storms sprachlich archaisierende Novellen eben deswegen keine geschichtlichen Erzählungen. Sie geben durch ihre äußere Gestalt schon zu erkennen, daß ihre geschichtliche Projektion lediglich Formwert, Kunstmittel, Manier, Sache der Technik ist.

§ 4. Der h. R. ist, abgesehen von den Bildungskompendien des 17. Jhs., in denen ein unreifes Wissen seine Kenntnisse geflissentlich auslegte, eine Schöpfung des realistischen 19. Jhs. In England durch Walter Scott begründet, breitet er sich bald über ganz Europa aus. Er wird eine Zeitlang die beliebteste Dichtungsgattung und bringt, getragen und begünstigt durch die Zeitströmungen, die realistischen Tendenzen des Jhs. vielleicht zu reinstem, vollkommenstem Ausdruck. In den 70er und 80er Jahren steht der h. R. im Mittelpunkt des allgemeinen Interesses. Dann verschwindet er, durch den Naturalismus verdrängt, fast völlig aus der Literatur, um heute in der Form des biographischen Romans zu neuem Leben zu erstehen. Die bedeutsame Stellung, die er in der zweiten

Hälfte des 19. Jhs. innehatte, wird aber nicht nur dadurch belegt, daß die führenden Dichter jetzt in sein Zeichen treten oder durch seinen Stil beeinflußt werden: Keller sammelt seine 'Züricher Novellen'; Storms Erzählungen umreißen schärfere Profile und Gestalten — auch ihm ursprünglich so fern stehende Talente wie die Jungdt. bequemen sich seiner Form an. Für die Begründer des Naturalismus ist in ihrer Jugend die geschichtliche Darstellungsweise ebenso der gegebene, durch die Zeit nahegelegte Stil, in dessen Überwindung sie erst ihre Eigenart finden, wie es für die Realisten um die Mitte des Jhs. die romantische gewesen war.

§ 5. Walter Scott (1771—1832) hatte sich, durch Herders 'Volkslieder' angeregt, in lyrischen Übersetzungen versucht, ehe er unter dem Einflusse von Goethes 'Götz von Berlichingen' zur historischen Erzählung überging. 1814 erschien '*Waverley*', der erste seiner geschichtlichen Romane, der ihn sofort zum berühmten Manne machte. Er behandelte den um 60 Jahre zurückliegenden Staatsstreich Karl Stuarts. Ähnliche Dichtungen aus der jüngeren und älteren Geschichte Englands folgten. Sie waren von jener Treue des Details getragen, die etwas völlig Neues bedeutete. Seine ungewöhnliche Kenntnis des Menschenherzens machte auch die unscheinbarsten Nebenfiguren zu unverwischbaren Gestalten. Eingehend und überzeugend waren die Zustände geschildert, und die Nebellandschaft des schottischen Hochlandes wob um das Ganze einen romantischen Schleier. Scotts Erzählung bewegte sich langsam und umständlich vorwärts, aber sie erreichte ihr Ziel stets sicher und brachte die Höhepunkte der Handlung voll zur Geltung. Scott hat dem h. R. die führende Stellung erobert, die er dann im 19. Jh. innehielt. Er wurde durch ihn zum modernen Volksepos erhoben, das einem lesenden Geschlechte seine Vergangenheit nahebringt und die Erinnerung an seine großen Anliegen lebendig erhält.

§ 6. Scotts Romane wurden bald in alle Sprachen übersetzt und überall nachgeahmt. In den 20er Jahren war er der gelesenste Autor des Kontinents. In Frankreich steht Victor Hugo mit '*Notre Dame de Paris*' (1831) und Alfred de Vigny mit '*Cinq Mars*' (1826) unter seinem Einfluß. In Italien ahmt ihn Alessandro Manzoni in den '*Promessi sposi*' (1827) nach. In Deutschland macht man sich die Beliebtheit seiner Erzählungen dadurch zunutze, daß man die ersten Nachahmungen als Übertragungen aus dem Englischen ausgibt. Hauff ist hier der früheste selbständige Nachfolger. Aber auch noch die späteren Vertreter der Gattung bis auf C. F. Meyer und Theodor Fontane schulen sich an Scott. Darauf hat Fontane in dem schönen Nachruf auf Alexis bedeutsam den Finger gelegt. Rußland huldigt mit Tolstojs 'Krieg und Frieden', Polen mit Sienkiewicz' '*Quo vadis*' der durch Scott begründeten Gattung.

§ 7. Der Entfaltung des h. Rs. in Deutschland kam das durch die Romantik geweckte geschichtliche Interesse zustatten. Manche romantischen Erzählungen verfolgen ähnliche Ziele wie der h. R., doch unterscheidet diesen von vornherein die andere Einstellung zu Vergangenheit und Gegenwart. Den Romantiker treibt zur Vorzeit der Mangel eines festen Verhältnisses zur Gegenwart. Er sucht in der geschichtlichen Ferne eine subjektive Traumwelt zu verwirklichen, für die die Gegenwart kein ausreichendes Äquivalent bietet. Der h. R. realisiert kein individuelles Bedürfnis. Er gestaltet in der Vergangenheit die als poetisch empfundene Wirklichkeit, für deren Dasein ihm die Gegenwart Gewähr leistet. Der realistische Grundzug ist unverkennbar und schon bei den ältesten Vertretern vorhanden, auch wo sie in der Ausführung noch weit hinter der sorgfältigen Treue der Späteren zurückbleiben.

§ 8. Das Interesse, das die frühesten Dichter historischer Romane an der Geschichte nehmen, ist noch überwiegend persönlich. Nicht nur bleibt ihre Behandlung memoirenhaft; sie stellen auch mit Vorliebe selbsterlebte Vorgänge dar. Die frz. Revolution und die Zeit der napoleonischen Kriege ist das bevorzugte Stoffgebiet. Das unbefangene Bild, das Ulrich Hegner (1759—1840) in 'Salis Revolutionstage' (1814), gleichzeitig mit Scotts frühesten Dichtungen, von den umwälzenden Ereignissen des Jahres 1798 in der Schweiz entwirft, wirkt noch ganz als Gegenwartsschilderung durch die Treue persönlich erlebter Eindrücke. Auch Karl Spindler (1796—1855) greift mit seinen Bildern aus der frz. Revolutionszeit in die jüngste, noch in die Gegenwart hineinragende Vergangenheit. In seinem 'Invaliden' (1831) schildert er die Greuel derselben spannend, und das Porträt Napoleons gelang ihm vortrefflich. Schüchtern versucht P. J. von Rehfues (1779—1843) in seinem 'Scipio Cicala' (1832) eine ideelle Behandlung, indem die Hauptgestalten seines im span. Neapel des 16. Jhs. spielenden Romans von politischen und religiösen Fragen umwittert sind. Doch kommt er in deren Erörterung nicht über den engen Standpunkt der Restaurationsepoche hinaus. In einer Zeit, wo das Geschichtliche dergestalt noch vorwiegend anekdotisch behandelt wurde, begründete Heinrich Zschokke (1771—1848) in 'Addrich im Moos' (1824) und im 'Freihof in Aarau '(1825) den stilechten h. R. Mit bemerkenswerter Objektivität schildert der erste die Kämpfe der Bauersame gegen die Städte im 17. Jh., der zweite die Fehden der Schweizer mit Österreich im Ausgange des MA. Weitaus der erfolgreichste der älteren Dichter von h. R. war jedoch Wilhelm Hauff (1802—1827). Seine Erzählung aus der schwäbischen Vergangenheit 'Lichtenstein' (1826) kennzeichnet die noch freie Behandlung der Geschichte und die erst angestrebte Verschmelzung des Poetischen mit dem Historischen. Der Stil ist in der glücklichen Berücksichtigung des Landschaftlichen entschieden romantisch gefärbt. In den öfter verwendeten Zweikämpfen, Überfällen, Gefangenschaften wie in der Anordnung des Ganzen ist der Einfluß Scotts deutlich zu spüren, dessen Schreibweise auf dt. Verhältnisse übertragen erscheint. Vor anderen zeichnet den Roman seine runde, geschlossene Kunstform aus, und der Ernst des künstlerischen Ziels, der überall sichtbar. Darauf beruht seine starke Wirkung, auch auf jüngere Dichter. Hauffs Landsmann Hermann Kurz (1813—1873) steht mit dem biographischen Roman 'Schillers Heimatjahre' (1843) und mit dem 'Sonnenwirt' (1855), der das Schillersche Thema vom 'Verbrecher aus verlorener Ehre' aufgriff, auf seinen Schultern.

§ 9. In Willibald Alexis' (1798 bis 1871) Romanen beginnt sich eine neue Form der Geschichtserzählung auszubilden. Er ist entschieden das bedeutendste Talent dieser älteren Gruppe historischer Erzähler. Ein gedankliches Element dringt mit ihm in den h. R. ein. Zum ersten Male zeichnet er das Gesamtbild einer Epoche, deren treibende Kräfte sich in den persönlichen Schicksalen spiegeln. „Es ist ein Konnex da," sagt Alexis einmal, „den wir nur nicht sehen, zwischen den Werken der großen Geschichte und den Taten der kleinen Menschen." Die Erstlinge G. W. H. Härings, wie der bürgerliche Name eigentlich lautete, 'Walladmor' (1825) und 'Schloß Avelon' (1827), erschienen als Bearbeitungen Scottscher Originale und hatten großen Erfolg. Mit 'Haus Düsterweg' und den 'Zwölf Nächten' (1838) trat er in die Fußtapfen des jungdt. Reflexionsromans. Seit 1840 bearbeitete Alexis die brandenburg.-preuß. Geschichte in einer Romanserie, die die Zeit vom Ausgange des MA. bis in die jüngste Vergangenheit umspannt. 1832 hatte 'Cabanis' mit einem pastos gemalten Friderizianischen Zeitbilde darauf vorgedeutet. 1840 folgte der Roman 'Der Roland von Berlin', die Kämpfe der untergehenden Stadtfreiheit mit dem emporstrebenden Landesfürstentum schildernd. 'Der falsche Waldemar' (1842) griff nach dem Demetriusmotiv, das die Markgrafschaft des Müllers Rehbock im 14. Jh. darbot, während 'Die Hosen des Herrn von Bredow' (1846) breitspurig und behaglich, wenn auch etwas vergröbernd, eine Götzgestalt in die Zeit entschwindender Fehdefreiheit stellen. In der Form der geschichtlichen Idylle gelang Alexis hier die ausgeglichenste Leistung. Mit kriminalistischen Motiven führt der Roman 'Ruhe ist die erste Bürgerpflicht' (1852) in die Verfallszeit vor der Schlacht bei Jena hinunter. Der 'Isegrimm' (1854) gleicht mit dem Bilde der Restaurationszeit das düstere Gemälde aufhellend wieder aus. Ein letzter Band 'Dorothea' (1856) steht nicht auf der Höhe der früheren. Mit Scott verbindet Alexis die genaue Treue im Detail. Seine geschichtlichen Porträts sind scharf gesehen und sicher hingestellt. Wie Scott faßt Alexis seine Aufgabe dahin auf, ein künstlerisches Abbild der Geschichte seines Volkes zu geben. Und mit Geschick weiß er dafür die kargen Reize der märkischen Landschaft fruchtbar zu machen, lange bevor Leistikow die in der Sonne glänzenden Kiefern des märkischen Sandbodens malte. Was uns nun aber dennoch hindert, Alexis als den märkischen Scott zu bezeichnen, ist die Enge seines Gesichtsfeldes. Er leidet an einer beträchtlichen Überschätzung alles Preußischen, dessen Bedeutung für die dt. Gesamtkultur Alexis aus einer Zeit heraufholen möchte, wo davon noch keine Rede sein kann. Ihm fehlt der unvoreingenommene Weitblick Theodor Fontanes, auf den vorausgewiesen zu haben einmal das Hauptverdienst von Alexis sein wird.

§ 10. Alexis' spätere Romane fanden nicht den Beifall, den seine ersten geerntet hatten. Das lag nicht nur an der Breite ihres Stils, sondern auch daran, daß die Zeit sich inzwischen geändert hatte. Das Junge Deutschland (s. d.) erörterte nun in Zeitromanen aktuelle Gegenwartsfragen. Der h. R. trat seit 1830 an Bedeutung zurück. Wohl pflegten Lenau, Grün u. a. die historische Epik; aber, entsprechend dem stärkeren Pathos, mit dem darin geschichtliche Ideen ausgesprochen waren, geschah es in rhythmischer Form. Grabbe und Büchner bedienten sich für die Gestaltung geschichtlicher Probleme der Dramenform. Einzig Heinrich König (1790—1868) trat damals mit von fortschrittlichen Ideen getragenen Geschichtsromanen hervor, ohne doch in den 'Klubbisten von Mainz' (1831) über die bisherige Behandlungsweise wesentlich hinauszukommen.

§ 11. Als nach der jungdt. und der Epoche der politischen Lyrik das Interesse am h. R. neu erwachte, hatte die Julirevolution den Versuchen, eine überwundene Daseinsordnung wiederherzustellen, endgültig den Riegel vorgestoßen, die Philosophie Feuerbachs und David Friedrich Strauß' Polemik schärfer zwischen Geschichte und Legende unterscheiden gelehrt. Vor allem war durch Ranke und seine Schule die Methode exakter Forschung nun auch auf die Ergründung der Vergangenheit übertragen worden. Nach vagen Schematisierungsversuchen ließ man es sich nunmehr angelegen sein, zu zeigen, „wie es denn eigentlich gewesen war". Und wie die Wissenschaft trat nun auch die Kunst der Erzählung in das Zeichen des entschiedenen Realismus. Eine enge Verbindung von Forschung und Dichtung bahnte sich an. Der Dichter nahm Anteil an den Problemen der jungen Geschichtswissenschaft. Er eignete sich ihre Forschungsweise an. Er verschaffte sich selbständigen Zugang zu den Quellen. War einst Übereinstimmung mit der geschichtlichen Forschung auszeichnender Vorzug der Dichtung gewesen, so galt nun die sichere Grundierung des allgemeinen Zeitbildes als schlechthinnige Bedingung des Versuchs. Scott, dem Ranke einst verstimmt Unzuverlässigkeit vorgeworfen, war das vielbewunderte Vorbild des Romanschreibers gewesen. Nun trat Macaulay an seine Stelle, dessen englische Geschichte sich durch eindringliche Tiefe wie durch künstlerische Eigenschaften gleicherweise empfahl. In dieser Wendung kommt die neue Einstellung der historischen Dichtung scharf zum Ausdruck. Solche Vereinigung wissenschaftlicher und stilistischer Vorzüge erstrebte man jetzt. Und damit war nun allerdings das Verhältnis des Dichters zu Umwelt und Geschichte einigermaßen verschoben. Hatte einst das Bewußtsein von einer der Gegenwart im wesentlichen gleichgearteten Vergangenheit zur Darstellung verlockt, für die man sich im einzelnen volle Freiheit der Zeichnung wahrte, so wurde nun die Verschiedenheit von einst und jetzt Ausgangspunkt der Schilderung, und man band sich auch im kleinen gern an die Ergebnisse der Forschung.

§ 12. Wissenschaft und Kunst zu vereinen, streben nun vor allem die Dichter, die jetzt die Führung übernehmen und die Richtlinien der Entwicklung bestimmen: Joseph Victor Scheffel (1826—1886) und Wilhelm Heinrich Riehl (1823—1897), jener als dichterisches Vollblut und im sicheren Besitze des wissenschaftlichen Rüstzeugs, das unauffällig Verwendung findet, dieser preziöser, mühsamer und mit einem akademischen Beigeschmack, der noch das Verhängnis des h. R. werden sollte. Als Schwarzwaldsohn brachte Scheffel von Hause aus das unverdünnte alemannische

Stammesblut für seine Aufgabe mit. Seit seiner Studienzeit nahm er regen Anteil an den Fragen der jungen germanistischen Wissenschaft. Mit seinem Lehrer Adolf Holtzmann trat er als einer der ersten für die künsterische Einheit des Nibelungenliedes ein. In Italien malerische Neigungen abwerfend, schuf er auf Capri den Romanzenzyklus 'Der Trompeter von Säckingen' (1854). Aus den Landschaftseindrücken seiner Revisorzeit erwachsend, trug die Dichtung mit den Liedeinlagen, den philosophischen Betrachtungen des Katers Hiddigeigei, den leichtfüßigen Trochäen im Stile des 'Atta Troll' noch echt romantischen Charakter. Der 'Ekkehard', die „Geschichte aus dem 10. Jh.", am Fuße des Hohentwiel entworfen und auf dem Wildkirchli 1855 vollendet, rief entschlossen „zur Umkehr aus dem Abgezogenen, Blassen, Begrifflichen zum Konkreten, Farbigen, Sinnlichen" auf, selbst schon eine der herrlichsten Erfüllungen des poetischen Realismus. An die subjektive Manier erinnerten nur noch die gelegentlichen Zeitanspielungen der von Energie und Bildkraft satten Sprache. Die volle Realität der aus Ekkehards Sanktgallischer Klosterchronik geschöpften Gestalten verbürgten die Anmerkungen, die Scheffel nach Vollendung des Werkes beizugeben sich entschlossen hatte. Weniges nur war mit dem Goldtone echter Schöpferlaune eingefügt, neu und unerhört die Mischung urwüchsiger Kraft und naiven Bildungsstrebens, frommen Glaubens und handfesten Dämonenspuks in diesem Zeitbilde, das raschere Wirkung hätte tun müssen als tatsächlich geschah. Der 'Hugideo' (1870), der in die Völkerwanderungszeit führt, und die Kreuzfahrergeschichte 'Juniperus' (1868), das Fragment eines größeren Planes, der sich um die Wartburg rankt, umstehen als ungleiche Brüder das dichterische Hauptwerk Scheffels. Die Liederbücher von 'Frau Aventiure' (1863) und 'Gaudeamus' (1868) aber spiegeln die volle Individualität der trinkfrohen, der Zeit ironisch ins Auge schauenden Dichterpersönlichkeit.

Solchem inneren Reichtume gegenüber bewahrt die kargere Schöpferkraft Wilhelm Heinrich Riehls die Bedeutung eines neuen Programms. Der nach München berufene Journalist, der dort eine akademische Lehrkanzel bestieg, um ein Mitbegründer der Kulturgeschichte zu werden, war durch Heyse zu lebhafterer dichterischer Produktion aufgemuntert worden. 1856 gab er 'Kulturgeschichtliche Novellen' heraus. Sie suchten „frei geformte Charaktere auf dem Grund der Gesittungszustände einer gegebenen Zeit" in ihren Leidenschaften und Konflikten walten zu lassen. Neue Novellen folgten, später selbst ein Roman. Die großen Namen der Geschichte waren darin ganz vermieden, das Typische der Zeit an den unscheinbarsten ihrer Repräsentanten aufgewiesen. Aus den Lebensbedingungen des einzelnen, wie sie durch die soziale und geistige Struktur einer Zeit festgelegt waren, erhoben sich die Schicksalsmächte. Die Milieutheorie des Naturalismus war hier in der historischen Erzählung vorweggenommen, die kulturgeschichtliche Novelle reinster Form begründet. Liebevoll und sprechend war stets das Detail gezeichnet. Das Seelische blieb freilich oft ohne ausreichende Tiefe. Dazu kam: schon Riehl wollte nicht bloß Geschichten, sondern nebenbei auch Geschichte erzählen.

§ 13. Immerhin war in seinen Novellen eine neue Form der Geschichtserzählung geschaffen. Sie trug malerischen, vielleicht auch kleinmalerischen Charakter. Mehr und mehr begann sie die historische Epik nun zu färben. Zwar fehlt es in den 50er Jahren nicht an Vertretern der älteren Richtung. Luise Mühlbach (1814—1873) schlachtete in unzähligen Romanen die Memoirenliteratur der Weltgeschichte weiter aus. Georg Hesekiel (1819—1874) führte die Haupt- und Staatsaktionen preuß. und frz. Souveräne in bewegten Bildern vor. Hermann Gödsche (1815 bis 1887) münzte unter dem Pseudonym Sir John Retcliff die Politik der Zeit in sensationeller Aufbauschung literarisch aus. Dagegen pflegten Max Ring (1817—1901) und Herbert Rau (1813—1876) in zahlreichen Literatur- und Künstlerromanen die durch Riehl inaugurierte Sittenschilderung, die das Kulturbild einer Zeit ins Auge faßt. Franz Trautmann (1813—1887) trat in seinem 'Eppelein von Geilingen' (1852) und mit der im mal. München traulich angesiedelten 'Chronika des Herrn Petrus Möckerlein' (1856) vollends in die Fußtapfen Riehls, nachdem Meinholds 'Bernsteinhexe' das Genre des intimen Kulturbildes schon 1843 belegt hatte. In Karl von Holteis (1797—1886) Reiseschilderungen und Friedrich Wilhelm Hackländers (1817—1877) Humoresken aus dem Soldatenleben entwickelte sich die ethnographische Erzählung zur selbständigen Gattung weiter. Liegt in dem intimen Zug der genrebildlichen Richtung eine Übereinstimmung mit dem bäuerlichen und kleinbürgerlichen Realismus der Epoche zutage, so weist der jungdt. Roman, der nun gleichfalls in das Zeichen des Historismus tritt, in seiner Form auf die kommende Zeit voraus. So namentlich Heinrich Laubes (1806—1884) 'Deutscher Krieg' (1863—1865), der in Schlachtenbildern und politischen Aktionen die Zeit des 30jährigen Krieges schildert. Dagegen lag die historische Erzählung, die Handlung verlangt, der Reflexion Karl Gutzkows (1811—1878) nicht, was sein Roman 'Fritz Ellrodt' (1871) trotz aller Echtheit des Kolorits nur bestätigen konnte, nachdem bereits 'Hohenschwangau' (1867—1868), mehr der Mode als innerer Nötigung folgend, mit einem Bild der Reformationszeit die geschichtliche Einkleidung versucht hatte.

§ 14. Mit den 70er Jahren beginnt die eigentliche Blütezeit des h. R. Er erscheint jetzt in zwei selbständig nebeneinander hergehenden Richtungen, einer mehr an den Zuständen der Gegenwart orientierten, ideengeschichtlichen und einer ausgesprochen psychologischen. Seiner stärkeren Entfaltung kommt zunächst der Entwicklungsgedanke zugute, der von den Naturwissenschaften aus in das Geistesleben eindringt und dies allmählich ebenso überwiegend beherrscht, wie das Experiment und die exakte Beobachtung den Fortschritt ehedem bestimmt hatten. Dann aber kamen ihm die nationalen Einheitsbewegungen der europäischen Völker, die sich nun rasch folgten, fördernd zustatten. Die Einigung Italiens und der Schweiz erfüllten ausgesprochene Tendenzen der Zeit. Durch solche Ereignisse wurde aber das Bedürfnis nach poetischer Rückschau auf den zurückgelegten Weg geweckt. Schon zu Beginn der 50er Jahre hatte Keller, nachdem sich die Schweiz aus einem losen Staatenbund souveräner Kantone zum Bundesstaat zusammengeschlossen, das Emporkommen geschichtlicher Dichtung vorausgesehen und gesagt, das Bedürfnis danach werde sich überall dort einstellen, wo „ein Volk oder ein Stamm ein solches mit seinem eigensten Sein durchwebtes Stück ruhmvoller Geschichte, getragen von großen Personen und Ereignissen, durchlebt hätte".

§ 15. In Deutschland war dieser Moment nach dem Zusammenschluß der Stämme im neu gegründeten Reiche gekommen. Und Freytag entsprach dem Verlangen nach dichterischer Verklärung der Vergangenheit in den 'Ahnen'. Gustav Freytag (1816—1895) war, umgekehrt wie Riehl, von akademischer Lehrtätigkeit durch die Gründung der 'Grenzboten' zum Journalismus übergegangen. Nach frühen lyrischen Versuchen, noch in der Breslauer Amtszeit, hatte er in den 'Journalisten' (1854) das mustergültige Lustspiel der Reaktionszeit nach 1848 geschaffen, das in gerechter Verteilung von Licht und Schatten die Zerklüftung des Parteigetriebes mit überlegenem Humor beleuchtet. 'Soll und Haben' (1855) löste das durch das Junge Deutschland wohl gestellte, aber nicht bewältigte Problem des sozialen Romans der Gegenwart. In breiter Übersicht über die Schichten der Bevölkerung war ein modernes Zeitbild entworfen, das Volk bei seiner Arbeit belauscht. Das Gegenstück der 'Verlorenen Handschrift' (1864) erreichte die gleiche Höhe geschlossener Kunstform nicht. Als großgedachte populäre Kulturgeschichte gingen darauf die 'Bilder aus der dt. Vergangenheit' (1859—1867) zur Geschichtserzählung über, das dichterische Werk vorbereitend, das die Entwicklung des Nationalbewußtseins durch den Gang der Jhh. in Querschnitten vom Ursprung des Volkes bis in die Gegenwart verfolgt. Die 'Ahnen' (1872—1881) schildern in 8 Bänden die Geschichte eines Geschlechts von der Völkerwanderung bis zum Jahre 1848. 'Ingo' zeichnet im feierlichen Tone des Barden urgerman. Sitte bei Gelagen und Kampfspiel und holt die Schicksale aus dem noch geltenden Gesetz des Frauenraubes und der Rache der Sippe. 'Ingraban' schildert die Einkehr des Christentums bei den Thüringern. 'Das Nest der Zaunkönige' führt in die Sachsenzeit. Klöster sind gegründet. Vasallen erheben sich trotzig. Das Leben ist mannigfaltiger, kampfreicher geworden. In den 'Brüdern vom deutschen Hause', die Kreuzzüge und Minnesang malen, sind die Ansätze mal. Kultur zu voller Blüte erwachsen. Farbig zeichnet 'Markus König' das Reformationszeitalter. Zweigeteilt führt der Band der 'Geschwister' in die Zeit des 30jährigen Krieges und des beginnenden 18. Jhs. hinunter. Mit dem Buche 'Aus einer kleinen Stadt' klingt die Romanreihe im bourgeoisen 19. Jh. aus. Keine Frage, daß die späteren Bände der 'Ahnen' die Versprechen der früheren nicht voll einlösten. Ein Nachlassen der Gestaltungskraft ist spürbar. Die Erzählung verzettelt sich in einzelnen unzusammenhängenden Szenenbildern. Aber vielleicht lag schon im Vorwurf der Dichtung eine Gefahr. Unweigerlich strebt die poetische und die historische Darstellung nach dem Individuellen und Allgemeinen auseinander. Freytag, der in den 'Ahnen' beiden Zielen gerecht werden wollte, erreichte keines ganz.

§ 16. Immerhin suchte seine Dichtung den Sinn der Epoche zu deuten und erlangte daher größeren Beifall, als ihren rein poetischen Qualitäten vielleicht zukam. Indessen schufen die Unterhaltungstalente der Zeit, die Konjunktur wahrnehmend, den h. R. in Masse. Er wurde nun Mode. Teils kam er, german. Urzeit schildernd, dem erwachten Interesse an dt. Vergangenheit entgegen, teils spiegelte er die saturierte Stimmung des neugegründeten Reiches in Parallelbildern aus überreifen und zerfallenden Kulturen. Teils auch glänzte moderne Wissenschaft in der Verlebendigung entlegener Epochen, in deren Heranholung und plastisch-anschaulicher Zeichnung ein Triumph dichterischer Gestaltung gesehen wurde („Professorenroman", s. d.). Felix Dahn (1834—1912) befriedigte, zumal in seinem sensationellen 'Kampf um Rom' (1876), die Vorliebe für das germ. Altertum. Ernst Eckstein (1845—1900) wandte sich in den 'Claudiern' (1881) und dem 'Nero' dem spätröm. Kaisertume zu. Georg Ebers (1837—1898) baute in 'Eine ägypt. Königstochter' (1864), 'Uarda' (1877) und '*Homo sum*' (1878) den h. R. am Fuße der Pyramiden und des Sinai an, um seine virtuose Kunst später auch auf span. und niederländ.-dt. Boden zu verpflanzen. Heinrich Steinhausen (1836—1917) zielte in 'Irmele' (1880) auf die Erneuerung von Scheffels, Wilhelm Jensen (1837—1911) in stimmungsgetragenen Schilderungen auf die Weiterbildung von Riehls archäologisch-antiquarischem Erzählerstil.

§ 17. Mit den 'Züricher Novellen' (1878) trat nun auch Gottfried Keller (1819 bis 1890) in den Reigen der historischen Dichter und sanktionierte die von der Zeit geschaffene Form. Sein Novellenband, der mit seinen Anfängen noch in die frühen 50er Jahre zurückreicht, ging freilich in der Behandlung des Geschichtlichen eigene Wege. Im intim gezeichneten Kulturbild variierte er das Problem vom Wert der Persönlichkeit. Er begleitete in massenpsychologischer Durchleuchtung weltgeschichtliche Vorgänge. Er blickte auf das Ziel errungener nationaler Entwicklung und prägte der neu gewonnenen Staatsform das Siegel „Freundschaft in der Freiheit" auf. Im Grunde ähnlichem Bedürfnis entsprungen wie Freytags 'Ahnen', vermieden Kellers 'Züricher Novellen' deren kompositionellen Fehler. Ihre zyklische Anordnung mit umschließender Rahmennovelle betonte die Idee der Zusammenschau und setzte die künstlerische Einheit an die Stelle des pedantischen Nachweises historischer Kontinuität. In der Betonung des Individuellen und Sozialen eilte Keller seiner staatsbürgerlich gesinnten und uniformierenden Zeit weit voran.

§ 18. Der durch Freytag angebahnten episch-kulturgeschichtlichen Richtung trat in C. F. Meyer (1825—1898) eine psychologische gegenüber, in einer Zeit der Veräußerlichung und Verflachung den Ernst rein dichterischer Ziele wahrend. „Ich bediene mich der Form der historischen Novelle einzig und allein, um meine Erfahrungen und persönlichen Gefühle darin niederzulegen. Auf diese Weise bin ich unter einer sehr objektiven und außerordentlich künstlerischen Form in Wirklichkeit ganz individuell und subjektiv." Und inbezug auf den 'Pescara' fügte Meyer diesem Bekenntnis bei: „In allen Gestalten des 'Pescara', selbst in dem häßlichen Morone, steckt etwas von C. F. Meyer." Damit war das Zeugnis reiner Erlebnisdichtung auch in historischer Gestaltung erbracht. Dem in der Stille Gereiften brachte der Deutsch-Französische Krieg das befruchtende Erlebnis zu. Er beseitigte die Zweifel an der künstlerischen Bestimmung, festigte das noch schwankende Wesen. Nun reiften Meyers Dichtungen Schlag auf Schlag. Die nächsten brachten Klärung über die spezifische Begabung, dann entwickelten sie den ganz auf das Psychologische gerichteten Stil. Meyers Erzählung sättigte sich nun mit den Energien einer gedrängten, der Zeit angepaßten Darstellung. 'Huttens letzte Tage' (1871) preßten in den Abend eines verlöschenden Heldenlebens die ganze Kraftfülle seiner Manneskämpfe, die lyrische Form der Ballade schon mit dem Gewicht des Romans beladend. 'Engelberg' und das 'Amulet' bahnten den Übergang zur Geschichtserzählung, jenes noch lyrisch durchhauchte Idylle, dieses weltgeschichtlichen Hintergrund scharf beleuchtend. Der 'Jürg Jenatsch' (1876) zeichnete darauf eine Bartholomäusnacht auf den Hintergrund alpinen Hochgebirges in den Farben eines Delacroix oder Ingres. Der von Kellerschem Humor durchzitterte 'Schuß von der Kanzel' hielt sich wieder in den engen Grenzen eines geschichtlichen Genrebildes, ein Kabinettstück historischer Porträtkunst. Im 12. Jh. spielte der 'Heilige' (1880), der mit den Mitteln strengster Objektivität das Martyrium des engl. Bischofs Thomas Becket seelisch abtastete, um in das Labyrinth eines vielgestaltigen Charakters und die Irrgänge eines rätselhaften Schicksals einzudringen. Hier war die auf das Psychologische zielende Geschichtserzählung schon in reinster Form ausgebildet.

Dem Aufstieg der 70er Jahre folgten in der ersten Hälfte des neuen Dezenniums spielend entworfene Novellen, bald in Frankreich, bald in Italien oder Deutschland angesiedelt. Mehr und mehr trat jetzt die Renaissance als bevorzugtes Stoffgebiet Meyers hervor. Sie war im 'Plautus im Nonnenkloster' zuerst gestreift, in der 'Hochzeit des Mönchs' voll gestaltet. Das Rätsel individueller Psychologie ist endlich das Thema der Meyerschen Erzählung geworden. Der entkuttete Mönch, der auf dem ungewohnten Weltboden ausgleitet, der weibliche Page Gustav Adolfs, der unerkannt an seiner Seite durch die Schlachtfeuer des 30jährigen Krieges abenteuert, die Entwicklungskrise der stämmigen Bäuerin, die umsonst vor ihrer aufbrechenden Leidenschaft hinter Klostermauern flüchten möchte, die tragischen 'Leiden eines Knaben', der unweit vom Hofe des Sonnenkönigs, ein Opfer verschrobener Sitte und mißleiteter Erziehung, untergeht: das sind Motive, wie sie Meyer nun mit Vorliebe aufgreift. Der volle Individualismus hatte gesiegt. Die Ursprünglichkeit seelischer Artung stand im Mittelpunkt der Gestaltung. Dies alles aber ist dargestellt im Stile strenger Objektivität, wobei sich Geschichte und Individualpsychologie wechselteilig erhellen. Der Mönch, der freiend seine Kutte abwirft, spiegelt zugleich das Jh., das die Pforten hinter dem transzendenten MA. zuwirft und zur faustischen Kultur durchbricht. In den 'Leiden eines Knaben' dunkelt mit dem tragischen Ausgang eines Kindeslebens der Glanz der Epoche ein, an deren Ende die Frz. Revolution steht. In größerem Abstande folgten sich seit der zweiten Hälfte der 80er Jahre wieder die letzten Werke Meyers. Sie zeigen in ihrer ethischen Richtung eine neue geistige Haltung. Der einzelne ist wieder stärker gebunden. Aber nicht die gemeinsamen Interessen des Vaterlandes oder der Kirche knüpfen ihn mehr an die Gesamtheit. Im Individuum selbst liegen die sittlichen Grundsätze der Lebensnormen. 'Die Richterin' erörtert das Gewissensproblem am Schicksal einer kühnen Rätierin aus der Zeit Karls des Großen. 'Die Versuchung des Pescara' (1887) zeichnet das Porträt eines Spätlings der Renaissance, über dessen innere Vornehmheit der frevlerische Egoismus der Epoche keine Macht mehr erlangt. Endlich schließt, schon mit sinkender Kraft, die 'Angela Borgia' (1891) Meyers Schaffen ab. Überall ist hier der Renaissanceindividualismus grundsätzlich überwunden. Er bildet nur noch die Folie für die sittliche Gebundenheit, die die Helden entwickeln, oder der trotzend sie untergehen. Eine Dichtung, die, wie diejenige Meyers, ein so feines Sensorium für den Geist der Jhh. besaß, konnte nicht ohne Zusammenhang mit der eigenen Zeit entstehen. In der Tat liegen heute diese Verbindungen, sichtbarer als früher, zutage. Wenn der 'Jürg Jenatsch' vom Überschwang vaterländischen Empfindens glüht, so hegt er solche Gesinnung als Frucht einer Epoche, die die Einheitsbewegungen der Nationen sich vollziehen sah. Und wenn dort der bündnerische Pfarrer seinem patriotischen Ziele selbst den Glauben opfert, so spiegelt ein solches Dilemma die Kulturkämpfe, die das neugegründete Deutsche Reich alsbald zerrissen. Der Antagonismus zwischen Staat und Kirche, der da überraschend hervortrat, erhielt im 'Heiligen' mit seinem Gegensatz: Bischof und König eine große weltgeschichtliche Folie, wobei der Kampf der historischen Mächte rein dichterisch aus dem Gegensatz verschieden gearteter Charaktere entwickelt und als solcher verständlich gemacht ist. Meyers Dichtung erreichte hier das Höchste, was der Form des h. R. überhaupt verstattet war: eine Durchdringung dichterisch-psychologischer und geschichtlich-realistischer Weltbetrachtung, die die Vorgänge auf dem Welttheater, objektive Entwicklungsreihen, als seelische Antinomien zu erfassen und aus der Anlage spezifischer Charaktere abzuleiten vermochte, und die anderseits fähig war, psychologische Tiefenprobleme mit der vollen Objektivität historisch bedingter Vorgänge zu schildern.

§ 19. Mit dem Ausgange der 80er Jahre bricht die Blüte des h. R. ab. Der Verismus der Naturalisten, der sich nur noch für Selbsterlebtes verbürgen sollte, hatte für seinen Realismus der Ferne nichts mehr übrig. Kaum einer der Naturalisten zeigt eine tiefere Beziehung zur historischen Gestaltungsform. Sie greifen wohl gelegentlich historische Vorgänge auf, um proletarische Massenbewegungen als Träger der Geschichte nachzuweisen oder gesellschaftliche Zukunftsideale symbolisch zu gestalten. Die Darstellung vergangener Kulturepochen um ihrer selbst willen ist überwunden.

§ 20. Einzig Theodor Fontane (1819 bis 1898) durchläuft die geschichtliche Gestaltungsweise als organische Stufe seiner dichterischen Entwicklung. Er steht als Persönlichkeit auf der Schwelle zwischen der alten und neuen Zeit. Seine Romane bezeichnen den Punkt, wo der Realismus von der Mitte des Jhs. in den Naturalismus seines Endes übergeht. Nach balladischen Anfängen, die Strachwitz und Geibel betreuten, durcheilt Fontane als Epiker im Fluge die Entwicklung des 19. Jhs. Er beginnt in 'Vor dem Sturm' (1878) im Stil der ältesten Vertreter mit einem breiten Roman aus der Napoleonischen Zeit. In 'Unterm Birnbaum' und 'Ellernklipp' (1881) klingen die kriminalistischen Motive von Alexis an, während 'Quitt' im Sinne der Ethnographen westwärts schweift, 'Grete Minde' (1880) Storm folgend, einer alten Chronik nacherzählt. Ganz psychologisch gerichtet, führen der 'Schach von Wuthenow' (1883) und 'Graf Petöfy' (1884) zum modernen Gesellschaftsbild hinüber. In 'Irrungen Wirrungen' (1888) und 'L'Adultera' (1882) ist es meisterlich gehandhabt, während 'Cécile' und 'Effi Briest' (1895) das psychologische Porträt weiter bilden. In der immer gedrängteren Darstellung kennzeichnet sich der ganz auf das Psychologische gestellte Stil. Die Charaktere werden gern im Gespräch und im Brief entwickelt. In der Unterhaltung über Werke der Malerei sind Kunstmittel der Meyerschen Novelle übernommen, im pikant geführten Dialog jungdt. Elemente lebendig. So faßt Fontane, am Ende einer langen Reihe, die Stilmittel einer nun reifen Entwicklung nochmals zusammen, um sie einer neuen Zeit mit anderen Aufgaben und Lösungen weiterzugeben.

K. Rehorn *Der dt. Roman* 1890. R. du Moulin-Eckart *Der histor. Roman in Deutschland* 1905. H. Keiter u. K. Kellen *Der Roman* 1912. H. Mielke-Homann *Der dt. Roman*[5] 1920. H. Bock u. K. Weitzel *Der histor. Roman als Begleiter der Weltgeschichte* o. J. (1922).

M. Nußberger.

Historisches Lied. § 1. Schon für die älteste Zeit (Tac. Germ. c. 2) als *unum memoriae et annalium genus* unserer Vorfahren bezeugt, beginnt die lückenlose Überlieferung erst nach der Hohenstaufenherrlichkeit. Es ist eine Geschichtsquelle, die oft nur mit

Vorsicht benutzt werden darf, insofern wertvoll, als sie zumeist unmittelbaren Anteil an den behandelten Ereignissen bezeugt, aber auch mit allen Mängeln behaftet, die sich aus dem Standpunkt der Erzähler herleiten. Haupttypen sind 1. der bloße Bericht, der sachliche Treue erstrebt, wenn er sie auch wegen Voreingenommenheit nicht immer wahren kann; 2. das Parteilied, bei dem gerechtes Abwägen der Umstände von vornherein ausgeschlossen bleibt. Eine Zwischenform tritt dann auf, wenn bei 1. entweder über die Tatsachen ein Urteil gefällt wird oder das Vorgetragene geradezu als Beispiel für einen moralischen Satz erscheint. Während sich der Dichter in den erwähnten Typen episch verhält, kommt 3. reiner Stimmungserguß vor, indem etwa der Untergang eines Helden Anlaß zu einer Totenklage gibt oder ein vom Schicksal schwer Getroffener seinen Gefühlen freien Lauf läßt. Endlich sind epische und lyrische Bestandteile so verschmolzen, daß 4. die Balladenform mit ihrem Helldunkel der natürliche Ausdruck wird.

§ 2. Das historische Volkslied besitzt im allgemeinen nicht die lange Lebensdauer des eigentlichen Volksliedes. Neue Geschehnisse drängen die früheren in den Hintergrund. Zeitige Aufzeichnung, Verbreitung in Fliegenden Blättern bewahren es eher vor dem Zersingen.

§ 3. Nicht die Bedeutsamkeit des geschilderten Vorganges für das geschichtliche Werden bedingt die Stoffwahl, sondern der Eindruck, den eine Begebenheit auf das Gefühl ausübt. So hat der Bauernkrieg der ersten Reformationsjahre in Thüringen nur ziemlich schwachen Abglanz im historischen Volksliede gefunden, während die Unruhen in Schwaben, Franken, im Elsaß öfter behandelt worden sind. Oder bei Sickingens Kampf vermissen wir die Würdigung als einer nationalen Tat und sehen nur den väterlichen Anführer seiner Landsknechte gefeiert. Für die Nachwelt Unwichtiges malen die Dichter mitunter breit aus, sie haben wohl ihre Freude an vollständiger Namenaufzählung, dagegen lassen sie vieles unausgesprochen, mit dessen Kenntnis uns Nachgeborenen gedient wäre. Oder sie wollen bloß Stützen für das Gedächtnis bieten und verzichten auf jede Einzelausmalung. Die Episode, wenn sie nur zum Gemüte spricht, zieht mehr an als das wirklich Entscheidende, kleine örtliche Angelegenheiten wie Raubrittertaten, Kämpfe zwischen Städten werden gern zum Stoff genommen. Bisweilen wieder entwirft man Zeitbilder, reiht Verkehrtheiten und Auswüchse aller Art aneinander und verfolgt den politischen und religiösen Gegner mit Spott und Hohn. Beißende Satire beherrscht die Parteilieder.

§ 4. Der Dichter schreibt wohl in höherem Auftrag und nennt, je mehr sich das Bewußtsein geistigen Eigentums durchsetzt, um so häufiger seinen Namen oder wenigstens seinen Stand. Er heischt Lohn für die Arbeit, schildert seine dürftigen Verhältnisse oder drückt Befriedigung über das Geleistete aus. Zahlreiche Fälle erweisen, wie stark die öffentliche Meinung durch das Lied beeinflußt worden ist. Anonymität war dann geboten, wenn bei Bekanntwerden des Verfassers Strafe drohte. Um dem neuen Liede Verbreitung zu sichern, benutzt man oft beliebte „Töne": von Kirchen- oder Volksgesängen, die auch einer beabsichtigten Stimmungssphäre günstig sind. Das Akrostichon verrät immer gelehrten Ursprung. Es zeigt sich besonders in Liedern auf kursächsischem Boden. Die Kontrafaktur hat auch im historischen Volkslied ihren Platz, z. B. wird das 'Lied vom armen Judas' auf den Winterkönig zurechtgestutzt oder '*Durch Adams Fall ist ganz verderbt*' auf Tilly umgedichtet. Im Zusammenhange wäre noch die Verwendung von Sprichwörtern und sprichwörtlichen Redensarten zu erörtern. Anspielungen auf klassische Mythologie zeigen die Lieder des 17. Jhs., und das Fremdwörterunwesen macht sich in ihnen breit. Natureingänge und Naturbilder sind sparsam benutzt. Das Motiv des Um-Städte-Werbens kommt in vielen Abwandlungen vor.

§ 5. Dem poetischen Wert nach sind die älteren Erzeugnisse, darunter prächtige aus der Schweiz, höher einzuschätzen als die jüngeren, z. T. deshalb, weil sie eher noch den Schicksalen mündlich überlieferter und darum dem Auslesevorgang länger ausgesetzter Volksdichtung unterworfen waren als diese. Ein deutlicher Wandel in den Formen des h. L. läßt sich gegen die

Mitte des 17. Jhs. beobachten. Die hervorragendsten Töne und Weisen aus früherer Zeit geraten in Vergessenheit; was nun auftritt, lehnt sich gern an das Gesellschaftslied an. Eine fortzeugende Kraft hat die Prinz-Eugen-Strophe besessen. Gerade das berühmte Lied vom edlen Ritter aber mag, obwohl zweifelsohne unter dem mächtigen Eindruck des Ereignisses gesungen, vor unkritischer Überschätzung des h. L. als Geschichtsurkunde warnen; denn als Abschluß erwähnt es den um Jahrzehnte zurückliegenden Tod des Prinzen Ludwig, der hier als Opfer der Erstürmung Belgrads erscheint. Dieser Tatbestand macht wahrscheinlich, daß wir in dem Liede vom Prinzen Eugen, wie es überliefert ist, die Überarbeitung eines älteren Stückes vor uns haben. Typische Formeln und Vorbilder zwingen oft genug selbst den besten Willen, wahrheitsnahe zu bleiben, in ihren Bann. Das allmähliche Heranwachsen des Nationalgefühls im historischen Volksliede wäre der Untersuchung würdig.

Den historischen Liedern hat schon Herder ('Volkslieder' II 11ff.) Aufmerksamkeit geschenkt; als ältestes teilt er Bd. II 227 das 'Ludwigslied' mit. Der ersten Sammlung von O. L. B. Wolff (1830) sind viele andere gefolgt, von Körner, Soltau (Soltau-Hildebrand) und namentlich von R. Frh. von Liliencron und F. W. Frh. von Ditfurth. Verzeichnis bei John Meier in PGrundriß II² 1200—1203. Dazu noch: A. Hartmann *Histor. Volksl. und Zeitgedichte* II (1910) und III (1913), K. Steiff und G. Mehring *Geschichtl. Lieder und Sprüche Württembergs* 1912. V. Klemperer *Die Arten der histor. Dichtung*, Dt. Vierteljahrsschrift I (1923) S. 370ff. J. O. Opel *Die historischen Volkslieder der Deutschen*, Hist. Zs. XXV (1871) S. 1 (auch am gl. Orte S. 406). R. F. Arnold *Drei Typen des histor. Volksliedes der Deutschen*, Mtsbl. d. wissenschaftl. Clubs in Wien 1901. F. Jacobsohn *Der Darstellungsstil der histor. Volkslieder des 14. und 15. Jhs. und die Lieder von der Schlacht bei Sempach*. Diss. Berlin 1914. E. Schroeder *Das histor. Volkslied des Dreißigjähr. Krieges*. Diss. Marburg 1916. Fr. Lüscher *Friedrich der Große im histor. Volkslied*. Diss. Bern 1915.

K. Reuschel.

Hofdichtung s. Nachtrag.

Höfisches Epos.

§ 1. Begriff. — § 2. Form und Stil. — § 3. Vorbilder und Quellen. — § 4. Stoffe. — Geschichtliche Entwicklung: § 5. Die Klassiker. — § 6. Zeitgenossen der Klassiker. — § 7. Epigonenepik. — § 8. Ausklang.

§ 1. Begriff. Anders als in dem irreführenden Ausdruck „Volksepos" (s. d.) ist in der Bezeichnung „höfisches Epos" eine zutreffende Angabe über die soziale Sphäre enthalten, der die so benannten mhd. Dichtungen entspringen. In dreifacher Hinsicht sind sie höfisch: in höfischem Auftrage von einer höfischen Persönlichkeit für ein höfisches Publikum gedichtet. „Höfisch" braucht dabei nicht unmittelbar = „ritterlich" zu sein, an geistlichen Höfen herrschte auch nicht selten reges literarisches Leben. Dagegen erfolgt, von Einzelfällen abgesehen, das Hinabgleiten der höfischen Poesie in die bürgerliche Sphäre (bürgerlicher Auftraggeber, Dichter, Zuhörerkreis) erst gegen Ende der eigentlichen Blütezeit. Der höfische Auftraggeber, eine fürstliche oder sonst hochadlige Persönlichkeit, unterstützte den Dichter nicht nur materiell während der Abfassung des Werkes, sondern erteilte ihm häufig auch literarische Anregung. In seinem Kreise wurde die Dichtung dann zuerst vorgetragen und ihm gewidmet. Wenige Dichter nur sind in der Lage, des Mäzens zu entraten (Hartmann v. Aue z. B.), aber auch sie haben sicher für ein ganz bestimmtes Publikum gearbeitet. Sein Geschmack bedingte den allgemeinen Charakter dieser Poesie, die zunehmende Verfeinerung der Form, die konventionelle Begrenzung des Inhalts. Die besondere Stoffwahl ist in der Regel auf den Wunsch des Bestellers zurückzuführen, der die in Deutschland schwer zugänglichen Quellenwerke besorgt hatte.

§ 2. Form und Stil. Die metrische Form des h. E. ist die für die dt. erzählende Dichtung seit Otfried übliche des vierhebigen Reimpaarverses. Das Vorbild des frz. paarweise gereimten Achtsilbers hat dabei keine Rolle gespielt, denn auch gegenüber frz. Tiradendichtungen hat sich diese Form durchgesetzt. Strophische Form zeigen nur Wolframs 'Titurel'-Fragment und die von ihm abhängigen Dichtungen 'Jüngerer Titurel' und 'Lohengrin'. Seltenen Schmuck der reimpaarigen Romane bilden gelegentlich auftretende Drei- und Vierreime (Wirnt, Gottfried) und eingelegte lyrische Strophen ('Morant und Galie', Rudolf v. Ems, Pleier, 'Passional' usw.). Nach zwei Richtungen strebt die metrische Form einem Regelmäßigkeitsideal zu: in der Silbenfüllung und in der Reimtechnik. Jenes wird erst ganz spät in den silbenzählenden Versen einiger Deutschordensdichter erreicht. Bis dahin ist eine zunehmende Tendenz zum alternierenden Rhythmus zu bemerken, die aber nie ganz auf die Freiheit des Auftaktes und auf die gelegentliche Anwendung des effektvollen deklamatorischen Kunstmittels der „beschwerten Hebung" (s. d.) verzichtet. Die Reinheit des Reims wird zum strikten Gebot, das Ohr zur größten Feinhörigkeit erzogen. Die wirklich sorgfältigen Dichter bilden sogar nur solche Reime, die auch außerhalb ihrer engeren Heimat als rein gelten können. Dadurch und durch die Vermeidung von Provinzialismen im Wortschatz wird der Forderung nach einer höfischen Literatursprache Rechnung getragen. Die Wortwahl unterliegt auch sonst gewissen Einschränkungen. Nicht nur landschaftliche, auch veraltete oder derbe Worte, namentlich Ausdrücke aus der Sphäre der Heldendichtung, werden gemieden, es bildet sich eine ganz neue ritterlich-höfische Terminologie heraus, speziell für Kampf und Turnier, die am frz. Vorbild erwachsen ist. Auch die Übernahme sonstiger frz. Vokabeln, ja ganzer Sätzchen ist zuzeiten modern. Ausdrucksschattierung, Satzbau, Art und Auswahl des künstlerischen Redezierats, der Bilder und Vergleiche sind dem Wechsel unterworfen. In dieser Hinsicht kann man von einem höfischen Stile nicht reden, sondern muß mehrere Stilarten unterscheiden, die einander ablösen oder nebeneinander hergehen (s. u.). Aber in der guten Zeit ist es unbedingtes Gesetz, den Abstand von der älteren und mündlichen Dichtung durch gewählte und geschmückte Diktion zu wahren.

Die Art, wie die Welt angeschaut und dargestellt wird, hat wieder mehr Typisches. Das Leben mußte in der höfischen Dichtung eine ganz bestimmte Stilisierung erfahren, die Auswahl einer gewissen Zahl stehender Gestalten, Situationen, seelischer Regungen war zur Pflicht gemacht. Im allgemeinen ist dieser Stil durchaus idealisierend, selbst wo er, wie bei Wolfram, mit realistischem Detail durchsetzt ist. Der ritterliche Held und seine Dame verkörpern die höchste Vollendung jeden äußeren Vorzugs und jeder weltlichen Tugend. Die Abweichungen von dieser Regel sind ebenfalls auf ganz bestimmte Gruppen eingeschränkt. Typisch sind auch die Gegenstände des äußeren dichterischen Interesses: höfische Einrichtung, Kleidung, Repräsentation, Turnier, Zweikampf und Schlacht. — Von seelischen Regungen steht die erotische an erster Stelle. Kampfleistungen und Liebeserlebnisse des Helden bilden so ziemlich in allen ritterlichen Romanen den Hauptgegenstand. Der klassischen, in psychologische Tiefen strebenden Kunst vor allem eignen weitläufige Seelenanalysen, die sich im Liebesmonolog und Dialog aussprechen. Auch der Dichter ergreift persönlich in diesen Fragen gern das Wort. Sein starkes subjektives Hervortreten gehört zu den charakteristischen Erscheinungen des höfischen Stils. Darin spricht sich, im Gegensatz zu dem bescheidenen Zurücktreten des Heldenepikers, sein Selbstbewußtsein aus. Wie er seinen Namen zu nennen pflegt, stellt er auch sonst gern seine Person in helles Licht, schaltet Bemerkungen über seine Lebenslage und ausgiebige Reflexionen über das von ihm Erzählte ein. Diese individuellen Einlagen, für die mit Vorliebe die Anfangs- und Schlußpartien der Romane gewählt werden, wachsen nicht selten zu programmatischen Bekenntnissen an, in denen tiefer veranlagte Naturen ihre Abrechnung mit den letzten Weltanschauungsproblemen halten und jede gerne über das Verhältnis von Dichter und Publikum ihre Meinung sagen. Stellt ein Roman ein geistliches Thema in den Mittelpunkt, so müssen die weltlichen Ideale und Interessen natürlich untergeordnet werden; aber gerade das erstaunlich starke Zutagetreten der idealistisch-ritterlichen Stilmomente auch in geistlicher Epik berechtigt dazu, diese für das 13. Jh. zum großen Teil der höfischen Dichtung anzugliedern.

§ 3. Vorbilder und Quellen. Bestimmend für das Anschwellen und die äußere Ausgestaltung der dt. höfischen Epik wurde der frz. Versroman der zweiten Hälfte des 12. Jhs. Aus ihm stammen die beliebtesten Stoffe und die kenntlichsten äußeren Stilelemente. Dem oft betonten nahen Anschlusse stehen aber sehr beträchtliche Unterschiede zwischen der frz. und dt. höfischen Epik entgegen. 1. Entwicklungsgeschichtlich-chronologisch: Das frz. Epos erreicht in ganz kurzer Zeit und in den Werken einer großen Persönlichkeit seine Höhe, Chrestiens de Troyes, der die erfolgreichsten Stoffe der Zeit in maßgebender Weise behandelt hat ('Erec', 'Iwein', 'Lanzelot', 'Parzival'). Es knüpft sich an ihn wohl noch eine Epigonenepik, aber im 13. Jh. veraltet der höfische Versroman bald und erhält stärkste Konkurrenz durch den Prosaroman. In Deutschland wird die Gattung erst zu Beginn des 13. Jhs. auf die Höhe geführt und erreicht mehrere gleich hochragende Gipfel, sie erhält sich dann in bleibender Beliebtheit bis an das Ende des Jhs., ohne wesentlich neue stoffliche oder stilistische Anregungen zu empfangen. 2. Nach Seiten der individuellen Leistung: Die Gattung erscheint äußerlich verschiedenartiger gestaltet, innerlich vertieft und seelisch differenziert dadurch, daß die einzelnen Stoffe zu Lebenswerken bedeutender dichterischer Individualitäten werden. Die herkömmliche Gegenüberstellung des glatten, flachen Chrestien und seiner zarteren, tieferen, seelenkundigen dt. Nachfolger ist freilich verkehrt. Chrestien ist nicht nur ein gewandter Fabulist, sondern auch ein großer Psychologe, der innerhalb der konventionellen Stilisierungsform Seelengemälde und Porträts von packender Wahrheit zu liefern vermochte. Aber der dt. Dichter machte damals schon seinen Romanhelden gern zum Träger der eigenen ethischen Anschauungen und Tendenzen und trieb die Idealisierung auf rein sittlichem Gebiet viel weiter, die der Franzose so gut wie gar nicht kennt. — Neben Chrestien kommen noch einige seiner Vorläufer und frühen Zeitgenossen, ganz sporadisch auch der eine oder andere seiner Epigonen, als Vorbilder für Deutschland in Betracht. Im ganzen ist die Quelle des dt. h. E. des 13. Jhs. das frz. des 12. Jhs.

Das allgemeine Verhältnis zwischen dem frz. Original und der dt. Nachdichtung läßt sich schwer in eine Formel fassen. Die Untersuchung über das Maß von Treue und Selbständigkeit muß von Fall zu Fall geführt werden. Gerade bei einigen der wichtigsten Werke ('Parzival', beide 'Tristane', 'Erec', 'Lanzelet', 'Wigalois') fehlt die unbezweifelbare Möglichkeit des Vergleichs. Man wird in solchen Fällen gut tun, den dt. Dichtern (Wolfram z. B.) ein zu großes Maß von Selbständigkeit nicht zuzutrauen. Sie hatten im ganzen den Willen, das mitzuteilen, was sie vorfanden; freilich bewahrten sie sich ihre Freiheit im Tempo der Erzählung, in der Psychologie der Personen, der Einfügung und Streichung von Episoden, der Beigabe persönlicher Reflexion. Etwas künstlerisch Herabwürdigendes liegt in der Tatsache der Übersetzung in keinem Falle. Stets ist ein Eigenes zustande gekommen, und eines der treuest übertragenden Werke, Hartmanns 'Iwein', zeigt immer noch eine erstaunliche Fülle feinster Detailarbeit. Also auch als zu getreuen Dolmetsch wird man sich den dt. Dichter nicht denken dürfen (wie man wiederum bei Wolfram fälschlich getan hat). Bisweilen wurde aus mehreren Einzelquellen ein neues Ganze zusammengefügt (Wolfram im 'Parzival'?, Heinrich v. d. Türlin). Kurze Erzählungen mögen wohl auch zur Epenform erst gelängt worden sein ('Der arme Heinrich', Rudolfs 'Guter Gerhard', Konrads 'Engelhard').

Die geistliche Epik, die für ein höfisches Publikum bestimmt war, zeigt keine so klaren Quellenverhältnisse wie die weltliche; doch ist auch hier in einigen Fällen das frz. Vorbild sichergestellt (Hartmanns 'Gregorius'). In anderen bestehen wenigstens frz. Analogien. Im übrigen lag auf diesem Gebiete die lateinische Quelle am nächsten, selten hatte sie schon metrische Form, so daß die erforderliche Umschmelzung beträchtlicher war als im weltlichen Gedicht. Ein direkter Vergleich ist nicht immer möglich, doch ist fast überall auf starke höfische Umgestaltung der Vorlage zu schließen.

§ 4. Stoffe. Folgende Stoffkreise sind zu scheiden:

1. Antike oder pseudoantike (orientalische) Stoffe. Hierher gehören die poetische Nachdichtung der 'Äneide' (Veldeke), die Alexanderromane (Rudolf v. Ems, Ulrich v. Eschenbach), die Trojaromane (Herbort von Fritzlar, Konrad von Würz-

burg), die Metamorphosenübersetzung Albrechts von Halberstadt (direkt aus dem Lateinischen, ohne frz. Medium!); die Geschichte von Athis und Prophilias (unbekannter Hesse), von Floire und Blancheflur (unbekannter Niederrheinländer und Konrad Fleck), von Partonopier und Meliur (Konrad von Würzburg). Cliges s. unter 2.

2. Keltische Stoffe, und zwar a. Tristankreis, b. Artuskreis, die in der *forme arturienne* des Tristanromans verschmolzen erscheinen (Berol, Eilhart, Ulrich v. Türheim, Heinrich von Freiberg, 'Tristan als Mönch', im Gegensatz zu Thomas und Gottfried selbst). Helden dt. Artusromane auf frz. Grundlage sind: 'Erec', 'Iwein', 'Lanzelet' (bei Ulrich v. Zazikoven und in dem 'Mantel' Heinrichs v. d. Türlin), 'Parzival', 'Wigalois', 'Gawan' (Heinrichs v.d.Türlin 'Krone'), 'Segremors', 'Blanchandin' (zwei md. Romanfragmente), 'Cliges' (von K. Fleck und Ulrich von Türheim, beide verloren). Pseudokeltische Romanhelden, die kein frz. Vorbild haben, sind 'Daniel' (Stricker), 'Wigamur' 'Edolanz', 'Gauriel' (Konrad v. Stoffeln), 'Garel', 'Tandareiz', 'Meleranz' (alle drei von dem Pleier). Die Gralsfabel des 'Parzival' wird, ohne wesentliche Benutzung neuer frz. Muster, selbständig weitergesponnen von Wolfram ('Titurel'), im 'Jüngeren Titurel' (Albrecht) und im 'Lohengrin'. — Heldenromane von Artusart, aber ohne Artus sind 'Demantin', 'Darifant' und 'Crane' von Berthold v. Holle.

3. Sonstige frz. Stoffe. Nachbildung von *Chansons de geste*: Die Karlsepik (Strickers Bearbeitung des Rolandliedes und die zwei ndrh. Karlsgedichte, die Anfang des 14. Jhs. in die Kompilation 'Karlmeinet' eingegangen sind). Wolframs 'Willehalm' nebst den Fortsetzungen von Ulrich von Türheim (nicht aber die Vorgeschichte von Ulrich v. d. Türlin, die vielmehr freie Erfindung im Anschluß an Wolfram ist). An andere frz. Epen angeschlossen: 'Graf Rudolf' (unbekannter Hesse) und 'Willehalm von Orlens' (R. v. Ems).

4. Novellistisch-legendarische Stoffe mit geistlichem Einschlag, doch in weltlichem Gewand: 'Der arme Heinrich', 'Der gute Gerhard' (R. v. Ems), 'Mai und Beaflor', 'Die gute Frau', 'Wilhelm von Wenden' (U. v. Eschenbach), 'Engelhard '(K. von Würzburg) usw.

5. Rein legendarische und biblische Stoffe: 'Gregorius', 'Barlaam und Josaphat' (Bischof Otto von Freising und Rudolf v. Ems), 'Der hl. Georg' Reinbot v. Durne), 'Silvester', 'Pantaleon' und 'Alexius' (Konrad von Würzburg); die Menge weiterer Legendendichtungen braucht nicht aufgezählt zu werden, sie gipfelt im 'Passional' und erfährt von diesem, namentlich in der ausgedehnten Dichtung des Deutschen Orden (s. d.), neue Impulse. 'Die Kindheit Jesu' (Konrad von Fußesbrunnen), die 'Himmelfahrt Mariä' und die 'Auferstehung' (Konrad v. Heimesfurt).

6. Historische Stoffe (meist ebenfalls legendarischen Gepräges): 'Kaiser und Kaiserin' (Heinrich II. und Kunigunde, von Ebernand von Erfurt), 'Jolanthe' (Bruder Hermann), 'Hl. Elisabeth', 'Landgraf Ludwigs Kreuzfahrt'.

7. Altheimische Stoffe zu höfischen Epen verarbeitet: 'Herzog Ernst' (U. v. Eschenbach?) und 'Reinfrid v. Braunschweig' (Heinrich d. Löwe-Sage, unbekannter Alemanne). Grenzgattungen sind die ritterlichen Novellen ('Moriz v. Craun', 'Die Heidin', Konrads von Würzburg 'Herzemäre', 'Otte', 'Schwanritter' usw.) und die Chroniken im höfischen Stil, zuerst Rudolfs Weltchronik.

Geschichtliche Entwicklung.

§ 5. Die Klassiker. Das erste Reis auf den Baum höfischer Dichtung impfte nach dem immer wiederholten Lieblingsbilde der Zeitgenossen der Maastrichter Heinrich v. Veldeke. Sein Hauptwerk, die 'Eneit', erschien zwischen 1184 und 1190, gleichzeitig ungefähr mit dem viel unpolierteren, aber inhaltlich noch moderneren 'Tristan' des Eilhart v. Oberg. Viererlei Verdienst kann der Bahnbrecher der höfischen Epik für sich beanspruchen: ein stoffliches, ein sprachliches, ein metrisches, ein reimtechnisches. In den beiden ersten Punkten muß er sich mit Eilhart in den Ruhm teilen: er schreibt wie dieser einen Minneroman auf frz. Grundlage; er verläßt die heimische Mundart und tut einen kräftigen Schritt in der Richtung der höfischen Gemeinsprache, indem er für hd., speziell md. Leser (den Hof Hermanns von Thüringen?) schreibt. Beides gilt auch für Eilhart, den Nd. aus der Nähe von Hildesheim, der darin sicher nicht Veldekes Nachahmer ist. Er bleibt in anderem hinter Veldeke weit zurück: die 'Eneit' führt den reinen Reim ein, glättet die Versfüllung und stößt namentlich die älteren, vielsilbigen Takte ab. Darin sieht seine Zeit in erster Linie die wegweisende Leistung. Aber nach Diktion, Geschmack und Stoff stellt seine Epik doch nur eine bescheidene Vorstufe zu Höherem und Höchstem dar.

Der eigentliche Vater der mhd. Ritterepik ist Hartmann v. Aue. Stofflich betrachtet, bringt die Reihe seiner vier Werke zweierlei grundsätzliche Neuerungen: Er ist der erste eigentliche Artusepiker und hat als erster geistliche, legendarische Stoffe in der strengen Form des höfischen Epos behandelt. Wie er in seiner Person den Dualismus zwischen Gott und Welt zu überwinden wußte, so hat er durch seine Romane die Kluft zwischen weltlicher und geistlicher Poesie endgültig beseitigt.

Hartmann ist durch inneres Erleben genötigt worden, seinem ersten Rittergedicht, dem 'Erec', zunächst die beiden höfischen Legenden 'Gregorius' und 'Armer Heinrich' folgen zu lassen, fand dann aber wieder zu weltlichen Stoffen zurück. Sein 'Iwein', den man sich ungefähr 1200 entstanden denkt, wurde eigentlich richtunggebend für Stil und Weltanschauung des ferneren höfischen Romans. Sparsamer, aber gewählter Redeschmuck, ruhige Klarheit des Satzbaues, sorgfältige Feile des Ausdrucks bringen jenen Eindruck der Krystallhelle hervor, von dem sich Gottfried so entzückt zeigt. Die Darstellung auch rein weltlicher Ritterschaft weiß er mit tiefernster Sittlichkeit zu durchdringen und zeigt den weisen Kenner und milden Richter der menschlichen Seele.

Die Kunst Wolframs v. Eschenbach und Gottfrieds von Straßburg geht über Hartmann hinaus eigene Wege, die zu hoher Meisterschaft führen. Wolfram legt im 'Parzival', in erhöhtem Maß im 'Willehalm' den Grund zu jener Verquickung ritterlicher und geistlicher Stoffe, die von nun an Mode wird, allerdings bei den Nachahmern ohne seinen geistlichen Tiefsinn und ritterlichen Hochsinn. Gottfried ist zwar gleich Hartmann gelehrt wie ein Kleriker, aber dabei vollkommen Weltkind, das die Schicksale seines berühmten Liebespaares 'Tristan und Isolde' ohne Spur moralisierender und frömmelnder Engherzigkeit zu betrachten weiß. Wolfram pflegt als Vertreter des sog. „dunkeln Stils" zu gelten, der durch Absonderlichkeiten der Wortwahl, Konstruktion und Bildersprache dem Leser absichtliche Schwierigkeiten in den Weg legt und das Werk dadurch anspruchsvoll tiefgründig erscheinen lassen möchte. Man wird aber gut tun, das, was Wolfram anderen entlehnt hat, nicht zu hoch einzuschätzen. Wolframs kühne Eigenart in Wort, Satz und Bild ist in erster Linie in seiner Individualität begründet, die sich in der Dichtung voll ausgibt und meistenteils nicht den Eindruck gewollter Künstelei, sondern hochoriginellen Blickes und Kopfes erweckt. Er setzt seine sprunghaft verworrene, von farbigen und plastischen Anschauungen überquellende Art der temperierten und abgetönten Hartmanns entgegen, wie auch Sprache, Vers, Reim gegenüber dessen feingefeilter Technik bei ihm einen bewußten Rückfall ins Volksmäßige, Altertümliche bedeuten. Ganz das Gegenteil bei Gottfried: Er erreichte, die Hartmannschen Kunstmittel immer mehr verfeinernd und ausbauend, das höchste Maß formalen Raffinements, dessen die dt. Poesie fähig war. Glätte und Wohllaut wohnen seinen Versen inne, zierlichste Formung seinen zahlreichen Redefiguren, feinster pointierter Witz seinen Wort- und Gedankenspielen. Aber auch ihm tut man unrecht, wenn man in diesem manchmal überliebevoll kultivierten stilistischen Rankenwerk das Wesentlichste seiner Dichtung sieht. Wie Wolfram ist Gottfried in erster Linie vollblütiger Künstler, der farbensatte Weltbilder und tiefe, glutvolle Seelengemälde zu entwerfen weiß. Beide sind große, freie und warme Dichterpersönlichkeiten, als solche zeitlos und über ihre eigene stilgeschichtliche Bedingtheit weit erhaben.

§ 6. Zeitgenossen der Klassiker. Nicht nur der Qualität, auch der Quantität nach steht die epische Produktion in den ersten zwei Jahrzehnten des 13. Jhs. auf ihrem Gipfel. Man nimmt an, daß die Abfassung des 'Parzival' sich bis etwa 1210 hingezogen hat; um diese Zeit war Gottfried ungefähr bis V. 4000 seines 'Tristan' vorgedrungen, bis zu jener Literaturstelle, die mit dem aufgeblähten Gaukler Wolfram erzürnt Abrechnung hält. Der Eingang des 'Willehalm' scheint darauf zu antworten. 1217 war dieses Gedicht noch in Arbeit, aber nicht viel später ist Wolfram über seiner Abfassung dahingestorben.

Bis dahin hatten schon vielerlei Nachahmer des klassischen Epos das Wort ergriffen, die Geschmacksrichtungen wogten durcheinander. Im ersten Jahrzehnt der armselige Eklektiker Ulrich v. Zazikoven mit seinem 'Lanzelet', der elegante und ritterliche Wirnt v. Grafenberg, der im Laufe seines 'Wigalois' (um 1204) von Hartmann zu Wolfram überging, der sinnig liebenswürdige Dichter des 'Floire', Konrad Fleck, der getreusten Hartmannschüler einer. Ins 2. Jahrzehnt setzt man die ungeschlachte Kompilation des Kärntners Heinrich v. d. Türlin, die 'Krone', und den glatt gefälligen 'Daniel' des Stricker. Sie sind ausgesprochene Hartmannschüler, und so treten auch die geistlichen Dichter Konrad von Fußesbrunnen und Konrad v. Heimesfurt in die Fußtapfen des 'Gregorius'-Verfassers. Doch noch im 2. Jahrzehnt zeigen sich die Schützlinge Hermanns von Thüringen, Herbort von Fritzlar und Albrecht von Halberstadt, vom Ton des modernen höfischen Epos so gut wie unberührt, und auch der hess. Dichter von 'Athis und Prophilias' scheint eigenrichtig seiner Wege zu gehen. Die md. Dichtung ist also in jener Zeit rückständig, die literarische Initiative liegt in Alemannien (Hartmann, Gottfried, Ulrich, Heimesfurt, Fleck) und im heutigen Bayern und Österreich (Wolfram, Wirnt, Fußesbrunnen, Türlin). Der Stricker fällt aus dem Rahmen als geborener Franke, der in Österreich umherzieht. Zugleich ist er der erste bürgerliche Fahrende, der sich die Pflege des höfischen Epos zur Aufgabe macht. Das ist bezeichnend dafür, daß die Führung auch in dieser Literaturgattung nun langsam dem Ritterstand entgleitet und in bürgerliche Hände übergeht. Freilich finden sich, wie schon unter den bisher Betrachteten zweifellos Bürgerliche waren, immer wieder adlige Herren, die in unverbrauchtem Idealismus oder von vornehmen Gönnern aufgemuntert ritterliche Romane schrieben. Aber dem adligen Gönnerkreis macht der bürgerliche, stadtpatrizische allmählich Konkurrenz, der zuerst bei Konrad von Würzburg eindrucksvoll in Erscheinung tritt.

§ 7. Epigonenepik. Nach einer kurzen Atempause scheint in Alemannien ein neuer Literaturmittelpunkt zu erstehen, der Hof Heinrichs VII. Rudolf v. Ems und Ulrich v. Türheim sind seine Hauptstützen, Dichter, deren Vollkraft in das 4. und 5. Jahrzehnt fällt. Dann zieht sich die ritterliche Kunst an die Peripherie des Reiches zurück, von Einzelerscheinungen abgesehen, die in den Stammlanden, speziell in Bayern, auftauchen. Der Braunschweiger Hof bringt den Dichter des 'Grafen Friedrich' hervor und Berthold v. Holle (ca. 1250—1270); in Böhmen lassen sich von 1270—1295 hören Ulrich v. d. Türlin, Ulrich v. Eschenbach, Heinrich von Freiberg. In Basel bildet der Würzburger Poet Konrad in den 70er und 80er Jahren den Mittelpunkt eines angeregten literarischen Kreises. Die bisher mehr nebenbei in verschiedenen Gebieten gepflegte geistlich-höfische Dichtung (Bayern: Reinbots 'Georg', Thüringen: Ebernands 'Heinrich und Kunigunde') erfährt seit Mitte des Jhs. mächtigen Aufschwung in Mitteldeutschland, wo nicht nur einzelne Legenden und Heiligenviten sich dem höfischen Geschmack anzupassen suchten, sondern in der ausgedehnten Legendensammlung des 'Passionals' ein episches Werk großen Ausmaßes und mächtiger Weiterwirkung entstand.

Stilgeschichtlich lassen sich drei verschiedene Richtungen unterscheiden: Die Hartmannschüler streben nach der Glätte und Feinheit ihres Meisters, veräußerlichen aber seine Art unerträglich. Die Aventiurendichter im engeren Sinn kommen vor allem als Nachfolger des 'Iwein' in Betracht. Wolframs Lehrmeisterschaft drückt mit stärkerem Stempel. Aus den Eigenheiten seiner Spätzeit, des 'Willehalm' und des 'Titurel' zumal, hat sich der sog. „geblümte Stil" (s. d.) entwickelt, der von den 50er Jahren an in Erscheinung tritt und in dem

'Jüngeren Titurel' des Bayern Albrecht (um 1270 vollendet) zuerst üppige Blüten treibt. Diese Fortsetzung des Wolframschen Fragments und der 'Lohengrin' eines unbekannten Bayern sind deutliche Versuche, den Stil des Eschenbachers weiterzubilden. Der minder manierierte Ulrich v. d. Türlin ist mehr Epigone im Sinne äußerlichen Anklangs. Am höchsten steht kraft der poetischen Begabung ihrer zwei Hauptjünger die Gottfriedschule: Rudolf v. Ems ist zwar mehr Eklektiker, und gerade in seinem 'Willehalm', der sich am ausdrücklichsten die Tristannachahmung zur Pflicht macht, kopiert er Wolfram. Auch hier verstimmt gelegentlich die Veräußerlichung der Manier des Meisters, die sich in allzu üppigem, stilistischem Rankenwerk kundtut. Aber bei alledem heben ihn Können und Eigenart über das Epigonentum hinaus, sein 'Guter Gerhard' ist als erstes Muster des novellistischen Romans ganz vortrefflich, und sein 'Alexander' und seine 'Weltchronik' stellen erfolgreiche Versuche dar, die geläuterte Stilform des höfischen Epos für historische Stoffe nutzbar zu machen. Noch vielseitiger ist Konrad von Würzburg, dem geblümte Überkünstlung und überhartmannsche Spiegelglätte von Vers und Diktion gleichermaßen zur Verfügung stehen. Er hat formvollendete, aber konventionelle Legenden geliefert, ein schwülstig überströmendes Marienlob ('Die goldene Schmiede'), trefflich schlagkräftige kleine Novellen, den wunderhübschen novellistischen Roman 'Engelhard', eine Liebesgeschichte von einer überzeugenden Empfindungsechtheit, wie nur noch der 'Tristan', und die Übersetzung zweier großer, allerdings schon stark veralteter frz. Epen, 'Partonopier' und 'Trojanerkrieg'. In der Feile des Verses und Reimes alle Vorgänger überragend, gibt Konrad doch die Vorteile des echt dt. Versbaues noch nicht auf, und das reichlich und prunkvoll aufgetragene höfische Detail verdeckt nicht die persönlichen Regungen des feinsinnigen und gefühlswarmen Poeten.

§ 8. Ausklang. Im Südwesten setzte zunächst eine auf verschiedenen Stoffgebieten tätige Schule Konrads seine Tendenz zur Formglätte und Vornehmheit fort ('Reinfried', 'Dietrichs erste Ausfahrt', Hugo v. Langenstein, Walther v. Rheinau u. a.). Das Rittergedicht im engeren Sinn ist aber im 14. Jh. kaum mehr anzutreffen. Der 'Friedrich von Schwaben' eines unbekannten, mit heimischen Märchenzügen arbeitenden Schwaben, und der 'Wilhelm von Österreich' des Johann von Würzburg bilden seine letzten schwächsten Nachzügler. Dieser (aus dem Jahr 1314) ist eigentlich ausgesprochener Abenteuerroman und berührt sich in den Orientfahrten seines Helden von ferne mit dem Thema des Hauptteils des 'Apollonius von Tyrus', den der Wiener Arzt Heinrich von Neustadt im 2. Jahrzehnt des neuen Jhs. an höfische Muster anschloß. Daß die beliebten romantischen Stoffe aus der Antike auch jetzt noch zogen, beweisen ein neuer 'Trojanerkrieg' (der Göttweiher) und mehrere Alexanderdichtungen. Im allgemeinen machten sich aber nur noch die formalen Fortwirkungen der höfischen Epik wohltätig geltend, im geistlichen und historischen Gedicht, vor allem in der Deutschordensliteratur (s. d.), die an metrischer Strenge, aber auch Eintönigkeit Konrad zu überbieten sucht.

Allmählich begannen die Epigonen sich an der Epik der klassischen Zeit zu vergreifen. Zwar Fortsetzer des 'Parzival', ,Titurel', 'Willehalm' und 'Tristan' hatte das 13. Jh. schon hervorgebracht und gelegentlich auch die vorhandenen Gedichte in der Form leicht umgegossen (Wolfenbütteler 'Erec' mit Wirntschen Dreireimen; 'Parzival' G und 'Tristan' M in Hartmannscher Form; 'Titurel' mit Zäsurreimen). Aber im ganzen hatte in der Überlieferung der höfischen Romane ungleich höherer Respekt vor dem Dichterwort geherrscht als in der Heldenepik. Jetzt wagte man, ähnlich wie beim Heldenepos, Aufschwellung und Kompilation. Die Elsässer Wisse und Collin nahmen um 1330 eine ungeheure Erweiterung der letzten drei Bücher des 'Parzival' nach frz. Muster vor. Die Epenkompilation begann Anfang des 14. Jhs. mit dem großen Sammelwerk 'Karlmeinet', das eine Anzahl ndrh. und ndl. Karlsdichtungen mit dem 'Rolandslied' zu einem umfänglichen Kompendium vereinigte. Selbständiger, in der Kürzung rücksichtsloser und unkünstlerischer verfuhr um 1470 der

Münchner Maler Ulrich Fuetrer, dessen 'Buch der Abenteuer' einen großen Zyklus der Artusgeschichten zusammenstellte. Die Epen in ihrer echten Gestalt trugen freilich auch damals noch den Sieg davon: Das 'Buch der Abenteuer' haben wir nur in ein paar Hss., 'Parzival' und 'Titurel' konnten aber 1477 noch gedruckt werden. 'Erec' und 'Iwein' erfuhren Anfang des 16. Jhs. noch eine ausgezeichnet treue Abschrift, den 'Engelhard' Konrads kennen wir überhaupt nur aus einem Druck des 16. Jhs. Dann begann, früher als beim Heldenepos, für die Werke der höfischen Romandichtung der jahrhundertelange Schlummer. Wiederbelebungsversuche fallen erst in das Ende des 18. Jhs. (Myllers Druck des 'Parzival', 'Tristan', 'Iwein' 1782—1785) und haben in keinem Fall einem Werke zu solcher Verbreitung und Popularität verhelfen können, wie sie dem Nibelungenliede zuteil geworden sind. Bei 'Parzival' und 'Tristan' erfolgte wenigstens im 19. Jh. eine stoffliche Neuaneignung, und bei ihnen allein hat auch der Versuch einer Übersetzung ins Nhd. zu vollem Erfolge geführt (W. Hertz).

F. Vogt *Geschichte d. mhd. Lit.* I. 1922. S. 172ff. H. Schneider *Heldendichtung Geistlichendichtung Ritterdichtung* 1925. S. 235ff., 493ff. — Sprache und Stil: K. Zwierzina *Mhd. Studien*, ZfdA. XLIV (1900) u. XLV (1901). Ders. *Beobachtungen zum Reimgebrauch Hartmanns und Wolframs* 1898. Fortgesetzt von Schirokauer PBB. XLVII (1923) S. 1ff. C. v. Kraus *H. v. Veldeke und die mhd. Dichtersprache* 1899. G. Roethe *Reimvorreden des Sachsenspiegels* 1899. Kap. 3. S. Singer *Wolframs Stil und Stoff des 'Parzival'* 1916. — Welt- und Kunstanschauung: G. Ehrismann ZfdA. LVI (1919) S. 137ff. K. Viëtor PBB. XLVI (1922) S. 85ff. G. Ehrismann *Studien zu Rudolf v. Ems*, Heidelb. Sitzungsber. 1919. — Verhältnis zur frz. Artusepik: W. Förster *Christian v. Troyes sämtliche erhaltenen Werke*, bes. IV 99ff. Ders. *Wörterbuch zu Christian* 1914. S. 71ff. u. 110ff. — Neuere Literatur bei Zenker ZfromPh. Beiheft 70 (1921). — Chronologie: ZfdA. XLIII (1912) S. 265; XLV (1917) S. 324, 367. E. Schröder ZfdA. LI (1910) S. 106.

H. Schneider.

Hofpoeten. § 1. Als H. bezeichnet man Dichter, die um die Wende vom 17. zum 18. Jh. an dt. Fürstenhöfen beamtet lebten, um durch ihre Verse alle feierlichen Gelegenheiten zu verbrämen und das Lob ihres Herrn zu verkünden. Schon im MA., zur Zeit der höfischen Blüte, hatte ein inniges Verhältnis Fürsten und Dichter verbunden, sei es, daß angesehene Herren selbst die edle Kunst pflegten, sei es, daß sie wie Landgraf Hermann von Thüringen ihren Hof als Gaststätte den Dichtern öffneten. Der Glanz dieser Verbindung hatte die Dichtkunst in den Augen aller Volksschichten geadelt. So konnte es nicht fehlen, daß auch nach dem Absterben der höfischen Blüte, als die Dichtkunst und ihr öffentliches Ansehen verfielen, die Erinnerung an die verschwundene Herrlichkeit die Sänger immer wieder — mitunter wie bei Michael Beheim (1416—1474) und Georg Rudolf Weckherlin (1584—1653) mit recht glücklichem Erfolg — um Fürstengunst werben ließ. Nur daß die meisten dabei die innere Freiheit und Selbständigkeit eines Walther und Wolfram opferten zugunsten einer seichten, oft kriecherischen Lob- und Gelegenheitsreimerei. So entstand im Zusammenhang mit der Abhaltung von Turnieren die Gattung der „Wappendichter" (s. d.). Sie machten es sich zur Aufgabe, die Wappen in Versen zu beschreiben und dabei den Ruhm ihrer Träger zu singen. Als Entgelt dafür traten sie in ein engeres Dienstverhältnis zu den Gefeierten. Neben ihnen kamen, vor allem nach dem Verfall der Turnierkunst, die Pritschmeister auf. Ihr Wirken erstreckte sich vornehmlich auf die Schützenfeste, aber auch auf andere bürgerliche Veranstaltungen, bei denen sie das Amt des Festleiters zu versehen, die Gesellschaft lustig zu unterhalten und die bei dem Fest gebrauchten Sprüche und Gedichte zu verfertigen hatten. An einzelnen Höfen hielten sie sich bis tief ins 17. Jh. hinein. Ihre unmittelbaren Nachfolger waren dann die H. So verwaltete z. B. in Dresden der Vorgänger des H. Ulrich König, der Kammersekretär Meder, sein Amt noch als Pritschmeister. Erst König wurde der Titel „Hofpoet" verliehen und statt des alten Pritschmeisterkleides die Tracht eines römischen Herolds.

§ 2. Das Amt des Hofdichters ist das eines Zeremonienmeisters. Er hat die fürstlichen Feste vorzubereiten und zu ordnen. Für diese Veranstaltungen hat er auch die benötigten Ehren-, Trauer- oder Freudengedichte zu verfertigen, - auch

Schauspiele, Opern und verwandte Veranstaltungen zu verfassen und einzurichten, um in jeder Weise dem barocken Verlangen nach höchster Glanzentfaltung zu genügen. Ihre Vorbilder suchen die Hofpoeten dazu im fremden Schrifttum. Hinsichtlich der Weltklugheit und vornehmen Lebenshaltung schöpfen sie ihre Weisheit vornehmlich aus dem '*Oraculo manual*' des Spaniers Baltasar Gracian (1603—1658). Als Meister der Dichtkunst gelten ihnen die Alten, besonders Horaz und die Satiriker. Ihr poetisches Lehrbuch ist Boileaus '*Art poëtique*' (1669—1674). Sie gehören zu den ersten, die sich dies Lehrbuch, das mit den Verirrungen des Barockzeitalters rücksichtslos aufräumt, in Deutschland zu eigen machen. Damit aber begründen sie zugleich einen neuen Abschnitt im deutschen Schrifttum. Nur darin liegt der Grund, daß diesen Hofdichtern, deren dichterische Leistungen nichts weniger als bedeutsam sind, eine besondere Aufmerksamkeit zuteil geworden ist. Obgleich sie sich in ihrer Jugend meist selbst noch im bombastischen Schwulst der sogenannten 2. schlesischen Schule geübt haben, sind sie dann mit die ersten, die entschieden die Unnatur dieser Richtung aufdecken und scharf von ihr abrücken (v. Canitz, 'Von der Poesie'; König im Anhang der Ausgabe v. Canitz; Neukirch 'Des Herrn v. Hofmannswaldau und anderer Deutschen auserlesene und bisher ungedruckte Gedichte' VI 95ff.). Allerdings bleibt auch das bei ihnen etwas theoretisch Angelerntes, kein Suchen nach neuen Formen aus innerer Offenbarung heraus. Wie gering ihr künstlerischer Trieb und Ehrgeiz ist, erhellt daraus, daß außer Neukirch keiner von ihnen seine Gedichte selbst gesammelt herausbringt, wie unsicher ihr künstlerischer Weg, daraus, daß z. B. v. Canitz wie Neukirch im gleichen Atemzug den Schwulst verurteilen und Hofmannswaldau und Lohenstein rühmen. Dem übertriebenen Prunk und den verstiegenen Bildern der Schlesier wissen sie nur eine flache, dürre, schwunglose und phantasiearme Reimprosa entgegenzusetzen.

§ 3. Als Haupt der Hofdichter gilt Friedrich Rudolf Ludwig Frhr. v. Canitz (1654—1699). Doch macht er insofern eine Ausnahme, als er nicht beamteter Hofdichter ist, sondern, aus altadligem Geschlecht stammend, dem Kurfürsten von Brandenburg zu wichtigen diplomatischen Sendungen in allen Ländern Europas dient. Seine Weitgereistheit, seine vollendete weltmännische Form, sein durchgebildeter Geschmack, seine gründliche Kenntnis fremden Schrifttums sind es, die ihn vor den Verirrungen der Schlesier bewahren. Wenn seine Dichtungen in ihrer Armut an Bildern und Vergleichen, in ihrer Nüchternheit in so auffälligem Gegensatz zur Barockdichtung eines Hofmannswaldau stehen, so geschieht das weniger aus bewußt zur Schau getragener Gegnerschaft als aus dem inneren Unvermögen seiner phantasielosen, zurückhaltenden und weltmännisch kühlen Natur. Seine Gelegenheitsgedichte für den Berliner Hof sind nicht nach Art angestellter Hofpoeten auf Befehl verfertigt, sondern Spielereien müßiger Stunden, ein Ausfluß der gesellschaftlichen Form seiner Zeit. Nichts enthüllt diese Kluft, die ihn, den innerlich vornehmen Mann, von den beamteten Hofdichtern trennt, schärfer als sein eigenes abfälliges Urteil über die ganze bezahlte Gelegenheitsreimerei, die den Helden nicht mehr nach Wert und Verdienst lobt, sondern für Geld sofort den Pegasus aufzäumt und den dicksten dichterischen Weihrauch spendet ('Von der Poesie' V. 113ff.). Trotzdem wird er nicht mit Unrecht den Hofdichtern zugesellt. Er war nicht nur der Gönner und Mäzen eines Besser und Neukirch, sondern zum mindesten für Besser und König auch das bewunderte Vorbild. Seine dichterische Form ist der der anderen durchaus verwandt.

§ 4. In ähnlicher Weise wie Canitz lehnt auch Benjamin Neukirch (1665—1729) in erstaunlich klarem Verständnis für das Wesen echter Kunst die Gelegenheitsdichtung, die nur Pfuscher heranzüchte, ab. Er war ursprünglich aus dem Lager der schlesischen Schwulstdichter hervorgegangen und hatte deren Gedichte herausgegeben. Nachdem er aber in Berlin, wohin er durch das Versprechen einer Professorenstelle gekommen war (1692), v. Canitz kennengelernt hatte, stellte er sich ganz nach den Weisungen Boileaus um. Ebenso wandte er sich jetzt wie v. Canitz nach dem Vorbild von Horaz, Juvenal und Persius der Pflege der Satire zu, in der er — bitterer als v. Canitz — seine beachtlichsten Leistungen vollbracht hat. Trotz seiner Erkenntnis des Unwertes der Gelegenheitsdichtung wurde er durch seine mißliche Lage gezwungen, ihr einen großen Teil seiner Begabung zu opfern. Die erhoffte Professorenstelle war ausgeblieben. So mußte er versuchen, den brandenbg. Kurfürsten durch Lob- und Heldengedichte auf sich aufmerksam zu machen. Zum beamteten H. hat er es allerdings nie gebracht. Nach vorübergehender Anstellung an der Ritterakademie in Berlin fand er für den Rest seines Lebens Zuflucht am Hof zu Ansbach als Erzieher des Erbprinzen. So kann auch er nur bedingt als H. betrachtet werden, um so mehr als seine Satiren und Liebesgedichte, seine geistliche und politische Lyrik weitaus bedeutender sind als seine Gelegenheitsdichtung, zu der er nie ein inneres Verhältnis gewonnen hat.

§ 5. Regelrecht beamtete Hofdichter leisteten sich die Höfe zu Berlin, Dresden und Wien. In Berlin versah unter dem prunkliebenden ersten König von Preußen der Kurländer Johann v. Besser (1654 bis 1729) dies Amt. Er war Zeremonienrat und galt als Autorität auf dem Gebiet des Zeremonienwesens, über das er eine Bücherei von 18000 Bänden gesammelt hatte. Seine gewaltsam ausgebrüteten kriecherischen und reizlosen Singspiele und Tanzspiele, Heldengedichte und Beilagergedichte, Freudenoden und Trauergesänge galten seiner Zeit als Offenbarungen. Sie hatten ihm, wie sein Herausgeber König berichtet, eine Fülle von Geldern und Gaben eingebracht, worin König den höchsten Zweck der Dichtkunst erblickt. Nach Friedrichs I. Tod (1713) übersiedelte v. Besser nach Dresden.

In Dresden wirkte seit 1719 Ulrich König (1688—1744) als H. in der Stelle des verstorbenen letzten Pritschmeisters, um die sich auch Christian Günther beworben hatte. Auch er machte die innere Wandlung vom Marinismus zum Stil Boileaus durch. Auch seine Dichtungen mangeln jeder eigenen Erfindung und sind nur auf das platte, nackte, schmeichlerische Lob seines Herrn bedacht. Nicht Empfindung, Stimmung, Handlung sind der Inhalt seiner Gedichte, z. B. seines unvollendeten Heldengedichtes 'König August im Lager', in dem er ein sächsisches Manöver beschreibt, sondern trockene Schilderung der Kleidung, Haltung und Zeremonien. Auch Lustspiele, Singspiele und Operntexte sind aus seiner Feder geflossen.

Bei Karl VI. in Wien lebte in ähnlicher Stellung der Schwede Karl Gustav Heräus (1671—1730). Er war eigentlich Numismatiker und ist dadurch bekanntgeworden, daß er die frz. Medaillenpoesie nach Deutschland verpflanzt hat.

Auch Gottscheds Lehrer, den Professor Joh. Valentin Pietsch in Königsberg (1690—1733), kann man noch dieser Gruppe zurechnen. Zwar lebte er an keinem Hofe, doch hatte er sich durch ein Lobgedicht auf den Prinzen Eugen die Königsberger Professur für Dichtkunst erworben und arbeitete genau nach den gleichen Grundsätzen wie die anderen, wenn er sich auch seiner inneren Veranlagung nach pathetischer und gespreizter gab.

Eine Reihe kleinerer Geister wie Amthor, Morhof, Mencke, Eccard und Bessers Nachfolger Gundling stehen dieser Gruppe von H. innerlich nahe.

§ 6. Insgesamt sind also die H. beschränkt auf verhältnismäßig wenige Dichter einer Generation. Ihre literarische Bedeutung liegt darin, daß sie halfen, die Lyrik von den Fesseln des Wortprunks zu befreien, der lyrischen Sprache den unverfälschten Klang wiederzugeben und sie dadurch zu einem Werkzeug zu machen, das Begnadeteren die Sprache von Herz zu Herz ermöglichte.

L. Fulda in DNL. Bd. 38, 39. Varnhagen v. Ense *Biogr. Denkmale* 1846. IV 169—348. V. Lutz *Frh. v. Canitz* 1885. W. Dorn *B. Neukirch* 1897. M. Rosenmüller *U. König*. Diss. Leipzig 1896. J. Hülle *J. v. Pietsch* (ForschnLg. 50) 1916. A. Gramsch.

Hoftheater. Die erste 1594 in Florenz gehörte, aus den Intermezzi in der Renaissance-Komödie hervorgegangene Oper (O. Rinuccinis '*Dafne*') kam schon 1627 nach Deutschland und konnte, weil solche Aufführungen viel Geld kosteten, nur an einem Fürstenhofe gegeben werden. Hier liegen die Anfänge des H. Namentlich in Süddeutschland und in allererster Linie in Wien wurden die Festlichkeiten des Hofes durch Opern-Darbietungen mit unerhörter Pracht und einem szenischen Aufwand begangen, der für eine einzige Aufführung 80000 Gulden und mehr verschlang und nur im Jesuitentheater seinesgleichen hatte. Waren diese Darbietungen des höfischen Theaters lediglich Gesellschafts-Veranstaltungen, so wurde im 18. Jh. das H., als der Gedanke des Nationaltheaters weithin wirkte, Träger sogar sozialer Ideen: 1775 ist in Gotha die erste stehende Bühne als Hofbühne gegründet worden, wodurch das Hemmnis der Prinzipalschaft für den dt. Schauspielerstand aufhörte oder wenigstens Einschränkung erfuhr, weil die Mitglieder vom Hofe verpflichtet wurden. Andere Bühnen, wie Mannheim, Wien, Berlin, folgten dem Beispiel, und die Schauspieler waren, durch Pensionsdekrete, wenigstens in bedingtem Maße vor Not im Alter einigermaßen gesichert. Das H. widmete sich damals der „Verbreitung des guten Geschmackes" und der „Veredelung der Sitten" und öffnete sich, gelegentlich sogar bei freiem Eintritt, dem Volke. Daß im 19. Jh. den Hofbühnen die Stadttheater zur Seite traten, war schon aus dem Grunde eine Notwendigkeit, weil der Spielplan der H. durch die Rücksicht auf den Fürsten manche, namentlich (ausgesprochen oder unausgesprochen) neue, aggressive Gedanken enthaltende, Stücke (Ibsen, Strindberg!) ausschloß. Konnte einerseits das H. durch seine reichen Mittel manches Werk großartig herausbringen — und die Leistungen des Meininger H., der Wiener Hofburg usw. sind in der Theatergeschichte des 19. Jhs. von unerreichter Bedeutung —, so war anderseits oft, z. B. in Berlin, die Hofbühne in den letzten Jahren in arge Stagnation geraten. Einzelne Bühnen, so z. B. Mannheim, führten die Bezeichnung „Hoftheater" aus früherer Zeit weiter, obwohl sie Stadttheater geworden waren.

M. Martersteig *Das dt. Theater im 19. Jh.*[2] 1924. G. Krause *Die wirtschaftliche Entwicklung des dt. Theaters unter bes. Berücksichtigung ostdeutscher Verhältnisse.* Diss. Königsberg 1925.

H. Knudsen.

Hofzucht. Ein Erzeugnis der mal. didaktischen Poesie aus mhd. und spätmhd. Zeit, und zwar ein bestimmter Typus, der in der Form des Lehrgedichts weltlich-höfische Sitten- und Anstandsregeln in spruchartiger Fassung zusammenreiht. Keine Tugendlehre zur inneren Vertiefung und Veredlung des Menschen, sondern Anweisungen für richtiges Benehmen in guter Gesellschaft. Die geselligen Umgangsformen waren im MA., bar jeder Freizügigkeit, durch feste Regeln und Gesetze gleichsam kodifiziert: kein heimisches Gewächs, vielmehr mit der höfischen Kultur von auswärts eingeführt, konnten sie der Unterbauung durch solche Vorschriften, die uns pedantisch und überflüssig scheinen, nicht entraten. So läuft vom 13. durch das 14. bis ins 15. Jh. eine Kette von Schriften, die zunächst in rein didaktischer, später auch in satirischer Haltung die höfischen Sitten der Zeit spiegeln: die allen Übergangsepochen eigne Tendenz zur Didaktik und Satire ist in der dt. Literatur des ausgehenden MA. besonders mächtig.

Meist in die bequeme Form der kurzen Reimpaare gekleidet, ist der poetische Gewinn dieser Lehrgedichte geringer als der kulturgeschichtliche: sie gewähren uns Einblick in die Vorschriften, nach denen das gesellschaftliche Leben und Treiben der mal. höfischen Kreise in strenger Etikette sich vollzog. Und sie zeigen ferner, wie später das wohlhabende, gebildete Stadtbürgertum bemüht ist, dem vom Rittertum übernommenen Anstands- und Sittenkodex nach Kräften, mit den gebotenen Veränderungen freilich, sich anzupassen. Erst im Zeitalter der Reformation werden auch die Formen des geselligen Verkehrs wieder natürlicher und freier, aber zugleich roher. In den folgenden Jhh. festigt sich die gesellschaftliche Bildung der gehobenen Schichten und kann nun die alten didaktischen Hilfsmittel entbehren. Nur die Tischzuchten (s. d.) finden im 17. Jh. noch eine gewisse Fortsetzung in den Tranchierbüchern, die sich jedoch schon auf die neuen Umgangsformen einstellen.

In höfischer *zuht, mâze, hövescheit* unterweisen nicht nur die direkten Sitten- und

Anstandslehren, sondern indirekt auch die gesamte höfische Epik des MA. Die Helden dieser Epen sind Idealgestalten, die sich die Ritterschaft zum Vorbild nehmen soll. So empfiehlt z. B. der Didaktiker Thomasin von Zirklaria seinen ritterlichen Lesern in aller Form, Parzival, Iwein, Tristan u. a. nachzueifern. Wir müssen uns jedoch hüten, das Idealbild höfischer Lebensführung, das die aus romanischem Mutterboden gespeisten mhd. Epen entwerfen, als lebenswahre Abspiegelung dt. Zustände aufzufassen. Wäre das wirklich der Fall: wozu dann die ausgedehnte Literatur der gereimten Lehrbücher zur Unterweisung in Dingen des Anstandes und guter Sitte wie Thomasins 'Wälscher Gast', 'Der Windsbeke' und 'Die Windsbekin', der 'Deutsche Cato', 'Der Jüngling' Konrads v. Haslau, Joh. Rothes 'Ritterspiegel' und 'Von des Rates Zucht', 'Der Spiegel des Regiments' des pfälz. Hofmeisters Joh. v. Morsheim u. a.

Die ältesten, noch der frühmhd. Zeit angehörenden Anstandsregeln, namentlich für gesittetes Benehmen bei Tische, stellen aus klerikalen Kreisen hervorgegangene lat. Schriften auf, wie die berühmte Novellensammlung '*Disciplina clericalis*' des getauften span. Juden Petrus Alphonsi aus dem Anfang des 12. Jhs., ferner die seit dem 4. Jh. verbreiteten '*Disticha Catonis*' und der sie ergänzende '*Facetus*' (vgl. d. Art. *Facetie* § 5). Die älteste direkte Anstandslehre in deutscher Sprache ist das unter dem Namen 'Des Tanhäusers Hofzucht' bekannte mhd. Gedicht aus 66 vierzeiligen Strophen mit gekreuzten Reimen, das in der Hauptsache über anständiges Verhalten beim Essen belehrt: also keine Hofzucht, wie der Titel irrig lautet, sondern eine Tischzucht. Auch die in doppelter Fassung verderbt und lückenhaft überlieferte eigentliche 'Hofzucht' lehrt in kurzen Reimpaaren, wie man sich bei Tisch aufzuführen hat, gibt aber darüber hinaus allerhand Ratschläge für höfisch-gesittetes Benehmen beider Geschlechter. Der Verfasser knüpft seine Lehren an die bekannte Fabel vom Esel mit der Löwenhaut an, die als Einleitung vorausgeschickt wird: *ere wiplich zucht zu aller stund — ere din gesellen — ere dich selber — zuch dich sufferlich an lib vnd an gewand — zurne gar bescheidenlich — bescheyden hochfart ist ein tugent zart — wer drincket hofelich win, der erwecket im dy sinne sin — biß zu mossen milte*, und im gleichen Ton und Stil werden auch die Frauen belehrt, wie sie sich zu benehmen haben.

Diese Hofzucht ist im wesentlichen eine erweiternde Bearbeitung eines Auszuges aus dem 1. Buche des 'Wälschen Gast'. Die Zusätze werden meist durch besondere Hinweise eingeführt und gekennzeichnet wie: *der volge myner ler vnd lerne zucht vnd ere — hör gern, wo man von zuchten sag! ler zucht alle tag — ich sag dir wol sicherlich, tustu es, es ist tugentlich — dy hoffzucht gebut ich dir, wiltu der zuchte dyner sin, so folg gern der lere myn.* Das Exzerpt enthielt Vorschriften über höfisches Verhalten für Männer und Frauen der guten Gesellschaft und wurde auch in den 'Deutschen Cato' interpoliert. Die Klärung des Abhängigkeitsverhältnisses, das diese Schriften untereinander und mit verwandten Erzeugnissen der german., roman. und mittellat. Literaturen verbindet, bleibt noch künftiger Forschung vorbehalten.

K. Bartsch *Die Formen des geselligen Lebens im MA.* 1862. M. Geyer *Altdt. Tischzuchten.* Progr. Altenburg. 1882. P. Merker *Die Tischzuchtenliteratur des 12.—16. Jhs.*, Mitteilungen der deutschen Gesellschaft z. Erforschung vaterl. Sprache und Altertümer XI (1913) S. 1 ff. *Des Tanhausers hofzucht* hsg. von M. Haupt in ZfdA. VI (1848) S. 489 ff. *Dy Hoffzucht* hsg. von A. v. Keller, *Erzählungen aus altdeutschen Handschriften* 1855 S. 531 ff. *Von der Hofzucht ein gut ler* hsg. von A. v. Keller, *Altdeutsche Gedichte* 1868 Nr. 5.

G. Bebermeyer.

Holländische Literatur s. Niederländische Literatur.

Honorar. Im allgemeinen galt das Bücherschreiben im 16. und 17. Jh. als *nobile officium.* Oft genug mußten die Gelehrten den Verlag ihrer Werke selbst übernehmen und den Vertrieb bestreiten. So galt es nicht für ehrenwert, ein H. für seine Arbeit zu nehmen. Der Schriftsteller sollte sich an Ruhm und Ehre genügen lassen. Erasmus von Rotterdam warf daher Ulrich v. Hutten als Unverschämtheit vor, er habe sich für einen Druck etwas bezahlen lassen. Er selbst aber erhielt für seine Plautusausgabe 20 Goldstücke. Dieser Gegensatz scheint darin begründet zu liegen, daß in jener Zeit einzelne sehr hohe Honorare bezahlt wurden, wenn die Anregung zu dem Werk von dem Verleger ausging. Machte der Autor dagegen dem Verleger einen Antrag, so scheinen H. nicht üblich gewesen zu sein, um so mehr, als der damals im Buchhandel übliche Tauschhandel hemmend einwirkte. Lieber entschädigte man daher den Autor durch eine größere Anzahl von Freiexemplaren, die er zu bezahlten Dedikationen verwenden konnte. Diese Verhältnisse änderten sich erst, als sich in größerem Maße Absatzmöglichkeiten ergaben. Das geschah in den ersten Jahrzehnten des 18. Jhs. Im Zusammenhang mit dem nun eintretenden großen Aufschwung des Buchhandels und Verlegertums begann man um 1750 die Schriftstellerkarriere als Beruf anzusehen. In Frankreich war Beaumarchais der erste, der durch Bücher Geld verdienen und davon leben wollte. In Deutschland versuchten gleichzeitig die drei großen Repräsentanten des Vorklassizismus, Klopstock, Lessing und Wieland, als freie Schriftsteller zu leben. Alle drei arbeiteten auch Projekte zur Umgestaltung des Buchhandels und zur Verbesserung der Honorarverhältnisse der Schriftsteller aus. Aber alle drei zogen doch schließlich das bescheidene Gehalt eines Beamten oder eine kleine Staatspension dem dornenvollen Wege eines Journalisten oder freien Schriftstellers vor. Immerhin hat vor allem Wieland von seinen Verlegern Honorare bezogen, die vor ihm noch nie gezahlt worden waren. Lange Jahre hindurch haben seine literarischen Einkünfte etwa 42 % seines Gesamteinkommens betragen. Schiller, der ebenso klar wie Wieland von der wirtschaftlichen Bedeutung der dichterischen Produktion überzeugt war, hat sich viel schwerer zur Anerkennung bei den Verlegern durchringen können. Erst nachdem er 1794 mit Cotta in Verbindung getreten war, besserten sich seine wirtschaftlichen Verhältnisse. Zu seinen Lebzeiten erhielt er von Cotta 33000 Gulden, er und seine Erben rund 275000 Goldmark. Für Goethe hat man die bei seinen Lebzeiten bezogenen Honorar-Summen auf 147500 Rtl., also rund 450000 Goldmark berechnet. Aber solche Glanzzeiten der wirtschaftlichen Lage des dt. Schriftstellertums waren nur vorübergehend. Schon die Romantiker haben das Abflauen verspüren müssen. An die Stelle der Bewertung der Qualität trat die Quantität. Der Verleger beurteilte den Autor nach den Absatzmöglichkeiten und bestimmte daraus das H. Clauren und andere Modeschriftsteller, die der Sensationslust und empfindsamen Gefühlswelt breiter Leseschichten entgegenkamen, erzielten die höchsten H. Summen, wie sie für Goethes Ausgabe seiner „Werke letzter Hand" gezahlt wurden, hat kein Schriftsteller des 19. Jhs. für hochwertige Werke erhalten. Die Überschwemmung des Marktes mit Büchern aller Art mußte einen Rückschlag der H. herbeiführen. Darunter hatten gerade die bedeutendsten Autoren des 19. Jhs., wie Hebbel, Otto Ludwig u. a., sehr zu leiden. Die Sorge um das tägliche Brot veranlaßte viele andere, wie z. B. Laube, Gutzkow, die Birch-Pfeiffer, zur Massenproduktion, zur Verflachung ihrer eigentlichen Dichterideen. Diese wirtschaftliche Entwicklung des Schriftstellertums hängt auch damit zusammen, daß die schöne Literatur zu jener Zeit nicht mehr wie im 18. Jh. im Brennpunkt der Interessen der Nation stand, daß vielmehr die politischen Fragen in den Vordergrund getreten und die Absatzmöglichkeiten für hochwertige dichterische Erzeugnisse wesentlich geringer geworden waren. Darin trat erst eine Änderung ein, als die staatliche Entwicklung mit dem Jahre 1870 zu einem Abschluß gelangt war und das Interesse weiter Schichten des Volkes sich wieder in verstärktem Maße den kulturellen Fragen zuwandte. Seitdem begann eine neue Blüte des Verlagsbuchhandels und zugleich eine Besserung der Honorarverhältnisse. Hand in Hand damit ging die rechtliche Sicherstellung des Autors. Im 18. Jh. hatten die Schriftsteller in starkem Maße unter Nachdruck (s. d.) zu leiden. Ein gesetzlicher Schutz wurde erst 1794 im Preuß. Landrecht gegeben. Im Süden erfolgte ein ähnliches Vorgehen erst zwischen 1820 und 1830. Den Abschluß bildete dann die Festlegung der zeitlichen Begrenzung des Verlagsrechtes durch Bundesbeschluß vom 9. November 1837, wodurch der Schutz der Verlagswerke auf

30 Jahre nach dem Tode des Autors festgesetzt wurde. Das Urheberschutzgesetz des neuen Reiches ist dann für die gegenwärtigen Verhältnisse maßgebend geworden.

Goldfriedrich *Geschichte des Buchhandels* 1908—13. H. H. Borcherdt *Das Schriftstellertum von der Mitte des 18. Jhs. bis zur Gründung des Deutschen Reiches* (Schriften des Vereins für Sozialpolitik Bd. 152) 1923. H. H. Horcherdt.

Hosenrolle. Nachdem bis in die zweite Hälfte des 17. Jhs. hinein Frauenrollen so gut wie ausschließlich von Männern gespielt worden waren — die belegten und nachweisbaren Fälle, in denen eine Frau auf der Bühne mitwirkte, sind immer Ausnahmen geblieben —, war es eine bedeutsame Neuerung des Magisters Velten, seinen Bühnenrealismus durch weibliche Darsteller zu steigern; im Jahre 1686 waren in seiner Truppe schon drei Schauspielerinnen tätig. Dieser epochalen Veränderung in der Theaterkunst folgte bald die Sensation, daß eine Schauspielerin eine männliche Rolle spielte oder wenigstens eine „Verkleidungs-" oder „verkleidete Mannsrolle". Was das ital., span. und frz. Theater im 17. Jh. schon kannte, damit entzückte z. B. 1725 die Neuberin Gottsched, und die „Beinkleiderrollen" sind „ein Lieblingsgeschmack der dt. Schauspielerinnen" (1782) gewesen, dem die Stückeschreiber aller Zeiten Nahrung geliefert haben, früh belegt durch Chr. Fel. Weißes 'Amalia' (1766). Solange die H. Schwankelement bleibt oder, wie in Shakespeares 'Was ihr wollt' (Viola), lustspielhaft verwendet wird, legt sie keine künstlerischen Bedenken auf. Aber schon im 18. Jh. machte man die unkünstlerischen Experimente, Männerrollen durch Frauen spielen zu lassen. Die Schauspielerin Elendsohn-Neuhoff gab um die Mitte des 18. Jhs., „durch ihre männliche Stimme verleitet", den Orosmann, Barnwell, Krispus (von Chr. F. Weiße) u. a. Um dieselbe Zeit ersetzte die Schulz-Böck bei der Schönemannschen Truppe in Rostock dem Prinzipal einen Chevalierspieler und zeigte „ein reiches Spiel". Ackermann ließ 1762 in Mainz 'Crispin als Arzt' „von lauter Frauenzimmern aufführen", was freilich von F. L. W. Meyer als „seltsamer Einfall" bezeichnet wird. Was uns von der Frau des Schauspielers Abt aus dem 18. Jh. berichtet wird, daß sie in Gotha den Hamlet spielte, das ist im 19. Jh. durch Sarah Bernhardt oder Adele Sandrock aufgefrischt worden, und zu diesen weiblichen Hamlets gesellten sich die Romeos der Agnese Schebest oder Klara Ziegler.

B. Diebold *Das Rollenfach im dt. Theaterbetrieb des 18. Jhs.* 1913. S. 136ff.

H. Knudsen.

Humanismus (in Deutschland).

I. Begriffsbestimmung. § 1. Renaissance und H. gelten als Wechselbegriffe; sie sind es auch. Allein im Sprachgebrauch haben sich Unterschiede des Wortsinns durchgesetzt. Zunächst stellt sich Renaissance als der weitergehende Begriff dar, denn er bezeichnet nicht bloß die Richtung, sondern auch das ganze Zeitalter. Aber auch im einzelnen decken sich die landläufigen Benennungen nicht. Wird der künstlerische Gesamtgehalt der Epoche betont, so pflegt man den Ausdruck Renaissance zu verwenden; für die wissenschaftlich-geistige Seite der Bewegung ist der Name H. gebräuchlich geworden. Beide Adern, die künstlerische und die wissenschaftlich-geistige, berühren und durchdringen sich, aber doch keineswegs so, daß sie nicht voneinander geschieden werden könnten. Es ergibt sich daher die Möglichkeit, sie gesondert zu betrachten. Eine derartige Isolierung wird dadurch erleichtert, daß die literarische Richtung der künstlerischen voranzugehen pflegt und für diese erst die notwendigen Daseinsbedingungen schafft. Leichter noch als in Italien fällt die Sonderung in Deutschland, wo der Zusammenhang zwischen der wissenschaftlich-geistigen und der künstlerischen Betätigung weniger eng ist als in Italien, wenn auch die gleichzeitige bildende Kunst manche Lücken in unserer Erkenntnis auszufüllen vermag. Die vorliegende Skizze zeigt schon durch ihren Titel, daß es ihr darauf ankommt, eine Übersicht über die wissenschaftlich-geistige Seite zu geben.

§ 2. Die Beantwortung der Frage nach Ursprung, Wesen und Zeitdauer der Bewegung bietet große Schwierigkeiten. Der früheren Betrachtungsweise erschien die Renaissance lediglich als eine Erneuerung des klassischen Altertums. Nach dem Vorbilde Jules Michelets (1855), aber mit voller Selbständigkeit hat dann Jakob Burckhardt (1860) betont, daß die Neubelebung der Antike nur ein Ausdruck für den allgemeinen Charakter der Periode ist: im

Gegensatz zu der mal. Gebundenheit beginnt die Persönlichkeit, sich ihrer selbst bewußt zu werden. Durch diese Begriffsbestimmung wird das Zeitalter in einen scharfen Gegensatz zum MA. gerückt. Es fragt sich nun, ob der Gegensatz in dieser Schärfe aufrechterhalten werden kann.

Innerhalb bestimmter Grenzen hatte im MA. die Beschäftigung mit dem klassischen Altertum nie aufgehört. Es ist daher kein Zufall, wenn wiederholt Versuche auftauchen, die mal. Kultur durch Verschmelzung mit der Antike zu beleben. Bekanntlich gewannen derartige Bestrebungen durch Karl d. Gr. und seine Freunde feste Gestalt; unter den Ottonen wurden sie mit geringerem Erfolge wieder aufgenommen. Man spricht daher von einer Karolingischen und einer Ottonischen Renaissance. Allein die in beiden Fällen vorschwebenden Ziele unterscheiden sich von dem H. grundsätzlich dadurch, daß das Gefühl für den tiefen Gegensatz zwischen der eigenen Lebensanschauung und der antiken Welt fehlte: es handelt sich im wesentlichen um eine Herübernahme der äußeren Form. Etwa 100 Jahre nach der sog. Ottonischen Renaissance beginnt jedoch eine Strömung sich geltend zu machen, die dem Geist der eigentlichen Renaissance schon erheblich näher kommt. Sie ist diesmal nicht auf dt., sondern auf frz. Boden erwachsen und verdankt ihren Ursprung einer Verbindung frz. und anglonormann. Kultur. Im Gegensatz zu der streng asketischen Kluniazensischen Richtung ausgeprägt, führt diese dritte mal. Renaissance nicht bloß eine neue Schätzung der Antike, sondern ein ganz verändertes Verhältnis des Menschen zur Außenwelt herbei: eine an die Antike gemahnende und von dieser genährte Daseinsfreude beginnt sich zu regen; auch andere Zeichen dieses Geisteswandels nehmen wichtige Merkmale der Renaissance voraus. Die Bewegung entsteht um die Mitte des 11. Jhs. und wächst im Verlaufe des 12. Jhs. zu beträchtlicher Stärke an; der Schauplatz der sie erfüllenden Gedanken ist neben Frankreich insbesondere Italien; doch bleibt auch Deutschland nicht ganz unberührt, wie die z. T. auf dt. Boden entstandenen Vagantenlieder beweisen.

§ 3. Zugleich mit diesem Einströmen des antiken Geistes in die mal. Welt vollzieht sich ungefähr seit dem Beginn des 12. Jhs. ein paralleler Vorgang: auf einer ganzen Reihe von Lebensgebieten werden Zeichen sichtbar, aus denen hervorgeht, daß der Mensch des Selbstwertes der eigenen Person bewußt wird. Demnach läßt sich folgendes sagen: in der zweiten Hälfte des 12. und der ersten des 13. Jhs. war ein Wiederaufleben der Antike mit seinen Begleit- und Folgeerscheinungen so weit vorbereitet, daß nur noch der letzte, allerdings entscheidende Schritt zu tun war.

§ 4a. Dieser Wandel ist in Italien während der zweiten Hälfte des 13. Jhs. erfolgt. Die Teilnahme am klassischen Altertum wuchs; zugleich begann aber ein grundsätzlicher Unterschied in der Aneignung einzutreten. Man erkannte allmählich den Zusammenhang zwischen dem Bemühen um die Befreiung des Individuums und dem Lebensinhalt, der sich aus den Schriften der Alten erschloß. Die antiken Schriftsteller befriedigten also ein seit dem 12. Jh. vorhandenes Bedürfnis, und ihr Siegeszug war daher nicht mehr aufzuhalten.

§ 4b. Was in der zweiten Hälfte des 13. Jhs. begonnen war, setzte sich im 14. bei den erlesensten Geistern Italiens vollständig durch und verschmolz auf das innigste mit der Sehnsucht nach einer Wiedergeburt ihres Vaterlandes. Der Wunsch nach dem Neuerstehen der alten Größe Italiens lenkte ganz von selbst den Blick auf die Zeit, in der Italien die Herrin der Welt gewesen war, und mußte somit zu immer eindringenderer Beschäftigung mit der lat. Literatur des Altertums führen. Neben die Dichter und Prosaiker des alten Roms traten aber gleichberechtigt die Kirchenväter, d. h. die Vertreter einer Zeit, in der das Christentum sich noch von den einengenden Regeln der Schablone frei erhalten hatte. Sowohl die röm. wie die frühchristlichen Schriftsteller wurden die Führer zu einer neuen, allerdings auch von anderen Seiten her vorbereiteten Weltanschauung, deren Hauptkennzeichen das Erwachen des Persönlichkeitsgefühls und die Rückkehr zum Einfachen, Ursprünglichen sind.

§ 4c. Obgleich die Ausbildung dieses Lebensideals durch die lat. Literatur (mit

Einschluß der Kirchenväter) wesentlich bedingt wurde, haben sich die ital. Humanisten des 14. Jhs. den auf sie einwirkenden Vorbildern nicht bedingungslos unterworfen; sie schalteten noch frei mit dem übernommenen Gute. Allein je weiter die Bewegung fortschritt, desto weniger vermochten die ital. Humanisten dem übermächtigen Einfluß des klassischen Altertums Widerstand zu leisten. In der Blütezeit, dem 15. Jh., setzt sich in Italien die Überzeugung von der unbedingten Vorbildlichkeit des klassischen Altertums immer mehr durch; die röm. und nunmehr auch die griechischen Schriftsteller erhalten eine Art kanonischen Ansehens, und an die Stelle der freien Aneignung tritt die unbedingte Unterwerfung. Diese Form hat der ital. H. bis zum Abblühen der Bewegung, d. h. bis etwa in die Mitte des 16. Jhs., beibehalten, wo er durch die Gegenreformation abgelöst wurde, die allerdings einen Teil der Errungenschaften des H. in sich aufnahm.

§ 5. Die Beeinflussung des dt. Geisteslebens durch die humanistischen Gedanken beginnt bereits im 14. Jahrhundert. Aber die entscheidende Form, die der H. in Deutschland annahm, hat ihren Antrieb nicht von den freier sich regenden Bestrebungen Petrarcas und seiner Zeitgenossen erhalten, sondern von der ital. Blütezeit des 15. Jhs., für die unbedingter Anschluß an das klassische Altertum oberstes Gesetz war. Ungefähr seit der Mitte des 15. Jahrhunderts entwickelt sich auf dieser Grundlage der deutsche Frühhumanismus; ihm schließt sich etwa um 1480 der ältere Humanismus an; es folgt seit der Jahrhundertwende die Blütezeit, die nicht viel länger als zwei Jahrzehnte gedauert hat. Wichtige Bestandteile der Richtung erhielten sich im Protestantismus und wurden durch ihn fortgepflanzt, wie das unter anderen Formen auch im gegnerischen Lager geschah.

Selbstverständlich hat eine Periodisierung, wie sie soeben angestrebt worden ist, ihr Bedenkliches; ganz ohne Zwang läßt sie sich nicht durchführen. Gleichwohl darf der Versuch einer derartigen Abgrenzung nicht unterbleiben, denn der Unterschied zwischen den einzelnen Abschnitten ist unverkennbar. Am meisten innere Verwandtschaft weisen der ältere H. und die Blütezeit auf, die sich auch chronologisch berühren und durchdringen; dennoch erscheint es nicht möglich, in beiden eine zusammengehörige Einheit zu sehen, da der ältere H. die Elemente nur im Keime aufweist, die in der Blütezeit ausgereift ins Leben treten.

§ 6. Wenn nun der Versuch unternommen wird, die Grundzüge des dt. H. nach der Zeitfolge darzulegen, so müssen von vornherein zwei wesentliche Einschränkungen gemacht werden. Es handelt sich um eine ungemein verwickelte Geistesmacht. Diese ist von verschiedenen Seiten angeregt worden und hat eine große Reihe von Einflüssen aufgenommen. Ein vollkommenes Bild der Bewegung wäre nur dann zu erzielen, wenn in jedem Einzelfall die Herkunft der ausschlaggebenden Ideen festgestellt und die Art ihrer Aufnahme bestimmt werden könnte. Innerhalb der Grenzen der vorliegenden Übersicht erweist sich jedoch ein derartiges Unternehmen als unmöglich; nur die allgemeinen Grundlinien können gezeichnet werden. Eine zweite Begrenzung ergibt sich aus folgender Erwägung. Wie bei dem dt. Idealismus, der Romantik und dem Jungen Deutschland kann es nicht zweifelhaft sein, daß der H. von bestimmten Grundanschauungen getragen wird. Allein ebensowenig wie bei den eben genannten Strömungen werden diese Grundgedanken von allen Humanisten in gleicher oder auch nur in ähnlicher Weise vertreten; je nach Wesen und Geistesart erfolgen die mannigfachsten Umbildungen und Umbiegungen, was in einer Periode besonders begreiflich erscheint, in der die Persönlichkeit sich zum ersten Male wieder mit voller Stärke geltend macht. Nur wenn man das Ganze aus einer gewissen Entfernung betrachtet, kann es als einheitliche Macht angesehen werden. Einen derartigen Standpunkt muß man jedoch nehmen, wenn die Entwicklung in der Kürze zusammengefaßt werden soll; und aus diesem Grunde kann ebenfalls von einem auch nur einigermaßen vollständigen Bilde nicht die Rede sein. Erleichtert wird die Aufgabe allerdings dadurch, daß trotz mancher Streitigkeiten innerhalb des H.

die Humanistengesellschaft doch durch ein lebendiges Gefühl der Zusammengehörigkeit verbunden wurde, was sich z. B. im Reuchlinschen Streite, aber auch bei anderen Gelegenheiten offenbarte.

L. Geiger *Renaissance und Humanismus in Italien und Deutschland* o. J. (1882). Hier und bei Goedeke I 405ff. die ältere Literatur, die in der nachfolgenden Übersicht nur dann wiederholt wird, wenn es sich um grundlegende Arbeiten handelt. Bei Goedeke auch die notwendigen bibliographischen Angaben. — Noch immer sehr lesenswert und anregend: K. Hagen *Deutschlands literarische und religiöse Verhältnisse im Reformationszeitalter. Mit besonderer Rücksicht auf Willibald Pirkheimer.* Bd. I 1840. 2. (Titel-) Auflage 1868. R. Arnold *Die Kultur der Renaissance*[3] 1920. K. P. Hasse *Die dt. Renaissance I. Ihre Begründung durch den Humanismus* 1920. B. Gebhardt *Handbuch der dt. Geschichte*[6] 1922 I 747ff. Besonders wichtig F. v. Bezold *Geschichte der dt. Reformation* 1890. S. 199ff. — § 1. Die Bezeichnung für die Richtung, die man, wie es scheint, seit K. Hagen (1840) „Humanismus" nennt, war bei den Zeitgenossen *humanitatis studia.* In Italien entstanden, ist der Ausdruck zugleich mit der Sache seit der Mitte des 15. Jhs. von Deutschland übernommen worden. In das Wort *humanitas* darf man keine modernen Anschauungen hineintragen; es bedeutet nicht freies oder edles Menschentum, sondern, wie im Text V § 36 noch eingehender zu begründen ist, die feine Geistesbildung auf Grund der Alten. E. König *Studia humanitatis und verwandte Ausdrücke bei den dt. Frühhumanisten*, Beiträge zur Gesch. der Renaissance und Reformation, Festgabe für Jos. Schlecht (1917) S. 202ff., bringt zahlreiche Belege für das Vorkommen des Ausdrucks im dt. Frühhumanismus seit etwa 1450. — § 2. Bei den Worten: „Unter den Ottonen wurden diese Versuche mit geringerem Erfolge wieder aufgenommen" ist zur Vermeidung jedes Mißverständnisses darauf hinzuweisen, daß es sich nach der Anlage der vorliegenden Arbeit nicht um eine Abschätzung des Wertes der poetischen Leistungen handelt. Denn diese waren selbstverständlich in der Ottonischen Renaissance ungleich urwüchsiger als in der Karolingischen. Eine andere Ableitung des Humanismus aus den mal. Bewegungen gibt R. Wolkan *Über den Ursprung des Humanismus*, Z. f. d. österr. Gymnasien LXVII (1916). — §§ 3—4c. W. Goetz *Renaissance und Antike*, Hist. Z. CXIII (1915). Vgl. für dieselben Paragraphen die weiter unten anzuführenden Arbeiten Burdachs. E. Walser *Studien zur Weltanschauung der Renaissance* 1920.

II. Die ersten Anfänge des deutschen Humanismus. Bereits der ital. H. des 14. Jhs. hat seine Absenker in Deutschland gehabt. Sie lassen sich in der Umgebung Karls IV. nachweisen. Dessen Kanzler Johann v. Neumarkt war ein Verehrter Petrarcas und Colas di Rienzo. Nach dem Muster beider bildete er seinen lat. Stil. Zugleich trat er aber auch als Übersetzer auf; unter dem Einflusse der Begeisterung Petrarcas für Augustin übertrug er zwei damals für Werke Augustins gehaltene Schriften und offenbarte in der Handhabung seines dt. Ausdrucks eine unverächtliche Gewandtheit. Seine kunstvolle, aber nicht gekünstelte dt. Prosa zeigt, daß diese Anfangszeit des dt. H. eine Verbindung zwischen humanistischem und volkstümlichem Geiste gesucht und gefunden hat. Dafür spricht auch eine etwas später (um 1400) in Böhmen entstandene Prosadichtung, der 'Ackermann aus Böhmen'. Der Verfasser dieses bedeutsamen Werkes, Johannes v. Saaz, hing aller Wahrscheinlichkeit nach mit Johann v. Neumarkt zusammen und ist wie dieser von der Grundstimmung des ital. H. im 14. Jh. tief berührt, nur daß freilich diese Stimmung bei ihm ungleich fruchtbarer wird als bei dem wenig bedeutenden Johann v. Neumarkt. Als humanistisch erweist sich der 'Ackermann aus Böhmen', dessen literaturgeschichtlicher und allgemeiner Wert hier nicht zu prüfen ist, durch seine Verwandtschaft mit Gedanken Petrarcas sowie durch die wiederholte Bezugnahme auf die Antike und das ausgehende Heidentum, z. B. auf Plato, Seneca und Boethius.

Auf die ersten Anfänge des dt. Humanismus hat zuerst G. Voigt hingewiesen: *Die Wiederbelebung des klassischen Altertums oder das erste Jh. des Humanismus*[3] 1893. II 261ff. Die Verwandtschaft des 'Ackermanns aus Böhmen' mit Gedanken Petrarcas erkannte zum erstenmal Fr. Vetter in DNL. Die ganze Kulturschicht aber aufgedeckt und in ihren geistigen Zusammenhängen nahegebracht zu haben, ist das hohe Verdienst K. Burdachs. Von den hier in Betracht kommenden Arbeiten Burdachs liegen bisher vor: *Vom MA. zur Reformation* 1893; *Rienzo und die geistige Wandlung seiner Zeit* 1913; *Reformation, Renaissance, Humanismus* 1918; *'Der Ackermann aus Böhmen'* hsg. von K. Burdach und A. Bernt 1917. P. Joachimsen *Vom Mittelalter zur Reformation*, Hist. Vjschr. XX (1924) S. 426ff. G. Ritter *Die geschichtliche Bedeutung des deutschen Humanismus*, Hist. Z. CXXVII (1923) S. 431ff.

III. Der Frühhumanismus. § 7. Nach diesen ersten Anfängen des dt. H. gewann es den Anschein, als ob das freiere Verhältnis zur röm. und frühchristlichen Literatur, wie es für die ital. Entwicklung des 14. Jhs. bezeichnend ist, sich auch nach Deutschland verpflanzen und hier eine Vermählung zwischen antikem und volkstümlichem Geiste hervorrufen würde. Allein diese Hoffnung verwirklichte sich nicht. Vielmehr haben die Geschlechter, die zunächst die Pflege der humanistischen Gedanken übernahmen, unter dem Einflusse der in Italien sich ändernden Richtung einen anderen Weg eingeschlagen.

§ 8. Das geschah im dt. Frühhumanismus. Dieser läßt sich deutlich etwa seit dem Ausgange der ersten Hälfte des 15. Jhs. verfolgen; in Schwaben, Franken, Schlesien, Preußen ist er vertreten; westlich breitet er sich bis Lothringen aus. Als erster Apostel der neuen Richtung gilt Enea Silvio; er war unermüdlich bestrebt, das Recht des humanistischen Geistes nachzuweisen und ihn gegen wirklich erhobene oder mögliche Vorwürfe zu verteidigen. Die frühsten Anhänger warb Enea da, wo er selbst beschäftigt war, nämlich in den Kanzleien, ohne daß sich sein Einfluß ganz auf diese beschränkt hätte. Aber noch durch einen anderen Kanal gelangte zu gleicher Zeit die humanistische Welle nach Deutschland. Zahlreiche dt. Studenten besuchten zum Zwecke des Rechtsstudiums die ital. Universitäten, Padua und insbesondere Bologna. Viele von ihnen wurden in Italien für die neue Richtung gewonnen; sie suchten sich in Abschriften und Auszügen das Wichtigste aus der klassischen und humanistischen Literatur anzueignen und wurden nach ihrer Rückkehr begeisterte Verkünder der übernommenen Lehre.

§ 9. Es erweist sich in einer Übersicht wie der vorliegenden als unmöglich, die einzelnen Vertreter des Frühhumanismus genau zu behandeln. Ein Teil der dabei in Betracht kommenden Persönlichkeiten ist durch die Einzelforschung erschlossen worden; das gleiche gilt von den Kreisen, in denen die neue Richtung heimisch war. Immer deutlicher ergibt sich, daß der neue Geist sich in der zweiten Hälfte des 15. Jhs. mit außerordentlicher Schnelligkeit verbreitet hat, und daß er schon um 1470 beträchtlich erstarkt war. In Nürnberg war Gregor Heimburg der Mittelpunkt der neuen Bestrebungen; in Franken wurden diese durch Albrecht v. Eyb vertreten; ein anderer humanistischer Kreis versammelte sich in Franken auf der Plassenburg um den Markgrafen Johann den Alchymisten. Mit großem Enthusiasmus vertrat in Augsburg der Patrizier Sigismund Gossembrot die humanistischen Studien; ihm schloß sich ein gleichgesinnter Kreis von Anhängern an, unter denen neben Wilhelm v. Reichenau und Hieronymus Rotenpeck besonders wichtig der 1455 als Stadtarzt nach Augsburg gekommene Hermann Schedel ist. Die Anhänger des H. in Schwaben gruppierten sich um Niklas von Wyle; mit ihm stand auch der Schweizer Albrecht v. Bonstetten in Verbindung. In der Art des Auftretens unterschieden sich von diesen Kreisen die humanistischen Wanderlehrer. Der bekannteste von ihnen ist Peter Luder; geb. zu Kislau in Franken um 1410, in Italien vorgebildet, lehrt er nacheinander, mehrfach ohne eigentliche Anstellung, an den Universitäten Heidelberg, Erfurt, Leipzig, studiert dann wieder in Italien und tritt schließlich als Diplomat in den Dienst Siegmunds von Österreich. Neben diesem dt. Apostel des H. finden sich auch italienische, so der Florentiner Publicius Rufus, seit 1466—1467 in Erfurt nachweisbar, dann in Leipzig, Krakau, Basel und an anderen Orten. Sieht man von dem zuletzt genannten Wanderlehrer ab, so bestanden zwischen all den erwähnten Kreisen Berührungen und Beziehungen. Der gemeinsame Enthusiasmus für die neuen Studien war so groß, daß auch der soziale Unterschied zwischen dem Patrizier Sigismund Gossembrot und dem verbummelten Poeten Peter Luder darüber vergessen wurde. Von weltlichen und geistlichen Fürsten erfuhr die neue Richtung wesentliche Förderung, so von Pfalzgraf Friedrich dem Siegreichen, von dem Augsburger Bischof Peter von Schaumburg u. a.

§ 10a. Die äußere Entwicklung des Frühhumanismus ist in dem Vorstehenden kurz geschildert, wobei soviel wie möglich von toten Namen abgesehen wurde; die wichtigsten Merkmale der inneren Beschaffenheit darzulegen, erscheint schwieriger;

trotzdem darf auf einen Versuch nicht verzichtet werden.

Deutlich läßt sich erkennen, wodurch die Vertreter des Frühhumanismus so schnell für die neue Richtung gewonnen wurden. Was sie zur Aufnahme und Nachbildung reizte, war die ungewohnte Fülle der Darstellung. Anstatt des blechernen Klanges der zergliedernden Schulsprache vernahmen sie die berauschende Pracht der kunstmäßig ausgebildeten Rede. Der ungeahnte Eindruck war für ihre Stellungnahme entscheidend; und so suchten sie sich in ihrer Weise das Fremde anzueignen. Der „excellentissimus nitor sermonis", die „scientia bene dicendi", die „oratoria ars", das „genus dicendi", es sind synonyme Ausdrücke für das Ideal, das diesen Männern im H. aufgegangen war. Aus den Leistungen der Italiener gewannen sie die Überzeugung, daß alle Kenntnisse ohne den Glanz der Darstellung wirkungslos bleiben mußten. Die Stärke des Eindrucks, den die fremde Rhetorik ausübte, ergibt sich vielleicht am deutlichsten aus den Worten eines Jüngers der neuen Kunstsprache: „Denn unaufhaltsam fühle ich mich zu der neuen Darstellungsart hingezogen, weil ich sehe, daß sie unter den Menschen in so hohem Ansehen steht."

§ 10b. Indessen man würde doch sehr fehl gehen, wenn man die Anziehungskraft der neuen Studien allein aus der faszinierenden Gewalt der Form erklären wollte. In dem gleichen Maße wie die Form wurde dieses Geschlecht vielmehr durch den Inhalt gefesselt, der sich ihnen aus den Werken der Alten und der ital. Humanisten erschloß. Man ist unwillkürlich geneigt, diese Betonung des Inhaltes für einen eigentümlich deutschen Zug anzusehen. Allein die Quellen geben zu dieser Auffassung kein Recht. Denn die Art, in der die dt. Vertreter des Frühhumanismus betonen, daß über der Form der Inhalt nicht vergessen werden dürfe, steht ersichtlich unter ital. Einflusse; Albrecht v. Eyb, Niklas von Wyle, Peter Luder benutzen gleichmäßig eine Stelle Leonardo Brunis, um diese Ansicht zum Ausdruck zu bringen. Übernimmt also auch in dieser Beziehung der dt. Frühhumanismus nur eine bereits in Italien vorliegende Errungenschaft, so kann doch so viel gesagt werden, daß diese Anschauung in Deutschland auf einen besonders günstigen Boden fiel und die Weiterentwicklung des dt. H. entscheidend beeinflußt hat.

§ 11. Die Tätigkeit der dt. Frühhumanisten war noch überwiegend eine aufnehmende. Sie verfuhren nicht anders, wenn auch wesentlich ungeschickter, als Enea Silvio, der seine Briefe und seine berühmte Novelle mit Kernworten aus den klassischen Schriftstellern zierte, ohne die betreffenden Stellen als Zitate zu kennzeichnen. Aus ihren humanistischen Vorbildern entlehnten sie ganze Stellen, namentlich in ihren Briefen, obgleich das erborgte Kleid mit den zu berichtenden Tatsachen nicht immer übereinstimmte. Die Art der Aneignung unterscheidet sich also noch nicht grundsätzlich von dem Verfahren, das von mal. Schriftstellern, z. B. von manchen Geschichtschreibern, eingeschlagen wurde. Beispiele liefert namentlich der Briefwechsel Hermann Schedels, in dem Petrarca, Enea Silvio, Poggio wörtlich ausgeschrieben wurden; auch andere Vertreter des Frühhumanismus, wie Niklas v. Wyle, benutzten ihre Vorbilder in der gleichen Weise.

§ 12. Außer den genannten ital. Humanisten haben insbesondere noch Leonardo Bruni, Gasparino de Barzizza, Filelfo Guarino und Lorenzo Valla auf den Frühhumanismus eingewirkt. Der Hauptanreger war Enea Silvio, doch noch einen stärkeren Einfluß als er hat Petrarca ausgeübt. Von ihm stammt eine Reihe der grundlegenden Gedanken; auch die eigentümlich weltverachtende und weltabgewandte Stimmung, wie sie beispielsweise im Kreise Sigismund Gossembrots herrschte, geht auf Petrarca zurück.

§ 13. Der Wunsch nach einer Übernahme des Wesentlichen, was der ital. H. an den Tag gebracht hatte, führte zunächst zur Anlegung von Beispielsammlungen. Sie haben sich vielfach in Handschriften erhalten. Allein das wichtigste der in Betracht kommenden Hilfsmittel ist auch veröffentlicht worden und hat einen bedeutenden Erfolg davongetragen, nämlich Albrechts v. Eyb '*Margarita poetica*' (etwa: 'Humanistisches Schatzkästlein'), abgeschlossen

1459, zuerst gedruckt 1472. Sie enthält Anleitungen zur Redekunst, Auslesen aus römischen Prosaikern und Kirchenvätern sowie antike und humanistische Historiensammlungen, Stellen aus Terenz, Plautus und Dramatikern des H.; ferner zahlreiche Reden. Die Absicht des Zusammenstellers war wohl die, dem Redner durch Anweisung und Lieferung des verwendbaren Materials zu dienen.

§ 14. Neben diesen Sammlungen des Vorhandenen fehlen Ansätze zur eigenen Tätigkeit nicht ganz. Im Stil der ital. Humanisten werden Invektiven, stark gepfefferte Späße, Allegorien u. ä. verfaßt. Doch handelt es sich in der Hauptsache noch um tastende, unselbständige Versuche, und auch bei größeren Arbeiten läßt sich der kompilatorische Charakter nicht verkennen.

§ 15. Am ehesten ist eine gewisse Selbständigkeit noch in den historiographischen Leistungen des Frühhumanismus festzustellen, obgleich auch bei ihnen sich im ganzen der eben dargelegte Gesamtcharakter geltend macht. Humanistische Einflüsse zeigen sich bereits bei Felix Fabri (1441 oder 1442—1502), einer anziehenden Übergangserscheinung, im ganzen aber wohl noch der älteren kirchlichen Kultur zuzurechnen; sie treten deutlich bei Sigismund Meisterlin hervor, der auf Veranlassung Sigismund Gossembrots eine Augsburger Chronik (1456) schreibt und dieser sehr viel später eine noch stärker vom ital. H. beeinflußte Nürnberger Chronik folgen läßt. Auch der Geschichtschreiber des dt. Ordens Lorenz Blumenau († 1484) hat die wesentlichsten Anregungen vom ital. H. empfangen; das gleiche ist bei dem Geschichtschreiber Friedrich des Siegreichen, Matthias v. Kemnat, der Fall. Einer späteren Zeit gehören die ebenfalls noch überwiegend kompilatorischen Charakter tragenden historisch-geographischen Arbeiten Hartmann Schedels (1440—1505) an (Weltchronik, lat. und dt. 1493). Trotzdem er sich vielfach mit dem älteren H. und der Blütezeit berührt, hängt er durch seinen Verwandten Hermann Schedel und seinen Lehrer Peter Luder mit dem Frühhumanismus zusammen. An diesen erinnert auch seine eifrige Sammeltätigkeit; er hat eine für die Geschichte des H. ungemein wichtige Bibliothek von eigenhändig angefertigten Handschriften und Drucken zusammengebracht.

§ 16. Bis zu einem gewissen Grade bleiben auch im Frühhumanismus noch die Antriebe wirksam, die den ersten Anfängen des H. in Deutschland ein so verheißungsvolles Ansehen gegeben hatten. Die aus Italien übernommene Schätzung des Altertums führte noch nicht zur Vernachlässigung der Muttersprache. Vielmehr bedienten sich gerade die hervorragendsten Vertreter des Frühhumanismus des Dt., um den Erzeugnissen des Altertums wie des ital. H. allgemeinen Eingang zu verschaffen. In Betracht kommen namentlich Albrecht v. Eyb, Niklas von Wyle und Heinrich Steinhöwel. Niklas von Wyle († 1478 oder 1479) hat in seinen berühmten 'Translationen' mit ganz geringen Ausnahmen humanistische Erzeugnisse verdeutscht; auch das in der ital. Sprache Geschriebene, wie einzelne Erzählungen des 'Decamerone', übertrug er erst aus lat. Bearbeitungen. Heinrich Steinhöwel (geb. 1412, gest. wahrscheinlich 1478) beschränkte sich nicht so ausschließlich auf das Humanistische wie Niklas von Wyle, aber seine Übersetzertätigkeit ist doch auch so wichtigen Werken wie dem 'Äsop' und Boccaccios '*De claris mulieribus*' zugute gekommen. Als Dramenübersetzer erscheint dann Albrecht v. Eyb, der zwei Plautinische Stücke und die '*Philogenia*' des Ugolino Pisani dem Dt. angeeignet hat. Niklas von Wyle hält sich bei seinen Übertragungen absichtlich genau an das Lat.; er verdeutscht „Wort aus Wort"; es ist sein Ehrgeiz, „lat. Mannen" zu erziehen; auch durch eine Schule „Schreibens und Dichtens", die er in Eßlingen hielt, und in der er die Anfangsgründe der Rhetorik, Stilistik und des Notariatswesens auf Grund der Lektüre einprägte, scheint er in der gleichen Richtung gewirkt zu haben. Freier bewegen sich Steinhöwel und Albrecht v. Eyb; in ihrem Streben, das fremde Gut der heimischen Art anzugleichen, nähern sie sich wieder jenem so erfreulich anmutenden Grundzug der ersten Anfänge des dt. H.

§ 17. Schließlich bleibt die Frage zu beantworten, in welchem Verhältnis der

Frühhumanismus zu der mal. Welt, insbesondere zu deren wissenschaftlichem Niederschlag, der Scholastik, gestanden hat. Beim Beginn des Frühhumanismus scheint eine deutliche Erkenntnis des Gegensatzes zwischen dem untergehenden und dem neuemporkommenden Zeitalter noch gefehlt zu haben; Niklas von Wyle nennt Cicero in einem Atem mit Thomas v. Aquino. In den Sammlungen der aus Italien zurückkehrenden Studenten stehen mal. und humanistische Stücke noch ungeschieden durcheinander. Mit der Zeit beginnen jedoch die mal. Stücke zurückzutreten und die humanistischen Schriftsteller die Oberhand zu gewinnen, so daß nur noch einige frühmittelalterliche und vom H. immer geschätzte Autoren bleiben, wie z. B. Boethius. Auch der Briefwechsel Hermann Schedels zeigt, wie sehr die mal. Wissenschaft allmählich den antiken Schriftstellern, den Kirchenvätern und den ital. Humanisten gegenüber ins Hintertreffen geriet.

§ 18. Bei der streng kirchlichen Gesinnung der meisten Frühhumanisten scheint es verständlich, daß Zusammenstöße mit der Scholastik zunächst noch nicht erfolgten. Die in den beiden Richtungen verkörperten Gegensätze blieben gleichwohl nicht verborgen. Zwischen Sigismund Gossembrot und dem Wiener Professor Konrad Sälder (nicht Säldner, † 1471) entspann sich z. B. ein Briefwechsel, in welchem Gossembrot die Poesie (d. h. den H.) in Schutz nahm, Sälder sie dagegen für entbehrlich erklärte und ihr der Theologie gegenüber ein ganz untergeordnete Stellung anwies. Der Streit ist nicht unwichtig, denn er hat sich unter den mannigfachsten Formen, aber mit Beibehaltung der gleichen, aus dem ital. H. stammenden Beweisgründe für die Berechtigung der Poesie bis in die humanistische Blütezeit fortgesetzt. Daß der H. mit mittelalterlich-kirchlicher Gesinnung schwer vereinbar war, wurde auch sonst empfunden; daher glaubten manche Vertreter des Frühhumanismus, wie Albrecht v. Bonstetten, im vorgerückten Alter diesen Studien entsagen zu müssen, andere machten dem bisherigen System gelegentlich erhebliche Zugeständnisse, so Albrecht v. Eyb in seinem 'Spiegel der Sitten'. Auch Gegensätze der neuaufkommenden Geistesmacht zu einer anderen Fakultätswissenschaft, der Jurisprudenz, ergaben sich wie in Italien, so in Deutschland. Und hier stellt sich das seltsame Verhältnis heraus, daß ein so stark unter dem Einflusse des H. stehender Mann wie Gregor Heimburg, abgestoßen durch das Überwiegen des aus Italien übernommenen phrasenhaften Redeprunkes, die Poesie weit hinter der Jurisprudenz zurückstellt, worüber sich ein allerdings echt humanistisch gefärbter Briefwechsel zwischen ihm und Johannes Rot entspann (1454), der in den Kreisen des Frühhumanismus eifrig verbreitet wurde.

§ 19. Daß die etwa seit der Mitte des 15. Jhs. einsetzende Geistesmacht von Italien aus eingeführt worden ist, liegt nach dem Gesagten auf der Hand. Gleichwohl ist der Versuch gemacht worden, den wesentlichen Inhalt der humanistischen Bewegung als ein einheimisches Gewächs zu erweisen. Die Scholastik spaltete sich in eine *via antiqua*, zu der sich die auf Thomas v. Aquino und Duns Scotus schwörenden Realisten zählten, und eine *via moderna* (die Nominalisten, also Occam und seine Nachfolger). Angeblich soll nun der H. eine Reformbewegung für selbständige Laienkultur auf kirchlichem Boden gewesen sein, unterstützt durch das in der via antiqua sich regende Streben nach Klärung und Vereinfachung. Der ital. Einfluß wird nicht geleugnet, aber erst als ein Antrieb zweiten Grades veranschlagt. Der Versuch Hermelinks, für eine derartige Entstehung des dt. H. den Beweis anzutreten, ist mißglückt. Trotzdem wird auch aus dieser irrigen Ansicht etwas zu lernen sein. Zunächst ist daran nicht zu zweifeln, daß die Humanisten seit der zweiten Hälfte des 15. Jhs. insbesondere gegen die Modernen Stellung genommen haben, was von diesen redlich erwidert wurde. Im Gegensatz dazu finden sich gerade unter den Realisten die eigentlichen Gönner der Bewegung, auch einzelne ihrer Hauptvertreter, wie Conrad Celtes, waren realistisch vorgebildet. Die Frage, weshalb der Gegensatz des H. zur *via moderna* so schroff war, während sich zur *via antiqua* Berührungspunkte ergaben, läßt sich wohl am richtigsten folgendermaßen beantworten: seit Occam, freilich durch den Realisten Duns Scotus vorbereitet, die Unlösbarkeit der Aufgabe erwiesen hatte, die sich die Scholastik gestellt, feierte bei seinen Anhängern, den Modernen, der haarspaltende Scharfsinn immer wildere Orgien; je weniger man hoffen durfte, das erstrebte Ziel zu erreichen, desto mehr drängte sich die ganze Mühe auf die Vervollkommnung der logischen Mittel zusammen. Im Gegensatz zu diesen unfruchtbaren Spielereien vertraten die *antiqui*, insbesondere die Thomisten, die einfacheren Grundsätze, und diese Tatsache mag das geistige Bindeglied zwischen ihnen und dem H. abgegeben haben.

§ 20. Von einer Entstehung des H. aus der *via antiqua* kann demnach nicht die Rede sein, wohl aber davon, daß sich in beiden Richtungen ein gemeinsamer Grundzug der Zeit geltend macht. Eine weitere Frage schließt sich unmittelbar an. Im Laufe des 15. Jhs. mehren sich in Abhandlungen, namentlich aber in Predigten Zitate aus klassischen Schriftstellern, auch da, wo im übrigen noch ganz der scholastische Charakter vorwaltet. Nicht überall kann bei derartigen Anführungen humanistischer Einfluß angenommen werden. Woher nun diese Zunahme der Hinweise auf die röm. Literatur? Es scheint in Deutschland und in den Niederlanden bereits vor dem zweiten Einströmen des ital. H. (also etwa vor 1450) eine stärkere Berücksichtigung der lat. Schriftsteller stattgefunden zu haben, die sich indessen keineswegs bloß auf die Anhänger der via antiqua beschränkte. Wenn sich die Rezeption des H. so verhältnismäßig schnell vollzog, so ist dies aller Wahrscheinlichkeit nach daraus zu erklären, daß ihm eine aus der früher erwähnten mal. Entwicklung stammende Disposition entgegenkam. Ein sicheres Urteil über diese schon vor dem sog. Frühhumanismus vorhandene Vorliebe für die antiken Schriftsteller und die Kirchenväter wird sich erst dann fällen lassen, wenn das in Betracht kommende Material vollständig durchforscht ist.

Über den sog. Frühhumanismus verdanken wir die ersten Aufschlüsse vor allen W. Wattenbach; zusammenfassend hat sie dann ebenfalls G. Voigt a. a. O. II 277ff. dargestellt; um die Kenntnis des gesamten Verlaufs der Bewegung haben sich M. Herrmann und P. Joachimsen die größten Verdienste erworben: P. Joachimsen *Gregor Heimburg* 1891. M. Herrmann *Albrecht von Eyb* 1893. — § 8. G. Knod *Dt. Studenten in Bologna (1289 bis 1562)* 1899. — § 9. G. Schuster *Markgraf Johann von Brandenburg*, Monatshefte der Comeniusgesellschaft XII (1903) S. 22ff. W. Wattenbach Zeitschrift für die Geschichte des Oberrheins XXV (1873). S. 36ff. P. Joachimsen *Frühhumanismus in Schwaben*, Württemberg. Vierteljahrshefte für Landesgeschichte NF. V (1897) S. 63ff., 257ff. A. Büchi *Albrecht von Bonstetten* 1891. W. Wattenbach *Petrus Luder* 1869. — § 10a. Das Zitat unten aus Wattenbach, *Luder* in den wichtigen Mitteilungen über den Kreis des Markgrafen Johann; vgl. oben zu § 9. — § 11. *Hermann Schedels Briefwechsel (1452—1478)*, hsg. v. P. Joachimsen (Bibliothek d. literar. Vereins in Stuttgart, Nr. 196) 1893. — § 15. M. Häußler *Felix Fabri aus Ulm* 1914. P. Joachimsen *Die humanistische Geschichtschreibung in Deutschland* I 1895. W. Wattenbach *Hartmann Schedel als Humanist*, Forschn. z. dt. Gesch. XI (1871) S. 349ff. R. Stauber *Die Schedelsche Bibliothek* (Studien und Darstellungen auf dem Gebiete der Geschichte VI, 2/3) 1908. — § 16. Auf die Einzeluntersuchungen zur Übersetzertätigkeit der Frühhumanisten ist hier nicht zu verweisen; vgl. zur Orientierung Bächtold S. 255ff., Herrmann a. a. O. und ders. *Albrecht von Eybs dt. Schriften* II 1890. — § 17. B. Bertalot *Ein humanistisches Studienheft eines Nürnberger Scholaren 1460* 1910. — § 18. Die Quellenbelege für den Streit zwischen Gossembrot und Sälder in der zu § 9 angeführten Abhandlung von Wattenbach; der Briefwechsel zwischen Heimburg und Rot bei Joachimsen *Heimburg* 303ff. — § 19. H. Hermelink *Die religiösen Reformbestrebungen des Humanismus* 1907. — § 20. Beispiele aus den Niederlanden für das 13. und 14. Jh. bei A. Roersch *L'humanisme belge à l'époque de la renaissance* 1910.

IV. Der ältere Humanismus. Es war notwendig, den Frühhumanismus ausführlicher zu behandeln, weil es bisher an einer zusammenfassenden Übersicht fehlt. Bei dem älteren Humanismus wird eine größere Kürze sowie ein mehr andeutendes Verfahren am Platze sein.

§ 21. Den Schauplatz des älteren H. bildete zunächst Basel. Hier wirkte der Realist Heynlin vom Stein, der während seines zweiten Aufenthaltes in Paris (1467 bis 1474) als Prior der Sorbonne und Rektor der Universität zusammen mit dem Humanisten Wilhelm Fichet die Buchdruckerpressen eingerichtet und sie in den Dienst des H. gestellt hatte. Wenn er auch während seines letzten Aufenthaltes in Basel immer gleichgültiger gegen die neue Richtung geworden ist, so kann doch jetzt nicht mehr daran gezweifelt werden, daß auch noch in Basel starke humanistische Anregungen von ihm ausgegangen sind. Insbesondere die beiden humanistisch gerichteten Buchdrucker Johannes Amerbach und Johannes Froben standen unter seinem Einfluß. Nicht minder Sebastian Brant, der seit 1489 als Doktor beider Rechte an der Universität lehrte und der seine Zugehörigkeit zum H. u. a. durch eine bei Joh. Amerbach erschienene Ausgabe der Werke Petrarcas, der ersten auf deutschem Boden, bewiesen hat. 1501 wurde Brant als Syndikus nach Straßburg berufen; von da an kann man den älteren H. im wesentlichen als elsässischen H. bezeichnen, wenn auch Parallelbewegungen im übrigen Deutschland, insbesondere am Niederrhein, in Westfalen und in Schlesien nicht übersehen werden dürfen. Die Führung des elsässischen H. geht seit Brants Übersiedlung auf Jakob Wimpfeling über. In den sein Schaffen beherrschenden Grundgedanken nicht überall ursprünglich, sondern von anderen abhängig, wußte Wimpfeling doch das Übernommene so mit seinem Wesen zu verschmelzen, daß er als eine selbständige Persönlichkeit erscheint, der eine mitreißende Kraft innegewohnt haben muß; sonst wäre die bedingungslose Gefolgschaft, die ihm die jüngere elsässische Humanistenschar leistete, unerklärlich. Um Wimpfeling und Brant gruppieren sich zunächst die ungefähr gleichaltrigen Anhänger, Thomas Wolf der Ältere, mehr ein Freund der Richtung als tätig teilnehmend, und insbesondere Peter Schott (1458—1490), in der Gesamtanschauung wie in den Einzelbestrebungen Wimpfelings Geistesgenosse, Wolf wie Schott in Italien für den H. gewonnen. Die bedeutendsten jüngeren Mitglieder der Gemeinschaft waren Thomas Wolf d. J., Neffe des eben genannten (1475—1509), Matthias Ringmann Philesius (1482—1511), Johannes Adelphus Muling († nach 1522) und Hieronymus Gebwyler (geb. um 1473, † 1545); sie folgten ihrem Meister Wimpfeling durch dick und dünn, wenn es auch an gelegentlichen Zerwürfnissen nicht fehlte.

§ 22. Die Bedeutung Basels für die von dem älteren H. eingeschlagene Richtung macht sich namentlich in einem Punkte geltend. In Basel waren, stärker als anderswo, die Erinnerungen an die großen Reformkonzilien lebendig. Die fehlgeschlagenen Versuche einer Reform der Kirche an Haupt und Gliedern hatten von neuem die Blicke auf die schweren Schäden in der kirchlichen Praxis wie im Lehrbetrieb gelenkt. Der Wunsch, diese zu beseitigen, wurde zu einem der bezeichnendsten Merkmale des älteren H. Dabei lag aber Brant, Wimpfeling sowie ihrem nichthumanistischen Freunde Geiler von Kaisersberg nichts ferner als eine Opposition gegen die Kirchenlehre. Sie waren vielmehr streng kirchlich gesinnt, insbesondere von einer schwärmerischen Begeisterung für die Jungfrau Maria erfüllt, wie sie denn auch mit aller Schärfe für das Dogma von der unbefleckten Empfängnis eintraten. Immerhin erscheint aber bei ihnen der Zug, der den dt. H. vom ital. trennt, zum ersten Male entscheidend ausgeprägt: die spezifisch religiöse Färbung. Diese verleiht von vornherein ihren wissenschaftlichen Bestrebungen einen ganz bestimmten Charakter. Alle Wissenschaft gilt ihnen als nutzlos, die nicht zur Gotteserkenntnis führt; die klassischen Studien werden willkommen geheißen, aber nur für den Fall, daß sie sich als Hilfsmittel in den Dienst der Theologie stellen. In dieser Ansicht sind Wimpfeling, Brant, Peter Schott und die jüngeren elsässischen Humanisten einig. Das eigentümliche Schwanken der älteren Humanisten, ihre Unsicherheit in der Beurteilung der klassischen Schriftsteller erklärt sich aus diesem Standpunkt. Eine zweite Eigentümlichkeit, die den dt. H. vom ital. scheidet, erscheint ebenfalls zuerst im älteren H. ausgebildet: die enge Verbindung der neuen Geistesrichtung mit der Schule. Insbesondere Wimpfeling war von der Wichtigkeit des Unterrichtes auf das tiefste durchdrungen, und er meinte mit der Belehrung alle Lebensfragen, auch politische, lösen zu können. Indem er aber nun als pädagogischer Schriftsteller den Versuch unternahm, Leitgedanken für die Neugestaltung des Unterrichts aufzustellen, mußte es zu einer Auseinandersetzung mit dem mal.-scholastischen Lehrbetrieb kommen. So beginnt denn der ältere H. den Kampf gegen das bisherige Schulsystem, noch unsicher, schwankend, immer wieder zum Rückzug geneigt, aber doch so, daß der aus der Sache sich ergebende Gegensatz klar heraustritt. Dieser machte sich zunächst in der Grammatik geltend und betrifft die bisher gebrauchten Lehrbücher, insbesondere das 'Doctrinale' des Alexander de Villedieu. Das Buch, schon zu seiner Entstehungszeit (um 1200) anfechtbar, war den Anforderungen, die der H. an den Sprachunterricht stellte, nicht gewachsen. Der H. verlangte, entsprechend seinem grundsätzlichen Streben, Verwickeltes durch Einfaches zu ersetzen, nach Kürze und Faßlichkeit beim grammatischen Unterricht; er wünschte ferner die Schüler so schnell wie möglich an die Schriftsteller selbst heranzuführen. Das 'Doctrinale', ein in lat. Hexametern abgefaßtes Handbuch, vermochte weder dem einen noch dem anderen Zweck zu dienen; schlimmer als das Buch selbst waren jedoch die dazu verfaßten Glossen und Kommentare. Diese durchsetzten die Grammatik mit philosophischen, insbesondere mit logischen Elementen, und da das MA. gerade auf diese Bestandteile den größten Wert legte, trat das, was eigentlich erlernt werden sollte, in den Hintergrund. Es ist ein Verdienst des älteren H., daß er gegen dieses spitzfindige, dem Jugendunterricht unangemessene Verfahren auftrat. Dabei hat jedoch Wimpfeling, wie nach ihm auch Vertreter der humanistischen Blütezeit, das ganze 'Doctrinale' nicht verworfen, nur einzelne Teile bezeichnete er als unbrauchbar, und vor allem griff er die unnütze Aufschwellung durch logische und philosophische Fragen an. Wie gegen diese Auswüchse, so hat Wimpfeling auch mehrfach gegen die anderen unfruchtbaren Spielereien der Scholastik gekämpft, ohne freilich in dieser Kritik die nötige Folgerichtigkeit an den Tag zu legen; gelegentlich ist er sogar als unbedingter Verteidiger der Scholastik aufgetreten. Die Grundzüge der pädagogischen Schriften Wimpfelings lassen sich in der Kürze am besten so zusammenfassen: er kämpft für Vereinfachung des Lehrverfahrens und für stärkere Betonung der Realien; als Ziel des Unterrichts gilt ihm mehr noch als die Förderung der Wissenschaft die Hebung der Sittlichkeit. (Hauptschriften: 'Isidoneus' germanicus 1496. 'Adolescentia' 1499. 'De integritate' 1506. 'Diatriba' 1514. Dazu die beiden Fürstenspiegel: 'Philippica' 1498; 'Agatharchia' 1498).

§ 23. Unter den Zügen des älteren H., die für die Weiterentwicklung der Gesamtbewegung entscheidende Bedeutung gewinnen, sind hier namentlich zwei hervorzuheben: 1. Im elsäss. H. kommt bereits, wenn auch noch unausgebildet, der universale Charakter der Richtung zum Ausdruck. Nach dem in die mal. Frühzeit zurückreichenden Schema sollte der Unterricht die ganze sog. Enzyklopädie, das Trivium (Grammatik, Rhetorik und Dialektik) wie das Quadrivium (Arithmetik, Geometrie, Musik, Astronomie) umfassen; die Verteilung war gewöhnlich so gedacht, daß die im Trivium vertretenen Lehrfächer (*artes*) der Schule, die im Quadrivium zusammengefaßten der untersten, vorbereitenden Universitätsfakultät, der artistischen, zufielen. Die Scholastik hatte das Quadrivium vernachlässigt; im Trivium waren Grammatik und Rhetorik von der Dialektik völlig überwuchert worden. Das Streben des H. ging auf Wiederherstellung der ganzen Enzyklopädie, d. h. auf einen ungehemmten Betrieb aller Wissenschaften. Dieses enzyklopädische Ideal wird von dem älteren H. bereits vertreten. Das zeigt sich namentlich in der Bevorzugung einzelner Wissensgebiete, der Geschichte, der Geographie, der Altertumskunde, in der Berücksichtigung der literatur- und kulturgeschichtlichen Faktoren, wie denn auch schon Münzen und Inschriften in ihrem Wert erkannt und gesammelt oder doch wenigstens aus den Sammlungen der ital. H. entlehnt werden.

2. Im elsässischen H. tritt zum ersten Male der nationale Grundzug deutlich heraus. Vorklänge sind vorhanden, allein weder sie noch die gleichzeitig in anderen Landschaften vernehmbaren Regungen lassen sich an Stärke mit dem Nationalbewußtsein Wimpfelings und seiner Freunde vergleichen. Daß dieses vaterländische Gefühl sich gerade im Elsaß eindringlich geltend machte, hat seine besondere Ur-

sache. Denn zu dem Wetteifer mit den Deutschland verachtenden Italienern, der auch in anderen Gegenden zu nationaler Selbstbesinnung führt, gesellte sich hier der Gegensatz zu Frankreich, von dem schon damals dem Deutschtum im Elsaß beständige Gefahr drohte. Der nationale Gedanke beherrscht die Geschichtschreibung des älteren H. Wieder schreitet Wimpfeling voran. Seine '*Germania*' (1501) will in ihrem 2. Teile den Straßburger Rat zur Gründung einer humanistischen Lehranstalt bestimmen, in ihrem 1. Teile das Deutschtum des Elsaß und die dt. Abkunft aller Kaiser seit Karl dem Großen nachweisen, eine Behauptung, die Wimpfeling in eine heftige Fehde mit Thomas Murner verwickelte. Wichtiger als die 'Germania' ist die '*Epitoma rerum Germanicarum*' (gedruckt 1505), der erste, allerdings mehr der Gesinnung als der Ausführung nach rühmenswerte Versuch einer dt. Geschichte, bedeutsam wegen der Berücksichtigung des Kulturhistorischen, allerdings in der Hauptsache nicht Wimpfelings Werk, sondern das seines Freundes Sebastian Murrho (1452—1494), der ebenfalls von anderen, insbesondere ital. Quellen abhängig war. Wie in der Redigierung der '*Epitoma*' der allgemein nationale, so kommt in Wimpfelings wertvollem 'Katalog der Straßburger Bischöfe' (1509) das elsäss. Heimatsgefühl zum Ausdruck, während das universalistisch-enzyklopädische Streben, dem die Neigung für das Kulturhistorische seinen Ursprung verdankt, sich außer in der '*Epitoma*' noch in Wimpfelings jetzt verlorener 'Geschichte der Buchdruckerkunst' offenbarte.

§ 24. Die religiöse Färbung des elsäss. H. macht diesen für Berührungen mit anderen religiösen Tendenzen besonders empfänglich. So für den Einfluß des Anschauungskreises der Platonischen Akademie in Florenz. Allerdings zeigt sich dieser bei den Elsässern nur im beschränkten Maße; sie bevorzugten die Ansichten, bei denen sich Ficinus und Pico von Mirandula der kirchlichen Religiosität besonders anbequemt hatten. Auch der Grundgedanke des Florentinischen Platonismus, daß sich die Offenbarung nicht auf die Bibel beschränke, sondern sich bei allen Völkern und in jeder Menschenbrust vollziehe, scheint zwar gelegentlich bei Sebastian Brant anzuklingen, findet aber bei Wimpfeling keine Stätte, wie denn auch Plato selbst für Wimpfeling wahrscheinlich eine Art Schreckbild gewesen ist.

§ 25. In seiner Stellung den klassischen Schriftstellern gegenüber zeigt Wimpfeling starke Schwankungen; bekämpft er ursprünglich in heftiger Weise ihre Verächter und läßt er sie in Auswahl gelten, so möchte er später unter dem Einflusse des Streites mit Jakob Locher (s. u.) die antiken Dichter vollständig verbannen und durch die christlich-lat. Poesie ersetzen.

§ 26. Trotzdem läßt sich doch deutlich erkennen, wie eifrig Wimpfeling und seine Freunde bestrebt sind, eine Reform der Kirche und des Unterrichts durch Aufnahme der humanistischen Gedanken ins Werk zu setzen, allerdings unter weitgehender Schonung des Hergebrachten. Die weltgeschichtliche Bedeutung dieses Ideals ergibt sich erst dann, wenn man in Erwägung zieht, daß Melanchthon, der in seiner Jugend durch die Reformpläne der oberrhein. Humanisten berührt worden ist, nach seinem ersten begeisterten Anschluß an Luther dieses Programm wieder aufgenommen und es unter unsäglichen Schwierigkeiten seinem Lebenswerke zugrunde gelegt hat.

§ 27. Nach alledem muß die Bedeutung des älteren, insbesondere des elsäss. H. für die Entwicklung der Gesamtbewegung in Deutschland hoch angeschlagen werden, höher, als es gewöhnlich zu geschehen pflegt. Die Überzeugung von dem Werte des Unterrichts, der Gegensatz gegen den Kern des bisherigen Lehrbetriebes, die Betonung des universalen Charakters der Richtung, die Aufnahme der kirchlichen Reformforderungen in den H., die davon nicht zu trennende religiöse Färbung des H., der nationale Gedanke — alles das tritt hier zum ersten Male entscheidend hervor. Allerdings stellt der elsäss. H. noch eine Übergangserscheinung dar; das zeigt sich ganz besonders bei Wimpfeling, aber auch bei seinen Anhängern, die zuweilen Rückfälle ihres Meisters ins Ungeheuerliche übertreiben. Allein, wenn auch die Grundlagen des H. hier noch nicht vollständig ausgebildet erscheinen, vorhanden sind sie, und in manchen Anzeichen tut sich schon kund, daß die elsäss. Humanisten sich des Fortschrittes über den Frühhumanismus hinaus wohl bewußt sind.

§ 28. Wimpfeling und Peter Schott erhielten ihre erste Bildung in der Schule zu Schlettstadt, deren Leiter, der Westfale Ludwig Dringenberg (geb. um 1410, † 1490), sie zu einer der berühmtesten Bildungsanstalten Deutschlands gemacht hatte (1441—1477). Dringenberg, in der Hauptsache ein wenn auch nicht ganz sicherer Anhänger des H., war bei den Brüdern vom gemeinsamen Leben erzogen worden. Diese Gemeinschaft, um 1370 durch Geert Grote gestiftet, bestand aus einer Vereinigung von Laien, die sich zu einer vertieften Frömmigkeit, der sog. *devotio moderna*, Arbeit und Unterricht zusammengeschlossen hatten. Die Einwirkung der den Brüdern gehörenden Anstalten, der Fraterschulen, auf den H. ist früher überschätzt, später unterschätzt worden. Das Richtige ist dies, daß humanistische Neigungen den Brüdern fernlagen. Allein ihr Wunsch, die Religion zu verinnerlichen, brachte sie in einen Gegensatz zur scholastischen Theologie, ihr Streben nach sittlicher Läuterung des einzelnen führte eine Annäherung an die antike, insbesondere an die stoische Philosophie herbei, wie denn Seneca zu ihren Lieblingsschriftstellern gehörte. Die Abkehr von der Scholastik einerseits, das unwillkürliche Zusammentreffen mit wichtigen antiken Anschauungen anderseits erleichterte ihren Jüngern den Weg zum H., den viele von ihnen gegangen sind. Besonders folgenreich wurde die Wirksamkeit eines Schülers der Brüder vom gemeinsamen Leben, des Westfalen Alexander Hegius (geb. um 1436, gest. 1498). Dieser übernahm 1483 die Leitung der Schule zu Deventer, die selbst allerdings keine Fraterschule war, sondern dem Stift zum heiligen Lebuin gehörte, aber unter dem Einflusse der Brüder vom gemeinsamen Leben stand. Durch sein ungewöhnliches Lehrgeschick wie durch seine ernste, zielsichere Persönlichkeit wußte Hegius die Schule von Deventer zur Blüte zu bringen; zahlreiche Humanisten sind aus ihr hervorgegangen, auch Erasmus, der allerdings den Unterricht des Hegius nur kurze Zeit genossen hat. Nächst ihm, Hermann v. d. Busche und Mutian ist der bedeutendste Zögling der Schule Johannes Murmellius aus dem niederländ. Roermund (1480—1517); er nimmt eine Mittelstellung zwischen dem älteren H. und der Blütezeit ein. Die Halbheit Wimpfelings erscheint bei ihm überwunden; den Gegnern der humanistischen Ideale tritt er in seinem '*Scoparius*', einer Sammlung von Zeugnissen für den H., auf das schärfste gegenüber. Als Philologe, Pädagog und pädagogischer Schriftsteller hat er in unermüdlicher Arbeit gleichmäßig Vortreffliches geleistet.

§ 29. Der Name des Murmellius ist untrennbar mit der Reform der Domschule zu Münster verknüpft. Hier hatte der H. unter den Kanonikern und höheren Geistlichen Anhänger gefunden; der bedeutendste unter ihnen war Rudolf von Langen (1438 bis 1519), der in Italien zum Freund der neuen Geistesrichtung geworden war. Hauptsächlich auf Langens Betreiben, wie es scheint, erfolgte 1500 eine Reform der Domschule im humanistischen Sinne; 1502 wurde das Doctrinale abgeschafft, 1512 das Griechische als Lehrfach eingeführt, nachdem der ausgezeichnete Humanist Johannes Cäsarius (1460—1551) durch Gastvorlesungen die Lehrer für die Erteilung des Unterrichts vorbereitet hatte. Rektor der reorganisierten Domschule war Timan Kemener (geb. um 1470, † 1535); doch beruhte der eigentliche Glanz auf dem Konrektor Murmellius (an der Domschule wirkend 1500—1507, 1512—1513). — Über den H. in Schlesien vgl. die Literaturübersicht.

§ 30. Der Zeit nach würde der Friese Rudolf Agricola (1443—1485), der Freund und Lehrer des Hegius, dem älteren H. angehören. Allein man muß ihn der Blütezeit zurechnen. Denn kaum ein anderer Humanist mit Ausnahme Wilibald Pirkheimers kommt dem von Italien ausgehenden Ideal des Renaissancemenschen so nahe wie er. Von ungewöhnlicher Vielseitigkeit, Musiker, Maler, Gelehrter, zeigt er trotzdem eine harmonische Ausbildung der ganzen Persönlichkeit. Und als echter Sohn eines Zeitalters, in dem das Gefühl von der Berechtigung der Individualität wieder mit ganzer Stärke erwacht war, wollte er nur dem inneren Gesetz seines Wesens folgen. Deshalb war ihm jede, auch die leiseste Beschränkung der selbständigen Entschließung verhaßt. Agricolas Tätigkeit als Schriftsteller steht an eindrucksvoller Kraft hinter der Persönlichkeit zurück. Seine drei Bücher: '*De inventione dialectica*' machen den Versuch, durch Anlehnung an Cicero, Quintilian, auch Aristoteles die scholastische Logik zu überwinden, und sind doch gezwungen, vielfach mit dem scholastischen Gut zu arbeiten. Aber wenn auch der wissenschaftliche Einzelbetrieb durch seine Schriften ('*De formando studio*', ein pädagogisches Programm; Rede über die Philosophie; das nur handschriftlich vorhandene 'Leben Petrarcas' kann hier außer acht bleiben) nicht entscheidend gefördert wurde, er hat doch eine Reihe von großen wissenschaftlichen Grundgedanken kräftig herausgestellt, so die Forderung voraussetzungsloser Forschung und die Ablehnung jeder die freie Forschung beschränkenden Autorität; ferner die echt humanistische Überzeugung von der Macht dès Menschengeistes und dann im Gegensatze zu der Zweckrichtung der Scholastik den Grundsatz, daß das Edle um seiner selbst willen erstrebt werden müsse.

§ 21. M. Hoßfeld *Joh. Heynlin vom Stein*, Baseler Z. f. Gesch. u. Altertumskunde VI (1907) S. 309ff., VII (1908) S. 79ff., 235ff. Ch. Schmidt *Histoire littéraire de l'Alsace à la fin du XVe et au commencement du XVIe siècle* 1879. O. Lorenz und W. Scherer *Geschichte des Elsasses von den ältesten Zeiten bis auf die Gegenwart*^{3} 1886. J. Knepper *Jakob Wimpfeling* 1902. P. Joachimsen in der Festgabe, Hermann Grauert gewidmet 1910. Peter Schott ADB. XXXII (1892) S. 406; die beiden Wolf ADB. XLIV (1898) S. 51ff. Über den jüngeren Wolf: Knepper in dem zu § 23 zu nennenden Buche S. 39ff. — § 22. *Das 'Doctrinale' des Alexander de Villa dei*, hsg. v. D. Reichling (Monumenta Germaniae paedagogica XII) 1893. J. Freundgen *Wimpfelings pädagogische Schriften, übersetzt, erläutert und mit einer Einleitung versehen* 1892. — § 23. Inwieweit Conrad Celtes in der stärkeren Betonung des nationalen Zuges vor dem elsäss. Humanismus die Priorität gebührt, bedarf noch genauerer Untersuchung. J. Knepper *Nationaler Gedanke und Kaiseridee bei den elsässischen Humanisten* 1898. E. Martin *'Germania' von Jakob Wimpfeling, übersetzt und erläutert* 1885. — § 28. G. Knod in den Straßburger Studien II 4; J. Geny und G. Knod *Die Bibliothek zu Schlettstadt* 1889 S. 18ff. Lindeboom *Het Bijbelsch Humanisme in Nederland* 1913. M. Schoengen *Die Schule zu Zwolle* 1898. Vgl. auch das zu § 20 angeführte Buch von Roersch. D. Reichling Monatsschrift für rhein.-westfäl. Geschichtsforschung III (1879) S. 286ff. Wiese *Der Pädagoge A. Hegius u. seine Schüler*. Diss. Erlangen 1892. Lindeboom a. a. O. S. 71ff. D. Reichling *Johannes Murmellius* 1880. Murmellius' *Opera*, hsg. v. A. Bömer 1891ff. Murmellius *Pädagogische Schriften, übersetzt, erläutert und mit einer Einleitung versehen* v. J. Freundgen 1894. D. Reichling *Die Reform der Domschule zu Münster im Jahre 1500* 1900 (daselbst weitere Literatur über die einzelnen Lehrer an der Domschule). A. Bömer *Das literarische Leben in Münster bis zur endgültigen Rezeption des Humanismus* 1906. J. Hashagen *Die Hauptrichtungen des rhein. Humanismus*, Annalen des hist. Vereins f. d. Niederrhein CVI (1922) war mir nicht zugänglich. — Im Text war es nicht möglich. die Entwicklung des Humanismus in den einzelnen Landschaften zu verfolgen; von Wichtigkeit ist für den Fortgang der Bewegung insbesondere Schlesien, das z. T. unter der Einwirkung der Universität Krakau steht (vgl. § 53). Die Kenntnis des schles. Humanismus hat G. Bauch in zahlreichen Einzeluntersuchungen erschlossen; sie können nicht im einzelnen aufgezählt werden; man übersieht sie jetzt bequem bei P. Thierse *Der nationale Gedanke und die Kaiseridee bei den schles. Humanisten* 1908 (Seitenstück zu dem § 23 genannten Buch von Knepper). Vgl. auch G. Bauch *Bibliographie der schles. Renaissance 1475—1521*, in der Festschrift Silesiaca 1898. G. Bauch hat sich auch um die Erforschung der Rezeption des Humanismus, namentlich im Hinblick auf die Universitäten, hohe Verdienste erworben, wenn auch die Benutzung seiner Arbeiten durch die Unübersichtlichkeit der Darstellung erschwert wird. — § 30. F. v. Bezold *Rudolf Agricola* 1884. Lindeboom a. a. O. S. 63ff. J. M. van der Velden *Rodolphus Agricola, een Nederlandsch humanist der viiftiende eeuw* 1911. A. Faust *Die Dialektik Rudolf Agricolas*, Archiv f. Gesch. der Philosophie XXXIV (1922).

V. Die Blütezeit. Allgemeine Grundzüge. § 31. Die leitenden Gedanken der Blütezeit des H. zu bezeichnen, wird dann am ehesten möglich sein, wenn man in Betracht zieht, was die hervorragendsten Geister auf der Höhe der Bewegung für das Wesentliche hielten. Man geht dabei am besten von den Punkten aus, um derentwillen sich der H. der mal. Wissenschaft gegenüber in Verteidigungsstellung setzte, die er also als den unentbehrlichsten, unter allen Umständen festzuhaltenden Kern der Richtung betrachtete. Es erscheint zweckmäßig, je ein

Zeugnis aus dem Anfang und dem Ende der Blütezeit zusammenzustellen (die Bezifferung der Punkte ist in beiden Fällen zugefügt worden). Das erste Zeugnis findet sich in Celtes' programmatischer Ingolstädter Antrittsrede von 1492. Celtes vermißt bei der scholastischen Universitätsgelehrsamkeit seiner Zeit das Streben 1. nach der wahren Erkenntnis der Dinge, 2. nach der Erforschung der Natur, 3. nach der Reinheit der röm. Sprache. Und 27 Jahre später, 1519, also zu einer Zeit, in der der Sieg des H. entschieden zu sein schien, zählt Erasmus in einem berühmten Brief an Erzbischof Albrecht von Mainz die erzielten Fortschritte auf, die den Widersachern der Bewegung besonders anstößig waren. „Schon längst erfüllt es sie mit bitterem Verdruß," sagt Erasmus, „1. daß die guten Studien und die Sprachen erblühen, 2. daß die Schriftsteller des Altertums, die ehedem, staubbedeckt, Mottenfraß waren, wieder lebendig werden, 3. daß die Menschheit zu den Quellen selbst zurückgeführt wird." — Die erste von Celtes aufgestellte Forderung ist aus dem Gegensatz zur scholastischen Philosophie erwachsen. Man war der unfruchtbaren dialektischen Künste müde und strebte auch auf dem philosophischen Gebiete zur Einfachheit zurück. Was an Stelle der Scholastik Neues geboten wurde, zeichnet sich nun freilich nicht durch Ursprünglichkeit und Tiefe aus, aber zu unterschätzen ist es keineswegs, daß dieses Geschlecht von der Erhabenheit der Philosophie, ihrer Bedeutung als Führerin des Lebens die höchsten Vorstellungen hatte. Die durch die Römer vermittelten stoischen Elemente finden Aufnahme, doch beginnt auch Plato zu wirken, während Aristoteles zurücktritt. Die Ethik wird in den Vordergrund gerückt. Der Gegensatz zum MA. offenbart sich vor allem in der Überzeugung von der Würde und Kraft des durch keine Schranken eingeengten, alles erfassenden und durchdringenden Forschergeistes. Das Vertrauen auf die Macht des gottentstammten Menschengeistes rückt diese Anschauungen in die Nähe der Gedanken des Pico von Mirandula und des Ficinus; von dem Einfluß der Häupter der Platonischen Akademie auf die Blütezeit des H. wird noch weiter die Rede sein. — Mit dem Wunsch einer völligen Umgestaltung der Philosophie ist bei Celtes das Streben nach naturwissenschaftlicher Erkenntnis eng verbunden, ja die meisten Fragen, die er als philosophische bezeichnet, weisen sich als naturwissenschaftliche aus. Der Versuch, die von der Scholastik ganz zurückgedrängten Fächer des Quadriviums, Mathematik, Astronomie (einschließlich der Geographie), wieder anzubauen, hatte schon im älteren H. fruchtbringend gewirkt; in der Blütezeit führt er eine völlige Umwälzung herbei, indem nunmehr die Naturwissenschaften gleichberechtigt in den Kreis der Studien eintreten und damit auch für eines der Fakultätsfächer, die Medizin, ein neues Verfahren angebahnt wird. Allerdings wirkte der Drang nach Erkenntnis der Natur nicht durchweg günstig, da noch ein sicheres Verfahren fehlte, und da die aus Italien übernommene Vorstellung von der Allbeseelung der Natur der Ausbildung des Aberglaubens Vorschub leistete. Allein diese Auswüchse haben doch den wissenschaftlichen Fortschritt nicht verhindern können. Die Bedeutung des H. für die Entwicklung der Naturwissenschaft kann jedenfalls nicht hoch genug angeschlagen werden: Peurbach, Regiomontan, Copernicus — die beiden ersten noch in den Frühhumanismus zurückreichend — sind Humanisten gewesen; Peurbach und Regiomontan erklärten an der Universität lat. Schriftsteller; Copernicus begann seine wissenschaftliche Tätigkeit mit Übersetzungen aus dem Griechischen. Den nahen Zusammenhang zwischen H. und Naturwissenschaft bezeugt das von Celtes eingerichtete *collegium poetarum et mathematicorum* in Wien, wobei hinzuzufügen ist, daß die Mathematik hier die Astronomie und ihre damals unentbehrliche Schwester, die Astrologie, mit einbegreift. — Der 3. von Celtes aufgeführte Punkt deckt sich mit dem 1. und 2. des Erasmus. Daß die sprachlich-wissenschaftliche Bildung innerhalb der 27 Jahre, die zwischen dem Zeugnis des Celtes und dem des Erasmus liegen, von der 3. Stelle an die 1. gerückt ist, kann schwerlich als ein Zufall bezeichnet werden. Der Charakter des H. als einer sprachlich-wissenschaftlichen Richtung prägt sich im Verlauf der Blütezeit immer mehr aus. Celtes hatte lediglich von der lat. Sprache geredet; bei Erasmus handelt es sich um die Sprachen, also Lat. und Griech.; hinzu tritt das schon im älteren H. (durch Konrad Pellikan, Petrus Nigri) vorbereitete Hebr.; der *vir trilinguis* ist das Ideal des H., das auch von Celtes bereits vertreten wird. Weit stärker als in den vorhergegangenen Abschnitten der Bewegung macht sich die Alleinherrschaft der alten Sprachen, insbesondere des Lat., geltend. Das Streben, die Antike durch Übersetzungen zu popularisieren, das noch im älteren H. zu den Übertragungen Ringmanns und Dietrichs von Pleningen geführt hatte, hört nicht ganz auf, tritt aber an Bedeutung zurück. Es vollendet sich der Gegensatz zwischen dem lat. Menschen und dem „Pöfel". — Endgültig wird der grammatische Betrieb von den Resten des mal. Verfahrens losgelöst und auf eine selbständige Grundlage gestellt. In umfassender Weise nimmt der H. die kritische Arbeit an den antiken Schriftstellern und Kirchenvätern auf; trotz augenfälliger Mängel, wie sie sich aus dem Fehlen der Hilfsmittel und der Unsicherheit der Anfangszeit ergeben, wird in der Textkritik und der Beobachtung des Sprachgebrauchs Bedeutendes geleistet. — Besonders ins Gewicht fällt der 3. von Erasmus angeführte Punkt, der nun seinerseits wieder aufs engste mit den beiden ersten Punkten des Celtes zusammenhängt. Für die Blütezeit ist der Ruf: *Ad fondes!* entscheidend. Dieser Wunsch, zu den Quellen alles Wissens vorzudringen, bezieht sich zunächst auf die alten Schriftsteller, beginnt sich aber, wie der Wortlaut der Erasmusstelle dartut, während der Blütezeit ins allgemeine zu wenden und, dem enzyklopädischen Ideal des H. entsprechend, zu einem völligen Umschwung der Geisteswissenschaften, der Naturwissenschaften sowie der Theologie zu führen. In bezug auf die Naturwissenschaften ist das Nötige bereits gesagt worden. Die Quellen, auf die man hier zurückging, waren selbstverständlich die antiken Schriftsteller. Allein es lag in der Natur der Sache, daß der einmal geweckte Eifer von den Berichten der Alten über die Naturvorgänge zum eigenen Sehen fortschritt. In den Geisteswissenschaften dehnt sich die Teilnahme allmählich auf die verschiedensten Gebiete aus; und das Streben, alles aus den Quellen abzuleiten, führt zu einer schärferen Scheidung des Echten vom Unechten. Das gilt nicht bloß von der Philologie, sondern auch von der Rechtswissenschaft; das Entscheidende bei den neuen Antrieben, die Ulrich Zasius (1461 bis 1535) der Jurisprudenz gibt, wird doch bleiben, daß er über die Auslegungen der Italiener auf den Wortlaut und darüber hinaus auf den Inhalt der röm. Gesetze zurückgeht. Und wie Regiomontan und Copernicus, so war auch Zasius zunächst Humanist, Leiter der Freiburger Stadtschule und Lehrer der Poesie, d. i. der humanistischen Wissenschaften, an der Universität, so daß sich der Zusammenhang zwischen dem H. und einer völligen Umgestaltung der Fachwissenschaften mit Händen greifen läßt. Das Zurückgehen auf die Quellen und das damit in Verbindung stehende Erwachen des kritischen Sinnes macht sich ganz besonders deutlich in dem humanistischen Betrieb der Geschichtswissenschaft geltend. Schon im älteren H. (z. B. bei Ringmann) offenbart sich der Gegensatz zu der mal. Art: man will nicht mehr Abenteuer und Märchen, sondern wirklich Geschehenes hören. Freilich vollzog sich der Fortschritt langsam: denn das den humanistischen Historikern zu Gebote stehende Material reichte nicht aus, ihren Drang nach Wiedergabe des wahrhaft Geschichtlichen zu befriedigen, und da die ergänzende Kritik sich erst auszubilden begann, mußte dann doch wieder die Phantasie dazu helfen, die Lücken auszufüllen. Auf diese Weise sind umfangreiche Fälschungen zustande gekommen, die seltsamsten durch Johannes Trithemius (1462 bis 1516), der, mit zahlreichen Humanisten befreundet, noch an der Schwelle der Blütezeit eine wunderliche Übergangserscheinung zwischen mönchischer Gelehrsamkeit und Humanismus bildet. Auch bei Celtes fehlen ähnliche phantastische Ausschmückungen nicht. Allein diese Kinderkrankheiten wurden verhältnismäßig schnell überwunden; wie sehr die Kritik erstarkte, lehren historiographische

Leistungen bedeutender Art, namentlich die *'Res germanicae'* (1531) des Beatus Rhenanus, eines der treuesten Schüler des Erasmus, durch seinen Lehrer Gebwyler (s. o.) aber auch mit dem elsäss. H. zusammenhängend.

§ 32. Daß die besondere Teilnahme des H. sich auch der Theologie zuwandte, erklärt sich aus dem religiösen Charakter, den die Richtung in Deutschland angenommen hatte. Es gelangt in der Blütezeit zur Reife, was im älteren H. angebahnt worden war: der religiöse Zug erstarkt so, daß auch der Anlage nach wenig religiös gerichtete Geister sich ihm nicht entziehen können. Wie im älteren H. so wird auch in der Blütezeit der Kampf gegen die kirchlichen Mißbräuche in das humanistische Programm aufgenommen. Einerseits sind nationale Antriebe maßgebend, anderseits war die bisherige Form des höheren und niederen Unterrichts so eng mit der kirchlichen Praxis verbunden, daß eine Bewegung, der es auf die Reform der Bildungsanstalten ankam, notwendigerweise auch gegen die Auswüchse des kirchlichen Lebens Partei nehmen mußte. In noch höherem Maße gilt dies von der mittelalterlich-kirchlichen Wissenschaft; schon gegen Ende des 15. Jhs. zeigt sich (z. B. bei Celtes), daß es nicht mehr allein die *via moderna*, sondern die ganze Scholastik ist, der der Widerwille des H. zuteil wird. Indessen noch wichtiger als diese verneinende Haltung ist die vom H. auf religiösem Gebiete geleistete positive Arbeit; z. T. in Anlehnung an den ital. H., z. T. aber auch selbständig, bildet sich eine auf antike, namentlich stoische Elemente aufgebaute Religiosität aus, die vornehmlich die sittliche Seite der Religion ins Auge faßt und an den Heilstatsachen das besonders schätzt, was sie an ethischen Werten bieten. Auch wo ein Widerspruch gegen die augenblickliche Gestaltung der Kirche nicht erhoben wird, entsteht aus dieser Bevorzugung des moralischen Gehaltes der Religion ein Gegensatz zu den Anschauungen des Mittelalters, das nicht von ethischen, sondern von metaphysischen Voraussetzungen ausgegangen war. Diese veränderte Stellungnahme macht die Blütezeit für die von der Platonischen Akademie in Florenz vertretenen Gedanken besonders empfänglich, die schon im älteren H. eine, wenn auch beschränkte Wirkung ausgeübt hatten. Insbesondere die durch Pico von Mirandula verkündete Lehre von einer allgemeinen Offenbarung der göttlichen Wahrheit, die nicht nur in der Bibel niedergelegt, sondern auch bei Pythagoras, Sokrates, Plato sowie in der Kabbalah der Juden nachzuweisen sei, findet zahlreiche Anhänger und Weiterbildner. Neben Celtes kommen dabei hauptsächlich drei Kreise in Betracht: 1. Reuchlin und sein schon frühzeitig für den H. gewonnener Freund Martin Brenninger (geb. um 1450, Professor des kanon. Rechts in Tübingen, † 1501), durch den ihm befreundeten Ficinus „der Himmlische" genannt, daher der von ihm angenommene Name: Uranius. 2. Mutian und seine Jünger. 3. Erasmus, der durch den Engländer John Colet mit diesen Ideen bekannt wird (die näheren Nachweise unten). — Die Betonung des moralischen Gehaltes der Religion, nicht minder die Vergeistigung, die sich aus der Übernahme der Gedanken des Ficinus und Pico ergab, mußten den H. in Gegensatz zu den veräußerlichten Formen der kirchlichen Frömmigkeit bringen.

§ 33. Für die religiösen Bestrebungen des H. ist der Wunsch, zu den Quellen vorzudringen, besonders folgenreich geworden. Indem die sprachlichen Studien in den Dienst der Religion gestellt wurden, kam es zu einer wirklichen Erschließung der biblischen Urkunden und der Kirchenväter. Bei tieferem Eindringen konnte der Gegensatz zwischen dem Inhalt dieser Quellen und der Form, die das abendländische Christentum im Ausgange des MA. angenommen hatte, ebenfalls nicht verborgen bleiben, und so wurde auch von dieser Seite aus dem H. der Kampf mit den kirchlichen Mißbräuchen aufgedrängt.

§ 34. Wie die für den älteren H. bezeichnenden Merkmale in der Blütezeit fortwirken und zur Reife gelangen, lehrt der nationale Zug. Er ist unaufhaltsam im Wachsen begriffen; auch die Alleinherrschaft des Lat. ändert daran nichts. Noch immer sind die gleichen Antriebe wirksam wie im älteren H., namentlich der Wetteifer mit den Italienern, so z. B. bei Agricola und Celtes. Wiederum wie im älteren H. offenbart sich der nationale Zug in dem Stolz auf die dt. Vergangenheit. Er führt zu eingehender Beschäftigung mit der älteren Geschichte und Geographie Deutschlands. Und gerade auf diesem Gebiete wird das Streben des H., auf die Quellen zurückzugehen und zu ihnen kritisch Stellung zu nehmen, jetzt erst wirklich fruchtbar. Celtes veranlaßt die Herausgabe der Werke Hrotsviths und des '*Ligurinus*'; die wichtigsten mal. Geschichtsschreiber treten an das Licht; unbekannte röm. Zeugen der dt. Vergangenheit werden entdeckt, so Vellejus Paterculus durch Beatus Rhenanus (1515), andere für die Benutzung zugänglich gemacht, wie denn Celtes die erste Ausgabe der '*Germania*' des Tacitus veranstaltet, Beatus Rhenanus einen kurzen, aber sehr wichtigen Kommentar dazu liefert (1519). Schärfer als bisher erkennt man die Bedeutung einzelner geschichtlicher Persönlichkeiten, wobei der patriotische Zorn das Auge schärft: erst durch Hutten wird die Gestalt des Arminius wirklich in die Geschichte eingeführt.

§ 35. Über dieser Fülle neuerschlossenen Bildungsinhalts geht die Freude an der Form nicht verloren; immer noch bleibt die '*eloquentia*' das Ideal des H. Allein, so eindringlich auch Celtes und Locher zur eloquentia, d. h. zur geschmackvollen Darstellung nach dem Muster der Alten, mahnen, es läßt sich doch nicht bestreiten, daß dieses humanistische Ziel in der Blütezeit nicht mehr ganz die bedeutende Rolle spielt wie beispielsweise im Frühhumanismus.

§ 36. Der Frühhumanismus ist von einer weltflüchtigen Stimmung beherrscht; sie dauert auch im älteren H. noch an, wie denn z. B. Wimpfeling sich wiederholt mit seinen Freunden in eine Einsiedelei zurückziehen wollte. Im Gegensatz zu diesen beiden Perioden zeigt die Blütezeit ein erhöhtes Lebensgefühl; mit einer freudigen Begeisterung gehen die Humanisten an die Aufgabe, die *humanitas*, d. i. die feine Geistesbildung auf Grund der Alten, wiederherzustellen. Das Bejahende dieses optimistischen Enthusiasmus verleiht der Blütezeit einen unverlierbaren Glanz; ganze Werke spiegeln ihn wider, so z. B. die 'Exegesis Germaniae' (1518) des Franciscus Irenicus. Aber auch Reuchlin, ja selbst der skeptische Erasmus geben diesem Hochgefühl Ausdruck. Ihre vollkommenste Verkörperung findet diese Grundstimmung in den berühmten Worten Huttens am Schlusse seines Briefes an Wilibald Pirkheimer vom 25. Oktober 1518; aus ihnen ergibt sich zugleich, daß die durch Zurückgehen auf die echten Quellen bedingte Blüte der Wissenschaften (bei Hutten: Jurisprudenz, Theologie und Philosophie) in den Humanisten die Überzeugung von dem Siege und der Unüberwindlichkeit ihrer Sache erweckt hat.

§ 31. Inhaltsangabe der Ingolstädter Antrittsrede des Celtes bei G. Bauch *Die Anfänge des Humanismus in Ingolstadt* 1901. S. 38ff. Erasmus' Brief an den Erzbischof Albrecht v. Mainz vom 1. Nov. 1519, Leydener Ausgabe III 514. Dt. Übersetzungen auf der Grenze zwischen älterem Humanismus und Blütezeit: K. Hartfelder *Dt. Übersetzungen klassischer Schriftsteller aus dem Heidelberger Humanistenkreis* 1884. — Über die Geschichtschreibung des Humanismus, einschließlich des Frühhumanismus und des älteren Humanismus, vgl. insbesondere P. Joachimsen *Geschichtschreibung und Geschichtsauffassung unter dem Einflusse des Humanismus* 1910. — § 32. W. Dilthey *Weltanschauung und Analyse des Menschen seit Renaissance und Reformation* 1914. Cl. Baeumker *Mal. und Renaissance-Platonismus*, Beiträge zur Geschichte der Renaissance und Reformation, Festgabe für Jos. Schlecht (1917) S. 12ff. — § 36. Über die *humanitas* vgl. Anmerkung zu § 1.

VI. Die Hauptvertreter der Blütezeit. § 37. Als ein Vorklang der Blütezeit kann das reiche, geistige Leben bezeichnet werden, das sich im vorletzten Jahrzehnt des 15. Jhs. an der Universität Heidelberg, allerdings nur auf kurze Zeit, entwickelte. Der 1482 zum Kanzler der Universität ernannte Bischof von Worms, Johann von Dalberg, selbst fein gebildet, war ein Gönner des H.; zusammen mit seinem Freunde, dem kurfürstlichen Rat Dietrich von Pleningen, suchte er Heidelberg zu einem Mittelpunkte der neuen Richtung zu machen. In der Tat fanden sich damals zahlreiche Vertreter des H. in Heidelberg zusammen: Agricola, der in Heidelberg eine freie Lehrtätigkeit entfaltete, Wimpfeling, der junge Celtes u. a.; auch Reuchlin gehörte um jene Zeit vorübergehend dem

Lehrkörper der Universität an. Der schnell wieder auseinandergegangene Kreis war in seinen Anschauungen nicht einheitlich; gehört Wimpfeling dem konservativsten Flügel des H. an, so nehmen andere wie Agricola schon einen freieren Standpunkt ein.

§ 38. Locher. Diese eigentümliche Mischung zeigt sich gelegentlich auch innerhalb ein- und derselben Persönlichkeit. So bei Jakob Locher Philomusos (1471 bis 1528). Dieser steht von allen Vertretern der Blütezeit dem älteren H. am nächsten. Er hängt auch äußerlich mit ihm zusammen, denn er war Sebastian Brants Schüler und hat durch seine lat. Übersetzung von Brants 'Narrenschiff' diesem Weltruf verschafft. Mit dem Elsässer H. teilt er den schwärmerischen Marienkultus; und ebenso wie der ältere H. steht er durchaus auf dem Boden der bisherigen Kirchlichkeit; das päpstliche Lehramt gilt ihm als göttliche, von Christus seinen Jüngern hinterlassene Einrichtung. Mit dem älteren H. teilt er ferner den nationalen Zug, der sich bei ihm hauptsächlich gegen die Italiener richtet. Begeistert tritt er für das Studium der Heiligen Schrift und der Kirchenväter ein; über die Scholastik urteilt er scharf ab, insbesondere über den Nominalismus, während er Thomas und Duns Scotus ausnimmt. Bewegt er sich in alledem noch auf der Linie des elsäss. H., so bringt ihn die Schätzung der antiken Dichter zu diesem in Gegensatz. Locher erklärte die Lektüre der alten Dichter für unbedingt notwendig; seine '*Oratio de studio humanarum disciplinarum*' (spätestens 1496) betont ganz im Sinne der ital. Humanisten des 15. Jhs., welchen heilsamen Einfluß die antiken Dichter nach Form und Inhalt auszuüben imstande seien. Aus dieser Überzeugung heraus ist auch seine Horazausgabe (1498) erwachsen, die erste in Deutschland und eine für seine Zeit nicht gewöhnliche philologische Leistung. Über die Schätzung der Dichter geriet er zunächst mit seinem Ingolstädter Kollegen, Professor Georg Zingel, in Streit, und als Wimpfeling, hastig und unbedacht, diesen unterstützte, schrieb Locher seine wohl hauptsächlich gegen Wimpfeling gerichtete '*Comparatio Mulae et Musae*' (1506), worin er die Poesie wieder mit den schon im Frühhumanismus übernommenen Beweisgründen der Italiener gegen die Theologie verteidigte. Wimpfeling antwortete mit seiner Schrift: '*Contra turpem libellum Philomusi*' und ließ sich in der Hitze des Kampfes zur völligen Verwerfung der heidnischen Dichter hinreißen.

§ 39. Bebel. Hummelberger. Locher gegenüber bedeutet Heinrich Bebel (gest. Ende 1517 oder Anf. 1518) bereits einen erheblichen Fortschritt. Er hat sich noch stärker als dieser von der Überlieferung frei gemacht. Das zeigt sich insbesondere bei seiner Beurteilung der lat. Schriftsteller, die im Frühhumanismus und im älteren H. eine vorbildliche Wirkung ausgeübt hatten. Die alten und neueren christlichen Dichter werden auf Sprache und Metrik geprüft und zu leicht befunden; auch an die Kirchenväter, wie Hieronymus, wird ein ähnlicher Maßstab angelegt; selbst das Latein eines Humanisten wie Enea Silvio findet keine Gnade vor Bebels Augen. Mit ausgebreiteter Belesenheit hat er den richtigen Sprachgebrauch festgestellt und durch eine Reihe vortrefflicher Lehrbücher die Grundlagen für das Sprachstudium geschaffen. Seine '*Ars versificandi*' (1506) errang als die beste und vollständigste Poetik einen großen Erfolg; höher wird man jetzt noch seine '*Commentaria epistolarum conficiendarum*' (zuerst 1503, oft aufgelegt) schätzen; hier hat Bebel mit einer solchen Frische und Ursprünglichkeit die Anleitung zu ungezwungenem Briefstil gegeben, daß in diesem Lehrbuch der Grundzug der humanistischen Bewegung, die Rückkehr zum Ursprünglichen, Einfachen, aufs deutlichste offenbar wird. Geeignete Hilfsmittel zur Herstellung der Sprachreinheit lieferten die Schüler und Freunde Bebels, Jakob Heinrichmann (1497 in Tübingen inskribiert, † erst 1561), Michael Köchlin (Coccinius, geb. 1478), Johann Köl oder Brassican (1489 in Tübingen inskribiert, † 1514), Johann Altensteig (1497 in Tübingen inskribiert, † 1523), und schließlich der Lehrer Melanchthons, Georg Simler (1537), der Bedeutendste des Kreises, der Verfasser der ersten griech. Grammatik in Deutschland (1512). Oft tragen bei diesen Kampfgenossen Bebels die grammatischen Arbeiten, die allerdings das Doctrinale nicht immer ganz ablehnen, einen scharf polemischen Charakter, teils gegen die Scholastik im allgemeinen, teils gegen die rückständige Art der Universität Tübingen. Denn obgleich an ihr bereits 1481—1486 der Realist Michael Lindelbach aus Ochsenfurt einen durch Eberhard im Bart gestifteten Lehrstuhl für Poesie innehatte, wehrte sich die Universität doch immer von neuem gegen den eindringenden humanistischen Geist. Die aus diesem Widerstand entstehende Kampfesstellung gibt den Äußerungen Heinrichmanns u. a. eine noch heute lebendig anmutende Färbung. Mit seiner philologisch-pädagogischen Tätigkeit ist Bebels Bedeutung nicht erschöpft; auch er hat in panegyrischen Schriften das Deutschtum zu Ehren zu bringen gesucht, mit erfreulichem patriotischem Eifer, aber nach Wimpfelings Art in der Auswahl seiner Beweisstücke sehr unkritisch. Wie auf sein Deutschtum, so war er auch auf sein Schwabentum stolz, und infolge seiner bäuerlichen Abkunft erhielt er sich eine starke Neigung zum Volkstümlichen, die sich in seiner Vorliebe für das Volkslied, für Sprichwörtliches ('*Proverbia germanica*' 1508) und Schwankhaftes äußert. Daher auch die natürliche Art in seinen '*Facetiae*' (1509—1514); vergleicht man die darin gesammelten Schwänke mit denen Poggios, so springen trotz mancher Übereinstimmungen die unterscheidenden Merkmale der Nationen in die Augen. Bebels '*Facetiae*' richten ihre Pfeile besonders gegen Weltgeistlichkeit und Mönche; auch diese Stellungnahme ergab sich aus Bebels nationalem Standpunkt; wurde doch in seinem Kreise der Papst bereits als der Urheber der unglücklichen Lage des dt. Reiches bezeichnet. — In der Geschichte des H. dürfen die Männer nicht vergessen werden, die, ohne selbst mit schriftstellerischen Leistungen hervorzutreten, eine Art geistigen Mittelpunktes für die Gleichgesinnten bildeten. Insbesondere der schwäb. H. fand einen solchen Mittelpunkt in dem gelehrten und an allen durch die Bewegung geweckten Fragen teilnehmenden Michael Hummelberger zu Ravensburg (1487—1527), der auch mit zahlreichen anderen Humanisten in reger Verbindung stand und räumlich getrennte humanistische Kreise in wissenschaftlich fruchtbare Verbindung zu bringen wußte.

§ 40. Conrad Celtes und seine Schüler. Conrad Celtes (1459—1508) bietet in vergröberten Zügen das gleiche Bild wie sein Lehrer Agricola: er strebt nach völliger Unabhängigkeit und will sich in dieser durch nichts einschränken lassen. Daher sind ihm Ehe, Amt, Seßhaftigkeit nur lästige Fesseln; als solche werden auch die bisherigen sittlichen Maßstäbe und die geltenden Autoritäten angesehen. Aus dem Streben, sich nicht einengen zu lassen, erklärt sich z. T. seine Wanderlust; dem ganzen Zeitalter eigentümlich, trägt sie bei ihm gleichwohl besondere Züge; sie entspringt nicht nur dem Freiheitsdrang, sondern auch seiner geistigen Beweglichkeit und dem Wunsch, immer neue Eindrücke in sich aufzunehmen. Dieses Streben ist keineswegs bloß rezeptiver Art; vielmehr schafft Celtes das von außen Empfangene schnell zu Eigenem um. Er vermochte das, weil er einen sicheren Blick für den Kern der Dinge hatte und als Schriftsteller die Leser von Nebendingen auf das Wesentliche hinzulenken wußte. Für seine Scharfsichtigkeit spricht auch die Art, in der er die geistigen Bedürfnisse der Zeit erkannte und auf sie einging. Überall finden sich bei ihm überraschend neue, entwicklungsfähige Gedanken. Seine anregende Kraft war daher groß, weniger seine Fähigkeit, die fruchtbaren Keime ausreifen zu lassen und zu gestalten. — Die verschiedenen Seiten des H. kommen in Celtes zu deutlicherem Ausdruck als bei vielen seiner Mitstrebenden. Obgleich er in seinem Erstlingswerk, der wichtigen '*Ars versificandi*', das Doctrinale zwar nicht anführt, aber stellenweise wörtlich ausschreibt, ist er doch ein scharfer Gegner des scholastischen Unterrichtsbetriebes. An die Stelle der unfruchtbaren Disputierkünste will er die Erforschung der Natur, die Kenntnis der Geschichte setzen; auch die Pflege der Geographie und Astronomie bezeichnet er als unerläßlich. Die Grammatik ist für ihn nicht Selbstzweck, sondern ihr fällt nur die Aufgabe zu, den Weg zu den Dichtern zu bahnen; daher sollten die Schüler nach nur kurzem grammatischen Unterricht unmittelbar an die antiken Schriftsteller herangeführt werden. Das Studium der Klassiker faßt Celtes, von der Anschauungsweise seiner Zeit aus betrachtet, unter nicht gewöhnlichen Gesichtspunkten auf; Ansätze zu geistesgeschichtlicher Betrachtung sind bei ihm vorhanden: Dichter und Philosophen haben die Kultur begründet; infolgedessen sind sie es allein, die den Weg zu den wahren Lebensgütern, zur Tugend, zur Bildung und Weisheit, zu Ruhm und Unsterblichkeit bahnen. In der Pflege der Poesie und Philosophie gipfelt daher das Bildungsideal des Celtes. Seine Philosophie zeigt eine Mischung von platonischen, neuplatonischen und neupythagoräischen Elementen. Seltsam vereinigen sich bei ihm skeptische, ja zuweilen materialistische Anwandlungen mit den Vorstellungen von der Allbeseelung der Natur, und diese wieder mit Proben einer nüchternen, von dem Aberglauben seiner Zeit wegstrebenden Sinnesart. Ganz unbefangen wird die antike Philosophie für die Erkenntnis des Christentums ausgenutzt und zwischen beiden Mächten eine Übereinstimmung hergestellt: bei Plato und Pythagoras finden sich bestimmte Grundlagen unserer Religion, „durch die man den schönen Bund des Lichtes der Natur und der Gnade richtig verstehen kann". — Stark ausgebildet erscheint bei Celtes auch der patriotische Zug; er gehört zu dessen frühesten Verkündern. Man kann in diesem Zusammenhang von seiner Kritik der Schäden des dt. Reiches, seiner Abneigung gegen Italiener und Slaven absehen. Notwendig ist dagegen ein Hinweis darauf, wie der Stolz auf Deutschlands große Vergangenheit seine wissenschaftliche Tätigkeit beflügelt hat. Von der Herausgabe der Werke Hrotsviths und des '*Ligurinus*' war bereits die Rede; ein geplantes Epos: '*Theodoriceis*' sollte die Geschichte der Völkerwanderung behandeln. Wichtiger noch ist der Plan einer '*Germania illustrata*', d. h. einer geographisch-historischen Beschreibung Deutschlands. Celtes' Lobschrift auf Nürnberg (1495), als eine Art Vorspiel der '*Germania illustrata*' gedacht, liefert im kleinen Rahmen den Beweis dafür, was er auf diesem Gebiet zu leisten imstande war: eine ungewöhnliche Beobachtungsgabe setzte ihn in den Stand, die bezeichnenden Zustände eines Gemeinwesens zu erkennen, wobei ein gutes Verständnis für wirtschaftliche und soziale Verhältnisse auffällt, wie denn auch die Anfänge der statistischen Betrachtungsweise bemerkenswert sind, obgleich diese der Nachprüfung nicht immer standhält. — Ein Arbeitsfeld des Celtes darf nicht unerwähnt bleiben, seine organisatorische Tätigkeit. Nach dem Muster der ital. Akademien plant er eine *academia Platonica*, bleibt aber bei dieser Begrenzung nicht stehen, sondern denkt an eine große Vereinigung humanistischer Gesinnungsgenossen, an eine über ganz Deutschland ausgebreitete *sodalitas literaria*, die in größere Unterabteilungen zerfallen sollte. Wirklich zustande gekommen sind von diesen Akademien nur die Rheinische Gesellschaft (1496) und die Donaugesellschaft (1497); in naher Verbindung stand mit ihr die Augsburger Gesellschaft (um 1500); mehrfach gliederten sich diese *sodalitates* in kleinere Kreise. Wie sehr Celtes mit diesen Bestrebungen als ein typischer Vertreter des humanistischen Geistes erscheint, lehrt die Tatsache, daß auch anderwärts sich die humanistisch Gesinnten zu ähnlichen Vereinen zusammenschlossen; so Wimpfeling und seine Freunde in Straßburg. Man braucht diese direkten und indirekten Schöpfungen des Celtes nicht allzu hoch zu veranschlagen; allein sie dürfen auch nicht unterschätzt werden: sie fallen ins Gewicht als Beweise der geistigen Zusammengehörigkeit sowie als die Anfänge einer Arbeitsgemeinschaft. — Unter den Schülern des Celtes (in Ingolstadt und Wien) sind drei besonders hervorzuheben. Zunächst Johannes Spießheim, gen. Cuspinianus, seines Lehrers Amtsgenosse in Wien und Mitglied der Donaugesellschaft (1473 bis 1529), dann Joachim von Wadt, Vadianus (1484—1451). Celtes' Ideal des enzyklopädischen Wissens hat in beiden Gestalt gewonnen; trotz der Universalität der Begabung und des Strebens gehörte ihre Sonderneigung bestimmten Einzelgebieten, wobei wieder der von Celtes gegebene Anstoß nicht zu verkennen ist. Cuspinian ist wie Celtes durch Beobachtungen beim Reisen dazu veranlaßt worden, sich ein Bild von der Vergangenheit der durchwanderten Landschaften zu entwerfen; als Geschichtschreiber hat er das Stoffgebiet erweitert und den Blick für die Eigentümlichkeit der einzelnen Quellen geschärft; in seiner Kritik der Überlieferung wie in der Darstellung des röm. Altertums und der dt. Kaisergeschichte zeigt er viel Eigentümliches, über das bisher Erreichte Hinausführendes, wenn auch der moralistische Einschlag seines Urteils ihn zuweilen vom Wege abführt und die dynastischen Interessen, denen der Maximilian I. mit unbedingter Treue anhängende Mann oft auch mit seiner wissenschaftlichen Tätigkeit diente, nur ausnahmsweise seine Arbeit günstig beeinflussen, so z. B. in seiner '*Austria*'. — Bei Vadian, einem echten Vertreter der Blütezeit, finden sich bereits die Anfänge einer vergleichenden, literaturgeschichtlich begründeten Poetik. Aber eine noch größere Wichtigkeit gewinnt eine andere Seite seiner Tätigkeit: seine wissenschaftlichen Bemühungen zeigen nämlich, wie sich schon im H. die Überzeugung durchsetzt, daß bestimmten Fächern, die zunächst als Hilfswissenschaften in den Dienst der Philologie und auch der Theologie eingespannt waren, eine selbstständige Bedeutung zukommt. Das gilt von der Geographie. Tatsächlich wird sie auch von ihm noch als ein Mittel zum Verständnis der Alten und der Heiligen Schriften gebraucht; theoretisch ist er sich aber bereits klar darüber, daß ihr ein eigener, unabhängiger Wert innewohnt, wie er denn auch für ihren Betrieb schon ganz moderne Grundsätze aufgestellt hat. Einer der Lieblingsschüler des Celtes war Johannes Thurmaier (Aventinus, 1477—1534); ein großer Teil der Ideen des Celtes ist in ihm erst zu vollkommener Ausbildung gelangt; dem Gesamtgeist seiner Tätigkeit, insbesondere seiner Geschichtschreibung nach ist er allerdings mehr dem nachhumanistischen Gelehrtentum als dem H. selbst zuzuzählen.

§ 41. Busche. Hermann v. d. Busche (Pasiphilus, 1468—1534) gehört durch Abkunft wie durch geistige Beziehungen dem westfäl. H. an. Auf Veranlassung Rudolfs v. Langen besucht er die Schule des Alexander Hegius, und die Antriebe, die er hier empfing, sind, allerdings mit anderen Anregungen verbunden, Zeit seines Lebens wirksam geblieben. Dafür spricht eine unverkennbare Verwandtschaft mit den Anschauungen seines Freundes, des Hegius-Schülers Murmellius; sie ähneln einander in ihrem begeisterten Eintreten für die neuen Studien und in ihrem Haß gegen deren Feinde. Auch die in Hegius' Kreise herrschende religiöse Gesinnung klingt bei v. d. Busche, namentlich in seinen Anfängen, wider. Wie bei Locher und Celtes, so ist auch bei ihm der nationale Zug stark ausgeprägt; an Bebel erinnert es, daß sich daneben ein starkes Gefühl für die heimatliche Landschaft kundtut. Alle diese Züge lassen sich seit 1491, d. h. seit seiner Rückkehr aus Italien feststellen, wo er fünf Jahre weilte und seine Bildung nach allen Seiten vervollkommnete. In den nächsten Jahren ist er an den verschiedensten Universitäten als Wanderlehrer tätig, auch mit einzelnen humanistischen Kreisen, so z. B. mit dem Mutianischen, Verbindung suchend und findend. Der humanistische Wandertrieb erscheint bei ihm wie bei Celtes und Hutten besonders ausgebildet; er kann als der eigentliche humanistische Wanderlehrer bezeichnet werden. Auf seine ritterliche Abkunft weist das Feuer, mit dem er für seine Ideale eintritt; in dieser Beziehung ist eine Ähnlichkeit mit Hutten nicht zu verkennen. Allerdings war dieses Feuer nicht immer mit unbedingter Sicherheit gepaart. Wiederum wie Hutten, der sich freilich nie so bloßgestellt hat, kommt ihm zuweilen die Empfindung, daß er sich in seinem stürmischen Eifer zu weit vorgewagt hat, und es bleibt ihm dann nichts weiter übrig, als einen wenig ehrenvollen Rückzug anzutreten. Allerdings ist es ihm immer gelungen, derartige Anfälle von Schwäche zu überwinden. Am längsten verweilte v. d. Busche merkwürdigerweise an der rückschrittlichen Universität Köln. In einer höchst bemerkenswerten, ungemein scharfen Rede (1508) trat er hier für die humanistischen Studien ein, wobei die Unabhängigkeit des Freundes der wahren Wissenschaft von den äußeren Gütern besonders in den Vordergrund gerückt wurde. Um so wunderlicher war es freilich, daß er sich nach einem bald darauf erfolgenden Zusammenstoß mit den

Kölnern zu ihrem Schildknappen in den Kampf gegen Reuchlin gebrauchen ließ. Doch er besann sich bald auf sein besseres Selbst und suchte das mit seinen Grundanschauungen unvereinbare Verhalten durch verdoppelten Eifer für Reuchlin wieder gutzumachen. Ein ähnlicher Vorgang, der sich schon in früherer Zeit abgespielt hat, scheint nachträglich die Anregung zu seinem Hauptwerk gegeben zu haben. Als v. d. Busche sich in Leipzig aufhielt, kam es an der dortigen Universität zu einem Streit zwischen dem Halbhumanisten Martin Polich v. Mellerstadt und Konrad Wimpina (1501), wobei persönliche Ursachen den Ausschlag gegeben haben. Und zwar handelte es sich um das Daseinsrecht der Poesie (d. h. des H.) und um ihre Stellung zur Theologie, also um einen Gegenstand, der seit den Anfängen des H. immer wieder zur Sprache gekommen und mit den gleichen Gründen pro et contra geführt worden ist. Polich v. Mellerstadt trat in der Schrift '*Laconismos tumultuarius*' in scholastischer Weise für die humanistischen Studien ein; v. d. Busche stellte sich, wie zu erwarten war, auf seine Seite, indem er in einer längeren Zuschrift an ihn die Hoheit der Poesie durch die Verwendung dichterischer Formen in der Bibel sowie durch Zeugnisse aus dem Altertum zu erweisen suchte. Auch folgte er ihm an die neugegründete Universität Wittenberg, deren erster Rektor Polich war. Bald aber fiel er, wie es scheint, aus persönlichen Gründen, von ihm ab; ja er kehrte sogar nach Leipzig zurück und trat auf die Seite von Polichs Gegner Wimpina. Allein auch in diesem Falle hat er sich wiedergefunden; und man wird wohl annehmen müssen, daß gerade die Gedanken, die er eine Zeitlang verleugnet hatte, ihm in ihrem Wert um so stärker zum Bewußtsein gekommen sind und ihn dauernd beschäftigt haben. Denn viele Jahre später (1518) stellte er sie in einer Schutzschrift für den H., '*Vallum humanitatis*', freilich ungleich sicherer, überlegener, eindringlicher als Martin Polich dar. Das '*Vallum humanitatis*' bildet vorläufig den Abschluß jener mit den Gründen der ital. Humanisten des 15. Jhs. arbeitenden Apologien des H. v. d. Busche beweist den Nutzen der neuen Studien teils unmittelbar durch ihre Wirkung auf Verstand und Gemüt, teils mittelbar, indem er die Ansichten der alten und neueren Völker, die Tatsache, daß sich die Bibel vielfach der poetischen Sprache bedient, und die Urteile der Kirchenväter herbeizieht. Der Zusammenhang mit jenem zustimmenden Brief an Polich ist unverkennbar; aber das jüngere Werk zeigt, wie sehr v. d. Busche unterdessen innerlich gewachsen ist. Weil diese Schrift wirklich einen grundlegenden Gedanken des H. in die endgültige Form gebracht hat, kann man die Bezeichnung „der Klassiker des H.", die Ludwig Geiger für v. d. Busche geprägt hat, gelten lassen. — v. d. Busche ist einer der wenigen Humanisten, die sich nicht bloß der Reformation anschlossen, sondern ihr auch treu blieben. Er hat sich auf dem Wormser Reichstag eifrig für Luther eingesetzt und sich auch an den lutherfreundlichen Satiren beteiligt. In seinem Verhältnis zur Reformation scheinen ähnliche Schwankungen wie in seiner humanistischen Zeit nicht mehr vorgekommen zu sein.

§ 42. Pirkheimer (1470—1530). Wenn v. d. Busche auch im '*Vallum humanitatis*' die allgemeinen Grundanschauungen der Bewegung abschließend zusammenfaßt, so liegt doch der Schwerpunkt seines Wirkens in der Herausgabe und Erklärung der antiken und frühchristlichen Schriftsteller. Daß aber neben der philologischen Kleinarbeit der universale Zug fortdauert, lehrt eine Gestalt wie Willibald Pirkheimer, der Vertreter des Nürnberger H. Im Pirkheimerschen Geschlecht war die Neigung zu wissenschaftlicher Tätigkeit sozusagen erblich; schon Willibalds Urgroßvater hatte Freude an gelehrter Arbeit gehabt, der Großvater sich vor oder in den ersten Anfängen des Frühhumanismus eifrig dem Studium der Klassiker zugewendet; an Pirkheimer selbst wurde durch seinen Vater, den Juristen und diplomatischen Agenten Dr. Johannes Pirkheimer, schon in der Kindheit der H. herangeführt. Zugleich sorgte aber Johannes Pirkheimer dafür, daß sein Sohn kein bloßer Büchermensch wurde; am Hofe des Bischofs von Eichstätt erhielt Willibald eine ritterliche Erziehung, die ihn zum Meister in allen körperlichen Übungen, zum tüchtigen, ausdauernden Krieger machte. Ein fast siebenjähriger Aufenthalt in Italien gewann ihn völlig dem H., wenn er auch die Zeit zwischen diesem und dem Rechtsstudium teilen mußte. Wie bei Agricola verbindet sich bei ihm mit der Teilnahme an der großen geistigen Bewegung die Freude an der Kunst, insbesondere der selbst ausgeübten Musik, später auch der Malerei, Während zahlreiche dt. Humanisten den Stubengelehrten nicht verleugnen können, offenbart sich bei ihm der Adel des Geistes auch in der äußeren Lebensgestaltung; Mäzen und geistiger Führer zu gleicher Zeit, verleugnet er bei aller Freundlichkeit auch seinen Geistesgenossen gegenüber nie die hoheitsvolle Art; es ist etwas Fürstliches in ihm. Gleich Agricola kommt er daher dem Ideal des ital. Renaissancemenschen am nächsten. Auch in seinem wissenschaftlichen Lebensziel gelangt diese Tatsache zum Ausdruck. Wie sehr der H. das Verlangen nach einer ungehemmten Entfaltung des enzyklopädischen Wissens verkörpert, erkennt man bei Pirkheimer vielleicht noch deutlicher als bei Celtes. Nur in wenigen Menschen hat der Allwissensdrang so Gestalt gewonnen wie in Pirkheimer. Obgleich seine Hauptneigung den klassischen Schriftstellern gehörte, hat er sich doch auf den verschiedensten Gebieten heimisch gemacht; insbesondere die geschichtlichen und geographischen Studien zogen ihn an, fast in dem gleichen Maße die naturwissenschaftlichen; die Rechtswissenschaft war ihm als Brotstudium vertraut; auch auf theologischem Gebiet besaß er reiche Kenntnisse. Der Betrieb dieser Fächer hat bei ihm nichts Dilettantisches; in der Art, in der er arbeitet und andere zur Arbeit anzuregen weiß, zeigt sich überall Vertiefung, Sachkunde, Sorgfalt im Großen wie im Kleinen. Bei der Auswahl seiner Lektüre bevorzugt er die Schriften, die „über die Sitten der Menschen und die Herrlichkeit der Natur" Aufschluß geben. Damit wird ein entscheidender Zug seines Wesens bezeichnet. Ein Vergleich mit dem Pirkheimer befreundeten Celtes liegt hier nahe; allein, es ergibt sich dabei auch ein durchgreifender Unterschied. Celtes hat einen guten Blick für Land und Leute, für Wirtschaftliches und Topographisches; bei Pirkheimer geht die Teilnahme auf das rein Menschliche; überall, wo ihm dieses in Eigenschaften und Zuständen entgegentritt, fühlt er sich auf das unmittelbarste gefesselt. Ähnlich steht es mit seinem Verhältnis zur Natur. Die Übereinstimmung, ja das Einssein mit dem Charakter der umgebenden Landschaft ist vor dem 18. Jh. selten in solch unmittelbarer Weise empfunden worden wie von Pirkheimer. Daß eine Natur von so ausgeprägter Art sich in ihrer Selbständigkeit nicht beschränken lassen wollte, nimmt nicht wunder; wie bei Agricola und Celtes und dann auch bei Erasmus und Hutten offenbart sich auch bei ihm der Freiheitsdrang der Persönlichkeit. Er will niemandes „Diszipul oder Anhänger" sein, sondern nur dem nachfolgen, der recht hat. Von diesen Gesichtspunkten aus erfolgt auch seine Stellungnahme in den religiösen Kämpfen seiner Zeit. Pirkheimer ist kein grundsätzlicher Gegner der alten Kirche; er erkennt sie als Entscheidungsstelle in wichtigen Glaubensfragen an, will sich aber trotzdem das Recht der freien Forschung auch auf dem religiösen Gebiete nicht verkümmern lassen, was freilich schwer miteinander vereinbar ist. Gegner der Scholastik und ihres Lehrbetriebes, verlangt er von dem Theologen umfassende Bildung und unsträflichen Wandel; das ihm vorschwebende Bild eines wahren Theologen zeichnet er in der sog. '*Apologia*' (einer Schutzschrift für Reuchlin, der Pirkheimerschen Übersetzung von Lucians 'Fischer' beigegeben); in ihr unterzieht er insbesondere das scholastische Unterrichtswesen einer vernichtenden Kritik und legt dar, was er an dessen Stelle gesetzt zu sehen wünscht. Wie Religion und Bildung, so fallen für ihn auch Religion und Sittlichkeit zusammen: über die Echtheit des Glaubens entscheiden die aus ihm hervorgehenden Werke. In der Bergpredigt ist daher Pirkheimers religiöses Ideal beschlossen. Unmittelbar neben die Lehre Jesu tritt jedoch bei Pirkheimer die antike Ethik; beide Welten verschmelzen für ihn zu einem untrennbaren Ganzen. Einzelne Grundzüge der aus dem Altertum stammenden Bestandteile dieser religiös-philosophischen Weltanschauung lieferte der von

Pirkheimer andächtig verehrte Plato; aber das Wesentlichste geht auf die Stoiker zurück. Zwischen antiker Moral und christlicher Lehre erkennt Pirkheimer keinen wesentlichen Unterschied an, was auch mit leichter Verhüllung zum Ausdruck gebracht wird. Seine Stellung auf der Seite der „Wissenschaft und Wahrheit" war ihm durch alle diese Anschauungen vorgeschrieben. Er trat daher auf das wärmste für Reuchlin ein; und im Lichte eines Kampfes gegen die Feinde der „Wissenschaft und Wahrheit" erschien ihm auch die Sache Luthers, in dem er zunächst einen Genossen im Kampfe für die gleiche Sache sah. — Das Charakterbild Pirkheimers würde ohne zwei weitere Züge unvollständig sein, die ebenfalls seine Zugehörigkeit zu der Welt des H. bezeugen. Auch er war ein begeisterter Patriot; das vaterländische Gefühl bricht bei ihm immer wieder durch, so z. B. in der für die Erkenntnis der Persönlichkeit so wichtigen 'Beschreibung des Schweizerkrieges' (1499), den er selbst als Hauptmann des Nürnberger Kontingents mitgemacht hatte. Der andere Zug ist der pädagogische. Pirkheimer war selbst ein ausgezeichneter Lehrer, wenn er auch diese Fähigkeit nur beim Unterricht junger Verwandten betätigen konnte. Wie stark aber der pädagogische Trieb in ihm war, zeigt seine Bemühung um die Neuordnung der Nürnberger gelehrten Schulen, die er aus den Banden des scholastischen Lehrbetriebs befreien und im humanistischen Sinne reformieren wollte. Das von ihm und dem Dompropst Anton Kreß ausgearbeitete Programm für eine solche Reform hat das Verdienst, Lieblingsfächer Pirkheimers, wie die Geographie, in den Schulunterricht eingeführt zu haben. An der Verwirklichung dieser Grundsätze hat der humanistische Schulmeister an der neuorganisierten Nürnberger St. Lorenzschule wesentlichen Anteil, Johannes Cochläus (Dobeneck 1479—1522), der sich später in nutzlosem Kampfe gegen Luther verzehrte. Wie Vadian und andere Humanisten veranstaltete Cochläus eine Ausgabe der Kosmographie des Pomponius Mela als geographisches Lehrbuch, und in ihm kam, noch früher als bei Vadian, die Erkenntnis zum Ausdruck, daß jeder geographische Unterricht auf der Anschauung beruhen müsse.

§ 43. Peutinger. Während die Gestalt Pirkheimers bei näherem Eindringen immer mächtiger heraustritt und man auch in der Verbitterung seiner Spätzeit nur ausnahmsweise die festgefügte, selbstsichere Persönlichkeit vermißt, wird der Ruhm, der dem Hauptvertreter des Augsburger H. Konrad Peutinger (1465—1547) von seinen Zeitgenossen willig zugestanden wurde, durch eine Nachprüfung nur z. T. bestätigt. Bei niemandem zeigt sich deutlicher als bei ihm, wie verkehrt es ist, aus Verdiensten oder Nichtverdiensten um die Fachwissenschaft das Urteil über die Gesamtpersönlichkeit ableiten zu wollen. Zweifellos ist die Geschichtsforschung durch Peutinger unmittelbar und mittelbar wesentlich gefördert worden. Er war ein Sammler großen Stils und hat aus den zusammengetragenen Schätzen wertvolle Quellen der älteren dt. Geschichte zum erstenmal erschlossen, so den Jordanes und den Paulus Diaconus. Die Ausgaben dieser beiden Werke reihen sich dem Besten an, was die humanistische Herausgebertätigkeit aufzuweisen hat, die Arbeiten des Erasmus nicht ausgenommen. Ferner hat Peutinger in seinen '*Romanae vetustatis fragmenta*' (1505) eine Inschriftensammlung veröffentlicht, die trotz gelegentlicher Vorläufer als die erste in Deutschland erschienene bezeichnet werden kann. Die diesem Werke zugrunde liegende Überzeugung, daß die urkundlichen Zeugnisse sicherere Aufschlüsse über das Geschehene gewähren als die abgeleiteten Darstellungen, bezeichnet einen bedeutsamen wissenschaftlichen Fortschritt, durch den Peutinger bahnbrechend auf die Folgezeit gewirkt hat. Seine Teilnahme an den Fragen geschichtlicher und religionsgeschichtlicher Natur bezeugen die in seinem Hause gehaltenen Tischgespräche, gesammelt in den '*Sermones convivales*'. Trotz alledem hat seine Gestalt etwas Begrenztes. Das offenbart sich da, wo er das Gesammelte selbständig gestalten will, so in seinem 'Kaiserbuch' (begonnen spätestens 1503; unveröffentlicht), einer dt. Kaisergeschichte, die zwar wertvolles urkundliches Material enthält, aber im ganzen davon Zeugnis ablegt, daß zur Bewältigung eines umfassenden Gegenstandes Peutingers Kraft nicht ausreichte. In den kirchlichen Fragen vertritt auch er die humanistischen Reformwünsche; doch deutet sein Verhalten zu den religiösen Strömungen auf einen Mangel an Vertiefung; wohl ist er, der auch Pico persönlich gekannt hat, durch die Ideen der Florentin. Akademie berührt worden, ohne daß sie bei ihm eine stärkere Wirkung ausgeübt hätten. — Einer der wenigen Männer, die die allgemeine Begeisterung der Zeitgenossen für Peutinger nicht teilten, sondern dessen Schattenseiten scharf hervorhoben, war Bernhard Adelmann v. Adelmannsfelden, Domherr zu Eichstätt und Kanonikus zu Augsburg (1457—1523). Freund Reuchlins wie Pirkheimers und Bewunderer des Erasmus, ist er ein eifriger Anhänger des H., ohne freilich mit selbständigen Werken in die Bewegung einzugreifen. Er wirkt mehr durch persönliche Teilnahme und mannigfache Beziehungen, ähnlich wie der ihm nahe befreundete Michael Hummelberger. Sein H. trägt gleich dem elsäss. religiösen Charakter; die klassischen Studien gelten ihm als Vorstufe für die höchste Gotteserkenntnis. Aber gerade dieser Standpunkt macht ihn für die Reformation empfänglich; als heimlicher Anhänger Luthers ist er gestorben.

§ 44. Der Erfurter Kreis. Die Wirksamkeit Pirkheimers und Peutingers unterscheidet sich von dem Arbeitsfeld der vor ihnen behandelten Humanisten dadurch, daß sie sich, ähnlich wie in Italien, unabhängig von der Universitätsgelehrsamkeit, in der belebenden Luft großer Gemeinwesen und patrizischer Vornehmheit entwickelt. Der weitere Verlauf der Bewegung führt zunächst zu den Bildungsstätten zurück. An der Universität Erfurt befand sich seit der Wende des 15. und 16. Jhs. der H. im entscheidenden Vordringen. Als Führer dieser aufsteigenden Geistesmacht kommen hauptsächlich drei Männer in Betracht, Nicolaus Marschalk, Maternus Pistoris und Mutianus Rufus. Nicolaus Marschalk (geb. um 1470) trat seit etwa 1499 lebhaft für die '*studia humanitatis*' ein; zugleich schuf er für diese durch eine Reihe wichtiger Lehrbücher und Anthologien, die er zuletzt im eigenen Verlage erscheinen ließ, die nötigen Grundlagen. Bemerkenswert ist an diesen Arbeiten insbesondere die Berücksichtigung des Griech. Der Gegensatz zur Scholastik wird von Marschalk scharf betont, obgleich er, persönlich nachgiebig, mit den Erfurter Vertretern der Scholastik im Frieden gelebt zu haben scheint. Der Erfolg seiner schon ganz den Geist der humanistischen Blütezeit atmenden Schriften kann nicht gering gewesen sein. Nachdem Marschalk 1502 Erfurt mit Wittenberg vertauscht hatte, trat Maternus Pistoris (geb. um 1470) an seine Stelle. Allein da dieser selbst Lehrer der Theologie war, ließ er es bei der Vertretung der humanistischen Gedanken an der nötigen Entschiedenheit fehlen. Wohl gelang es ihm, manche Anhänger der alten Richtung für Äußerlichkeiten des H. zu gewinnen, aber der Jugend war er zu sehr Vermittler, sie fürchtete, was auch wirklich der Fall war, daß bei ihm der Theologe über den Humanisten den Sieg davontragen würde. Deshalb ging die Leitung des Erfurter H. schon im Laufe des ersten Jahrzehntes des 16. Jhs. an Conrad Mutianus Rufus (1471—1526) über. Marschalk und Pistoris sind aus der Universitätsluft heraus zu verstehen; Mutian gehört, wie etwa Pirkheimer, der allg. Geistesgeschichte an. Wohl beeinflußte auch Mutian, insbesondere durch Vermittlung Heinrich Urbans, die Erfurter Universität im humanistischen Sinne, wenn er sich auch merkwürdigerweise bei dem einschneidendsten Vorgange, der Universitätsreform von 1519, wenig beteiligt hat. Allein was ihm die Stellung in der Geschichte des H. sichert, berührt sein Verhältnis zur Universität nur mittelbar. Vielmehr beruht seine Bedeutung, wie bei Rudolf Agricola, auf der Eigenart der Persönlichkeit. Aus der Schule des Alexander Hegius hervorgegangen, in Italien juristisch gebildet, hauptsächlich aber den humanistischen Studien zugewandt, erkannte er die Beschäftigung mit diesen als das einzige, seinem Wesen entsprechende Daseinsziel. Allein obgleich der Ruf seiner Gelehrsamkeit sich weit über Deutschland verbreitete, verzichtete er doch darauf, durch schriftstellerische Tätigkeit zu wirken. Lebensbedürfnis war ihm der Genuß der edelsten Geisteserzeugnisse und die innige Gemeinschaft mit wenigen Gleichgesinnten. In der Muße seines Gothaer Kanonikates pflegte er daher zwiefachen Verkehr, einmal mit seinen Bücherschätzen, für deren Vermehrung ihm kein Opfer zu groß war, und dann mit einer Reihe meist jüngerer Freunde, die er im Zeichen des H. um sich gesammelt hatte. Willig erkannte diese Jünglingsschar seine geistige und sittliche Überlegenheit an. So entstand ein in seiner Art einziges Verhältnis. Sowohl durch persönliche wie durch schriftliche Unterweisung suchte Mutian seine jungen Freunde ganz für seine Ideale zu gewinnen. Unschätzbare Aufschlüsse über die Art dieses Verkehrs bietet der Briefwechsel Mutians, eines der köstlichsten Quellenwerke des H. Mutian erscheint in ihm — trotz mancher aus Zeitalter und Stand sich ergebenden Schranken — als ein echter Führer der Seelen. Zunächst wissenschaftlich, indem er seine Freunde vor jeder bloß äußerlichen Nachahmung des klassischen Altertums warnt und eine innere Aneignung des Überlieferten verlangt. Dann sittlich: bei ihm nimmt die *humanitas* wirklich den Begriff der edlen Menschlichkeit an; er wird nicht müde, die höchsten sittlichen Tugenden einzuprägen und als Lohn die geistige Unabhängigkeit in Aussicht zu stellen. Und wie sittlich, so sucht er auch religiös zur Freiheit von Irrtümern und Vorurteilen zu erziehen. Seit seinem Aufenthalt in Italien wurde sein Denken durch die Ideen der Florent. Akademie bestimmt. Er glaubte an eine allgemeine Offenbarung: Gott hat seine Lehre nicht bloß den Juden, sondern allen Völkern verkündet; durch ihn ist das Gesetz, das Gottesliebe und Nächstenliebe verlangt, jedem Menschen ins Herz geschrieben worden. Wer dieses Gesetz befolgt, wer rechtschaffen und reines Herzens ist, der ist fromm. Alles andere gilt als unwesentlich: bedeutungslos werden also nicht bloß die kirchlichen Bräuche, sondern auch die trennenden Schranken der Religionen: „*nulla verior religio, nulla lex sanctior, quam quae docet juste ac legitime vivere*". Die Art, in der hier das Religiöse lediglich auf seinen moralischen Kern zurückgeführt wird, kann sehr wohl als eine Weiterentwicklung der Ficinus-Picoschen Idee von der Alloffenbarung bezeichnet werden; andernfalls ist es auch möglich, daß sie bei Mutian schon frühzeitig geweckt worden ist und auf die Schule zu Deventer, also im letzten Grunde auf die niederländische Vorgeschichte des H., d. h. auf die Brüder vom gemeinsamen Leben, zurückweist. Wie Mutians Bildungsideal, so war auch sein religiöses Ideal durchaus aristokratisch: die gewonnenen Erkenntnisse sollten den Eingeweihten vorbehalten und nicht in die Masse hinausgetragen, die vielmehr durch Fabeln und Bräuche in Zucht gehalten werden müsse. Schließlich darf nicht vergessen werden, daß die erwähnten religiösen Anschauungen bei Mutian gelegentlich mit Rückfällen in die kirchliche Denkweise wechseln, wenn auch die aus der Florentiner Akademie stammenden Gedanken zuletzt immer wieder die Oberhand behalten. — Unter den Mitgliedern des „Mutianischen Ordens", der Mutianischen Schar, von denen einige wie ihr Meister auf schriftstellerische Tätigkeit ganz oder so gut wie ganz verzichteten, ragen insbesondere hervor: Heinrich Urban, der ungefähr gleichaltrige Freund Mutians; er ähnelte Mutian in der Begeisterung für die humanistischen Studien und, wie es scheint, auch in seinen religiösen Ansichten; seine Äußerungen zeugen von natürlicher, jeder Pedanterie abholder Gesinnung. Peter Eberbach (Petrejus Aperbacchus), ein Schüler Nicolaus Marschalks, begeisterter Vorkämpfer des H., zugleich von schlagfertigem Witz. Herbord v. d. Marthen, ebenfalls von glühendem Eifer für die humanistischen Studien beseelt, aber anmaßend und eitel und deshalb ein besonderes Sorgenkind Mutians. Dann die beiden neulat. Dichter, der versgewandte, biedere, frohgemute Eoban Hesse und der Epigrammatiker Euricius Cordus (Heinrich Solde); Spalatin (Georg Burkhardt aus Spalt), gleichfalls ein Schüler Nicolaus Marschalks; Justus Jonas; Joachim Camerarius; auch Hutten gehörte für kurze Zeit diesem Kreise an. Die hervorstechendste Persönlichkeit in Mutians Kreise ist jedoch Crotus Rubeanus (Johann Jäger aus Dornheim, geb. um 1480, gest. nach 1539), ein satirisches Talent ungewöhnlichen Ranges. Die ästhetische Anlage seines Geistes wurde durch den H. geweckt oder doch wenigstens zur Fähigkeit des Gestaltens entwickelt. So gewann er die Kraft, den Gegensatz zwischen der mönchisch-scholastischen Welt, in der er aufgewachsen war, und dem neu aufgekommenen Reich des H. künstlerisch festzuhalten. Das gelang ihm um so eher, als er die innerlich überwundenen Verhältnisse nicht in haßerfüllter bitterer Stimmung, sondern mit dem Blick des Künstlers für komische und humoristische Wirkungen betrachtete. Daher war sein eigentliches Feld die mimische oder indirekte Satire, d. h. die Satire, die dadurch zu wirken sucht, daß sie ohne Angriffsstellung gegen die bekämpften Zustände diese in karikaturmäßiger Steigerung so vorführt, wie sie sich wirklich abgespielt haben oder abgespielt haben könnten. Außer dem ersten Teil der '*Epistolae obscurorum virorum*' (verfaßt 1514 und Anfang 1515 in Fulda) können noch einige Satiren gegen Scholastiker und Ketzerrichter mit höchster Wahrscheinlichkeit dem Crotus zugeschrieben werden. Auch sie zeigen ihn als Meister der mimischen Satire; die Verwandtschaft mit der im ersten Teile der Eov. geübten Kunst springt in die Augen; ja in dem frühsten der überlieferten Stücke, dem '*Processus contra sentimentum Parrhisiense*' (1514), handelt es sich wohl um eine Vorstudie zu den Eov.

§ 45. Reuchlin und der Reuchlinsche Streit. § 45a. In anderer Weise als bei Mutian wirkten die Gedanken der Florentinischen Akademie bei Reuchlin (1454 bis 1522). Er übernahm ebenfalls von Pico die Überzeugung, daß die christliche Offenbarung in gleicher Weise bei Griechen wie bei Juden nachzuweisen sei. Insbesondere in der jüdischen Geheimlehre, der Kabbalah, hatte Pico wichtige Aufschlüsse über die tiefsten christlichen Lehren gefunden und die Feststellung ihrer Übereinstimmung mit der neuplatonischen und neupythagoräischen Philosophie für möglich gehalten. Gerade diese Seite der Bestrebungen Picos zog Reuchlin mächtig an. Die Lehre von einer Alloffenbarung führte aber bei ihm nicht wie bei Mutian und Erasmus zu rein theistischen oder rationalistischen Anschauungen, sondern ganz im Gegenteil zu dem Wunsch, die Geheimnisse der christlichen Religion mit Hilfe jener hebr. und griech. Quellen zu enträtseln. Die Ergebnisse dieser auf Grund der Buchstabenspielereien der Kabbalah und der Zahlensymbolik der Neupythagoräer angestellten Bemühungen legte Reuchlin insbesondere in der Schrift '*De arte cabbalistica*' (1517) nieder. Schon 23 Jahre vorher hatte er in dem Buche '*De verbo mirifico*' (1494) die beiden Methoden miteinander verbunden, um das Christentum als den Gipfel aller Philosophie zu erweisen. Das Werk '*De arte cabbalistica*' will mit Hilfe der gleichen Mittel nicht bloß den Nachweis für die messianische Sendung Jesu, sondern auch für die Tatsache führen, daß auch die Lehre Christi bereits in der Kabbalah wie in der neupythagoräischen Philosophie enthalten sei. Die scheinbar abstrusen Gedankengänge haben sich gleichwohl als fruchtbar bewährt, allerdings auf einem anderen Gebiete. Es ist bezeichnend für das Vorwiegen der sprachlich-wissenschaftlichen Richtung, die in der Blütezeit immer mehr zur Herrschaft gelangt, daß die philosophischen Gedanken Picos Reuchlin den Anlaß zum Studium des Hebräischen geben. Obgleich Jurist, besaß Reuchlin doch vorzügliche Kenntnisse auf philologischem Gebiete; ein ausgezeichneter Kenner des Griech., wird er durch den Wunsch, in die Kabbalah einzudringen, ganz von selbst auf das Hebräische geführt, und indem er schärfer als seine Vorgänger das Wesen der Sprachformen zu erkennen weiß, gelingt es ihm, die Vorschriften der jüdischen Grammatiker, insbesondere des David Kimchi, der abendländischen Welt so zu vermitteln, daß die meisten Hindernisse, die einem Studium des Hebräischen im Wege standen, weggeräumt wurden (entscheidend waren Reuchlins '*Rudimenta hebraica*' [1506]; von vertiefter Kenntnis zeugt das Werk '*De accentibus et orthographia linguae hebraicae*' [1518], das aber keine ähnliche Wirkung mehr ausgeübt hat). Obgleich nach alledem das hebr. Sprachstudium erst durch Reuchlins mystisch-religiöse Bestrebungen hervorgerufen worden ist, war doch Reuchlin weit davon entfernt, es zu unterschätzen; er hatte vielmehr die höchste Vorstellung von dem Werte und der Dauer des unternommenen Werkes.

§ 45 b. Diese hebr. Studien waren es, die den bereits alternden Reuchlin in den berühmten, nach ihm genannten Streit verstrickten (1511—1520). Johannes Pfefferkorn, ein getaufter Jude, suchte eine allgemeine Bekehrung seiner früheren Glaubensgenossen herbeizuführen und fand einen Rückhalt bei den Lehrern der ganz scholastisch gerichteten Universität Köln, insbesondere bei dem Ketzermeister Jakob v. Hochstraten. Pfefferkorns Absicht, den Juden ihre Bücher wegnehmen zu lassen, schien durch ein mit Hilfe der Kölner erlangtes kaiserliches Mandat der Verwirklichung nahegebracht. Da wurde u. a. auch Reuchlin zu einem Gutachten aufgefordert, das sich gegen die Konfiskation der Judenbücher aussprach. Pfefferkorn bekämpfte dieses Gutachten ingrimmig in dem Pamphlet 'Handspiegel' (1511), worauf ihm Reuchlin in seinem 'Augenspiegel' (1511) scharf antwortete. Die Kölner nahmen jetzt den Kampf gegen Reuchlin auf, unterstützt durch die Gutachten der meisten Universitäten. Die nunmehr ausbrechenden Feindseligkeiten schieden Deutschland in zwei Heerlager; auf der einen Seite standen geschlossen die Anhänger der Alten, auf der anderen fast ausnahmslos die Humanisten. Der anhängig gemachte Prozeß wurde erst in Deutschland, dann auch in Rom günstig für Reuchlin entschieden, mit Rücksicht auf den mächtigen Dominikanerorden, dem die meisten Professoren der Kölner Universität angehörten, jedoch vorläufig niedergeschlagen; die endgültige Entscheidung fiel aber unter dem Einfluß der Sache Luthers gegen Reuchlin aus. Indessen wenn diese letzte Phase des Streites auch Pfefferkorn und seine Beschützer mit ungemessenem Jubel erfüllte, geschichtlich kommt sie kaum mehr in Betracht. Die Ursache der Fehde war ohnehin im Verlaufe des Zwistes ganz zurückgetreten und dieser immer mehr zu einem Ausdruck des Gegensatzes der Weltanschauungen geworden. Tatsächlich handelt es sich um einen Kampf zwischen der gebundenen Denkweise, die in der Scholastik sowie in der Gestaltung des mal. Unterrichtswesens die ihrem Wesen entsprechende Form erhalten hatte, und den Anfängen einer voraussetzungslos an die Dinge herantretenden freien Forschung. Es ist daher kein Zufall, daß dieses Zusammentreffen zweier entgegengesetzter Weltanschauungen den Anstoß zu einer weltgeschichtlichen Satire gegeben hat, in der das Unzeitgemäße der absterbenden Periode dem allgemeinen Gelächter preisgegeben wurde.

§ 46a. Erasmus (1466 oder 1467—1536). Besonders schwierig ist es, auf engem Raume die wesentlichsten Ergebnisse der Lebensarbeit des Erasmus auseinanderzusetzen. Sein Ziel ist die Rückkehr vom Äußerlichen, Verwickelten, Abgeleiteten zum Echten, Einfachen und Ursprünglichen: der Grundzug des H. gewinnt bei ihm die vollkommenste Gestalt. In seiner philologischen Tätigkeit läßt sich dieses Streben von dem ebenfalls humanistischen Wunsch nach Erschließung der maßgebenden Quellen nicht trennen. Denn seine großartige Herausgebertätigkeit wird im wesentlichen von der Absicht geleitet, die von ihm geplante Vereinfachung der Religion quellenmäßig zu begründen; er will jeden in die Lage versetzen, das wahre Christentum der ersten Jhh. aus den Urkunden kennenzulernen, d. h. aus dem NT. und dessen „bewährtesten Auslegern" (*probatissimis interpretibus*), den Kirchenvätern. Daher die trotz ihrer Unvollkommenheit entscheidende Ausgabe des NT. (1516) und die Bearbeitung der Texte des Hieronymus, Cyprian, Arnobius, Hilarius, Irenaeus, Chrysostomus, Ambrosius, Augustin, Origenes. Diese z. T. mit Hilfe eines Stabes von Mitarbeitern hergestellten Ausgaben sind, an dem Standpunkt der Zeit gemessen, gewaltige Leistungen, wenn auch Erasmus bei dem Mangel an guten Handschriften hier und da zu wunderlichen Ersatzmitteln greifen mußte. Mit den Bemühungen des Erasmus um die reinsprachlichen Studien betritt man schon das pädagogische Gebiet. Er regelte die Aussprache des Griech. und stellte in einer Reihe wichtiger, an feinen Beobachtungen reicher Schriften die Ergebnisse der eigenen Erfahrungen bei dem Gebrauche der lat. Sprache zusammen. Auch in diesem Falle sucht er vom Verkünstelten zum Einfachen, von äußerlicher Nachahmung zur Selbständigkeit, von begrenzter Enge zu weitem

Ausblick vorzudringen. Als Pädagoge zeigt er ebenfalls die wesentlichsten Züge des H., aber in vollendeter Form: wie Wimpfeling hat er die höchsten Vorstellungen von dem Werte des Unterrichts: *homines non nascuntur, sed finguntur.* Ebenso wie bei Wimpfeling richtet sich bei ihm die pädagogische Absicht in gleicher Weise auf die moralische wie auf die intellektuelle Vorbildung; die *humanitas* soll auf das innigste mit Tugend und Frömmigkeit verbunden werden. Dementsprechend gewinnt der Begriff *eloquentia* bei Erasmus eine ganz andere Bedeutung als etwa im Frühhumanismus oder noch in der Blütezeit bei Bebel, Locher und Celtes; Erasmus versteht unter *eloquentia* die vollkommenste Geistes- und Herzensbildung, d. h. wissenschaftliche Tüchtigkeit, verbunden mit Tugend und Frömmigkeit. Allein diese Güter sollen nicht bloß übernommen, sondern von innen heraus angeeignet werden. Denn nur das ist für ihn von Wert, was als selbständig erworben unmittelbar aus der Persönlichkeit hervorgeht. Deshalb ist Erasmus ein Todfeind alles bloß Angelernten. Klassisch sind diese Ziele in seinem Dialog '*Ciceronianus*' (1528) dargelegt. Denn mit seiner Verspottung der Affen Ciceros und dem Verlangen nach einer Berücksichtigung a l l e r Schriftsteller des röm. Reiches ist der Inhalt dieses für Erasmus so bezeichnenden Werkes keineswegs erschöpft. Es gipfelt vielmehr in der Forderung, daß das literarische Erzeugnis kein Kunstprodukt, sondern das unmittelbare Abbild des Geistes sein soll. Erasmus konnte dieses Ziel aufstellen, weil er selbst es nach kurzem Schwanken erreicht hat; denn seine Sprache spiegelt auf das unmittelbarste die Persönlichkeit wider, so daß seine Freunde ihn vor sich zu sehen glaubten, wenn sie seine Schriften lasen.

§ 46 b. Allein alle philologische und pädagogische Arbeit diente im letzten Grunde nur der schriftstellerischen Tätigkeit, durch die Erasmus reformierend auf die Gesellschaft seiner Zeit zu wirken suchte. Diese Tatsache offenbart sich darin, daß einzelne seiner Bücher, die ursprünglich für den Unterricht bestimmt waren, sich immer mehr zu Zeugnissen wichtiger Lebensanschauungen auswuchsen. Insbesondere gilt das von den '*Adagia*' (einer Sammlung antiker Sprichwörter mit Erklärungen; 1500, vollständig 1515); nicht minder von den '*Colloquia*' (1518, abgeschlossen 1533). Diese sind hervorgegangen aus einem Formelbuch für lat. Sprachübungen; sie gehören zu der weitverzweigten, aus dem mal. Schulverfahren herausgewachsenen, vom H. übernommenen und für seine Zwecke umgestalteten Gattung der Schulgespräche, über die die Forschungen und Sammlungen A. Bömers Licht verbreitet haben.

§ 46 c. Es ist nicht leicht, die Grundzüge dieser Reformgedanken des Erasmus darzulegen. Eine Wiedergabe wird namentlich dadurch erschwert, daß Erasmus alles andere eher als ein dogmatischer Geist war. Die allzu scharfe Formulierung von Wahrheiten erschien ihm bedenklich; er vergaß keinen Augenblick, daß es für die Gestaltung der Verhältnisse im Menschenleben vielerlei Wege gäbe. Aber in der Hauptsache kann man wohl sagen, daß das Maß der Dinge für ihn der Verstand war. Was sich mit diesem nicht vertrug, erschien ihm unnütz; andere für die Erhaltung sprechende Gründe erkannte er nicht an. So verwarf er in der schärfsten Weise den Krieg, sogar den Türkenkrieg; er bestritt heftig die Berechtigung des Privateigentums. Ebenso trat er den Auswüchsen des Absolutismus entgegen, so der Belastung des Volkes durch Steuerdruck, den Majestätsbeleidigungsprozessen, dem Adelshochmut; gelegentlich bricht auch seine tiefe Abneigung gegen die Monarchie überhaupt durch. An dem bedeutenden Nachhall dieser und verwandter Gedanken ist nicht zu zweifeln; namentlich durch die Täufer und die Spiritualisten sind sie weitergepflanzt worden; einzelnes wurde in dem Erasmus so unähnlichen Pietismus, namentlich im radikalen Pietismus, wieder lebendig, besonders zehrte jedoch von seinen politisch-sozialen Ideen das Zeitalter der Aufklärung.

§ 46 d. War dieser Einfluß schon stark, so hält er doch keinen Vergleich mit den Anregungen aus, die Erasmus auf religiösem Gebiet ausgestreut hat. Diese Seite seines Wirkens führt schon über die Grenzen des H. hinaus. Erasmus ist der

Vater der religiösen Aufklärung; seine Gedanken haben seit der Mitte des 16. Jhs. in Deutschland und Holland eine immer tiefere Wirkung ausgeübt und wesentlich mit dazu beigetragen, die moderne Weltanschauung heraufzuführen. Wieder sind die Vermittler ähnliche wie bei den politischen und sozialen Gedanken (in Betracht kommen neben den genannten sektiererischen Kreisen namentlich die Arminianer); wiederum nimmt der radikale Pietismus einzelne Anschauungen des Erasmus auf, aber sein eigentliches Erbe tritt auch auf diesem Gebiete das Zeitalter der Aufklärung an, wie denn deren holländische Vorläufer Hugo Grotius und Coornheert als Verbreiter der Gedanken des Erasmus tätig sind.

§ 46 e. Auf welchem Wege diese ganz verstandesmäßige Natur dazu gelangt ist, als religiöser Reformer aufzutreten, läßt sich in den Umrissen erkennen. Die Anfänge seiner Teilnahme an den religiösen Fragen reichen aller Wahrscheinlichkeit nach weit zurück. Erasmus ist in der durch die Brüder vom gemeinsamen Leben beeinflußten Schule zu Deventer erzogen worden, und obgleich er später den Einfluß dieser Erziehung so gering als möglich hinzustellen suchte, kann doch schwerlich daran gezweifelt werden, daß das Streben der Brüder nach einer vertieften, einfachen Frömmigkeit ihn schon frühzeitig berührt und zu verwandten Anschauungen angeregt hat. Insbesondere die Tatsache, daß die Brüder den Hauptwert auf die ethische Seite der Religion legten und sie bereits in Beziehung zu stoischen Lehren brachten, scheint auf ihn eingewirkt und ihn in die gleiche Richtung gelenkt zu haben. Diese Jugendeindrücke wurden zunächst zurückgedrängt, seit Erasmus — namentlich unter dem Einflusse Vallas — sich der philologisch-pädagogischen Richtung in die Arme warf; sie wachten aber mit voller Stärke wieder auf, als er 1499 bei seinem Aufenthalt in England durch John Colet nachhaltig angeregt wurde. Colet selbst stand seit seinem Aufenthalte in Italien unter dem Einflusse der Anschauungen der Florentin. Akademie; durch Ficinus war er insbesondere auf die Paulin. Briefe hingewiesen worden, so daß auch Erasmus jetzt diesen eine erhöhte Teilnahme zuwendete, obgleich die dem Paulinismus entstammenden Züge sich mit der Richtung, die seine Religiosität angenommen hatte, nicht vertrugen. Denn da er frühzeitig in der ethischen Seite den Hauptwert der Religion erblickte, liegt sein Ideal nicht bei Paulus, sondern in der Bergpredigt. Christus ist für ihn der große Weise und Lehrer; ihm als Vorbild hat der Mensch nachzustreben und durch sittliches Tun die Echtheit seines Glaubens zu erweisen. Neben dem sittlichen Tun darf jedoch die Vertiefung in die Heilige Schrift nicht vergessen werden; sie zeigt den richtigen Weg; jeder Christ muß daher mit ihr vertraut sein. Ruht also der Nachdruck auf der Gesinnung und der Kenntnis der heiligen Urkunden, so muß demgegenüber alles andere zurücktreten. Das gilt von der Werkheiligkeit (dem „Judaismus") und den abergläubischen Bräuchen, die beide dem Erasmus tief zuwider waren. Es gilt aber auch mindestens in dem gleichen Maße von dem Dogmenzwang der Kirche. Erasmus ist ein ausgesprochener Feind jeder allzu scharfen dogmatischen Begrenzung. Das Überhandnehmen der Dogmen hat nach seiner Meinung das Verderben der Kirche herbeigeführt. Im Urchristentum, wie er es sich vorstellt, herrschte die Einfachheit; damals äußerte sich der Glaube mehr im Leben als in dem Bekenntnis von Dogmen. Auch als einzelne Ketzereien zur Festlegung bestimmter Artikel zwangen, beschränkte man sich auf wenige und einfache Sätze. Mit der Zeit schwollen diese aber immer mehr an und wurden genauer festgelegt; das führte zu erbitterten Streitigkeiten, und erst durch diese wurde der Boden für den unseligen Bund zwischen Glauben und Philosophie geschaffen, aus dem die Scholastik hervorgegangen ist. Die dadurch entstandene Veräußerlichung weckte zugleich das Machtgelüste der Kirche, die sich nun weniger der geistigen als der weltlichen Waffen und Gewaltmittel bediente. „Mit der Vermehrung der Glaubenssätze schwand die Unverdorbenheit", so faßte Erasmus das Ergebnis seiner Ansichten über die Entwicklung der Kirche zusammen. Sein eigener Standpunkt war damit bezeichnet. Er erstrebte eine vom Dogmenzwang so wenig wie möglich behinderte

Religiosität. Nicht anders als den Dogmen trat er auch der Heiligen Schrift gegenüber. Auch hier nahm er die Freiheit des Urteils für sich in Anspruch. Wirklich fruchtbar scheinen ihm große Teile der Schrift erst durch allegorische oder symbolische Erklärung zu werden; ohne diese meint er die antiken Historiker geschichtlichen Abschnitten der Bibel vorziehen zu müssen. Bezeichnend für die Freiheit seines Standpunktes ist es nun, daß er schon die altkirchlichen Vorstellungen symbolisch deutet und vergeistigt; er gelangt zu der unbedenklich ausgesprochenen Erkenntnis, daß die „Hölle" nichts anderes als ein mit der Sünde verbundener und ihr folgender Seelenzustand des Menschen ist. Durch Vermittlung der mystischen und spiritualistischen Literatur des 16. und 17. Jhs. ist dieser Gedanke in das 18. Jh. getragen und von Lessing wieder aufgenommen worden. — Die Zurückführung aller Religion auf das praktische Bedürfnis des Menschen zeitigte, wie bereits erwähnt, früh bei Erasmus einen religiösen Moralismus, der ihm die Augen für die Verwandtschaft der antiken und der synoptischen Ethik öffnete; auch hier kann es sich, ähnlich wie bei Mutian, um den Einfluß der Florent. Akademie oder um Nachwirkungen des Anschauungskreises der „Brüder vom gemeinsamen Leben" handeln. Einen wesentlichen Unterschied zwischen den Lehren des synoptischen Jesus und der antiken Weisen vermochte er nicht zu finden und hätte am liebsten Sokrates und Cicero in die Schar der Heiligen eingereiht.

§ 46f. Ohne radikalen Bruch mit der überlieferten Form der Kirche hoffte Erasmus auf Grund der dargelegten Anschauungen eine Erneuerung des Christentums oder, wie er sich ausdrückt, der *philosophia Christi* herbeizuführen. Wie wenig aber der große Gelehrte zu praktischer Durchführung der ihm vorschwebenden Reform geeignet war, lehrt die Tatsache, daß er sich offenbar nie Gedanken darüber gemacht hat, wie die unüberbrückbare Kluft zwischen seinem Ideal und den herrschenden kirchlichen Verhältnissen ausgefüllt werden könnte.

§ 46g. Denn daran kann nach dem Gesagten kein Zweifel sein, daß Erasmus mit seinen Anschauungen im schärfsten Gegensatz zu dem offiziellen Christentum und der Volksreligion seiner Zeit stand. Wenn er trotzdem einem entscheidenden Zusammenstoß mit der Kirche auswich, so liegt der Grund nicht bloß in seiner Vorsicht sowie in seinem Widerwillen gegen alle Gewaltsamkeit (*tumultus*). Vielmehr spricht auch dabei seine Neigung mit, in allem Bestehenden das relativ Berechtigte zu sehen. Deshalb hat er trotz gelegentlicher grundsätzlicher Opposition gegen das Papsttum die Kirche als höchste Entscheidungsstelle in Glaubenssachen anerkannt; folgerichtig behielt er daher auch den Begriff der Ketzerei bei, wenn er auch den Ketzern gegenüber zur Milde und zum Gebrauch geistiger Kampfmittel mahnte. Gewiß liegt in alledem ein innerer Widerspruch; er verstärkt sich noch dadurch, daß Erasmus in der schiefen Lage, in die er etwa seit 1522 geriet, manche früheren Äußerungen abschwächte, umbog oder geradezu widerrief. Die ungeheure Wirkung seiner Gedanken auf die Jhh. ist durch derartige Rückzugsversuche nicht beeinträchtigt worden.

§ 46h. In zwei scheinbar ganz verschiedenen Büchern, deren untrennbare Zusammengehörigkeit aber Erasmus selbst betonte, hat er den Kampf gegen die veräußerlichte Religiosität seiner Zeit aufgenommen, dem '*Enchiridion militis Christiani*' (1502) und dem 'Μωρίας ἐγκώμιον; *laus stultitiae*' (1509). Der weiteren Durchführung seines Reformprogramms dienten namentlich seine Beigaben zu der Ausgabe des NT., insbesondere seine 'Ermahnung an die frommen Leser' (*Paraclesis*) und seine 'Anleitung zur wahren Theologie' (*Ratio seu methodus compendio perveniendi ad veram theologiam*), die dann auch als selbständiges Buch erschien (1518). Ebenfalls im Zusammenhange mit der Ausgabe des NT. stehen seine Paraphrasen der einzelnen biblischen Bücher; sie entsprangen dem Wunsche, den Gebildeten seiner Zeit den Inhalt der Bibel zu vermitteln und schmackhaft zu machen. Für die Kenntnis seiner kirchengeschichtlichen Ansichten ist namentlich die Vorrede zu der Ausgabe des Hilarius von Wichtigkeit. Unter den philologisch-pädagogischen Arbeiten, so weit sie nicht schon genannt sind, ragt die Schrift '*De duplici copia verborum*' hervor.

§ 47a. Hutten (1488—1523). Ähnlich wie Erasmus und doch wieder ganz anders, weist auch Hutten über die Grenzen des H. hinaus. Die nachfolgende Darstellung versucht ihn in der Hauptsache in seiner Zugehörigkeit zum H. zu erfassen. Ganz läßt sich diese Absicht freilich nicht durchführen, da auch eine Betrachtung des Humanisten Hutten sein Verhältnis zur Reformation nicht unberücksichtigt lassen kann.

§ 47b. Erasmus und Hutten bekennen sich zum H., aber sie sind nicht mehr so ausschließlich Humanisten wie Locher, Bebel oder Celtes. Ergeben sich dadurch Berührungspunkte, so erscheinen beide Männer doch sonst als die größten Gegensätze: in Geistes- und Charakteranlage, in Entwicklung, im Streben, in der Art der Tätigkeit, in der Lebensführung sind sie durch eine tiefe Kluft voneinander geschieden. Es war daher kein Zufall, daß es trotz ursprünglich guter Beziehungen zwischen ihnen zum Bruch kam. Die unmittelbare Veranlassung gab die Stellung zu Luther und dessen Sache — ein Zeichen, daß um 1523 die bewegenden Kräfte schon nicht mehr humanistischer Natur waren.

§ 47c. Von zartester Jugend an wird Ulrich von Hutten gezwungen, einer feindlichen Umwelt entgegenzutreten, um seine Persönlichkeit durchzusetzen. Er muß sich gegen die Bestimmung auflehnen, die die Eltern über seine Zukunft getroffen; er muß das Lebensziel, das er sich gesteckt, im Kampf mit Zwang, Not und Widerwärtigkeit verteidigen. Ausgerüstet mit einer unzerbrechlichen Willenskraft, behauptet er sich in diesem ungleichen Kampfe. Weil er beständig in der Abwehrstellung ausharren muß, formen sich frühzeitig die entscheidenden Züge seines Wesens: der feurige, leidenschaftliche, trotz großer Reizbarkeit unbeugsame Geist; nicht minder werden die ererbten Standesmerkmale ausgebildet und verbinden sich mit den anderen Eigenschaften zu einem untrennbaren Ganzen. Mit einer Offenheit, die Celtes' Art noch weit hinter sich läßt, decken Huttens Dichtungen diese Grundtriebe des Innenlebens auf; schon seine frühsten Werke werden zu Selbstbekenntnissen, und so, wie er sich hingestellt hat, ist er im Andenken der Nachwelt lebendig geblieben. Diese eigentümliche Prägung der Persönlichkeit läßt sich während seiner ganzen Lebenszeit nicht verkennen: alles, was er schreibt, legt von dem ungestümen Vorwärtsdrängen, der lodernden Glut des Inneren Zeugnis ab; er ist bis zum Tode ein Jüngling geblieben. Trotzdem nun dieser Drang jugendlichen Heldentums auch die Werke seiner Spätzeit beherrscht, wäre es doch falsch, aus dem Sichgleichbleiben der Charakterzüge auf einen Mangel an Entwicklungsfähigkeit zu schließen, der allerdings gerade bei den Humanisten und Neulateinern außerordentlich häufig festgestellt werden kann. Das Gegenteil ist vielmehr der Fall: je bedeutender die Fragen werden, die an ihn herantreten, desto mehr steigert sich seine Kraft; er wächst, wie schon Strauß bemerkte, mit seinen Gegenständen. Die Richtung zum H. ist bei ihm frühzeitig ausgeprägt; mit der ganzen Glut seiner Feuerseele wirft er sich in die Bewegung hinein. Jeden Fortschritt der Wissenschaft begrüßt er mit ungemessenem Jubel, während die Nachricht, daß eine von den Alten bezeugte und jahrhundertelang gläubig hingenommene Überlieferung sich als falsch erweist, ihn wie ein Schlag trifft. Diese leidenschaftliche Teilnahme des ganzen Menschen an den humanistischen Studien führt bei ihm allerdings nicht zu wissenschaftlichen Taten, aber sie führt zu etwas Besserem, nämlich zu selbstständigen Schöpfungen mit Hilfe der von den Alten gelieferten Mittel; das antike Epigramm, die antike Satire und Epistel, vor allem aber Aristophanes und Lucian werden unter seinen Händen lebendig und zu Gefäßen für einen neuen Inhalt. Was seine Zeit bewegte, und was in seiner Seele mächtig widerklang, das goß er in die von den Alten übernommenen Formen. Dabei ist es lehrreich zu sehen, wie schnell er alles bloß äußerlich der Antike Entlehnte abstößt. Dieses Aufsteigen von der Nachahmung zu eigenem Schaffen läßt sich schon in den Schriften beobachten, die mittelbar und unmittelbar gegen Herzog Ulrich von Württemberg, den Mörder seines Vetters Hans v. Hutten, gerichtet sind; das beste Beispiel für die schnell errungene

Selbständigkeit bilden jedoch die Lucianischen Dialoge, von denen einer dem eben erwähnten Stoffkreis angehört: hier ist er zu Anfang noch Nachahmer, auch der äußeren Formen; je weiter er aber fortschreitet, desto mehr tritt das schulmäßig Angelernte hinter dem innerlich Notwendigen zurück, desto mehr kommt persönliches Leben in großen und kleinen Zügen zum Ausdruck. — Der Ideenschatz seiner Werke ist nicht groß, wie das auch bei anderen Führern des 16. Jhs., z. B. bei Melanchthon, der Fall ist; aber was den Gedanken an Umfang und Tiefe fehlt, das ersetzt er durch die leidenschaftliche Energie seines Geistes. Der Feuerhauch der Persönlichkeit verleiht den Gedanken eine solche unaufhaltsam fortreißende Wucht, daß man die Grenzen des Anschauungskreises nicht mehr empfindet. So kommt es, daß er auch da zu wirken weiß, wo eine ganz persönliche Angelegenheit den Gegenstand seiner Poesie bildet, so in seiner ersten größeren Dichtung, den *'Querelae'* gegen die Greifswalder Lötze. Zugleich lehren aber diese Elegien auch, daß er es versteht, dem Einzelschicksal einen breiten Hintergrund zu schaffen: er macht die ihm allein angetane Unbill zu einer Sache des ganzen H. Allein der Eindruck wird naturgemäß stärker, wenn die Größe des Gegenstandes dem leidenschaftlichen Antriebe der Seele entspricht.

§ 47d. Das ist überall da der Fall, wo die vaterländische Gesinnung zum Ausdruck kommt, nämlich in Huttens gesamter Tätigkeit seit 1511; der nationale Grundzug des H. gelangt in ihm am vollkommensten zur Erscheinung. Allerdings bewegt sich Hutten auch hier nur teilweise in den herkömmlichen Bahnen. Wohl wird auch bei ihm wie bei allen Humanisten das Nationalgefühl durch die Verachtung geschärft, mit der die Welschen auf deutsches Wesen herabsehen, aber während sonst meist der Bildungshochmut der Italiener Anstoß gab, sind für Hutten ganz konkrete politische Ereignisse maßgebend. Der Krieg Maximilians gegen Venedig erweckt in ihm zuerst den patriotischen Zorn und gibt ihm Veranlassung zu dem Ermahnungsgedicht und den Epigrammen an Maximilian (1511—1513). Hier offenbart sich zuerst Huttens politisches Ideal, im wesentlichen eine Erneuerung der mal. Kaiseridee. Deutschland kommt nach seiner Überzeugung die Weltherrschaft zu, und er hält deren Erneuerung für möglich, falls die große Aufgabe das deutsche Volk einig findet. Sein Vertrauen gründet sich auf die eigene Beobachtung. Denn obgleich sein Ideal in der Vergangenheit liegt, hat er doch keinen üblen Blick für die gewaltigen, in ihrer Zersplitterung freilich unwirksamen Kräfte, über die das Deutschland des 16. Jhs. verfügte. Allerdings erschien es ihm nötig, dem deutschen Volke immer wieder mahnend seine große Vergangenheit vorzuhalten, wobei Tacitus' 'Germania' und dann auch die 5 ersten Bücher der 'Annalen' ihm die Farben lieferten, wie denn das Bekanntwerden des Tacitus für die Steigerung des humanistischen Nationalgefühls nicht hoch genug veranschlagt werden kann. In der Hauptsache ist mit diesen Anfängen die Richtung bezeichnet, die Huttens vaterländische Bestrebungen eingeschlagen haben.

§ 47e. Die nationale Stellungnahme wird für seine Haltung in den kirchlichen Fragen bestimmend. Der Widerwille gegen Julius II., der eine Maximilian feindliche Politik eingeschlagen, veranlaßt ihn zu der Kritik der Maßnahmen dieses Papstes, insbesondere des Ablasses (1512—1513). In den nächsten Jahren führen ihn die Erfahrungen, die er mit der Mainzer Geistlichkeit macht, noch einen Schritt weiter; seine Teilnahme am Reuchlinschen Streite übt die gleiche Wirkung aus. Nunmehr treten auch die rein humanistischen Gesichtspunkte (im engeren Sinne) mehr in den Vordergrund; er bekämpft in den Geistlichen die Feinde der Bildung; wie er sich einen wahren Geistlichen denkt, bringt er in dem Panegyricus auf Albrecht v. Mainz ähnlich wie Pirkheimer in der 'Apologie' zum Ausdruck. Das Ergebnis des Aufenthaltes in Rom (1516) verschärft seine Oppositionsstellung; aus dem Kampfe gegen die Person des Papstes wird ein Kampf gegen die Papstkirche; doch ist sein Ziel jetzt wie später nicht eine grundsätzliche Umwälzung, sondern eine Beseitigung der Mißstände. Der Ausgangspunkt seiner Fehde mit Rom war nach alledem nationaler Natur, was jedoch nicht ausschließt, daß er zur Bekämpfung einzelner Einrichtungen der Kirche, z. B. des Ablasses, naheliegende Gründe aus dem im H. lebendigen religiösen Moralismus herbeizieht. So verständig diese Gründe nun auch sind, so verraten sie doch kein tieferes Eindringen; das Religiöse und nun gar das Theologische berührt ihn nur von außen. Hierin unterscheidet er sich von den ihm nahestehenden Humanisten: Erasmus, Mutian, Pirkheimer sind gewiß alles andere eher als religiös veranlagte Naturen, aber unter dem Banne der mächtigen Zeitstimmung fühlten sie das Bedürfnis, sich in der einen oder der anderen Weise mit den religiösen Fragen auseinanderzusetzen; Huttens Opposition wird dagegen im wesentlichen durch seinen Unwillen über die Aussaugungs- und Unterdrückungspolitik Roms bestimmt. Der Gedanke, daß Rom die Hauptfeindin Deutschlands und die Ursache seines Unglücks sei, taucht auch sonst gelegentlich im H. auf, und zwar in dem Tübinger Kreise Bebels (vgl. oben S. 545). Trotzdem scheint Hutten hier nicht unter dem Einfluß der humanistischen Überlieferung zu stehen, sondern lediglich aus persönlichen Eindrücken zu schöpfen. Dem Kampf, den er nunmehr gegen Rom führt, dienen neben der Vorrede zur Ausgabe von Vallas Schrift über die Constantinische Schenkung und anderen Arbeiten insbesondere seine Lucianischen Dialoge (1520—1521), wobei namentlich die späteren Dialoge zeigen, wie Hutten mit der großen Bewegung wächst, und wie immer mehr die sachlichen Fragen an die Stelle der persönlichen treten. Er sucht in seinen Dialogen überall das Typische zu erfassen, unbekümmert darum, ob die Persönlichkeit des Geschilderten zur Vergegenwärtigung dieses Typus geeignet ist; so kommt es gelegentlich bei ihm zu Charakterbildern, die ebenso unbillig sind wie der Sokrates bei Aristophanes. Aber den Typus selbst erfaßt er durchaus richtig. Die großen Gegenstände, die er behandelt, werden nur in Umrissen vergegenwärtigt; die Behandlung des einzelnen konnte er getrost anderen überlassen; ihm genügte es, die Grundlinien zu zeichnen, und diese treten denn bei ihm auch mit einer Unmittelbarkeit heraus, die kein anderer seiner Zeitgenossen so zu treffen imstande war.

§ 47 f. Der gemeinsame Kampf gegen Rom mußte ihn notwendigerweise mit Luther in Berührung bringen. Die Leipziger Disputation überzeugt ihn zuerst davon, daß es sich bei Luthers Auftreten nicht um ein gewöhnliches Mönchsgezänk handle, wie er ursprünglich angenommen; seit dem Frühjahr 1520 ist er — wahrscheinlich durch Crotus Rubeanus beraten — von der Größe Luthers überzeugt. Die weitere Entwicklung dieses Verhältnisses gehört nicht hierher. Nur ein Punkt kann für die vorliegende Betrachtung nicht entbehrt werden. Hutten ist sich ständig der Tatsache bewußt, daß für ihn andere Antriebe maßgebend sind als für Luther; obgleich ihm die Beweggründe Luthers nicht verborgen bleiben, drängt sich bei ihm doch immer wieder der humanistisch-nationale Standpunkt in den Vordergrund, wie er denn auch bis zuletzt seine Unabhängigkeit Luther gegenüber betont hat.

§ 47 g. Außer dem nationalen verkörpert sich in Hutten noch ein anderer Grundzug des H. am vollkommensten und reinsten: der Freiheitsdrang der Persönlichkeit. Vergleicht man ihn etwa mit Celtes, so ist der Aufstieg unverkennbar: Celtes sucht alle einengenden Schranken von sich abzuwehren, weil er nicht in seinen Daseinsgewohnheiten gestört werden will; Hutten aber verzichtet ohne Bedenken auf alle Lebensgüter, auch auf die einfachsten, damit er in dem Kampfe um die höchsten Fragen durch keine Fessel gehemmt wird. Von dieser Art des Freiheitsdranges der Persönlichkeit ist der Eifer um die Wahrheit nicht zu trennen; seine Natur zwingt ihn, überall rückhaltlos für die Wahrheit, wie er sie auffaßte, einzutreten, auch da, wo er weder die Pflicht noch das Recht zu mahnendem Worte hatte.

§ 47 h. So das Bild, von dem Huttens Schaffen Zeugnis ablegt. Er tritt aus seinen Schriften wie ein Lebender heraus; und dieser Umstand erklärt es, daß man noch heute zu ihm Stellung nehmen, ihn anerkennen oder mit ihm die Waffen kreuzen muß. Daher auch der Eifer, mit dem noch in der Gegenwart für und wider ihn Partei genommen wird. Die vorliegende Darstellung hat nicht zu fragen, inwieweit Huttens Leben überall dem Bilde entspricht, das wir aus seinen Schriften gewinnen. Aber ganz kann an den Vorwürfen, wie sie nach dem Vorgange der ultramontanen Geschichtschreibung, Wilhelm Maurenbrechers, Friedrich Paulsens u. a. namentlich durch Paul Kalkoff erhoben worden sind, nicht vorübergegangen werden. Soweit Huttens Verhältnis zur Reformation in Frage kommt, bedarf es hier nicht vieler Worte: der allgemeine Anklang, den Kalkoffs Buch gefunden, erscheint berechtigt angesichts der Aufklärungen, die man über zahlreiche Einzelheiten erhält. Aber in der Hauptsache vermag der Verfasser den Vorwürfen nicht zuzustimmen, zumal Huttens Verhalten mit einer Unbilligkeit und Parteilichkeit beurteilt wird, die ihresgleichen suchen, und manche Aufstellungen Kalkoffs trotz ihrer scheinbar aktenmäßigen Begründung über Vermutungen nicht hinauskommen. Wie den Anhänger der Reformation, so sucht Kalkoff nun auch den Humanisten zu erledigen: es wird ihm vorgeworfen, daß er nicht genug positive Leistungen aufzuweisen habe; er hätte versuchen sollen, sich an der Herausgabe der antiken Schriftsteller zu beteiligen, oder er hätte der Geschichtschreiber der Reformation werden müssen. Allein jede geschichtliche Persönlichkeit will an ihren eigenen Gesetzen gemessen werden. Wenn aber, wie hier, fremde Maßstäbe von außen herangetragen werden, so ergibt sich ein schiefes, verzerrtes, von unfreiwilliger Komik nicht freies Bild. Deshalb kann die vorliegende Darstellung zu den oben gegebenen Grundlinien nichts hinzufügen und von ihnen nichts wegnehmen. Auf die Einzelurteile Kalkoffs einzugehen, erübrigt sich bei dem grundsätzlichen Unterschiede des Standpunktes: wer in dem schönen Brief des 30jährigen Hutten an Pirkheimer nichts sieht als „einen reichlichen Aufwand von altklugen Redensarten", dem könnte man nur ein ganz anders geartetes Urteil entgegenstellen, so daß jede Übereinkunft unmöglich sein würde. Wenn Kalkoff ferner Hermann v. d. Busche die Stellung verleihen möchte, die Hutten bisher eingenommen, und ihn als den „geistig und wissenschaftlich weit überlegenen Nebenbuhler Huttens" bezeichnet, so wird er bei den mit der Geschichte des H. Vertrauten schwerlich viel Beifall finden.

§ 47 i. Unter den Freunden Huttens, soweit sie nicht schon genannt sind, ist namentlich Hermann Graf Nuenar (Neuenahr 1492—1530) von Wichtigkeit. Er teilt den enzyklopädischen Zug des H., betätigt sich, wenn auch nicht entscheidend, auf verschiedenen Wissensgebieten und zeigt in seinen historischen, dem MA. zugewandten Arbeiten Ansätze zu gesunder Kritik. Wie für Hutten, so ist auch für ihn der patriotische Zug bezeichnend. Als eifriger Humanist tritt er lebhaft, ja leidenschaftlich für Reuchlin ein; dagegen hat er den Schritt vom H. zur Reformation, wenn überhaupt, nur ganz vorübergehend mitgemacht.

§ 37. K. Morneweg *Joh. v. Dalberg, ein dt. Humanist und Bischof* 1887. K. Hartfelder *Heidelberg und der Humanismus*, Zeitschr. f. allg. Geschichte 1885 S. 177ff., 671ff. — § 38. Hehle *Der schwäb. Humanist Jakob Locher Philomusos*, Progr. Ehingen 1873—75. — § 39. H. Hermelink *Die Anfänge des Humanismus in Tübingen*, Württembergische Vierteljahrshefte für Landesgeschichte NF. XV (1906) S. 319ff. Bebel: ADB. II (1875) S. 195ff. *Geschichte des humanistischen Schulwesens in Württemberg. Hsg. von der württemb. Kommission für Landesgeschichte* I 1912. Fr. Zöpfl *Johannes Altenstaig* (Reformationsgeschichtl. Studien und Texte 36) 1918. Bebel *Proverbia germanica* hsg. v. W. H. D. Suringar 1879. Ad. Horawitz *Michael Hummelberger* 1875. — § 40. Wichtigste Arbeit: Fr. v. Bezold *Conrad Celtes, „der dt. Erzhumanist"*, Hist. Z., NF. XIII S. 1ff., 193ff.; jetzt neu gedruckt in Bezolds Sammlung: *Aus MA. und Renaissance* 1918. Ferner G. Bauch in der zu § 31 zitierten Studie über die Universität Ingolstadt; ders. *Die Rezeption des Humanismus in Wien* 1903; ebd. S. 67ff. über die von Celtes gestifteten literarischen Gesellschaften. Ausgabe der Epigramme des Celtes von K. Hartfelder 1881. A. Werminghoff *Conrad Celtes und sein Buch über Nürnberg* 1921. Vadian: E. Götzinger *Altes und Neues. Gesammelte Aufsätze* 1891. — § 41. ADB. III (1876) S. 637ff. H. J. Liessem *Hermann v. d. Busche* Progr. Köln 1884—86. G. Bauch *Geschichte des Leipziger Frühhumanismus* 1899. P. Kalkoff Archiv für Reformationsgeschichte VIII (1912) S. 341ff. — § 42. Über die Anfänge der zuerst von den maßgebenden Gewalten Nürnbergs wenig begünstigten humanistischen Bewegung vgl. M. Herrmann *Die Rezeption des Humanismus in Nürnberg* 1898. P. Drews *Pirkheimers Stellung zur Reformation* 1887 (zugleich gute Gesamtcharakteristik). O. Markwart *Pirkheimer als Geschichtschreiber* 1886.

G. Kawerau Beitr. zur bayer. Kirchengeschichte V (1899) S. 128ff.; X (1904) S. 119ff.; vgl. auch ebd. XVI (1910) S. 131 ff. (E. Reicke). Gesamtausgabe der Werke Pirkheimers von E. Reicke und A. Reimann in Vorbereitung. K. Otto *Johann Cochläus, der Humanist* 1874. M. Spahn *Joh. Cochläus* 1898.— § 43. E. König *Peutingerstudien* 1914. *Peutingers Briefwechsel*, gesammelt, hsg. und erläutert von E. König 1923. F. X. Thurnhofer *Bernhard Adelmann von Adelmannsfelden, Humanist und Luthers Freund* 1900. — § 44. F. W. Kampschulte *Die Universität Erfurt in ihrem Verhältnis zu dem Humanismus und der Reformation* 1858—60. Das Werk besticht durch seine glänzende Darstellung, ist aber mit Vorsicht zu benutzen, denn die urkundlichen Grundlagen werden zuweilen in subjektivster Weise gedeutet. So kommt es zur Feststellung von Tatbeständen, für die Quellenbelege überhaupt nicht vorhanden sind, und die dadurch nicht richtiger werden, daß sie als scheinbar gesichert in vielbenutzte Handbücher übergegangen sind. Über einen bemerkenswerten Fall vgl. JBfLg. XV (1904) S. 344. Für die ältere Zeit ist immer zum Vergleich heranzuziehen G. Bauch *Die Universität Erfurt im Zeitalter des Frühhumanismus* 1904. C. Beyer und J. Biereye *Geschichte der Stadt Erfurt* 1900 ff. Der Briefwechsel Mutians zweimal hsg. von K. Krause 1885 und von K. Gillert 1890. Über Crotus Rubeanus siehe zu § 49b. — § 45a. L. Geiger *Johann Reuchlin, sein Leben und seine Werke* 1871. — § 45b. Ebd. und ADB. XII (1880) S. 527ff.; Jüdische Zeitschrift für Wissenschaft und Leben VII 293ff.; vgl. weiter unten zu § 49a. — § 46. Eine gute neuere dt. Biographie des Erasmus fehlt. S. Heß *E. v. R.* 1790 (noch immer brauchbar). Unter den späteren ragt Drummond *Erasmus, his life and character* (1873) hervor. Von den neueren sind dem Verfasser die Biographien von E. T. H. Capey (1903), W. H. Woodward (1904), J. A. Faulkner (1908) unzugänglich geblieben. E. Emerton *Desiderius Erasmus of Rotterdam* 1900; vgl. auch P. S. Allen *The age of Erasmus* 1914. Eine bisher schmerzlich entbehrte Grundlage für die Kenntnis von E.s Leben und Lebenswerk hat P. S. Allen durch seine kritische Ausgabe des Briefwechsels geschaffen: *Opus epistolarum Des. E. R.* 1906ff. (bisher 5 Bde.). Übersicht über die wichtigsten Ergebnisse der ersten beiden Bände bei Renaudet *Erasme, sa vie et son œuvre jusqu'en 1517 d'après sa correspondence*, Revue historique CXI u. CXII (1912/13). — § 46a. P. Bludau *Die beiden ersten Erasmusausgaben des NT. und ihre Gegner* 1902. H. Tögel *Die pädagogischen Anschauungen des Erasmus* 1896. *'Ciceronianus'*, hsg. v. J. C. Schönberger 1919. — § 46b. A. Bömer *Die lat. Schülergespräche der Humanisten* 1897. Inhaltliche Zusammenfassung von demselben: NJbb. (1899). Übersetzung einer Auswahl von Erasmus *'Colloquia'* v. H. Trog 1907. — § 46c. Die Einwirkung der Gedanken des Erasmus auf den radikalen Pietismus bisher wenig beachtet, doch vgl. E. Seeberg *Gottfried Arnold* (1923), wo allerdings das wichtigste Verbindungsglied zwischen Erasmus und dem Pietismus, die 'Ketzerchronik' Seb. Francks, fehlt, aber eine gute Übersicht über die kirchengeschichtlichen Anschauungen des Erasmus geboten wird. — § 46d. P. Wernle *Die Renaissance des Christentums im 16. Jh.* 1904. Dilthey a. a. O. vgl. zu § 32. J. v. Walter *Das Wesen der Religion nach Erasmus und Luther* 1906. J. Lindeboom *Erasmus onderzoek naar zijne theologie* 1909. H. Ernst *Die Frömmigkeit des Erasmus*, Theol. Studien und Kritiken 1919 S. 64ff. W. Köhler *Desiderius Erasmus. Ein Lebensbild in Auszügen aus seinen Werken* 1917. — § 46e. P. Mestwerdt *Die Anfänge des Erasmus* 1917. — § 47. D. F. Strauß *Ulrich v. Hutten* 1858; 2. Aufl. 1871; neu hsg. mit fördernden Anmerkungen von O. Clemen 1914. *Gespräche*, übersetzt und erläutert von D. F. Strauß 1860. *Opera, quae reperiri potuerunt omnia*, hsg. v. E. Böcking 1859—70. Die Ausgabe bildet nicht bloß die sichere Grundlage für das Leben und Schaffen Huttens, sondern für sein ganzes Zeitalter; die Supplementbände bringen außer den E. o. v. auch die humanistischen Satiren, die sich mit Huttens Gedanken oder Tun irgendwie näher oder ferner berühren. W. Reindell *Luther, Crotus und Hutten* 1890. S. Szamatolski *Ulrichs v. Hutten dt. Schriften* 1891. W. Köhler *Luthers Schrift 'An den christlichen Adel' im Spiegel der Kultur- und Zeitgeschichte* 1895. H. Delekat, geb. Bickel *Huttens Charakter und Bedeutung im Lichte seiner inneren Entwicklung*, Luther-Jahrbuch V (1923) S. 56ff. — § 47h. P. Kalkoff *Ulrich v. Hutten und die Reformation* 1920. Übersicht über die Ergebnisse dieses Buches: Luther-Jahrb. V (1923) S. 22ff. P. Kalkoff *Ulrich von Huttens Vagantenzeit und Untergang* 1925. — § 47i. Nuenar (Neuenahr): ADB. XXIII (1886) S. 485f.

VII. Die satirische Literatur. § 48. Der Kampf, den der H. gegen die Scholastik führte, war nicht bloß ein Zusammenstoß grundverschiedener wissenschaftlicher Richtungen, sondern eine Auseinandersetzung zwischen zwei unvereinbaren Weltanschauungen, einer absterbenden und einer neu aufkommenden, jugendfrischen. Ein derartiges Aufeinanderprallen weltgeschichtlicher Gegensätze pflegt meist seinen Niederschlag in der Satire zu finden. Das ist auch in der Blütezeit des H. der Fall; es erscheint daher notwendig, die bedeutendsten der in Betracht kommenden Satiren zu mustern. Die erste vergegenwärtigt die Scheidung, die sich innerhalb des H. selbst vollzog; der noch rückständige, halbscholastische ältere H. wird von dem weiter vorgeschrittenen verspottet, wobei sich die schärfsten Pfeile gegen die

Scholastik selbst richten. Es ist die bereits genannte, auch durch ihre Form (Wechsel zwischen Vers und Prosa) anziehende Satire Lochers '*Vitiosa sterilis mule ad musam roscida lepiditate predictam comparatio*' (1506). Von einer anderen Seite aus nahm Heinrich Bebel in seinem '*Triumphus Veneris*' (1515) gegen die Hauptfeinde des H. Stellung. Dabei bedient er sich eines in der volkstümlichen Literatur üblichen Schemas, der Satire auf alle Stände. Das beste Beispiel für diese Form bietet Sebastian Brants 'Narrenschiff'. Dieses hat allerdings mit dem H. nichts zu tun, da in ihm H. und volkstümliche Literatur nur eine Personalunion eingegangen sind. Aber Bebel macht in seinem Gedicht die Form dem H. dienstbar: alle Stände bewerben sich um die Gunst der Venus; der Preis wird schließlich den Bettelmönchen, den Hauptfeinden der neuen Richtung, zugesprochen. Schon sechs Jahre vor Bebel hatte sich Erasmus des gleichen Schemas in seinem 'Μωρίας ἐγκώμιον' (1509) bedient. Wie Venus bei Bebel, so macht in Erasmus' Werk die Torheit ihre Herrschaftsrechte geltend. Obgleich die anderen Stände nicht geschont werden, tritt Erasmus doch hauptsächlich zwei Feinden gegenüber, der Scholastik mit ihren unfruchtbaren, haarspaltenden Untersuchungen und dem „Judaismus", d. h. der landläufigen Frömmigkeit, dem Aufgehen in äußeren Werken und abergläubischen Bräuchen. Das im behaglichen Plauderton, in feinster, künstlerisch durchgearbeiteter Prosa abgefaßte Buch weist, wenigstens was seine Hauptangriffsstellung betrifft, vordeutend auf ein anderes, in dem der entscheidende Schlag gegen die Scholastik geführt und der durchgehende Gegensatz der Weltanschauungen aufgedeckt wurde.

§ 49a. Dies geschah bekanntlich in den '*Epistolae obscurorum virorum*' (Briefen unberühmter Männer). Der erste Teil erschien Herbst 1515, durch einen Anhang vermehrt Oktober 1516; der zweite Teil 1517, mit einem Anhang vermutlich Spätherbst des gleichen Jahres. Die Veranlassung zu den '*Epistolae o. v.*' gab der Reuchlinsche Streit; der Titel erklärt sich aus der zu Ehren Reuchlins veranstalteten Briefsammlung '*Epistolae clarorum virorum*' (1514). Fingiert wird, daß die Briefe von Anhängern des scholastischen Systems und Gegnern Reuchlins an Ortuin Gratius (geb. um 1480, † 1542) gerichtet sind, einen Poeten mit humanistischen Anwandlungen, der die Pamphlete der Kölner mit seinen Versen schmückte. Das Latein, in dem die E. o. v. geschrieben sind, ist ein Küchenlatein, mit zahllosen dt. Wendungen durchsetzt; es mag in den Bursen und in manchen Klöstern gelegentlich ein ähnliches Kauderwelsch gesprochen sein; im ganzen ist es karikaturmäßig übertrieben. Die Verfasser bedienen sich der mimischen oder indirekten Satire, d. h. einer Satire, die sich in die Seelen der Verhöhnten versetzt, diese selbst sprechen läßt und ihren naiven Geständnissen den Anschein der Lebenswahrheit zu verleihen weiß. Die Satire wendet sich gegen den mal.-scholastischen Unterrichtsbetrieb und die ganze mal. Wissenschaft. Da beides aber auf das engste mit Religion und Theologie zusammenhing, so konnte es nicht anders sein, als daß auch die mal. Form der Religiosität gestreift wird, d. h. wie im ἐγκώμιον μωρίας die abergläubische Werkheiligkeit, auch einzelne Mißbräuche, wie die Ablaßverkündigung. Bezeichnend für die Blütezeit ist, daß der Angriff jetzt nicht mehr allein dem Nominalismus, sondern dem ganzen System gilt (wie bei Celtes und Erasmus); ja Thomisten und Scotisten werden mit besonderer Vorliebe verspottet.

§ 49b. Die Verfasserfrage schien seit Brechts Untersuchungen in der Hauptsache geklärt; der erste Teil, ein Muster der mimischen Satire, allein von Crotus herrührend; der Verfasser des Anhanges zum ersten und des zweiten Teiles Hutten, nur gelegentlich durch zwei Mitarbeiter Jakob Fuchs und Friedrich Fischer (im zweiten Teile) unterstützt. Daß Hutten in der Tat als der so gut wie alleinige Urheber der Teile anzusehen sei, in denen die Darstellung mehr und mehr aus dem behaglichen Humor in die direkte Satire, ja in die Invektive übergeht, wurde durch die Mittel der Stilvergleichung erhärtet und gezeigt, wie das Temperament des kühnen Ritters die von Crotus so weise gezogenen Schranken immer wieder durchbrochen hat. Trotzdem nun die Beweisführung für den zweiten Teil nicht vollständig überzeugend war, da die Ungleichartigkeit in diesem doch wohl auf mehrere Verfasser deutet, schienen für die Forschung endgültige Grundlagen gewonnen zu sein. Allein diese fangen jetzt an, ins Schwanken zu geraten. Der erste Brief des 1. Teiles, ein im besten Stile mimischer Satire ausgeführtes Stück, wird für Hutten in Anspruch genommen; anderseits beginnt man an manchen für echt Huttenisch gehaltenen Briefen Hutten das Autorrecht zu bestreiten. Jedenfalls ist die Frage nach der Verfasserschaft der Briefe wieder in Fluß gekommen, so daß von einer unbedingten Sicherheit nicht mehr die Rede sein kann. Doch wird sich das eine wohl als unbestreitbar erweisen, daß Crotus die Idee und die wesentliche Ausführung des ersten Teiles zuzuschreiben ist, andere wie Hutten und Hermann v. d. Busche sich daran beteiligt haben (Zeit der Entstehung s. o.). Somit wären wir in der Hauptsache wieder bei dem vor Brecht herrschenden Strauß-Kampschulteschen Standpunkt angelangt; doch werden Brechts Stiluntersuchungen auch in Zukunft für die Erforschung der Verfasserfrage unentbehrlich sein; daneben lassen sich allerdings durch möglichst genaue Interpretation des Hauptzeugnisses, der '*Responsio ad Apologiam Jo. Croti Rubeani*' des Justus Menius (1532) wohl noch manche Anhaltspunkte gewinnen.

§ 50. In die Zeit des endgültigen äußeren Triumphes der Kölner über Reuchlin (1520) führt die Satire '*Hochstratus ovans*' (von Hermann v. d. Busche oder Nikolaus Gerbel?), sie klingt schließlich in die Hoffnung aus, daß Hochstraten wahrscheinlich nur einen Pyrrhussieg erfochten habe. Das zeitweilige Zusammengehen von H. und Reformation spiegelt sich am deutlichsten in einer der berühmtesten, dramatisch belebten Satire, dem '*Eccius dedolatus*' (Februar 1520). Von Zeitgenossen und der Nachwelt fast ausnahmslos Wilibald Pirkheimer zugeschrieben, ist sie neuerdings durch Paul Merker mit einleuchtenden Gründen als ein Werk Nikolaus Gerbels (geb. um 1485, † 1560) erwiesen worden. Auf Grund der Nachweise Merkers wird auch eine Satirenreihe, als deren Verfasser bisher Crotus Rubeanus galt, Nikolaus Gerbel zugeschrieben werden müssen. Es handelt sich um sieben im Ton verschiedene Dialoge, die '*Dialogi septem*', die, unter dem Decknamen S. Abydenus Corallus Germ. Anfang 1521 erschienen, im Laufe des Jahres 1520 entstanden sind. Auch sie führen unmittelbar in die Zeit des schnell vorübergegangenen Bundes zwischen H. und Reformation hinein. Erfüllt von der Hoffnung auf den Sieg der guten Sache, getragen vom Vertrauen auf den neugewählten jungen Kaiser Karl V., vergegenwärtigen sie die vergeblichen Anstrengungen der Mächte, die den religiös-wissenschaftlichen Fortschritt um jeden Preis zu verhindern suchen, und gipfeln in einer Verherrlichung Huttens, des Vorkämpfers für Wahrheit und religiöse Freiheit. Demselben Verfasser gehört die unter dem gleichen Decknamen veröffentlichte Verteidigungsrede für Hutten an: Hutten erscheint also als die symbolische Verkörperung des zeitweiligen Zusammengehens von H. und Reformation. Die von Humanisten, z. B. von Vadian, Hermann v. d. Busche u. a., in dt. Sprache geschriebenen Satiren verleugnen zwar den Zusammenhang mit der oben behandelten Literaturgattung nicht, treten aber bereits aus der humanistischen Sphäre heraus.

§ 49a u. b. W. Brecht *Die Verfasser der 'Epistolae obscurorum virorum'* 1904. D. Reichling *Ortuin Gratius* 1884. A. Bömer *Aufsätze, Fr. Milkau gewidmet* (1921) S. 10ff. P. Merker *Der Verfasser des 'Eccius dedolatus' und anderer Reformationsdialoge* 1923. S. 289ff. A. Bömer *Hermann v. d. Busches Anteil an den Eov.*, Aus Vergangenheit und Gegenwart, Festgabe für Dr. Philippi 1923. S. 86ff.; ders. *Verfasser und Drucker der Eov. Kritik einer neuen Hypothese*, Zentralblatt für Bibliothekswesen XLI (1924). — § 50. Für den '*Eccius dedolatus*' siehe Merker a. a. O.; die bisher dem Crotus zugeschriebenen Satiren ebd. S. 150ff. Brecht a. a. O. S. 187ff.

VIII. Der Humanismus und die Universitäten. § 51. Es lag in der Natur der Sache, daß der Kampf zwischen H. und Scholastik auf dem Gebiete des Unterrichtswesens besonders erbitterte Formen annahm. Ein durchschlagender Sieg über das Veraltete war nur möglich, wenn die Scholastik endgültig aus den Bildungsanstalten verdrängt wurde. Das Ringen um diese bezeichnet daher einen der wichtigsten Abschnitte in der Geschichte des H. Die Umgestaltung der Schulen im humanistischen Sinne ist seit der Wende des 15. und 16. Jhs. nicht mehr aufzuhalten, wie die Beispiele von Deventer, Münster usw. lehren; auch selbständige humanistische Schulgründungen, die sog. Poetenschulen, erfolgen. Wichtiger aber war noch der Kampf um die Universitäten. In erster Linie handelte es sich dabei um die vorbereitende, die sog. artistische Fakultät. Es galt hier die Einführung des humanistischen Betriebes der alten Sprachen, Beseitigung des Doctrinale und der scholastischen Kommentare zu diesem wie zu den aristotelischen Schriften, Entfernung der barbarischen Übersetzungen des Aristoteles, Wiederherstellung der sog. Enzyklopädie, völlige Änderung des Lehrverfahrens. Die allmähliche Besitzergreifung der Universitäten durch den H. vollzieht sich nicht gleichmäßig; eine genaue Angabe des Verlaufs würde ein Eingehen auf die Geschichte jeder einzelnen Universität nötig machen. Da für eine solche Darstellung der Raum fehlt, soll der Versuch unternommen werden, die allgemeinen Grundzüge der Entwicklung aufzuzeigen, wobei nur auf die wichtigsten Ausnahmefälle eingegangen wird.

§ 52. Etwa seit der Wende der 50er und 60er Jahre des 15. Jhs. beginnt das Eindringen des H. in die Universitäten. Jüngere Baccalaureen und Magister halten z. B. seit dieser Zeit in Leipzig Vorlesungen über klassische und humanistische Schriftsteller; Wanderlehrer vertreten die gleichen Tendenzen; in Wien liest schon 1454 und 1456 der berühmte Astronom Peuerbach über Vergil, Juvenal und Horaz, sein Schüler Regiomontanus 1461 über Vergil; andere folgen bis etwa 1480, darunter einer der Hauptvertreter des älteren Wiener H., Bernhard Perger (geb. um 1440); in Freiburg wird 1471 ein Lektor für Poesie angestellt; die Eröffnung der Universität Ingolstadt vollzieht sich ganz unter humanistischen Auspizien (1472). Die scholastisch gerichteten Professoren scheinen damals im allgemeinen der neu aufkommenden Richtung keine Feindseligkeit gezeigt zu haben; vielleicht hielten sie sie noch für ungefährlich. Deshalb ging es ohne wesentliche Reibungen ab. Die Universitätsverhältnisse spiegeln also auch hier nur den allgemeinen Charakter der Bewegung wider, was aus dem über das Verhältnis des Frühhumanismus zur Scholastik Gesagten ersehen werden kann. Etwa seit dem Anfang der 80er Jahre tritt jedoch ein Umschwung ein. Es kommt an den Universitäten mehrfach zu Zwist; die scholastischen Lehrer suchen teils durch aktiven, teils durch passiven Widerstand das Vordringen des H. zu hindern. Die Streitigkeiten steigern sich namentlich um die Jahrhundertwende. Die Landesherrn begünstigen meist die humanistischen Reformen, so etwa Herzog Georg von Sachsen, so namentlich der Humanistengönner Kaiser Maximilian. Dieser greift zugunsten des H. in Freiburg ein und verwirklicht in Wien einen Lieblingsgedanken des Celtes, indem er dort das *collegium poetarum et mathematicorum* gründet, dessen Seele Celtes war — eine ganz nach humanistischen Grundsätzen eingerichtete Fakultät, der aber kein dauernder Erfolg beschieden war, da eine feste Abgrenzung ihrer Befugnisse der Universität gegenüber fehlte, und die daher schon vor Celtes' Tode (1508) eingegangen zu sein scheint. Gerade Wien zeigt neben Köln und Heidelberg den erwachenden Widerstand der Scholastik gegen alle humanistischen Reformwünsche am deutlichsten. Nachdem von etwa 1454—1482 die Rezeption des H. ohne Schwierigkeiten vor sich gegangen war, beginnen die Scholastiker die ihnen drohende Gefahr einzusehen und setzen allen Änderungsversuchen den zähesten Widerstand entgegen, der bis 1521 nicht zu brechen ist.

§ 53. Die Folge dieser seit etwa 1480 einsetzenden Gegenwehr der Scholastik auf den dt. Universitäten ist die Tatsache, daß eine (wenigstens landschaftlich) außerdt. Universität der Mittelpunkt der humanistischen Studien wird, nämlich die Universität Krakau, die in den letzten Jahrzehnten des 15. und am Anfange des 16. Jhs. viel von humanistisch gerichteten dt. Studenten aufgesucht worden ist. Am Anfange des 16. Jhs. heben sich jedoch einige dt. Universitäten dadurch heraus, daß sie dem H. stark entgegenkommen. Das geschieht auf der 1502 gegründeten Wittenberger Hochschule, wo nach ursprünglichem Verweilen im mal. Geleise schon 1506 eine humanistische lat. Grammatik eingeführt, 1508 der Plan des dreisprachigen Unterrichtes erwogen wird und schließlich 1518 durch die Berufung Melanchthons die neue Richtung zum Siege gelangt. Eine noch größere Bedeutung für den H. gewann seit der Jahrhundertwende die bereits 1477 gegründete Universität Mainz. Unter dem Einflusse der Humanisten Dietrich Gresemund d. J. und Joh. Rhagius Ästicampianus (Joh. Rack aus Sommerfeld, † 1515), des Lehrers Huttens, der von ihm manche Anregungen erhielt, schaffte Erzbischof Berthold von Henneberg schon früher als in Wittenberg das Doctrinale ab. Zum eigentlichen Mittelpunkt der humanistischen Studien und zum Lager der Reuchlinisten wurde Mainz jedoch erst in den Anfangsjahren der Regierung Erzbischof Albrechts (1514 und 1515). Dessen Rat, Eitelwolf vom Stein (geb. um 1450, † 1515), der Gönner Huttens, hatte bereits den Versuch gemacht, die neugegründete Universität Frankfurt a. O. (1506) in das humanistische Fahrwasser zu lenken. Als er sehen mußte, daß auch hier die Scholastik die Oberhand gewann, verfolgte er eifrig den Plan, das, was ihm in Frankfurt nicht gelungen war, in Mainz zu erreichen und die dortige Universität zu einer umfassenden humanistischen Akademie zu erweitern — eine Absicht, die freilich nach glücklichen Anfängen an Eitelwolfs frühem Tode, mehr aber noch an der Ungunst der Verhältnisse scheiterte.

§ 54. Allein während in Wittenberg und Mainz der H. nicht auf erheblichen Widerstand stieß, steigerten sich auf den anderen Universitäten die Kämpfe. An der Verschärfung des Gegensatzes hatte jede der beiden Parteien ihren redlichen Anteil: die scholastischen Lehrer fühlten sich in ihrem Besitzstande bedroht und suchten sich ihrer Haut zu wehren; die Humanisten traten mit herausforderndem Selbstgefühl auf, sowie mit zur Schau getragener Verachtung der bisherigen Universitätseinrichtungen, namentlich der akademischen Grade. Die Folge war, daß es gelegentlich zu Gewaltmaßregeln kam. So wird 1511 aus Leipzig der Humanist Joh. Rhagius Ästicampianus vertrieben; in Köln bereiten die Scholastiker dem vortrefflichen Johannes Cäsarius unausgesetzte Schwierigkeiten. Auf das lebendigste werden diese Kämpfe und ihre Gründe in den '*Epistolae obscurorum virorum*' vergegenwärtigt, selbstverständlich vom humanistischen Standpunkte aus. Allein so heftig der Widerstand der Anhänger des Alten auch war, schließlich konnte sich doch, wie immer, das im Absterben Begriffene gegenüber dem Ansturm des Neuen, Jugendfrischen nicht mehr halten. Trotz aller Gegenwehr sahen sich die Scholastiker gezwungen, dem H. ganz erhebliche Zugeständnisse zu machen. Es wurde im Sprachunterricht nachgegeben (Einführung des Griechischen in Leipzig); und schließlich kam es um 1520 an zahlreichen Universitäten zu umfassenden Reformen, z. B. in Leipzig und Erfurt 1519. Im wesentlichen wurden die oben bezeichneten Forderungen der neuen Richtung durch endgültige Änderung des Sprachunterrichts, Einführung zeitgemäßer Lehrbücher, Beseitigung der scholastischen Übersetzungen und Kommentare erfüllt. In dem schweren Kampfe schien also der H. vollständig gesiegt zu haben. Allein so überschwänglich auch der Jubel mancher Humanisten über das Erreichte klang, es war nur ein Scheinsieg; in Wirklichkeit blieb das scholastisch-mal. System nach wie vor die Grundlage der Universität. Es vollständig zu beseitigen, bedurfte es anderer, stärkerer Kräfte.

Ältere Literatur über die Geschichte der einzelnen Universitäten Goedeke I² 405f. L. Bertalot *Humanistische Vorlesungsankündigungen in Deutschland im 15. Jh.*, Z. f. Gesch. d. Erz. und des Unterrichts V (1914) S. 1ff. Die Arbeiten G. Bauchs über Ingolstadt, Wien und Erfurt vgl. zu § 31, § 40 u. § 44. G. Bauch *Die Anfänge der Universität Frankfurt a. O. und die Entwicklung des wissenschaftlichen Lebens auf der Hochschule (1506—40)* 1900. W. Friedensburg *Geschichte der Universität Wittenberg* 1917. G. Bauch *Wittenberg und die Scholastik*, Neues Archiv f. sächs. Gesch. XVIII (1897) S. 285ff. G. Bauch *Die Einführung des Hebräischen in Wittenberg*, Monatsschrift für Geschichte und Wissenschaft des Judentums XLVIII (1904). Mainz: G. Bauch in J. R. Dietrich und K. Bader *Beiträge zur Geschichte der Universitäten*

Mainz und Gießen 1907. S. 3ff. G. Bauch *Dt. Scholaren in Krakau* 1901. Über Ästicampians Vertreibung aus Leipzig G. Bauch ArchfLg. XIII (1885) S. 1ff.

IX. Ergebnisse. § 55. Die vorliegende Darstellung ist der gesamten Entwicklung bis zu ihrem Abblühen gefolgt und hat nun das Fazit zu ziehen. Eine organische Verbindung zwischen Antike und nationaler Kultur, wie sie sich im 14. Jh. anzubahnen schien, war nicht erreicht. Seit der Mitte des 15. Jhs. setzt sich vielmehr unter dem Einflusse der gleichen Tendenzen wie in Italien auch in Deutschland das kanonische Ansehen des Altertums durch: unbedingter Anschluß an die Antike wird die Regel; es handelt sich also nicht um eine frei nachschaffende, sondern um eine nachahmende Tätigkeit. Gleichwohl hat der H. in Wissenschaft, Unterricht, Religion, Weltanschauungsfragen entscheidende Umwälzungen herbeigeführt oder doch wenigstens zum Ausdruck gebracht, wobei sich die verschiedenen Gebiete mehrfach berühren. An die Stelle der Fragen, die die Scholastik beschäftigt hatten, treten die Dinge, die die Bildungsbedürfnisse der Zeit befriedigten, an die Stelle einer zur Spielerei entarteten Logik die philologischen, geschichtlichen, naturwissenschaftlichen Fächer. Eine außerordentliche Erweiterung des Anschauungskreises findet statt. Im Gegensatz zu der jenseitigen Anschauung, auf der die Scholastik aufgebaut war, wendet sich allem Menschlichen, Natürlichen, Greifbaren die Aufmerksamkeit zu. Der Betrieb der Wissenschaft nimmt einen anderen Charakter an, auch da, wo es sich um Teile der sog. Enzyklopädie handelt, z. B. bei der Musik, die im H. theoretisch und praktisch reiche Förderung fand, so durch Nic. Marschalk, Reuchlin, Pirkheimer u. a. In den musiktheoretischen Arbeiten der Humanisten ist die Anlehnung an die gleichartigen mal. Bestrebungen unverkennbar. Aber die Art, in der Männer wie der vielseitig gebildete, auch um die Geographie verdiente Henricus Glareanus (Heinrich Loriti aus Glarus, 1488—1563), eine der originellsten Persönlichkeiten der Blütezeit, wie Ottmar Luscinius (Nachtigall, 1487—1537) und Johannes Cochlaeus zu den grundlegenden Fragen vorzudringen suchten, zeigt doch den entscheidenden Fortschritt über das mal. Verfahren hinaus. Zugleich offenbart sich aber bei der Musik ein Zug des dt. H., der ihn der ital. Renaissance nahebringt, wenn es sich auch mehr um ein Wollen als um ein Vollbringen handelt. Man strebt bereits danach, die gewonnenen Erkenntnisse in die Tat umzusetzen. 1507 veröffentlichte Celtes mit dem Musiker Tritonianus Melodien zu Horazischen und eigenen Oden im vierstimmigen Satze und mit obligater Instrumentalbegleitung; ihm schwebte dabei die Absicht vor, Wort, Ton und körperliche Haltung des Sängers zu einem untrennbaren Ganzen zu verschmelzen. Das in solchen Untersuchungen sich regende dunkle künstlerische Empfinden wirkt auch sichtlich bestimmend, wenn in dem Wissensbetrieb an die Stelle der verstandesmäßigen logischen Zergliederung die schöne Darstellungsform (*eloquentia*) tritt; Übertreibungen auf diesem Gebiete sucht man in der Blütezeit mehr und mehr einzudämmen. Das Streben nach künstlerischer Betätigung tut sich auch in einem Zweige kund, auf den die Humanisten besonders stolz waren, nämlich in der Poesie. Die lat. Dichtung des H. hat allerdings den Ewigkeitsruhm, den die Humanisten als selbstverständlich in Anspruch nahmen, nicht erzielt; immerhin bahnt sich in der Poesie dadurch ein Fortschritt an, daß die Möglichkeit geschaffen wird, Gefühle und Gedanken in einer gebildeten Sprache zum Ausdruck zu bringen, wenn auch viel Erborgtes, Unechtes mit unterläuft; zudem sind Werke wie Celtes '*Amores*' und '*Odae*' sowie Huttens Dichtungen als Zeugnisse der gesamten Geistesbewegung nicht zu entbehren.

§ 56. Der sich im H. vollziehende Wandel der Weltanschauungen wird offenbar, sobald man das Gebiet der Pädagogik betritt; der H. betont nicht so sehr die Sündhaftigkeit als die Gottesspur im Menschen: zu den humanistischen Glaubenssätzen gehörte die von der Florentiner Akademie vertretene Überzeugung, daß der Mensch die Kraft habe, sich zum Höchsten zu erheben. Aus diesen und verwandten Gedanken erklärt sich der Wert, den der H. Erziehung und Unterricht beimaß. Liegen im Menschen die Anlagen zu allem Guten, dann muß es auch möglich sein, diese durch die Erziehung zu wecken; nur aufzuklären braucht man den Menschen über das Rechte, dann wird der Erkenntnis die Tat folgen. Die fröhliche Zuversicht, mit der der H. an die Lösung dieser Aufgabe ging, nimmt den optimistischen Glauben der Aufklärungspädagogik vorweg. Sie wird von den verschiedenartigsten Persönlichkeiten, z. B. von Wimpfeling und Erasmus, geteilt. Wie in dem pädagogischen, so macht sich auch in dem religiösen Ideal der grundsätzliche Unterschied der Zeitalter geltend: den Ausgangspunkt bildet nicht mehr, wie im MA., die Gottheit, sondern der Mensch mit seinen geistigen Bedürfnissen; an die Stelle der metaphysischen tritt daher die ethische Betrachtungsweise, die schon zu der Erkenntnis führt, daß das Gute nur um des Guten willen erstrebt werden müsse.

§ 57. Diese völlige Veränderung des religiösen Ideals wäre nicht möglich gewesen, wenn nicht der Mensch eine andere Stellung für sich in Anspruch genommen hätte. Es entspricht diesem Wandel der religiösen Gesamtanschauung, daß das Gefühl von dem Eigenwert der Persönlichkeit sich im H. zum ersten Male deutlich beobachten läßt. Nicht als ob es dem MA. an mächtigen, kraftvollen Persönlichkeiten gemangelt hätte. Aber diese Menschen erkennen willig die durch die überlieferten Einrichtungen gezogenen Schranken an. Ganz anders Agricola, Pirkheimer, Celtes, Erasmus, Hutten! Jeder von ihnen will für sich etwas bedeuten; auf jeden von ihnen könnte man die berühmte Charakteristik des Erasmus in den 'E. o. v.' anwenden: *est homo pro se.* Es tritt auch in ihren Äußerungen deutlich hervor, daß sie nicht gewillt sind, sich den durch Herkommen, Gewohnheit, Sitte geheiligten Gesetzen bedingungslos zu unterwerfen. Ebenso wichtig wie dieser Freiheitsdrang der Persönlichkeit ist die Tatsache, daß sie für alles Menschliche einen scharfen Blick haben. Was aus dem Kreise des Regelmäßigen, Gewohnten herausfällt, erregt ihre Teilnahme; man vergleiche nur das Verfahren der besten mal. Geschichtschreiber mit der Art, in der Pirkheimer im 'Schweizerkrieg' ungewöhnliche Menschen und Zustände mit dem Gemüt erfaßt, und man wird den Unterschied mit Händen greifen können. Auch darin läßt sich die gegensätzliche Stellung zum MA. nicht verkennen, daß die Persönlichkeit es für selbstverständlich hält, ihr Daseinsrecht mit allen Mitteln geltend zu machen, eine Tatsache, für die Hutten das beste Beispiel bildet. Ob diese Überzeugung von Wert und Recht der Individualität auf das Vorbild der in sich ruhenden Menschen des Altertums zurückzuführen oder ob sie bloß ein Ergebnis der seit dem 12. Jh. einsetzenden inneren Entwicklung ist, bedarf noch genauer Untersuchung.

§ 58. Um 1520 schien der Sieg des H. entschieden; wenigstens waren dessen Vertreter davon überzeugt. Sie hatten mit diesem Glauben recht und unrecht. Recht insofern, als die von ihnen übernommenen oder ausgebildeten Ideen sich schließlich durchgesetzt haben; unrecht, weil sie die Erfüllung ihrer Ideale von der nächsten Zukunft erwarteten. Der H. war eine aristokratische Bewegung; infolgedessen konnten seine Grundsätze nur langsam in die Tiefe dringen. Stieß er aber mit einer die Gesamtheit aufwühlenden Macht zusammen, so mußte er zeitweilig unterliegen, weil die dünne Oberschicht den Kampf mit der Masse nicht aufzunehmen vermochte. Deshalb war es selbstverständlich, daß der H. der Reformation gegenüber den Kürzeren zog, sobald sich der Gegensatz zwischen den beiden Strömungen enthüllt hatte.

X. Humanismus und Reformation.

§ 59. Die Umwälzung, die nunmehr eintrat und die Scholastik endgültig stürzte, raubte dem H. zahlreiche seiner besten Anhänger und lenkte die Gesamtteilnahme in andere Bahnen. Der Ausgang des H. ist unmittelbar mit der Reformation verknüpft, eine Betrachtung des Verhältnisses, in dem beide Mächte zueinander standen, daher unentbehrlich. Die überwiegende Mehrzahl der Humanisten sah in Luther zuerst einen Vorkämpfer. Luther selbst hatte allerdings schon 1516 den Gegensatz zwischen seiner Glaubenslehre und der humanistischen Ethik erkannt. Allein den Zeitgenossen ging diese Erkenntnis nicht auf; sie sahen zunächst nur das beiden Richtungen Gemeinsame. Denn in der Tat waren zahlreiche Berührungspunkte vorhanden. Der H. hatte die kirchlichen Mißstände schonungslos aufgedeckt, auf die Bibel als die alleinige Quelle des Glaubens hingewiesen, die Paulinischen Briefe in den Mittelpunkt gerückt, die Teilnahme für die Kirchenväter neu belebt; er hatte die Werkheiligkeit und die abergläubischen Bräuche bekämpft und den Wert des praktischen Christentums hervorgehoben. Dazu kam, daß H. wie Reformation sich gegen den gleichen Feind, die Scholastik, wendeten, ihr auch die Alleinherrschaft im Unterrichtswesen streitig zu machen suchten. Rein äußerlich betrachtet, schien also Luther nur die Forderungen des H. zu vertreten, namentlich als er sich auch zum Anwalt der nationalen Beschwerden machte. Ein starker innerer Zusammenhang ergab sich ferner dadurch, daß Luther ähnlich wie der H. die Persönlichkeit und ihre seelischen Bedürfnisse in den Mittelpunkt rückte. Alles das macht die rückhaltlose Zustimmung der Humanisten begreiflich. Nur wenige, wie Reuchlin, verhielten sich von Anfang an feindlich; selbst Wimpfeling trat zuerst für Luther ein. Allein von vornherein ist bezeichnend, wie die Humanisten Luthers Sache und das Verhalten von dessen Gegnern beurteilten. Sie sahen in den Angriffen, die Luther von der päpstlichen Partei erfuhr, nur eine Fortsetzung des Verhaltens der *obscuri viri* gegen Reuchlin. Es ist also der humanistische Gesichtswinkel, unter dem sie Luther und sein Werk betrachteten.

§ 60. Das war auch der Standpunkt des Erasmus, dessen Stellungnahme in der Anfangszeit der Reformation (1519—1520) besondere Beachtung verdient. Er trat mit großer Wärme für Luther ein, zuerst unter dem Deckmantel der Anonymität in der Flugschrift '*Acta academiae Lovaniensis*', dann aber auch in bald veröffentlichten Briefen. Obgleich es seinem scharfen Blicke keineswegs entging, daß Luther nicht von den humanistischen Studien, sondern von der Scholastik ausgegangen war, erschien ihm doch die ganze Angelegenheit als ein Glied in der Geschichte der humanistischen Kämpfe. Nach seiner Ansicht handelte es sich bei den Umtrieben der mönchisch-scholastischen Partei um eine große Verschwörung der Feinde der Wissenschaft gegen tüchtige und fromme Gelehrte, wie ihn denn selbst zu gleicher Zeit von den Theologen zu Löwen und dem päpstlichen Nuntius Aleander schwere Gefahren bereitet wurden, denen er nur mit Mühe entging. Als Opfer dieser Verschwörung betrachtete er auch Luther; Luthers Sache war ihm die Sache der bedrohten Wissenschaft; deshalb suchte er alle Anhänger des H. aufzurufen, um für Luther ein unparteiisches Schiedsgericht zu erwirken (wichtig namentlich der berühmte Brief des Erasmus an Albrecht von Mainz [November 1519], aus dem S. 540 ein Stück mitgeteilt ist). Dabei verleugnete er nirgends die ihm eigentümliche Vorsicht; auch kam es ihm darauf an, Luther von einem entscheidenden Bruch mit der Kirche zurückzuhalten, getreu seinen, aus den früher dargelegten Ansichten sich ergebenden Grundsatz: *A sectis et schismatibus semper abhorrui.* Unter diesen Umständen kann man es verstehen, daß er von Luther abrückte, als dieser in der Schrift '*De captivitate Babylonica*' den radikalen Bruch wirklich vollzog. Von da an macht die freundliche Haltung des Erasmus einem immer mehr sich steigernden Unbehagen Platz.

§ 61. Die meisten anderen Humanisten blieben noch eine Zeitlang Luther treu, doch war auch ihr Bund mit der Reformation nicht von Dauer. Es konnte auch nicht anders sein, denn tatsächlich handelt es sich um zwei Mächte, die von ganz verschiedenen Ausgangspunkten ausgehen. Luther drang von innen nach außen, der H. von außen nach innen. Sobald dieser Gegensatz den Humanisten zum Bewußtsein kam, mußte die Ernüchterung eintreten; sie wurde durch die Begleiterscheinungen der Reformation verstärkt. Die Teilnahme der Massen war den Geistesaristokraten unheimlich; durch die Volksbewegungen wurden die Grundlagen von Bildung und Wissenschaft erschüttert; die Vorherrschaft der theologischen Interessen schien ein neues Regiment der „stinkenden Kutten" anzukündigen. Alle diese Tatsachen waren dazu geeignet, die ursprüngliche Begeisterung der Humanisten zu dämpfen oder ganz auszulöschen. So erklärt es sich, daß zahlreichen humanistischen Freunden der Reformation schließlich der frühere Zustand als der annehmbarere erschien. Sie kehrten daher zur alten Kirche zurück (so Crotus Rubeanus, Beatus Rhenanus u. a.), oder sie wurden doch wenigstens zu erbitterten Kritikern der Reformation (so Pirkheimer). Irgendwelche selbstsüchtige Beweggründe für diese Umkehr, wie sie die Reformatoren z. B. dem Crotus vorwarfen, hat man nicht nötig anzunehmen. Die wenigen, die der Reformation treu blieben, wie Ökolompad, Justus Jonas, Justus Menius, gingen aber auch ganz in der neuen Richtung auf; das Humanistische tritt bei ihnen seitdem völlig zurück; bei anderen, wie bei Melanchthon, Camerarius, nimmt es wenigstens eine besondere Färbung an. Einen günstigeren Boden für die Vereinigung der neuen religiösen Erkenntnisse und der humanistischen Bestrebungen gewährte die Schweizer Reformation: Zwingli behielt dauernd die Hochschätzung antiker Sittlichkeit nach Erasmus' Vorbilde bei; auch bei Vadian läßt sich der Zusammenhang mit den vor der Reformation liegenden Elementen seiner Bildung nicht verkennen.

§ 62. Die endgültige Scheidung zwischen H. und Reformation vollzog sich etwa in den Jahren 1522—1525. Das weithin sichtbare Merkmal für diese Trennung der beiden scheinbar zusammengehörigen Geisteswelten bildet der Streit zwischen Erasmus und Luther, den Pirkheimer vergebens zu hindern gesucht hatte (Hauptschriften: Erasmus '*Diatribe de libero arbitrio*' 1524; Luther '*De servo arbitrio*', Ende 1525). Ganz zutreffend hat hier Erasmus den Punkt bezeichnet, der einen dauernden Bund unmöglich machte. Er geht von der Gedankenwelt der Florentin. Akademie aus: die Hoheit und Würde des himmelentstammten Menschengeistes wird Luthers Vorstellung von der Allwirksamkeit Gottes und der Sündhaftigkeit des Geschaffenen entgegengehalten. Aber ebenso deutlich wie die Ursache wird der allein mögliche Ausgang des Streites. Denn bei einem Vergleich zwischen den beiden Gegnern erkennt man, weshalb der H. Luther unterliegen mußte; während dieser rücksichtslos alle Folgerungen aus seinem Standpunkte zieht, denkt Erasmus den Grundgedanken nicht kühn zu Ende, sondern zerstört den Eindruck des bewunderungswürdigen kritischen Teiles seiner 'Diatribe' dadurch, daß er eine schwächliche Übereinkunft zwischen der Kirchenlehre und den Grundlagen der humanistischen Ethik herzustellen sucht.

Trotz des sich in diesem Streit offenbarenden Gegensatzes konnte die Reformation auf die Dauer die Errungenschaften des Humanismus nicht entbehren. Unter welchen Bedingungen diese innerhalb des Protestantismus fortlebten, ist noch kurz zu zeigen.

§ 59. E. Troeltsch *Renaissance und Reformation*, Hist. Z. CX (1913). M. Lenz *Humanismus und Reformation*, Ausgewählte Vorträge und Aufsätze (o. J.) S. 11ff. P. Drews *Humanismus und Reformation* 1887. P. Wernle *Renaissance und Reformation* 1912. — § 60. P. Kalkoff *Die Vermittlungspolitik des Erasmus und sein Anteil an den ersten Flugschriften der Reformationszeit*, Archiv für Reformationsgeschichte I (1904). M. Richter *Die Stellung des Erasmus zu Luther* 1901. H. Humbertclaude *Erasme et Luther* 1909. A. Meyer *Étude critique sur les relations d'Erasme et Luther* 1909. P. Kalkoff *Erasmus, Luther und Friedrich der Weise* 1919. Ders. *Erasmus und Hutten in ihrem Verhältnis zu Luther*, Hist. Z. CXXII (1920) S. 260ff. Dagegen in der Hauptsache treffend E. König *Erasmus und Luther*, Hist. Jb. XLI (1921) S. 52ff. — § 62. Vgl. namentlich die zu § 60 sowie die zu § 46 angeführte Literatur. K. Zickendraht *Der Streit zwischen Erasmus und Luther* 1909. Erasmus *Diatribe de libero arbitrio*, hsg. von J. v. Walter 1909.

XI. Nachwirkungen. § 63. Wie die Scheidung von der Reformation, so erfolgte auch in der ersten Hälfte der 20er Jahre der Niedergang des H.; die Ursache dieses schnellen Abblühens ist darin zu suchen, daß die religiösen Fragen alle Teilnahme für sich in Anspruch nahmen, die sozialen Stürme die Daseinsbedingungen gelehrter Tätigkeit zerstörten, auch bildungsfeindliche Tendenzen sich regten. Wohl setzten einzelne hervorragende Träger des humanistischen Geistes ihre Arbeit in der alten Weise fort, wohl kamen verheißungsvolle Keime erst jetzt zur Reife, z. B. in Aventin, Beatus Rhenanus und Cuspinian; allein es fehlte das freudige Entgegenkommen; der Glanz, der auf der Blütezeit geruht hatte, verschwand. Entsprechend der Richtung auf die philologische Tätigkeit, die der H. in der Blütezeit genommen hatte, ging die Bewegung allmählich in das Gelehrtenwesen des 16. Jhs. über. Obgleich dieses in Deutschland, Holland und Frankreich hervorragende Leistungen aufzuweisen hat, kann es sich doch an ursprünglich anregender, befruchtender Kraft nicht mit der Blütezeit des H. messen. Gleichwohl sind die vom H. geschaffenen Grundlinien für die weitere Entwicklung des geistigen Lebens maßgebend geblieben. Das gilt sowohl vom Protestantismus wie von den Ländern, in denen die Gegenreformation durchgeführt wurde. Wenn hier lediglich der Protestantismus ins Auge gefaßt wird, so geschieht es deshalb, weil ihm in diesem Falle die maßgebende Bedeutung für den Fortgang der Kultur zukommt, und weil die Art, in der die Reformation sich die Ergebnisse des H. zu eigen machte, auch für die Gegenreformation vorbildlich geworden ist.

§ 64. Entscheidend für die Zukunft des vom H. Erreichten wird Melanchthon. Er schließt sich unter dem gewaltigen Einflusse Luthers dem neuen Glauben an. Nach der ersten rückhaltlosen Hingabe erfolgt auch bei ihm, wie bei den anderen Humanisten, die Ernüchterung; aber halb freiwillig, halb gezwungen bleibt er Luthers Lehre treu, und unter einem seelischen Martyrium ohnegleichen rettet er einen großen Teil der humanistischen Errungenschaften in den Protestantismus hinüber, ohne daß es ihm freilich gelungen wäre, das Übernommene vor Verkümmerung und Trivialisierung zu bewahren. Hier nur die Grundzüge dieses Lebenswerkes. Selbstverständliche Voraussetzung ist die Kenntnis der klassischen Sprachen und Literaturen. Daneben wird, wie im H., besonderer Wert auf die *eloquentia*, die Fähigkeit zu geschmackvoller Darstellung, gelegt; sie zu fördern, führt Melanchthon in Wittenberg die *declamatio* ein, eine Art Aufsatzübung, deren Erfolg allerdings nicht groß war. Für die neue Kirche schafft er einen dem enzyklopädischen Ideal entsprechenden wissenschaftlichen Unterbau, der zwar dem Glauben dienen, aber sich doch von jeder Vermischung mit der Religion frei halten soll. Der Verwirklichung dieses Bildungsideals diente die Wittenberger Universitätsreform von 1536, die ganz anders als die humanistischen Reformen um 1520 eine grundsätzliche Änderung der Hochschulgestaltung herbeiführt und so das unentbehrliche Verbindungsglied zwischen dem mal. und dem modernen Unterrichtswesen schafft. In der Philosophie kehrt er von Plato zu Aristoteles zurück, bewegt sich aber in seiner, durch Cicero beeinflußten Ethik durchaus in den Bahnen des H. und bereitet durch seine übersichtlich zusammenfassenden Formeln das natürliche System der Aufklärung vor.

§ 65. So außerordentlich wichtig Melanchthon daher für die Zukunft des dt. Geisteslebens wurde, so ist ihm doch in der Gestaltung des humanistisch-gelehrten Ideals ein erfolgreicher Nebenbuhler erstanden. Das war Johann Sturm (1507—1589), dessen Einfluß den Melanchthons bald überwucherte und sogar in Melanchthons unmittelbarer Nähe, in den sächsischen Fürstenschulen, den Sieg davontrug. Sturms Unterrichtsziel ist die *sapiens et eloquens pietas*; aber noch stärker als bei Melanchthon tritt bei ihm die *eloquentia* in den Vordergrund, so daß man an die Art des Frühhumanismus erinnert wird. Daß es sich bei dieser Betonung einer an das Schauspielerische streifenden Darstellungskunst um einen bedenklichen Rückschritt handelt, kann schwerlich bestritten werden. Es wurde dadurch die Bahn für eine gleißende, hohle Rhetorik eröffnet. Vereint mit der im wesentlichen auf Melanchthons Gedankenwelt aufgebauten verstandesmäßigen orthodoxen Schultheologie, hat diese seelenlose Rhetorik dem Unterrichtsbetrieb seit dem Ende des 16. Jhs. die entscheidenden Züge aufgeprägt.

§ 66. Ein Wandel fand erst durch die Rückkehr zum Gefühlsmäßigen statt, wie er sich im Pietismus vollzog, nicht minder durch die pädagogischen Ideale der Aufklärungszeit. Erst nachdem so die Auswüchse der humanistischen Richtung beseitigt waren, konnte diese ihre volle Wirkung entfalten. Dies geschah im Zeitalter des dt. Idealismus. Lessing, Goethe, Schiller und ihre Mitstrebenden haben den echten und lebensfähigen Bestandteilen des H. die vollkommenste Gestalt verliehen. Zugleich ist in diesem Zeitalter das erreicht worden, was in den Anfängen des dt. H. vergebens erstrebt wurde: eine innige, untrennbare Verbindung der Antike mit dem dt. Geiste.

§ 64. Dilthey a. a. O. S. 162ff. K. Hartfelder *Melanchthon als Präzeptor Germaniae* 1889. G. Bauch *Die Einführung der Melanchthonischen Deklamation an der Universität zu Wittenberg* 1900. G. Ellinger *Melanchthon* 1902. S. 453ff. — § 65. Ch. Schmidt *La vie et les travaux de Jean Sturm* 1855. E. Laas *Die Pädagogik Johannes Sturms* 1872. W. Sohm *Die Schule Johannes Sturms und die Kirche Straßburgs* 1912.

G. Ellinger.

Humor. § 1. Mittelalter. Da H. das Erzeugnis gewisser weltanschaulicher Voraussetzungen ist, nur aus humaner Milde oder aus Gelassenheit gegenüber dem Unzulänglichen und Schlechten fließen kann (die Erklärung: „H. ist Weltanschauungskomik oder Komik mit oder aus Weltanschauung", legen wir nicht zugrunde), so ist er nur in der literarischen, der höheren Dichtung zu finden. Daß man rein komische Geschichten Humoresken (s. d.) nennt und die Bezeichnung humoristisch oft mit komisch gleichsetzt, ist ein Mißbrauch. Solange man in der sittlichen Unvollkommenheit immer persönliche Schuld sah und jedes Mißverhältnis zwischen Lebensführung und Wohlergehen im Jenseits säuberlich ausgeglichen dachte, war H. aus Grundsatz kaum denkbar. So taucht denn auch H. im MA. nur einmal voll entwickelt auf, bei Wolfram v. Eschenbach, der sich ja überhaupt als überragender Denker erweist und z. B. auch den Heidenhaß seiner Zeit nicht mitmacht. Sein H. ist das Ergebnis seiner abgeklärten, verzeihenden Milde und seiner überlegenen Menschenkenntnis. Humoristisch faßt er Rennwarts und Parzivals Tumbheit, jene Mischung aus Unbeholfenheit in ritterlichen Dingen und aus innerer Tüchtigkeit, die rein menschlich wertvoll ist. Ein anderes Beispiel ist sein Wohlgefallen an der kleinen Obilôt, die noch mit Puppen spielt, aber schon die Minnesitten der Erwachsenen nachahmen will und sich Gawein zum Ritter gewinnt.

§ 2. Das 18. Jahrhundert. H. aus Grundsatz kommt erst im 18. Jh. auf, und zwar zuerst in England. Schon die ersten moralischen Wochenschriften hatten vielleicht hie und da humoristische Auffassung der Gestalten (Will Honeycomb im Spektatorclub). In den komischen Romanen von Fielding, vor allem aber im '*Tristram Shandy*' des Sterne erscheinen dann die gutmütigen Steckenpferdreiter, die im ganzen sympathischen, aber aus Güte und Ungeschick oder aus Güte und Bärbeißigkeit usw. gemischten Gestalten (Onkel Toby). 'Don Quixote' ist auf Fielding von Einfluß gewesen; doch scheint der Roman mir für die Entwicklung des H. nicht so wichtig, da bei Cervantes die Satire das Mitgefühl überwiegt. Ein Hauptgrund für das Auftreten des H. ist die schärfere Menschenbeobachtung, die sich in den „Charakteren" der Wochenschriften übte und das Gemischte der Menschennatur erkennen lehrte, und die fortschreitende Humanität, das Mitgefühl auch mit den unvollkommenen, lächerlichen, ja anfechtbaren Charakteren (Cumberland gründet die Moral auf Wohlwollen und allgemeine Menschenliebe); auch der Widerspruch gegen Richardsons herrliche Tugendhelden führt zur Hervorkehrung des Doppelseitigen in allen menschlichen Vorzügen. Und man wehrt sich gegen das Übermaß der Empfindsamkeit, das die Welt überflutet, durch Einmischung des Komischen in das Rührsame; daher Sternes H. auch erklärt wird als Mischung von Witz und Sentimentalität. Sterne und Fielding werden bald ins Dt. übertragen: erste Tristramübersetzung schon 1763; die bessere Bodesche ist 1774 fertig. Die Nachfolge läßt nicht lange auf sich warten. Aber die richtige Mischung gelingt selten. Viele der Romane zwischen 1775 und Jean Paul, die humoristische Romane genannt werden, verdienen den Namen nicht. Entweder überwiegt das rein Komische wie in Gottwert Müllers 'Siegfried von Lindenberg' (1779) und bei Knigge; oder Gefühl und Komik stehen unverbunden nebeneinander; es gibt zwar genug Steckenpferdreiter, aber sie gehören mehr in die Richtung des Don Quixote und Smollets, oder sie werden zu ernst genommen. Auch Hippels 'Lebensläufe nach aufsteigender Linie' (1778) sind nur selten humoristisch (der Graf, der Sterbende sammelt) und stehen Richardson näher als Sterne. Die deutlichste Sternenachahmung ist 'Tobias Knaut' von Wezel (1173—76). Wieland hat dann eine Färbung des H. gefunden, die von der engl. abzuweichen scheint: gegenüber dem jugendlich unerfahrenen, an platonische Ideale glaubenden, noch im Irren schweifenden Helden nimmt der Dichter die Miene des gutmütigen, überlegenen Weltmannes oder die des wohlwollenden, Welt und Menschen kennenden Weisen an (in den Versepen und Verserzählungen). Daß die humoristische Betrachtungsweise infolge der zunehmenden Humanität in der Luft lag, zeigt die Tatsache, daß Lessing in 'Minna von Barnhelm', wohl unabhängig von England, zu humoristischer Behandlung kam: der ehrliche, treue, seelengute Just, der aber durch Grobheit, Lust am Trinken und Prügeln komische Abstriche erfährt, und Wachtmeister Werner. Schiller als Verfechter eines unbedingten sittlichen Ideals ist humorlos. Goethe hätte von seiner Weltanschauung aus öfter den Weg zum H. finden können, als er ihn gefunden hat: durch seine Freude an der Welt, wie sie nun einmal ist, durch seinen Pantheismus, dem auch das Böse ein Teil der Gottheit ist. So ist Mephisto nicht das Böse schlechthin, sondern die Kraft, die zwar das Böse will, aber das Gute schafft. Und das Wort: „Es muß auch solche Käuze geben", ist der Grundsatz, auf dem später Gottfried Keller und Fontane ihren H. aufbauten. In der Praxis hat Goethe es meist vorgezogen, klar zu scheiden zwischen dem, was ihm gefällt, und dem, was ihm mißfällt. Vater und Apotheker in 'Hermann und Dorothea' zeigen, was er als Humorist vermochte.

J. Bauer *Über den Einfluß Sternes auf Wieland* 1898. K. A. Behmer *Sterne und Wieland* (ForschnLg. 9) 1899.

§ 3. Jean Paul. Zum beherrschenden Grundsatz wird in Deutschland der H. erst bei Jean Paul, der in der 'Vorschule der Ästhetik' (1804) zuerst eingehend über den H. gehandelt hat, während die zahllosen Poetiken des 18. Jhs. seiner nie gedacht hatten. Sterne schwebt ihm als Hauptbeispiel vor. Er erklärt H. als die Parodie des Großen durch das Kleine, als Messung der kleinen Welt an der Unendlichkeit, als Vernichtung des Unendlichen durch den Kontrast mit der Idee usw. Da klingen schon romantische Begriffe hinein. Aber zunächst hängt auch sein H. zusammen mit dem allg. Humanitätsstreben des 18. Jhs., Mitleid und Menschenliebe zu wecken, die Unterdrückten zu schützen, den Verkannten zu Anerkennung zu verhelfen, aller Kreatur gerecht zu werden. Dieser H. beruht also auf dem Gegensatz von äußerer Armseligkeit und innerer Tüchtigkeit; Hohes und Niederes, Lächerliches und Rührendes mischen sich in derselben Gestalt. Die fröhlich Armen, die vom Unglück Verfolgten, die von rücksichtslosen Naturen Unterdrückten sind im Grunde doch besser und auch innerlich glücklicher als ihre Bedrücker und als die Reichen und Mächtigen. Wenn sie auch äußerlich unterliegen, so siegen sie doch moralisch (dt. Idealismus!). Wir begegnen also rührend guten Menschen von unglaublichem Ungeschick, sonderbaren Schwärmern, die einer fixen Idee nachjagen, die sie glücklich macht, mit der sie Gutes beabsichtigen und zum mindesten keinem schaden (z. B. der Schulmeister Fibel, der sein ABC-Buch für eine weltumwälzende Tat hält). So werden die unzulänglichen Erscheinungen des Lebens zwar lächerlich gefunden, aber es wird zugleich in ihnen ein höherer, sittlicher Wert erkannt, der uns dem Helden nicht böse sein läßt, der uns mit den Unzulänglichkeiten des Daseins wieder aussöhnt, so daß wir bei den bittersten Schicksalen noch unter Tränen lächeln können. Mitten in schwärmerische Begeisterung fallen lächerliche Unterbrechungen, Überraschungen, Enttäuschungen; vom Weinen zum Lachen ist nur ein Schritt, und diesen Schritt tut Jean Paul mit Vorliebe, vor allem, indem er Tod und Grab neben das Komische stellt. Für das Hin- und Herspringen zwischen höchster Rührung und Satire ist die Bezeichnung „gebrochener Humor" üblich; als Vertreter desselben sind anzusprechen: Fenk, Leibgeber, Schoppe, Wult. Es handelt sich bei Jean Pauls H. auch um eine Lösung des Widerstreits zwischen den hochgespannten Ansprüchen des empfindsamen Herzens ans Leben und dem kleinlichen, philisterhaften dt. Alltagsleben, von dem man sich seit der Geniezeit so wenig befriedigt fühlte.

Die humorvolle Schilderung des Menschen bewährt sich vor allem bei den Originalen und Sonderlingen; das sind Menschen, die bei aller Schrullenhaftigkeit oder Komik als sympathisch oder wertvoll hingestellt werden. Eine solche Gestalt ist Siebenkäs, der geniale, nach Freiheit sich sehnende Geist, der mit Armut und Spießbürgertum kämpfen muß, der aber über Geldmangel nur lacht, durch eine sentimentale Freundschaftsgeste sein Vermögen einbüßt, mit Gemütsruhe ein Stück des Hausrats nach dem anderen versetzt, zum Schein stirbt, um seine Frau von sich und sich von seiner nüchternen Frau zu erlösen. Die Trennung von H. und Komik ist bei diesen schrullenhaften Gestalten oft schwer; das Scheinsterben des Siebenkäs (er täuscht einen Schlagfluß vor, macht sein Testament, nimmt Abschied von seiner Frau, während sein Freund Leibgeber Arzt, Beichtvater und Totenfrau fernhalten muß) ist von grotesker Komik, die durch die Gesamtauffassung des Charakters von Siebenkäs sich in H. wandelt. Komik ist also hier stets mit dem H. verbunden, und auch Satire fehlt als dritter Bestandteil nicht bei Jean Paul. Die Formlosigkeit Jean Pauls kommt vom '*Tristram Shandy*' her, ist einmal eine Übertragung der komischen Schrullen auf die epische Form, die über den Haufen geworfen und parodiert wird (Sterne stellt z. B. selbst den verschlungenen Gang seines Romans graphisch dar; er schiebt Erzählungen ein, die keine Beziehung zur Haupthandlung haben; er läßt Kapitel aus und holt sie später nach, schreibt Kapitel von nur zwei Zeilen, gibt endlose Abschweifungen auf Extrablättchen), dann aber auch etwas, was aus der Subjektivität des H. hervorgeht; denn die humoristische Betrachtungsart von Handlung und Gestalten nötigt den Dichter dauernd zu eigenem Hervortreten, zu Erklärungen, wie er das Dargestellte aufgefaßt haben will. Jean Paul sucht in vertrautes Verhältnis mit dem Leser zu kommen, erzählt von sich und seiner Arbeit und Häuslichkeit, widerlegt Einwände. Später, z. B. im 'Titan', hat sich Paul von solchen Äußerlichkeiten Sternes mehr freigemacht. Immerhin ist diese Einmischung des Subjekts des Dichters ein Grund, warum sich H. viel häufiger in der erzählenden als in der dramatischen Gattung findet, wie denn auch Jean Paul sich auf die Prosaepik beschränkt hat.

J. Czerny *Sterne, Hippel und Jean Paul. Ein Beitrag zur Geschichte des humorist. Romans in Deutschland* (ForschLg. 27) 1904.

§ 4. Romantik. Auch in der Romantik ist der H. beliebt, Jean Paul wohlgelitten. Ob sie den bis dahin vorhandenen Arten neue hinzufügt, wäre noch zu untersuchen. Tiecks H. ('Peter Lebrecht', 'Des Lebens Überfluß') steht unter verschiedenartigen, wechselnden Einflüssen. Jean Pauls Einwirkung ist deutlich bei E. T. A. Hoffmann, dessen Lieblingsgestalt, der Kapellmeister Kreisler, ein humoristisches Original ist und den engl. „Whim" hat; auch sonst faßt Hoffmann Charaktere humoristisch auf. Joviale Begönnerung von Personen findet sich auch in Arnims 'Kronenwächtern' (die Türmerswitwe, die den Nachfolger ihres Mannes heiraten muß, weil sie wegen ihres Umfangs den Turm nicht mehr verlassen kann; der ewig hungrige, sich darum stets in den Küchen herumdrückende Malergeselle, der zugleich einer der letzten Hohenstaufen ist). Die freundliche Ironisierung des Helden, eines poetischen, guten, aber die Ereignisse nie durchschauenden Jungen, läßt Eichendorff sogar in der Icherzählung durchscheinen ('Leben eines Taugenichts').

§ 5. Die Zeit der großen Humoristen. Einen gewaltigen Aufschwung erlebt der H. nach der Mitte des 19. Jhs. Verschiedene Gründe tragen dazu bei. Ein Grund ist die zunehmende Angst vor dem Pathos; da ermöglicht der H., einen Abstrich von der Idealisierung zu machen. Diese Angst hängt wieder zusammen mit dem fortschreitenden Realismus; wie der H. Abstriche vom Ideal gestattet, so ist er anderseits auch ein Mittel, die Wirklichkeit zu verklären (Freytag, O. Ludwig). Keller gibt einen Schuß ironischen H. bei, wenn er, in Gotthelfs Bahnen wandelnd, Musterbilder aufstellt (die sieben „Aufrechten", vor allem Hediger). Ein anderer Grund ist die Abkehr von der ewig unzufriedenen Romantik. G. Keller will nachweisen, daß der verlästerte Alltag voll Poesie sei. Der Engländer Dickens (schafft rund 1835—70) zeigt Freytag, Ludwig, Reuter den Weg zur Verklärung des Alltags durch H. Ludwig, Freytag und Keller wollen auch durch H. den Weltschmerz bekämpfen; Ludwig und Freytag wollen außerdem zeigen, wie reich das von den Jungdeutschen so herabgesetzte Vaterland sei an Dichterischem, an wertvollen und eigenartigen Gestalten. Reuter führt ähnlichen Nachweis für seine plattdeutsche Heimat. Er hat auch einen starken Schuß altmodischer Sentimentalität und stellt gern Rührendes und Komisches nebeneinander. Sein H. beruht auf reiner Menschenliebe, der Haß und Verbitterung zuwider sind. Die letztgenannten teilen mit Dickens (der Pickwickierklub!) den Kult der Originale. Bei Freytag sind die Originale eigentlich das einzige, was ihn unter die Humoristen einreiht (Bellmaus, Bolz, Schmock in den 'Journalisten', Fink in 'Soll und Haben'). Auch Ludwig ist reich an Originalen (der ängstliche Schneider in 'Aus dem Regen in die Traufe', die „großen" Weiber in der 'Heiteretei'). Reuter, der derb-lustigste, der dem Komischen den meisten Raum gibt, häuft sie geradezu ('Festungstid', 'Stromtid') und hat vor allem den unsterblichen Onkel Bräsig geschaffen. Die Bräsingsche Mischung von Herzensgüte und Komik (wie auch bei Herrn Pickwick und Onkel Toby) ist allerdings auch das leichteste Verfahren. Keller kommt von Feuerbachs Optimismus her und umfaßt auf Grund seines weltseligen Pantheismus alle Wesen mit Milde. Er freut sich an „Edelgewächs und Unkraut", lächelt über die menschlichen Schwächen und bringt eine Art von Wohlwollen selbst den ihm an sich verhaßten Kammachern und erst recht einem Früchtchen wie Kabys entgegen. Die Originale kann er, der glänzende Menschendarsteller, entbehren.

War dieser im wesentlichen optimistische H. durch fröhliche Stimmung ausgezeichnet, so gibt es auch einen H., der aus dem Pessimismus fließt und aus der allg. Welt-, Daseins- und Gegenwartsverdrossenheit, die sich von der Enttäuschung des Jahres 1848 und dann von der Herrschaft Schopenhauers herleitet. Der älteste der Humoristen dieser Art ist Scheffel. In vielen Seitenbemerkungen treibt er heineartige Satire auf den Weltlauf; dann faßt er sich wieder und nimmt das Leid der Welt mit guter Laune hin: es ist nun mal so, daß der Aal das kleine Flußgetier und der Storch den Aal vertilgt. Den 'Trompeter' und seine Margarete behandelt er als einer, der den Weltlauf kennt und, aus großer Höhe herabschauend, sich freut an der Froschperspektive der Menschlein, die glauben, ihr Erleben und Fühlen sei etwas Einzigartiges, Einmaliges, um *ihr* Glück drehe sich die Welt. Im 'Ekkehard' allerdings ist H. nur bei Nebenpersonen zu finden, bei den Kindlichen und Gutmütigen (Audifax, Romaias), und ist von der mitleidigen Art. Originale sind selten bei ihm. Von ähnlichem Standpunkt geht Vischer aus in 'Auch einer'; „Tücke des Objekts" nennt er den Schabernack des Alltags und Zufalls, der an einem Schnupfen und unzeitigen Niesen die größte Liebe scheitern läßt. H. ist hier Selbstironie des Pessimismus; dem Schnupfen wird in kühner Geschichtsbaumeisterei die Hauptrolle in der Kulturentwicklung, ja sogar in der Entwicklung der Baustile zugeschrieben. Ob man bei Busch, bei dem übrigens das Satirische überwiegt, von H. reden kann, mag zweifelhaft sein. Wenn er von einem Vogel, der, vom Kater verfolgt, noch schnell ein Lied singt, behauptet, der habe H., dann scheint er H. im Sinne von Galgenhumor zu meinen; und das ist ja wohl auch eine Art von H. Er sieht überall Bösebuben-Streiche und Schicksals-Tücke und freut sich, wenn es den Menschen schlecht geht. „Hab' ich es nicht längst gesagt, daß Welt und Menschheit nichts taugen?", scheint er da auszurufen. — Ganz anders wieder Raabe. Aus dem pessimistischen Gedanken von der Wertlosigkeit des sogenannten Glückes folgt für ihn Resignation, Zufriedenheit mit innerem Glück, soziales Mitleid. Er ging von Jean Paul und von dt. Idealismus aus und betont, wie Jean Paul, den Wert der Einfältigen, Unbedeutenden, Armen ('Horakker', 'Chronik der Sperlingsgasse'). Das Nebeneinanderstellen von Tod und Komik (Hans Unwirsch auf der Reise zum Todesbett der Mutter in Gesellschaft der ulkigen Tierbändigerbande) erinnert auch an Jean Paul. Wie Jean Paul, liebt er Originale:

Schuster Grünebaum, Professor Fackler, der Neuntöterklub (alle im 'Hungerpastor'). Der letzte der großen Humoristen ist Fontane. Er kommt vom Determinismus und Relativismus her; alles verstehen heißt alles verzeihen; verständlich machen will er, nicht anklagen. Er kennt keine Bösewichte. Allen ist zu verzeihen, denn alle streben nach dem Glück, das es übrigens (hier erscheint die Wirkung des Pessimismus) nur sehr selten gibt. Er weiß das, nicht seine Gestalten; daher ist ihm, wie er selbst sagt, H. „das Darüberstehen, das heiter-souveräne Spiel mit den Erscheinungen des Lebens". Er ist schon vollkommener Realist, ohne Verklärungsabsichten, großer Menschenkenner ohne Originale im alten Sinne; und ohne die subjektiven Randbemerkungen der anderen Humoristen; denn er berichtet nur, überläßt dem Leser das Urteil.

Wieder steckt H. vorwiegend in der Prosa-Erzählung. Das Drama ist wenig beteiligt. Freytags Lustspiel 'Die Journalisten' gehört durch Dickenssche Originale hierher, vielleicht auch Ludwigs 'Erbförster' durch einzelne Nebenfiguren. In Anzengrubers Lustspielen überwiegen Komik und Satire. Die Formlosigkeit der Jean Paulschen Erzähltechnik hat vor allem Vischers 'Auch einer'. Raabe beschränkt sich auf witzige Randbemerkungen, die bei den anderen humoristischen Erzählern seltener sind (ausgenommen Scheffels 'Trompeter') und bei Fontane ganz fehlen. Ob der H. einen besonderen, vom komischen wesentlich abweichenden Sprachstil ausgebildet hat, bedarf noch näherer Untersuchung, wäre aber zu erwarten. Scheffel und Busch haben in der Verssprache Berührung mit Heine und selbst mit der 'Jobsiade'. Raabe erinnert hie und da an Jean Paul. Gern werden volkstümliche Redensarten und Witze von Reuter verwendet. Scherzhafte und witzige Vergleiche sind allgemein üblich, gelehrt klingende Anspielungen bei Raabe und Scheffel. Wenn Keller falsche Trompetentöne die Luft durchschneiden läßt wie ein schartiges Rasiermesser, so ist das nur komisch; wenn er aber eine schöne Sünderin ein „schwarzäugiges Höllenbrätlein" nennt, so liegt neben dem Komischen in dem Ausdruck zugleich Wohlgefallen, so daß der Vergleich humoristisch genannt werden kann.

H. Junge *Über Form und Inhalt von Raabes Werken* (Bonner Studien 9) 1910. H. Schiller *Die innere Form Raabes* 1917. A. Biese *Reuter, Seidel und der Humor in der neueren deutschen Dichtung* 1891.

§ 6. Die neuere Zeit. Raabe schafft fast bis zur Gegenwart. Zu den Nachfahren jener humorreichen Zeit gehört Seidel mit seinem Leberecht-Hühnchen-Typ (Fähigkeit, auch den unangenehmsten Dingen noch eine gute Seite abzugewinnen, rührende Bescheidenheit und Genügsamkeit). Weiter wären etwa zu nennen Storm ('Vetter Christian'), Ilse Frapan, Isolde Kurz ('Der geborgte Heiligenschein'), Helene Böhlau ('Ratsmädelgeschichten'), Hans Hoffmann ('Der eiserne Rittmeister'). Rosegger (von 1870 ab) pflegt vor allem den H. der bäuerlichen Sonderlinge. Naturalismus (außer Sudermann), Neuromantik und Ausdruckskunst sind humorlos; der Naturalismus, weil er objektiv darstellen will, der H. aber eine subjektiv färbende Brille ist; die Neuromantik, weil sie gegen das Bürgerlich-Gemütliche ist, oder weil sie nicht lachen will, oder weil ihre Feierlichkeit, ihr Ästhetentum kein Mitleid kennt mit anderen Anschauungen; und endlich die Ausdruckskunst, weil sie gallig oder zu ekstatisch-pathetisch ist für den H. So wird der H. in der neueren Zeit fast zum Zeichen literarischer Rückständigkeit. Nur die Heimatkunst nimmt sich seiner an, wobei sie an G. Keller und Rosegger anknüpft. Humoristen sind in ihr zahlreich: Strauß ('Engelwirt'), Bartsch ('Zwölf aus der Steiermark'), Federer, Paul Keller usw. Sah der Naturalismus gern das Häßliche, so will die Heimatkunst wieder die Welt verklären; der Elendsmalerei setzt sie die Verherrlichung der kleinen und armen Leute entgegen; auf Kosten der Großstadt weist sie, wie Rosegger, auf die Originale der Kleinstadt, des Dorfes und der Berge hin.

J. Wiegand *Geschichte der deutschen Dichtung* 1922 s. im Stichwortverzeichnis: Humor.

J. Wiegand.

Humoreske. A. Theorie. § 1. Als Humoreske pflegt man eine kurze Erzählung zu bezeichnen, die in Motivwahl und Charakteristik, in ihrem geistig-gemütlichen Gehalt und ihrer liebenswürdig-frischen Gestalt von der Stimmung versöhnlichen und versöhnenden Humors getragen ist und das Gefühl stiller Heiterkeit ausströmt. Das versöhnlich-heitere Element trennt die H. von ihrer kampflustigen Schwester, der Satire (s. d.), die über eine schärfere Zunge verfügt; die stillere, gedämpftere Art unterscheidet sie von der lauten, effektstrebigen Groteske und der ausgelassen übertreibenden Burleske. Die Eigenart einer guten H. äußert sich vielleicht am besten in der körperlichen Begleiterscheinung ihrer Eindruckswirkung: ein vergnügtes Lächeln, ein gemütliches Schmunzeln ist die günstigste Kritik für die gelungene H., während die Satire ein ironisches Zucken um Mund und Augen hervorruft, und die Groteske zum lauten Gelächter reizt. Zwar hält auch die H. menschlichen Schwächen und Unzulänglichkeiten den Spiegel vor; aber es ist nicht der Zerrspiegel der Groteske. Der H. am nächsten steht etwa der (epische) Schwank, der jedoch, entsprechend der historischen Überlieferung, besonders für die volkstümlich-derbe Darstellungsart in Anspruch genommen wird. Immerhin könnte man die H. als die moderne Ablösungsform der älteren Schwankerzählung deuten. Doch pflegt die Komik des Schwankes stärker an den stofflichen Inhalt gebunden zu sein, der sich oft mit einem recht nüchtern-sachlichen Bericht begnügt, während die H. gerade die ganze formale Einkleidung und Ausgestaltung mit Humor durchdringt und sättigt und den Inhalt oft nur durch den vom Erzähler eingenommenen Blickpunkt in heitere Beleuchtung rückt. Beim Schwank überwiegt das Was, bei der H. das Wie. Auch bei der Anekdote (s. d.) liegt das Schwergewicht auf der inhaltlichen Pointierung; außerdem fordert sie einen knapperen, strafferen Aufbau als die zwanglos ausgesponnene, reicher ausgeschmückte H.

§ 2. Obgleich hervorragende Ästhetiker, Literaturhistoriker und Kritiker sich einig sind in der hohen Einschätzung des Humors und seiner literarischen Formen, nicht nur vom ästhetischen, sondern auch vom ethischen Gesichtspunkte aus, so neigt doch die breite Masse des Publikums — auch des gebildeten — immer noch zu einer gewissen Mißachtung humoristischer Dichtungsarten, weil man irrtümlich Ernst mit Tiefe gleichsetzt und sich, befangen in den Wichtigkeiten und Nichtigkeiten des Lebens, nicht zur Größe humorvoll verklärter Weltbetrachtung zu erheben vermag. Eine gewisse Rechtfertigung für diese an sich verfehlte Einstellung liegt darin begründet, daß Meisterwerke des Humors überaus selten sind, minderwertiges Mittelgut also den Markt beherrscht und so das Vorurteil verstärkt. Die humoristische Kleinkunst — und darunter die H. — ist vollends in Mißkredit geraten durch ihr Absinken in den journalistischen Massenbetrieb, wo sie vielfach den Tagesbedarf an leichtem Unterhaltungsstoff decken muß. Doch darf man daraus nicht einen Mangel der Art an sich ableiten. Innerhalb jeder Gattung — mag sie noch so „klein" sein — muß höchste Vollendung möglich sein; sie ist denn auch im Verlaufe der historischen Entwicklung der H. verschiedentlich erreicht worden: Jean Paul, G. Keller, Reuter u. a. haben H. geschaffen, die dem Idealtypus der Gattung nahekommen. Dabei zeigt sich sogleich wieder, daß die H. in ihrer strengen und hohen Form weder zur Satire noch zur Groteske entarten darf. Wohl sind gelegentliche leichte satirische und groteske Züge für den Gesamtaufbau der H. tragbar, doch dürfen sie nie durch ihr Übergewicht die Naivität der ausgeglichenen Grundstimmung zerstören. Denn nicht umsonst leitet die H. ihren Namen ab vom Humor, der weder so bewußt nach Effekten strebt wie das Groteske noch scharfgeistig-kämpferisch wirkt wie die Satire. Vielmehr zieht der Humor seine besten Kräfte aus dem Unmittelbaren und Unbewußten, aus dem Naiven; und selbst, wo er bewußt wird, gelten doch noch Theodor Lipps Worte: „Auch im bewußten Humor steckt eine Art der Naivität." — Nichts ist dementsprechend der Wirkung der H. gefährlicher als der Eindruck störender Absichtlichkeit. Statt in heitere Stimmung zu geraten, merkt man die Absicht und wird verstimmt. Die bewußte Technik, die merkliche Ausschlachtung des „humoristischen Einfalls" begegnet indessen nicht nur bei mittleren

Begabungen wie H. Löns, wenn etwa in der titelgebenden Anfangserzählung der Sammlung 'Der zweckmäßige Meyer' auf sieben Seiten dreizehnmal in ermüdender Wiederkehr die Theorien Meyers durch die Praxis lächerlich gemacht werden, sondern selbst ein Meisterhumorist wie Raabe entgeht nicht immer der Gefahr der Absichtlichkeit, die sich teils in der aufdringlichen Interpunktion ('Der Weg zum Lachen'), teils in der übermäßigen Dehnung eines komischen Effekts äußert: fünfzehnmal läßt er z. B. in 'Keltische Knochen' den Prosektor Zuckriegel seine Glossen zu Krautworsts Dichtung anbringen. Nicht weniger als die störende Absichtlichkeit — wie im vorliegenden Falle — pflegt die überstarke Häufung komischer Vorfälle und Einfälle der H. Abbruch zu tun, besonders wenn es sich um billige „witzige Wortspiele" handelt wie allzu häufig bei dem Freiherrn von Schlicht (Baudissin). Wie stark die gute H. an den naiven Grundcharakter gebunden ist, beweisen — neben zahlreichen Tier- und Kindergeschichten (Löns, Otto Ernst, Rudolf Presber) — die prächtigen 'Lausbubengeschichten' von Ludwig Thoma, der mit glücklichem Griff die „verdorbene" Lausbubennaivität beim Schopfe faßt. Gerade dadurch, daß sich hier die feierlich-ernste Welt der „Großen" mit sprühenden Reflexen widerspiegelt in einem grundehrlichen, aber kritisch-scharfen Knabenblick und in der naiven Icherzählung, werden so köstliche Wirkungen unbewußten Humors erzielt, wie etwa die ernsthafte Charakteristik des parfümierten Fräuleins von Rupp: „Die war sehr schön und roch so gut" ('Meine erste Liebe'). — Indessen ist eine reinliche Scheidung der H. von der Satire und anderen Nachbarformen nicht überall durchführbar. Die Theorie der H. mündet hier ein in die vielerörterte Theorie vom Lächerlichen, Komischen und Humoristischen im weiteren Sinne.

Über die H. selbst R. M. Meyer *Deutsche Stilistik*[2] 1913. S. 184/5. — Allgemeines: Jean Paul *Vorschule der Ästhetik* 1804 (IV. Progr. Über das Lächerliche; VII. Über die humoristische Dichtkunst; VIII. Über den epischen, dramatischen und lyrischen Humor). Fr. Th. Vischer *Ästhetik* I. *Über das Erhabene u. Komische* 1837. Kuno Fischer *Über die Entstehung u. d. Entwicklungsformen des Witzes* 1871. (E. Rindel *Framställing of teorierna om det komiska* ... 1885.) Hecker *Die Physiologie u. Psychologie des Lachens u. des Komischen* 1873. Th. Lipps *Psychologie der Komik*, Philos. Monatsh. XXIV/V (1888/89). R. M. Werner *Gibt es Humor?*, Dt. Dichtung XIV (1893) S. 29—32. Th. Lipps *Komik und Humor* 1898. W. E. Backhaus *Das Wesen d. Humors* 1894. H. Bergson *Le Rire* 1900 (*Das Lachen*, übers. von Frankenberger u. Fränzel, Jena 1914, 1921). G. Brandes *Ästhetische Studien* II 1900 (*Zwei Kap. aus d. Theorie des Komischen*, übers. von A. Forster 1900). Fr. Jahn *Das Problem des Komischen in seiner geschichtl. Entwicklung* 1904. Sigm. Freud *Der Witz u. seine Beziehungen zum Unbewußten* 1905 („Ersparnis, Verdichtung" — daher Kurzerzählung). R. Baerwald *Zur Psychologie des Komischen*, ZfÄsth. II (1907) S. 224—275. O. M. Fontana *Witz u. Humor*, Wage XII (1908) Nr. 15. L. Jelinek *Die Metaphysik des Lächerlichen*, Bericht ü. d. III. intern. Kongreß f. Philos. 1909. Joh. Volkelt *System der Ästhetik* II 1910. S. 432f. P. Hofmann *Das Komische u. seine Stellung unter d. ästh. Gegenständen*, ZfÄsth. IX (1914). F. Knipp *Das psychol. Problem d. Komik, insbes. d. Situationskomik*, ZfÄsth. XVII (1924) S. 235—253; vgl. außerdem Poetik.

B. Geschichte.

§ 1. Vorstufen. — § 2. Sturz bis Detmold. — § 3. Raabe, Keller u. a. — § 4. Die landschaftlich gebundene H. — § 5. Naturalismus. — § 6. Expressionismus.

§ 1. Eine knappe Skizze der historischen Entwicklung der H. mag für eine — m. W. fehlende — Geschichte der H. wenigstens einige anregende Hinweise bieten. Ein bloßer Emporkömmling nämlich im Getriebe des modernen Journalismus, als den man die H. vielfach einschätzt und mißachtet, ist sie denn doch nicht, sondern sie hat einen eigenen Stammbaum aufzuweisen, der zum mindesten bis ins 18. Jh. zurückreicht. Gräbt man seinen Wurzeln nach, so stößt man 1. auf die kurze humoristische Verserzählung, 2. auf jene neuere Form des Schwankes, die damals aufkam. Eine der zahlreichen Sammlungen, die im letzten Drittel des 18. Jhs. die Form der Kurzerzählung populär machten, trägt kennzeichnenderweise den Titel 'Kleine Romane, Erzählungen und Schwänke von W. Chr. S. Mylius' (Berlin 1781—89). Eigenes dt. Geistesgut aber waren diese Sammlungen keineswegs. Man nahm es damals — ohne jedes Gefühl für das Beschämende eines Plagiats — wenig ernst mit dem geistigen Eigentum. Und wie altes literarisches Erbgut über Italien, Spanien, Frankreich und England weitergegeben wurde, so plünderte man auch in Deutschland wacker die Ausländer. Die 'Cento-Novelle', Boccaccios 'Decamerone' u. v. a. m. waren beliebte Stoffquellen für leichte, oft erotisch gefärbte Histörchen. Seit 1787 erschienen in den 'Straußfedern' des witzelnden Märchenerzählers Musäus Übersetzungen „pikanter Schwänke aller Art". Z. T. ergab sich aus dem Haften an der aufklärerischen Tendenz einerseits und dem Hinstreben zum Amüsant-Unterhaltsamen andrerseits eine eigenartige Mischung von Moral und Scherz, wie sie zum Ausdruck kommt in der gleichzeitig den Auslandseinfluß andeutenden Sammlung 'Des Hrn. Cazotte moralisch-komische Erzählungen ..., aus dem Frz. übers. v. G. Schatz' (Leipzig 1789f.). Nicht zufällig kam damals 'Das Decameron des Boccaz, neu übersetzt unter Aufsicht von Meißner' (1778—81) heraus. Und eben dieser A. G. Meißner warf 'Skizzen' 1778—88, 1792, 1796 und 'Erzählungen und Dialoge' 1781f. auf den aufnahmefreudigen Markt, unter ihnen auch einige lustige Geschichten, wie sie für uns in Betracht kommen. Vor allem aber verstand es der findige und betriebsame A. F. E. Langbein (1757—1835), jene schwankartige Abart der „moralischen Erzählung" in weiten Kreisen in Umlauf zu bringen. Und zwar ist hier nicht in erster Linie auf die 'Schwänke' (1792) hinzuweisen, sondern auf seine Sammlung 'Feierabende' (1794f.), weil in den 'Feierabenden' gegenüber den derb-erotischen 'Schwänken' mehr die harmlos-lustige Kurzerzählung gepflegt wird, die nach Form und Stimmung schon deutlicher auf die H. hinweist. Die Bezeichnung „Schwank" jedenfalls verbietet uns nicht die Heranziehung dieser Erzählungstypen für die H.; denn schon R. Fürst setzt diesen Namen in Anführungsstriche, um seine Abweichung gegenüber dem echten, älteren Schwank hervortreten zu lassen. Gewiß gleichen derartige lustige Geschichten (auch in der 'Grauen Mappe' Hakens finden sich einige recht gelungene) noch nicht völlig unserer modernen H.; aber die Ansätze der Entwicklung sind hier doch ganz unverkennbar. — Und schon diese kurzen epischen Gebilde trifft nicht zum wenigsten durch ihre handliche Kürze ein Schicksal — das, symptomatisch und oft unverdient, auch unsere H. teilt —: sie werden sogleich erfaßt von dem aufstrebenden Zeitschriften- und Zeitungswesen. „Es dauerte nicht lange, so wurden dergleichen kleine Erzählungswerke ein Hauptbestandteil zweier sich neu bildender Klassen periodischer Sammelschriften, der belletristischen Taschenbücher (Koberstein nennt als erstes das 'Taschenbuch zum geselligen Vergnügen' 1791) und der belletristischen Tageblätter oder Zeitungen" (Koberstein nennt die 'Zeitung für die elegante Welt' 1801). Die neuere, lockere Schwankform kommt jedenfalls als Entwicklungsstufe der H. weit eher in Frage als der nüchternderbe mittelalt. Schwank, der doch als recht entfernt verwandter Ahnherr mit seiner leichtgeschürzten Urenkelin nur durch künstliche historische Rekonstruktion eines weit verzweigten Stammbaums in Beziehung gebracht werden könnte. Immerhin ist es beachtenswert, daß z. B. Langbein durch Zurückgreifen auf Hans Sachs (Motiv vom fahrenden Schüler im Paradies u. a.) den Zusammenhang mit der älteren Schwankform wahrt. — Als zweite Entwicklungsvorstufe der H. kann die komische Verserzählung gelten, wenn man nicht starr an der äußeren Prosaform der H. festhält, sondern ihren stimmungsmäßigen Gehalt berücksichtigt: jene gereimten Histörchen, teils im Horazischen, teils schwankartigen Tone gehalten, teils satirisch gefärbt, teils schäferlich scherzhaft oder aufklärerisch witzelnd erzählt, wie etwa Hagedorns 'Der Schwätzer', 'Der Arzt', 'Der Poet' (1729), Lessings 'Eremit', 'Die Brille' (Fabeln und Erzählungen 1753), stofflich ins Mythologische abschweifend Wielands 'Komische Erzählungen', stark an Wieland erinnernd Thümmels 'Inokulation der Liebe' (1771) und 'Erdbeben von Messina'; sie alle — auch Bürger — suchen nicht oder doch nicht nur die humoristische Wirkung zu erzielen durch den bloßen Inhalt wie der schmucklose ältere Schwank, sondern sie drängen merklich — wenn auch nach heutigem Geschmack etwas allzu merklich und gezwungen — hin zur humoristischen Durchsättigung der ganzen Gestaltungsform und weisen so bereits ein wesentliches Element auf, das der H. spezifisch eigen ist. Auch die „Komischen Romane" könnten hier teilweise herangezogen werden; denn sie lösen sich vor dem kritischen Blick oft genug in eine locker verbundene Reihe (Rahmenerzählung) von H. auf. Wie überhaupt die Feenmärchen besonders in ihrer Umbiegung ins Parodistisch-Komische *(contes licencieux)* eine beachtenswerte Etappe auf dem Wege zur modernen Kurzerzählung bilden, so kann auch etwa die in Wielands Roman 'Don Sylvio von Rosalva' (1764) als fast völlig selbständige Erzählung eingeflochtene 'Geschichte des Prinzen Biribinker' in gewissem Grade als humoristische Kurzerzählung gelten, wenn sie auch — ihrem kompositionellen Sinne nach — die Verzerrung des Komischen bis zum Grotesken übersteigert.

Wie hier die Ausläufer der großen pädagogischen Welle der Aufklärung noch nachschwingen in dem Bemühen, durch eine Geschichtserzählung abschreckend zu wirken, so soll zwar auch — wie wiederum die Einkleidung hervorhebt — des 'Bonifaz Schleichers Jugendgeschichte' (1776) als Beispiel verfehlter Erziehung pädagogischen Zwecken dienen; aber gerade in dieser knappen Skizze überwiegt doch unverkennbar die rein künstlerische Freude an den komischen Typen, dem geruhsamen Oberamtmann, der würdig-unwürdigen „Oberamtmännin", dem munteren Thomas und dem köstlichen Tugendbold Magister Spitzelius. Vom rationalistischen Leitgedanken, das Belehrende durch angenehme, muntere Form schmackhaft zu machen, löst sich mehr und mehr der reine künstlerische Ausdruckswille und erhebt schließlich das ursprüngliche Mittel (die amüsante Form) zum Selbstzweck gerade bei Wieland, dessen weltmännische Lebensweisheit lieber den Tugendapostel als den moralisch Schwachen belächelt (vgl. die Verserzählungen 'Die Wasserkufe', 'Hann und Gulpenheh' u. a.). Das Humoristische im 'Schleicher' weist zwar einige naivkomische Elemente auf; aber auch hier müssen — wie so oft bei W. — die erotischen Beziehungen zu lüsternen Späßen herhalten. — Was nämlich alle diese gereimten und nicht gereimten „komischen Erzählungen" Wielands und der anderen bei manchen gemeinsamen Zügen von der echten H. trennt, das ist die allzu einseitige Bindung des Komischen an das Erotische, ja darüber hinaus an das Frivol-Laszive. Denn das Erotische, besonders in der Abart des Witzig-Frivolen, wie wir es nicht nur bei Wieland, sondern auch beim jungen Lessing und bei Thümmel finden, beeinträchtigt durch die drückende Schwüle die Atmosphäre klarer, befreiender Heiterkeit, verstößt durch geistreiches Raffinement gegen die harmlos-frische Naivität des Humors und neigt in der witzigen Zuspitzung vielfach stark zur Satire. Was vollends aus der unsauberen Hinterlassenschaft des Crebillon fils (1707—77) und Genossen nach Deutschland herüberkam, das weist — mehr eindeutig als zweideutig — zur Travestie und Zote, nicht aber zur H.

§ 2. Es ist überaus kennzeichnend, daß die erste wirklich künstlerische H. in Deutschland nichts von tändelnder Galanterie weiß, sondern sogleich entschieden einbiegt zum gemütvoll-lächelnden Humor, daß sie auch das „rein Kritisch-Didaktische" der eifernden Satire mildert zum versöhnlich überlegenen Blick auf menschliche Schwächen. Es ist dies 'Die Reise nach dem Deister' (1778) von Helferich Peter Sturz (1736—79), einem Humoristen und meisterlichen Prosaisten, dem man mit Recht neuerdings wieder stärkere Beachtung zugewendet hat. „Dies war der Mann, der, fast am Ende seines kurzen Lebens, den Deutschen mit kühnem Wurf ihre erste und für lange, lange die letzte humoristische kleine Erzählung in Prosa schuf" (R. Fürst). Sturzens 'Reise nach dem Deister' steht als H. ähnlich isoliert da wie etwa 60 Jahre später Niebergalls 'Datterich' (1841) als realistische Charakterkomödie. Schon in dieser schlicht und doch so wirkungsvoll erzählten H., die der englischen Dialogform sich anpaßte und den „Charakter" in Deutschland erst zum vollwertigen Typus erhob, ist die Hinneigung zur dt. und germ. „Gemütlichkeit" gegenüber rom. „Esprit" deutlich spürbar. Auch die Auswertung eines an sich geringfügigen Vorwurfes durch die Art der Darstellung entspricht durchaus der Forderung der H., die eine Belastung mit schweren Problemen und großen Leidenschaften nicht gut zu tragen vermag und zur leichtfüßigen Gangart leichtes Gepäck braucht. Wie da die kleine Frau Simon ihren „regierenden" Herrn und Gebieter ganz sachte am Bändel führt und, scheinbar gefügig, dank der bloßen Androhung einer häuslichen Generalreinigung durchsetzt, daß sie schließlich gar „gezwungen" werden muß zu jenem Ausflug, der ihr von vornherein im Sinne lag: das ist erstaunlich reines Humoreskengut.

Aber gar so lange, wie Fürst meint, stand diese H. wohl dennoch nicht allein. Denn wenn sich auch Jean Paul Friedrich Richters überquellende Fabulierlust und sein krauser, weich abgedämpfter Humor nur allzu gern in breiten „Romanen" ungezwungen gehen ließen, so kann doch gleich sein launig-idyllisches 'Leben des vergnügten Schulmeisterleins Maria Wuz in Auenthal' (1790—91, gedr. 1793 als Anhang zur 'Unsichtbaren Loge') als ältere Form einer H. gelten. Der Untertitel 'Eine Art Idylle' darf nicht irreführen, sondern weist eben nur wieder kennzeichnend genug in die Richtung der traulich-versponnenen Winkel-Gemütlichkeit mit ihrem lieben Kleinkram des Lebens, den später Raabe, vor allem aber Gottfried Keller so gern verklärt haben. Die Abgrenzung gegen den humoristischen Roman ist hier oft nur rein quantitativ durch die Ausdehnung gegeben. Aber selbst sie ist nicht immer durchführbar; denn wie in den Wielandschen Rahmenerzählungen, so steckt auch in J. Pauls Romanmasse manche kleine selbständige humoristische Geschichte: so in 'Dr. Katzenbergers Badereise' (1809) oder in dem nicht vollendeten Roman 'Die Flegeljahre' (1804 bis 1805), aus denen denn auch ein modernes 'Lustiges Vortragsbuch' die 'Testamentseröffnung' als H. herausziehen konnte. Daneben bietet J. Paul selbst kleine Kostproben seines Humors, gibt als Anhang zum 'Leben des Quintus Fixlein' (1796) noch 'Einige Jus de tablette für Mannspersonen', darunter 'Des Rektors Florian Fälbels und seiner Primaner Reise nach dem Fichtelberg', die den pedantischen Schulmeister die grüne Natur mit seinen grauen Theorien heimsuchen läßt, oder 'Des Amtsvogts Josuah Freudel Klaglibell gegen seinen verfluchten Dämon', wo Zerstreutheit und Tücke des Objekts auf Vischers 'Auch Einer' vorausdeuten, und der wackere Freudel sich selbst wundert: „daß ich einmal, da ich meine Pfeife ausklopfte, aus Höflichkeit einigemal rief ‚herein!', weil ich dachte, man klopfe draußen an." Anhänge liebt ja überhaupt J. Pauls Neigung zum behaglichen Ausspinnen, wie denn ein 'Komischer Anhang zum Titan' für unsere Sammlung etwa 'Die Doppelgänger' beisteuern könnte. Während hier und in kleinen, halb ernsten, halb heiteren Betrachtungen (Die Kunst, einzuschlafen; Das Glück, auf dem linken Ohre taub zu sein) die Form der H. weniger klar sich ausprägt, muß 'Des Feldpredigers Schmelzle Reise nach Flätz' (1809) als glänzende H. gewertet werden. Dieser ewig fluchtbereite Hasenfuß mit bramarbasierenden Anflügen und mit dem stolzen Namen Attila, dessen reiche Phantasie und Belesenheit überall furchtbare Gefahren wittert, der — erstaunlich findig — sich mit vorbeugenden Gegenmaßnahmen, mit Schutzwehren Leibes und der Seele umbaut und trotz allen „Mutes" so gern in den festen Armen seines tapferen Bergelchen Schutz findet; dieser dt. Tartarin (früher geboren als der frz. und vielleicht in manchem dessen Vorbild) verdient mit seinem prächtigen kleinen Weibchen unter die unsterblichen Gestalten dt. Humors wieder bewußter eingereiht zu werden, ein würdiges Glied auch in der großen Linie vom Don Quichote (der erwähnt wird) zum Tartarin von Tarascon (Daudet). Sind schon beim „Attelchen" die grellen satirischen Lichter abgedämpft durch die beschönigende Icherzählung, so kommt die Wärme dt. Humors bei dem Porträt der grundguten, handfest liebreichen Frau Berga-Teutoberga erst recht zur vollen Geltung. Die wünschenswerte Wiederbelebung wird erleichtert durch die straffe Konzentration und zielstrebige Komposition, die hier J. Paul strenger als sonst am knapp umrissenen Thema festhalten läßt. Ganz bewußt gibt der Dichter dieser fest umrissenen Kurzerzählung die Form des „ausgearbeitetsten, regelrichtigsten Spaßes ohne die geringste Ausschweifung oder Selbsteinmischung". Hier ist derselbe Jean Paul am Werke, der in den einleitenden Worten zu 'Des Rektors ... Fälbels ... Reise' nach einer sich selbst ironisierenden, komischen Klage über „jene alten Folianten-Goldbarren" ausdrücklich angemerkt hatte: „Den Vorzug der Kleinheit, der den größten Werken fehlet, besitzt nun das Programm des Herrn Rektors, das ich hier der Welt einhändige." Das erinnert an Wielands Bemerkung über die Feenmärchen im 'Don Sylvio': „Die Kürze dieser Erzählungen war das erste, wodurch sie ihm (Sylvio) gefielen; so sehr war er der dicken Folianten müde." Hier haben wir zugleich eine der Ursachen angegeben, durch die die Kurzerzählung wachsende Bedeutung gewinnen konnte und mußte nach der Übersättigung mit den „wildgewordenen Realenzyklopädien" (Eichendorff) der früheren Zeit. — Für die Theorie des Humors hat Jean Pauls 'Vorschule der Ästhetik' 1804 um so größere Bedeutung, als hier ein Praktiker die Feder führte. — Das Geburtsjahr des 'Schmelzle' 1809 war das Todesjahr Gottlieb Konrad Pfeffels, der als Vertreter jener älteren Generation (Hagedorn, Lessing, Gellert usw.), deren Vorliebe für 'Fabeln und poetische Erzählungen' (nach s. Tode hsg. 1840) teilte und mit seinen 'Prosaischen Versuchen' ('Adolph und Röschen', 'Die verlorene Ziege' usw. hsg. 1810—12) hier immerhin Erwähnung finden mag. Vollends in die Niederungen eines flachen und lüsternen Geschmackes führt der damals beliebte und überaus geschäftige Massenfabrikant von mehr oder weniger pikanten Anekdoten und Erzählungen H. Clauren (Karl Heun 1771 bis 1854). Beträchtlich über dieses Durchschnittsniveau erhebt sich Heinrich Zschokke (1771—1848). Neben jener beliebten Mischung von Sentiment und Aufkläricht und dem in Kleists Nachbarschaft höchst beachtenswerten Zuge zum Realismus bleibt in seinen z. T. auch noch heute lesenswerten und tatsächlich gelesenen (Reclams U.-B.) 'Novellen und Dichtungen' die humoristische Linie stark betont. Während da z. B. die bejahrte Jungfrau Sarah Waldhorn, der ein Regimentstrompeter (Namen-Witz!) gefährlich wird, und das liebe-kinder- und sorgenreiche Ehepaar Falk 'Das blaue Wunder' erleben, das bedenkliche Verwirrung (nicht schuldlose Scheinschwangerschaft der Tante) doch verhältnismäßig harmlos im Humoreskenton glücklich löst, braucht 'Der tote Gast' mit der lustigen Wendung der aufklärerischen Feindschaft gegen den Aberglauben etwas umständlichen Anlauf, um dann mit der lustspielhaften Überlistung des realistischen Aufklärers und Schwiegervaters die humoristische Gesamtanlage zusammenzufassen, die im 'Tantchen Rosmarin' das naive Suschen mit ihrem arglosen Sündenfall in den Mittelpunkt stellt, wobei unschuldige Schwangerschaft komische Verwicklungen herbeiführt unter anderen Voraussetzungen, aber mit ähnlichen Folgen wie bei Kleists 'Marquise von O . . . 'nur eben mit dem großen Unterschied, daß bei Kleist nur leise jener schalkhafte Unterton mitklingt, der bei Zschokke zum Leitmotiv erhoben worden ist, und daß Zschokke den bei Kleist etwas gewaltsamen abgekürzten Schluß (Aussöhnung) nicht ohne Geschick zu einem Hauptteil ausbaut. Aber ebenso wie Kleist vermeidet es Zschokke, den unbewußten Fehltritt frivol auszuschlachten, sondern macht das herzensgute, aber starrsinnige Tantchen Rosmarin — wie der Titel andeutet — zur eigentlichen Trägerin der Komik, so daß die an sich heikle, aber der komischen Verkehrtheit glücklich entgegenkommende Folge: „Erst Kindtaufe, dann Hochzeit, dann Liebschaft, dann Entführung" nicht ins Laszive abgleitet. Heinrich Heines geistvoll-sarkastischer Witz verwies ihn auf das Gebiet der Satire (s. d.), und nicht so sehr Humor als Ironie gab seiner Prosa die Würze, die auch sein Nachahmer Franz von Gaudy unter rom. Einfluß bevorzugt. 'Aus dem Tagebuch eines wandernden Schneidergesellen' (1836), aus den 'Novelletten' (1837) und den 'Novellen und Skizzen' (1839) werden deshalb schwerlich echte H. aufzuspüren sein. — An jener etwas abgelegenen Stelle (*Deutsche Stilistik*² S. 185), wo R. M. Meyer einen kurzen Seitenblick auf die H. wirft und etwas gar zu kritisch meint: „Gute H. in dt. Sprache kann man an den Fingern abzählen", da nennt er neben Gottfried Kellers 'Gerechten Kammachern' und 'Schmied seines Glückes' nur noch Detmolds 'Randzeichnungen'. Etwas reicher ist die Ernte denn doch, allein schon bei Sturz, Jean Paul und Zschokke. Demgegenüber erscheinen aber gerade J. H. Detmolds (1807—56) 'Randzeichnungen' (1843) nicht als Mustertypus einer H. geeignet, weil sie — wie noch stärker die 'Anleitung zur Kunstkennerschaft' (1833) und die 'Taten und Meinungen des Herrn Piepmeyer' (1849) — bei aller Frische des Humors doch mehr der Satire (s. d.) angehören.

§ 3. Weit mehr harmlos-gemütvolle Laune steckt in einigen Kurzerzählungen Wilhelm Raabes (1831—1910). Man hat Raabe den dt. Dickens, den würdigen Erben Jean Pauls genannt. Für manche der Romane mag das zutreffen, soweit derartige Parallelen überhaupt zutreffen können. Für die kürzere humoristische Erzählung fehlt indessen seiner schweren Art die muntere, zwanglose Beweglichkeit und die sprudelnde Fülle der Einfälle Kellers. Die Schwäche, die hinter Raabes großem Namen nicht verborgen werden darf, liegt in der Absichtlichkeit. Sie ist schuld daran, daß es dem Leser fast noch schwerer wird als dem Professor Jodocus Homilius, den 'Weg zum Lachen' (in 'Halb Mär, halb mehr' 1859) zu finden; denn immer wieder stolpert man über Gedankenstriche, die jede kleine Pointe ankündigen, und Ausrufezeichen, die triumphierend den „Scherz" betonen. Ebenso aber wie hier die Bewußtheit im Stilistischen stört, bleibt auch die Hauptpointe (zufälliges Zusammentreffen mit Ida und Natalie Born) erzwungen und unmotiviert. Doch verleugnet sich in der Zeichnung der Gestalt des Professors selbst der große Humorist nicht, der sich auch bei dem launigen Kapitellakonismus am Werke zeigt, wenn er etwa das 11. Kap. nur aus den allerdings recht schwerwiegenden fünf Wörtern bestehen läßt: „Natalie Born! sagte der Professor." — 'Keltische Knochen' ist gewiß recht lustig erzählt; aber ein Dichter, der Krautworst, und ein Prähistoriker, der Steinbüchse heißt, dazu ein Zuckriegel, der allzu ausdauernd und mechanisch den vortragenden Dichter glossieren muß, lassen doch zu stark das Erkünstelte komischer Kontrastwirkungen spüren, wenn auch dieses Dreigespann sonst recht wacker sich ins Geschirr legt und manchmal geradezu groteske Sprünge macht. (Es mag hier als symptomatischer Einzelzug eben dieser tolle Lauf der mit den „erfaßten" keltischen Knochen flüchtenden beiden Gelehrten erwähnt werden, weil die komische Wirrnis einer Jagd mit Hindernissen gern in der H. herangezogen wird: da ist der abenteuerliche Ritt des Pfarrers in 'Tantchen Rosmarin' [Zschokke], der Wettlauf der zwei Kammacher bei Keller, die Flucht der Damen in Wolzogens 'Kaisermanöver' usw. Das große historische Weltbild der Frz. Revolution im lustigen Zerrspiegel einer Mecklenburger Kleinstadt mit schmunzelndem Behagen einzufangen und widerzuspiegeln, so daß mit unzulänglichen Kräften und in unzulänglicher Umwelt nichts als ein philiströser Kampf um 'Die Gänse von Bützow', eine rechte und schlechte Gänserevolution herausspringt: das war an sich ein glücklicher und zum Teil auch glücklich durchgeführter Gedanke. Aber wenn die Überlastung mit den allzu beliebten „komischen Parallelen" aus Geschichte und Altertum (vgl. 'Keltische Knochen') auch noch hingehen mag, und Typen, wie der Magister Albus, der Bürgermeister und die Mamsell Hornborstel sogar recht greifbar vor uns stehen, so wirken sie doch im Milieu — auf das hier alles ankommt — zu wenig bodenständig, zu wenig auch in mecklenburger Mundart bewandert, als daß man wirklich an dieses Bützow glauben könnte. Nicht einmal das derbe Dienstmädchen darf im heimischen Platt zu Worte kommen, sondern es heißt höchst steif: „In niedersassischer Zunge (!), vermischt mit Interjektionen aller Art, erstattete sie ihren Bericht." Derartiges Papierdeutsch findet sich auch sonst bei Raabe. Besser als Raabe ist Heinrich Seidel, der Verfasser des 'Leberecht Hühnchen' (1892) in Mecklenburg nicht nur, sondern auch im Reiche der humoristischen Kurzerzählung zu Hause (mehrere Sammlungen von H., u. a. 'Kinkerlitzchen' 1896), während Raabes Meisterschaft in den großen Romanen und den ernsten Novellen sich bewährte. Rostocker wie Seidel war A. Wilbrandt, dessen lustige Erzählung 'Fridolins heimliche Ehe' (1875) zwar dem Umfange nach eher als „humoristische Novelle" eingereiht werden muß, der aber in den 'Neuen Novellen' (1870) auch einige H. bringt, z. B. 'Die Reise nach Freienwalde'. Wird hier starker Abfall spürbar, so erreicht die Form der H. bei Gottfried Keller ihre klassische Ausprägung. Den Idealtypus nämlich einer zur Vollendung emporgehobenen H. findet man — auch wenn man die humoristischen Stellen aus Raabes 'Lebensbuch des Schulmeisterleins Michel Haas' gebührend anerkennt — nicht bei Raabe, wohl aber bei Keller. 'Die drei gerechten Kammacher' ('Leute von Seldwyla' I 1856), die im humoristisch beleuchteten Wettbewerb der Tugendboldigkeit nach Züs Bünzlins Gültbrief weit eifriger trachten als nach den etwas verstaubten Reizen dieser ältlichen, scheingelahrten Jungfer, sind in der gesamten Anlage durchaus H. Da fallen von allen Seiten sprühende Glanzlichter auf diese schrulligen Winkelmenschen, von denen Keller mit freigebiger Laune die Züs Bünzlin am „reichsten" ausstattet, anders als Raabe, der die Mamsell Hornborstel zu wenig zur Geltung kommen läßt; da ist die gemütvoll-schalkhafte Erfassung launiger Situationen und köstlichen Kleinkrams (der Bünzlin Raritätenschatz); da ist die Steigerung zur grotesken Ausgelassenheit im Wettlauf und die Überlistung oder Überrumpelung der Listigen, deren kühle Berechnung die eigene Sinnlichkeit und des Schwaben Angriffslust nicht richtig einkalkuliert hat. Hier wächst die Entwicklungslinie der H. über Jean Paul hinaus, dessen Schulmeisterlein Wuz übrigens einen der vielen verschrobenen Züge der Bildungsdilettantin Bünzlin, die Abfassung von Aufsätzen nach nur gehörten Titeln, beigesteuert hat. Die lustige Weisheit 'Kleider machen Leute' ('Leute von Seldwyla' II 1874) glaubt 'Der Schmied seines Glückes' (a. a. O.) erweitern zu können in der Richtung „Namen machen Leute", und so wird aus dem Johannes Kabis ein John Kabys, leider aber auch aus einer nur des klangvollen Namens wegen umworbenen Oliva eine Häuptle, so daß sich statt des prunkenden Firmenschildes das ehrliche Kabys-Häuptle, „zu deutsch Kohlköpfle" ergibt. Derartige Tragikomik des Namens, die in Rudolf Presbers 'Verhängnis des Hauses Brömmelmann' allein für eine gute H. ausreicht, ist aber für Keller nur ein Vorspiel. Wie dann der biedere John als „künstlich-natürlicher" Adoptivsohn des stammbaumwütigen, aber impotenten Geschlechterbegründers Litumlei mit dem alten Kauz die fingierte Liebesgeschichte vom Sündenfall Litumleins ausbrütet, mitten im Glück zu sitzen glaubt und durch den Liebeshandel mit der Hausfrau dem jetzt triumphierenden Alten selbst den vermeintlichen Leibeserben und Stammhalter ins Nest setzt und sich so selber hinausdrängt: das erst ist der Meisterhieb, nicht zwar für den übereifrigen Glücksschmied, der hier prächtig danebenhaut, aber für den Humoristen Keller, der hier so prächtig trifft, daß R. M. Meyer den 'Schmied seines Glückes' als die „glänzendste Humoreske unserer Literatur" rühmen konnte. In der breiteren Rahmenerzählung 'Der Landvogt von Greifensee' ('Züricher Novellen' 1878), wo Salomon Landolt seine früheren fünf Liebsten noch einmal um sich versammelt und ihnen mit seiner gestrengen Schaffnerin Marianne, der „seltsamsten Käuzin von der Welt" (Keller selbst), lustigen Schabernack spielt, kann die einrahmende Erzählung selbst und von den eingerahmten, z. T. mehr sentimental-ironischen Liebesepisoden vielleicht noch die Geschichte vom 'Hanswurstel' (Figura Leu) herangezogen werden, weil dort die teils schmunzelnd verhaltene, teils ausgelassen muntere Stimmung des Ganzen — der alte Bodmer erhält köstliche Streiflichter — den leicht wehmütigen Ausklang doch bei weitem überwiegt. Die 'Sieben Legenden' (1872) hüllen ihre graziösen Formen ja in den bunten Legenden- und Märchenmantel, sonst könnten diese kleinen Kabinettstücke wohl als die letzte bisher erreichte Höhe der humorvollen Kurzerzählung gelten. Daß es sich nicht um ein bloßes Lächerlichmachen der Kosegartenschen Glaubensstrenge handelt, verrät schon die gütige und sonnige Art der Umbildung. Das Ewig-Menschliche mit allen seinen lieben kleinen Schwächen und warmen Gefühlen steht hier in siegreichem Kampf mit der kalten Starrheit der Heiligen. Ästhetisch gesehen, werden die Gestalten nicht nur aus kühler Weltentrücktheit in Erdenlust- und Leid herabgezogen, sondern es tritt an die Stelle der religiösen Erhabenheit des Legendarischen die weltliche Erhabenheit des Humors.

§ 4. Obgleich bei Keller die H. als verfeinerte Kunstform auftritt, ist doch andrerseits ihr enges Verbundensein mit dem heimatlichen Lebenskreise höchst bedeutsam (Schweizer Milieu), denn darin nähert sie sich der landschaftlich, lokal und z. T. auch mundartlich gebundenen H. Hierher gehört vor allem Fritz Reuter, der seiner plattdeutschen H. mit ihrer kräftigen Landluft, ihrem bäuerlichen Mutterwitz und behäbigen niederdeutschen Humor Eintritt erzwingt in den Literatursalon, wenn sie auch, oder gerade weil sie ein gut Teil „mecklenburger Lehm" mit hineinträgt in 'Wat bi' ne Äwerraschung 'rute kamen kann', 'Abendteuer des Entspekter Bräsig' (in 'Schurr-Murr' 1861) oder 'Woans ick tau' ne Fru kam' u. a. Reuter nimmt auch die gereimte Humoreskenform in 'De Reis' na Belligen' 1855 und 'De Reis' na Konstantinopel' 1868 wieder auf. John Brinckman, sonst sein nicht unbegabter Nachfolger, war ihm auf dem Gebiete der H. zeitlich vorausgegangen mit 'Kasper Ohm un ick' 1855. Dann folgt auf den bewährten Bahnen ein ganzer Schwarm nd. Humoreskenverfasser, unter denen vielleicht noch H. Bandlow ('Lustig Tügs' u. a.) kurze Erwähnung verdient, der aber durchweg nur provinzielle Bedeutung beanspruchen kann. Der mecklenburgisch-pommersche Mutterwitz mit seiner trockenen Unmittelbarkeit, die Vorliebe, ein kurzes, aber „gut gedrehtes Garn zu spinnen", schafft günstige Voraussetzungen für die H. Auch eine reichere Begabung wie Hans Hoffmann ('Allerlei Gelehrte. Humoresken'[2] 1898, 'Tante Fritzchen', 'Aus der Sommerfrische', 'Von Haff und Hafen') verleugnet trotz des hd. Gewandes diese nd. Art ebensowenig wie P. Steinmüller ('Erzählungen des Barons Kahlebutz' 1913), der indessen zu rhapsodisch-idyllischen Formen abgebogen ist und höheres Niveau anstrebt. — Die Dialekthumoreske hat von vornherein den Vorteil, daß die launigen Sprachformen und darüber hinaus noch die komische Mischung mit hd. Elementen (z. B. im Missingsch) schon an sich humoristisch verwertbar sind. Auch wird durch die enge Bindung an Land und Leute ungekünstelte Frische und wurzelechter Volkswitz wesentlich gefördert. Da steht dem Schifferlatein der Leute von der „Waterkant" das Jägerlatein (alte Tradition 'Münchhausen') der Binnenländer würdig zur Seite, und auch das Bergvolk ist mit gesunder Urwüchsigkeit vertreten durch Anzengruber ('Dorfgänge', 'Gottüberlegene Jakob'); Rosegger ('Allerhand Leute', 'Hinterschöpp', Sammlung: 'Stoansteirisch'); Schönherr ('Aus meinem Merkbuch') u. v. a. — Berlin und Wien haben sich seit langem ihre eigenen, wesensgemäßen H. geschaffen. Die Berliner pflegen in der H. neben Großstadtschläue und „Intelligenz" leichte Selbstironie bei allem Selbstbewußtsein seit Adolf Glasbrenners Gesamtbild 'Berlin wie es ist und — trinkt' (dialogisiert) und seiner echt Berliner Type, dem 'Eckensteher Nante' (gereimt-dialogisiert), den dann Sigmund Haber aufnahm als Bummler Nunne, während Julius Stinde die waschechte Berlinerin in 'Wilhelmine Buchholz' treulich konterfeite. Doch kommen für uns vor allem Stindes 'Humoresken' (1892) in Betracht ('Mitus und Matus', 'Das Angebot' usw.), mit denen er, inhaltlich trocken und stilistisch schwerfällig, allerdings nicht in Wettbewerb treten kann mit Julius Stettenheim, dem Herausgeber der (Hamburger und dann) Berliner 'Wespen', der seit 1878 in der köstlichen Figur des Kriegsberichterstatters ('Wippchens sämtliche Kriegsberichte') mehr satirisch zwar als humoristisch den ewig vorschußbedürftigen, phantasiereichen und im übrigen fern vom Kriegsschauplatz weilenden Reporter aufs Korn nahm. Außerdem sind Feuilleton, Witzblätter ('Der Kladderadatsch und seine Leute' 1898) natürliche Sammelpunkte. — Der Wiener H. kommt die Verbindung liebenswürdiger und lebensfroher Stimmung, fröhlicher Leichtigkeit mit gemütlich-bärbeißigem Humor zugute, wie sie nach Moritz Saphir ('Humoristische Vorlesungen', 'Meine Memoiren' u. a.), Daniel Spitzer ('Wiener Spaziergänge' 1885) und nach Friedrich Schlögls stillerem und tieferem Wirken ('Wiener Blut', 'Wiener

Luft', 'Aus Alt- und Neuwien', 'Wienerisches' 1875ff.) lauter und erfolgreicher sein Freund Vinzenz Chiavacci dort aufzuspüren verstand: 'Wo die alten Häuser stehen. Bilder und Humoresken aus dem Wiener Volksleben'. Ferdinand Groß steuert 'Kleine Münze' (1879) bei, Ludwig Hevesi das 'Buch der Laune' und 'Auf der Sonnenseite'. Der Geburt und dem Wesen nach echter Wiener ist Eduard Pötzl, ein lustiger Führer 'Rund um den Stephansturm' und durch die Wiener Gerichtssäle ('Kriminal-Humoresken', 'Leute von Wien', 'Hoch vom Kahlenberg', 'Der Herr v. Nigerl' u. a.). Peter Altenberg (O. Engländer) erstarrt in einseitiger Maniertheit, mit der er sich ein besonderes Ansehen zu geben bemüht. — Daß Schnitzlers 'Anatol' (1893) kaum mehr ist als eine dialogisierte Humoreskenfolge mit sentimental-ironischem Einschlag (Dekadenz, noch stärker in 'Reigen', vgl. die engl. Dialoge, Sturz, Glaßbrenner usw.), wird besonders deutlich, wenn man Otto Erich Hartlebens Lore-Geschichten 'Die Geschichte vom abgerissenen Knopfe' (1892, also vor 'Anatol') und 'Wie der Kleine zum Teufel wurde' danebenhält, die — ohne äußere typographische Anordnung — doch durchaus auf der Dialogform aufbauen und das Berliner Mädel neben Schnitzlers Wiener Mädel stellen. Nur der sentimentale Zug der Dekadenz fehlt, wie denn Hartleben in der H. 'Vom gastfreien Pastor' (1895) die an sich frivole Zuspitzung ohne belastende Grübelei mit versöhnender Frische herausarbeitet. — München besitzt nicht so sehr im 'Simplizissimus', der die Satire pflegt, als vielmehr in den 'Fliegenden Blättern' und vor allem in der künstlerisch weit höher stehenden 'Jugend' eigene Sammelplätze für z. T. meisterliche H. Hatte einst im Rheinland Ludwig Kalisch mit seiner Mainzer Karnevalszeitung 'Narrhalla' (1841f.) einen gewissen Mittelpunkt gebildet, so spiegelt später Helene Böhlau das Altweimarer Philistertum in ihren 'Ratsmädelgeschichten' (1888) mit sonniger Laune wider, die noch nichts ahnen läßt von späterer Verdüsterung. Sachsen führte u. a. Gustav Schumann ('Partikularist Bliemchen ...' 1878) ins Treffen. Neuerdings hat Hans Reimann mit seinem prächtigen sächs. Dialekt wachsende Beliebtheit gewonnen, neigt aber stärker zur Satire und Groteske, während Hans Natonek gelegentlich erfolgreich in das eigentliche Gebiet der H. hinüberwechselt.

§ 5. Neben dieser landschaftlich und lokal bedingten Richtung und z. T. innig mit ihr verbundenen (Tendenz zum Dialekt) zieht der breite Strom der naturalistischen H. — Es entsprach durchaus dem theoretischen und praktischen Gesamtwollen jener Zeit, wenn die gewissenhaft registrierende und rücksichtslos enthüllende Beobachtung, die ernste Schäden aufdeckte und das Häßliche eher suchte als mied, auch das Unzulängliche, Verschrobene, Schiefe, kurz die menschlichen Schwächen besonders gern ins Auge faßte. Vielfach überwiegen daher leicht ironisch-satirische Züge. War aber das Temperament, durch das die Welt gesehen wurde (Zola), versöhnlich-heiter gestimmt, so ergaben sich H. im strengen Sinne, und z. T. recht gute. Denn eben die Einstellung, die die höheren Gattungen gefährdete: das Haften am Unbedeutenden, Engen, Durchschnittlichen, am Kleinkram des Alltags, die Betonung auch des Milieus, war vorteilhaft für die humoristische Kurzerzählung, die von Anfang an (Sturz, Jean Paul, Raabe, Keller usw.) immer wieder das an sich Geringfügige durch die Darstellungsart liebevoll umsponnen und so die „Kleinkunst" oft zur großen Kunst erhoben, und deren historische Entwicklung die enge Bindung an die Umwelt schon vorweggenommen hatte. Wie das Komische, das Humoristische, schon in allen früheren literarischen Richtungen die realistische Seite oder Unterströmung vertreten und vorgebildet hatte, so mußte es besondere Bedeutung gewinnen in einer Bewegung, die den Realismus in der gesteigerten Form des Naturalismus als allein berechtigte Gestaltungsform gelten ließ. Z. T. mußte aber bereits das naturalistische Dogma selbst mit seinen bald offenbaren Schwächen und seiner Einseitigkeit — jede Einseitigkeit reizt zur komischen Beleuchtung — für die humoristisch-satirische Betrachtung herhalten; so etwa in 'Auch ein Naturalist' bei P. v. Schönthan, der sich auch in der H. 'Ein

Frack' einen kleinen Seitenhieb auf die naturalistischen 'Mansarden-Studien' nicht entgehen läßt, oder bei O. J. Bierbaum, der in der 'Ersten Mensur' (aus den 'Studentenbeichten') durch die bewußt übertriebene Lautmalerei und den Sekundenstil dem naturalistischen Musterstück 'Papa Hamlet' ein wenig mitspielt. Aus der schier endlosen Reihe, zu der als Vertreter der älteren H. Franz und Paul v. Schönthan, Ernst Eckstein (Schulhumoresken: 'Ein Besuch im Karzer'; 'Aus Sekunda und Prima'; 'Miniatur-Humoresken' usw.), Ernst Kossak, Oskar Justinus ('Amor auf Reisen' 1888), V. Blüthgen ('Gedankengänge eines Junggesellen') u. v. a., z. T. recht launige Beiträge geliefert haben, in der Frhr. v. Schlicht (Wolf Graf v. Baudissin) die ältere Tradition der Militärhumoreske (Hackländer — v. Wickede — Grabowski — A. v. Winterfeld u. a.) würdig fortsetzt, in der neuerdings Erwin Gros ('Winkelhude u. a. heitere Geschichten') und Askan Schmitt ('Herrn Manfred Pulvermüllers Wanderung von Lindenstadt nach Kaldenbreit' 1910, 'Die Schwänke d. Tullius Linsenbaum' 1919) ihr bescheidenes Plätzchen finden mögen: aus dieser immer mächtiger anschwellenden Flut — vgl. etwa die Massenfabrikation billiger Marktware durch Euf. v. Adlersfeld-Ballestrem — seien als besonders wertvolle, z. T. meisterhafte H. hervorgehoben: O. E. Hartleben und O. J. Bierbaum (s. o.); Ernst v. Wolzogen: 'Erlebtes, Erlauschtes, Erlogenes', darunter das prächtige 'Kaisermanöver'; — Otto Ernst (Schmidt): 'Ein frohes Farbenspiel, hum. Plauderei' 1900, 'Vom geruhigen Leben, hum. Plauderei' 1902; 'Appelschnut' 1906; 'Vom grün-goldenen Baum' (schwächer). — Ludwig Thoma: 'Lausbubengeschichten' 1905, darunter die berühmte 'Tante Frieda'. — Rudolf Presber: 'Von Leutchen, die ich lieb gewann' 1905; 'Von Kindern und jungen Hunden' 1906, darunter das köstliche 'Verhängnis des Hauses Brömmelmann'; 'Die Zimmer der Frau von Sonnenfels'. — Hermann Löns: 'Der zweckmäßige Meyer' und Tierhumoresken. — Außerdem verdienen besondere Erwähnung A. de Nora (Anton Noder), Roda Roda und Alice Berend.

§ 6. Die rein gefühlsmäßig eingestellte Richtung des Expressionismus, die, dem Religiösen zustrebend, die göttliche Kraft im Menschen überhöht (Ekstase), um sie Gott nahezubringen, kann natürlich nicht in gemütlicher Behaglichkeit menschliche Schwächen humorvoll verklären. Dieses spröde Feld der 'Ekstatischen Novellen' (Edschmid) und 'Ekstatischen Geschichten' (Holitscher) ist kein Nährboden für die H. — Die verstandesmäßige Richtung der Ausdruckskunst dagegen, die zur brutalen Kritik neigt, empfindet zu schmerzlich die menschlichen Unzulänglichkeiten als Hemmung, so daß sie erbittert und kämpferisch zur Übersteigerung aller Fehler und Mängel ins Groteske neigt — und, befangen im polemischen Eifer, gebunden auch an die weltanschaulich-politische Kampfstellung (Haß gegen den „Bürger") bei der leidenschaftlichen Satire stehenbleibt: Karl Sternheim 'Busekow' 1914, 'Napoleon' 1915, 'Schuhlin' 1915, 'Vanderbilt' u. a.; Klabund (Alfred Henschke) 'Karussell' 1913. Sie vermögen den Leuten „vom geruhigen Leben" nur bissigen Spott und Verachtung, nicht aber versöhnende Seiten abzugewinnen. Der allg. Subjektivismus (Überwiegen der Lyrik) findet auf dem Sondergebiet der Epik in der Satire und Groteske, nicht in der objektiveren H. seine ihm gemäße Ausdrucksform, weil die Satire angriffslustige Aktivität fordert, während die H. sich mehr passiv betrachtend verhält. Das Fehlen der H., die ja vielfach im Durchschnitt steckenbleibt, könnte zwar mancher als verdienstvollen Mangel zugunsten der Ausdruckskunst buchen. Doch fehlt auch jede reine Form höheren Humors: genialisch-groteske Tragikomödien, aber kein reines Lustspiel; Romane und Novellen von stoßkräftiger Ironie, aber kein wirklich humoristischer Roman; groteske Skizzen und manche glänzend bizarre Kurzerzählung, aber keine vollwertigen H. Die jugendlich-revolutionäre Lebensstimmung kennt nur Faust oder Mephisto, nur höchstes Streben oder tiefsten Skeptizismus, schlägt nach beiden Seiten ins Extrem — auch darin weiblich. Die männliche Reife des ruhigen Abstandes, die Weisheit beschaulich gütiger Weltbetrachtung (Keller), die Befreiung aus leidenschaftlich interessierter Gebundenheit zur überlegenen Heiterkeit fehlen und damit die humoristischen Gestaltungsformen.

Das Wort Humoreske ist erst verhältnismäßig spät, um 1840, in den allg. Sprachgebrauch aufgenommen worden. Es fehlt noch im DWB. IV 2 (1877); ebenso bei Weigand (1878), Sanders, Heine, H. Paul u. a. Während aber die 3. Aufl. von Weigand noch nicht die H. bringt, trägt es die 5. Aufl. (1909) Sp. 901 nach (H. = launische Erzählung) mit der ausdrücklichen Bemerkung: „*Noch nicht bei Campe* 1813". Weydes Wörterbuch f. dt. Rechtschreibung (1902) enthält bereits die Bezeichnung H. (= scherzhafte Schilderung). Die Kette reicht indessen in der praktischen Benennung viel weiter zurück: 1893 gab K. Biltz *Dramatische Humoresken* ..., 1892 Julius Stinde *Humoresken* heraus. Rudolf v. Gottschall (*Die dt. Nat.-Lit.*[6] 1892) ist damals durchaus vertraut mit dem Namen H. (S. 492, 820, 822, 842, 856 usw.). Als älteste Belege wurden gefunden: A. v. Winterfeld (1824—1889): *Humoresken für Sopha u. Eisenbahnkoupee*; Graf Stanislaus Grabowski: *Militärische Humoresken* 4 Bde. 1860—1864 u. *Neue militärische Humoresken* 2 Bde. 1865. Die Bezeichnung H. ist also immerhin älter, als man vielfach annimmt.

Eine Geschichte der H. fehlt. R. Fürst *Die Vorläufer der modernen Novelle im 18. Jh.* 1897, bes. S. 156f. K. Ewald *Die deutsche Novelle im ersten Drittel des 19. Jhs.* Diss. Rostock 1907. Rudolf v. Gottschall *Die dt. Nationalliteratur*[6] 1892. Bd. IV S. 807f.: *Der Humor in Feuilleton und Roman.* Mielke-Homann *Der dt. Roman des 19. u. 20. Jhs.*[6] 1920. S. 145, 433f. R. M. Meyer *Deutsche Stilistik*[2] 1913. S. 184/5. J. Sadger *Wiener Humor u. Wiener Humoristen*, A. Ztg. 1897 B. Nr. 11/12 (Chiavacci, Pötzl u. a.). A. Kohut *Berühmte deutsche Humoristen in der Gegenwart*, Volks-Ztg. 1890 Nr. 6—8. A. Biese *Fritz Reuter, H. Seidel u. der Humor in der neueren dt. Dichtung* 1891. H. Nord *Humor u. Humoristen*, Grenzb. 1893 3 S. 30—36. H. W. Hoffmeister *Deutscher Humor*, Wartburgstimmen I (1903) S. 252—255. C. Alphonse Smith *The american short story*, Internat. Woch.-Schr. IV (1910) Sp. 51ff.

Sammlungen. Zahlreiche Bändchen in Reclams U.-B., vgl. außerdem für die Vorstufe des Schwankes: O. Denk *Alter dt. Humor, Sammlung der best. Schwänke v. 13.—17. Jh.* 1910. E. Eckstein *Humorist. Hausschatz fürs deutsche Volk* 6 Bde. 1905. Norbert Falk *Meisterbuch des Humors. Eine Auswahl bester Humoresken* o. J. (knappe brauchbare Einleitungen). H. S. Rehm *Das deutsche Lachen. 700 Jahre dt. Humordichtung*, o. J. Max Bruns *Meister deutschen Humors. Vom Eulenspiegelbuch bis Keller, Raabe und Scheerbart* (Meisterwerke d. Lit. Bd. 11) 1916. Otto Ernst *Sterntaler u. Sonnengulden. Ein Sammelbuch deutschen Humors. Vom Mittelalter bis zur Romantik* 1918. *Der lachende Olymp* hsg. von G. Herrmann u. Fr. A. Hünich Bd. II. *Eine Auslese aus der heiteren Prosa unserer Zeit* (Freude-Bücherei) 1919. A. Kohut *Die Großmeister des Berliner Humors in alter u. neuer Zeit* 1915. *Alt-Berliner Humor* Bd. 8 der '50 Bücher' 1916, *Dt. Humor aus fünf Jahrhunderten*, gesammelt v. W. Fraenger. 1925, u. v. a.

B. Markwardt.

Hussiten s. Böhmische Brüder.

Hymne. § 1. Altertum. H. war bei den Griechen ein unter Musikbegleitung vorgetragener Gesang zum Preis eines Gottes. Die Einzelheiten der Entwicklung der griech. H. sind nicht wichtig, da aus reicher Fülle uns nur wenig erhalten ist: die sog. Homerischen, in Hexametern, nach kurzem Anruf Taten des Gottes episch berichtend; die des Alexandriners Kallimachos, in Distichen, lyrischer, begeisterter; und die 88 mystischen und überschwenglichen „orphischen" aus später Zeit. Gering sind die erhaltenen Reste etwa von Alkman, Simonides, Alkäus (= Horaz I, 10). Die späten Hymnen haben lyrische, strophische Maße. Von Pindar sind bloß die Preislieder für sportliche Sieger erhalten, die auch Oden genannt werden und darum auch der Odendichtung als Vorbild dienen. Sie führen den erhabenen, hochtönenden, wildbegeisterten, dunklen Stil ein. Von den sog. Oden des Horaz können einige als H. angesprochen werden, am ehesten das *Carmen saeculare*, für kultischen Chorgesang bestimmt.

§ 2. Bis zur Aufklärung. In der frühchristlichen Zeit und im MA. heißt jeder Lobgesang auf Gott oder Heilige Hymnus; hymnischer Aufschwung wird nicht verlangt und kaum erreicht. Die Zahl dieser lat. H. ist unendlich, die Zuteilung an die Verfasser liegt noch sehr im argen. Alle diese H. sind singbar, strophisch, anfangs noch in antiken Maßen, bald aber gereimt und akzentuierend.

Vgl. Chevalier *Bibliothèque liturgique* 1893ff. Julian *A Dictionary of Hymnology* 1892, deutscher Teil bearbeitet von Ph. Schaff. Ph. Wackernagel *Das deutsche Kirchenlied* Bd. I: Lat. Hymnen und Sequenzen 1864. Dreves *Analecta hymnica medii aevi* 44 Bde. 1886—1904. Werner *Die ältesten Hymnensammlungen von Rheinau.* 1891.

Die Humanisten nehmen unter die den Alten nachzubildenden Gattungen auch die H. auf. Ihre H. haben antike Maße, sind nicht immer für den Gesang bestimmt, wie politische Anspielungen, gelehrte Auseinandersetzungen und die Länge beweisen: Brant, Eobanus Hessus, Melanchthon, Stigel, Gigas. Der Humanistenhymnus unterscheidet sich von der Ode nur durch den geistlichen Inhalt; dachte man mehr an das Horazische Versmaß, so setzte man auch Ode. Eine Scheidung wurde nicht versucht. Auf dem Standpunkt, daß ein Loblied eines Gottes eine H. sei, stehen die Theoretiker lange, so der Jesuitenpoetiker Pontanus (1594), und auch Opitz in seiner 'Deutschen Poeterei'. Opitz bürgert nun die Bezeichnung H. auch für deutsche Gedichte ein, ohne daß damit im Ton eine Änderung herbeigeführt würde. Er führt als Beispiel des Niederländers Heinsius Lobgesang auf den Erlöser und seinen eigenen auf die Christnacht an. Er verdeutscht des Heinsius obengenannten 30seitigen Lobgesang und dessen 20seitige Hymne an Bacchus in Alexandrinern. Er weist darauf hin, daß nach dem Beispiele Ronsards außer religiösen Stoffen auch Dinge wie Himmel, Sterne, Jahreszeiten, Philosophie usw. zum Gegenstand von H. gemacht werden könnten. Eine Abgrenzung gegen die Ode wird auch von ihm nicht versucht. Den Ausdruck „Lobgesang" gebraucht er gleichwertig mit H. „Lobgesang" nannte auch Weckherlin seine Preislieder auf Fürstlichkeiten.

Vgl. K. Viëtor *Geschichte der deutschen Ode* 1923. S. 9—45.

§ 3. Aufklärung. Im 17. Jh. blieben H. vereinzelt. Die Aufklärungszeit nennt Gedichte, in denen sie ihre neuen religiösen Vorstellungen feiert, H. (J. A. Schlegel 'Gottes Größe in den Meeren'; Uz 'Gott im Ungewitter'). Der Pietismus folgt: Wielands H. auf Gott, auf die Allgegenwart, auf die Gerechtigkeit Gottes, auf die Geburt, auf die Auferstehung des Erlösers (alle gegen 1755); Cramer 'Die Auferstehung'; E. v. Kleist mit zwei 'Hymnen' auf die Größe Gottes (1759 u. 1760); Lavater 'Die Auferstehung' (der Seelen). Daneben bürgern sich die von Opitz schon erwähnten Hymnen auf abstrakte oder mythologisierte Begriffe ein: Haller 'An die Ewigkeit'; Elogius Schneider 'H. auf die Publizität' (noch 1790). Andere Stoffe dieser Art sind etwa Einsamkeit, Fröhlichkeit, Unglück usw. Die Berührung mit dem Lehrgedicht ist eng bei den H. der letzteren Art. Aber auch nach der Gattung der Ode hin besteht natürlich keine feste Grenze, und bei geistlichen Stoffen und abstrakten Begriffen werden beide Ausdrücke gebraucht; Ode ist das umfassendere Wort: Hallers 'Ode auf die Ewigkeit'. Gereimte Strophen sind für die Aufklärungshymne Regel.

§ 4. Klopstock. Ein nicht nur stofflicher Unterschied zwischen H. und Ode bildet sich allmählich heraus, als Empfindsamkeit und Geniezeit nach Gefühlssturm verlangen. Die Begeisterungs-, Gefühls- und Stilerhöhung durch Klopstock kommt neben der Ode auch der Gattung, die die Zeitgenossen H. nennen, zugute. Sein Odenstil wird z. T. schon für die in § 3 genannten Hymnendichter (Wieland, Cramer, Ewald v. Kleist usw.) vorbildlich. Dann setzt sich langsam die Anschauung durch, daß die H. keine oder nicht nur eine stoffliche Gattung sei, sondern eine über die Ode hinausgehende Stufe der Ergriffenheit darstelle. Klopstock geht von antiken Strophen zu freien Rhythmen über ('Frühlingsfeier', 'Dem Allgegenwärtigen', 'Das Anschauen Gottes', 'Der Erbarmer'; 1757 bis 1759). Diese freien Rhythmen hat er seit 1764 wieder in vierzeilige Scheinstrophen verwandelt und bei neuen derartigen Dichtungen diese Scheinstrophen gleich angewandt ('Mein Vaterland 1768'). Zwischen den antiken Odenstrophen und diesen freirhythmischen Gedichten ist in der Stilhöhe kein großer Unterschied; doch werden sie oft, z. B. von Fittbogen und Viëtor, als H. ausgesondert. Stärke des Pathos, Strophenbrechung, starker Unterschied zwischen Hebung und Senkung, Parallelismus in der Art der Psalmen sind nach Fittbogen die Stilkennzeichen dieser H.

§ 5. Sturm und Drang. Noch weit über Klopstock hinaus geht der Überschwang des Stils in Goethes freien Rhythmen. Der Einfluß Pindars, dessen 5. Olympische Ode Goethe 1772 übersetzte, wird dabei oft überschätzt. Diese freien Rhythmen sind oft von stammelnder Trunkenheit, so daß Goethe selbst einige dieser Gedichte als dithyrambischen Halbunsinn bezeichnet hat: rhetorische Befehlsformen, rednerische Anreden, häufige Empfindungswörter, weggelassene Prädikate, größte syntaktische Kühnheiten, Zusammenhanglosigkeit, psychologische, nicht logische Syntax, Vorliebe für Prachtwörter und für Partizipien, Zurückdrängen unbedeutender Wörter, Parallelismen wie in den Psalmen: „Weh, weh! Innre Wärme, Seelenwärme, Mittelpunkt! Glüh entgegen Phöb Apollen!" Oder: „Trunknen vom letzten Strahl Reiß mich, ein Feuermeer Mir im schäumenden Aug', Mich geblendeten Taumelnden . . !" Man pflegt die glühendsten, wirrsten dieser Gedichte Dithyramben zu nennen: 'Wanderers Sturmlied', 'Schwager Kronos', 'Ganymed', 'Harzreise im Winter' usw. Andere sprechen auch von Rhapsodien. 'Das Göttliche', 'Mahomets Gesang', 'Prometheus' u. dgl. wird man wohl Oden nennen dürfen; sie sind ruhigeren Tones. Fittbogen allerdings rechnet auch diese zu den H.; er läßt Goethe nur zwischen 1772 und 1781 H. dichten und zählt deren 17.

Aus Klopstocks Odenstil und Goethes freiem Rhythmenstil bildet sich der Durchschnitts-Hymnenstil der Zeitgenossen: Schubarts 'Friedrich der Große, ein Hymnus' (sehr lang, das ganze Leben und die Taten und Verdienste umfassend). Unter den Haindichtern neigt besonders Fr. v. Stolberg zur H. Goethes Vorbild und die Gefühlsfülle der Geniezeit wirken. Fr. v. Stolbergs 'Freiheitsschlacht' hat wildes Pathos (durch fortgesetzte Häufungen und Wiederholungen auf einfache Weise erzielt, z. B. immer wieder „der Tyrannen Blut"), erhitzte Einbildungskraft, taumelnde Wut. Solche Stolbergschen H. in freien Rhythmen sind weiter 'Die Meere', 'Feier der Erde', 'Der Felsenstrom', 'Die Begeisterung' usw. Herders hymnenartige Dichtungen gehen von Klopstock ('Osterhymnus') bis zum ausgesprochensten dithyrambischen Sturm- und Drangstil: 'Die Himmelstürmer', 'Taufgesang' (Suphans Ausgabe XXIX, S. 228, 260, 170).

Selbst die Goethischen freien Rhythmen genügen dem leidenschaftlich drängenden Ungestüm der Genies nicht. Maler Müller erfindet einen neuen Typ, die Prosahymne: 'Heidelberger Schloß' und die 15 Seiten lange H. 'Kreuznach'. Zugleich sind diese H. auf Orte eine stoffliche Neuheit (dafür war bisher Odenform üblich). Der Stil ist leidenschaftlich aufgeregt: stammelnde Einzelwörter wechseln mit verschlungenen Satzgefügen; viele Gedankenstriche, abgebrochene Sätze, harte Abweichungen von der üblichen Wortstellung: „Kniend Mort, hinhorchend im Getümmel, deucht ihm, er vernähme jetzt . . . Stimmen" (Mort ist der Held). Ein großes, erzählendes Stück ist in die Kreuznach-Hymne eingeschoben, eine Schlachtschilderung, in demselben ekstatischen Stil wie der Rest. Fr. v. Stolberg schreibt zur selben Zeit hymnenartige Abhandlungen, z. B. über die Ergießung des Herzens.

Ein dritter Typ taucht auf, die Hexameterhymne. Sie ist eine Frucht der immer enger werdenden Anlehnung an die griech. Dichtung. Fr. v. Stolberg übersetzt 4 H. des Kallimachos und 30 Homerische (1782) und dichtet selbst H. in Hexametern ('An die Sonne' 1778, 'Der Gesang', 'An die Erde'); desgleichen Voß ('Die Weihe'), Denis ('An Gott'). In Stolbergs hierhergehörigen H. herrscht wie in den Homerischen klare Gliederung (vgl. Homers und Stolbergs H. an die Erde). Sprachliche Gewaltsamkeiten fehlen in dieser Hymnenart. Noch 1803 bringt ein Musen-Almanach derartige Hexameter-H.: Neubecks 'Hymne an Rugia'; obschon es sich um Rügen handelt, werden Musen, Heroen, Götter, Allegorien und klassische Wörter reichlich verwendet.

Schließlich bemächtigt sich der Klassizismus auch noch der damals für sehr alt gehaltenen orphischen H. Herder hatte sie schon 1765 Hamann empfohlen. 1784 werden 49 in dem 'Schweizerischen Museum' übersetzt, und zwar durch den mit Goethe befreundeten Tobler. Zur Nachahmung fühlten sich nur kleinere Geister getrieben; Knebel dichtet unter ihrem Einfluß H. an die Sonne, die Erde, den Mond usw.

H. soll also jetzt Steigerung des Aufschwungs über die Ode hinaus bezeichnen. Wem keine neuen Stilmittel zu Gebote stehen, der steigert die alten, so wenn Maler Müller in einer Dithyrambe die Wörter nicht nur wiederholt, sondern dreimal und viermal setzt: „O ihr Brüder, o ihr Brüder! Selig, selig, selig, Brüder! ... selig, selig, selig, Brüder! Iakche, iakche, iakche, iakche" usw. Dann werden die alten Oden-Kunstgriffe auch auf die H. übertragen: Man sagt etwa, man traue sich die Kraft nicht zu, den Gegenstand würdig zu besingen, rafft sich auf, verstummt wieder, ergreift die Harfe von neuem usw. (Schubart 'Friedrich der Große').

Die Bezeichnung H. scheint in der Geniezeit beliebter zu werden. Doch herrscht eine große Verwirrung in bezug auf die Scheidung von Ode und H. Hölty nennt odenartige Gedichte in antiken Strophen H.: 'Hymnus an die Morgensonne', 'Hymnus an den Mond'. Umgekehrt nennen Maler Müller und Lenz Gedichte in freien Rhythmen und von sehr stürmischer Gesamthaltung Oden (Lenz 'Ausfluß des Herzens', Maler Müller 'Nach Hahns Abschied'). Auch Goethe ist unsicher; es ist daher für diese ganze Zeit der Artikel *Ode* zu vergleichen. Schiller hat nur ein Gedicht selbst H. genannt, den 'Triumph der Liebe', wohl wegen der wechselnden Versmaße. Das wohl gleichfalls hymnische 'An die Freude' bezeichnet er nicht so. Auch die 'Götter Griechenlands' finde ich gelegentlich von Literaturhistorikern H. betitelt. Hölderlin hingegen tauft seine unter Schillers Stileinfluß stehenden Jugendgedichte an abstrakte Wesen (Freiheit, Kühnheit, Schönheit, Harmonie usw.) 'Hymnen an die Menschheit' (1790—1793), und es ist üblich, ihm darin zu folgen.

G. Fittbogen *Die sprachliche und metrische Form der Hymnen Goethes* 1909. Goldbeck-Loewe *Zur Geschichte der freien Verse von Klopstock bis Goethe.* Diss. Kiel 1891.

§ 6. Romantik. Platen. Während der Ruhe und Harmonie des Klassizismus die H. nicht lag, weswegen bei den reifen Goethe und Schiller sich keine H. finden, sagt der Frühromantik die hymnische Trunkenheit des Gefühls zu. Sie bringt aber doch nur des Novalis 'Hymnen an die Nacht' hervor, die mystischen, todestrunkenen, auferstehungsfreudigen. Metren und Stilarten wechseln mehrmals darin. Auch in der Spätromantik, deren Lyrik die Schlichtheit des Volksliedes bevorzugt, ist die H. selten. Der eigentliche Hymnendichter dieser Zeit ist Hölderlin, den seine Einfühlung in die griech. Welt, sein feierlicher Pantheismus, seine Begeisterung für Ideale zum Hymnendichter bestimmen. Von seinen Jugendhymnen war schon die Rede; unter den Oden der Reifezeit in antiken Maßen nähert sich manches der H.; auch die Hexameterhymne lebt bei ihm weiter ('An den Äther'), und in den letzten Jahren bevorzugt er freie Rhythmen und H. ('Die Wanderung', 'Patmus', 'Der Rhein'), unter leichter Anlehnung an Goethes Hymnenstil.

Eine Auferstehung erlebt die H. dann noch einmal in Platens 'Festgesängen'. Der Spätling des klassischen Formideals will seinen Oden und Eklogen die H. hinzufügen. Er ahmt Pindar genau nach, in Strophenbau und Versmaß, in den Aufbaueigentümlichkeiten und den Abschweifungen ins Gebiet der Sage (wenn von Musik die Rede ist, wird nebenbei erzählt, wie Orpheus durch Gesang Bäume und Tiere entzückte), in den geschichtlichen Rückblicken, in der Widmung an bestimmte Personen, auf deren persönliche Verhältnisse Bezug genommen wird ('An den Kronprinzen von Bayern', 'Abschied von Rom', 'Hymnus auf Sizilien' usw.). Der Stil ist von wortreich geschraubter Feierlichkeit: Ich will die Lombardei besingen, heißt so: „Nicht verschmäht mein festlicher Sang, in des Lobes süßen Born eintauchend der Fittiche weithin schattendes Paar, euch lombardischer Heimatflur Preislied zu weihn." Von seinen Oden trennt er streng die 'Festgesänge'; Pindar gilt ihm nicht als Odenvorbild.

R. Wörner *Novalis' Hymnen u. geistl. Lieder* 1885.

§ 7. Bis zur Gegenwart. Die Epigonendichtung läßt vereinzelte H. nachhinken; meist sind Goethes freie Rhythmen Vorbild. Doch fehlt der Zeit des Pessimismus und Realismus das rückhaltlos Anerkennende der H. Heines Nordseebilder scheiden aus wegen der Ironie (doch ein 'Hymnus' im Nachlaß: „Ich bin das Schwert ..."), Scheffels 'Bergpsalmen' wegen des weltflüchtigen Tons. Kopischs

'Dithyramben' ('An Apoll und die Kamönen', freie Rhythmen; 'Die seligen Hyperboreer', hexametrisch; 'Unsere Zeit', achtfüßige Trochäen) sind unbedeutend. In der Epigonendichtung taucht die Bezeichnung Hymne bald da, bald dort einmal auf. Irgendeine der antiken oder der dt. Arten seit Klopstock schwebt dann vor: Hamerling (freie Rhythmen, in 'Sinnen und Minnen'), Martin Greif (H. an den Bayernkönig Ludwig II.), Adolf Pichler, dessen 'Hymnen' (1855) es sogar auf drei Auflagen (1897^3) brachten.

Als Nietzsche das Dionysische verherrlicht und damit Schule macht, wäre vielleicht eine neue Zeit für die H. gekommen, wenn nicht Nietzsche selbst in seine 'Dionysos-Dithyramben' (1884 bis 1888) zuviel Satire gegen die Moralfanatiker eingemischt hätte. Rein durchgehalten ist der Ton in 'Letzter Wille', 'Das Feuerzeichen', 'Die Sonne sinkt', 'Von der Armut des Reichsten'. Alle diese Dithyramben haben freie Rhythmen, alle entstammen der Seligkeit des Übermenschenbewußtseins. Auch das 'Mistral'-Lied ließe sich trotz der Reimstrophen wohl hierher rechnen. Hille ('Brautseele', 'Prometheus') und Evers sind Schüler Nietzsches. Der Naturalismus ist den freien Rhythmen an sich günstig (Arent, M. G. Conrad, Dehmel, Bierbaum usw.) Aber kraftmeierliche oder burschikose Spritzer fließen gern zwischen den hohen Wörtern ein, so wenn Liliencron etwa ein Lobgedicht an Goethe gleich mit den Worten „Goethe, du Prachtkerl" beginnt. Die priesterliche Feierlichkeit der H. hätte wohl Stefan George. Doch sind die H. (in der Sammlung 'Hymnen, Pilgerfahrten, Algabal') keine H. Später ist ihm H. Kultlied einer Gemeinschaft, chorische Dichtung (Schlußchor im „Stern des Bundes"). In der Zeit der Ausdruckskunst wird das Ekstatische stark, ein Zug zum dionysischen Erleben geht durch die Kunst; Nietzsche wirkt nach. Aber es wirkt auch der Amerikaner Whitman mit seinem „hymnischen Naturalismus", der bewußt Bezeichnungen für unfeierliche Alltagsdinge häuft. Mombert ist ekstatisch, aber nicht eigentlich hymnisch; Winckler käme eher in Betracht; dann Däubler, der eine H. an Nietzsche dichtete, der auch das Wort in Überschriften verwendet: 'Hymne an Italien'. Auch sein 'Sternenkind' möchte ich als H. ansprechen. Werfel erinnert mit manchen Gedichten an die H., die das 18. Jh. auf abstrakte Begriffe dichtete, z. B. in der Sammlung 'Der Weltfreund' J. R. Bechers 'Deutsche Hymnen' sind wieder Gemeinschaftsdichtung, entsprechend der hohen Bedeutung des Sozialen in der neuesten Dichtung.

Wie die Praxis, so ist auch die Theorie bis heute zwiespältig. F. Th. Vischer in seiner 'Ästhetik' z. B. ordnet dem Hymnischen, das die „Lyrik des Aufschwungs" umfaßt, die Ode und den Dithyrambus unter. Als Kennzeichen der H. gibt er neben dem Begeisterten die Einmischung von Epischem und Gnomischen an, wobei er vor allem von Pindar auszugehen scheint. Viëtor hingegen in seinem Buch über die Ode nennt die H. den lyrischen Ausdruck einer Gemeinschaft, in der Art, wie George die H. auffaßt. Die Unklarheit des Begriffs macht die geschichtliche Darstellung so schwierig.

§ 8. Nationalhymnen (s.d.) sind keine H. im eigentlichen Sinn, sondern Lieder, oft künstlerisch minderwertig, Lieder, singbar und gesungen, die die politischen Ideale eines Volkes feiern. Solche Lieder werden oft durch Verfügung von Behörden zu „Nationalhymnen" gestempelt.

Vgl. E. Bohn *Die Nationalhymnen der europäischen Völker* 1908.

§ 9. Dithyrambus bezeichnet im vorausgehenden gelegentlich eine Steigerung der hymnischen Trunkenheit. Ursprünglich war Dithyrambus ein kultisches Preislied für Bacchus. Die Entwicklung führt in Griechenland von strophischer Gliederung zu freier, wechselnder Gestaltung des Rhythmus. Nachdem aus dem Dithyrambus, aus dem Wechselgesang zwischen Bacchus und Chor, die Tragödie entstanden war, verlegte der nun überholte Dithyrambus den Schwerpunkt ins Musikalische. Die griech. Entwicklung ist nicht wichtig, da wenig erhalten ist und dies wenige im 18. Jh. zumeist noch nicht bekannt war. In Deutschland führt Willamov (1736—1794) aus klassizistischen Erwägungen heraus das Bacchuspreislied ein, nachdem die Anakreontik nur Ansätze (Hagedorn 'Der Wein') hervorgebracht hatte. In Italien war dieses Stoffgebiet ('Bacchus in Toscana' von Redi; 'Triumph des Bacchus' von Barruffaldi) reich angebaut, vor allem in der Barockzeit, der die trunkene Fülle und wilde Genußfreude gemäß war. Willamov nannte zunächst auch Gedichte anderen Inhalts, z. B. solche auf Friedrich II., Dithyramben; später hat er die meisten unter den Oden eingereiht; fünf Dithyramben im engeren Sinne, also mit Bacchus sich befassende, hat er geschrieben. Beispiel 'Des Bacchus Rückzug aus Indien': Der Chor der Satyrn und der der Mänaden singen abwechselnd des Gottes Taten, Silen berichtet dazwischen von dem die Kultur nach Indien tragenden Zug; endlose Fußnoten, die die antiken Anspielungen erläutern, erweisen das Ganze als gelehrte Spielerei Ramlerschen Charakters (Willamov ist Ramlerschüler). Auch die freien Rhythmen und die vielen Wortneubildungen und Ausrufe ändern an dem nüchtern gelehrten Charakter nichts. Besser ist die 'Dithyrambe' des Malers Müller (der Dichter sieht den Bacchuszug, bittet, mittun zu dürfen, 1775). Voss' 'Dithyrambe' (1794) ist eher leichten als trunkenen Tons; sein 'Friedensreigen' (1795) hat verwandten Stoff (frohe Rückkehr eines siegreichen Heeres) und trunken taumelnden Stil, ist aber dabei leicht verständlich. Herder, der Willamovs Tod als den des „deutschen Dithyrambensängers" in einem Gedicht beklagt, hat eine Willamov an Trunkenheit überragende Bacchusdithyrambe (Suphans Ausgabe XXIX S. 285). Auch Schiller schließt sich mit einer kurzen 'Dithyrambe' (1796) an, die nicht Bacchus allein, sondern alle Götter der Freude herbeiruft. Hüpfendes Maß, durch Doppelsenkungen hervorgerufen, ist durchweg üblich. Die Gattung umfaßt im übrigen ein zu enges Gebiet, um nicht bald erschöpft zu sein. Ein letzter Ausläufer ist Kopischs Dithyrambe 'An Bacchus', vorwiegend Taten des Gottes berichtend. In der neueren Zeit fehlt die Gattung im engeren Sinne; sie klingt noch leise an etwa in Mörikes 'Herbstfeier' und in Kellers 'Herbstlied', ohne daß der Name Dithyrambe gebraucht würde. Falsch ist es natürlich, jedes Lob des Weins zum Dithyrambus zu stempeln, wie wenn etwa Herder in seinen 'Volksliedern' Nr. I, 6 einen „dt. Dithyrambus" nennt.

J. J. Eschenburg *Beispielsammlung* Bd. 4 1789. K. Viëtor *Geschichte der deutschen Ode* 1923. L. Fränkel *Die freie Rhythmik in d. nhd. Lyrik vor, bei u. nach Klopstock*, ZfdU. VI S. 817ff. Benoist-Hanappier *Die freien Rhythmen in der dt. Lyrik* 1905. Vgl. auch den Artikel *Ode*. J. Wiegand.

Hyperbel, gr. „Übertreibung", eig. „Wurf übers Ziel hinaus". Als eines der ältesten dt. Beispiele gilt das der Sanktgallischen Rhetorik von dem Eber: *imo sint fûoze fûodermâze, imo sint burste ebenhô forste, unde zene sîne zwelifelnîge.* Als hyperbolisch gilt ebenso wie die übertriebene Vergrößerung („Sein Ruhm reicht an die Sterne") auch die übertriebene Verkleinerung (auch „Meiosis" genannt). Die dt. Stilkunde, die in neuerer Zeit auf alle Ausdrücke einer lat.-humanistischen Sprachschulung verzichtet hat, wird diesen Ausdruck, wenn überhaupt, nur da noch gelten lassen dürfen, wo es sich um rein verstandesmäßig-gewollte Übertreibungen handelt (vgl. Wackernagel *Poetik, Rhetorik und Stilistik* 1873. S. 401/2). Über ihre Gefahren vgl. E. Engel *Dt. Stilkunst.* S. 366 bis 370. P. Beyer.

Kolibri 360 GmbH
Ferdinand-Jühlke-Straße 7
99095 Erfurt, Deutschland
produktsicherheit@kolibri360.de